국내 전동자동차 분야 전문가가 집필한

그린전동 자동차기사

필기 한권으로 끝내기

시대에듀

그린전동자동차기사
필기 한권으로 끝내기

Always with you

사람이 길에서 우연하게 만나거나 함께 살아가는 것만이 인연은 아니라고 생각합니다.
책을 펴내는 출판사와 그 책을 읽는 독자의 만남도 소중한 인연입니다.
시대에듀는 항상 독자의 마음을 헤아리기 위해 노력하고 있습니다.
늘 독자와 함께하겠습니다.

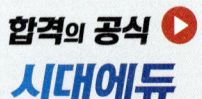
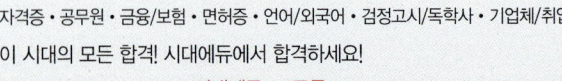

PREFACE

머리말

최근 환경문제가 심각하게 대두되면서 화석연료를 사용하는 자동차를 새로운 연료를 사용하는 자동차로 대체해야 한다는 의견들이 많아지고 있다. 따라서 전 세계적으로 전기를 동력원으로 하는 전기자동차를 개발하기 위해 여러 회사들이 힘을 쏟고 있다. 이러한 분위기에 발맞추어 그에 걸맞은 능력을 활용할 수 있는 인력을 확충하기 위해서 2014년에 처음으로 그린전동자동차기사 자격시험이 실시되었다.

이 시험은 자동차정비기사와 달리 전동자동차 연구개발 인력의 효과적인 양성을 목적으로 제정되었기 때문에 자동차에 대한 전반적인 지식은 물론 전동자동차에 대한 지식까지 고루 갖추어야 한다. 특히 그린전동자동차기사는 자동차, 기계, 전기 등에 대한 지식과 기술을 통해 전동기를 주동력 또는 보조동력으로 사용하는 자동차 및 그 핵심부품인 전동기, 배터리, 충전기, 전력변환기, 변속기 등을 벤치마킹, 사양선정, 시험제작, 성능평가 및 데이터를 분석하는 직무의 수행능력을 평가하게 된다.

이 도서는 최근 새롭게 출제된 출제경향을 완벽히 반영하였으며, 어려운 내용도 쉽게 이해할 수 있도록 정리하였다. 또한, 출제될 만한 문제를 정리하여 적중예상문제를 수록하였고, 이해를 돕는 표와 이미지를 수록하였다. 중요한 부분은 최대한 자세히 설명하기 위해 노력하였고, 앞으로도 계속 보완해 나갈 것이다.

이 도서가 수험생들에게 합격을 안겨주길 기원한다.

편저자 씀

시험안내 INFORMATION

개 요
자동차, 기계, 전기 등에 대한 지식과 기술을 통해 전동기를 주동력 또는 보조동력으로 사용하는 자동차 및 그 핵심 부품인 전동기, 배터리, 충전기, 전력변환기, 변속기 등을 벤치마킹, 시험제작, 성능평가 등을 하는 직무 수행능력을 평가하는 자격이다.

수행직무
자동차, 전기, 기계, 센서에 대한 지식과 기술을 가지고 전동기를 주동력 또는 보조동력으로 사용하는 하이브리드자동차 및 그 핵심 부품인 전동기, 배터리, 충전기, 전력변환기, 변속기 등에 대해 벤치마킹, 사양선정, 설계, 시험제작, 성능평가 및 데이터 분석을 하는 업무를 수행한다.

시험일정

구 분	필기원서접수 (인터넷)	필기시험	필기합격 (예정자)발표	실기원서접수	실기시험	최종 합격자 발표일
제2회	4.14 ~ 4.17	5.10 ~ 5.30	6.11	6.23 ~ 6.26	7.19 ~ 8.6	9.12
제3회	7.21 ~ 7.24	8.9 ~ 9.1	9.10	9.22 ~ 9.25	11.1 ~ 11.21	12.24

※ 상기 시험일정은 시행처의 사정에 따라 변경될 수 있으니, www.q-net.or.kr에서 확인하시기 바랍니다.

시험요강
❶ 시행처 : 한국산업인력공단
❷ 관련 학과 : 대학의 그린카학과, 하이브리드시스템학과, 하이브리드자동차과, 자동차공학, 기계공학 관련 학과
❸ 시험과목
  ㉠ 필기 : 1. 그린전동자동차 공학 2. 그린전동자동차 전동기와 제어기 3. 그린전동자동차 배터리
           4. 그린전동자동차 구동성능 5. 그린전동자동차 측정과 시험평가
  ㉡ 실기 : 그린전동자동차 사양설계 및 성능평가
❹ 검정방법
  ㉠ 필기 : 객관식 4지 택일형, 과목당 20문항(과목당 30분)
  ㉡ 실기 : 필답형(2시간 30분)
❺ 합격기준
  ㉠ 필기 : 100점을 만점으로 하여 과목당 40점 이상, 전 과목 평균 60점 이상
  ㉡ 실기 : 100점을 만점으로 하여 60점 이상

출제기준(필기)

필기과목명	주요항목	세부항목	
그린전동자동차 공학	차체 및 냉난방장치	• 경량화 • 냉난방장치	
	엔진장치	• 엔진 및 시동장치 • 전자제어장치	• 흡배기장치
	섀시장치	• 현가 및 조향장치 • 주행 및 구동장치	• 제동장치
그린전동자동차 전동기와 제어기	전동기	• 직류기 • 동기기기	• 유도기
	전력변환	• 전력전자 기초 • 인버터	• 반도체소자
	전동기제어	• 전동기 특성 검출 • PWM제어	• 벡터제어
그린전동자동차 배터리	2차 전지의 종류 및 원리	• 2차 전지 개요 • 슈퍼커패시터	
	충전장치 개론	• 충전장치 개요 • 충전장치 구성부품	
	배터리 에너지관리	• 발전제동 • BMS	• 컨버터 • 보조충전장치
그린전동자동차 구동성능	그린전동자동차 구조	• 하이브리드자동차 • 연료전지자동차	• 전기자동차
	그린전동자동차 파워트레인 성능	• 구동원과 부하계	
	그린전동자동차 관련 법령	• 친환경자동차법	
그린전동자동차 측정과 시험평가	센서와 계측	• 센서의 기계적 계측 • 센서의 전기적 계측	
	차량통신 네트워크	• CAN 통신 • 기타 통신	• OBD-II
	부품시험 평가	• 구동장치 • 시험장비지식	• 에너지저장장치

시험안내 INFORMATION

출제기준(실기)

검정방법	시험시간	내용
필답형	2시간 30분	• 직무내용 : 자동차, 기계, 전기 등에 대한 지식과 기술을 가지고 전동기 등을 주동력 또는 보조동력으로 사용하는 자동차 및 그 핵심 부품인 전동기, 배터리, 충전기, 전력변환기, 변속기 등을 벤치마킹, 사양선정, 시험제작, 성능평가 및 데이터를 분석하는 직무 수행 • 수행준거 　- 주어진 성능을 만족하도록 그린전동자동차의 핵심 부품에 대한 사양설계 　- 주어진 핵심 부품들의 사양을 이용하여 그린전동자동차의 성능을 예측

실기과목명	주요항목	세부항목
그린전동자동차 사양설계 및 성능평가	핵심 부품 사양설계 및 평가	• 차량구동부하 계산 • 구동 및 변속장치 사양설계 • 전동기 및 엔진 사양설계 • 배터리 및 충전장치 사양설계
	동력성능 시험평가	• 차량장치　　• 구동장치 • 에너지저장장치
	센서와 계측	• 기계적 계측　　• 전기적 계측 • 전기장치 측정장비

진로 및 전망

현재 자동차 산업의 발전을 통해 수많은 신기술과 우수한 효율을 가진 자동차 및 시스템이 개발되었다. 특히, 내연기관의 발전은 GDI를 비롯하여 CRDI 시스템에 이르기까지 많은 신기술이 적용·발전되어 왔으며, 현재에도 새로운 시스템과 다양한 기술이 개발되고 있다.

그러나 화석연료를 사용하는 내연기관은 환경적 측면과 에너지 자원 확보 측면에서 상당히 불리한 조건을 가지고 있기 때문에, 이러한 내연기관을 대체하기 위하여 전 세계 자동차 제작사들은 전기를 동력원으로 사용하는 전기자동차 개발에 주력하고 있다.

특히, 하이브리드자동차의 필요성은 전기자동차의 기술개발 과정에서 발전되어 왔다고 볼 수 있다. 하이브리드자동차는 이미 전 세계적으로 양산 및 판매가 이루어지고 있으며, 향후 전기자동차 개발에 큰 역할을 할 것으로 전망된다. 따라서 그린전동자동차기사는 자동차, 기계, 전기 등에 대한 지식과 기술을 통해 전동기를 주동력 또는 보조동력으로 사용하는 자동차 및 그 핵심 부품인 전동기, 배터리, 충전기, 전력변환기, 변속기 등을 벤치마킹, 사양선정, 시험제작, 성능평가 및 데이터를 분석하는 직무수행 능력을 평가하기 위한 자격시험이다.

이러한 진단 및 정비능력은 하이브리드자동차를 넘어 지속적으로 발전하고 있는 전기자동차의 진단 및 정비 기술에 대한 기반 요소라고 할 수 있다.

이 책의 목차 CONTENTS

PART 01　그린전동자동차 공학

CHAPTER 01	차체구조	003
CHAPTER 02	공조시스템	015
CHAPTER 03	엔진의 구조	040
CHAPTER 04	연료의 연소와 배출가스	085
CHAPTER 05	배출가스	099
CHAPTER 06	기동시스템	107
CHAPTER 07	전자제어 엔진시스템	122
CHAPTER 08	엔진공학	152
CHAPTER 09	현가시스템	165
CHAPTER 10	조향시스템	182
CHAPTER 11	전 차륜 정렬	196
CHAPTER 12	제동시스템	199
CHAPTER 13	휠 및 타이어	228
CHAPTER 14	섀시공학	240
적중예상문제		245

PART 02　그린전동자동차 전동기와 제어기

CHAPTER 01	직류기	343
CHAPTER 02	유도기	369
CHAPTER 03	동기기기	386
CHAPTER 04	BLDC 전동기	392
CHAPTER 05	전력변환	396
CHAPTER 06	전력전자 개론	400
CHAPTER 07	인버터	402
CHAPTER 08	전동기 제어	406
CHAPTER 09	벡터 제어	409
CHAPTER 10	PWM 제어	417
적중예상문제		420

이 책의 목차 CONTENTS

PART 03 그린전동자동차 배터리

CHAPTER 01	2차 전지의 개요	489
CHAPTER 02	2차 전지의 종류	498
CHAPTER 03	충전시스템 개론	533
CHAPTER 04	배터리 에너지 관리시스템	541
적중예상문제		575

PART 04 그린전동자동차 구동성능

CHAPTER 01	하이브리드 자동차	613
CHAPTER 02	변속시스템 개론	624
CHAPTER 03	그린전동자동차 파워트레인 성능	656
CHAPTER 04	구동계 제어시스템	670
CHAPTER 05	차량성능 평가	674
CHAPTER 06	그린전동자동차 관련 법령	680
적중예상문제		724

PART 05 그린전동자동차 측정과 시험평가

CHAPTER 01	계 측	781
CHAPTER 02	차량통신 네트워크	790
CHAPTER 03	부품시험 평가	799
적중예상문제		809

부 록 과년도 + 최근 기출복원문제 및 해설

2016년	제4회 과년도 기출문제	833
2017년	제4회 과년도 기출문제	869
2018년	제4회 과년도 기출문제	905
2019년	제4회 과년도 기출문제	943
2020년	제4회 과년도 기출문제	981
2021년	제4회 과년도 기출문제	1020
2022년	제4회 과년도 기출복원문제	1062
2023년	제2회 최근 기출복원문제	1108
2024년	제2회 최근 기출복원문제	1153

PART 01

그린전동자동차 공학

CHAPTER 01	차체구조
CHAPTER 02	공조시스템
CHAPTER 03	엔진의 구조
CHAPTER 04	연료의 연소와 배출가스
CHAPTER 05	배출가스
CHAPTER 06	기동시스템
CHAPTER 07	전자제어 엔진시스템
CHAPTER 08	엔진공학
CHAPTER 09	현가시스템
CHAPTER 10	조향시스템
CHAPTER 11	전 차륜 정렬
CHAPTER 12	제동시스템
CHAPTER 13	휠 및 타이어
CHAPTER 14	섀시공학
적중예상문제	

합격의 공식 SD에듀 www.sdedu.co.kr

01 차체구조

1 차체와 프레임

(1) 차체(Body)

차체는 섀시의 프레임 위에 설치되거나 현가장치에 직접 연결되어 사람이나 화물을 실을 수 있는 부분이다. 일반승용차의 경우 엔진룸, 승객실, 트렁크로 구성되고 프레임과 별도로 차체를 구성한 프레임 형식과 프레임과 차체를 일체화시킨 프레임 리스 형식이 있다.

[프레임 형식과 프레임 리스 형식]

(2) 섀시(Chassis)

섀시는 차체를 제외한 나머지 부분을 말하며 자동차의 핵심장치인 동력발생장치(엔진), 동력전달장치, 조향장치, 제동장치, 현가장치, 프레임, 타이어 및 휠 등이 여기에 속한다. 자동차의 골격에 해당하는 보디에 기관, 주행장치, 동력전달장치를 장착한 섀시만으로도 자동차는 주행이 가능하다.

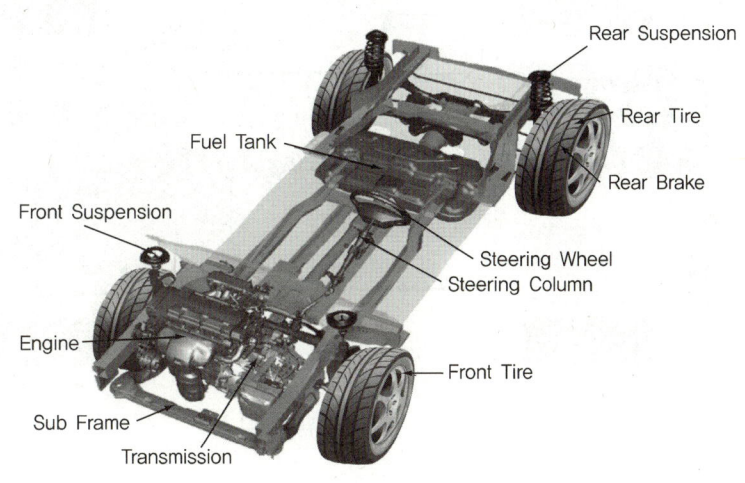

[섀시의 구조]

① 동력발생장치(Power Generation)

자동차에서 동력발생장치는 엔진을 말하며 자동차의 주행에 필요한 동력을 발생시키는 장치로써 엔진본체와 부속장치로 구성되어 있다. 자동차의 사용연료별 동력발생장치로는 가솔린엔진(Gasoline Engine), 디젤엔진(Diesel Engine), 가스엔진(LPG, LNG, CNG 등) 등이 있으며 일반적인 승용차에는 가솔린 및 LPG 엔진을 사용하고 트럭이나 버스와 같은 대형차에는 디젤엔진을 주로 사용하고 있다. 또한 엔진에 관련된 부속장치로는 연료장치, 냉각장치, 윤활장치, 흡·배기장치, 시동 및 점화장치, 배기가스 정화장치 등이 있다.

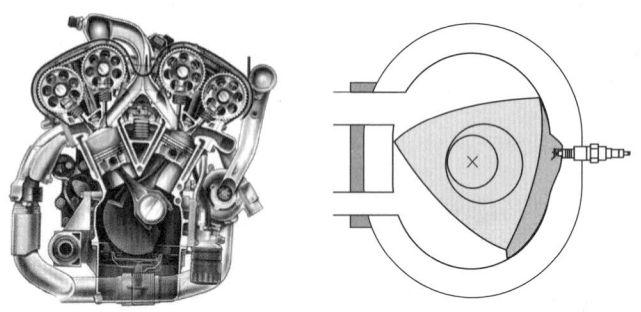

[왕복형 엔진과 로터리 엔진]

② 동력전달장치(Power Train)

동력전달장치는 엔진에서 발생된 구동력을 자동차의 주행, 부하조건에 따라 구동바퀴까지 전달하는 계통의 장치를 말하며 클러치(Clutch), 변속기(Transmission), 종감속 및 차동기어(Final Reduction&Differential Gear), 추진축(Drive Shaft), 차축(Axle), 휠(Wheel) 등으로 구성되어 있다.

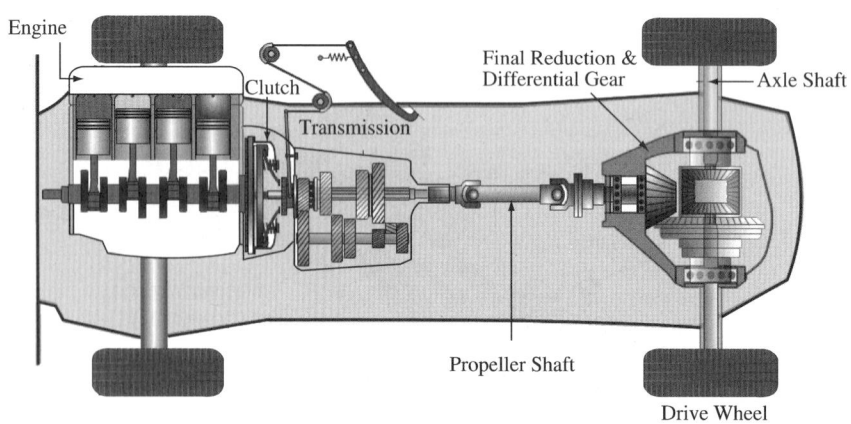

[동력 전달 계통]

③ 조향장치(Steering System)

　　조향장치는 자동차의 진행방향을 운전자의 의도에 따라 바꾸어 주는 장치로 조향핸들(Steering Wheel), 조향축(Steering Shaft), 조향기어(Steering Gear), 조향 링키지(Steering Linkage)의 계통을 거쳐 조타력이 전달되며 운전자의 힘을 보조하기 위한 동력 조향장치 등이 있다.

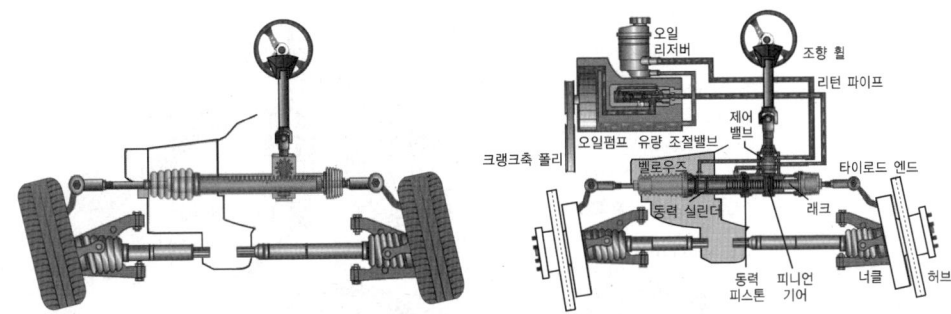

[조향장치의 구조]

④ 현가장치(Suspension System)

　　현가장치는 자동차가 주행 중 노면으로부터의 전달되는 진동이나 충격을 흡수하기 위하여 차체(또는 프레임)와 차축 사이에 설치한 장치로써 쇼크 업소버(Shock Absorber), 코일스프링(Coil Spring), 판스프링(Leaf Spring) 등으로 구성되어 있다. 자동차의 승차감은 현가장치의 성능에 따라 크게 좌우되며 충격에 의한 자동차 각 부분의 변형이나 손상을 방지시킬 수 있다.

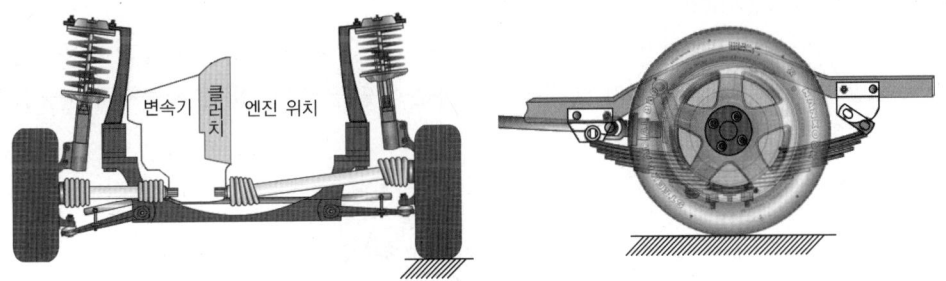

[현가장치의 종류]

⑤ 제동장치(Brake System)

제동장치는 주행 중인 자동차를 감속 또는 정지시키거나 정지된 상태를 유지하기 위한 장치이다. 마찰력을 이용하여 자동차의 운동에너지를 열에너지로 변환한 뒤 공기 중으로 발산시키는 마찰 방식의 브레이크가 대부분이다.

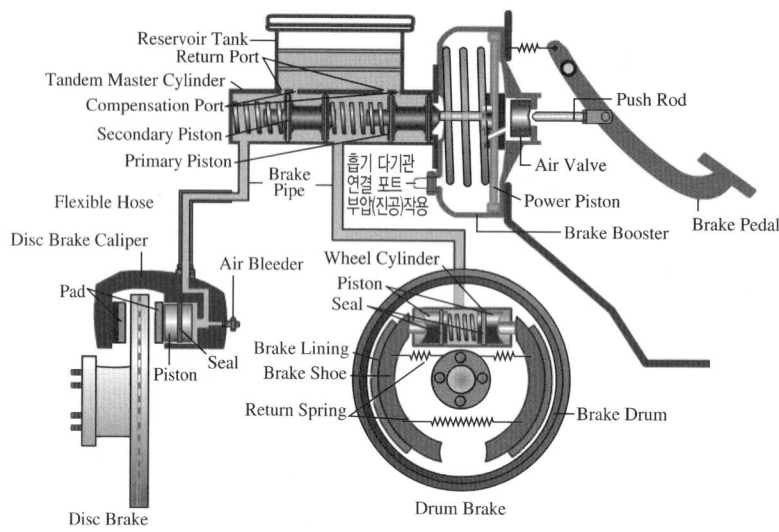

[제동 계통의 구조]

⑥ 휠 및 타이어(Wheel And Tire)

휠과 타이어는 자동차가 진행하기 위한 구름운동을 유지하고, 구동력과 제동력을 전달하며, 노면으로부터 발생되는 1차 충격을 흡수하는 역할을 한다. 또한 자동차의 하중을 부담하며, 양호한 조향성과 안정성을 유지하도록 한다.

[휠과 타이어]

⑦ 기타 장치

기타 장치는 조명이나 신호를 위한 등화장치(Lamp), 엔진의 운전상태나 차량의 주행속도를 운전자에게 알려주는 인스트루먼트 패널(계기류, Instrument Panel), 윈드 실드 와이퍼(Wind Shield Wiper) 등이 있다.

2 프레임과 프레임 리스 보디

프레임은 자동차의 뼈대가 되는 부분으로 엔진을 비롯한 동력전달장치 등의 섀시장치들이 조립된다. 프레임은 비틀림 및 굽힘 등에 대한 뛰어난 강성과 충격흡수구조를 가져야 하며 가벼워야 한다.

(1) 보통 프레임

보통 프레임은 2개의 사이드 멤버(Side Member)와 사이드 멤버를 연결하는 몇 개의 크로스 멤버(Cross Member)를 조합한 것으로 사이드 멤버와 크로스 멤버를 수직으로 결합한 것을 H형 프레임이라 하고 크로스 멤버를 X형으로 배열한 것을 X형 프레임이라 한다.

[H형과 X형 프레임]

H형 프레임	X형 프레임

① H형 프레임의 특징
　H형 프레임은 제작이 용이하고 굽힘에 대한 강도가 크기 때문에 많이 사용되고 있으나 비틀림에 대한 강도가 X형 프레임에 비해 약한 결점이 있어 크로스 멤버의 설치 방법이나 단면형상 등에 대한 보강 및 설계가 고려되어야 한다.

② X형 프레임의 특징
　X형 프레임은 비틀림을 받았을 때 X멤버가 굽힘 응력을 받도록 하여 프레임 전체의 강성을 높이도록 한 것이며 X형 프레임은 구조가 복잡하고 섀시 각 부품과 보디 설치에 어려운 공간상의 단점이 있다.

(2) 특수형 프레임

보통 프레임은 굽힘에 대해서는 알맞은 구조로 되어 있으나 비틀림 등에 대해서는 비교적 약하며 경량화하기 어렵다. 따라서 무게를 가볍게 하고 자동차의 중심을 낮게 할 목적으로 만들어진 것이 특수형 프레임이며 종류는 다음과 같다.

[특수형 프레임의 종류]

백본형 프레임	플랫폼형 프레임	스페이스형 프레임

① 백본형(Back Bone Type)

백본형 프레임은 1개의 두꺼운 강철 파이프를 뼈대로 하고 여기에 엔진이나 보디를 설치하기 위한 크로스 멤버나 브라켓(Bracket)을 고정한 것이며 뼈대를 이루는 사이드 멤버의 단면은 일반적으로 원형으로 되어 있다. 이 프레임을 사용하면 바닥 중앙 부분에 터널(Tunnel)이 생기는 단점이 있으나 사이드 멤버가 없기 때문에 바닥을 낮게 할 수 있어 자동차의 전고 및 무게 중심이 낮아진다.

② 플랫폼형(Platform Type)

플랫폼형 프레임은 프레임과 차체의 바닥을 일체로 만든 것으로 외관상으로는 H형 프레임과 비슷하나 차체와 조합되면 상자 모양의 단면이 형성되어 차체와 함께 비틀림이나 굽힘에 대해 큰 강성을 보인다.

③ 트러스형(Truss Type)

트러스형 프레임은 스페이스 프레임(Space Frame)이라고도 부르며 강철 파이프를 용접한 트러스 구조로 되어 있다. 트러스형은 무게가 가볍고 강성도 크나 대량생산에는 부적합하여 스포츠카, 경주용 자동차와 같이 고성능이 요구되는 자동차에서 소량생산하여 적용하고 있다.

(3) 프레임 리스 보디

프레임 리스 보디는 모노코크 보디(Monocoque Body)라고도 부르며 이것은 프레임과 차체를 일체로 제작한 것으로 프레임의 멤버를 두지 않고 차체 전체가 하중을 분담하여 프레임 역할을 동시에 수행하도록 한 구조이다. 모노코크 방식은 차체의 경량화 및 강도를 증가시키며 차체의 바닥높이를 낮출 수 있어 현재 대부분의 승용자동차에서 사용하고 있다. 프레임 리스 보디에서는 차체 단면이 상자형으로 제작되며 곡면을 이용하여 강도가 증가되도록 조립되어 있다. 또한 현가장치나 엔진 설치 부분과 같이 하중이 집중되는 부분은 작은 프레임을 두어 하중이 차체 전체로 분산이 되도록 하는 단체 구조로 되어 있다. 모노코크 보디의 특징은 다음과 같다.

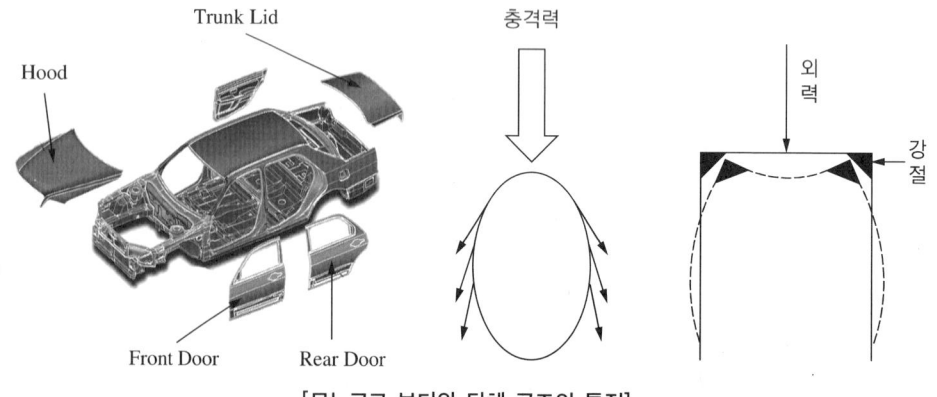

[모노코크 보디와 단체 구조의 특징]

① 일체구조로 구성되어 있기 때문에 경량이다.
② 별도의 프레임이 없기 때문에 차고를 낮게 하고, 차량의 무게중심을 낮출 수 있어 주행안전성이 우수하다.
③ 프레임과 같은 후판의 프레스나 용접가공이 필요 없고, 작업성이 우수한 박판가공과 열변형이 거의 없는 스포트 용접으로 가공이 가능하여 정밀도가 높고 생산성이 좋다.
④ 충돌 시 충격에너지 흡수율이 좋고 안전성이 높다.
⑤ 엔진이나 서스펜션 등이 직접적으로 차체에 부착되어 소음이나 진동의 영향을 받기 쉽다.
⑥ 일체구조이기 때문에 충돌에 의한 손상의 영향이 복잡하여, 복원수리가 비교적 어렵다.
⑦ 박판강판을 사용하고 있기 때문에 부식으로 인한 강도의 저하 등에 대한 대책이 필요하다.

3 차체 경량화 구조 및 재료

최근의 자동차 개발 추세를 살펴보면 소형화, 경량화, 연비향상, 고성능화 등을 목표로 하고 있다. 이러한 추세는 대기오염과 관련된 유해 배출가스의 배출, 지구온난화의 주범인 CO_2의 배출, 화석연료의 고갈 등의 문제에 대응하기 위해 적용된 것으로 특히 최근 들어 환경에 대한 관심이 증가함에 따라 저공해 자동차 개발과 자동차의 연비향상 및 유해배기가스 저감에 대한 획기적인 기술들이 적용되고 있다.

위와 같은 사회적, 환경적 측면과 기술적 수준으로 현재 자동차의 경량화가 지속적으로 발전하고 있으며 자동차에 적용하는 경량화 및 연비 향상 기술은 다음과 같다.

(1) 경량화 재료 적용

알루미늄과 마그네슘 또는 플라스틱 제품으로 전환시키는 경량재료 사용방법과 철판재료의 두께를 얇게 하여 경량화시키는 고장력 강판 등의 적용이 있다.

(2) 성능 및 효율 향상

성능 및 효율 향상은 엔진, 동력전달 및 보조기능 등의 효율 향상으로 구분할 수 있다. 엔진효율 향상은 마찰손실 절감이나 배기 연소법 개선, 구동계와 엔진의 접촉성 등과 같은 구조개선이 되고 있다.

(3) 주행저항 감소

주행저항 감소대책에는 차체의 공기저항, 타이어의 구름마찰 저항 및 기타 저항감소 등의 개선방안이 있다. 이를 위해서 차체, 휠, 타이어 등 구조설계의 최적화 모델링이 있다.

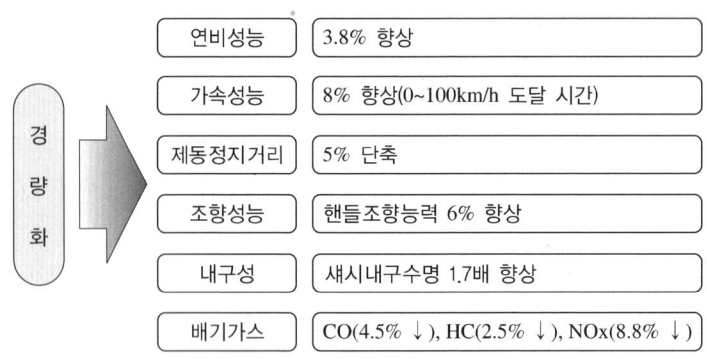

[경량화에 따른 성능 향상]

이러한 여러 가지 연비향상 대책 중에서 재료경량화에 의한 연비개선의 기여율이 가장 높으며 차량의 연비를 개선하고 배출가스를 효과적으로 줄일 수 있는 방법을 크게 4가지로 분류하면 다음과 같다.

① 이산화탄소가 없거나 줄어든 대체연료를 사용하는 무공해자동차 또는 전기자동차를 개발한다.
② 엔진의 효율성을 증가시킨다.
③ 공기의 저항을 감소시킨다.
④ 차량의 중량을 감소시킨다.

특히 차량의 경량화는 차량의 각 부위에 작용하는 힘의 감소로 유지 보수비용의 절감, 중량 감소분에 비례한 에너지의 절감, 동일한 에너지로 구동력 및 속도의 향상 등의 여러 가지 효과를 거둘 수 있는 장점이 있다.

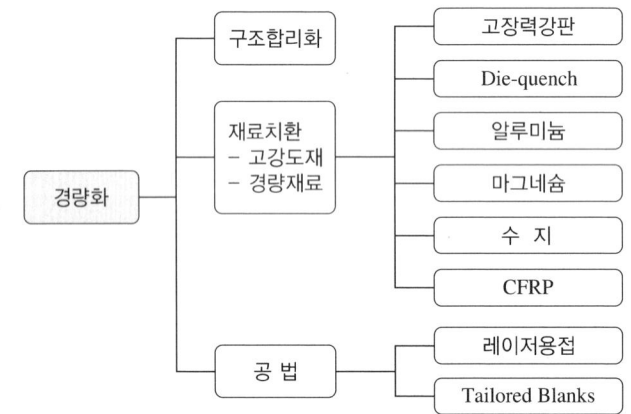

[차체 경량화의 방법과 소재]

차체의 중량은 차량 총중량의 1/3의 수준이다. 또한, 차체의 무게가 감소되고 나면 섀시, 브레이크, 엔진 및 변속기와 같은 다른 시스템들도 보다 작으면서 가볍게 제작될 수 있다. 결과적으로 차량의 전체 중량은 차체의 중량 감소와 다른 시스템의 중량 감소가 추가되면서 더 큰 효과를 기대할 수 있다. 차체 경량화는 단순히 무게만을 낮추는 것이 아니고 중량의 저감을 목적함수로 하고 구조, 강도, 강성, 내구 및 충돌 변형 등의 사항들을 구속조건으로 하는 다목적 최적설계로 접근되어야 하며 이러한 최적설계는 고장력강 및 다재료(Multimaterial)의 적용, 구조 최적화, 생산 공법 합리화 등의 기술을 통해 지속적으로 발전하고 있다.

(4) 경량화 재료

자동차의 경량화 재료로서 알루미늄(Al), 마그네슘(Mg), 고장력 강판 등의 금속재료와 플라스틱, 세라믹 등이 많이 사용되고 있다.

① 알루미늄(Aluminium)

알루미늄(Al)은 1827년 발견된 원소로서 규소(Si) 다음으로 지구상에 다량으로 존재하는 원소이다. 비중은 2.7이며, 현재 공업용 금속 중 마그네슘(Mg) 다음으로 가벼운 금속이다. 주조가 용이하며 다른 금속과 합금이 잘되고, 상온 및 고온에서 가공이 용이하다. 또한 대기 중에서 내식력이 강하며 전기와 열의 양도전체이다.

이러한 알루미늄은 경량화 재료로서 엔진블록, 트랜스미션, 브레이크 부품, 보디 부품, 열교환기 등에 사용되며 이중 알루미늄 주조품의 사용량이 현재까지 압도적으로 많다. 알루미늄은 경량화 뿐만 아니라 비강도, 내식성, 열전도도 등이 우수하여 자동차용 재료로 사용되면 최고 40% 가량 경량화를 이룰 수 있으며, 종래 자동차 생산라인의 설비를 그대로 사용할 수 있다는 장점으로 자동차 경량화를 위한 대체 재료로 주목받고 있다.

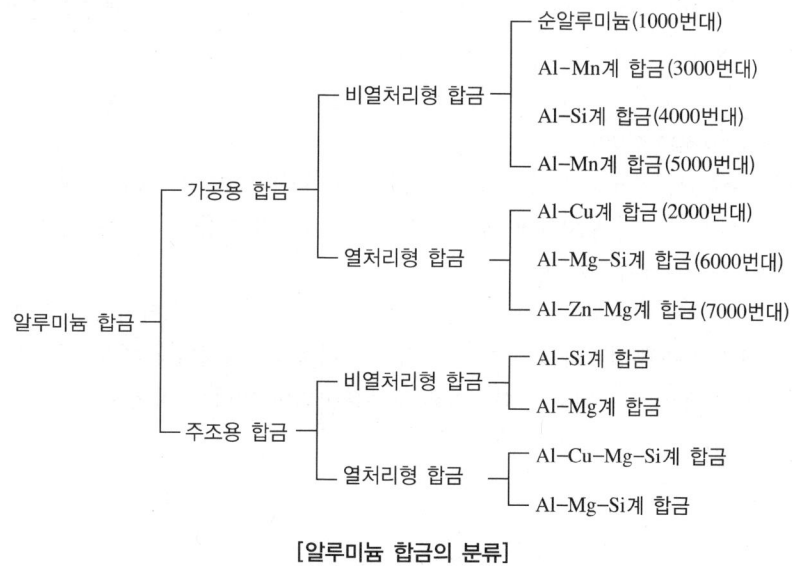

[알루미늄 합금의 분류]

[알루미늄의 분류별 특성]

Alloy Group	Material 특성
1000 시리즈	• 순 Al로서 내식성이 좋고 광의 방사선, 열의 도전성이 뛰어나다. • 강도는 낮지만 용접 및 성형가공이 쉽다.
2000 시리즈	• Cu를 주첨가 성분으로 한 것에 Mg 등을 함유한 열처리 합금이다. • 열처리에 따라 강도는 높지만 내식성 및 용접성이 떨어지는 것이 많다(단, 2219 합금의 용접성은 우월하다). • Rivet 접합에 의한 구조물, 특히 항공기재로서 이용된다.
3000 시리즈	• Mn을 주첨가 성분으로 한 냉각가공에 의해 각종 성질을 갖는 비열처리 합금이다. • 순 Al에 비해 강도는 약간 높고 용접성, 내식성, 성형 가공성 등이 좋다.
4000 시리즈	• Si를 주첨가 성분으로 한 비열처리 합금이다. • 용접 재료로서 이용된다.
5000 시리즈	• Mg를 주첨가 성분으로 한 강도가 높은 비열처리 합금이다. • 용접성이 양호하고 해수 분위기에서도 내식성이 좋다.
6000 시리즈	• Mg와 Si를 주첨가 성분으로 한 열처리 합금이다. • 용접성, 내식성이 양호하며 형재 및 관 등 구조물에 널리 이용되고 있다.
7000 시리즈	Zn을 주첨가 성분으로 하지만, 여기에 Mg을 첨가한 고강도 열처리 합금이다.

또한 철강재료와 알루미늄의 특징을 비교하면 다음과 같다.

㉠ 비중이 낮아 경량화가 가능하다.
㉡ 재활용성이 우수하다.
㉢ 탄성계수가 낮아 스프링 백 현상이 심하다.
㉣ 국부변형률이 작아(4%) 헤밍 등의 2차 가공이 불리하다.
㉤ 소성변형비가 낮아 성형이 불리하다.
㉥ 반사율이 높아 레이저용접이 불리하다.
㉦ 도전율이 높아 스폿용접이 불리하다.

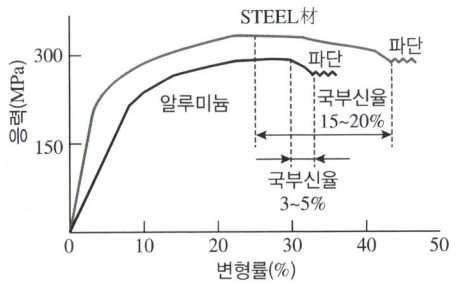

[알루미늄과 철의 응력 – 변형률선도]

② 마그네슘(Magnesium)

마그네슘(Mg)은 실용금속 중 가장 가벼운 금속이다(비중 1.79~1.81). 또한 리사이클이 용이하고 전자파 차폐 기능이 우수하여 최근 수지부품을 대신하여 유럽, 미국에서는 자동차, 일본에서는 휴대용 전자기기에 적용이 증가해 왔다.

또한 자동차에 있어서는 진동 흡수성이 높다는 점을 살려 스티어링 휠의 합금으로 사용되고 있는 것을 비롯해 실린더 헤드커버, 스티어링 컬럼 키, 실린더 하우징, 휠, 클러치나 트랜스미션의 하우징 등에 사용되고 있다. 휠은 주조품이지만 기타는 거의 다이케스팅(Die Casting)에 의한 것이다.

[마그네슘과의 물성 비교]

항 목	마그네슘	알루미늄	철
밀도(mg/m^2)	1.74	2.7	7.87
융점(℃)	650	660	1,539
비점(℃)	1,110	2,060	2,740
융해잠열(J/g)	372	397	312
비열(J/g, ℃)	1.045	0.899	0.528
결정구조	조밀육방	면심육방	체심입방
영률(N/mm^2)	45,000	70,000	200,000
선열 팽창계수 (10^{-6}/℃, 20~200℃)	27.0	24.0	12.3
열전도율(J/cm·S·℃)	1.59	2.22	0.86
표준단극전위(V, 25℃)	-2.39	-1.66	-0.44

③ 철강(Steel)

자동차의 재료로써 철(Fe)의 요구조건은 일반적으로 자동차의 구조상 또는 기능상으로부터 기계 가공성 및 열처리성 등이 좋아야 하는 내구성, 소성, 표면처리성 등과 양호한 외관성, 경량화, 안정성 및 경제성 등이 있다. 다음은 자동차의 철강재료의 요구조건이다.

㉠ 강인성, 내식성, 내마모성 및 내열성이 있어야 하며 특별히 피로한계가 높은 재료여야 한다.
㉡ 프레스 성형성이 우수하고 도장성, 도금성이 좋아야 한다.
㉢ 비중이 적은 철강재료 및 두께를 줄인 고장력 강판을 적용한다.
㉣ 인성, 열처리성 등이 우수하고 잔류응력이 없는 재료여야 한다.
㉤ 가격이 저렴하고 절삭성 및 가공성이 우수해야 한다.

자동차에 쓰이는 철강제품으로는 냉연강판(용접성과 도장성이 우수하여 가장 일반적으로 사용되는 소재), 전기아연도금강판(도장 후 내식성 및 외관이 미려하여 자동차 외판에 사용), 용융아연도금강판(내식성이 우수하여 내판 및 부품류에 사용), 유기피복강판(수지피막을 코팅한 것으로 가공부위의 내식성이 가장 우수하여 자동차 내 외판에 사용) 등이 있다.

④ 플라스틱(Plastics)

플라스틱이 자동차 1대에 차지하는 구성 비율은 약 8% 정도이다. 플라스틱에는 다양한 종류가 있으며 여러 가지 용도로 사용되고 있다. 플라스틱의 공통된 특성으로서 가볍고, 부식되지 않으며, 가공하기 쉽다는 것을 들 수 있다.

엔진부품으로서 실린더헤드커버, 흡기 매니폴드, 라디에이터 탱크 등이, 외장부품에는 범퍼, 휠 커버, 헤드램프렌즈, 도어 핸들, 퓨얼 리드(Fuel Lead) 등이 수지화되어 있다.

플라스틱은 일반적으로 강도에 있어 금속에 비해 떨어지므로 강도가 필요한 바디 쉘에는 아직 응용되고 있지 않다. 이러한 플라스틱의 강도를 향상시키는 방법으로는 강도가 높은 소재와 조합시킨 복합재료가 있다. 대표적인 것이 유리섬유로 강화한 GFRP(Glass Fiber Reinforced Plastics), 탄소섬유로 강화시킨 CFRP(Carbon Fiber Reinforced Plastics)이다. CFRP는 강도가 스틸의 4배, 비중은 철의 1/4로 F-1 등의 레이싱카 모노코크나 브레이크에 채용되고 있다.

⑤ 세라믹(Ceramics)

자동차용 세라믹스는 고온성, 고강도성, 내마모성, 화학적 안정성, 경량성 등으로 신소재로서 개발이 확대되고 있으며, 그 용도로는 기능성 세라믹스와 구조용 세라믹스로 대별되고 있다.

㉠ 기능성 세라믹스 : 세라믹스의 전자기적 혹은 광학적 특성을 이용하여 자동차용 각종 센서나 표시장치에 적용되고 있다.

㉡ 구조용 세라믹스 : 경량으로 고온 강도나 내마모성 등의 특징으로 디젤엔진부품으로 사용되고 있다.

CHAPTER 02 공조시스템

PART 01 그린전동자동차 공학

1 자동차의 공기조화시스템

자동차용 공기조화(Car Air Conditioning)란 운전자가 쾌적한 환경에서 운전하고 승차원도 보다 안락한 상태에서 여행할 수 있는 차 실내의 환경을 만드는 것이다. 이러한 공기조화는 온도, 습도, 풍속, 청정도의 4요소를 제어하여 쾌적한 실내 공조시스템을 실현한다.

(1) 열 부하

자동차 실내에는 외부 및 내부에서 여러 가지 열이 가해진다. 이러한 열들을 차실의 열 부하라 한다. 차량의 열 부하는 보통 4가지의 요소로 분류된다.

① 인적 부하(승차원의 발열) : 인체의 피부 표면에서 발생되는 열로써 실내에 수분을 공급하기도 한다. 일반 성인이 인체의 바깥으로 방열하는 열량은 1시간당 100kcal 정도이다.

② 복사 부하(직사광선) : 태양으로부터 복사되는 열 부하로서 자동차의 외부 표면에 직접 받게 된다. 이 복사열은 자동차의 색상, 유리가 차지하는 면적, 복사 시간, 기후에 따라 차이가 있다.

③ 관류 부하(차실 벽, 바닥 또는 창면으로부터의 열 이동) : 자동차의 패널(Panel)과 트림(Trim)부, 엔진룸 등에서 대류에 의해 발생하는 열 부하이다.

④ 환기 부하(자연 또는 강제의 환기) : 주행 중 도어(Door)나 유리의 틈새로 외기가 들어오거나 실내의 공기가 빠져나가는 자연 환기가 이루어진다. 이러한 환기 시 발생하는 열 부하로서 최근 대부분의 자동차에는 강제 환기장치가 부착되어 있다.

[자동차의 열부하]

자동차의 냉방시스템은 위와 같은 열 부하가 실내에 발생할 때 증발기에서 열을 흡수하여 응축기에서 열을 방출하는 냉각 작용을 한다.

(2) 냉방능력

주위의 온도에 비해서 낮은 온도의 환경을 만들어 내는 것을 냉방, 냉장 또는 냉동이라 한다. 냉방능력은 단위시간당 냉동기가 얼마만큼의 열량을 빼앗을 수 있는가 하는 능력으로 단위는 kcal/h를 사용한다. 실용적인 단위로서 냉동톤이라 하는데 24시간 동안에 0℃의 물 1톤(ton)을 0℃의 얼음으로 만드는 데 필요한 열량을 일본 냉동톤이라 하고, 24시간 동안 물 200lb를 32℉(0℃)의 얼음으로 만드는 데 필요한 열량을 미국 냉동톤이라 한다.

- 1(일본)냉동톤 = 3,320kcal/h
- 1(미국)냉동톤 = 3,024kcal/h

냉동기는 열을 저온에서 고온으로 이동시키는 것이므로 그 능력을 단위시간에 운반하는 열량으로 표시한다. 이러한 열량을 구하기 위해서는 저온측과 고온측의 온도를 알아야 한다.

냉동기가 흡열하는 열량, 즉 냉동능력은 단위시간 동안의 냉각열량인데 24시간에 0℃의 물 1ton을 냉동하여 0℃ 얼음으로 만들 때의 열량을 말하며 3,320kcal/h에 상당한다. 물의 응고잠열을 79.68kcal/kg라고 하면 다음과 같은 식이 성립한다.

$$1냉동톤 = \frac{79.68 \times 1,000}{24} = 3,320 \text{kcal/h}$$

구 분	표준능력	냉동톤
자동차의 냉방능력	3,600~4,000(kcal/h)	1.0~1.5
가정의 냉방능력	16~2,200(kcal/h)	0.5~0.7

냉방성능의 양호, 불량의 판단기준의 항목은 다음과 같다.
① 증발기 입구 건구온도
② 증발기 입구 습구온도
③ 증발기 출구 건구온도
④ 증발기 출구 습구온도
⑤ 증발기를 통과하는 풍량(m^3/h)

(3) 냉동이론(4행정 카르노 사이클)

1824년 프랑스의 카르노(Sadi Carnot)는 이상적인 열기관의 효율은 동작유체의 종류에 관계없이 고온열원과 저온열원과의 온도에 의해서만 결정된다는 사실을 발견하였으며 동일한 고, 저열원 사이에 작동하는 열기관 중 최고의 효율을 갖는 이상적인 사이클로서 2개의 등온과정과 2개의 단열과정을 가진 사이클을 주장하였는데 이 사이클을 카르노 사이클이라고 한다.

엄밀하게 말해서 카르노 사이클을 실현한다는 것은 불가능하지만 이론상으로는 가능하며 각종 사이클을 고찰하는 경우에 이론상 기본이 되는 중요한 사이클이다. 카르노라는 이상적인 열기관이란 카르노 사이클을 갖는 가역 사이클에 의한 열기관이다. 고온과 저온 열원 간에 가역 사이클을 행하기 위해서는 등온흡열, 등온방열이 필수조건이다.

① 가역 등온팽창 : 고온에서 열을 흡수한다.
② 가역 단열팽창 : 고온에서 저온으로 온도가 떨어진다.
③ 가역 등온압축 : 저온에서 열을 방출한다.
④ 가역 단열압축 : 저온에서 고온으로 온도가 올라간다.

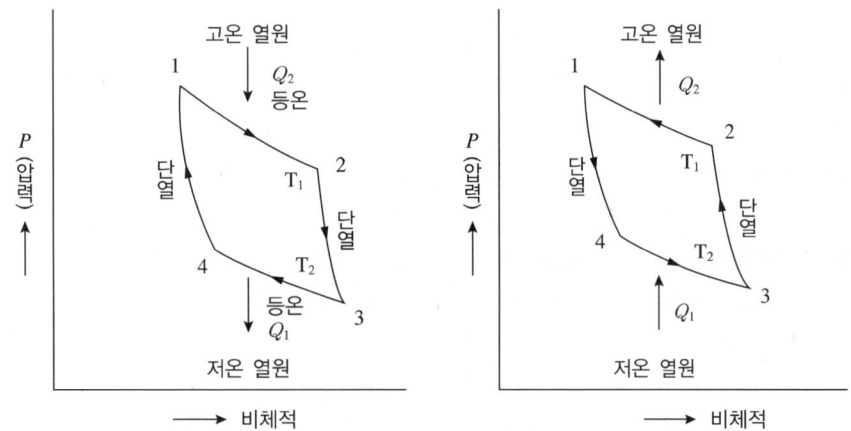

- $1 \to 2$: 동작유체는 온도 T_1인 고온열원에 접하고 열량 Q_1을 받아 등온(온도 T_1)팽창한다.
- $2 \to 3$: 단열팽창
- $3 \to 4$: 동작유체는 온도 T_2인 저온열원에 접하고 열량 Q_2를 방열하여 등온(온도 T_2)압축시킨다.
- $4 \to 1$: 단열압축

이 사이클에서 실제 받은 열량은 $Q_1 - |Q_2|$이며 가역 사이클이므로 실제 받은 열량전부가 W가 된다. 따라서 카르노 사이클의 열효율은 다음과 같다.

$$\eta_c = \frac{W}{Q_1} = \frac{Q_1 - |Q_2|}{Q_1} = 1 - \frac{|Q_2|}{Q_1}$$

$$\eta_c = \frac{T_1 - T_2}{T_1} = 1 - \frac{T_2}{T_1}$$

2 냉 매

냉매는 냉동효과를 얻기 위해 사용되는 물질이며 저온부의 열을 고온부로 옮기는 역할을 하는 매체이다. 저온부에서는 액체상태에서 기체상태로, 고온부에서는 기체상태에서부터 액체상태로 상변화를 하며 냉방효과를 얻는다. 냉매로서 가장 중요한 특징은 높지 않은 압력에서 쉽게 응축되어야 하며 쉽게 액체상태로 되어야 효율이 우수한 냉방능력을 발휘할 수 있다. 또한 냉매 주입 시 컴프레서 작동의 윤활을 돕기 위하여 윤활유를 첨가하여 냉매가스를 충전한다.

예전에 자동차용 냉매로 사용된 R-12 냉매 속에 포함되어 있는 염화플루오린화탄소(CFC : R-12 프레온 가스의 분자 중 Cl)는 대기의 오존층을 파괴한다. CFC는 성층권의 오존과 반응하여 오존층의 두께를 감소시키거나 오존층에 홀을 형성함으로써 지표면에 다량의 자외선을 유입하여 생태계를 파괴하게 된다. 또한 CFC의 열 흡수능력이 크기 때문에 대기 중의 CFC가스로 인한 지표면의 온도상승(온실효과)을 유발하는 물질로 판명되었다. 그래서 이것의 생산과 사용을 규제하여 오존층을 보호하고 지구의 환경을 보호하기 위해 단계별로 R-12냉매의 사용 및 생산을 규제하고 있다. 2000년부터는 신 냉매인 R-134a를 전면 대체 적용하고 있는 추세이다.

(1) 냉매의 구비 조건

① 무색, 무취 및 무미일 것
② 가연성, 폭발성 및 사람이나 동물에 유해성이 없을 것
③ 저온과 대기압력 이상에서 증발하고, 여름철 뜨거운 외부온도에서도 저압에서 액화가 쉬울 것
④ 증발잠열이 크고, 비체적이 적을 것
⑤ 임계온도가 높고, 응고점이 낮을 것
⑥ 화학적으로 안정되고, 금속에 대하여 부식성이 없을 것
⑦ 사용온도 범위가 넓을 것
⑧ 냉매가스의 누출을 쉽게 발견할 수 있을 것

(2) R-134a의 장점

① 오존을 파괴하는 염소(Cl)가 없다.
② 다른 물질과 쉽게 반응하지 않는 안정된 분자구조로 되어 있다.
③ R-12와 비슷한 열역학적 성질을 지니고 있다.
④ 불연성이고 독성이 없으며, 오존을 파괴하지 않는 물질이다.

3 냉방장치의 구성

자동차용 냉방장치는 일반적으로 압축기(Compressor), 응축기(Condenser), 팽창밸브(Expansion Valve), 증발기(Evaporator), 리시버 드라이어(Receiver Drier) 등으로 구성되어 있다.

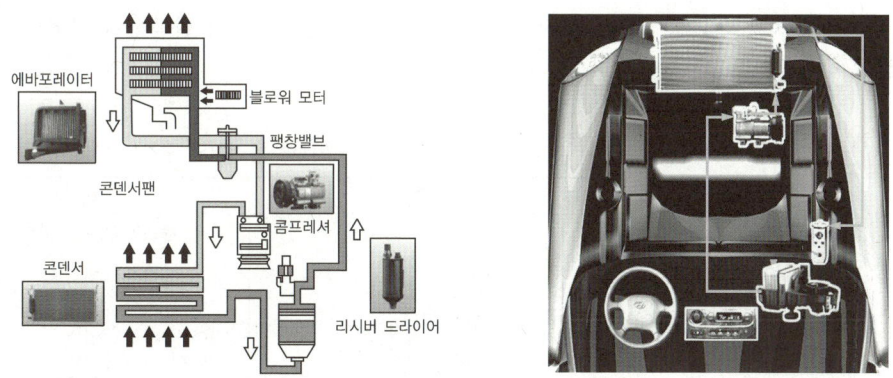

[냉방 사이클의 구성]

(1) 압축기(Compressor)

증발기 출구의 냉매는 거의 증발이 완료된 저압의 기체상태이므로 이를 상온에서도 쉽게 액화시킬 수 있도록 냉매를 압축기로 고온, 고압(약 70℃, 15MPa)의 기체상태로 만들어 응축기로 보낸다. 압축기에는 크랭크식, 사판식, 베인식 등이 있으며 어느 형식이나 크랭크축에 의해 구동된다.

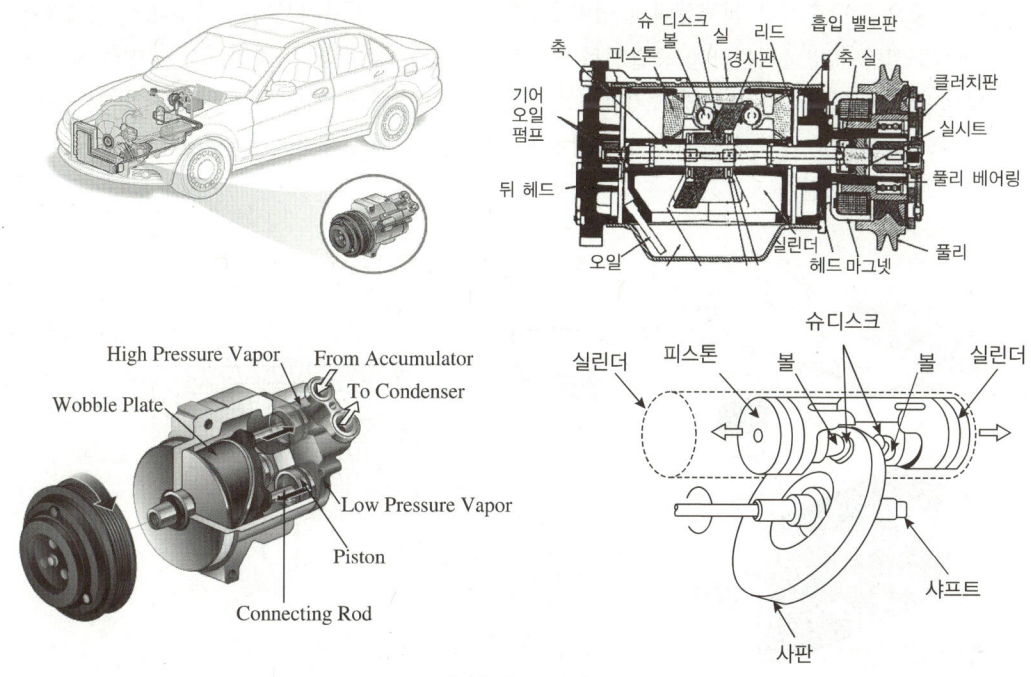

[압축기의 구조]

압축기는 엔진의 크랭크축 풀리에 V벨트로 구동되므로 회전 및 정지 기능이 필요하다. 이 기능을 원활하게 하기 위해 크랭크축 풀리와 V벨트로 연결되어 회전하는 로터 풀리가 있고, 압축기의 축(Shaft)은 분리되어 회전한다. 따라서 압축이 필요할 때 접촉하여 압축기가 회전할 수 있도록 하는 장치이다. 작동은 냉방이 필요할 때 에어컨 스위치를 ON으로 하면 로터 풀리 내부의 클러치 코일에 전류가 흘러 전자석을 형성한다. 이에 따라 압축기 축과 클러치판이 접촉하여 일체로 회전하면서 압축을 시작한다.

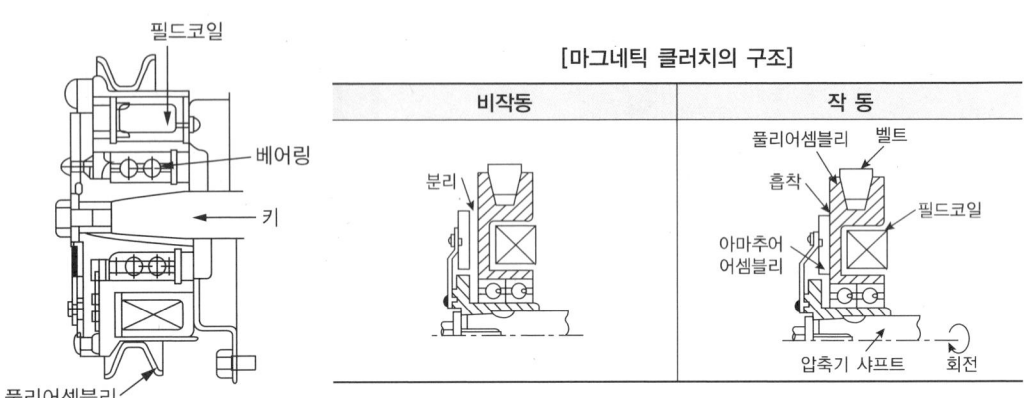

[마그네틱 클러치의 구조]

(2) 응축기(Condenser)

응축기는 라디에이터 앞쪽에 설치되며, 압축기로부터 공급된 고온, 고압의 기체상태의 냉매의 열을 대기 중으로 방출시켜 액체상태의 냉매로 변화시킨다. 응축기에서는 기체상태의 냉매에서 어느 만큼의 열량이 방출되는가를 증발기로 외부에서 흡수한 열량과 압축기에서 냉매를 압축하는 데 필요한 작동으로 결정된다. 응축기에서 방열효과는 그대로 쿨러(Cooler)의 냉각효과에 큰 영향을 미치므로 자동차 앞쪽에 설치하여 냉각팬에 의한 냉각 바람과 자동차 주행에 의한 공기 흐름에 의해 강제 냉각된다.

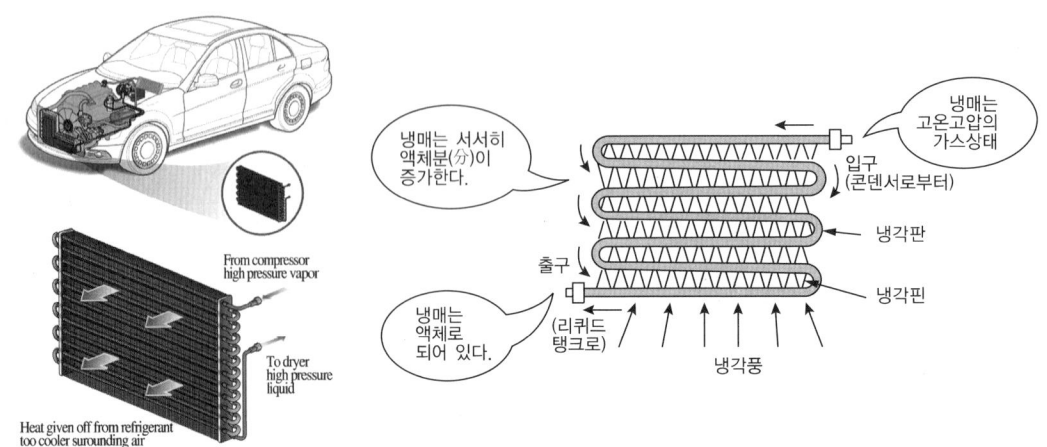

[응축기의 구조 및 원리]

(3) 건조기(리시버 드라이어, Receiver Drier)

건조기는 용기, 여과기, 튜브, 건조제, 사이트 글라스 등으로 구성되어 있다. 건조제는 용기 내부에 내장되어 있고, 이물질이 냉매회로에 유입되는 것을 방지하기 위해 여과기가 설치되어 있다. 응축기의 냉매입구로부터 공급되는 액체상태의 냉매와 약간의 기체상태의 냉매는 건조기로 유입되고 액체는 기체보다 무거워 액체냉매는 건조기 아래로 떨어져 건조제와 여과기를 통하여 냉매출구 튜브 쪽으로 흘러간다. 건조기의 기능은 다음과 같다.

① 저장 기능 : 열 부하에 따라 증발기로 보내는 액체냉매를 저장
② 수분 제거 기능 : 냉매 중에 함유되어 있는 약간의 수분 및 이물질을 제거
③ 압력 조정 기능 : 건조기 출구 냉매의 온도나 압력이 비정상적으로 높을 때(90~100℃, 압력 28kgf/cm^2) 냉매를 배출
④ 냉매량 점검 기능 : 사이트 글라스를 통하여 냉매량을 관찰
⑤ 기포 분리 기능 : 응축기에서 액화된 냉매 중 일부에 기포가 발생하므로 기체상태의 냉매가 있으며 이 기포(기체냉매)를 완전히 분리하여 액체냉매만 팽창밸브로 보냄

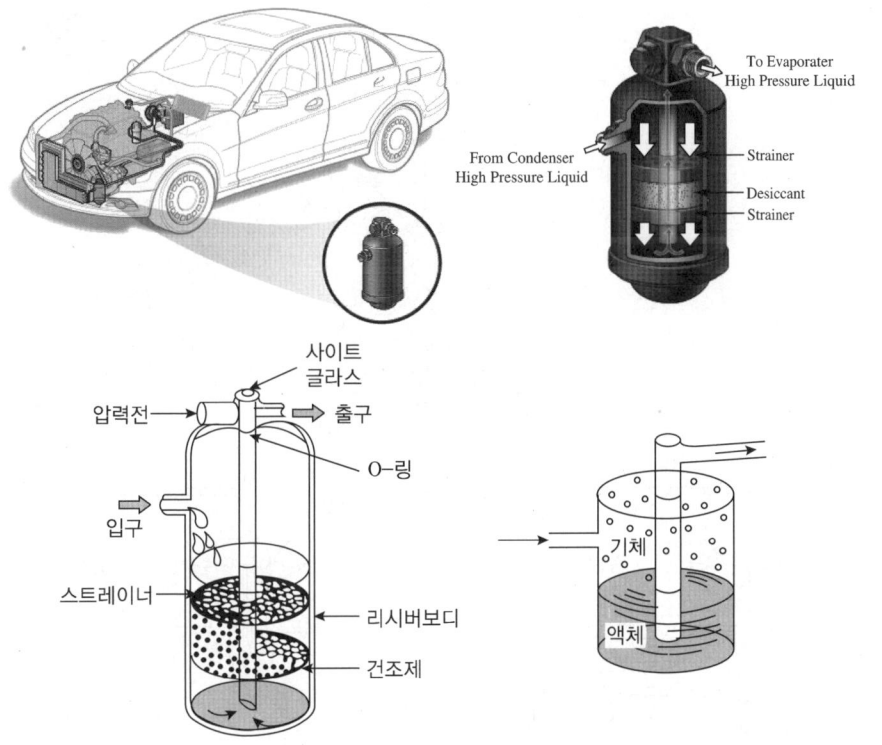

[리시버 드라이어의 구조 및 원리]

(4) 팽창밸브(Expansion Valve)

팽창밸브는 증발기 입구에 설치되며, 냉방장치가 정상적으로 작동하는 동안 냉매는 중간 정도의 온도와 고압의 액체상태에서 팽창밸브로 유입되어 오리피스밸브를 통과함으로서 저온, 저압의 냉매가 된다. 이때 액체상태의 냉매가 팽창밸브로 인하여 기체상태로 되어 열을 흡수하고 증발기를 통과하여 압축기로 나간다. 또한 팽창밸브를 지나는 액체상태의 냉매량은 감온밸브(감온통)와 증발기 내부의 냉매 압력에 의해 조절되며 팽창밸브는 증발기로 들어가는 냉매의 양을 필요에 따라 조절하여 공급한다.

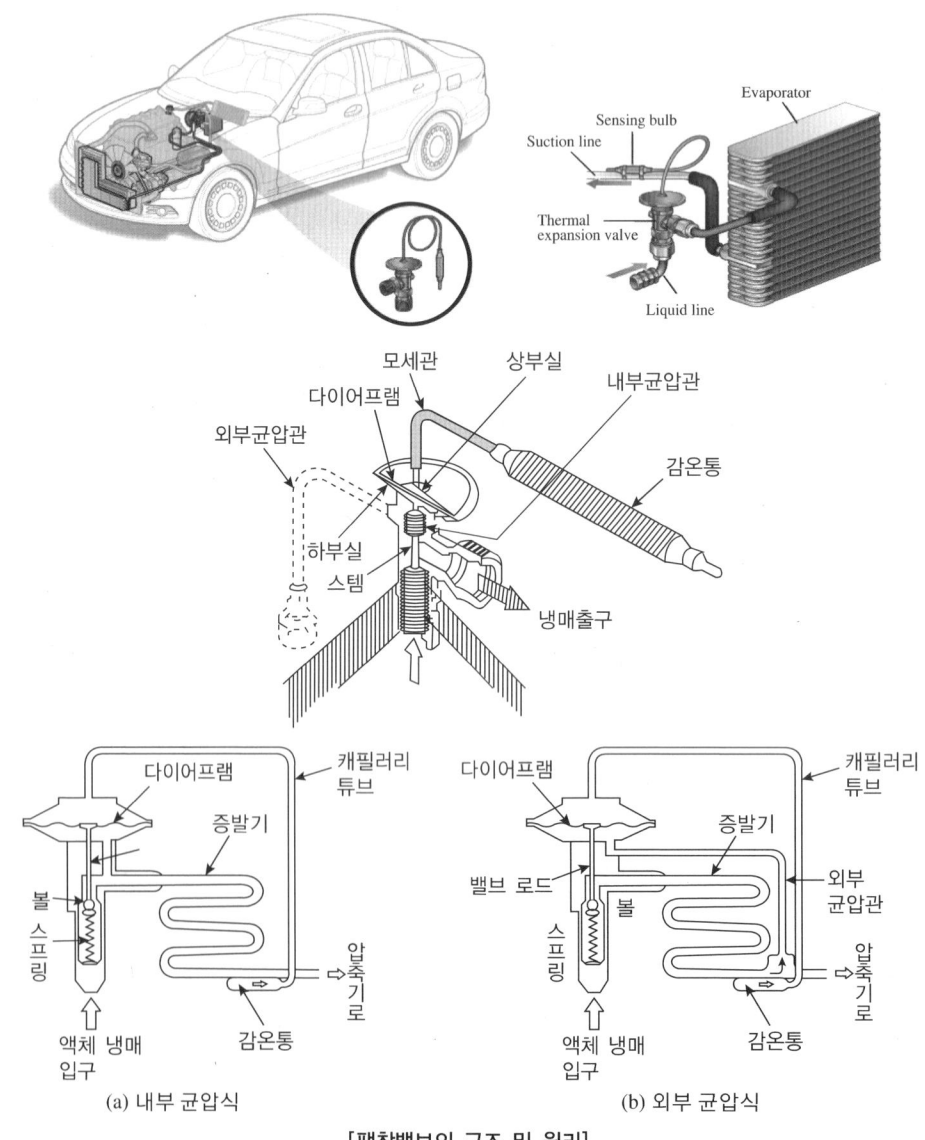

[팽창밸브의 구조 및 원리]

(5) 증발기(Evaporator)

증발기는 팽창밸브를 통과한 냉매가 증발하기 쉬운 저압으로 되어 안개상태의 냉매가 증발기 튜브를 통과할 때 송풍기가 부는 공기에 의해 증발하여 기체상태의 냉매로 된다. 이때 기화열에 의해 튜브 핀을 냉각시키므로 차의 실내 공기가 시원하게 되며 공기 중에 포함되어 있는 수분은 냉각되어 물이 되고, 먼지 등과 함께 배수관을 통하여 밖으로 배출된다. 이와 같이 냉매와 공기 사이의 열교환은 튜브(Tube) 및 핀(Fin)을 사용하므로 핀과 공기의 접촉면에 물이나 먼지가 닿지 않도록 하여야 한다. 증발기의 결빙 및 서리 현상은 이 핀 부분에서 발생한다. 따뜻한 공기가 핀에 닿으면 노점온도 이하로 냉각되면서 핀에 물방울이 부착되고 이때 핀의 온도가 0℃ 이하로 냉각되어 있으면 부착된 물방울이 결빙되거나 공기 중의 수증기가 서리로 부착하여 냉방성능을 현저하게 저하시키게 된다. 이러한 증발기의 빙결을 방지하기 위해 온도 조절 스위치나 가변 토출 압축기를 사용하여 조절하고 있다. 증발기를 나온 기체상태의 냉매는 다시 압축기로 흡입되어 상기와 같은 작용을 반복 순환함으로써 연속적인 냉방작용을 하게 된다.

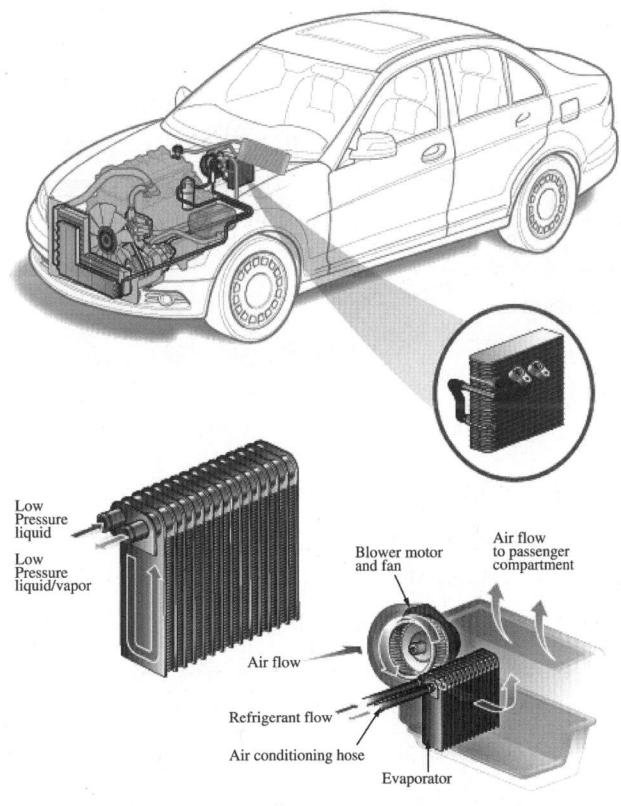

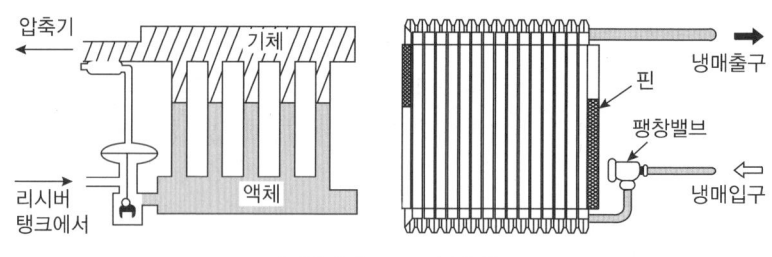

[증발기의 구조 및 원리]

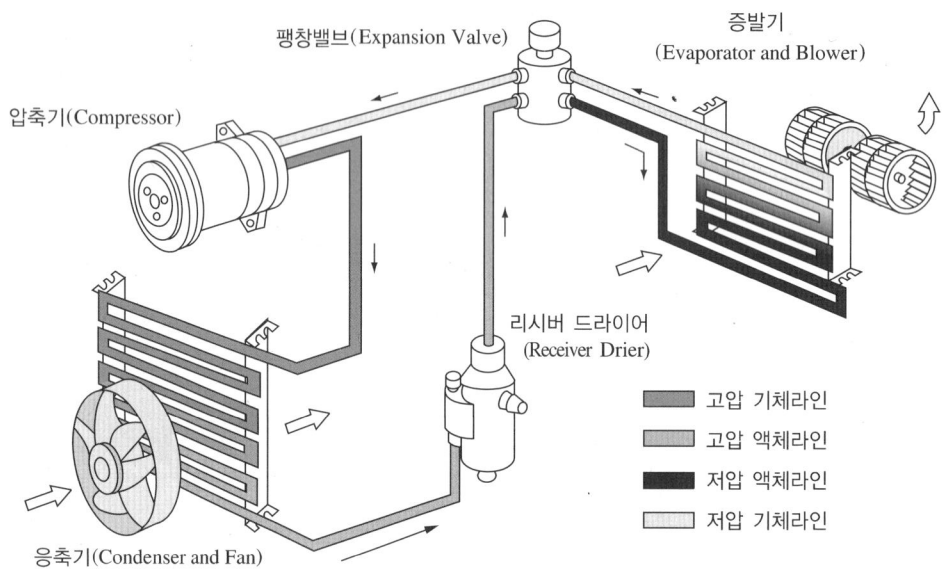

[냉방회로의 냉매 이동]

(6) 냉매 압력 스위치

압력 스위치는 리시버 드라이어에 설치되어 에어컨 라인 압력을 측정하며 에어컨 시스템의 냉매 압력을 검출하여 시스템의 작동 및 비작동의 신호로서 사용된다. 종류로는 기존의 냉방시스템에 적용되고 있는 듀얼압력 스위치와 냉각팬의 회전속도를 제어하기 위한 트리플 압력 스위치가 있다.

① 듀얼 압력 스위치 : 일반적으로 고압측의 리시버 드라이어에 설치되며 두 개의 압력 설정치(저압 및 고압)를 갖고 한 개의 스위치로 두 가지 기능을 수행한다. 에어컨 시스템 내에 냉매가 없거나 외기온도가 0℃ 이하인 경우, 스위치를 "Open"시켜 컴프레서 클러치로의 전원 공급을 차단하여 컴프레서의 파손을 예방한다. 또한 고압측 냉매 압력을 감지하여 압력이 규정치 이상으로 올라가면 스위치의 접점을 "Open"시켜 전원 공급을 차단하여 A/C 시스템을 이상고압으로부터 보호한다.

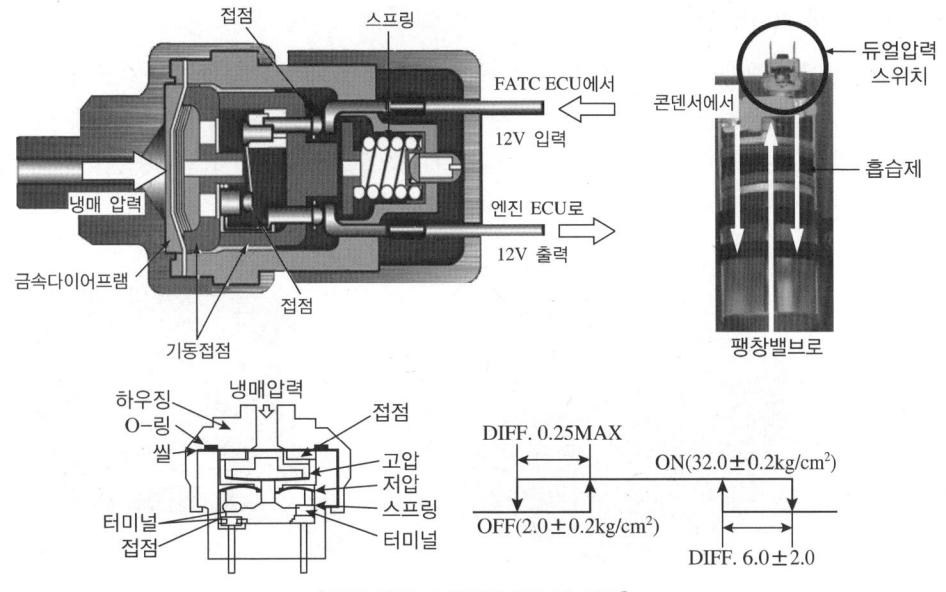

[듀얼 압력 스위치의 구조와 작동]

② 트리플 스위치 : 세 개의 압력 설정치를 갖고 있으며, 듀얼 스위치 기능에 팬 스피드 스위치를 고압 스위치 기능에 접목시킨 것이다. 고압측 냉매 압력을 감지하며 압력이 규정치 이상으로 올라가면 스위치의 접점을 "Close"시켜, 스피드용 릴레이로 전환시켜 팬이 고속으로 작동하게 한다.

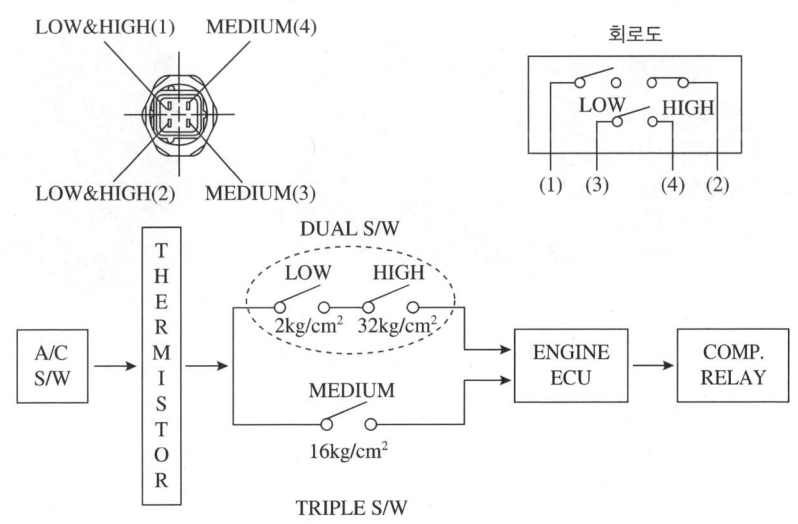

[트리플 스위치의 구조와 작동]

(7) 핀서모 센서(Fin Thermo Sensor)

핀서모 센서는 증발기의 빙결로 인한 냉방능력의 저하를 막기 위해 증발기 표면의 평균온도를 측정하여 압축기의 작동을 제어하는 신호로 사용된다. 증발기 표면온도가 낮아져 냉방성능 저하가 발생할 수 있는 경우 핀서모 센서의 측정온도를 기반으로 압축기의 마그네틱 클러치를 비 작동시켜 냉방 사이클의 작동을 일시 중단시켜 증발기의 빙결을 방지한다.

 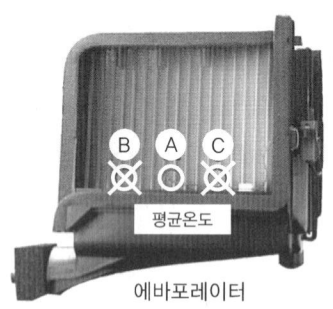

[핀서모 센서의 위치]

(8) 블로어 유닛(Blower Unit)

블로어 유닛은 공기를 증발기의 핀 사이로 통과시켜 차 실내로 공기를 불어 넣는 기능을 수행하며 난방장치 회로에서도 동일한 송풍역할을 수행한다.

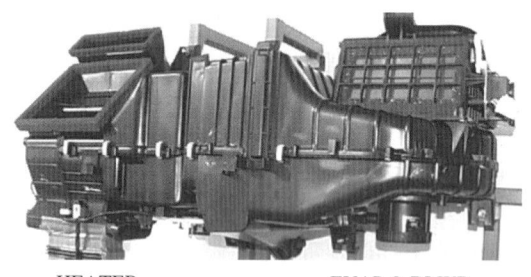 

[히터 유닛과 블로어 모터]

① 레지스터(Resister)

자동차용 히터 또는 블로어 유닛에 장착되어, 블로어 모터의 회전수를 조절하는 데 사용한다. 레지스터는 몇 개의 회로를 구성하며, 각 저항을 적절히 조합하여 각 속도단별 저항을 형성한다. 또한 저항에 따른 발열에 대한 안전장치로 방열핀과 휴즈 기능을 내장하여 회로를 보호하고 있다.

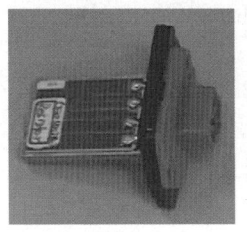 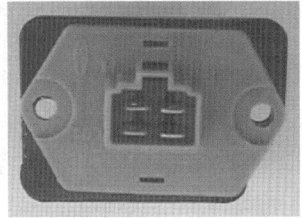

[레지스터]

② 파워 트랜지스터(Power Transistor)

파워 트랜지스터는 N형 반도체와 P형 반도체를 접합시켜서 이루어진 능동소자이다. 정해진 저항값에 따라 전류를 변화시켜 블로어 모터를 회전시키는 레지스터와 달리 FATC(Full Auto Temperature Control)의 출력에 따라 입력되는 베이스전류로 블로어 모터에 흐르는 대전류를 제어함으로써 모터의 스피드를 조절할 수 있는 소자이다. 그러므로 레지스터의 스피드 단수보다 세분화하여 스피드 단수를 나눌 수 있다. 또한 모터가 회전할 때 여러 가지 변수에 따라서 세팅된 스피드와 다르게 회전하는 현상을 막기 위하여 컬렉터 전압을 검출하여 사용자가 세팅한 전압값과 적절히 연산하여 파워 T/R의 베이스로 출력함으로서 일정한 스피드를 유지할 수 있다. 한편, 모터가 회전할 때 파워 T/R에서 열이 발생된다. 정상적으로 모터가 회전할 때에는 파워 T/R의 열을 식혀줄 수 있지만 모터가 구속될 경우에 더 많은 전류와 그에 따른 열이 발생된다. 이때 콜렉터와 직렬로 연결된 온도 퓨즈가 세팅된 온도에서 단선되어 흐르는 전류를 차단함으로 파워 T/R의 소손을 방지할 수 있다.

 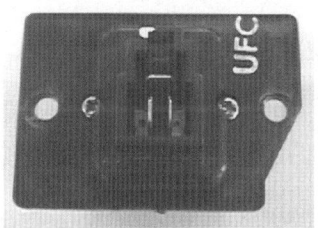

[파워 트랜지스터]

4 전 자동 에어컨(Full Auto Temperature Control)

전 자동 에어컨 FATC(Full Automatic Temperature Control)는 탑승객이 희망하는 설정온도 및 각종 센서(내기 온도 센서, 외기 온도 센서, 일사 센서, 수온 센서, 덕트 센서, 차속 센서 등)의 상태가 컴퓨터로 입력되면 컴퓨터(ACU)에서 필요한 토출량과 온도를 산출하여 이를 각 액추에이터에 신호를 보내어 제어하는 방식이다.

전 자동 에어컨은 희망온도에 따라 눈 일사량, 내외기 온도변화 등에 대해 실내온도를 설정온도로 일정하게 유지한다. 즉, 공기 흡입구, 토출구, 토출온도, 냉각팬의 회전속도, 압축기의 ON-OFF 등을 자동화하여 적용한 시스템이다. 이러한 자동 제어는 수동 에어컨에 논리 제어(Logical Control) 자동 에어컨 제어 기구를 부착하여 실내외 환경 검출 센서를 사용하여 자동차 실내외 온도를 정확히 감지하여 그 정보를 컴퓨터에 입력하여 실내온도, 토출풍량, 압축기 등을 제어한다.

(1) 토출 온도 제어

토출 온도 제어는 설정온도 및 각종 센서 입력에 따른 필요 토출 온도에 따라 온도 조절 액추에이터, 내외기 액추에이터, 송풍기용 전동기 및 압축기를 자동 제어하여 자동차 실내를 쾌적하게 유지한다.

(2) 센서 보정

센서 보정은 센서의 감지량이 급격히 상승하거나 또는 하강하는 경우에 변화량을 천천히 인식하도록 보정하는 기능이다.

(3) 온도 도어(Door)의 제어

온도 도어의 제어는 설정온도 및 각종 센서들로부터의 신호를 연산처리하여 항상 최적의 온도, 도어 제어 온도, 도어 열림 각도(0~100%)를 유지하도록 자동으로 제어한다.

(4) 송풍기용 전동기(Blower Motor) 속도 제어

송풍기용 전동기 속도 제어는 설정온도 및 각종 센서들로부터의 신호를 연산 처리하여 목표 풍량을 결정한 후 전동기의 속도를 자동으로 제어한다.

(5) 기동 풍량 제어

기동 풍량 제어는 송풍기용 전동기의 인가전압을 천천히 증가시켜 쾌적 감각을 향상시키도록 제어한다.

(6) 일사 보상

일사 보상은 감지된 일사량에 따라 요구 토출온도에 따른 보상을 실행한다.

(7) 모드 도어 보상

모드 도어 보상은 설정온도 및 각종 센서들로부터의 신호를 연산 처리하여 필요 토출온도를 결정한 후 이에 따라 토출모드의 자동제어를 실행한다.

(8) 최대 냉, 난방 기능

최대 냉, 난방 기능은 AUTO 상태에서 설정온도를 17~32℃로 선택하였을 때 최대 냉, 난방 기능을 실행한다.

(9) 난방 기동 제어

난방 기동 제어는 겨울철에 온도가 낮은 경우 엔진을 시동할 때 갑자기 찬바람이 토출되는 것을 방지하기 위해 엔진의 냉각수 온도가 50℃ 이상으로 상승될 때까지 송풍기용 전동기의 작동을 정지시킨다.

(10) 냉방 기동 제어

냉방 기동 제어는 여름철에 온도가 높은 경우 엔진을 시동할 때 자동차 실내로 갑자기 뜨거운 바람이 토출되는 것을 방지하기 위하여 송풍기용 전동기를 저속에서 고속으로 서서히 증가시킨다.

(11) 자동차 실내의 습도 제어

자동차 실내의 습도 제어는 외기온도와 자동차 실내의 습도가 맞지 않아 유리에 김 서림 현상이 발생할 경우 에어컨을 작동시켜 이를 방지한다.

5 전 자동 에어컨 부품의 구조와 작동

(1) 전 자동 에어컨의 구성 부품

① 컴퓨터(ACU) : 컴퓨터는 각종 센서들로부터 신호를 받아 연산 비교하여 액추에이터 팬 변속 및 압축기 ON, OFF를 종합적으로 제어한다.
② 외기온도 센서 : 외기 센서는 외부의 온도를 검출하는 작용을 한다.

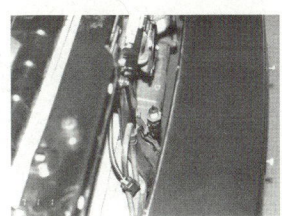 

[외기온도 센서]

③ 일사 센서 : 일사에 의한 실온 변화에 대하여 보정값 적용을 위한 신호를 컴퓨터로 입력시킨다.

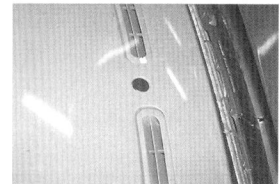

[일사 센서]

④ 파워 트랜지스터 : 파워 트랜지스터는 컴퓨터로부터 베이스전류를 받아서 팬 전동기를 무단 변속시킨다.

[파워 트랜지스터]

⑤ 실내온도 센서 : 실내온도 센서는 자동차 실내의 온도를 검출하여 컴퓨터로 입력시킨다.

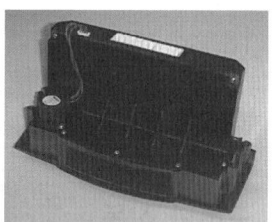

[실내온도 센서]

⑥ 핀서모 센서 : 핀서모 센서는 압축기의 ON, OFF 및 흡기 도어(Intake Door)의 내·외기 변환에 의해 발생하는 증발기 출구쪽의 온도 변화를 검출하는 작용을 한다.

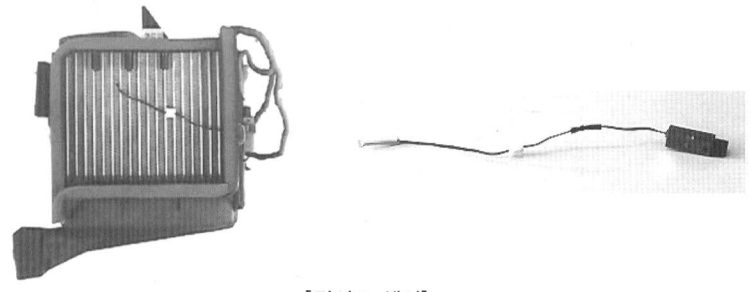

[핀서모 센서]

⑦ 냉각수온 센서 : 냉각수온 센서는 히터코어의 수온을 검출하며, 수온에 따라 ON, OFF되는 바이메탈 형식의 스위치이다.

[풀 오토 에어컨 입출력도]

입력부	제어부	출력부
• 실내온 센서 • 외기온도 센서 • 일사량 센서 • 핀서모 센서 • 냉각수온 센서 • 온도조절 액추에이터 • 위치 센서 • AQS 센서 • 스위치입력 • 전원공급	FATC 컴퓨터	• 온도조절 액추에이터 • 풍향조절 액추에이터 • 내외기조절 액추에이터 • 파워 T/R • HI 블로어 릴레이 • 에어컨 출력 • 컨트롤판넬 화면 DISPLAY • 센서전원 • 자기진단 출력

6 차량 난방시스템

자동차 난방시스템은 일반적으로 엔진에서 발생한 열에 의해 따뜻해진 냉각수를 순환하여 자동차 실내의 히터코어를 통해 난방을 한다. 수랭식 기관이 장착된 자동차용 난방장치는 기관 냉각수 열원을 이용한 온수식, 기관의 배기 열을 이용한 배기식, 독립된 연소장치를 가진 연소식이 있으며 일부 국부적 난방을 위한 보조히터로 전기저항 발열을 이용한 전기식 등이 있다. 그리고 난방용 공기를 도입시키는 방법에 따라 외기식, 내기식, 내·외기 변환식으로 분류된다. 대부분의 자동차용 난방장치로는 온수식 히터장치를 사용하고 있다.

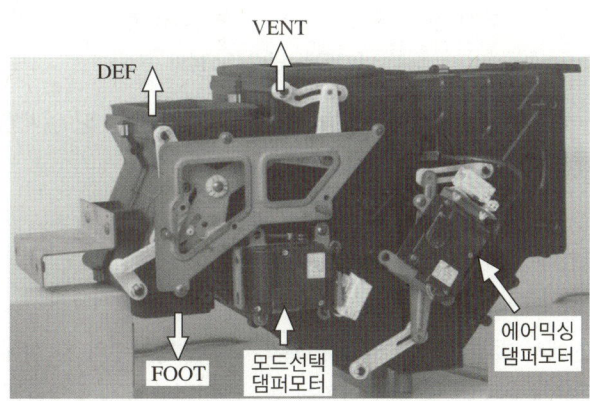

[히터 유닛]

(1) 온수식 히터

온수식은 승용차 등 중소형 차량에 주로 적용하는 난방 방식이다. 다음 그림은 온수식 히터의 대략적인 구조도를 나타내며 그 작동원리는 다음과 같다.

① 열원인 엔진 냉각수는 실린더 내 연소열에 의해 약 85℃까지 상승한다.
② 가열된 냉각수는 온수배관을 통해 히터코어로 유입된다.
③ 냉각수가 히터코어를 통과할 때 블로어에 의해 강제 유입된 공기와 히터코어 사이에서 열 교환이 발생하여 공기의 온도를 약 65℃까지 상승시킨다.
④ 가열된 공기가 차 실내로 유입되어 난방이 된다.

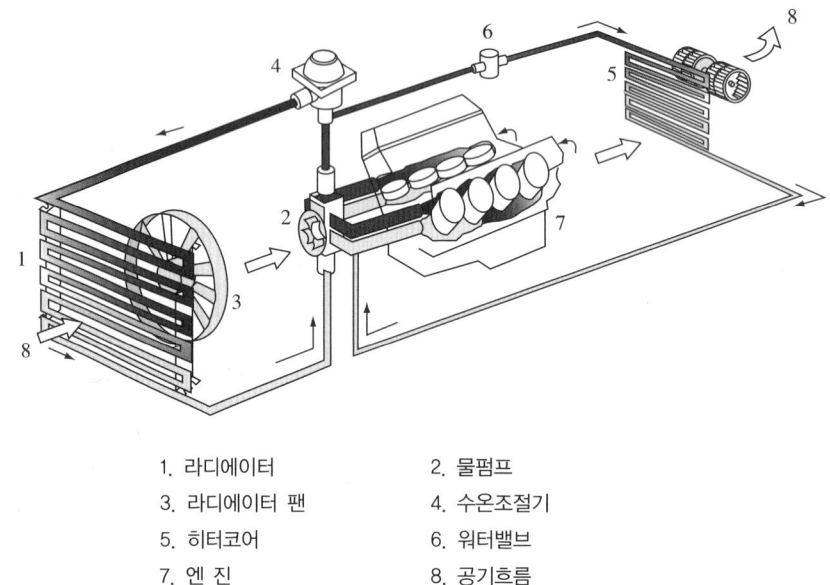

1. 라디에이터
2. 물펌프
3. 라디에이터 팬
4. 수온조절기
5. 히터코어
6. 워터밸브
7. 엔 진
8. 공기흐름

[자동차 난방시스템의 구조]

이러한 온수식 히터장치는 블로어 모터와 히터코어가 일체로 된 일체형과 블로어 모터와 히터코어가 분리된 분리형 히터로 나눌 수 있다.

(2) 온수식 히터의 구성

① 히터코어(Heater Core)

히터코어는 엔진에서 발생한 열로 인해 온도가 상승한 냉각수와 차 실내의 찬 공기를 열 교환하여 차 실내를 따뜻하게 해주는 방열기 역할을 한다. 히터코어는 방열효과를 높이기 위해 방열핀이 부착되어 있으며 히터코어 사이를 통과한 더운 공기는 실내 및 디프로스터에 보내진다. 히터코어는 열전달이 우수한 경량의 알루미늄 합금재를 사용하고 있으며 연결 튜브와 코어를 동시에 브레이징(Brazing)하여 생산하는 방법을 많이 사용하며 성능 및 내구성을 중요시한다.

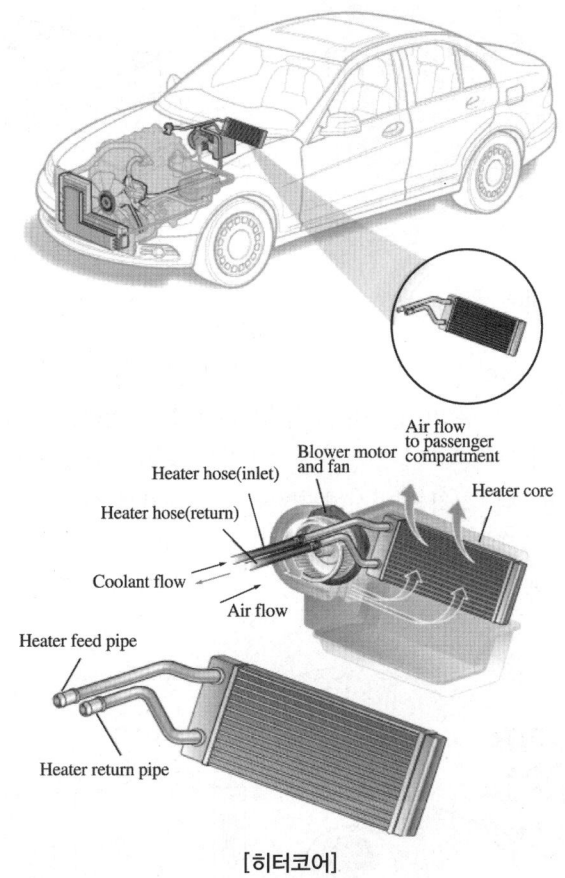

[히터코어]

이러한 히터코어를 구성하는 핀 형식으로는 크게 플레이트핀형과 코루게이트핀형으로 나눌 수 있다.

㉠ 플레이트핀(Plate Fin Type)

플레이트핀형은 다음 그림과 같이 냉각면적이 큰 평판모양의 핀을 수관에 붙인 것으로 오래 전부터 적용한 형식 중 하나이다. 이것은 평면핀을 일정한 간격으로 용접해 붙여 제작한 것이다.

㉡ 코루게이트핀(Corrugated Fin Type)

코루게이트핀형은 다음 그림과 같이 냉각핀의 모양을 물결 모양으로 만든 것으로서 플레이트 핀에 비해 방열량이 크고 방열기를 경량화 할 수 있어서 현재 널리 적용되고 있다.

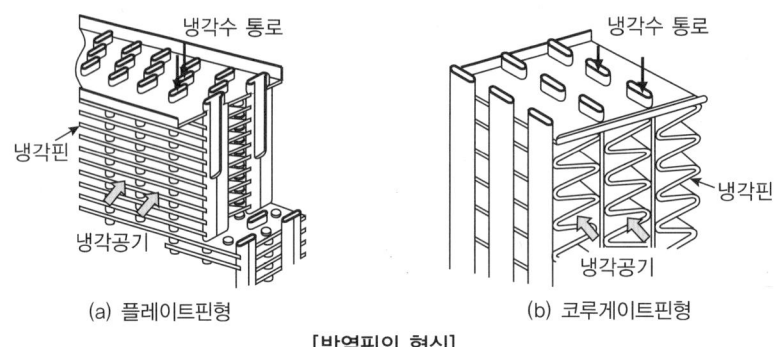

[방열핀의 형식]

② 워터밸브(Water Valve)

워터밸브는 히터코어로 유입하는 엔진냉각수의 유량을 제어하는 역할을 하며, 이 온수량의 제어에 의해 차 실내의 공기온도가 조정된다. 차 실내 공기의 온도제어방식에는 에어믹스 방식과 리히터 방식이 있으며, 각각의 방식에 적합한 워터밸브를 사용하여야 한다. 다음 그림은 엔진 냉각수 계통도를 나타낸다. 워터밸브는 통상 히터코어의 상류부(뜨거운 냉각수의 입구, 히터코어 입구)에 설치되어 있다.

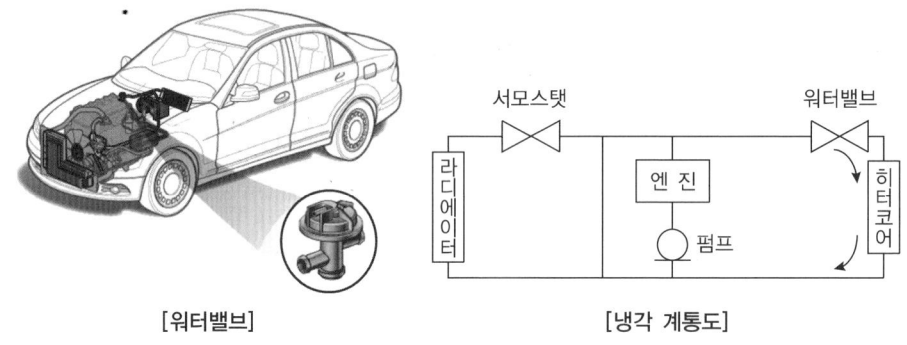

[워터밸브]　　　　　　　　　　[냉각 계통도]

워터밸브는 ON/OFF 제어방식이 가장 많이 사용되며 레버의 ON/OFF는 매뉴얼 에어컨에서는 수동으로 작동하고 오토 에어컨에서는 진공 스위치(Vacuum Switch) 또는 서보모터로 제어한다.

③ 블로어 시스템(송풍기)

송풍기 모터는 공기를 증발기의 핀 사이로 통과시켜 냉각한 후 자동차의 실내로 공기를 불어내기 위해 사용되는 소형 모터이며, 송풍기 스위치와 레지스터를 조합하여 송풍기 모터의 회로를 제어하고 풍량을 3단계 또는 4단계로 변환할 수 있다. 레지스터는 자동차용 히터 또는 송풍기 유닛에 장착되어 송풍기 모터의 회전수를 조절하는 역할을 하며, 레지스터는 몇 개의 저항으로 회로를 구성한다.

레지스터의 각 저항을 적절히 조합하여 각 속도단별 저항을 형성하며, 저항에 따른 발열에 대한 안전장치로 방열핀과 퓨즈가 내장되어 있다.

송풍기는 송풍기를 구동하는 모터와 바람을 일으키는 팬으로 구성되며 팬은 공기의 흐름방식에 따라 축류식과 원심식으로 분류한다. 축류식은 축에 프로펠러 모양의 배인이 달린 형식이고, 팬에 흡입된 공기는 회전축과 평행하게 바람을 일으킨다.

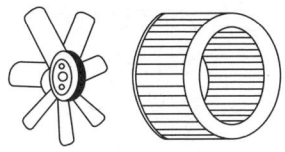

[축류식과 원심식 팬]

또한 원심식에는 터보팬, 원통형(Sirocco)팬, 레이디얼팬이 있으며 증발기형으로는 원통형 팬을 쓰고 있다. 원통형 팬은 송풍효과가 높기 때문에 소형으로 할 수 있고, 회전수도 낮게 할 수 있어 소음이 작다.

터보팬   원통형(시로코)   레이디얼팬

[원심식 팬의 종류]

[블로어 모터와 팬]

④ 내·외기 액추에이터

증발기와 송풍기 유닛의 내·외기 도입부 덕트에 부착되어 있으며, 내·외기 선택 스위치에 의해 내·외기 도어를 구동시켜 준다.

[모드 액추에이터]

⑤ 온도조절 액추에이터

히터 유닛 케이스 아래쪽에 위치하며, 컨트롤러로부터 신호를 받아 소형 DC 모터를 사용하여 온도 및 도어의 위치를 조절하며 액추에이터 내의 전위차계는 도어의 현재 위치를 컨트롤러로 피드백시켜, 컨트롤러가 요구하는 위치에 도달했을 때 컨트롤러로부터 나가는 신호를 Off시켜 액추에이터의 DC 모터가 작동을 멈추도록 한다.

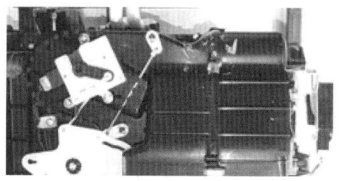

[온도 액추에이터]

⑥ 풍량 및 풍향조절 액추에이터

바람의 양 제어는 송풍기 팬의 회전수를 제어하여 덕트로 나오는 바람의 세기를 조절하는 것으로 저항변환 방식, 파워 트랜지스터 전압제어 방식, 파워 트랜지스터 PWM 제어(Pulse Width Modulation Control) 방식이 있다.

바람의 방향 제어는 각 취출구에서 최적의 공조 바람이 나올 수 있도록 제어하는 것으로 대시패널 내의 통풍 덕트에 장착된 여러 개의 도어(Door)를 작동시킴으로써 이루어진다.

(3) 연소식 히터

연소식 히터는 엔진의 냉각수 온도가 낮아 충분한 난방능력이 확보되지 않을 경우 연료의 연소에 의해 발생하는 고온의 연소가스로 엔진 냉각수를 가열하여 차 실내의 난방효과를 얻는다. 이러한 연소식 히터는 엔진냉각수를 가열하는 온수식과 공기를 가열하는 온기식의 2종류가 있다. 일반적으로 연소식 히터는 연료를 연소시키기 때문에 유해배출가스를 배출하고 연료분사장치, 배기관 등이 필요하기 때문에 시스템이 복잡한 반면 큰 난방능력을 얻을 수 있다.

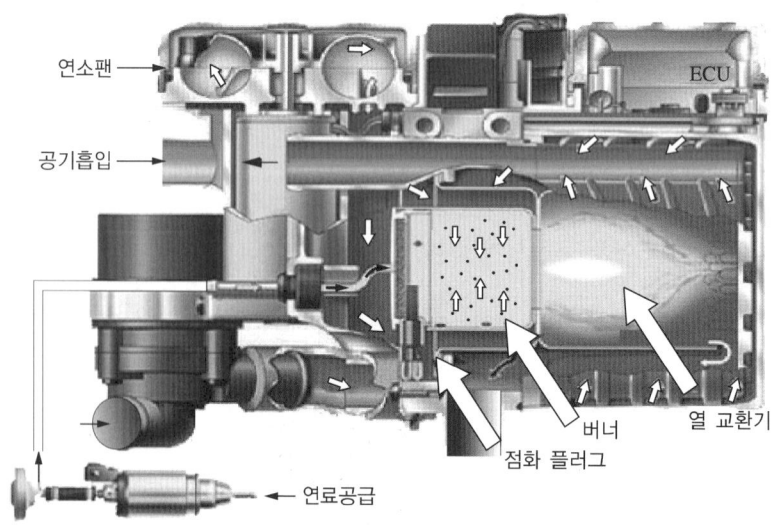

[연소식 히터 구조도]

연소식 히터는 시동 시 먼저 글로우 플러그를 가열하여 연소실 내를 예열한 후 연료펌프로 연료를 기화하여 연소실 내로 공급한다. 이때 연소팬으로 연소에 필요한 공기를 연소실에 동시에 공급하고 가열된 예열 플러그로 점화시킨다.

그 후 연료와 연소용 공기의 양을 증가시켜 연소가 안정된 후에는 연소열에 의해 연료가 기화하여 연소가 계속되기 때문에 글로 플러그의 가열은 필요하지 않다. 정상 시에는 적정한 공연비 상태에서 연소를 하게 되며 고온의 연소가스가 발생한다. 이 연소가스는 연소실 하류에 설치된 열교환기를 통과하면서 엔진냉각수와 열 교환을 하여 냉각수를 가열한다. 통상 냉각수의 온도에 따라서 연소식 히터의 연소량 즉, 연료량과 공기량이 조정된다.

따라서 항상 적정한 냉각수온도를 유지하도록 자동적으로 제어된다. 만약 어떤 이유로 냉각수온도 또는 열 교환기의 온도가 비정상적으로 상승하면 온도센서로 검출하여 소화시키거나 작동을 정지시키도록 제어한다.

(4) 비스커스 히터

비스커스 히터는 고점도 오일의 마찰에 의한 발열을 이용하여 냉각수를 가열하는 난방장치이다. 비스커스 히터는 마그넷 클러치에 연결된 샤프트에 원판형 로터가 고정되어 있다. 로터는 사이드 플레이트 내에 봉입되어 있는 고점도 오일 안에 설치되어 있으며 로터가 회전할 때 고점도 오일을 전단함으로서 발생하는 전단열을 이용하여 엔진냉각수를 가열한다.

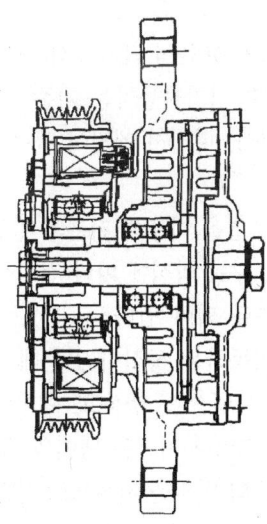

[비스커스 히터의 구조]

(5) 전기식 히터

차량용 전기히터는 PTC 서미스터(Positive Temperature Coefficient Thermistor)라 하는 세라믹 소자를 사용하여 메인히터코어 후측에 별도의 전기가열장치를 설치하여 히터측으로 유입되는 공기의 온도를 상승시켜 차량의 난방 성능을 보완해 주기 위한 난방시스템이다.

PTC 히터는 전류가 흐르면 신속하게 온도가 상승하여 큐리(Curie)점에 도달하면 저항치가 급격히 상승하여 발열을 억제함으로써 PTC 히터 자체의 온도를 일정하게 유지하는 특성을 가지고 있다. 이러한 장점 때문에 자동차용 전기히터뿐만 아니라 가정용 전기히터로도 널리 이용되고 있다.

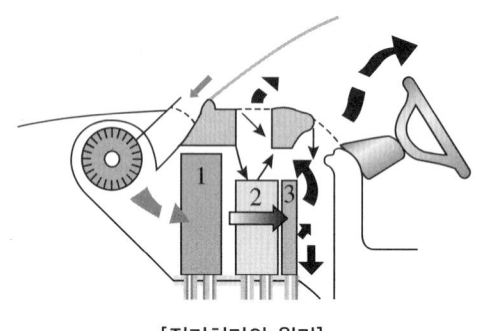

[전기히터의 원리]

(6) 히트 펌프(Heat Pump)

최근 들어 대기환경 보호 및 에너지 효율적 측면에서 개발되고 있는 하이브리드 및 전기자동차가 있다. 이러한 자동차 중 특히 순수 전기자동차는 기존 난방시스템의 열원인 엔진이 없기 때문에 다른 방식의 난방시스템이 필요하다. 따라서 엔진이 없는 전기자동차는 히트펌프를 장착하여 냉난방시스템을 구현하고 있다.

히트펌프는 냉매의 발열 또는 응축열을 이용해 저온의 열원을 고온으로 전달하거나 고온의 열원을 저온으로 전달하는 냉난방장치로, 구동 방식에 따라 전기식과 엔진식으로 구분되는데, 현재 대부분이 냉방과 난방을 겸용하는 구조로 되어 있다.

열은 높은 곳에서 낮은 곳으로 이동하는 성질이 있는데, 히트펌프는 반대로 낮은 온도에서 높은 온도로 열을 끌어 올린다. 초기에는 냉장고, 냉동고, 에어컨과 같이 압축된 냉매를 증발시켜 주위의 열을 빼앗는 용도로 개발되었다. 그러나 지금은 냉매의 발열 또는 응축열을 이용해 저온의 열원을 고온으로 전달하는 냉방장치, 고온의 열원을 저온으로 전달하는 난방장치, 냉난방 겸용장치를 포괄하는 의미로 쓰인다.

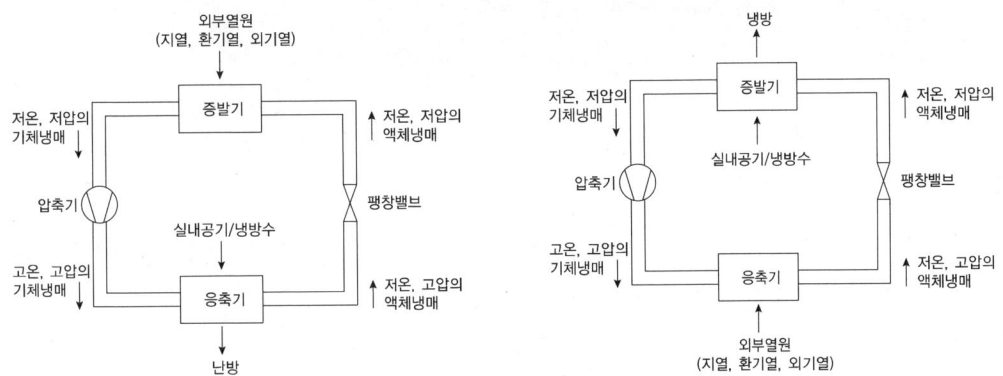

[히트펌프의 난방과 냉방시스템]

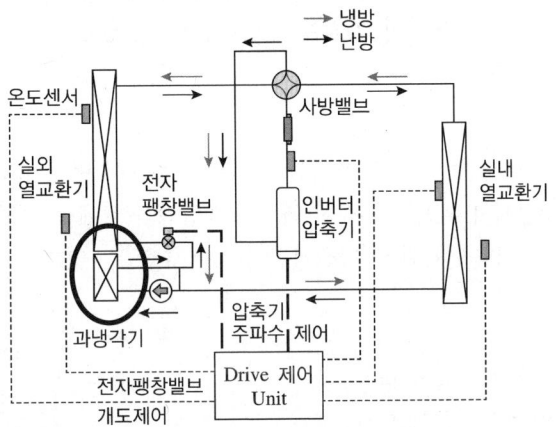

[히트펌프 사이클 구성도]

03 엔진의 구조

1 열기관

열에너지를 기계적 에너지로 변환하는 기관을 말하며 고온과 저온의 열원 사이에서 순환과정을 반복하며 열에너지를 역학적 에너지로 바꾸는 장치를 말한다.

(1) 외연기관

열기관의 형태 중의 하나로 외부의 보일러 또는 가열기를 통하여 작동유체를 가열시키고 가열된 작동유체의 열과 압력을 이용하여 동력을 얻는 기관으로 증기기관과 스털링기관 등이 있다.

(2) 내연기관

공기와 화학적 에너지를 갖는 연료의 혼합물을 기관 내부에서 연소시켜 에너지를 얻는 기관으로서 기관의 작동부(연소실)에서 혼합물을 직접 연소시켜 압력과 열에너지를 갖는 가스를 이용하여 동력을 얻는 열기관이다. 가솔린기관과 디젤기관으로 분류할 수 있다.

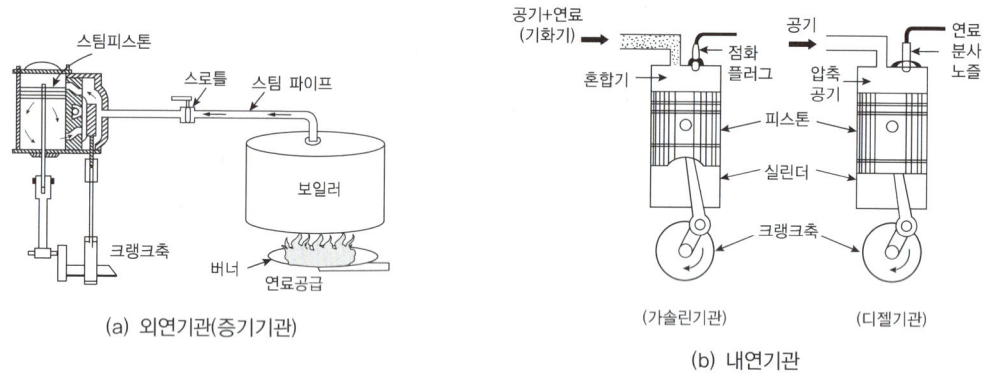

[외연기관과 내연기관]

2 자동차용 내연기관의 분류

(1) 작동방식에 의한 분류

① 왕복형 엔진(피스톤엔진) : 피스톤의 왕복운동을 크랭크축에 의해 회전운동으로 변환하여 동력을 얻는 엔진으로 가솔린엔진, 디젤엔진, LPG엔진, CNG엔진 등이 있다.
② 회전형 엔진(로터리엔진) : 엔진 폭발력을 회전형 로터에 의하여 직접 회전력으로 변환시켜 동력을 얻는 엔진이다.
③ 분사 추진형 엔진 : 연소 배기가스를 고속으로 분출시킬 때 그 반작용으로 추진력이 발생하여 동력을 얻는 엔진으로 제트엔진 등이 있다.

(2) 점화방식에 의한 분류

① 전기점화엔진 : 압축된 혼합기에 점화플러그로 고압의 전기불꽃을 발생시켜서 점화 연소시키는 엔진으로 가솔린엔진, LPG엔진, CNG엔진 등이 있다.
② 압축착화엔진(자기착화 엔진) : 공기만을 흡입하여 고온(500~600℃), 고압(30~35kg/cm^2)으로 압축한 후 고압의 연료를 미세한 안개 모양으로 분사하여 자기착화시키는 엔진으로 디젤엔진이 있다.

(3) 엔진의 분류(작동사이클에 의한 분류)

① 4행정 1사이클 엔진 : 흡입-압축-폭발(동력)-배기의 4개의 행정이 1번 동작한다.
② 2행정 1사이클 엔진 : (소기·압축)-(폭발·배기)의 2개의 행정이 1번 동작 시 크랭크축이 1회전(360°)하여 1사이클을 완성하는 엔진이다.

(4) 열역학적 사이클에 의한 분류

① 오토 사이클(정적 사이클, Otto Cycle) : 전기점화엔진의 기본 사이클이며 급열이 일정한 체적에서 형성되고 2개의 정적변화와 2개의 단열변화로 사이클이 구성된다.
단열압축 → 정적가열 → 단열팽창 → 정적방열의 과정으로 구성되며 대표적으로 가솔린엔진이 속한다.

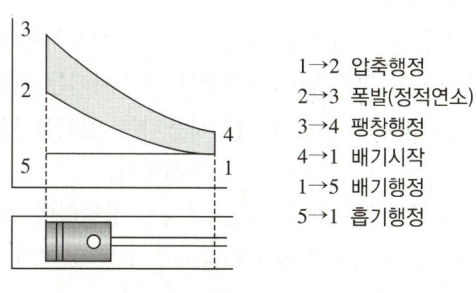

1→2 압축행정
2→3 폭발(정적연소)
3→4 팽창행정
4→1 배기시작
1→5 배기행정
5→1 흡기행정

[오토 사이클 $P-V$ 선도]

② 디젤 사이클(정압 사이클, Diesel Cycle) : 급열이 일정한 압력 하에서 이루어지며 중·저속 디젤엔진에 적용된다.

단열압축 → 정압가열 → 단열팽창 → 정적방열의 과정으로 구성(1사이클)된다.

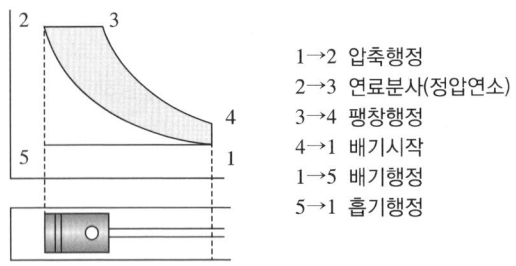

1→2 압축행정
2→3 연료분사(정압연소)
3→4 팽창행정
4→1 배기시작
1→5 배기행정
5→1 흡기행정

[디젤 사이클 $P-V$ 선도]

③ 사바테 사이클(복합 사이클, Sabathe Cycle) : 급열은 정적과 정압 하에서 이루어지며 고속 디젤엔진이 여기에 속한다.

단열압축 → 정적가열 → 정압가열 → 단열팽창 → 정적방열의 과정으로 구성(1사이클)된다.

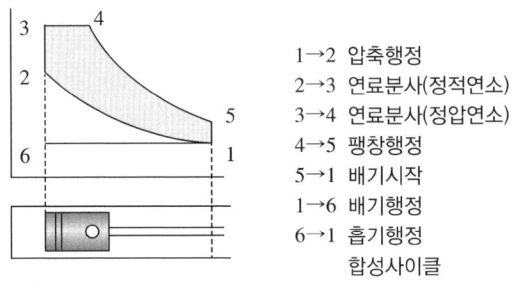

1→2 압축행정
2→3 연료분사(정적연소)
3→4 연료분사(정압연소)
4→5 팽창행정
5→1 배기시작
1→6 배기행정
6→1 흡기행정
합성사이클

[사바테 사이클 $P-V$ 선도]

(5) 사용연료에 따른 분류

① 가솔린엔진 : 엔진 동작유체로 가솔린을 사용하는 엔진을 말하며 가솔린과 공기의 혼합물을 전기적인 불꽃으로 연소시키는 엔진이다.
② 디젤엔진 : 엔진의 동작유체로 경유를 사용하는 엔진을 말하며 공기를 흡입한 후 압축하여 발생한 압축열에 의해 연료를 자기 착화하는 엔진이다.
③ LPG엔진 : 엔진 동작유체로 액화석유가스(LPG)를 사용하는 엔진을 말하며 공기를 흡입한 후 액화석유가스와 혼합하여 전기적인 불꽃으로 연소시키는 엔진이다.
④ CNG엔진 : 엔진 동작유체로 천연가스를 사용하는 엔진을 말하며 공기를 흡입한 후 CNG와 혼합하여 전기적인 불꽃으로 연소시키는 엔진이다.
⑤ 소구(열구)엔진 : 연소실에 열원인 소구(열구) 등을 장착하여 연소하여 동력을 얻는 형식의 엔진을 말하며 세미디젤엔진(Semi Diesel Engine) 또는 표면점화엔진이라 한다.

(6) 엔진의 구비 조건
① 공기와 화학적 에너지를 갖는 연료를 연소시켜 열에너지를 발생시킬 것
② 연소 가스의 폭발동력이 직접 피스톤에 작용하여 열에너지를 기계적 에너지로 변환시킬 것
③ 연료소비율이 우수하고 엔진의 소음 및 진동이 적을 것
④ 단위중량당 출력이 크고 출력변화에 대한 엔진성능이 양호할 것
⑤ 경량, 소형이며 내구성이 좋을 것
⑥ 사용연료의 공급 및 가격이 저렴하며 정비성이 용이할 것
⑦ 배출가스에 인체 또는 환경에 유해한 성분이 적을 것

(7) 4행정 사이클 엔진의 작동
① 흡입행정
흡입행정은 배기밸브는 닫고 흡기밸브는 열어 피스톤이 상사점에서 하사점으로 이동할 때 발생하는 부압을 이용하여 공기 또는 혼합기를 실린더로 흡입하는 행정이다.

② 압축행정
흡기와 배기밸브를 모두 닫고 피스톤이 하사점에서 상사점으로 이동하며 혼합기 또는 공기를 압축시키는 행정이다. 압축작용으로 인하여 혼합가스의 체적은 작아지고 압력과 온도는 높아진다.

구 분	가솔린엔진	디젤엔진
압축비	7~12 : 1	15~22 : 1
압축압력	7~13kgf/cm^2	30~55kgf/cm^2
압축온도	120~140℃	500~550℃

③ 폭발행정(동력행정)
흡기와 배기밸브가 모두 닫힌 상태에서 혼합기를 점화하여 고온 고압의 연소가스가 발생하고 이 작용으로 피스톤은 상사점에서 하사점으로 이동하는 행정이다. 실제 기관의 동력이 발생하기 때문에 동력행정이라고도 한다.

구 분	가솔린엔진	디젤엔진
폭발압력	35~45kgf/cm^2	55~65kgf/cm^2

④ 배기행정

흡기밸브는 닫고 배기밸브는 열린 상태에서 피스톤이 하사점에서 상사점으로 이동하며 연소된 가스를 배기라인으로 밀어내는 행정이며 배기행정 말단에서 흡기밸브를 동시에 열어 배기가스의 잔류압력으로 배기가스를 배출시켜 충진효율을 증가시키는 블로 다운 현상을 이용하여 효율을 높인다.

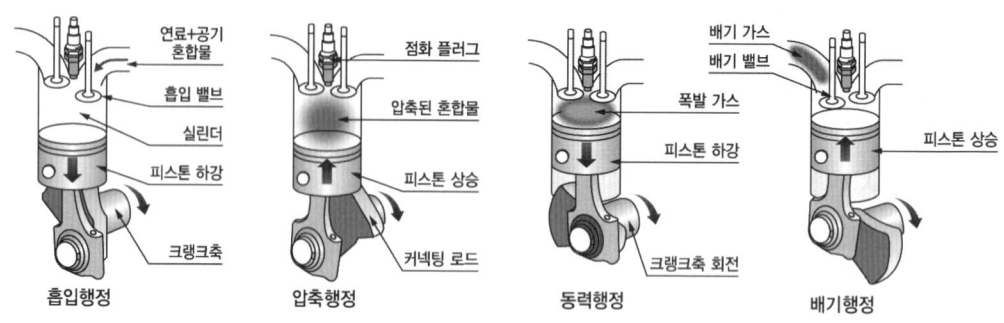

[4행정 엔진의 작동]

(8) 2행정 사이클 엔진의 작동

① 소기, 압축행정(피스톤 상승)

소기, 압축행정은 피스톤이 하사점에 있을 때 기화기에서 형성된 혼합기를 소기펌프(Scavenging Pump)로 압축하여 실린더 내로 보내면서 피스톤이 상사점으로 이동하는 행정이다.

② 폭발, 배기행정(피스톤 하강)

피스톤이 팽창압력으로 인하여 상사점에서 하사점으로 이동하는 행정으로 연소가스는 체적이 증가하고 압력이 떨어진다.

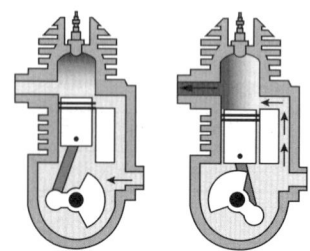

흡입과 압축 → 폭발과 배기

[2행정 엔진의 작동]

또한 혼합기의 강한 와류형성 및 압축비를 증대시키기 위해 피스톤 헤드부를 돌출시킨 디플렉터를 두어 제작하는 경우도 있다.

(9) 4행정 사이클 기관과 2행정 사이클 기관의 비교

구 분	4행정	2행정
행정 및 폭발	크랭크축 2회전(720°)에 1회 폭발행정	크랭크축 1회전(360°)에 1회 폭발행정
기관효율	4개 행정의 구분이 명확하고 작용이 확실하며 효율이 우수함	행정의 구분이 명확하지 않고 흡기와 배기 시간이 짧아 효율이 낮음
밸브기구	밸브기구가 필요하고 구조가 복잡	밸브기구가 없어 구조는 간단하나 실린더 벽에 흡기구가 있어 피스톤 및 피스톤링의 마멸이 큼
연료 소비량	연료소비율 비교적 좋음 (크랭크축 2회전에 1번 폭발)	연료소비율 나쁨 (크랭크축 1회전에 1번 폭발)
동 력	단위 중량당 출력이 2행정 기관에 비해 낮음	단위 중량당 출력이 4행정 사이클에 비해 높음
엔진 중량	무거움(동일한 배기량 조건)	가벼움(동일한 배기량 조건)

① 4행정 사이클 엔진의 장점
  ㉠ 각 행정이 명확히 구분되어 있다.
  ㉡ 흡입행정 시 공기(공기 + 연료)의 냉각효과로 각 부분의 열적 부하가 적다.
  ㉢ 저속에서 고속까지 엔진회전속도의 범위가 넓다.
  ㉣ 흡입행정의 구간이 비교적 길고 블로 다운 현상으로 체적효율이 높다.
  ㉤ 블로 바이 현상이 적어 연료소비율 및 미연소가스의 생성이 적다.
  ㉥ 불완전연소에 의한 실화가 발생되지 않는다.

② 4행정 사이클 엔진의 단점
  ㉠ 밸브기구가 복잡하고 부품수가 많아 충격이나 기계적 소음이 크다.
  ㉡ 가격이 고가이고 마력당 중량이 무겁다(단위중량당 마력이 적다).
  ㉢ 2행정에 비해 폭발횟수가 적어 엔진 회전력의 변동이 크다.
  ㉣ 탄화수소(HC)의 배출량은 적으나 질소산화물(NO_X)의 배출량이 많다.

③ 2행정 사이클 엔진의 장점
  ㉠ 4 사이클 엔진에 비하여 이론상 약 2배의 출력이 발생된다.
  ㉡ 크랭크 1회전당 1번의 폭발이 발생되기 때문에 엔진 회전력의 변동이 적다.
  ㉢ 실린더 수가 적어도 엔진구동이 원활하다.
  ㉣ 마력당 중량이 적고 값이 싸며, 취급이 쉽다(단위중량당 마력이 크다).

④ 2행정 사이클 엔진의 단점
  ㉠ 각 행정의 구분이 명확하지 않고, 유해배기가스의 배출이 많다.
  ㉡ 흡입 시 유효행정이 짧아 흡입효율이 저하된다.
  ㉢ 소기 및 배기포트의 개방시간이 길어 평균유효압력 및 효율이 저하된다.
  ㉣ 피스톤 및 피스톤링이 손상되기 쉽다.
  ㉤ 저속운전이 어려우며, 역화가 발생된다.
  ㉥ 흡배기가 불완전하여 열 손실이 크며, 미연소가스(HC)의 배출량이 많다.
  ㉦ 연료 및 윤활유의 소모율이 높다.

3 실린더 헤드(Cylinder Head)

실린더 헤드는 헤드개스킷을 사이에 두고 실린더 블록의 상부에 결합되며 실린더 및 피스톤과 더불어 연소실을 형성하며 엔진 출력을 결정하는 주요 부품 중 하나이다.

실린더 헤드 외부에는 밸브기구, 흡배기 매니폴드, 점화플러그 등이 장착되어 있으며 내부에는 기관의 냉각을 위한 냉각수 통로가 설치되어 있고 상부에는 로커암 커버가 장착된다.

또한 실린더 헤드의 하부에는 연소실이 형성되어 연소 시 발생하는 높은 열부하와 충격에 견딜 수 있도록 내열성, 고강성, 냉각효율 등이 요구되며 재질은 보통 주철과 알루미늄합금이 많이 사용된다. 알루미늄합금의 경우 열전도성이 우수하므로 연소실의 온도를 낮추어 조기점화(Preignition) 방지와 엔진의 효율 등을 향상시킬 수 있다.

또한 실린더 블록과 실린더 헤드 사이에 실린더 헤드 개스킷을 조립하여 실린더 헤드와 실린더 블록 사이의 연소가스 누설 및 오일, 냉각수 누출을 방지하고 있다.

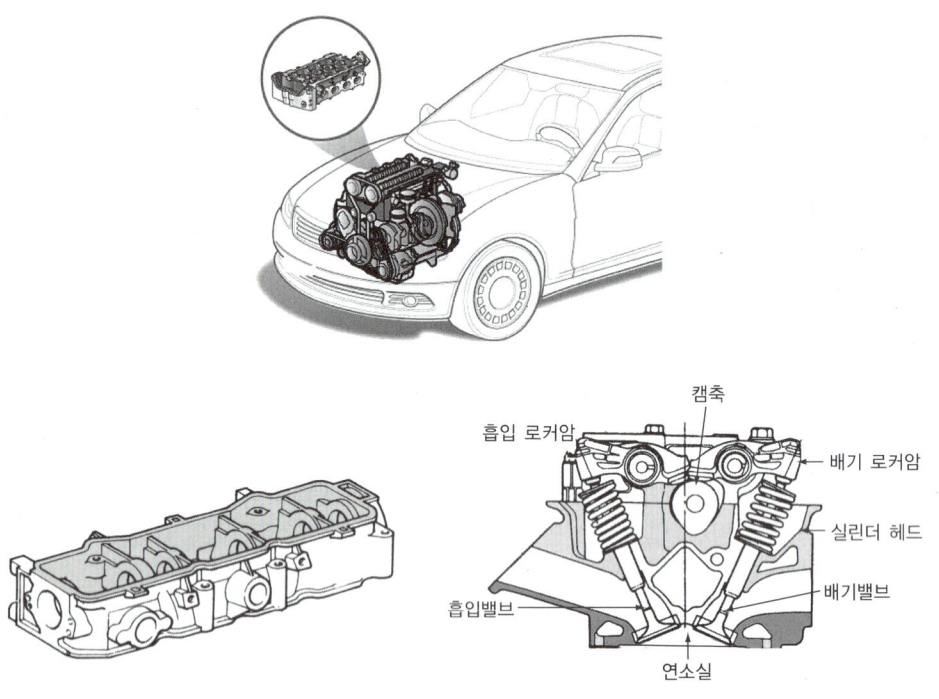

[실린더 헤드의 구조]

(1) 연소실의 구비 조건

연소실은 피스톤의 상사점에서 발생하는 피스톤 상부의 실린더 헤드에서 형성되는 연소공간으로 연료와 공기의 혼합물을 연소시켜 동력을 얻는 중요한 요소 중 하나이다. 따라서 연소실에는 연소를 위한 밸브 및 점화플러그가 설치되어 있으며, 혼합가스를 연소시킬 때 높은 효율을 얻을 수 있는 연소실의 형상으로 설계되어야 한다.

① 화염전파에 소요되는 시간을 짧게 하는 구조일 것
② 이상연소 또는 노킹을 일으키지 않는 형상일 것
③ 열효율이 높고 배기가스에 유해한 성분이 적도록 완전연소하는 구조일 것
④ 가열되기 쉬운 돌출부(조기점화원인)를 두지 말 것
⑤ 밸브 통로면적을 크게 하여 흡기 및 배기작용을 원활히 되도록 할 것
⑥ 연소실 내의 표면적은 최소가 되도록 할 것
⑦ 압축행정 말에서 강력한 와류를 형성하는 구조일 것

(2) 실린더 헤드 개스킷(Cylinder Head Gasket)

실린더 헤드 개스킷은 연소가스 및 엔진오일, 냉각수 등의 누설을 방지하는 기밀작용을 해야 하며 고온과 폭발압력에 견딜 수 있는 내열성, 내압성, 내마멸성을 가져야 한다. 이에 따른 실린더 헤드 개스킷의 종류는 다음과 같다.

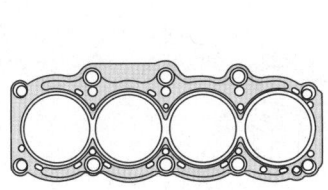 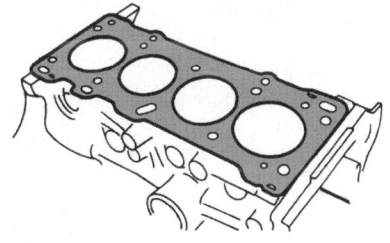

① 보통 개스킷(Common Gasket)
석면을 중심으로 강판 또는 동판으로 석면을 싸서 만든 것으로 고압축비, 고출력용 엔진에 적합하지 못한 개스킷으로 현재 사용되지 않고 있다.

② 스틸 베스토 개스킷(Steel Besto Gasket)
강판을 중심으로 흑연을 혼합한 석면을 강판의 양쪽면에 압착한 다음 표면에 흑연을 발라 만든 것으로 고열, 고부하, 고압축, 고출력 엔진에 많이 사용된다.

③ 스틸 개스킷(Steel Gasket)
금속의 탄성을 이용하여 강판만으로 만든 것으로 복원성이 우수하고 내열성, 내압성, 고출력엔진에 적합하여 현재 많이 사용되고 있다.

4 실린더 블록(Cylinder Block)

실린더 블록은 피스톤이 왕복운동을 하는 실린더와 각종 부속장치가 설치될 수 있도록 만들어진 기관 본체를 말한다. 실린더 블록에는 냉각수가 흐르는 통로(Water Jacket)와 엔진오일이 순환하는 윤활통로로 구성되며 실린더 블록의 상부에는 실린더 헤드가 조립되고 하부에는 크랭크축과 윤활유실(Lubrication Chamber)이 조립된다. 실린더 블록의 실린더는 피스톤이 왕복운동을 하는 부분으로 정밀가공을 해야 하고 압축가스가 누설되지 않도록 기밀성을 유지해야 한다. 따라서 실린더 블록을 만드는 재료는 내열성과 내마모성이 커야 하고, 고온강도가 있어야 하며 열팽창계수가 작아야 한다.

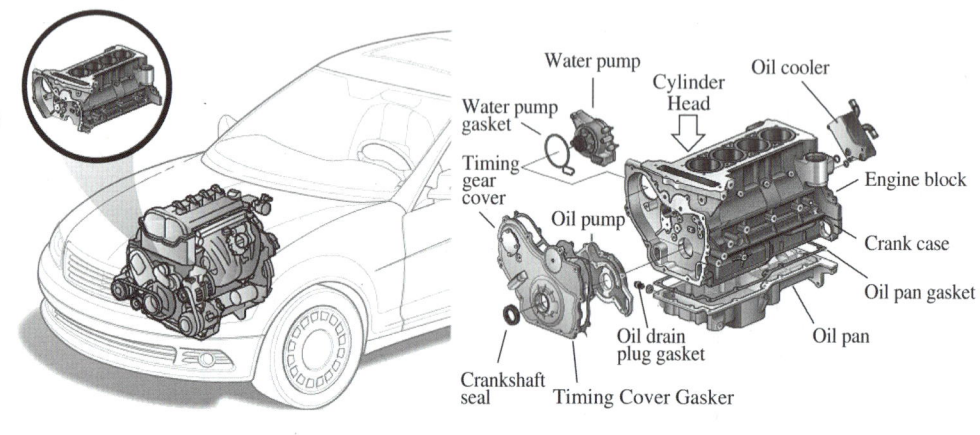

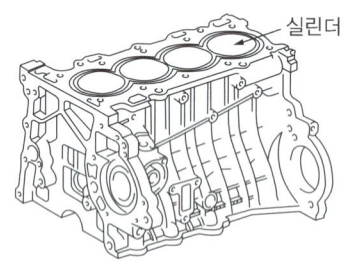

[실린더 블록]

이러한 실린더 블록의 재질은 내마멸성, 내식성이 우수하고 주조와 기계가공이 쉬운 주철을 사용하나 Si, Mn, Ni, Cr 등을 포함하는 특수주철 또는 알루미늄합금으로 된 것도 있다. 다음은 실린더 블록의 구비조건이다.

- 엔진 부품 중에서 가장 큰 부분이므로 가능한 한 소형, 경량일 것
- 엔진의 기초 구조물이므로 충분한 강도와 강성을 지닐 것
- 구조가 복잡하므로 주조성 및 절삭성 등이 우수할 것
- 실린더(또는 라이너) 안쪽 벽면의 내마멸성이 우수할 것
- 실린더(또는 라이너)가 마멸된 경우 분해 정비가 용이할 것

(1) 실린더 블록의 재료

① 보통주철
- ㉠ FC25가 많이 사용된다.
- ㉡ 내마모성, 절삭성, 강도, 주조성이 양호하다.
- ㉢ 인장강도가 10~20kg/cm² 정도이고, 비중이 7.2 정도로 경량화에 알맞지 않다.

② 특수주철
- ㉠ 보통 주철에 몰리브덴(Mo), 니켈(Ni), 크롬(Cr), 망간(Mn) 등을 첨가한 것이다.
- ㉡ 강도, 내열성, 내식성, 내마멸성 등이 우수하다.

③ 알루미늄 합금
- ㉠ 알루미늄(Al)-규소(Si)계 합금으로 소량의 망간(Mn), 마그네슘(Mg), 구리(Cu), 철(Fe), 아연(Zn) 등을 첨가한 실루민(Silumin)을 사용한다.
- ㉡ 기계적 성질이 우수하고 비중이 적으며, 가볍다.
- ㉢ 수축이 비교적 적고 절삭성이 우수하며, 주조성이 우수하여 주물에 적합하다.
- ㉣ 열팽창이 크고 내마모성, 강도, 부식성이 저하한다.

④ 포러스 크롬 도금
  다공질 크롬 도금으로 오일을 유지함이 좋고, 윤활성, 내마모성, 내부식성이 좋다. 길들이기 운전의 시간이 길며, 초기에 오일의 소비량이 많다.

⑤ 질 화
  주철 실린더 내면에 질소를 투입, 내마모성이 좋고, 길들이기 운전 시간이 단축된다.

(2) 실린더의 기능

① 피스톤의 상하 왕복운동의 통로역할과 피스톤과의 기밀유지를 하면서 열에너지를 기계적 에너지로 바꾸어 동력을 발생시키는 것
② 실린더와 피스톤 사이에 블로 바이 현상이 발생되지 않도록 할 것
③ 물재킷에 의한 수랭과 냉각핀에 의한 공랭식이 있음
④ 마찰 및 마멸을 적게 하기 위해서 실린더 벽에 크롬 도금한 것도 사용

(3) 행정과 내경의 비(Stroke-bore Ratio)

① 장행정 엔진(Under Square Engine)
  행정이 실린더 내경보다 긴 실린더(행정 > 내경) 형태를 말하며 특징은 다음과 같다.
- ㉠ 피스톤 평균속도(엔진회전속도)가 느리다.
- ㉡ 엔진회전력(토크)이 크고 측압이 작아진다.
- ㉢ 내구성 및 유연성이 양호하나 엔진의 높이가 높아진다.
- ㉣ 탄화수소(HC)의 배출량이 적어 유해배기가스 배출이 적다.

② **단행정 엔진(Over Square Engine)**

행정이 실린더 내경보다 짧은 실린더(행정 < 내경) 형태를 말하며 특징은 다음과 같다.
㉠ 피스톤 평균속도(엔진회전속도)가 빠르다.
㉡ 엔진회전력(토크)이 작아지고 측압이 커진다.
㉢ 행정구간이 짧아 엔진의 높이는 낮아지나 길이가 길어진다.
㉣ 연소실의 면적이 넓어 탄화수소(HC) 등의 유해배기가스 배출이 비교적 많다.
㉤ 폭발압력을 받는 부분이 커 베어링 등의 하중부담이 커진다.
㉥ 피스톤이 과열하기 쉽다.

③ **정방형 엔진(Square Engine)**

행정과 실린더 내경이 같은(행정 = 내경) 형태를 말하며 장행정 엔진과 단행정 엔진의 중간의 특성을 가지고 있다.

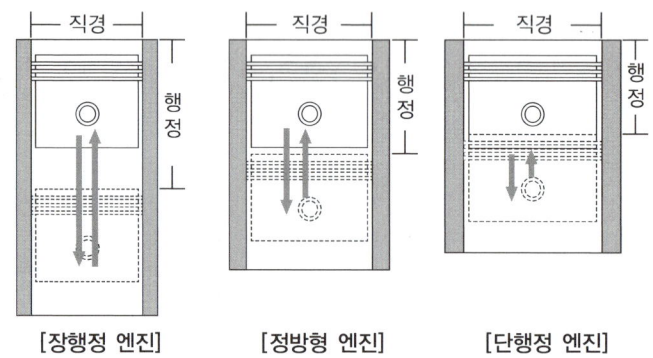

[장행정 엔진]   [정방형 엔진]   [단행정 엔진]

5 크랭크 케이스(Crank Case)

크랭크 케이스는 실린더 블록 하단에 설치된 것으로 윤활유실(Lubrication Chamber) 또는 오일팬(Oil Pan)이라고 말하며 기관에 필요한 윤활유를 저장하는 공간이다. 엔진오일팬은 내부에 오일의 유동을 막아주는 배플(격벽)과 오일의 쏠림현상으로 발생할 수 있는 윤활유의 급유 문제점을 방지하는 섬프 기능이 적용되어 있다.

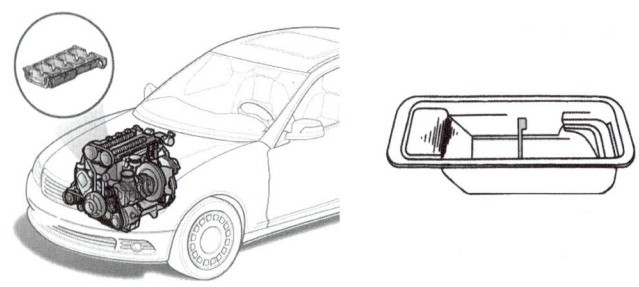

[크랭크 케이스]

6 피스톤(Piston)

피스톤은 실린더 내를 왕복운동하며 연소가스의 압력과 열을 일로 바꾸는 역할을 한다. 실린더 내에서 고온, 고압의 연소가스와 접촉하므로 피스톤을 구성하는 재료는 열전달이 우수하며 가볍고 견고해야 하기 때문에 알루미늄 합금인 Y합금이나 저팽창률을 가진 로엑스(Lo-Ex)합금을 사용한다. 이 합금의 특성은 비중량이 작고 내마모성이 크며 열팽창계수가 작은 특징이 있다.

피스톤에서는 상부를 피스톤 헤드(Piston Head)라 하고 하부를 스커트(Skirt)부라 한다. 열팽창률을 고려하여 피스톤 헤드의 지름을 스커트부보다 작게 설계한다. 피스톤 상부에는 피스톤링(Piston Ring)이 조립되는 홈이 있는데 이 홈을 링 그루브(Ring Groove) 또는 링 홈이라 하며 상단에 압축링이 조립되고 하단에는 오일 링이 조립되어 오일제어 작용을 한다. 또한 링 홈에서 링 홈까지의 부분을 랜드(Land)라 말한다. 피스톤의 상단에 크랭크축과 같은 방향으로 피스톤핀(Piston Pin)을 설치하는 핀 보스(Pin Boss)부가 있고 이 부분에 커넥팅로드(Connecting Rod)가 조립되며 이를 커넥팅로드 소단부라 말한다.

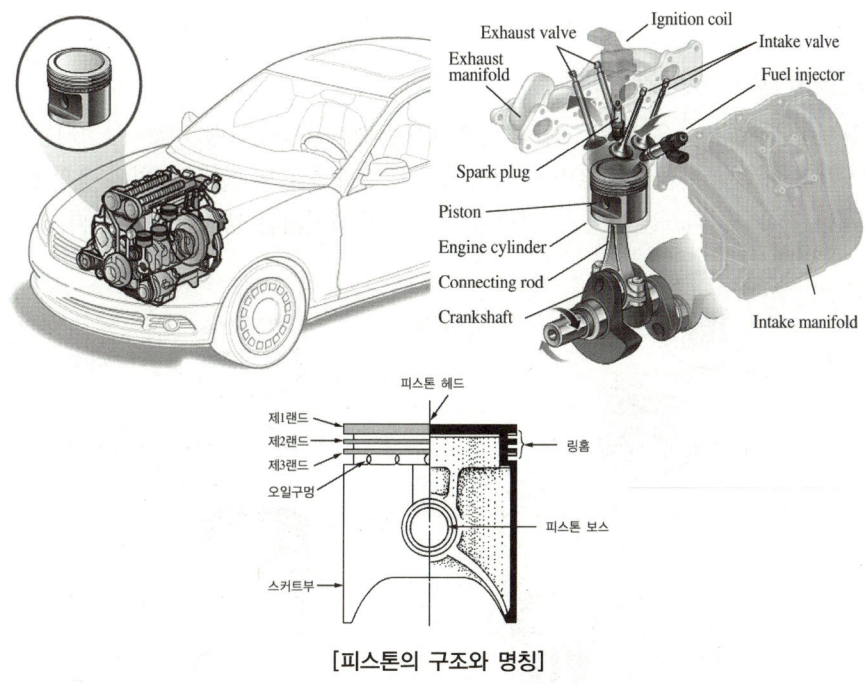

[피스톤의 구조와 명칭]

(1) 피스톤의 구비조건

① 관성력에 의한 피스톤 운동을 방지하기 위해 무게가 가벼울 것
② 고온·고압가스에 견딜 수 있는 강도가 있을 것
③ 열전도율이 우수하고 열팽창률이 적을 것
④ 블로 바이 현상이 적을 것
⑤ 각 기통의 피스톤 간의 무게 차이가 적을 것

(2) 피스톤 간극(Piston Clearance)

피스톤 간극은 실린더 내경과 피스톤 최대 외경과의 차이를 말하며 피스톤의 재질, 피스톤의 형상, 실린더의 냉각상태 등에 따라 정해진다.

① 피스톤 간극이 클 때의 영향
  ㉠ 압축행정 시 블로 바이 현상이 발생하고 압축압력이 떨어진다.
  ㉡ 폭발행정 시 엔진출력이 떨어지고 블로바이가스가 희석되어 엔진오일을 오염시킨다.
  ㉢ 피스톤링의 기밀작용 및 오일제어 작용 저하로 엔진오일 연소실로 유입되어 연소하여 오일 소비량이 증가하고 유해 배출가스가 많이 배출된다.
  ㉣ 피스톤의 슬랩(피스톤과 실린더 간극이 너무 커 피스톤이 상·하사점에서 운동방향이 바뀔 때 실린더 벽에 충격을 가하는 현상) 현상이 발생하고 피스톤링과 링 홈의 마멸을 촉진시킨다.

② 피스톤 간극이 작을 때 영향
  ㉠ 실린더 벽에 형성된 오일 유막 파괴로 마찰 증대
  ㉡ 마찰에 의한 고착(소결) 현상 발생

(3) 피스톤링(Piston Ring)

피스톤링(Piston Ring)은 고온, 고압의 연소가스가 연소실에서 크랭크실로 누설되는 것을 방지하는 기밀작용과 실린더 벽에 윤활유막(Oil Film)을 형성하는 작용, 실린더 벽의 윤활유를 긁어내리는 오일제어 작용 및 피스톤의 열을 실린더 벽으로 방출시키는 냉각작용을 한다.

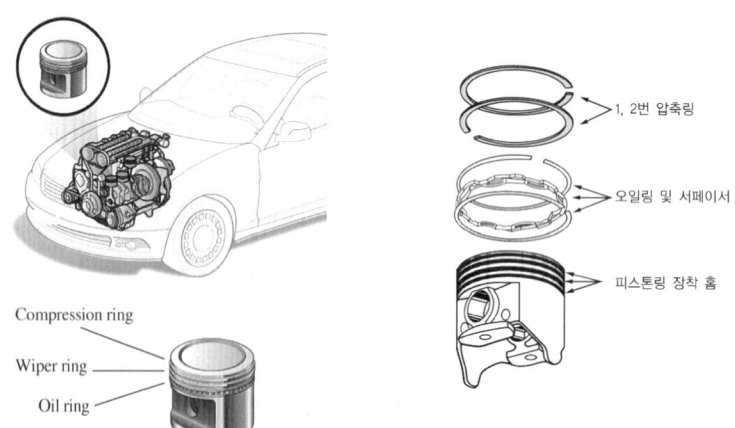

[피스톤링의 종류와 구조]

(4) 피스톤링의 구비 조건

① 높은 온도와 폭발압력에 견딜 수 있는 내열성, 내압성, 내마모성이 우수할 것
② 피스톤링의 제작이 쉬우며 적당한 장력이 있을 것
③ 실린더 면에 가하는 압력이 일정할 것
④ 열전도율이 우수하고 고온에서 장력의 변화가 적을 것

(5) 압축링의 플러터 현상

① 플러터(Flutter) 현상

기관의 회전속도가 증가함에 따라 피스톤이 상사점에서 하사점으로 또는 하사점에서 상사점으로 방향을 바꿀 때 피스톤링의 떨림 현상으로서 피스톤링의 관성력과 마찰력의 방향도 변화되면서 링 홈에 누출가스의 압력에 의하여 면압이 저하된다. 따라서 피스톤링과 실린더 벽 사이에 간극이 형성되어 피스톤링의 기능이 상실되므로 블로바이 현상이 발생하기 때문에 기관의 출력이 저하, 실린더의 마모 촉진, 피스톤의 온도 상승, 오일 소모량의 증가되는 영향을 초래하게 된다.

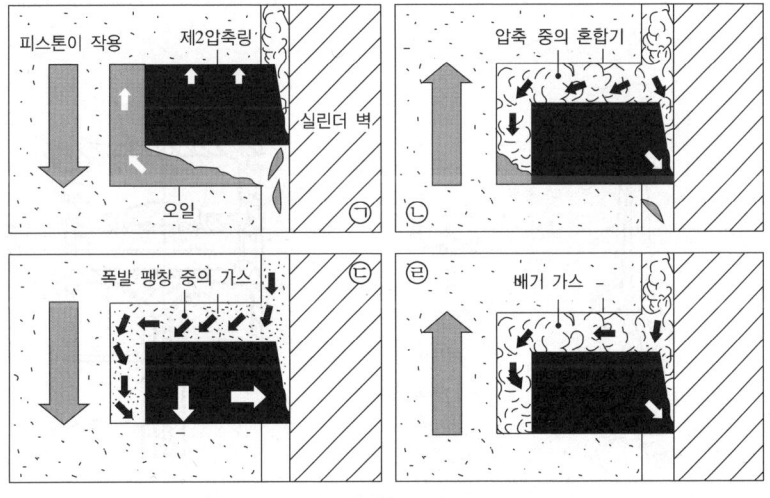

[압축링의 작용]

㉠ 흡입행정 : 피스톤의 홈과 링의 윗면이 접촉하여 홈에 있는 소량의 오일의 침입을 막는다.
㉡ 압축행정 : 피스톤이 상승하면 링은 아래로 밀리게 되어 위로부터의 혼합기가 아래로 새지 않도록 한다.
㉢ 동력행정 : 가스가 링을 강하게 가압하고, 링의 아래면으로부터 가스가 새는 것을 방지한다.
㉣ 배기행정 : 압축행정과 비슷한 움직임 이상에서 피스톤의 움직임에 영향을 받지 않는 것은 ㉢뿐이다.

② 플러터 현상에 따른 장애
　㉠ 엔진의 출력 저하
　㉡ 링, 실린더 마모 촉진
　㉢ 열전도가 적어져 피스톤의 온도 상승
　㉣ 슬러지(Sludge) 발생으로 윤활부분에 퇴적물이 침전
　㉤ 오일 소모량 증가
　㉥ 블로바이 가스 증가
③ 플러터 현상의 방지법
　피스톤링의 장력을 증가시켜 면압을 높게 하거나, 링의 중량을 가볍게 하여 관성력을 감소시키며, 엔드 갭 부근에 면압의 분포를 높게 한다.

(6) 피스톤핀(Piston Pin)

피스톤핀(Piston Pin)은 커넥팅로드 소단부와 피스톤을 연결하는 부품으로 피스톤에 작용하는 폭발압력을 커넥팅로드에 전달하는 역할을 하고 압축과 팽창행정에 충분한 강도를 가져야 하며 피스톤핀의 고정방식에 따라 고정식(Stationary Type), 반부동식(Semi-floating Type), 전부동식(Full-floating Type)으로 구분한다.

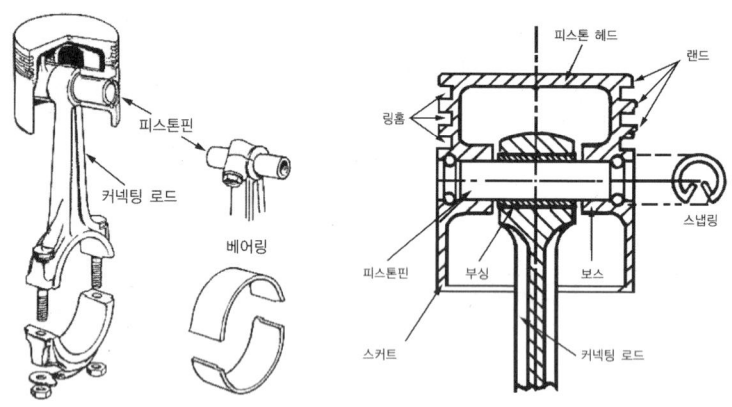

[피스톤핀의 설치 및 구성]

① 피스톤핀의 구비조건
　㉠ 피스톤이 고속운동을 하기 때문에 관성력 증가 억제를 위하여 경량화 설계
　㉡ 강한 폭발압력과 피스톤의 운동에 따라 압축력과 인장력을 받기 때문에 충분한 강성이 요구
　㉢ 피스톤핀과 커넥팅로드의 소단부에서 미끄럼 마찰운동을 하기 때문에 내마모성이 우수해야 함
② 피스톤핀 재질
　㉠ 니켈-크롬강 : 내식성 및 경도가 크고 내마멸성이 우수한 특성이 있다.
　㉡ 니켈-몰리브덴강 : 내식성 및 내마멸성, 내열성이 우수한 특성이 있다.

③ 피스톤핀의 설치 방법
  ㉠ 고정식(Stationary Type) : 피스톤핀이 피스톤 보스부에 볼트로 고정되고 커넥팅로드는 자유롭게 움직여 작동하는 방식이다.
  ㉡ 반부동식(Semi-floating Type) : 피스톤핀을 커넥팅로드 소단부에 클램프 볼트로 고정 또는 압입하여 조립한 방식이다. 피스톤 보스부에 고정 부분이 없기 때문에 자유롭게 움직일 수 있다.
  ㉢ 전부동식(Full-floating Type) : 피스톤핀이 피스톤 보스부 또는 커넥팅로드 소단부에 고정되지 않는 방식이다.

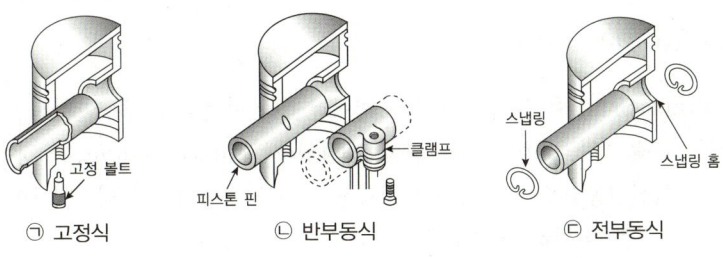

[피스톤핀의 고정형식]

7 커넥팅로드(Connecting Rod)

커넥팅로드는 팽창행정에서 피스톤이 받은 동력을 크랭크축으로 전달하고 다른 행정 때에는 역으로 크랭크축의 운동을 피스톤에 전달하는 역할을 한다. 커넥팅로드의 운동은 요동운동이므로 무게가 가볍고 기계적 강도가 커야 한다. 재료로는 니켈-몰리브덴강이나 크롬-몰리브덴강을 주로 사용하고 단조가공으로 만든다. 커넥팅로드는 크랭크축과 연결되는 대단부(Big End)와 피스톤과 연결되는 소단부(Small End) 그리고 본체(Body)로 구성된다. 커넥팅로드는 콘로드(Con Rod)라고도 하며 일반적으로 행정의 1.5~2.5배로 제작하여 조립한다.

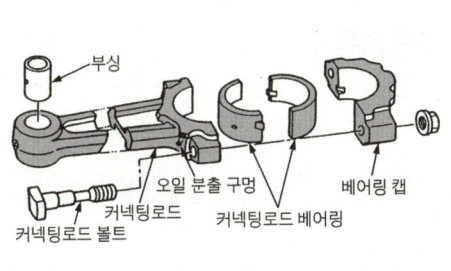 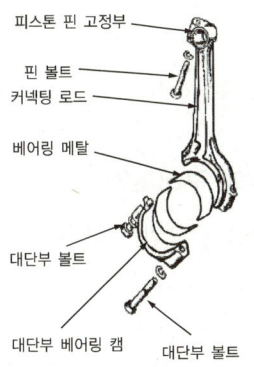

[커넥팅로드의 구조]

(1) 커넥팅로드의 길이

① 커넥팅로드의 길이가 길 경우 측압이 감소되어 실린더의 마멸을 감소시키고, 정숙한 구동을 구현할 수 있으나 커넥팅로드의 길이 증가로 엔진의 높이가 높아질 수 있고, 무게가 무거워지며, 커넥팅로드의 강도가 저하될 수 있다.
② 커넥팅로드의 길이가 짧을 경우 엔진의 높이가 낮아지고, 커넥팅로드의 강성이 확보되며 가볍게 제작할 수 있어 고속 회전엔진에 적합하나 측압이 증가하여 실린더의 마멸을 촉진할 수 있다.

8 크랭크축(Crank Shaft)

크랭크축(Crank Shaft)은 피스톤의 직선 왕복운동을 회전운동으로 변화시키는 장치이며 회전동력이 발생하는 부품이다. 또한 크랭크축에는 평형추(Balance Weight)가 장착되어 크랭크축 회전 시 발생하는 회전진동발생을 억제하고 원활한 회전을 가능하게 한다. 최근에는 크랭크축의 진동방지용 사일런트축을 설치하는 경우도 있다.

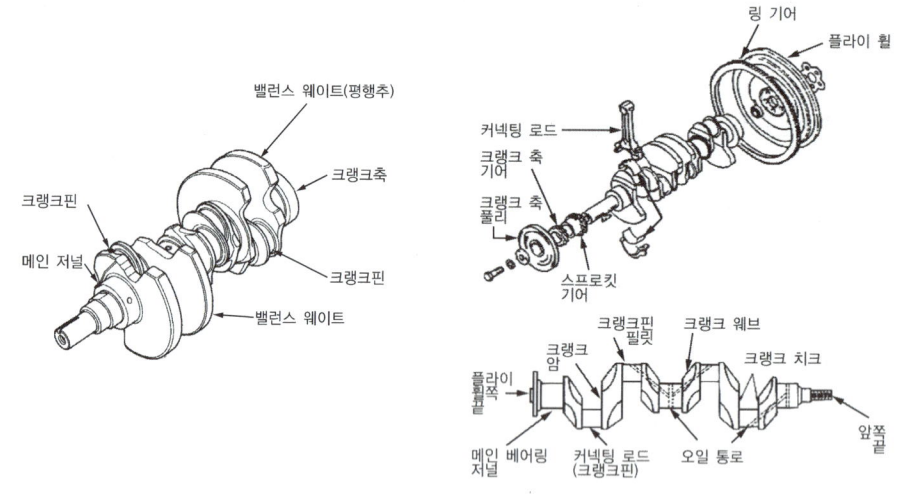

[크랭크축의 구조]

(1) 크랭크축의 구비조건

① 고하중을 받으면서 고속회전운동을 하므로 동적평형성 및 정적평형성을 가질 것
② 강성 및 강도가 크며 내마멸성이 커야 함
③ 크랭크저널 중심과 핀저널 중심 간의 거리를 짧게 하면 피스톤의 행정이 짧아지므로 엔진 고속운동에 따른 크랭크축의 강성을 증가시키는 구조여야 함

(2) 크랭크축의 재질

① 단조용 재료 : 고탄소강(S45C~S55C), 크롬-몰리브덴강, 니켈-크롬강 등
② 주조용 재료 : 미하나이트주철, 펄라이트 가단주철, 구상흑연주철 등
③ 핀 저널 및 크랭크 저널은 강성, 강도 및 내마멸성 증대

(3) 크랭크축의 점화 순서

4행정 사이클 4실린더 엔진의 경우 흡입, 압축, 동력(폭발), 배기의 4행정이 각각의 실린더에서 이루어지기 때문에 크랭크축이 180° 회전마다 1사이클을 완성한다.
크랭크축이 2회전, 즉 720°회전하면 4사이클을 완료하고 점화 순서는 크랭크핀(핀 저널)의 위치, 엔진의 내구성, 혼합가스의 분배에 따라 엔진의 회전을 원활하게 이루어지도록 1번 실린더를 첫 번째로 하여 점화 순서를 정하며 점화시기 결정 시 고려해야 할 사항은 다음과 같다.
① 각 실린더별 동력 발생 시 동력의 변동이 적도록 동일한 연소간격을 유지해야 함
② 크랭크축의 비틀림 진동을 방지하는 점화시기일 것
③ 연료와 공기의 혼합가스를 각 연소실에 균일하게 분배하도록 흡기다기관에서 혼합기의 원활한 유동성을 확보
④ 하나의 메인 베어링에 연속해서 하중이 집중되지 않도록 인접한 실린더에 연이어 폭발되지 않도록 함(1-3-4-2)

(4) 토셔널 댐퍼(Torsional Damper, 비틀림 진동 흡수)

크랭크축 풀리와 일체로 제작되어 크랭크축 앞부분에 설치되며 크랭크축의 비틀림 진동을 흡수하는 장치로 마찰판과 댐퍼 고무로 되어 있다. 엔진 작동 중 크랭크축에 비틀림 진동이 발생하면 댐퍼 플라이 휠이나 댐퍼 매스는 일정속도로 회전하려 하기 때문에 마찰판에서 미끄러짐이 발생하고 댐퍼 고무가 변형되어 진동이 감쇠되어 비틀림 진동을 감소시켜 준다.

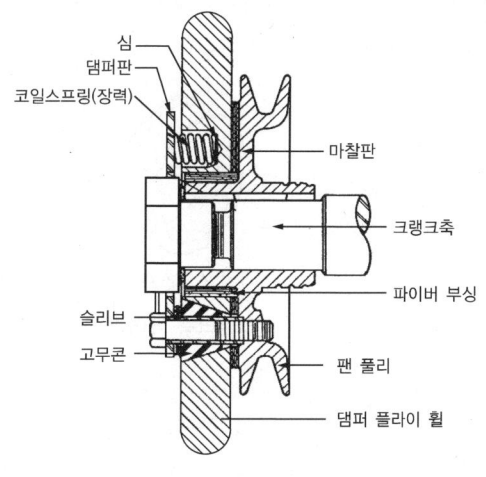

[토셔널 댐퍼의 구조]

9 플라이 휠(Fly Wheel)

플라이 휠(Fly Wheel)은 크랭크축 끝단에 설치되어 클러치로 엔진의 동력을 전달하는 부품이며 초기 시동 시 기동전동기의 피니언기어와 맞물리기 위한 링기어가 열 박음으로 조립되어 있다. 플라이 휠은 기관의 기통수가 많을수록 작아지며 간헐적인 피스톤의 힘에 대해 회전관성을 이용하여 기관 회전의 균일성을 이루도록 설계되어 있다.

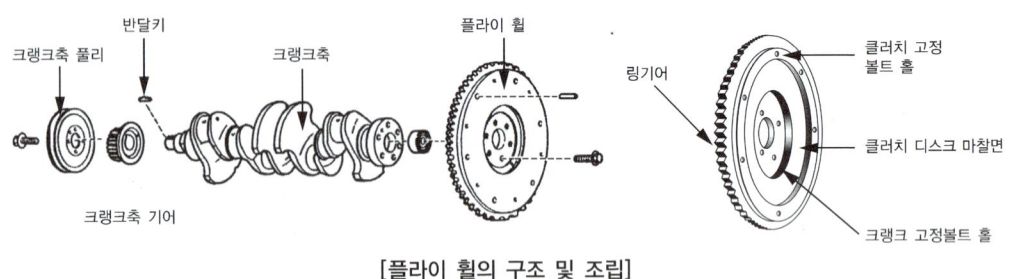

[플라이 휠의 구조 및 조립]

10 베어링(Bearing)

엔진의 회전운동부에 적용된 베어링은 회전축을 지지하며 운동부품의 마찰 및 마멸을 방지하여 출력의 손실을 적게 하는 역할을 한다. 크랭크축과 커넥팅로드의 회전부에 적용되는 베어링은 평면 베어링으로서 크랭크축의 하중을 지지하는 메인 저널(크랭크 저널)과 커넥팅로드와 연결되어 동력 행정에서 가해지는 하중을 받는 크랭크핀 저널 베어링이 있으며 마찰 및 마멸을 감소시켜 엔진 출력에 대한 손실을 감소시킨다.

(1) 엔진 베어링의 종류
① 축의 직각방향에 가해지는 하중을 지지하는 레이디얼 베어링
② 축 방향의 하중을 지지하는 스러스트 베어링

(a) 분할형   (b) 스러스트형   (c) 부시형

[크랭크축 베어링]

(2) 베어링의 윤활

베어링의 윤활방식은 베어링의 홈을 통하여 오일이 저널과 베어링 면 사이를 윤활하며 오일은 유막을 형성하여 금속과 금속의 직접적인 접촉을 방지하고 윤활 부분에서 발생한 열을 흡수하는 냉각작용도 한다.

① 베어링과 저널부의 오일 간극이 클 경우
   ㉠ 엔진오일 누출량 증가
   ㉡ 윤활회로의 유압이 떨어짐
   ㉢ 소음 및 진동이 발생하고 엔진오일이 연소실로 유입되어 연소됨
② 베어링과 저널부의 오일 간극이 적을 경우
   ㉠ 저널과 베어링 사이에 유막 형성이 잘 안되고 금속 간 접촉으로 인한 소결 또는 고착현상 발생
   ㉡ 엔진 실린더 윤활이 원활하지 못하고 마찰 및 마멸 증가

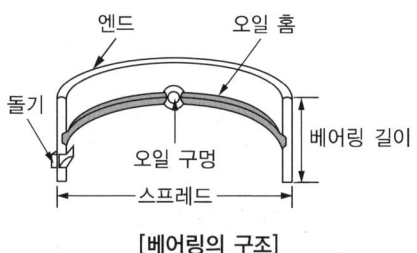

[베어링의 구조]

(3) 베어링 크러시(Bearing Crush)

베어링 크러시는 베어링의 바깥둘레와 하우징 둘레와의 차이를 말한다.

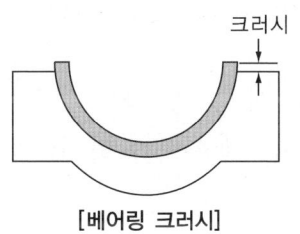

[베어링 크러시]

(4) 베어링 스프레드(Bearing Spread)

베어링 스프레드는 베어링 하우징의 안지름과 베어링을 하우징에 끼우지 않았을 때의 베어링 바깥지름과의 차이를 말한다. 베어링 스프레드는 베어링과 저널의 밀착성이 향상되고 안쪽으로 찌그러지는 현상을 방지할 수 있다.

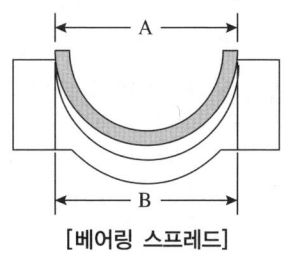

[베어링 스프레드]

(5) 베어링의 구비조건

① 고온 하중부담 능력이 있을 것
② 지속적인 반복하중에 견딜 수 있는 내피로성이 클 것
③ 금속이물질 및 오염물질을 흡수하는 매입성이 좋을 것
④ 축의 회전운동에 대응할 수 있는 추종 유동성이 있을 것
⑤ 산화 및 부식에 대해 저항할 수 있는 내식성이 우수할 것
⑥ 열전도성이 우수하고 밀착성이 좋을 것
⑦ 고온에서 내마멸성이 우수할 것

(6) 베어링의 재질

① 배빗메탈(화이트메탈)

배빗메탈은 화이트메탈이라고도 하며 주석과 납 합금의 베어링으로서 길들임성, 내식성, 매입성은 우수하나 고온강도가 낮고 열전도율 및 피로강도가 좋지 않다. 배빗메탈의 구성은 다음과 같다.

㉠ 주석 합금 배빗메탈 : 주석(Sn) 80~90%, 납(Pb) 1% 이하, 안티몬(Sb) 3~12%, 구리(Cu) 3~7%

㉡ 납 합금 배빗메탈 : 주석(Sn) 1%, 납(Pb) 83%, 안티몬(Sb) 15%, 구리(Cu) 1%

② 켈밋메탈

켈밋메탈은 열전도율이 양호하여 베어링의 온도를 낮게 유지할 수 있고 고온강도가 좋고 부하능력 및 반융착성이 좋아 고속, 고온, 고하중용 기관에 사용된다. 그러나 경도가 높기 때문에 내식성, 길들임성, 매입성이 작고 열팽창이 크기 때문에 베어링의 윤활 간극을 크게 설정해야 하는 단점이 있다.

㉠ 구리(Cu) 67~70%, 납(Pb) 23~30%

③ 트리메탈

동합금의 셀에 아연(Zn) 10%, 주석(Sn) 10%, 구리(Cu) 80%를 혼합한 연청동을 중간층에 융착하고 연청동 표면에 배빗을 0.02~0.03mm 정도로 코팅한 베어링으로, 열적 및 기계적 강도가 크고 길들임성, 내식성, 매입성이 좋다.

④ 알루미늄 합금메탈

알루미늄(Al)에 주석(Sn)을 혼합한 베어링으로 배빗메탈과 켈밋메탈의 장점을 가지는 우수한 베어링이나, 길들임성과 매입성은 켈밋메탈과 배빗메탈의 중간 정도로 좋지 않다.

11 밸브기구(Valve Train)

밸브기구는 엔진의 4행정에 따른 흡기계와 배기계의 가스(혼합기)흐름통로를 각 행정에 알맞게 열고 닫는 제어역할을 수행하는 일련의 장치를 말하며 밸브 작동기구인 캠축의 장착 위치에 따라 다음과 같이 구분한다.

(1) 오버헤드 밸브(OHV ; Over Head Valve)

캠축이 실린더 블록에 설치되고 흡·배기밸브는 실린더 헤드에 설치되는 형식으로 캠축의 회전운동을 밸브 리프터, 푸시로드 및 로커암을 통하여 밸브를 개폐시키는 방식의 밸브기구이다.

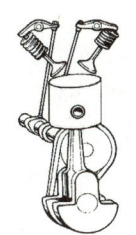
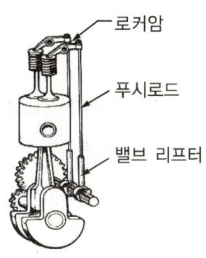

— 로커암
— 푸시로드
— 밸브 리프터

[OHV의 구조]

(2) 오버헤드 캠축(OHC ; Over Head Cam Shaft)

캠축과 밸브기구가 실린더 헤드에 설치되는 형식으로 밸브 개폐 기구의 운동 부분의 관성력이 작아 밸브의 가속도를 크게 할 수 있고 고속에서도 밸브개폐가 안정되어 엔진성능을 향상시킬 수 있다. 또한 푸시로드가 없기 때문에 밸브의 설치나 흡·배기효율 향상을 위한 흡·배기 포트 형상의 설계가 가능하나 실린더 헤드의 구조와 캠축의 구동방식이 복잡해지는 단점이 있다.

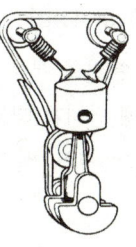

[OHC의 구조]

① SOHC(Single Over Head Cam Shaft)

SOHC 형식은 하나의 캠축으로 흡기와 배기밸브를 작동시키는 구조로 로커암축을 설치하여 구조가 복잡해진다.

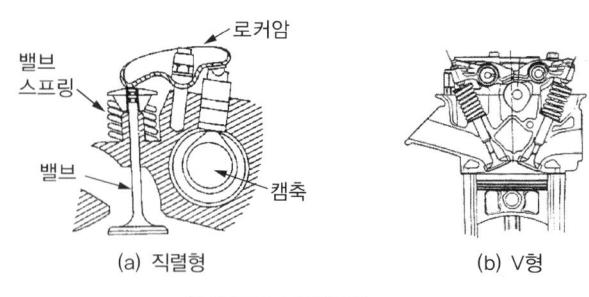

(a) 직렬형   (b) V형

[SOHC의 로커암형]

② DOHC(Double Over Head Cam Shaft)

DOHC 형식은 흡기와 배기밸브의 캠축이 각각 설치되어 밸브의 경사각도, 흡배기 포트형상, 점화플러그 설치 등이 양호하여 엔진의 출력 및 흡입효율이 향상되는 장점이 있다.

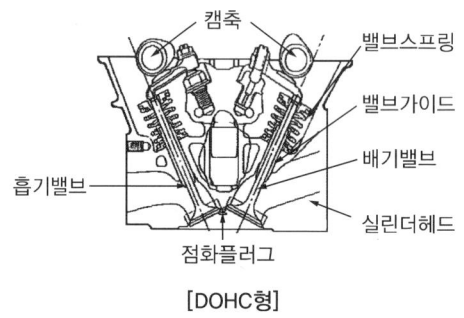

[DOHC형]

(3) 밸브 오버랩(Valve Over Lap)

일반적으로 상사점에서 엔진의 밸브 개폐 시기는 흡입밸브는 상사점 전 10~30°에서 열리고 배기밸브는 상사점 후 10~30°에 닫히기 때문에 흡입밸브와 배기밸브가 동시에 열려 있는 구간이 형성된다. 이 구간을 밸브 오버랩이라 하며 밸브 오버랩은 배기가스 흐름의 관성을 이용하며 흡입 및 배기효율을 향상시키기 위함이다.

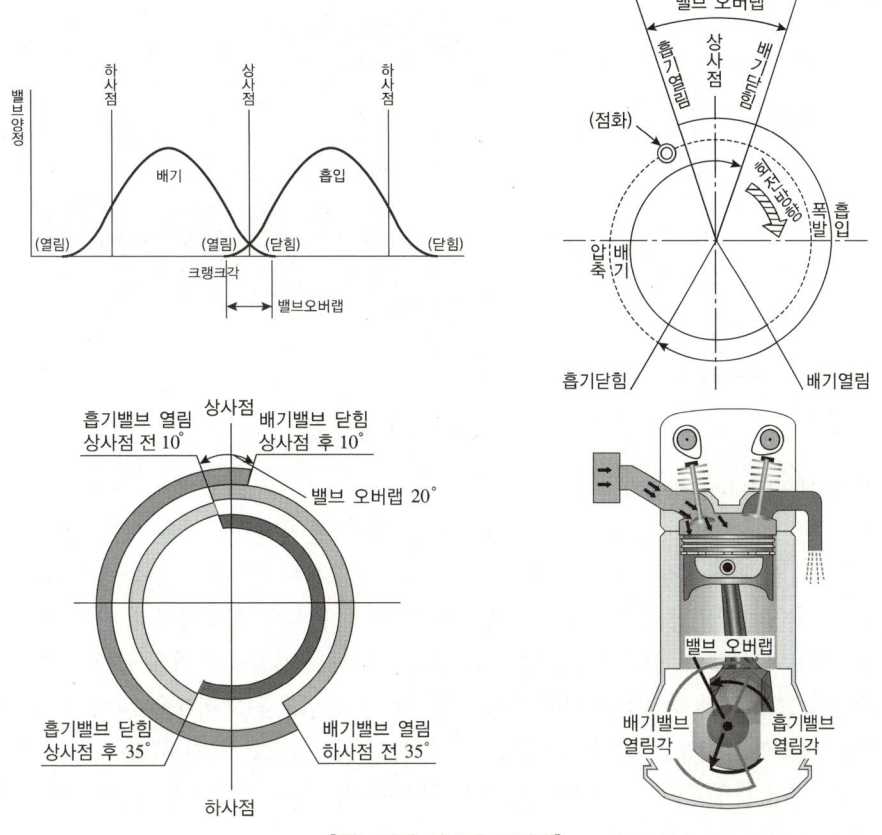

[밸브개폐 선도와 오버랩]

12 밸브(Valve)

엔진의 밸브는 공기 또는 혼합가스를 실린더에 유입하고 연소 후 배기가스를 대기 중에 배출하는 역할을 수행하며 압축 및 동력행정에서는 밸브 시트에 밀착되어 가스누출을 방지하는 기능을 가지고 있다. 또한 밸브의 작동은 캠축 등의 기구에 의해 열리고 밸브 스프링 장력에 의해 닫히는 구조로 되어 있다.

(1) 밸브의 구비 조건

① 고온, 고압에 충분히 견딜 수 있는 고강도일 것
② 혼합가스에 이상연소가 발생되지 않도록 열전도가 양호할 것
③ 혼합가스나 연소가스에 접촉되어도 부식되지 않을 것
④ 관성력 증대를 방지하기 위하여 가능한 가벼울 것
⑤ 충격과 장력에 잘 견디고 내구력이 있을 것

(2) 밸브의 주요부

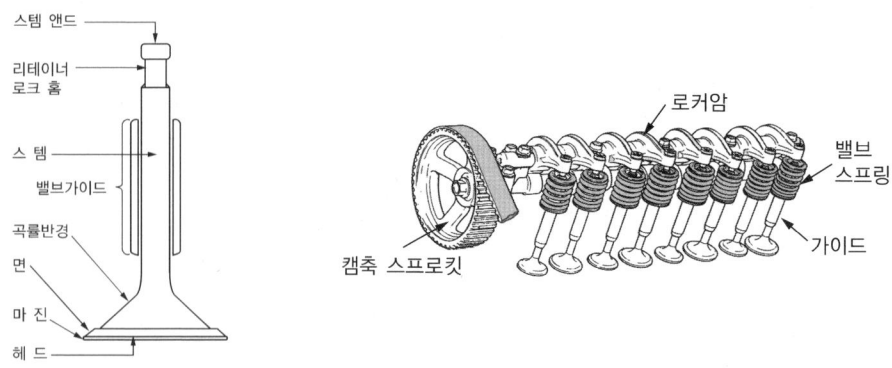

[밸브의 구조 및 조립]

① 밸브 헤드(Valve Head)

밸브 헤드는 고온, 고압가스의 환경에서 작동함으로 흡기밸브는 400~500℃, 배기밸브는 600~800℃의 온도를 유지하고 있기 때문에 반복하중과 고온에 견디고 변형을 일으키지 않으며, 흡입 또는 배기가스의 통과에 대해서 유동저항이 작은 통로를 형성하여야 한다.

또한 내구성이 크고 열전도가 잘되며, 경량이어야 하고 엔진의 출력을 높이기 위해 밸브 헤드의 지름을 크게 해야 하므로 흡입밸브 헤드의 지름은 흡입효율(체적효율)을 증대시키기 위해 배기밸브 헤드의 지름보다 크게 설계한다. 또한 밸브 설치각도를 크게 하면 밸브 헤드 지름을 크게 할 수 있어 흡입효율이 향상되나 연소실 체적이 증가하여 압축비를 높이기 힘든 문제가 있다.

② 밸브 마진(Valve Margin)

밸브 마진은 밸브 헤드와 페이스 사이에 형성된 부분으로 기밀 유지를 위하여 고온과 충격에 대한 지지력을 가져야 하므로 두께가 보통 1.2mm 정도로 설계된다. 마진의 두께가 감소할 경우 열과 압력에 의하여 시트에 접촉되었을 때 마진이 변형되기 때문에 기밀유지가 어려워 엔진의 성능에 영향을 미칠 수 있다.

③ 밸브 페이스(Valve Face)

밸브 페이스는 밸브 시트에 밀착되어 혼합가스 누출을 방지하는 기밀작용과 밸브 헤드의 열을 시트에 전달하는 냉각작용을 한다. 밸브 페이스의 접촉면적이 넓으면 열의 전달면적이 크기 때문에 냉각은 양호하나 접촉압력이 분산되어 기밀유지가 어려우며 반대로 접촉면적이 작으면 접촉압력이 집중되어 기밀 유지는 양호하나 열전달면적이 작아지기 때문에 냉각성능은 떨어지게 된다. 따라서 밸브 페이스의 각도가 중요하며 일반적으로 45°의 밸브 페이스 각도를 적용한다.

④ 밸브 스템(Valve Stem)

밸브 스템은 밸브 가이드에 장착되고 밸브의 상하 운동을 유지하고 냉각기능을 갖는다. 흡입밸브 스템의 지름은 혼합가스의 압력도 낮고 흐름에 대한 유동저항을 감소시키며 혼합가스에 의해서 냉각되므로 배기밸브 스템의 지름보다 약간 작게 설계한다.

배기밸브 스템의 지름은 배기가스의 압력 및 온도가 높기 때문에 열전달면적을 증가시키기 위하여 흡입밸브 스템의 지름보다 크게 설계하여야 한다. 밸브 스템의 열방출 능력을 향상시키기 위해 스템부에 나트륨을 봉입한 구조도 적용되고 있다. 이러한 밸브 스템은 다음과 같은 구비조건이 요구된다.

㉠ 왕복운동에 대한 관성력이 발생하지 않도록 가벼울 것
㉡ 냉각효과 향상을 위해 스템의 지름을 크게 할 것
㉢ 밸브 스템부의 운동에 대한 마멸을 고려하여 표면경도가 클 것
㉣ 스템과 헤드의 연결부분은 가스흐름에 대한 저항이 적고 응력집중이 발생하지 않도록 곡률반경을 크게 할 것

⑤ 밸브 시트(Valve Seat)

밸브 시트는 밸브 페이스와 접촉하여 연소실의 기밀작용과 밸브 헤드의 열을 실린더 헤드에 전달하는 작용을 한다. 밸브 시트는 연소가스에 노출되고 밸브 페이스와의 접촉 시 충격이 발생하기 때문에 충분한 경도 및 강도가 필요하다. 밸브 시트의 각은 30°, 45°의 것이 있으며, 작동 중에 열팽창을 고려하여 밸브 페이스와 밸브 시트 사이에 1/4~1° 정도의 간섭각을 두고 있다.

⑥ 밸브 가이드(Valve Guide)

밸브 가이드는 밸브 스템의 운동에 대한 안내 역할을 수행하며 실린더 헤드부의 윤활을 위한 윤활유의 연소실 침입을 방지한다. 밸브 가이드와 스템부의 간극이 크면 엔진오일이 연소실로 유입되고, 밸브 페이스와 시트면의 접촉이 불량하여 압축압력이 저하되며 블로 백 현상이 발생할 수 있다.

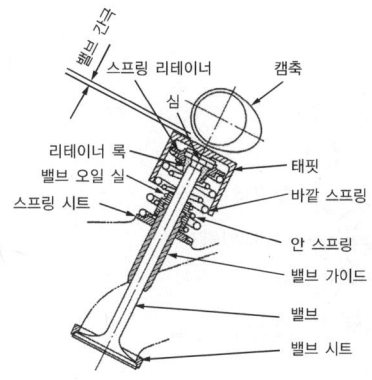

[밸브가이드 및 유압식 밸브 리프터]

⑦ 밸브 스프링(Valve Spring)

밸브 스프링은 엔진 작동 중에 밸브의 닫힘과 밸브가 닫혀 있는 동안 밸브 시트와 밸브 페이스를 밀착시켜 기밀을 유지하는 역할을 수행한다. 이러한 밸브 스프링은 캠축의 운동에 따라 작동되는데 밸브 스프링이 가지고 있는 고유진동수와 캠의 작동에 의한 진동수가 일치할 경우 캠의 운동과 관계없이 스프링의 진동이 발생하는 서징현상이 발생된다. 이러한 서징현상의 방지책은 다음과 같다.

㉠ 원추형 스프링의 사용
㉡ 2중 스프링의 적용
㉢ 부등피치 스프링 사용

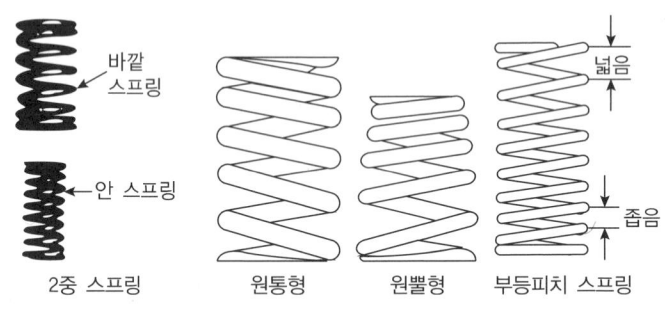

[밸브 스프링의 종류(서징 방지)]

⑧ 유압식 밸브 리프터(Hydraulic Valve Lifter)

유압식 밸브 리프터는 밸브개폐 시기가 정확하게 작동하도록 엔진의 윤활장치에서 공급되는 엔진오일의 유압을 이용하여 작동되는 시스템이다. 유압식 밸브 리프터는 밸브 간극을 조정할 필요가 없고 밸브의 온도 변화에 따른 팽창과 관계없이 항상 밸브 간극을 0으로 유지시키는 역할을 하며 엔진의 성능 향상과 작동소음의 감소, 엔진오일의 충격흡수 기능 등으로 내구성이 증가되나 구조가 복잡하고 윤활회로의 고장 시 작동이 불량한 단점이 있다.

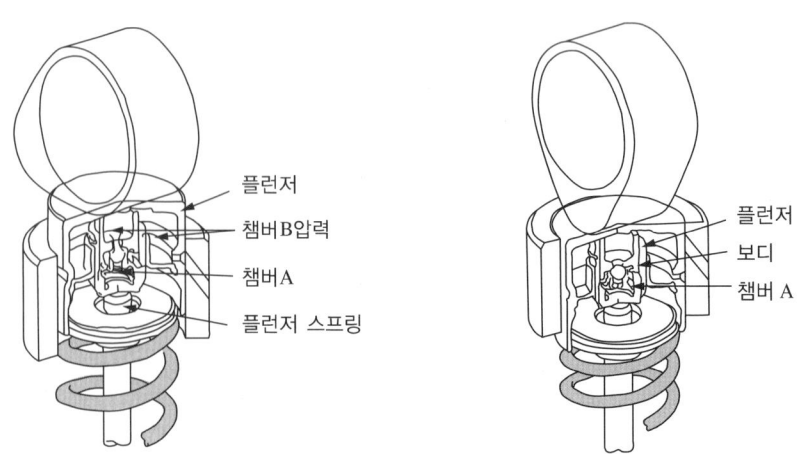

[유압식 밸브 리프터의 작동]

⑨ 밸브 간극(Valve Clearance)

밸브 간극은 기계적인 밸브 구동 장치에서 밸브가 연소실의 고온에 의하여 열팽창되는 양만큼 냉간 시에 밸브 스템과 로커암 사이의 간극을 주는 것을 말한다. 밸브 간극이 크면 밸브의 개도가 확보되지 않아 흡·배기효율이 저하되고 로커암과 밸브 스템부의 충격이 발생되어 소음 및 마멸이 발생된다. 반대로 밸브 간극이 너무 작으면 밸브의 열팽창으로 인하여 밸브 페이스와 시트의 접촉 불량으로 압축압력의 저하 및 블로 백(Blow Back) 현상이 발생하고 엔진출력이 저하되는 문제가 발생한다.

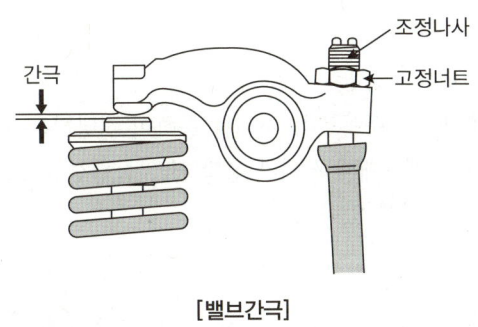

[밸브간극]

13 캠축(Cam Shaft)

캠축은 크랭크축 풀리에서 전달되는 동력을 타이밍 벨트 또는 타이밍 체인을 이용하여 밸브의 개폐 및 고압 연료펌프 등을 작동시키는 역할을 한다.

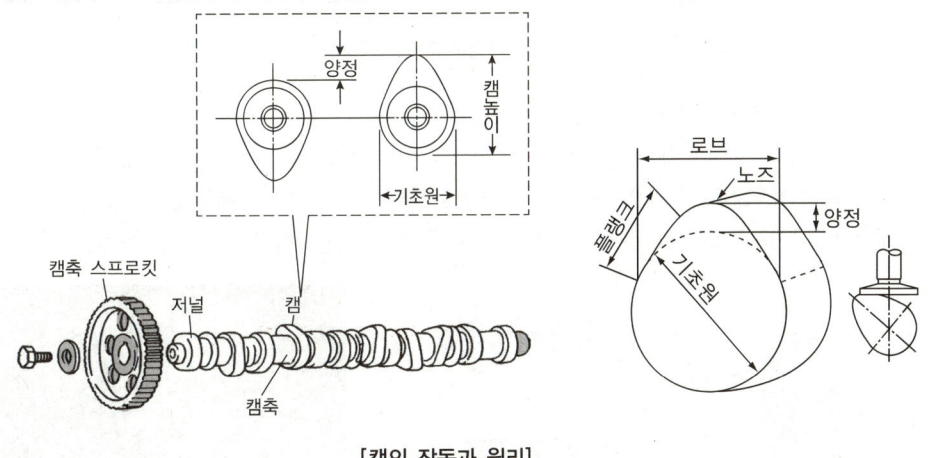

[캠의 작동과 원리]

(1) 캠축의 재질 및 구성

캠은 캠축과 일체형으로 제작되며 캠의 표면곡선에 따라 밸브 개폐시기 및 밸브 양정이 변화되어 엔진의 성능을 크게 좌우하기 때문에 엔진 성능에 따른 양정의 설계와 내구성이 중요한 요소로 작용된다.

캠축은 일반적으로 내마멸성이 큰 특수주철, 저탄소강, 크롬강을 사용하고 표면 경화를 통하여 경도를 향상시키며 캠은 기초 원, 노즈부, 플랭크, 로브, 양정 등으로 구성되어 있다.

(2) 캠축의 구동방식

① 기어구동식(Gear Drive Type)

크랭크축에서 캠축까지의 구동력을 기어를 통하여 전달하는 방식으로 기어비를 이용하기 때문에 회전비가 정확하여 밸브개폐 시기가 정확하고, 동력전달효율이 높으나 기어의 무게가 무겁고 설치가 복잡해지는 단점이 있다.

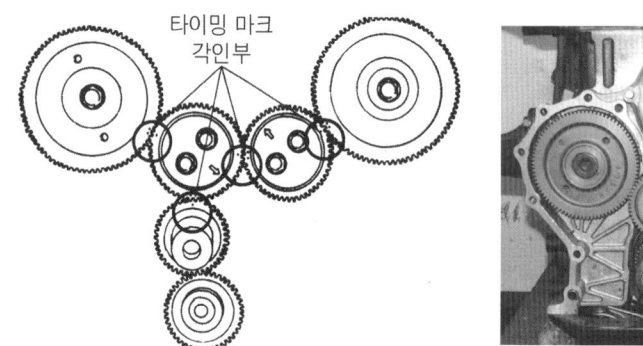

[캠축 기어구동방식]

② 체인구동식(Chain Drive Type)

크랭크축에서 캠축까지의 구동력을 체인을 통하여 전달하는 방식으로 설치가 자유로우며 미끄럼이 없어 동력전달 효율이 우수하다. 또한 내구성이 뛰어나고 내열성, 내유성, 내습성이 크며, 유지 및 수리가 용이한 특징이 있으나 진동 및 소음을 저감하는 구조를 적용해야 한다.

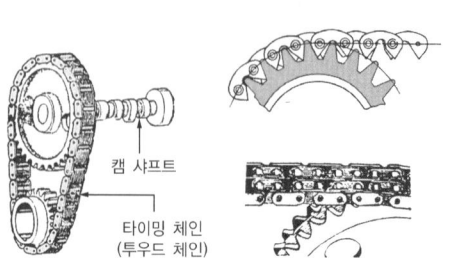 

[캠축 체인구동방식]

③ 벨트구동식(Belt Drive Type)
크랭크축에서 캠축까지의 구동력을 고무벨트(타이밍벨트)를 통하여 전달하는 방식으로 설치가 자유롭고 무게가 가벼우며 소음과 진동이 매우 적은 장점이 있으나 내열성, 내유성이 떨어지고 내구성이 짧으며 주행거리에 따라 정기적으로 교체해야 하는 유지보수가 필요하다.

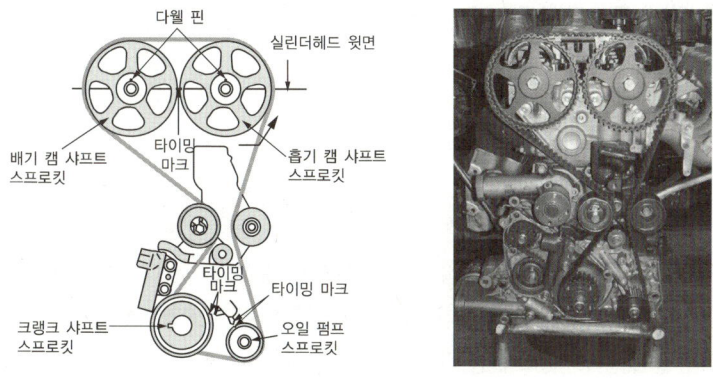

[캠축 벨트구동방식]

14 냉각장치

연소를 통하여 동력을 얻게 되는 내연기관의 특성상 엔진에서 매우 높은 열(약 2,000~2,200℃)이 발생하게 되며 발생한 열은 지속적으로 축적되고 엔진의 각 부분에 전달되어 부품의 재질변형 및 열 변형을 초래하게 된다. 또한 반대로 너무 냉각되어 엔진이 차가운 경우(과랭)에는 열효율이 저하되고, 연료소비량이 증가하여 엔진의 기계적 효율 및 연료소비율이 나빠지는 문제가 발생한다. 냉각장치는 이러한 문제에 대하여 엔진의 전 속도 범위에 걸쳐 엔진의 온도를 정상 작동온도(80~95℃)로 유지시키는 역할을 하여 엔진의 효율향상과 열에 의한 손상을 방지한다.
냉각방식에는 크게 공랭식(Air Cooling Type)과 수랭식(Water Cooling Type)으로 분류하며 현재 자동차에는 일반적으로 수랭식 냉각시스템을 적용하고 있다. 냉각장치는 방열기(라디에이터), 냉각 팬, 수온조절기, 물재킷, 물펌프 등으로 구성된다.

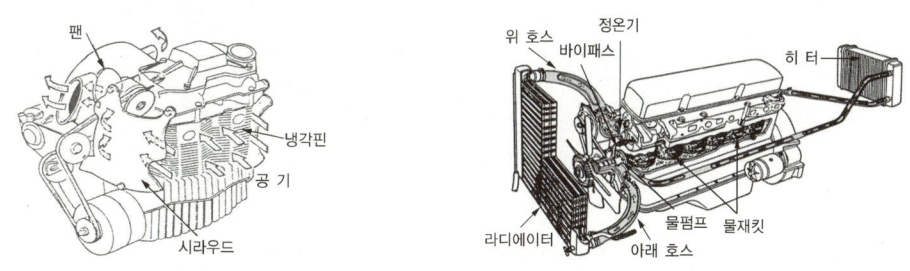

[공랭식과 수랭식 냉각시스템의 구조]

다음은 엔진 온도에 따른 영향을 나타낸다.

엔진 과열 시	엔진 과랭 시
• 냉각수 순환이 불량해지고, 금속의 부식이 촉진된다. • 작동 부분의 고착 및 변형이 발생하며 내구성이 저하된다. • 윤활이 불량하여 각 부품이 손상된다. • 조기점화 또는 노크가 발생한다.	• 연료의 응결로 연소가 불량해진다. • 연료가 쉽게 기화하지 못하고 연비가 나빠진다. • 엔진오일의 점도가 높아져 시동할 때 회전 저항이 커진다.

15 엔진의 냉각방식

(1) 공랭식 엔진(Air Cooling Type)

엔진의 열을 공기를 이용하여 냉각하는 방식으로 구조가 간단하고 냉각수가 없기 때문에 냉각수의 누출 또는 동결이 발생하지 않는다. 그러나 가혹한 운전조건 및 외부 공기의 높은 온도 등에 따라 냉각효율이 떨어질 수 있고 엔진 각부의 냉각이 불균일하여 내구성이 저하될 수 있다. 공랭식 냉각시스템은 엔진 용량이 적은 엔진에 적용된다.

① 자연통풍식

실린더 헤드와 블록과 같은 부분에 냉각핀(Cooling Fin)을 설치하여 주행에 따른 공기의 유동에 의하여 냉각하는 방식이다.

② 강제통풍식

자연통풍식에 냉각팬(Cooling Fan)을 추가로 사용하여 냉각팬의 구동을 통하여 강제로 많은 양의 공기를 엔진으로 보내어 냉각하는 방식이다. 이때 냉각팬의 효율 및 엔진의 균일한 냉각을 위한 시라우드가 장착되어 있다.

(2) 수랭식 엔진(Water Cooling Type)

별도의 냉각시스템을 장착하고 엔진 및 관련 부품의 내부에 냉각수를 흘려보내 엔진의 냉각을 구현하는 방식으로 냉각수의 냉각 성능 향상을 위한 라디에이터와 물펌프, 물재킷(물통로), 수온조절기(서모스탯) 등이 설치된다.

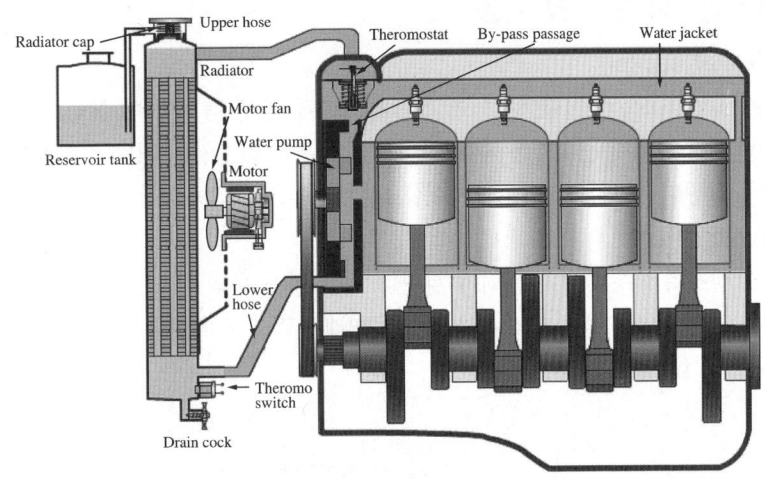

[수랭식 엔진의 구조]

① 자연순환식

  냉각수의 온도 차이를 이용하여 자연 대류에 의해 순환시켜 냉각하는 방식으로 고부하, 고출력 엔진에는 적합하지 못한 방식이다.

② 강제순환식

  냉각계통에 물펌프를 설치하여 엔진 또는 관련 부품의 물재킷 내에 냉각수를 순환시켜 냉각시키는 방식으로 고부하, 고출력 엔진에 적합한 방식이다.

③ 압력순환식

  냉각 계통을 밀폐시키고 냉각수가 가열되어 팽창할 때의 압력으로 냉각수를 가압하여 냉각수의 비등점을 높여 비등에 의한 냉각손실을 줄일 수 있는 형식이다. 냉각회로의 압력은 라디에이터 캡의 압력밸브로 자동 조절되며 기관의 효율이 향상되고 라디에이터를 소형으로 제작할 수 있는 장점이 있다.

④ 밀봉압력식

  이 방식은 압력순환식과 같이 냉각수를 가압하여 비등온도를 상승시키는 방식이며 압력순환식에서는 냉각회로 내의 압력은 라디에이터 캡의 압력밸브로 조절을 하지만 팽창된 냉각수가 오버플로 파이프를 통하여 외부로 유출된다.

  이러한 결점을 보완하기 위하여 라디에이터 캡을 밀봉하고 냉각수의 팽창에 대하여 보조 탱크를 오버플로 파이프와 연결하여 냉각수가 팽창할 경우 외부로 냉각수가 유출되지 않도록 하는 형식이다. 이와 같은 형식은 냉각수 유출손실이 적어 장시간 냉각수의 보충을 하지 않아도 되며 최근의 자동차용 냉각장치는 대부분 이 방식을 채택하고 있다.

(3) 수랭식 냉각장치의 구조 및 기능

① 물재킷(Water Jacket)

물재킷은 실린더블록과 실린더헤드에 설치된 냉각수 순환 통로이며, 물펌프로 공급한 냉각수는 먼저 실린더의 물재킷으로 흐른 후 실린더헤드 부위의 물재킷을 지나 라디에이터로 되돌아오며 그동안에 실린더 벽, 밸브 시트, 연소실, 밸브가이드 등의 열을 흡수한다.

② 물펌프(Water Pump)

엔진의 크랭크축을 통하여 구동되며 실린더 헤드 및 블록의 물재킷 내로 냉각수를 순환시키는 펌프이다. 물펌프의 효율은 냉각수의 압력에 비례하고 온도에 반비례하며 냉각수에 압력을 가하면 물펌프의 효율이 향상된다.

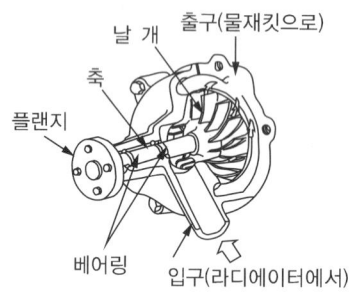

[물펌프의 구조]

③ 냉각팬(Cooling Fan)

라디에이터의 뒷면에 장착되는 팬으로서 팬의 회전으로 라디에이터의 냉각수를 강제 통풍, 냉각시키는 장치이다. 이때 공기의 흐름을 효율적으로 이용하기 위하여 시라우드가 장착되며 일반적으로 팬 클러치 타입과 전동기 방식이 있고 현재 승용자동차의 경우 전동기 방식이 많이 적용되고 있다.

전동식 팬은 배터리 전압으로 작동되며 수온 센서로 냉각수의 온도를 감지하고 일정온도(85℃/ON, 75℃/OFF)에서 작동시킨다. 또한 라디에이터의 장착 위치가 자유롭고, 일정한 풍량이 확보되며, 자동차의 정차 시에도 충분한 냉각효과를 얻을 수 있다.

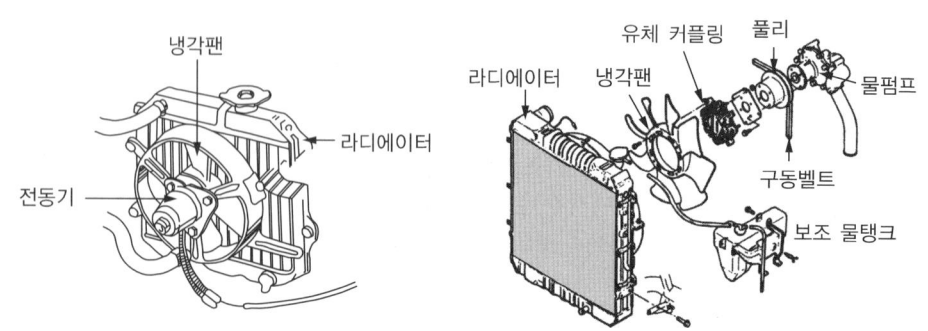

[전동식과 유체 클러치식의 냉각팬]

④ 라디에이터(Radiator)

라디에이터는 엔진으로부터 발생한 열을 흡수한 냉각수를 냉각시키는 방열기이다. 라디에이터는 냉각팬, 물펌프와 같이 냉각시스템의 효율을 결정하는 중요한 요소이다. 또한 라디에이터는 열전도성이 우수해야하고 가벼워야 하며 내식성이 우수해야 한다. 이러한 라디에이터의 구비조건은 다음과 같다.

㉠ 단위면적당 방열량이 클 것
㉡ 경량 및 고강도를 가질 것
㉢ 냉각수 및 공기의 유동저항이 적을 것

라디에이터의 재질은 가벼우며 강도가 우수한 알루미늄을 적용하여 제작한다.

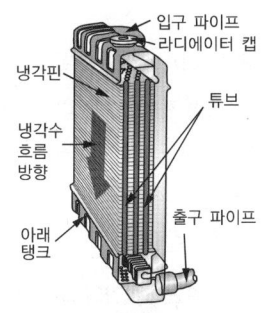

[라디에이터의 구조]

⑤ 냉각핀의 종류

라디에이터의 냉각핀은 냉각효율을 증대시키는 역할을 하며 단위면적당 방열량을 크게 하는 기능을 갖는다. 핀의 종류로는 플레이트핀(Plate Fin), 코루게이트핀(Corrugate Fin), 리본셀룰러핀(Ribbon Cellular Fin) 등이 있으며 현재 코루게이트핀 형식을 많이 적용하고 있다.

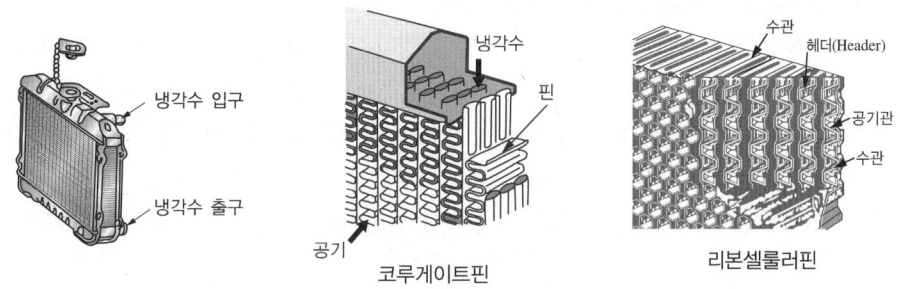

[방열핀의 구조와 형식]

⑥ 라디에이터 캡(Radiator Cap)

라디에이터 캡은 냉각장치 내의 냉각수의 비등점(비점)을 높이고 냉각 범위를 넓히기 위해 압력식 캡을 사용한다. 압력식 캡은 냉각회로의 냉각수 압력을 약 1.0~1.2kgf/cm^{2}을 증가하여 냉각수의 비등점을 약 112℃까지 상승시키는 역할을 한다. 또한 냉각회로 내의 압력이 규정 이상일 경우 압력캡의 오버 플로 파이프(Over Flow Pipe)로 냉각수가 배출되고 반대로 냉각회로 내의 압력이 낮은 보조 물탱크 내의 냉각수가 유입되어 냉각 회로를 보호한다.

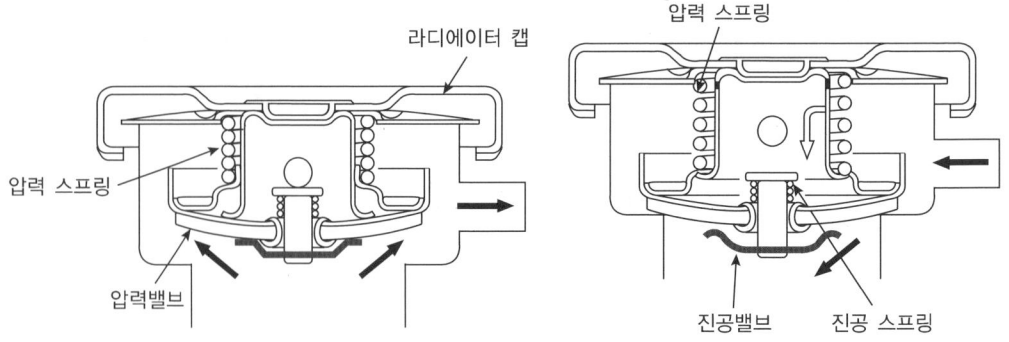

[라디에이터 캡의 구조 및 작동]

⑦ 수온조절기(Thermostat)

수온조절기는 라디에이터와 엔진 사이에 장착되며 엔진의 냉각수 온도에 따라 개폐되고 엔진의 냉각수 출구에 설치된다. 수온조절기는 엔진의 과랭 시 닫힘 작용으로 엔진의 워밍업 시간을 단축시키고, 냉각수 온도가 85℃ 정도에 이르면 완전 개방되어 냉각수를 라디에이터로 보낸다. 결국 전 속도 영역에서 엔진을 정상 작동온도로 유지할 수 있도록 하는 장치이다. 수온조절기 고장 시 발생하는 현상은 다음과 같다.

[수온조절기의 고장 시 발생 현상]

수온조절기가 열린 채로 고장 시	수온조절기가 닫힌 채로 고장 시
• 엔진의 워밍업시간이 길어지고 정상작동온도에 도달하는 시간이 길어진다. • 연료소비량이 증가한다. • 엔진 각 부품의 마멸 및 손상을 촉진시킨다. • 냉각수온 게이지가 정상범위보다 낮게 표시된다.	• 엔진이 과열되고 각 부품의 손상이 발생한다. • 냉각수온 게이지가 정상범위보다 높게 출력된다. • 엔진의 성능이 저하되고 냉각 회로가 파손된다. • 엔진의 과열로 조기점화 또는 노킹이 발생한다.

이러한 수온조절기의 종류는 다음과 같다.

㉠ 펠릿형 : 수온조절기 내에 왁스를 넣어 냉각수 온도에 따른 왁스의 팽창 및 수축에 의해 통로를 개폐하는 작용을 하며 내구성이 우수하여 현재 많이 적용되고 있다.

㉡ 벨로즈형 : 수온조절기 내에 에테르, 알코올(고휘발성) 등의 비등점이 낮은 물질을 넣어 냉각수 온도에 따라 팽창 및 수축을 통하여 냉각수 통로를 개폐한다.

㉢ 바이메탈형 : 열팽창률이 다른 두 금속을 접합하여 냉각수 온도에 따른 통로의 개폐역할을 한다.

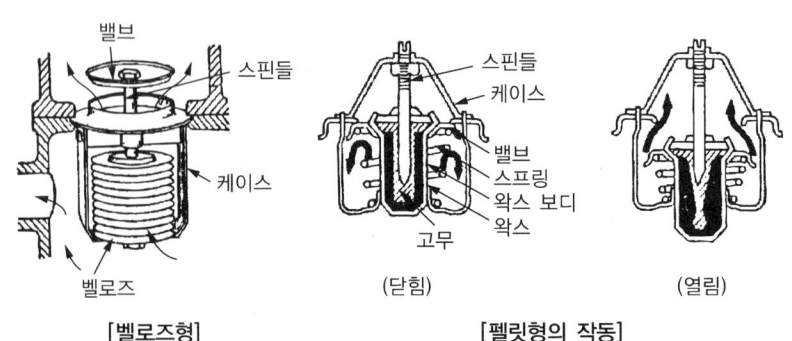

[벨로즈형] [펠릿형의 작동]

⑧ 냉각수와 부동액
  ㉠ 냉각수 : 자동차 냉각시스템의 냉각수는 연수(수돗물)를 사용하며 지하수나 빗물 등은 사용하지 않는다.
  ㉡ 부동액 : 냉각수는 0℃에서 얼고 100℃에서 끓는 일반적인 물이다. 이러한 냉각수는 겨울철에 동결의 위험성이 있으므로 부동액을 첨가하여 냉각수의 빙점(어는점)을 낮추어야 한다. 부동액의 종류에는 에틸렌글리콜, 메탄올, 글리세린 등이 있으며 각각의 종류별 특징은 다음과 같다.

에틸렌글리콜	메탄올	글리세린
• 향이 없고 비휘발성, 불연성 • 비등점이 197℃, 빙점이 –50℃ • 엔진 내부에서 누설 시 침전물 생성 • 금속을 부식하며 팽창계수가 큼	• 알코올이 주성분으로 비등점이 80℃, 빙점이 –30℃ • 가연성이며 도장막 부식	• 비중이 커 냉각수와 혼합이 잘 안됨 • 금속 부식성이 있음

또한 부동액의 요구 조건은 비등점이 물보다 높아야 하고 빙점(어는점)은 물보다 낮아야 하며 물과 잘 혼합되어야 한다. 또한 휘발성이 없고 내부식성이 크고, 팽창계수가 작으며 침전물이 생성되지 않아야 하는 특징이 있다.

16 윤활장치

자동차엔진에는 크랭크축, 캠축, 밸브 개폐기구, 베어링 등의 각종 기계장치가 각각의 운동상태를 가지고 작동하게 된다. 이러한 기계장치들의 작동 시 기계적인 마찰이 발생하며 그 마찰현상들 또한 매우 다양한 형태로 나타난다. 기계적인 마찰이 발생하면 마찰에 의한 열이 발생하게 되고 이 열이 과도하게 축적되면 각각의 기계부품의 열팽창 또는 손상으로 인하여 엔진의 작동에 큰 영향을 미치게 된다.
윤활장치는 이러한 각 마찰요소에 윤활유를 공급하여 마찰로 발생할 수 있는 문제점을 방지하는 장치로서 엔진의 작동을 원활하게 하고 엔진의 내구수명을 길게 할 수 있다. 이러한 윤활장치는 오일펌프(Oil Pump), 오일 여과기(Oil Filter), 오일팬(Oil Pan), 오일 냉각기(Oil Cooler) 등으로 구성되며 감마작용, 밀봉작용, 냉각작용, 응력분산작용, 방청작용, 청정작용 등의 역할을 수행한다.

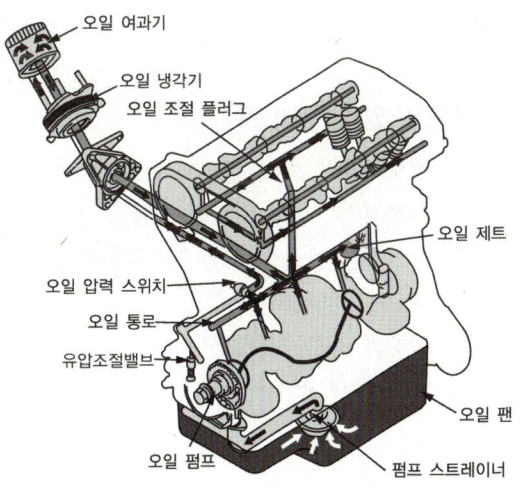

[자동차의 윤활회로]

17 엔진오일의 작용과 구비조건

(1) 엔진오일의 작용

① 감마작용(마멸방지)
  엔진의 운동부에 유막을 형성하여 마찰부분의 마멸 및 베어링의 마모 등을 방지하는 작용
② 밀봉작용
  실린더와 피스톤 사이에 유막을 형성하여 압축, 폭발 시 연소실의 기밀을 유지(블로바이가스 발생 억제)
③ 냉각작용
  엔진의 각 부에서 발생한 열을 흡수하여 냉각하는 작용
④ 청정 및 세척작용
  엔진에서 발생하는 이물질, 카본 및 금속분말 등의 불순물을 흡수하여 오일팬 및 필터에서 여과하는 작용
⑤ 응력분산 및 완충작용
  엔진의 각 운동부분과 동력행정 또는 노크 등에 의해 발생하는 큰 충격압력을 분산시키고 엔진오일이 갖는 유체의 특성으로 인한 충격 완화 작용
⑥ 방청 및 부식방지작용
  엔진의 각부에 유막을 형성하여 공기와의 접촉을 억제하고 수분 침투를 막아 금속의 산화 방지 및 부식 방지 작용

(2) 엔진오일의 구비 조건

① 점도지수가 커 엔진온도에 따른 점성의 변화가 적을 것
② 인화점 및 자연 발화점이 높을 것
③ 강인한 유막을 형성할 것(유성이 좋을 것)
④ 응고점이 낮을 것
⑤ 비중과 점도가 적당할 것
⑥ 기포 발생 및 카본 생성에 대한 저항력이 클 것

18 엔진오일의 윤활 방식

(1) 비산식

비산식은 비산주유식이라고도 하며 윤활유실에 일정량의 윤활유를 넣고 크랭크축의 회전운동에 따라 오일디퍼의 회전운동에 의하여 윤활유실의 윤활유를 비산시켜 기관의 하부를 윤활시키는 방식을 말한다. 구조는 간단하나 오일의 공급이 일정하지 못하여 다기통 엔진에 적합하지 못하다.

(2) 압송식

압송식은 강제주유식이라고도 하며 윤활유펌프를 설치하여 펌프의 압송에 따라 윤활유를 강제 급유 및 윤활하는 방식을 말한다.
이 방식은 펌프의 압력을 이용하여 일정한 유압을 유지시키고 기관 내부를 순환시켜 윤활 하는 방식이며 오일압력을 제어하는 장치들과 유량계 등이 적용되어 있다. 또한 베어링 접촉면의 공급유압이 높아 완전한 급유가 가능하고 오일팬 내의 오일량이 적어도 윤활이 가능하나 오일필터나 급유관이 막히면 윤활이 불가능한 단점이 있다.

(3) 비산압송식

비산압송식은 비산식과 압송식을 동시에 적용하는 윤활방식을 말하며 자동차 기관의 윤활방식은 대부분 여기에 속한다. 크랭크축의 회전운동으로 오일 디퍼를 사용하여 기관의 하부에 해당하는 크랭크 저널 및 커넥팅로드 등의 부위에 윤활유를 비산하여 윤활시키고 별도의 오일펌프를 장착하여 윤활유를 압송시켜 기관의 실린더 헤드에 있는 캠축이나 밸브계통 등에 윤활작용을 한다.

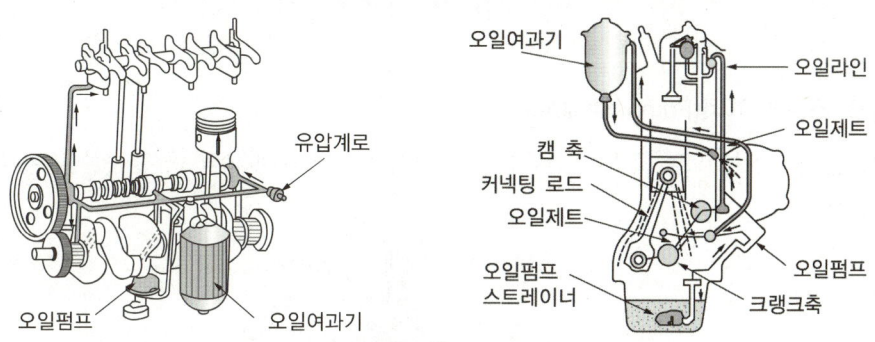

[비산압송식의 구조]

(4) 혼기식

혼기식은 혼기주유식이라고도 하며 연료에 윤활유를 15~20 : 1의 비율로 혼합하여 연료와 함께 연소실로 보내는 방법이다. 주로 소형 2사이클 가솔린기관에 적용하며 기관의 중량을 줄이고 소형으로 제작할 경우 채택하는 윤활방식이다.

연료와 윤활유가 혼합되어 연소실로 보내질 때 연료와 윤활유의 비중 차이에 의해 윤활유는 기관의 각 윤활부로 흡착하여 윤활하고 연료는 연소실로 들어가 연소하는 방식으로 일부 윤활유는 연소에 의해 소비가 이루어진다. 따라서 혼기식은 윤활유를 지속적으로 점검, 보충하여 사용해야 하는 단점이 있다.

19 윤활회로의 구조와 기능

(1) 오일팬(Oil Pan)

오일팬의 구조는 급제동 및 급출발 또는 경사로 운행시 등에서 발생할 수 있는 오일의 쏠림현상을 방지하는 배플과 섬프를 적용한 구조로 만들어지며 자석형 드레인 플러그를 적용하여 엔진오일 내의 금속분말 등을 흡착하는 기능을 한다.

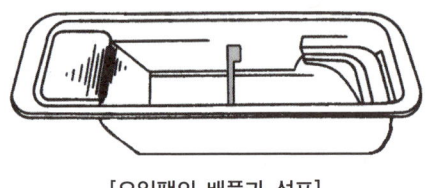

[오일팬의 배플과 섬프]

(2) 펌프 스트레이너(Pump Strainer)

오일팬 내부에는 오일 스트레이너가 있어 엔진오일 내의 비교적 큰 불순물을 여과하여 펌프로 보낸다.

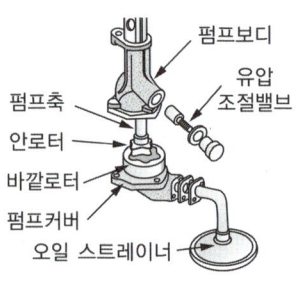

[오일 스트레이너]

(3) 오일펌프(Oil Pump)

오일펌프는 엔진 크랭크축의 회전동력을 이용하여 윤활회로의 오일을 압송하는 역할을 한다. 오일 펌프의 종류에는 기어펌프, 로터리펌프, 플런저펌프, 베인펌프 등의 종류가 있으며 현재 내접형 기어펌프를 많이 사용하고 있다.

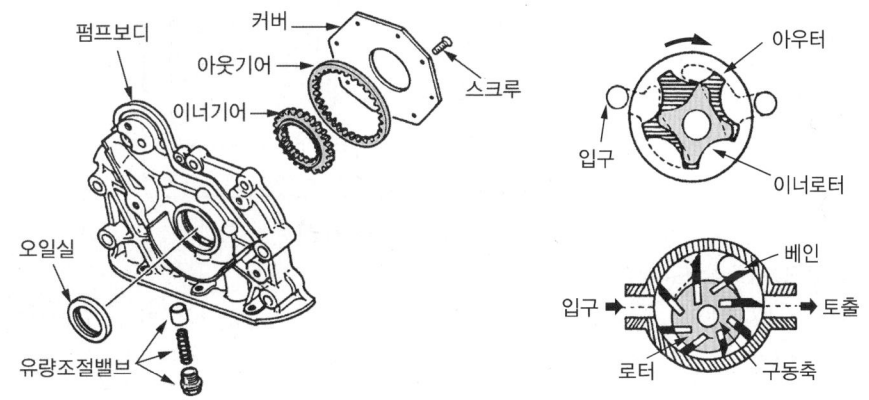

[오일펌프의 종류 및 구조(내접식, 로터리식, 베인식)]

(4) 오일 여과기(Oil Filter)

오일 필터는 엔진오일 내의 수분, 카본, 금속 분말 등의 이물질을 걸러주는 역할을 하며 여과 방식에 따라 다음과 같이 분류한다.

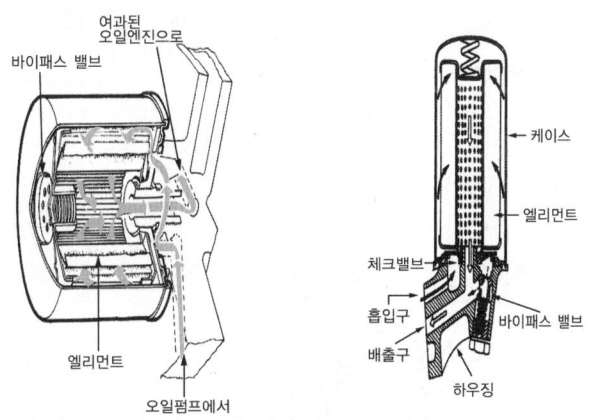

[오일 여과기의 구조 및 작용]

① 전류식(Full-flow Filter)

오일펌프에서 나온 오일이 모두 여과기를 거쳐서 여과된 후 엔진의 윤활부로 보내는 방식이다.

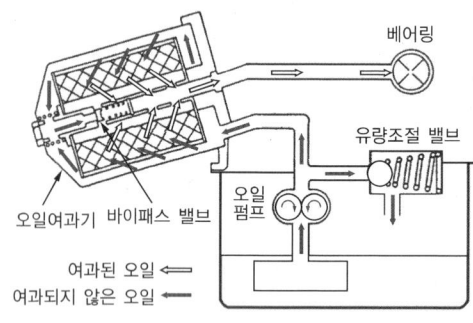

[전류식 윤활회로]

② 분류식(By-pass Filter)

오일펌프에서 나온 오일의 일부만 여과하여 오일팬으로 보내고, 나머지는 그대로 엔진 윤활부로 보내는 방식이다.

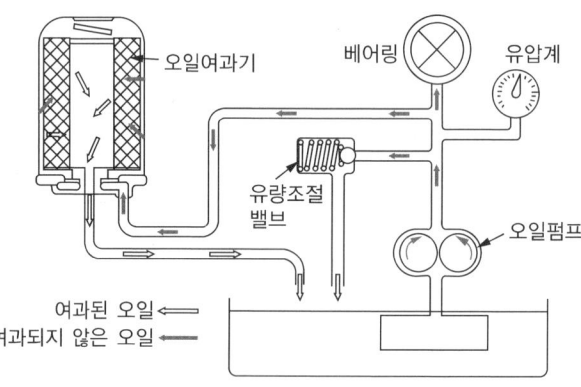

[분류식 윤활회로]

③ 션트식(Shunt Flow Filter)

오일펌프에서 나온 오일의 일부만 여과하는 방식으로 여과된 오일이 오일팬으로 되돌아오지 않고, 나머지 여과되지 않은 오일과 함께 엔진 윤활부에 공급되는 방식이다.

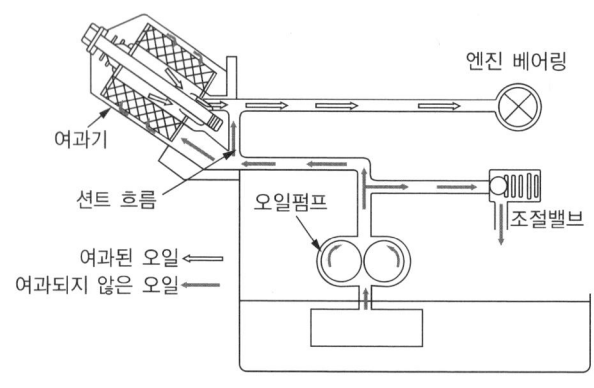

[션트식 윤활회로]

(5) 유압조절밸브(Oil Pressure Relief Valve)

엔진 윤활회로 내의 유압을 일정하게 유지시켜주는 역할을 하며 릴리프밸브라 한다. 릴리프 밸브 내의 스프링 장력에 의해 윤활회로의 유압이 결정되며 스프링 장력이 너무 강할 경우 유압이 강해져 윤활회로의 누설 등의 문제가 발생할 수 있고 스프링 장력이 너무 약해지면 엔진의 각 부에 윤활유의 공급이 원활하지 못하여 각 부의 마멸 및 손상을 촉진시킨다.

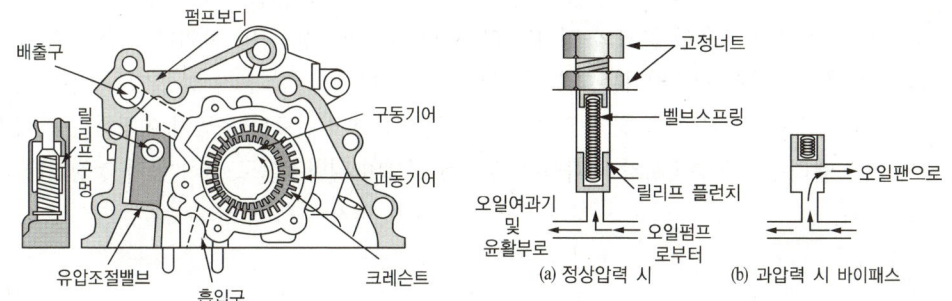

[유압조절밸브의 장착 및 오일제어 작용]

유압이 상승하는 원인	유압이 낮아지는 원인
• 엔진의 온도가 낮아 오일의 점도가 높다. • 윤활회로의 일부가 막혔다(오일 여과기). • 유압조절밸브 스프링의 장력이 크다.	• 크랭크축 베어링의 과다 마멸로 오일 간극이 크다. • 오일펌프의 마멸 또는 윤활회로에서 오일이 누출된다. • 오일팬의 오일량이 부족하다. • 유압조절밸브 스프링장력이 약하거나 파손되었다. • 오일이 연료 등으로 현저하게 희석되었다. • 오일의 점도가 낮다.

20 오일의 색깔에 따른 현상

(1) **검은색** : 심한 오염

(2) **붉은색** : 오일에 가솔린이 유입된 상태

(3) **회색** : 연소가스의 생성물 혼입(가솔린 내의 4에틸납)

(4) **우유색** : 오일에 냉각수 혼입

엔진오일의 과다소모 원인	엔진오일의 조기오염 원인
• 저질오일 사용 • 오일실 및 개스킷의 파손 • 피스톤링 및 링홈의 마모 • 피스톤링의 고착 • 밸브스템의 마모	• 오일여과기 결함 • 연소가스의 누출 • 질이 낮은 오일 사용

21 흡·배기시스템

(1) 공기 청정기(에어 크리너)

엔진은 연료와 공기를 적절히 혼합하여 연소시켜 동력을 얻는다. 이때 엔진으로 유입되는 대기 중의 공기에는 이물질이나 먼지 등을 포함하고 있으며 이러한 먼지 등은 실린더 벽, 피스톤링, 피스톤 및 흡·배기밸브 등에 마멸을 촉진시키며, 엔진오일에 유입되어 각 윤활부의 손상을 촉진시킨다. 공기 청정기는 흡입 공기의 먼지 등을 여과하는 작용을 하며 이외에도 공기 유입속도 등을 저하시켜 흡기 소음을 감소시키는 기능도 함께 하고 있다. 이러한 공기 청정기의 종류에는 엔진으로 흡입되는 공기 중의 이물질을 천 등의 물질로 만들어진 엘리먼트를 통하여 여과하는 건식과 오일이 묻어 있는 엘리먼트를 통과시켜 여과하는 습식이 있으며 일반적으로 건식 공기 청정기가 많이 사용되고 있다.

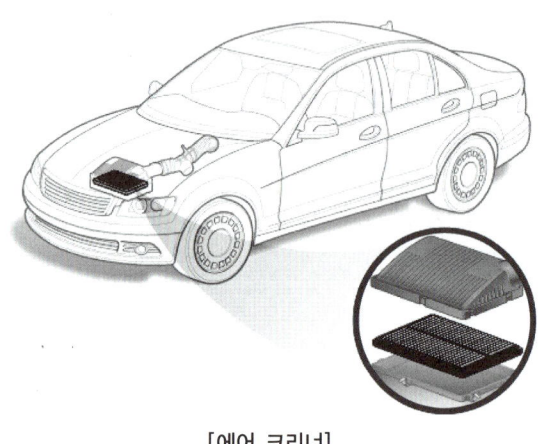

[에어 크리너]

(2) 흡기 다기관

엔진의 각 실린더로 유입되는 혼합기 또는 공기의 통로이며 스로틀 보디로부터 균일한 혼합기가 유입될 수 있도록 설계하여 적용하고 있고 연소가 촉진되도록 혼합기에 와류를 일으키도록 해야 한다. 또한 일반적으로 알루미늄 경합금 재질로 제작하며 최근에 들어서는 강화 플라스틱을 적용하여 무게를 감소시키는 추세이다. 또한 공기 유동 저항을 감소시키기 위해 내부의 표면을 매끄럽게 가공하여 적용하고 있다.

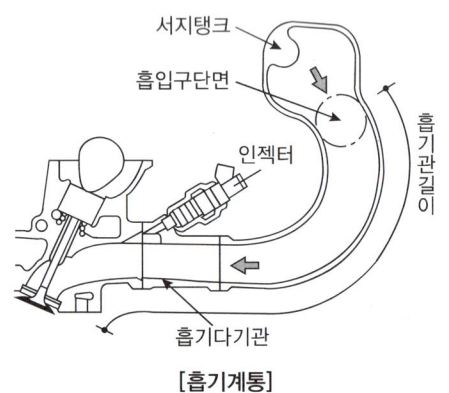

[흡기계통]

(3) 가변흡기시스템

엔진은 가변적인 회전수를 구현하며 동력을 발생시킨다. 이러한 엔진에서 흡입효율은 고속 시와 저속 시에 각기 다른 특성을 나타내며 각각의 조건에 맞는 최적의 흡입효율을 적용하도록 개발된 시스템이 가변흡기시스템이다. 일반적으로 엔진은 고속 시에는 짧고 굵은 형상의 흡기관이 더욱 효율적이고 저속 시에는 가늘고 긴 흡기관이 효율적이다. 따라서 가변흡기 시스템은 엔진 회전속도에 맞추어 저속과 고속 시 최적의 흡기효율을 발휘할 수 있도록 흡기 라인에 액추에이터를 설치하고 엔진의 회전속도에 대응하여 흡기다기관의 통로를 가변하는 장치이다.

일반적인 작동원리는 엔진 저속 시에는 제어밸브를 닫아 흡기다기관의 길이를 길게 적용함으로써 흡입관성의 효과를 이용하여 흡입효율을 향상시켜 저속에서 회전력을 증가시키고 고속 회전에서 제어밸브를 열면 흡기다기관의 길이가 짧아지며, 이때 흡입공기의 흐름 속도가 빨라져 흡입관성이 강한 압축행정에 도달하도록 흡입밸브가 닫힐 때까지 충분한 공기를 유입시켜 효율을 증가시킨다.

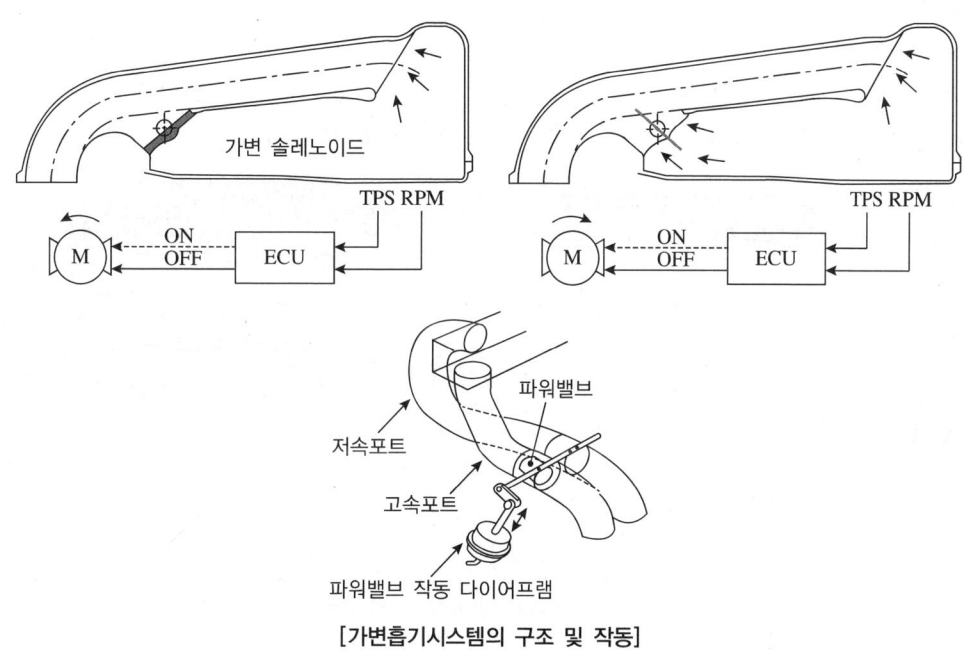

[가변흡기시스템의 구조 및 작동]

(4) 배기 다기관

배기 다기관은 연소된 고온, 고압의 가스가 배출되는 통로로 내열성과 강도가 큰 재질로 제조한다.

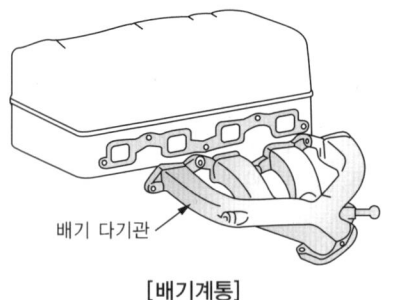

[배기계통]

(5) 소음기

엔진에서 연소된 후 배출되는 배기가스는 고온(약 600~900℃)이고 가스의 속도가 거의 음속에 가깝게 배기된다. 이때 발생하는 소음을 감소시켜 주는 장치가 소음기이며 공명식, 격벽식 등의 종류가 있고 배기소음과 배기압력과의 관계를 고려하여 설계한다.

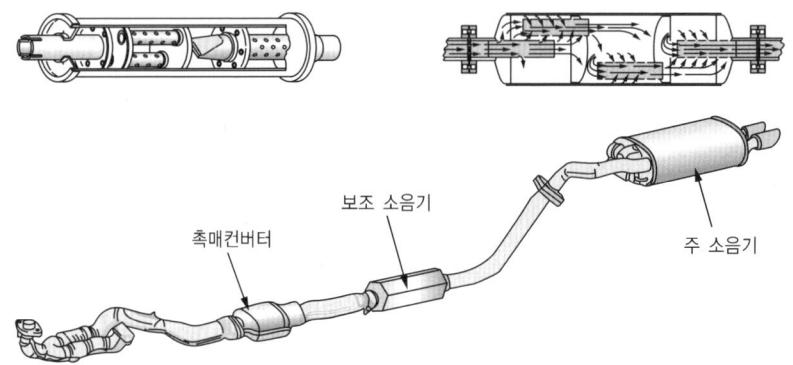

[소음기 및 배기라인의 구성]

CHAPTER 04 연료의 연소와 배출가스

1 연료

엔진의 동작유체는 연료와 공기를 혼합하여 연소시킨 고온, 고압의 연소가스이다. 공기를 압축시키고 여기에 연료를 분사하여 연소시키거나, 공기와 연료를 혼합시킨 후 압축하여 연소시키므로 단시간 내에 연료가 연소한다. 이와 같이 짧은 시간에 연소하는 것을 폭발이라 하며 이 폭발동력을 이용하여 자동차를 구동시키고 동력을 얻는다.

일반적인 연료는 액체연료, 기체연료를 사용하며, 이 연료의 성분은 대부분 석유계 연료이고 일부는 알코올계 연료를 사용한다. 기체연료 중에는 LPG, LNG, 석탄가스 및 수소 등을 사용한다. 또한 연료의 일반적인 구비조건을 보면 다음과 같다.

- 기화성이 좋을 것
- 적당한 점도를 가질 것
- 인화점이 낮을 것
- 착화점이 낮고 연소성이 좋을 것
- 내폭성이 클 것
- 부식성이 없을 것
- 발열량이 크고 연소퇴적물이 없을 것
- 부유물이나 고형물질이 없을 것
- 저장에 위험이 없고 경제적일 것

(1) 고체연료

고체연료는 석탄이나 나무에서 제조한 숯 등을 말하며, 이 고체연료를 직접 내연기관에 사용할 수는 없다. 그러나 기관 밖에 연소실을 설치하고 연소실에서 고체연료를 연소시켜 불완전연소 시 발생하는 일산화탄소를 이용하여 내연기관의 연료로 이용할 수가 있다.

(2) 기체연료

기체연료는 상온, 즉 35℃ 이하에서 기체로 존재하는 연료이며 상온에서 기체이므로 체적을 작게 하기 위하여 고압·저온으로 액화시킨 후 고압용기에 넣어 사용한다. 주로 사용하는 기체연료는 다음과 같다.
① 액화석유가스(LPG ; Liquified Petroleum Gas)
② 액화천연가스(LNG ; Liquified Natural Gas)
③ 압축천연가스(CNG ; Compressed Natural Gas)

④ 수소가스(H_2, Hydrogen Gas)
⑤ 석탄가스 및 용광로가스

이와 같은 기체연료는 상온에서 기체이므로 가볍고 기화가 잘되어 다기통 실린더 기관에 공급 시 각 실린더로 비교적 균등하게 분배되고, 연소가 잘되는 특징이 있다. 그러나 기체이므로 체적이 크기 때문에 자동차와 같이 이동형 엔진에서는 체적을 작게 하기 위하여 액화시켜 고압 용기에 넣어야 한다. 일반적으로 많이 사용되는 LPG의 장단점은 다음과 같다.

- 옥탄가가 높고 안티 노크성이 크다.
- 연료의 발열량이 약 12,000kcal/kg으로 높다.
- 4에틸납이 없어 유해물질에 대하여 비교적 유리하다.
- 황 성분이 없어 부식이 적다.
- 기체연료이므로 윤활유의 오염이 적다.
- 경제적이다.
- 고압가스이므로 위험성이 있다.
- 고압용기의 무게가 무겁다.
- 충전소가 한정되어 충전에 불편하다.

(3) 액체연료

내연기관에서 사용하는 연료의 대부분은 액체연료로서 이 액체연료를 구분하면 다음과 같다.

① **석탄계** : 석탄계 연료는 석탄을 가열할 때 나오는 타르(Tar)나 석탄가스로 제조하는 것으로 액화가솔린과 액화등유 등이 있다.
② **석유계** : 석유계 연료는 원유를 증류기에 넣고 비등점의 차이로 분류한 것이다. 원유를 비등점의 차이로 분류하면 가솔린(Gasoline), 등유(Kerosene), 제트연료, 경유(Light Oil/Diesel Oil), 중유(Heavy Oil/Bunker-C Oil) 등이 석출된다.
③ **식물계** : 식물계 연료는 나무 같은 식물에서 제조한 메탄올(Methanol)과 곡물을 발효시켜 제조한 에탄올(Ethanol) 및 식물성 기름 등이다.
④ **혈암계** : 혈암계 연료는 원유 성분이 함유된 다공성 혈암에서 채취한 연료이다. 이 연료를 셰일유(Shale Oil)라고 한다.

(4) 연료의 특성

내연기관에서 사용되는 석유계 연료와 알코올계 연료의 특성을 살펴보면 다음과 같다.

① **가솔린** : 가솔린은 무색의 특유한 냄새가 나는 액체로서 기화성이 크다. 가솔린의 중요한 성능으로는 엔진의 노킹(Knocking)을 억제할 수 있어야 하는 성질이 요구되며 엔진의 노킹발생에 대한 저항을 나타내는 수치로 옥탄가(Octane Number)를 사용하고 있다.

가솔린은 옥탄가를 향상시켜 노킹을 억제하기 위하여 첨가제를 넣었는데 초기의 가솔린에는 테트라에틸납[$(CH_3CH_2)_4Pb$]을 첨가하여 옥탄가를 높인 유연휘발유를 사용하였다. 그러나 유연휘발유는 납 성분의 배출로 인하여 자동차 배기계통에 장착되어 있는 촉매장치의 손상을 초래하고 중금속을 배출하여 기존 옥탄가 향상제인 테트라에틸납 대신 MTBE(Methyl Tertiary Butyl Ether)를 대체 물질로서 첨가하며 무연휘발유라 부르게 되었다. 현재에는 MTBE의 환경문제가 제기되면서 에탄올을 첨가하여 옥탄가를 높이기도 한다.

② 등유 : 등유는 무색이며 특유한 냄새가 나는 액체로서 기화가 어렵고 연소속도가 느리며 완전연소가 불가능하다. 상온에서 위험성이 적고, 난방용 연료와 등유기관 및 디젤기관의 연료로도 사용된다.

③ 제트연료 : 제트연료의 특성은 등유와 비슷하나 대기온도가 낮은 고공에서 연료를 분사시켜 연소시키므로 응고점이 -60℃로 낮고 비중도 낮으며 발열량이 큰 특징이 있다. 램제트(Ram Jet)기관과 펄스제트(Pulse Jet)기관에 사용된다.

④ 경유 : 경유는 거의 무색 또는 엷은 청색을 띠며 특유의 냄새가 나는 연료이다. 착화온도가 낮아 고속디젤기관인 디젤자동차의 연료로 사용되고 있으며 순수 경유는 황 성분의 함량이 높아 현재 저 유황 경유나 바이오 디젤과 같은 황 함량이 적거나 없는 경유로 대체하여 디젤 자동차에 사용하고 있다. 자동차용 경유의 품질은 우수한 착화성, 적당한 점도와 휘발성, 저온유동성 및 윤활성 등이 우수해야 하며 특히 세탄가의 특성이 중요시된다.

※ 세탄가(Cetane Number) : 연료의 압축착화의 판단기준으로 사용되며 냉시동성, 배출가스 및 연소소음 등 자동차의 성능이나 대기환경에 영향을 미치는 중요한 수치이다. 따라서 경유의 중요한 특성은 연료가 얼마나 쉽게 자발점화하는가를 나타내주는 세탄가이다. 디젤엔진에 너무 낮은 세탄가의 연료를 사용하여 운전할 경우 디젤 노크(Knock)가 발생하는데 이는 너무 빠른 연소시기 때문에 일어난다. 세탄가가 클수록 연료 분사 후 착화지연이 짧아지고 소음저감과 연비를 향상시킨다. 이러한 세탄가를 증가시키기 위해 경유에 첨가하는 물질을 착화 촉진제라 한다.

⑤ 중유 : 중유는 검정색을 띠고 특유한 냄새가 나며 점성이 크고 유동성이 나쁘다. 회분 성분과 황 함량이 많고 저급 중유는 벙커C유라 하여 보일러용 연료로 사용되고 있다.

⑥ 메틸알코올(Methyl Alcohol) : 메틸알코올은 메탄올(Methanol)이라고 하며 목재의 타르(Tar)를 분류하면 생성되어 목정이라고도 한다. 현재에는 원유에서 정제하여 제조하고 있으며 또한 메탄올은 알루미늄(Aluminum) 금속을 부식시키는 성질이 있다.

⑦ 에틸알코올(Ethyl Alcohol) : 에틸알코올은 곡물류를 발효시켜 정제한 것으로 주정이라고도 한다. 또한 원유에서 정제하여 얻은 공업용 알코올을 에탄올(Ethanol)이라 하며 메탄올과 마찬가지로 알루미늄 금속을 부식시키는 성질이 있다.

⑧ LPG : 액화석유가스(LPG)는 석유나 천연가스의 정제 과정에서 얻어지며 한국, 일본 등의 나라에서 수송용 연료로 사용이 점차 확대되고 있다. LPG는 프로판(Propane)과 부탄(Butane)이 주성분으로 이루어져 있고, 프로필렌(Propylene)과 부틸렌(Butylene) 등이 포함된 혼합가스로 상온에서 압력이 증가하면 쉽게 기화되는 특성이 있다. 국내에서 수송용으로 사용되는 LPG는 부탄을 주로 사용하지만 겨울철에는 증기압을 높여주기 위해서 프로판 함량을 증가시켜 보급한다. LPG는 다른 연료에 비해 열량이 높고 냄새나 색깔이 없으나 누설될 때 쉽게 인지하여 사고를 예방할 수 있도록 불쾌한 냄새가 나는 메르캅탄(Mercaptan)류의 화학 물질을 섞어서 공급한다. 안전성 측면에서 LPG는 CNG보다 낮은 압력으로 보관, 운반할 수 있다는 장점이 있으나 공기보다 밀도가 커서 대기 중에 누출될 경우 공중으로의 확산이 어려워 누출된 지역에 화재 및 폭발의 위험성이 있다. 또한 가솔린이나 경유에 비해 에너지 밀도가 70~75% 정도로 낮아 연료의 효율이 낮은 단점이 있다.

구 분	비 중	착화점(℃)	인화점(℃)	증류온도(℃)	저위발열량(kcal/kg)
가솔린	0.69~0.77	400~450	−50~−43	40~200	11,000~11,500
경 유	0.84~0.89	340	45~80	250~300	10,500~11,000
등 유	0.77~0.84	450	40~70	200~250	10,700~11,300
중 유	0.84~0.99	400	50~90	300~350	10,000~10,500
LPG	0.5~0.59	470~550	−73	−	11,850~12,050
에틸알코올	0.8	423	9~13	−	6,400
메틸알코올	0.8	470	9~12	−	4,700

(5) 불꽃 점화기관의 연료

불꽃 점화기관의 연료는 기화성이 우수해야 하고, 기관에서 요구하는 정확한 혼합비가 구성되어야 하며, 연료 입자가 잘 무화되어야 한다. 실린더 내에 있는 혼합기는 점화 플러그에서 점화하면 순간적인 불꽃에 의하며 정상적으로 연소되어야 한다. 만일 연소 말기에 말단가스가 스스로 착화되면 이상 연소가 일어나 기관이 과열되고 진동과 소음이 발생하는 노킹이 발생하게 된다. 또한 연료가 실린더 내의 고온, 고압 하에서 연소하므로 불완전연소되기 쉽고 성능이 저하한다. 그러므로 스파크 점화기관의 연료는 기화성(휘발성)과 연소성 및 인화성과 착화성이 중요하다.

일반적인 스파크 점화기관인 가솔린기관의 연료 구비 조건은 다음과 같다.
① 기화성이 양호하고 연소성이 좋을 것
② 착화온도가 높고 노크가 일어나지 않을 것
③ 안정성이 좋고 부식성이 없을 것
④ 발열량이 크고 경제적일 것

(6) 기화성

기화성은 액체가 기체로 되는 매우 중요한 성질이며, 기체로 빨리 될수록 기화성이 우수하다. 연료의 기화성 측정방법은 연료에 온도를 가열하여 연료를 증발시키는 ASTM(America Society for Testing Material) 증류법으로 기화성을 측정한다.

(7) 연소성

단시간에 연료가 완전연소하면 연소성이 우수한 연료라고 말한다. 연료가 연소한다는 것은 산소와 화학적으로 결합하는 것을 말하며 연료는 탄소와 수소가 규칙적으로 결합되어 있는데, 이 결합이 붕괴되며 산소와 결합하는 것이다. 낮은 온도에서 이 결합의 붕괴가 일어나면 그만큼 산소와 쉽게 결합할 수 있고 짧은 시간에 연소할 수 있다.

(8) 인화성과 착화성

스파크 점화기관에서는 혼합기를 흡입·압축한 후 스파크 플러그로 점화시키므로 인화점이 낮아야 한다. 인화점이란 연료에 열을 가하면 연료증기가 발생하고 이 연료증기가 불씨에 의해서 불붙는 최저온도를 말한다. 석유계 연료에서는 -15~80℃ 정도이고, 가솔린의 인화점은 -13~-10℃ 정도이다. 착화점은 불씨 없이 연료에 열을 가하여 그 열에 의해서 불붙는 최저온도를 말하며 이를 자연발화점이라고도 하는데, 디젤기관에서는 매우 중요한 성질이다.

석유계 연료의 착화점은 250~500℃이고, 가솔린은 400~500℃이며, 경유는 340℃ 정도이다. 스파크 점화기관에서 연료의 착화온도가 높을수록 좋고, 디젤기관에서는 착화온도가 낮을수록 좋다. 즉, 스파크 점화기관에서 착화온도가 낮으면 연료의 연소 말기에 말단가스가 자발화(Self-ignition)하여 노킹의 원인이 된다.

(9) 디젤엔진의 연료

디젤엔진은 공기만 실린더 내로 흡입하고 고압축비로 압축하여 이때 상승한 공기의 온도에 연료를 분사하여 자기 착화시키는 엔진이다. 연료는 석유계 연료 중에서 착화온도가 낮은 경유나 중유를 사용하며 연료가 실린더 내에서 연소하는 연소속도와 피스톤의 속도 때문에 일반적으로 연료는 상사점 전 5°(BTDC 5°)에서 분사하여 상사점 후 30°(ATDC 30°)까지 분사된다.

분사가 시작되는 크랭크 각도를 분사시기(Injection Timing)라고 하며, 분사되는 기간을 연료분사기간이라 한다. 고속 디젤엔진일수록 분사시기를 빨리해야 하는데 이것을 분사시기진각(Advance)이라 한다. 고속일수록 진각량이 커진다.

또한 연료를 분사하면 분사 즉시 연료가 착화되어야 한다. 연료가 분사 즉시 착화하려면 착화온도가 낮아야 하며, 분사할 때 연료입자가 미세하게 무화되어야 한다. 무화가 양호하려면 연료의 점성이 작아야 하나, 너무 작으면 연료입자의 관통력이 약해져 연소실의 압력을 이기고 분사되지 못한다.

한편, 디젤기관에서 사용하는 연료는 증류 온도가 높은 곳에서 분류되므로 황 성분과 회분(Ash)이 많이 포함되어 있다. 황 성분이 연소하면 아황산가스가 되고, 이 아황산가스는 배기계통을 부식시키며 대기 중에 배출되어 공해문제가 된다. 또한 연료 중의 회분은 실린더와 피스톤링의 마모를 촉진시킨다. 디젤기관용 연료의 구비 조건은 다음과 같다.

① 점도(점성)가 적당하고 착화온도가 낮아야 한다.
② 기화성이 양호하고 발열량이 커야 한다.
③ 부식성이 없고 안정성이 양호해야 한다.
④ 내한성이 양호하고 황 성분과 회분 성분이 적어야 한다.

(10) 디젤기관 연료의 주요 성질

① **점성** : 점성(Viscosity)은 디젤기관의 연료에서 중요한 성질이다. 점성(점도)이란 유동할 때 저항하는 성질로 내부응력의 크기, 즉 응집력의 크기를 수치적으로 나타낸 것으로 연료의 점성이 너무 크면 노즐에서 분사할 때 연료입자의 지름이 커지므로 불완전연소되고, 액체상태의 연료가 실린더 벽을 통하여 윤활유실로 유입되므로 윤활유에 희석되어 윤활유를 오염시킨다.

반대로 점성이 너무 작으면 연료의 무화가 잘되고 연소는 양호하나, 관통력이 부족하여 연료가 실린더의 연소실 내에서 균일하게 분포되지 못하여 불완전연소가 된다. 그러므로 디젤기관의 연료는 점성이 적당해야 한다.

중유를 사용하는 기관에서는 연료탱크에서 연료분사펌프까지 연료가 흘러가는 유동성이 중요하며 이 유동성도 점성에 관계되므로 점성이 너무 크면 유동성이 나빠진다.

② **착화성** : 착화성은 연료를 불씨 없이 가열하여 스스로 불이 붙는 최저온도이며 디젤기관에서는 공기의 단열압축열로 연료를 착화시키므로 중요한 성질이다. 디젤기관 연료에서 착화온도가 너무 높거나 착화 지연기간이 너무 길면 디젤 노크가 발생한다.

③ **황 성분** : 디젤 연료는 증류온도가 높은 곳에서 분류되므로 황 성분(Sulfur Content)이 2~4% 정도 함유되어 있다. 황 성분이 있는 연료를 연소시키면 황이 연소하여 SO_3으로 되고, SO_2이 팽창 중에 일부는 SO_3으로 된다. 이 가스가 연소할 때 생긴 수증기, 특히 수증기가 배기계통에서 응축한 물에 흡수되어 H_2SO_3이나 H_2SO_4으로 되고, 배기계통에 부착되어 배기계통을 부식시키며 대기 중에 배출되어 공해문제가 생긴다. 이러한 공해문제를 줄이기 위해서 세계 각국에서는 연료 중의 황 성분 함량을 법규로 규제하고 있다.

④ **회분(Ash)** : 회분은 연료가 연소할 때 타고 남은 재를 말한다. 이 재가 실린더와 피스톤링 사이의 마모를 촉진시키고, 실린더 내에 쌓여 조기점화 현상을 일으키며 배기밸브의 가이드에 누적되어 밸브를 마모시킨다. 그러므로 회분이 적은 연료를 사용해야 한다.

2 연 소

(1) 가솔린기관의 정상 연소

가솔린기관에서는 혼합기를 실린더 내에 흡입·압축한 후 피스톤이 상사점 전(BTDC) 5~30°에 있을 때 스파크 플러그에서 점화 및 화염이 발생하여 화염면을 형성한다. 화염면은 스파크 플러그에서 출발하여 일정한 속도로 말단가스, 즉 플러그에서 가장 멀리 있는 가스 쪽으로 진행되며 이 속도를 화염전파속도라고 한다. 화염전파속도는 정상연소일 때 15~25m/s 정도이고 기관의 회전수, 연료의 종류, 혼합비 등에 따라 다르다.

또한 기관 회전수가 빠르면 실린더 내에 들어오는 혼합기가 빠르고, 혼합기가 실린더 내에서 강한 와류를 일으키므로 화염전파속도가 빠르다. 혼합기가 농후하거나 희박하면 화염 전파속도가 느려지고, 혼합비 12.5 : 1에서 최대출력이 발생하면서 화염전파속도가 가장 빠르다.

최대출력이 나오면 폭발력이 커지므로 압력이 급격히 상승하여 노크가 발생하는 경우가 있다. 즉, 화염면이 말단가스로 진행되는 기간에 일부 가스가 연소되어 압력이 높아지고 화염면에서 열이 전달되므로, 플러그 쪽에 있는 기연가스나 말단가스의 미연소가스 온도가 높아진다. 미연소가스의 온도가 높아져서 연료의 착화점 이상이 되면 미연소가스가 스스로 착화되어 실린더 내의 연료가 순간적으로 연소하고 큰 압력이 발생하여 노크가 발생한다.

연료가 연소할 때 실린더 내의 온도분포는 스파크 플러그 쪽의 온도가 가장 높고, 피스톤이 하사점으로 이동하면 압력이 떨어지므로 온도가 낮아진다. 스파크 점화기관에서는 화염면에 의해서 말단가스가 점화되면 정상연소(Normal Combustion)라 하고, 그 밖에 말단가스 스스로 연소되는 것, 즉 말단가스의 자발화(노킹현상)나 실린더 내의 과열점에 의해서 점화되는 것(조기점화)을 이상연소(Abnormal Combustion)라고 한다.

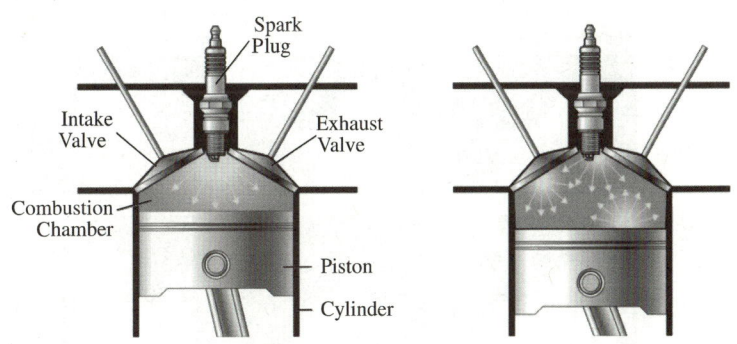

[엔진의 정상연소와 이상연소]

(2) 가솔린기관의 노킹

가솔린기관에서 압축비가 높거나 기관이 과열되었을 때 또는 흡기온도가 높을 때, 정상연소와는 아주 다른 이상연소가 일어나 배기관으로 흑연과 불꽃을 토출하고 연소실 온도가 상승하고 유해배출가스가 배출되며 엔진 출력이 저하되고 진동과 굉음(노킹음)이 발생한다. 이것을 노크(Knock)라고 한다.

노크의 원인은 화염면이 말단가스로 진행되는 동안에 말단가스 쪽의 미연소가스가 압축되어 온도가 높아지고 실린더 벽 및 화염면에서 열이 전달되어 말단가스의 온도가 높아지면서 연료의 착화점 이상이 되어 자발화가 일어나 착화되므로 실린더 내의 연료가 순간적으로 연소된다. 실린더 내의 연료가 순간적으로 연소되므로 커다란 압력과 충격적인 압력파가 발생한다. 이 압력파를 데토네이션파(Detonation Wave)라고 한다. 이 데토네이션파가 실린더 내를 왕복하면서 진동을 일으키고 실린더 벽을 강타하므로 노킹음, 즉 금속음이 발생한다.

노킹이 발생하면 급격한 연소가 일어나므로 연료가 불완전연소되고, 이 불완전연소 가스가 압력이 낮은 배기관으로 나올 때 일부는 배기관의 산소와 결합하여 불꽃이 되어 나오고, 일부는 흑연이 되어 나온다. 연료가 불완전연소되므로 기관의 출력이 저하되고, 피스톤이 하사점으로 이동하여 실린더 내의 압력이 낮아질 때 연료의 일부가 연소되므로 기관이 과열된다. 이와 같이 연소가스가 팽창 도중에 연소하는 것을 후기점화(Post Ignition)라 하고, 후기점화가 일어나면 유효일로 열량이 전환되는 것이 아니라 기관을 과열시켜 냉각수의 온도만 증가시키는 원인이 된다.

노크가 발생할 때 화염 전파속도는 300~2,000m/s이다. 이러한 상태로 기관을 계속 운전하면 피스톤 헤드와 배기밸브 등 과열되기 쉬운 곳에서 국부적으로 녹아버린다. 또한 기관이 과열되면 혼합기가 흡입될 때 과열점, 즉 배기밸브, 탄소퇴적물, 플러그의 돌출부 등에 접촉되어 점화되므로 조기점화가 발생한다.

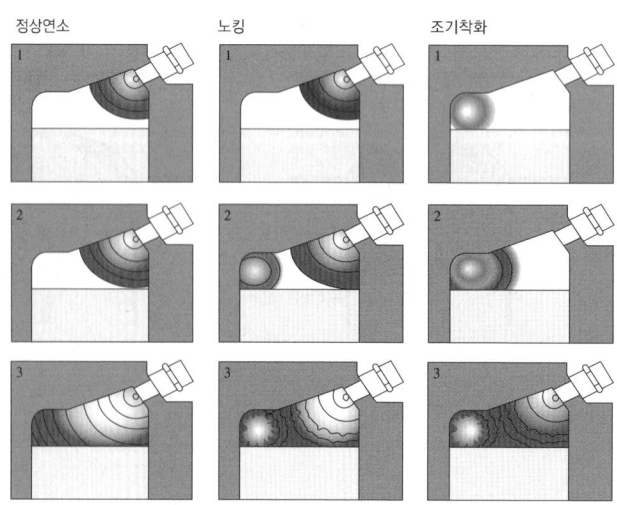

[조기점화와 이상연소에 의한 노킹]

(3) 조기점화

이상연소가 발생하여 기관이 과열되면 실린더 내로 흡입되는 혼합기가 실린더 내의 과열점, 즉 배기밸브, 플러그의 돌출부, 탄소퇴적물에 의해서 점화된다. 이것은 연료가 스파크 플러그로 점화하기 전에 점화되므로 조기점화(Pre-ignition) 현상이라고 한다. 조기점화 현상이 일어나면 점화를 빨리 시킨 결과가 되므로 노크가 발생하게 되며 점화장치가 아닌 다른 열원에 의해서 연료가 점화되므로 점화장치를 차단해도 기관이 계속 운전된다. 이것을 런온(Run On) 현상이라고 한다. 런온 현상이 일어났을 때 기관을 멈추려면 연료계통을 차단해야 하며 조기점화가 일어나면 기관이 과열되므로 노크가 발생한다.

한편, 노크가 발생하여도 기관이 과열되므로 조기점화가 일어나며 노크와 조기점화는 일어나는 원인은 다르나 결과는 같아진다.

조기점화 현상이 일어나면 기관이 과열되어 노크가 일어난다. 간혹 노크가 일어나지 않고 불규칙적으로 날카로운 핑음, 즉 고주파음이 발생하는데 이것을 와일드 핑(Wild Ping)이라고 한다. 이것은 탄소퇴적물이 원인이며 와일드 핑은 실린더 내의 탄소퇴적물을 제거하면 없어진다.

또한 압축비가 10 이상인 기관에서 규칙적인 저주파음을 들을 수 있는데, 이것을 럼블(Rumble) 현상이라고 한다. 이것 역시 실린더 내의 탄소퇴적물을 제거하면 방지되며, 가끔 기관을 전개 상태로 운전하여 실린더 내의 탄소퇴적물을 연소시켜 제거해야 한다.

압축비가 12 이상인 경우에도 저주파음을 들을 수 있는데, 이것을 서드(Thud) 현상이라고 한다. 서드 현상은 탄소퇴적물과는 관계가 없고, 점화지각을 함으로써 제거할 수 있다. 압축비가 높으면 실린더 내의 온도가 높아지는데 이 때문에 일어나기도 한다.

(4) 가솔린 노크의 방지법

가솔린기관에서 노크가 일어나면 소음과 진동이 심하고 출력이 저하된다. 이러한 상태로 운전을 계속하면 기관이 과열되어 피스톤헤드와 배기밸브가 국부적으로 열부하를 받고 커넥팅로드의 대단부와 크랭크축의 연결 부분에 있는 베어링 등이 손상된다. 또한 기관이 과열되어 윤활유의 점성이 낮아져 유막 형성이 어렵고 마찰열이 증가하여 실린더와 피스톤링 사이가 고착되는 문제점이 발생한다. 이러한 가솔린 노킹 방지법은 다음과 같다.

① 연료에 의한 방지법

　내폭성이 큰 연료 즉, 옥탄가가 높은 연료를 사용한다. 옥탄가가 높은 연료는 착화온도가 높으므로 말단가스의 자발화를 지연시킬 수 있어서 노킹이 방지된다.

② 기관의 운전 조건에 의한 방지법

　노크가 일어나는 것은 말단가스의 온도가 높아져서 말단가스가 자발화하여 순간적으로 실린더 내의 연료를 연소시키기 때문에 발생하므로 말단가스의 온도를 낮추고 화염전파속도를 빠르게 하여 화염면에 의하여 말단가스를 연소시키면 정상연소가 된다.

　㉠ 흡기온도를 낮춘다. 흡기온도가 낮으면 그만큼 말단가스의 온도가 낮으므로 노크가 방지된다.

ⓒ 실린더 벽의 온도를 낮춘다. 수랭식 기관에서는 워터재킷의 온도 또는 냉각수의 온도를 낮추어 말단가스의 온도를 저하시켜 노크를 방지한다.
ⓒ 회전수를 증가시킨다. 회전수가 증가되면 화염전파속도가 빨라지므로 노크가 방지된다.
ⓔ 혼합비를 농후하게 하거나 희박하게 한다. 혼합비 12.8에서 화염전파속도가 가장 빠르고 최대출력이 나오므로 폭발력이 증가하여 노크도 증가한다. 그러므로 혼합비를 농후하게 하거나 희박하게 하여 노크를 방지해야 한다.
ⓜ 점화시기를 지각시킨다. 점화시기를 너무 진각시키면 노크가 증가하므로 점화시기를 상사점 가까이로 지각시켜야 한다. 점화시키는 연료의 연소 최고 압력이 상사점 후(ATDC) 10~13° 사이에서 발생하도록 조정되어야 한다.
ⓗ 화염전파거리를 단축한다. 실린더 지름을 작게 하거나 점화플러그의 위치를 적정하게 선정하여 화염전파거리를 단축시킨다. 점화플러그에서 말단가스까지 거리가 길면 화염전파속도가 말단가스까지 통과되는 시간이 오래 걸리고 말단가스가 자발화를 일으켜 노킹이 발생한다. 그러므로 가솔린기관에서는 실린더 지름을 작게 해야 하고 점화플러그를 2개 이상 설치하면 화염전파거리가 단축되므로 노크가 감소된다.
ⓢ 흡기압력을 낮게 한다. 흡기압력을 대기압 이상으로 높이면 화염전파속도가 빨라져서 좋으나, 흡입공기를 압축하면 말단가스의 온도가 더 증가되어 노크가 발생되므로 흡기압력을 낮추어야 한다.
ⓞ 스로틀밸브 개도를 작게 한다. 스로틀밸브(Throttle Valve)를 전개시키면 기관 출력이 최대가 되어 노크가 커지므로 스로틀밸브 개도를 감소시켜야 한다.

(5) 앤티 노크성

가솔린연료에서 연료가 노크를 일으키지 않는 성질, 즉 착화가 잘되지 않는 성질이 큰 것을 앤티 노크성(Anti-knock)이 크다고 한다.

가솔린기관에서 노크가 일어나는 것은 연료의 일부가 자발화되어 일어나므로 자발화를 억제시키면 노크가 감소된다. 이 억제시키는 성질을 수치적으로 나타낸 것을 앤티 노크성 혹은 항 노크성이라고 한다.

① 옥탄가

옥탄가(Octane Number ; ON)는 가솔린연료의 앤티 노크성을 수치적으로 표시한 것으로 옥탄가가 높으면 그만큼 노크를 일으키기 어렵다는 의미이다. 또한 옥탄가를 측정할 때는 압축비를 변화시킬 수 있는 CFR기관으로 먼저 공시연료를 사용하여 압축비를 변화시키면서 운전하여 공시연료의 노크 한계를 찾고, 다음에는 표준연료를 사용하여 운전한다. CFR기관으로 운전할 때는 공시연료에서 찾은 노크의 한계에서 압축비를 고정하고, 표준연료 속에 있는 이소옥탄과 정헵탄의 양을 변화시키면서 운전한다. 옥탄가를 공식으로 표시하면 다음과 같다.

$$옥탄가(ON) = \frac{이소옥탄}{이소옥탄 + 정헵탄} \times 100$$

표준연료 속에 있는 이소옥탄(Iso-octane, C_8H_{18})은 노크가 일어나기 어려운 연료이므로 옥탄가를 100으로 하고, 정헵탄(Normal Heptane, C_7H_{16})은 노크가 잘 일어나므로 옥탄가를 0으로 하여 각각의 체적비로 혼합하면 옥탄가 0부터 100까지의 표준연료를 만들 수 있다.

CFR기관(Cooperative Fuel Research Engine)은 옥탄가나 세탄가를 측정할 수 있는 특수한 기관으로 운전 중에 압축비를 바꿀 수 있다. 회전수는 900rpm 정도로 단기통이고, 실린더헤드를 특수하게 만들어 진동을 감지할 수 있다. 실린더헤드에는 바운싱핀(Bouncing Pin)을 두어 진동을 감지하고, 바운싱핀에 있는 전기 접점에 네온램프를 연결하여 섬광과 노크미터기로 노크의 크기를 알 수 있게 되어 있는 기관이다.

② 퍼포먼스 수

공시연료로 운전하여 노크의 한계에서 나오는 최대 도시마력(IPS)과 이소옥탄으로 운전하여 노크의 한계에서 나오는 최대 도시마력의 비를 백분율로 나타낸 것이 퍼포먼스수(Performance Number ; PN)이다. 이것을 공식으로 나타내면 다음과 같다.

$$\text{퍼포먼스 넘버(PN)} = \frac{\text{공시연료의 도시마력}}{\text{이소옥탄의 도시마력}} \times 100$$

퍼포먼스 수는 0에서부터 무한대까지 측정할 수 있는 앤티 노크성의 표시 방법이다. 옥탄가와 퍼포먼스 수는 모두 연료의 앤티 노크성을 표시하므로 다음과 같은 관계가 있다.

$$\text{퍼포먼스 넘버(PN)} = \frac{2,800}{128 - \text{ON}}$$

(6) 디젤기관의 연소

① 압축 점화기관은 고속 디젤기관, 저속 디젤기관 및 소구기관을 뜻하며, 여기서는 디젤기관이라고 한다. 디젤기관에서의 연소는 공기만 실린더 내에 흡입하고 고압축비(12~22 : 1)로 압축하면 공기온도가 500~600℃로 높아지고, 여기에 연료를 분사하면 연료가 착화된다. 화염이 발생하면 실린더 내의 여러 곳에서 화염이 발생하여 분사되는 연료를 계속 연소시킨다. 고속 디젤기관에서는 경유를 사용하고, 저속 디젤기관에서는 중유를 사용한다. 연료분사 시기는 상사점 전에서 분사하기 시작하여 상사점 후, 즉 팽창행정 초기까지 분사되므로 이 기간을 연료분사 기간이라고 한다. 가솔린기관에서 사용되는 혼합비의 의미가 없으며, 극히 소량의 연료가 실린더 내에 분사되어도 연소가 일어나고, 다량의 연료가 분사되어도 연소가 일어난다. 다량의 연료가 분사되면 초기에 분사된 연료는 공기가 충분하여 연소되지만, 뒤에 분사된 연료는 공기가 부족하므로 불완전연소가 된다. 즉, 매연으로 변화하여 배출된다.

그러므로 디젤기관에서는 전부하와 과부하에서 매연이 심하다. 디젤기관의 연료분사 시기는 기관 성능에 커다란 영향을 미치고, 연료를 차단하는 시기 역시 기관 성능에 커다란 영향을 미치게 된다. 그러므로 분사 초기부터 분사 말까지, 즉 분사기간 동안을 몇 구역으로 나누어 해석해야 한다.

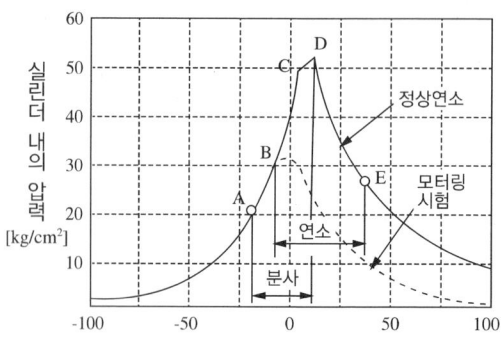

㉠ 착화 지연 구간(A~B 구간)

A점에서 연료를 분사하기 시작하면 연료입자가 증발하고 공기와 혼합하여 착화되기 쉬운 입자가 먼저 착화되어 화염이 형성되는 기간이다. 분사 초기에는 분사량이 적으므로 연료가 연소되어도 온도와 압력 상승은 작고, 피스톤의 관성력으로 상사점으로 압축되어 간다.

㉡ 급격 연소 구간(B~C 구간)

피스톤이 상사점에 있을 때 실린더 내의 압력과 온도가 가장 높고, 분사 초기에 분사된 연료가 연소되어 화염이 형성되어 있으므로 연료가 분사되면 분사 즉시 연소되는 기간으로 연료의 착화 지연기간이 매우 짧아진다. 또한 연료분사 펌프에서도 연료분사 중간이므로 분사량이 가장 많으며 많은 연료가 급격히 연소하므로 압력이 급상승하는 정상연소 구간이다. 이 구간에 너무 많은 연료가 있으면 연료가 상사점에서 동시에 연소되면 정상연소보다 압력 상승이 더욱 높아진다. 이 압력 때문에 일어나는 현상이 디젤 노크이다.

㉢ (주)제어 연소 구간(C~D 구간)

제어 연소 구간은 피스톤이 상사점을 지나서 하사점으로 이동할 때, 즉 연소가스가 팽창하고 있을 때의 기간이다. 연료의 분사 말이므로 연료량은 적으나 연료가 계속 일정한 방향으로 분사되므로 공기가 부족하여 불완전연소되는 기간이다. 이와 같이 불완전하게 연소된 연료는 피스톤이 더욱 하사점으로 이동할 때 공기와 만나 후기 연소되며 연료는 D점에서 차단된다.

㉣ 후기 연소 구간(D~E 구간)

제어 기간 동안에 공기 부족으로 불완전연소된 연료와 연소하지 못한 연료가 실린더 내에서 와류를 일으키면서 공기와 만나 연소하는 기간이다. 이 기간에 산소와 접촉되지 못한 연료는 매연이 배출된다.

② 디젤기관의 노크

디젤기관에서 압축비가 낮거나 또는 실린더 내의 온도가 낮고 분사 초기에 연료의 분사량이 많으면 분사 초기에 분사된 연료가 연소되지 않고, 피스톤이 상사점으로 올라가면 연료가 상사점으로 밀려가 상사점 부근에서 정상연소 때보다 많은 연료가 있게 된다. 이 많은 연료가 급격 연소기간에 동시에 연소하므로 연소압력이 급격히 높아져 정상연소 때의 압력보다 더욱 높아진다. 이 높은 압력 때문에 압력파가 발생하고 진동과 소음이 발생하는 것을 디젤 노크라 한다. 디젤기관의 노크는 정상연소보다 진동과 소음이 심하므로 방지해야 한다.

③ 디젤 노크의 방지법

분사 초기에 연료가 착화되지 않아서 일어나는 현상이므로, 분사 초기에 연료가 신속하게 착화하도록 하면 노크가 방지된다. 즉, 실린더 내의 온도를 상승시키고 연료의 착화지연이 짧도록 하며, 분사 초기에 연료량을 감소시키면 디젤 노크를 방지시킬 수 있다. 디젤기관의 노크 방지법은 다음과 같다.

㉠ 세탄가가 높은 연료를 사용한다.
㉡ 착화지연기간이 짧은 연료를 사용한다.
㉢ 압축비를 높인다. 압축비가 높으면 실린더 내의 온도가 증가하여 착화지연이 짧아진다.
㉣ 분사 초기에 연료 분사량을 감소시킨다.
㉤ 흡기온도를 높인다. 흡기온도를 증가시키면 실린더 내의 온도가 높아지므로 노크가 경감된다.
㉥ 회전수를 낮춘다. 회전수가 낮으면 피스톤의 속도가 낮으므로 분사 초기에 분사한 연료가 충분히 착화할 수 있는 시간이 있으므로 노크가 방지된다.
㉦ 흡기압력을 높인다. 과급기를 사용하여 흡기를 과급하면 그만큼 압력이 증가하므로 실린더 내의 온도가 증가되고 연료의 착화지연이 짧아져서 노크가 방지된다.
㉧ 실린더 벽의 온도를 증가시킨다. 수냉식 기관에서 냉각수의 온도를 증가시키면 그만큼 실린더 내의 온도가 증가되므로 노크가 방지된다.
㉨ 실린더 내에서 와류가 일어나도록 한다. 실린더 내에서 연료의 와류가 일어나면 그 만큼 연료입자의 증발이 빨라져서 착화가 잘 되므로 노크가 경감되고 연료도 완전연소된다.

[가솔린기관과 디젤기관의 노크 방지 대책]

항 목 기 관	연료의 착화점	연료 성질	착화 지연	압축비	흡기 온도	실린더 온도	흡기 압력	회전수
가솔린기관	높 게	옥탄가를 높인다.	길 게	낮 게	낮 게	낮 게	낮 게	높 게
디젤기관	낮 게	세탄가를 높인다.	짧 게	높 게	높 게	높 게	높 게	낮 게

④ 디젤기관 연료의 앤티 노크성

㉠ 세탄가

압축비를 변화시킬 수 있는 CFR기관으로 측정하며 연료 속에 있는 세탄의 양을 백분율로 표시한 것을 세탄가(CN ; Cetane Number)라고 한다. 이것을 공식으로 나타내면 다음과 같다.

$$세탄가(CN) = \frac{세탄}{세탄 + \alpha 메틸나프탈렌} \times 100$$

표준연료 속에 있는 세탄(Cetane, $C_{16}H_{34}$)은 착화성이 우수하여 노크가 일어나기 어려운 연료이므로, 세탄가를 100으로 하고, α-메틸나프탈렌(α-Methyl Napthalene, $C_{10}H_7$-CH_3)은 노크가 잘 일어나므로 세탄가를 0으로 하여 각각의 체적비로 혼합하면 세탄 0부터 100까지의 표준연료를 만들 수 있다. 이 표준연료와 공시연료를 서로 비교하여 세탄가를 결정한다.

즉, 세탄가가 55인 연료는 세탄 55%와 α-메틸나프탈렌 45%를 체적비로 혼합한 표준연료와 같은 크기의 노크를 일으키는 연료이다.
ⓒ 디젤지수

세탄가를 측정하려면 CFR기관이 있어야 한다. 그러나 이와 같이 세탄가를 측정하지 않고 실험실에서 간단하게 연료의 앤티 노크성을 측정하는 것이 디젤지수(DI ; Diesel Index)인데, 디젤지수는 거의 세탄가와 일치한다.

CHAPTER 05 배출가스

PART 01 그린전동자동차 공학

1 자동차의 배출가스

가솔린엔진에서 배출되는 가스는 크게 배기 파이프에서 배출되는 배기가스, 엔진 크랭크 실의 블로바이가스(Blow-by Gas), 연료탱크와 연료 공급 계통에서 발생하는 증발가스 등의 3가지가 있으며 이외에도 디젤엔진에서 주로 발생하는 입자상 물질과 황 성분 등이 있다.

(1) 유해 배출가스

가솔린기관의 경우 연료의 구성 화합물이 대부분 탄소와 수소로 이루어져 있고 이러한 연료가 공기와 함께 연소하여 발생하는 가스로서 인체에 유해한 배기가스가 많이 배출된다. 다음은 유해 배출가스와 그 특징이다.

① 일산화탄소(CO)

일산화탄소(Carbon Monoxide)는 배기가스 중에 포함되어 있는 유해 성분의 일종으로 인체에 치명적인 장애를 일으킨다. 일산화탄소는 석탄과 석유의 주성분인 탄화수소가 산소가 부족한 상태에서 연소할 때 발생하는 가스이다. 주로 밀폐된 장소인 석탄 연소 장치 내연기관의 연소실에서 다량 발생한다. 이 가스가 인체에 흡수되면 혈액 중의 헤모글로빈(Hemoglobin)과 결합하여 헤모글로빈의 산소 운반 기능을 저하시킨다.

② 탄화수소(HC)

탄화수소(Hydro Carbon)는 미연소가스라고도 하며 탄소와 수소가 화학적으로 결합한 것을 총칭한 것이다. 이 가스는 연료탱크에서 자연 증발하거나 배기가스 중에도 포함되어 나온다. 이 가스를 접촉하면 호흡기에 강한 자극을 주고 눈과 점막에 자극을 일으키며 광화학 스모그를 일으킨다.

③ 질소산화물(NO_X)

질소산화물(NO_X)은 산소와 질소가 화학적으로 결합한 NO, NO_2, NO_3 등을 말하며, 이것을 총칭하여 NO_X라고 한다. 이 질소산화물은 내연기관처럼 고온·고압에서 연료를 연소시킬 때 공기 중의 질소와 산소가 화학적으로 결합하여 생긴 것이다. 공기의 성분은 대부분 질소와 산소가 혼합되어 있는데, 이 공기가 고온·고압에서 NO로 되어, 공기 자체를 촉매로 하여 NO_2가 된다. 이 가스는 인체에 매우 큰 장애를 일으키며 HC와 같이 광화학 스모그의 원인이 된다.

④ 블로바이가스

블로바이가스란 실린더와 피스톤 간극에서 미연소가스가 크랭크실(Crank Case)로 빠져나오는 가스를 말하며, 주로 탄화수소이고 나머지가 연소가스 및 부분 산화된 혼합가스이다. 블로바이가스가 크랭크실 내에 체류하면 엔진의 부식, 오일 슬러지 발생 등을 촉진한다.

⑤ 연료증발가스

연료증발가스는 연료탱크나 연료 계통 등에서 가솔린이 증발하여 대기 중으로 방출되는 가스이며, 미연소가스이다. 주성분은 탄화수소(HC)이다.

(2) 배기가스 생성 과정

가솔린은 탄소와 수소의 화합물인 탄화수소이므로 완전연소하였을 때 탄소는 무해성 가스인 이산화탄소로, 수소는 수증기로 변화한다.

$$C + O_2 \rightarrow CO_2 \qquad 2H_2 + O_2 \rightarrow 2H_2O$$

그러나 실린더 내에 산소의 공급이 부족한 상태로 연소하면 불완전연소를 일으켜 일산화탄소가 발생한다.

$$2C + O_2 \rightarrow 2CO$$

따라서 배출되는 일산화탄소의 양은 공급되는 공연비의 비율에 좌우하므로 일산화탄소 발생을 감소시키려면 희박한 혼합가스를 공급하여야 한다. 그러나 혼합가스가 희박하면 엔진의 출력 저하 및 실화의 원인이 된다.

(3) 탄화수소의 생성 과정

탄화수소가 생성되는 원인은 다음과 같다.

① 연소실 내에서 혼합가스가 연소할 때 연소실 안쪽 벽은 저온이므로 이 부분은 연소 온도에 이르지 못하며, 불꽃이 도달하기 전에 꺼지므로 이 미연소가스가 탄화수소로 배출된다.
② 밸브 오버랩(Valve Over Lap)으로 인하여 혼합가스가 누출된다.
③ 엔진을 감속할 때 스로틀밸브가 닫히면 흡기다기관의 진공이 갑자기 높아져 그 결과 혼합가스가 농후해져 실린더 내의 잔류가스가 되어 실화를 일으키기 쉬워지므로 탄화수소 배출량이 증가한다.
④ 혼합가스가 희박하여 실화할 경우 연소되지 못한 탄화수소가 배출된다. 탄화수소의 배출량을 감소시키려면 연소실의 형상, 밸브 개폐시기 등을 적절히 설정하여 엔진을 감속시킬 때 혼합가스가 농후해지는 것을 방지하여야 한다.

(4) 질소산화물 생성 과정

질소는 잘 산화하지 않으나 고온, 고압의 연소조건에서는 산화하여 질소산화물을 발생시키며 연소 온도가 2,000℃ 이상인 고온연소에서는 급증한다. 또한 질소산화물은 이론 혼합비 부근에서 최댓값을 나타내며, 이론 혼합비보다 농후해지거나 희박해지면 발생률이 낮아지며, 배기가스를 적당히 혼합가스에 혼합하여 연소온도를 낮추는 등의 대책이 필요하다.

(5) 배기가스의 배출 특성

① 혼합비와의 관계
  ㉠ 이론 공연비(14.7 : 1)보다 농후한 혼합비에서는 NO_x 발생량은 감소하고, CO와 HC의 발생량은 증가한다.
  ㉡ 이론 공연비보다 약간 희박한 혼합비를 공급하면 NO_x 발생량은 증가하고, CO와 HC의 발생량은 감소한다.
  ㉢ 이론 공연비보다 매우 희박한 혼합비를 공급하면 NO_x와 CO발생량은 감소하고, HC의 발생량은 증가한다.

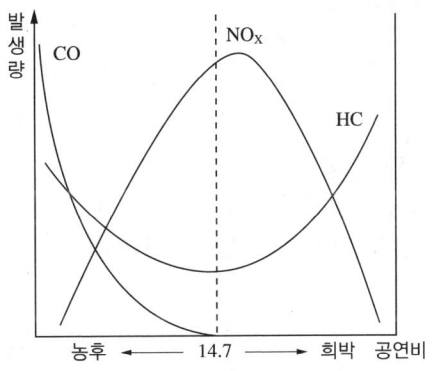

[공연비에 따른 유해 배출가스 발생량]

② 엔진의 온도와의 관계
  ㉠ 엔진이 저온일 경우에는 농후한 혼합비를 공급하므로 CO와 HC는 증가하고, 연소 온도가 낮아 NO_x의 발생량은 감소한다.
  ㉡ 엔진이 고온일 경우에는 NO_x의 발생량이 증가한다.
③ 엔진을 감속 또는 가속하였을 때
  ㉠ 엔진을 감속하였을 때 NO_x 발생량은 감소하지만, CO와 HC의 발생량은 증가한다.
  ㉡ 엔진을 가속할 때는 CO, HC, NO_x 모두 발생량이 증가한다.

(6) 배출가스 제어장치

① 블로바이가스 제어장치

㉠ 경부하 및 중부하 영역에서 블로바이가스는 PCV(Positive Crank case Ventilation) 밸브의 열림 정도에 따라서 유량이 조절되어 서지탱크(흡기다기관)로 들어간다.

㉡ 급가속을 하거나 엔진의 고부하 영역에서는 흡기다기관 진공이 감소하여 PCV밸브의 열림 정도가 작아지므로 블로바이가스는 서지탱크(흡기다기관)로 들어가지 못한다.

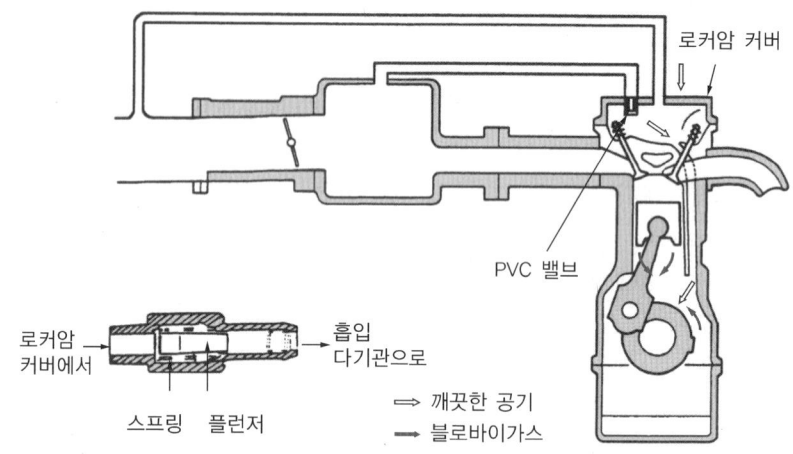

[PCV밸브의 구조와 작동]

② 연료증발가스 제어장치

연료탱크 및 연료계통 등에서 발생한 증발가스(HC)를 캐니스터(활성탄 저장)에 포집한 후 퍼지 컨트롤 솔레노이드밸브(PCSV)의 조절에 의하여 흡기다기관을 통해 연소실로 보내어 연소시킨다.

㉠ 캐니스터(Canister) : 연료 계통에서 발생한 연료증발가스를 캐니스터 내에 흡수 저장(포집)하였다가 엔진이 작동되면 PCSV를 통하여 서지탱크로 유입한다.

㉡ 퍼지 컨트롤 솔레노이드밸브(Purge Control Solenoid Valve) : 캐니스터에 포집된 연료증발가스를 조절하는 장치이며, ECU에 의해 작동된다. 엔진의 온도가 낮거나 공전할 때에는 퍼지 컨트롤 솔레노이드밸브가 닫혀 연료증발가스가 서지탱크로 유입되지 않으며 엔진이 정상온도에 도달하면 퍼지 컨트롤 솔레노이드밸브가 열려 저장되었던 연료증발가스를 서지탱크로 보내어 연소시킨다.

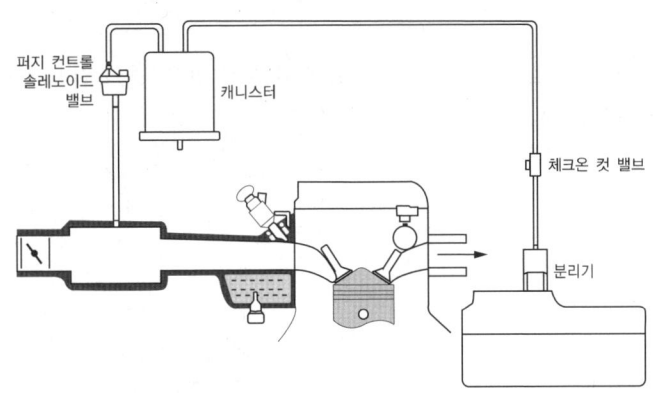

[캐니스터와 PCSV 밸브의 구조 및 작동]

③ 배기가스 재순환 장치(EGR ; Exhaust Gas Recirculation)

배기가스 재순환 장치는 흡기다기관의 진공에 의하여 배기가스 중의 일부를 배기다기관에서 빼내어 흡기다기관으로 순환시켜 연소실로 다시 유입시킨다.

배기가스를 재순환시키면 새로운 혼합가스의 충진율은 낮아지고 흡기에 다시 공급된 배기가스는 더 이상 연소 작용을 할 수 없기 때문에 동력행정에서 연소온도가 낮아져 높은 연소온도에서 발생하는 질소산화물의 발생량이 감소한다.

엔진에서 배기가스 재순환장치를 적용하면 질소산화물의 발생률은 낮출 수 있으나 착화성 및 엔진의 출력이 감소하며, 일산화탄소 및 탄화수소 발생량은 증가하는 경향이 있다. 이에 따라 배기가스 재순환장치가 작동되는 것은 엔진의 지정된 운전 구간(냉각수온도가 65℃ 이상이고, 중속 이상)에서 질소산화물이 다량 배출되는 운전영역에서만 작동하도록 하고 있다. 또한 공전운전을 할 때, 난기운전을 할 때, 전부하 운전영역, 그리고 농후한 혼합가스로 운전되어 출력을 증대시킬 경우에는 작용하지 않도록 한다.

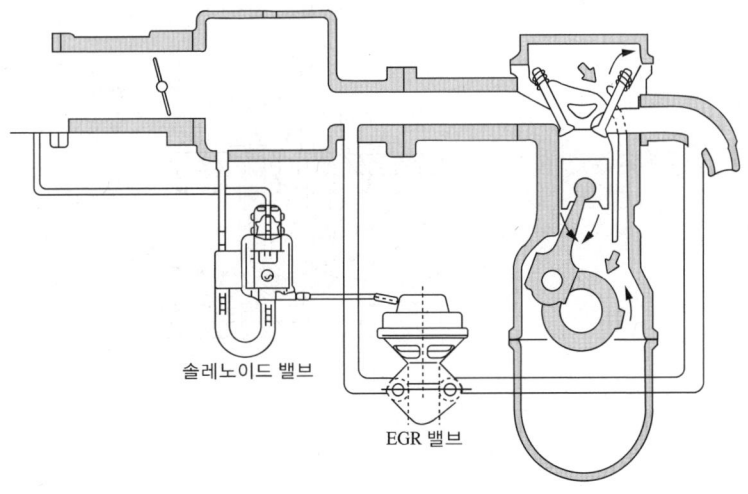

㉠ 구성 부품
- EGR밸브 : 스로틀밸브의 열림 정도에 따른 흡기다기관의 진공에 의하여 서모밸브와 진공조절밸브에 의해 조절된다.

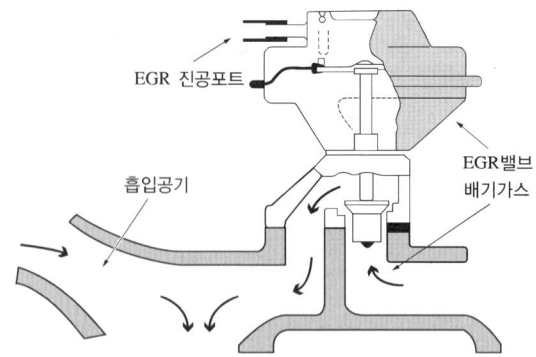

[EGR밸브와 EGR 솔레노이드밸브의 구조 및 작동]

- 서모밸브(Thermo Valve) : 엔진 냉각수 온도에 따라 작동하며, 일정 온도(65℃ 이하)에서는 EGR 밸브의 작동을 정지시킨다.
- 진공조절밸브 : 엔진의 작동상태에 따라 EGR밸브를 조절하여 배기가스의 재순환되는 양을 조절한다.

④ 산소센서

㉠ 산소센서의 종류

촉매 컨버터를 사용할 경우 촉매의 정화율은 이론 공연비(14.7 : 1) 부근일 때가 가장 높다. 공연비를 이론 공연비로 조절하기 위하여 산소센서를 배기다기관에 설치하여 배기가스 중의 산소 농도를 검출하여 피드백을 통한 연료 분사 보정량의 신호로 사용된다. 종류에는 크게 지르코니아 형식과 티타니아 형식이 있다.

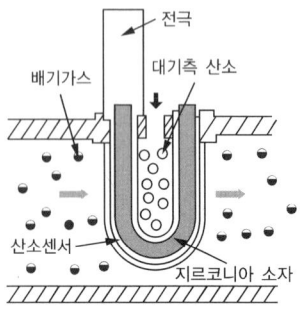

[산소센서의 원리]

- 지르코니아 형식은 지르코니아 소자(ZrO_2) 양면에 백금 전극이 있고, 이 전극을 보호하기 위해 전극의 바깥쪽에 세라믹으로 코팅하며, 센서의 안쪽에는 산소 농도가 높은 대기가 바깥쪽에는 산소 농도가 낮은 배기가스가 접촉한다.

  지르코니아 소자는 정상작동온도(약 350℃ 이상)에서 양쪽의 산소 농도 차이가 커지면 기전력을 발생하는 성질이 있다. 즉, 대기 쪽 산소 농도와 배기가스 쪽의 산소 농도가 큰 차이를 나타내므로 산소 이론은 분압이 높은 대기 쪽에서 분압이 낮은 배기가스 쪽으로 이동하며, 이때 기전력을 발생하고 이 기전력은 산소 분압에 비례한다.

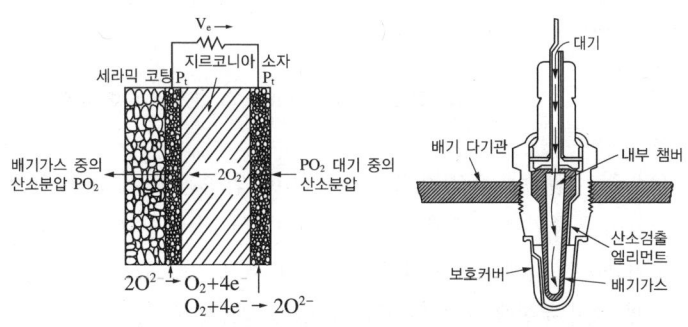

[지르코니아 산소센서의 구조]

- 티타니아 형식은 세라믹 절연체의 끝에 티타니아 소자(TiO_2)가 설치되어 있어 전자 전도체인 티타니아가 주위의 산소 분압에 대응하여 산화 또는 환원되어 그 결과 전기저항이 변화하는 성질을 이용한 것이다. 이 형식은 온도에 대한 저항 변화가 커서 온도보상회로를 추가하거나 가열장치를 내장시켜야 한다.

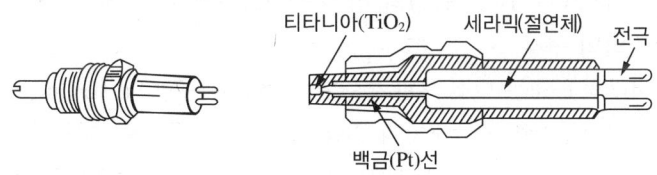

[티타니아 산소센서의 구조]

ⓒ 산소센서의 작동

산소센서는 배기가스 중의 산소 농도와 대기 중의 산소 농도 차이에 따라 출력전압이 급격히 변화하는 성질을 이용하여 피드백 기준신호를 ECU로 공급해준다. 이때 출력전압은 혼합비가 희박할 때는 지르코니아의 경우 약 0.1V, 티타니아의 경우 약 4.3~4.7V, 혼합비가 농후하면 지르코니아의 경우 약 0.9V, 티타니아의 경우 약 0.3~0.8V의 전압을 발생시킨다.

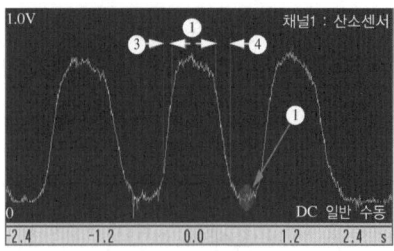 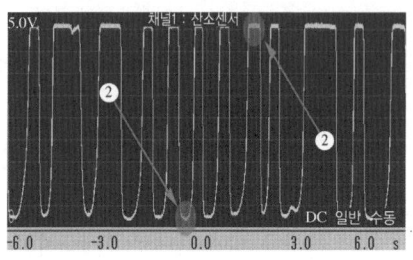

① 혼합기 희박 시 0.1V 출력
  혼합기 농후 시 0.9V 출력
③ 상승구간 0.2~0.6V에서 100m/s 이내
④ 하강구간 0.2~0.6V에서 300m/s 이내

② 혼합기 희박 시 4.9V 출력
  혼합기 농후 시 1V 출력

[지르코니아와 티타니아 산소 센서의 출력 파형]

ⓒ 산소 센서의 특성

산소 센서의 바깥쪽은 배기가스와 접촉하고, 안쪽은 대기 중의 산소와 접촉하게 되어 있어 이론 혼합비를 중심으로 혼합비가 농후해지거나 희박해짐에 따라 출력전압이 즉각 변화하는 반응을 이용하여 인젝터 분사시간을 ECU가 조절할 수 있도록 한다. 산소 센서가 정상적으로 작동할 때 센서 부분의 온도는 400~800℃ 정도이며, 엔진이 냉각되었을 때와 공전운전을 할 때는 ECU 자체의 보상회로에 의해 개방회로(Open Loop)가 되어 임의 보정된다.

(7) 촉매 컨버터

① 촉매 컨버터의 기능

배기다기관 아래쪽에 설치되어 배기가스가 촉매 컨버터를 통과할 때 산화·환원작용을 통하여 유해 배기가스(CO, HC, NO_X)의 성분을 정화시켜 주는 장치이다.

② 촉매 컨버터의 구조

촉매 컨버터의 구조는 벌집 모양의 단면을 가진 원통형 담체(Honeycomb Substrate)의 표면에 백금(Pt), 팔라듐(Pd), 로듐(Rh)의 혼합물을 균일한 두께로 바른 것이다. 담체는 세라믹(Al_2O_3), 산화실리콘(SiO_2), 산화마그네슘(MgO)을 주원료로 하여 합성된 코디어라이트(Cordierite)이며, 그 단면은 cm^2당 60개 이상의 미세한 구멍으로 되어 있다.

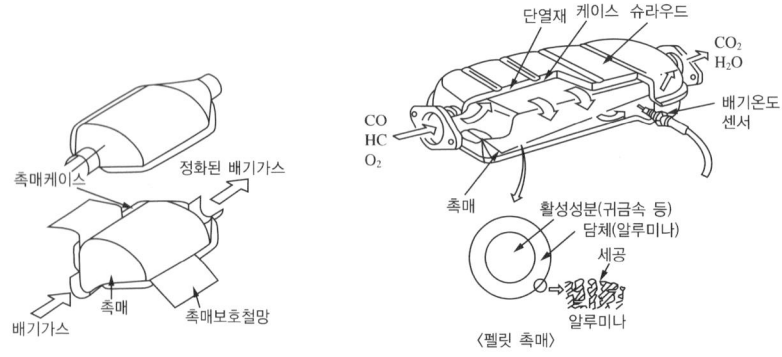

[촉매의 구조]

CHAPTER 06 기동시스템

PART 01 그린전동자동차 공학

1 기동시스템 개요

자동차엔진은 흡입, 압축, 동력, 배기의 4행정으로 작동되고 있다. 엔진은 4개의 행정 중 동력행정에서 에너지를 얻고, 동력행정에서 발생한 에너지를 플라이 휠의 관성을 이용하여 연속적인 엔진의 작동이 이루어지도록 되어 있다. 그러나 엔진을 초기시동하려고 할 때 최초의 흡입과 압축행정에 필요한 힘을 외부에서 제공하여 크랭크축을 회전시켜야 한다. 엔진은 자력기동이 힘들기 때문에 초기 엔진 시동 시 외부로부터의 동력공급원이 필요하며 배터리를 이용한 전동기를 사용하고 있다. 이러한 전동기시스템을 기동장치라 한다. 기동 장치의 동작을 위해서는 배터리, 기동전동기, 점화스위치, 배선 등이 필요하다.

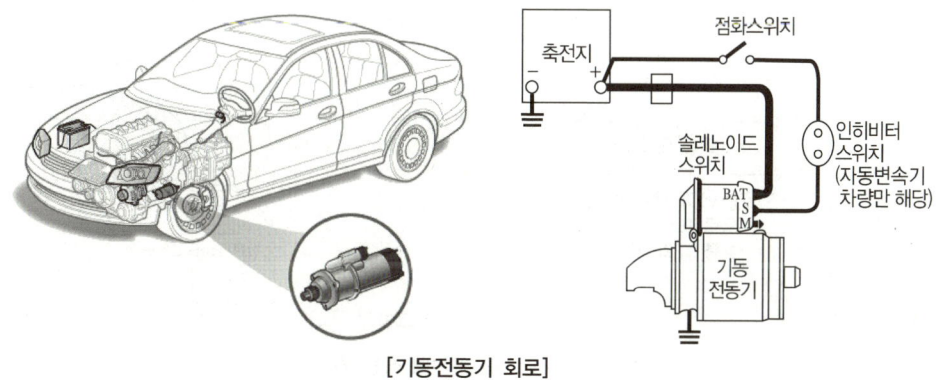

[기동전동기 회로]

(1) 전동기의 원리와 종류

① 직류전동기의 원리

자계 내에서 자유롭게 회전할 수 있는 도체(전기자)를 설치하고 전류를 공급하기 위하여 정류자를 두고, 정류자와 항상 접촉하여 도체에 전류를 공급하는 브러시(Brush)를 부착한 다음 전류를 공급하면 플레밍의 왼손 법칙에 따르는 방향의 힘을 받으며 회전을 시작한다.

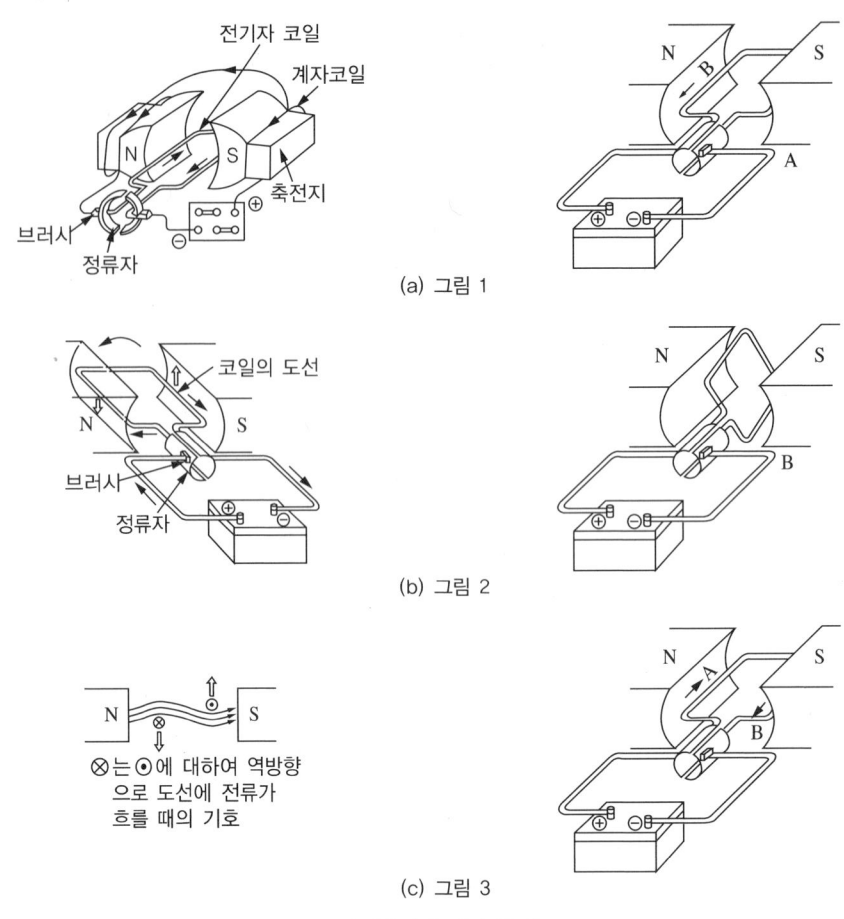

(a) 그림 1

(b) 그림 2

(c) 그림 3

[전동기의 작동 원리]

㉠ 그림 1번의 경우 : 전기자코일 B부분으로 전류가 유입되고, A부분으로 유출될 때 플레밍의 왼손 법칙에 의해 코일 A부분에는 전자력이 위쪽 방향으로 작용하고 코일 B부분에는 아래쪽 방향으로 작용하여 전기자는 왼쪽으로 회전하게 된다.

㉡ 그림 2번의 경우 : 전기자코일이 중앙에 도달하면 전류가 차단되나 전기자는 관성에 의하여 회전하게 된다.

㉢ 그림 3번의 경우 : 전기자가 회전하여 전기자코일 A부분과 B부분이 그림 1의 반대 위치로 위치하며 브러시에서 전류 공급 위치가 변화하지 않기 때문에 전기자코일 A부분으로 전류가 유입되고 B부분에서 유출되어도 전자력의 방향이 그림 1과 동일하므로 전기자는 왼쪽으로 회전하게 된다.

위와 같은 원리를 이용하여 자동차의 기동전동기, 윈드 실드 와이퍼 전동기, 전동팬, 전자제어엔진의 공전속도 조절 서보 모터 등에서 전동기가 작동되고 있다.

(2) 직류전동기의 종류

직류전동기에는 전기자코일과 계자코일의 연결방법에 따라 직권식, 분권식, 복권식 등이 있으며, 전기자코일, 계자코일, 정류자와 브러시 등의 주요 부품으로 구성되어 있다. 그리고 최근에는 페라이트 자석식 전동기도 사용되고 있다.

① 직권식 전동기 : 직류직권식 전동기는 전기자코일과 계자코일이 직렬로 연결된 것으로 각 코일에 흐르는 전류는 일정하고 회전력이 크고 부하 변화에 따라 자동적으로 회전속도가 증감하므로 이러한 특성을 이용하여 기동전동기에서 주로 사용하고 있다.

② 분권식 전동기 : 분권식 전동기는 전기자코일과 계자코일이 병렬로 연결된 것이다. 각 코일에는 전원전압이 가해져 있고 부하 변화에 대하여 회전속도 변화가 적으나 계자코일에 흐르는 전류를 변화시키면 회전속도를 넓은 범위로 쉽게 바꿀 수 있어 부하 변화 시 회전속도가 유지되어 일정속도를 요구하는 회전운동부분에 작동용 전동기로 이용된다. 이 전동기는 주로 냉각팬, 파워 윈도우 등에서 적용되고 있다.

③ 복권식 전동기 : 복권식 전동기는 전기자코일과 계자코일이 직렬과 병렬로 연결된 것으로 계자코일의 자극의 방향이 같으며 직권과 분권의 중간적인 특성을 나타낸다. 즉, 기동할 때에 직권전동기와 같이 회전력이 크고, 기동 후에는 분권 전동기와 같이 일정속도 특성을 나타낸다. 그러나 직권전동기에 비해 구조가 복잡한 결점이 있다. 이 전동기는 윈드 실드 와이퍼 등에서 사용되고 있다.

④ 페라이트 자석식 전동기 : 페라이트 자석이란 바륨과 철 등의 산화분말을 압축성형하여 고온에서 소결시킨 자석(영구자석)이며 특징은 가볍고 자력을 유지하는 힘이 매우 크다. 이 자석은 전동기의 계자코일과 계자철심의 대용으로 사용한다.

즉, 전기자코일에만 전류를 공급하여 회전시키므로 전원전류의 공급방향이 바뀌게 되면 회전방향도 바뀌게 된다. 여기서 회전방향이 바뀌는 이유는 페라이트 자석은 극성이 바뀌지 않지만 전기자는 인공자석이므로 전류의 공급방향이 바뀌면 극성도 바뀌게 되어 회전방향이 바뀌게 된다. 이 형식은 윈드 실드 와이퍼 전동기, 전자제어엔진의 공전속도 조절 서보 모터, 스텝 모터, 연료펌프 등에서 사용된다.

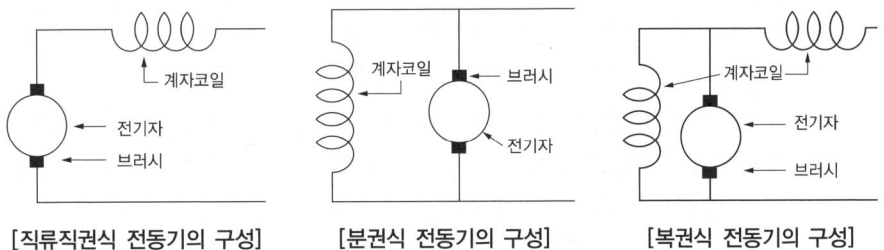

[직류직권식 전동기의 구성]   [분권식 전동기의 구성]   [복권식 전동기의 구성]

(3) 기동전동기의 작동

자동차엔진에서는 배터리를 전원으로 하는 직류직권식 전동기를 사용하고 있다. 직권식 전동기는 부하가 걸렸을 경우에는 회전속도는 낮으나 회전력이 크고, 부하가 작아지면 회전력은 감소하나 회전수는 점차로 빨라지는 특성이 있다. 또한 기동전동기는 엔진 실린더의 압축압력이나 각부의 마찰력을 이기고 초기 시동 시 가능한 회전속도로 구동하여야 하므로 기동 회전력이 커야 한다. 이러한 요구에 가장 적합한 것이 직류직권식 전동기이다.

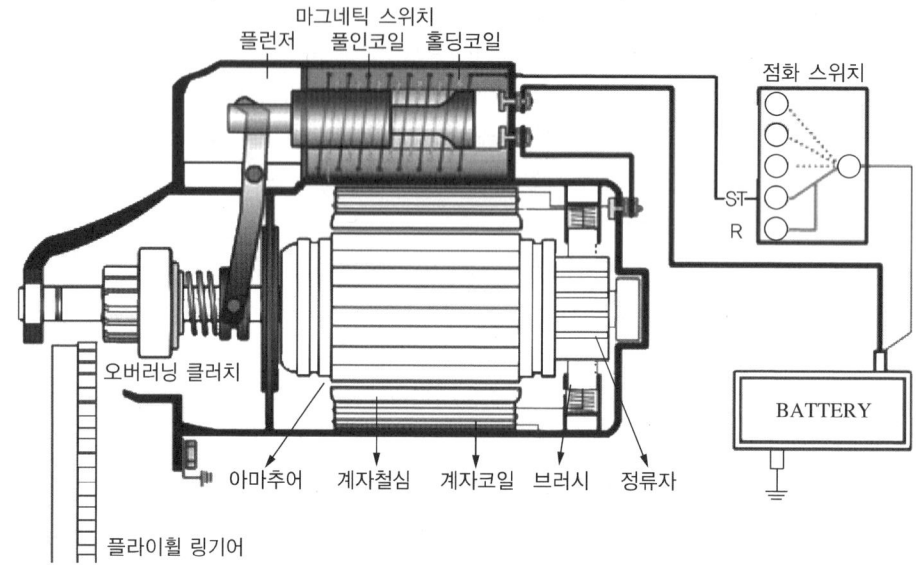

[기동전동기의 구조 및 원리]

① 엔진 시동 시

㉠ Start 스위치를 ON시킨다.

㉡ 마그네틱 스위치의 기동전동기 St단자로부터 풀인 코일과 홀드 인 코일에 전류가 흐른다.

㉢ 풀인 코일에 흐르는 전류는 기동전동기 M단자를 거쳐 기동전동기의 계자코일, 브러시, 정류자, 전기자코일로 흘러 전기자가 천천히 회전하기 시작한다.

㉣ 마그네틱 스위치의 플런저는 전자력의 힘으로 안쪽으로 이동되어 시프트 레버를 잡아당기고 시프트 레버에 의해 기동전동기의 피니언이 밀려나가 플라이 휠 링기어에 맞물리게 된다. 풀인 코일에 흐르던 전류는 접촉판이 닫히면 플런저에 작용하는 자력은 감소하게 된다. 이때 피니언이 리턴 스프링의 장력에 의하여 본래의 위치로 복귀하지 못하도록 하여 피니언과 링기어의 맞물림이 풀리는 것을 방지해 주기 위해 홀드인 코일에 발생하는 자력은 차체 접지로 유지된다.

㉤ 플런저의 흡인에 의해 솔레노이드 스위치의 접점판이 닫히고 B 단자의 대전류가 M(F)단자로 흘러 들어가 계자코일로 흐른다.

ⓑ 계자철심을 자화시킨 후 (+)브러시를 통하여 전기자코일로 전류가 흘러 전기자철심을 자화시키고 기동전동기는 강력한 회전을 시작하여 엔진을 크랭킹한다.

ⓢ 전기자코일을 통과한 전류는 (-)브러시를 통하여 차체에 접지된다.

② 엔진 시동 후

㉠ 기동전동기 피니언이 플라이 휠 링기어에 의해 과다 회전하면 오버 러닝 클러치에 의해 전기자가 회전하지 못하게 하여 전기자를 보호한다.

㉡ 기동 스위치를 여는 순간 접촉판은 아직 닫혀 있는 상태이므로 배터리에서 공급되는 전류는 마그네틱 스위치 기동전동기 단자에서 풀인 코일에 역방향으로 흘러 홀드인 코일로 흐르게 한다.

㉢ 풀인 코일의 자력은 역방향으로 되어 홀드인 코일의 자력은 상쇄되고 흡입력은 감소한다. 이에 따라 플런저와 피니언은 리턴 스프링의 장력에 의하여 복귀하여 링기어로부터 이탈되고 접촉판이 열려 축전지에서 기동전동기로 흐르는 전류가 차단되므로 기동전동기의 작동이 정지된다.

(4) 기동전동기 구성부품의 주요역할

① **기동전동기의 역할** : 엔진을 시동하기 위해 최초로 흡입과 압축행정에 필요한 에너지를 외부로부터 공급받아 엔진을 회전시키는 장치이다. 일반적으로 축전지 전원을 이용하는 직류직권식 전동기를 이용한다.

② **마그네틱 스위치 역할** : 전자석 스위치로 풀인 코일과 홀드인 코일에 전류가 흘러 플런저를 잡아당기고 플런저는 시프트 레버를 잡아당겨 피니언 기어를 링기어에 물린다.

③ **풀인코일(Pull-in Coil) 역할** : 플런저와 접촉판을 닫힘 위치로 하며 당기는 전자력을 형성하고 기동전동기 마그네틱의 B단자와 M단자를 접촉시킨다.

④ **홀드인코일(Hold-in Coil) 역할** : 마그네틱의 St단자를 통하여 에너지를 받아 기동전동기로 흐르고 시스템 전압이 떨어질 때 접촉판을 접촉시킨 채 있도록 전자력을 유지시킨다.

⑤ **계자코일(Field Coil) 역할** : 계자철심에 감겨져 전류가 흐르면 전자력이 발생하여 계자철심을 자화한다. 계자코일과 전기자코일은 직류직권식이기 때문에 전기자전류와 같은 크기의 큰 전류가 계자코일에도 흐른다. 따라서 계자코일도 전기자코일과 같은 모양의 평각동선을 사용한다.

⑥ **전기자코일(Armature Coil) 역할** : 전기자코일은 큰 전류가 흐를 수 있도록 평각동선을 운모, 종이, 파이버, 합성수지 등으로 절연하여 코일의 한쪽은 N극 쪽에 다른 한쪽 끝은 S극이 되도록 철심의 홈에 끼워져 있다. 코일의 양끝은 정류자편에 납땜되어 모든 코일에 동시에 전류가 흘러 각각에 생기는 전자력이 합해져서 전기자를 회전시킨다. 전기자코일은 하나의 홈에 2개씩 설치되어 있다.

⑦ **정류자의 역할** : 정류자는 브러시에서의 전류를 일정한 방향으로만 흐르게 하는 것으로 경동판을 절연체로 싸서 원형으로 제작한 것이다. 정류자편 사이는 1mm 정도 두께의 운모로 절연되어 있고 운모의 언더컷은 0.5~0.8mm(한계치 0.2mm)이다.

정류자편의 아랫부분은 V형 링으로 조여져 있어 회전 중 원심력에 의해 빠져나오지 않게 하였다.

⑧ **브러시의 역할** : 브러시는 정류자에 미끄럼 접촉을 하면서 전기자코일에 흐르는 전류의 방향을 바꾸어 준다. 브러시는 구리분말과 흑연을 원료로 하는 금속물질이 50~90% 정도로서 윤활성과 도전성이 우수하고 고유저항, 접촉저항 등이 다른 것에 비해 적다. 브러시는 브러시 홀더에 조립되어 끼워진다.

2 점화장치의 개요

점화장치는 가솔린기관의 연소실 내에 압축된 혼합가스에 고압의 전기적 불꽃으로 스파크를 발생하여 연소를 일으키는 일련의 장치들을 말한다. 점화장치에는 축전지를 전원으로 하는 축전지 점화 방식(직류전원 사용)과 고압 자석발전기를 전원으로 하는 고압 자석 점화 방식(교류전원 사용)이 있다.

자동차에는 주로 축전지 점화 방식을 사용하며 최근에는 반도체의 발달로 전 트랜지스터 점화 방식, 고강력 점화 방식(HEI ; High Energy Ignition), 전자 배전 점화 방식(DLI ; Distributor Less Ignition) 등이 사용되고 있다.

트랜지스터 점화 방식은 점화코일의 1차 코일에 흐르는 전류를 트랜지스터의 스위칭 작용으로 차단하여 2차 코일에 고전압을 유도시키는 방식이다.

단속기 접점 방식은 점화코일의 1차 전류를 직접 접점으로 단속하므로 접점이 열릴 때 불꽃(Arc)이 발생된다. 이것을 방지하기 위하여 단속기 접점과 축전기(콘덴서)를 병렬로 접속하고 있지만 저속 회전에서는 접점이 열리는 속도가 늦어 불꽃이 발생하기 쉬운 상태가 되기 때문에 2차 전압 발생이 불안정하여 실화의 원인이 되기 쉽다. 이에 따라 트랜지스터 방식에서는 1차 전류를 트랜지스터에 의하여 전기적으로 단속하기 때문에 저속 회전에서도 전류의 단속 작용이 확실하며 2차 코일에 안정된 고전압을 얻을 수 있다.

최근에는 배기가스 대책으로도 저속에서 고속까지 실화가 없는 확실한 점화가 형성되도록 하기 위해 점화 플러그의 불꽃에너지를 증대시키는 것이 요구되어 왔으며, 여기에는 1차 전류의 증대가 필요하다. 단속기 접점 방식에서는 1차 전류의 증가가 어려우나 트랜지스터 방식에서는 이것이 가능하다. 또한 고속성능을 향상시키는데 점화코일 1차 쪽의 권수를 감소시켜 1차 코일의 인덕턴스와 저항을 적게 하는 것으로 인하여 1차 전류의 증대를 빨리 할 필요성이 있다. 즉, 점화 1차 회로 쪽의 공급에너지는 인덕턴스를 적게 하면서 불꽃에너지를 감소시키지 않도록 하기 위해 1차 전류를 크게 하여야 한다.

단속기 접점 방식에서는 접점의 불꽃에 의한 제약으로 1차 전류의 크기에 한계가 따르나 트랜지스터 방식에서는 1차 전류의 대폭적인 증대가 가능하다. 따라서 1차 코일의 인덕턴스가 적고, 권수비가 큰 점화코일을 사용할 수 있어 외부저항 점화코일을 사용한 경우보다 더욱 우수한 고속 성능을 얻을 수 있다.

전 트랜지스터 방식과 같이 기계적인 단속기구를 없애는 것으로 점화장지의 신뢰성을 향상시키고 전기적인 점화 시기 제어 및 회전속도에 따른 캠각제어 등도 가능하게 된다. 트랜지스터 방식 점화장치의 특징을 들면 다음과 같다.

① 저속 성능이 안정되고 고속 성능이 향상된다.
② 불꽃에너지를 증가시켜 점화 성능 및 장치의 신뢰성이 향상된다.
③ 엔진 성능 향상을 위한 각종 전자 제어 장치의 부착이 가능해진다.
④ 점화코일의 권수비를 적게 할 수 있어 소형 경량화가 가능하다.

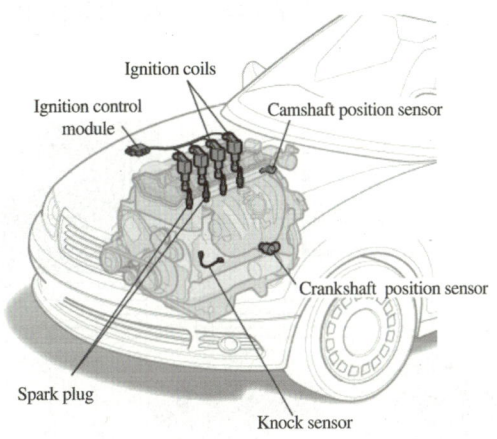

[점화 시스템]

3 컴퓨터 제어방식 점화장치

이 방식은 엔진의 작동상태(회전속도·부하 및 온도 등)를 각종 센서로 검출하여 컴퓨터(ECU)에 입력시키면 컴퓨터는 점화시기를 연산하며 1차 전류의 차단신호를 파워 트랜지스터로 보내어 점화 2차 코일에서 고전압을 유기하는 방식이다. 그리고 배전기에 설치되었던 원심 및 진공 진각 장치를 없애고 컴퓨터가 점화시기를 제어하며, 점화코일도 몰드형(폐자로형)을 사용한다. 여기에는 고강력 점화 방식(HEI)과 전자 배전 점화 방식(DLI, DIS)이 있으며 다음과 같은 장점이 있다.

• 저속, 고속에서 매우 안정된 점화 불꽃을 얻을 수 있다.
• 노크가 발생할 때 점화시기를 자동으로 늦추어 노크 발생을 억제한다.
• 엔진의 작동상태를 각종 센서로 감지하여 최적의 점화시기로 제어한다.
• 고출력의 점화코일을 사용하므로 완벽한 연소가 가능하다.

4 HEI(High Energy Ignition, 고 에너지 점화 방식)

(1) 점화스위치(IG Switch)

점화스위치는 일반적으로 키 스위치라고도 하며 점화 1차 전류를 운전석에서 개폐하기 위한 것이며, 연료펌프 작동전원, 인젝터 전원 등이 공급된다. 점화스위치에는 축전지 양극 (+)단자와 연결되는 B단자, 기동전동기 마그네틱 스위치와 연결되는 St단자, 점화코일 (+)단자와 연결되는 R단자, 점화코일의 외부저항과 연결되는 IG단자, 라디오, 카세트 등으로 축전지 전류를 공급하는 ACC 단자 등이 있다. 각 단자와 축전지와의 개폐 작용은 다음과 같다.

① 엔진을 크랭킹 할 때 : 이때는 점화스위치의 B단자, R단자, St단자가 축전지 (+)단자와 연결된다. 또 라디오를 켠 상태에서 크랭킹 할 때에는 기동전동기로 보내는 전류를 많게 하기 위해 ACC단자는 일시 차단된다.

② 엔진 시동 후 : 이때는 점화스위치의 B단자, IG단자가 축전지 또는 발전기와 연결되어 차량에 필요한 전력을 공급한다.

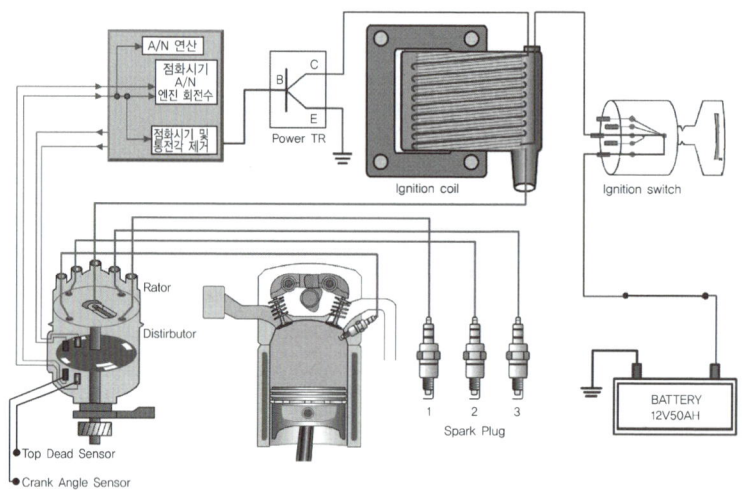

[고 에너지식 점화회로]

(2) 몰드형 점화코일(Ignition Coil)

점화코일은 점화 플러그에 불꽃 방전을 일으킬 수 있는 높은 전압(약 20,000~25,000V)의 전류를 발생시키는 승압기이다.

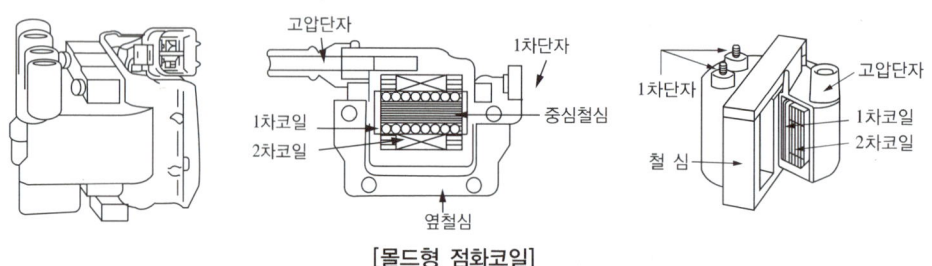

[몰드형 점화코일]

① 점화코일의 원리
점화코일의 원리는 자기유도작용과 상호유도작용을 이용한 것이다. 철심에 감겨져 있는 2개의 코일에서 입력 쪽을 1차 코일, 출력 쪽을 2차 코일이라 부른다. 1차 코일은 축전지로부터 저압전류가 흘러서 자화되지만 직류(DC)이므로 유도전압에 의한 전압은 발생하지 못한다. 그러나 파워 트랜지스터로 저압전류를 차단하면 자기유도작용으로 1차 코일에 축전지 전압보다 높은 순간전압(300~400V)이 발생된다. 1차 쪽에 발생한 전압은 1차 코일의 권수, 전류의 크기, 전류의 변화속도 및 철심의 재질에 따라 달라진다. 또한 2차 코일에는 상호유도작용으로 거의 권수비에 비례하는 전압(약 20,000~ 25,000V)이 발생한다.

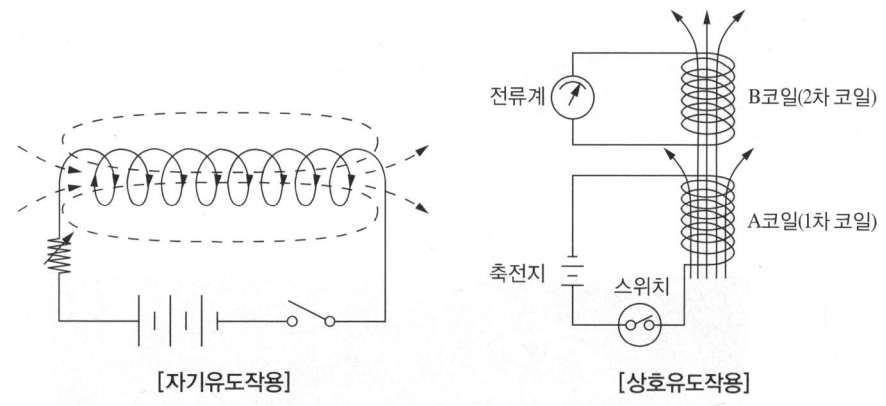

[자기유도작용]　　　　　　　[상호유도작용]

② 점화코일의 구조
점화코일은 몰드형 철심을 이용하여 자기유도작용에 의하여 생성되는 자속이 외부로 방출되는 것을 방지하기 위해 철심을 통하며 자속이 흐르도록 하였으며, 1차 코일의 지름을 굵게 하여 저항을 감소시켜 큰 자속이 형성될 수 있도록 하여 고전압을 발생시킨다. 몰드형은 구조가 간단하고 내열성이 우수하므로 성능 저하가 없다.

③ 점화코일의 성능
점화코일의 성능상 중요한 것은 속도특성, 온도특성, 절연특성 등이다.
  ㉠ 속도특성 : 점화코일 불꽃시험에서 배전기 축을 1,800rpm으로 회전시켰을 때 방전간극은 6mm 이상 되어야 한다.
  ㉡ 온도특성 : 엔진 작동 중 전류로 인해 열이 발생하여 온도가 상승하게 된다. 온도가 상승하면 1차 코일의 저항이 증대되어 1차 차단 전류가 감소한다. 이에 따라 2차 쪽의 방전 간극이 작게 되므로 80℃에서의 성능을 규정하고 있다.
  ㉢ 절연특성 : 절연저항과 내압은 온도상승에 따라 저하되나 80℃에서 10MΩ 이상, 상온(20℃)에서 50MΩ 이상이어야 한다.

(3) 파워 트랜지스터(Power TR)

파워 트랜지스터는 ECU로부터 제어 신호를 받아 점화코일에 흐르는 1차 전류를 단속하는 역할을 하며 구조는 컴퓨터에 의해 제어되는 베이스, 점화코일 1차 코일의 (-)단자와 연결되는 컬렉터, 그리고 접지되는 이미터로 구성된 NPN형이다.

파워 트랜지스터의 작용은 다음과 같다.
① 점화스위치를 ON으로 하면 축전지 전압이 점화 1차 코일에 흐른다.
② 크랭크각 센서의 점화 신호가 ECU에서 파워 트랜지스터를 통하여 단락과 접지를 반복한다.
③ ECU의 점화 신호는 파워 트랜지스터의 베이스전류를 단속시켜 점화 1차 코일에 흐르는 파워 트랜지스터를 통하여 단락과 접지를 반복한다.
④ 점화 시기는 컴퓨터가 연산하며 파워 트랜지스터 베이스의 전류 흐름이 차단되면 점화 1차 전류가 차단되며 이 작동으로 점화 2차 코일에 고전압이 유기되며 이 고전압은 점화 플러그로 보내진다.

(4) 점화 전압 파형

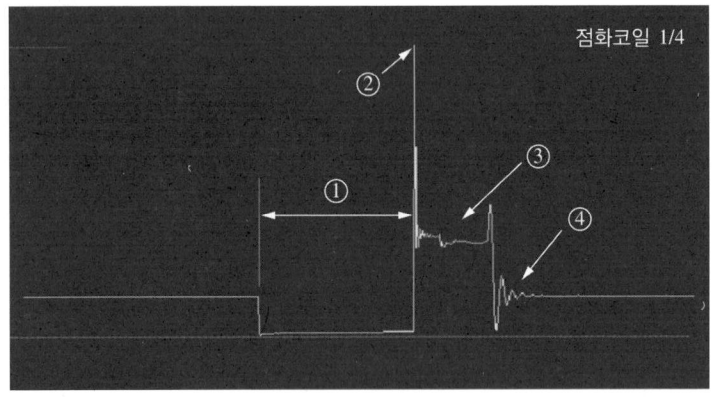

[점화 1차 파형]

① 드웰시간(캠각 구간)
    이 부분은 점화 1차 코일에 전압이 ON되어 있는 시간 동안을 표시하는 구간이다(① 구간). 즉 파워 트랜지스터에 전류가 흐르는 시간을 나타낸다.
② 1차 유도전압
    파워 트랜지스터가 OFF되면서 역기전력이 발생하는 구간을 나타낸다(② 구간). 즉, 점화 1차 코일의 전압이 차단되는 순간 점화코일에서 고전압이 형성되는 지점이다.
③ 점화시간
    이 구간은 점화 플러그에서 점화가 되고 있는 시간을 표시하는 부분이며, 용량불꽃선과 유도불꽃선으로 구성되어 있다(③ 구간). 점화코일에 고전압이 유도되어 점화플러그에서 점화하는 지점이고 점화가 발생하면 고전압은 ③ 구간의 후반부 지점까지 저하하며, 점화가 일어나는 동안 수평을 유지한다.

④ 감쇄진동부

점화플러그에서 불꽃이 끝나는 지점으로 불꽃방전이 끝나고 점화코일의 잔류전압이 소멸되는 구간을 나타낸다(④ 구간).

(5) 점화 플러그(Spark Plug)

점화 플러그는 실린더 헤드의 연소실에 설치되어 점화코일의 2차 코일에서 발생한 고전압에 의해 중심 전극과 접지 전극 사이에서 전기불꽃을 발생시켜 실린더 내의 혼합가스를 점화하는 역할을 한다.

① 점화 플러그의 구조

점화 플러그는 그림에 나타낸 것과 같이 전극 부분(Electrode), 절연체(Insulator) 및 셸(Shell)의 3주요부로 구성되어 있다.

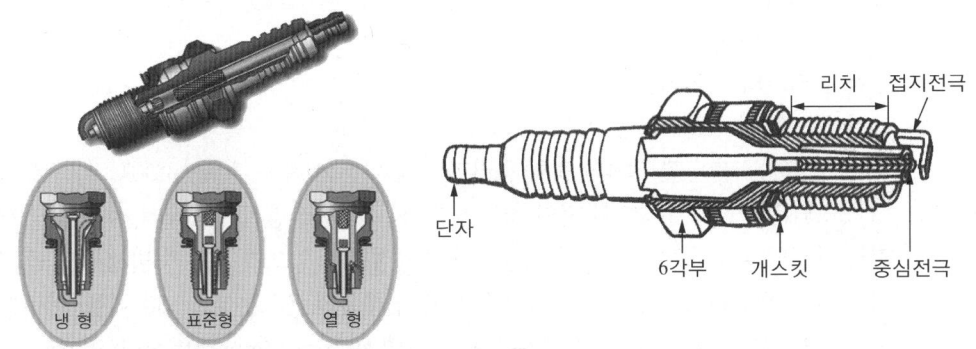

[점화 플러그의 구조]

㉠ 전극 부분 : 전극 부분은 중심 전극과 접지 전극으로 구성되어 있으며 점화코일에서 유도된 고전압이 중심축을 통하여 중심 전극에 도달하여 바깥쪽의 접지 전극과의 간극에서 불꽃이 발생하며 이들 사이에 0.7~1.1mm의 간극이 있다. 전극의 재료는 불꽃에 의한 손상이 적고, 내열성 및 내부식 성능이 우수해야 하므로 일반적으로 니켈 합금이나 백금, 이리듐을 사용하는 경우도 있다. 또한 중심 전극은 방열 성능 등을 고려하여 구리를 주입한 것도 있다. 중심 전극의 지름은 일반적으로 2.5mm 정도이지만 최근에는 불꽃 발생 전압의 저하 방지 및 점화 성능의 향상을 목적으로 중심 전극의 지름을 1mm 정도까지 가늘게 하거나 접지 전극의 안쪽 면에 U자형의 홈을 둔 것도 있다.

㉡ 절연체 : 절연체는 중심축 및 중심전극을 둘러싸서 고전압의 누전을 방지하는 것이며, 점화플러그 성능을 좌우하는 중요한 부분이다. 따라서 전기절연이 우수하고, 열전도성능 및 내열성능이 우수하며 화학적으로 안정되고 기계적 강도가 커야 한다. 절연체는 절연성이 높은 세라믹(Ceramic)으로 되어 있고 윗부분에는 고압 전류의 플래시 오버(Flash Over)를 방지하기 위한 리브(Rib)가 있다.

ⓒ 셸(Shell) : 셸은 절연체를 에워싸고 있는 금속 부분이며, 실린더 헤드에 설치하기 위한 나사 부분이 있고, 나사의 끝 부분에 접지 전극이 용접되어 있다. 나사의 지름은 10mm, 12mm, 14mm, 18mm의 4종류가 있으며, 나사 부분의 길이(리치)는 나사의 지름에 따라 다르나 지름 14mm의 점화 플러그는 9.5mm, 12.7mm, 19mm의 3종류가 있다. 그리고 절연체와 중심축 및 셸 사이의 기밀은 특수 실런트의 충전이나 글라스 실에 의한 녹여 붙임, 스파크(Spark)열에 의한 코킹 등의 방법으로 유지되고 있다.

② 점화 플러그의 구비 조건

점화 플러그는 점화회로에서 방전을 위한 전극을 마주보게 한 것 뿐이나 사용되는 주위의 조건이 매우 가혹하여 다음과 같은 조건을 만족시키는 성능이 필요하다.

㉠ 내열성이 크고 기계적 강도가 클 것
㉡ 내부식 성능이 크고 기밀 유지 성능이 양호할 것
㉢ 자기청정온도를 유지하고 전기적 절연 성능이 양호할 것
㉣ 강력한 불꽃이 발생하고 점화 성능이 좋을 것

③ 점화 플러그의 자기청정온도와 열값

엔진작동 중 점화 플러그는 혼합가스의 연소에 의해 고온에 노출되므로 전극부분은 항상 적정온도를 유지하는 것이 필요하다. 점화 플러그 전극 부분의 작동 온도가 400℃ 이하로 되면 연소에서 생성되는 카본이 부착되어 절연 성능을 저하시켜 불꽃 방전이 약해져 실화를 일으키게 되며, 전극 부분의 온도가 800~950℃ 이상이면 조기점화를 일으켜 노킹이 발생하고 엔진의 출력이 저하된다. 이에 따라 엔진이 작동되는 동안 전극 부분의 온도는 400~600℃를 유지하여야 한다. 이 온도를 점화 플러그의 자기청정온도(Self Cleaning Temperature)라고 한다.

또한 점화 플러그는 사용 엔진에 따라 열방산 성능이 다르므로 엔진에 적합한 것을 선택하여야 한다. 점화 플러그의 열방산 정도를 수치로 나타낸 것을 열값(Heat Value)이라 하고 일반적으로 절연체 아랫부분의 끝에서부터 아래 실(Lower Seal)까지의 길이에 따라 정해진다. 따라서 저속, 저부하 엔진은 열형 점화 플러그를 장착하고 고속, 고부하 엔진으로 갈수록 냉형 점화 플러그를 장착하여 자기청정온도 및 엔진의 작동성능을 최적으로 유지할 수 있다.

5 DLI(Distributor Less Ignition, 전자 배전 점화장치)

(1) DLI의 개요

트랜지스터 점화 방식을 포함한 모든 점화 방식에서는 1개의 점화코일에 의하여 고전압을 유도시켜 배전기 축에 설치한 로터와 고압 케이블을 통하여 점화 플러그로 공급한다. 그러나 이 고전압을 기계적으로 배분하기 때문에 전압 강하와 누전이 발생한다. 또 배전기의 로터와 캡의 세그먼트 사이의 에어 갭(Air Gap, 0.3~0.4mm 정도)을 뛰어넘어야 하므로 에너지 손실이 발생하고 전파 잡음의 원인이 되기도 한다. 이와 같은 결점을 보완한 점화 방식이 DLI(전자 배전 점화 방식)이다.

(2) DLI의 종류와 특징

DLI를 전자 제어 방법에 따라 분류하면 점화코일 분배방식과 다이오드 분배방식이 있다. 점화코일 분배방식은 고전압을 점화코일에서 점화 플러그로 직접 배전하는 방식이며, 그 종류에는 동시점화방식과 독립점화방식이 있다.

동시점화방식이란 1개의 점화코일로 2개의 실린더에 동시에 배분해주는 방식이다. 즉 제1번과 제4번 실린더를 동시에 점화시킬 경우 제1번 실린더가 압축 상사점인 경우에는 점화되고, 제4번 실린더는 배기 중이므로 무효 방전이 되게 한 것이다.

독립점화방식이란 각 실린더마다 1개의 점화코일과 1개의 점화 플러그가 연결되어 직접 점화시키는 방식이다.

다이오드 분배방식은 고전압의 방향을 다이오드로 제어하는 동시점화방식이다.

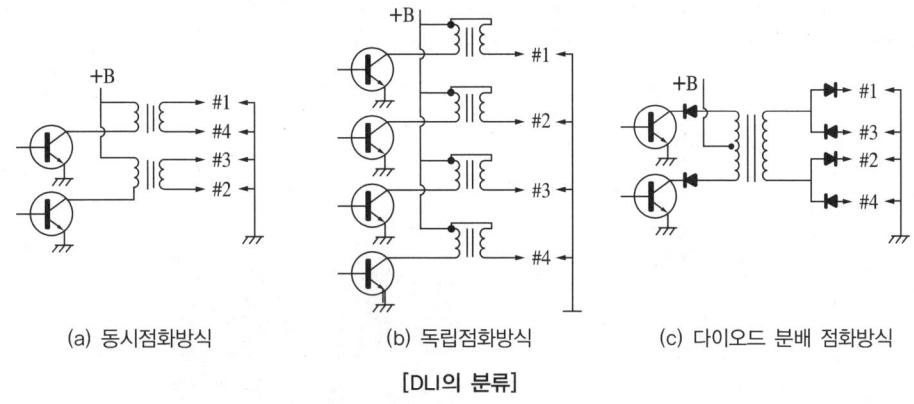

(a) 동시점화방식   (b) 독립점화방식   (c) 다이오드 분배 점화방식

[DLI의 분류]

DLI는 다음과 같은 장점이 있다.
① 배전기에서 누전이 없다.
② 배전기의 로터와 캡 사이의 고전압 에너지 손실이 없다.
③ 배전기 캡에서 발생하는 전파 잡음이 없다.
④ 점화 진각 폭에 제한이 없다.
⑤ 고전압의 출력이 감소되어도 방전 유효에너지 감소가 없다.
⑥ 내구성이 크다.
⑦ 전파 방해가 없어 다른 전자 제어장치에도 유리하다.

(3) 동시 점화방식

DLI 동시 점화방식은 2개의 실린더에 1개의 점화코일을 이용하여 압축 상사점과 배기 상사점에서 동시에 점화시키는 장치이다. 즉 1번 실린더와 4번 실린더에 동시 점화할 경우 1번 실린더는 압축 상사점이기 때문에 연소가 이루어지지만, 4번 실린더는 배기 상사점에 있기 때문에 무효 방전이 된다. 이러한 DLI의 동시점화방식은 다음과 같은 특징이 있다.

① 배전기에 의한 배전 누전이 없다.
② 배전기가 없기 때문에 로터와 접지전극 사이의 고전압 에너지 손실이 없다.
③ 배전기 캡에서 발생하는 전파잡음이 없다.
④ 배전기식은 로터와 접지전극 사이로부터 진각 폭의 제한을 받지만 DLI는 진각폭에 따른 제한이 없다.

이와 같은 DLI장치는 배전기 방식에 비해 배전기 캡과 로터 등의 고전압 배전 부품이 없기 때문에 에너지 손실을 줄일 수 있다. 따라서 배전기식의 에너지 손실량만큼 고전압 출력을 작게 하여도 방전유효 에너지는 감소되지 않는 장점이 있으며 내구성, 신뢰성, 전파방해가 없기 때문에 자동차의 다른 전자제어 장치에도 유리하다.

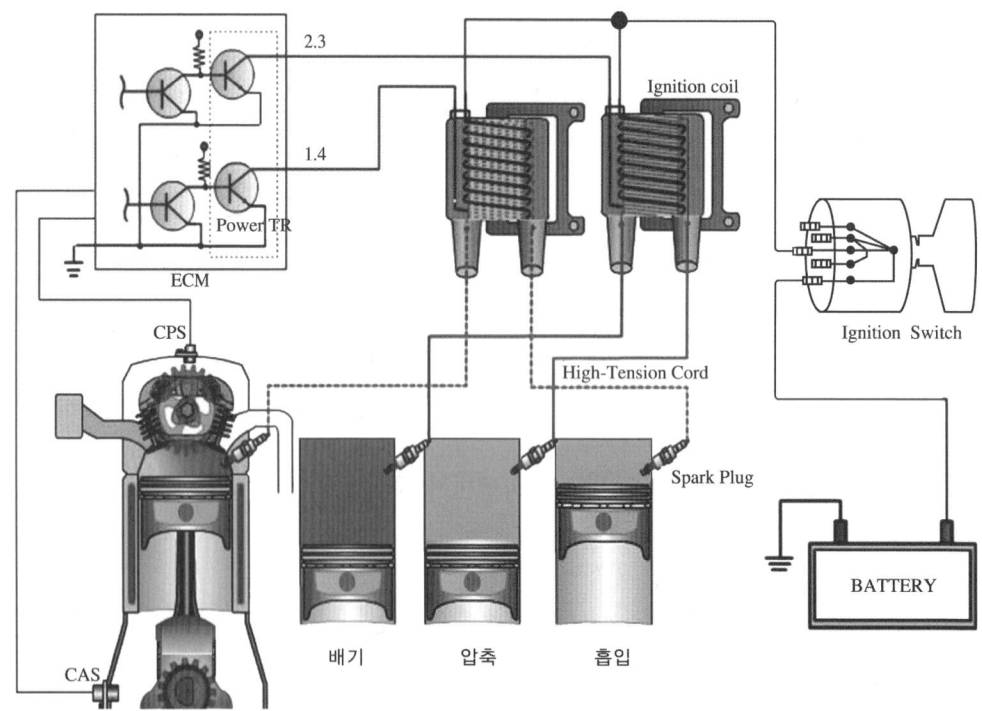

[DLI 점화 회로(동시 점화방식)]

(4) 독립 점화방식

이 방식은 각 실린더마다 하나의 코일과 하나의 스파크 플러그 방식에 의해 직접 점화하는 장치이며, 이 점화방식도 동시점화의 특징과 같고, 특징이 추가된다.
① 중심고압 케이블과 플러그 고압 케이블이 없기 때문에 점화에너지의 손실이 거의 없다.
② 각 실린더별로 점화시기의 제어가 가능하기 때문에 연소 조절이 아주 쉽다.
③ 탑재성 자유도가 향상된다.
④ 점화 진각 범위에 제한이 없다.
⑤ 보수유지가 용이하고 신뢰성이 높다.
⑥ 전파 및 소음이 저감된다.

(5) 동시 점화방식(다이오드 분배)

다이오드 분배식 점화방식의 경우에는 고압전류의 방향을 다이오드에 의해 제어하는 방식을 말한다. 즉 제어장치부의 컬렉터 측과 코일로부터의 각 기통부에 고압의 다이오드를 내장하여 전류의 방향을 다이오드로 제어하여 각 전극에 고압을 배분하는 점화방식이다.

다음은 점화장치의 형식별 특징을 나타낸다.

접점식	무접점식	전자제어식
• 고속에서 채터링 현상으로 인한 부조 현상 • 스파크 발생으로 인한 포인트 훼손으로 잦은 간극 조정 • 원심 진각장치의 비정상적인 동작으로 인한 기관성능의 부조화 • 엔진상태에 따른 적절한 점화시기 부여 불가능	• 고속 저속에서 안정 • 간극조정 불가능(단, 초기 조정은 필요) • 원심 진각장치의 비정상적인 동작으로 인한 기관성능의 부조화 • 엔진상태에 따른 적절한 점화시기 부여 불가능	• 고속, 저속 성능의 탁월한 안정성 • 조정이 불필요 • 각종 진각장치가 컴퓨터에 의하여 자동으로 진각됨 • 엔진의 상태를 항상 감지하여 최적의 점화시기를 자동적으로 조정

CHAPTER 07 전자제어 엔진시스템

전자제어 엔진시스템은 출력향상 및 유해배기가스 저감을 위해 개발된 장치로서 연료를 연소실 내 직접분사하는 연소실 내 직접 분사방식(GDI)과 흡기다기관 내 연료를 분사하는 흡기다기관 분사방식(MPI, SPI)이 있다.

전자제어 연료분사방식은 엔진에 설치되어 있는 각종의 센서에 의해 엔진의 상태를 전기적 신호로 출력하고 이 신호를 입력받은 ECU(Electronic Control Unit)는 최적의 엔진상태를 유지하기 위한 연료의 양을 결정한 후 인젝터를 통해 연료를 공급하며 연료 분사량, 연료 분사시기, 점화시기, 공회전 속도제어 등의 다양한 제어를 함께하는 시스템이 적용되고 있다.

1 전자제어시스템의 분류

엔진 내 흡입되는 공기량을 측정하는 것은 정확한 공연비를 형성하기 위한 매우 중요한 요소 중 하나이다. 따라서 전자제어 엔진시스템을 분류하는 방법 중에는 흡입 공기량의 측정방법에 따라 분류하기도 한다.

흡입 공기량에 의한 엔진의 분류는 엔진 내 흡입되는 공기량을 어떤 방식으로 측정하느냐에 따라 여러 가지로 세분화할 수 있으며 크게 K-제트로닉, D-제트로닉, L-제트로닉으로 분류한다.

(1) K-제트로닉

K-제트로닉은 기계식으로 엔진 내 흡입되는 공기량을 감지한 후 흡입공기량에 따른 연료분사량을 연료분배기에 의해 인젝터를 통하여 연료를 연속적으로 분사하는 장치이다.

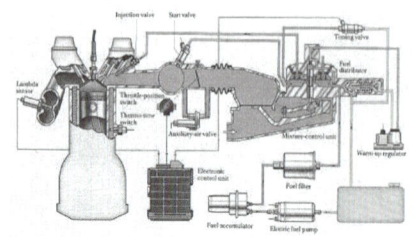 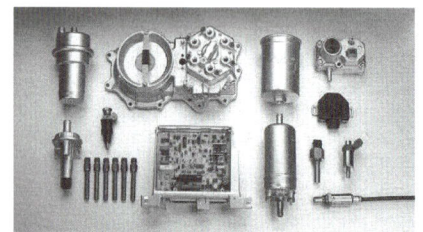

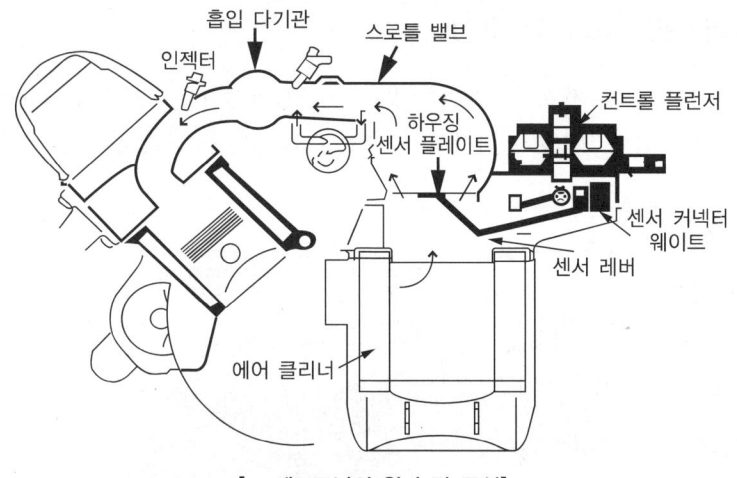

[K-제트로닉의 원리 및 구성]

(2) D-제트로닉

흡기다기관의 진공압력을 측정할 수 있는 센서를 통하여 진공도를 전기적 신호로 변환하여 ECU로 입력함으로써 그 신호를 근거로 ECU는 엔진 내 흡입되는 공기량을 간접계측하여 엔진에서 분사되는 연료량을 결정한다.

현재 D-제트로닉 방식에서 흡기다기관 내의 진공도를 측정하는 센서로는 맵센서(Manifold Absolute Pressure Sensor)를 많이 사용하고 있다.

(3) L-제트로닉

L-제트로닉은 D-제트로닉과 같이 흡기다기관의 진공도로 흡입되는 공기량을 간접적으로 측정하는 것이 아니라 흡입공기 통로상에 공기유량센서를 설치하여 이때 통과한 공기량을 검출하여 전기적 신호로 변환한 후 ECU로 입력하여 이 신호를 근거로 엔진에 분사되는 연료 분사량을 결정하는 방식을 L-제트로닉이라 한다.

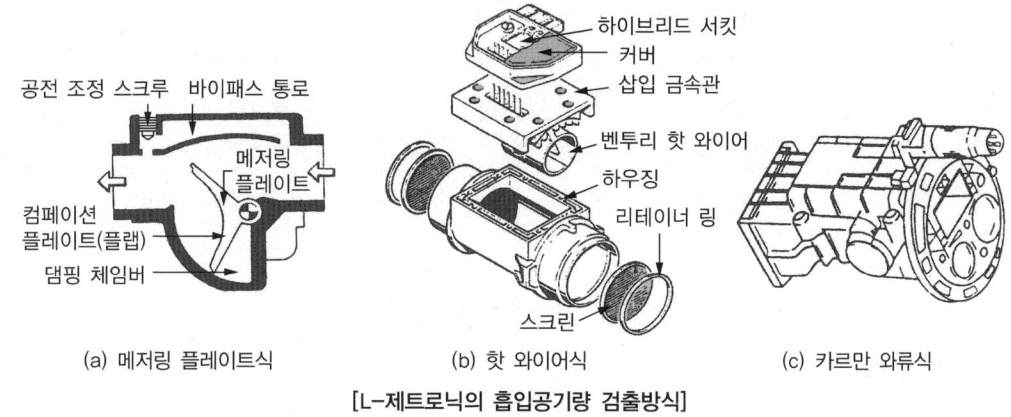

(a) 메저링 플레이트식   (b) 핫 와이어식   (c) 카르만 와류식

[L-제트로닉의 흡입공기량 검출방식]

2 전자제어기관 시스템의 구성

엔진 전자제어시스템은 센서 및 스위치(입력부), ECU(제어부), 액추에이터(동작부)로 구분되며 엔진까지 포함한 전체 시스템을 다루어야 한다. 다음 그림은 엔진 전자제어시스템의 구성도이다.

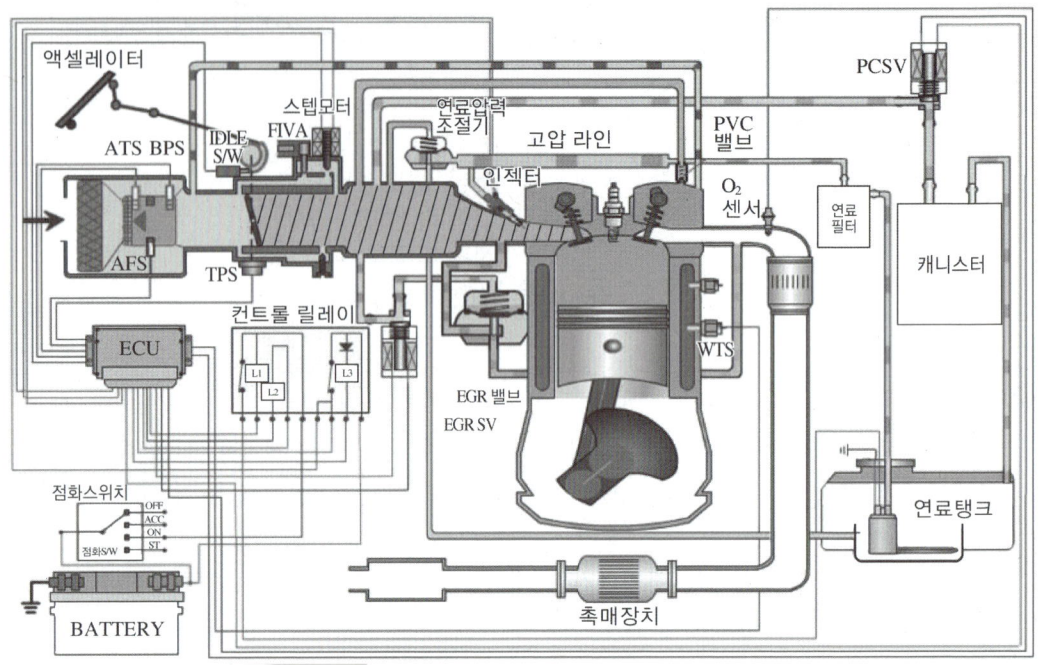

[엔진 전자제어시스템 구성도]

전자제어회로의 구성은 마이크로컴퓨터, 전원부, 입력처리회로, 출력처리회로 등으로 구성된다.

[전자제어회로의 구성]

3 센서(Sensor)

센서는 압력, 온도, 변위 등 측정된 물리량을 마이크로컴퓨터나 전기·전자 회로에서 다루기 쉬운 형태의 전기신호로 변환시키는 역할을 한다. 특히 자동차에 사용되고 있는 센서는 그 신호 형태 및 특성 자체가 광범위하며, 전기적으로도 서로 다른 특성을 보이고 있다. 따라서 0~5V 범위의 전압만을 다루는 마이크로컴퓨터로부터 센서 신호를 받아 처리하기 위해서는 별도의 회로가 필요하며 이 기능을 하는 것이 입력처리회로이다.

(1) 센서의 종류와 기능

① 스로틀밸브 개도 센서(Throttle Position Sensor) : 스로틀밸브 개도 위치 검출(액셀러레이터 페달을 밟은 정도)
② MAP 센서(Manifolld Absolute Pressure Sensor) : 흡입 공기량 계측(간접)
③ 핫 필름 타입 공기 유량 센서(Hot Film Air Flow Sensor) : 흡입 공기량 계측(직접)
④ 냉각수온 센서(Water Temperature Sensor) : 엔진의 냉각수 온도계측
⑤ 흡입공기 온도 센서(Air Temperature Sensor) : 흡입 공기 온도계측
⑥ 산소 센서(O_2 Sensor) : 배기가스 중의 산소 농도계측
⑦ 크랭크 위치 센서(Crank Position Sensor/Hall Sensor) : 엔진회전수와 1번 실린더 피스톤 위치 검출
⑧ 차속 센서(Vehicle Speed Sensor) : 차속검출
⑨ 노크 센서(Knock Sensor) : 노킹(Knocking) 발생 유무 판단

(2) 스로틀밸브 개도 센서(TPS ; Throttle Position Sensor)

TPS는 스로틀밸브 개도, 물리량으로는 각도의 변위를 전기 저항의 변화로 바꾸어 주는 센서이다. 즉, 운전자가 액셀러레이터 페달을 밟은 양을 감지하는 센서이다. ECU는 TPS를 통해 운전자의 가속 또는 감속 상태를 판단할 수 있다.

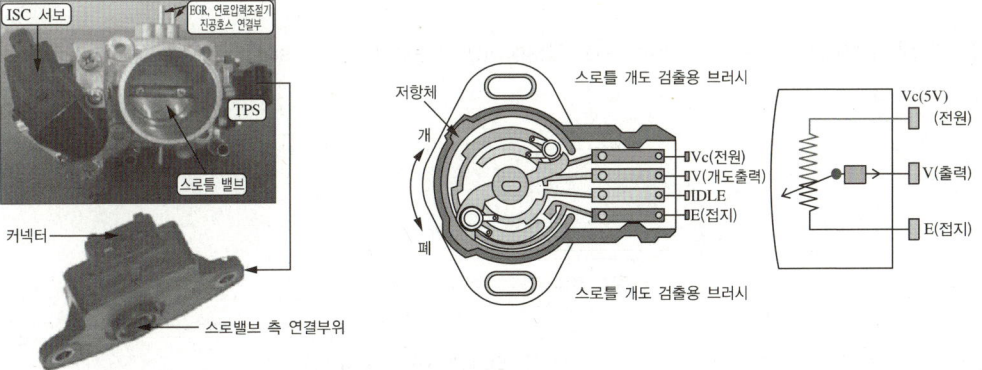

[TPS 구조 및 파형]

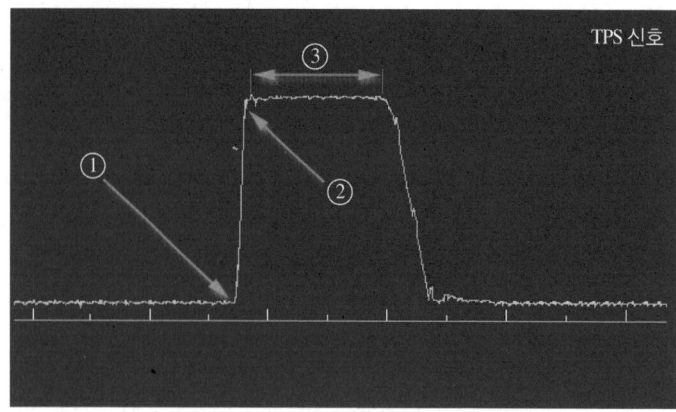

① 공전구간 0.48~0.52V ② 가속구간
③ 최대열림 유지구간 4.95V

[TPS 구조 및 파형]

① 공회전 상태 : 0.48~0.52V
② 급 가속시 : 4.3V~4.95V(가속 속도에 따라 파형의 기울기가 달라짐)
③ 가속 상태 : 스로틀밸브가 완전히 열려있는 상태

　스로틀밸브의 개도량을 전압으로(200mV~5,000mV) 변환시켜 ECU로 보내주는 역할을 한다. ECU는 이 신호에 의해 엔진의 부하량과 운전자의 의지를 알게 되며, 흡입공기량을 계측하는 보정신호로 사용한다.

　위 그림은 스로틀 바디에 있는 TPS의 구조를 나타낸 것이며 흡기매니폴드 서지탱크 앞에 장착되어 있다. 작동원리는 액셀러레이터 페달에 연동되어 TPS 축이 회전하면 그 회전량은 저항의 변화량으로 변환되는 포텐션 미터이다. 그러나 ECU 내에 있는 마이컴은 저항값의 변화를 바로 정보로 인식하지 못하기 때문에 TPS에 전원을 공급하여 전압값으로 바꾸고 A/D(Analog to Digital)로 변환시킨 디지털 정보를 입력으로 받는다.

　TPS의 출력 특성은 위와 같이 스로틀밸브의 개도가 커짐에 따라 5V에 가까워지고 반대로 스로틀밸브가 닫혀 있을 때 Idle 접점은 On되어 약 0.5V가 된다.

(3) 맵센서(MAP Sensor ; Manifold Absolute Pressure Sensor)

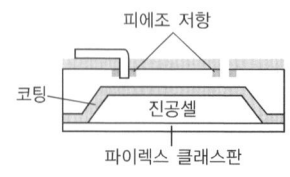 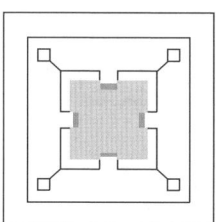

[MAP Sensor 구조 및 파형]

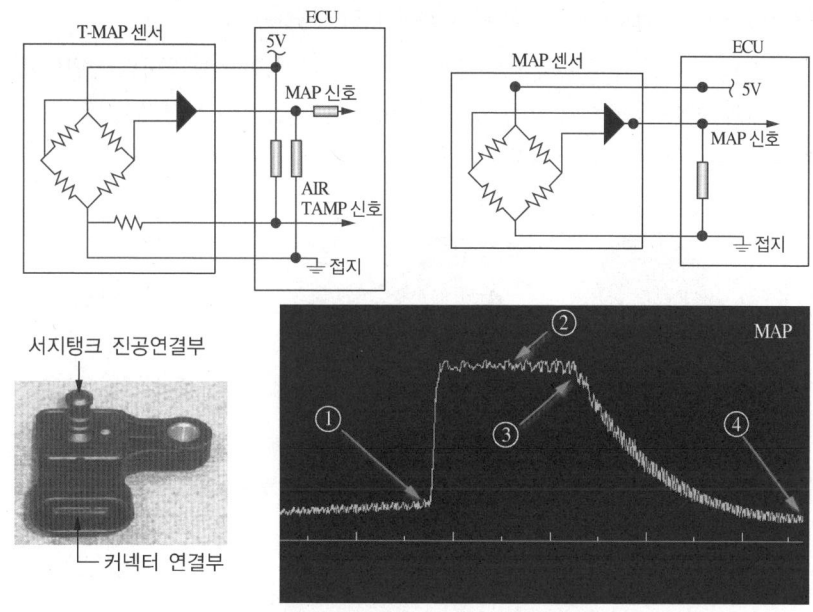

① 공회전시 0.8~1V ② 최대가속 유지구간(4.9~5V)
③ 감속구간   ④ 공전구간

[MAP Sensor 구조 및 파형]

① 공기흡입 시작 : 1V 이하
② 흡입 맥동 파형 : 흡입되는 공기의 맥동이 나타난다(밸브 서징현상 등에 의해 파형증가). 약 5V의 전압이 출력되며 대기압에 가깝다.
③ 스로틀밸브 닫힘 : 감속 속도에 따라 파형 변화
④ 공회전상태 : 0.5V 이하

MAP 센서는 흡입매니폴드의 압력변화를 전압으로 변화시켜 ECU로 보낸다. 즉, 급가속 시에는 매니폴드 내의 압력이 대기압과 동등한 압력으로 상승하게 되므로 MAP 센서의 출력전압은 5V로 높아지고, 급감속 시에는 매니폴드 내의 압력이 급격히 떨어지므로 MAP 센서의 출력값은 낮아지게 된다. ECU는 이 신호에 의해서 엔진의 부하상태를 판단할 수 있고, 흡입공기량을 간접 계측할 수 있으므로 연료분사 시간을 결정하는 주 신호로 사용한다.

위 그림의 실리콘 다이어프램의 양단에 한쪽은 대기압, 한쪽은 흡기매니폴드 서지탱크 내의 진공압력이 연결된다. 그리고 엔진이 작동하게 되면 실린더 내의 부압이 형성되고 대기압은 일정하기 때문에 압력차가 발생하며 MAP 센서는 이와 같은 압력차를 전압의 차로 변환하는 실리콘 다이어프램의 압전효과를 이용하여 흡입 공기압을 전압의 형태로 변환시키는 것이다. 이 출력 역시 아날로그 형태의 신호이므로 ECU에서는 A/D 변환이 필요하며 출력 특성은 전형적인 1차 선형방정식 $y = ax + b$(y는 전압, b는 압력)를 만족하는 출력이 된다.

(4) 열선식(Hot Wire Type) 또는 열막식(Hot Film Type)

이 방식은 그림과 같이 공기 중에 발열체를 놓으면 공기에 의해 냉각되므로 발열체의 온도가 변화하며, 이 온도의 변화는 공기의 흐름 속도에 비례한다. 이러한 발열체와 공기와의 열전달 현상을 이용한 것이 열선 또는 열막식 공기유량 센서이다.

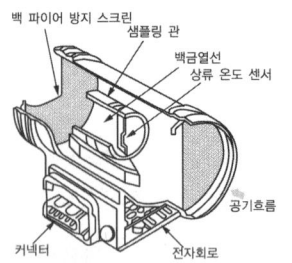
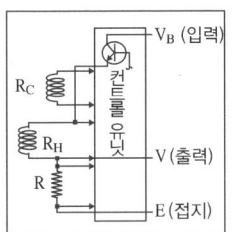

[열선/열막식 구조 및 원리]

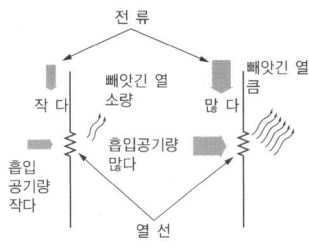

[열선식의 작동 원리]

열선 또는 열막식은 흡입 공기 온도와 열선(약 0.07mm의 백금선) 또는 열막과의 온도 차이를 일정하게 유지하도록 하이브리드 IC가 제어한다. 따라서 흡입 공기량의 출력은 공기의 밀도 변화에도 상응될 수 있으므로 온도나 압력에 의한 컴퓨터 보정이 필요 없으며 작동은 다음과 같다. 통과 공기 유량이 증가하면 열선 또는 열막이 냉각되어 저항값이 감소하므로 제어회로에서는 즉시 전류량을 증가시키며, 이 전류의 증가는 열선 또는 열막의 온도가 원래의 설정온도(약 100℃)가 될 때까지 계속된다.

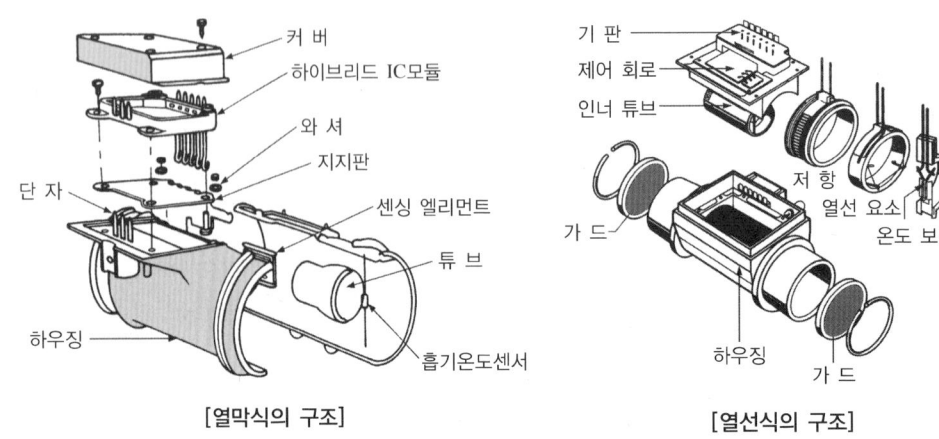

[열막식의 구조]   [열선식의 구조]

따라서 ECU는 이 전류의 증감을 감지하여 흡입 공기량을 계측한다. 그리고 질량 유량에 대응하는 출력을 직접 얻을 수 있기 때문에 보정 등의 뒤처리가 필요 없다. 열선식은 엔진이 흡입하는 공기 질량을 직접 계측하므로 공기 밀도의 변화와는 관계없이 정확한 계측을 할 수 있으며, 다음과 같은 장점이 있다.
① 공기 질량을 정확하게 계측할 수 있다.
② 공기 질량 감지 부분의 응답성이 빠르다.
③ 대기 압력 변화에 따른 오차가 없다.
④ 맥동 오차가 없다.
⑤ 흡입 공기의 온도가 변화하여도 측정상의 오차가 없다.

(5) 냉각수 온도 센서(WTS ; Water Temperature Sensor)

냉각수 온도 센서(WTS)는 냉각수의 온도를 전압으로 변환시키는 센서로서 냉각수가 흐르는 실린더 블록의 냉각수 통로에 서미스터 부분이 냉각수와 접촉할 수 있도록 장착되어 있으며 기관의 냉각수 온도를 측정한다. 또한 부특성 서미스터를 적용하여 온도와 저항이 반비례하는 특성이 있다. 냉각수 온도는 기관의 제어 시 연료보정을 위해 가장 널리 쓰이는 변수이기 때문에 이 냉각수 온도 센서는 측정방법은 간단하지만 매우 중요한 센서이다.

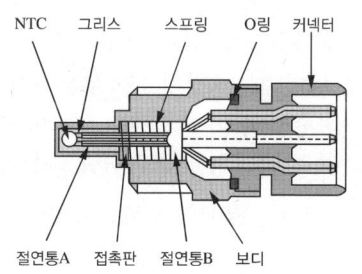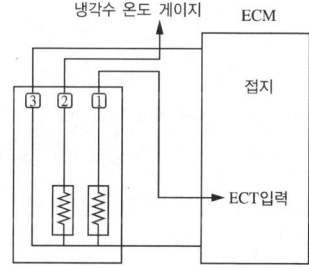

[WTS 구조 및 원리]

(6) 흡기 온도 센서(ATS ; Air Temperature Sensor)

흡기 온도 센서(ATS)는 냉각수 온도 센서(WTS)처럼 실린더에 흡입되는 공기의 온도를 전압으로 변환시키는 센서로서 MAP 센서와 동일한 위치인 서지 탱크 내에 ATS의 서미스터 부분이 흡입 공기와 접촉할 수 있도록 장착되어 있다. ATS와 MAP 센서는 장착 위치가 같고 상호 기능적인 연계성 때문에 최근에는 이 두 센서를 하나의 어셈블리로 만들어 공급하기도 한다.

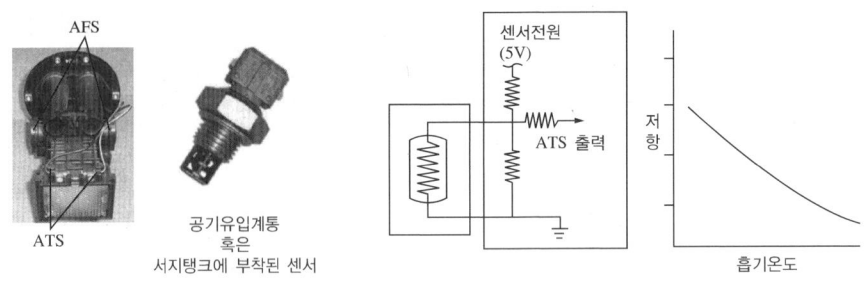

[ATS 구조 및 원리]

온도 센서는 위 그림의 특성 곡선처럼 서미스터가 온도에 따라 저항값이 변화하는 특성을 이용하고 있는데, 서미스터를 구성하는 물질에 따라 측정 가능한 온도 범위와 특성이 달라진다.

위 그림과 같이 온도가 높아지면 저항값이 감소하는 특성을 NTC(Negative Temperature Coefficient)라 하며 그 반대의 경우를 PTC(Positive Temperature Coefficient)라 한다. 엔진에서 사용하는 센서는 NTC 특성을 갖고 있으나 ECU 내부 계산에서는 수온에 해당하는 변수가 최대치일 때 120℃를 나타내는 PTC형 변수를 사용하므로 A/D 변환 후 NTC를 PTC로 바꾸는 선형화 작업이 필요하다.

(7) 산소센서(O_2 Sensor)

O_2 센서는 배기가스 중의 산소의 농도를 측정하여 전압값으로 변환시키는 센서로서 흔히 λ센서라고도 하는데, 그 이유는 공기 과잉률을 나타내는 λ값이 1인 부분에서 센서의 출력 전압이 급격히 변하는 특성을 보이기 때문이다. $\lambda = 1$인 상태가 기준이 되는 이유는 이때 3원 촉매기(TWC ; Three Way Catalyst)의 배기가스 정화율이 가장 좋기 때문에 배기가스의 농도가 이 값 주위로 유지되면 유해한 배기가스 성분을 최대로 줄일 수 있다. ECU의 λ 또는 공연비 피드백 제어의 목적도 크게는 배기가스 저감에 있고, 작게는 O_2 센서의 출력을 $\lambda = 1$로 유지하는 데 있다.

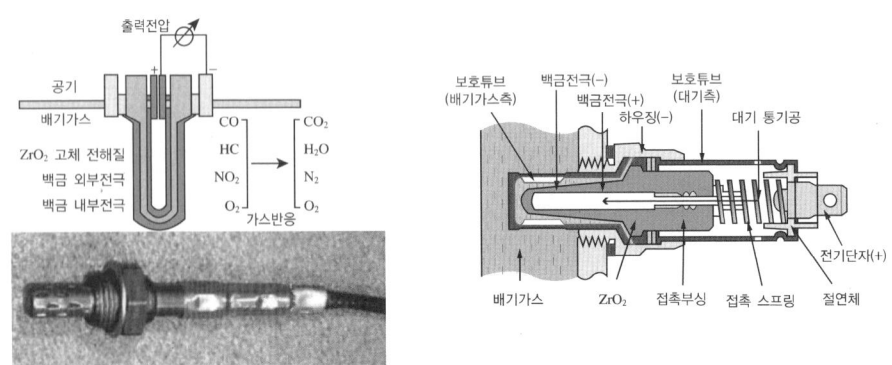

[O_2 Sensor 구조 및 원리]

O₂ 센서는 배기매니폴드와 3원 촉매장치 사이에 센서의 감지부분이 배기가스 중에 노출되도록 장착되어 있다.

출력 특성은 다음의 그림처럼 농후(Rich)와 희박(Lean)의 2가지 상태만을 감지하며 출력 전압의 범위도 다른 센서(0~5V)와는 달리 0~1V의 출력전압을 나타낸다. Rich는 $\lambda < 1$(Air < Fuel ; 전압 1V 부근)인 상태를, Lean은 $\lambda > 1$(Air > Fuel ; 전압 0V 부근)인 상태를 나타내며, 얼마만큼 농후한지 또는 얼마만큼 희박한지에 대한 정보는 알 수 없다.

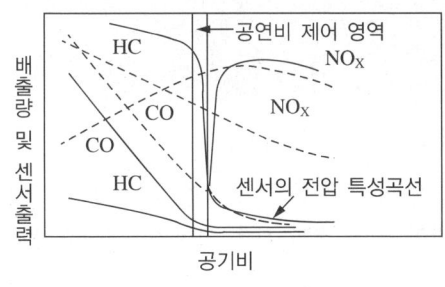 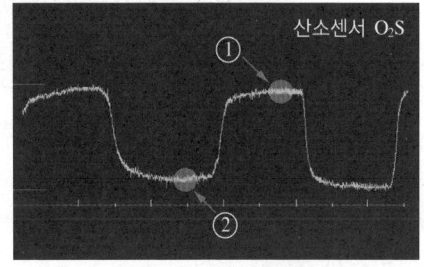

① 공연비 농후구간 약 0.9V 출력
② 공연비 희박구간 약 0.1V 출력

[산소센서파형과 공연비 관계]

① MAX 전압 : 약 1,000mV(1V)
② MIN 전압 : 약 100mV(0.1V)

(8) 크랭크각 센서(CPS ; Crank Position Sensor)

크랭크각 센서는 엔진 회전수와 현재의 피스톤의 위치를 감지하는 센서이다. 엔진 회전수는 ECU에서 가장 중요한 변수이며 신호처리 자체도 상당히 어렵다.

CPS 센서는 마그네틱 픽업(Magnetic Pickup)방식과 홀센서 타입이 대표적이며 마그네틱 타입의 경우 엔진 회전 시 톤 휠과 센서 사이에 발생하는 자력선 변화에 의해 AC 전압을 발생시키는데, 이 AC 전압은 톤 휠과 센서 사이의 간극이 크면 클수록, 엔진회전수가 높으면 높을수록 더 크게 된다. 따라서, 최소 20rpm은 되어야 엔진 회전수를 감지할 수 있는 AC 전압 Level을 얻을 수 있다.

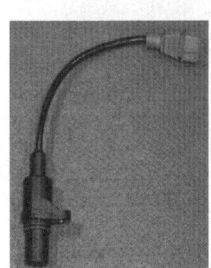 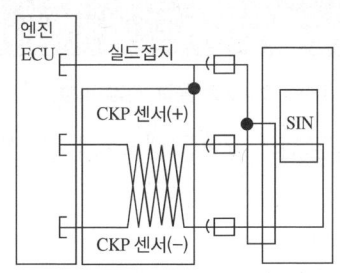 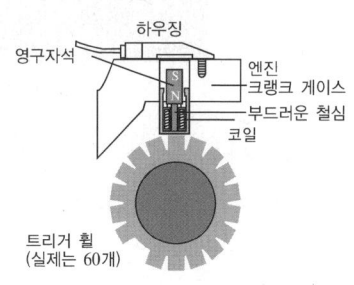

[마그네틱 픽업 방식 구조 및 원리]

CPS 센서는 크랭크축 옆에 장착되는데 그림과 같이 보통 4실린더 기관에는 크랭크각(CA ; Crank Angle) 360°에 60개의 이빨을 가공한 톤 휠을 사용하고, 이 60개 이빨의 기준위치(1번 실린더의 BTDC 114° CA)에 위치한 이빨 2개는 빼고(Missing Tooth) 가공한다. 다음 그림은 센서가 회전할 때 나오는 출력 신호와 ECU 내의 마이컴에서 받아들이는 신호형태를 나타낸 것이다.

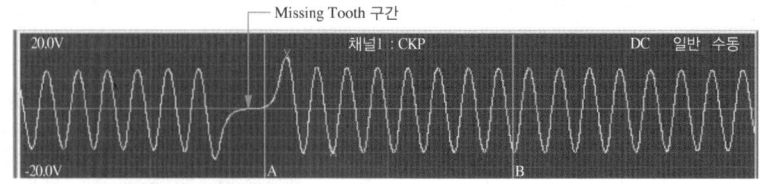

[마그네틱방식 센서 출력 전압 파형]

홀센서 방식은 캠축에 장착되며(크랭크축에도 적용) 캠의 각도로 360°, 즉 크랭크축의 각도로 720° 마다 톤 휠(실제 형상으로는 원통에 Pin을 박아 놓은 것과 같은 형상)이 기준위치(1번 실린더의 BTDC 114° CA)에 있다.

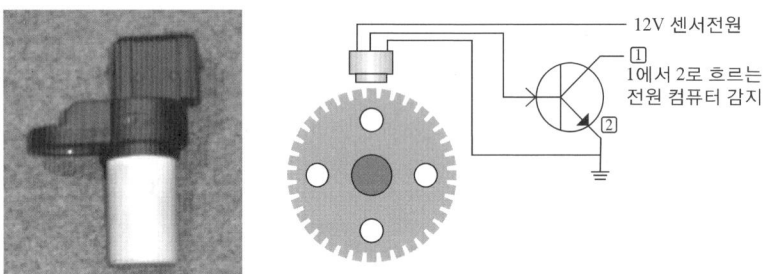

[홀 센서 방식 구조 및 원리]

홀 센서에는 Hall Effect IC가 내장되어 있으며 이 IC에 전류가 흐르는 상태에서 자계를 인가하면 전압이 변하는 원리로 작동된다. 즉, 엔진 회전에 의해 톤 휠도 회전하고 톤 휠이 있는 곳과 없는 곳에서는 간극의 차이가 있으므로 자계도 차이가 있으며 따라서 출력 전압도 다르게 나오게 된다.

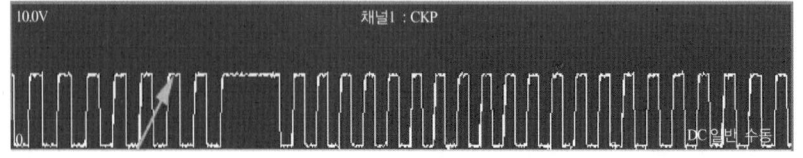

[Hall Sensor 출력 전압 파형]

크랭크 위치 센서와 캠축 위치 센서는 위와 같이 크랭크축과 캠축에 장착되며 다음은 이 두 신호를 이용하여 구동한 파형이다.

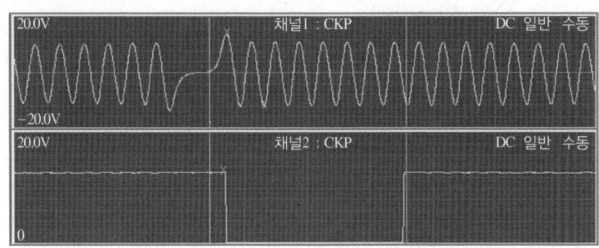

[마그네틱과 홀센서 출력 전압 파형]

- 크랭크 센서 신호(마그네틱 타입)
- 캠축 센서 신호(홀 센서 타입)

한편, 광전식(옵티컬) 센서의 경우는 배전기 안에 발광다이오드와 수광다이오드를 설치하고 배전기 디스크의 회전에 따른 수광다이오드의 신호를 받아 크랭크 위치를 검출하는 센서를 내장하고 있다.

 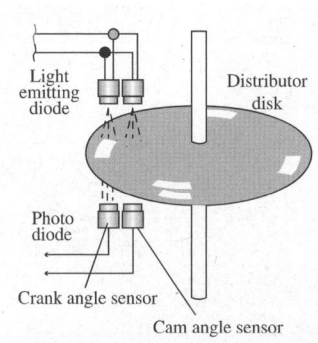 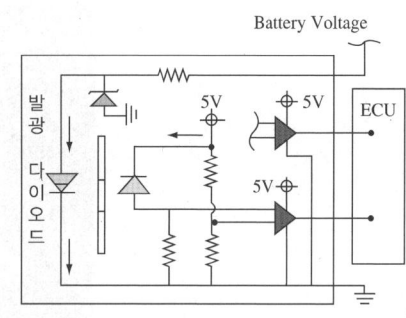

[광전식(옵티컬) 센서 방식 파형]

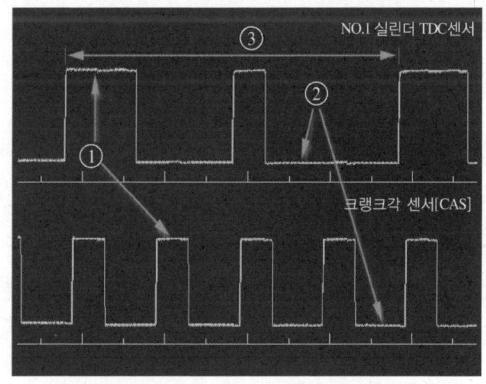

[광전식(옵티컬) 센서 방식 파형 및 구조]

- ① 구간은 포토다이오드에 발광다이오드의 빛이 통하는 순간이며 가/감속 시 펄스의 빠짐이 있는지, 또는 잡음이 있는지 확인한다.
- ② 구간은 슬릿의 막힘에 따라 포토다이오드에 빛이 차단된 순간이며 센서의 신호가 규칙적인지 확인한다.
- ③ 구간은 엔진의 1사이클(크랭크축 2회전)을 의미하며, 기통 판별과 크랭크축의 위치를 판별한다.

(9) 차속 센서(Vehicle Speed Sensor)

차속 센서는 차속을 측정하는 센서로 클러스터 패널에 장착된 리드 스위치 또는 변속기 출력축에 장착된 차속 신호를 측정한다.

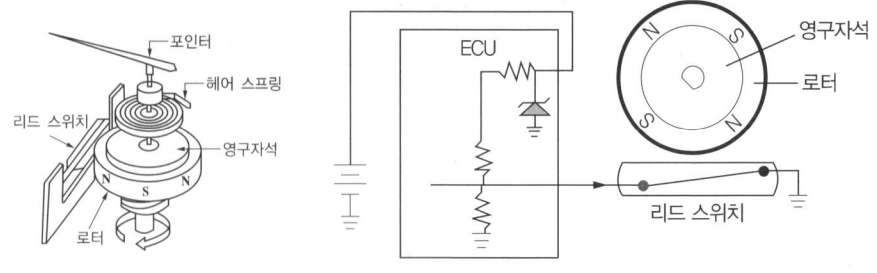

[차속 센서 파형]

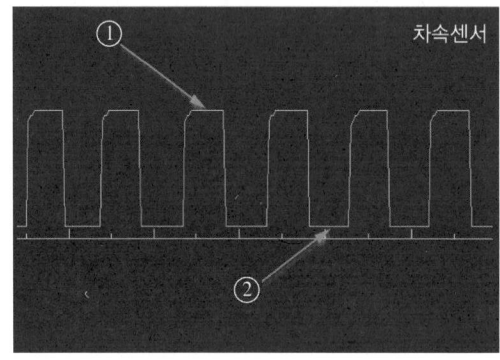

[차속 센서 파형 및 구조]

① 브레이크를 밟아 바퀴가 정지된 상태검사

0.8V 이하 또는 2.5V 이상으로 계속 유지되어야 정상이며, 펄스신호에 노이즈가 있으면 불량 여부를 확인한다.

② 바퀴 회전상태 검사(40km/h 정도로 구동)

㉠ 바퀴가 회전하는 상태에서는 규칙적으로 펄스가 나와야 하며, 펄스의 빠짐이 있어선 안 된다.

㉡ 차속신호는 디지털신호이므로, ①지점이 2.5V 이상, ②지점이 0.8V 이하로 떨어져야 한다.

㉢ 신호가 출력, 비출력일 때는 차속 센서의 중심축을 손으로 돌리면서 구동기어 이상 유무를 점검한다.

(10) 노크 센서(Knock Sensor)

노크 센서는 노킹이 발생하였는지의 유무를 판단하는 센서로 내부에 장착된 압전 소자와 진동판을 이용하여 압력의 변화를 기전력으로 변화시킨다. 엔진의 이상 연소로 인해 노킹이 일어나면 엔진 출력이 떨어지고 심한 경우 피스톤의 손상까지도 유발될 수 있기 때문에 엔진 제어에서는 이 노킹이 발생하였는지의 유무를 판단하고 점화시기를 지각시켜 엔진 출력을 향상시키고 엔진을 보호하는 노크 제어를 하고 있다.

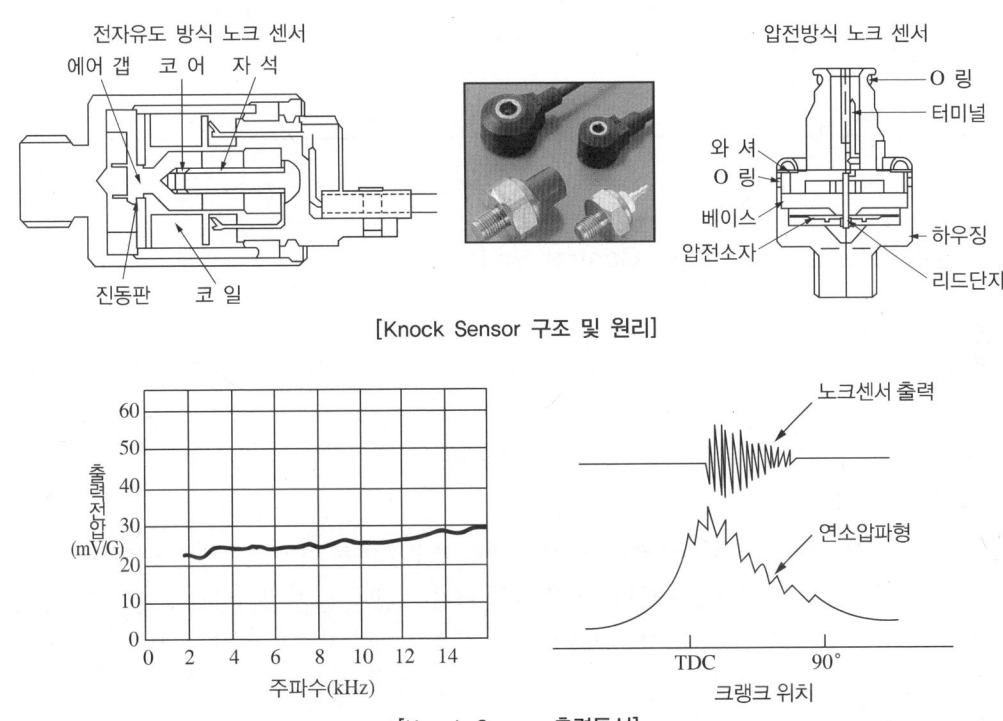

[Knock Sensor 구조 및 원리]

[Knock Sensor 출력특성]

노크 센싱을 위한 압력 측정은 Accelerometer를 실린더 내부에 장착하여 직접 실린더 내압을 측정하는 방법도 있지만 대부분의 상용화된 엔진 제어시스템에서는 실린더 블록에 장착하여 노킹을 감지하는 저렴한 공진형 노크 센서를 사용하고 있다.

공진형 노크 센서는 다음 그림에 나타난 바와 같이 특정 주파수에서만 큰 출력을 나타내는 특성이 있다. 즉, 노킹이 발생했을 때 엔진의 진동 주파수와 동일한 공진 주파수를 갖는 노크 센서를 선정하면 노킹이 발생했을 때에 큰 값의 진폭을 센서 출력에서 얻을 수 있게 된다.

다음 그림은 노킹이 발생하지 않았을 때와 발생했을 때의 출력을 보여주고 있다.

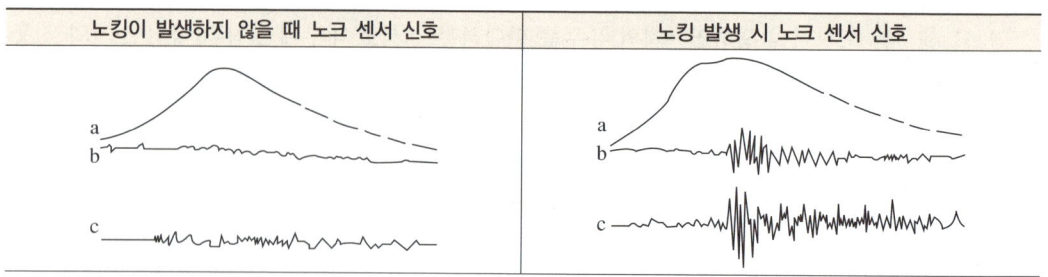

- a : 실린더 압력 신호
- b : 필터링된 실린더 압력 신호
- c : 노크 센서 신호

4 컴퓨터(ECU ; Electronic Control Unit)

EMS(Engine Management System)는 ECU 센서와 스위치 및 액추에이터들로 구성된다. 이 중 센서와 스위치는 입력신호이고 액추에이터는 출력장치이며 이것을 통합 연산 및 제어하는 것이 ECU이다.

(1) 컴퓨터의 기능

컴퓨터는 각종 센서 신호를 기초로 하여 엔진 가동 상태에 따른 연료 분사량을 결정하고, 이 분사량에 따라 인젝터 분사 시간(분사량)을 조절한다. 먼저 엔진의 흡입 공기량과 회전속도로부터 기본 분사 시간을 계측하고, 이것을 각 센서로부터의 신호에 의한 보정을 하여 총 분사 시간(분사량)을 결정하는 일을 한다. 컴퓨터의 구체적인 역할은 다음과 같다.
① 이론 혼합비를 14.7 : 1로 정확히 유지시킨다.
② 유해 배출가스의 배출을 제어한다.
③ 주행 성능을 신속히 해 준다.
④ 연료 소비율 감소 및 엔진의 출력을 향상시킨다.

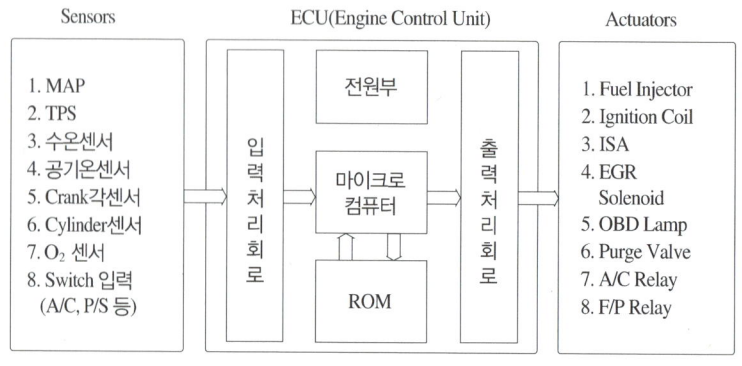

[ECU 제어시스템]

(2) ECU의 구조 및 작용

① ECU의 구조

ECU는 중앙처리장치(CPU), 기억장치(Memory), 입·출력장치(I/O) 등으로 구성되어 있으며, 디지털 제어(Digital Control)와 아날로그 제어(Analog Control)를 수행한다.

② ECU의 작동

㉠ ECU의 기본 작동 : 각 센서로부터의 신호들을 기반으로 연료 소비율, 배기가스 수준, 자동차 작동 등이 최적화되도록 결정한다.

㉡ ECU의 페일 세이프(Fail Safe) 작동 : 페일 세이프 작동의 목적은 모든 조건하에서 자동차의 안전하고 신뢰성 있는 작동을 보장하기 위하여 결함이 발생하였을 때 엔진 가동에 필요한 케이블을 연결하거나 또는 정보 값을 바이패스시켜 대체 값에 의한 엔진 가동이 이루어지도록 한다. 예를 들면 수온 센서에 결함이 있으면 ECU는 흡입공기 온도 센서의 신호에 따라 대체 값을 적용하여 연산한다.

㉢ 센서 입력 신호의 종류

- 센서 입력 신호에는 아날로그 신호와 디지털 신호 2가지가 있다.
- 아날로그 신호는 시간에 대하여 연속적으로 변화한다.
- 디지털 신호는 시간에 대하여 간헐적으로 변화하는 신호이다. 디지털 회로에서 일반적으로 2가지 값의 디지털 신호를 취급한다. 즉 전압을 높고 낮음으로 나누어 이것을 디지털 변수 1과 0(또는 HIGH와 LOW)으로 대응시키며, 신호가 다소 변동되어도 1과 0밖에는 구별하지 않으므로 잡음에 강한 회로가 된다.

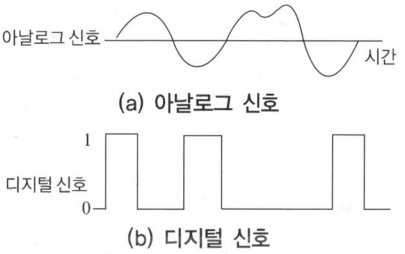

(a) 아날로그 신호

(b) 디지털 신호

- 아날로그 제어회로와 디지털 제어회로의 비교 : 아날로그 입력 신호 그대로는 ECU에서 처리할 수 없으므로 A/D 컨버터에서 아날로그 신호를 디지털 신호로 바꾸어 ECU로 보낸다.

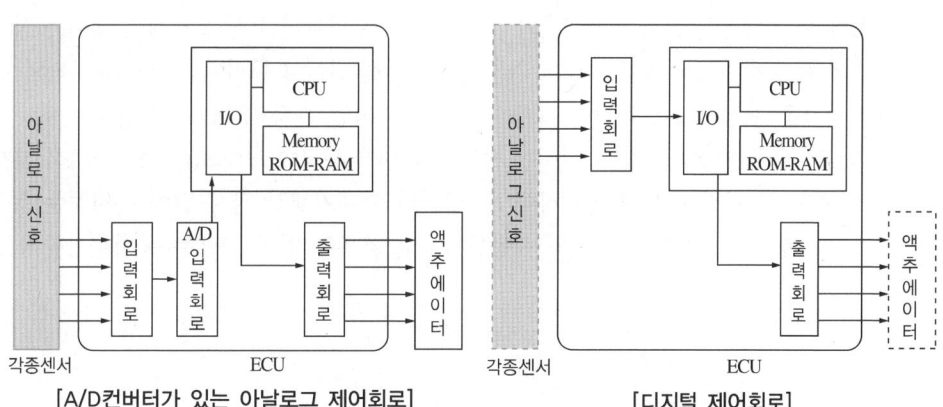

[A/D컨버터가 있는 아날로그 제어회로]   [디지털 제어회로]

㉣ ECU의 작용
- RAM(Random Access Memory, 일시 기억장치) : RAM은 임의의 기억저장장치에 기억되어 있는 데이터를 읽거나 기억시킬 수 있다. 그러나 RAM은 전원이 차단되면 기억된 데이터가 소멸되므로 처리 도중에 나타나는 일시적인 데이터의 기억저장에 사용된다.
- ROM(Read Only Memory, 영구 기억장치) : ROM은 읽어내기 전문의 메모리이며, 한번 기억시키면 내용을 변경시킬 수 없다. 또 전원이 차단되어도 기억이 소멸되지 않으므로 프로그램 또는 고정 데이터의 저장에 사용된다.
- I/O(Input/Output, 입·출력장치) : I/O는 입력과 출력을 조절하는 장치이며, 입·출력포트라고도 한다. 입·출력포트는 외부 센서들의 신호를 입력하고 중앙처리장치(CPU)의 명령을 액추에이터로 출력시킨다.
- 중앙처리장치(CPU ; Central Processing Unit) : CPU는 데이터의 산술 연산이나 논리 연산을 처리하는 연산부, 기억을 일시 저장해 놓는 장소인 일시 기억부, 프로그램 명령, 해독 등을 하는 제어부로 구성되어 있다.

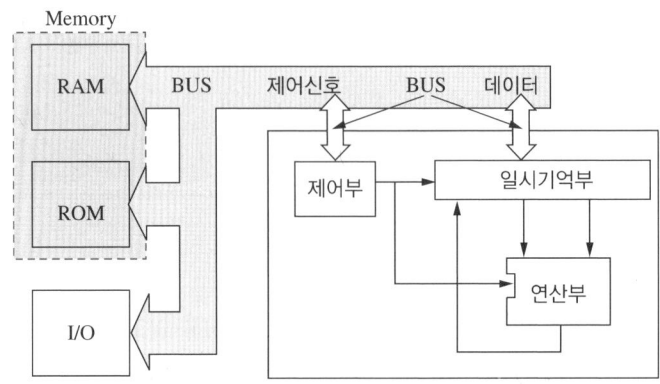

[ECU 전체 작동도]

(3) ECU에 의한 제어

ECU에 의한 제어는 분사시기 제어와 분사량 제어로 나누어진다. 분사시기 제어는 점화코일의 점화신호와 흡입 공기량 신호를 자료로 기본 분사시간을 만들고 동시에 각 센서로부터의 신호를 자료로 분사시간을 보정하여 인젝터를 작동시키는 최종적인 분사시간을 결정한다.

① **연료 분사시기 제어** : 연료 분사는 모든 실린더가 동시에 크랭크축 1회전에 1회 분사하는 동시분사방식과, 점화 순서에 동기하여 그 실린더의 배기행정 끝 무렵에 분사하는 동기분사방식이 있다. 동기분사방식도 엔진을 시동할 때 및 고부하 영역 등에는 동시분사방식으로 전환하여 분사한다.

㉠ 동기분사(독립분사 또는 순차분사) : 이 분사방식은 1사이클에 1실린더만 1회 점화시기에 동기하여 배기행정 끝 무렵에 분사한다. 즉 각 실린더의 배기행정에서 인젝터를 구동시키며, 크랭크각 센서의 신호에 동기하여 구동된다. 1번 실린더 상사점 신호는 동기분사의 기준 신호로 이 신호를 검출한 곳에서 크랭크각 센서의 신호와 동기하여 분사가 시작된다.

㉡ 그룹(Group)분사 : 이 분사방식은 각 실린더에 그룹(제1번과 제3번 실린더, 제2번과 제4번 실린더)을 지어 1회 분사할 때 2실린더씩 짝을 지어 분사한다.

㉢ 동시분사(또는 비동기분사) : 이 분사방식은 1회에 모든 실린더에 분사한다. 즉, 전 실린더에 동시에 1사이클(크랭크축 1회전에 1회 분사)당 2회 분사한다. 동시분사는 수온 센서, 흡기 온도 센서, 스로틀 위치 센서 등 각종 센서에서 검출한 신호를 ECU로 입력시키면 ECU는 이 신호를 기초로 하여 인젝터 제어 신호를 보냄과 동시에 연료를 분사시킨다.

② **연료 분사량 제어** : 분사량 제어는 점화코일의 (-)단자 신호 또는 크랭크각 센서의 신호를 기초로 회전속도 신호를 검출하여 이 신호와 흡입 공기량 신호에 의해 작동시킨다.

㉠ 기본 분사량 제어 : 인젝터는 크랭크각 센서의 출력 신호와 공기 유량 센서의 출력 등을 계측한 ECU의 신호에 의해 인젝터가 구동되며, 분사 횟수는 크랭크각 센서의 신호 및 흡입 공기량에 비례한다.

㉡ 엔진을 크랭킹 할 때 분사량 제어 : 엔진을 크랭킹 할 때는 시동 성능을 향상시키기 위해 크랭킹 신호(점화스위치 St, 크랭크각 센서, 점화코일 1차 전류)와 수온 센서의 신호에 의해 연료 분사량을 증량시킨다.

㉢ 엔진 시동 후 분사량 제어 : 엔진을 시동한 직후에는 공전속도를 안정시키기 위해 시동 후에도 일정한 시간 동안 연료를 증량시킨다. 증량비는 크랭킹할 때 최대가 되고, 엔진 시동 후 시간이 흐름에 따라 점차 감소하며, 증량 지속 시간은 냉각수 온도에 따라서 다르다.

㉣ 냉각수 온도에 따른 제어 : 냉각수 온도 80℃를 기준(증량비 1)으로 하여 그 이하의 온도에서는 분사량을 증량시키고, 그 이상에서는 기본 분사량으로 분사한다.

㉤ 흡기 온도에 따른 제어 : 흡기 온도 20℃(증량비 1)를 기준으로 그 이하의 온도에서는 분사량을 증량시키고, 그 이상의 온도에서는 분사량을 감소시킨다.

㉥ 축전지 전압에 따른 제어 : 인젝터의 분사량은 ECU에서 보내는 분사신호의 시간에 의해 결정되므로 분사시간이 일정하여도 축전지 전압이 낮은 경우에는 인젝터의 기계적 작동이 지연되어 실제 분사시간이 짧아진다. 즉, 축전지 전압이 낮아질 경우에는 ECU는 분사신호의 시간을 연장하여 실제 분사량이 변화하지 않도록 한다.

㉦ 가속할 때 분사량 제어 : 엔진이 냉각된 상태에서 가속시키면 일시적으로 공연비가 희박해지는 현상을 방지하기 위해 냉각수 온도에 따라서 분사량이 증가하는데 공전스위치가 ON에서 OFF로 바뀌는 순간부터 시작되며, 증량비와 증량 지속시간은 냉각수 온도에 따라서 결정된다. 가속하는 순간에 최대의 증량비가 얻어지고, 시간이 경과함에 따라 증량비가 낮아진다.

◎ 엔진의 출력을 증가할 때 분사량 제어 : 엔진의 고부하 영역에서 운전 성능을 향상시키기 위하여 스로틀밸브가 규정값 이상 열렸을 때 분사량을 증량시킨다. 엔진의 출력을 증가할 때 분사량 증량은 냉각수 온도와는 관계없으며, 스로틀 포지션 센서의 신호에 따라서 조절된다. 즉, 스로틀 포지션 센서의 파워 접점(Power Point)이 ON상태이거나 출력 전압이 높은 경우에는 연료 분사량을 증량시킨다.

ⓩ 감속할 때 연료분사차단(대시포트 제어) : 스로틀밸브가 닫혀 공전 스위치가 ON이 되었을 때 엔진 회전속도가 규정값일 경우에는 연료 분사를 일시 차단한다. 이것은 연료 절감과 탄화수소(HC) 과다 발생 및 촉매 컨버터의 과열을 방지하기 위함이다.

③ 피드백 제어(Feedback Control) : 이 제어는 촉매 컨버터가 가장 양호한 정화 능력을 발휘하는데 필요한 혼합비인 이론 혼합비(14.7 : 1) 부근으로 정확히 유지하여야 한다. 이를 위해서 배기다기관에 설치한 산소센서로 배기가스 중의 산소 농도를 검출하고 이것을 ECU로 피드백시켜 연료 분사량을 증감하여 항상 이론 혼합비가 되도록 분사량을 제어한다. 피드백 보정은 운전성, 안전성을 확보하기 위해 다음과 같은 경우에는 제어를 정지한다.

㉠ 냉각수 온도가 낮을 때
㉡ 엔진을 시동할 때
㉢ 엔진 시동 후 분사량을 증가시킬 때
㉣ 엔진의 출력을 증대시킬 때
㉤ 연료 공급을 차단할 때(희박 또는 농후 신호가 길게 지속될 때)

④ 점화시기 제어 : 점화시기 제어는 파워 트랜지스터로 ECU에서 공급되는 신호에 의해 점화코일 1차 전류를 ON, OFF시켜 점화시기를 제어한다.

⑤ 연료펌프 제어 : 점화스위치가 ST위치에 놓이면 축전지 전류는 컨트롤 릴레이를 통하여 연료펌프로 흐르게 된다. 엔진 작동 중에는 ECU가 연료펌프 구동 트랜지스터 베이스를 ON으로 유지하여 컨트롤 릴레이 코일을 여자시켜 축전지 전원이 연료펌프로 공급된다.

⑥ 공전속도 제어 : 공전속도 제어는 각 센서의 신호를 기초로 ECU에서 ISC-서보의 구동 신호를 공급하여 ISC-서보가 스로틀밸브의 열림량을 제어한다.

㉠ 엔진을 시동할 때 제어 : 이때 스로틀밸브의 열림은 냉각수 온도에 따라 엔진을 시동하기에 가장 적합한 위치로 제어한다.

㉡ 패스트 아이들 제어(Fast Idle Control) : 이때 공전 스위치가 ON되면 엔진 회전 속도는 냉각수 온도에 따라 결정된 회전속도로 제어되며, 공전 스위치가 OFF되면 ISC-서보가 작동하여 스로틀밸브를 냉각수 온도에 따라 규정된 위치로 제어한다.

㉢ 공전속도 제어 : 이때는 에어컨 스위치가 ON이 되거나 자동 변속기가 N레인지에서 D레인지로 변속될 때 등 부하에 따라 공전속도를 ECU의 신호에 의해 ISC-서보를 확장 위치로 회전시켜 규정 회전속도까지 증가시킨다. 또 동력 조향장치의 오일 압력 스위치가 ON이 되어도 마찬가지로 증속시킨다.

㉣ 대시 포트 제어(Dash Port Control) : 이 장치는 엔진을 감속할 때 연료 공급을 일시 차단시킴과 동시에 충격을 방지하기 위해서 감속 조건에 따라 대시 포트를 제어한다.

㉤ 에어컨 릴레이 제어 : 엔진이 공회전할 때 에어컨 스위치가 ON되면 ISC-서보가 작동하여 엔진의 회전속도를 증가시킨다. 그러나 엔진의 회전속도가 실제로 증가되기 전에 약간의 지연이 있다. 이렇게 지연되는 동안에 에어컨 부하에서 엔진 회전속도를 적절히 유지시키기 위해 ECU는 파워 트랜지스터를 약 0.5초 동안 OFF시켜 에어컨 릴레이 회로를 개방한다. 이에 따라 에어컨 스위치가 ON이 되더라도 에어컨 압축기가 즉시 구동되지 않으므로 엔진 회전속도 강하가 일어나지 않는다.

(4) 자기 진단 기능

ECU는 엔진의 여러 부분에 입·출력 신호를 보내게 되는데 비정상적인 신호가 처음 보내질 때부터 특정 시간 이상이 지나면 ECU는 비정상이 발생한 것으로 판단하고 고장 코드를 기억한 후 신호를 자기진단 출력 단자와 계기판의 엔진 점검 램프로 보낸다.

점화스위치를 ON으로 한 후 15초가 경과하면 ECU에 기억된 내용이 계기판에 엔진 점검 램프로 출력되며, 정상이면 점화스위치를 ON으로 한 후 5초 후에 점검 램프가 소등된다. 이때 비정상(고장)인 항목이 있으면 점화스위치를 ON으로 한 후 15초 동안 점등되어 있다가 3초 동안 소등된 후 고장 코드가 순차적으로 출력된다.

(5) ECU로 입력되는 신호(각종 센서와 신호 장치)

① 공기유량센서(AFS) : 이 센서는 흡입 공기량을 검출하여 ECU로 흡입 공기량 신호를 보내면 ECU는 이 신호를 기초로 하여 기본 연료 분사량을 결정한다.

② 흡기 온도 센서(ATS) : 이 센서는 흡입되는 공기 온도를 ECU로 입력시키면 ECU는 흡기 온도에 따라 필요한 연료 분사량을 조절한다.

③ 수온 센서(WTS, CTS) : 이 센서는 엔진의 냉각수 온도 변화에 따라 저항값이 변화하는 부특성(NTC)서미스터이다. 냉각수 온도가 상승하면 저항값이 낮아지고, 냉각수온도가 낮아지면 저항값이 높아진다.

④ 스로틀 위치 센서(TPS) : 이 센서는 스로틀밸브 축이 회전하면 출력 전압이 변화하여 ECU로 입력시키면 ECU는 이 전압 변화를 기초로 하여 엔진 회전 상태를 판정하고 감속 및 가속 상태에 따른 연료 분사량을 결정한다.

⑤ 공전 스위치 : 이 스위치는 엔진의 공전 상태를 검출하여 ECU로 입력시킨다.

⑥ 1번 실린더 TDC 센서 : 이 센서는 제1번 실린더의 압축 상사점을 검출하여 이를 펄스 신호로 변환하여 ECU로 입력시키면 ECU는 이 신호를 기초로 하여 연료 분사순서를 결정한다.

⑦ 크랭크각 센서(CAS) : 이 센서는 각 실린더의 크랭크각(피스톤 위치)의 위치를 검출하여 이를 펄스 신호로 변환하여 ECU로 보내면 ECU는 이 신호를 기초로 하여 엔진 회전속도를 계측하고 연료 분사시기와 점화시기를 결정한다.

⑧ 산소센서(O₂ 센서) : 이 센서는 배기가스 내의 산소 농도를 검출하여 이를 전압으로 변환하여 ECU로 입력시키면 ECU는 이 신호를 기초로 하여 연료 분사량을 조절하여 이론 공연비로 유지하고 EGR밸브를 작동시켜 피드백시킨다.

⑨ 차속센서(VSS) : 이 센서는 리드 스위치를 이용하여 트랜스 액슬 기어의 회전을 펄스 신호로 변환하여 ECU로 보내면 ECU는 이 신호를 기초로 하여 공전속도 등을 조절한다.

⑩ 모터 포지션 센서(MPS) : 이 센서는 ISC-서보의 위치를 검출하여 ECU로 보내면 ECU는 이 신호를 기초로 하여 엔진의 공전속도를 조절한다.

⑪ 동력 조향장치 오일 압력 스위치 : 이 스위치는 동력 조향장치의 부하 여부를 전압의 고저로 바꾸어 ECU로 보내면 ECU는 이 신호를 이용하여 ISC-서보를 작동시켜 엔진의 공전속도를 조절한다.

⑫ 점화장치 St와 인히비터 스위치 : 점화스위치 St는 엔진이 크랭킹 되고 있는 동안 높은 신호를 ECU로 입력하며, ECU는 이 신호에 의하여 엔진을 시동할 때의 연료 분사량을 조절한다. 즉, 점화스위치가 St 위에 놓이면 크랭킹할 때 축전지 전압이 점화스위치와 인히비터 스위치를 통하여 ECU로 입력되며, ECU는 엔진이 크랭킹 중인 것을 검출한다. 또 자동변속기의 변속 레버가 P 또는 N 레인지 이외에 있는 경우 축전지 전압은 ECU로 입력되지 않는다. 인히비터 스위치는 변속 레버의 위치를 전압의 고저로 변환하여 ECU로 입력시키면 ECU는 이 신호를 이용해 ISC-서보를 작동시켜 엔진의 공전속도를 조절한다.

⑬ 에어컨 스위치와 릴레이 : 점화스위치가 ON되면 에어컨 스위치는 ECU에 축전지 전압이 가해지도록 하며 ECU는 ISC-서보를 구동시키며, 동시에 에어컨 릴레이를 작동시켜 에어컨 압축기 클러치로 전원을 공급한다.

⑭ 컨트롤 릴레이와 점화스위치 IG : 점화스위치가 ON이 되면 축전지 전압은 점화스위치에서 ECU로 흐르게 되며, 또 컨트롤 릴레이 코일에도 공급되어 컨트롤 릴레이 스위치가 ON으로 되어 ECU에 전원이 공급된다.

5 액추에이터(Actuator)

액추에이터는 센서와 반대로 유량, 구동 전류, 전기 에너지 등 물리량을 마이크로 ECU의 출력인 전기 신호를 이용하여 발생시키는 것이다. 자동차에서 쓰이는 액추에이터 종류 역시 다양한 형태의 물리량을 요구하며 이를 위해 출력처리회로가 필요한 것이다.

(1) 액추에이터의 장착 위치

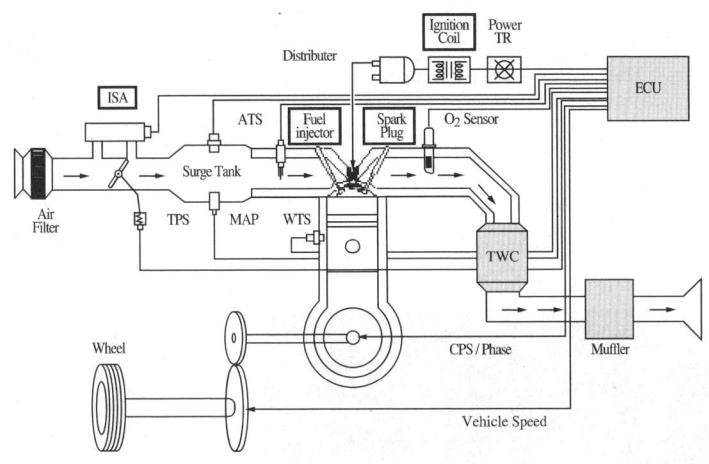

[기본 액추에이터 장착 위치]

(2) 액추에이터의 종류 및 기능

ECU에서 사용하는 기본적인 액추에이터는 다음과 같이 연료 인젝터, 점화 시기 및 공회전을 조절 기능 등으로 크게 구별할 수 있다.

- 연료 인젝터 : 연료 공급량을 조절한다.
- 점화장치(코일) : 혼합기의 연소가 제대로 되도록 점화시기를 조절한다.
- 공전속도 조절 장치 : 공회전 시 공기량을 제어한다.
- 퍼지컨트롤 솔레노이드 밸브(PCSV) : 캐니스터 내의 연료증발가스를 적절한 시기에 연소실로 보내 연소시킨다.
- EGR 컨트롤 솔레노이드 밸브 : 배기가스를 적절한 시기에 흡기라인으로 재순환하여 연소시 연소 온도를 낮추어 NO_x의 생성을 억제한다.

① 연료 인젝터(Fuel Injector)

연료 인젝터는 전기적 신호(Injection Pulse Width)만큼의 연료량을 공급하는 역할을 한다. 연료 인젝터를 이해하기 위해서는 전자 제어 엔진의 연료 공급계(Fuel Supply System)에 대해 먼저 알아야 하는데, 연료는 연료계를 구성하는 다음의 경로에 따라 엔진 작동 중 계속 회전한다.

연료탱크 → 연료펌프 → 연료여과기 → 연료레일(딜리버리 파이프) → 인젝터 → 연료압력 레귤레이터 → 리턴라인 → 연료탱크

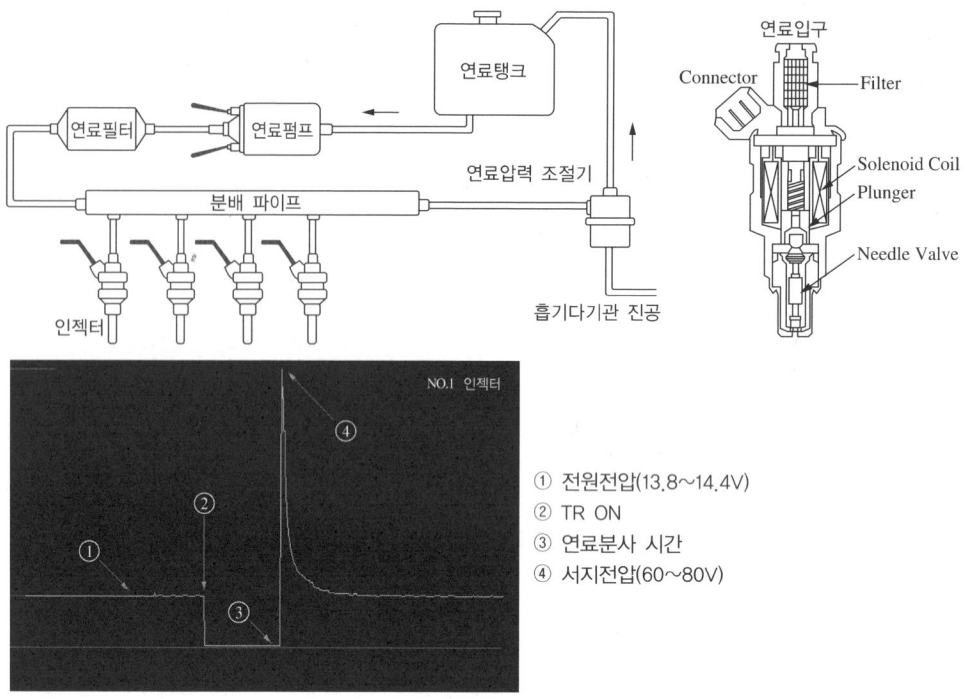

[연료계통도와 인젝터의 구조 및 파형]

㉠ 전원 전압 : 발전기에서 발생되는 전압(13.8V~14.4V 정도)이다.
㉡ 접지하는 순간 : ECU 내부의 있는 인젝터 구동 TR이 작동하여 접지시키는 순간(0~1V)이며 인젝터 내의 코일이 자화되어 니들밸브가 열리기 위해 준비하고 있는 상태이다.
㉢ 접지 전압 : 인젝터에서 연료가 분사되고 있는 구간(0.8V 이하)으로써 접지 전압이 상승하면 인젝터에서 ECU까지 저항이 있는 것으로 판단하고 커넥터의 접촉상태를 점검한다.
㉣ 서지 전압 : 서지 전압 발생구간으로 서지 전압(60~80V)이 낮으면 전원과 접지의 불량, 인젝터 내부의 문제로 볼 수 있다.

또한 연료레일은 딜리버리 파이프라고도 하며 인젝터와 연료 압력 조정기(Fuel Regulator)가 장착되는 곳이다. 이 중 연료압력 레귤레이터는 정확한 연료 공급을 위해 연료압을 일정 압력(300kPa) 정도로 유지하는 역할을 한다.

② 점화장치(Ignition System)

점화계의 역할은 두 가지로 분류되는데 첫째는 엔진 상태에 따른 최적의 점화 시기에 혼합기의 연소가 이루어지도록 하여 최고의 출력을 얻는 것(점화시기제어)이고, 둘째는 정상적인 연소가 가능한 전기 에너지를 확보하는 것이다(드웰시간 제어).

점화계의 액추에이터 부분은 다음의 그림과 같이 배터리, 파워트랜지스터(ECU로부터 점화 시기 및 Dwell 제어 신호를 받는 부분), 점화코일, 배전기, 점화플러그 등으로 구성된다.

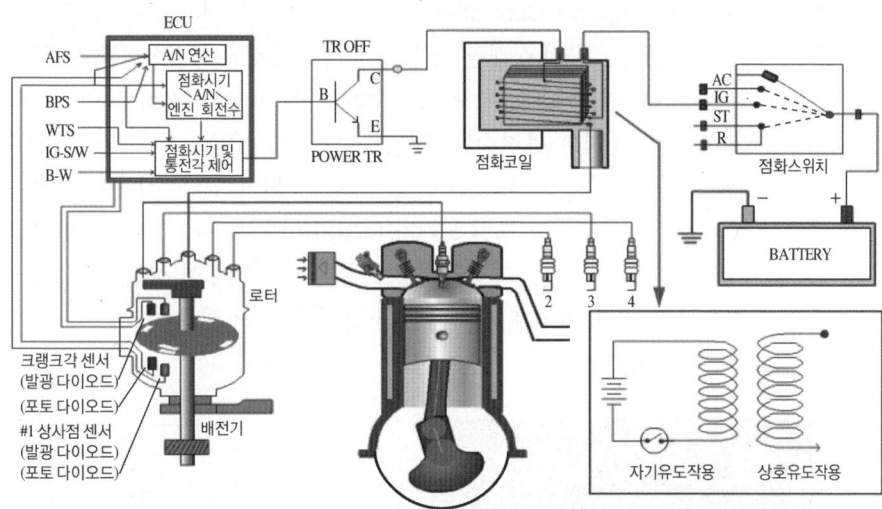

[점화계통도 HEI]

최근에는 배전기 없이 각각의 실린더를 직접 제어하는 DLI(Distributer Less Ignition) System 이 보편화되고 있다.

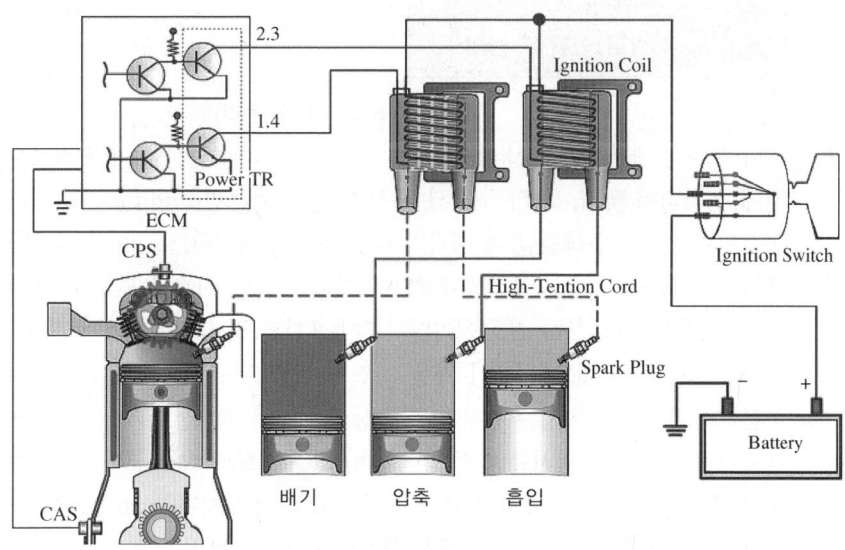

[점화계통도 DLI]

③ 공전속도 조절기(Idle Speed Controller)

공전속도 조절기는 엔진이 공전 상태일 때 부하에 따라 안정된 공전속도를 유지하게 하는 장치이며, 그 종류에는 ISC-서보 방식, 스텝 모터 방식, 에어 밸브 방식 등이 있다.

㉠ ISC-SERVO : 이 방식은 공전속도 조절 모터, 웜기어(Worm Gear), 웜휠(Worm Wheel) 모터 포지션 센서(MPS), 공전 스위치 등으로 구성되어 있다. 작동은 공전속도 조절 모터 축에 설치되어 있는 공전속도 조절 모터가 ECU의 신호에 의해서 회전하면 모터의 회전 방향에 따라 웜휠이 회전하여 플런저를 상하 직선 운동으로 바꾸어 공전속도 조절 레버를 작동시켜 스로틀밸브의 열림 정도를 변화시켜 공전 속도를 조절한다.

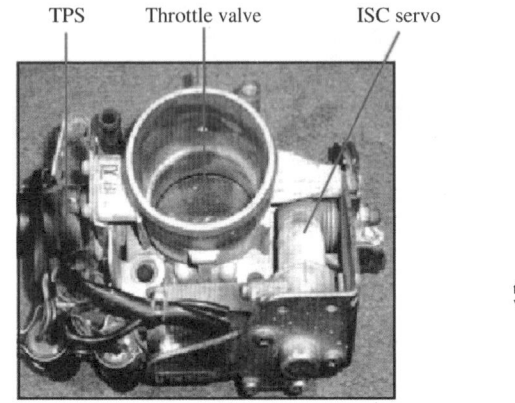 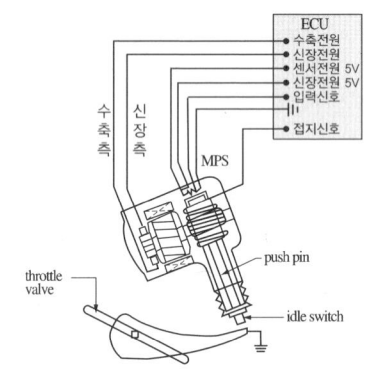

[ISC-SERVO 구조 및 원리]

- 모터 포지션 센서(MPS ; Motor Position Sensor) : 이 센서는 가변 저항식이며, ISC-서보 내에 설치되어 있다. 모터 포지션 센서의 슬라이딩 핀(Sliding Pin)은 플런저 끝부분에 접촉되어 플런저가 작동할 때 센서의 내부 저항이 변화하므로 출력 전압이 변화한다. 모터 포지션 센서에서 ISC-서보 플런저의 위치를 검출한 신호를 ECU로 보내면 ECU는 공전 신호, 냉각수 온도, 부하 신호(에어컨), 모터 포지션 센서의 신호 및 주행속도 신호를 연산하여 스로틀밸브의 개도를 엔진 가동 조건에 알맞은 공전속도로 조절한다.

- 공전 스위치 : 이 스위치는 엔진이 공전 상태임을 검출한 신호를 ECU로 보내어 ISC-서보를 작동시킨다. 공전 스위치는 접점 방식이며, ISC-서보의 끝 부분에 설치되어 스로틀 밸브가 닫혀 공전 상태가 되면 공전 속도 조절 레버에 의해 푸시핀(Push Pin)이 눌려 접점이 ON상태가 되고, 스로틀밸브가 열려 엔진 회전속도가 증가하면 스프링 장력에 의해 OFF되므로 공전 여부를 감지하게 된다.

㉡ 스텝 모터 방식(Step Motor Type) : 스텝 모터 방식은 스로틀밸브를 바이패스하는 통로에 설치되어 흡입 공기량을 제어하여 공전속도를 조절하도록 되어 있다. 즉, 엔진이 공전하는 상태에서 부하에 의한 엔진 부조 현상을 방지하기 위해 흡입되는 공기량을 증가시켜 주는 것이며, 엔진의 부하에 따라 단계적으로 스텝 모터가 작동되어 엔진을 최적의 상태로 유지한다. 전체 구성은 다음 그림에서 보듯이 스텝 모터를 비롯하여 FIAV(Fast Idle Air Valve) 및 SAS(Speed Adjust Screw) 등으로 구성되어 있다.

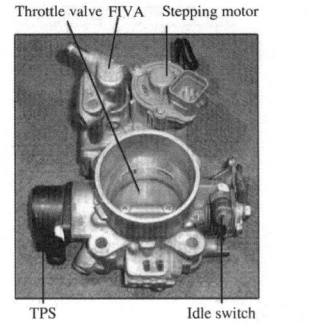 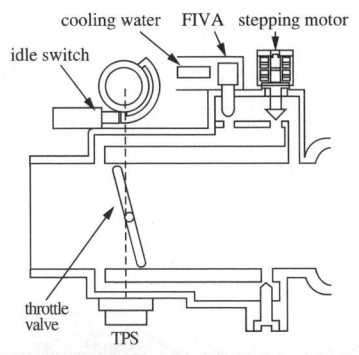 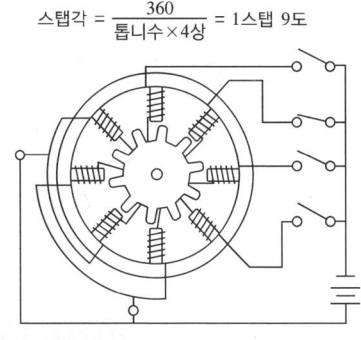

$$스탭각 = \frac{360}{톱니수 \times 4상} = 1스탭\ 9도$$

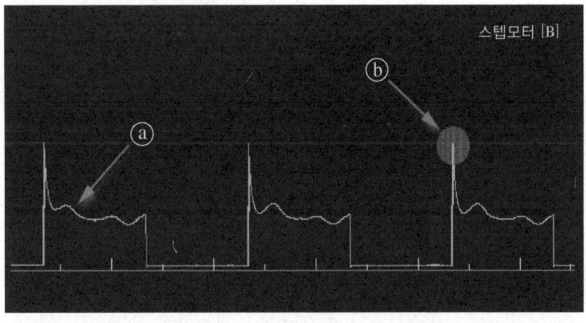

[STEP-MOTOR 구조 및 원리]

ⓐ 지점의 파동은 모터 회전 시 인접코일에서 발생되는 유도 기전력에 의해 발생되는 것이다.
ⓑ 지점은 모터 코일의 역기전력으로 약 30V가 정상이다.
　엔진 워밍-업 후 모든 전기장치 및 기계장치 "OFF"시 9step 정도 나와야 정상이다.

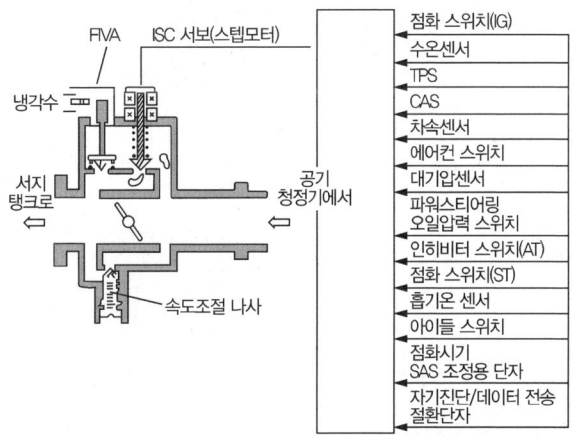

[STEP-MOTOR의 작동]

- 스텝 모터의 구조 및 특징은 ECU로부터 펄스 신호에 의해 좌우 방향으로 15°만큼씩 마그네틱 로터가 일정하게 회전하며, 이 회전에 따라 마그네트 축과 나사로 연결된 핀틀(밸브)의 길이가 변화되어 바이패스되는 공기량이 증감된다.

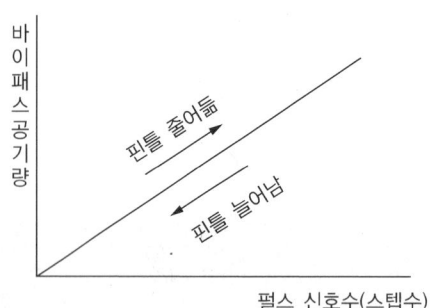

[펄스 신호 증감에 따른 공기량의 변화]

- 패스트 아이들 에어 밸브(FIAV ; Fast Idle Air Valve) : 이 밸브는 엔진의 냉각수 온도에 따라 추가로 공기를 공급하는 장치이며, 서모 왁스(Thermo Wax)의 신축 작용에 따라 작동한다. 엔진의 냉각수 온도가 낮을 때에는 패스트 아이들 에어 밸브의 서모왁스가 수축하여 에어 밸브를 통과하는 공기량이 증가하고, 냉각수 온도가 상승하여 약 50℃에 도달하면 에어 밸브는 완전히 닫히게 되어 패스트 아이들 에어 밸브에 의한 추가 공기의 공급이 중단된다.

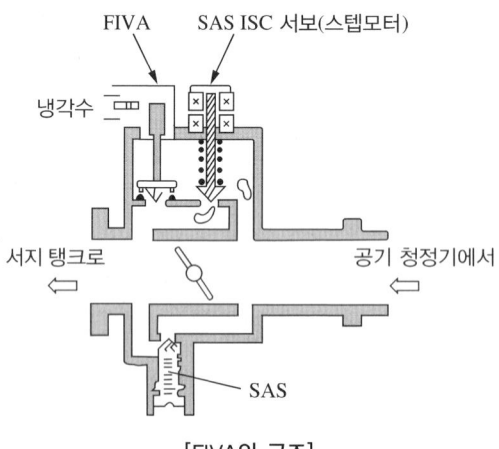

[FIVA의 구조]

ⓒ 아이들 스피드 액추에이터(ISA ; Idle Speed Actuator) : 엔진에 부하가 가해지면 ECU는 안정성을 확보하기 위해 아이들 스피드 액추에이터의 솔레노이드 코일에 흐르는 전류를 듀티 제어하여 밸브 내의 솔레노이드 밸브에 발생하는 전자력과 스프링 장력이 서로 평형을 이루는 위치까지 밸브를 이동시켜 공기 통로의 단면적을 제어하는 전자 밸브이다.

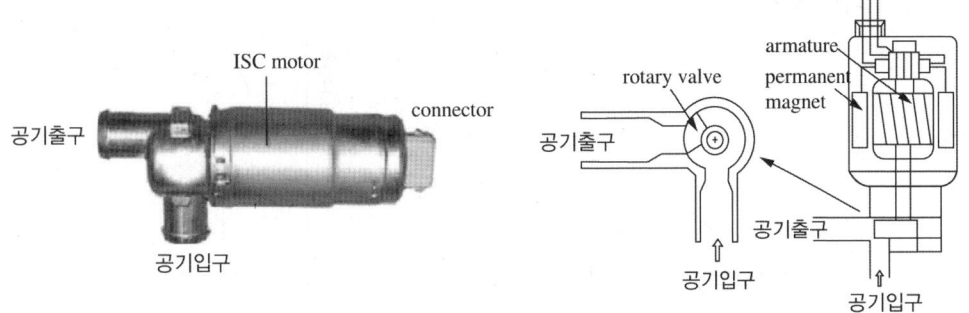

[ISA 구조 및 원리]

내부에는 전기자와 서로 반대 방향으로 2개의 코일을 감아 통전될 때 열고, 닫힘을 조정할 수 있도록 구성되어 있으며, 제어하지 않을 때에는 스프링 장력에 의해 항상 일정량의 열림 정도를 유지한다.

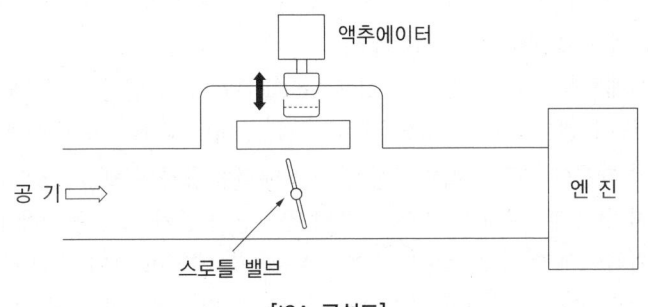

[ISA 구성도]

ECU에서 열림 및 닫힘 신호가 아이들 스피드 액추에이터에 전달되면 밸브 축을 중심으로 하여 로터리 밸브가 회전하며, 그 회전량에 따라 바이패스되는 공기량이 결정된다. 이때 ECU는 다음 표에 나타낸 것과 같이 각종 엔진의 상태를 고려하여 듀티량을 계산한다.

[각종 엔진 상태에 따른 ISA의 듀티량]

제어 기능	듀티율(%)
공전할 때	30~23
미등 ON일 때	32~33
에어컨 스위치 ON일 때	33~35
대시 포트일 때	최대 55
패스트 아이들(냉각수 온도 20℃)일 때	45~47

다음 그림은 아이들 스피드 액추에이터가 닫힘과 열릴 때의 듀티 신호의 변화량을 점검한 파형이다.

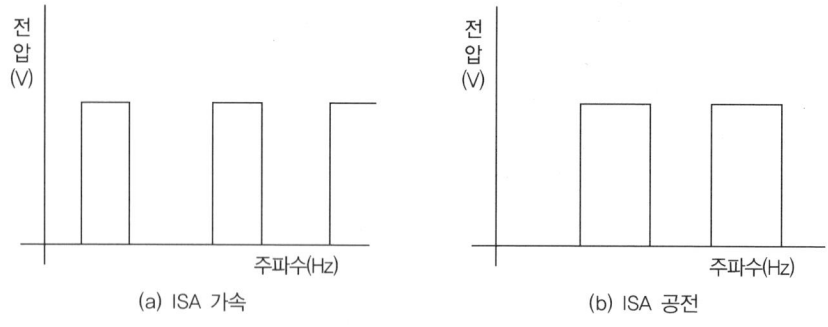

[ISA 열림 코일의 파형]

- 열림 또는 닫힘 코일 쪽에서 점검할 때 : 이때 듀티가 짧으면 작동 시간이 적은 것이고, 듀티가 길면 작동 시간이 길어진다는 의미이다.
- 그림 (a)는 열림 코일의 경우이며, 듀티가 길어지므로 아이들 업이나 대시포트 기능으로 들어간 경우이며, (b)는 듀티가 짧은 것으로 미루어 공전 상태임을 알 수 있다.

㉣ 에어 밸브 방식(Air Valve Type)
- 바이메탈형 에어 밸브(Bimetal Type Air Valve) : 엔진이 가동되어 난기 운전이 되기 전까지 에어 밸브 내에 설치된 게이트 밸브(Gate Valve)가 바이메탈의 수축 작용으로 열려 있기 때문에 엔진의 흡입행정에 의한 메저링 플레이트에 진공이 크게 작용한다. 이에 따라 메저링 플레이트가 많이 열려 흡입 공기량이 증가하고, 동시에 ECU에서도 연료 분사량이 증가하므로 엔진 회전속도가 증가한다. 또 엔진이 난기 운전이 완료된 후 게이트 밸브와 연결된 열선에 전원이 연결되어 가열되면 바이메탈이 팽창하여 게이트 밸브가 닫히므로 엔진은 공전 상태로 회복된다.

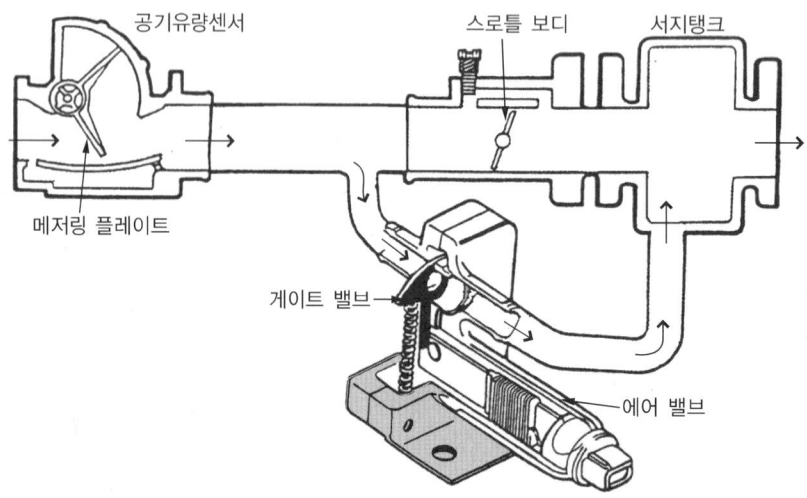

[바이메탈형 에어 밸브]

- 서모 왁스형 에어 밸브(Thermo Wax Type Air Valve) : 서모 왁스형 에어 밸브는 엔진의 냉각수 온도에 의해 수축 및 팽창하는 특성을 이용하는 것이다. 냉각수 온도가 낮을 때는 서모 왁스가 수축되어 있으며, 게이트 밸브는 스프링의 장력으로 열려 흡입 공기가 바이패스 통로를 통하여 흡입되므로 엔진 회전속도가 상승한다. 그러나 엔진의 회전속도가 상승함에 따라 서모 왁스가 팽창하여 게이트 밸브는 천천히 닫혀 엔진 회전속도가 공전 상태로 된다. 즉, 엔진의 난기 운전이 완료된 후에는 게이트밸브가 완전히 닫히므로 공전 속도를 유지한다.

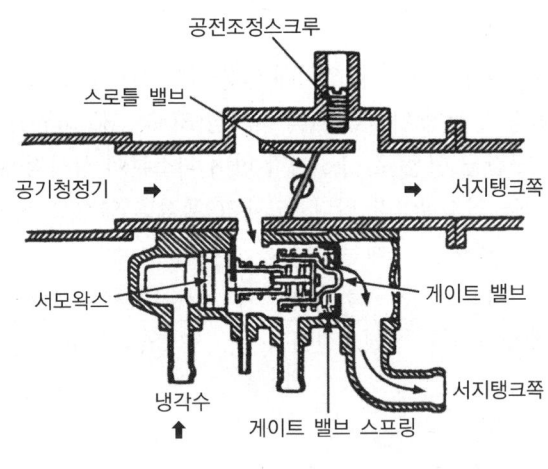

[서모 왁스형 에어 밸브]

CHAPTER 08 엔진공학

PART 01 그린전동자동차 공학

1 압축비(Compression Ratio)

엔진 실린더의 연소실 체적에 대한 실린더 총 체적(Total Volume)을 말하며 엔진의 출력 성능과 연료소비율, 노킹 등에 영향을 주는 매우 중요한 요소이다. 일반적으로 디젤기관의 압축비가 가솔린 기관보다 높다.

엔진의 운동에서 피스톤이 가장 높은 위치에 있을 때를 상사점(TDC ; Top Dead Center)이라 하고 반대로 피스톤이 가장 아래에 위치할 때를 하사점(BDC ; Bottom Dead Center)이라 한다. 또한 상사점과 하사점의 구간을 행정(Stroke)이라 하며 피스톤이 상사점에 위치할 때 피스톤 윗부분의 실린더 헤드의 공간을 연소실이라 한다. 그때의 체적을 연소실 체적 또는 간극체적(Clearance Volume)이라 한다. 압축비를 구하는 공식은 다음과 같다.

$$\varepsilon = \frac{\text{실린더 최대체적}(V_{\max})}{\text{실린더 최소체적}(V_{\min})} = \frac{\text{총체적}}{\text{연소실체적}} = \frac{\text{연소실체적} + \text{행정체적}}{\text{연소실체적}}$$

$$= \frac{V_c + V_h}{V_c} = 1 + \frac{V_h}{V_c}$$

$$V_h = V_c(\varepsilon - 1), \quad V_c = \frac{V_h}{\varepsilon - 1}$$

2 배기량(Piston Displace)

피스톤이 1사이클을 마치고 배기라인을 통하여 배출한 가스의 용적을 말하며 이론상 상사점에서 하사점까지 이동한 실린더 원기둥의 체적이 여기에 해당된다. 단일 실린더의 배기량과 총배기량, 분당 배기량으로 산출한다.

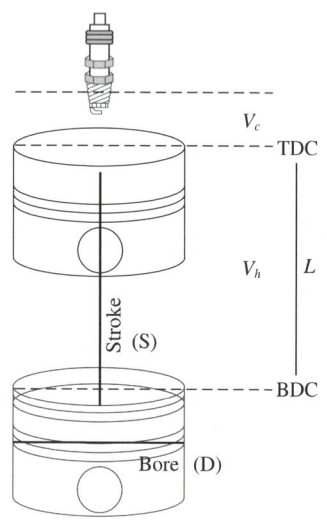

(1) 실린더 배기량

$$V = A \times L = \frac{\pi d^2}{4} \times L$$

여기서, V : 배기량(cc)
A : 단면적(cm^2)
L : 행정(cm)

(2) 총배기량

$$V = A \times L \times Z = \frac{\pi d^2}{4} \times L \times Z$$

여기서, Z : 실린더 수

(3) 분당 배기량

- 2행정기관 : N
- 4행정기관 : $N/2$

$$V = A \times L \times Z \times N = \frac{\pi d^2}{4} \times L \times Z \times N$$

여기서, d : 실린더 내경 N : 회전수(rpm)
  L : 행정 Z : 실린더 수

분당 배기량의 산출에서는 실제 배기된 양을 계산하여야 하므로 4행정기관의 경우 크랭크축 2회전에 1번의 배기를 하고 2행정기관의 경우는 크랭크축 1회전당 1번의 배기를 하기 때문에 rpm 대입 시 4행정은 $N/2$으로 대입하고 2행정인 경우에는 N으로 대입한다.

3 일과 동력

일반적으로 75kg의 물체를 1초(sec) 동안 1m 옮기는 마력을 1마력이라 하며 영마력과 불마력이 있다. 일반적으로 PS 단위를 쓰며 SI 단위계의 kW와 동일한 개념이다. 동력은 위와 같이 단위시간당 행한 일의 양을 말하며 어떠한 물체에 힘을 가하여 일정한 변위가 발생할 경우에 일이라고 한다.

(1) 일(Work)

$W = F \times s$

여기서, W : 일(kgf·m)
  F : 힘(kgf)
  s : 변위(m)

(2) 동력(Power)

$$P = \frac{W}{t} = \frac{F \times s}{t}$$

여기서, P : 동력(kgf·m/s)

(3) 회전력(Torque)

회전하는 물체의 토크를 말하며 회전체의 힘과 암(Arm)의 곱을 회전체의 모멘트, 즉 회전력(토크)이라 한다.

$T = F \times r$

여기서, T : 토크(kg·m)
F : 힘(kgf)
r : 회전체의 반지름(m)

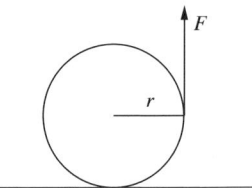

(4) 마력(Horse Power)

$$PS = \frac{F \times V}{75} = \frac{P \times Q}{75}$$

여기서, F : 힘(kgf) V : 속도(m/s)
P : 압력(kgf/m^2) Q : 유량(m^3/s)

$1PS = 75 kg \cdot m/s$ (불마력)
$1HP = 76 kg \cdot m/s$ (영마력)
$1kW = 102 kg \cdot m/s$
$1PS = 0.736kW = 736W$

또한 엔진공학에서 지시마력(IPS ; 도시마력)은 엔진의 연소가스 자체의 폭발 동력을 말하며 엔진에서의 폭발동력이 크랭크축에 전달되는 과정에서 손실되는 마력을 손실마력(FPS)이라 한다. 또한 최종적으로 사용되는 크랭크축 동력을 제동마력(BPS, 축마력, 실마력, 정미마력)이라 한다. 이러한 마력의 개념은 다음과 같다.

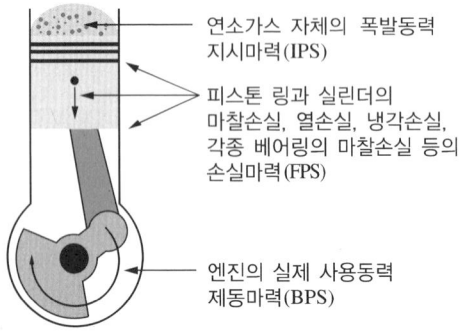

따라서 지시마력과 제동마력의 관계는 다음과 같은 식이 성립한다.
$IPS = FPS + BPS \rightarrow BPS = IPS - FPS$이며

엔진의 기계효율은 $\eta_m = \frac{BPS}{IPS}$이고 $BPS = \eta_m \times IPS$이다.

① 지시마력(도시마력, 실제 발생마력, IPS ; Indicated PS)

실린더 내에 공급된 연료가 연소하여 나타나는 압력과 피스톤의 왕복운동으로 변화된 체적과의 관계를 지압계로 측정하여 지압선도에서 계산한 마력이다. 엔진실린더 내부에서 실제로 발생한 마력, 즉 혼합기가 연소할 때 폭발압력으로 도시마력이라고도 한다. 지시마력을 측정하는 것은 실린더 내의 출력, 연료의 연소상태, 밸브 타이밍의 적부 및 회전속도에 대한 점화시기의 양부 등을 연구하는 데 이용된다.

$$\text{IPS} = \frac{P_{mi} \times \nu}{75} = \frac{P_{mi} \times A \times L \times Z \times N(/2)}{75\text{kg} \cdot \text{m/s}} = \frac{P_{mi} \times A \times L \times Z \times N}{75 \times 60 \times 100 \times (2)}$$

여기서, P_{mi} : 지시평균유효압력(kg/cm^2)

　　　　A : 실린더단면적(cm^2)

　　　　L : 행정(cm)

　　　　Z : 실린더수

　　　　N : 엔진 회전수(4행정의 경우 $N/2$, 2행정의 경우 N)

　　　　ν : 분당 배기량($A \times L \times Z \times N$)

또한 지시평균유효압력[$P_{mi}(kg/cm^2)$]은 피스톤에 가해지는 유효 압력의 평균값으로 실제 자동차엔진과 같은 고속용 엔진에서는 실측하기가 곤란하지만 엔진의 지압선도에서 산출할 수 있다. 이론적 지압선도를 구해서 평균 유효압력을 알아내고 그것에 의하여 지금까지의 경험에 의해 얻어진 실제의 것과의 비(선도계수라 함)를 곱해서 실제에 가까운 평균유효압력을 산출할 수 있다.

② 마찰 손실 마력(FPS)

폭발 동력이 크랭크축까지 전달되는 과정에서 마찰로 손실되는 마력을 말하며 일반적으로 다음과 같이 구한다.

$$\text{FPS} = \frac{F \times V}{75} = \frac{F_r \times Z \times N \times V_p}{75}$$

$$V_p = \frac{2 \times L \times N}{60} = \frac{L \times N}{30}$$

여기서, F : 실린더 내 피스톤링의 마찰력 총합

　　　　F_r : 링 1개당 마찰력

　　　　V_p : 피스톤 평균속도

③ 정미마력(제동마력, 실마력, 축마력, 실제사용마력, BPS ; Brake PS)

기계적 에너지로 변화된 열에너지 중에서 마찰에 의해 손실된 손실마력을 제외한 크랭크축에서 실제 활용될 수 있는 마력으로 엔진의 정격속도에서 전달할 수 있는 동력의 양을 말한다. 즉, 크랭크축에서 직접 측정하므로 축마력이라고도 한다.

$$\text{BPS} = \frac{P_{mb} \times \nu}{75} = \frac{P_{mb} \times A \times L \times Z \times N}{75 \times 60 \times 100 \times (2)}$$

또한 토크와 엔진 회전수에 대한 식은 $\text{PS} = \dfrac{T \times N}{716}$ 와 같다.

여기서, P_{mb} : 제동평균유효압력(kg/cm^2)
　　　　A : 실린더 단면적(cm^2)
　　　　L : 행정(cm)
　　　　Z : 실린더 수
　　　　N : 엔진 회전수(4행정의 경우 $N/2$, 2행정의 경우 N)
　　　　ν : 분당 배기량($A \times L \times Z \times N$)

④ 연료마력(PPS)

엔진의 성능을 시험할 때 소비되는 연료의 연소과정에서 발생된 열에너지를 마력으로 환산한 것으로 시간당 연료 소모에 의하여 측정되고 최대출력으로 산출한다.

$$\text{PPS} = \frac{60 \times C \times W}{632.3 \times t} = \frac{C \times W}{10.5 \times t}$$

여기서, C : 저위 발열량(kcal/kg)
　　　　W : 사용연료 중량(kg)
　　　　t : 시험시간(분)

$$\begin{aligned}
1\text{PS} &= 75\text{kg} \cdot \text{m/s} = 75 \times 9.8 \text{N} \cdot \text{m/s} \\
&= 75 \times 9.8 \text{J/s} \\
&= 75 \times 9.8 \times 0.24 \text{cal/s} \\
&= 75 \times 9.8 \times 0.24 \times \frac{\text{cal}}{\text{s}} \times \frac{3{,}600\text{sec}}{1\text{h}} \times \frac{1\text{kcal}}{1{,}000\text{cal}} \\
&= 75 \times 9.8 \times 0.24 \times 3{,}600 \times \frac{1}{1{,}000} \text{kcal/h} \\
&= 632.3 \text{kcal/h}
\end{aligned}$$

⑤ 과세마력(공칭마력, SAE 마력)

단순하게 실린더 직경과 기통 수에 대하여 설정하는 마력으로 인치계와 미터계로 나눈다.

$$\text{SAE PS} = \frac{D^2 \times N}{2.5} \text{(인치계)}$$

$$= \frac{D^2 \times N}{1{,}613} \text{(미터계)}$$

여기서, D : 직경(실린더)
　　　　N : 기통 수

4 엔진의 효율

효율은 공급과 수급의 비이며 이론상 발생하는 동력에 대한 실제 얻은 동력과의 비이다. 엔진에서 열효율은 크게 열역학적 사이클에 의한 열효율과 정미 열효율, 기계효율 등에 대하여 산출한다.

(1) 이론 열효율

엔진의 이론 열효율은 열역학적 사이클의 분류별로 산출하는 열효율이며 공식은 다음과 같다.

① 오토 사이클(Otto Cycle)의 이론 열효율

$$\eta_o = 1 - \frac{1}{\varepsilon^{k-1}}$$

여기서, ε : 압축비
k : 공기비열비

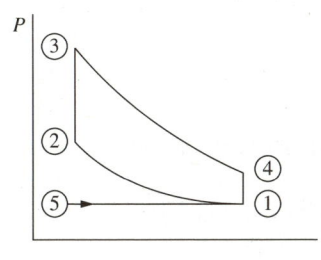
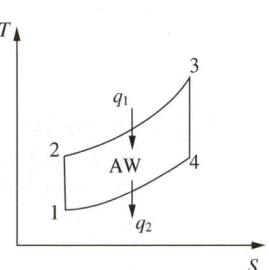

Otto Cycle : 가솔린 기관의 기본 사이클이며 열의 공급이 정적에서 이루어지며, 2개의 정적 변화와 2개의 단열 변화로 이루어진다.

5 - 1 : 흡입행정
1 - 2 : 압축행정
2 - 3 : 정적연소
3 - 4 : 동력행정
4 - 1 : 배기밸브 열림
5 - 1 : 배기행정

[오토 사이클의 $P-V$ 선도와 $T-S$ 선도]

② 디젤 사이클(Diesel Cycle)

$$\eta_D = 1 - \frac{1}{\varepsilon^{k-1}} \times \frac{\sigma^k - 1}{k(\sigma - 1)}$$

여기서, ε : 압축비
k : 공기비열비
σ : 체절비(단절비)

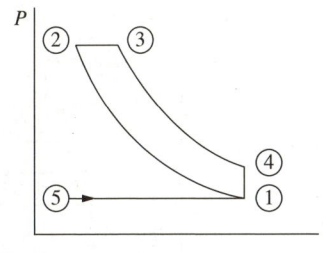
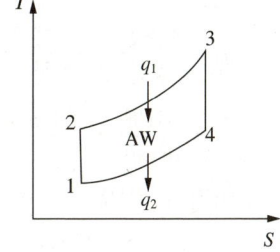

Disel Cycle : 정압 사이클은 저속 디젤기관의 기본 사이클이며, 열의 공급이 정압하에서 이루어진다.

5 - 1 : 흡입행정
1 - 2 : 압축행정
2 - 3 : 정압연소
3 - 4 : 동력행정
4 - 1 : 배기밸브 열림
1 - 5 : 배기행정

[디젤 사이클의 $P-V$ 선도와 $T-S$ 선도]

③ 복합 사이클(Sabathe Cycle)

$$\eta_s = 1 - \frac{1}{\varepsilon^{k-1}} \times \frac{\rho\sigma^k - 1}{(\rho - 1) + k\rho(\sigma - 1)}$$

여기서, ε : 압축비 k : 공기비열비
       σ : 체절비(단절비) ρ : 폭발비

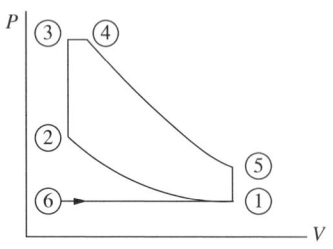

Sabathe Cycle : 복합 사이클은 고속 디젤기관의 기본 사이클이며 열량 공급이 정적과 정압하에서 이루어진다.

6 - 1 : 흡입행정
1 - 2 : 압축행정
2 - 3 : 정적연소
3 - 4 : 정압연소
4 - 5 : 동력행정
5 - 1 : 배기밸브 열림
1 - 6 : 배기행정

[사바테 사이클의 $P-V$ 선도와 $T-S$ 선도]

[열역학적 사이클의 비교]

- 기본 사이클은 모두 압축비 증가에 따라 열효율이 증가한다.
- 오토 사이클은 압축비의 증가만으로 열효율을 높일 수 있으나, 노킹으로 인하여 제한된다.
- 디젤 사이클은 열효율은 공급 열량의 증감에 따른다.
- 사바테 사이클의 열효율 증가도 역시 디젤 사이클과 같이 공급 열량의 증감에 따른다.

- 공급 열량 및 압축비가 일정할 때의 열효율 비교

  $\eta_o > \eta_s > \eta_d$

- 공급 열량 및 최대압력이 일정할 때의 열효율 비교

  $\eta_o < \eta_s < \eta_d$

- 열량 공급과 기관수명 및 최고 압력 억제에 의한 열효율 비교

  $\eta_o < \eta_d < \eta_s$

(2) 정미 열효율

$$\eta_b = \frac{수급}{공급} = \frac{실제}{이론} = \frac{실제일로\ 변환된\ 에너지}{공급된\ 에너지} \times 100$$

$$= \frac{\text{BPS}}{\text{Fuel}} = \frac{\text{BPS} \times 632.3}{B \times C} \times 100\ (1\text{PS} = 632.3\text{kcal/h})$$

여기서, BPS : 제동마력
        B : 연료의 저위발열량(kcal/kg)
        C : 연료소비량(kg/h)

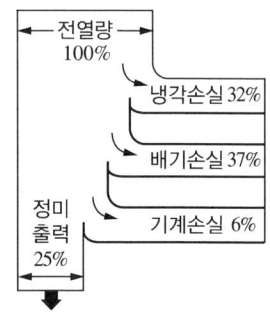

(3) 기계효율

엔진의 운전 중 각 부의 마찰 등에 의하여 손실되어 발생한 제동마력과의 상호 관계이다.

$$\eta_m = \frac{\text{BPS}}{\text{IPS}} = \frac{\dfrac{P_{mb} \times A \times L \times N \times Z}{75 \times 60 \times 100}}{\dfrac{P_{mi} \times A \times L \times N \times Z}{75 \times 60 \times 100}} = \frac{P_{mb}}{P_{mi}}$$

5 연소 공학

엔진의 혼합비는 완전연소조건으로 볼 때 이론상 14.7~15 : 1 정도의 혼합비를 이뤄야 한다. 연소촉진에 도움을 주는 공기의 요소는 산소이며, 액체연료 1kg을 완전연소시키기 위해서는 $\frac{8}{3}$C + 8H + S − Okg/kg만큼의 산소를 공급해야 한다. 따라서 연소에 필요한 이론 공기량은 공기 중 산소 비율 $L \times 0.232 = \frac{8}{3}$C + 8H + S − O이다.

(1) 가솔린의 완전연소식

가솔린(kg) : 산소(kg) = 212 : 736

$C_{15}H_{32} + 23O_2 \rightarrow 15CO_2 + 16H_2O$

완전연소, 즉 효율 100%라면 CO_2와 H_2O만 배기가스로서 발생하지만 실제에 있어서는 CO, HC, NO_x라는 유해 배기가스가 발생한다. 혼합비를 14.7 : 1(이론 혼합비)에 맞추면 CO, HC는 어느 정도 제어가 되나 NO_x는 다량 발생된다. 이때 NO_x를 저감시키는 장치가 EGR(Exhaust Gas Recirculation) 밸브이다. 이 밸브는 배기가스 일부를 다시 흡기측에 보내고 연소 시 연소온도를 낮추어 NO_x를 저감시킨다. 또한 배기라인에 장착되어 배기가스를 정화시키는 3원 촉매장치가 있다.

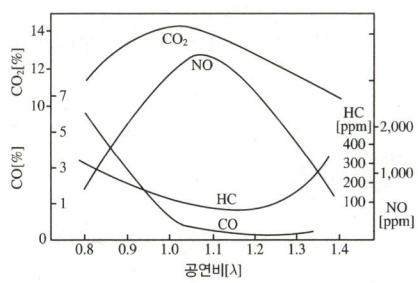

[공연비에 따른 배출가스 배출량]

(2) 옥탄가(Octane Number)

가솔린 연료의 내폭성을 수치로 나타낸 것(표준 옥탄가 = 80)으로 가솔린기관에서 이소옥탄의 항 노크성을 옥탄가 0으로 하여 제정한 앤티 노크성의 척도이다.

$$\text{ON} = \frac{\text{이소옥탄}}{\text{이소옥탄} + \text{정헵탄}} \times 100$$

① 옥탄가를 측정할 수 있는 엔진 : CFR기관(압축비를 조절할 수 있음)
② 내폭성 향상제
  ㉠ 4 에틸납(TEL ; Tetra Ethyl Lead)
  ㉡ 에틸 아이오다이드(Ethyle Iodide)
  ㉢ 벤 젠
  ㉣ 타이타늄 테트라클로라이드
  ㉤ 알코올
  ㉥ 테트라 에틸 주석
  ㉦ 크실롤(Xylol)
  ㉧ 니켈 카보닐
  ㉨ 아닐린
  ㉩ 철 카보닐

(3) 세탄가(Cetane Number)
디젤연료의 착화성을 나타내는 수치, 정확히 측정한 디젤연료의 앤티 노크성의 척도이다.

$$CN = \frac{세탄}{세탄 + \alpha 메틸나프탈렌} \times 100$$

① 착화성 향상제
초산 에틸($C_2H_5NO_3$), 초산 아밀($C_5H_{11}NO_3$), 아초산 에틸($C_2H_5NO_2$), 아초산 아밀($C_5H_{11}NO_2$) 등의 NO_3 또는 NO_2의 화합물이 있다.

6 연료 소비율

연료소비율은 시간 마력당 연료 소비율과 주행거리에 대한 연료 소모량으로 산출하며 다음과 같다.

(1) 시간 마력당 연료소비율(SFC ; Specific Fuel Consumption)

$$SFC = \frac{B}{PS}(kg/PS \cdot h)(g/PS \cdot h)$$

(2) 연료 소비율

$$km/L = \frac{주행거리}{소모연료(L)}$$

7 압력

압력은 단위 면적당 작용하는 힘이며 일반적으로 엔진에서 발생하는 압력은 엔진의 압축압력과 연소 시 폭발 압력, 흡기 다기관의 진공압 등이 있다. 절대압력과 대기압에 관계에 대하여 정리하면 다음과 같다.

$$P = \frac{F}{A}$$

여기서, P : 압력(kg/cm^2)
 A : 단면적(cm^2)
 F : 힘(kg)

1atm(표준대기압) = 760mmHg = 1.0332kg/cm^2 = 10.332mAq = 1.01325bar = 101,325Pa

(1) 공학 기압(ata)

1ata = 1kg/cm^2 = 735.3mmHg = 10mAq

(2) 절대압력

절대압력 = 대기압 + 계기압 = 대기압 − 진공압

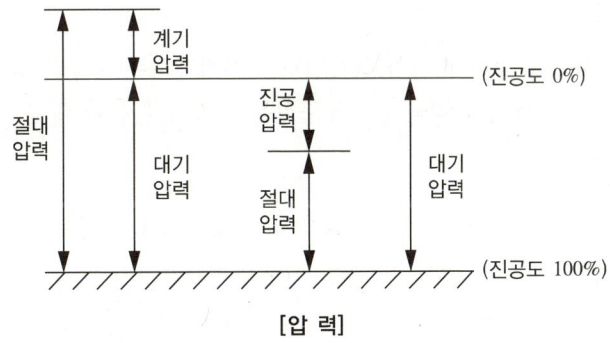

[압 력]

8 라디에이터 코어 막힘률

라디에이터 코어는 냉각수가 흐르는 통로이며 엔진의 열을 흡수하여 라디에이터에서 냉각시켜 다시 엔진으로 순환하는 시스템이다. 이러한 라디에이터는 알루미늄으로 제작하며 내부의 냉각수 통로에 스케일 등이 쌓여 라디에이터의 신품 용량 대비 20% 이상의 막힘률이 산출되면 라디에이터를 교환한다. 또한 라디에이터의 입구와 출구의 온도 차이는 5~7℃ 내외이다.

$$\text{라디에이터 코어 막힘률} = \frac{\text{신품용량} - \text{구품용량}}{\text{신품용량}} \times 100$$

9 밸브 및 피스톤

(1) 밸브양정

밸브양정은 캠축의 노즈부에 의해서 밸브 리프터를 통하여 밸브가 작동하는 양을 말하며 다음과 같이 산출한다.

$$h = \frac{\alpha \times l'}{l} - \beta$$

여기서, h : 밸브의 양정 α : 캠의 양정
　　　　l : 로커암의 캠쪽 길이 l' : 로커암의 밸브쪽 길이
　　　　β : 밸브 간극

(2) 밸브지름

$$d = D\sqrt{\frac{V_p}{V}}$$

여기서, D : 실린더 내경(mm) V_p : 피스톤 평균속도(m/s)
　　　　V : 밸브공을 통과하는 가스속도(m/s)

(3) 피스톤 평균속도

크랭크축이 상하 왕복 운동함에 따라 상사점과 하사점에서는 운동의 방향이 바뀌어 속도가 0인 지점이 생기며 그때 피스톤의 평균속도를 구하는 방법은 다음과 같다.

$$S = \frac{2LN}{60} = \frac{LN}{30}$$

여기서, N : 엔진회전수(rpm) S : 피스톤 평균속도(m/s)
　　　　L : 행정(m)

10 실린더 벽 두께

엔진의 폭발압력에서 발생하는 응력에 대하여 파괴가 발생하지 않는 실린더의 벽 두께를 산출하는 것을 말하며 일반적으로 다음과 같이 구한다.

$$t = \frac{P \times D}{2\sigma}$$

여기서, P : 폭발압력(kg/cm^2) D : 실린더 내경(cm)
　　　　t : 실린더 벽 두께(cm) σ : 실린더 벽 허용응력(kg/cm^2)

11 크랭크 회전속도

일반적으로 원형의 물체가 회전하는 속도를 구하는 일반식으로 차륜의 속도, 크랭크축의 회전속도, 공작기계의 회전속도 등을 구할 때 적용된다.

$$V(\text{m/s}) = \pi D \cdot N = \frac{\pi D \cdot N}{1,000 \times 60} = \frac{\pi D \cdot N}{1,000}$$

여기서, $D(\text{mm})$: 크랭크 핀의 회전직경 = 피스톤 행정 = 크랭크 암 길이 $\times$ 2
$N(\text{rpm})$: 크랭크축 회전수

12 점화시기

엔진의 크랭크축 운동은 연소실의 폭발압력이 전달되는 각도에 의해서 결정된다. 따라서 엔진의 출력성능은 상사점 후(ATDC) 13~15° 지점에서 연소실의 폭발 압력이 강력하게 피스톤에 작용하여 크랭크축을 회전시켜야 한다. 이 압력 발생점을 최고폭발 압력점이라 하고 엔진회전속도와 관계없이 항상 ATDC 13~15°를 유지해야 하므로 엔진의 스파크 플러그에서 불꽃이 발생하는 점화시점을 변경하여 최고 폭발 압력점에 근접하도록 하는 것이 점화 시기이다. 따라서 엔진의 회전수가 빨라지면 피스톤의 운동속도도 증가하게 되어 점화시기를 빠르게(진각) 하여야 하고 엔진의 회전속도가 늦을 경우에는 점화시기를 늦추어(지각) 항상 최고 폭발 압력점에서 연소가 일어나도록 제어한다.

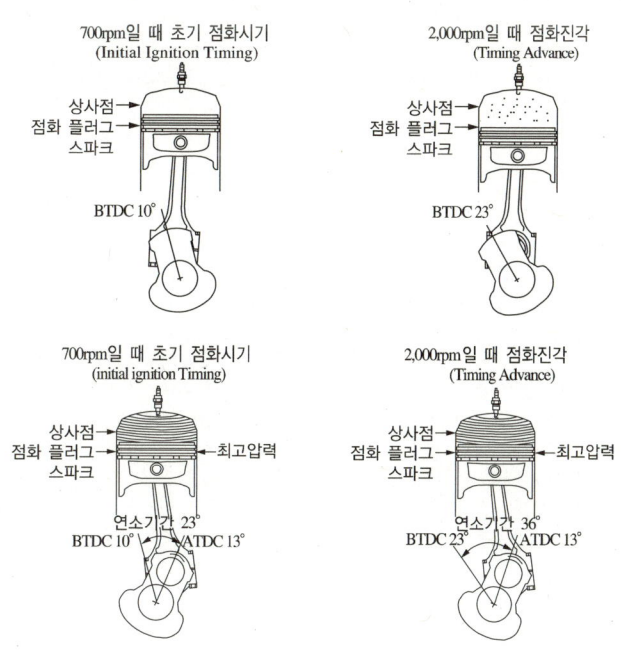

(1) 크랭크 각도(Crank Angle)

점화되어 실린더 내 최대 연소압에 도달하기까지 소요된 각도

$$CA = 360° \times \frac{R}{60} \times T = 6RT$$

여기서, R : 회전수(rpm)
T : 화염전파 시간(초)

(2) 점화시기(Ignition Timing)

점화를 해주는 시기(각도)

$$IT \times 360° \times \frac{R}{60} \times T - F = CA - F$$

여기서, F : 최대폭발압이 가해지는 때의 크랭크 각도

CHAPTER 09 현가시스템

1 현가장치

현가장치는 자동차가 주행 중 노면으로부터 바퀴를 통하여 받게 되는 충격이나 진동을 흡수하여 차체나 화물의 손상을 방지하고 승차감을 좋게 하며, 차축을 차체 또는 프레임에 연결하는 장치이다. 현가장치는 일반적으로 스프링과 쇽 업소버(Shock Absorber)의 조합으로 이루어지며 노면에서 발생하는 1차 충격을 스프링에서 흡수하게 되고 충격에 의한 스프링의 자유진동을 쇽 업소버가 감쇠시켜 승차감을 향상시킨다. 최근에는 자동차의 주행속도 및 노면의 상태를 인식하여 감쇠력을 조절하는 전자제어식 현가장치가 적용되고 있다.

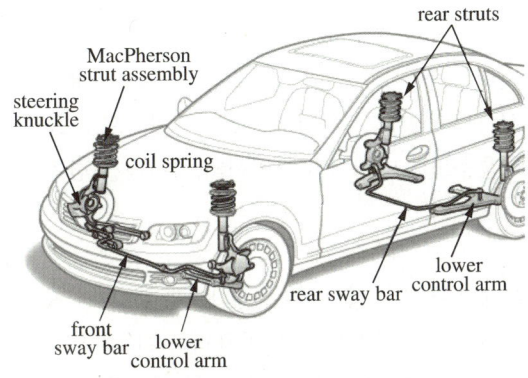

[현가장치의 구성]

2 현가 이론

자동차의 주행에서 비롯되는 운동은 여러 종류의 힘과 모멘트로 표현된다. 이러한 여러 운동에 대한 승차감 및 주행 안정성 등의 측면에서 현가 이론은 매우 중요한 요소이다. 자동차의 주행 시 승차감이 좋은 진동수는 60~120cycle/min이며 자동차에서 일반적으로 발생하는 진동 및 움직임은 크게 스프링 위 질량의 진동(차체, 구동계, 승객, 짐 등)과 스프링 아래 질량(타이어, 휠, 차축 등)의 진동으로 나누며 각각의 특징은 다음과 같다.

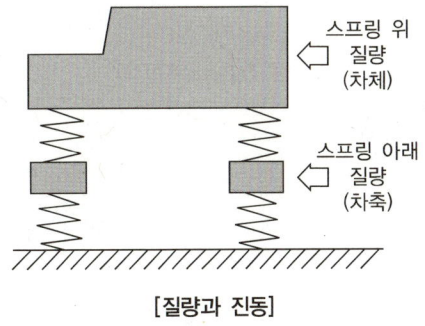

[질량과 진동]

(1) 스프링 위 질량의 진동(차체의 진동)

일반적으로 현가장치의 스프링을 기준으로 스프링 위의 질량이 아래 질량보다 클 경우 노면의 진동을 완충하는 능력이 향상되어 승차감이 우수해지는 특성이 있고, 현재의 승용차에 많이 적용되는 방식이다. 그러나 스프링 위 질량이 지나치게 무거우면 연비, 조종성, 제동성능 등의 전반적인 주행성능이 저하될 수 있다.

① 바운싱

차체가 수직축을 중심으로 상하방향으로 운동하는 것을 말하며 타이어의 접지력을 변화시키고 자동차의 주행 안정성과 관련 있다.

② 롤 링

자동차 정면의 가운데로 통하는 앞뒤축을 중심으로 한 회전 작용의 모멘트를 말하며 항력 방향 축을 중심으로 회전하려는 움직임이다. 측면으로 작용하는 힘에 의하여 발생되고 자동차의 선회 운동 및 횡풍의 영향을 받으며 주행안정성과 관련 있다.

③ 피 칭

자동차의 중심을 지나는 좌우 축 옆으로의 회전 작용의 모멘트를 말하며 횡력(측면) 방향 축을 중심으로 회전하려는 움직임이다. 피칭모멘트는 일반적으로 노면의 진동에 의해 자동차의 전륜 측과 후륜측의 상하운동으로 발생되며 타이어의 접지력을 변화시키고 자동차의 고속 주행 안정성과 관련 있다.

④ 요 잉

자동차 상부의 가운데로 통하는 상하 축을 중심으로 한 회전 작용의 모멘트로서 양력(수직)방향 축을 중심으로 회전하려는 움직임이다. 자동차의 선회, 원심력과 같은 차체의 회전운동과 관련된 힘에 의하여 발생되고 횡풍의 영향을 받으며 주행안정성과 관련 있다.

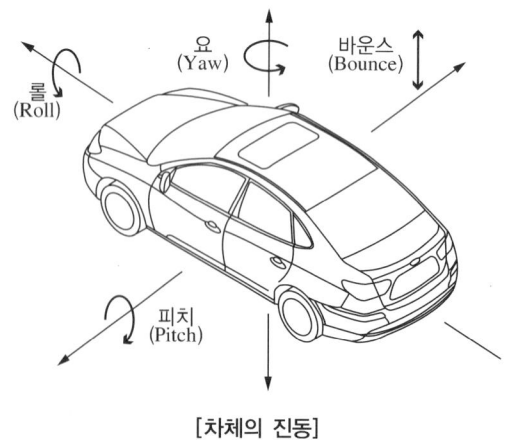

[차체의 진동]

(2) 스프링 아래 질량의 진동(차축의 진동)

스프링 아래 질량의 진동은 승차감 및 주행 안전성과 관계가 깊으며 스프링 아래 질량이 무거울 경우 승차감이 떨어지는 현상이 발생한다. 스프링 아래 질량의 운동은 다음과 같다.

① 휠 홉
   차축에 대하여 수직인 축(Z축)을 기준으로 상하 평행 운동을 하는 진동을 말한다.

② 휠 트램프
   차축에 대하여 앞뒤 방향(X축)을 중심으로 회전 운동을 하는 진동을 말한다.

③ 와인드 업
   차축에 대하여 좌우 방향(Y축)을 중심으로 회전 운동을 하는 진동을 말한다.

④ 스키딩
   차축에 대하여 수직인 축(Z축)을 기준으로 기어가 슬립하며 동시에 요잉 운동을 하는 것을 말한다.

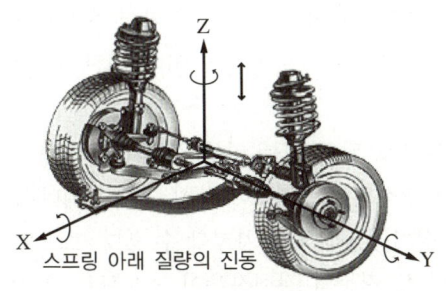

[차축의 진동]

3 현가장치의 구성

(1) 스프링

스프링은 노면에서 발생하는 충격 및 진동을 완충시켜주는 역할을 하며 그 종류에는 판 스프링, 코일 스프링, 토션 바 스프링 등의 금속제 스프링과 고무 스프링, 공기 스프링 등의 비금속제 스프링 등이 있다.

① 판 스프링
   판 스프링은 스프링 강을 적당히 구부린 뒤 여러 장을 적층하여 탄성효과에 의한 스프링 역할을 할 수 있도록 만든 것으로 강성이 강하고 구조가 간단하다. 판 스프링은 스프링의 강성이 다른 스프링보다 강하므로 차축과 프레임을 연결 및 고정 장치를 겸할 수 있으므로 구조가 간단해지나 판 사이의 마찰로 인해 진동을 억제하는 작용을 하여 미세한 진동을 흡수하기가 곤란하고 내구성이 커서 대부분 화물 및 대형차에 적용하고 있다.

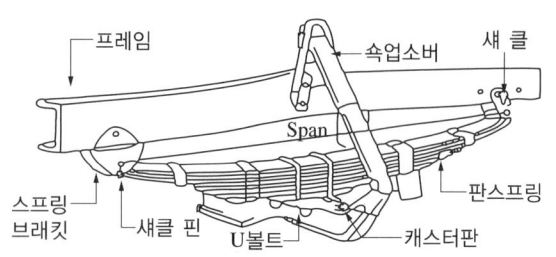

[판 스프링의 구조 및 명칭]

② 코일스프링

코일스프링은 스프링 강선을 코일 형으로 감아 비틀림 탄성을 이용한 것이다. 판 스프링보다 탄성도 좋고, 미세한 진동흡수가 좋지만 강도가 약하여 주로 승용차의 앞·뒤차축에 사용된다. 코일 스프링의 특징은 단위 중량당 에너지 흡수율이 크고, 제작비가 저렴하고 스프링의 작용이 효과적이며 다른 스프링에 비하여 손상률이 적은 장점이 있으나 코일 강의 지름이 같고 스프링의 피치가 같을 경우 진동감쇠 작용과 옆방향의 힘에 대한 저항이 약한 단점이 있다.

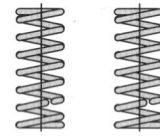

[코일스프링의 구조]

③ 토션 바 스프링

토션 바는 스프링 강으로 된 막대를 비틀면 강성에 의해 원래의 모양으로 되돌아가는 탄성을 이용한 것으로, 다른 형식의 스프링보다 단위 중량당 에너지 흡수율이 크므로 경량화할 수 있고, 구조도 간단하므로 설치공간을 작게 차지할 수 있다. 스프링의 힘은 바의 길이와 단면적 그리고 재질에 의해 결정되며, 진동의 감쇠작용이 없으므로 쇽 업소버를 병용하여야 한다.

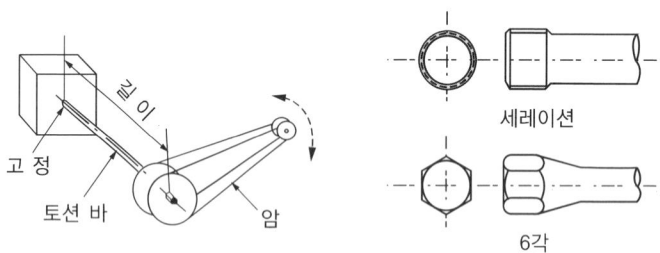

[토션 바 스프링의 원리 및 구조]

④ 에어 스프링

에어 스프링은 압축성 유체인 공기의 탄성을 이용하여 스프링 효과를 얻는 것으로 금속 스프링과 비교하면 다음과 같은 특징이 있다.

㉠ 스프링 상수를 하중에 관계없이 임의로 정할 수 있으며 적차 시나 공차 시 승차감의 변화가 거의 없다.

㉡ 하중에 관계없이 스프링의 높이를 일정하게 유지시킬 수 있다.

㉢ 서징현상이 없고 고주파진동의 절연성이 우수하다.

㉣ 방음효과와 내구성이 우수하다.

㉤ 유동하는 공기에 교축을 적당하게 줌으로써 감쇠력을 줄 수 있다.

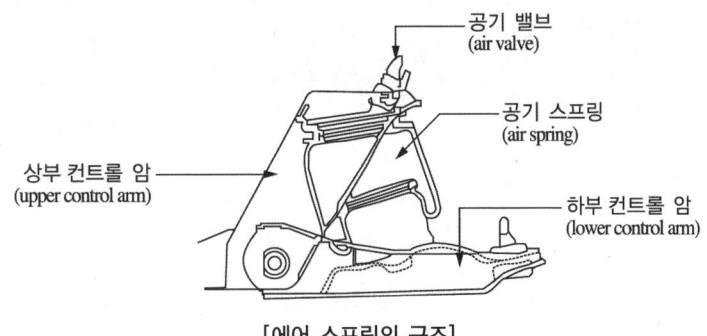

[에어 스프링의 구조]

⑤ 고무 스프링

고무 스프링은 고무를 열가소성형하여 이것을 금속과 접착시켜 사용하고 내유성이 필요한 곳은 합성고무를 사용한다. 금속과는 달리 변형하더라도 체적이 변하지 않는 성질이 있고, 탄성계수도 변형률과 더불어 변화하고 스프링 상수도 정확하게 결정하기 어려우나 소형 경량화가 가능하고 간단히 설치할 수 있어 엔진 및 변속기 마운트와 각종 댐퍼에 적용된다.

⑥ 스태빌라이저

스태빌라이저는 토션 바 스프링의 일종으로서 양끝이 좌·우의 컨트롤 암에 연결된다. 중앙부는 차체에 설치되어 커브 길을 선회할 때 차체가 롤링(좌우 진동)하는 것을 방지하며, 차체의 기울기를 감소시켜 평형을 유지하는 장치이다.

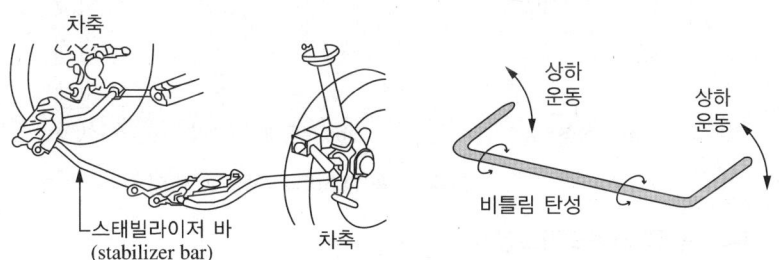

[스태빌라이저의 구조 및 기능]

(2) 쇽 업소버

쇽 업소버는 완충기 또는 댐퍼(Damper)라고도 하며 자동차가 주행 중 노면으로부터의 충격에 의한 스프링의 진동을 억제, 감쇠시켜 승차감 향상, 스프링의 수명을 연장시킴과 동시에 주행 및 제동할 때 안정성을 높이는 장치로서 차체와 바퀴 사이에 장착된다.

- 쇽 업소버가 없는 경우 진동이 계속된다.

- 쇽 업소버가 있는 경우 진동이 감쇠된다.

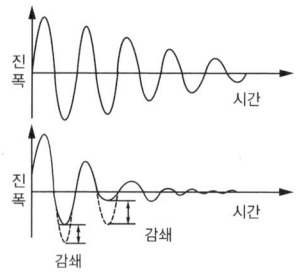
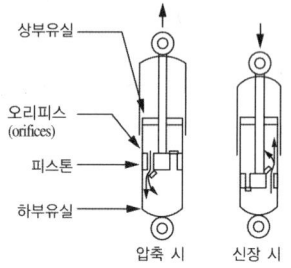

[쇽 업소버의 감쇠작용]

① 유압식 쇽 업소버

유압식 쇽 업소버는 텔레스코핑형과 레버형이 있으며 일반적으로 실린더와 피스톤, 오일통로로 구성되어 감쇠작용을 한다. 유압식 쇽 업소버는 피스톤부의 오일 통로(오리피스)를 통과하는 오일의 작용으로 감쇠력을 조절하며 피스톤의 상승과 하강에 따라 압력이 가해지는 복동식과 한쪽 방향으로만 압력이 가해지는 단동식으로 나눌 수 있다.

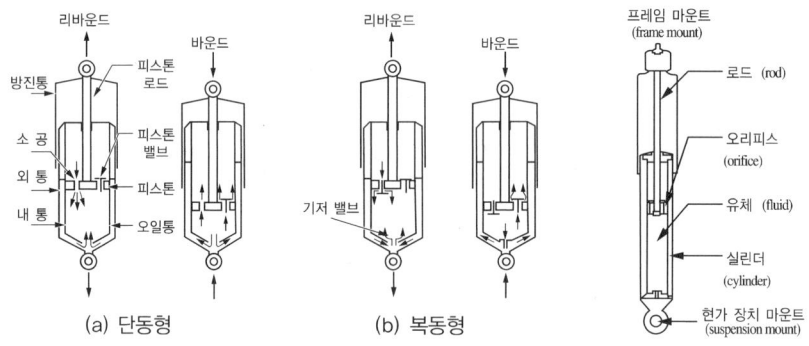

[유압식 쇽 업소버의 종류 및 구조]

② 가스봉입 쇽 업소버(드가르봉식)

이 형식은 유압식의 일종이며 프리 피스톤을 장착하여 프리 피스톤의 위쪽에는 오일이, 아래쪽에는 고압($30kgf/cm^2$)의 불활성 가스(질소가스)가 봉입되어 내부에 압력이 형성되어 있는 타입이다. 작동 중 오일에 기포가 생기지 않으며, 부식이나 오일유동에 의한 문제(에이레이션 및 캐비테이션)가 발생하지 않고 진동흡수성능 및 냉각성능이 우수하다.

③ 가변 댐퍼

일반적인 쇽 업소버와 달리 속도, 노면조건, 하중, 운전 상황에 따라 쇽 업소버의 감쇠력을 변환하는 장치로서, 수동식과 ECU 제어에 의한 자동식이 있다. 가변 댐퍼시스템은 오일이 지나는 통로의 면적을 조절하여 운행 상태와 노면의 조건에 알맞은 감쇠력을 발생시켜 최적의 조건으로 진동을 흡수하고 차체의 안정성을 확보하는 시스템이다. 오일 통로의 면적을 조절하는 방식은 액추에이터를 이용하여 제어하며 현재 고급승용차에서 에어 스프링과 함께 조합하여 적용하고 있다.

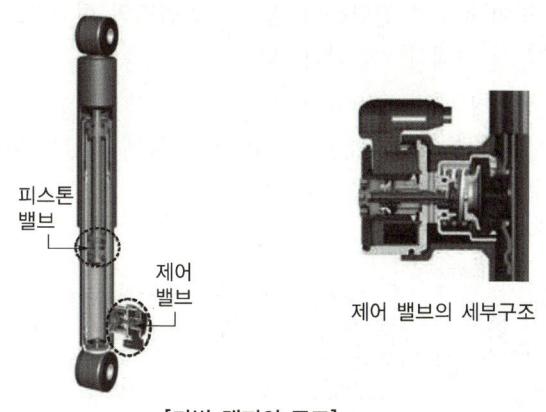

[가변 댐퍼의 구조]

제어 밸브의 세부구조

4 현가시스템의 분류

현가장치는 일반적으로 일체 차축식 현가장치, 독립 차축 현가 방식, 공기 스프링 현가 방식 등이 있다.

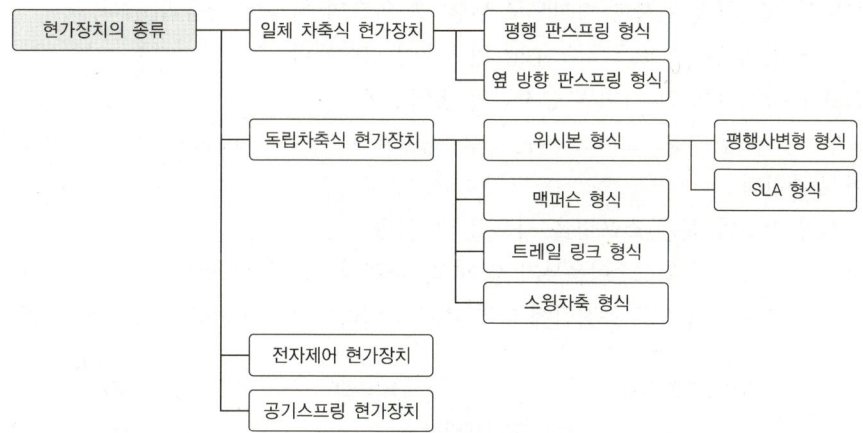

(1) 일체 차축식 현가 장치

일체 차축식은 좌우의 바퀴가 1개의 차축에 연결되며 그 차축이 스프링을 거쳐 차체에 장착하는 형식으로, 구조가 간단하고 강도가 크므로 대형트럭이나 버스 등에 많이 적용되고 있다. 사용되는 스프링은 판 스프링이 많이 사용되며 조향 너클의 장착방법은 엘리옷형(Elliot Type), 역 엘리옷형(Reverse Elliot Type), 마몬형(Mar Mon Type), 르모앙형(Lemonine Type) 등이 있으나, 그 중에서 역 엘리옷형이 일반적으로 많이 사용된다. 일체 차축식의 특징은 다음과 같다.

① 부품 수가 적어 구조가 간단하며 휠 얼라인먼트의 변화가 적다.
② 커브길 선회 시 차체의 기울기가 적다.
③ 스프링 아래 질량이 커 승차감이 불량하다.
④ 앞바퀴에 시미발생이 쉽고 반대편 바퀴의 진동에 영향을 받는다.
⑤ 스프링 정수가 너무 적은 것은 사용이 어렵다.

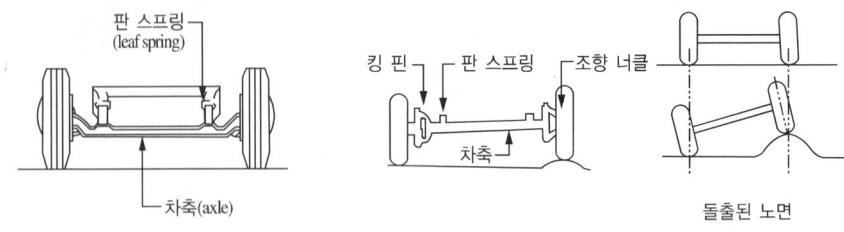

[일체 차축식]

(2) 독립 차축 현가방식

이 방식은 차축이 연결된 일체 차축식 방식과는 달리 차축을 각각 분할하여 양쪽 휠이 서로 관계없이 운동하도록 설계한 것이며, 승차감과 주행 안정성이 향상되게 한 것이다. 이러한 독립 차축 현가방식은 맥퍼슨 형과 위시본 형식으로 나눌 수 있으며 특징은 다음과 같다.

① 차고를 낮게 할 수 있으므로 주행 안전성이 향상된다.
② 스프링 아래 질량이 가벼워 승차감이 좋아진다.
③ 조향바퀴에 옆 방향으로 요동하는 진동(Shimmy)발생이 적고 타이어의 접지성(Road Holding)이 우수하다.
④ 스프링 정수가 적은 스프링을 사용할 수 있다.
⑤ 구조가 복잡하게 되고, 이음부가 많아 각 바퀴의 휠 얼라인먼트가 변하기 쉽다.
⑥ 주행 시 바퀴가 상하로 움직임에 따라 윤거나 얼라인먼트가 변하여 타이어의 마모가 촉진된다.

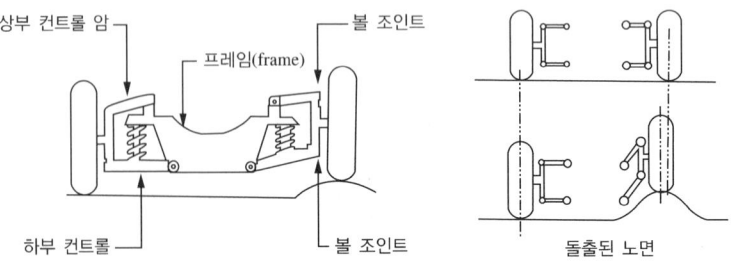

[독립 차축식]

㉠ 위시본 형식

이 형식은 위아래 컨트롤 암이 설치되고 암의 길이에 따라 평행사변형 형식과 SLA 형식으로 구분되며 평행사변형 형식은 위아래 컨트롤암의 길이가 같고 SLA 형식은 아래 컨트롤 암이 위 컨트롤 암보다 길다. 위시본 형식은 스프링이 약해지거나 스프링의 장력 및 자유고가 낮아지면 바퀴 윗부분이 안쪽으로 이동하여 부의 캠버를 만든다. 또한 SLA 형식은 바퀴의 상·하진동 시 위 컨트롤 암보다 아래 컨트롤 암의 길이가 길어 캠버의 변화가 발생한다.

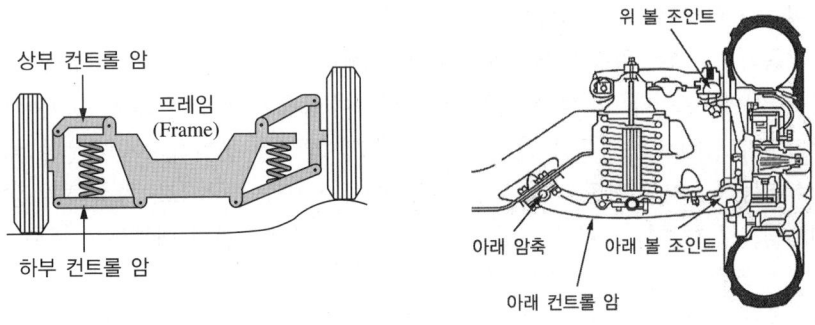

[위시본 형식]

㉡ 맥퍼슨 형식

맥퍼슨 형은 위시본 형식으로부터 개발된 것으로, 위시본 형식에서 위 컨트롤 암은 없으며 그 대신 쇽 업소버를 내장한 스트럿의 하단을 조향 너클의 상단부에 결합시킨 형식으로 현재 승용차에 가장 많이 적용되고 있는 형식이다.

스트럿 상단은 고무 마운팅 인슐레이터 내에 있는 베어링과 위 시트(Upper Seat)를 거쳐 차체에 조립되어 있다. 마운팅 인슐레이터에서 고무의 탄성으로 타이어의 충격이 차체로 전달되는 것을 최소화하며 동시에 조향 시 스트럿이 자유롭게 회전할 수 있다. 코일 스프링은 위 시트와 스트럿 중간부의 조립되어 있는 아래 시트(Lower Seat) 사이에 설치된다.

• 위시본형에 비해 구조가 간단하고 부품이 적어 정비가 용이하다.
• 스프링 아래 질량을 가볍게 할 수 있고 로드 홀딩 및 승차감이 좋다.
• 엔진룸의 유효공간을 크게 제작할 수 있다.

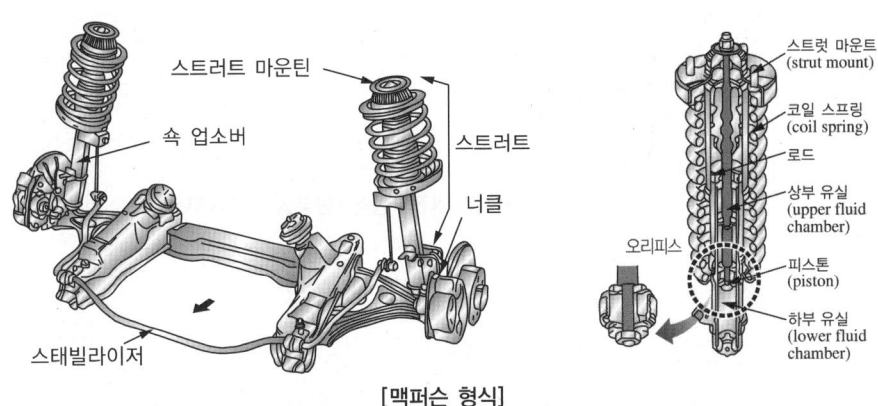

[맥퍼슨 형식]

(3) 뒤차축 지지 방식

뒤차축은 종감속기어와 차동장치를 거쳐 전달되는 동력을 구동바퀴로 전달하는 축으로 차축 하우징 내부에 있으며, 한쪽 끝은 차동 사이드 기어와 스플라인으로 결합되어 있고, 다른 한 끝은 구동휠과 결합된다. 뒤차축과 차축 하우징과의 하중 지지 방식에 따라 다음의 3가지 방식이 있다.

① **전부동식** : 차축은 바퀴에 동력을 전달하는 역할만 하고, 차량의 중량과 지면의 반력 등은 전혀 받지 않도록 되어 있다. 그리고 구동바퀴를 탈거하지 않고도 차축을 분리시킬 수 있으며 주로 대형 버스나 트럭 등에 적용된다.

② **반부동식** : 차축은 차량중량에 의한 수직력, 제동력, 구동력 및 기타 바퀴에 작용하는 측면방향 힘을 받는 구조이다. 이 형식은 구조가 간단하여 승용차 및 소형 화물자동차에 사용되며 차축을 탈거하기 위해서는 바퀴를 탈거 후 내부 고정 장치를 분리하여야 가능하다.

③ **3/4 부동식** : 차축 바깥 선단 부에 바퀴 허브(Hub)와 결합되고, 차축 하우징 바깥쪽의 1개의 베어링으로 허브를 지지하는 형식이다. 수직 및 수평하중의 대부분은 차축 하우징이 받지만 차체가 좌우로 경사지는 경우 차축에 하중의 일부가 걸리도록 되어 있는 구조로 전부동식과 반부동식의 중간 형태의 차축지지방식이다.

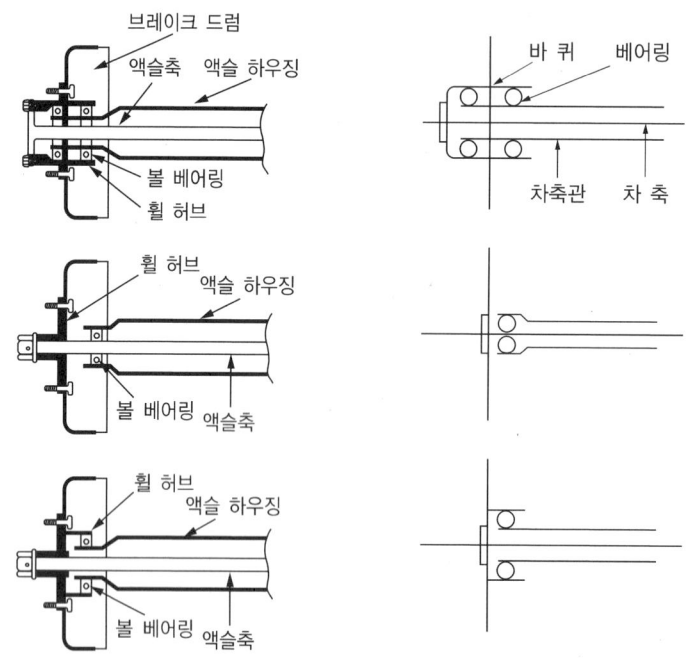

[차축의 지지방식(전부동식, 반부동식, 3/4부동식)]

(4) 에어 스프링 현가장치

공기 현가장치는 공기 스프링, 서지탱크, 레벨링 밸브(Leveling Valve) 등으로 구성되어 있으며, 하중에 따라 스프링상수를 변화시킬 수 있고, 차고 조정이 가능하다. 승차감과 차체 안정성을 향상시킬 수 있어 대형 버스 등에 많이 사용된다.

또한 공기 압축기, 공기탱크 등의 부속장치가 필요하고 시스템이 복잡하고 무거워지며 측면방향의 힘에 버티는 저항력이 약하나, 시스템의 개선으로 현재에는 고급승용차를 비롯한 여러 차종에 적용되고 있다. 공기 현가장치는 하중이 감소하여 차고가 높아지면 레벨링 밸브가 작동하여 공기 스프링 안의 공기를 방출하고, 하중이 증가하여 차고가 낮아지면 공기탱크에서 공기를 보충하여 차고를 일정하게 유지하도록 되어 있다.

① 차체의 하중 증감과 관계없이 차고가 항상 일정하게 유지되며 차량이 전후, 좌우로 기우는 것을 방지한다.
② 공기 압력을 이용하여 하중의 변화에 따라 스프링상수가 자동적으로 변한다.
③ 항상 스프링의 고유진동수는 거의 일정하게 유지된다.
④ 고주파 진동을 잘 흡수한다(작은 충격도 잘 흡수).
⑤ 승차감이 좋고 진동을 완화하기 때문에 자동차의 수명이 길어진다.

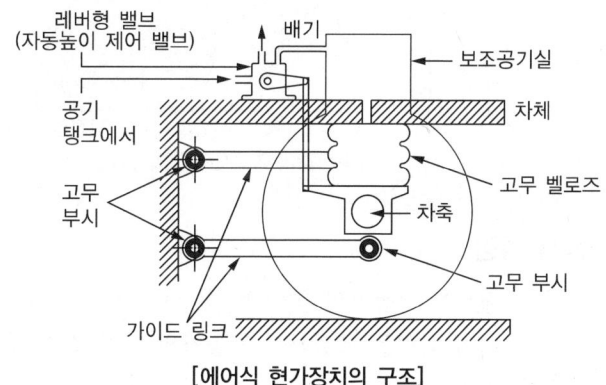

[에어식 현가장치의 구조]

(5) 에어 스프링 현가장치의 구성

① 공기 압축기(Air Compressor) : 엔진에 의해 벨트로 구동되며 압축 공기를 생산하여 저장 탱크로 보낸다.
② 서지 탱크(Surge Tank) : 공기 스프링 내부의 압력 변화를 완화하여 스프링 작용을 유연하게 해주는 장치이며, 각 공기 스프링마다 설치되어 있다.
③ 공기 스프링(Air Spring) : 공기 스프링에는 벨로즈형과 다이어프램형이 있으며, 공기 저장 탱크와 스프링 사이의 공기 통로를 조정하여 도로 상태와 주행속도에 가장 적합한 스프링 효과를 얻도록 한다.
④ 레벨링 밸브(Leveling Valve) : 공기 저장 탱크와 서지 탱크를 연결하는 파이프 도중에 설치된 것이며, 자동차의 높이가 변화하면 압축 공기를 스프링으로 공급하여 차고를 일정하게 유지시킨다.

5 전자제어 현가장치(ECS)

ECS(Electronic Control Suspension System)는 ECU, 각종 센서, 액추에이터 등을 설치하고 노면의 상태, 주행 조건 및 운전자의 조작 등과 같은 요소에 따라서 차고와 현가특성(감쇠력 조절)이 자동적으로 조절되는 현가장치이다.

자동차의 기계적인 현가시스템은 승차감과 주행 안정성의 특성을 동시에 만족할 수 없다. 승차감을 향상시켜 서스펜션의 감쇠력을 부드럽게 할 경우 비포장 도로에서 저속주행에는 유리하나 고속주행 시 선회성능은 매우 나빠지게 된다. 또한 현가특성을 강하게 만들어 주행 안정성을 확보하면 진동흡수성이 저하되어 승차감이 나빠지게 된다. 이러한 특성에 대하여 주행 조건 및 노면의 상태에 따라 감쇠력 및 현가 특성을 조절하는 것이 전자제어 현가장치이며 이러한 현가시스템은 차고조절 기능도 함께 수행한다.

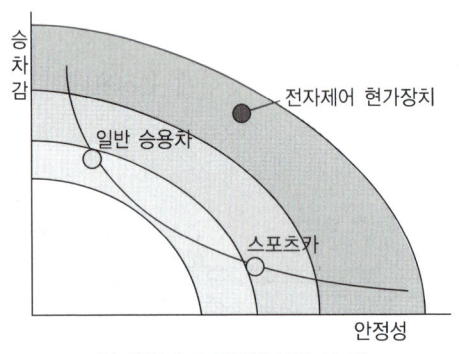

[승차감과 조종안정성의 관계]

(1) 전자제어 현가장치 특징

① 선회 시 감쇠력을 조절하여 자동차의 롤링 방지(앤티 롤)
② 불규칙한 노면 주행 시 감쇠력을 조절하여 자동차의 피칭 방지(앤티 피치)
③ 급출발 시 감쇠력을 조정하여 자동차의 스쿼트 방지(앤티 스쿼트)
④ 주행 중 급 제동 시 감쇠력을 조절하여 자동차의 다이브 방지(앤티 다이브)
⑤ 도로의 조건에 따라 감쇠력을 조절하여 자동차의 바운싱 방지(앤티 바운싱)
⑥ 고속 주행 시 감쇠력을 조절하여 자동차의 주행 안정성 향상(주행속도 감응제어)
⑦ 감쇠력을 조절하여 하중변화에 따라 차체가 흔들리는 쉐이크 방지(앤티 쉐이크)
⑧ 적재량 및 노면의 상태에 관계없이 자동차의 자세 안정
⑨ 조향 시 언더스티어링 및 오버스티어링 특성에 영향을 주는 롤링제어 및 강성배분 최적화
⑩ 노면에서 전달되는 진동을 흡수하여 차체의 흔들림 및 차체의 진동 감소

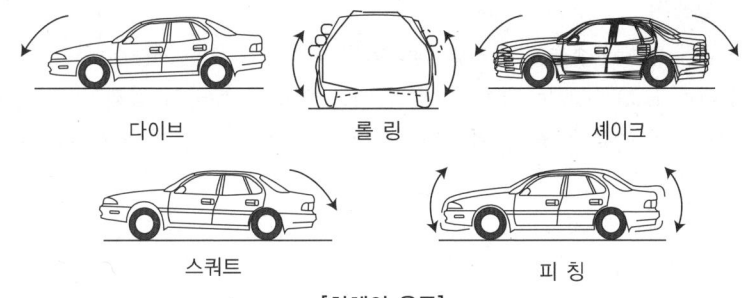

[차체의 운동]

(2) 전자제어 현가장치의 구성

① 차속 센서

스피드미터 내에 설치되어 변속기 출력축의 회전수를 전기적인 펄스 신호로 변환하여 ECS ECU에 입력한다. ECU는 이 신호를 기초로 선회할 때 롤(Roll)량을 예측하며, 앤티 다이브, 앤티 스쿼트 제어 및 고속 주행 안정성을 제어할 때 입력 신호로 사용한다.

② G 센서(중력 센서)

엔진 룸 내에 설치되어 있고 바운싱 및 롤(Roll) 제어용 센서이며, 자동차가 선회할 때 G 센서 내부의 철심이 자동차가 기울어진 쪽으로 이동하면서 유도되는 전압이 변화한다. ECU는 유도되는 전압의 변화량을 감지하여 차체의 기울어진 방향과 기울기를 검출하여 앤티 롤(Anti Roll)을 제어할 때 보정 신호로 사용된다.

③ 차고 센서

이 센서는 차량의 전방과 후방에 설치되어 있고 차축과 차체에 연결되어 차체의 높이를 감지하며 차체의 상하 움직임에 따라 센서의 레버가 회전하므로 레버의 회전량을 센서를 통하여 감지한다. 또한 ECS ECU는 차고 센서의 신호에 의해 현재 차고와 목표 차고를 설정하고 제어한다.

④ 조향 핸들 각속도 센서

이 센서는 핸들이 설치되는 조향 칼럼과 조향축 상부에 설치되며 센서는 핸들 조작 시 홀이 있는 디스크가 회전하게 되고 센서는 홀을 통하여 조향 방향, 조향 각도, 조향속도를 검출한다. 또한 ECS ECU는 조향 핸들 각도 센서 신호를 기준으로 롤링을 예측한다.

⑤ 자동변속기 인히비터 스위치

자동변속기의 인히비터 스위치(Inhibitor Switch)는 운전자가 변속 레버를 P, R, N, D 중 어느 위치로 선택·이동하는지를 ECS ECU로 입력시키는 스위치이다. ECU는 이 신호를 기준으로 변속 레버를 이동할 때 발생할 수 있는 진동을 억제하기 위해 감쇠력을 제어한다.

⑥ 스로틀 위치 센서

이 센서는 가속페달에 의해 개폐되는 엔진 스로틀 개도 검출 센서로서 운전자의 가·감속의지를 판단하기 위한 신호로 사용된다. 운전자의 가속페달 밟는 양을 검출하여 ECS ECU로 입력시킨다. ECS ECU는 이 신호를 기준으로 운전자의 가·감속의지를 판단하여 앤티 스쿼트를 제어하는 기준 신호로 이용한다.

⑦ 전조등 릴레이

전조등 릴레이는 전조등 스위치를 작동하면 전조등을 점등하는 역할을 한다. 전조등 릴레이의 신호에 따라 ECS ECU는 고속 주행 중 차고 제어를 통하여 적재물 또는 승차 인원 하중으로 인한 전조등의 광축 변화를 억제하여 항상 일정한 전조등의 조사 각도를 유지한다.

⑧ 발전기 L 단자

엔진의 작동여부를 검출하여 차고를 조절하는 신호로 사용된다.

⑨ 모드 선택 스위치

ECS 모드선택 스위치는 운전자가 주행 조건이나 노면 상태에 따라 쇽 업소버의 감쇠력 특성과 차고를 선택할 때 사용한다.

⑩ 도어 스위치

도어 스위치는 자동차의 도어가 열리고 닫히는 것을 감지하는 스위치로 ECS ECU는 도어 스위치의 신호로 자동차에 승객의 승차 및 하차 여부를 판단하여 승·하차를 할 때 차체의 흔들림 및 승·하차 시 탑승자의 편의를 위해 쇽 업소버의 감쇠력 제어 및 차고조절 기능을 수행한다.

⑪ 스텝모터(모터드라이브방식)

스텝 모터는 각각의 쇽 업소버 상단에 설치되어 있으며, 쇽 업소버 내의 오리피스 통로면적을 ECS ECU에 의해 자동 조절하여 감쇠력을 변화시키는 역할을 한다.

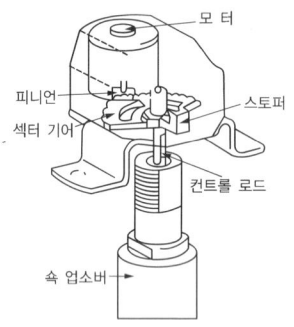

[모터드라이브의 구조]

⑫ 제동등 스위치

제동등 스위치는 운전자의 브레이크 페달 조작 여부를 판단하며 ECS ECU는 이 신호를 기준으로 앤티 다이브를 실행한다.

⑬ 급·배기밸브

급·배기밸브는 차고조절을 위해 현가시스템에 설치된 공기주머니에 공기를 급기 또는 배기하는 역할을 수행하는 밸브이다. 이 밸브는 ECS ECU의 명령에 따라 앞뒤 제어 및 좌우 제어를 통하여 차량의 운전조건 및 노면상태에 따른 차고조절을 제어한다.

6 에어식 전자제어 현가시스템

에어식 전자제어 현가시스템은 기존의 유압식 전자제어 현가장치시스템에서 더욱 발전된 형태로서 기존 유압식 ECS시스템이 가지고 있는 단점을 보완하여 승차감과 핸들링 성능을 더욱 향상시키고 차고조절 또한 신속하게 이루어 주행 안전성을 확보하는 신기술 현가시스템이라 할 수 있다. 또한 기존의 코일 스프링을 제거하고 공기식 스프링을 적용하여 노면과 운전 조건에 따른 신속한 스프링 상수의 변화를 통하여 승차감 및 안전성 확보에 기여하고 있다.

(1) 에어식 ECS의 특징

에어식 ECS는 차고조절 및 유지기능과 감쇠력 조절 기능을 가지고 있다. 이러한 기능은 주행상태에 따른 최적의 차고와 감쇠력을 제어하므로 저속에서는 승차감이 향상되고 고속에서 주행안정성을 유지할 수 있다.
① 차고조절과 유지기능 : 에어 급·배기를 통한 차고 조정(유지/상승/하강)
② 감쇠력 조절기능 : Soft부터 Hard 영역의 감쇠력 연속 대응이 가능하여 승차감 및 안정성이 향상

(2) 유압식 ECS와 에어식 ECS의 성능 비교

항 목	유압식 ECS	에어식 ECS
시스템	Open Loop(개회로)	Closed Loop(폐회로)
차고제어반응속도 (25mm 상승 시)	약 25초	약 3초
감쇠력 제어모드	Soft, Auto Soft, Medium, Hard	무단제어
차고제어 모드	Low, Normal, High, Ex-high	Low, Normal, High
감쇠력 제어장치	Step Motor	가변제어 솔레노이드
에어 스프링	• 코일+에어 스프링 조합 • 내압 6bar(차고조정 느림)	• 에어스프링 단독 장착 • 내압 10bar(쾌속 차고조정)
에어 공급	Open Loop System(저응답성)	Closed Loop System(신속)
차고조정 기능	고속도로 및 험로주행 기능	고속도로 및 험로주행 기능
스프링 형상	스텝 모터 / 에어스프링 / 코일스프링 / 댐퍼	에어스프링 -고강도 bag -알루미늄 가이드 / 솔레노이드 밸브 (외장형)

(3) 에어식 ECS 구조

전자제어 에어 서스펜션은 기존 코일스프링 대신 에어 스프링을 장착한 것으로 에어압력을 형성하는 컴프레셔와 에어를 공급하는 밸브블록, 에어를 저장할 수 있는 리저버 탱크 그리고 각 센서와 그 정보를 입력 받아 제어하는 ECS ECU로 구성되어 있다.

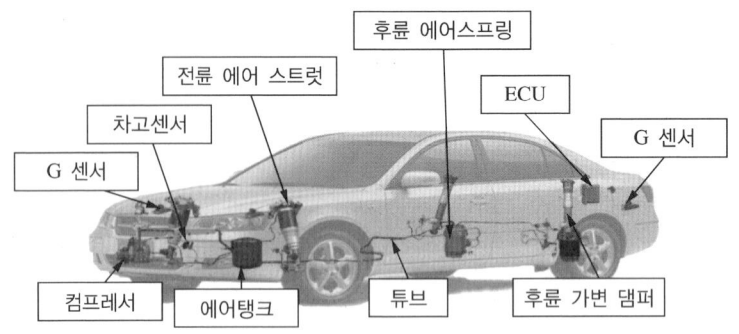

[에어식 ECS 구조]

① 컴프레셔(Compressor) : 공압시스템에 에어를 공급 또는 빼내는 기능을 하며 내부에는 시스템의 안전을 위하여 압력을 배출할 수 있는 릴리프 밸브가 장착되어 있다. 에어포트는 3개가 있으며, 리저버 탱크, 밸브블록 및 외부공기와 연결된다.

② 리버싱 밸브(Reversing Valve) : 컴프레셔 내부에 장착되어 있으며 에어 스프링에 에어를 공급 또는 배출 시에 내부 밸브의 작동을 달리하여 그 과정을 수행하는 밸브이다.

③ 압력해제 밸브(Relief Pressure Valve) : 컴프레셔에 장착되어 있으며, 컴프레셔 내부 압력이 규정압력 이상이 되면 밸브가 열려 에어를 배출하는 안전밸브이다.

④ 에어주입밸브(Air Filling Valve) : 좌측 헤드램프 뒤쪽 엔진룸 내에 장착되어 있으며, 시스템 내 에어를 주입하기 위한 밸브이다. 밸브는 리저버 탱크와 연결되고 진단장비를 통하여 에어를 주입할 수 있다.

⑤ 에어 드라이어(Air Drier) : 공기 중의 수분을 흡수하여 시스템 내에 수분 등이 공급되지 않도록 한다. 대기압밸브를 통해 내부공기가 외부로 방출될 때, 내부 습기도 배출된다.

⑥ 밸브블록(Valve Block) : 밸브블록에는 솔레노이드 밸브가 장착되어 있으며 공기스프링과 컴프레셔 사이에서 에어 압력을 공급 또는 배출하는 역할을 한다.

⑦ 압력 센서(Pressure Sensor) : 밸브블록 내부에 장착되며 시스템의 압력을 감지한다.

⑧ 리저버 탱크(Reservoir Tank) : 에어 저장 탱크로 컴프레셔와 에어 스프링에 에어압력을 공급하고 압력 해제 시 에어를 저장하는 기능을 한다.

(4) 에어식 ECS의 전자제어 구성

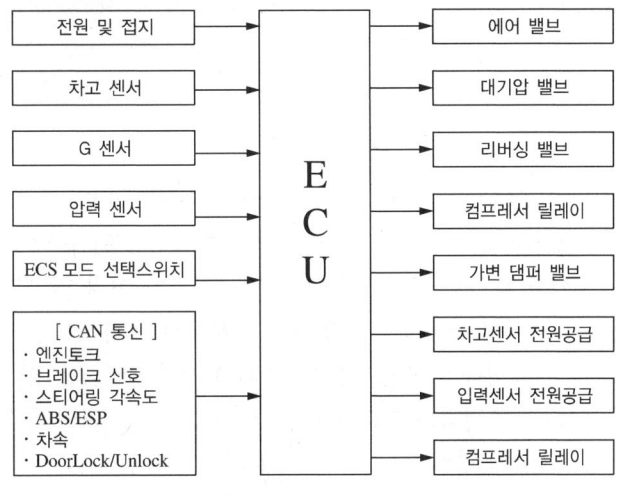

[에어식 ECS 블록도]

(5) 차고제어

① 기준 레벨(Normal Level) : ECS 기능이 작동되지 않은 차량 기준레벨로 수동 또는 자동으로 각 레벨로의 전환이 가능하다.

② 하이 레벨(High Level) : 프런트 및 리어 에어 스프링의 에어압력으로 차량바디가 상승되어 차량바디와 하체간의 간섭을 피하고 노면으로부터 충격과 진동을 최소화하기 위한 레벨이다.

③ 로우 레벨(Highway Level) : 차량이 고속으로 일정시간 이상 주행할 경우, 진입하는 레벨로 이때는 차량 보디가 기준 레벨로부터 약 15mm 하강하여 주행저항을 줄이고, 무게 중심점을 아래로 이동하여 보다 안정감 있는 고속 주행이 가능한 레벨로 차속 및 속도 유지시간에 따라 자동변환이 이루어진다.

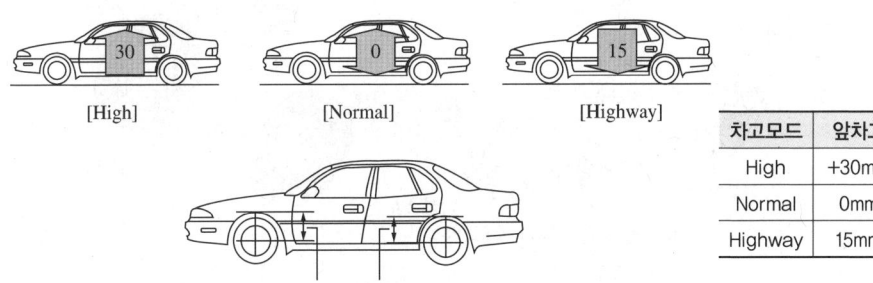

[차고제어]

차고모드	앞차고	뒤차고
High	+30mm	+30mm
Normal	0mm	0mm
Highway	15mm	15mm

10 조향시스템

PART 01 그린전동자동차 공학

1 조향장치

조향장치는 운전자의 의도에 따라 자동차의 진행 방향을 바꾸기 위한 장치로서 조작기구, 기어기구, 링크기구 등으로 구성된다. 운전자가 조향 핸들을 돌리면 조향축을 따라 전달된 힘은 조향 기어에 의해 회전수는 감소되고 토크는 증가되어 조향 링크장치를 거쳐 앞바퀴에 전달된다.

조작기구는 운전자가 조작한 조작력을 전달하는 부분으로 조향 핸들, 조향축, 조향칼럼 등으로 이루어진다. 기어기구는 조향축의 회전수를 감소함과 동시에 조작력을 증대시키며 조작기구의 운동 방향을 바꾸어 링크기구에 전달하는 부분이다. 링크기구는 기어기구의 움직임을 앞바퀴에 전달함과 동시에 좌우바퀴의 위치를 올바르게 유지하는 부분이며 피트먼 암, 드래그 링크, 타이 로드, 너클 암 등으로 구성된다. 조향장치의 구비조건은 다음과 같다.

- 조향 조작 시 주행 중 바퀴의 충격에 영향을 받지 않을 것
- 조작이 쉽고, 방향 변환이 용이할 것
- 회전 반경이 작아서 협소한 도로에서도 방향 변환을 할 수 있을 것
- 진행 방향을 바꿀 때 섀시 및 보디 각 부에 무리한 힘이 작용되지 않을 것
- 고속 주행에서도 조향 핸들이 안정적일 것
- 조향 핸들의 회전과 바퀴 선회 차이가 크지 않을 것
- 수명이 길고 다루기가 쉽고 정비가 쉬울 것

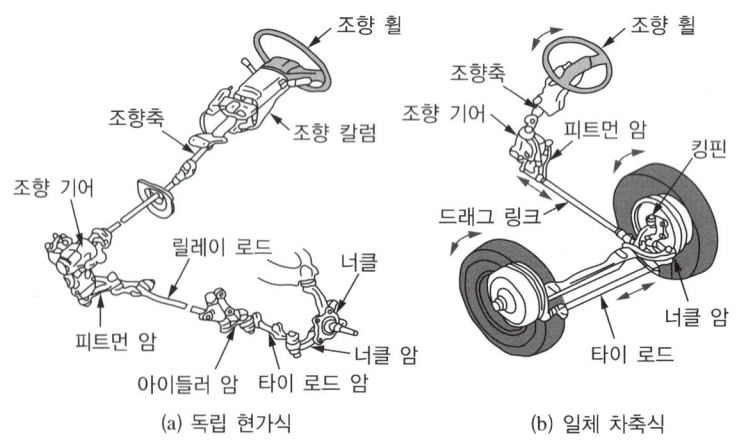

(a) 독립 현가식   (b) 일체 차축식

[조향장치의 구조]

(1) 선회 특성

조향 핸들을 어느 각도까지 돌리고 일정한 속도로 선회하면, 일정의 원주상을 지나게 되며 다음과 같은 특성이 나타난다.

① 언더스티어

   일정한 방향으로 선회하여 속도가 상승했을 때, 선회반경이 커지는 것으로 원운동의 궤적으로부터 벗어나 서서히 바깥쪽으로 커지는 주행상태가 나타난다.

② 오버스티어

   일정한 조향각으로 선회하여 속도를 높였을 때 선회반경이 작아지는 것으로 언더스티어의 반대의 경우로서 안쪽으로 서서히 작아지는 궤적을 나타낸다.

③ 뉴트럴 스티어

   차륜이 원주상의 궤적을 거의 정확하게 선회한다.

④ 리버스 스티어

   최초의 동안은 언더스티어로 밖으로 커지는데 도중에서 갑자기 안쪽으로 적어지는 오버스티어의 주행 방법을 나타낸다.

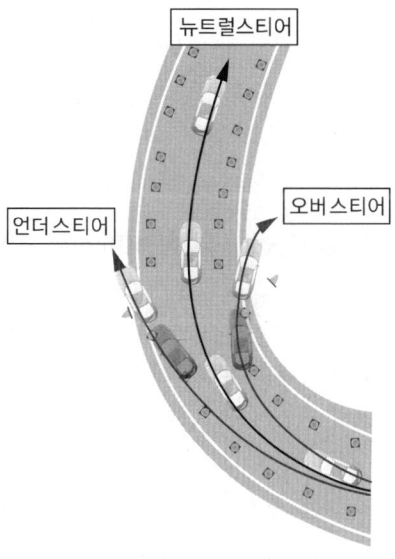

[차량의 선회 특성]

(2) 에커먼 장토식 조향원리

이 원리는 조향 각도를 최대로 하고 선회할 때 선회하는 안쪽 바퀴의 조향각이 바깥쪽 바퀴의 조향각보다 크게 되며, 뒷 차축 연장선상의 한 점을 중심으로 동심원을 그리면서 선회하여 사이드슬립 방지와 조향 핸들 조작에 따른 저항을 감소시킬 수 있는 방식이다.

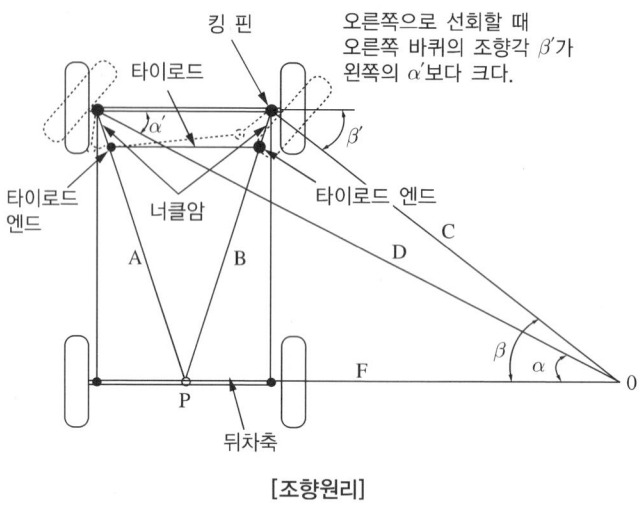

[조향원리]

(3) 조향기구

① 조향 휠(조향 핸들)

조향 핸들은 림(Rim), 스포크(Spoke) 및 허브(Hub)로 구성되어 있으며, 스포크나 림 내부에는 강철이나 알루미늄 합금 심으로 보강되고, 바깥쪽은 합성수지로 성형되어 있다. 조향 핸들은 조향축을 테이퍼(Taper)나 세레이션(Serration) 홈에 끼우고 너트로 고정시킨다.

허브에는 경음기(Horn)를 작동 시키는 스위치가 부착되며, 최근에는 에어 백(Air Bag)을 설치하여 충돌할 때 센서에 의해 질소 가스 압력으로 팽창하는 구조로 된 것도 있다.

② 조향축

조향축은 조향 핸들의 회전을 조향 기어의 웜(Worm)으로 전달하는 축이며 웜과 스플라인을 통하여 자재 이음으로 연결되어 있다. 또 조향기어 축을 연결할 때 오차를 완화하고 노면으로부터의 충격을 흡수하여 조향 핸들에 전달되지 않도록 하기 위해 조향 핸들과 축 사이에 탄성체 이음으로 되어 있다. 조향축은 조향하기 쉽도록 35~50°의 경사를 두고 설치되며 운전자 요구에 따라 알맞은 위치로 조절할 수 있다.

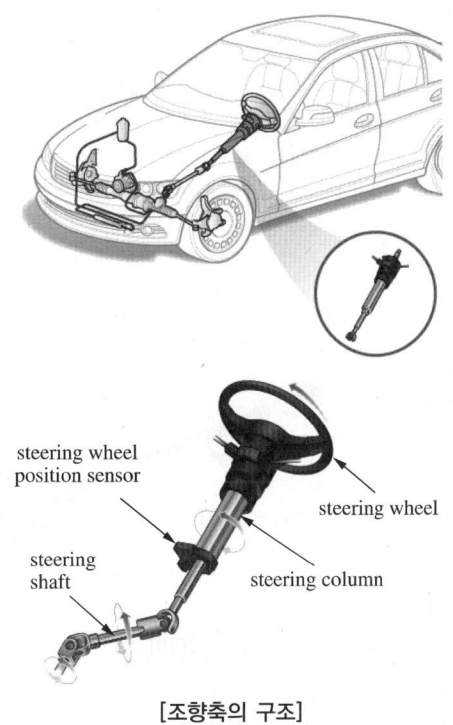

[조향축의 구조]

③ 조향 기어 박스

조향 기어는 조향 조작력을 증대시켜 앞 바퀴로 전달하는 장치이며, 종류에는 웜 섹터형, 볼 너트형, 래크와 피니언형 등이 있다. 현재 주로 사용되고 있는 형식은 볼 너트 형식과 래크와 피니언형식이다.

④ 피트먼 암

피트먼 암은 조향 핸들의 움직임을 일체 차축 방식 조향 기구에서는 드래그 링크로, 독립 차축 방식 조향 기구에서는 센터 링크로 전달하는 것이며, 한쪽 끝에는 테이퍼의 세레이션(Serration)을 통하여 섹터 축에 설치되고, 다른 한쪽 끝은 드래그 링크나 센터 링크에 연결하기 위한 볼 이음으로 되어 있다.

⑤ 타이로드

타이로드는 독립 차축 방식 조향 기구에서는 래크와 피니언형식의 조향 기어에서는 직접 연결되며, 볼트 너트 형식 조향 기어 상자에서는 센터 링크의 운동을 양쪽 너클 암으로 전달하며, 2개로 나누어져 볼 이음으로 각각 연결되어 있다. 또한 일체 차축 방식 조향 기구에서는 1개의 로드로 되어 있고, 너클 암의 움직임을 반대쪽의 너클 암으로 전달하여 양쪽 바퀴의 관계를 바르게 유지시킨다. 또 타이로드의 길이를 조정하여 토인(Toe-in)을 조정할 수 있다.

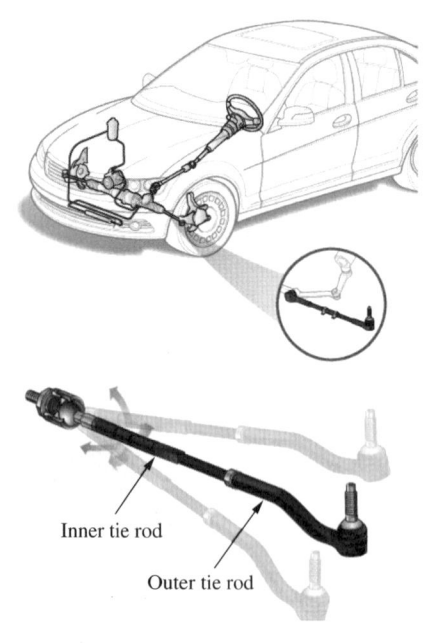

[타이로드]

⑥ 너클 암

너클 암은 일체 차축 방식 조향 기구에서 드래그 링크의 운동을 조향 너클에 전달하는 기구이다.

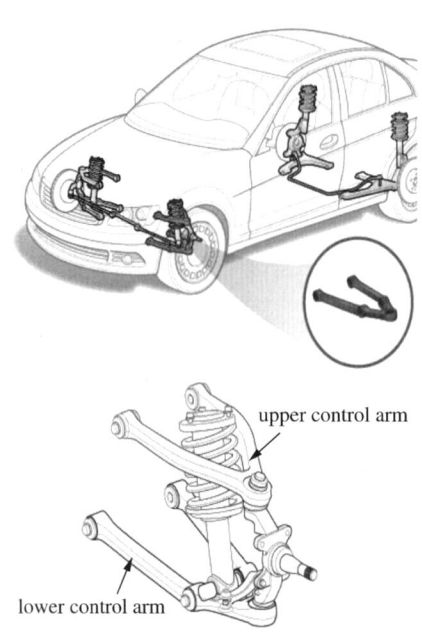

[너클 암의 구조]

(4) 조향장치의 종류

① 웜 섹터형

웜 섹터형은 조향축과 연결된 웜, 그리고 웜에 의해 회전운동을 하는 섹터기어로 구성되어 있다. 조향축을 돌리면 웜이 회전하고 웜은 섹터축에 붙어 있는 섹터기어를 돌린다. 따라서 섹터축이 회전하면서 섹터축 끝에 붙어 있는 피트먼 암을 회전시켜 조향이 된다. 비가역식이며, 웜과 섹터기어 간에 마찰이 크게 작용한다.

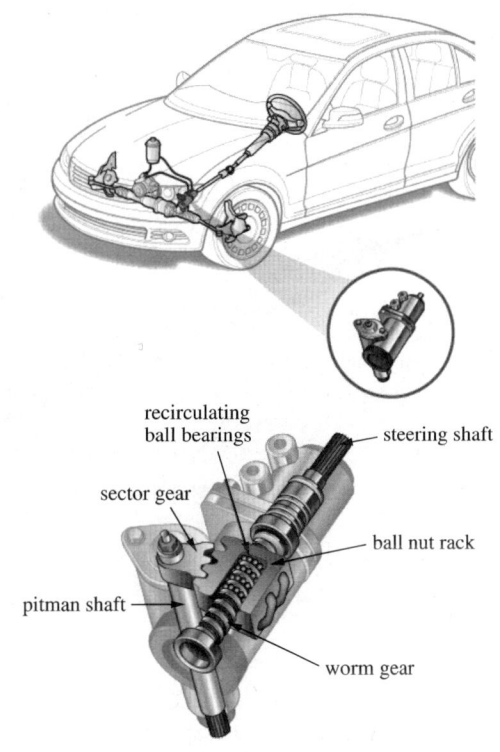

[웜 섹터형 조향장치의 구조]

② 볼 너트형

이 형식은 웜과 볼 너트 사이에 여러 개의 강구를 넣어 웜과 볼 너트 사이의 접촉이 볼에 의한 구름접촉이 되도록 한 것이다. 즉, 웜 축을 회전시키면 웜 축 주위의 강구가 웜 축의 홈을 따라 이동하면서 볼 너트도 이동시킨다. 볼 너트가 이동되면서 섹터 축의 섹터기어를 회전시키므로 섹터 축 아래 끝에 있는 피트먼 암을 회전시켜 조향된다.

③ 래크와 피니언형

래크와 피니언형은 조향축 끝에 피니언을 장착하여 래크와 서로 물리도록 한 것이다. 조향축이 회전되면 피니언기어가 회전하면서 래크를 좌우로 이동한다. 이때 래크의 양 끝에 부착되어 있는 타이로드를 거쳐 조향이 되도록 한 방식이다.

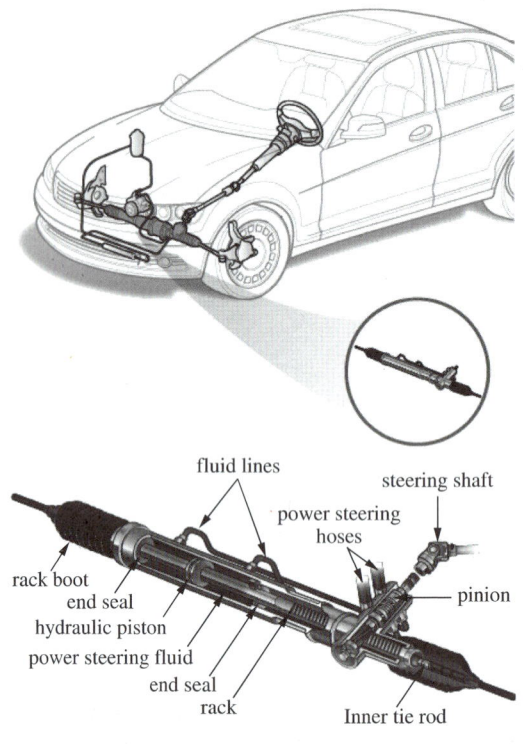

[래크와 피니언형식의 조향장치 구조]

2 유압식 동력조향장치

대형차량이나 전륜 구동형 승용차의 경우 앞 차축에 가해지는 하중이 무겁고, 광폭 타이어 장착 등으로 인하여 앞바퀴의 접지저항이 증가하여 조향핸들의 조작력도 크게 필요하게 되었다. 동력조향장치는 엔진에 의해 구동되는 오일펌프의 유압을 이용하여 조향 시 핸들의 조작력을 가볍게 하는 장치이다. 다음은 동력조향장치의 장단점을 나타낸다.

동력조향장치의 장점	동력조향장치의 단점
• 조향 조작력이 경감된다. • 조향 조작력에 관계없이 조향 기어비를 선정할 수 있다. • 노면의 충격과 진동을 흡수한다(킥 백 방지). • 앞바퀴의 시미운동이 감소하여 주행안정성이 우수해진다. • 조향 조작이 가볍고 신속하다.	• 유압장치 등의 구조가 복잡하고 고가이다. • 고장이 발생하면 정비가 어렵다. • 엔진출력의 일부가 손실된다.

(1) 동력조향장치의 구조

동력조향장치는 동력부, 작동부, 제어부의 3주요부로 구성되며 유량제어밸브 및 유압제어밸브와 안전체크밸브 등으로 구성되어 있다.

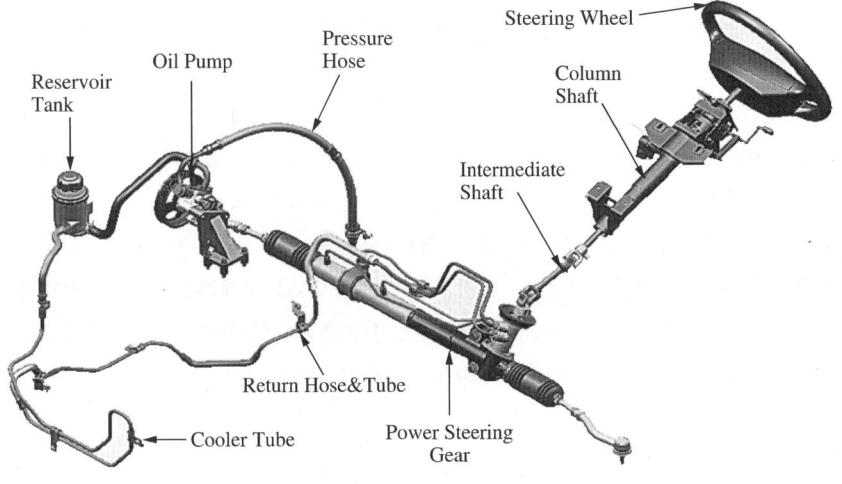

[동력조향장치의 구성]

① **동력부** : 오일펌프는 엔진의 크랭크축에 의해 벨트를 통하여 유압을 발생시키며 오일펌프의 형식은 주로 베인펌프(Vane Pump)를 사용한다. 베인펌프의 작동은 로터(Rotor)가 회전하면 베인이 방사선상으로 미끄럼 운동을 하여 베인 사이의 공간을 증감시켜 공간이 증가할 때에는 오일이 펌프로 유입되고 감소되면 출구를 거쳐 배출되는 구조로 압력을 형성한다.

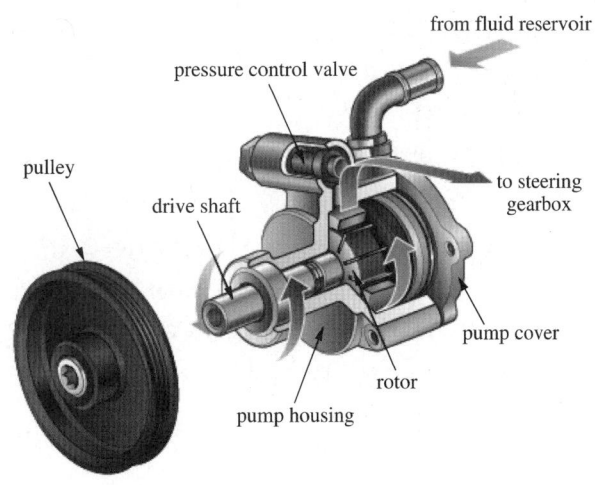

[유압펌프의 구조]

② **작동부** : 동력 실린더는 오일펌프에서 발생한 유압을 피스톤에 작용시켜서 조향 방향쪽으로 힘을 가해 주는 장치이다. 동력 실린더는 피스톤에 의해 2개의 챔버로 분리되어 있으며, 한쪽 챔버에 유압유가 들어오면 반대쪽 챔버에서는 유압유가 저장 탱크로 복귀하는 형식의 복동형 실린더이다.

③ **제어부** : 제어밸브는 조향 핸들의 조작에 대한 유압통로를 조절하는 기구이며, 조향 핸들을 회전시킬 때 오일펌프에서 보낸 유압유를 해당 조향 방향으로 보내 동력 실린더의 피스톤이 작동하도록 유로를 변환시킨다.

④ **안전체크밸브** : 안전 체크밸브는 제어밸브 내에 들어 있으며 엔진이 정지되거나 오일 펌프의 고장, 또는 회로에서의 오일 누설 등의 원인으로 유압이 발생하지 못할 때 조향핸들의 조작을 수동으로 전환할 수 있도록 작동하는 밸브이다.

⑤ **유량조절 밸브** : 오일펌프의 로터 회전은 엔진 회전수와 비례하므로 주행 상황에 따라 회전수가 변화하며 오일의 유량이 다르게 토출된다. 오일펌프로부터 오일 토출량이 규정 이상이 되면, 오일 일부를 저장 탱크(리저버)로 빠져나가게 하여 유량을 유지하는 역할을 한다.

⑥ **유압조절 밸브** : 조향 핸들을 최대로 돌린 상태를 오랫동안 유지하고 있을 때 회로의 유압이 일정 이상이 되면 오일을 저장 탱크로 되돌려 최고 유압을 조정하여 회로를 보호하는 역할을 한다.

3 전자제어식 동력조향장치(EPS)

EPS(Electronic Power Steering)는 기존의 유압식 조향장치시스템에 차속감응 조타력 조절 등의 기능을 추가하여 조향 안전성 및 고속 안전성 등을 구현하는 시스템이다. 기존의 유압식 조향장치는 자동차의 저속주행 및 주차 시에 운전자가 조향핸들에 가하는 조향력을 덜어 주기 위해 유압에너지를 이용하는 방식을 사용하였다.

즉, 기존의 일반 조향장치에서 발생되었던 저속주행 및 주차 시의 조향력 증가문제는 해결하였으나 고속주행 중 노면과의 접지력 저하에 따른 조향 휠의 답력이 가벼워지는 문제는 해결할 수 없었다. 이와 같은 고속주행 중 노면과의 접지력 저하로 인해 발생되는 조향휠의 조향력 감소문제를 해결하고자 전자제어 조향장치(EPS ; Electronic Control Power Steering)가 개발되었다. EPS는 차량의 주행속도를 감지하여 동력실린더로 유입 또는 By Pass되는 오일의 양을 적절히 조절함으로써 저속주행 시는 적당히 가벼워지고 고속주행 시는 답력을 무겁게 한다. 따라서 고속주행 시 핸들이 가벼워짐으로써 발생할 수 있는 사고를 방지하여 안전운전을 도모하였다.

(1) EPS의 특징
① 기존의 동력조향장치와 일체형이다.
② 기존의 동력조향장치에는 변경이 없다.
③ 컨트롤밸브에서 직접 입력회로 압력과 복귀회로 압력을 By Pass시킨다.
④ 조향회전각 및 횡가속도를 감지하여 고속 시 또는 급조향 시(유량이 적을 때) 조향하는 방향으로 잡아당기려는 현상을 보상한다.

(2) EPS 구성요소
① 입력요소
  ㉠ 차속 센서
    계기판내의 속도계에 리드 스위치식으로 장착되어 차량속도를 검출하여 ECU로 입력하기 위한 센서이다.
  ㉡ TPS(Throttle Position Sensor)
    스로틀바디에 장착되어 있고 운전자가 가속페달을 밟는 양을 감지하여 ECU에 입력시켜줌으로서 차속 센서 고장 시 조향력을 적절하게 유지하도록 한다.
  ㉢ 조향각 센서
    조향핸들의 다기능 스위치 내에 설치되어 조향속도를 측정하며 기존의 동력조향장치의 Catch Up 현상을 보상하기 위한 센서이다.
② 제어부
  ㉠ 컴퓨터(ECU)
    ECU는 입력부의 조향각 센서 및 차속 센서의 신호를 기초로 하여 출력요소인 유량제어밸브의 전류를 적절히 제어한다. 저속 시 많은 전류를 보내고 고속 시 적은 전류를 보내어 유량제어밸브의 상승 및 하강을 제어한다.
③ 출력요소
  ㉠ 유량제어밸브
    차속과 조향각 신호를 기초값으로 하여 최적상태의 유량을 제어하는 밸브이다. 정차 또는 저속 시는 유량제어밸브의 플런저에 가장 큰 축력이 작용하여 밸브가 상승하고 고속 시는 밸브가 하강하여 입력 및 By Pass통로의 개폐를 조절한다. 유량제어밸브에서 유량을 제어함으로써 조향휠의 답력을 변화시킨다.
  ㉡ 고장진단 신호
    전자제어 계통의 고장발생 시 고장진단장비로 차량의 컴퓨터와 통신할 수 있는 신호이다.

4 전동식 동력조향장치

엔진의 구동력을 이용하지 않고 전기 모터의 힘을 이용해서 조향 핸들의 작동 시에만 조향 보조력을 발생시키는 구조로 더욱 효율적이고 능동적인 시스템이다. 이 장치는 전기모터로 유압을 발생시켜 조향력을 보조하는 EHPS 장치와 순수 전기 모터의 구동력으로 조향력을 보조하는 MDPS 형식이 있다.

MDPS의 경우 토션 바의 비틀림으로부터 핸들에 가한 힘을 토크 센서가 검출하고, ECU가 움직임량을 제어하여 모터에 전류를 보낸다. 주로 래크와 피니언식에 사용되고 있다.

(1) 전동 유압식 동력조향장치(EHPS)

EHPS(Electronic Hydraulic Power Steering)는 엔진의 동력으로 유압펌프를 작동시켜 조타력을 보조하는 기존의 유압식 파워 스티어링과 달리 전동모터로 필요시에만 유압펌프를 작동시켜 차속 및 조향 각속도에 따라 조타력을 보조하는 전동 유압식 파워 스티어링이다.

EHPS는 배터리의 전원을 공급받아서 전기 모터를 작동시켜 전기모터의 회전에 의해 유압펌프가 작동되고 펌프에서 발생되는 유압을 조향 기어박스에 전달하여 운전자의 조타력을 보조하도록 되어 있다. 따라서 엔진과 연동되는 소음과 진동이 근본적으로 개선되고 조타 시에만 에너지가 소모되기 때문에 연비도 향상되는 장점이 있다.

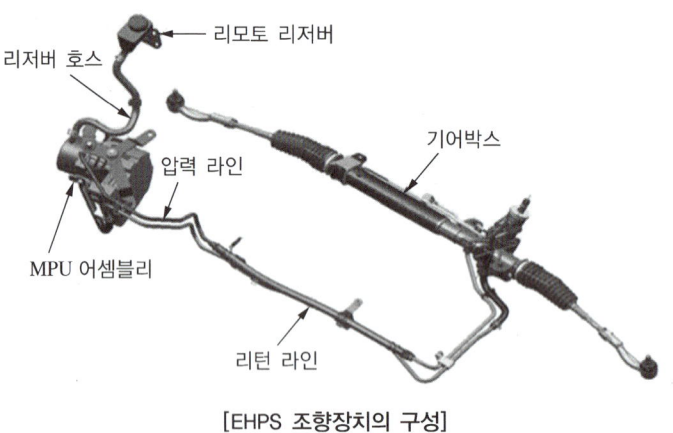

[EHPS 조향장치의 구성]

(2) 모터 구동식 동력조향장치(MDPS)

모터 구동식 동력조향장치(MDPS ; Motor Driven Power Steering)는 전기 모터를 구동시켜 조향 핸들의 조향력을 보조하는 장치로서 기존의 전자제어식 동력조향장치보다 연비 및 응답성이 향상되어 조종 안전성을 확보할 수 있으며, 전기에너지를 이용함으로 친환경적이고 구동소음과 진동 및 설치위치에 대한 설계의 제약이 감소되었다. 그러나 모터 구동 시 진동이 조향핸들로 전달되며 작동 시 비교적 큰 구동전류가 소모되어 ECU는 공전속도를 조절하는 기능을 추가로 설계해야 한다. 이러한 MDPS의 특징은 다음과 같다.

① 전기모터 구동으로 인해 이산화탄소가 저감된다.
② 핸들의 조향력이 저속에서는 가볍고 고속에서는 무겁게 작동하는 차속 감응형 시스템이다.
③ 엔진의 동력을 이용하지 않으므로 연비 향상과 소음, 진동이 감소된다.
④ 부품의 단순화 및 전자화로 부품의 중량이 감소되고 조립 위치에 제약이 적다.
⑤ 차량의 유지비 감소 및 조향성이 증가된다.

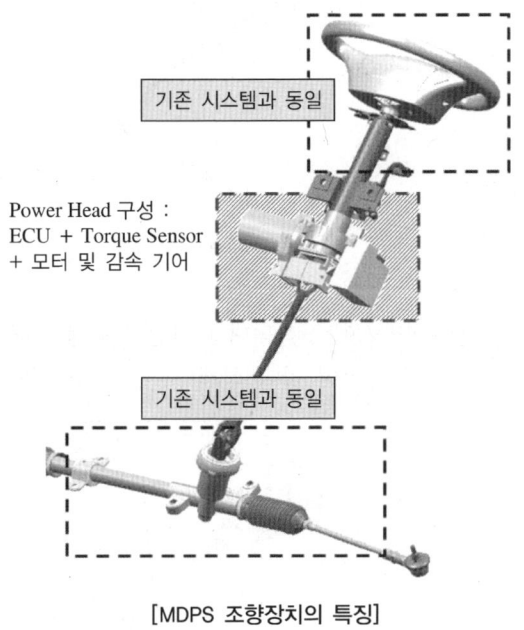

[MDPS 조향장치의 특징]

(3) MDPS의 종류

MDPS는 컴퓨터에 의해 차속과 조향핸들의 조향력에 따라 전동모터에 흐르는 전류를 제어하여 운전자의 조향방향에 대해서 적절한 동력을 발생시켜 조향력을 경감시키는 장치로서 MDPS의 종류로는 모터의 장착위치에 따라서 C-MDPS(칼럼구동 방식), P-MDPS(피니언구동 방식), R-MDPS(래크구동 방식)가 있다. 또한 엔진정지 및 고장 시에 동력을 얻을 수 없으므로 페일 세이프 기능으로 일반 기계식 조향시스템에 의해 조향할 수 있는 구조로 되어 있다.

① C-MDPS

전기 구동모터가 조향칼럼에 장착되며 조향축의 회전에 대해 보조동력을 발생시킨다. 모터의 초기 구동 및 정지 시 조향칼럼을 통해 진동과 소음이 조향핸들로 전달되나 경량화가 가능하여 소형 자동차에 적용하고 있다.

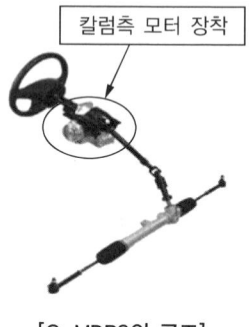

[C-MDPS의 구조]

② P-MDPS

전기 구동모터가 조향기어박스에 장착되며 피니언의 회전에 대해서 보조 동력을 발생시킨다. 엔진룸에 설치되며 공간상 제약이 있어 설계 시 설치 공간을 고려해야 한다.

[P-MDPS의 구조]

③ R-MDPS

전기 구동모터가 래크기어부에 장착되어 래크의 좌우 움직임에 대해서 보조 동력을 발생시킨다. 엔진룸에 설치되며 공간상 제약이 있어 설계 시 설치 공간을 고려해야 한다.

[R-MDPS의 구조]

(4) 유압식 동력조향장치와 MDPS의 비교

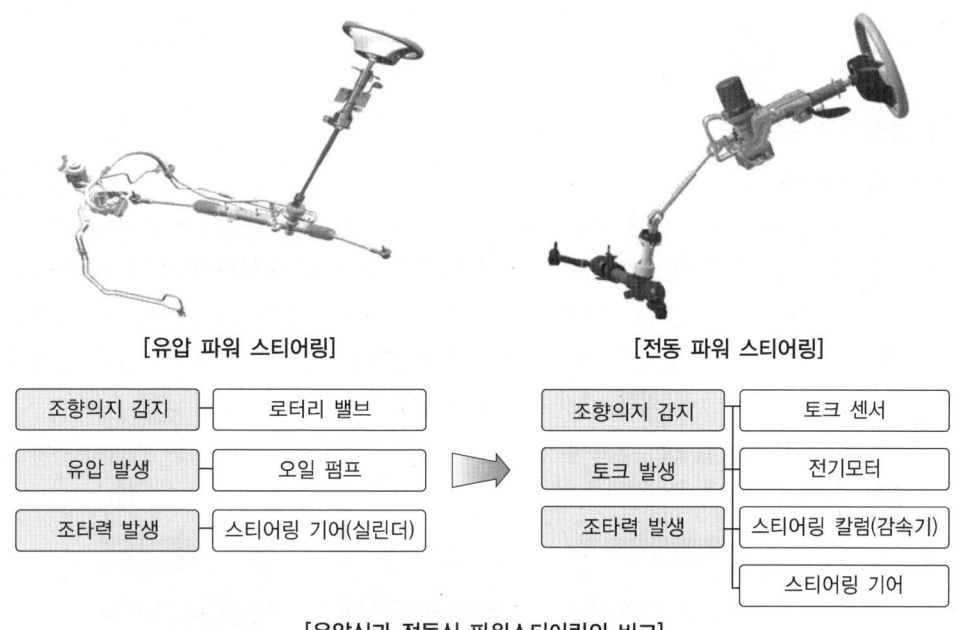

[유압식과 전동식 파워스티어링의 비교]

CHAPTER 11 전 차륜 정렬

1 휠 얼라인먼트

자동차를 지지하는 바퀴는 기하학적인 관계를 두고 설치되어 있는데 휠 얼라인먼트는 바퀴의 기하학적인 각도 관계를 말하며 일반적으로 캠버, 캐스터, 토인, 킹핀 경사각 등이 있다. 다음은 휠 얼라인먼트의 역할과 기능을 나타낸다.

- 캐스터 : 직진성과 복원성, 안전성을 준다.
- 캐스터와 킹핀 경사각 : 조향 핸들에 복원성을 준다.
- 캠버와 킹핀 경사각 : 앞 차축의 휨 방지 및 조향 핸들의 조작력을 가볍게 한다.
- 토인 : 타이어의 마멸을 최소로 하고 로드홀딩 효과가 있다.

이러한 휠 얼라인먼트의 효과는 연료절감, 타이어 수명 연장, 안정성 및 안락성, 현가장치 관련 부품 수명 연장, 조향장치 관련 부품 수명 연장 등이 있으며 자동차의 주행에 대하여 노면과 타이어의 저항을 감소시키는 중요한 요소이다.

(1) 휠 얼라인먼트의 구성요소

① 캠버(Camber)

자동차를 앞에서 볼 때 앞바퀴가 지면의 수직선에 대해 어떤 각도를 두고 장착되어 있는데 이 각도를 캠버각이라 한다. 캠버각은 일반적으로 +0.5~+1.5° 정도를 주며 바퀴의 윗부분이 바깥쪽으로 기울어진 상태를 정 캠버, 바퀴의 중심선이 수직일 때를 0(Zero)캠버 그리고 바퀴의 윗부분이 안쪽으로 기울어진 상태를 부 캠버라 한다. 캠버의 역할은 다음과 같다.

첫째, 수직방향 하중에 의한 앞차축의 휨을 방지한다.

둘째, 조향핸들의 조작을 가볍게 한다.

셋째, 하중을 받았을 때 앞바퀴의 아래쪽 부 캠버가 벌어지는 것을 방지한다.

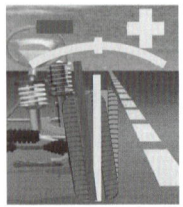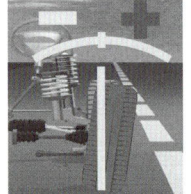

[캠버의 분류]

㉠ 정(+) 캠버

정 캠버는 바퀴의 위쪽이 바깥쪽으로 기울어진 상태를 말하며 정 캠버가 클수록 선회할 때 코너링 포스가 감소하고 방향 안전성 및 노면의 충격을 감소시킨다. 일반적으로 앞바퀴에 적용되며 0°30′~1°를 적용한다.

ⓒ 부(-) 캠버

부 캠버는 바퀴의 위쪽이 안쪽으로 기울어진 상태를 말하며 승용차에서는 뒷바퀴에 -0°30'~1.5° 정도 두고 있다. 스포츠카 등의 특수한 경우 부 캠버를 사용하며 부 캠버는 선회할 때 코너링 포스를 증가시키며 고정부분 및 너클에 응력이 집중되고 바퀴의 트레드 안쪽의 마모를 촉진시킨다.

② 캐스터(Caster)

자동차의 앞바퀴를 옆에서 볼 때 너클과 앞 차축을 고정하는 스트럿이 수직선과 어떤 각도를 두고 설치되는데 이를 캐스터 각이라 한다. 캐스터 각은 일반적으로 1~3° 정도이다. 그리고 스트럿이 자동차의 뒤쪽으로 기울어진 상태를 정의 캐스터, 스트럿이 수직선과 일치된 상태를 0(Zero)캐스터, 스트럿이 앞쪽으로 기울어진 상태를 부의 캐스터라 한다.

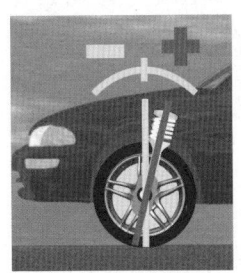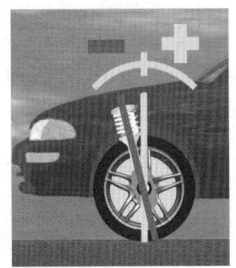

[캐스터의 분류]

㉠ 정(+) 캐스터

정 캐스터는 자동차를 옆에서 볼 때 스트럿이 자동차의 뒤쪽으로 기울어져 있는 상태이다. 정의 캐스터는 주행할 때 직진성이 유지되며 시미 현상을 감소시킨다. 또한 정 캐스터는 선회 후 바퀴가 직진 위치로 복귀하도록 하는 복원력을 발생시킨다.

ⓒ 부(-)의 캐스터

부의 캐스터는 자동차를 옆에서 볼 때 스트럿이 자동차의 앞쪽으로 기울어져 있는 상태이다. 부의 캐스터를 사용하면 선회 후 바퀴의 복원력이 감소하고 직진성능은 감소하나 사이드 포스에 대한 저항력은 증대된다.

③ 토인(Toe-in)

자동차 앞바퀴를 위에서 내려다 볼 때 양 바퀴의 중심선 거리가 앞쪽이 뒤쪽보다 약간 작게 되어 있는데 이것을 토인이라고 하며 일반적으로 2~5mm 정도이다. 토인의 역할은 다음과 같다.

㉠ 앞바퀴를 평행하게 회전시킨다.
ⓒ 앞바퀴의 사이드슬립과 타이어 마멸을 방지한다.
ⓔ 조향링키지 마멸에 따라 토 아웃이 되는 것을 방지한다.
ⓖ 토인은 타이로드의 길이로 조정한다.

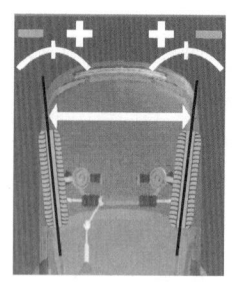  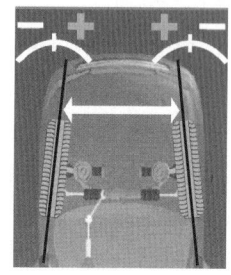

[토의 분류]

④ 킹핀 경사각

자동차를 앞에서 보면 독립 차축 방식에서는 위, 아래 볼 이음 일체 차축 방식에서는 킹핀의 중심선이 지면의 수직에 대하여 어떤 각도를 두고 설치되는데 이를 킹핀 경사각이라고 한다. 킹핀 경사각은 일반적으로 7~9° 정도 준다. 킹핀 경사각의 역할은 다음과 같다.

㉠ 캠버와 함께 조향 핸들의 조작력을 가볍게 한다.
㉡ 캐스터와 함께 앞바퀴에 복원성을 부여한다.
㉢ 앞바퀴가 시미 현상을 일으키지 않도록 한다.

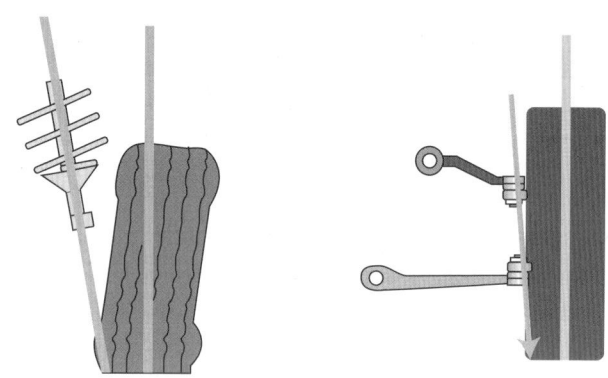

[킹핀 경사각]

CHAPTER

PART 01 그린전동자동차 공학

12 제동시스템

1 제동장치

제동장치(Brake System)는 주행 중인 자동차를 감속 또는 정지시키고 주차상태를 유지하기 위하여 사용되는 장치이다. 제동장치는 마찰력을 이용하여 자동차의 운동 에너지를 열에너지로 바꾸어 제동을 하며 구비조건은 다음과 같다.
- 작동이 명확하고 제동효과가 클 것
- 신뢰성과 내구성이 우수할 것
- 점검 및 정비가 용이할 것

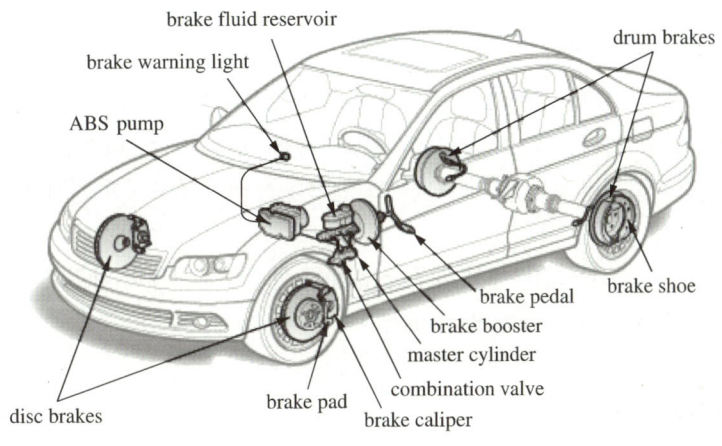

[제동장치의 구성]

2 제동장치의 분류

제동장치는 기계식과 유압식으로 분류되며 기계식은 핸드 브레이크, 유압식은 풋 브레이크로 주로 적용된다.
또한 제동력을 높이기 위한 배력장치는 흡기다기관의 진공을 이용하는 하이드로 백(진공서보식)과 압축공기 압력을 이용하는 공기 브레이크 등이 있으며, 감속 및 제동장치의 과열방지를 위하여 사용하는 배기 브레이크, 엔진브레이크, 와전류 리타더, 하이드롤릭 리타더 등의 감속 브레이크가 있다.

(1) 장착 위치에 따른 분류

① 휠 브레이크 : 마스터 실린더의 유압을 받아서 브레이크슈 또는 패드를 드럼 또는 디스크에 압착시켜 제동력을 발생시키는 것이다.
② 센터 브레이크 : 센터 브레이크는 대형차에서 변속기 출력축이나 추진축에 브레이크 드럼을 설치하여 주차 브레이크로 많이 적용된다.

(2) 조작 방법에 따른 분류

① 핸드 브레이크 : 핸드 브레이크는 브레이크 레버에 의해 와이어가 당겨질 때 장력에 의해 브레이크슈가 확장되어 브레이크 드럼을 압착하여 제동 작용하는 장치이다.
② 풋 브레이크 : 주행 중인 자동차를 감속시키거나 정지시킬 경우에 사용되는 브레이크로서 브레이크 페달을 밟아 제동 작용을 한다.

(3) 작동 방식에 따른 분류

① 내부 확장식 : 브레이크 페달을 밟아 마스터 실린더의 유압이 휠 실린더에 전달되면 브레이크슈가 드럼을 밖으로 밀면서 압착되어 제동작용을 하는 방식이다.
② 외부 수축식 : 레버를 당길 때 브레이크 밴드를 브레이크 드럼에 강하게 조여서 제동하는 형식이다.
③ 디스크식 : 마스터 실린더에서 발생한 유압을 캘리퍼로 보내어 바퀴와 같이 회전하는 디스크를 패드로 압착시켜 제동하는 방식이다.

(4) 기구에 따른 분류

① 기계식 : 브레이크 페달이나 브레이크 레버의 조작력을 케이블 또는 로드를 통하여 브레이크슈를 브레이크 드럼에 압착시켜 제동 작용을 한다.
② 유압식 : 파스칼의 원리를 이용하여 브레이크 페달에 가해진 힘이 마스터 실린더에 전달되면 유압을 발생시켜 제동 작용을 하는 형식이다.
③ 공기식 : 압축공기의 압력을 이용하여 브레이크슈를 드럼에 압착시켜 제동 작용을 하는 방식이다.
④ 진공배력식 : 유압브레이크에서 제동력을 증가시키기 위하여 엔진의 흡기다기관(서지탱크)에서 발생하는 진공압과 대기압의 차이를 이용하여 제동력을 증대시키는 브레이크 장치이다.
⑤ 공기배력식 : 엔진의 동력으로 구동되는 공기 압축기를 이용하여 발생되는 압축공기와 대기와의 압력차를 이용하여 제동력을 발생하는 장치이다.

3 유압식 브레이크

유압식 브레이크는 파스칼의 원리를 이용한 것이며 유압을 발생시키는 마스터 실린더, 휠 실린더, 캘리퍼 유압 파이프, 플렉시블 호스 등으로 구성되어 있다. 이러한 유압 브레이크의 특징은 다음과 같다.

- 제동력이 각 바퀴에 동일하게 작용한다.
- 마찰에 의한 손실이 적다.
- 페달 조작력이 적어도 작동이 확실하다.
- 유압회로에서 오일이 누출되면 제동력을 상실한다.
- 유압회로 내에 공기가 침입(베이퍼록)하면 제동력이 감소한다.

(1) 유압브레이크의 구조와 작용

제동 시 유압브레이크의 페달을 밟으면 마스터 실린더에서 유압이 발생하여 유압라인을 통해 각 바퀴의 휠 실린더로 압송된다. 휠 실린더에서는 발생한 유압으로 내부의 피스톤이 좌우로 확장되어 브레이크슈가 드럼에 압착되어 제동 작용을 한다. 제동력 해제 시 페달을 놓으면 마스터 실린더 내의 유압이 떨어지고 브레이크슈는 리턴 스프링의 장력으로 원위치로 복귀되고 휠 실린더 내의 오일은 마스터 실린더의 오일저장 탱크로 복귀되어 제동력이 해제된다.

(2) 마스터 실린더(Master Cylinder)

① 구조 및 작용

마스터 실린더는 브레이크 페달을 밟는 힘에 의하여 유압을 발생시키며 마스터 실린더의 형식에는 피스톤이 1개인 싱글 마스터 실린더와 피스톤이 2개인 탠덤마스터 실린더가 있으며 현재는 탠덤마스터 실린더를 사용하고 있다.

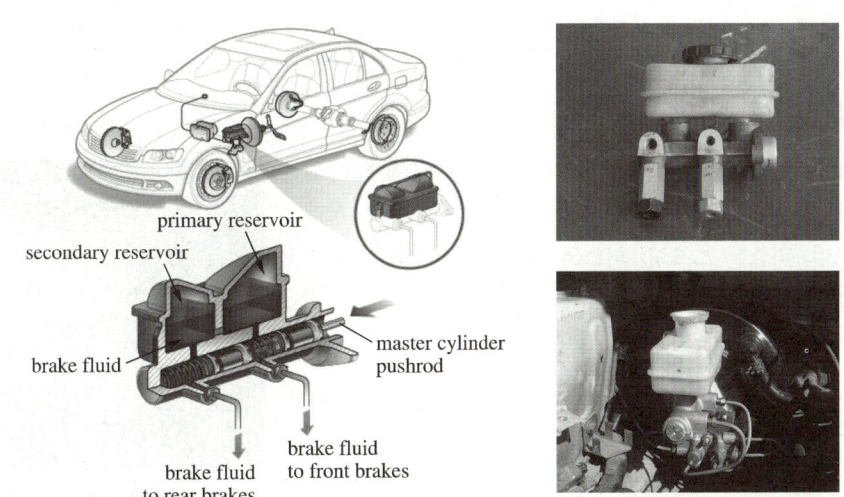

[탠덤마스터 실린더의 구조 및 설치]

㉠ 실린더 보디 : 실린더 보디의 재질은 주철이나 알루미늄 합금을 사용하며 위쪽에는 리저버 탱크가 설치되어 있다.
㉡ 피스톤 : 피스톤은 실린더 내에 장착되며 페달을 밟으면 푸시 로드가 피스톤을 운동시켜 유압을 발생시킨다.
㉢ 피스톤 컵 : 피스톤 컵에는 1차 컵과 2차 컵이 있으며 1차 컵은 유압 발생이고 2차 컵은 마스터 실린더 내의 오일이 밖으로 누출되는 것을 방지한다.
㉣ 체크 밸브 : 브레이크 페달을 밟으면 오일이 마스터 실린더에서 휠 실린더로 나가게 하고 페달을 놓으면 파이프 내의 유압과 피스톤 리턴 스프링이 장력에 의해 일정량만을 마스터 실린더 내로 복귀하도록 하여 회로 내에 잔압을 유지시켜준다. 잔압을 유지시키는 이유는 다음 브레이크 작동 시 신속한 작동과 회로 내로 공기가 침투하는 것을 방지하기 위함이다.
㉤ 피스톤 리턴 스프링 : 페달을 놓았을 때 피스톤이 제자리로 복귀하도록 하고 체크 밸브와 함께 잔압을 형성하는 작용을 한다.

② 탠덤마스터 실린더의 작동

탠덤마스터 실린더는 유압브레이크에서 제동 안전성을 높이기 위해 전륜측과 후륜측에 대하여 독립적으로 작동하는 2개의 회로를 두는 형식으로 실린더 내에 피스톤이 2개가 들어 있다. 각각의 피스톤은 리턴 스프링과 스토퍼에 의해 위치가 결정되며 전륜측과 후륜측의 피스톤에는 리턴 스프링이 설치되어 있다.

제동 시 페달을 밟으면 후륜 제동용 피스톤이 푸시로드에 의해 리턴 스프링을 압축시키면서 피스톤 사이의 오일에 압력을 가하여 뒷바퀴를 제동시킨다. 이와 동시에 전륜측 피스톤도 후륜측 제동 피스톤에 의해 발생한 유압으로 앞바퀴에 제동력을 발생시킨다.

(3) 파이프(Pipe)

브레이크 파이프는 강철 파이프와 유압용 플렉시블 호스를 사용한다. 파이프는 진동에 견디도록 클립으로 고정하고 연결부에는 금속제 피팅이 설치되어 있다.

(4) 휠 실린더(Wheel Cylinder)

휠 실린더는 마스터 실린더에서 압송된 유압에 의하여 브레이크슈를 드럼에 압착시키는 일을 하며 구조는 실린더 보디, 피스톤 스프링, 피스톤 컵, 공기빼기 작업을 하기 위한 에어 블리더가 있다.

[휠 실린더의 구조]

(5) 브레이크슈(Brake Shoe)

브레이크슈는 휠 실린더의 피스톤에 의해 드럼과 마찰을 일으켜 제동력을 발생하는 부분으로 리턴 스프링을 두어 제동력 해제 시 슈가 제자리로 복귀하도록 하며 홀드다운 스프링에 의해 슈와 드럼의 간극을 유지시킨다. 라이닝은 다음과 같은 구비조건을 갖추어야 한다.
① 내열성이 크고 열 경화(페이드) 현상이 없을 것
② 강도 및 내마멸성이 클 것
③ 온도에 따른 마찰계수 변화가 적을 것
④ 적당한 마찰계수를 가질 것

(6) 브레이크 드럼(Brake Drum)

드럼은 휠 허브에 볼트로 장착되어 바퀴와 함께 회전하며 슈와의 마찰로 제동을 발생시키는 부분이다. 또한 냉각성능을 크게 하고 강성을 높이기 위해 원주방향에 핀이나 리브를 두고 있으며 제동 시 발생한 열은 드럼을 통하여 발산되므로 드럼의 면적은 마찰면에서 발생한 열 방출량에 따라 결정된다. 드럼의 구비 조건은 다음과 같다.
① 가볍고 강도와 강성이 클 것
② 정적·동적 평형이 잡혀 있을 것
③ 냉각이 잘되어 과열하지 않을 것
④ 내마멸성이 클 것

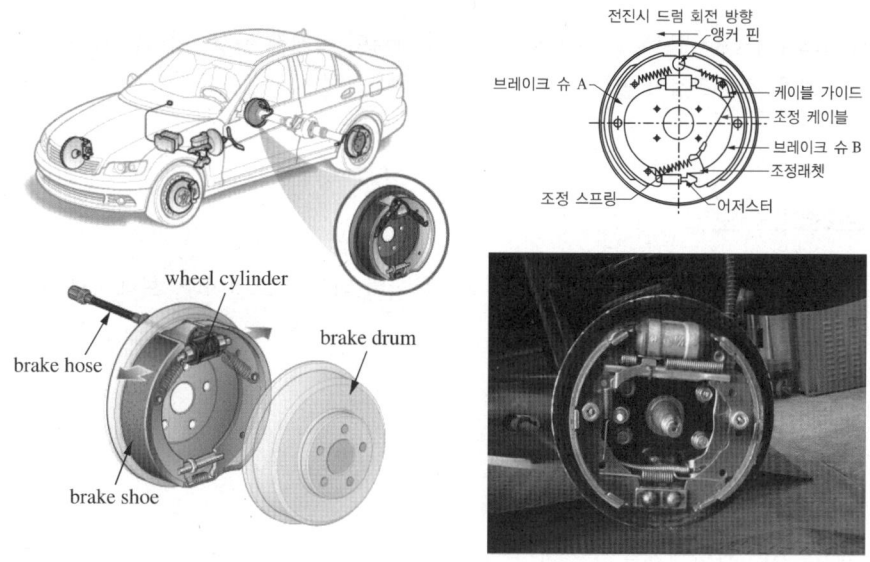

[드럼식 브레이크의 구조]

(7) 베이퍼록

베이퍼록 현상은 브레이크액 내에 기포가 차는 현상으로 패드나 슈의 과열로 인해 브레이크 회로 내에 기포가 차게 되어 제동력이 전달되지 못하는 상태를 말하며 다음과 같은 경우에 발생한다.
① 한여름에 매우 긴 내리막길에서 브레이크를 지속적으로 사용한 경우
② 브레이크 오일을 교환한지 매우 오래된 경우
③ 저질 브레이크 오일을 사용한 경우

베이퍼록의 방지는 내리막길 주행 시 엔진 브레이크를 사용하고, 브레이크액의 점검과 교환 및 비등점이 높은 브레이크 오일을 사용하는 것 등이 있다.

4 슈의 자기작동

자기작동이란 회전 중인 브레이크 드럼에 제동력이 작용하면 회전 방향 쪽의 슈는 마찰력에 의해 드럼과 함께 회전하려는 힘이 발생하여 확장력이 스스로 커져 마찰력이 증대되는 작용이다. 또한 드럼의 회전반대 방향 쪽의 슈는 드럼으로부터 떨어지려는 특성이 발생하여 확장력이 감소된다. 이때 자기작동작용을 하는 슈를 리딩슈, 자기작동작용을 하지 못하는 슈를 트레일링슈라고 한다.

5 자동 간극조정

브레이크라이닝이 마멸되면 라이닝과 드럼의 간극이 커지게 된다. 이러한 현상으로 인해 브레이크 슈와 드럼의 간극조정이 필요하며 후진 시 브레이크 페달을 밟으면 자동적으로 조정되는 장치이다.

6 브레이크 오일

브레이크 오일은 알코올과 피마자유의 화합물이며 식물성 오일이다. 브레이크 오일의 구비조건은 다음과 같다.
① 점도가 알맞고 점도 지수가 클 것
② 적당한 윤활성이 있을 것
③ 빙점이 낮고 비등점이 높을 것
④ 화학적 안정성이 크고 침전물 발생이 적을 것
⑤ 고무 또는 금속제품을 부식시키지 않을 것

7 디스크 브레이크

디스크 브레이크는 마스터 실린더에서 발생한 유압을 캘리퍼로 보내어 바퀴와 함께 회전하는 디스크를 양쪽에서 패드로 압착시켜 제동 작용을 하는 장치이다. 디스크 브레이크는 디스크가 노출되어 있으므로 열 경화(페이드) 현상이 적고 브레이크 간극이 자동조정 되는 브레이크 형식이다. 디스크 브레이크의 장단점은 다음과 같다.

- 디스크가 노출되어 열 방출능력이 크고 제동성능이 우수하다.
- 자기작동작용이 없어 고속에서 반복적으로 사용하여도 제동력 변화가 적다.
- 평형성이 좋고 한쪽만 제동되는 일이 없다.
- 디스크에 이물질이 묻어도 제동력의 회복이 빠르다.
- 구조가 간단하고 점검 및 정비가 용이하다.
- 마찰면적이 적어 패드의 압착력이 커야 하므로 캘리퍼의 압력을 크게 설계해야 한다.
- 자기작동작용이 없기 때문에 페달 조작력이 커야 한다.
- 패드의 강도가 커야 하며 패드의 마멸이 크다.
- 디스크가 노출되어 이물질이 쉽게 부착된다.

[내부확장 드럼식 브레이크]

(1) 디스크 브레이크의 구조

디스크 브레이크의 종류는 캘리퍼의 양쪽에 설치된 실린더가 브레이크 패드를 디스크에 접촉시켜 제동력을 발생하는 고정 캘리퍼형, 실린더가 한쪽에 설치되어 캘리퍼 전체가 이동하여 제동력을 발생하는 부동 캘리퍼형으로 분류하며 구조는 다음과 같다.

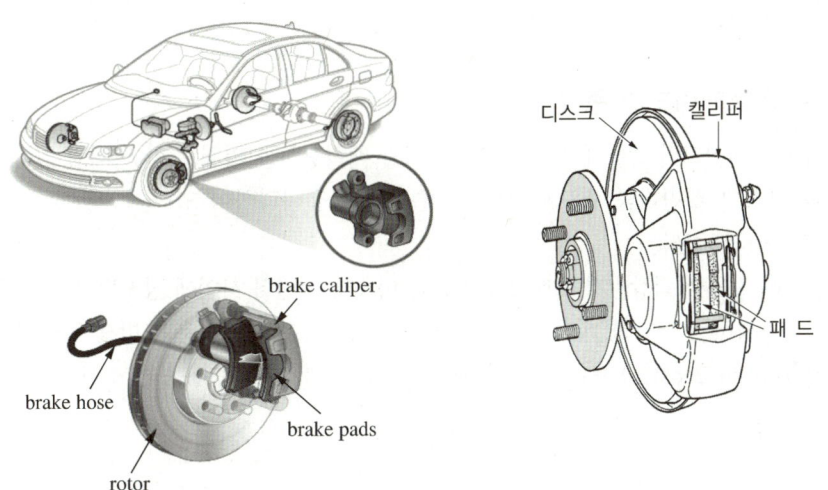

[디스크 브레이크의 구조]

① **디스크** : 디스크는 휠 허브에 설치되어 바퀴와 함께 회전하는 원판으로 제동 시에 발생되는 마찰열을 발산시키기 위하여 내부에 냉각용의 통기구멍이 설치되어 있는 벤틸레이티드 디스크로 제작되어 있다.
② **캘리퍼** : 캘리퍼는 내부에 피스톤과 실린더가 조립되어 있으며 제동력의 반력을 받기 때문에 너클이나 스트럿에 견고하게 고정되어 있다.
③ **실린더 및 피스톤** : 실린더 및 피스톤은 디스크에 끼워지는 캘리퍼 내부에 설치되어 있고 실린더의 끝부분에는 이물질이 유입되는 것을 방지하기 위하여 유연한 고무의 부츠가 설치되어 있다. 안쪽에는 피스톤실이 실린더 내벽의 홈에 설치되어 실린더 내의 유압을 유지함과 동시에 디스크와 패드 사이의 간극을 조절하는 자동조정장치의 역할도 가지고 있다.
④ **패드** : 패드는 두께가 약 10mm 정도의 마찰제로 피스톤과 디스크 사이에 조립되어 있다. 패드의 측면에는 사용한계를 나타내는 인디케이터가 있으며 캘리퍼에 설치된 점검홈에 의해서 패드가 설치된 상태에서 마모상태를 점검할 수 있도록 되어 있다.

8 배력식 브레이크

배력식 브레이크는 유압식 브레이크에서 제동력을 증가시키기 위해 흡기다기관에서 발생하는 진공압과 대기압의 차이를 이용하는 진공배력식 하이드로 백과, 압축공기의 압력과 대기압력 차이를 이용하는 공기 배력식 하이드로 에어백이 있다. 공기 배력식은 구조상 공기 압축기와 공기 저장탱크를 별도로 장착하여야 하기 때문에 대형차량에 많이 적용된다.

(1) 진공배력식 브레이크

진공배력식은 흡기다기관의 진공과 대기압력과의 차이를 이용한 것으로 페달 조작력을 약 8배 증가시켜 제동성능을 향상시키는 장치이다. 또한 배력장치에 이상이 발생하여도 일반적인 유압브레이크로 작동할 수 있는 구조로 되어 있다.

(2) 진공배력식 브레이크의 종류

진공배력식 브레이크의 종류에는 마스터 실린더와 배력장치를 일체로 한 일체형 진공배력식과 하이드로백과 마스터 실린더를 별도로 설치한 분리형 진공배력식이 있다.
① **일체형 진공배력식**
   이 형식은 진공 배력장치가 브레이크 페달과 마스터 실린더 사이에 장착되며, 기관의 흡기다기관 내에서 발생하는 부압과 대기압과의 압력차를 이용하여 배력작용을 발생하는 것으로 브레이크 부스터(Brake Booster) 또는 마스터 백이라고도 하며, 주로 승용차와 소형 트럭에 주로 사용되고 있다.

동력전달은 브레이크 페달 밟는 힘, 브레이크 페달, 푸시로드, 플런저, 리액션 패드, 리액션 피스톤, 마스터 실린더를 거쳐 유압이 발생한다. 이 과정에서 진공압과 대기압차에 의한 압력이 파워 피스톤에 작용하여 이 힘이 마스터 실린더 푸시로드에 작용하므로 배력작용이 일어난다. 일체형 진공배력식 장치의 특징은 다음과 같다.

㉠ 구조가 간단하고 무게가 가볍다.
㉡ 배력장치 고장 시 페달 조작력은 로드와 푸시로드를 거쳐 마스터 실린더에 작용하므로 유압식 브레이크로 작동을 할 수 있다.
㉢ 페달과 마스터 실린더 사이에 배력장치를 설치하므로 설치 위치에 제한이 있다.

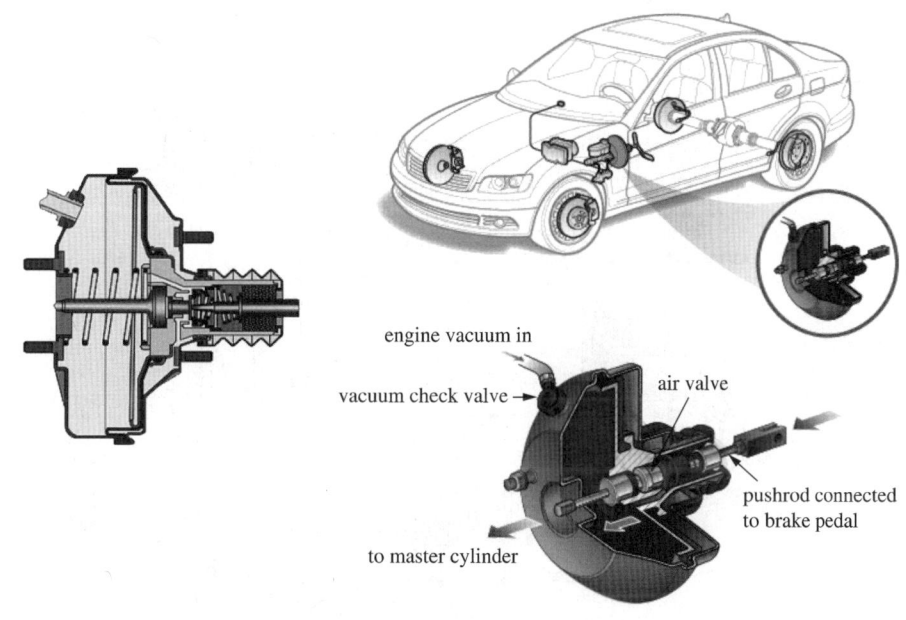

[진공 부스터(하이드로백)의 구조]

② 분리형 진공배력식

분리형 진공배력식은 마스터 실린더와 배력장치가 서로 분리되어 있는 형으로, 이때의 배력장치를 하이드로 마스터(Hydro Master)라고도 한다. 구조와 작동원리는 일체형 진공식 배력장치와 비슷하다. 분리형 진공식 배력장치는 대기의 공기가 통하는 곳에 압축공기가 유입되어 파워 피스톤 양쪽의 압력차가 더욱 커지므로 강력한 제동력을 얻을 수 있도록 된 것이며 특징은 다음과 같다.

㉠ 배력장치가 마스터 실린더와 휠 실린더 사이를 파이프로 연결하므로 설치 위치가 자유롭다.
㉡ 구조가 복잡하다.
㉢ 회로 내의 잔압이 너무 크면 배력장치가 항상 작동하므로 잔압의 관계에 주의하여야 한다.

9 공압식 브레이크

공압식 브레이크는 공기압축 장치의 압력을 이용하여 모든 바퀴의 브레이크슈를 드럼에 압착시켜서 제동 작용을 하는 것이며 브레이크 페달에 의해 밸브를 개폐시켜 브레이크 챔버에 공급되는 공기량으로 제동력을 조절한다. 공압식 브레이크의 장단점은 다음과 같다.

- 차량 중량에 제한을 받지 않는다.
- 공기가 다소 누출되어도 제동성능이 현저하게 저하되지 않는다.
- 베이퍼록의 발생 염려가 없다.
- 페달 밟는 양에 따라 제동력이 조절된다.
- 공기 압축기 구동으로 인해 엔진의 동력이 소모된다.
- 구조가 복잡하고 값이 비싸다.

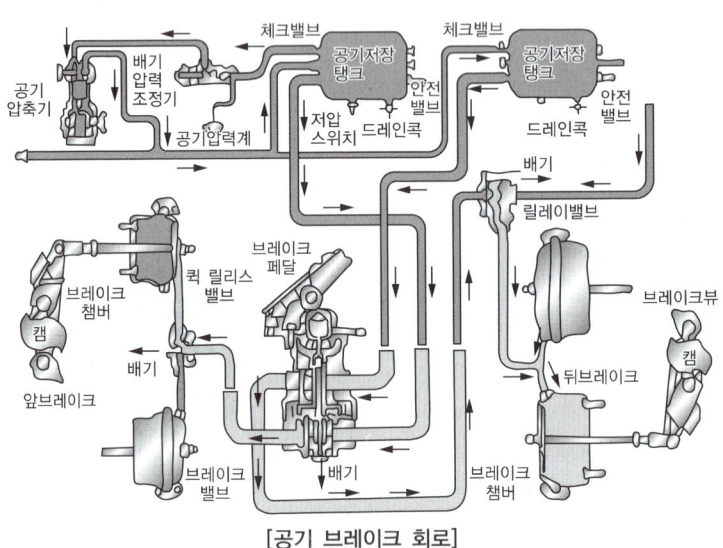

[공기 브레이크 회로]

(1) 압축계통

① 공기 압축기(Air Compressor)

공기 압축기는 엔진의 크랭크축에 의해 구동되며 압축공기를 생산하는 역할을 한다. 공기 압축기 입구에는 언로더 밸브가 설치되어 있고 압력조정기와 함께 공기 압축기가 필요 이상 작동하는 것을 방지하고 공기 저장 탱크 내의 공기 압력을 일정하게 조정한다.

② 압력조정기와 언로더 밸브(Air Pressure Regulator & Unloader Valve)

압력조정기는 공기 저장 탱크 내의 압력이 약 7kgf/cm^2 이상 되면 공기탱크에서 공기 입구로 유입된 압축공기가 압력조정 밸브를 밀어 올린다. 이에 따라 언로더 밸브를 열어 압축기의 압축 작용이 정지된다. 또한 공기 저장 탱크 내의 압력이 규정값 이하가 되면 언로더 밸브가 다시 복귀되어 공기 압축작용이 다시 시작된다.

③ 공기탱크와 안전밸브

공기 저장 탱크는 공기 압축기에서 보내온 압축공기를 저장하며 탱크 내의 공기 압력이 규정값 이상이 되면 공기를 배출시키는 안전밸브와 공기 압축기로 공기가 역류하는 것을 방지하는 체크 밸브 및 탱크 내의 수분 등을 제거하기 위한 드레인콕이 있다.

(2) 브레이크 계통

① 브레이크 밸브(Brake Valve)

브레이크 밸브는 페달에 의해 개폐되며 페달을 밟는 양에 따라 공기 탱크 내의 압축공기량을 제어하여 제동력을 조절한다. 페달을 놓으면 플런저가 제자리로 복귀하여 배출 밸브가 열리며 브레이크 챔버 내의 공기를 대기 중으로 배출시켜 제동력을 해제한다.

② 퀵 릴리스 밸브(Quick Release Valve)

퀵 릴리스 밸브는 페달을 밟아 브레이크 밸브로부터 압축공기가 입구를 통하여 공급되면 밸브가 열려 브레이크 챔버에 압축공기가 작동하여 제동된다.

③ 릴레이 밸브(Relay Valve)

릴레이 밸브는 페달을 밟아 브레이크 밸브로부터 공기 압력이 들어오면 다이어프램이 아래쪽으로 내려가 배출 밸브를 닫고 공급밸브를 열어 공기 저장 탱크 내의 공기를 직접 브레이크 챔버로 보내어 제동시킨다.

④ 브레이크 챔버(Brake Chamber)

페달을 밟아 브레이크 밸브에서 조절된 압축공기가 챔버 내로 유입되면 다이어프램은 스프링을 누르고 이동하며 푸시로드가 슬랙 조정기를 거쳐 캠을 회전시킴으로써 브레이크슈가 확장되어 드럼에 압착되어 제동 작용을 한다.

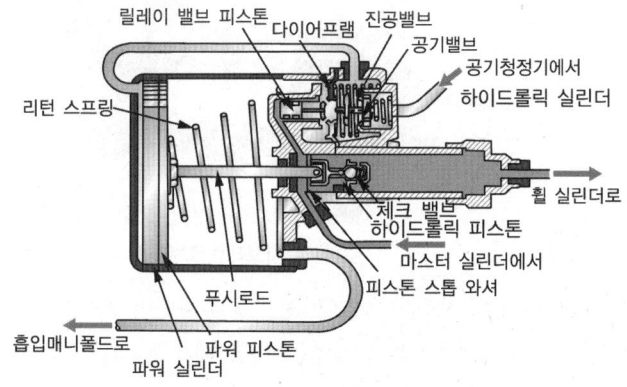

[브레이크 챔버의 구조]

⑤ 슬랙조정기

슬랙조정기는 캠축을 회전시키는 역할과 브레이크 드럼 내부의 브레이크슈와 드럼 사이의 간극을 조정하는 역할을 한다.

⑥ 저압표시기

브레이크용 공기탱크 압력이 규정보다 낮은 경우 적색 경고등을 점등하고 동시에 경고음을 울려 브레이크용의 공기 압력이 규정보다 낮은 것을 운전자에게 알려주는 역할을 한다.

10 주차 브레이크

(1) 외부 수축식 센터 브레이크

이 형식은 브레이크 드럼을 변속기 출력축이나 추진축에 설치하여 레버를 당기면 로드가 당겨지며 작동 캠의 작용으로 밴드가 수축하여 드럼을 강하게 조여서 제동이 된다.

(2) 내부 확장식 센터 브레이크

이 형식은 레버를 당기면 와이어가 당겨지며 이때 브레이크슈가 확장되어 제동작용을 한다.

(3) 전자식 주차브레이크 시스템(EPB ; Electric Parking Brake)

기존 대부분의 차량의 주차제동장치는 운전자에 의해 주차브레이크 페달을 밟거나 레버를 당김으로서 주차제동력을 얻는 시스템이었다. 그러나 EPB 시스템은 간편한 스위치 조작으로 주차제동력을 확보할 수 있으며 VDC ECU(AVH), 엔진 ECU, TCU 등과 연계하여 자동으로 주차브레이크를 작동시키거나 해제하고 긴급한 상황에서는 비상제동기능을 통하여 안전성을 확보할 수 있도록 구성된 전자식 주차브레이크 시스템이다.

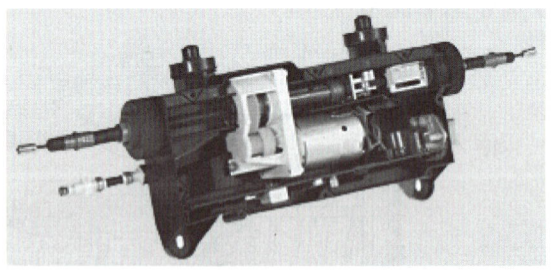

[전자식 주차브레이크 유닛]

EPB 시스템은 주차 케이블의 장력이 항상 일정하게 유지되어 케이블의 장력 조정 등이 불필요하게 되었으며 시스템에 고장이 발생되었을 때에는 비상 해제레버를 조작함으로써 주행이 가능하도록 되어 있다.

① EPB 특징
  ㉠ 편의성 증대(작은 조작력, 변속레버 전환 시 자동해제)
  ㉡ 거주성 증대(기존레버 및 풋페달 없음)
  ㉢ 안전성 증대(비상제동 시 안정적 자세유지, 자체결함 점검)

② EPB 기능
　㉠ 정차 기능
　　차량 정지 상태에서의 EPB 작동 및 해제하는 기능
　㉡ 비상제동 기능
　　차량 주행 상태에서의 EPB 작동 및 해제하는 기능
　㉢ 자동 해제 기능
　　EPB 작동 상태에서 운전자가 D, R, 스포츠단 상태에서 운전자가 가속페달을 작동시키면 자동으로 EPB ECU가 파킹 브레이크를 해제하는 기능
　㉣ 비상해제 기능
　　EPB가 정상적인 절차를 통해 해제되지 못할 경우, 비상해제 케이블을 당김으로써 강제 해제시킬 수 있는 기능
　㉤ 재연결 기능
　　비상 해제 후, EPB가 정상 작동될 수 있도록 재연결하는 기능
　㉥ 안전 클러치 기능
　　EPB가 최대 허용 스트로크 이상 작동될 경우 기어박스와 모터를 보호하기 위해 안전 클러치가 작동함
　㉦ 베딩 기능
　　주차 브레이크 패드(라이닝) 교환 후 EPB의 초기 작동성능을 최적화하기 위한 기능
　㉧ 자동정차 기능(AVH)
　　정차 시 자동으로 유압 브레이크를 작동하여 브레이크 페달을 밟지 않더라도 차량 정지 상태를 유지할 수 있도록 지원하는 모드
　　• AVH 작동 조건
　　　- 엔진 작동 상태일 것
　　　- AVH 스위치 On
　　　- 후드가 닫혀 있을 것
　　　- 트렁크가 닫혀 있을 것
　　　- 기어가 "P"단이지 않을 것
　　　- 운전자가 브레이크 페달을 작동하여 차량이 완전 정지상태가 될 것
　　• AVH에서 EPB로 자동 전환 기능
　　　AVH가 작동 중인 상태에서 다음의 조건 중 어느 하나라도 만족되면 자동으로 EPB 기능으로 전환됨
　　　- 안전벨트 해제, 운전석 측 도어 열림(운전자의 운전석 이탈로 간주함)
　　　- 후드가 열릴 경우
　　　- 트렁크가 열릴 경우
　　　- AVH 작동시간이 5분이 경과한 경우

- 기어가 "P"단일 경우
- Engine Off
- 23% 이상 HILL에 정차할 경우
ⓒ 시동 Off 작동기능
   IG가 Off될 때, EPB가 자동으로 작동하는 기능

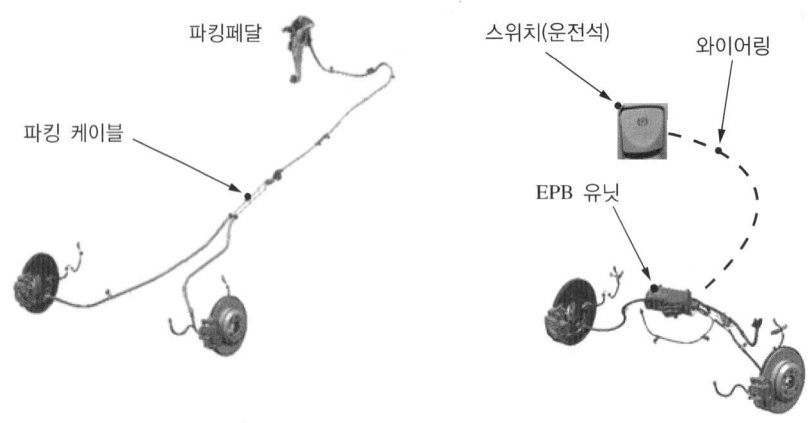

[족동식 주차브레이크와 EPB의 시스템 비교]

③ EPB 시스템의 구성
  ㉠ EPB 유닛
     EPB 유닛은 EPB ECU, 기어박스, 케이블 구동모터, 케이블, 포스센서로 구성되며 모터의 구동력 및 감속기어를 이용하여 주차제동력을 발생시키며 케이블을 통하여 양쪽 바퀴에 제동력을 전달한다. 또한 주차브레이크 작동력을 측정하기 위해 포스센서를 장착하고 있어 브레이크 디스크 상태와 관계없이 일정한 힘으로 주차브레이크의 제동력을 인가할 수 있다.

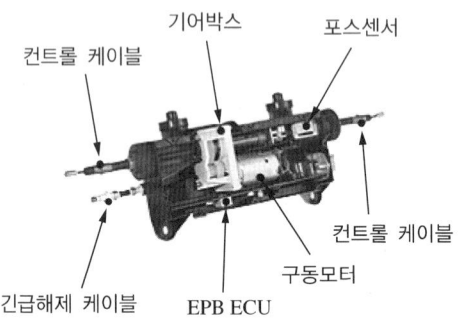

④ 전자제어 입출력

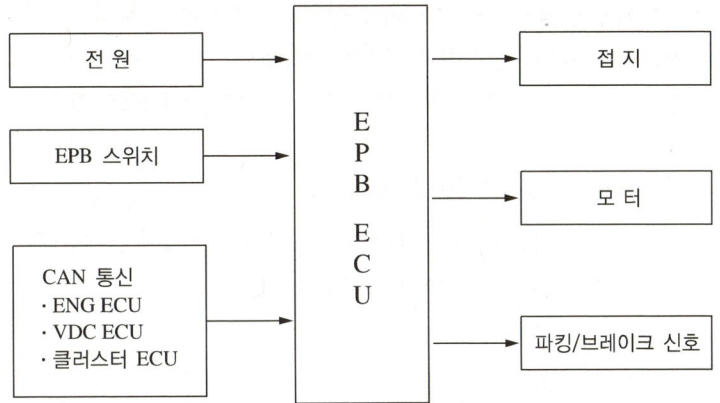

EPB ECU는 주차브레이크 작동에 대한 주요 연산기능을 수행하며 CAN통신을 통하여 입력신호를 처리한다.

11 보조 감속 브레이크

마찰식 브레이크는 연속적인 제동을 하게 되면 마찰에 의한 온도 상승으로 페이드 현상이나 베이퍼록(증기폐쇄) 현상이 일어날 수 있다. 따라서 긴 경사길을 내려갈 때에는 상용브레이크와 더불어 엔진브레이크를 작동시켜 주 브레이크를 보호하는 역할을 한다. 그러나 버스나 트럭의 대형화 및 고속화에 따라 상용브레이크 및 엔진브레이크만으로는 요구하는 제동력을 얻을 수 없으므로 보조 감속 브레이크를 장착시킨다. 즉, 감속 브레이크는 긴 언덕길을 내려갈 때 풋 브레이크와 병용되며 풋 브레이크 혹사에 따른 페이드 현상이나 베이퍼록을 방지하여 제동장치의 수명을 연장한다. 보조 감속 브레이크의 종류는 다음과 같다.

(1) 엔진 브레이크

변속기 기어단수를 저단으로 놓고 엔진회전에 대한 저항을 증가시켜 감속하는 보조 감속 브레이크이다.

(2) 배기 브레이크

배기라인에 밸브 형태로 설치되어 작동 시 배기 파이프의 통로 면적을 감소시켜 배기압력을 증가시키고 엔진 출력을 감소시키는 보조 감속 브레이크이다.

(3) 와전류 리타더

이 브레이크는 변속기 출력축 또는 추진축에 설치되며 스테이터, 로터, 계자코일로 구성되어 계자코일에 전류가 흐르면 자력선이 발생하고 이 자력선속에서 로터를 회전시키면 맴돌이 전류가 발생하여 자력선과의 상호작용으로 로터에 제동력이 발생하는 형태의 보조 감속브레이크 장치이다.

(4) 유체식 감속 브레이크(하이드롤릭 리타더)

물이나 오일을 사용하여 자동차 운동 에너지를 액체마찰에 의해 열에너지로 변환시켜 방열기에서 감속시키는 방식의 보조 감속 브레이크이다.

12 전자제어 제동장치(ABS)

(1) ABS의 개요

일반적인 자동차의 급제동 또는 노면의 악조건 상태에서 제동할 때 바퀴의 잠김 현상으로 인하여 자동차가 제어불능 상태로 진행되어 조향안정성 및 제동성능의 악영향을 초래하며 제동거리 또한 길어지게 된다.

ABS는 바퀴의 고착현상을 방지하여 노면과 타이어의 최적의 마찰을 유지하며 제동하여 제동성능 및 조향 안전성을 확보하는 전자제어식 브레이크 장치이다.

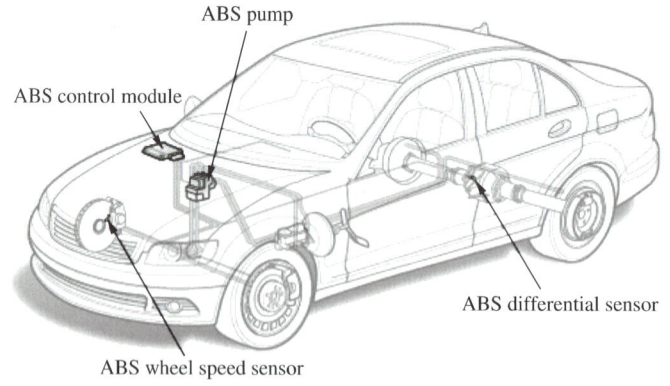

[ABS의 구성]

(2) ABS의 목적

① 조향안정성 및 조종성을 확보한다.
② 노면과 타이어를 최적의 그립력으로 제어하여 제동 거리를 단축시킨다.

(3) ABS 구성 부품

① 휠 스피드 센서(Wheel Speed Sensor)

휠 스피드 센서는 자동차의 각 바퀴에 설치되어 해당 바퀴의 회전상태를 검출하며 ECU는 이러한 휠 스피드 센서의 주파수를 인식하여 바퀴의 회전 속도를 검출한다. 휠 스피드 센서는 전자유도 작용을 이용한 것이며 톤 휠의 회전에 의해 교류 전압이 발생한다. 이 교류 전압은 회전 속도에 비례하여 주파수 변화가 나타나기 때문에 이 주파수를 검출하여 바퀴의 회전 속도를 검출한다.

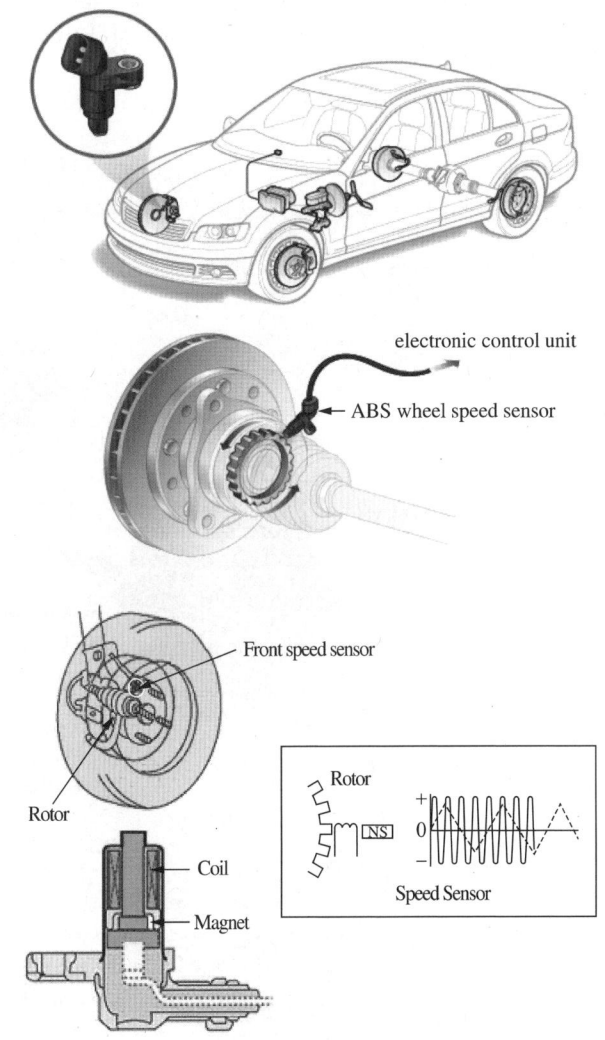

[휠 스피드 센서의 장착 및 작동원리]

② ECU(Electronic Control Unit)

ABS ECU는 휠 스피드 센서의 신호에 의해 들어온 바퀴의 회전 상황을 인식함과 동시에 급제동 시 바퀴가 고착되지 않도록 하이드롤릭 유닛(유압조절장치) 내의 솔레노이드 밸브 및 전동기 등을 제어한다.

③ 하이드롤릭 유닛(유압조절장치)

하이드롤릭 유닛은 내부의 전동기에 의해 작동되며 제어펌프에 의해 공급된다. 또한 밸브 블록에는 각 바퀴의 유압을 제어하기 위해 각 채널에 대한 2개의 솔레노이드 밸브가 들어 있다. ABS 작동 시 ECU의 신호에 따라 리턴 펌프를 작동시켜 휠 실린더에 가해지는 유압을 증압, 유지, 감압 등으로 제어한다.

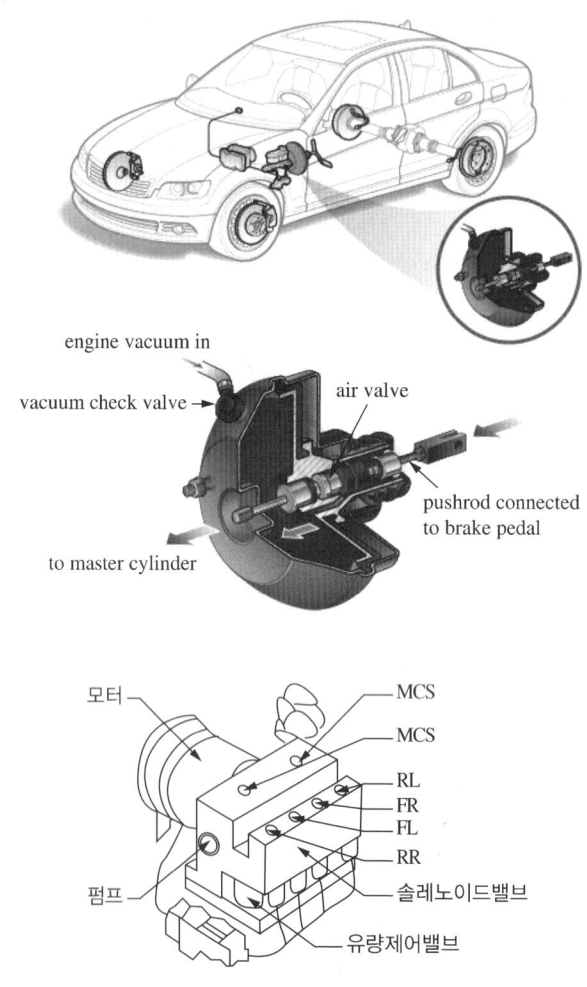

[하이드롤릭 유닛의 구조]

㉠ 솔레노이드 밸브 : 이 밸브는 ABS 작동 시 ECU에 의해 On, Off되어 휠 실린더로의 유압을 증압, 유지, 감압시키는 기능을 한다.
㉡ 리턴 펌프 : 이 펌프는 하이드롤릭 유닛의 중심부에 설치되어 있으며 전기 신호로 구동되는 전동기가 편심으로 된 풀리를 회전시켜 증압 시 추가로 유압을 공급하는 기능과, 감압할 때 휠 실린더의 유압을 복귀시켜 어큐뮬레이터 및 댐핑챔버에 보내어 저장하도록 하는 기능이 있다.
㉢ 어큐뮬레이터 : 어큐뮬레이터 및 댐핑챔버는 하이드롤릭 유닛의 아랫부분에 설치되어 있으며 ABS 작동 중 감압 작동할 때 휠 실린더로부터 복귀된 오일을 일시적으로 저장하는 장치이며 증압 사이클에서는 신속한 오일 공급으로 리턴 펌프가 작동되어 ABS가 신속하게 작동하도록 한다. 또한 이 과정에서 발생되는 브레이크 오일의 맥동 및 진동을 흡수하는 기능도 있다.

13 전자제어 구동력 제어장치(TCS)

(1) TCS의 개요

마찰 계수가 낮은 도로(빙판길 및 눈길) 또는 바퀴의 마찰 계수가 적고 미끄러지기 쉬운 도로를 주행 시 자동차의 바퀴는 스스로 미끄러져 구동력이 상실되는 경우가 발생하며 자동차의 조종안정성에도 영향을 준다.
TCS는 이러한 구동 및 가속에 대한 미끄러짐 발생 시 엔진의 출력을 감소시키고 ABS 유압 시스템을 통하여 바퀴의 미끄러짐을 억제하여 구동력을 노면에 최적으로 전달할 수 있다.
또한 빠른 속도로 선회 시 자동차의 뒷부분이 밖으로 밀려나가는 테일 아웃 현상이 발생하는데 이런 경우에도 TCS는 엔진의 출력을 제어하여 안전한 선회가 가능하다.
즉, TCS는 가속 및 구동 시 부분적 제동력을 발생하여 구동 바퀴의 슬립을 방지하고 엔진 토크를 감소시켜 노면과 타이어의 마찰력을 항상 일정한계 내에 있도록 자동적으로 제어하는 것이다.

(2) TCS의 종류

① FTCS
이 형식은 최적의 구동을 위해 엔진 토크의 감소 및 브레이크제어를 동시에 구현하는 시스템이다. 브레이크 제어는 ABS ECU가 제어하며 TCS 제어를 함께 수행한다. 즉, ABS ECU가 앞바퀴 구동 바퀴와 뒷바퀴의 제동력을 발생시키고 감소시키면서 최적의 구동력을 수행하며 동시에 엔진 토크를 감소시켜 안정적인 구동제어를 구현한다.

② BTCS
이 형식은 TCS를 제어할 때 브레이크 제어만을 수행하며 ABS 하이드롤릭 유닛 내부의 모터펌프에서 발생하는 유압으로 구동 바퀴의 제동을 제어한다.

(3) TCS 작동 원리

① 슬립제어

뒷바퀴 휠 스피드 센서의 신호와 앞바퀴 휠 스피드 센서의 신호를 비교하여 구동바퀴의 슬립률을 계산하여 구동바퀴의 유압을 제어한다.

② 트레이스 제어

트레이스 제어는 운전자의 조향 핸들 조작량과 가속페달 밟는 양 및 비 구동 바퀴의 좌측과 우측의 속도 차이를 검출하고 구동력을 제어하여 안정된 선회가 가능하도록 한다.

14 전자제어제동력 배분 장치(EBD)

제동 시 전륜측과 후륜측의 발생유압 시점을 뒷바퀴가 앞바퀴와 같거나 또는 늦게 고착되도록 ABS ECU가 제동배분을 제어하는 것을 EBD라 한다.

(1) EBD의 제어 원리

EBD는 ABS ECU에서 뒷바퀴의 제동유압을 이상적인 제동배분 곡선에 근접 제어하는 원리이다. 제동할 때 각각의 휠 스피드 센서로부터 슬립률을 연산하여 뒷바퀴 슬립률이 앞바퀴보다 항상 작거나 동일하게 유압을 제어한다.

(2) EBD 제어의 효과

① 후륜의 제동기능 및 제동력을 향상시키므로 제동 거리가 단축된다.
② 뒷바퀴 좌우의 유압을 각각 독립적으로 제어하므로 선회 시 안전성이 확보된다.
③ 브레이크 페달의 작동력이 감소된다.
④ 제동 시 후륜의 제동 효과가 커지므로 전륜측 브레이크 패드의 온도 및 마멸 등이 감소되어 안정된 제동 효과를 얻을 수 있다.

15 차량 자세제어시스템(VDC)

(1) VDC의 개요

VDC(Vehicle Dynamic Control System)은 스핀(Spin), 또는 오버스티어(Over Steer), 언더스티어(Under Steer) 등의 발생을 억제하여 이로 인한 사고를 미연에 방지할 수 있는 시스템이다. 이는 차량에 미끄럼 발생 상황을 초기에 감지하여 각 바퀴를 적당히 제동함으로써 차량의 자세를 제어한다. 이로써 차량은 안정된 상태를 유지하며(ABS연계제어) 스핀한계 직전에 자동 감속한다(TCS연계제어). 이미 미끄럼이 발생된 경우에는 각 휠에 각각의 제동력을 가하여 스핀이나 언더스티어의 발생을 미연에 방지(요-모멘트제어)하여 안정된 운행을 도모한다.

VDC는 요 모멘트 제어, 자동 감속제어, ABS 및 TCS 제어 등에 의하여 스핀방지, 오버스티어 방지, 요잉 발생 방지, 조정안정성 향상 등의 효과가 있다.

VDC는 브레이크 제어방식의 BTCS에 요 레이트 센서, 횡가속도(G) 센서, 마스터 실린더 압력 센서 등을 추가한 시스템이며 차량의 주행속도, 조향각속도 센서, 마스터 실린더 압력 센서 등으로부터 운전자의 의지를 검출하고 요 레이트 센서, 횡가속도(G) 센서로부터 차체의 거동을 분석하여 위험한 차체 거동 시 운전자가 별도로 제동을 하지 않아도 4바퀴를 개별적으로 자동 제동하여 자동차의 자세를 제어함으로써 자동차의 모든 방향에 대한 안정성을 확보한다.

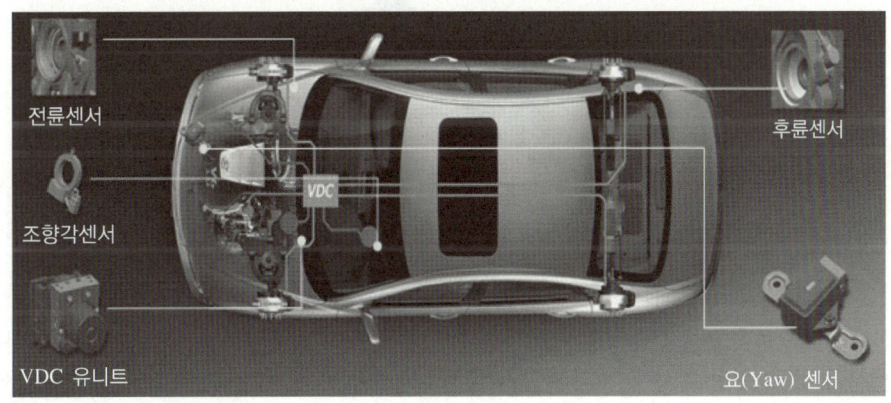

[VDC의 구성]

① 운전자의 조향의도 분석
  ㉠ 조향 휠의 위치(Steering Angle)
  ㉡ 브레이크 페달 답력(Pressure)
  ㉢ 차량의 속도(Wheel Speed)

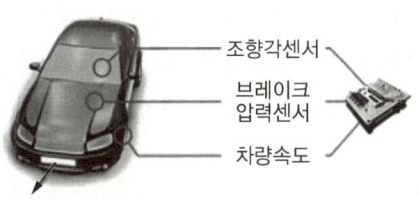

② 차량의 거동상태 분석
   ㉠ 차량의 회전속도(Yaw Rate)
   ㉡ 측면으로 작동하는 힘(Lateral-G)

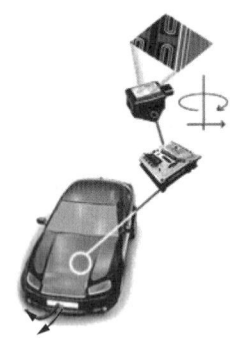

③ 제동력을 통한 자세 제어
   ㉠ ECU는 필요한 대책을 계산
   ㉡ 각 바퀴의 제동력을 독립적으로 제어
   ㉢ 엔진출력제어

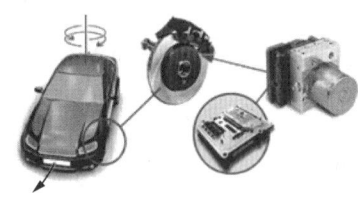

(2) 요 모멘트(Yaw Moment)

요 모멘트란 차체의 앞뒤가 좌, 우측 또는 선회할 때 안쪽, 바깥쪽 바퀴쪽으로 이동하려는 힘을 말한다. 요 모멘트로 인하여 언더스티어, 오버스티어, 횡력 등이 발생한다. 이로 인하여 주행 및 선회할 때 자동차의 주행 안정성이 저하된다. 자동차 동적제어 장치는 주행 안정성을 저해하는 요 모멘트가 발생하면 브레이크를 제어하여 반대 방향의 요 모멘트를 발생시켜 서로 상쇄되도록 하여 자동차의 주행 및 선회안정성을 향상시키며 필요에 따라서 엔진의 출력을 제어하여 선회안정성을 향상시키기도 한다.

(3) VDC 제어의 개요

조향각속도 센서, 마스터 실린더 압력 센서, 차속 센서, G 센서 등의 입력값을 연산하여 자세제어의 기준이 되는 요 모멘트와 자동감속제어의 기준이 되는 목표 감속도를 산출하여 이를 기초로 4바퀴의 독립적인 제동압, 자동감속제어, 요-모멘트 제어, 구동력 제어, 제동력 제어와 엔진 출력을 제어한다.

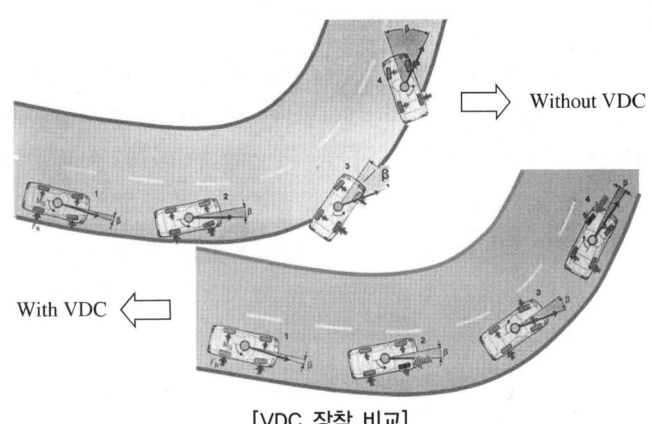

[VDC 장착 비교]

(4) 제어의 종류

① ABS/EBD제어

4개의 휠 스피드의 가·감속을 산출하여 ABS/EBD 작동 여부를 판단하여 제동 제어를 한다.

② TCS제어

브레이크 압력제어 및 CAN 통신을 통해 엔진 토크를 저감시켜 구동 방향의 휠 슬립을 방지한다.

③ 요(AYC) 제어

요레이트 센서, 횡가속도 센서, 마스터 실린더 압력 센서, 조향휠 각속도 센서, 휠 스피드 센서 등의 신호를 연산하여 차량 자세를 제어한다.

④ VDC 제어조건

㉠ 주행속도가 15km/h 이상 되어야 한다.
㉡ 점화 스위치 ON 후 2초가 지나야 한다.
㉢ 요 모멘트가 일정값 이상 발생하면 제어한다.
㉣ 제동이나 출발할 때 언더스티어나 오버스티어가 발생하면 제어한다.
㉤ 주행속도가 10km/h 이하로 떨어지면 제어를 중지한다.
㉥ 후진할 때에는 제어를 하지 않는다.
㉦ 자기 진단기기 등에 의해 강제구동 중일 때에는 제어를 하지 않는다.

(5) 제동압력 제어

① 요 모멘트를 기초로 제어 여부를 결정한다.
② 슬립률에 의한 자세제어에 따라 제어 여부를 결정한다.
③ 제동압력 제어는 기본적으로 슬립률 증가 측에는 증압을 시키고 감소 측에는 감압제어를 한다.

(6) ABS 관련 제어

ABS의 관련 제어는 뒷바퀴 제어의 경우 셀렉터 로우 제어에서 독립 제어로 변경되었으며 요 모멘트에 따라서 각 바퀴의 슬립률을 판단하여 제어한다. 또한 언더스티어나 오버스티어 제어일 때에는 ABS 제어에 제동압력의 증·감압을 추가하여 응답성을 향상시켰다.

또한 ABS 제어 중에 슬립률이 제동력 최대의 위치에 있으면 슬립률을 증대하더라도 제동력은 증대되지 않는다. 따라서 일반적으로 복원제어의 효과가 높은 앞 바깥쪽 바퀴에 제동을 가하더라도 슬립률 증대 효과가 작아진다. 그래서 뒤 안쪽 바퀴에 제동압력을 가하여 뒤 바깥쪽 바퀴의 슬립률이 작아지도록 제어를 한다.

(7) 자동 감속 제어(제동 제어)

선회할 때 횡G값에 대하여 엔진의 가속을 제한하는 제어를 실행함으로서 과속의 경우에는 제동제어를 포함하여 선회 안정성을 향상시킨다. 목표 감속도와 실제 감속도의 차이가 발생하면 뒤 바깥쪽 바퀴를 제외한 3바퀴에 제동압력을 가하여 감속 제어를 실행한다.

(8) TCS 관련 제어

슬립 제어는 제동제어에 의해 LSD(Limited Slip Differential) 기능으로 미끄러운 도로에서의 가속성능을 향상시키며 트레이스 제어는 운전 상황에 대하여 엔진의 출력을 감소시킨다. 또한 자동감속 제어는 엔진의 출력을 제어하며 제어주기는 16ms이다.

(9) 선회 시 제어

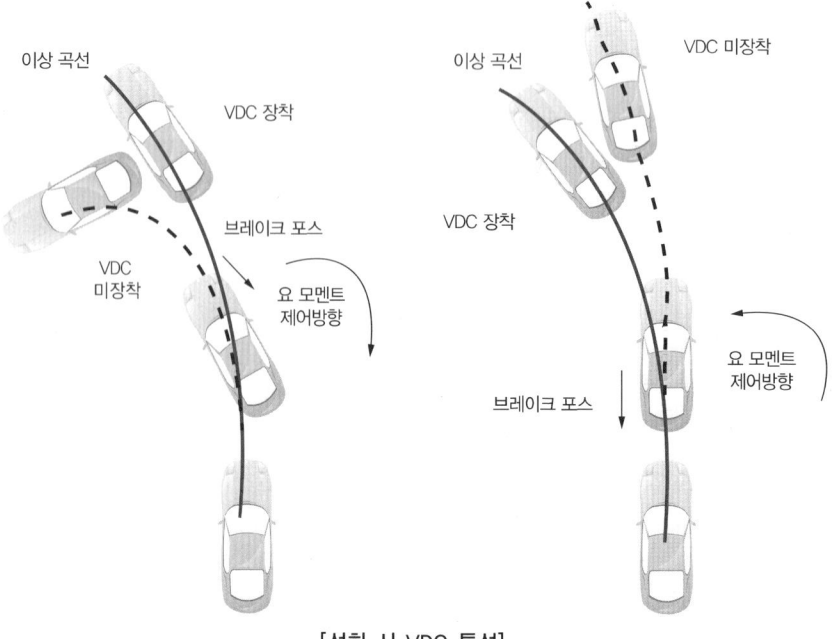

[선회 시 VDC 특성]

① 오버스티어 발생

오버스티어는 전륜 대비 후륜의 횡 슬립이 커져 과다 조향현상이 발생하며 시계 방향의 요 컨트롤이 필요하게 된다.

② 언더스티어 발생

언더스티어는 후륜 대비 전륜의 횡 슬립이 커져 조향 부족현상이 발생하며 반시계 방향의 요 컨트롤이 필요하게 된다.

(10) 요 모멘트 제어(Yaw Moment Control)

요 모멘트 제어는 차체의 자세제어이며 선회할 때 또는 주행 중 차체의 옆 방향 미끄러짐 요잉 또는 횡력에 대하여 안쪽 바퀴 또는 바깥쪽 바퀴에 브레이크를 작동시켜 차체제어를 실시한다.

① 오버스티어 제어(Over Steer Control)

선회할 때 VDC ECU에서는 조향각과 주행속도 등을 연산하여 안정된 선회 곡선을 설정한다. 설정된 선회 곡선과 비교하여 언더스티어가 발생되면 오버스티어 제어를 실행한다.

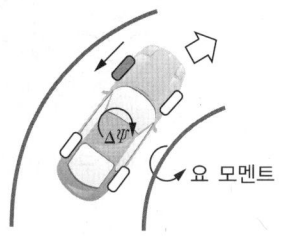

[오버스티어 제어]

② 언더스티어 제어(Under Steer Control)

설정된 선회 곡선과 비교하여 오버스티어가 발생하면 언더스티어 제어를 실행한다.

[언더스티어 제어]

③ 자동감속제어(트레이스 제어)

자동차의 운동 중 요잉은 요 모멘트를 변화시키며 운전자의 의도에 따라 주행하는 데 있어서 타이어와 노면과 마찰 한계에 따라 제약이 있다. 즉, 자세 제어만으로는 선회 안정성에 맞지 않는 경우가 있다. 자동감속제어는 선회 안정성을 향상시키는 데 그 목적이 있다.

16 VDC의 구성

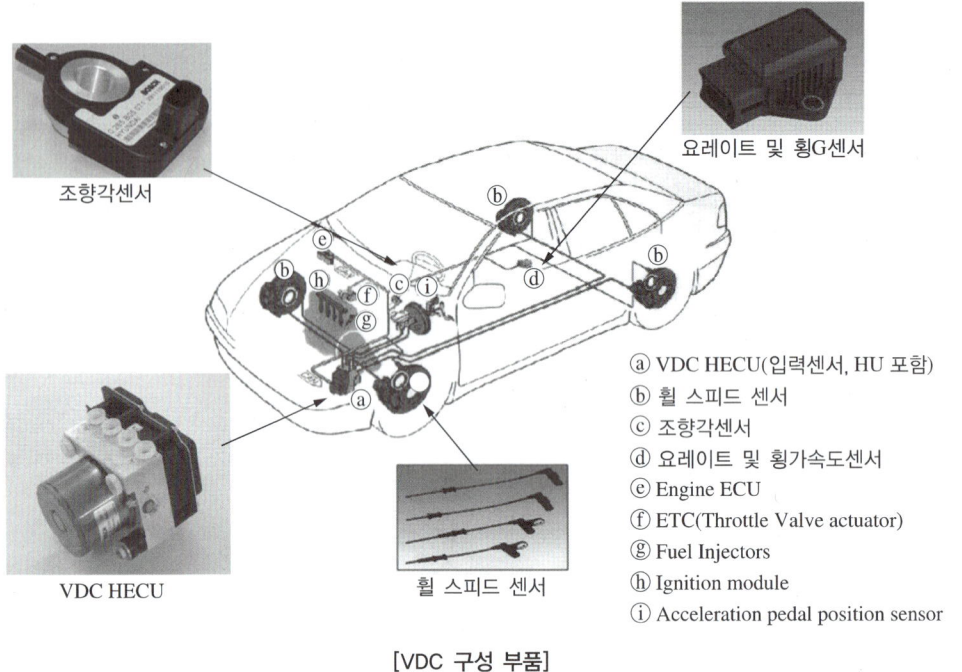

[VDC 구성 부품]

(1) 휠 스피드 센서

휠 스피드 센서는 각 바퀴 별로 1개씩 설치되어 있으며 바퀴 회전 속도 및 바퀴의 가속도 슬립률 계산 등은 ABS, TCS에서와 같다.

(2) 조향휠 각속도 센서

조향휠 각속도 센서는 조향 핸들의 조작 속도를 검출하는 것이며 3개의 포토 트랜지스터로 구성되어 있다.

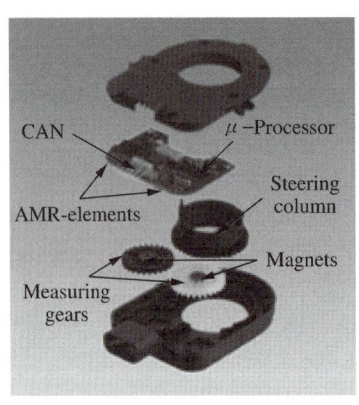

(3) 요 레이트 센서

요 레이트 센서는 센터콘솔 아래쪽에 횡G센서와 함께 설치되어 있다.

(4) 횡가속도(G) 센서

횡G센서는 센터콘솔 아래쪽에 요 레이트 센서와 함께 설치되어 있다.

(5) 하이드롤릭 유닛(Hydraulic Unit)

하이드롤릭 유닛은 엔진룸 오른쪽에 부착되어 있으며 그 내부에는 12개의 솔레노이드 밸브가 들어 있다.

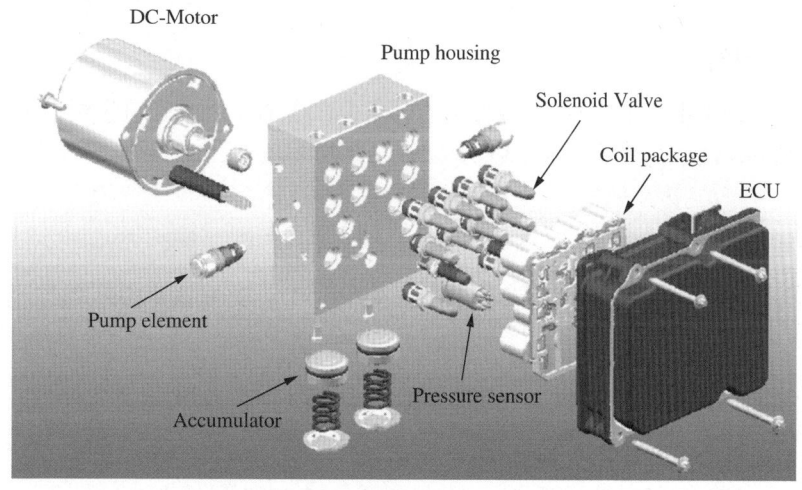

[하이드롤릭 유닛의 구조]

(6) 유압 부스터(Hydraulic Booster)

흡기다기관의 부압을 이용한 기존의 진공배력식 부스터 대신 유압 모터를 이용한 것이며 유압 부스터는 액추에이터와 어큐뮬레이터에서 전동기에 의하여 형성된 중압 유압을 이용한다. 유압 부스터의 효과는 다음과 같다.
① 브레이크 압력에 대한 배력 비율이 크다.
② 브레이크 압력에 대한 응답속도가 빠르다.
③ 흡기 다기관 부압에 대한 영향이 없다.

(7) 마스터 실린더 압력센서

이 센서는 유압 부스터에 설치되어 있으며 스틸 다이어프램으로 구성되어 있다.

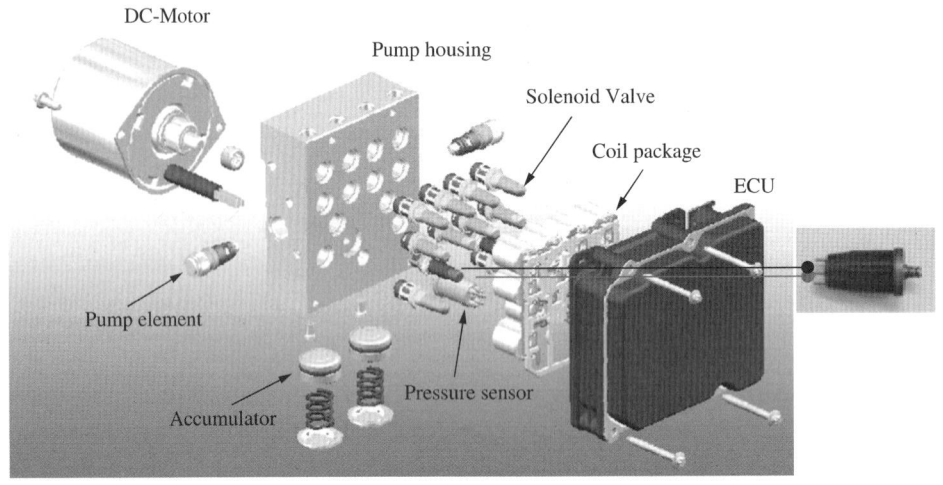

[마스터 실린더 압력 센서]

(8) 제동등 스위치

이 스위치는 브레이크 작동 여부를 ECU에 전달하여 VDC, ABS 제어의 판단 여부를 결정하는 역할을 하며 ABS 및 VDC 제어의 기본적인 신호로 사용된다.

(9) 가속페달위치센서

이 센서는 가속페달의 조작 상태를 검출하는 것이며 VDC 및 TCS의 제어 기본 신호로 사용된다.

(10) 컴퓨터(ECU ; Electronic Control Unit)

컴퓨터는 승객석 오른쪽 아래에 설치되어 있으며 2개의 CPU로 상호 점검하여 오작동을 감지한다. 그리고 시리얼 통신에 의해 ECU 및 TCU와 통신을 한다.

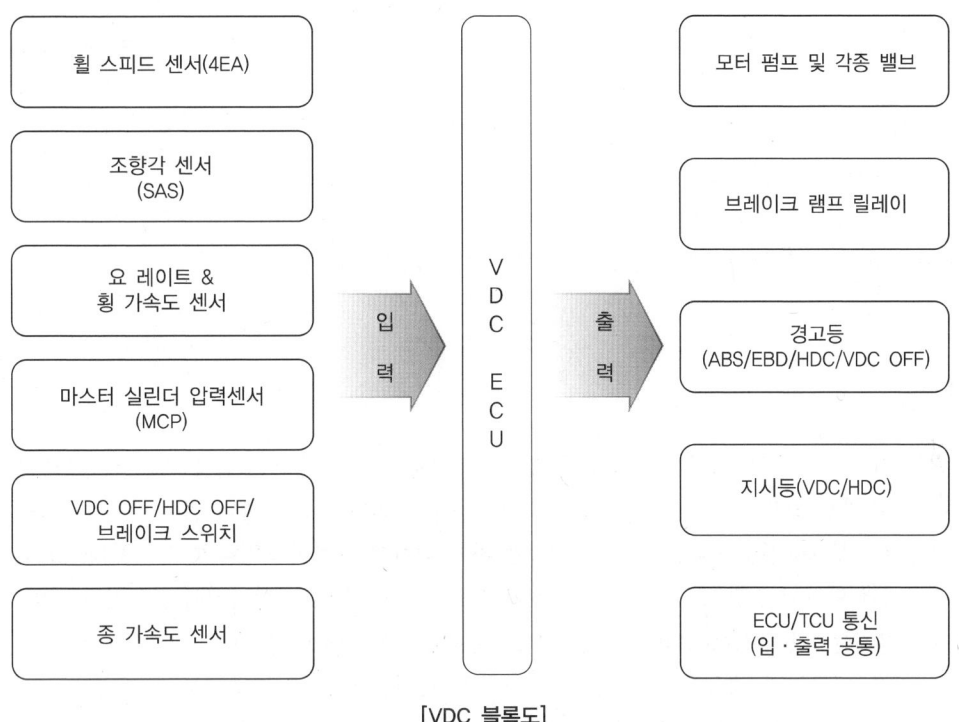

[VDC 블록도]

CHAPTER 13 휠 및 타이어

PART 01 그린전동자동차 공학

휠과 타이어는 자동차가 진행하기 위한 구름운동을 유지하며, 구동력과 제동력을 전달함과 동시에, 노면으로부터 발생되는 충격을 1차적으로 완충하는 역할을 한다. 또한 자동차의 선회 시 옆 방향 힘을 지지하며, 양호한 조향성과 안정성을 유지하도록 한다.

휠은 타이어를 지지하는 림(Rim)과 휠을 허브에 지지하는 디스크(Disc)로 되어 있으며 타이어는 림 베이스(Rim Base)에 끼워진다. 타이어는 구조상 솔리드 타이어(Solid Tire)와 공기 타이어로 나누어지나 자동차용 타이어는 대부분 공기 타이어를 사용하고 있다.

1 휠

휠은 타이어와 함께 자동차의 중량을 지지하고, 구동력 또는 제동력을 지면에 전달하는 역할을 한다. 따라서 휠은 스프링 아래 질량을 작게 하여 승차감을 좋게 하기 위하여 가벼울수록 좋으며, 자동차의 무게중심을 낮추고 조향각을 크게 하기 위하여 직경이 작을수록 유리하다. 그리고 노면의 충격력과 횡력에 견딜 수 있도록 충분한 강성을 가져야 하며, 타이어에서 발생하는 열이나 제동할 때 발생하는 제동열을 흡수하여 대기 중으로 방출이 쉬운 구조로 되어야 한다. 휠은 타이어를 지지하는 림(Rim)부분과 휠을 차축의 허브에 장착하기 위한 디스크 부분으로 구성된다.

휠의 종류에는 연강판을 프레스로 가공성형하고 디스크(Disc)부와 림(Rim)부를 리벳이나 용접으로 결합한 디스크 휠(Disc Wheel), 림과 허브를 강선으로 연결한 스포크 휠(Spoke Wheel), 알루미늄이나 마그네슘 합금을 디스크 부와 림부 일체로 주조 또는 단조 제작한 경합금 휠이 있다.

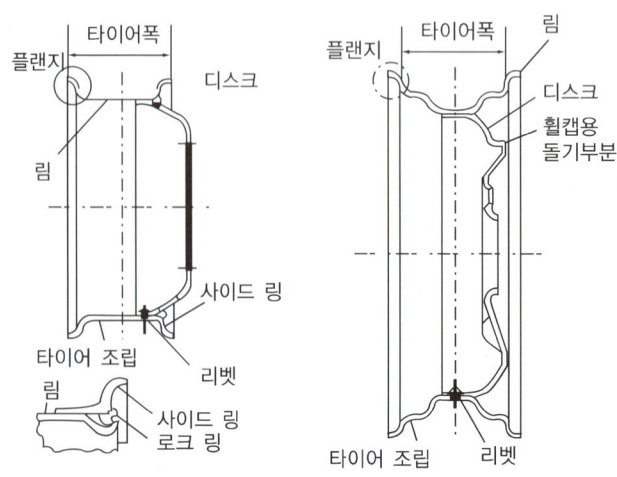

[휠의 구조 및 명칭]

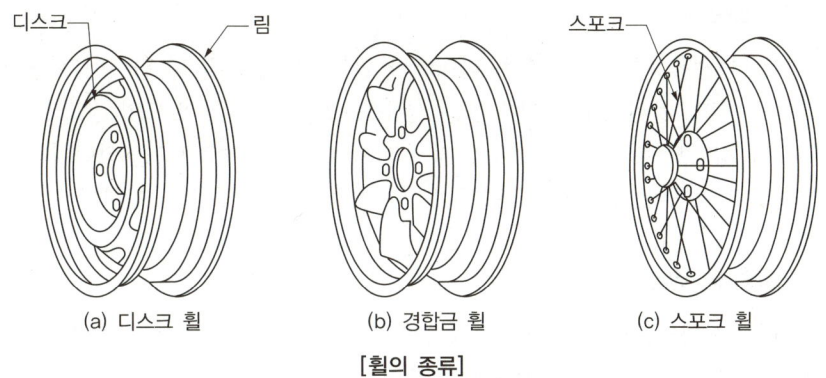

[휠의 종류]

2 타이어의 구조

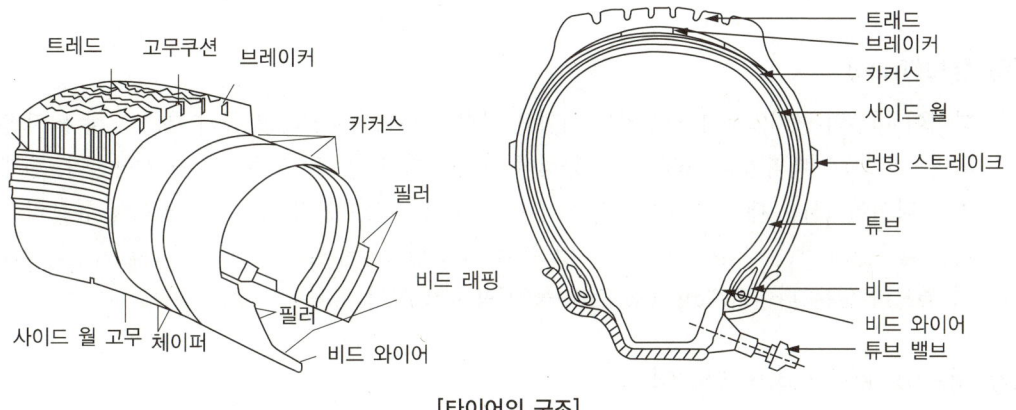

[타이어의 구조]

(1) 트레드(Tread)

타이어의 노면과 접촉되는 부분을 말하며, 내부의 카커스를 보호할 뿐만 아니라 직접 노면과 접촉하여 견인력, 제동력, 선회할 때의 코너링포스 등을 발생시키는 역할을 한다. 따라서 내마모성이 우수하여야 하고, 타이어와 노면 사이의 점착성을 양호하게 유지시킬 필요가 있어 트레드부의 표면에 여러 가지 무늬를 만드는 데 이를 트레드 패턴이라고 한다.

(2) 브레이커(Breaker)

트레드와 카커스 사이에 끼워 넣는 코드층으로, 고무만으로 되어 있는 트레드와 코드를 함유하는 카커스는 구조가 서로 다르고 양자 사이에는 큰 강성의 차이가 있다. 따라서 트레드와 카커스 사이에 완충역할을 하고, 트레드부를 보강하기 위하여 넣는 것이다.

(3) 카커스(Carcass)

타이어의 골격을 형성하는 부분으로 타이어가 받는 하중, 충격 및 타이어의 공기압을 유지시켜 주는 역할을 한다. 플라이(Ply)라고 하는 섬유층으로 구성되어 있으며 강도가 강한 합성섬유를 사용하여 가로방향으로 연결하여 고무를 얇게 피복한 것이다. 이 포층을 타이어의 사용용도에 따라 필요한 매수로 포개어 카커스부를 만들며, 이 매수를 플라이 수라고 한다.

(4) 사이드 월(Side Wall)

트레드와 비드 사이의 타이어 측면부를 말하며, 카커스를 보호하고 댐퍼역할을 하며 승차감을 좋게 한다. 따라서 재질은 유연하고, 내노화성 및 내피로성이 뛰어나야 한다.

(5) 러빙 스트레이크(Rubbing Strake)

사이드 월부의 중앙부 바깥쪽에 두터운 고무 돌출부를 만들어 타이어의 사이드 월부가 다른 물질에 의해 마모 또는 손상되는 것을 방지한다.

(6) 튜브(Tube)

타이어 내부의 공기압을 유지시키는 역할을 하며, 두께가 균일하고 공기 투과가 잘 되지 않아야 하며, 내열성과 내파열성 그리고 내노화성이 우수한 천연고무 및 부틸 고무를 사용한다. 현재 승용차용 타이어에서는 대부분 튜브를 따로 사용하지 않고 타이어의 카커스층 안쪽에 튜브의 기능을 하는 얇은 고무막을 직접 접착시키고 비드부를 림과 밀착시켜 공기가 새지 않도록 특수하게 설계하여 튜브가 없는 타이어(Tubeless Tire)를 사용하고 있다.

(7) 비드(Bead) 및 비드 와이어

비드는 타이어의 귀라고도 하며, 카커스 끝부분을 림에 고정하여 공기압을 유지시키는 역할을 한다. 비드만으로는 타이어를 림에 고정시키는 강도가 약하므로 비드의 내부에 몇 줄의 강성이 강한 고탄소 강선을 넣어 강도를 증가시키고, 비드와 림의 밀착력을 향상시키는 역할을 한다.

3 타이어의 종류

(1) 보통 타이어(바이어스 타이어)

카커스 코드가 타이어의 원주방향 중심선에 대하여 일정한 각도(25~40°)를 가지고 결합된 타이어를 말한다. 접지된 면에서 중첩된 플라이가 고무를 매개로 충격을 흡수하므로 코드 각이 작은 타이어일수록 코드가 겹치는 점이 많아져 카커스가 잘 움직이지 않게 되고 타이어는 단단해진다. 바이어스 타이어는 타이어 회전방향과 측면방향의 두 힘을 카커스 코드로 받으므로 주행 중에는 타이어의 카커스 코드 각도가 상대적으로 변형이 많으므로 유연하고 승차감이 좋다. 그러나 트레드면이 수축되기 쉽고 횡력에 대한 저항이 작고 내마모성이 약하다.

(2) 레이디얼 타이어(Radial Tire)

타이어의 원주방향 중심선에 대하여 약 90°의 방향으로 배치된 플라이 위에 15~20°의 코드 각을 가진 강성이 높은 벨트 층을 가지는 구조이다. 카커스 코드는 레이온, 나일론 및 폴리에스테르가 사용되고, 벨트에는 레이온, 폴리에스테르 또는 강선이 사용된다.

따라서 트레드부의 강성이 크고 또 수축이 거의 없으므로 내마모성이 우수하다. 구름 저항이 적고 타이어의 발열이 적으며 노면과의 접촉성이 향상되어 선회성능이 우수해 현재는 강철 벨트를 사용한 스틸 레이디얼이 주류를 이루고 있다. 레이디얼 타이어의 특징을 정리하면 다음과 같다.

① 타이어의 단면비(편평비)를 적게 할 수 있다.
② 브레이커가 타이어의 둘레를 띠 모양으로 죄고 있으므로 트레드의 변형이 적다. 따라서 고속주행에서 브레이크 효과가 좋고 선회할 때 옆방향의 미끄럼도 적다.
③ 고속주행에서 스탠딩 웨이브가 잘 일어나지 않는다.
④ 고속에서 구름저항이 적다.
⑤ 내마모성이 좋다.
⑥ 브레이커가 단단하여 충격이 잘 흡수되지 않는다.

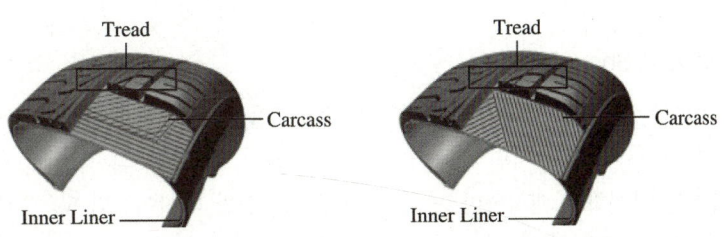

[레이디얼 타이어와 바이어스 타이어의 특징]

(3) 튜브리스 타이어(Tubeless Tire)

튜브가 있는 타이어는 튜브로 공기압과 기밀을 유지하므로 노면의 못 등에 의하여 튜브가 손상되면 공기가 빠져 공기압력이 저하된다. 또 심한 충격이나 과대한 하중으로 튜브가 파손되면 급격한 공기 누출로 인하여 조향 불능상태가 된다.

튜브리스 타이어는 튜브가 없고 타이어의 내면에 공기 투과성이 적은 특수 고무층을 붙이고 다시 비드부에 공기가 누설되지 않는 재료를 사용하여 림과의 밀착을 확실하게 하기 위하여 비드부분의 내경을 림의 외경보다 약간 작게 하고 있다. 튜브리스 타이어의 특징은 다음과 같다.

① 못 등에 찔려도 공기가 급격히 새지 않는다.
② 펑크 수리가 쉽다.
③ 림의 일부분이 타이어 속의 공기와 접속하기 때문에 주행 중 방열이 잘 된다.
④ 림이 변형되면 공기가 새기 쉽다.
⑤ 공기압력이 너무 낮으면 공기가 새기 쉽다.

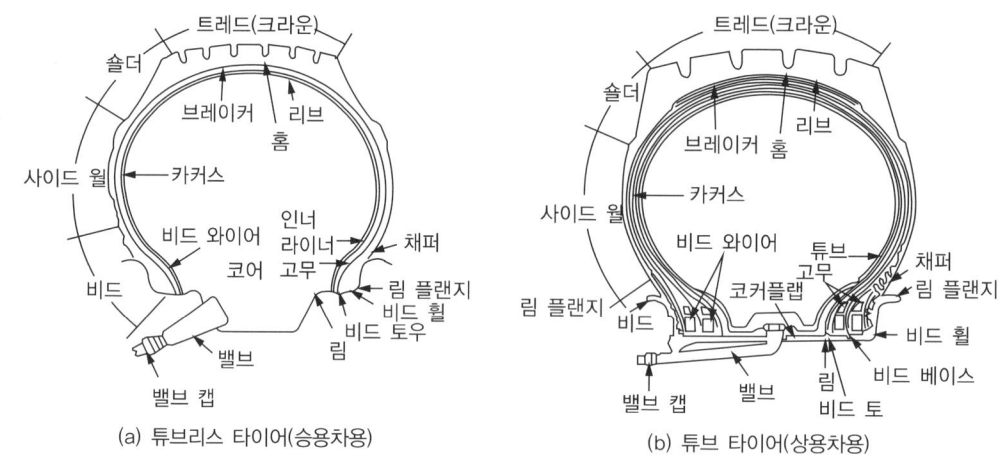

[튜브 타이어와 튜브리스 타이어]

(4) 스노우 타이어(Snow Tire)

스노우 타이어는 일반 타이어와는 고무질과 트레드를 다르게 하여 눈 위에서 슬립이 생기지 않고 주행하도록 한 것이다. 접지면적을 크게 하기 위하여 트레드부의 폭을 10~20% 넓히고, 패턴은 리브와 블록을 적절하게 배치하며, 승용차 타이어는 일반 타이어보다 50~70%, 트럭용은 10~40% 정도 트레드부의 홈을 깊게 하고 있다.

그 이외에 트레드 부분에 철심을 설치하여 빙판길 등에서 미끄럼을 방지하는 스파이크 타이어, 비상시 사용하는 예비 타이어 등이 있다.

(5) 타이어의 규격 표시

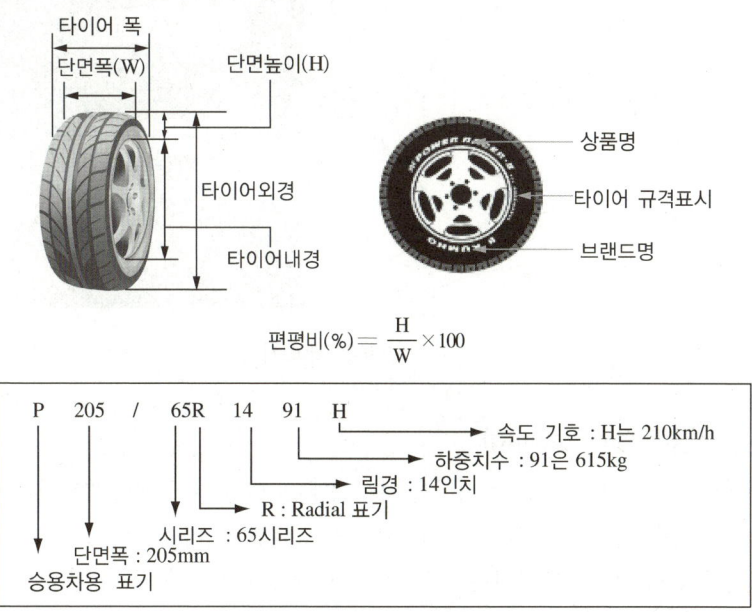

편평비(%) = $\dfrac{H}{W} \times 100$

[타이어의 호칭 및 편평비]

4 타이어의 특성

(1) 스탠딩 웨이브(Standing Wave)

회전하고 있는 타이어는 접지부에서 하중에 의해 변형되었다가 그 뒤에 내압에 의하여 원래의 형으로 복원하려고 한다. 그러나 자동차가 고속으로 주행하여 타이어의 회전수가 빨라지면 접지부에서 받은 타이어의 변형은 접지상태가 지나도 바로 복원되지 않고 타이어 회전방향 뒤쪽으로 넘어간다. 또 트레드부에 작용하는 원심력은 회전수가 증가할수록 커지므로 복원력도 커진다. 이들이 상호작용하면서 타이어의 원둘레상에 진동의 파도가 발생하는데, 이 진동의 파도 전달속도와 타이어의 회전수가 일치하면 외부의 관측자가 볼 때 정지하여 있는 것처럼 보여 스탠딩 웨이브(Standing Wave)라고 한다.

이와 같은 스탠딩 웨이브가 발생하면 타이어의 구름저항이 급격히 증가하고, 타이어 내부에서 열로 변환되므로 타이어 온도는 급격히 상승하며 이 상태로 주행을 계속하면 타이어는 파손되게 된다. 이러한 스탠딩 웨이브 현상을 방지하기 위한 조건은 다음과 같다.

① 타이어의 편평비가 적은 타이어를 사용한다.
② 타이어의 공기압을 10~20% 높여준다.
③ 레이디얼 타이어를 사용한다.
④ 접지부의 타이어 두께를 감소시킨다.

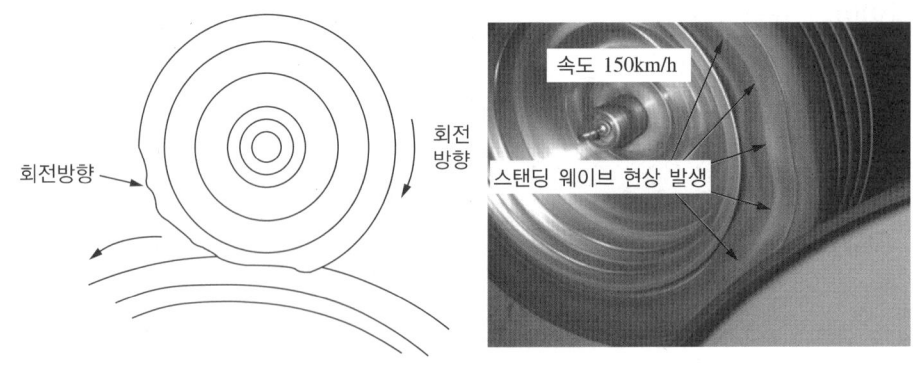

[스탠딩 웨이브]

(2) 하이드로 플래닝(Hydro Planing)

하이드로 플래닝은 일반적으로 수막현상이라 하며 젖은 노면과 타이어 트레드 간에 발생하는 현상이다. 트레드의 마모가 심하거나 젖은 노면을 고속으로 주행 시 타이어와 노면 사이의 얇은 수막에 의해 트레드와 노면이 접촉하지 못하는 현상이며 조향성능과 제동성능을 상실하여 큰 사고로 연결될 수 있다. 수막현상은 타이어의 공기압이 너무 적거나 트레드의 마모가 많은 타이어에서 주로 발생한다. 따라서 하이드로 플래닝을 방지하기 위한 조건은 다음과 같다.

① 트레드의 마모가 적은 타이어를 사용한다.
② 타이어의 공기압을 높인다.
③ 배수성이 좋은 타이어를 사용한다.

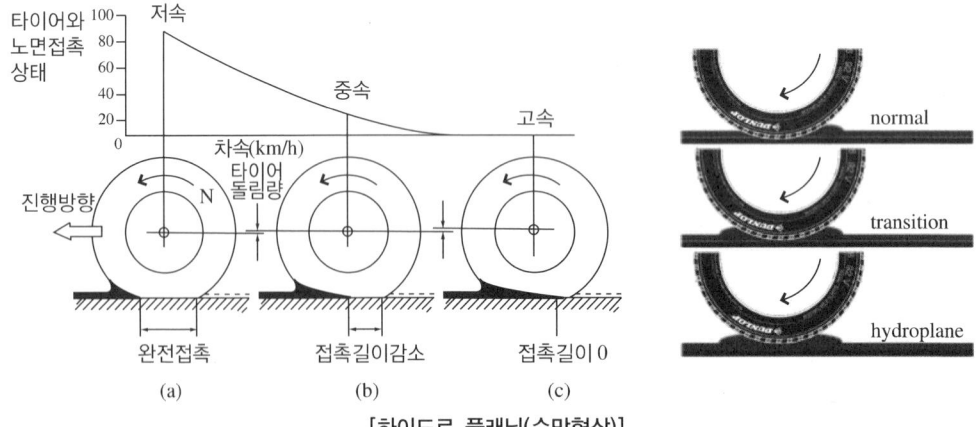

[하이드로 플래닝(수막현상)]

5 휠 밸런스(Wheel Balance)

바퀴(타이어 포함)에 중량의 불균형한 부분이 있으면 회전에 따른 원심력으로 인하여 진동이 발생하고 이로 인해 소음 및 타이어의 편마모 그리고 핸들이 떨리는 원인이 된다. 원심력은 회전수에 비례하기 때문에 특히 고속으로 주행할 때에는 휠 밸런스가 정확해야 한다. 휠 밸런스는 그 성질상 정적 밸런스와 동적 밸런스로 나누어진다.

(1) 정적 밸런스(Static Balance)

바퀴를 자유로이 회전하도록 설치하고 일부분에 무게를 두면 무게가 무거운 부분이 언제나 아래로 와서 정지된다. 이와 같은 상태를 정적 밸런스가 잡혀 있지 않다고 한다. 이러한 상태로 바퀴를 고속주행시키면 무게가 무거운 부분이 가속과 감속을 하며 이동한다.

이러한 회전운동으로 내려올 때에는 지면에 충격을 주고 위로 향할 때는 원심력에 의해 바퀴를 들어올린다. 따라서 바퀴는 상하로 진동(Tramping 현상)하며 조향핸들도 떨리게 된다.

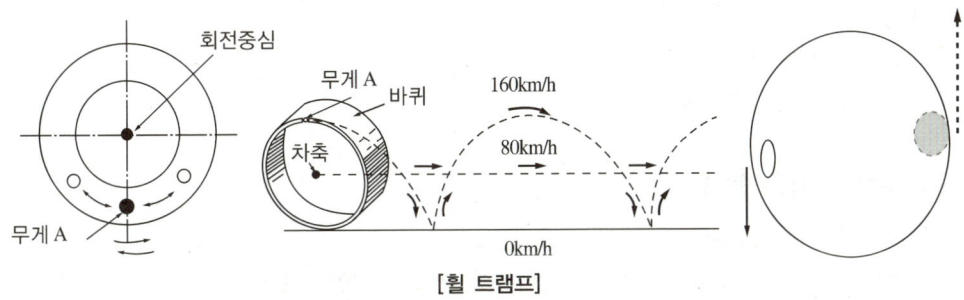

[휠 트램프]

(2) 동적 밸런스(Dynamic Balance)

바퀴의 정적 밸런스가 잡혀 있어도 회전 중 진동을 일으키는 때가 있는데, 이 경우는 동적 밸런스가 잡혀있지 않기 때문이다. 정적 밸런스가 잡혀 있지 않으면 바퀴가 상하로 진동하는 데 비해 동적 밸런스가 잡혀 있지 않으면 옆 방향의 흔들림(Shimmy)이 일어난다.

휠에서 정적 밸런스는 완전하나 ㉯와 ㉰의 두 개 소에 무거운 부분이 있다고 하면 F×a의 토크가 축에 작용하여 옆 방향의 흔들림을 일으키게 한

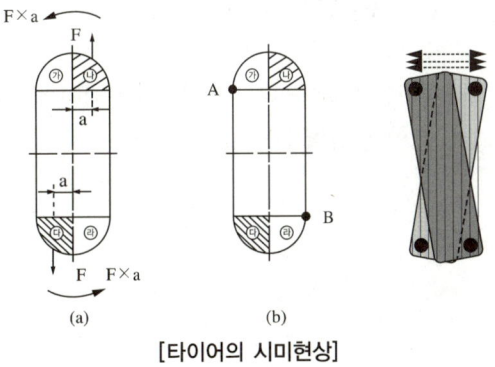

[타이어의 시미현상]

다. 이러한 동적 언밸런스를 수정하려면 림 둘레에 A와 B의 두 부분에 적당한 무게의 평형추를 설치하여 F×a의 반대방향으로 원심력을 발생시켜 균형을 이루게 해야 한다.

6 TPMS(Tire Pressure Monitoring System)

타이어 공기압 경고시스템(TPMS)은 차량 주행에 영향을 줄 수 있는 타이어 내부의 압력변화를 경고하기 위하여 장착되며 규정 압력 이하로 타이어 압력 저하 시 경고해 주는 시스템이다. 이러한 TPMS는 간접방식과 직접방식으로 나눌 수 있다.

(1) TPMS 특성에 따른 분류

① 간접방식

간접방식은 각 바퀴의 휠 스피드센서의 신호를 받아 그 변화를 계산하여 타이어의 압력상태를 간접적으로 측정하는 방법을 말한다. 따라서 실제 타이어의 압력과 차이가 발생할 수 있으며 계산값 또한 직접 방식에 비해 정확하지 않은 단점이 있으며 특히, 오프로드나 비포장도로 주행 시 타이어의 압력을 유추하기란 더욱 어렵다.

② 직접방식

직접방식은 타이어에 장착된 압력센서로부터 타이어 압력을 직접 계측하고 이를 바탕으로 운전자에게 경고하는 방식이다. 간접방식에 비하여 고가이나 계측이 정확하고 시스템이 안정적이어서 현재 많이 사용하고 있다.

(2) 구성부품에 따른 분류

① 하이라인(High Line)

하이라인은 TPMS 리시버, 타이어 압력센서, 경고등(저압경고등, 고장경고등, 타이어 위치 경고등), 이니시에이터로 구성되며 타이어의 압력이 낮아질 경우 어느 위치의 타이어의 압력이 낮은 지를 이니시에이터와 타이어 위치 경고등을 이용하여 운전자에게 알려줄 수 있는 시스템이다.

② 로우라인(Low Line)

로우라인은 TPMS 리시버, 타이어 압력센서, 경고등(저압경고등, 고장경고등)으로 구성되며 이 시스템은 단지 타이어의 압력이 낮다는 것만 알려줄 뿐 어느 타이어의 압력이 낮은지는 운전자에게 알려줄 수 없다.

(3) 시스템의 구성

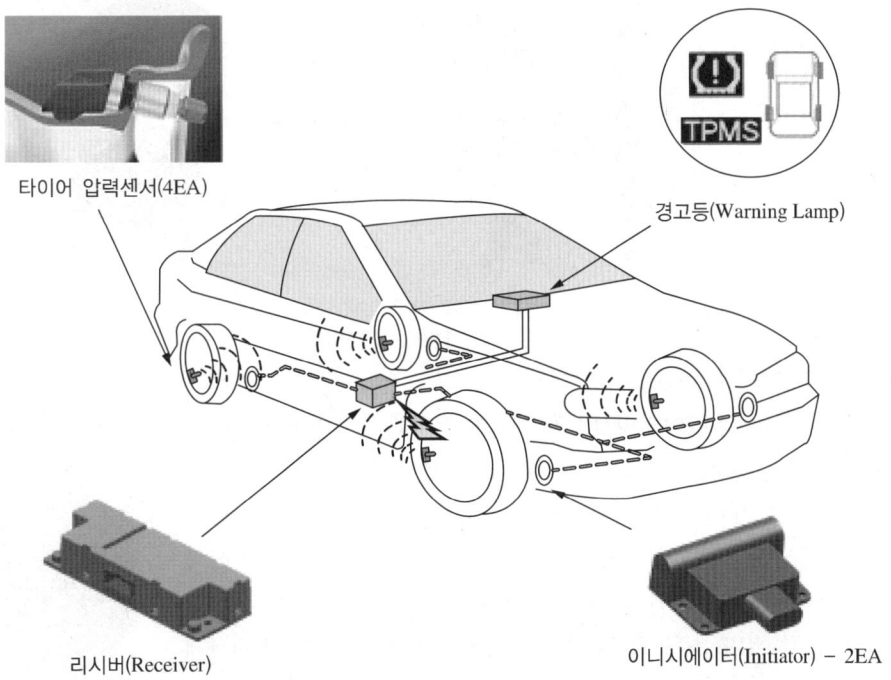

[TPMS 시스템의 구성]

① 리시버(Receiver, TPMS ECU)

리시버는 이니시에이터와 시리얼 데이터 통신을 하며 TPMS 시스템의 주된 구성품으로 TPMS 리시버는 TPMS의 ECU로서 다음의 기능을 수행한다.

㉠ 타이어 압력 센서로부터 RF(Radio Frequency) Data를 수신한다(압력, 온도, 센서 내부 배터리 전압 등).

㉡ 수신된 데이터를 분석하여 경고등을 제어한다.

㉢ LF 이니시에이터를 제어하여 센서를 Sleep 또는 Wake Up 시킨다.

㉣ IG ON이 되면 LF 이니시에이터를 통하여 압력센서들을 정상모드 상태로 변경시킨다.

㉤ 차속 20km/h 이상으로 연속 주행 시, 센서를 자동으로 학습(Auto Learning)한다.

㉥ 차속이 20km/h 이상이 되면 매 시동 시마다 LF 이니시에이터를 통하여 자동 위치확인(Auto Location)과 자동학습(Auto Learning)을 수행한다.

㉦ 자기진단 기능을 수행하여 고장코드를 기억하고 K-라인을 통하여 진단장비와 통신을 하지만 차량 내의 다른 ECU들과 데이터 통신을 하지는 않는다.

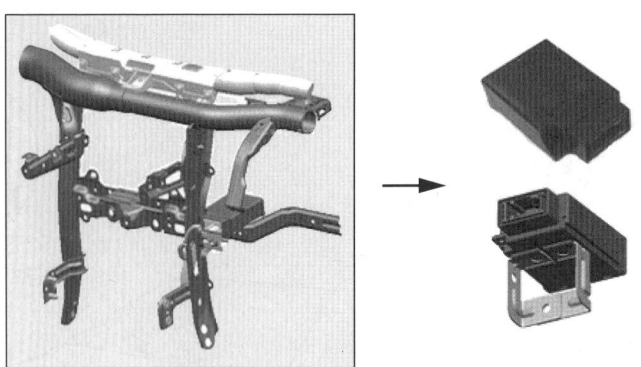

[TPMS 리시버]

② 이니시에이터(Initiator)

이니시에이터는 TPMS 리시버와 타이어 압력센서를 연결하는 무선 통신의 중간 중계기 역할을 하며 리시버로부터 신호를 받아 타이어 압력센서를 제어하는 기능을 한다. 압력센서는 이 LF신호를 받아 RF로 응답하고 이니시에이터는 타이어 압력센서를 Wake Up 시키는 기능과 타이어의 위치를 판별하기 위한 도구로서 사용된다. 일반적으로 각 휠의 상부, 즉 휠 가드 내측에 장착되며 차종에 따라 4개소 또는 3개소가 장착된다.

[이니시에이터]

③ 타이어 압력 센서(Tire Sensor)

타이어 안쪽에 설치되어 타이어 압력과 온도를 측정하고 리시버모듈에 데이터를 전송시키는 기능을 한다. 타이어의 위치 감지를 위해 이니시에이터로부터 LF(Low Frequency) 신호를 받는 수신부가 센서 내부에 내장되어 있다. 압력센서는 타이어의 압력뿐 아니라 타이어 내부의 온도를 측정하여 TPMS 리시버로 RF전송을 한다.

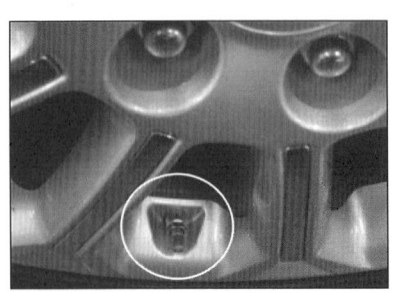 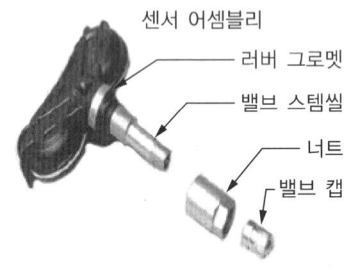

[타이어 압력센서]

(4) 작동순서

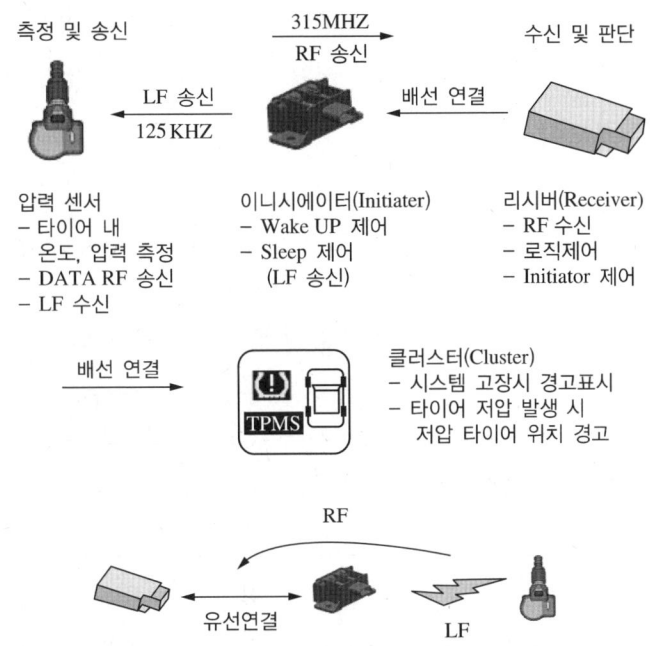

CHAPTER 14 섀시공학

PART 01 그린전동자동차 공학

1 자동차의 주행저항

자동차의 주행 시 노면과의 마찰, 경사로의 등판, 공기에 의한 저항 및 가속 시 발생하는 저항 등을 자동차의 주행저항이라 하며, 각각의 모든 저항의 합을 전 주행저항(총 주행저항)이라 한다. 각 저항은 다음과 같이 산출한다.

$$R_t(전체\ 주행저항) = R_1 + R_2 + R_3 + R_4$$

[주행저항]

$R_1(구름저항) = f_1 \times W = f_1 \times W \times \cos\theta$

여기서, W : 차량중량(kg)　　　　　　　　f_1 : 구름저항계수
　　　　θ : 도로경사각(°)

$R_2(공기저항) = f_2 \times A \times V^2$

여기서, A : 자동차 전면 투영 면적(m²)　　V : 속도(m/s)
　　　　f_2 : 공기저항계수

$R_3(구배저항) = W \times \sin\theta$
　　　　　　　$\fallingdotseq W \times \tan\theta$
　　　　　　　$= W \times \dfrac{G}{100}$

여기서, θ : 경사각(°)　　　　　　　　　G : 도로구배율(%)
　　　　W : 차량중량(kg)

$R_4(가속저항) = ma = \dfrac{w}{g}a$
　　　　　　　$= \dfrac{w+w'}{g}a$

여기서, w : 차량중량　　　　　　　　　　w' : 회전부분 관성 상당중량
　　　　a : 가속도(m/s²)　　　　　　　　g : 중력가속도(m/s²)

2 자동차의 주행속도

$$V(\text{km/h}) = \pi \cdot D \cdot N_w$$
$$= \pi \cdot D \cdot N_w \times \frac{1}{100} \times 60$$

$$\frac{V(\text{km/h})}{3.6} = V(\text{m/s})$$

여기서, D : 바퀴의 직경(m)
πD : 바퀴가 1회전 했을 때 진행거리
N_w : 바퀴의 회전수(rpm)

3 변속비

엔진의 회전력을 주행조건에 맞도록 적절하게 감속 또는 증속하는 장치를 변속장치라 하며 변속비(감속비)란 변속장치에 기어 또는 풀리를 이용하여 감속, 증속비를 얻는 것을 말한다. 또한 자동차에서는 변속장치를 통하여 나온 출력을 종 감속기어 장치를 통하여 최종 감속하여 더욱 증대된 감속비를 얻어 구동능력을 향상시킨다.

(1) 변속비(r_t)

$$r_t = \frac{\text{피동잇수}}{\text{구동잇수}} = \frac{\text{구동회전수}}{\text{피동회전수}}$$
$$= \frac{Z_2}{Z_1} \times \frac{Z_4}{Z_3}$$
$$= \frac{\text{입력축 카운터기어 잇수}}{\text{변속기 입력축 잇수}} \times \frac{\text{출력축기어 잇수}}{\text{출력축 카운터기어 잇수}}$$

(2) 종감속비(r_f)

$$r_f = \frac{\text{링기어 잇수}}{\text{피니언기어 잇수}} = \frac{\text{피니언의 회전수}}{\text{링기어의 회전수}}$$

(3) 총감속비(R_t)

$$R_t = r_t \times r_f$$

여기서, r_t : 변속기의 변속비
r_f : 종감속비

4 최소회전반경

조향각도를 최대로 하고 선회하였을 때 바퀴에 의해 그려지는 동심원 가운데 가장 바깥쪽 원의 반경을 자동차의 최소회전반경이라 한다.

$$T_f ≒ L\left(\frac{1}{\tan\alpha} - \frac{1}{\tan\beta}\right)$$

여기서, L : 축거 α : 외측륜 조향각
 β : 내측륜 조향각 T_f : 실측 전륜거

위의 조건에 90% 이상 맞으면(애커먼 장토식에 따르는 자동차는 대부분 맞음)

$$R = \frac{L}{\sin\alpha} + r$$

여기서, L : 축거(Wheel Base) α : 외측륜 조향각
 r : 캠버옵셋(Scrub Radius)

위 식을 적용하여 조건에 맞지 않으면

$$R = \frac{L}{2}\sqrt{\left(\frac{1}{\tan\alpha} + \frac{1}{\tan\beta} + \frac{T_f}{L}\right)^2 + 4}$$ 로 최소회전반경을 산출한다.

5 조향기어비

조향핸들이 움직인 각과 바퀴, 피트먼 암, 너클 암이 움직인 각도와의 관계이다.

$$조향기어비 = \frac{조향\ 핸들\ 회전각(°)}{피트먼\ 암,\ 너클\ 암,\ 바퀴\ 선회각(°)}$$

6 브레이크

(1) 마스터 실린더에 작용하는 힘(F')

$$F' = \frac{A+B}{A} \times F$$

여기서, F : 브레이크를 밟는 힘

(2) 작동압

$$P_1 = \frac{F'}{A} = \frac{F'}{\frac{\pi d^2}{4}}$$

여기서, d : 마스터 실린더의 직경

(3) 제동압

$$P_2 = \frac{W}{A} = \frac{W}{S \cdot t}$$

여기서, W : 슈를 드럼에 미는 힘
S : 라이닝의 길이
t : 라이닝의 폭

(4) 제동토크

$$T = \mu \times F \times r$$

(5) 드럼 브레이크의 제동공학

① 슈의 제동력 : $T_s = F \times \dfrac{L}{2}$

② 드럼의 제동력 : $T_D = W_L + \mu F_r$

(6) 밴드 브레이크

① 이완 측 : $F = f_1 \dfrac{a}{l} \dfrac{1}{e^{\mu\theta} - 1}$

② 긴장 측 : $F = f_2 \dfrac{a}{l} \dfrac{e^{\mu\theta}}{e^{\mu\theta} - 1}$

여기서, $e^{\mu\theta} = e^{\mu \times \theta \times \frac{\pi}{180}}$

7 자동차의 정지거리

정지거리 = 공주거리 + 제동거리

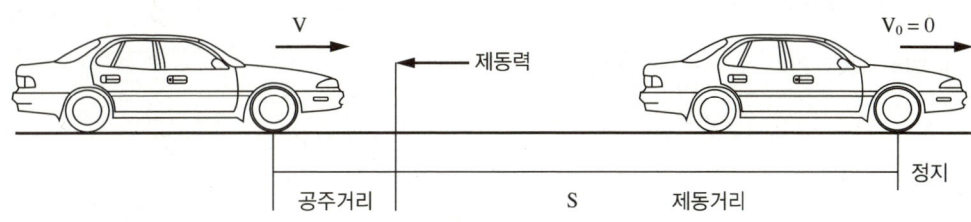

(1) 공주거리

장애물을 발견하고 브레이크 페달로 발을 옮겨 힘을 가하기 전까지의 자동차 진행거리를 말한다.

보통사람의 공주시간은 $\frac{1}{10}$ 초

$$S_L = \frac{V}{3.6}(\text{km/h}) \times \frac{1}{10}(\sec) = \frac{V}{36}(\text{m})$$

(2) 제동거리

브레이크 페달에 힘을 가하여 제동시켜 자동차가 완전 정지할 때까지의 진행거리를 말한다. 자동차가 주행할 때는 운동에너지 E_k를 갖는다. 이 자동차를 정지시키기 위해서는 E_k를 상쇄시킬 일(W)이 필요하다.

즉, 자동차가 정지될 조건은 최소치를 $\begin{matrix} W \geq E_k \\ W = E_k \end{matrix}$ 로 놓고 제동거리를 구하면

① $W = E_k \cdots$ ⓐ이고, $FS = \frac{1}{2}mv^2 \cdots$ ⓑ이므로 ⓐ를 ⓑ에 대입하면

$\mu WS = \frac{1}{2}mv^2$가 되고 ($\because F = \mu W$)

$\mu mgS = \frac{1}{2}mv^2$가 된다. ($\because W = mg$)

이항하여 정리하면 $S = \frac{v^2}{2 \times g \times \mu} = \frac{\left(\frac{v}{3.6}\right)^2}{2 \times 9.8 \times \mu} = \frac{v^2}{254\mu}$

② $W = E_k \cdots$ ⓐ이고, $FS = \frac{1}{2}mv^2 \cdots$ ⓑ이므로

ⓐ를 ⓑ에 대입하면, $FS = \frac{1}{2}mv^2$에서 $m = \frac{w}{g}$이므로 $FS = \frac{1}{2} \cdot \frac{W}{g}v^2$이 된다.

이항하여 정리하면 $S = \frac{v^2}{2g} \times \frac{W + W'}{F}$ (W'는 관성 상당중량)

$W' \rightarrow W \times 0.05$(승용차), $W \times 0.07$(화물차)

③ 법적제동거리 : $S = \frac{v^2}{100} \times 0.88$

적중예상문제

PART 01 그린전동자동차 공학

01 차체 및 냉난방시스템

01 엔진의 온도에 따라 팬의 회전수를 바꾸어 엔진의 냉각 풍량을 조절할 수 있는 유체 커플링의 장점이 아닌 것은?

① 엔진의 출력 손실을 줄인다.
② 엔진 워밍업 시간을 연장시킬 수 있다.
③ 연료 소비량이 절약된다.
④ 엔진의 과랭·과열을 방지한다.

02 냉동 사이클에서 중온·저압의 기체 냉매를 고온·고압의 기체 냉매로 만드는 장치는?

① 압축기
② 응축기
③ 증발기
④ 팽창밸브

> **해설** 냉방장치의 구성
> • 압축기 : 증발기로부터 나온 중온·저압의 기체를 고온·고압의 기체로 응축기로 보냄
> • 응축기 : 압축기로부터 나온 고온·고압의 기체를 냉각하여 저온·고압의 액체로 리시버 드라이어로 보냄
> • 리시버 드라이어 : 고압 액체상태의 냉매의 수분 및 이물질을 여과 후 팽창밸브로 보냄
> • 팽창밸브 : 고압의 액체 냉매를 압력을 낮추어 저온상태로 기화하여 증발기로 보냄
> • 증발기 : 팽창밸브를 통해 나온 저온으로 형성된 냉매를 통해 실내 냉방 후 저압의 기체상태로 압축기로 보냄

정답 1 ② 2 ①

03 에어컨 시스템에서 작동 유체가 흐르는 순서로 맞는 것은?

① 압축기 → 응축기 → 팽창밸브 → 증발기
② 압축기 → 팽창밸브 → 증발기 → 응축기
③ 압축기 → 증발기 → 팽창밸브 → 응축기
④ 압축기 → 증발기 → 응축기 → 팽창밸브

해설 냉방회로의 냉매 순환 시스템은 압축기 → 응축기 → 팽창밸브 → 증발기로 이루어진다.

04 자동차 에어컨의 고장 현상과 원인을 설명한 것으로 틀린 것은?

① 시원하지 않음 – 냉매 부족
② 풍량 부족 – 벨트 헐거움
③ 압축기가 회전 안 됨 – 저압 스위치 불량
④ 마그네틱 클러치 미끄러짐 – 에어컨 릴레이불량

해설 ② 풍량 부족은 블로어 시스템과 관련 있다.
컴프레서의 풀리 벨트가 헐거울 경우 냉매압축 작용이 원활하지 못하여 냉방능력이 저하된다.

05 냉각장치에서 바이패스(By-pass) 회로 중 보텀 바이패스 방식이 인라인 방식에 비해 가지는 장점이 아닌 것은?

① 수온 조절기가 민감하게 작동하여 오버슈트(Overshoot)가 크다.
② 수온 조절기가 열렸을 때 바이패스(By-pass) 회로를 닫기 때문에 냉각효과가 좋다.
③ 수온 조절기의 이상 작동이 적기 때문에 기관내부의 온도가 안정되고, 한랭 시에 히터성능의 안정에 효과가 있다.
④ 기관이 정지했을 때 냉각수의 보온 성능이 좋다.

해설 보텀 바이패스 방식은 냉각효과가 우수하고 한랭 시에 히터성능을 안정적으로 할 수 있다.

06 공조장치에서 외부 공기유입 자동 차단장치에 대한 설명으로 가장 거리가 먼 것은?

① AQS의 감지대상 가스는 NO_x, SO_2, CO 등이다.
② 운전 중의 피로, 졸음, 두통, 무기력의 원인이 되는 유해가스의 유입을 차단한다.
③ AQS의 입력요소는 AQS 스위치와 출력요소는 AQS 인디케이터 등이다.
④ 외기온도 센서 및 핀 서모 센서와 일체로 되어 프런트 범퍼 뒤측에 장착되는 것이 일반적이다.

> 해설 AQS 시스템은 외부로부터 실내로 유입되는 유해 가스를 차단하여 쾌적한 실내공간을 조성하는 기능을 하며 감지대상 가스는 NO_2, SO_2, CO 등이 있다. AQS 센서는 단독으로 프런트 범퍼 뒤에 장착되어 외부의 유해 가스를 검출한다.

07 유해가스 감지센서(AQS)가 차단하는 가스가 아닌 것은?

① SO_2
② NO_2
③ CO_2
④ CO

> 해설 AQS 시스템의 감지대상 가스는 NO_2, SO_2, CO 등이 있다.

08 자동온도 조절장치(FATC)의 센서 중에서 포토다이오드를 이용하여 변환 전류를 컨트롤하는 센서는?

① 일사량 센서
② 내기온도 센서
③ 외기온도 센서
④ 수온 센서

> 해설 풀오토에어컨 시스템에서 일사량 센서는 일사량을 검출하여 실내 온도를 조절하는 기능을 한다. 일사 센서는 포토다이오드를 이용하여 태양광량을 검출하여 풀오토에어컨 제어부로 신호를 보내며 이를 통해 풀오토에어컨 유닛은 실내온도를 제어한다. 내기온도 센서 및 외기온도 센서는 부특성 서미스터를 적용한 타입의 센서이다.

09 자동공조장치와 관련된 구성품이 아닌 것은?

① 컴프레서, 습도 센서
② 콘덴서, 일사량 센서
③ 에바포레이터, 실내온도 센서
④ 차고 센서, 냉각수온 센서

해설 자동공조시스템의 구성품은 컴프레서, 습도 센서, 실내외 온도 센서, 콘덴서, 일사량 센서, 증발기, 핀서모 센서 등이 있으며 차고 센서 및 냉각수온 센서는 각각 섀시 및 엔진에 적용되는 센서이다.

10 에어컨 구성품 중 핀서모 센서에 대한 설명으로 옳지 않은 것은?

① 에바포레이터 코어의 온도를 감지한다.
② 부특성 서미스터로 온도에 따라 저항이 반비례하는 특성이 있다.
③ 냉방 중 에바포레이터가 빙결되는 것을 방지하기 위하여 장착된다.
④ 실내 온도와 대기온도 차이를 감지하여 에어컨 컴프레서를 제어한다.

해설 핀서모 센서는 증발기(에바포레이터) 중심부에 설치되어 온도를 측정하며 저온 냉매의 영향으로 발생할 수 있는 증발기의 빙결로 인한 냉방능력 저하를 막아주는 역할을 한다. 빙결이 발생할 수 있는 온도에 도달 시 컴프레서의 작동을 중단시키는 신호로 사용된다.

11 냉방장치의 정기점검 항목에 속하지 않는 것은?

① 콘덴서(Condenser) 점검
② 풀리 V 벨트(Pulley V-belt)의 장력 점검
③ 냉각팬 점검
④ 냉매 충전량 점검

해설 일반적으로 냉방장치는 콘덴서, 풀리 벨트, 냉매 충전량 등을 점검한다.

12 냉각핀(또는 방열핀)에서 방열량을 결정하는 요소들이 있다. 다음 요소 중 방열량을 결정하는 데 관계가 없는 사항은 어느 것인가?

① 냉각핀의 재질
② 냉각핀의 형상
③ 냉각핀의 회전방향
④ 냉각핀의 피치

해설   냉각핀의 방열량을 결정하는 요소는 재질, 형상 및 피치가 있다.

13 다음은 방열기 코어의 종류이다. 맞지 않는 것은?

① 코루게이트형
② 인서트형
③ 리본셀룰러형
④ 플레이트형

해설   방열기의 핀형식으로는 코루게이트형, 리본셀룰러형, 플레이트형이 있다.

14 에어컨이나 히터에서 블로어 모터가 1단(저속)은 작동되는데 2단이 작동하지 않을 때 결함 가능성이 있는 부품은 어느 것인가?

① 블로어 스위치
② 블로어 저항
③ 블로어 모터
④ 퓨즈

해설   블로어 모터가 회전은 하나 특정 단수에서 회전하지 못하는 것은 스위치의 문제일 가능성이 가장 크다. 단, 풀오토에어컨에서 최고 단수는 풀오토에어컨의 파워 트랜지스터를 통하지 않고 블로어 하이릴레이를 통하여 작동되므로 최고단수로 블로어가 작동되지 않을 경우 블로어 하이릴레이가 고장일 경우가 있다.

정답   12 ③   13 ②   14 ①

15 에어컨 컴프레서 기능 중 틀린 것은?

① 냉매의 온도를 상승시킨다.
② 컴프레서에 표기된 "S"는 고압측을 말한다.
③ 냉매 압력을 상승시킨다.
④ 냉매와 오일을 순환시킨다.

해설 에어컨 컴프레서는 냉매를 압축하는 기능을 하며 고압측라인은 일반적으로 'H'로 표기하고 저압측라인은 'L'로 표기한다.

16 ECU에 의하여 전자제어되는 에어컨의 컷오프(Cut Off) 기능에 대한 설명으로 틀린 것은?

① 급출발 성능을 향상시키기 위하여
② 가속성능을 좋게 하기 위하여
③ 등판성능을 향상시키기 위하여
④ 냉방효과를 높이기 위하여

해설 컷오프 기능은 급출발 및 가속성능 등의 차량 구동출력이 필요할 경우 에어컨 회로의 작동을 중단시키는 기능을 말하며 이 기간 동안에는 에어컨 컴프레서가 작동되지 않으므로 냉방효과가 약간 저하된다.

17 승용자동차의 차체 진동수에 대한 설명으로 틀린 것은?

① 스프링의 특성(딱딱하다/부드럽다)을 나타낸다.
② 같은 스프링이라도 자동차의 질량에 따라 변화한다.
③ 진동수가 작을수록 딱딱한 스프링이다.
④ 분당 진동수로 표시하며, 일반적으로 60~100 정도이다.

18 자동차의 냉방회로에 사용되는 기본 부품의 구성으로 옳은 것은?

① 압축기, 리시버, 히터, 증발기, 블로어 모터
② 압축기, 응축기, 리시버, 팽창밸브, 증발기
③ 압축기, 냉온기, 솔레노이드밸브, 응축기, 리시버
④ 압축기, 응축기, 리시버, 팽창밸브, 히터

> 해설 냉방회로를 구성하는 부품은 압축기, 응축기, 리시버 드라이어, 팽창밸브, 증발기이다.

19 자동차의 에어컨에서 냉방효과가 저하되는 원인이 아닌 것은?

① 냉매량이 규정보다 부족할 때
② 압축기의 작동시간이 짧을 때
③ 압축기의 작동시간이 길 때
④ 냉매주입 시 공기가 유입되었을 때

> 해설 냉방효과가 저하되는 원인은 냉매량의 부족, 압축기의 작동시간이 짧을 경우, 냉매에 공기 등이 유입되었을 때 등이 있다.

20 자동차 에어컨에서 익스팬션밸브(Expansion Valve)는 어떤 역할을 하는가?

① 냉매를 팽창시켜 고온고압의 기체로 만들기 위한 밸브이다.
② 냉매를 급격히 팽창시켜 저온저압의 에어졸(무화) 상태의 냉매로 만든다.
③ 냉매를 압축하여 고압으로 만든다.
④ 팽창된 기체상태의 냉매를 액화시키는 역할을 한다.

> 해설 팽창밸브는 고압 액체상태 냉매를 급격하게 팽창하여 저압의 기체상태로 변화시켜 저온의 냉매가스를 증발기로 보내는 역할을 한다.

정답 18 ② 19 ③ 20 ②

21 에어컨라인 압력점검에 대한 설명으로 틀린 것은?

① 시험기 게이지에는 저압, 고압, 충전 및 배출의 3개 호스가 있다.
② 에어컨라인 압력은 저압 및 고압이 있다.
③ 에어컨라인 압력 측정 시 시험기 게이지 저압과 고압 핸들 밸브를 완전히 연다.
④ 엔진 시동을 걸어 에어컨 압력을 점검한다.

22 전자동 에어 컨디셔닝 시스템의 구성부품 중 응축기에서 보내 온 냉매를 일시 저장하고 수분과 먼지를 걸러 항상 액체상태의 냉매를 팽창밸브로 보내는 역할을 하는 것은?

① 익스팬션밸브
② 리시버 드라이어
③ 컴프레서
④ 에바포레이터

> **해설** 리시버 드라이어는 냉매 중의 수분, 이물질 및 기포를 분리하고 액체냉매를 일시저장하며 팽창밸브로 보내는 역할을 한다.

23 에어컨 시스템에 사용되는 에어컨 릴레이에 다이오드를 부착하는 이유로 가장 적절한 것은?

① ECU 신호에 오류를 없애기 위해
② 서지전압에 의한 ECU 보호를 위해
③ 릴레이 소손을 방지하기 위해
④ 정밀한 제어를 위해

> **해설** 릴레이 내부에 다이오드 및 저항을 설치한 것은 릴레이의 솔레노이드 코일에서 발생하는 역기전력(서지전압)에 의한 제어유닛의 소손을 방지하기 위함이다.

24 압축기로부터 들어온 고온·고압의 기체 냉매를 냉각시켜 액화시키는 기능을 하는 것은?

① 컴프레서
② 응축기
③ 리시버 드라이어
④ 듀얼프레서 스위치

해설 컴프레서 측의 고온·고압의 기체상태 냉매를 응축기에서 방열핀 및 콘덴서 팬을 통하여 냉각시키면 내부에서 냉매가 응결되어 액체 냉매로 바뀌게 된다.

25 자동차의 냉난방장치에 대한 열부하의 분류이다. 이에 대한 설명으로 잘못 짝지어진 것은?

① 관류부하 – 각종 관류의 열
② 복사부하 – 직사광선에 의한 열
③ 승원부하 – 승객에 의한 발열
④ 환기부하 – 자연 또는 강제환기

해설 관류부하는 차실 벽, 바닥 또는 창면으로부터의 열의 이동을 말한다.

26 최근 자동차에 의한 환경문제가 심각하게 대두되고 있다. 그 중 에어컨의 냉매에 쓰이는 가스가 우리 인체에 영향을 미친다고 한다. 이것을 방지하기 위하여 최근 사용되고 있는 에어컨 냉매는 어느 것인가?

① R-11
② R-12
③ R-134a
④ R-13

해설 현재에는 인체 및 동물에 무해하고 오존층을 파괴하는 염소성분이 없는 R-134a가스를 냉매로 쓰고 있다.

정답 24 ② 25 ① 26 ③

27 에어컨의 냉방 사이클에서 고온고압의 액냉매를 저온저압의 무상 냉매로 변화시켜 주는 부품은?

① 콘덴서
② 증발기
③ 컴프레서
④ 팽창밸브

28 전자동에어컨(FATC) 시스템에서 블로어 모터가 4단까지는 작동이 되나 5단만 작동이 되지 않는다. 점검해야 할 부품은?

① 블로어 릴레이
② 블로어 하이릴레이
③ 파워 TR
④ 에어믹스 도어 모터

> 해설 풀오토에어컨에서는 1단부터 4단까지는 파워 TR을 이용하여 스텝제어를 하나 최고속단은 파워 TR를 거치지 않고 블로어 하이릴레이를 통하여 직접 블로어 모터를 구동시킨다.

29 냉방장치에서 냉매가스 저압라인의 압력이 너무 높은 원인은?

① 리시버 탱크 막힘
② 팽창밸브 막힘
③ 팽창밸브 감온통 가스 누출
④ 팽창밸브의 온도감지밸브 밀착 불량

> 해설 팽창밸브의 감온통에서 발생한 온도와의 차이를 통하여 팽창밸브의 냉매유로를 압력에 비례하여 가변적으로 작동시키나 온도감지부의 밸브 등의 고장 시 저압측으로 높은 압력의 냉매가 토출될 수 있다.

30 전자제어 자동 에어컨 장치에서 전자제어 컨트롤 유닛에 의해 제어되지 않는 것은?

① 냉각수온 조절밸브
② 블로어 모터
③ 컴프레서 클러치
④ 내·외기 전환댐퍼 모터

> 해설 냉각수온 조절밸브는 엔진의 냉각수온도에 따라 작동되는 수온조절기이며 왁스를 봉입한 펠릿형, 알코올을 봉입한 벨로스형, 열팽창률이 다른 두 금속을 삽입한 바이메탈형이 있으며 온도에 따라 자동으로 작동하는 형식이다.

정답 27 ④ 28 ② 29 ④ 30 ①

31 에어컨 압축기에서 마그넷(Magnet) 클러치의 설명으로 맞는 것은?

① 고정형은 회전하는 풀리가 코일과 정확히 접촉하고 있어야 한다.
② 고정형은 최대한의 전자력을 얻기 위해 최소한의 에어 갭이 있어야 한다.
③ 회전형 클러치는 몸체의 샤프트를 중심으로 마그넷 코일이 설치되어 있다.
④ 고정형은 풀리 안쪽에 있는 슬립링과 접촉하는 브러시를 통해 전류를 코일에 전달하는 방법이다.

> **해설** 컴프레서의 마그넷 클러치는 전자석 형태이며 기전력 공급 시 작동하여 엔진의 크랭크축과 컴프레서 내부의 압축기를 연결하여 냉매압축작용을 하며 비작동 시 기전력을 차단하여 벨트와 연결된 컴프레서 풀리만 공회전을 하도록 제어하는 부품이다. 따라서 최대의 전자력을 얻기 위해서는 최소한의 에어 간극이 있어야 한다.

32 자동온도조절장치(ATC)의 부품과 그 제어 기능을 설명한 것으로 틀린 것은?

① 실내센서 : 저항치의 변화
② 인테이크 액추에이터 : 스트로크 변화
③ 일사센서 : 광전류의 변화
④ 에어믹스도어 : 저항치의 변화

33 에어컨 냉매회로의 점검시에 저압측이 높고 고압측은 현저히 낮았을 때의 결함으로 적합한 것은?

① 냉매회로 내 수분 혼입
② 팽창밸브가 닫힌 채 고장
③ 냉매회로 내 공기혼입
④ 압축기 내부 결함

> **해설** 압축기 결함 시 고압측의 냉매압력이 저하된다.

34 에어컨의 건조기(Receiver-drier)의 기능이 아닌 것은?

① 저장 기능
② 수분 제거 기능
③ 압력 조정 기능
④ 흡입 기능

해설 리시버 드라이어의 기능으로 수분, 먼지 등의 이물질 제거, 냉매를 일시 저장하여 냉매압력을 조정, 기포분리 등이 있다.

35 가솔린기관 차량에서 전동팬이 회전하지 않을 때 예상되는 고장 내용으로 거리가 먼 것은?

① 전동팬 릴레이 작동 불량
② 수온 스위치 불량
③ 냉각팬 퓨즈 단선
④ 온도 게이지 불량

해설 구형차량의 경우 라디에이터 부분에 바이메탈형식의 수온 스위치를 장착하여 냉각수 온도가 일정온도에 이르면 자동으로 스위치가 ON되어 냉각팬을 작동시키고 온도가 하강하면 자동적으로 스위치가 OFF되어 냉각팬을 정지시켰다. 그러나 현재 차량의 경우 냉각 수온 센서의 값을 받아 PWM(펄스폭 변조)제어를 하여 냉각팬을 구동시킨다.

36 다음 그림과 같은 에어컨 스위치 회로에 대한 설명으로 옳은 것은?(단, 배터리 전압은 12V 이다)

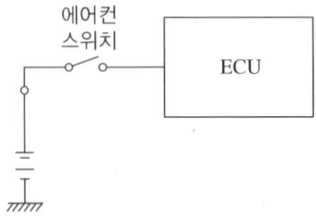

① ECU 내에는 풀업 저항이 걸려 있다.
② TTL 회로이다.
③ 이 회로는 아날로그 회로이다.
④ CMOS 방식이다.

해설 TTL IC는 0.8V 이하의 전압은 0으로 인식하고 2.5V 이상의 전압은 1로 인식한다. 또한 CMOS IC는 4V 이하의 전압은 0으로 인식하고 8V 이상의 전압은 1로 인식한다. 그림의 경우 배터리 전압을 ON/OFF 시켜 ECU에 공급하므로 CMOS 방식이라 할 수 있다.

37 신냉매(R-134a)의 특징으로 틀린 것은?

① 다른 물질과 쉽게 반응하지 않는다.
② R-12(구냉매)와 유사한 열역학적 성질이 있다.
③ 오존을 파괴하는 염소가 없다.
④ 불연성이고 독성이 있다.

> 해설 R-134a 냉매는 인체와 동물에 유해하지 않은 성분으로 구성되어 있다.

38 충분한 강성과 강도가 요구되며, 자동차의 기본 골격이 되는 부분은?

① 패널(Panel)   ② 엔진(Engine)
③ 프레임(Frame)   ④ 범퍼(Bumper)

> 해설 자동차의 기본 골격이 되는 부분은 프레임이다.

39 범퍼의 재료에 쓰이지 않는 플라스틱의 재료는?

① ABS   ② PC
③ PUR(그릴, 램프, 미러하우징)   ④ TPUR

> 해설 자동차의 외장 플라스틱(그릴, 램프, 미러하우징)을 구성하는 일반적인 재료는 ABS 수지이다. 범퍼는 일반적으로 PP, PC, TPUR, PUR 등의 소재로 제작한다.

40 알루미늄의 특성으로 틀린 것은?

① 용융점이 철보다 높다.
② 무게는 철의 약 1/3이다.
③ 열전달이 철보다 높다.
④ 전기 도전율이 구리보다 낮다.

> 해설 철의 용융점은 약 1,534℃이고 알루미늄의 용융점은 약 660℃ 정도이다. 알루미늄의 비중은 2.7 정도이며 합금성질이 우수하고 가벼워 자동차 경량화 재료로 사용되고 있다.

정답 37 ④ 38 ③ 39 ① 40 ①

41 금속 재료의 기계적 성질을 옳게 설명한 것은?

① 금속재료가 가지고 있는 물리적 성질
② 금속재료가 가지고 있는 화학적 성질
③ 금속재료가 가지고 있는 각 원소의 성질
④ 외부로부터 힘을 가했을 때 나타나는 성질

> **해설** 금속재료의 기계적 성질은 외부로부터 힘을 받았을 때 나타나는 성질로 강도, 연성, 전성, 취성, 인성, 소성, 탄성, 가소성 등이 있다.

42 자동차의 차체는 철 금속의 어떤 성질을 이용한 것인가?

① 가공경화　　　　　　② 소 성
③ 탄 성　　　　　　　 ④ 취 성

> **해설**
> - 가공경화 : 금속 재료가 가공을 거쳐 원래보다 단단해지는 현상
> - 시효경화 : 시간의 경과에 따라 원래보다 단단해지는 현상(두랄루민)
> - 소성 : 물체에 외력을 가하다 해제 시 물체가 원형으로 복귀되지 못하는 성질
> - 탄성 : 물체에 외력을 가하다 해제 시 물체가 원형으로 복귀되는 성질
> - 인성 : 재료의 질긴 성질
> - 취성 : 재료의 깨지는 성질
> - 전성 : 재료가 넓게 퍼지는 성질
> - 연성 : 재료가 파괴되지 않고 늘어나는 성질

43 금속의 냉간가공의 특징에 대한 설명으로 틀린 것은?

① 경도 및 인장강도가 증가된다.
② 연신율 및 충격치가 감소한다.
③ 가공면이 아름답고 정밀한 모양으로 만들 수 있다.
④ 도전율이 감소한다.

> **해설** 냉간가공(= 상온가공)은 표면이 매끄럽고 정밀한 모양으로 만들 수 있고 경도 및 인장강도가 증가되나 가공압력이 강해야 하는 단점이 있다. 열간가공은 표면이 거칠고 정밀한 모양을 제작할 수 없으나 가공압력이 적어도 된다.

44 외력을 제거하면 원래의 상태로 돌아가는 것을 무엇이라 하는가?

① 탄성변형
② 소성변형
③ 항복점
④ 인장강도

45 앞엔진 뒷바퀴 구동식 자동차에 비하여 앞엔진 앞바퀴 구동식 자동차의 장점이 아닌 것은?

① 연료소비율이 향상된다.
② 차실 바닥이 편평하므로 거주성이 좋다.
③ 차량중량이 감소된다.
④ 자동차 앞뒤 중량배분이 균일하다.

> 해설
> • FF차량 : 엔진 및 각종 구동에 필요한 장치들이 프런트부에 집중되어 차량 전체의 무게 배분에서 불리하고 구조가 복잡하나 빙판 등에서 등판능력은 우수하다.
> • FR차량 : 엔진과 구동부품들이 차량 전체에 대하여 골고루 분포되어 무게 배분이 우수하고 고속주행에 유리하나 거주공간이 좁아지고 빙판 등에서 등판능력이 저하된다.

46 차체(Body)에서 측면 충돌 시 안전성을 증가시키기 위해 도어(Door) 내부에 설치하는 보강재는?

① 스트라이커(Striker)
② 힌지(Hinge)
③ 도어 레귤레이터(Regulator)
④ 임팩트 바(Impact Bar)

정답 44 ① 45 ④ 46 ④

47 다음 중 모노코크 바디를 틀리게 설명한 것은?

① 충격 흡수 구조이다.
② 트럭에 많이 사용하는 프레임 구조이다.
③ 라멘 구조이다.
④ 차체를 일체형으로 용접한 구조이다.

해설 모노코크 프레임은 프레임 리스 타입으로 바디(차체)가 프레임의 역할을 수행한다. 단체 구조로 충격력 분산효과가 뛰어나고 차고를 낮출 수 있어 주행 성능이 우수하여 일반적으로 승용차에 많이 적용된다.

48 차체부품 제작 시 강판을 선택할 때 제일 먼저 고려해야 될 것은?

① 강판의 크기
② 강판의 두께
③ 강판의 모양
④ 강판의 재질

해설 차체 제작 시 강판의 재질이 매우 중요한 요소이며 차량에는 부위에 따라 고장력 강판을 적용하고 있다.

49 모노코크 보디의 구조 설명으로 가장 적합한 것은?

① 각 부위가 상자형의 조립으로 되어 있어 전체의 연결된 힘으로 강성이 유지된다.
② 프레임 붙임 구조와 다르며, 튼튼하고 긴 골격형이다.
③ 각부의 강도에 큰 차이가 없고 전체 부위로 충격력을 흡수한다.
④ 강성 및 휨성이 대단히 양호하고 좌굴 변형이 생기지 않는다.

50 알루미늄 합금 중에서 열팽창계수가 가장 작은 것은?
① 실루민
② 두랄루민
③ Y합금
④ 로우엑스

51 다음 합성수지 중 열경화성 수지는 어느 것인가?
① 폴리에틸렌
② 폴리프로필렌
③ 폴리카보네이트
④ 폴리에스테르

52 다음 중 일반적인 프레임의 종류가 아닌 것은?
① X형 프레임
② 회전(Rotary)형 프레임
③ 페리미터(Perimeter)형 프레임
④ 플랫폼(Platform)형 프레임

해설 프레임은 일반적으로 H형, X형, 백본형, 페리미터형, 플랫폼형, 트러스형이 있다.

53 자동차의 차체 모양에 다른 분류로 외관은 세단과 같으나 운전석과 객석 사이에 칸막이를 설치하고 보조좌석을 설치한 7~8인승의 고급 차량은?
① 리무진
② 쿠 페
③ 컨버터블
④ 웨 건

정답 50 ① 51 ④ 52 ② 53 ①

54 차체 측면부에서 가장 큰 강성이 요구되는 부분은?

① 후 드
② 패 널
③ 필 러
④ 트렁크

55 2개의 사이드멤버에 여러 개의 크로스 멤버, 보강판, 서스펜션 범퍼 등의 설치용 브래킷류를 볼트나 아크용접으로 결합하여 사다리 모양으로 제작한 프레임은 무엇인가?

① H형 프레임
② X형 프레임
③ 백본형 프레임
④ 트러스트형 프레임

56 자동차의 구조 중 주로 차의 내부 패널용으로 사용되는 강판은?

① 열간압연 강판
② 열간압연 고장력 강판
③ 냉간압연 강판
④ 알루미늄 강재

57 다음 중 차체(Body)가 갖추어야 할 일반적인 조건이 아닌 것은?

① 방청성능이 우수할 것
② 진동이나 소음이 작을 것
③ 강도와 강성이 우수할 것
④ 프레임과 차체가 반드시 일체로 된 구조일 것

02 엔진시스템

01 어떤 기관의 회전수가 2,500rpm일 때 최대 토크가 8m·kgf이고 행정×내경이 85mm×85mm인 기관의 피스톤 평균속도(m/s)를 구하면?

① 70.8
② 35.4
③ 7.08
④ 3.54

해설 피스톤의 평균속도 $= \dfrac{2LN}{60} = \dfrac{LN}{30} = \dfrac{0.085 \times 2{,}500}{30} = 7.08 \text{m/s}$

02 저항 플러그가 보통 점화플러그와 다른 점은?

① 불꽃이 강하다.
② 플러그의 열 방출이 우수하다.
③ 라디오의 잡음을 방지한다.
④ 고속 엔진에 적합하다.

03 전자제어 엔진에서 흡입하는 공기량 측정 방법이 아닌 것은?

① 스로틀 밸브 열림각
② 피스톤 직경
③ 흡기 다기관 부압
④ 엔진 회전속도

해설 전자제어 엔진에서 흡입공기량의 결정방법은 스로틀 밸브의 개도율, 흡기 다기관의 진공부압, 엔진의 RPM이다.

정답 1 ③ 2 ③ 3 ②

04 전자제어 기관의 연료분사 제어방식 중 점화순서에 따라 순차적으로 분사되는 방식은?

① 동시분사 방식
② 그룹분사 방식
③ 독립분사 방식
④ 간헐분사 방식

> **해설**
> ③ 동기분사(독립분사, 순차분사) : 크랭크 축이 2회전할 때마다 점화순서에 의하여 배기 행정 시에 연료를 분사
> ① 동시분사(비동기 분사) : 모든 인젝터에 연료 분사 신호를 동시에 공급하여 연료를 분사
> ② 그룹분사 : 인젝터 수의 1/2씩 짝을 지어 분사

05 전자제어 가솔린 분사장치에서 인젝터밸브의 기본 개변시간을 결정하는 데 이용되는 정보가 아닌 것은?

① 유온 센서
② 흡입공기량 신호
③ 수온 신호
④ 엔진 회전수

> **해설**
> 엔진의 연료 분사량에 관여하는 센서는 흡입공기량 센서, 수온 센서, RPM, 스로틀 위치 센서, 산소 센서 등이 있으며 기본연료 분사량의 중요한 신호는 흡입공기량 센서와 엔진 회전수 신호이다.

06 전자제어 엔진의 흡입 공기량 검출에서 MAP센서를 사용하고 있다. 진공도가 크면 출력 전압 값이 어떻게 변하는가?

① 낮아진다.
② 높아진다.
③ 낮아지다 갑자기 높아진다.
④ 높아지다 갑자기 낮아진다.

> **해설**
> MAP 센서는 흡기 다기관의 진공도를 계측하여 흡입공기량을 간접계측 하는 D-제트로닉 방식으로 진공도가 강할수록 전압이 낮아지며(1V) 대기압에 가까울수록 높은 전압(4.9V)을 출력한다.

07 전자제어식 가솔린 분사장치에서 운전조건에 따른 연료 보정량을 결정하는데 가장 관계가 적은 장치는?

① 에어플로미터
② 흡기온 센서
③ 수온 센서
④ 스로틀 포지션 센서

해설 연료분사 보정량의 신호로는 스로틀 위치 센서, 수온 센서, 흡기온 센서, 대기압 센서, 산소 센서 등이 있으며 기본분사량의 신호로는 흡입공기량 센서(에어플로 센서), 크랭크 위치 센서(CPS)가 있다.

08 부동액의 종류로 맞는 것은?

① 메탄올과 에틸렌글리콜
② 에틸렌글리콜과 윤활유
③ 글리세린과 그리스
④ 알코올과 소금물

해설 부동액은 메탄올과 에틸렌글리콜로 구성된다.

09 전자제어분사 차량의 경우 공회전 상태에서 연료압력 조절기(레귤레이터)의 진공호스를 막았을 때 설명 중 맞는 것은?

① 연료압력이 상승한다.
② 시동이 꺼진다.
③ 기관 회전수가 계속 올라간다.
④ 연료 펌프가 멈춘다.

해설 연료압력 레귤레이터는 흡기 다기관의 진공도(엔진 부하변동)에 따라 연료라인의 압력을 항상 일정하게 유지시키는 역할을 한다. 고장 시 시동지연 및 연비악화, 유해배기가스 등의 배출이 많아지며 진공호스가 막히면 연료압력이 상승하고 연료리턴양이 줄게 되어 기준량보다 많은 연료가 연소실로 유입된다.

정답 7 ① 8 ① 9 ①

10 전자제어식 가솔린 엔진의 점화시기 제어에 대한 설명 중 옳은 것은?

① 연소에 의한 최대 연소압력 발생점이 상사점 직후에 있도록 제어한다.
② 점화시기와 노킹 발생은 무관하다.
③ 연소에 의한 최대 연소압력 발생점이 상사점 직전에 있도록 제어한다.
④ 연소에 의한 최대 연소압력 발생점은 하사점과 일치하도록 제어한다.

> **해설** 연소에 의한 최대 폭발압력점은 상사점 후(ATDC) 13~15° 부근이며 이 지점을 가변적인 RPM에서 맞추기 위해 점화시기를 제어한다. 즉, RPM이 상승하여 피스톤의 운동이 빨라지면 점화시기를 진각시키고 RPM이 낮아지면 점화시기를 지각시켜 항상 최대폭발 압력점에서 크랭크축이 폭발 에너지를 받도록 제어한다.

11 가솔린 연료 분사장치에서 연료계통에 대한 다음 설명 중 틀린 것은?

① 연료펌프는 DC모터를 많이 사용한다.
② 인젝터에는 솔레노이드 코일을 사용한다.
③ 엔진 회전속도에 따라 연료펌프 회전속도를 변화시킨다.
④ 연료펌프의 체크밸브는 연료라인에 잔압을 형성시킨다.

> **해설** 연료펌프는 내부에 릴리프밸브(안전밸브)와 연료 잔압을 유지시켜주는 체크밸브 등이 있으며 DC모터 타입으로 항상 일정한 회전수로 회전한다.

12 어떤 디젤 기관의 회전수가 2,400rpm, 분사지연과 착화지연시간은 모두 합쳐 $\frac{1}{600}$초라면 크랭크각도로 몇 ° 전(상사점)에 연료를 분사하여야 하는가?(단, 최대폭발 압력은 상사점에서 발생한다)

① 6° ② 12°
③ 18° ④ 24°

> **해설** $CA = 6RT$
> CA : Crank Angle(°)
> R : 회전수(rpm)
> T : 착화지연시간
> $6 \times 2,400 \times \frac{1}{600} = CA$
> $\therefore CA = 24°$

13 전자제어 연료분사장치가 설치된 엔진에서 아이들 중 흡입구를 손으로 일부 폐쇄하면 O_2 센서의 출력은 순간적으로 어떻게 되는가?

① 출력이 증가한다.
② 출력이 감소한다.
③ 출력이 변화없다.
④ 출력이 순간적으로 감소했다가 상승한다.

해설 지르코니아 타입의 산소 센서는 배기가스 중의 산소농도와 대기 중의 산소농도의 분압차를 이용하여 자체 기전력을 발생하는 센서로 연소실의 혼합기가 농후할 경우 1V에 가까운 기전력을, 연소실의 혼합기가 희박할 경우 0.1V에 가까운 기전력을 출력하며 이 값을 피드백을 통하여 연료분사 보정량의 신호로 사용된다. 티타니아 타입의 산소 센서는 산소농도에 따른 내부저항의 변화를 통하여 출력되는 기전력으로 혼합기를 판단하며 연소실이 농후할 경우 1V에 가까운 전압이, 희박할 경우 5V에 가까운 전압이 출력된다.

14 라디에이터에 부은 물의 양은 1.96L이고 동형의 신품 라디에이터에 2.8L의 물이 들어갈 수 있다면, 이때 라디에이터 코어의 막힘은 몇 %인가?

① 42%
② 20%
③ 25%
④ 30%

해설 라디에이터 코어 막힘률(%) = $\dfrac{신품용량 - 구품용량}{신품용량} \times 100$ 으로 산출하며 막힘률이 20% 이상 시 신품으로 교체한다.

$\therefore \dfrac{2.8 - 1.96}{2.8} \times 100 = 30\%$

15 어떤 가솔린 기관의 실린더 간극체적이 행정체적의 15%일 때 오토사이클의 열효율은 몇 %인가?(단, 비열비 = 1.4)

① 39.23%
② 45.23%
③ 51.73%
④ 55.73%

해설 압축비(ε) = $\dfrac{연소실체적(V_c) + 행정체적(V_i)}{연소실체적(V_c)} = 1 + \dfrac{V_i}{V_c} = \dfrac{15+100}{15} = 7.66$

오토 사이클의 이론 열효율(%)은
$\eta_{otto} = 1 - \dfrac{1}{\varepsilon^{k-1}}$ 이므로 $1 - \dfrac{1}{7.66^{1.4-1}}$ 이 된다.

여기서, k : 공기비열비
$\therefore \eta_{otto} = 55.7\%$

정답 13 ① 14 ④ 15 ④

16 1,500rpm일 때 혼합기가 점화하여 폭발할 때까지 1/600초 걸리면 상사점에서 폭발시키기 위해서는 상사점 몇 ° 전에 점화되면 되는가?

① 10°   ② 15°
③ 20°   ④ 25°

해설 $CA = 6RT = 6 \times 1,500 \times \dfrac{1}{600} = 15°$

17 어떤 가솔린 기관의 점화순서가 1-3-4-2이다. 이때 3번이 배기행정을 하면 2번은 어떤 행정을 하는가?

① 압축행정   ② 폭발행정
③ 흡입행정   ④ 배기행정

해설 원 안쪽은 행정(시계방향), 원 바깥쪽은 점화순서(반시계 방향)이다. 그러므로 3번이 배기행정을 할 때, 2번은 압축행정을 한다.

18 전자제어엔진에서 엔진회전수를 검출하는 가장 좋은 방법은?

① Ignition Coil (−) 혹은 CPS
② Battery (−)
③ Ignition Switch IG1 단자
④ Ignition Coil (+)단자

해설 전자제어 엔진에서 RPM을 측정하기 좋은 위치는 점화코일 (−)단자 또는 크랭크각 센서 부분이다.

19 다음 중 전자제어 연료 분사장치의 페일세이프(Fail Safe)기능이 적용되지 않는 부품은?

① O_2 센서
② 냉각수온 센서
③ 흡기온 센서
④ TDC 센서

> **해설** 페일세이프 기능은 고장 시 대체값을 사용하거나 임의로 센서 값을 고정하여 시스템에 큰 이상이 발생하지 않도록 제어하는 고장 시 대체 기능이다. 산소 센서, 흡기온 센서, 냉각수온 센서 등은 페일세이프 기능이 있으나 크랭크 축 위치센서 및 TDC 센서 등은 이러한 기능이 없다. 따라서 이러한 센서 고장 시 시동이 불가능하다.
> 그러나 현재 양산되는 차종은 크랭크 포지션 센서가 고장 시 캠 위치 센서로 대체값을 입력 받아 시동이 가능하도록 되어 있다. 이러한 고장 시 시동이 약간 지연되어 걸리게 된다.

20 순차분사방식의 전자제어기관에서는 주로 어느 행정에서 인젝터를 작동시키는가?

① 흡기행정
② 압축행정
③ 폭발행정
④ 배기행정

21 다음 중 자동차용 엔진의 피스톤 재료로서 사용되고 있는 것은?

① 켈밋(Kelmet)
② Y-합금(Y-alloy)
③ 바이메탈(Bimetal)
④ 화이트메탈

22 비열비 $k=1.4$의 공기를 작업물로 하는 디젤기관에서 압축비 $\varepsilon=15$, 단절비 $\sigma=2$일 때 이론적 열효율은?

① 38%
② 48%
③ 60.4%
④ 77.4%

> **해설** 디젤기관의 이론 열효율(%)
> $$\eta_D = 1 - \frac{1}{\varepsilon^{k-1}} \times \frac{\sigma^k - 1}{k(\sigma-1)}$$
> 여기서, ε : 압축비, σ : 단절비, k : 공기비열비
> $$\therefore \eta_D = 1 - \frac{1}{15^{1.4-1}} \times \frac{2^{1.4}-1}{1.4(2-1)}$$
> $$= 60.4\%$$

23 CDI(Condenser Discharge Ignition) 점화장치에 대한 설명 중 옳은 것은?
① 점화코일의 1차 전압을 바로 점화불꽃으로 이용한다.
② 점화코일의 2차 전압을 축전기에서 다시 점화 불꽃으로 이용한다.
③ 직류 전압을 축전기에 충전하였다가 SCR에 의해 순간적으로 점화코일의 1차에 가해 2차측에 고압을 일으키게 한다.
④ 트랜지스터를 이용하여 축전기의 전압을 2차의 유도전압에 가하여 50,000V 이상의 전압을 일으키게 한다.

> 해설 CDI 점화장치는 콘덴서 충전방식으로 직류 전압을 축전기에 충전하였다가 SCR에 의해 순간적으로 점화코일의 1차에 가해 2차측에 고압을 일으키게 한다.

24 다음 중 배전기에서 크랭크각과 제1번 실린더 상사점을 감지하는 방식이 아닌 것은?
① 다이오드(Diode) 방식
② 옵티칼(Optical) 방식
③ 인덕션(Induction) 방식
④ 홀 센서(Hall Sensor) 방식

25 어떤 4행정 엔진의 밸브 개폐시기가 다음과 같다. 흡기밸브의 열림은 몇 °인가?(단, 흡기밸브 열림 : 상사점 전 15°, 흡기밸브 닫힘 : 하사점 후 50°, 배기밸브 열림 : 하사점 전 45°, 배기밸브 닫힘 : 상사점 후 10°)
① 235°
② 180°
③ 230°
④ 245°

> 해설

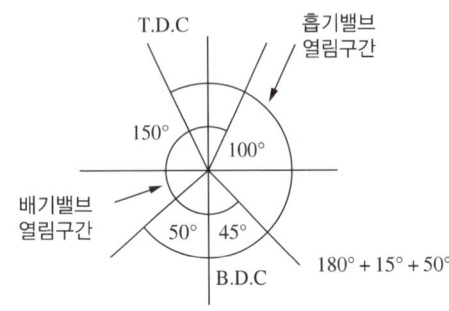

26 고에너지 점화방식(HEI ; High Energy Ignition)에서 점화시기의 진각은 무엇에 의해 이루어 지는가?

① 원심진각 장치
② 진공진각 장치
③ ECU(Electric Control Unit)
④ 파워 트랜지스터

해설 고에너지식 점화장치는 폐자로형 점화코일을 이용하여 엔진제어 유닛(ECU)으로부터 점화시기를 제어 받는다.

27 기화기 방식을 비교했을 때 전자제어 연료분사장치의 특징이 아닌 것은?

① 운행 연료비의 절감
② 출력 성능의 향상
③ 저온 시동성의 향상
④ 강한 압축성의 향상

해설 강한 압축성 향상은 연소실 체적변경 및 과급효과에 따른 향상효과이다.

28 전자제어 연료 분사장치의 연료 인젝터는 무엇에 의해서 연료를 분사하는가?

① 플런저의 하강
② 로커암의 하강
③ 연료의 규정압력
④ 컴퓨터의 분사신호

29 연료가 자기착화하는 최저온도를 무엇이라 하는가?

① 연소점
② 가연한계
③ 인화점
④ 발화점

해설 연료가 외부의 온도로부터 스스로 발화되는 것을 자기착화점 또는 발화점이라 하고 점화원에 의해서 발화가 되는 점을 인화점이라 한다.

정답 26 ③ 27 ④ 28 ④ 29 ④

30 윤활유의 유압계통에서 유압이 저하하는 원인이 아닌 것은?

① 윤활유 저장량의 부족
② 윤활유 통로의 파손
③ 윤활부분의 마멸량 증대
④ 윤활유 송출량의 과다

> **해설** 유압계통에서 유압이 저하되는 원인은 펌프의 불량, 윤활부 오일간극의 과다, 유압의 누설, 유압유의 부족 등을 들 수 있다.

31 삼원촉매장치의 역할 중 틀린 것은?

① 유해가스를 저하시킨다.
② CO_2를 저하시킨다.
③ NO_x를 저하시킨다.
④ HC를 저하시킨다.

> **해설** 삼원촉매장치는 백금, 로듐, 팔라듐의 귀금속을 이용하여 연소 배기가스 중의 일산화탄소, 탄화수소, 질소산화물 등을 정화시켜 이산화탄소, 물, 질소 등의 상태로 변화하여 배출시키는 역할을 한다. 이러한 촉매 컨버터는 약 350℃ 이상의 온도에서 정상 작동을 하며 산화 환원 작용을 통하여 유해배기가스를 무해가스로 변환시킨다.

32 배출가스 정화 계통이 아닌 것은?

① EGR 밸브
② 캐니스터
③ 삼원촉매
④ 대기압 센서

> **해설**
> - EGR : 질소산화물 저감
> - PCV : 블로 바이가스 재순환[탄화수소(미연소가스) 연소]
> - PCSV : 증발가스 재순환[캐니스터에 저장된 연료 증발가스(탄화수소) 연소]
> - 삼원촉매 : 배기가스 정화

33 기관의 출력이 일정할 때, 최고 속도를 증가시키기 위한 조건이 아닌 것은?

① 구름저항을 감소시킨다.
② 종감속비를 낮게한다.
③ 타이어 유효 반경을 줄인다.
④ 차량중량을 경감시킨다.

> **해설** 타이어의 유효 반경을 감소시키면 구동력이 증가하나 속도는 저하된다.

34 점화플러그의 자기청정온도의 범위는?

① 200~600℃
② 400~850℃
③ 600~1,000℃
④ 900~1,200℃

35 4실린더 기관에서 실린더의 지름이 100mm, 행정이 50mm인 가솔린 기관에서 압축비를 10 : 1로 하면 연소실의 체적은?

① 28.7cc ② 37.6cc
③ 43.6cc ④ 58.7cc

> **해설** $\varepsilon = 10$
> $$\varepsilon = \frac{V_C + V_L}{V_C} = \frac{V_C + \frac{\pi \cdot 10^2}{4} \times 5}{V_C}$$
> 여기서, V_C : 연소실 체적, V_L : 행정 체적
> $V_L = \frac{\pi \cdot 10^2}{4} \times 5$ 이므로
> $1 + \frac{392.5}{V_C} = 10$
> $V_C = 43.6\text{cc}$

정답 33 ③ 34 ② 35 ③

36 피스톤의 1왕복으로 1사이클을 완성하는 것은?

① 4행정 1사이클 기관
② 정압사이클 기관
③ 2행정 1사이클 기관
④ 정적사이클 기관

> 해설
> • 4행정 1사이클 기관 : 피스톤의 2왕복(크랭크축 2회전)에 1사이클을 완성
> • 2행정 1사이클 기관 : 피스톤의 1왕복(크랭크축 1회전)에 1사이클을 완성

37 점화시기를 정하는 데 있어 고려하여야 할 사항으로 틀린 것은?

① 연소가 등간격으로 일어나야 한다.
② 크랭크축에 비틀림 진동이 일어나지 않게 한다.
③ 혼합기가 각 실린더에 균일하게 분배되게 한다.
④ 인접한 실린더가 연이어 점화되게 한다.

> 해설 점화시기를 정하는 경우 고려할 사항은 실린더 간 연소가 같은 간격으로 일어나야 하고, 비틀림 진동이 일어나지 않아야 하며 인접한 실린더가 연이어 점화되지 않도록 설계한다. 인접한 실린더가 연이어 점화할 경우 이상 진동 및 동력 발생 측면에서 좋지 못한 영향을 초래한다.

38 피스톤 저널의 폭이 75mm, 폭발압력이 80kgf/cm², 실린더 지름이 100mm일 때 실린더 벽의 두께가 20mm라면 실린더 벽의 허용압력은?

① 190kgf/cm^2
② 190kgf/mm^2
③ 200kgf/mm^2
④ 200kgf/cm^2

> 해설
> $$\frac{Pd}{2\sigma} = t$$
> 여기서, P : 폭발압력(kgf/cm²)
> d : 실린더 지름(cm)
> t : 벽두께(cm)
> σ : 허용압력(kgf/cm²)
> $$\therefore \sigma = \frac{80 \times 10}{2 \times 2} = 200 \text{kgf/cm}^2$$

39 밸브 스프링에서 공진 현상을 방지하는 방법이 아닌 것은?

① 스프링 강도, 스프링 정수를 크게 한다.
② 부등피치 스프링을 사용한다.
③ 스프링 고유진동을 같게 하든지 정수비로 한다.
④ 2중 스프링을 사용한다.

> **해설** 밸브 스프링 서징 현상은 밸브의 진동이 스프링의 고유 진동수와 같거나 정수비가 될 때 발생하며 엔진 작동에 악영향을 미치게 된다. 따라서 밸브 스프링의 서징 현상의 방지법으로는 스프링상수가 다른 이중스프링을 사용하거나 스프링의 지름이 틀린 원추형 스프링, 피치가 다른 부등 피치 스프링을 사용하여 방지할 수 있다.

40 오토사이클에서 압축비 7.5일 때 열효율은 얼마인가?(단, 비열비 $k=1.25$)

① 39.6%   ② 64.3%
③ 72.5%   ④ 80.2%

> **해설** 오토사이클의 이론 열효율(%)
> $$\eta_{otto} = \left(1 - \frac{1}{\varepsilon^{k-1}}\right) \times 100 = \left(1 - \frac{1}{7.5^{1.25-1}}\right) \times 100 = 39.57\%$$
> 여기서, k : 공기비열비

41 전자제어 연료분사장치 엔진의 특성에 관한 설명으로서 관계가 없는 것은?

① 엔진의 응답성이 좋다.
② 실린더의 혼합기 분배가 균일하다.
③ 연료계통의 제어 구조가 간단하다.
④ 컴퓨터를 사용하기 때문에 출력이 좋다.

> **해설** 전자제어 연료분사장치는 엔진 운전조건에 따른 정밀한 연료 제어를 실현하기 위해 부품 및 제어장치들이 복잡하다.

정답 39 ③ 40 ① 41 ③

42 다음 중 2행정 사이클 기관과 비교했을 때 4행정 사이클 기관의 장점으로 틀린 것은?

① 구조가 간단하고 제작이 용이하다.
② 흡·배기를 위한 시간이 충분히 주어진다.
③ 저속에서 고속까지 넓은 범위의 속도 변화가 가능하다.
④ 각 행정의 작동이 확실하고 특히 흡기행정의 냉각효과로서 실린더 각 부분의 열적 부하가 적다.

해설

구 분	4행정	2행정
행정 및 폭발	크랭크축 2회전(720°)에 1회 폭발행정	크랭크축 1회전(360°)에 1회 폭발행정
기관효율	4개의 행정의 구분이 명확하고 작용이 확실하며 효율 우수	행정의 구분이 명확하지 않고 흡기와 배기 시간이 짧아 효율이 낮음
밸브기구	밸브기구가 필요하고 구조가 복잡	밸브기구가 없어 구조는 간단하나 실린더 벽에 흡기구가 있어 피스톤 및 피스톤링의 마멸이 큼
연료소비량	연료소비율 비교적 좋음 (크랭크축 2회전에 1번 폭발)	연료소비율 나쁨 (크랭크축 1회전에 1번 폭발)
동 력	단위중량당 출력이 2행정 기관에 비해 낮음	단위중량당 출력이 4행정 사이클에 비해 높음
엔진중량	무거움(동일한 배기량 조건)	가벼움(동일한 배기량 조건)

43 피스톤 행정이 75mm인 기관이 1,500rpm의 속도로 회전하고 있다. 이때의 피스톤의 평균속도는 몇 m/s인가?

① 2.75
② 3.75
③ 4.75
④ 5.75

해설 $\dfrac{2LN}{60} = \dfrac{LN}{30} = \dfrac{0.075 \times 1,500}{30} = 3.75 \text{m/s}$

44 엔진 크랭크축 메인 저널 베어링의 재료로 사용되는 것은?

① 배빗메탈, 켈밋합금, 알루미늄 합금
② 배빗메탈, 은합금, 고속도강
③ 배빗메탈, 켈밋합금, 고속도강
④ 배빗메탈, 알루미늄, 고속도강

정답 42 ① 43 ② 44 ③

45 전자제어 가솔린 연료분사장치의 인젝터에서 분사되는 연료의 양은 무엇으로 조정하는가?

① 인젝터 개방시간
② 연료압력
③ 인젝터의 유량계수와 분구의 면적
④ 니들밸브의 양정

해설 인젝터의 연료량은 ECU 내부의 인젝터 구동TR의 베이스 전류를 단속하여 인젝터 솔레노이드밸브를 제어한다. 즉, 베이스에 전류를 통전하는 시간동안 인젝터의 솔레노이드밸브는 인젝터를 개방하여 연료를 분사한다.

46 DLI(Distributor Less Ignition) 점화방식에서 점화시기를 결정하는 데 기본이 되는 것은?

① 파워트랜지스터   ② 크랭크각 감지기
③ 발광다이오드   ④ 시그널로터

해설 전자제어 DLI 점화방식에서 점화시기는 크랭크 위치 센서의 신호를 기반으로 설정된다.

47 정상으로 작동되고 있는 기관의 윤활장치 내의 유압은?

① $1 \sim 2 kg/cm^2$ ② $3 \sim 5 kg/cm^2$
③ $10 \sim 15 kg/cm^2$ ④ $15 \sim 20 kg/cm^2$

48 평균유효압력 $16 kg/cm^2$, 배기량 0.05L, 회전속도 2,500rpm인 단기통 2사이클 가솔린 기관의 지시마력(PS)은 얼마인가?

① 7.2PS   ② 6.8PS
③ 5.6PS   ④ 4.4PS

해설 $IPS = \dfrac{P_{mi} \times A \times L \times N \times Z}{75 \times 60 \times 100} = \dfrac{16 \times 50 \times 2,500}{75 \times 60 \times 100} = 4.44 PS$

$IPS = 4.4 PS$

정답 45 ① 46 ② 47 ② 48 ④

49 연료펌프에서 릴리프밸브는 얼마의 압력으로 조정되어 연료누설 및 파손을 방지하는가?
① 10~15kg/cm² ② 20~30kg/cm²
③ 4.5~6kg/cm² ④ 1~2kg/cm²

50 기본 점화시기 및 연료 분사시기와 밀접한 관계가 있는 센서는?
① 수온 센서 ② 대기압 센서
③ 크랭크각 센서 ④ 흡기온 센서

해설 기본연료량과 분사시기 및 점화시기는 크랭크 포지션 센서와 흡입공기량 센서의 신호를 기반으로 설정된다.

51 스프링 장력을 T, 클러치판과 압력판 사이의 마찰계수를 f, 평균반경을 r이라 하였을 때 클러치가 미끄러지지 않으려면 다음의 어느 조건이 만족되어야 하는가?
① $Tfr \geq c$ ② $Tfr \leq c$
③ $Tfc \geq T$ ④ $Tfc \leq T$

해설 클러치 디스크 용량은 엔진의 용량(c)보다 크거나 최소한 같아야 한다.

52 다음 중 3원 촉매기의 분류에 속하지 않는 것은?
① 1상 산화 촉매기 ② 2상 촉매기
③ 1상 3원 촉매기 ④ 2상 3원 촉매기

해설
• 1상 산화 촉매기 : 산화 촉매기는 공기 과잉상태에서 일산화탄소(CO)와 탄화수소(HC)를 물(H_2O)과 이산화탄소(CO_2)로 산화
• 2상 촉매기 : 2상 촉매기는 2개의 촉매기가 연이어 설치된 형식
• 1상 3원 촉매기 : 1상 3원 촉매기는 1개의 촉매기 내에서 3가지의 유해물질(HC, CO, NO_X)이 동시에 산화 또는 환원 반응하며 정화

53 전자제어 엔진에서 냉각수온이 20℃ 이하일 때 냉각수온값으로 대치되지만 냉각수온이 20℃ 이상일 때 ECU에서 흡기온도를 20℃로 고정시키는 기능은?

① 자기진단
② 고장진단
③ 페일세이프
④ 피드백

> **해설** 페일세이프 기능은 센서의 고장 시 대체값을 적용하거나 기준값을 설정하여 적용하는 것으로 시스템의 작동에 큰 문제가 발생하지 않도록 제어하는 기능을 말한다. 예를 들어 초기냉간시동 시 냉각수온 센서가 고장이라면 흡기온 센서의 신호를 기반으로 냉각수온을 설정하고 시동 후 일정시간이 경과되면 ECU의 로직에 따라 냉각수온을 정상적으로 판단하게 된다.

54 전자제어 연료분사 차량의 센서 중에서 기관 작동중일 때 기본연료 분사시간과 관계가 없는 것은?

① 수온 센서(Water Thermo Sensor)
② 엔진회전수(rpm)
③ 공기량 센서(Air Flow Sensor)
④ 산소 센서(O_2 Sensor)

> **해설** 산소 센서는 배기가스 중의 산소농도를 파악하여 연료 분사량 보정신호로 사용된다.

55 희박연소엔진에서 스월(Swirl)을 일으키는 밸브에 해당되는 것은?

① 매니폴드 스로틀 밸브(MTV)
② 어큐뮬레이터
③ EGR 밸브
④ 과충전 밸브(OCV)

> **해설** 스월은 연소실에서 발생하는 횡방향의 와류를 말하며 매니폴드 스로틀 밸브 등에 의하여 발생된다. 또한 텀블은 연소실에서 세로방향의 와류를 형성하고, 스쿼시는 압축행정 시 혼합가스를 점화플러그 주위로 집중하는 와류를 형성한다.

정답 53 ③   54 ④   55 ①

56 삼원촉매의 기능 중 틀린 것은?
① 일산화탄소를 감소시킨다.
② 유해가스를 무해한 가스로 환원시킨다.
③ 이산화탄소를 감소시킨다.
④ 탄화수소를 감소시킨다.

해설 삼원촉매에서 정화된 배기가스는 이산화탄소와 물, 질소로 정화되어 배출된다.

57 실린더 안지름 85mm, 행정이 100mm인 4기통 디젤기관의 SAE 마력(HP)은?
① 22.38
② 18.94
③ 17.92
④ 16.29

해설 SAE 마력 $= \dfrac{D^2 \cdot N}{1,613}$
$= \dfrac{85^2 \times 4}{1,613} = 17.92\text{HP}$

58 점식 점화장치와 비교한 트랜지스터 점화방식의 장점이다. 관계가 없는 것은?
① 접점의 소손이나 전기손실이 없다.
② 점화코일이 없어 비교적 구조가 간단하다.
③ 고속에서도 비교적 점화에너지 확보가 쉽다.
④ 고속에서도 2차 전압이 급격히 저하되는 일이 없다.

해설 모든 점화장치에는 점화코일이 있다.

59 공기과잉률(λ)이란?
① 이론공연비
② 실제공연비
③ 실제공연비/이론공연비
④ 공기흡입량/연료소비량

해설 공기과잉률은 실제공연비를 이론공연비로 나눈 것을 말한다.

60 조기점화에 대한 설명 중 틀린 것은?

① 조기점화가 일어나면 연료 소비량이 적어진다.
② 점화플러그 전극에 카본이 부착되어도 일어난다.
③ 과열된 배기밸브에 의해서도 일어난다.
④ 조기점화가 일어나면 응력이 증대한다.

해설 조기점화가 일어나면 엔진에서 노킹이 발생되며 연소실 내의 카본, 과열된 밸브에 의해서 점화플러그가 아닌 다른 열원으로 혼합가스가 착화하는 현상인 노킹 발생 시 연비악화, 각부품의 응력 증가, 유해 배기가스 증가 등 매우 좋지 못한 영향을 미치므로 점화시기를 지각하거나 연료를 농후하게 분사하여 노킹을 억제한다.

61 가솔린 기관에서 블로바이가스의 발생 원인으로 맞는 것은?

① 엔진 부조에 의해 발생된다.
② 실린더 헤드 가스켓의 조립불량에 의해 발생된다.
③ 흡기밸브의 밸브시트면의 접촉 불량에 의해 발생된다.
④ 엔진의 실린더와 피스톤링의 마멸에 의해 발생된다.

해설 블로바이(Blow By) 현상은 압축행정 시 혼합기 일부가 실린더와 피스톤 틈새를 통해 오일팬으로 새는 현상으로 주로 미연소 가스(탄화수소)가 대부분이다.

62 4행정 사이클 기관에서 블로다운(Blow Down)현상이 일어나는 행정은?

① 배기행정 말~흡입행정 초
② 흡입행정 말~압축행정 초
③ 폭발행정 말~배기행정 초
④ 압축행정 말~폭발행정 초

해설 블로다운은 배기행정 말~흡입행정 초기에 배기밸브가 열리면 실린더 내부의 자체압력에 의해 배기가스가 배출되면서 연소실 내 압력이 급격히 저하되어 흡입효율을 증가시키는 역할을 한다.

정답 60 ① 61 ④ 62 ①

63 가솔린 기관의 연료 옥탄가에 대한 설명으로 옳은 것은?

① 옥탄가의 수치가 높은 연료일수록 노크를 일으키기 쉽다.
② 옥탄가 90 이하의 가솔린은 4-에틸납을 혼합한다.
③ 노크를 일으키지 않는 기준연료를 이소옥탄으로 하고 그 옥탄가를 0으로 한다.
④ 탄화수소의 종류에 따라 옥탄가가 변화된다.

> **해설** 파라핀계, 올레핀계, 방향족계, 나프텐계 함량에 따라 옥탄가가 달라진다. 파라핀계는 옥탄가가 낮고, 방향족계는 옥탄가가 높다.

64 가솔린 연료의 기화성에 대한 설명으로 틀린 것은?

① 연료 라인이 과열하면 베이퍼록(Vapor Lock)현상이 발생한다.
② 냉간 상태에서 시동 시에는 기화성이 좋아야 한다.
③ 더운 날 기화기 내의 연료가 비등할 수 있다.
④ 연료펌프가 불량하면 퍼콜레이션(Percolation)현상이 발생한다.

> **해설** 퍼콜레이션은 기화기 내의 연료가 열을 받아 부피가 팽창하여 혼합기가 농후해진다.

65 기관오일에 캐비테이션이 발생할 때 나타나는 현상이 아닌 것은?

① 진동, 소음 증가
② 펌프 토출압력의 불규칙한 변화
③ 윤활유의 윤활 불안정
④ 점도지수 증가

> **해설** 캐비테이션은 공동현상으로 오일에 기포가 발생되는 현상으로 점도지수는 감소한다.

66 전자제어 가솔린 기관에서 사용되는 센서 중 흡기온도 센서에 대한 내용으로 틀린 것은?

① 온도에 따라 저항값이 보통 1~15kΩ 정도 변화되는 NTC형 서미스터를 주로 사용한다.
② 엔진 시동과 직접 관련되며 흡입공기량과 함께 기본 분사량을 결정하게 해주는 센서이다.
③ 온도에 따라 달라지는 흡입 공기밀도 차이를 보정하여 최적의 공연비가 되도록 한다.
④ 흡기온도가 낮을수록 공연비는 증가된다.

해설 흡기온도가 낮으면 분사량은 증가(공연비 감소)한다.

67 가솔린 엔진의 노크 발생을 억제하기 위하여 엔진을 제작할 때 고려해야 할 사항에 속하지 않는 것은?

① 압축비를 낮춘다.
② 연소실 형상, 점화장치의 최적화에 의하여 화염전파거리를 단축시킨다.
③ 급기 온도와 급기압력을 높게 한다.
④ 와류를 이용하여 화염전파속도를 높이고 연소기간을 단축시킨다.

해설 가솔린 노크방지를 위해 가급적 연소실온도를 낮추어야 한다.

68 내연기관에서 장행정 기관과 비교할 경우 단행정 기관의 장점으로 틀린 것은?

① 흡·배기밸브의 지름을 크게 할 수 있어 흡·배기효율을 높일 수 있다.
② 피스톤의 평균속도를 높이지 않고 기관의 회전속도를 빠르게 할 수 있다.
③ 직렬형 기관인 경우 기관의 높이를 낮게 할 수 있다.
④ 직렬형 기관인 경우 기관의 길이가 짧아진다.

해설 단행정기관(Over Square Engine)은 행정은 짧고 내경이 큰 엔진으로 길이는 길어진다.

69 가솔린 기관의 노크에 대한 설명으로 틀린 것은?

① 실린더 벽을 해머로 두들기는 것과 같은 음이 발생한다.
② 기관의 출력을 저하시킨다.
③ 화염전파 속도를 늦추면 노크가 줄어든다.
④ 억제하는 연료를 사용하면 노크가 줄어든다.

해설 노크를 방지하려면 화염전파 속도를 빠르게 하여 말단가스(End Gas)가 자동착화할 틈을 주지 말아야 한다.

70 전자제어 가솔린 기관에서 급가속 시 연료를 분사할 때 어떻게 하는가?

① 동기분사   ② 순차분사
③ 비동기분사   ④ 간헐분사

해설 급가속 시에는 동시분사를 하는데 동시분사는 비동기분사(동시, 그룹)에 속한다.

71 전자제어 MAP센서 방식에서 분사밸브의 분사(지속)시간 계산식으로 옳은 것은?

① 기본분사시간 × 보정계수 + 무효분사시간
② 1/2 × 기본분사시간 + 무효분사시간
③ (무효분사시간 - 기본분사시간) × 보정계수
④ 1/4 × 기본분사시간 × 보정계수

72 배출가스 저감 및 정화를 위한 장치에 속하지 않는 것은?

① EGR밸브   ② 캐니스터
③ 삼원촉매   ④ 대기압 센서

해설 대기압 센서는 점화시기 및 연료보정에 이용된다.

73 무배전기 점화장치(DLI)에서 동시점화 방식에 대한 설명으로 틀린 것은?

① 압축과정 실린더와 배기과정 실린더가 동시에 점화된다.
② 배기되는 실린더에 점화되는 불꽃은 압축하는 실린더의 불꽃에 비해 약하다.
③ 두 실린더에 병렬로 연결되어 동시 점화되므로 불꽃에 차이가 나면 고장난 것이다.
④ 점화코일이 2개이므로 파워 트랜지스터도 2개로 구성되어 있다.

해설 무배전기 점화장치는 위상이 같은 두 개의 실린더 동시에 점화불꽃이 형성되며 압축행정에 해당하는 실린더의 점화불꽃이 더 강하게 일어난다. 또한 점화코일의 개수에 따라 파워 TR의 개수도 정해지며 점화플러그에 스파크 저항특성이 강한 백금점화플러그 등을 사용하여 수명을 연장시킨다.

74 점화장치에서 점화 1차 코일의 끝부분 (−)단자에 시험기를 접속하여 측정할 수 없는 것은?

① 노킹의 유무
② 드웰 시간
③ 엔진의 회전속도
④ TR의 베이스 단자 전원공급 시간

해설 점화코일의 (−) 단자에서 파형을 측정하며 드웰(캠각) 시간, RPM, TR베이스 전원공급 시간, 서지전압, 점화전압, 점화시간 등을 알 수 있으나 노킹 유무는 별도로 설치된 노크 센서에서 측정한다.

75 다음 중 전자제어 가솔린엔진에서 EGR 제어영역으로 가장 타당한 것은?

① 공회전 시
② 냉각수 온도 약 65℃ 미만, 중속, 중부하 영역
③ 냉각수 온도 약 65℃ 이상, 중속, 중부하 영역
④ 냉각수 온도 약 65℃ 이상, 고속, 고부하 영역

해설 EGR 시스템은 배기가스를 재순환하여 흡기로 보내 연소 시 연소실의 온도를 저하시켜 질소산화물의 생성을 억제하는 기능을 갖는다. 이러한 EGR 제어는 엔진의 웜업이 끝나고 토크특성이 우수한 중속영역에서 작동하게 된다. 만일 저속 및 고속영역에서 열려 배기가스를 재순환시키면 엔진의 부조 및 출력 성능의 저하를 초래할 수 있다.

정답 73 ③ 74 ① 75 ③

76 배기가스 중에 산소량이 많이 함유되어 있을 때 지르코니아 산소 센서의 상태는 어떻게 나타나는가?

① 희박하다.
② 농후하다.
③ 농후하기도 하고 희박하기도 하다.
④ 아무런 변화도 일어나지 않는다.

해설 배기가스 중에 산소가 많을 경우 엔진의 혼합가스 상태는 희박하다고 할 수 있다. 가솔린은 탄소와 수소로 이루어져 있으며 공기 중에는 질소와 산소가 대부분이다. 이러한 물질이 연소실에서 연소 후 결합되어 배기가스로 배출되는데 만일 배기가스 중 산소의 농도가 많다는 것은 그만큼 연료와 화합하는 산소가 적은 것을 말하며 이는 혼합가스가 희박하다는 것을 의미한다.

77 가솔린 기관에 사용되는 연료의 발열량에 대한 설명 중 증발열이 포함되지 않은 경우의 발열량으로 가장 적합한 것은?

① 연료와 산소가 혼합하여 완전연소할 때 발생하는 저위발열량을 말한다.
② 연료와 산소가 혼합하여 예연소할 때 발생하는 고위발열량을 말한다.
③ 연료와 수소가 혼합하여 완전연소할 때 발생하는 저위발열량을 말한다.
④ 연료와 질소가 혼합하여 완전연소할 때 발생하는 열량을 말한다.

해설 연료의 저위발열량은 증발잠열을 제외한 연료와 산소가 결합하여 연소할 때의 열량을 말한다.

78 전자제어 가솔린 연료 분사장치에서 흡입공기량과 엔진회전수의 입력만으로 결정되는 분사량은?

① 부분부하 운전 분사량
② 기본 분사량
③ 엔진시동 분사량
④ 연료차단 분사량

해설 전자제어 엔진에서 흡입공기량과 엔진회전수로 결정되는 것은 연료 기본 분사량이다.

79 가솔린 기관 배출가스 중 CO의 배출량이 규정보다 많을 경우 가장 적합한 조치방법은?

① 이론 공연비와 근접하게 맞춘다.
② 공연비를 농후하게 한다.
③ 이론 공연비(λ)값을 1 이하로 한다.
④ 배기관을 청소한다.

> 해설 일산화탄소의 다량 배출은 연소실의 혼합기가 농후하거나 에어크리너의 막힘 등에 의하여 발생되며 이론 공연비 근처로 공연비를 제어하여 완전연소에 가깝게 하여 일산화탄소의 배출을 저감한다.

80 MPI 전자제어 엔진에서 연료분사 방식에 의한 분류에 속하지 않는 것은?

① 독립분사 방식
② 동시분사 방식
③ 그룹분사 방식
④ 혼성분사 방식

> 해설 연료의 분사방식에는 독립분사, 그룹분사, 동시분사가 있다.

81 점화플러그에 대한 설명으로 틀린 것은?

① 열가는 점화플러그의 열방산 정도를 수치로 나타내는 것이다.
② 방열효과가 낮은 특성의 플러그를 열형플러그라고 한다.
③ 전극의 온도가 자기청정온도 이하가 되면 실화가 발생한다.
④ 고부하 고속회전이 많은 기관에서는 열형 플러그를 사용하는 것이 좋다.

> 해설 점화플러그는 자기청정온도(400~800℃)를 유지하기 위해 엔진의 부하에 따라 각각 다른 열가의 점화플러그를 장착해야 한다. 저속저부하 엔진의 경우 열형 점화플러그를 적용하고 고속고부하 엔진의 경우 냉각 성능이 우수한 냉형 점화플러그를 적용해야 한다.

정답 79 ① 80 ④ 81 ④

82 점화플러그의 구비조건 중 틀린 것은?

① 전기적 절연성이 좋아야 한다.
② 내열성이 작아야 한다.
③ 열전도성이 좋아야 한다.
④ 기밀이 잘 유지되어야 한다.

해설 점화플러그는 고온의 연소실에 직접 장착되므로 내열 특성이 우수해야 한다.

83 내연기관에서 연소에 영향을 주는 요소 중 공연비와 연소실에 대해 옳은 것은?

① 가솔린 기관에서 이론 공연비보다 약간 농후한 15.7~16.5 영역에서 최대 출력 공연비가 된다.
② 일반적으로 엔진 연소기간이 길수록 열효율이 향상된다.
③ 연소실의 형상은 연소에 영향을 미치지 않는다.
④ 일반적으로 가솔린 기관에서 연료를 완전히 연소시키기 위하여 가솔린 1에 대한 공기의 중량비는 14.7이다.

해설 가솔린 기관의 이론공연비는 14.7 : 1이다.

84 유효 분사시간에 대한 설명 중 맞는 것은?

① 전류가 가해지고 나서 인젝터가 닫힐 때까지 소요된 총 시간
② 인젝터에 전류가 가해지고 나서 분사하기 직전까지 전부 소요된 시간
③ 전체 분사시간 중 인젝터 핀틀이 완전히 열릴 때까지 도달하는 데 걸린 시간을 뺀 나머지 시간
④ 인젝터에 가해진 분사시간이 끝나고 나서 인젝터 자력선이 완전히 소모될 때까지 걸리는 시간

해설 인젝터의 유효 분사시간은 전체 분사시간 중 인젝터 핀틀이 완전히 열릴 때까지 도달하는 데 걸린 시간을 뺀 나머지 시간을 말한다.

85 가솔린 기관의 배기가스 정화장치의 3원 촉매기에서 산화반응과 환원반응을 일으키는 대표적인 유해가스는?

① CO, HC, NO_X
② SO_X, N_2, H_2O
③ H_2O, H_2S, O_2
④ SO_X, H_2SO_4, NO_4

> 해설 가솔린 기관의 유해 배출 가스는 대표적으로 CO, HC, NO_X가 있다.

86 전자제어 엔진의 목적으로 가장 부적합한 것은?

① 필요한 만큼의 출력 발생
② 압축비의 증대
③ 불안전 연소를 없애고 운전성 향상
④ 노킹 상태를 회피

> 해설 압축비의 증대는 연소실의 체적 변화 및 과급 등을 통하여 이루어지는 것으로 전자제어 엔진의 목적이 아니다.

87 전자제어 가솔린 기관의 연료분사 방식 중 각 실린더의 인젝터마다 최적의 분사 타이밍이 되도록 하는 방식은?

① 무효 분사
② 그룹 분사
③ 독립 분사
④ 동시 분사

88 자동차 기관의 연소에 의한 유해 배출가스 성분이 아닌 것은?

① CO
② R-134a
③ HC
④ NO_X

> 해설 R-134a는 에어컨 냉매 가스이다.

정답 85 ① 86 ② 87 ③ 88 ②

89 3원 촉매기에서 촉매물질로 사용되는 것으로 알맞은 것은?

① Pt, Pd, Rh
② Sn, Pt, S
③ Al, Pt, Mn
④ Mn, Ph, S

해설　3원 촉매장치는 백금, 로듐, 팔라듐의 귀금속 물질로 코팅되어 산화 환원작용을 한다.

90 전자제어 기관에서 급가속 시 점화시기는 어떻게 변하는가?

① 초기 점화시기로 된다.
② 지각되었다가 곧바로 진각된다.
③ 페일세이프 제어한다.
④ ECU가 고정시킨다.

해설　전자제어 점화장치는 엔진회전수에 따라 점화시기를 제어하며 RPM이 높아질수록 점화시기를 진각시킨다.

91 배출가스 시험기의 표준가스 조정시기에 대한 설명이다. 잘못 설명된 것은?

① 미리 농도를 알고 있는 표준가스를 분석기에 주입하여 표준가스에 명기한 농도와 분석기 지시농도 사이에 오차가 발생할 경우
② 배출가스 측정 시 육안 감각으로 진단 시 자동차에서 배기하는 배출가스 농도와 많은 차이를 발생하는 경우
③ 적외선 발생기 작동온도 약 60℃ 범위를 벗어난 경우와 샘플 셀을 통과하는 적외선이 충분하지 않을 때 적외선 투과율이 감소하여 배출가스 측정 농도 오차를 발생할 경우
④ 적외선 필터 작동온도 약 70℃를 벗어나 측정오차가 발생한 경우 또는 샘플 셀 내부 벽에 붙어 있는 카본, 수분에 의해 측정 오차를 발생하는 경우

92 전자제어 기관에서 아이들 상태가 좋지 않을 때 흡기계통의 점검사항으로 적합하지 않은 것은?

① 흡기계통의 공기누설
② 스로틀 보디 및 에어 밸브
③ 에어 플로 미터
④ 수온 센서

해설 수온 센서는 흡기계통이 아니라 냉각계통에 속한다.

93 엔진의 크랭킹이 안되거나 혹은 크랭킹이 천천히 되는 원인이 아닌 것은?

① 기동장치 결함
② 한랭 시 오일 점도가 높은 때
③ 축전지 혹은 케이블 결함
④ 연소실에 연료가 과다하게 분사

해설 엔진의 크랭킹 성능에 영향을 주는 요소는 엔진오일의 점도, 기동전동기의 결함 및 축전지의 결함이다.

94 4행정 사이클 가솔린 기관에서 점화 후 최고압력에 달할 때까지 1/400초 소요된다. 이 기관이 2,000rpm으로 운전될 때의 점화시기를 결정하면?(단, 이 기관의 최고 폭발압력에 달하는 시기는 상사점 후방 12°로 한다)

① 상사점 전방 18°
② 상사점 전방 15°
③ 상사점 전방 12°
④ 상사점 후방 30°

해설 $CA° = 6RT = 6 \times 2,000 \times \dfrac{1}{400} = 30°$

최고폭발 압력점은 상사점 후 12°이므로 30 − 12 = 18°
그러므로 점화시기는 상사점 전 18°이다.

정답 92 ④ 93 ④ 94 ①

95 전자제어 연료분사 방식의 연료압력 조절에 관한 사항 중 틀린 것은?

① 연료압력 조절기는 흡기 다기관의 진공에 의해 조정된다.
② 연료압력 조정은 규정 압력을 기준으로 하여 기관의 운전 영역에 따라 조정한다.
③ 연료압력 조절기는 흡기 다기관의 진공이 커지면 연료 라인의 분사압을 낮춘다.
④ 연료압력은 기관의 어떤 운전 영역에서나 동일하므로 연료압력 조정은 불필요하다.

해설 연료압력 조절기는 엔진의 부하(회전수)에 따라 흡기 다기관의 진공압을 이용하여 연료의 리턴 양을 결정하고 연료 파이프 내의 압력을 조절하여 항상 일정한 압력이 형성될 수 있도록 제어한다.

96 다음 그림은 인젝터 솔레노이드밸브의 파형을 관측한 것이다. 실질적인 연료의 분사시간을 나타낸 파형은 어느 부분인가?

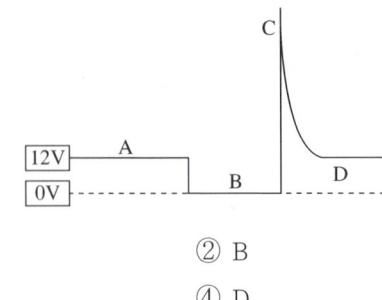

① A
② B
③ C
④ D

해설
- A : 인젝터 코일(솔레노이드 코일)의 전원전압
- B : 인젝터 코일(솔레노이드 코일)의 통전시간(연료 분사시간)
- C : 전원차단 시 인젝터 코일(솔레노이드 코일)의 서지전압
- D : 인젝터 코일(솔레노이드 코일)의 전원전압

97 전자제어 차량의 ECU에서 연료분사 신호를 출력하면 인젝터에서는 바로 연료를 분사하지 못하고 약간의 지연시간을 거쳐 연료를 분사하게 되는데 이것을 무효 분사시간이라 한다. 이 무효 분사시간의 발생 요인이 아닌 것은?

① 배터리 전압 크기
② 인젝터 코일의 인덕턴스
③ 인젝터 니들 밸브 무게
④ 연료 분사시간

> 해설 무효 분사시간은 배터리 전압, 솔레노이드 코일의 인덕턴스, 인젝터의 니들 밸브의 무게의 영향을 받는다.

98 전자제어 연료분사 엔진에서 수온 센서가 보정하는 영역에서 특히 중요한 역할을 하는 시기는?

① 냉간 시동에서 웜업(Warm Up)까지
② 웜업(Warm Up) 이후
③ 고속 고부하 시
④ 가감속 시

> 해설 수온 센서는 냉간 시동 시 엔진의 냉각수 온도를 측정하여 빠른 웜업이 진행될 수 있도록 하는 역할을 한다.

99 자동차 기관의 피스톤과 실린더와의 간극이 클 때 일어나는 현상이 아닌 것은?

① 오일이 연소실로 올라간다.
② 피스톤과 실린더의 소결이 일어난다.
③ 피스톤 슬랩 현상이 생긴다.
④ 압축압력이 저하한다.

> 해설 피스톤과 실린더의 간극이 클 때 압축가스의 누설로 압축압력이 저하되고 블로 바이가스가 증가하며 피스톤 슬랩 현상이 발생하고, 실린더 벽의 오일제어를 하지 못하여 엔진오일이 연소실로 유입 연소된다.

정답 97 ④ 98 ① 99 ②

100. 6실린더 기관의 점화장치를 엔진 스코프로 점검한 결과 그림과 같은 제1실린더 파형이 나타났다. 캠각은 몇 °인가?

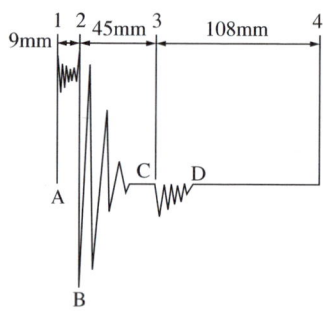

① 30° ② 40°
③ 45° ④ 50°

해설 점화 1차 전류가 흐르는 구간이 캠각이므로 108mm 구간이 된다.

따라서 $\dfrac{캠각구간}{전체구간} \times \dfrac{360}{기통수}$ 으로 계산한다.

캠각 $= \dfrac{108}{9+45+108} \times \dfrac{360}{6} = 40°$

101. 전자제어 연료분사 방식 중 연료의 증량보정에 직접 관계되지 않는 부품은?

① 대기압 센서
② 수온 센서
③ 공회전 조절장치
④ 흡기온도 센서

해설 공회전 속도 조절장치는 액추에이터로 ECU의 신호에 따라 공전 회전수를 제어하는 역할을 한다.

102 전자제어 MPI 엔진에서 ECU가 인젝터의 연료분사량을 제어하기 위하여 인젝터의 개폐시간을 제어한다. 다음 중 인젝터 제어회로의 설명으로 옳은 것은?

① 인젝터에 공급되는 전원(+)은 키 스위치에서 공급하고 ECU는 인젝터의 접지(-)를 제어한다.
② 인젝터에 공급되는 전원(+)은 축전지에서 공급하고 ECU는 인젝터의 접지(-)를 제어한다.
③ 인젝터에 공급되는 전원(+)은 컨트롤 릴레이에서 공급하고 ECU는 인젝터의 접지(-)를 제어한다.
④ ECU는 인젝터의 전원(+)을 공급하고 인젝터 접지(-)는 축전지(-)와 연결된다.

해설 인젝터에 공급되는 전원(+)은 메인 컨트롤 릴레이에서 공급하고 ECU는 인젝터의 접지(-)를 인젝터 구동 TR의 베이스 전류의 통전 시간으로 제어한다.

103 기관 본체의 크랭크축 베어링 정비 시에 참고해야 할 다음의 설명 중 '이것'에 해당되는 것은?

'이것'은 베어링의 바깥 둘레와 하우징 안둘레와의 차이를 두는 것을 말하며, '이것'이 너무 크면 베어링의 안쪽 면이 찌그러져 저널에 긁힘이 생기고 너무 작으면 엔진 작동 중 온도의 변화로 헐거워져서 베어링 저널을 따라 움직이게 되고 베어링의 열전도성이 떨어지게 된다.

① 베어링 스프레드(Bearing Spread)
② 베어링 크러시(Bearing Crush)
③ 베어링 러그(Bearing Lug)
④ 베어링 스러스트(Bearing Thrust)

해설 • 베어링 크러시 : 베어링의 둘레 차이
• 베어링 스프레드 : 베어링의 지름 차이

104 전자제어 가솔린 연료분사 엔진에서 흡입공기 온도는 20℃, 냉각수 온도는 80℃를 기준으로 분사량이 보정된다고 할 때 현재 엔진의 흡입공기 온도는 15℃, 냉각수 온도는 60℃라면 연료분사량은 각각 어떻게 보정되는가?

① 흡기온도 보정-증량, 냉각수온 보정-증량
② 흡기온도 보정-증량, 냉각수온 보정-감량
③ 흡기온도 보정-감량, 냉각수온 보정-증량
④ 흡기온도 보정-감량, 냉각수온 보정-감량

해설 흡기온도가 기준보다 낮으므로 연료량을 증량, 냉각수온도가 기준보다 낮으므로 빠른 웜업을 위해 연료량 증량

105 가솔린 기관의 연소실 안이 고온·고압이고 공기 과잉일 때 주로 발생되는 가스로 광화학 스모그의 원인이 되는 것은?

① NO_x
② CO
③ HC
④ CO_2

106 반도체 점화장치 중 트랜지스터(Transistor) 점화장치의 특성 설명으로 틀린 것은?

① 점화시기가 가장 적당하여 NO_x가 감소한다.
② 고속성능이 향상된다.
③ 엔진성능 개선을 위한 전자제어가 가능하다.
④ 착화성이 향상된다.

107 전자제어 차량의 연료펌프 작동 여부를 시험하고자 한다. 시험 및 점검 방법이 잘못된 것은?

① 연료펌프 체크 단자에 전압을 가한 후 연료 주입구에 귀를 대고 들어본다.
② 리턴 호스를 손으로 잡는다.
③ 연료펌프 릴레이에서 점검한다.
④ 눈으로 연료펌프 작동 여부를 확인한다.

108 전자제어 연료 분사장치 엔진의 블로바이가스 제어와 관계있는 것은?

① 차콜 캐니스터(Charcoal Canister)
② PCSV(Purge Control Solenoid Valve)
③ PCV(Positive Crankcase Ventilation)
④ EGR(Exhaust Gas Recirculation)

해설 ③ PCV : 크랭크 케이스 내의 미연소 가스(블로바이가스)를 엔진의 조건에 따라 연소시킴
① 차콜 캐니스터 : 활성탄 저장 방식으로 연료 탱크의 증발가스를 포집시킴
② PCSV : 캐니스터에 저장된 증발가스를 엔진의 조건에 따라 연소시킴
④ EGR : 배기가스를 재순환하여 연소실의 온도를 낮추어 NO_x 생성을 억제

109 전자제어 가솔린 연료분사 엔진에서 연료압력 조정기의 리턴호스가 꺾였을 때의 현상을 설명한 것으로 가장 적합한 것은?

① 주행 중 시동이 즉시 꺼지게 된다.
② 과도한 연료압력상승 시 체크밸브가 작동하여 연료압력을 조정한다.
③ 연료압력 상승억제를 위해 릴리프밸브가 열린다.
④ 시동이 전혀 걸리지 않는다.

110 가솔린 기관의 배기가스 중 NO_x, CO성분이 많이 발생되는 운전 조건은?

① NO_x는 저속으로 감속 시에, CO는 고속으로 증속 시에
② NO_x는 고속 희박 혼합비일 때, CO는 저속농후 혼합비일 때
③ NO_x, CO 모두 저속농후 혼합비일 때
④ NO_x, CO 모두 고속 희박 혼합비일 때

정답 108 ③ 109 ③ 110 ②

111 희박연소(Lean Burn) 엔진에 대한 설명 중 올바른 것은?

① 기존 엔진보다 연료사용을 적게 하기 위해 실린더로 들어가는 공기와 연료량을 모두 줄인다.
② 모든 운전영역에서 터보 장치가 작동될 수 있는 기관이다.
③ 실린더로 들어가는 공기량을 줄이기 위해 매니폴드 스로틀 밸브를 사용하기도 한다.
④ 이론공연비보다 더 희박한 공연비 상태에서도 양호한 연소가 가능한 기관이다.

112 기관의 연료장치 고장진단을 위하여 연료압력을 측정한 결과 압력이 너무 높게 측정되었다. 이 경우의 고장원인이라고 추정되는 것은?

① 연료펌프의 공급압이 누설됨
② 연료펌프의 체크밸브 고장
③ 연료압력 조정기의 막 고착
④ 연료필터의 막힘

113 타이밍 라이트를 사용하여 초기 점화시기를 확인하는 방법에 대한 설명으로 옳은 것은?

① 공회전 상태에서 타이밍 표시를 확인한다.
② 점화시기 점검은 1,500rpm 부근에서 한다.
③ 3번 플러그 케이블에 타이밍 라이트를 설치한다.
④ 크랭크 풀리의 타이밍 표시가 일치하지 않을 때는 타이밍 벨트를 교환한다.

114 4행정 4실린더 전자제어 가솔린 기관의 캠축에 설치된 크랭크 앵글 센서(CAS)의 출력파형에서, 크랭크 앵글신호의 소요시간이 37m/s였다. 이때 기관의 회전수는 얼마인가?

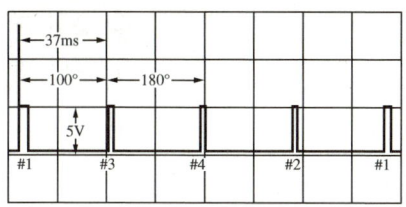

① 710rpm ② 810rpm
③ 910rpm ④ 610rpm

115 엔진에서 발생되는 유해 배기가스 중 질소산화물의 배출을 줄이기 위한 장치는?
① 퍼지 컨트롤 밸브 ② PCV 장치
③ 캐니스터 ④ EGR 장치

116 DLI 또는 독립 점화방식에서 점화 순서를 결정하는 입력신호로 맞는 것은?
① No.1 TDC 센서 ② 노킹 센서
③ 산소 센서(O_2) ④ 흡기온도 센서(ATS)

  해설 점화순서를 결정하는 것은 크랭크각 센서 또는 No.1 TDC 센서이다.

117 엔진 온도가 규정온도 이하일 때 배기가스에 나타나는 현상으로 올바른 것은?
① CO와 HC 발생량이 증가한다.
② NO_x 발생량이 증가한다.
③ CO와 HC 발생량이 감소한다.
④ CO, HC, NO_x 모두 증가한다.

  해설 엔진온도가 규정 이하일 경우 엔진의 웜업 시간을 단축하기 위하여 연료가 증량 공급되며 이에 따라 CO, HC가 증가한다.

118 전자배전 점화방식(DLI) 중 그룹 점화방법의 4기통 가솔린 기관에서 1번 실린더가 점화하는 순간 4번실린더의 행정은?(단, 점화시기는 BTDC 15°, 점화순서는 1-3-4-2)
① 배기 말 행정
② 흡입 초 행정
③ 압축 초 행정
④ 폭발 말 행정

119 그림은 오실로스코프를 이용하여 점화 2차 파형을 측정한 것으로 감쇠 진동부의 진동이 없다면 점화계통에서 판단할 수 있는 사항은?

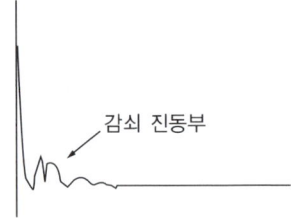

① 점화코일과 점화2차 라인의 커패시터 간 공진하는 것으로서 진동이 없다면 점화코일이 불량한 것이다.
② 스파크 플러그에서 점화 후 역기전력이 발생되는 것으로서 감쇠 진동부의 진동수는 1개 이하로 출력되어야 한다.
③ 엔진의 공연비가 희박하거나 압전 압력이 낮아서 공기의 밀도저하에 따르는 전류의 이동을 표시한 것이다.
④ 단속부분의 카본생성이나 저항증대에 의한 전압 불균형을 나타낸다.

해설 점화 파형의 감쇠 진동부는 코일의 상태를 보기 위한 파형으로 일반적으로 3~5회 발생한다.

120 가솔린 전자제어 기관의 연료펌프 설명 중 맞지 않는 것은?
① 체크밸브는 재시동성 향상을 위해 시동정지 후에도 압력을 유지한다.
② 연료탱크 내장형은 소음, 증발가스 억제작용을 한다.
③ 연료펌프는 점화스위치가 IG(ON) 상태에서는 계속 회전한다.
④ 릴리프밸브는 라인 내 압력이 규정값 이상으로 상승되는 것을 방지한다.

해설 연료펌프는 시동이 ON되어야 지속적으로 작동한다.

121 자동차 기관의 점화순서가 1-5-3-6-2-4인 직렬형 6기통 기관에서 2번 실린더가 배기행정 말일 때 5번 실린더는 어떤 행정을 하는가?

① 흡입행정 중
② 압축행정 말
③ 폭발행정 중
④ 배기행정 초

해설
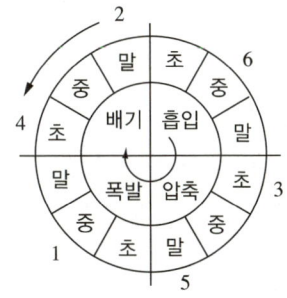

122 크랭킹은 가능하지만 엔진 시동이 어렵다면 그 원인은?

① 크랭크각 센서 불량
② 흡입공기량 센서 불량
③ 산소 센서 불량
④ 흡기온도 센서 불량

해설 크랭크각 센서의 고장 시 크랭킹은 되나 피스톤의 위치 파악이 되지 않아 점화시기와 연료 분사시기를 결정하지 못하여 시동이 걸리지 않는다.

123 가솔린 자동차에서 연료 증발가스 제어장치 중 차콜 캐니스터의 역할은?

① 질소산화물의 배출량을 감소시킨다.
② 공전 시 및 워밍업 시에 원활하게 작동하는 장치다.
③ 연료 증발가스를 대기로 방출시키는 장치다.
④ 연료탱크 내의 증발가스를 포집한다.

해설 차콜 캐니스터 : 활성탄 저장 방식으로 연료탱크의 증발가스를 포집

정답 121 ② 122 ① 123 ④

124 전자제어 가솔린 기관에서 배기가스 재순환장치에 사용되는 EGR 밸브의 작동 설명으로 틀린 것은?

① 배출가스의 일부를 흡기계통으로 재순환시켜 NO_x의 발생을 억제한다.
② 공회전 시에는 엔진 부조 방지를 위해 작동되지 않는다.
③ 가속성능 향상을 위해 급가속 시에 작동된다.
④ 스로틀 밸브 개도에 따라 EGR밸브의 작동으로 배출가스가 일부 흡기 다기관에 유입된다.

> **해설** EGR 시스템은 엔진의 공전 및 가·감속 시 작동되지 않는다.

125 전자제어 가솔린 기관의 연료 펌프장치에서 연료 라인이 막혔을 때 연료압력이 높아지는 것을 방지하는 것은?

① 체크밸브
② 레귤레이터밸브
③ 릴리프밸브
④ 3-way밸브

> **해설** 릴리프밸브는 안전밸브로서 연료 라인의 압력이 상승하는 것을 막아준다.

126 내연기관에서 피스톤과 실린더의 마멸 원인으로 거리가 먼 것은?

① 실린더와 피스톤 링의 접촉 때문에
② 흡입공기 중의 먼지 및 이물질 때문에
③ 피스톤 랜드부의 히트댐 때문에
④ 연소 생성물에 의한 부식 때문에

> **해설** 피스톤 랜드의 히트댐은 헤드부의 높은 열이 피스톤 링으로 전달되는 것을 억제하는 기능이다.

127 전자제어 가솔린 기관에서 센서에 의해 흡기온도를 감지하는 목적으로 가장 적합한 것은?

① 흡기온도에 따른 밀도 변화를 보정하는 역할을 한다.
② 점화시기 제어에 기준이 되는 역할을 한다.
③ 수온 센서가 고장 시에 대체 역할을 한다.
④ 흡기유량 센서 고장 시 연료분사를 조절하는 역할을 한다.

128 가솔린 엔진에서 점화시기가 너무 늦을 때 일어나는 현상이 아닌 것은?

① 엔진의 출력이 저하된다.
② 연료의 소비량이 증대된다.
③ 배기 다기관 통로에 카본 퇴적이 많아진다.
④ 엔진이 과랭될 우려가 있다.

해설 점화시기가 늦어지면 배기가스의 온도가 상승하여 엔진이 과열될 우려가 있다.

129 캐니스터에 저장되어 있던 연료증발 가스를 서지탱크로 유입시키는 장치는?

① PCV(Positive Crankcase Ventilation)
② PCSV(Purge Control Solenoid Valve)
③ EGR(Exhaust Gas Recirculation Valve)
④ 리드밸브(Reed Valve)

130 전자제어 가솔린 기관의 인젝터 분사량에 영향을 주는 것 중 컴퓨터에 의해 제어되는 것은?
① 분사 구멍의 크기에 대한 변화
② 인젝터 저항요소
③ 인젝터 서지전압
④ 인젝터 분사시간

해설 ECU는 인젝터의 분사시간을 제어하여 분사량을 조절한다.

131 다음 전자제어 무배전기 점화장치(DLI)에서 필요하지 않은 구성 부품은?
① 크랭크각 센서　　　② 상사점 센서
③ 배전로터　　　　　④ 점화플러그

해설 무배전기 타입은 배전기가 없으므로 배전로터가 없다.

132 전자제어 연료분사장치의 공기비 제어(λ-Closed Loop Control)에 대한 설명 중 틀린 것은?
① 질소산화물(NO_X), 탄화수소(HC), 일산화탄소(CO) 등의 유해가스를 3원 촉매장치를 통해 가장 효율적으로 정화할 수 있는 공기비(λ)는 1이다.
② 산소 센서는 공기비(λ)의 기준 값을 기준으로 하여 급격히 변화하는 출력 전압을 ECU에 입력하고 인젝터를 통해 연료량을 제어한다.
③ 정화율을 높이기 위해 시동 시, 가속 시, 전부하 시에도 ECU의 공기비(λ) 제어 기능은 계속된다.
④ 공기비(λ)의 제어가 활발한 영역은 산소 센서의 작동온도가 약 600℃ 정도일 때이다.

133 전자제어식 가솔린 분사장치에서 O_2 센서 사용 시 공연비에 대한 피드백(Feed-back)제어가 작용하여서는 안 되는 경우가 있다. 이때 피드백 제어의 해제조건이 아닌 것은?
① 출력증량 시　　　　② 수온증량 작동 시
③ 시동증량 작동 시　　④ 흡입공기량 감지 시

03 섀시시스템

01 차량 주행 중 물이 고인 도로를 고속 주행 시 타이어 트레드가 물을 완전히 배출시키지 못해 물 위를 슬라이딩하여 노면과 타이어의 마찰력이 상실되는 현상은?

① 스탠딩 웨이브
② 하이드로 플래닝
③ 타이어 동적 밸런스
④ 타이어 매치 마운팅

02 전자제어 동력조향장치의 특성으로 틀린 것은?

① 공전과 저속에서 핸들조작력이 작다.
② 중속 이상에서는 차량속도에 감응하여 핸들조작력을 변화시킨다.
③ 솔레노이드밸브로 스로틀 면적을 변화시켜 오일탱크로 복귀되는 오일량을 제어한다.
④ 동력조향장치이므로 조향기어는 필요 없다.

03 전자제어 브레이크 장치에 대한 다음 설명 중 적당치 않은 것은?

① 컨트롤 유닛은 휠의 감속·가속을 계산한다.
② 컨트롤 유닛은 자동차 각 바퀴의 속도를 비교분석한다.
③ 컨트롤 유닛이 작동하지 않으면 브레이크가 작동되지 않는다.
④ 컨트롤 유닛은 미끄럼 비를 계산하여 ABS 작동여부를 결정한다.

> **해설** 전자제어 브레이크 장치의 컨트롤유닛은 각 바퀴의 회전속도를 검출하여 제동 시 각 바퀴에 적합한 제동력을 공급하고 바퀴의 슬립비를 계산하여 ABS를 작동한다. 컨트롤 유닛의 고장 시 브레이크는 정상적으로 작동되지만 이러한 기능은 수행되지 않는다.

정답 1 ② 2 ④ 3 ③

04 전자제어 파워스티어링 장치에 대한 다음 설명 중 틀린 것은?

① 회전수 감응식은 엔진 회전수에 따라 조향력을 변화시킨다.
② 고속 시 스티어링 휠의 조작을 가볍게 하여 운전자의 피로를 줄게 한다.
③ 차속 감응식은 차속에 따라 조향력을 변화시킨다.
④ 파워스티어링의 조향력은 파워 실린더에 걸리는 압력에 의하여 결정된다.

> 해설 전자제어 동력조향장치는 저속 시 조향핸들의 조작력을 가볍게 하여 운전자의 조향성을 향상시키고 고속 시 조향핸들의 조작력을 무겁게 하여 주행안전성을 확보한다.

05 ABS의 제동 특성을 잘못 설명한 것은?

① 제동 시 차체의 안정성을 확보한다.
② 제동 시 조향능력을 유지한다.
③ 미끄러운 노면에서 주행 방향성을 확보한다.
④ 최대 마찰계수를 이용하여 바퀴의 슬립률이 0이 되게 한다.

> 해설 ABS는 제동 시 1초에 10회 이상 패드가 디스크를 잡았다 놓았다를 반복하여 바퀴가 고착되어 차량이 미끄러지는 현상이 발생되지 않고 차량의 조향성을 확보하며, 제동거리를 단축한다.

06 모든 바퀴가 고정되었을 경우에 제동 거리를 산출하는 식으로 맞는 것은?

① $L = \dfrac{V^2}{2\mu g}$
② $L = \dfrac{V}{2\mu g}$
③ $L = \dfrac{g}{2\mu V}$
④ $L = \dfrac{\mu}{2Vg}$

> 해설 제동거리는 속도의 제곱에 비례한다.

07 ABS에서 ECU 출력신호에 의해 각 휠실린더 유압을 직접 제어하는 것은?

① ECU
② 휠스피드센서
③ 하이드롤릭 유닛
④ 페일세이프

08 앞바퀴 구동 승용차의 경우 드라이브 샤프트가 변속기축과 차륜축에 2개의 조인트로 구성되어 있는데, 변속기축에 있는 조인트를 무엇이라 하는가?
① 더블 오프셋 조인트(Double Offset Joint)
② 버필드 조인트(Birfield Joint)
③ 유니버셜 조인트(Universal Joint)
④ 플렉시블 조인트(Flexible Joint)

09 자동차가 선회 시 조향각을 일정하게 하여도 선회반경이 커지는 현상을 무엇이라 하는가?
① 코너링 포스
② 오버 스티어링
③ 언더 스티어링
④ 차축조향

해설
• 언더 스티어링 : 선회반경이 커지는 현상
• 오버 스티어링 : 선회반경이 작아지는 현상

10 전자제어식 서스펜션 차량의 컨트롤 유닛(ECU)에 입력되는 신호가 아닌 것은?
① 차량속도
② 핸들조향 각도
③ 휠속도 센서
④ 브레이크등 스위치

해설 휠스피드 센서는 ABS장치의 입력신호로 사용된다.

11 전자제어 현가장치에서 차고 높이는 무엇에 의해 조정되는가?
① 공기압
② 플라스틱류 액추에이터
③ 진 공
④ 특수한 고무류

정답 8 ① 9 ③ 10 ③ 11 ①

12 주행속도 72km/h의 자동차에 브레이크를 작용했을 때 제동거리는 얼마인가?(단, 차륜과 도로면의 마찰계수는 0.4이다)
① 31m
② 41m
③ 51m
④ 61m

해설 $S_2 = \dfrac{v^2}{2\mu g} = \dfrac{\left(\dfrac{72}{3.6}\right)^2}{2 \times 0.4 \times 9.8} = 51\text{m}$

13 진동을 흡수하고 진동시간을 단축시키고 스프링의 부담을 감소시키기 위한 장치는?
① 스테빌라이저
② 공기 스프링
③ 쇽업소버
④ 비틀림 막대 스프링

14 디스크 브레이크에 관한 설명 중 옳은 것은?
① 드럼 브레이크에 비하여 페이드 현상이 일어나기 쉽다.
② 드럼 브레이크에 비하여 베이퍼록이 일어나기 쉽다.
③ 드럼 브레이크에 비하여 한쪽만 제동되기 쉽다.
④ 드럼 브레이크에 비하여 브레이크의 평형이 좋다.

해설 디스크 브레이크는 드럼 브레이크에 비하여 방열성이 우수하여 제동력이 향상된다.

15 다음은 동력조향장치의 장점을 든 것이다. 맞지 않는 것은?
① 작은 조작력으로 조향 조작을 할 수 있다.
② 조량 기어비를 조작력에 관계없이 선정할 수 있다.
③ 굴곡이 있는 노면에서의 충격을 흡수하여 조향 핸들에 전달되는 것을 방지할 수 있다.
④ 엔진의 동력에 의해 작동하므로 구조가 간단하다.

해설 동력조향장치는 엔진의 동력을 이용하여 구동하기 때문에 동력조향 펌프와 오일탱크와 같은 추가적인 부품이 설치되어 일반적인 동력장치에 비하여 구조가 복잡하다.

16 동력조향장치에서 조향핸들을 회전시켜 압력이 상승되는 순간 이 정보를 전압으로 변환하여 ECU가 공전속도를 제어하도록 하는 신호를 발생시키는 것은?

① 인히비터 스위치
② 파워스티어링 압력 스위치
③ 전기부하 스위치
④ 공전속도제어 서보

17 브레이크 장치에서 베이퍼록(Vapor Lock)이 생길 때 어떤 현상이 일어나는가?

① 브레이크 장치에는 지장이 없다.
② 브레이크 페달의 유격이 커진다.
③ 브레이크 오일을 응고시킨다.
④ 브레이크 오일이 누설된다.

해설 베이퍼록 현상 : 내리막길과 같은 경사진 도로에서 제동장치의 무리한 사용으로 브레이크 오일이 기화되면서 기포가 브레이크 라인에 유입되어 제동성능이 떨어지는 현상

18 전자제어 브레이크 장치의 구성부품 중 휠스피드 센서의 기능으로 가장 적당한 것은?

① 휠의 회전속도를 감지하여 컨트롤 유닛으로 보낸다.
② 하이드로닉 유닛을 제어한다.
③ 휠실린더의 유압을 제어한다.
④ 페일세이프 기능을 발휘한다.

정답 16 ② 17 ② 18 ①

19 전자제어식 현가장치의 효과라고 할 수 있는 것은?
① 조종안정성과 승차감의 불균형 해소 효과
② 구동력 증대 효과
③ 쇽업소버와 스프링의 단독 작동가능 효과
④ 회전 시 내측의 상승효과로 인한 타이어 마모방지 효과

해설 선회 시 좌우 현가장치의 댐핑력의 차이를 발생시켜 차체의 기울어짐을 방지하고 그로 인해 타이어 마모를 방지하는 효과를 발생시킨다.

20 공기브레이크에서 제동력을 크게 하기 위해서 조정하여야 할 밸브는?
① 압력조정밸브
② 안전밸브
③ 체크밸브
④ 언로더밸브

21 조향장치와 관계가 없는 것은?
① 스티어링 기어
② 피트먼 암
③ 타이로드
④ 쇽업소버

해설 쇽업소버는 현가장치 부품이다.

22 자동차의 앞 현가장치의 분류 중 일체식 차축 현가장치의 장점을 설명한 것은?

① 차축의 위치를 점하는 링크나 로드가 필요치 않아 부품수가 적고 구조가 간단하다.
② 스프링 정수가 너무 적은 스프링은 사용할 수 없다.
③ 스프링 질량이 크기 때문에 승차감이 좋지 않다.
④ 앞바퀴에 시미 현상이 일어나기 쉽다.

> **해설** 일체차축 현가장치 특징
> • 장 점
> - 선회 시 차체의 기울기가 적다.
> - 링크나 로드가 필요 없다.
> - 구조가 간단하고 정비가 용이하다.
> • 단 점
> - 스프링 아래 질량이 크기 때문에 승차감이 떨어진다.
> - 스프링상수가 너무 작은 것은 사용할 수 없다.
> - 바퀴의 동적 불균형으로 인한 시미현상이 발생한다.

23 어떤 자동차에서 축거가 2.5m이고, 바퀴 접지면과 킹핀과의 거리가 20cm, 바깥쪽 앞바퀴의 조향각이 30°일 때 이 차의 최소 회전반경은?

① 5m ② 5.2m
③ 7.5m ④ 12m

> **해설** 최소회전반경 $R = \dfrac{L}{\sin\alpha} + r = \dfrac{2.5}{\sin 30°} + 0.2 = 5.2m$

24 다음 중 독립 현가장치의 장점이 아닌 것은?

① 앞바퀴에 시미가 잘 일어나지 않는다.
② 스프링 정수가 작은 스프링도 사용할 수 있다.
③ 스프링 아래 질량이 작기 때문에 승차감이 좋다.
④ 일체차축 현가장치에 비해 구조가 간단하다.

해설 독립 현가장치 특징
- 장 점
  - 바퀴의 시미현상이 작아 로드홀딩이 우수하다.
  - 스프링 아래 질량이 작기 때문에 승차감이 우수하다.
  - 스프링 정수가 적은 스프링을 사용할 수 있다.
  - 차고를 낮게 설계할 수 있기 때문에 차량 안정성이 향상된다.
  - 작은 진동에 대한 흡수율이 좋기 때문에 승차감이 향상된다.
- 단 점
  - 바퀴의 상하 운동에 따른 얼라인먼트가 틀어져 타이어의 마모가 촉진된다.
  - 볼 이음주가 많아 마모에 의한 얼라인먼트가 틀어진다.
  - 일체차축 현가장치에 비하여 구조가 복잡하고 정비가 어렵다.

25 다음 중 토인의 필요성이 아닌 것은?

① 앞바퀴를 평행하게 회전시킨다.
② 주행 중 조향바퀴에 추종성을 준다.
③ 바퀴가 옆방향으로 미끄러지는 것과 타이어의 마멸을 방지한다.
④ 조향링키지의 마멸에 의한 토아웃이 되는 것을 방지한다.

26 동력조향장치에서 직진할 경우 동력피스톤의 운동상태는?

① 동력피스톤이 왼쪽으로 움직여서 왼쪽으로 조향한다.
② 동력피스톤이 오른쪽으로 움직여서 오른쪽으로 조향한다.
③ 동력피스톤은 리액션 스프링을 압축하여 왼쪽으로 이동한다.
④ 동력피스톤은 좌우실의 유압이 같으므로 정지하고 있다.

27 전자제어 현가장치의 제어 중 앤티다이브(Anti-dive) 기능을 설명한 것 중 맞는 것은?

① 급발진, 급가속 시 어큐뮬레이터의 감쇄력을 소프트(Soft)로 하여 차량의 뒤쪽이 내려앉는 현상
② 급제동 시 어큐뮬레이터의 감쇄력을 하드(Hard)로 하여 차체의 앞부분이 내려가는 것을 방지하는 기능
③ 회전주행 시 원심력에 의해 차량의 롤링을 최소로 유지하는 기능
④ 급발진 시 가속으로 인한 차량의 흔들림을 억제하는 기능

28 일체식 차축의 현가 스프링이 피로해지면 바퀴의 캐스터(Caster)는?

① 더 정(+)이 된다.
② 더 부(-)가 된다.
③ 변화가 없다.
④ 정(+)이 되었다가 부(-)가 된다.

해설 캐스터는 차량이 노면에서 받는 충격에 의해 변화되지 않는다.

29 전자제어 현가장치에 대한 다음 설명 중 틀린 것은?

① 스프링상수를 가변시킬 수 있다.
② 쇽업쇼버의 감쇄력 제어가 가능하다.
③ 차체의 자세제어가 가능하다.
④ 고속주행 시 현가특성을 부드럽게 하므로 주행안전성이 확보된다.

해설 전자제어 현가장치는 고속주행 시 현가특성을 하드하게 하여 주행안전성을 확보한다.

정답 27 ② 28 ③ 29 ④

30 브레이크 드럼이 갖추어야 할 조건이 아닌 것은?
① 방열이 잘 되고 가벼울 것
② 충분한 강성이 있을 것
③ 충분한 점성을 가질 것
④ 정적 동적 균형이 잡혀 있을 것

31 ECS의 기능이 아닌 것은?
① 급제동 시 노즈다운(Nose Down) 방지
② 급커브 또는 급회전 시 원심력에 의한 차량의 기울어짐 현상 방지
③ 노면으로부터 차의 높이 조정
④ 차량 주행 중 일정한 속도로 주행

32 유압식 브레이크에서 15kg의 힘을 마스터 실린더의 피스톤에 작용했을 때 제동력은 얼마인가?(단, 마스터 실린더의 피스톤 단면적 10cm², 휠실린더의 피스톤 단면적 20cm²)
① 7.5kg
② 20kg
③ 25kg
④ 30kg

해설 파스칼의 원리에 의해 $\dfrac{15}{10} = \dfrac{x}{20}$
∴ $x = 30 kgf$

33 파워스티어링 장착차량이 급커브 길에서 엔진시동이 꺼지는 주요 원인은 무엇인가?
① 엔진오일 부족
② 파워스티어링 오일 과다
③ 파워스티어링 오일 스위치 단선
④ 파워스티어링

정답 30 ③ 31 ④ 32 ④ 33 ③

34 저속 시미현상의 원인이 아닌 것은?

① 쇽업소버의 작동이 불량하다.
② 타이어의 공기압이 너무 높다.
③ 바퀴가 변형이 생겼다.
④ 앞 현가스프링이 쇠약하다.

> **해설** 저속 시미현상 원인
> • 링키지 연결부가 마모된 경우
> • 타이어 공기압이 낮은 경우
> • 앞바퀴 정렬이 불량한 경우
> • 볼 조인부가 마모된 경우
> • 스프링정수가 작은 경우
> • 조향기어가 마모된 경우
> • 휠 및 타이어가 변형된 경우
> • 좌우 타이어의 공기압 차이가 발생된 경우
>
> 고속 시미현상 원인
> • 바퀴의 동적 불평형이 발생한 경우
> • 엔진고정 보트가 헐거운 경우
> • 타이어가 변형된 경우
> • 자재이음이 마모되었거나 오일이 부족한 경우
> • 추진축에 진동이 발생한 경우

35 전자제어 현가장치에서 조작스위치를 Auto로 했을 경우 여러 가지로 기능이 변환하게 되는데, 그 기능에 속하지 않는 것은?

① Anti-dive 기능
② Anti-squat 기능
③ Anti-roll 기능
④ Anti-sport 기능

36 파워스티어링 오일압력 스위치는 무엇을 조절하기 위하여 있는가?

① 공연비 조절
② 점화시기 조절
③ 공회전 속도 조절
④ 연료펌프 구동 조절

> **해설** 동력조향장치는 엔진동력을 이용하여 조향핸들의 조작력을 가볍게 하기 때문에 공회전 시 조향핸들을 조작하면 파워스티어링 오일압력 스위치가 작동되어 공회전 속도를 조절한다.

정답 34 ② 35 ④ 36 ③

37 다음 중 ABS(Anti-lock Brake System)장치의 장점으로 맞지 않는 것은?
① 브레이크 라이닝 마모를 감소시킨다.
② 자동차의 방향에 대한 안전성을 유지할 수 있다.
③ 조향성을 확보해 준다.
④ 제동력을 최대한 발휘하여 제동거리를 단축하여 준다.

38 운전 중 조향핸들이 무겁다. 그 원인은?
① 타이어 공기압이 높다.
② 부의 캐스터가 심하다.
③ 드래그 링크 볼이음 스프링이 강하다.
④ 타이어 공기압이 낮다.

39 일반적으로 사용되고 있는 사이드슬립 시험기에서 지시값 5라고 하는 것은 주행 1km에 대해 앞바퀴와 앞방향 미끄러짐이 얼마라는 뜻인가?
① 5km
② 5m
③ 5cm
④ 5mm

해설 사이드 슬립량은 ±5m/km가 정상이다.

40 자동차 ABS 브레이크 장치에서 사용되는 구성품이 아닌 것은?
① 스피드 센서
② ABS 경고등
③ 프로포셔닝밸브
④ 제동력 감지 센서

41 다음은 ABS 효과를 설명한 것이다. 가장 적당한 것은?
① 차량의 제동 시 바퀴가 미끄러지지 않는다.
② 차량의 코너링 상태에서만 작동한다.
③ ABS 차량은 급제동 시 바퀴가 미끄러진다.
④ 눈길, 빗길 등의 미끄러운 노면에서는 작동되지 않는다.

42 하이드로백이 무엇을 이용하여 브레이크 배력 작용을 하게 한 것인지 다음 중 가장 적당한 것은?
① 배기가스 압력 이용
② 대기압과 흡기 다기관의 압력차
③ 대기 압력만을 이용
④ 배기가스 이용

43 다음 중 앞바퀴 얼라인먼트의 요소가 아닌 것은?
① 캠 버 ② 캐스터
③ 섀시다이너모미터 ④ 토 인

해설 전차륜 정렬의 요소는 토, 캠버, 캐스터, 킹핀 경사각이 있다.

44 다음 중 표현이 잘못된 것은?
① 브레이크의 마스터 실린더 체크밸브는 브레이크 페달의 되돌림을 좋게 하는 역할을 한다.
② 마스터 실린더의 체크밸브는 파이프 내의 잔압을 보존시키기 위한 것이다.
③ 마스터 실린더 피스톤 머리 부분의 구멍은 피스톤의 되돌림을 좋게 하는 역할을 한다.
④ 탠덤 마스터 실린더는 보통 마스터 실린더 2개를 직렬로 연결하는 구조로 되어 있다.

정답 41 ① 42 ② 43 ③ 44 ①

45 주행속도 80km/h의 자동차에 브레이크를 작용시켰을 때 제동거리는 얼마인가?(단, 차륜과 도로면의 마찰계수 0.2이다)

① 80m
② 126m
③ 156m
④ 160m

해설 $S_2 = \dfrac{v^2}{2\mu g} = \dfrac{\left(\dfrac{80}{3.6}\right)^2}{2 \times 0.2 \times 9.8} = 126\text{m}$

46 다음 중 공주거리를 바르게 나타낸 것은?

① 정지거리에서 제동거리를 뺀 거리
② 제동거리에서 정지거리를 뺀 거리
③ 정지거리에서 제동거리를 더한 거리
④ 제동거리에서 정차거리를 뺀 거리

해설
- 공주거리 : 운전자가 장애물을 인식하고 브레이크를 조작하여 브레이크가 작동되기 직전까지의 거리
- 제동거리 : 브레이크가 작동되어 자동차가 완전히 정지한 거리
- 정지거리 : 공주거리 + 제동거리

47 다음 중 조향 기어 기구로 사용되지 않는 것은?

① 랙 피니온형
② 웜 섹터형
③ 볼 너트형
④ 랙 헬리컬형

해설 조향기어의 종류 : 랙 피니언형, 웜 섹터형, 웜 섹터 롤러형, 웜핀형, 볼 너트 웜핀형, 볼 너트형, 스크루 너트형, 스크루 볼형 등이 있다.

48 공기 브레이크의 압력은?

① 0.5~0.7kg/cm²
② 5~7kg/cm²
③ 50~70kg/cm²
④ 500~700kg/cm²

정답 45 ② 46 ① 47 ④ 48 ②

49 튜브리스 타이어의 장점을 열거했다. 맞지 않는 것은?
① 못 같은 것이 박혀도 공기가 잘 새지 않는다.
② 펑크 수리가 간단하다.
③ 고속주행에도 잘 발열하지 않는다.
④ 림이 변형되어도 타이어와 밀착이 좋아서 공기가 잘 새지 않는다.

50 자동차의 제동성능을 논할 때 정지거리는 다음 중 어느 것으로 표시되는가?
① 공주거리 + 공전거리
② 공주거리 + 제동거리
③ 제동거리 + 주행거리
④ 제동거리 + 가속거리

51 자동차가 고속으로 달릴 때 일어나는 앞바퀴의 진동으로 차의 앞부분이 상하 또는 옆으로 진동되는 현상을 무엇이라 하는가?
① 완더(Wander)
② 트램핑(Tramping)
③ 로드 스웨이(Road Sway)
④ 다팅(Darting)

52 토션바 스프링에 대한 설명 중 적당하지 않은 것은?
① 스프링의 힘은 바의 길이와 단면적에 따라 결정된다.
② 단위 무게에 대한 에너지 흡수율이 다른 스프링에 비하여 크다.
③ 진동에 의한 감쇠작용을 하지 못하므로 쇽업소버를 사용한다.
④ 다른 스프링에 비해 무겁고 구조가 복잡하다.

정답 49 ④ 50 ② 51 ① 52 ④

53 전동모터식 전자제어 동력 조향시스템(ECPS)을 설명한 것 중 틀린 것은?

① 비상 시를 위해 오일펌프의 유압을 일부 이용한다.
② ECU를 이용하여 모터를 정밀 제어하므로 조향력을 정밀하게 제어할 수 있다.
③ 전동모터가 구동 시 전류소비가 크므로 배터리 방전에 대한 대책을 해야 한다.
④ 차속센서, 조향각 센서, 토크 센서의 신호를 기준으로 컴퓨터는 전기모터를 구동 제어한다.

> 해설 전동모터식 전자제어 동력조향장치는 기존의 동력조향장치와는 다르게 엔진의 동력을 사용하지 않고 조향축에 모터를 설치하여 운전상태와 조건에 따라 조향력을 조절한다.

54 전동모터식 전자제어 동력조향장치(ECPS)의 제어가 아닌 것은?

① 모터전류제어
② 관성보상제어
③ 댐핑보상제어
④ 정지보상제어

55 조향핸들을 2바퀴 돌렸을 때 피트먼암이 80° 움직였다. 이때 조향기어비는 얼마인가?

① 4.5 : 1 ② 9 : 1
③ 12 : 1 ④ 8 : 1

> 해설 조향기어비 $i = \dfrac{\text{조향핸들 회전각도}}{\text{피트먼암 각도}} = \dfrac{2 \times 360}{80} = 9$

56 주행 중 타이어에서 나타나는 하이드로 플래닝 현상을 방지하기 위한 방법으로 틀린 것은?

① 승용차의 타이어는 가능한 리브 패턴을 사용할 것
② 트래드 패턴은 카프모양으로 세이빙 가공한 것을 사용할 것
③ 타이어 공기압을 규정보다 낮추고 주행속도를 높일 것
④ 트래드 패턴의 마모가 규정 이상 마모된 타이어는 고속 주행 시 교환할 것

> 해설 하이드로 플래닝 현상(수막현상) : 차량 주행 중 물이 고인 도로를 고속 주행 시 타이어 트레드가 물을 완전히 배출시키지 못해 물 위를 슬라이딩하여 노면과 타이어의 마찰력이 상실되는 현상

57 마스터 실린더의 단면적이 10cm²인 자동차의 브레이크에 20N의 힘으로 브레이크 페달을 밟았다. 휠실린더의 단면적이 20cm²라고 하면 이때의 휠실린더에 작용되는 힘은?

① 20N
② 30N
③ 40N
④ 50N

> 해설 파스칼의 원리에 의해 $\frac{20}{10} = \frac{x}{20}$
> ∴ $x = 40N$

58 FR 방식의 자동차가 주행 중 디퍼렌셜 장치에서 많은 열이 발생한다면 고장원인으로 거리가 먼 것은?

① 추친축의 밸런스 웨이트 이탈
② 기어의 백래시 과소
③ 프리로드 과소
④ 오일양 부족

정답 56 ③ 57 ③ 58 ①

59 전동식 동력조향장치의 설명으로 틀린 것은?

① 유압식 동력조향장치에 필요한 유압유를 사용하지 않아 친환경적이다.
② 유압 발생장치나 파이프 등의 부품이 없어 경량화를 할 수 있다.
③ 파워스티어링 펌프의 유압을 동력원으로 사용한다.
④ 전동기를 운전조건에 맞추어 제어함으로써 정확한 조향력 제어가 가능하다.

60 ABS(Anti-lock Brake System)가 설치된 차량에서 휠스피드 센서의 설명으로 맞는 것은?

① 리드 스위치 방식의 차속센서와 같은 원리이다.
② 휠스피드 센서는 앞바퀴에만 설치된다.
③ 휠스피드 센서는 뒷바퀴에만 설치된다.
④ 차륜의 속도를 감지하여 컨트롤 유닛으로 입력하는 역할을 한다.

61 승용차 타이어는 트레드 홈 깊이가 몇 mm 이하이면 교환해야 안전한가?

① 2.0mm 이하　　　　　　② 1.6mm 이하
③ 2.4mm 이하　　　　　　④ 3.2mm 이하

62 전자제어 현가장치에서 자동차가 선회 시 원심력에 의한 차체의 흔들림을 최소로 제어하는 기능은?

① 앤티 롤링　　　　　　② 앤티 다이브
③ 앤티 스쿼트　　　　　④ 앤티 드라이브

해설　롤링방지를 위하여 스테빌라이저를 설치한다.

63 자동차의 앞바퀴 윤거가 1,500mm, 축간거리가 3,500mm, 킹핀과 바퀴접지면의 중심거리가 100mm인 자동차가 우회전할 때, 왼쪽 앞바퀴의 조향각도가 32°이고 오른쪽 앞바퀴의 조향각도가 40°라면 이 자동차의 선회 시 최소 회전반지름은?

① 6.7m
② 7.2m
③ 7.8m
④ 8.2m

해설 $T_f = L\left(\dfrac{1}{\tan\alpha} - \dfrac{1}{\tan\beta}\right) = 3,500\left(\dfrac{1}{\tan 32°} - \dfrac{1}{\tan 40°}\right)$
1,430mm 이므로 T_f의 약 95%가 된다.
최소회전반경 $R = \dfrac{3,500}{\sin 32°} + 100 = 6,705$mm 이므로
∴ $R = 6.7$m

64 구동력을 크게 하기 위해서는 축의 회전토크 T와 구동바퀴의 반경 R을 어떻게 해야 하는가?

① T와 R 모두 크게 한다.
② T는 크게, R은 작게 한다.
③ T는 작게, R은 크게 한다.
④ T와 R 모두 작게 한다.

65 다음 중 전자제어 현가장치를 작동시키는데 관련된 센서가 아닌 것은?

① 파워오일압력 센서
② 차속 센서
③ 차고 센서
④ 조향각 센서

66 디스크 브레이크에 관한 설명으로 틀린 것은?

① 브레이크 페이드 현상이 드럼 브레이크보다 현저하게 높다.
② 회전하는 디스크에 패드를 압착시키게 되어 있다.
③ 대개의 경우 자기 작동 기구로 되어 있지 않다.
④ 캘리퍼가 설치된다.

정답 63 ① 64 ② 65 ① 66 ①

67 종감속 기어비가 자동차의 성능에 영향을 미치는 인자가 아닌 것은?

① 자동차의 최고속도
② 추월 가속성능
③ 연료소비율 및 배출가스
④ 제동 능력

해설 종감속 기어는 동력의 최종 출력부로 설정된 기어비에 따라 차량의 속도 및 구동력에 영향을 미친다.

68 종감속비를 결정하는 요소가 아닌 것은?

① 차량중량
② 제동성능
③ 가속성능
④ 엔진출력

69 일반적으로 ABS(Anti-lock Brake System)에 장착되는 마그네틱 방식 휠스피드 센서와 톤 휠의 간극은?

① 약 3~5mm
② 약 5~6mm
③ 약 0.2~1mm
④ 약 0.1~0.2mm

70 차량의 안정성 향상을 위하여 적용된 전자제어주행 안정장치(VDC, ESP)의 구성요소가 아닌 것은?

① 횡 가속도 센서
② 충돌 센서
③ 요-레이터 센서
④ 조향각 센서

해설 충돌 센서는 에어백 장치를 구동하는 데 필요한 센서이다.

71 브레이크 파이프에 베이퍼록이 생기는 원인으로 가장 적합한 것은?

① 페달의 유격이 크다.
② 라이닝과 드럼의 틈새가 크다.
③ 과도한 브레이크 사용으로 인해 드럼이 과열되었다.
④ 비점이 높은 브레이크 오일을 사용했다.

72 앞바퀴 얼라인먼트의 직접적인 역할이 아닌 것은?

① 조향휠의 조작을 쉽게 한다.
② 조향휠에 알맞은 유격을 준다.
③ 타이어의 마모를 최소화한다.
④ 조향휠에 복원성을 준다.

73 조향장치의 구비 조건으로 틀린 것은?

① 조향휠의 조작력은 저속 시에는 무겁게 하고, 고속 시에는 가볍게 한다.
② 조향핸들의 회전과 바퀴 선회 차이가 크지 않게 한다.
③ 선회 시 저항이 적고, 선회 후 복원성이 좋게 한다.
④ 조작이 쉽고 방향 변환이 원활하게 한다.

> **해설** 조향핸들의 조작력은 저속에서 가볍고 고속에서 무거워야 한다.

74 전자제어 제동장치(Anti-lock Brake System)에 대한 설명으로 틀린 것은?

① 제동 시 차량의 스핀을 방지한다.
② 제동 시 조향안정성을 확보해 준다.
③ 선회 시 구동력 과도로 발생되는 슬립을 방지한다.
④ 노면 마찰계수가 가장 높은 슬립률 부근에서 작동된다.

정답 71 ③ 72 ② 73 ① 74 ③

75 다음에서 맞는 내용은 모두 몇 개인가?

> - ABS는 마찰계수의 회복을 위해 자동차 바퀴의 회전속도를 검출하여 바퀴가 잠기지 않도록 유압을 제어하는 것이다.
> - EBD는 기계적 밸브인 P밸브를 전자적인 제어로 바꾼 것이다.
> - TCS는 구동륜에서 발생하는 슬립을 억제하여 출발 시나 선회 시 원활한 주행을 유도하는 것이다.
> - VDC는 주행 중 차량이 긴박한 상황에서 자세를 능동적으로 변화시키는 장치이다.

① 1개 ② 2개
③ 3개 ④ 4개

해설 EBD(전자식 제동력 분배시스템) : 적재상태나 승차인원과 같은 차량중량의 변화에 따라 각 바퀴의 제동력을 자동으로 배분하여 제동성능을 향상시키는 장치

76 승용자동차의 제동력에 관한 내용으로 옳은 것은?

① 일반적으로 전륜의 제동력을 후륜의 제동력보다 약하게 한다.
② 일반적으로 전륜의 제동력과 후륜의 제동력을 같이 한다.
③ 일반적으로 후륜의 제동력을 전륜의 제동력보다 약하게 한다.
④ 일반적으로 좌륜의 제동력보다 우륜의 제동력을 약하게 한다.

해설 후륜의 제동력이 전륜보다 클 경우 조향력이 상실되어 사고의 위험이 따른다.

77 자동 차동 제한장치(LSD ; Limited Slip Differential)의 장점이 아닌 것은?

① 좌우 바퀴에 걸리는 토크에 맞게 배분하여 직진 안정성이 향상된다.
② 미끄러운 노면에서 바퀴가 공회전 현상이 적어지므로 타이어 수명이 길어진다.
③ 전후 디퍼렌셜 기어 사이를 직결시켜 구동륜과 노면과의 접지력을 상승시킨다.
④ 거친 노면에서 직진성, 주행성이 향상된다.

해설 자동 차동 제한장치 : 구동륜이 헛도는 상황이나 발진할 시와 가속 시에 차동 제한율을 제어하여 차량의 견인능력과 구동능력을 향상시킨다.

78 제동을 걸었을 때 바퀴와 노면의 마찰력이 가장 클 때는?

① 브레이크 페달을 밟는 힘이 가장 클 때
② 타이어가 노면에서 슬립을 일으키며 끌릴 때
③ 타이어가 노면에서 슬립을 일으키기 직전일 때
④ 브레이크 페달을 밟기 시작할 때

79 현가장치에서 하중 변화에 따른 차고를 일정하게 할 수 있으며, 승차감이 그다지 변하지 않는 장점이 있는 스프링은?

① 고무 스프링
② 공기 스프링
③ 토션 바 스프링
④ 코일스프링

80 자동차의 ECS 제어 기능을 설명한 것으로 틀린 것은?

① 승차감 제어
② 차고 제어
③ 조정 안정성 제어
④ 제동 안정성 제어

81 ABS의 4S(Sensor) 3C(Channel) 방식을 가장 적합하게 표현한 것은?

① 전윤의 양 바퀴에 4개씩의 센서를 부착한 형식이다.
② 후륜의 두 바퀴에 3개의 회로가 연결되어 있는 형식이다.
③ 전륜은 복합제어, 후륜은 셀렉트 로(Select Low) 형식이다.
④ 4바퀴가 각각 독립적으로 3가지로 변조되는 형식이다.

정답 78 ③ 79 ② 80 ④ 81 ③

82 조향이론에 관한 설명으로 틀린 것은?
   ① 자동차가 선회할 때 발생되는 원심력과 평행되는 힘을 코너링 포스(Cornering Force)라 한다.
   ② 앞바퀴에 발생되는 코너링 포스(Cornering Force)가 크게 되면 언더 스티어링 현상이 일어난다.
   ③ 스윙 차축을 뒷 차축으로 사용하면 언더 스티어링이 되기 쉽다.
   ④ 현가장치와 조향장치는 서로 독립성을 가지고 있어야 한다.

83 쇽업소버(Shock Absorber)를 부착할 때 최대경사각도의 범위는?
   ① 15° 이내
   ② 30° 이내
   ③ 45° 이내
   ④ 60° 이내

84 자동차의 전자제어 현가장치에서 자세제어에 관련된 항목이 아닌 것은?
   ① 앤티 롤(Anti-roll)
   ② 앤티 다이브(Anti-dive)
   ③ 앤티 스쿼트(Anti-squat)
   ④ 앤티 스키드(Anti-skid)

85 애커먼 장토식(Ackerman-Jeantaud Type) 조향장치의 회전 조향각도로 맞는 것은?
   ① 바깥쪽 바퀴 각도가 안쪽 바퀴 각도보다 크다.
   ② 바깥쪽 바퀴 각도와 안쪽 바퀴 각도는 같다.
   ③ 안쪽 바퀴 각도가 바깥쪽 바퀴 각도보다 크다.
   ④ 경우에 따라서 클 때도 있고 작을 때도 있다.

86 듀어 서보형 브레이크 설명으로 맞는 것은?
① 전진 시 브레이크를 작동할 때만 2개의 브레이크 슈가 자기배력작용을 한다.
② 후진 시 브레이크를 작동할 때만 1개의 브레이크 슈가 자기배력작용을 한다.
③ 전·후진 모두 브레이크가 작동할 때 2개의 브레이크 슈가 자기배력작용을 한다.
④ 후진 시 브레이크를 작동할 때만 2개의 브레이크 슈가 자기배력작용을 한다.

87 자동차의 전자제어 현가장치에서 차고조정의 정지조건을 열거하였다. 부적합한 것은?
① 커브길 급선회 시
② 급정지 시
③ 가속 시
④ 주행 중

88 후륜에 장착된 ABS의 경우 셀렉트 로 방식을 많이 채용한다. 셀렉트 로 방식이란 어떤 것인가?
① 정지 시 제동성능을 향상시키기 위하여 유압을 최대로 상승시키는 시스템
② 4바퀴의 속도를 감지하여 유압을 고르게 분배하는 시스템
③ 바퀴의 감속도를 비교하여 먼저 미끄러지는 바퀴를 기준으로 유압을 제어하는 시스템
④ 급정지 시 자동차의 선회를 막기 위하여 뒷바퀴를 고정하는 시스템

해설 셀렉트 로(Select Low) : 좌우 타이어의 마찰계수가 다를 때 좌우 제동력을 같게 하여 제동 안전성을 향상시킨다.

89 동력 조향장치의 구조 중에서 동력부가 고장 났을 때 수동 조작을 가능하게 해주는 것은?
① 릴리프밸브
② 유량조절밸브
③ 압력조절밸브
④ 안전 체크밸브

정답 86 ③ 87 ④ 88 ③ 89 ④

90 브레이크 제동력 시험과 관련된 설명 중 틀린 것은?

① 측정할 차량의 타이어 공기압력을 점검하고 차량에는 운전자 1인이 탑승한다.
② 변속기는 1단으로 위치하고 배력식 브레이크의 경우 엔진은 2,000rpm으로 유지시킨다.
③ 차량의 고유저항이 클 경우에는 차축 베어링 프리로드, 타이어 공기압, 라이닝의 끌림 등을 점검한다.
④ 제동력을 판정하기 위해서는 차량중량, 앞축중, 뒤축중 등을 알아야 한다.

> **해설** 제동력 시험은 운전자 1인이 탑승하여 타이어의 표준공기압 상태로 기어는 중립에 놓고 아이들 상태에서 브레이크 페달을 밟아 제동력을 측정한다.

91 고속도로 주행 시 타이어의 공기압을 10~15% 높이는 이유로 타당한 것은?

① 타이어의 방열을 좋게 하기 위해
② 제동력을 크게 하기 위해
③ 승차감을 좋게 하기 위해
④ 스탠딩 웨이브 현상을 방지하기 위해

92 후크식 자재이음을 설치하는 방법으로 옳은 것은?

① 추진축 양단의 2개 요크는 동일 평면상에 있어야 한다.
② 추진축 상의 2개 요크는 45°를 유지하여야 한다.
③ 입력축과 추진축 간의 경사각은 추진축과 출력축 간의 경사각과 달라야 한다.
④ 입력축과 추진축 간의 경사각은 추진축과 출력축 간의 경사각과 90° 차이가 있어야 한다.

93 드가르봉식 쇽업소버의 특징이 아닌 것은?

① 순수 유압식에 비해 구조가 간단하다.
② 작동 시 오일에 기포가 거의 발생하지 않는다.
③ 복동식에 비해 방열 효과가 크다.
④ 분해 시 가스 압력에 의한 위험이 있다.

해설 드가르봉식 쇽업소버의 특징
- 가스봉입식으로 내부압력이 존재하기 때문에 분해하면 위험하다.
- 실린더가 하나로 되어 있기 때문에 방열효과가 우수하다.
- 장시간 사용해도 감쇠효과가 저하되지 않는다.

94 킹핀 옵셋(King Pin Offset)에 영향을 미치는 차륜정렬 요소로 가장 밀접하게 짝을 이루고 있는 것은?

① 캐스터와 캠버
② 캠버와 토
③ 캠버와 킹핀 경사각
④ 킹핀 경사각과 캐스터

95 제동장치에서 ABS 구성 부품과 거리가 먼 것은?

① 유압 모듈레이터
② 리턴 펌프 모터
③ 차량속도 센서
④ EBCM(Electronic Brake Control Module)

96 현재 사용되고 있는 유압식 브레이크의 안전장치 중 휠의 스키드 방지를 위한 안전장치가 아닌 것은?

① PB 밸브
② ABS
③ 탠덤 마스터 실린더
④ 로드센싱 프로포셔닝밸브

97 자동차 현가장치에서 판스프링의 장점이 아닌 것은?

① 비틀림 진동에 강하다.
② 에너지 흡수율이 크다.
③ 구조가 간단하다.
④ 작은 진동도 흡수한다.

> **해설** 판스프링의 특징
> • 장 점
>   - 큰 진동 흡수에 적합하다.
>   - 자체 강성에 의해 액슬 하우징을 정위치로 유지할 수 있다.
>   - 구조가 간단하다.
> • 단 점
>   - 마찰에 의해 진동을 흡수하기 때문에 소음 및 진동이 발생한다.
>   - 승차감이 떨어진다.
>   - 작은 진동을 흡수하지 못한다.

98 자동차 파워스티어링 장치의 점검 및 공기빼기작업과 관련된 사항이다. 설명된 내용 중 옳은 것은?

① 파워스티어링을 점검할 때 공회전 시 스티어링 휠을 빨리 돌리면 순간적으로 무거운 것은 정상이다.
② 파워스티어링 오일의 양을 점검할 때 공회전 상태나 시동이 꺼진 상태나 그 양은 변함이 없다.
③ 공기빼기 작업은 차량을 리프트에 올리고 2,000rpm을 유지한 채 보조자와 함께 실시한다.
④ 공회전 상태에서 공기빼기 작업을 실시하는 이유는 공기가 분해되어 오일에 흡수되기 때문이다.

99 브레이크 드럼과 슈의 마찰열이 축적되어 마찰계수 저하로 제동력이 감소되어 제동 시 라이닝과 드럼이 미끄러지는 현상을 무엇이라 하는가?

① 베이퍼록 현상
② 슬립 현상
③ 홀드 현상
④ 페이드 현상

> **해설** 페이드 현상 : 내리막길과 같은 경사진 도로에서 제동장치의 무리한 사용으로 브레이크 장치에 마찰열이 발생해 마찰계수가 저하되어 제동장치의 제동력이 저하되는 현상

100 주행 중 급제동하였을 때 ABS(Anti-lock Brake System)의 작동에 대한 설명으로 틀린 것은?
① 건조한 노면에 위치한 바퀴의 작용하는 유압을 감압시킨다.
② 미끄러운 노면에 위치한 바퀴의 휠실린더에 작용하는 유압을 감압시킨다.
③ 후륜의 조기 고착을 방지하여 옆방향 미끄러짐을 방지한다.
④ 후륜의 고착을 방지하여 차체의 스핀으로 인한 전복을 방지한다.

101 동력 조향장치가 고장났을 때 수동조작을 가볍게 할 수 있도록 하는 것은?
① 안전체크밸브
② 압력조절밸브
③ 흐름제어밸브
④ 밸브스풀

102 차체의 높이를 일정하게 유지하는 데 유리한 현가장치의 스프링은?
① 고무스프링
② 판스프링
③ 공기스프링
④ 코일스프링

103 전자제어 현가장치(ECS)에서 쇽업소버 내 오리피스의 지름을 조절하면 변화되는 것은?
① 감쇠력
② 스프링상수
③ 마찰계수
④ 스프링 상하중

정답 100 ① 101 ① 102 ③ 103 ①

104 트랙션 컨트롤 시스템(TCS)에 대한 설명 중 가장 올바른 것은?
① 선회 시 타이어의 고착을 방지하여 코너링 포스를 유지하도록 슬립 제어하는 제동장치의 일종이다.
② 제어방법이 ABS와 유사하게 슬립률을 통해 제어하는 것으로 제동효과가 크다.
③ ABS와 유사한 제어로직을 가지지만 가속 시 타이어가 슬립하는 것을 방지하는 장치이다.
④ 좌우 바퀴의 노면 상태가 다를 때 각각 노면에 적당한 제동을 통해 제동력을 좋게 하는 제어장치이다.

105 전자제어 현가장치에서 차량전방의 노면을 검출하여 감쇠력이나 공기스프링의 공기압 조정 등을 통해 승차감을 향상시키는 제어는?
① 스카이 훅 제어
② 앤티 다이브 제어
③ 프리뷰 제어
④ 앤티 셰이크 제어

106 공기식 브레이크 장치에서 캠축을 회전시키는 역할과 브레이크 드럼 내부의 브레이크슈와 드럼 사이의 간극을 조정하는 역할을 하는 것은?
① 브레이크 챔버
② 슬랙 어저스터
③ 브레이크 릴레이밸브
④ 브레이크밸브

107 전자제어 브레이크 장치의 작동에 대한 설명으로 옳은 것은?
① 펌프의 작동으로 유압이 증압 제어된다.
② 펌프의 강력한 토출압력에 의해 유압이 감압 제어된다.
③ 어큐뮬레이터와 펌프의 작동에 의해 유압이 정압 제어된다.
④ 정지 상태에서 원활한 급출발제어는 ABS의 기본이다.

108 제동장치에서 브레이크 안전장치에 사용되고 있는 밸브가 아닌 것은?
① 리미팅밸브
② P밸브
③ PB밸브
④ 리듀싱밸브

109 유압식 전자제어 동력조향장치의 입력 요소와 관계없는 것은?
① 차속 센서
② 차고 센서
③ 스로틀 포지션 센서
④ 조향휠 각속도 센서

해설 차고 센서는 전자제어 현가장치의 입력신호이다.

110 동력전달장치의 자재이음 중 등속 자재이음의 종류가 아닌 것은?
① 트랙터형
② 벤딕스형
③ 제파형
④ 삼중 자재이음

해설 등속 자재이음 종류 : 트랙터형, 벤딕스형, 제파형, 버필드형, 파르빌레형 등이 있다.

111 디스크 브레이크 형식에서 캘리퍼(Caliper) 내의 피스톤은 제동이 끝난 후 무엇에 의해 리턴 되는가?
① 디스크의 회전 원심력에 의해
② 피스톤 실의 탄성에 의해
③ 진공압에 의해
④ 리턴 스프링에 의해

정답 108 ④ 109 ② 110 ④ 111 ②

112 LSPV(Load Sensing Proportioning Valve)의 기능에 대한 설명 중 옳은 것은?

① 앞차륜 브레이크 안전장치로 피시테일 현상을 방지하는 기구이다.
② 전륜 디스크 브레이크에서 배력작용을 할 수 있게 한 장치이다.
③ 뒷차축의 하중에 따라 뒷차륜 브레이크 회로의 압력을 조정하여 피시테일 현상을 방지하는 기구이다.
④ 브레이크 압력을 엔진의 회전속도와 차속에 맞추어 조정하여 제동 안정성을 주는 기구이다.

> **해설** LSPV(Load Sensing Proportioning Valve) : 자동차의 중량에 따라 전륜과 후륜에 인가되는 유압을 변화시켜 제동력을 균형적으로 배분하여 제동력을 향상시키고 제동장치의 수명을 연장한다.

113 전자제어 제동장치(ABS)에서 펌프 모터에 의해 압송되는 오일의 노이즈 및 맥동을 감소시키는 동시에 감압모드 시 발생하는 페달의 킥백(Kick Back)을 방지하기 위한 것은?

① HPA(High Pressure Accumulator)
② NO(Normal Open) 솔레노이드밸브
③ NC(Normal Close) 솔레노이드밸브
④ LPA(Low Pressure Accumulator)

> **해설** 킥백(Kick Back) : 노면에서 발생되는 충격이 조향핸들로 전달되는 현상

114 조향장치에서 조향기어의 백래시가 클 때 발생할 수 있는 원인으로 맞는 것은?

① 조향휠의 축방향 유격이 작아진다.
② 조향기어비가 커진다.
③ 조향각도가 커진다.
④ 조향휠의 좌우 유격이 커진다.

115 그림과 같은 유압식 브레이크에서 페달을 밟았을 때 수평으로 25N의 힘이 작용하는 경우 마스터 실린더 피스톤의 단면적이 4cm²이면 마스터 실린더에 작용하는 유압은?

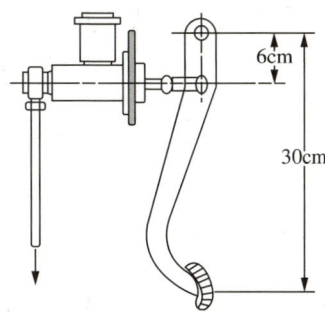

① 125.5kPa ② 305.5kPa
③ 312.5kPa ④ 1,250kPa

해설 지렛대비 → $\dfrac{30}{6} = 5$배 증가하므로
25N×5 = 125N이 마스터 실린더에 작용한다.
125N/4cm² = 31.25N/cm²이므로
312,500N/m²이 되고 1N/m² = 1Pa이므로
작용유압 = 312.5kPa

116 조향장치에서 4WS의 제어 목적으로 적합하지 않는 것은?

① 주행 시 안정성을 증대시킨다.
② 저속에서 더 좋은 조종성을 유지시킨다.
③ 주행 시 요잉 현상을 증대시킨다.
④ 선회 안정성을 증대시킨다.

해설 4WS : 사륜조향을 의미하며, 앞·뒤바퀴를 동일한 방향으로 한 동위상 조향은 요잉 발생을 줄여 고속주행 시 안전성을 향상시키고, 앞·뒤바퀴를 역방향으로 한 역위상 조향은 중·저속 주행 시 조향성을 향상시킨다.

117 현가장치에서 코일스프링의 스프링상수(G)가 35,000N/m이고 차륜당 자동차 질량(m)이 500kg일 때 고유진동수(f)는?

① 약 1.33Hz ② 약 2.67Hz
③ 약 4.18Hz ④ 약 8.37Hz

해설 진동주기 $T_n = 2\pi\sqrt{\dfrac{m}{k}} = 2\pi\sqrt{\dfrac{500}{35,000}} = 0.75\text{s}$

진동수 $f = \dfrac{1}{T_n} = \dfrac{1}{0.75} = 1.33\text{Hz}$

118 주행 중 핸들이 한쪽으로 쏠리는 원인이 아닌 것은?

① 좌우 타이어의 압력이 같지 않다.
② 뒷차축이 차의 중심선에 대하여 직각이 되지 않는다.
③ 앞차축 한쪽의 현가 스프링이 절손되었다.
④ 조향 핸들축의 축방향 유격이 크다.

119 ABS(Anti-lock Brake System)의 필요조건으로 적당하지 않은 것은?

① 어떠한 도로조건(건조/빙판)에서도 제동 시 차륜의 궤적 유지성과 조향성이 보장되어야 한다.
② 제어는 자동차 전속도 영역(최고속도/보행속도)에 걸쳐서 이루어져야 한다.
③ 브레이크 이력 현상과 엔진 브레이크 현상에 가능한 한 신속하게 대처할 수 있어야 한다.
④ 페일세이프(Fail Safe) 기능은 없어도 좋으나 노면과 차륜 간의 마찰계수 변화에는 신속하게 대응할 수 있어야 한다.

해설 페일세이프 기능은 만약의 고장상황 발생 시 다른 기계적 부품에 피해가 확산되지 않게 하기 위한 부품으로 ABS 장치에 반드시 필요하다.

120 앞바퀴에 캠버(Camber)를 두는 이유가 아닌 것은?

① 앞바퀴가 수직하중을 받았을 때 아래로 벌어지는 것을 방지한다.
② 노면의 충격으로 인해 바퀴로부터 핸들에 전달되는 충격을 방지할 수 있다.
③ 핸들 조작을 가볍게 한다.
④ 스핀들이나 너클을 굽히려고 하는 힘이 적어진다.

> **해설** 캠버의 필요성
> • 수직방향의 하중에 대하여 앞차축의 처짐을 방지한다.
> • 바퀴의 아래쪽이 벌어지는 부의 캠버를 방지한다.
> • 바퀴가 허브 스핀들에서 이탈되는 현상을 방지한다.
> • 조향핸들의 조작력을 경감시킨다.

121 전자제어 현가장치에서 회전주행 시 원심력에 의한 차체의 흔들림을 최소로 하여 안전성을 개선하는 제어기능은?

① 앤티 스쿼트(Anti Squat)
② 앤티 다이브(Anti Dive)
③ 앤티 롤(Anti Roll)
④ 앤티 드라이브(Anti Drive)

122 자동차 현가장치에 이용되고 있는 공기 스프링의 장점이 아닌 것은?

① 하중에 관계없이 차고가 일정하게 유지되어 차체의 기울기가 적다.
② 공기 자체의 감쇄성에 의해 고주파 진동을 흡수한다.
③ 하중에 관계없이 고유진동이 거의 일정하게 유지된다.
④ 제동 시 관성력을 흡수하므로 제동거리가 짧아진다.

> **해설** 공기스프링의 특징
> • 공기 자체의 감쇄성으로 인해 작은 진동을 흡수할 수 있다.
> • 스프링의 세기가 하중에 비례하여 변화한다.
> • 하중에 변화와 무관하게 차체의 높이를 일정하게 유지할 수 있다.
> • 고유진동이 작아 충격흡수효과가 유연하다.
> • 승차감이 좋다.

정답 120 ② 121 ③ 122 ④

교육은 우리 자신의 무지를 점차 발견해 가는 과정이다.

– 윌 듀란트 –

PART 02

그린전동자동차 전동기와 제어기

CHAPTER 01	직류기
CHAPTER 02	유도기
CHAPTER 03	동기기기
CHAPTER 04	BLDC 전동기
CHAPTER 05	전력변환
CHAPTER 06	전력전자 개론
CHAPTER 07	인버터
CHAPTER 08	전동기 제어
CHAPTER 09	벡터 제어
CHAPTER 10	PWM 제어
적중예상문제	

합격의 공식 SD에듀 www.sdedu.co.kr

01 직류기

PART 02 그린전동자동차 전동기와 제어기

직류기란 직류발전기와 직류전동기를 말한다. 발전기는 기계적인 에너지를 전기적인 에너지로 변환하는 장치이고, 전동기는 전기적인 에너지를 기계적인 에너지로 변환하는 장치를 말한다.

1 직류기의 원리와 구조

(1) 직류발전기의 원리

직류발전기란 원동기로부터 동력을 전달받아 계자의 자장에서 전기자에 의해 도체를 회전시킴으로서 기전력을 얻는 장치로서 렌츠의 전자유도 법칙과 플레밍의 오른손법칙을 적용한다. 권수가 많은 코일에 막대자석을 상하로 움직일 경우 전류계가 움직이며 이때 전류가 흐른다는 것을 알 수 있다. 이 전류의 크기는 자석의 속도가 빠를수록 커진다. 또한, 전류의 방향은 N극 또는 S극에서 반대가 되고 막대자석을 가까이할 때와 멀리할 때도 반대가 된다. 자석을 고정하고 코일을 상하로 움직여도 같은 현상이 나타난다.

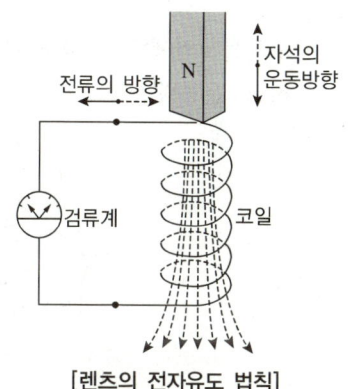

[렌츠의 전자유도 법칙]

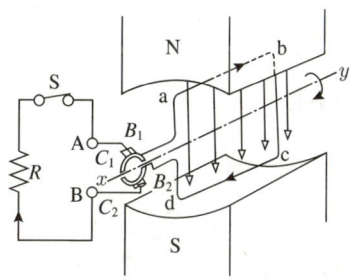 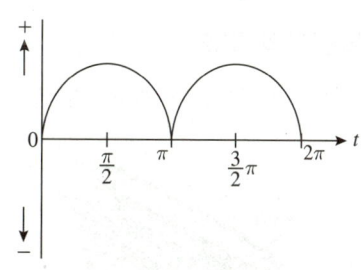

[직류발전기의 원리]

위와 같이 절연된 금속편(C_1, C_2)에 코일을 연결하고 회전시키면 브러시부(B_1, B_2)에서는 직류전원의 +, - 단자가 되어 극성이 일정하며 일정 방향의 직류 전류가 발생한다.

(2) 교류발전기의 원리

자장 중에서 도체의 회전 시 도체는 자속을 끊게 되고 이 도체는 플레밍의 오른손법칙을 이용하여 기전력을 유기하게 되는데 이때 유기된 기전력은 정현파 교류가 발생된다.

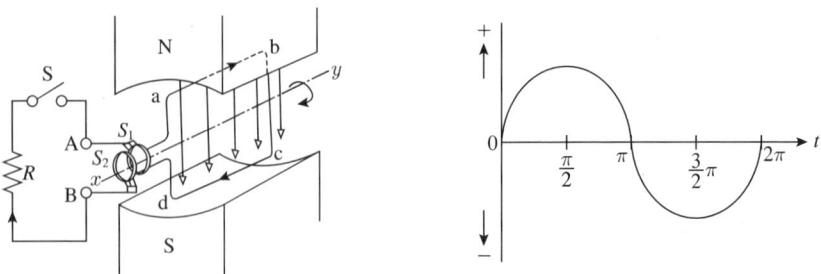

[교류발전기의 원리]

도체를 v의 속도로 자력선을 끊으면 도체는 기전력을 유기하게 된다. 이때 기전력의 방향을 e라 하고, 운동방향을 F라 하며 자속의 방향을 B라 하여 적용한 법칙이 플레밍의 오른손법칙이다.

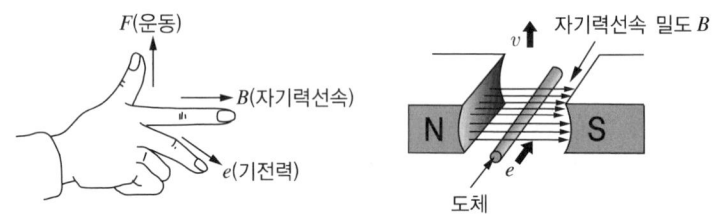

[플레밍의 오른손법칙]

(3) 직류발전기의 구조

직류기의 주요 3요소는 계자, 전기자, 정류자이다.

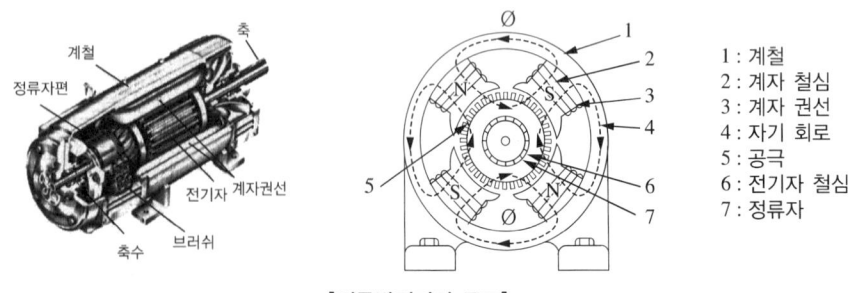

[직류발전기의 구조]

① 전기자(Armature)

기전력을 유기하는 부분으로 철심과 전기자 권선으로 되어 있다. 이 전기자 권선 부분이 계자에서 만들어지는 자속을 끊어 기전력을 발생시킨다. 또한 전동기에서는 전압을 인가받아 회전력을 발생시키는 부분이며 같은 명칭으로 사용된다.

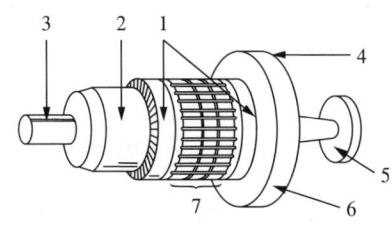

1. 바인드선(강선) 2. 정류자 3. 축
4. 통풍 날개 5. 커플링 6. 쐐 기
7. 성층 철심

[전기자의 구조]

㉠ 전기자 권선

도전율이 98% 이상의 연동 둥근선 또는 평각선을 사용한다.

㉡ 전기자 철심

히스테리시스 손실의 감소 효과가 큰 규소(1~1.4%)를 함유시켜 제작하고 또한 와류에 의한 손실의 감소를 위해 저규소 강판을 성층으로 얇게 제작하여 적용한다.

② 계자(Field)

전기자를 통과하는 자속을 만드는 부분으로 자극과 계철로 구성되어 있다.

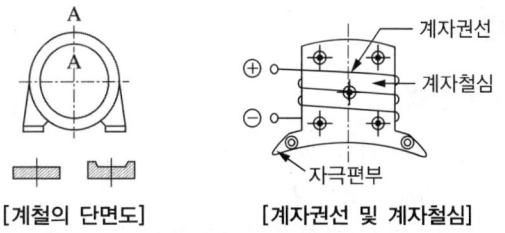

[계철의 단면도]   [계자권선 및 계자철심]

㉠ 계철(Yoke)

자속을 통과시키며 바깥 틀을 형성한다.

㉡ 계자 철심

와류손실의 감소를 위하여 연강판을 성층으로 얇게 제작하여 적용한다.

㉢ 계자 권선

둥근선 또는 평각선을 사용하며 사용전류가 클 경우 평각선을 사용한다. 계자 권선에는 코일이 굵고 권수가 적은 직권 계자 권선과 코일이 가늘고 권수가 많은 분권 계자 권선이 있다.

③ 정류자(Commutator)

전기자에 의해 발전된 교류 기전력을 직류로 변환하는 부분으로 브러시와 접촉하는 정류자편이 모여 있으며 정류자의 편수가 많을수록 좋은 직류를 얻을 수 있다.

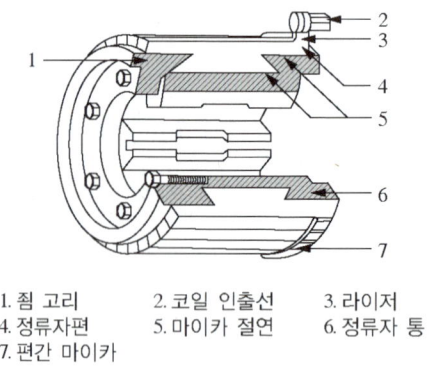

1. 죔 고리 2. 코일 인출선 3. 라이저
4. 정류자편 5. 마이카 절연 6. 정류자 통
7. 편간 마이카

[정류자의 구조]

④ 브러시(Brush)

내부회로와 외부회로를 전기적으로 연결하는 부분이며, 탄소 브러시, 흑연 브러시, 금속 브러시가 있다. 일반적으로 양호한 정류를 얻기 위해서는 탄소 브러시를 사용하는데, 그 이유는 접촉저항이 크기 때문이다. 주로 소형기와 저속기에 사용된다. 또한 대전류 고속기에 사용되는 흑연 브러시, 일반 직류기에 사용되는 전기 흑연 브러시, 저전압 대전류에 사용되는 금속 흑연 브러시 등이 있다.

2 전기자 권선법

(1) 직류기의 전기자 권선법

직류발전기의 기전력을 얻기 위한 방법은 전기자에 코일을 감는 방법에 따라 결정된다. 전기자에 코일을 감는 방법은 환상권과 고상권, 개로권과 폐로권, 단층권과 이층권으로 구분되며 용도에 따라 중권과 파권으로 구분된다. 특히 직류기의 전기자 권선법으로 이층권, 고상권, 폐로권을 주로 적용한다.

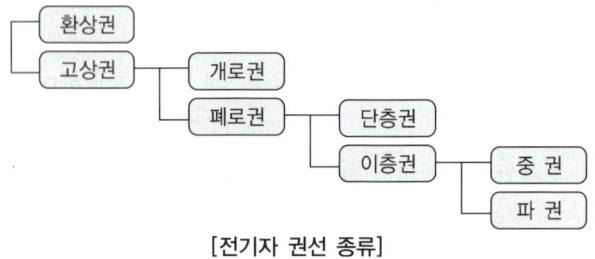

[전기자 권선 종류]

(2) 중권과 파권의 비교

중권은 모든 코일이 병렬로 연결되어 있고 마지막 코일이 첫 코일의 시작점에 연결된 형식으로 병렬 회로수와 브러시 수가 극수와 같고 저전압, 대전류에 적합하며 병렬회로 사이에 전압이 불균일할 때에는 권선 사이에 순환전류가 흐르므로 균압환이 필요하다.

또한 파권은 코일의 모양이 파도형상을 하고 있기 때문에 파권이라 하며 병렬회로수가 극수와 관계없이 항상 2개로 되어 있으므로 고전압, 소전류에 적합하다.

항 목	중권(병렬권)	파권(직렬권)
병렬 회로수	극수와 동일	항상 2
브러시 수	극수와 동일	항상 2 (단, 극수만큼의 브러시 설치 가능)
균압접속	4극 이상이면 균압접속	균압접속이 불필요
슬롯수와 관계	슬롯수와 상관없이 권선 가능 짝수슬롯이 유리	슬롯수는 홀수 짝수가 되면 놀림코일 발생
용 도	저전압, 대전류에 적합	고전압, 소전류에 적합

3 직류발전기의 유도기전력

(1) 전기자 도체 1개에 유도되는 기전력

$e = Blv(\text{V})$

여기서, 전기자의 회전속도가 $n(\text{rps})$일 때 전기자의 직선운동속도 v는

$v = \pi Dn(\text{m/sec})$

$\therefore e = Bl\pi Dn(\text{V})$

자속밀도 $B = \dfrac{\text{전체 자속}}{\text{회전자 원통의 표면적}} = \dfrac{p\phi}{\pi Dl}$ 이므로

$e = \dfrac{p\phi}{\pi Dl}l\pi Dn = p\phi n(\text{V})$ 이다.

(2) 도체의 총 수가 Z개인 발전기의 유도기전력

$E = \dfrac{PZ}{a}\phi\dfrac{N}{60}(\text{V})$

여기서, P : 극수
Z : 전기자 총 도체수($2 \times$ 권수 $\times$ 코일수)
a : 브러시 간 병렬회수
ϕ : 극당 자속수
N : 회전수(rpm)

4 전기자의 반작용 및 정류

전기자 전류에 의하여 발생된 자속이 계자에 의해 발생되는 주자속에 영향을 주는 현상을 전기자 반작용이라 한다. 전기자 반작용이 생기면, 주자속이 왜곡되고 감소하게 되어 발전기와 전동기에는 좋지 않은 영향을 준다.

(1) 전기자 반작용의 영향

① 전기적 중성축 이동
  ㉠ 발전기 : 회전 방향으로 이동
  ㉡ 전동기 : 회전 방향과 반대 방향으로 이동
② 주자속 감소
  ㉠ 발전기 : 유도기전력 감소 $\left(E = \dfrac{PZ}{a}\phi\dfrac{N}{60}\right)$
  ㉡ 전동기 : 회전속도 상승 $\left(N = k\dfrac{V - I_a r_a}{\phi}\right)$
③ 정류자 편간의 불꽃이 발생하여 정류 불량

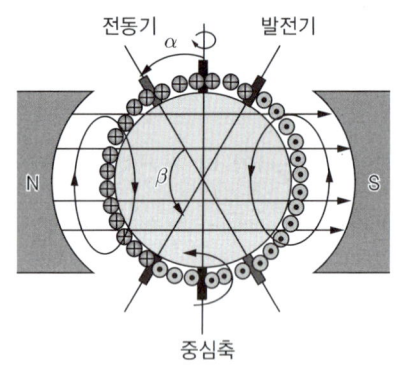

[전기자의 반작용]

(2) 전기자 반작용에 대한 대책

전기자 반작용은 전기자 전류에 의해 생긴 자속(전기자 기자력)이 원인이므로 이를 상쇄하는 것이 방지대책이다. 계자극에 홈을 파고 권선을 감아 전기자와 직렬로 연결하여 반대방향의 전류를 흘려줌으로서 대부분의 전기자 반작용 기자력을 상쇄시킨다. 이 권선을 보상권선이라 한다. 그러나 중성축 부분의 전기자 반작용은 상쇄할 수 없으므로 별도의 자극을 설치하여 중성축 부분의 전기자 반작용을 방지하는데, 이를 보극이라 한다.

① 브러시를 새로운 중성점으로 이동
  ㉠ 발전기 : 회전 방향으로 이동
  ㉡ 전동기 : 회전 방향과 반대 방향으로 이동

② 보상권선 설치(가장 유효한 방법)

보상권선은 전기자 전류의 기전력을 상쇄하기 위하여 주자극의 자극편에 슬롯을 만들어 다음 그림과 같은 방향으로 전기자 전류를 통하게 한 권선이다. 보상권선을 설치하면 브러시를 기하학적 중성축에 놓는다.

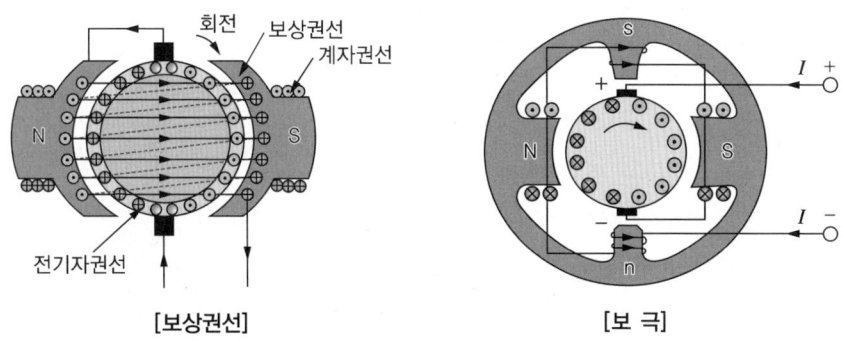

[보상권선]   [보 극]

(3) 정류작용

전기자 권선 안에서 유도되는 교류를 직류로 변환하는 것을 정류(Commutation)라 한다.

① 정류주기

$$T_c = \frac{b - \delta}{v_c} (\text{S})$$

여기서, b : 브러시의 폭(m)
δ : 마이카편의 두께(m)
v_c : 정류자의 주변속도(m/s)

② 정류곡선

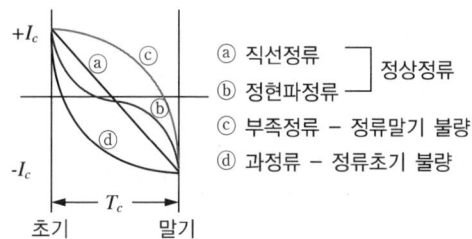

ⓐ 직선정류 ┐ 정상정류
ⓑ 정현파정류 ┘
ⓒ 부족정류 - 정류말기 불량
ⓓ 과정류 - 정류초기 불량

③ 정류개선 방법

회전속도를 낮추어 정류주기를 길게 한다.

㉠ 저항정류 : 접촉저항이 큰 탄소 브러시를 사용하여 정류 코일의 단락 전류를 억제하고 양호한 특성의 정류를 얻는다.

㉡ 전압정류 : 보극을 설치하여 정류 코일 내에 유기되는 리액턴스 전압과 반대 방향으로 정류 전압을 유기시켜 양호한 정류를 얻는다.

㉢ 단절권을 채택하여 코일의 자기인덕턴스를 줄인다.

㉣ 평균 리액턴스 전압을 작게 한다.

④ 정류자 편수(K)

$$K = \frac{u}{2} N_s$$

여기서, u : 슬롯 내부의 코일 변수
         N_s : 슬롯 수

⑤ 정류자 편간 정류 전압

$$e_{sa} = \frac{pE}{K}(\text{V})$$

여기서, e_{sa} : 정류자 편간 전압
         E : 유도기전력
         K : 정류자 편수
         p : 극수

5 직류발전기의 종류 및 특성

(1) 계자극의 권선에 따른 분류 : 분권계자권선, 직권계자권선, 복권계자권선

① 분권계자권선(Shunt Field Winding)
전기자와 계자가 병렬로 연결된 형식으로 권선수가 많고, 전류가 적게 흐르는 특징이 있다.

② 직권계자권선(Series Field Winding)
전기자와 계자가 직렬로 연결된 형식으로 권선수가 많고 전류가 많이 흐르는 특징이 있다.

(2) 여자 방법에 따른 분류 : 자여자 발전기, 타여자 발전기

① 타여자 발전기 : 외부의 독립 전원을 이용해서 계자권선을 여자하는 형식이다.
② 자여자 발전기
   ㉠ 직권발전기 : 전기자와 계자권선을 직렬로 연결
   ㉡ 분권발전기 : 전기자와 계자권선을 병렬로 연결
   ㉢ 복권발전기 : 전기자와 직권선과 분권선이 모두 연결
     • 내분권 : 전기자는 분권선과 직접병렬로 연결되고 직권권선과는 직렬로 연결
     • 외분권 : 전기자와 직권권선을 직렬로 연결한 것과 분권선을 병렬로 연결

(3) 직류발전기의 종류

① 타여자 발전기

다른 직류전원으로부터 여자전류를 받아 계자자속을 만드는 발전기이다.

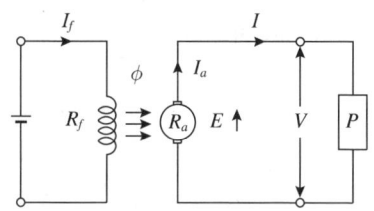

정상 상태	무부하 상태
$I_a = I$	$I = I_a = 0$
$E = V + I_a R_a$	$E = V_0$

[타여자식 발전기 회로도]

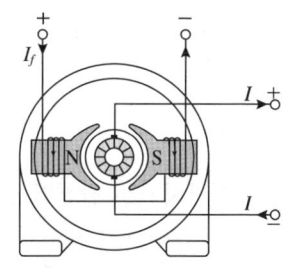
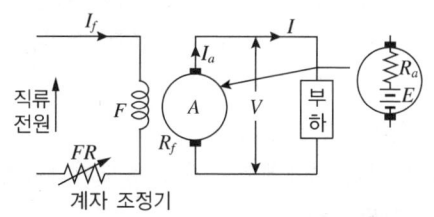

㉠ 단자전압 및 전류

$V = E - I_a R_a - e_a - e_b$

여기서, E : 유도 기전력(V)

V : 단자 전압(V)

I_a : 전기자 전류(A)

I_f : 계자 전류(A)

I : 부하 전류(A)

R_a : 전기자 권선 저항(Ω)

e_a : 전기자 반작용에 의한 전압 강하(V)

e_b : 브러시의 접촉저항에 의한 전압 강하(V)

㉡ 무부하특성곡선

옆의 그림에서 AB 구간은 계자전류에 비례하여 유도전압이 증가하게 되며, BC구간에서는 철심의 자기포화현상으로 직선적으로 증가하지 못하며, 완만하게 증가하다 더 이상 전압이 증가하지 않게 된다. OA 구간은 계자전류가 0이어도 잔류자기에 의해 유도되는 전압을 나타낸 것이다. 타여자 발전기의 경우에는 잔류자기가 없어도 발전이 가능하며, 원동기의 회전방향을 반대로 하면 +, - 극성이 반대로 발전하게 된다.

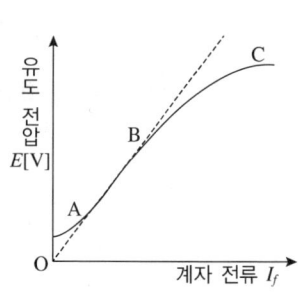

ⓒ 외부특성곡선

단자전압 V와 부하전류 I의 관계 곡선을 외부특성곡선이라 한다. 다음 그림은 부하전류가 증가하면 전압강하 R_aI_a가 증가함에 따라 단자전압이 점차 감소하는 것을 보여준다. 타여자 발전기는 일반적으로 정격부하에서 전압변동이 적은 정전압 발전기로 분류된다.

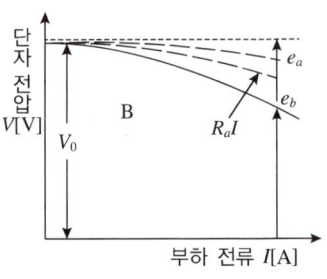

ⓓ 특 징
- 잔류 자기가 없어도 발전 가능
- 운전 중 전기자 회전방향 반대 → +, - 극성이 반대로 발전

ⓔ 용 도
- 일정한 전압이 필요한 경우의 시험기용 직류 전원
- 직류전동기의 속도 조정 전원용 발전기
- 교류발전기의 주 여자기

② 자여자식 발전기

발전기 자체에서 발생한 유도기전력에 의한 계자를 여자시키는 발전기이다.

③ 분권발전기

전기자와 계자권선이 병렬 접속된 형식이다.

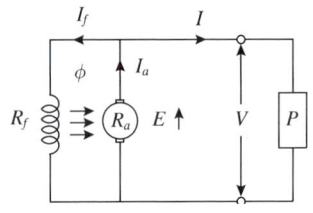

정상 상태	무부하 상태
$I_a = I_f + I \left(I_f = \dfrac{V}{R_f} \right)$ $E = V + I_a R_a$	$I = 0 \rightarrow I_a = I_f$

[분권식 발전기 회로도]

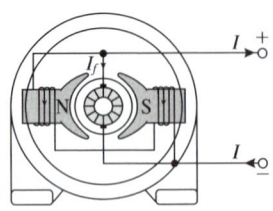
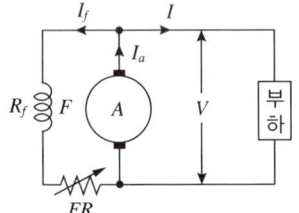

㉠ 단자전압 및 전류
$$V = E - I_a R_a - e_a - e_b = E - (I_f + I)R_a - e_a - e_b$$

ⓒ 무부하 포화 곡선

유기 기전력 E와 계자 전류 I_f의 관계 곡선을 무부하 특성곡선이라 한다.

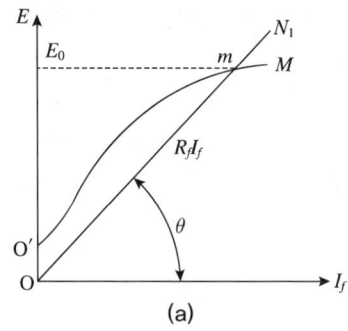 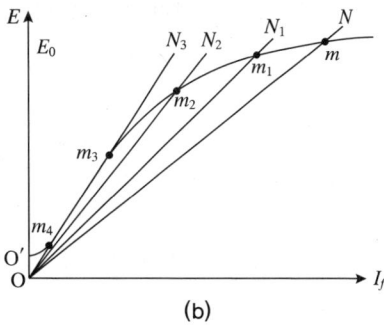

(a) (b)

그림 (a)에서 ON_1은 계자저항선으로 무부하 포화곡선인 $O'M$과 만나는 m에서 전압이 확립되며, 이 점을 전압 확립점이라 한다.

이 곡선에서 θ값의 증감으로 계자저항선의 변화에 대한 전압 확립점의 변화를 나타낸 것이 그림 (b)로 m_4에서부터 m_3까지는 일정전압을 유지할 수 없는 점으로 전압이 확립되지 않는다. 이러한 계자저항선 N_3를 임계저항선이라 한다.

ⓒ 외부특성곡선

단자전압 V와 부하전류 I의 관계 곡선을 외부특성곡선이라 한다.

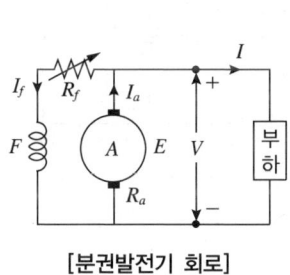

[분권발전기 회로]   [외부특성곡선]

그림의 회로도에서 전압을 구하면

$V = E - I_a R_a - V_f - V_b - V_a$ 이며 $I_a = I_f + I = I + \dfrac{V}{R_f} R_a$가 된다.

여기서, V_f : 계자전압강하

V_a : 전기자 반작용에 의한 전압강하

V_b : 브러시에 의한 전압강하

이때 전압 V와 전류 I 사이의 관계를 그림으로 나타내면 위와 같은 외부특성곡선이 나타난다. 분권발전기는 부하가 계속 증가하여 I가 커지게 되면 전압강하가 심하게 되어 V가 줄어들게 된다. 이에 따라 계자 전류 I가 줄어들어 자속이 감소하게 되며, 기전력 E 또한 줄어들게 된다. 분권발전기는 타여자 발전기와 같이 전압변동률이 적으므로 정전압 발전기로 분류되며, 또한 스스로 여자하므로 별도의 여자 전원이 필요 없는 특징이 있다.

㉣ 특 징
- 잔류 자기가 없으면 발전 불가능
- 운전 중 전기자 회전 방향을 반대 → 잔류 자기를 소멸시켜 발전 불가능
- 운전 중 계자 회로를 갑자기 열면 → $e = -N\dfrac{d\theta}{dt}$에서 계자 권선의 권수 N이 크기 때문에 계자 권선에 고압을 유기하여 계자권선의 절연을 파괴할 우려가 있음
- 운전 중 서서히 단락 → 처음에는 대전류가 흐르나 끝에서는 소전류가 흐름

④ 직권발전기

전기자와 계자권선이 직렬 접속된 형식이다.

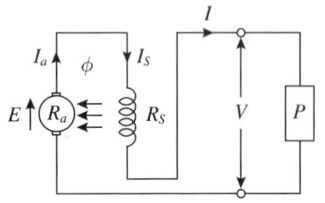

정상 상태	무부하 상태
$I_a = I_f = I$ $E = V + I_a(R_a + R_f)$	$I = 0 \to I_s = 0 \to E = 0$

[직권식 발전기 회로도]

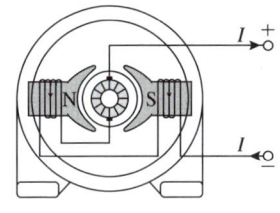 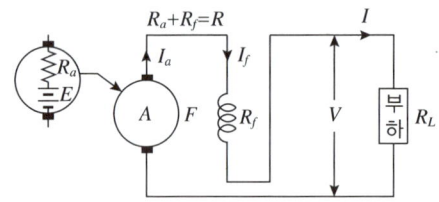

㉠ 단자 전압과 전류

$I_a = I_f = I$

$V = E - I_a R_a - I_f R_f - e_a - e_b = E - IR_a - IR_f - e_a - e_b$

$I = \dfrac{P}{V}$

㉡ 외부특성곡선

직권 발전기는 계자와 전기자가 직렬로 연결되어 있으므로 부하 전류는 $I_a = I_f = I$가 됨을 알 수 있다. 즉, 무부하 시 계자 전류가 0이 되어 자기 여자로 전압을 확립할 수 없는 특징이 있다. 따라서 직류 직권발전기의 무부하 포화 곡선은 나타낼 수 없다.

㉢ 특 징
- 잔류 자기가 없으면 발전 불가능
- 운전 중 전기자 회전 방향을 반대 → 잔류자기를 소멸시켜 발전 불가
- 무부하 시에는 자기여자로 전압을 발생할 수 없음

⑤ 복권 발전기

전기자 권선과 직렬로 접속되어 있는 직권 계자권선과 전기자권선과 병렬로 접속되어 있는 분권 계자권선이 설치되어 있다.

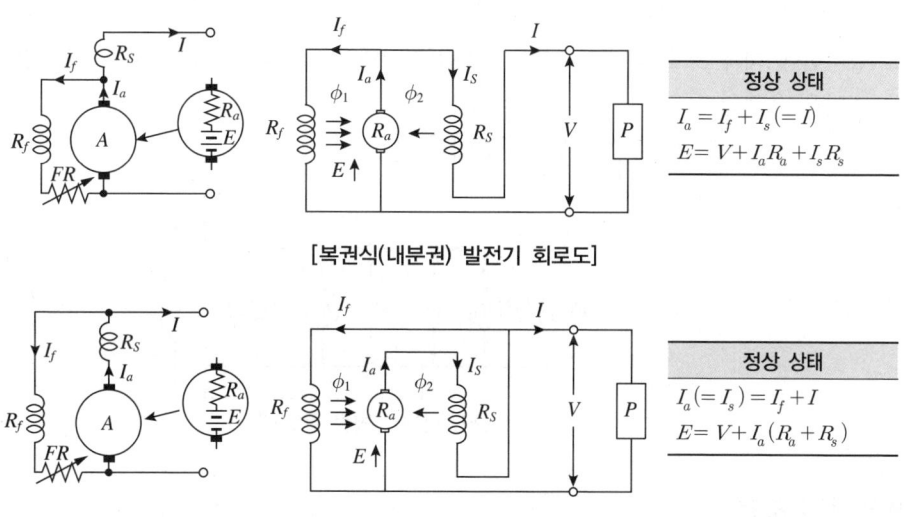

[복권식(내분권) 발전기 회로도]

[복권식(외분권) 발전기 회로도]

㉠ 단자 전압과 전류(외분권)

$$I_a = I_f + I$$

$$V = E - I_a R_a - I_a R_s - e_a - e_b = E - (I + I_f)R_a - (I + I_f)R_s - e_a - e_b$$

$$I = \frac{P}{V}$$

(4) 전압변동률

$$\varepsilon = \frac{V_0 - V_n}{V_n} \times 100(\%)$$

여기서, V_0 : 무부하 전압 V_n : 정격 전압

$\varepsilon(+)$: 타여자, 분권, 부족복권발전기 $\varepsilon(0)$: 평복권 발전기

$\varepsilon(-)$: 직권, 과복권 발전기

(5) 자여자 발전기의 전압 확립 조건

① 잔류자기가 존재할 것
② 임계저항이 계자저항보다 클 것
③ 무부하 포화 곡선에서 포화특성이 존재할 것
④ 회전방향이 잔류자기를 강화하는 방향일 것(회전방향이 반대이면 잔류자기가 소멸되기 때문에 발전이 되지 않는다)

6 직류발전기의 병렬운전

(1) 직류발전기의 병렬운전 목적
① 1대의 발전기로 용량이 부족할 때
② 경부하에 대해 효율 좋게 운전하기 위함(전부하 시 두 대로 병렬운전 하고, 경부하 시는 한 대만을 운전한다)
③ 예비기로 설치할 때(점검, 보수 측면에서 유리)

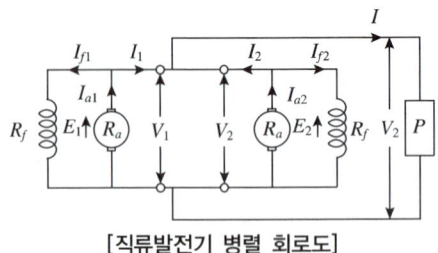

[직류발전기 병렬 회로도]

(2) 병렬운전 조건
① 정격단자전압과 극성이 동일할 것
② 외부특성곡선이 일치하고 어느 정도의 수하특성을 지닐 것
③ 용량이 다른 경우 (%)부하전류로 나타낸 외부특성곡선이 일치할 것
④ 용량이 같은 경우 외부특성곡선이 일치할 것(달라도 되는 것 : 절연저항, 용량, 손실)

(3) 부하부담
유기 전압 E와 전기자 회로의 저항 R_a에 의해서 결정된다. 즉, 두 발전기의 단자전압이 같아야 한다.
① 저항이 동일하면 유기기전력이 큰 쪽이 부하부담을 많이 가진다.
② 부하전류는 전기자 저항에 반비례한다(용량이 동일한 경우).
③ 부하전류는 용량에 비례한다(전기자 저항이 동일한 경우).

$$V = E_1 - R_{a1}(I_1 + I_{f1}) = E_2 - R_{a2}(I_2 + I_{f2})$$

여기서, E_1, E_2 : 각 기의 유기전압(V)

R_{a1}, R_{a2} : 각 기의 전기자 저항(Ω)

I_1, I_2 : 각 기의 부하분담전류(A)

I_{f1}, I_{f2} : 각 기의 계자전류(A)

V : 단자전압(V)

(4) 직권발전기와 복권발전기의 부하부담

직권 계자가 있는 직류 직권발전기와 직류 복권발전기는 병렬운전을 안정화하기 위하여 직권발전기와 복권발전기에 균압선을 설치한다.

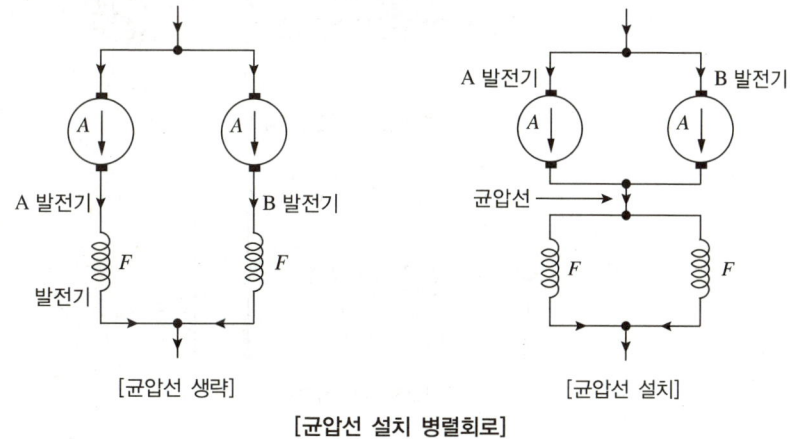

[균압선 설치 병렬회로]

7 직류전동기의 구조 및 원리

(1) 직류전동기의 원리

직류전동기는 직류 전력(전기적 에너지)을 기계적 동력(기계적 에너지)으로 변환시키는 장치이며 구조는 직류발전기와 같다.

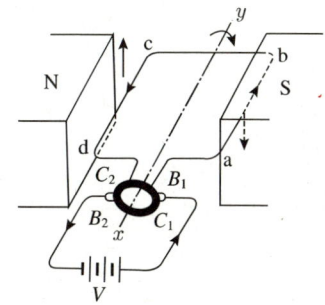

그림과 같이 N, S극 사이에 코일 abcd를 놓고 여기에 직류 전원으로부터 브러시 B_1, B_2를 통해 정류자편 C_1, C_2를 거쳐 전류를 흘리면 코일 변 ab와 cd에는 각각 시계 방향의 토크가 생겨 코일 전체가 시계 방향으로 회전한다(플레밍의 왼손법칙을 적용한다).

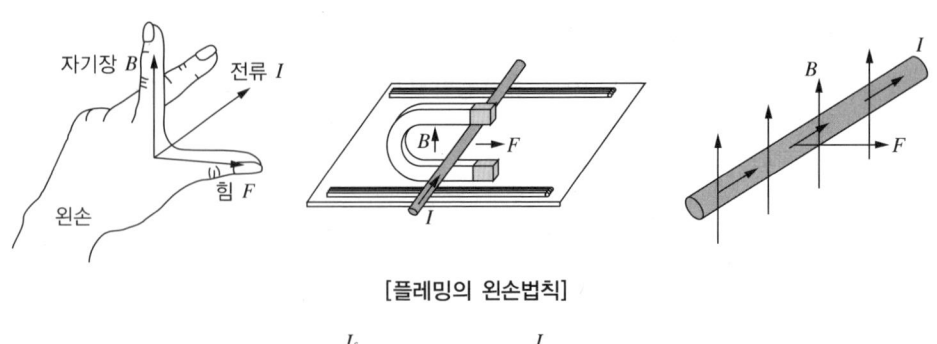

[플레밍의 왼손법칙]

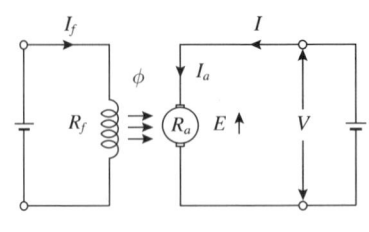

[직류전동기 회로도]

① 역기전력

전동기가 정격 속도로 회전하면 도체는 자속을 끊어 발전기와 마찬가지로 기전력을 유기한다. 이 기전력의 방향은 플레밍의 오른손 법칙에 의해 공급해준 단자 전압과는 반대 방향이므로 이를 역기전력이라고 한다.

㉠ 발전기 : 플레밍의 오른손법칙

㉡ 전동기 : 플레밍의 왼손법칙

$I_a = I$ $\qquad$ $V = E + I_a R_a$

$E = V - I_a R_a (\text{V})$ $\qquad$ $E = \dfrac{pZ}{60a} \phi N = K \phi N$

여기서, V : 단자전압(V)

$\qquad\quad E$: 역기전력(V)

$\qquad\quad R_a$: 전기자저항(Ω)

$\qquad\quad I_a$: 전기자전류(A)

$K = \dfrac{PZ}{60a}$

② 직류전동기 회전속도

$N = K \dfrac{V \; I_a R_a}{\phi} (\text{rps})$

③ 직류전동기 토크

$T = \dfrac{PZ}{2\pi a} \phi I_a = K \phi I_a (\text{N} \cdot \text{m})$

④ 기계적 출력과 토크와의 상관관계

$$P = EI_a = \omega T(\text{W})$$

$$T = \frac{P}{\frac{2\pi N}{60}} = \frac{60}{2\pi}\frac{P}{N} = 9.55\frac{P}{N}(\text{N}\cdot\text{m})$$

$$T = 9.55\frac{P}{N} \times \frac{1}{9.8} = 0.975\frac{P}{N}(\text{kg}\cdot\text{m})$$

(2) 직류전동기의 종류 및 특성

① 타여자 전동기

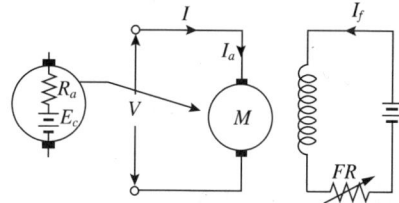

㉠ 역기전력

$$E_c = V - I_a R_a(\text{V})$$

$$E_c = \frac{pZ}{60a}\phi N(\text{V})$$

㉡ 회전속도

$$N = K\frac{E_c}{\phi} = K\frac{V - I_a R_a}{\phi}(\text{rps})$$

회전속도 특성은 $N = K\dfrac{E_c}{\phi} = K\dfrac{V - I_a R_a}{\phi}$(rps)식에서 자속 ϕ가 일정하므로 정속도 특성을 가지고 있다. 타여자 전동기에서 계자전류를 0으로 하면 자속 ϕ가 0이 되어 회전자 속도가 상승하여 위험하므로 계자회로에는 퓨즈를 넣어서는 안 된다.

㉢ 출 력

$$P = E_c I_a = 2\pi N T(\text{W})$$

㉣ 토 크

$$T = \frac{E_c I_a}{2\pi n} = \frac{p\phi n\dfrac{Z}{a}I_a}{2\pi n} = \frac{pZ}{2\pi a}\phi I_a = K_2 \phi I_a (\text{N}\cdot\text{m})$$

토크 특성은 $T = \dfrac{EI_a}{2\pi n} = \dfrac{pZ}{2\pi a}\phi I_a = K_2 \phi I_a(\text{N}\cdot\text{m})$에서 자속 ϕ가 일정하므로 $I = I_a$의 관계로 토크는 부하전류에 비례하는 특성을 가지고 있다.

㉤ 회전 방향 : 공급 전원의 방향을 반대로 하면 회전방향은 반대가 된다.

② 분권전동기(정속 전동기)

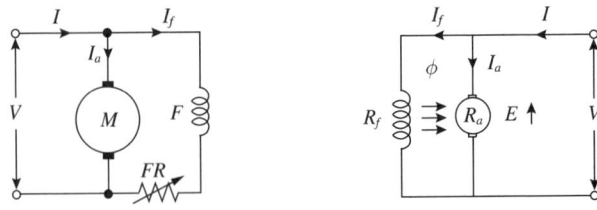

[분권전동기 회로도]

㉠ 역기전력

$$E_c = V - I_a R_a = \frac{pZ}{60a}\phi N(\text{V})$$

㉡ 회전속도

$$I = I_f + I_a \qquad V = I_f R_f$$
$$V = E + I_a R_a \qquad E = V - I_a R_a$$
$$E = K\phi N$$
$$N = \frac{E}{K\phi} = \frac{V - I_a R_a}{K\phi} = K\frac{V - I_a R_a}{\phi}$$

분권전동기는 전원전압이 일정할 경우 계자전류가 일정하여, 자속이 일정하게 되므로 $N = K\dfrac{V - I_a R_a}{\phi} \propto (V - I_a R_a)$의 식에 의해 속도는 부하가 증가할수록 감소하는 특성을 나타낸다. 이 감소는 크지 않아 타여자 전동기와 같이 정속도 특성을 나타낸다. 또, 분권전동기는 운전 중 계자 저항이 증가하면 계자자속이 감소하여 속도가 증가하는 특성이 있다. 분권전동기는 계자 회로가 단선되면 자속 ϕ가 0이 되어 경부하 시에는 원심력에 의해 기계가 파괴될 정도의 과속도에 도달할 수 있으므로 주의하여야 한다.

㉢ 토크

$$T = \frac{E_c I_a}{2\pi n} = \frac{p\phi n \dfrac{Z}{a} I_a}{2\pi n} = \frac{pZ}{2\pi a}\phi I_a = K_2 \phi I_a (\text{N}\cdot\text{m})$$

$$T = \frac{P}{2\pi n}(\text{N}\cdot\text{m})$$

$$T = \frac{P}{2\pi \dfrac{N}{60}} \times \frac{1}{9.8} = 0.975 \times \frac{P}{N}(\text{kg}\cdot\text{m})$$

다음 그림은 분권전동기의 속도와 토크 특성을 표시한 것이다.

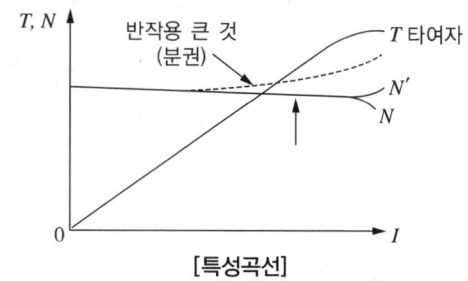

[특성곡선]

$T = K\phi I_a (\text{N} \cdot \text{m})$

$T \propto I_a (I_a = I)$

$T \propto I, \ T \propto \dfrac{1}{N}$

자속 ϕ가 일정하므로 토크는 부하전류에 비례하는 특성을 가지고 있다.

㉣ 출력

$P = E_c I_a = 2\pi NT(\text{W})$

㉤ 회전방향

공급 전원의 방향을 반대로 하면 계자전류와 전기자전류의 방향이 동시에 반대가 되어 회전방향은 바뀌지 않는다.

③ **직권전동기**(정출력 전동기, 기동토크가 가장 우수)

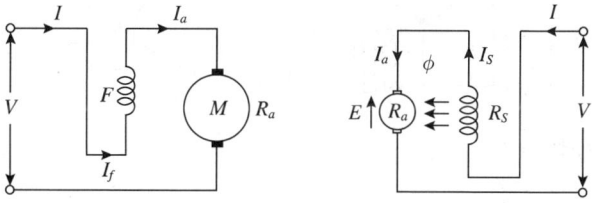

[직권전동기 회로도]

전기자전류 = 계자전류 = 부하전류

$I = I_f = I_a$

단자전압과 역기전력의 관계

$V = E_c + I_a(R_s + R_a)$

$E = V - I_a(R_a + R_s)$

㉠ 회전속도

$N = K\dfrac{V - I_a(R_a + R_s)}{\phi}$

ⓛ 회전속도와 전기자 전류 간의 관계
부하전류가 적어 철심이 자기포화가 되지 않는 범위
$I = I_a = I_f \propto \phi$ 이므로 $N = K \dfrac{V - I_a(R_a + R_s)}{\phi} = K_1 \dfrac{V - I_a(R_a + R_s)}{I_a}$

또한 $I_a(R_a + R_s)$는 V에 비해 매우 적어 무시하면 $N = K_2 \dfrac{V}{I_a}$ 가 된다.

따라서 직권전동기에서 잔류자기가 없는 경우 무부하가 되면($I = I_a = I_f = 0$, $\phi = 0$) 속도는 무한대가 되어 원심력 때문에 기계를 파괴할 염려가 있다. 이와 같이 위험한 속도를 무구속 속도(Run Away Speed)라 한다. 따라서 직권전동기는 벨트 운전을 하지 않는다. 또한 부하 전류가 증가하여 철심이 자기 포화된 경우 자속 ϕ는 일정하게 되므로
$N = K_3[V - I_a(R_a + R_s)]$가 된다.

ⓒ 토 크
$E_c I_a = 2\pi N T$

$T = \dfrac{E_c I_a}{2\pi n} = \dfrac{p\phi n \dfrac{Z}{a} I_a}{2\pi n} = \dfrac{pZ}{2\pi a}\phi I_a = K_2 \phi I_a (\text{N} \cdot \text{m})$

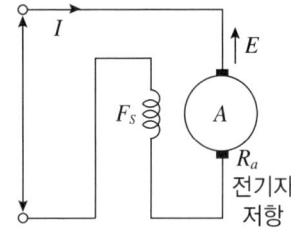
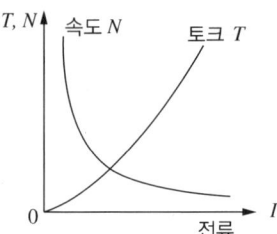

$T = K\phi I_a(\text{N} \cdot \text{m})$
$\phi \propto I_a (I_a = I_s + I)$
$T \propto \phi I_a = I_a^2 = I^2$
$T \propto I^2$
$T = \dfrac{1}{N^2}$

ⓔ 속도 변동률
$\delta = \dfrac{N_0 - N_n}{N_n} \times 100$

여기서, N_0 : 무부하 속도
N_n : 정격 속도

8 직류전동기의 기동

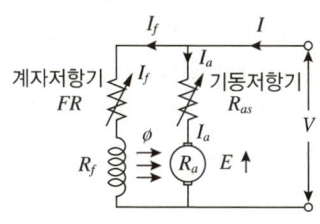

[직류전동기 기동 회로]

(1) 기동 시 기동토크를 충분히 인가하여 계자 저항기의 저항을 최소로 한다.

(2) 기동 시 기동전류의 크기를 정격전류의 1.5~2배로 제한한다.

(3) 전기자 전류를 제한하기 위하여 기동 저항기를 최대로 한다.

9 직류전동기의 속도제어

(1) 분권전동기의 속도 제어

$$N = K\frac{V - I_a R_a}{\phi}$$

① 전압제어

이 방법은 전동기의 공급전압 V를 조정하는 방법으로 워드-레오나드 방식과 일그너 방식이 있다.

㉠ 워드-레오나드 방식

광범위한 속도 제어(1 : 20)가 가능하고 효율이 양호한 특징이 있다.

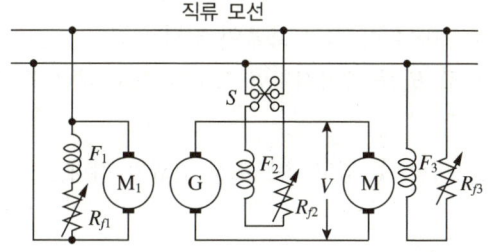

M : 주 전동기
G : 보조발전기
M_1 : 보조전동기(직류 전동기)

㉡ 일그너 방식

워드-레오나드 방식은 보조 발전기가 직류전동기인 반면에 일그너 방식은 보조 전동기를 교류전동기를 사용해도 된다.

따라서 일그너 방식은 보조 전동기로 유도 전동기를 사용하고 그 축에 큰 플라이 휠을 붙인 것으로서 전동기 부하가 급변해도 전원에서 공급되는 전력의 변동이 적다는 것이 특징이며 큰 압연기나 권상기에 사용된다. 일그너 방식의 특징은 다음과 같다.
- 제어 범위가 넓고 손실도 거의 없다.
- 제어법으로는 이상적이지만 설비비가 많이 드는 결점이 있다.
- 주 전동기의 속도와 회전 방향을 자유로이 변화시킬 수 있다.

ⓒ 정토크제어

ⓔ 직병렬제어

② 계자제어

계자권선에 직렬로 접속된 계자 저항기 FR을 조정하여 계자전류를 변화시키면 자속 ϕ가 변화하여 속도 n이 변화된다. 계자제어의 특징은 다음과 같다.

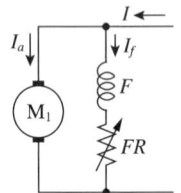

㉠ 계자 저항기에 흐르는 전류가 적기 때문에 전력손실도 적고 조작이 간편하다.

㉡ 계자저항 FR을 아무리 감소시켜도 계자권선 자신의 저항과 자기 포화 때문에 속도를 어느 정도 이하로는 낮출 수 없다.

㉢ 계자 저항기의 저항을 지나치게 증가시켜 계자전류가 매우 적게 되면 전기자 반작용 기자력이 계자 기자력보다 우세하게 되어 중성점의 이동이 심하게 된다.

㉣ 제어 방법은 간단하지만 너무 넓은 범위의 속도 제어는 곤란하다.

㉤ 정출력 구동방식은 속도범위가 작고 정밀하고 안정된 속도제어가 가능하다.

③ 직렬 저항제어

전기자 회로에 직렬저항 표를 넣어서 부하 전류에 의한 전압 강하를 증가시켜 속도를 조정하는 방법이다.

㉠ 저항기에 큰 전류가 흐르므로 열손실이 크고 효율이 낮다.

㉡ $R_s = 0$일 때가 최고 속도이므로 R_s를 증가시키면 속도를 아주 낮은 값까지 변화시킬 수 있는 것이 특징이다.

㉢ 제어용 저항과 기동용 저항을 겸할 수 있고 속도조정 범위가 작다.

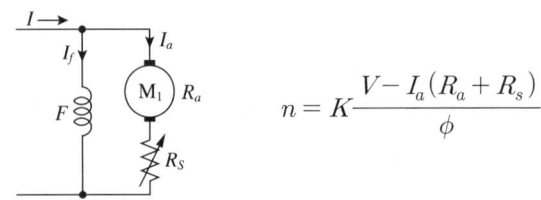

$$n = K \frac{V - I_a(R_a + R_s)}{\phi}$$

10 직류전동기의 제동

(1) 전기적 제동방법
① 역제동(플러깅제동)
전기자 회로의 극성을 반대로 인가하여, 그때 발생되는 역토크를 이용해 전동기를 제동시키는 방법
② 회생제동
전동기의 전원을 접속한 상태에서 전기자에서 유기된 기전력을 전원전압보다 크게 하여, 이때 발생되는 전력을 전원 쪽으로 반환하여 제동하는 방법
③ 발전제동
전기자에서 발생하는 역기전력을 전기자에 병렬로 접속된 외부저항에서 열로 소비하여 제동하는 방법

(2) 직류전동기의 역회전
전기자권선과 계자권선 중 하나의 권선에 대하여 극성(전류)만 반대방향으로 접속한다.

11 직류기의 손실 및 효율

(1) 손 실

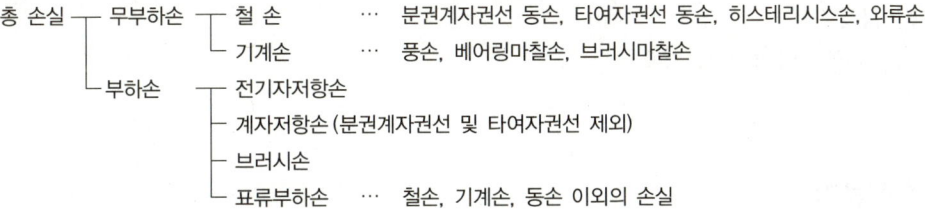

① 고정손실(무부하손실)
부하의 변화에 상관없이 발생하는 손실로서 철손(와류손, 히스테리시스손), 기계손(풍손, 마찰손) 등이 있다.
② 가변손실(부하손실)
부하의 변화에 따라서 변화하는 손실로서 표류부하손, 동손(저항손) 등이 있다.

(2) 효 율
① 실측효율
$$\eta = \frac{출력}{입력} \times 100(\%)$$

② 규약효율

　㉠ 발전기 규약효율 : $\eta = \dfrac{\text{출력}}{\text{출력} + \text{손실}} \times 100(\%)$

　㉡ 전동기 규약효율 : $\eta = \dfrac{\text{입력} - \text{손실}}{\text{입력}} \times 100(\%)$

(3) 정 격

정격은 지정된 조건하에서의 기기를 사용할 수 있는 한도를 말한다. 회전 전기기기에서는 출력에 대해서 사용한도가 정해져 있을 뿐만 아니라 전압·회전속도 등에 대해서도 정격이 정해지며 각각 정격출력·정격전압 등이라 한다. 이와 같은 정격값은 기기에 명시하도록 되어 있다. 각 기기는 정격상태에서 가장 잘 동작할 수 있도록 설계된 것이므로 정격에 주의해서 사용해야 한다. 즉 전동기를 정격출력 이상의 출력으로 사용하면 권선이나 철심의 온도가 허용값을 초과하여 절연물이 열화될 염려가 있다. 또 정격회전속도보다 높은 속도로 운전하면 베어링을 비롯하여 그 밖의 부분의 기계적 부담이 커지며 심한 경우는 파손된다.

① 연속 정격

　몇 시간 또는 며칠 간 연속하여 사용할 것을 조건으로 설계된 것

② 단시간 정격

　지정된 시간(30분 또는 1시간의 범위)에서 사용할 것을 조건으로 설계한 것

③ 반복 정격

　주기적으로 반복하는 부하에 적합한 정격

④ 공칭 정격

　전기철도용 전원기기에 적용되는 정격

12 특수직류기

(1) 전기 동력계

전기 동력계는 회전기, 내연기관, 펌프, 송풍기, 수차 등의 출력이나 동력 측정을 하기 위한 특수 직류기이다.

$T = WL(\text{kg} \cdot \text{m}) = 9.8\,WL(\text{N} \cdot \text{m})$

여기서, T : 토크(kg·m)　　W : 힘(kg)

　　　　L : 동력계 중심과의 거리(m)

$P = 2\pi NT = 2\pi \dfrac{N}{60} \times 9.8\,WL = 1.027\,NWL(\text{W})$

여기서, P : 출력(W)

　　　　N : 회전수(rpm)

(2) 단극 발전기

일정 방향의 기전력을 발생하여 정류자가 필요 없는 구조의 발전기를 단극 발전기라고 하며 그 특징은 다음과 같다.
① 많은 도체를 직렬로 접속하기 위한 많은 슬립링이 필요하다.
② 3~15V의 저전압과 수천 A 이상의 대전류 발생용으로 화학공업이나 저항 용접 등에 사용된다.
③ 철손이 없으므로 전기 강판이 필요 없으며 효율이 높다.

(3) 3선식 발전기

두 종류의 전압(220V/110V)을 하나의 발전기로 겸용시키는 경우에 사용된다.

(4) 증폭기

작은 전력의 변화를 큰 전력의 변화로 증폭하는 것이다.
① 앰플리다인(Amplidyne)
② 로토트롤(Rototrol)
③ HT 다이나모(Hitachi Dynamo)

(5) 앰플리다인

증폭기로서 보통의 발전기에서는 계자전력과 부하전력의 비가 20~100이나 앰플리다인에서는 2단으로 증폭되므로 10,000 정도의 증폭률이 얻어진다.

(6) 로젠베르그 발전기

로젠베르그 발전기는 분권식과 직권식이 있다.
① 분권식 : 정전압형으로 열차의 점등 전원으로 사용된다.
② 직권식 : 정전류형으로 용접용 전원으로 사용된다.

13 시험법

(1) 토크측정시험

① 보조 발전기를 쓰는 방법
② 프로니 브레이크를 쓰는 방법
③ 전기 동력계를 쓰는 방법(대형 직류전동기 토크 측정)

(2) 온도 상승 시험

① 실부하법

② 반환 부하법

　　동일 정격의 두 대의 기기를 한쪽은 발전기, 한쪽은 전동기로 운전하여 상호 간에 전력과 동력을 주고받도록 하여 손실만을 공급함으로써 온도상승을 측정할 수 있는 방법을 반환 부하법이라 한다. 반환 부하법의 종류는 홉킨스법, 카프법, 블론델법 등이 있다.

(3) 절연물의 허용온도

전기 기기의 규격에서는 절연물을 그 내열성에 따라서 다음 표와 같이 7종으로 나누어 허용 최고 온도를 정해 놓았다.

절연의 종류	Y	A	E	B	F	H	C
허용 최고 온도(℃)	90	105	120	130	155	180	180 초과

CHAPTER 02 유도기

PART 02 그린전동자동차 전동기와 제어기

1 유도전동기

(1) 유도전동기의 원리

다음과 같이 구리판에 영구자석을 넣고 회전시키면 구리판이 따라 도는 것을 알 수 있다. 구리판이 따라 도는 원리는 플레밍의 오른손법칙과 플레밍의 왼손법칙이 적용된다.

영구자석을 회전시키면 구리판이 영구자석의 자속을 끊으며 플레밍의 오른손법칙에 의해 기전력이 만들어진다. 이 기전력에 의해 구리판 표면에는 맴돌이 전류(소용돌이 전류)가 흐르게 된다. 이 전류는 자속을 만들게 되는데 이 자속은 플레밍의 왼손법칙에 의해 힘이 발생하여 회전하게 된다. 이 방향은 영구 자석을 회전시키는 방향으로 회전하게 된다.

만일 원판이 자석과 같은 회전속도가 되면 원판과 자석 간의 상대 속도가 없어져 맴돌이 전류를 유도하지 않게 되어 힘이 생기지 않는다. 즉, 원판이 자석에 유도되어 회전하려면 반드시 자석보다 느리게 회전하여야 한다. 이것을 아라고의 원판 실험이라 한다. 구리판에 회전자계를 가하면 동일한 현상이 발생하며, 이것이 유도전동기의 원리가 된다.

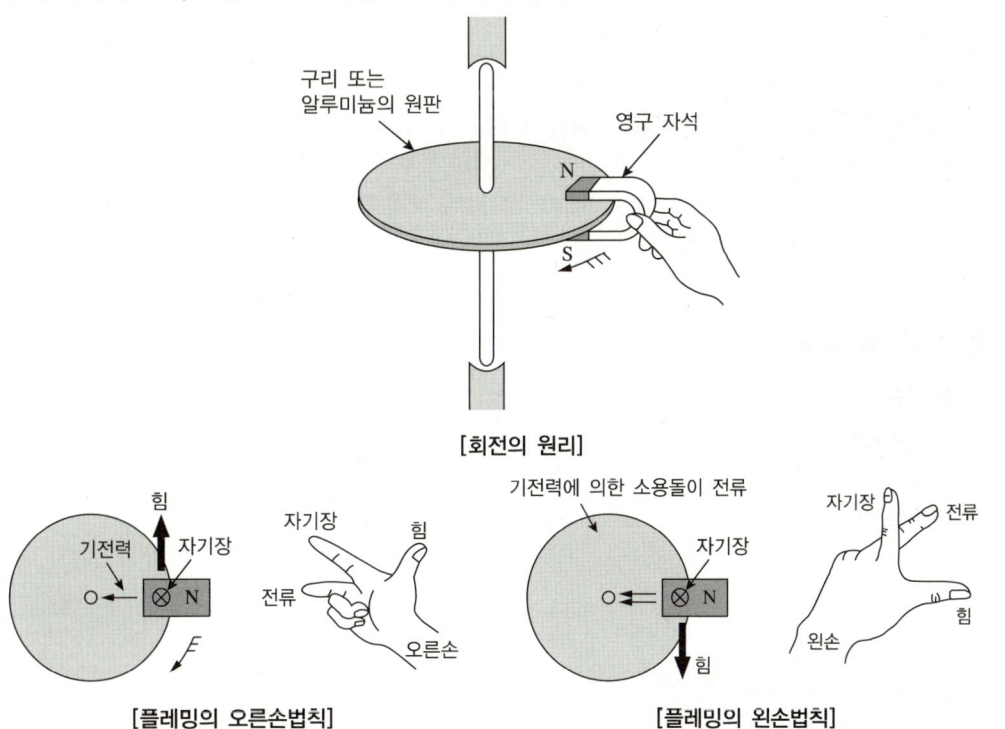

[회전의 원리]

[플레밍의 오른손법칙] [플레밍의 왼손법칙]

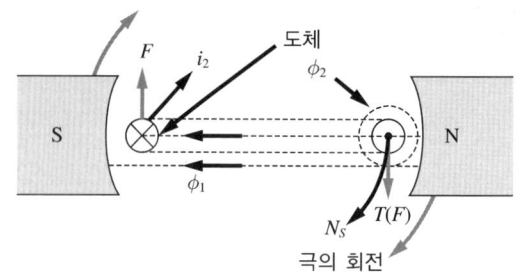

영구 자석을 그림과 같이 설치하고 자속 ϕ_1을 만들며, 도체를 영구 자석의 자기장 속에 넣고, 영구 자석을 그림과 같은 방향으로 회전하면, 도체에는 렌츠의 전자유도 법칙에 의해서 유도전류가 흐르며 그림과 같은 방향으로 전류가 흐른다.

또한 도체는 플레밍의 왼손 법칙에 의해 힘 F가 발생하며 단락 순환 전류 i_2는 스스로 자속 ϕ_2를 만들며 주자속 ϕ_1사이에 토크 T가 발생된다. 따라서 자극의 회전방향으로 도체는 추종하여 회전하게 된다(회전자계의 회전방향으로 회전한다).

이와 같은 이유 때문에 전동기는 동기속도보다는 항상 늦게 회전하게 되는데, 이것이 유도전동기의 슬립이 생기는 이유가 된다.

① 고정자(1차권선) : 회전자계 발생
　㉠ 고정자 권선법 : 2층권(분포권, 단절권)
② 회전자(2차권선) : 유도전류 발생
　㉠ 권선형 : 슬립링이 있는 유도전동기
③ 공극을 작게 하는 이유 : 역률 증대를 위해
④ 매극 매상당 슬롯수

$$S_{sp} = \frac{총슬롯수}{극수 \times 상수}$$

(2) 동기속도와 슬립

① 동기속도

$$N_s = \frac{120f}{P}(\text{rpm})$$

② 슬립(Slip)

$$s = \frac{N_s - N}{N_s} \times 100(\%)$$

$0 > s$: 유도발전기
$0 < s < 1$: 유도전동기
$s > 1$: 유도제동기

여기서, s : 슬립 $\quad\quad f$: 주파수
$\quad\quad\quad P$: 극수 $\quad\quad N_s$: 동기속도
$\quad\quad\quad N$: 회전속도

③ 유도전동기의 슬립 : $0 < s < 1$
　㉠ $s = 1$이면 $N = 0$이고 전동기는 정지 상태
　㉡ $s = 0$이면 $N = N_s$가 되어 전동기가 동기속도로 회전
④ 유도제동기의 슬립 : $s > 1$
　회전자의 회전 방향이 회전 자계의 회전 방향과 반대가 되어 제동기로 작용
⑤ 유도 발전기(비동기 발전기) : $s < 0$
　$N > N_s$ 즉 회전자의 회전속도가 회전자계의 회전속도보다 빠르게 회전하여 비동기 발전기로 작용
⑥ 회전자 속도
$$N = (1-s)N_s = (1-s)\frac{120f}{P}$$

2 유도전동기의 구조

(1) 고정자

자속이 통과하는 자기회로로 규소 강판을 여러 겹 성층하여 3상 코일을 감은 것으로 고정자 내부에 회전자가 위치하게 된다.
① 유도 전동기의 회전하지 않는 부분을 말한다.
② 일반적으로 1차 권선은 고정자에 있게 된다.
③ 철심은 두께 0.35mm 또는 0.5mm의 규소강판을 사용한다.

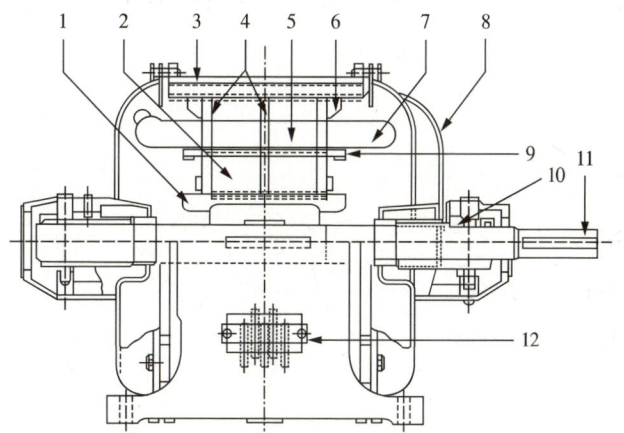

1. 회전자 스파이더
2. 회전자 철심
3. 고정자 프레임
4. 토풍 덕트
5. 고정자 철심
6. 철심을 죈 부품
7. 1차 권선
8. 베어링 브래킷
9. 농형 도체와 단락 고리
10. 베어링 메탈
11. 축
12. 단자

(2) 회전자

농형 회전자, 권선형 회전자가 있다. 다음 그림은 농형 회전자를 나타낸 것이다.

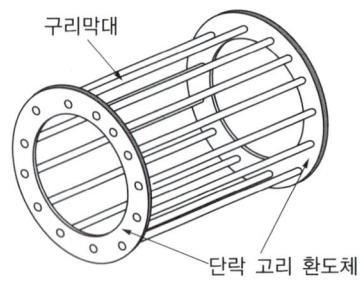

농형 회전자는 구조가 간단하며, 튼튼하다. 중, 소형 유도 전동기에 널리 사용되며 대형이 되면 기동토크가 작아 기동이 곤란하게 된다. 다음 그림은 고정자 철심 속의 권선형 회전자를 나타낸 것이다.

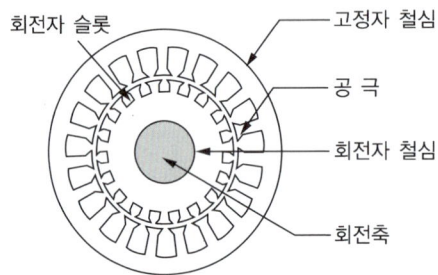

권선형 회전자는 대형 유도전동기에 적합하며 기동토크가 큰 특성이 있으며 2차 회로에 저항을 삽입할 수 있어 비례추이가 가능한 구조를 가지고 있다.
① 유도 전동기의 회전하는 부분을 말한다.
② 일반적으로 2차 권선은 회전자에 있게 된다.
③ 시동 중의 이상현상을 개선하기 위하여 스큐(Skew) 슬롯을 채택한다(스큐는 일반적으로 1슬롯 만큼 경사지게 한다).

3 유도 기전력 및 전류

(1) 전동기가 정지하고 있는 경우

① 1차 유도 기전력 : $E_1 = 4.44 K_{w1} w_1 f \phi \text{(V)}$
② 2차 유도 기전력 : $E_2 = 4.44 K_{w2} w_2 f \phi \text{(V)}$
③ 1차, 2차 권수비
$$\frac{w_1 K_{w1}}{w_2 K_{w2}} = \frac{E_1}{E_2} = a$$

여기서, K_w : 권선계수 w : 1상 권수
ϕ : 자속 f : 주파수

(2) 전동기가 슬립 s로 운전 시

회전자가 슬립 s로 회전하고 있는 경우에 2차 도체와 회전자계와의 상대 속도는
상대 속도 = 회전 자계 속도 − 회전자 속도 = $N - N_s = sN_s$가 된다.
즉, 회전자가 회전하고 있을 때의 상대속도는 회전자가 정지하고 있을 때의 s배가 되므로 다음과 같다.

① 2차 유도기전력 : $E_2' = 4.44K_{w2}sfw_2\phi = sE_2(\text{V})$

② 2차 주파수 : $f' = sf$

③ 전압비 : $\dfrac{E_1}{E_2'} = \dfrac{E_1}{sE_2} = \dfrac{a}{s} = \dfrac{K_{w1}N_1}{sK_{w2}N_2}$

④ 2차 전류 : $I_2 = \dfrac{E_2'}{Z_2'} = \dfrac{sE_2}{\sqrt{r_2^2 + (sx_2)^2}} = \dfrac{E_2}{\sqrt{\left(\dfrac{r_2}{s}\right)^2 + x_2^2}}$ (A)

⑤ 역률

$\cos\theta_2 = \dfrac{r_2}{\sqrt{r_2^2 + (sx_2)^2}}$

$\theta = \tan^{-1}\dfrac{sx_2}{r_2}$

여기서, r_2 : 2차 권선 1상의 저항
x_2 : 전동기가 정지하고 있을 때의 2차 1차상의 리액턴스
x_2' : 전동기가 슬립 s로 회전하고 있을 때의 2차 권선 1상의 리액턴스
Z_2' : 전동기가 슬립 s로 회전하고 있을 때의 2차 1상의 임피던스

4 유도전동기의 등가회로

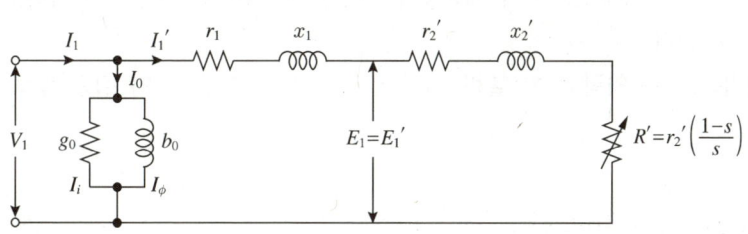

(1) 기계적 출력을 대표하는 부하저항

$$\frac{r_2'}{s} = r_2' + \frac{r_2'}{s} - r_2' = r_2' + r_2'\left(\frac{1-s}{s}\right)$$

여기서 $r_2'\left(\frac{1-s}{s}\right)$를 기계적 출력을 대표하는 부하저항이라 한다.

(2) 출 력

$$P = 3I_1'^2 R'$$
$$R' = r_2'\left(\frac{1-s}{s}\right)$$

(3) 여자 컨덕턴스

$$P = 3V_1 I_i$$
$$g_o = \frac{I_i}{V_1} = \frac{\frac{P_i}{3V_1}}{V_1} = \frac{P_i}{3V_1^2}$$

5 전력의 변환

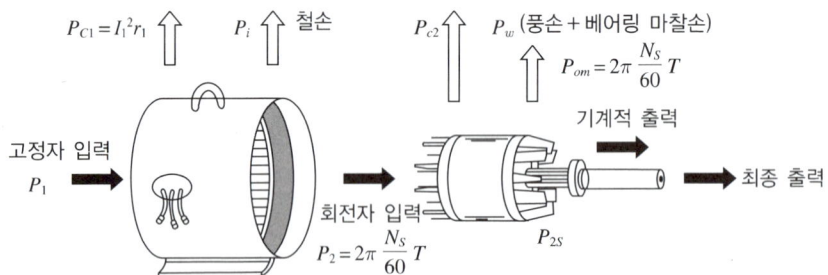

유도전동기의 입력은 1차 저항손, 철손, 2차 저항손, 풍손, 기계적 출력의 합으로 나타낸다. 여기서 2차 입력은 1차 출력과 같으므로 유도전동기 입력은 1차 저항손, 철손, 2차 입력(1차 출력)의 합으로도 나타낼 수 있다.
또 2차 입력은 "2차 입력 = 1차 출력 = 1차 입력 − 1차 저항손 − 1차 철손"으로 된다.

(1) 2차 저항손

$$P_{c2} = I_2^2 r_2 \text{에서 } I_2 = \frac{E_2'}{Z_2'} = \frac{sE_2}{\sqrt{r_2^2 + (sx_2)^2}} \text{이므로}$$

$$P_{c2} = I_2 r_2 \frac{sE_2}{\sqrt{r_2^2 + (sx_2)^2}} = sE_2 I_2 \cos\theta = sP_2$$

(2) 기계적 출력(P_0)

기계적 출력 = 2차 입력 − 2차 저항손

$$P_0 = P_2 - P_{c2} = P_2 - sP_2 = P_2(1-s)$$

(3) 2차 효율

$$\eta_2 = \frac{\text{기계적 출력}}{\text{2차 입력}} = \frac{P_0}{P_2} = \frac{P_2(1-s)}{P_2} = (1-s)$$

(4) 유도전동기 비례식

$P_2 : P_{c2} : P_0 = 1 : s : 1-s$

여기서, P_2 : 2차 입력

P_{c2} : 2차 저항손

P_o : 기계적 출력

η_2 : 2차 효율

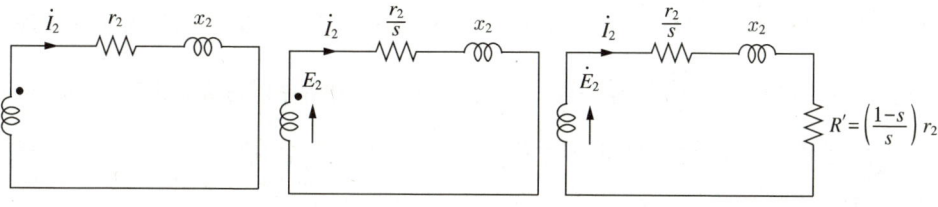

[2차 입력과 기계적 출력에 관한 모델]

6 3상 유도전동기의 특성

(1) 슬립과 전류의 관계

$$I_2 = \frac{sE_2}{\sqrt{r_2^2 + (sx_2)^2}}$$

(2) 슬립과 토크

$$T = K_0 \frac{sE_2^2 r_2}{r_2 + (sx_2)^2}$$

(3) 토크

$$P_o = \omega T = \frac{2\pi N}{60} T$$

$$T = \frac{60}{2\pi} \frac{P_o}{N} = 9.55 \frac{P_o}{N} = 9.55 \frac{P_2}{N_s} (\text{N} \cdot \text{m})$$

$$= \frac{60}{2\pi} \frac{1}{9.8} \frac{P_o}{N} = 0.975 \frac{P_o}{N} = 0.975 \frac{P_2}{N_s} (\text{kg} \cdot \text{m})$$

7 비례추이

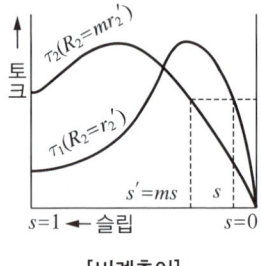

[비례추이]

비례추이란 2차 회로 저항의 크기를 조정함으로써 그 크기를 제어할 수 있는 요소를 말하며, 비례추이를 할 수 있는 것은 $\frac{r_2}{s}$의 함수로 표시된다. 따라서 비례추이는 2차 저항의 크기를 변화시킬 수 있는 권선형 유도전동기에서 사용된다. 다음 식은 2차 삽입저항의 크기를 나타낸 것이다.

$$\frac{r_2}{s_m} = \frac{r_2 + R_c}{s_t}$$

여기서, s_m : 최대 토크 시 슬립
 s_t : 기동 시 슬립
 r_2 : 2차 권선의 저항
 R_c : 2차 외부회로 저항

(1) 비례추이의 특징
  ① r_2를 크게 하면 기동전류는 감소하고 기동토크는 증대된다.
  ② 최대 토크는 T_{max}로 항상 일정하고 최대 토크를 발생시키는 슬립만 변한다.
  ③ r_2를 증가시키면 s_m도 따라서 증가한다.

(2) 비례추이할 수 있는 것들
  ① 1차 전류
  ② 2차 전류
  ③ 역 률
  ④ 동기 와트

(3) 비례추이할 수 없는 것들
  ① 출 력
  ② 효 율
  ③ 2차 동손

8 원선도

유도전동기의 실부하 시험을 하지 않고서도 유도전동기에 대한 간단한 시험의 결과로부터 전동기의 특성을 쉽게 구할 수 있도록 한 것으로, 유도전동기의 1차 부하 전류의 벡터의 자취가 항상 반원주 위에 있는 것을 이용하여, 간이 등가 회로의 해석에 이용한 것을 헤일랜드(Heyland Circle Diagram) 원선도라 한다.

유도 전동기는 일정값의 리액턴스와 부하에 의하여 변하는 저항(r_2/s)의 직렬 회로라고 생각되므로 부하에 의하여 변화하는 전류 벡터의 궤적, 즉 원선도의 지름은 전압에 비례하고 리액턴스에 반비례한다. 다음 그림은 헤일랜드 원선도를 나타낸다.

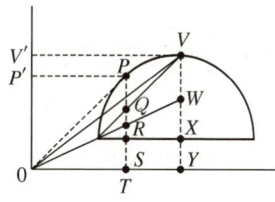

• $\overline{ST}$ = 철손
• $\overline{RS}$ = 1차 저항손
• $\overline{QR}$ = 2차 저항손
• $\overline{PQ}$ = 출력

원선도 작성에는 다음 실험이 필요하다.
- 저항측정
- 무부하 시험(No Load Test)
- 구속시험(Lock Test)

9 유도전동기의 기동

농형 유도전동기의 기동 토크 T_s는 전압의 제곱에 비례한다. 따라서 단자 전압을 감소시키면 전류는 감소하고 기동 토크도 감소하게 된다.

(1) 농형 유도전동기 기동법

① 전 전압 기동법
전동기에 별도의 기동장치를 사용하지 않고 직접 정격전압을 인가하여 기동하는 방법
㉠ 5kW 이하의 소용량 농형 유도 전동기에 적용한다.
㉡ 기동 전류가 정격 전류의 4~6배 정도이다.

② Y-△ 기동

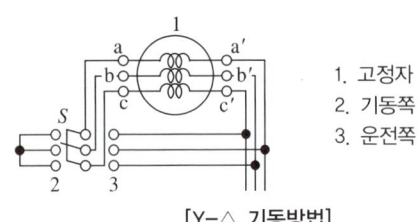

1. 고정자
2. 기동쪽
3. 운전쪽

[Y-△ 기동방법]

기동 시 고정자권선을 모로 접속하여 기동함으로써 기동전류를 감소시키고 운전속도에 가까워지면 권선을 A로 변경하여 운전하는 방식
㉠ 5~15kW 정도의 농형 유도전동기 기동에 적용
㉡ Y 기동 시 전기자 권선에 가하여지는 전압은 정격전압의 $\frac{1}{\sqrt{3}}$ 이므로 △기동 시에 비해 기동전류는 $\frac{1}{3}$, 기동 토크도 $\frac{1}{3}$ 로 감소한다.

③ 기동보상기법
3상 단권변압기를 이용하여 전동기에 인가되는 기동전압을 감소시킴으로서 기동전류를 감소시키는 기동방식[3개의 탭(50, 60, 80%)을 용도에 따라 선택한다]
㉠ 15kW 이상의 농형 유도전동기 기동에 적용
㉡ 기동보상기 2차측 전류 = 기동전류 × 기동보상기 탭
㉢ 기동보상기 1차측 전류 = 기동보상기 2차측 전류/권수비
 = 기동보상기 2차측 전류 × 기동보상기 탭

④ 리액터 기동법

전동기의 1차측에 직렬로 철심이 든 리액터를 설치하고 그 리액턴스의 값을 조정하여 전동기에 인가되는 전압을 제어함으로써 기동전류 및 토크를 제어하는 방식이다.

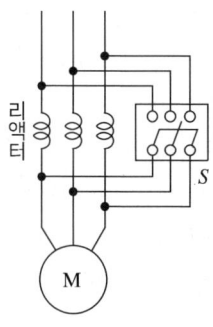

[리액터 기동]

⑤ 콘도르파법

이 방법은 기동보상기법과 리액터 기동 방식을 혼합한 방식으로 기동 시에는 단권변압기를 이용하여 기동한 후 단권 변압기의 감전압 탭에서 전원으로 접속을 바꿀 때 큰 과도전류가 발생한다. 이 전류를 억제하기 위하여 리액터를 운전한 후 일정한 시간이 지난 뒤에 리액터를 단락하여 전원으로 접속을 바꾸는 기동방식이다. 원활한 기동이 가능하지만 가격이 비싸다는 단점이 있다.

(2) 권선형 유도전동기 기동법

2차 저항법으로 2차 회로에 가변 저항기를 접속하고 비례 추이의 원리에 의하여 큰 기동 토크를 얻고 기동 전류도 억제한다.
① **저항기동법** : 비례추이 사용
② **게르게스법** : $s = 0.5$

(3) 이상기동현상

① **차동기 운전(크롤링 현상)**

3상 유도전동기에서 고조파에 의해 낮은 속도에서 안정상태가 되어 더 이상 가속하지 않는 현상을 차동기 운전(Crawling)이라 한다. 방지대책으로는 경사슬롯(Skewed Slot)을 채용한다.

② **고조파의 회전자계 방향 및 속도**

$h = 2nm + 1$	$h = 3n$	$h = 2nm - 1$
기본파와 같은 방향의 회전자계 발생	회전자계 발생하지 않음	기본파와 반대 방향의 회전자계발생

회전속도 = $\dfrac{1}{고조파\ 차수}$

③ **게르게스 현상**

3상 권선형 유도 전동기의 2차회로가 한 개 단선된 경우 $S = 50\%$ 부근에서 더 이상 가속되지 않는 현상

(4) 유도전동기의 제동

① 전기적 제동
  ㉠ 회생 제동 : 유도 전동기를 유도 발전기로 동작시켜 그 발생 전력을 전원에 반환하면서 제동하는 방법이다.
  ㉡ 발전 제동 : 전동기를 전원으로부터 분리한 후 1차 측에 직류전원을 공급하여 발전기로 동작시킨 후 발생된 전력을 외부저항에서 열로 소비시키는 방법이다.
  ㉢ 역전 제동 : 회전 중인 전동기의 1차권선 3단자 중 임의의 2단자의 접속을 바꾸면 역방향의 토크가 발생되어 제동하는 방법으로 이 방법은 급속하게 정지시키고자 하는 경우에 사용된다.
  ㉣ 단상 제동 : 권선형 유도전동기의 1차 측을 단상교류로 여자하고 2차 측에 적당한 크기의 저항을 넣으면 전동기의 회전과는 역방향의 토크가 발생되므로 제동된다.

② 기계적 제동
회전 부분과 정지 부분 사이의 마찰을 이용하여 제동하는 방법이다.

10 유도전동기의 속도제어

(1) 극수 변환법

① $N_s = \dfrac{120f}{p}$ 에서 극수 p를 변환시켜 속도를 변환하는 방법
② 비교적 효율이 좋음
③ 연속적인 속도제어가 아니라 단계적인 속도제어 방법

(2) 주파수 변환법

① 인버터시스템을 사용하여 $N_s = \dfrac{120f}{p}$ 에서 주파수 f를 제어하는 방법
② 자속을 일정하게 유지하기 위하여 $V_1/f = $ 일정
③ 선박추진기, 포트모터(방사용 전동기) 등에 사용

(3) 전원 전압 제어법

유도전동기의 토크가 전압의 자승에 비례하는 성질을 이용하여 부하 시에 운전하는 슬립을 변화시키는 방법(선풍기의 속도 제어)이다.

(4) 저항 제어법

권선형 유도 전동기에서만 사용할 수 있는 방법으로 2차 회로의 저항 변화에 의한 토크 속도 특성의 비례추이를 응용한 것이다.

(5) 2차 여자법

유도전동기의 회전자 권선에 2차 기전력 sE_2와 동일 주파수의 전압 E_c를 가해 그 크기를 조절함으로서 속도를 제어하는 방법이다.

① E_c를 2차 기전력과 반대 방향으로 인가

$I_2 = \dfrac{sE_2 - E_c}{r_2}$ 에서 I_2 및 r_2가 일정하면 $sE_2 - E_c$도 일정하고 E_c를 증가시키면 sE_2도 증가한다. 즉, 슬립 s도 증가하게 되며 반면에 속도는 감소하게 된다. 반대로 E_c를 감소시키면 sE_2는 감소하고 슬립 s도 감소하게 되며 반면에 속도는 증가하게 된다.

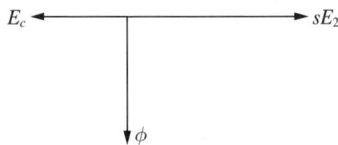

② E_c를 2차 기전력과 같은 방향으로 인가

$I_2 = \dfrac{sE_2 + E_c}{r_2}$ 에서 I_2 및 r_2가 일정하면 $sE_2 + E_c$도 일정하고 E_c를 증가시키면 sE_2는 감소한다. 즉, 슬립 s도 감소하게 되며 반면에 속도는 증가하게 된다. 반대로 E_c를 감소시키면 sE_2는 증가하고 슬립 s도 증가하게 되며 반면에 속도는 감소하게 된다.

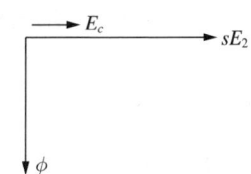

농형 유도전동기	권선형 유도전동기
• 주파수 제어법 • 극수 변환법 • 전압제어 → $\tau \propto V^2$	• 2차 저항제어 → 비례추이 원리 • 2차 여자법 → 슬립 주파수의 전압공급 • 종속법

(6) 종속법

① 직렬종속법 $N = \dfrac{120f}{p_1 + p_2}$ (rpm)

② 차동종속법 $N = \dfrac{120f}{p_1 - p_2}$ (rpm)

③ 병렬종속법 $N = \dfrac{2 \times 120f}{p_1 + p_2}$ (rpm)

(7) 고조파에 의한 기자력의 속도 및 회전방향

① 속도 : $\dfrac{1}{h}$

② 회전방향
  ㉠ 회전파와 같은 방향 : $h = 2mn + 1$
  ㉡ 회전파와 반대 방향 : $h = 2mn - 1$
   여기서, h : 고조파 차수
       m : 상수
       n : 정수

11 단상 유도전동기

(1) 단상 유도전동기의 특징

2차 저항의 크기가 변환하면 최대토크를 발생하는 슬립뿐만 아니라 최대토크까지 변화한다.

(2) 단상 유도전동기의 종류

① 콘덴서 기동형 : 기동토크가 크다.
② 셰이딩 코일형 : 회전방향을 바꿀 수 없고 기동토크가 가장 작다.
③ 분상 기동형
④ 반발 기동형

(3) 단상 유동전동기의 기동토크 순서

반발 기동형 > 반발 유도형 > 콘덴서 기동형 > 콘덴서 운전형 > 분상 기동형 > 셰이딩 코일형 > 모노 사이클릭형

(4) 서보모터 특징

① 기동토크가 크다.
② 회전자 관성 모멘트가 작다.
③ 회전자에서 팬에 의한 냉각효과가 없다.
④ 시정수가 짧고 속응성 및 기계적 응답성이 좋다.
⑤ 제어권선전압이 0일 때는 기동하지 말고 즉시 정지하여야 한다.
⑥ 교류 서보모터의 기동토크에 비하여 직류 서보모터의 기동토크가 크다.

12 유도전압조정기

(1) 단상 유도전압조정기

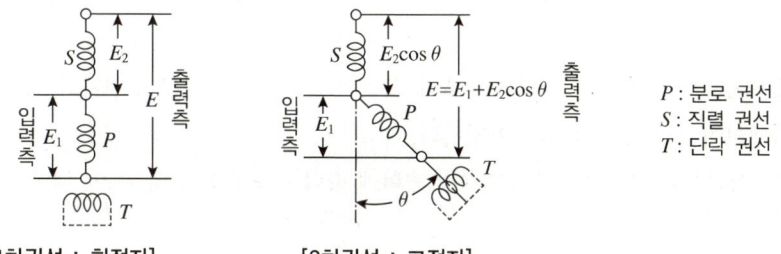

[1차권선 : 회전자]   [2차권선 : 고정자]

① 원 리

분로권선과 직렬권선의 축이 이루는 각 θ가 0°일 때 분로권선이 만드는 교번자속 ϕ는 누설자속을 무시하면 모두가 직렬권선과 쇄교하기 때문에 직렬권선의 유도전압은 가장 크며 그 값을 조정전압 $E_2(V)$라고 하면 출력측 전압은 $E = E_1 + E_2\cos\theta$으로 나타낸다.

따라서 분로권선의 위치를 연속적으로 조정하여 θ를 변화시키면 출력측 전압을 연속적으로 조정할 수 있다.

㉠ $\theta = 0°$일 때 : $E = E_1 + E_2$
㉡ $\theta = 90°$일 때 : $E = E_1$
㉢ $\theta = 180°$일 때 : $E = E_1 - E_2$

② 조정정격출력

$P_2 = E_2 I_2 \times 10^{-3} (kVA)$

직렬권선에 부하전류가 흐를 때 누설리액턴스 발생에 의한 전압강하가 상쇄된다.

③ 단락권선

㉠ 분로권선과 직각으로 설치한다.
㉡ 직렬권선의 누설리액턴스를 감소시켜 전압강하를 감소시킨다.

④ 입력 전압과 출력 전압 사이에 위상차가 없다.

(2) 3상 유도전압조정기

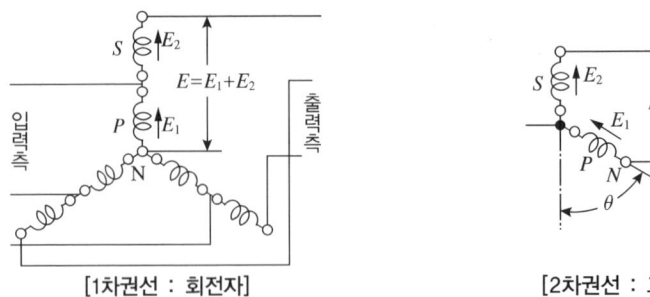

[1차권선 : 회전자]　　　　　　[2차권선 : 고정자]

권선형 3상 유도전동기의 1차 권선 P와 2차 권선 S를 3상 성형 단권변압기와 같이 접속하고 회전자를 구속하고 사용하는 것과 같다.

① 원 리
분로권선에 3상 전압을 가하면 여자전류가 흐르고 3상 유도전동기와 같이 회전자속이 생긴다. 이 회전자속에 의하여 직렬권선의 1상에 유도되는 기전력을 조정전압이라 하고 이것을 $E_2(V)$라고 하면 E_2는 일정한 크기의 회전자속에 의하여 생기는 것이므로 회전자와 고정자와의 관계위치에 관계없이 항상 그 크기는 일정하다.

그러나 회전자와 고정자의 관계위치의 변화에 따라 분로권선 전압 E_1에 대한 E_2의 위상이 변화한다.

$$E = \sqrt{(E_1 + E_2\cos\theta)^2 + (E_2\sin\theta)^2}$$

② 단락권선
3상유도 전압조정기에서는 직렬권선에 의한 기자력은 회전자의 위치에 관계없이 항상 1차 부하 전류에 의한 분로권선 기전력에 의해 상쇄되므로 단상에서와 같은 단락권선을 필요로 하지 않는다.

③ 정격출력
㉠ $P_a = \sqrt{3}\,(E_1 \pm E_2)(V)$

㉡ $V_2 = \sqrt{3}\,E_2 I_2 \times 10^{-3}(kVA)$

④ 입력 전압과 출력 전압 사이에 위상차가 있다.

13 3상 유도전동기의 시험

(1) 부하시험

와전류 제동기, 전기 동력계, 프로니 브레이크법 등이 있으며 3상 유도전동기의 특성은 원선도에 의하여 구하는 것이 보통이지만 실부하법이 편리한 경우에는 실부하법을 사용한다.
① 전기 동력계법
② 프로니 브레이크법
③ 손실을 알고 있는 직류발전기를 사용하는 방법 등

(2) 슬립의 측정

① 회전계법 : 회전계로 직접 회전수를 측정해서 S를 구하는 방법
② 직류 밀리 볼트계법 : 권선형 유도전동기에 사용
③ 수화기법
④ 스트로보스코프

14 특수 유도기

(1) 2중 농형 유도전동기

① 회전자의 농형권선을 내외 이중으로 설치한 것
② 도 체
  ㉠ 외측도체 : 저항이 높은 황동 또는 동니켈 합금의 도체를 사용
  ㉡ 내측도체 : 저항이 낮은 전기동 사용
③ 기동 시에는 저항이 높은 외측 도체로 흐르는 전류에 의해 큰 기동 토크를 얻고, 기동 완료 후에는 저항이 적은 내측 도체로 전류가 흘러 우수한 운전 특성을 얻는다.

CHAPTER 03 동기기기

1 동기발전기의 구조

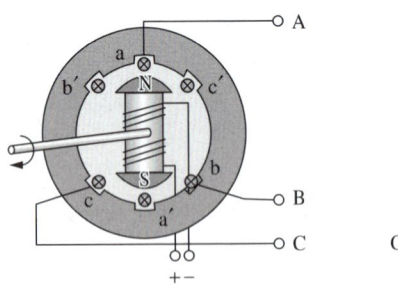

[회전자의 구조 및 3상 Y결선]

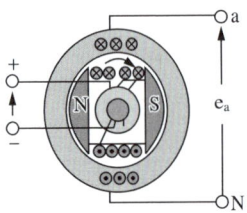

[2극 발전기]

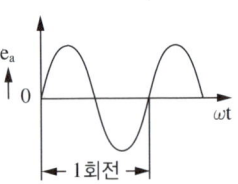

[1사이클 사인파 교류전압]

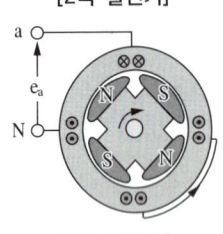

[4극 발전기]

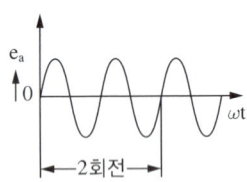

[2사이클 사인파 교류전압]

(1) 동기속도 $N_s = \dfrac{120f}{P}(\mathrm{rpm})$

(2) 유도기전력 $E = 4.44 K_W f w \phi (\mathrm{V})$

　여기서, K_W : 권선계수
　　　　 w : 1상의 권수
　　　　 ϕ : 극당 자속수

2 동기기의 종류 및 특성

(1) 동기발전기의 분류

① 회전자에 따른 분류

분 류	고정자	회전자	비 고
회전 전기자형	계 자	전기자	직류발전기
회전 계자형	전기자(고압, 대전류용)	계자(저압, 소용량)	동기발전기
유도자형	계자, 전기자	유도자	고주파발전기

② 원동기에 따른 분류

분 류	원동기	극 수	회전속도	계자형태
터빈발전기	터 빈	2~4극	고속회전	철극형(돌극형)
수차발전기	수 차	6극 이상	저속회전	원통형(비돌극형)

(2) 전기자 권선법

① 집중권 : 매극 매상의 도체를 한 슬롯에 집중시켜 감는 방법
② 분포권 : 매극 매상의 도체를 각각의 슬롯에 분포시켜 감는 방법

(3) 분포계수

$$K_d(\text{기본파}) = \frac{\sin\dfrac{\pi}{2m}}{q\sin\dfrac{\pi}{2mq}}$$

$$K_{dn}(n\text{차 고조파}) = \frac{\sin\dfrac{n\pi}{2m}}{q\sin\dfrac{n\pi}{2mq}}$$

여기서, q : 매극 매상당 슬롯수
      m : 상수

① 특 징
    ㉠ 기전력의 고조파 감소로 인한 파형개선
    ㉡ 권선의 누설 리액턴스 감소
    ㉢ 권선에 의한 열을 고르게 발산하여 과열방지
    ㉣ 기전력의 감소

(4) 단절권

코일의 간격을 극 간격보다 작게 감는 방법이다.

① 단절계수

$$K_P(\text{기본파}) = \sin\frac{\beta\pi}{2}$$

$$K_{Pn}(n\text{차 고조파}) = \sin\frac{n\beta\pi}{2}$$

여기서, $\beta : \dfrac{\text{권선피치}}{\text{자극피치}}$

② 특 징
  ㉠ 기전력의 고조파 감소로 인한 파형개선
  ㉡ 권선의 누설리액턴스 감소
  ㉢ 권선의 크기가 감소하여 기계 전체의 크기 감소
  ㉣ 기전력의 감소

(5) 전절권

코일간격과 극의 간격을 같게 감는 방법이다.

3 동기기의 성능

(1) 전기자 반작용

전압과 전류의 관계	발전기	전동기
I와 E가 동상	교차자화작용	교차자화작용
I가 E보다 $\pi/2$ 뒤짐	감자작용	증자작용
I가 E보다 $\pi/2$ 앞섬	증자작용	감자작용

(2) 단락곡선

정상운전 중인 3상 동기발전기를 갑자기 단락하게 되면 단락전류는 초기에는 큰 값을 가지지만 시간이 지남에 따라 감소하게 된다(돌발단락전류는 누설 리액턴스에 의하여 제한).

① 무부하 포화곡선 : 계자전류(I_f)와 무부하 단자전압(V_o)과의 관계곡선
② 단락곡선 : 계자전류(I_f)와 단락전류(I_s)와의 관계곡선

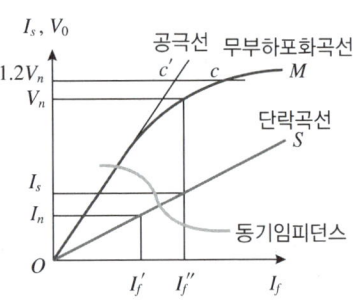

[무부하 포화곡선과 단락곡선]

(3) 단락비

$$K_s = \frac{\text{무부하에서 정격전압을 유지하는 데 필요한 계자전류}}{\text{정격전류와 같은 단락전류를 흘리는 데 필요한 계자전류}}$$

① 단락비가 큰 기계의 특징
- ㉠ 동기 임피던스가 작다.
- ㉡ 전기자 반작용이 작다.
- ㉢ 전압 변동률이 작다.
- ㉣ 안정도가 높다.
- ㉤ 계자 기자력이 크다.
- ㉥ 계자부분이 커지므로 철기계라 한다.
- ㉦ 기계의 중량이 무겁고 비싸다.
- ㉧ 과부하 내량이 증대되고 송전선의 충전용량이 큰 여유가 있는 기계이다.

(4) 동기 임피던스

① 동기 임피던스

$$Z_s = \frac{E_n}{I_s} = \frac{V_n}{\sqrt{3}\,I_s}(\Omega)$$

② %동기 임피던스

$$\%Z = \frac{Z_s I_n}{E_n} \times 100 = \frac{1}{K_s} \times 100(\%)$$

여기서, E_n : 정격 상전압(V)　　V_n : 정격단자전압(V)

I_s : 3상 단락전류(A)　　I_n : 정격전류(A)

K_s : 단락비

③ 동기발전기의 출력

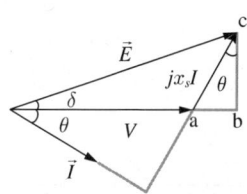

[동기발전기 출력]

$$P = \frac{VE_o}{Z_s}\sin\delta\,(\text{W/상})$$

여기서, V : 단자전압(V)　　E_o : 공칭유기기전력(V)

Z_s : 동기임피던스(Ω)　　δ : 내부 상각차

(5) 동기발전기의 병렬운전 조건

① 기전력의 크기가 같을 것 → 다를 경우 $I_c = \dfrac{E_1 - E_2}{2Z_s}$(A)의 무효순환전류가 흐름

② 기전력의 위상이 같을 것 → 다를 경우 위상이 앞선 G_1은 위상이 뒤진 G_2에 $P = \dfrac{E^2}{2Z_s} \cos \dfrac{\delta}{2}$에 해당하는 동기화 전류가 흐름

③ 기전력의 주파수가 같을 것 → 다를 경우 동기화 전류가 주기적으로 흘러 난조 발생

④ 기전력의 파형이 같을 것 → 다를 경우 고조파 무효 순환전류가 흐름

⑤ 상회전이 같을 것

(6) 난조발생원인

① 원동기의 조속기 감도가 너무 예민한 경우
② 원동기의 토크에 고조파의 토크가 포함된 경우
③ 전기자 회로의 저항이 매우 큰 경우
④ 부하가 맥동하는 경우(제동권을 설치하여 난조를 방지한다)

(7) 동기발전기의 자기여자 및 안정도

① 발생원인 : 송전선로의 정전용량에 의한 전기자 반작용(증자작용)으로 발전기가 스스로 여자되어 전압이 상승한다.

② 안정도 향상대책
 ㉠ 정상 과도 리액턴스 감소
 ㉡ 영상 임피던스와 역상 임피던스 증대
 ㉢ 회전자 관성 증대
 ㉣ 단락비 증대
 ㉤ 속응여자방식 적용
 ㉥ 조속기 동작을 신속하게 함

(8) 동기전동기의 장단점

장 점	단 점
• 속도 일정	• 기동토크가 작음
• 역률 조정 가능	• 속도제어가 어려움
• 유도전동기에 비해 효율이 좋음	• 직류여자가 필요
• 공극이 크고 기계적 강도 우수	• 난조의 우려가 있음

(9) 동기전동기의 위상특성곡선

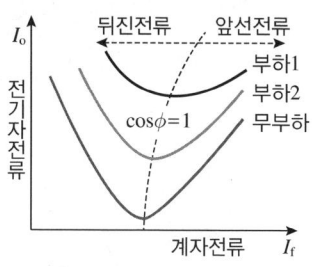

[동기전동기의 V곡선]

① 역률이 1인 경우 전기자 전류가 최소
② 여자전류를 감소시키면 역률은 뒤지고 전기자 전류는 증가
③ 여자전류를 증가시키면 역률은 앞서고 전기자 전류는 증가

CHAPTER 04 BLDC 전동기

1 BLDC 전동기의 특징

(1) BLDC(Brushless) 전동기

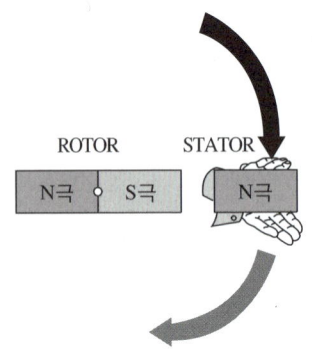

[BLDC 전동기의 회전원리]

① Rotor의 내부에 Magnet을 가지고 있다.
② 회전자계는 인버터의 스위칭 상태를 변화시켜 만든다.
③ Stator가 회전하는 자계를 발생하고 이로 인하여 Rotor가 회전한다.

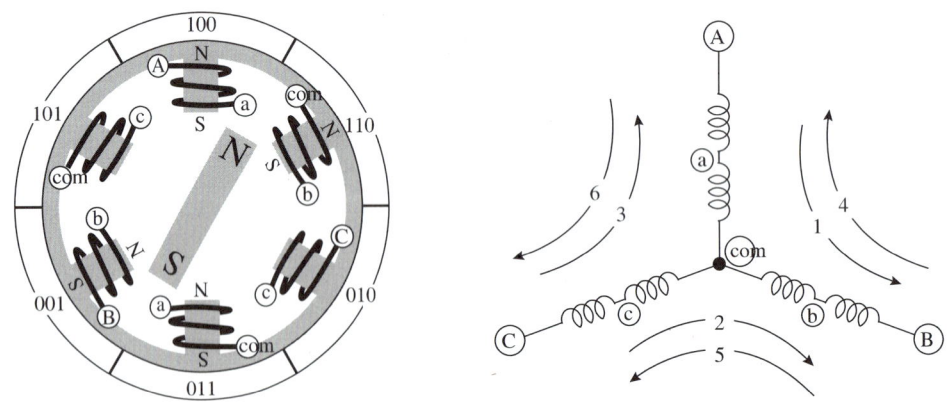

[BLDC 전동기의 내부 구조]

(2) BLDC 전동기 장단점

장 점	단 점
• 브러시가 없기 때문에 전기적, 기계적 노이즈 발생이 적다. • 신뢰성이 높고 유지보수가 필요 없다. • 일정속도제어, 가변속제어가 가능하다. • 고속화가 용이하다. • 소형화가 가능하다.	• 로터에 영구자석 사용으로 저관성화에 제한이 생긴다. • 반도체 재료의 사용으로 비용이 높아진다. • 희토류계 자석사용으로 비용이 높아진다.

(3) 일반적인 DC 전동기와 BLDC 전동기 비교

구 분	DC 전동기	BLDC 전동기
구 조	고정자 계자자석	회전자 계자자석
특 징	제어용이	브러시에서 발생되는 문제점 해결
결선상태	Ring Winding Delta Connection	Delta Y Connection
전류 인가방법	브러시와 정류자의 기계적 접촉	TR, IGBT, FET와 같은 전자적 스위칭
속도제어	부가적 센서가 없는 경우 부하에 따라 변동	자체 센서출력을 이용하여 정속제어
위치검출	브러시에 의하여 검출	엔코더, 홀센서
정·역회전	단자전압의 방향 전환	Logic Sequence 전환
영구자석	페라이트계 자석	희토류계 자석

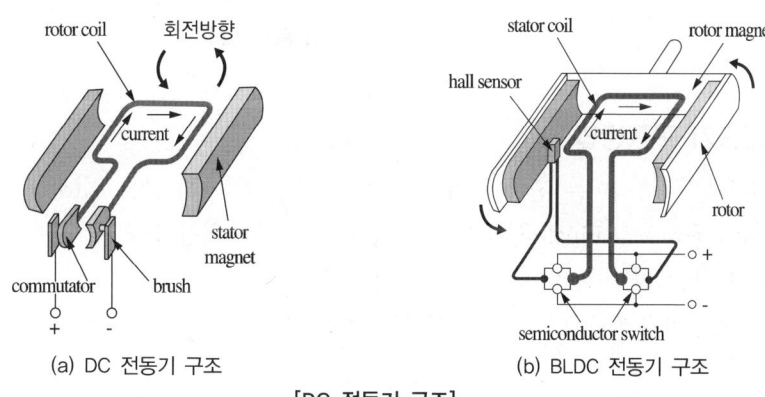

(a) DC 전동기 구조   (b) BLDC 전동기 구조

[DC 전동기 구조]

2 BLDC 전동기의 구동법

(1) BLDC 전동기의 등가회로

$V_a = R_a \times I_a + L_a(dI_a/dt) + \text{EMF}_a$

$V_b = R_b \times I_b + L_b(dI_b/dt) + \text{EMF}_b$

$V_x = R_c \times I_c + L_c(dI_c/dt) + \text{EMF}_c$

여기서, R_a, R_b, R_c : 각 상의 스테이터 권선저항

L_a L_b, L_c : 각 상의 권선 인덕턴스

I_a, I_b, I_c : 각 상의 전류

EMF_a, EMF_b, EMF_c : 각 상의 유기기전력

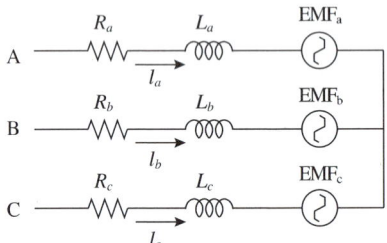

[BLCD 전동기의 등가회로]

(2) BLDC 전동기 구동방법

전동기의 구동은 움직이는 전하가 자계(자기장) 내에 있을 때 받는 힘(로렌츠의 힘의 법칙)

① 효율적 구동과 토크 Ripple을 작게 하기 위하여 6개의 스위칭 소자 중 항상 2개의 스위칭 소자만 ON하여 전동기를 구동한다.

② 전압을 인가하기 위하여 ON되는 2개의 소자 중 하나는 (+)에 다른 하나는 (-)에 접속된 소자가 ON된다.

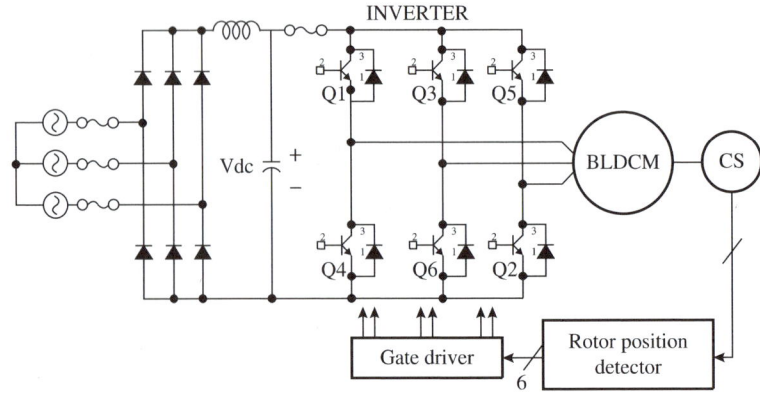

[인버터와 BLDC 전동기 등가회로]

3 BLDC 전동기의 센서리스 구동

(1) BLDC 전동기의 센서리스
비용, 신뢰성, 기계적 패킹의 문제로 인하여 위치검출 센서인 홀센서를 제거한다.

(2) BLDC 전동기의 센서리스 구동
① 역기전력에 의한 방법 : 역기전력이 영을 통과하는 지점(Zero Crossing Point)을 검출하여 위치 정보를 얻는다.
② 비여자상의 환류 다이오드에 흐르는 전류를 이용하는 방법이다.
③ 자속을 추정하는 방법이다.

4 BLDC 모터의 위치 검출 방식

(1) Hall 소자 방식 : 위치검출기구가 간단

(2) 광학적 방식 : 포토커플러를 주로 이용

(3) 고주파 유도방식 : 코일의 인덕턴스의 변화를 검출

(4) 고주파 발진제어 방식 : 발전기의 Q(공진의 첨예도) 발진을 온·오프함

(5) Lead Switch 방식 : 구조 간단

CHAPTER 05 전력변환

PART 02 그린전동자동차 전동기와 제어기

1 전력용 반도체 개요

(1) 반도체 전력변환장치

다이오드, 다이리스터, 스위칭 모드로 사용하는 트랜지스터와 같이 전력용 반도체, 디바이스의 스위칭 동작에 의한 손실을 수반하지 않고 전력을 변환시키는 장치이다.

(2) 전력용 반도체 소자

① 정류기의 스위치, 스위칭 레귤레이터의 환류, 커패시터의 역충전, 회로소자 사이의 에너지 전달, 전압절연, 부하에서 전원으로의 에너지 귀환, 축적에너지 회복 등을 수행하는 스위치로서 동작한다.
② 전력용 다이오드는 신호용 다이오드보다 큰 전력, 전압, 전류용량을 가지고 있고 주파수 응답(스위칭 속도)은 낮다.

2 전력용 반도체의 소자와 적용범위

(1) 전력용 반도체 소자의 종류와 범위

① Diode

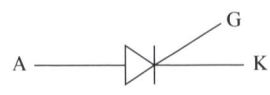

㉠ 범용다이오드 : 3,000V, 3,500V
㉡ 고속회복다이오드 : 3,000V, 1,000A
㉢ 역회복 시간 0.1~0.5μs
㉣ 순방향 전압 : P형에 (+), N형에 (−)전압

② Thyristor, SCR(Silicon Controlled Rectifier)

㉠ 선전류 사이리스터 : 6,000V, 3,500A
㉡ 정류작용
㉢ 인버터회로에 이용
㉣ 교류-직류 변환
㉤ PNPN 4층 구조

③ SITH

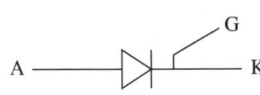
㉠ 정전유도 사이리스터
㉡ 자기 턴-오프 사이리스터
㉢ 자기소호 제어용 소자

④ GTO(Gate Turn Off SCR)

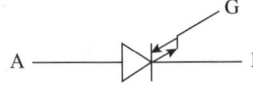
㉠ 게이트 턴-오프 사이리스터 : 4,000V, 3,000A
㉡ 자기 턴-오프 사이리스터

⑤ MCT
㉠ MOS게이트에 작은 부펄스에 동작, 정펄스 전압에 오프
㉡ 1,000V, 100A

⑥ TRIAC(Triode AC Switch)
㉠ 양방향성 제어소자
㉡ 2개의 SCR을 역병렬 접속한 것도 동일
㉢ 조광장치, 교류제어용

⑦ LASCR(Light Activated Silicon Controlled Rectifier)
광활성실리콘 제어정류기, 6,000V, 1,500A, 200~400μs

⑧ NPN BJT(Bipolar Junction Transistor)
㉠ 전력용 트랜지스터
㉡ 고전력용 트랜지스터 : 10kHz, 1,200V, 400A

⑨ IGBT
㉠ 게이트절연 트랜지스터, 전압제어 전력용 트랜지스터
㉡ BJT보다 빠르고 MOS-FET보다 느림
㉢ 구동, 출력특성은 BJT보다 IGBT가 유리
㉣ 고속·고전압 대전류 제어

⑩ N-Channel MOS-FET
㉠ 전력용 MOS-FET, 고속전력컨버터에 이용
㉡ 수십 kHz에서 1,000V, 50A

⑪ SIT(Static Induction Transistor)
㉠ 정전유도 트랜지스터, 대전력 고주파 응용
㉡ 100kHz, 1,200V, 300A

⑫ RCT
㉠ 역도통 다이리스터, 2,500V, 1,000A
㉡ 고속스위칭

⑬ GATT
    ㉠ 게이트-어시스트 턴-오프 다이리스터 : 1,200V, 400A
    ㉡ 고속 스위칭
⑭ NCT
    MOS제어 다이리스트
⑮ SSS(Silicon Symmtrical Switch)
⑯ SUS(Silicon Unilateral Switch)
⑰ SBS(Silicon Bilateral Switch)
⑱ LAS(Light Activated Switch)
⑲ SCS(Silicon Controlled Switch)
⑳ LASCS(Light Activated Silicon Controlled Switch)

(2) 맥동률

$$맥동률 = \sqrt{\frac{실횻값^2 - 평균값^2}{평균값^2}} \times 100 = \frac{교류분}{직류분} \times 100$$

① 단상 전파 : 48%
② 3상 단파 : 17%
③ 3상 전파 : 4%

3 다이오드, FET, IGBT

(1) 다이오드

다이오드의 차단전압용량을 증가시키기 위하여 직렬로 연결한다면, 정상상태 및 과도상태에서 견딜 수 있는 전압분담회로가 필요하고 다이오드의 전류용량을 증가시키기 위하여 병렬로 연결하면 전류분담회로가 필요하다.

① 특 성
    두 단자를 가진 PN 접합소자이며, 합금법, 확산법, 에피택셜 성장법 등의 방법으로 제조한다.
② 전력용 다이오드의 형태
    ㉠ 일반목적 다이오드
        • 회복시간 $25\mu s$, 저속도에 사용
        • 1A 미만에서 수천 A까지 사용
        • 50V에서 5kV까지 사용
        • 확산법에 의하여 제조

ⓒ 고속회복 다이오드
- 5μs의 낮은 회복시간
- 회복속도가 중요시되는 초퍼, 인버터 회로 등에 사용
- 1A에서 수백 A까지 사용
- 50V에서 3kV까지 사용

ⓒ 쇼트키 다이오드
- 충전전하의 문제를 제거하거나 감소
- 낮은 순방향 전압강하의 특성
- 1~300A 정도로 사용되며 전압은 100V 한계

(2) FET

J-FET와 MOSFET 두 종류로 나뉘며, MOSFET이 J-FET에 비하여 더욱 높은 입력 임피던스를 가지기 때문에 일반적으로 MOSFET이 주로 사용된다.

① MOSFET
  ㉠ 전력용 MOSFET은 전압제어소자이다.
  ㉡ 매우 높은 입력 임피던스를 가지고 있기 때문에 미세한 입력전류만을 필요로 한다.
  ㉢ 스위칭 속도가 매우 높다.
  ㉣ 전력용 MOSFET은 저전력 고주파용 컨버터에 이용되고 있다.
  ㉤ MOSFET은 공핍형 MOSFET과 증식(가)형 MOSFET이 있다.

(3) IGBT

BJT와 MOSFET의 장점을 조합한 소자이다.
① MOSFET과 같이 고입력 임피던스를 가지고 있고, BJT와 같이 낮은 ON상태의 도통손실을 나타 낸다.
② IGBT는 전력용 MOSFET과 같이 전압제어소자이다.
③ 낮은 스위칭 손실과 도통 손실을 갖고 있는 반면에 게이트 구동이 용이한 피크전류, 용량, 견고함 등과 같은 전력용 MOSFET의 장점을 지닌다.
④ IGBT는 BJT보다 빠르다.
⑤ 스위칭 속도는 MOSFET의 스위칭 속도보다 떨어진다.

06 전력전자 개론

PART 02 그린전동자동차 전동기와 제어기

1 정류회로

(1) 정류회로

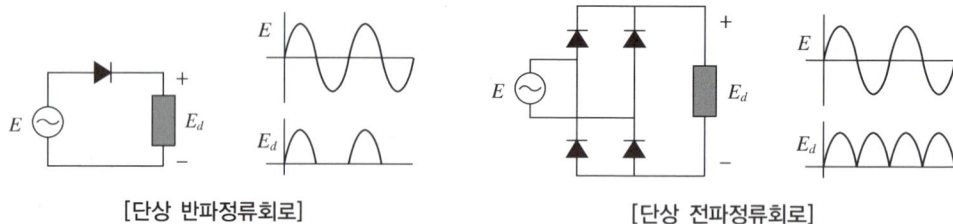

[단상 반파정류회로]　　　　　　　　[단상 전파정류회로]

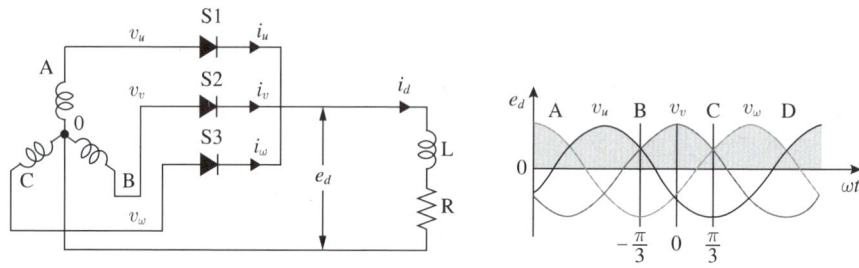

[다상 반파정류회로]

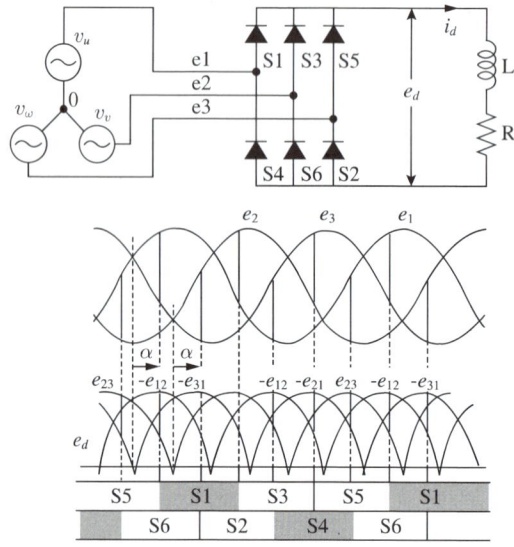

[다상 전파정류회로]

(2) 교류 입력전압과 직류 출력전압과의 관계

① 다상 반파정류 : $E_d = \dfrac{\sqrt{2}\sin\dfrac{\pi}{m}}{\dfrac{\pi}{m}} \times E$

② 단상 반파정류 : $E_d = \dfrac{\sqrt{2}}{\pi} \times E$

③ 단상 전파정류 : $E_d = \dfrac{2\sqrt{2}}{\pi} \times E$

④ 단상전압을 SCR로 전파정류 : $E_d = \dfrac{\sqrt{2}\,E}{\pi}(1+\cos\alpha)$

⑤ 단상전압을 SCR로 반파정류 : $E_d = \dfrac{\sqrt{2}\,E}{2\pi}(1+\cos\alpha)$

⑥ 단상 반파정류회로에서 PIV(첨두 역전압) : $PIV = \sqrt{2}\,E$

⑦ 단상 전파정류회로에서 PIV(첨두 역전압)
　㉠ 정류소자가 4개일 경우 : $PIV = \sqrt{2}\,E$
　㉡ 정류소자가 2개일 경우 : $PIV = 2\sqrt{2}\,E$

2 컨버터

(1) 컨버터

① 단상 세미 컨버터(Single Phase Semi Converter)
② 단상 전파 컨버터(Single Phase Full Converter)
③ 단상 듀얼 컨버터(Dual Converter)
④ 3상 반파 컨버터
　㉠ 높은 평균출력전압을 제공한다.
　㉡ 전력 가변속 구동에서 폭넓게 사용되고 있다.
　㉢ 출력전압의 리플 주파수는 단상컨버터의 리플 주파수와 비교하여 높다.
⑤ 3상 세미 컨버터
　㉠ 무시할 만한 리플성분을 갖는다.
　㉡ 역률은 지연각이 증가함에 따라 감소하지만, 3상 반파 컨버터의 역률보다 좋다.
　㉢ 1상한동작이 요구되는 120kW 수준까지의 산업응용에서 사용된다.
　㉣ 출력전압의 주파수는 $3f_s$이며, 지연각 α는 0부터 π까지 가변할 수 있다.
⑥ 3상 전파 컨버터
　㉠ 3상 컨버터는 2상한동작이 필요한 120kW 수준까지의 산업응용에서 폭넓게 사용된다.
　㉡ 다이리스터는 $\dfrac{\pi}{3}$ 간격으로 점호된다.
　㉢ 출력전압의 주파수는 $6f_s$이며, 필터의 필요성은 3상 세미 컨버터와 반파 컨버터보다 적다.

CHAPTER 07 인버터

1 인버터의 구성

(1) 인버터의 원리

모터속도제어 방식에서 주파수나 모터의 극수, 슬립을 변화시켜 임의의 회전속도를 얻을 수 있다.

$$N = \frac{120f}{P} \times (1-S)$$

여기서, N : 회전속도
  f : 주파수
  P : 극수

2 전압형 인버터

(1) 전압형 인버터의 개념

교류전원을 사용할 경우 교류 측 변환기출력의 맥동을 줄이기 위하여 LC필터를 사용한다. 인버터 측에서 보면 저임피던스 직류 전압원으로 볼 수 있기 때문에 전압형 인버터라 한다. 컨버터부에서 전압이 제어되고, 인버터부에서 주파수가 제어된다. 컨버터부에서 정류된 DC 전압을 인버터부에서 전압과 주파수를 동시에 제어한다.

(2) 전압형 인버터의 특징

① 1, 2상한 운전만 가능
② 4상한 운전이 필요한 경우에는 Dual Converter 사용
③ 전류 파형의 PEAK치가 높기 때문에 주 소자와 변압기 용량이 증대
④ 인버터의 주 소자는 Turn-off 시간이 짧은 IGBT, FET 및 Transistor 사용
⑤ PWM 파형에 의해 인버터와 모터 간에 역률 개선용 진상콘덴서 및 서지 Absorber를 부착하지 말 것
⑥ 출력주파수 범위가 광범위함

(3) 전압형 인버터 장단점

① 장 점
  ㉠ 인버터 계통의 효율이 매우 높다.
  ㉡ 제어회로 및 이론이 비교적 간단하다.
  ㉢ 속도제어 범위가 1 : 10까지 확실하다.
  ㉣ 모든 부하에서 정류(Commutation)가 확실하다.
  ㉤ 주로 소, 중용량에 사용한다.

② 단 점
  ㉠ dv/dt Protection이 필요하다.
  ㉡ 유도성 부하만을 사용할 수 있다.
  ㉢ 스위칭 소자 및 출력 변압기의 이용률이 낮다.
  ㉣ 전동기가 과열되는 등 전동기의 수명이 짧아진다.
  ㉤ Regeneration을 하려면 Dual Converter가 필요하다.

(4) 시스템 구성

① 컨버터부
3상 교류 입력전압을 직류로 변환시키는 Diode Module(DM)과 EMI 노이즈 제거를 위해 Surge Absorber(ZNR)로 구성된다.

② DC-LINK부
정류된 DC 전압을 Filtering(평활)시키는 전해 콘덴서(C_B), 전원 Off 시 전해 콘덴서에 충전된 전압을 방전시키는 방전저항(R_B)와 인버터 운전 시 VDC에서 발생되는 스위칭노이즈를 제거하기 위한 고조파용 고전압 Film 콘덴서(C), 입력전원 On 시 과전류에 의해 PM(IPM, TR)소자의 손상을 방지하는 전류제한저항(R_S)과 RLY(84a)로 구성(인버터 출력단 Short 및 기타 문제 발생 시 과전류에 의한 Power소자 손상 방지용 DC Reactor로 구성)된다.

③ 인버터부
변환된 직류를 Transistor, IGBT 등의 반도체 소자를 이용하여 PWM제어방식에 의하여 DC 전압을 임의의 교류 전압 및 주파수를 얻으며, 또한 Turn-on 및 Off 시 주 소자에 인가되는 과전압과 스위칭 손실을 저감시키거나 전력용 반도체의 역 바이어스 2차 항복파괴방지 목적으로 연결된 Snubber회로로 구성된다.

(5) 출력전압 및 전류파형

① 전류파형-정현파(전동기 부하)
② 전압파형-PWM구형파

3 전류형 인버터

(1) 전류형 인버터의 개념
전류형 인버터는 DC LINK 양단에 평활용 콘덴서 대신에 리액터 L를 사용한다. 인버터 측에서 보면 고임피던스 직류 전류원으로 볼 수 있기 때문에 전류형 인버터라 한다(전류일정제어).

(2) 전류형 인버터의 특징
① 회생(Regeneration)이 가능
② 인버터의 주 소자를 Turn-off 시간이 비교적 긴 Phase Control용 SCR를 사용
③ 인버터 출력단과 모터 간에 역률개선용 진상 콘덴서 사용가능
④ 인버터의 동작 주파수의 최소치와 최대치가 제한적임(6~66Hz)
　㉠ 최소 주파수 : 전동기의 맥동 토크
　㉡ 최대 주파수 : 인버터의 전류 실패(Commutation Failure)
⑤ 전류제어를 할 경우 토크-속도 곡선의 불안정영역에서 운전되기 때문에 반드시 제어루프가 필요

(3) 전류형 인버터의 장단점
① 장 점
　㉠ 4상한 운전이 가능하다.
　㉡ 전류가 제한되므로 Pull-out되지 않는다.
　㉢ 전류회로가 간단하고, 고속 Thyristor가 필요 없다.
　㉣ 과부하 시에도 속도가 낮아지지만 운전은 가능하다.
　㉤ 스위칭 소자 및 출력 변압기의 이용률이 높다.
　㉥ 유도성 부하 외에 용량성 부하에도 사용할 수 있다.
　㉦ 넓은 범위에서 효과적인 토크제어를 할 수 있다.
　㉧ 일정 전류특성으로 강력한 전압원을 가한 것처럼 기동 토크가 크다.
② 단 점
　㉠ 구형파 전류로 인해 저주파수에서 토크 맥동이 발생한다.
　㉡ Feedback(Closed 제어방식)제어를 하기 때문에 제어회로가 복잡하다.
　㉢ 부하 전동기 설계 시 누설 인덕턴스 문제와 회전자에서의 Skin Effect를 고려해야 한다.
　㉣ 부하전류 인버터(Load Commutated Inverter)이므로 전압 Spike가 크기 때문에 전동기 동작에 영향을 미칠 수 있다.

(4) 시스템 구성

① 컨버터부

　　Controlled Rectifier라고 하며, 인버터 출력전류의 크기를 제어한다.

② DC-LINK부

　　DC-LINK 내의 직류전류를 평활하게 한다.

③ 인버터부

　　Controlled Rectifier에서 제어된 직류 전류를 인버터부에서 원하는 주파수로 스위칭하여 출력을 발생(출력주파수제어)시킨다.

(5) 출력전압 및 전류파형

① 전류파형-구형파

② 전압파형-정현파

(6) 인버터 제어방식

① PAM(Pulse Amplitude Modulation) 제어방식

② PWM(Pulse Width Modulation) 제어방식

　㉠ 부등 펄스폭 제어방식

　㉡ 등 펄스폭 제어방식

CHAPTER 08 전동기 제어

1 엔코더, 레졸버

(1) 엔코더
회전방향, 회전속도, 회전량을 검출한다.

(2) 엔코더의 종류
① 광학식 엔코더
- ㉠ 투과용 광원과 수광소자와 회전디스크로 구성
- ㉡ 투과용 광원과 수광소자 사이에 회전디스크를 위치시켜 회전각에 비례한 펄스출력을 얻음
- ㉢ 증분형 엔코더(Incremental Encoder), 절대치형 엔코더(Absolute Encoder)로 분류

② 자기식 엔코더
- ㉠ 미소 다극 착자된 자기드럼과 이에 근접하도록 설치된 자기저항소자로 구성
- ㉡ 드럼의 외경에 착자하고 자기저항소자를 드럼의 외경에 대항하여 배치
- ㉢ 출력신호를 얻는 방법은 동일
- ㉣ 외부환경에 대한 영향을 받지 않기 때문에 사용조건이 광범위
- ㉤ 구조가 간단
- ㉥ 외부로부터 강력한 자계가 가해지면 오작동 발생
- ㉦ 자성분이 들어오면 드럼에 고착되어 오작동 발생

(3) 레졸버
회전각과 위치를 검출하며, 주로 모터의 센서로 사용한다.
① 레졸버의 구조
- ㉠ 스테이터, 로터, 회전트랜스로 구성
- ㉡ 스테이터와 로터의 권선은 자속분포가 각도에 대한 정현파가 되도록 구성
- ㉢ 스테이터 권선은 전기적으로 90° 위상차의 2상 구조
- ㉣ 출력권선의 로터는 용도에 따라 단권선이나 2상권선 구조

② 레졸버의 특징
　㉠ 변위량을 아날로그로 변환
　㉡ 진동과 충격에 강함
　㉢ 소형화 가능
　㉣ 장거리전송 가능
　㉤ 사용온도 범위가 넓음
　㉥ 신호처리회로가 복잡하고 로터리 엔코더에 비하여 고가

2 온도 센서

(1) 온도 센서 종류 및 특징

전압이나 저항의 변화를 이용하여 온도를 전기적 신호로 변환하는 센서다.

① RTD(Resistance Temperature Detector)
　㉠ 저항$(R) = \rho \dfrac{l}{A}$

　　여기서, ρ : 물질의 비저항
　　　　　　l : 길이
　　　　　　A : 단면적

　㉡ 저항값이 온도에 따라 증가하는 금속으로 만들어짐
　㉢ 상대감도 : 온도에 대한 저항계수
　㉣ 미세한 온도변화에 대한 응답성 우수
　㉤ 진동과 충격에 강하여 장기간 안정적으로 사용
　㉥ 권선형, 박막형으로 제작

② 서미스터(Thermistor)
　㉠ 반도체의 저항이 온도에 따라 변하는 특성을 이용한 온도 센서
　㉡ 트랜지스터 회로의 온도보상, 온도제어, 측정의 자동제어에 주로 사용
　㉢ 서미스터의 전기적 저항은 온도의 상승에 따라서 급격히 감소
　㉣ NTC : 온도가 증가하면 저항이 감소(부특성 서미스터)
　㉤ PTC : 온도의 상승하면 저항이 증가(정특성 서미스터)
　㉥ CRT : 어느 특정온도에서 저항이 급변(급변 서미스터)
　㉦ 기계적 충격에 취약하고 출력신호의 직진성이 떨어짐

③ 열전대(Thermo Couple)
  ㉠ 서로 다른 금속선 A, B를 접합하여 2개의 접점 사이에 온도차를 주면 기전력이 발생
  ㉡ 응답성이 우수하고 지연시간에 따른 오차가 적음
  ㉢ 원거리조작 및 기록이 가능
  ㉣ 계기 하나로 여러 곳의 온도측정이 가능
  ㉤ 온도가 열기전력으로 검출되기 때문에 측정, 조절, 변화의 정보처리 용이
  ㉥ 온도 측정범위가 넓고 비교적 가격이 저렴함
  ㉦ 열전대의 종류 : K형, J형, T형, R형, E형, B형
④ IC 온도 센서
  ㉠ 실리콘 트랜지스터의 온도 의존성 응용
  ㉡ 특성이 흐트러지기 쉬운 2단자 다이오드 소자와 3단자 트랜지스터 소자의 결점을 해결(두 센서 모두 정전류 회로 필요, 출력특성의 직선성 부족)
  ㉢ 온도-전류 변환기로 사용
  ㉣ 신호회로와 감온소자가 일체화되어 있기 때문에 외부에서 회로조작을 하지 않음
  ㉤ 좁은 범위의 온도측정에 사용
  ㉥ 기존시스템에 쉽게 통합 가능
⑤ 초전형 온도 센서
  ㉠ 물체로부터 방사되는 적외선이 창을 통해 초전체에 입사될 때 일어나는 초전체 표면전하의 변화로부터 적외선을 측정하여 물체의 온도를 열적으로 감지
  ㉡ 센서에 적외선이 들어오면 초전체의 온도가 상승
  ㉢ 초전체 표면에 유기되는 전하량이 변하여 출력이 얻어짐
  ㉣ 물체로부터 방사되는 적외선에 변화가 없으면 출력이 0
  ㉤ 이동물체 또는 온도가 변화하는 물체의 온도만 검출 가능

CHAPTER 09 벡터 제어

PART 02 그린전동자동차 전동기와 제어기

1 좌표변환

(1) 기준좌표계 이론
① 좌표계의 변환각(θ)
  ㉠ a상에서 임의의 좌표계 d축까지의 각(반시계방향)
  ㉡ $\theta(0)$: 변환각의 초기값(일반적으로 0)
② 좌표축의 회전 각속도(ω)
  ㉠ $\omega = \omega_e$: 동기좌표계
  ㉡ $\omega = \omega_r$: 회전자좌표계
  ㉢ $\omega = 0$: 정지좌표계

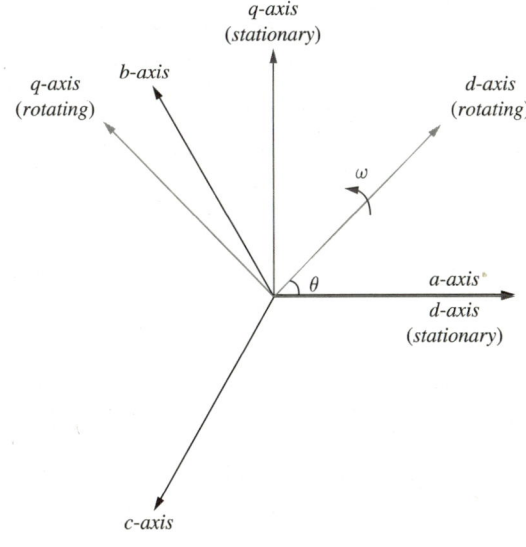

[기준 좌표계]

(2) 좌표변환

3상 교류전동기의 a, b, c상 변수들을 d, q, n축으로 이루어진 직교 좌표계상의 변수로 변환하는 것(d축 : 자속이 발생하는 축, q축 : 토크를 발생하는 전류축, d축과 직각)이다.

변환좌표계	변환공식	영상분 고려	영상분이 영
3상 좌표계 → d-q 정지좌표계	$f^s_{dqn} = T(0)f_{abc}$	$f^s_d = \dfrac{2f_a - f_b - f_c}{3}$ $f^s_q = \dfrac{f_b - f_c}{\sqrt{3}}$ $f^s_n = \dfrac{\sqrt{2}}{3}(f_a + f_b + f_c)$	$f^s_d = \dfrac{2f_a - f_b - f_c}{3} = f_a$ $f^s_q = \dfrac{f_b - f_c}{\sqrt{3}}$
d-q 정지좌표계 → 3상 좌표계	$f_{abc} = T(0)^{-1}f_{dqn}$	$f_a = f^s_d + \dfrac{1}{\sqrt{2}}f^s_n$ $f_b = \dfrac{1}{2}f^s_d + \dfrac{\sqrt{3}}{2}f^s_q + \dfrac{1}{\sqrt{2}}f^s_n$ $f_c = -\dfrac{1}{2}f^s_d - \dfrac{\sqrt{3}}{2}f^s_q + \dfrac{1}{\sqrt{2}}f^s_n$	$f_a = f^s_d$ $f_b = \dfrac{1}{2}f^s_d + \dfrac{\sqrt{3}}{2}f^s_q$ $f_c = -\dfrac{1}{2}f^s_d - \dfrac{\sqrt{3}}{2}f^s_q$
d-q 정지좌표계 → d-q 동기좌표계	$f^e_{dqn} = R(\theta)f^s_{dqn}$	$f^e_d = f^s_d\cos\theta + f^s_q\sin\theta$ $f^e_q = -f^s_d\sin\theta + f^s_q\cos\theta$ $f^e_n = f^s_n$	$f^e_d = f^s_d\cos\theta + f^s_q\sin\theta$ $f^e_q = -f^s_d\sin\theta + f^s_q\cos\theta$
d-q 동기좌표계 → d-q 정지좌표계	$f^s_{dqn} = R(\theta)^{-1}f^e_{dqn}$	$f^s_d = f^e_d\cos\theta - f^e_q\sin\theta$ $f^s_q = f^e_d\sin\theta + f^e_q\cos\theta$ $f^s_n = f^e_n$	$f^s_d = f^e_d\cos\theta - f^e_q\sin\theta$ $f^s_q = f^e_d\sin\theta + f^e_q\cos\theta$

(3) 좌표기호의 정의

f^i_{jk}	의 미	예 시
f	변수의 종류	• V : 전압 • I : 전류 • λ, ϕ : 자속
상첨자 i	좌표계의 종류	• e : 동기좌표계($\omega = \omega_e$) • r : 회전자좌표계($\omega = \omega_r$) • s : 정지좌표계($\omega = 0$)
하첨자 j	변수가 존재하는 좌표축	• d, q, n : d-q좌표계 d, q, n축 • a, b, c : 3상 좌표계 a, b, c축
하첨자 k	변수의 물리적 위치	• s : 고정자 • r : 회전자

2 전동기의 d-q축 모델

(1) 유도전동기의 d-q축 모델

순시토크제어를 위한 벡터 제어기법을 적용하기 위하여 유도전동기의 d-q축 모델 필요

① 임의의 각속도 ω로 회전하는 $d\omega$-$q\omega$축 전압 방정식

$$v_{ds}^{\omega} = R_s i_{ds}^{w} + \frac{d\lambda_{ds}^{w}}{dt} - \omega\lambda_{qs}^{\omega}$$

$$v_{qs}^{\omega} = R_s i_{qs}^{w} + \frac{d\lambda_{qs}^{w}}{dt} - \omega\lambda_{ds}^{\omega}$$

$$v_{ns}^{\omega} = R_s i_{ns}^{w} + \frac{d\lambda_{ns}^{w}}{dt}$$

$$v_{dr}^{\omega} = R_r i_{dr}^{w} + \frac{d\lambda_{dr}^{w}}{dt} - (\omega - \omega_r)\lambda_{qr}^{\omega}$$

$$v_{qr}^{\omega} = R_r i_{qr}^{w} + \frac{d\lambda_{qr}^{w}}{dt} + (\omega - \omega_r)\lambda_{dr}^{\omega}$$

$$v_{nr}^{\omega} = R_r i_{ns}^{w} + \frac{d\lambda_{nr}^{w}}{dt}$$

② 임의의 각속도 ω로 회전하는 $d\omega$-$q\omega$축 쇄교 자속식

$$\lambda_{ds}^{\omega} = L_{ls}i_{ds}^{\omega} + L_m(i_{ds}^{\omega} + i_{dr}^{\omega}) = L_s i_{ds}^{\omega} + L_m i_{dr}^{\omega}$$

$$\lambda_{qs}^{\omega} = L_{ls}i_{qs}^{\omega} + L_m(i_{qs}^{\omega} + i_{qr}^{\omega}) = L_s i_{qs}^{\omega} + L_m i_{qr}^{\omega}$$

$$\lambda_{ns}^{\omega} = L_{ls}i_{ns}^{\omega}$$

$$\lambda_{dr}^{\omega} = L_{lr}i_{dr}^{\omega} + L_m(i_{ds}^{\omega} + i_{dr}^{\omega}) = L_r i_{dr}^{\omega} + L_m i_{ds}^{\omega}$$

$$\lambda_{qr}^{\omega} = L_{lr}i_{qr}^{\omega} + L_m(i_{qs}^{\omega} + i_{qr}^{\omega}) = L_r i_{qr}^{\omega} + L_m i_{qs}^{\omega}$$

$$\lambda_{nr}^{\omega} = L_{lr}i_{nr}^{\omega}$$

여기서, $L_m = \frac{3}{2}L_{mr} = \frac{3}{2}L_{ms}$

$$L_s = L_{ls} + L_m$$

$$L_r = L_{lr} + L_m$$

③ d-q축 좌표계에서 표현된 유도전동기의 출력토크는 전류와 쇄교 자속으로 여러 가지 표현이 가능하다(d-q축의 회전속도와는 관계없이 동일값을 가진다).

④ 회전자 자속기준 벡터 제어 시 사용되는 토크식(P : 극수)

$$T_e = \frac{3}{2}\frac{P}{2}\frac{L_m}{L_r}(\lambda_{dr}i_{qs} - \lambda_{qr}i_{ds})$$

3 유도기 벡터 제어

(1) 유도전동기의 벡터 제어

① 벡터 제어
  ㉠ 기준자속의 위치를 측정하고 계산하여 고정자 전류를 기준자속과 일치하는 성분과 직교하는 성분으로 분해
  ㉡ 기준자속과 일치하는 성분(d축) : 자속제어
  ㉢ 기준자속과 직교하는 성분(q축) : 토크제어

② 자속기준 제어
  ㉠ 고정자 자속기준 벡터 제어 : $\lambda_s = L_s i_s + L_m i_r$
  ㉡ 회전자 자속기준 벡터 제어 : $\lambda_r = L_m i_s + L_r i_r$
  ㉢ 공극 자속기준 벡터 제어 : $\lambda_m = L_m i_s + L_m i_r$
  ㉣ 구현방식
    - 직접제어방식 : 자속을 직접 또는 계산하여 자속의 위치 계산
    - 간접제어방식 : 동기좌표계 d축에만 자속이 존재하도록 동기주파수를 계산하여 자속의 위치 계산

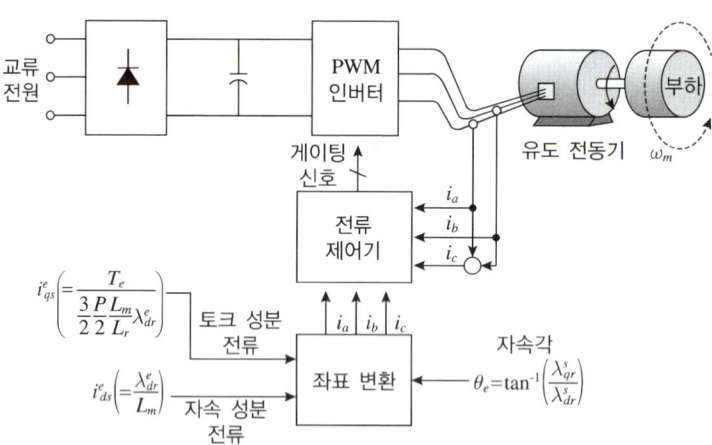

[유도전동기 직접 벡터 제어시스템의 원리 및 구성요소]

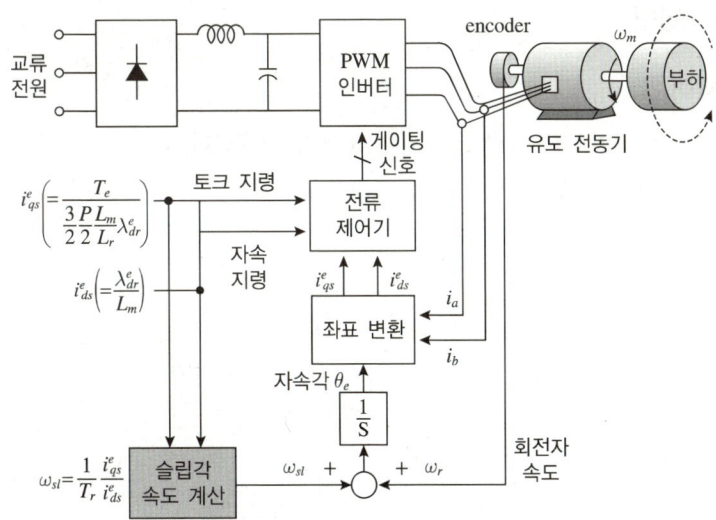

[유도전동기 간접 벡터 제어시스템의 원리 및 구성요소]

4 동기기기 벡터 제어

(1) 동기전동기의 벡터 제어

회전자의 위치가 벡터 제어에 기준이 되는 자속의 위치이기 때문에 유도전동기에 비하여 벡터 제어가 비교적 간단하다.

① 자체적으로 자속과 토크 성분, 전류 각각을 독립적으로 제어한다.
  ㉠ 자속은 영구자석에 의해 발생
  ㉡ 토크 성분 전류는 고정자 전류에 의해 발생
② 회전자의 회전속도로 회전하는 회전자 좌표계를 사용하여 고정자전류로 변환한다.
③ 영구자석의 절대적 초기 위치를 검출하기 위하여 레졸버 또는 절대형 엔코더를 사용한다.

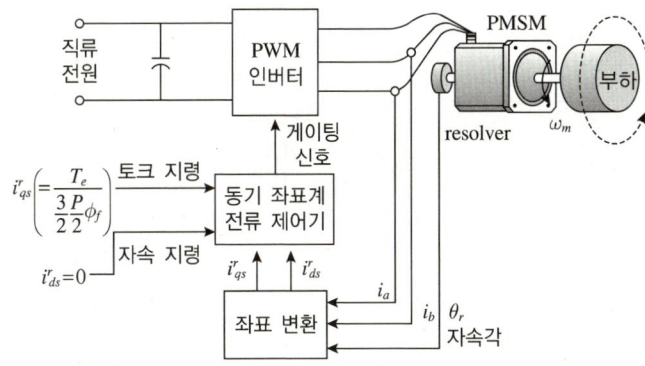

[영구자석 동기전동기 벡터 제어시스템의 원리 및 구성요소]

5 약계자 제어

(1) 약계자 제어

약계자영역에서 전압/전류제한조건 최대 토크가 발생한다.
① 전압제한조건 : 최대고정자전압($V_{s\max}$)

$$V_{ds}^{s2} + V_{qs}^{s2} = V_{ds}^{e2} + V_{qs}^{e2} \leq V_{s\max}^2$$

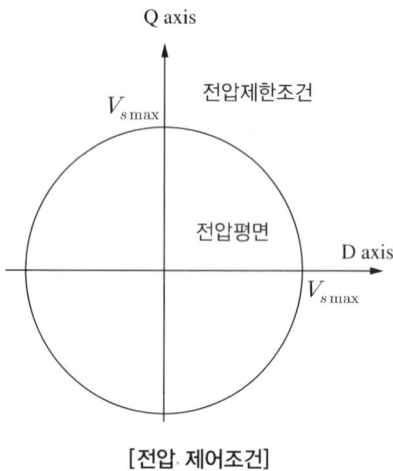

[전압 제어조건]

② 직류링크전압과 PWM방식에 따른 분류

　　㉠ SPWM(Sinusoidal Pulse Width Modulation) : $\dfrac{V_{dc}}{2}$

　　㉡ SVPWM(Space Vector Pulse Width Modulation) : $\dfrac{V_{dc}}{\sqrt{3}}$

③ 전류제한조건 : 최대고정자전류($I_{s\max}$)

$$I_{ds}^{s2} + I_{qs}^{s2} = I_{ds}^{e2} + I_{qs}^{e2} \leq I_{s\max}^2$$

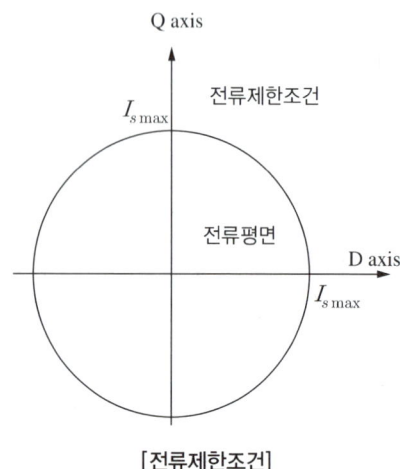

[전류제한조건]

㉠ 전동기의 열정격과 인버터의 전류정격에 의해 결정
㉡ 인버터의 정류정격는 전동기 정격정류의 150~300%

(2) 직류전동기 약계자제어

① 전기자 전압 : $V_a = R_a i_a + L_a \dfrac{di_a}{dt} + e$

② 역기전력 : $e = k\phi\omega$

③ 쇄교자속 : $\phi = f(i_f) = L_f i_f$

④ 전기자 전압입력 : $(V_{a\min} - V_{a\max})$로 제한

(3) 표면부착형 영구자석전동기의 약계자 제어

① 전압방정식
$$\begin{bmatrix} V_{ds}^r \\ V_{qs}^r \end{bmatrix} = \begin{bmatrix} R_s + pL_s & -\omega_r L_s \\ \omega_r L_s & R_s + pL_s \end{bmatrix} \begin{bmatrix} i_{ds}^r \\ i_{qs}^r \end{bmatrix} + \begin{bmatrix} 0 \\ \omega_r \phi_f \end{bmatrix}$$

② 정상상태의 전압방정식
$$V_{ds}^r = r_s i_{ds}^r - \omega_r L_s i_{qs}^r$$
$$V_{qs}^r = r_s i_{qs}^r + \omega_r (L_s i_{ds}^r + L_m i_f)$$

③ 토크
$$T_e = \frac{3}{2}\frac{P}{2}\phi_f i_{qs}^r = \frac{3}{2}\frac{P}{2} L_m i_f i_{qs}^r = K_T i_{qs}^r$$

㉠ 약계자영역 : $i_{ds}^r < 0 \rightarrow \lambda_{ds}^r = L_s i_{ds}^r + L_m i_f$ 감소

㉡ 정토크 제어 : $i_{ds}^r = 0 \rightarrow i_{qs}^r$로 토크 제어

④ 약계자운전의 어려움

㉠ λ_{ds}^r의 감소율은 $i_{ds}^r = -I_{s\max}$인 경우일지라도 정격의 10~20% 이내

㉡ 토크 : 약계자 운전영역에서 속도에 따라 급격히 감소

㉢ Q축 전류 : $i_{qs\max}^r = (I_{s\max}^2 - I_{ds}^{r2})^{1/2}$

(4) 유도전동기의 약계자제어

전압제한조건과 전류제한조건하에서 정상상태 토크를 최대로 하는 전류를 찾는 것

$$T_e = \frac{3}{2}\frac{P}{2}\frac{L_m}{L_r}\lambda_{dr}^e i_{qs}^e = \frac{3}{2}\frac{P}{2}\frac{L_m^2}{L_r} i_{ds}^e i_{qs}^e$$

① 동기좌표계 유도전동기 전압방정식

㉠ 고정자 전류와 회전자자속으로 표현

ⓛ 벡터제어된 경우

$$V_{ds}^e = r_s i_{ds}^e + \frac{d\lambda_{ds}^e}{dt} - \omega_e \lambda_{qs}^e = r_s i_{ds}^e + \sigma L_s \frac{di_{ds}^e}{dt} + \frac{L_m}{L_r} \frac{d\lambda_{dr}^e}{dt} - \omega_e \sigma L_s i_{qs}^e$$

$$V_{qs}^e = r_s i_{qs}^e + \frac{d\lambda_{qs}^e}{dt} - \omega_e \lambda_{ds}^e = r_s i_{qs}^e + \sigma L_s \frac{di_{qs}^e}{dt} + \frac{L_m}{L_r} \omega_e \lambda_{dr}^e + \omega_e \sigma L_s i_{qs}^e$$

$$\lambda_{ds}^e = L_s i_{ds}^e + L_m i_{dr}^e = L_s i_{ds}^e + L_m \left(\frac{\lambda_{dr}^e - L_m i_{ds}^e}{L_r} \right) = \left(L_s - \frac{L_m^2}{L_r} \right) i_{ds}^e + \frac{L_m}{L_r} \lambda_{dr}^e$$

$$= \sigma L_s i_{ds}^e + \frac{L_m}{L_r} \lambda_{dr}^e$$

$$\lambda_{qs}^e = L_s i_{qs}^e + L_m i_{qr}^e = L_s i_{qs}^e + L_m \left(\frac{\lambda_{qr}^e - L_m i_{qs}^e}{L_r} \right) = \left(L_s - \frac{L_m^2}{L_r} \right) i_{qs}^e + \frac{L_m}{L_r} \lambda_{qr}^e = \sigma L_s i_{qs}^e$$

ⓒ 자속의 변화에 의한 전압 : 무시
- 약계자 영역에서 속도에 따라 변화

ⓔ 전류의 변화에 의한 전압 : 무시
- 전류가 급격하게 변화되지 않으면 무시
- 고정자 전압의 제어 여분 고려

ⓜ 고정자 저항 전압강하 : 무시
- 고속영역에서 상대적으로 작음

ⓗ 회전자 자속
- 회전자 자속이 회전자 시정수에 비하여 느리게 변화된다고 가정

② 제한조건

전압제한조건	전류제한조건
• 속도가 증가함에 따라서 크기가 줄어듦 • 타원으로 표현	• 원으로 표현

CHAPTER 10 PWM 제어

1 사인파 변조법

(1) 정현파 PWM방식

산업현장에서 가장 보편적으로 적용된다.

① 정현파 PWM방식의 원리
　㉠ 삼각파와 정현파 파형의 교점이 스위칭 소자의 스위칭 타임 결정
　㉡ 삼각파와 정현파는 비교기에 입력
　㉢ 비교기에서 파형의 크기를 비교하여 최종적 PWM파형 출력
　㉣ 삼각파방식, 진동 저감방식 또는 고조파 저감방식이라고도 함

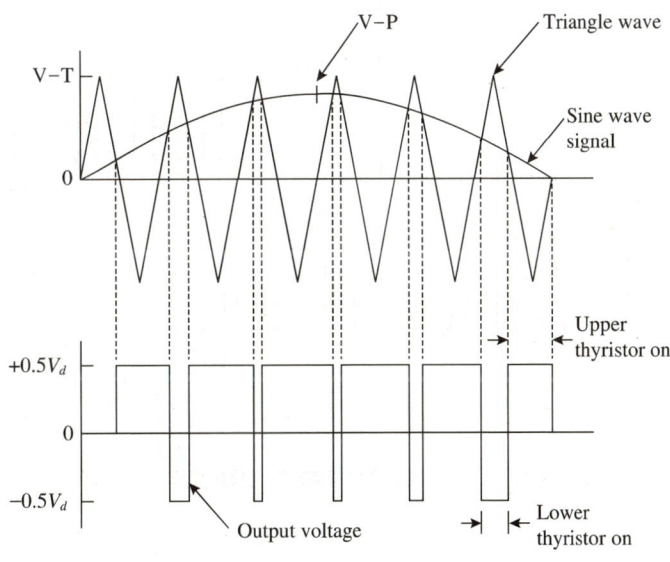

[정현파 PWM 방식의 기본원리]

② 정현파 PWM의 전압
　㉠ 기본파 성분은 삼각파와 비교되는 기본 정현파의 주파수와 크기에 따라 가변
　㉡ 출력전압파형의 푸리에 해석(Fourier Analysis)

$$V(t) = m\frac{V_d}{2}\sin(\omega_s t + \phi) + 고조파\ 성분$$

여기서, m : 변조지수(Modulation Index)
　　　　ω_s : 기본 주파수(Fundamental Frequency)
　　　　ϕ : 정현파에 대한 출력파형의 위상차

ⓒ 변조지수의 정리(변조지수를 조정하여 기본파의 크기 조정)

$$m = \frac{V_P}{V_T}$$

여기서, V_P : 기본 정현파의 최댓값
V_T : 삼각파의 최댓값

ⓓ 선형변조 : $m < 1$, 과변조 : $m > 1$

ⓔ 주파수비를 제어하여 출력파형에 나타나는 고조파성분 제거

$$P = \frac{F_c}{F_m}$$

여기서, F_c : 삼각파의 주파수
F_m : 정현파의 주파수

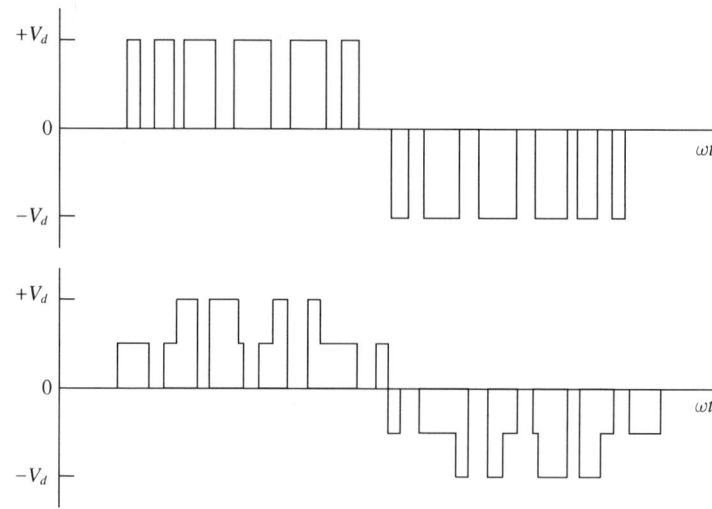

[정현파 PWM의 선간전압과 상전압]

2 공간벡터 변조법

(1) 공간전압 벡터 PWM

DC링크전압을 최대한 많이 사용할 수 있다.

① 지령전압 벡터 발생방법

㉠ 인접한 세 공간 전압벡터를 시간적으로 평균하여 합성

$$\int_0^{T_s} V dt = \int_0^{T_1} V_1 dt + \int_{T_1}^{T_1+T_2} V_2 dt + \int_{T_1+T_2}^{T_s} V_e dt$$

$$T_s = T_1 + T_2 + T_3$$

㉡ 지령전압벡터가 다른 영역에 놓인 경우 출력시간 계산

$$T_1 = T_s \cdot \frac{|V|}{\frac{2}{3}V_{DC}} \cdot \frac{\sin\left(\frac{\pi}{3} - \alpha\right)}{\sin\left(\frac{\pi}{3}\right)}$$

$$T_2 = T_s \cdot \frac{|V|}{\frac{2}{3}V_{DC}} \cdot \frac{\sin(\alpha)}{\sin\left(\frac{\pi}{3}\right)}$$

$$T_3 = T_s - (T_1 + T_2)$$

② 실제 스위칭 소자를 On/Off시키기 위한 시간을 얻기 위하여 시간을 변환
③ 지령전압벡터가 공간 벡터상 놓이는 영역에 따른 각기 다른 계산식 필요
④ 지령전압벡터가 속해 있는 영역판별

PART 02 적중예상문제

01 전동기

01 전기 기계의 철심을 성층하는 가장 적절한 이유는?
① 기계손을 적게 하기 위하여
② 와류손을 적게 하기 위하여
③ 히스테리시스손을 적게 하기 위하여
④ 표유부하손을 적게 하기 위하여

해설 전기자 철심은 히스테리시스 손실의 감소 효과가 큰 규소(1~1.4%)를 함유시켜 제작하고 또한 와류에 의한 손실의 감소를 위해 저규소 강판을 성층으로 얇게 제작하여 적용한다.

02 전기기기에서 전류밀도 및 자속밀도를 변화시키지 않고 각 부분의 치수를 2배로 하였을 때 출력은 몇 배로 되는가?
① 2
② 4
③ 8
④ 16

해설 전류밀도 및 자속밀도가 일정하고 각 부분의 치수를 2배로 하였을 때 전류와 전압($E \propto \phi$)은 4배씩 된다. 따라서, 출력 $P' = V'I' = 4V \times 4I = 16VI = 16P$으로 16배가 된다.

정답 1 ② 2 ④

03 1,000kW, 500V의 분권 발전기가 있다. 회전수 246rpm, 슬롯수 192, 슬롯 내부 도체수 6, 자극수 12일 때 전부하 시의 자속수(Wb)는 얼마인가?(단, 전기자 저항은 0.006Ω이고, 단중 중권이다)

① 1.85　　　　　　　　　　② 0.11
③ 0.0185　　　　　　　　　④ 0.001

해설

전기자전류 $(I_a = I + I_f \fallingdotseq I) = \dfrac{1,000 \times 10^3}{500} = 2,000\text{A}$

유기기전력 $E = V + I_a R_a = 500 + (2,000 \times 0.006) = 512\text{V}$

도체수 $Z =$ (슬롯수) × (1슬롯의 도체수) $= 192 \times 6 = 1,152$

유기기전력 $E = \dfrac{z}{a} p \phi n = \dfrac{z}{a} p \phi \dfrac{N}{60}$ (V)

자속 $\Phi = \dfrac{E \times a \times 60}{Z \times p \times N} = \dfrac{512 \times 12 \times 60}{1,152 \times 12 \times 246} = 0.11\text{Wb}$

04 전기자저항 0.3Ω, 직권 계자 권선의 저항 0.7Ω의 직권 전동기에 110V를 가하였더니 부하전류가 10A였다. 이때 전동기의 속도(rpm)는?(단, 기계 정수는 2이다)

① 1,200　　　　　　　　　　② 1,500
③ 1,800　　　　　　　　　　④ 3,600

해설

직류 직권 전동기 속도 $N = K \dfrac{V - I_a(R_a + R_s)}{I_a}$

단자전압 $V = 110\text{V}$, 전기자전류 $I_a = 10\text{A}$, 전기자저항 $R_a = 0.3\Omega$, 직권 계자 권선 저항 $R_s = 0.7\Omega$, 기계정수 $K = 2$를 대입하면,

전동기의 속도 $N = 2 \times \dfrac{110 - 10(0.3 + 0.7)}{10} = 20\text{rps} = 1,200\text{rpm}$

05 직류기의 다음 손실 중에서 기계손에 속하는 것은 어느 것인가?

① 풍손　　　　　　　　　　② 와류손
③ 브러시의 전기손　　　　　④ 표유부하손

해설 **직류기의 손실**
- 고정손(무부하손) : 철손(히스테리시스손, 와류손), 기계손(베어링 마찰손, 풍손)
- 부하손(가변손) : 동손(전기자동손, 계자동손), 표유부하손

06 3상 동기 발전기의 전기자 권선을 Y결선으로 하는 이유로 적당하지 않은 것은?

① 고조파 순환 전류가 흐르지 않는다.
② 이상전압 방지의 대책이 용이하다.
③ 전기자 반작용이 감소한다.
④ 코일의 코로나, 열화 등이 감소된다.

> **해설** 동기 발전기의 전기자 권선을 Y결선으로 하는 이유
> • 중성점을 접지할 수 있어 이상전압의 대책이 용이하다.
> • 코일의 유기전압이 $1/\sqrt{3}$ 배 감소하므로 절연이 용이하다.
> • 제3고조파에 의한 순환전류가 흐르지 않는다.

07 동기 전동기에 대한 설명으로 옳은 것은?

> A : 부하의 변화(용량의 한도 내에서)에 의하여 속도가 변동한다.
> B : 부하의 변화(용량의 한도 내에서)에 관계없이 속도가 일정하다.
> C : 역률 개선을 할 수 있다.
> D : 역률 개선을 할 수 없다.

① A, B ② B, C
③ C, D ④ D, A

> **해설** 동기 전동기의 특징
> • 정속도 전동기이다.
> • 기동이 어렵다(설비비가 고가).
> • 역률을 1.0으로 조정할 수 있으며, 진상과 지상전류를 연속 공급 가능(동기조상기)하다.
> • 저속도 대용량의 전동기로 대형 송풍기, 압축기, 압연기, 분쇄기에 사용된다.

08 50Hz, 4극, 20HP인 3상 유도 전동기가 있다. 전부하 시 회전수가 1,450rpm일 때 회전력(kg·m)은 얼마인가?(단, 1HP은 736W로 한다)

① 6.85 ② 7.85
③ 9.85 ④ 10.85

> **해설** 토크
> $$T = 0.975 \frac{P_0}{N} = 0.975 \times \frac{20 \times 736}{1,450} = 9.85 \text{kg} \cdot \text{m}$$

09 3상 유도 전동기의 속도를 제어하고자 한다. 적합하지 않은 방법은?
① 주파수 변환법
② 종속법
③ 2차 여자법
④ 전전압법

해설 농형 유도전동기의 기동법 및 속도 제어법
• 기동법 : 전전압 기동(직입기동), Y-△ 기동, 기동 보상기법, 리액터기동법(콘도르파법)
• 속도제어법 : 주파수 변환법, 극수 변환법, 전압 제어법, 저항 제어법, 2차 여자법, 종속법

10 단상 유도전동기를 기동 토크가 큰 순서로 배열한 것은?
① 반발 유도형 → 반발 기동형 → 콘덴서 기동형 → 분상 기동형
② 반발 기동형 → 반발 유도형 → 콘덴서 기동형 → 셰이딩 코일형
③ 반발 기동형 → 콘덴서 기동형 → 셰이딩 코일형 → 분상 기동형
④ 반발 유도형 → 모노사이클릭형 → 셰이딩 코일형 → 콘덴서 전동기

해설 단상 유도전동기의 기동 토크가 큰 순서
반발 기동형 → 반발 유도형 → 콘덴서 기동형 → 분상 기동형 → 셰이딩 코일형 → 모노사이클릭형

11 유도전동기의 슬립을 측정하려고 한다. 다음 중 슬립의 측정법이 아닌 것은?
① 직류 밀리볼트계법
② 수화기법
③ 스트로보스코프법
④ 프로니 브레이크법

해설 프로니 브레이크법은 전동기의 토크 측정 시험이다.

12 입력 100(V)의 단상 교류를 SCR 4개를 사용하여 브리지 제어 정류하려 한다. 이때 사용할 1개 SCR의 최대 역전압(내압)은 약 몇 V 이상이어야 하는가?
① 25
② 100
③ 142
④ 200

해설 1개 SCR의 최대 역전압 $PIV = \sqrt{2}\,E = \pi E_d$ 이므로
$PIV = \sqrt{2} \times 100 = 142V$ 이다.

13 단상 정류자 전동기의 일종인 단상 반발전동기에 해당되지 않는 것은 어느 것인가?
① 아트킨손 전동기　　② 시라게 전동기
③ 데리 전동기　　　　④ 톰슨 전동기

해설　단상 반발 전동기(브러시를 단락시켜 브러시 이동으로 기동 토크, 속도 제어)의 종류 : 아트킨손형, 톰슨형, 데리형

14 다이오드를 사용한 정류 회로에서 여러 개를 직렬로 연결하여 사용할 경우 얻는 효과는?
① 다이오드를 과전류로부터 보호
② 다이오드를 과전압으로부터 보호
③ 부하 출력의 맥동률 감소
④ 전력공급의 증대

해설　• 직렬 연결 : 과전압 방지
　　　• 병렬 연결 : 과전류 방지

15 직류기의 효율이 최대가 되는 경우는 다음 중 어느 것인가?
① 고정손 = 부하손　　　② 기계손 = 전기자동손
③ 와류손 = 히스테리시스손　④ 전부하동손 = 철손

해설　직류기의 최대 효율 조건 : 고정손 = 부하손

16 보통 전기기계에서는 규소강판을 성층하여 사용하는 경우가 많다. 규소강판을 성층하는 이유는 다음 중 어느 것을 줄이기 위한 것인가?
① 히스테리시스손　　② 와류손
③ 동 손　　　　　　④ 기계손

해설　• 규소강판 : 히스테리시스손 감소
　　　• 성층철심 : 와류손 감소

정답　13 ②　14 ②　15 ①　16 ①

17 보통 농형에 비하여 2중 농형 전동기의 특징인 것은?

① 최대 토크가 크다.　　② 손실이 적다.
③ 기동 토크가 크다.　　④ 슬립이 크다.

해설 농형 유도 전동기
　• 장점 : 구조가 간단함, 소용량, 취급이 간단함
　• 단점 : 속도 조정이 어려움, 기동 토크가 적음, 기동전류가 큼
　2중 농형 전동기 : 기동 토크가 큼, 기동전류가 작음

18 직류 복권 발전기를 병렬 운전할 때, 반드시 필요한 것은?

① 과부하 계전기　　② 균압모선
③ 용량이 같을 것　　④ 외부특성 곡선이 일치할 것

해설 직권, 복권 발전기 운전 시 균압선이 필요하다.

19 단상 유도 전동기 중에 기동 시에 브러시를 필요로 하는 것은?

① 분상 기동형　　② 반발 기동형
③ 콘덴서 분상 기동형　　④ 셰이딩 코일 기동형

해설 반발 기동 유도 전동기 : 회전자 권선의 전부 혹은 일부를 브러시를 통해 단락시켜 기동하는 방식으로 기동 토크가 가장 크다.

20 교류기에서 유기기전력의 특정 고조파분을 제거하고 또 권선을 절약하기 위하여 자주 사용되는 권선법은?

① 전절권　　② 분포권
③ 집중권　　④ 단절권

해설 단절권을 사용하는 이유
　• 고조파를 제거하여 기전력의 파형을 개선
　• 동량 절약, 자기 인덕턴스 감소

정답 17 ③　18 ②　19 ②　20 ④

21. 동기전동기의 전기자 반작용에 있어서 맞는 것은?

① 전압보다 90° 앞선 전류는 주자속을 감자한다.
② 전압보다 90° 느린 전류는 주자속을 감자한다.
③ 전압과 동상인 전류는 주자속을 감자한다.
④ 전압보다 90° 느린 전류는 주자속을 교차자화한다.

해설 동기전동기의 전기자 반작용
- 횡축 반작용(교차자화 작용) : 전기자전류가 유기기전력과 동위상 크기 : I
- 직축 반작용(발전기는 전동기와 반대)
  - 감자작용 : 전기자전류가 유기기전력보다 위상이 $\pi/2$ 뒤질 때
  - 증자작용 : 전기자전류가 유기기전력보다 위상이 $\pi/2$ 앞설 때

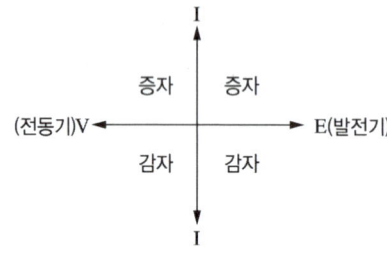

22. 그림과 같은 정합 변압기(Matching Transformer)가 있다. R_2에 주어지는 전력이 최대가 되는 권선비 a는?

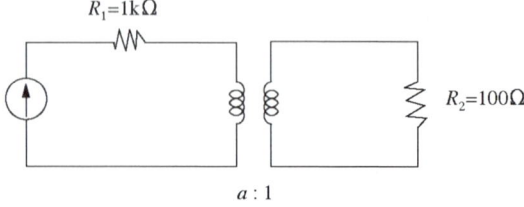

① 약 2
② 약 1.16
③ 약 2.16
④ 약 3.16

해설 권수비
$$a = \frac{N_1}{N_2} = \frac{V_1}{V_2} = \frac{I_2}{I_1} = \sqrt{\frac{Z_1}{Z_2}} = \sqrt{\frac{1,000}{100}} = \sqrt{10} \fallingdotseq 3.16$$
V결선 $P_v = \sqrt{3}\,K = P$
△결선 $P_\triangle = 3K = \sqrt{3}\,P$
여기서, K는 변압기 1대의 용량

23 교류·직류 양용전동기(Universal Motor) 또는 만능 전동기라고 하는 전동기는?

① 단상 반발 전동기
② 3상 직권 전동기
③ 단상 직권 정류자 전동기
④ 3상 분권 정류자 전동기

해설 **교류 정류자기(정류자 전동기)** : 직류전동기에 전류 인가

단 상	3상
• 직 권 – 반발 전동기(브러시를 단락시켜 브러시 이동으로 기동 토크, 속도 제어)로 종류에는 아트킨손형, 톰슨형, 데리형이 있다. – 단상 직권 정류자 전동기는 만능 전동기(직·교류 양용)라고도 하며, 종류에는 직권형, 보상형, 유도 보상형이 있다. 또한, 성층철심, 역률 및 정류 개선을 위해 약계자, 강전기자형으로 쓰인다. 역률 개선을 위해 보상권선을 설치하며, 회전속도를 증가시킬수록 역률이 개선된다. • 분권은 전동기를 사용하지 않는다.	• 직 권 3상 직권 정류자 전동기 → 중간 변압기로 사용 – 효율 최대 : 동기 속도 – 역률 최대 : 동기 속도 이상 • 분 권 3상 분권 정류자 전동기 → 시라게 전동기(브러시 이동으로 속도 제어 가능)

24 동기속도를 2배로 하였을 때 3상 유도전동기의 동기와트는 몇 배가 되는가?

① 1   ② 2
③ 3   ④ 4

해설 **3상 유도전동기의 토크**

$$T = 0.975 \frac{P_0}{N} = 0.975 \frac{P_2}{N_s} (\text{kg} \cdot \text{m})$$

여기서, $P_2 = 1.026 N_s T(\text{W}) \rightarrow P_2 \propto N_s$

25 다음은 3상 유도 전동기의 슬립이 $s<0$인 경우를 설명한 것이다. 잘못된 것은?

① 동기속도 이상이다.
② 유도 발전기로 사용된다.
③ 유도 전동기 단독으로 동작이 가능하다.
④ 속도를 증가시키면 출력이 증가한다.

해설 유도 발전기는 고정자 권선을 전원에 연결하고 회전자를 원동기로 회전시키면 회전자 속도가 회전자계 속도(N_s)보다 빠르게 회전하여 발전기로 동작한다.

따라서, 슬립 $s = \dfrac{N_s - N}{N_s}$ 에서 $N_s < N$인 경우 $s<0$이 된다.

여기서, N : 회전자 속도
　　　　N_s : 회전자계 속도

※ 특 징
- 부(−)의 슬립이 발생
- 회전자전류와 회전자계 사이에서 역토크 발생
- 고정자 권선 전류의 역방향으로 전류 발생
- 반드시 동기 발전기를 같은 전원에 병렬로 연결하여 여자전류 공급
- 부하 단락 시 단락전류가 작음
- 구조가 간단하고 가격이 저렴
- 여자기로 동기 발전기가 필요

26 3상 유도 전동기에서 동기 와트로 표시되는 것은?

① 토 크　　　　　　　　② 동기 각속도
③ 1차 입력　　　　　　④ 2차 출력

해설 토크 $T = 0.975 \dfrac{P_0}{N} = 0.975 \dfrac{P_2}{N_s} (\text{kg} \cdot \text{m})$

$P_2 = 1.026 N_s T (\text{W})$

여기서, P_2 : 동기 와트

27 3상 유도 전동기의 회전자 입력이 P_2이고 슬립이 s일 때 2차 동손을 나타내는 식은?

① $(1-s)P_2$
② $\dfrac{P_2}{s}$
③ $\dfrac{(1-s)P_2}{s}$
④ sP_2

해설
- 2차 동손 $P_{c2} = I_2^2 \cdot r_2$
- 2차 입력 $P_2 = I_2^2 \cdot \dfrac{r_2}{s} = \dfrac{P_c}{s}$

∴ $P_{c2} = sP_2$

28 3상 유도전동기에서 2차측 저항을 2배로 하면 그 최대 토크는 몇 배로 되는가?

① 2배로 된다.
② $\dfrac{1}{2}$로 줄어든다.
③ $\sqrt{2}$ 배가 된다.
④ 변하지 않는다.

해설 비례 추이의 원리(권선형 유도전동기)
- 비례 추이의 특징
  - 최대 토크 $\left(\tau_{\max} = K\dfrac{E_2^{\,2}}{2x_2}\right)$는 불변, 최대 토크의 발생 슬립은 변화
- 기동 전류는 감소하고, 기동 토크는 증가한다.
  - $\dfrac{r_2}{s} = \dfrac{r_2 + R}{s'}$
    여기서, s : 전부하 슬립
    s' : 기동슬립
    R : 2차 외부 저항
  - 기동 시 전부하 토크와 같은 토크로 기동하기 위한 외부 저항
    $R = \dfrac{1-s}{s}r_2$
- 기동 시 최대 토크와 같은 토크로 기동하기 위한 외부 저항
  $R = \dfrac{1-s_t}{s_t}r_2 = \sqrt{r_1^2 + (x_1 + x_2')^2} - r_2' \fallingdotseq (x_1 + x_2') - r_2'$
- 비례 추이할 수 없는 것 : 출력, 2차 효율, 2차 동손

29 직류전동기의 속도 제어법에서 정출력 제어에 속하는 것은?

① 계자 제어법
② 전기자 저항 제어법
③ 전압 제어법
④ 워드-레오나드 제어법

해설 직류전동기 속도 제어 $n = K' \dfrac{V - I_a R_a}{\phi}$ (K' : 기계정수)

종 류	특 징
전압 제어	• 광범위 속도 제어 가능 • 워드-레오나드 방식[광범위한 속도 조정(1:20), 효율양호] • 일그너 방식(부하가 급변하는 곳, 플라이휠 효과 이용, 제철용압연기) • 정토크 제어
계자 제어	• 세밀하고 안정된 속도 제어 • 정류 불량 • 정출력 제어
저항 제어	• 속도 조정 범위 좁음 • 효율이 저하

30 계자 권선이 전기자에 병렬로만 연결된 직류기는?

① 분권기
② 직권기
③ 복권기
④ 타여자기

해설 발전기의 종류

종 류	발전기의 특성
타여자	• 잔류 자기가 없어도 발전이 가능 • 운전 중 회전방향 반대(+, - 극성이 반대로 되어 가능) • $E = V + I_a R_a + e_a + e_b$, $I_a = I$
분 권	• 잔류 자기가 없으면 발전 불가능 • 운전 중 회전 방향 반대 → 발전 불가능 • 운전 중 서서히 단락 → 소전류 발생 • $E = V + I_a R_a + e_a + e_b$, $I_a = I + I_f$
직 권	• 운전 중 회전 방향 반대 → 발전 불가능 • 무부하시 자기 여자로 전압을 확립할 수 없다. • $E = V + I_a(R_a + R_s) + e_a + e_b$, $I_a = I_f = I$
복권 (외복권)	• $E = V + I_a(R_a + R_s) + e_a + e_b$, $I_a = I + I_f$ • 분권 발전기 사용 : 직권 계자 권선 단락(Short) • 직권 발전기 사용 : 분권 계자 권선 개방(Open)

31 직류기의 전기자 권선을 중권(重卷)으로 하였을 때 다음 중 틀린 것은?

① 전기자 권선의 병렬 회로수는 극수와 같다.
② 브러시 수는 항상 2개이다.
③ 전압이 낮고, 비교적 전류가 큰 기기에 적합하다.
④ 균압선 접속을 할 필요가 있다.

해설 직류기 전기자 권선법 : 고상권, 폐로권, 이층권

비교항목	중 권	파 권
전기자의 병렬 회로수(a)	$P(mP)$	$2(2m)$
브러시 수(b)	P	2
용 도	저전압, 대전류	고전압, 소전류

32 다음은 SCR에 관한 설명이다. 적당하지 않은 것은?

① 3단자 소자이다.
② 적은 게이트 신호로 대전력을 제어한다.
③ 직류전압만을 제어한다.
④ 스위칭 소자이다.

해설 SCR(Silicon Controlled Rectifier)의 특성
- 역방향 내전압이 크고, 전압 강하가 낮다.
- Turn On 조건 : 양극과 음극 간에 브레이크 오버전압 이상의 전압 인가, 게이트에 래칭전류 이상의 전류를 인가한다.
- Turn Off 조건 : 애노드의 극성을 부(−)로 한다.
- 래칭전류 : 사이리스터가 Turn On하기 시작하는 순전류이다.
- 이온이 소멸되는 시간이 짧다.
- 직류, 교류 전압 제어, 스위칭 소자로 쓰인다.

33 동기 발전기의 기전력의 파형을 정현파로 하기 위해 채용되는 방법이 아닌 것은?

① 매극 매상의 슬롯수를 크게 한다.
② 단절권 및 분포권으로 한다.
③ 전기자 철심을 사(斜)슬롯으로 한다.
④ 공극의 길이를 작게 한다.

> **해설** 고조파 기전력을 소거하는 방법
> • 매극 매상의 슬롯수를 크게 한다.
> • 단절권 및 분포권을 사용한다.
> • 전기자 철심을 스큐 슬롯으로 사용한다.
> • 공극의 길이를 크게 한다.

34 전원전압이 200V이고, 부하가 20Ω인 단상 반파정류회로의 부하전류는 약 몇 A인가?

① 125
② 4.5
③ 17
④ 8.2

> **해설** 단상 반파정류회로의 직류 측 전압
> $$E_d = \frac{\sqrt{2}}{\pi} E = 0.45 E = 0.45 \times 200 = 90\text{V}$$
> $$I_d = \frac{E_d}{R} = \frac{90}{20} = 4.5\text{A}$$

35 직류전압을 직접 제어하는 것은?

① 초퍼형 인버터
② 3상 인버터
③ 단상 인버터
④ 브리지형 인버터

> **해설** 초퍼형 인버터 : DC → DC 전력 증폭

36 동기 발전기의 단자 부근에서 단락 사고가 발생했다. 이때 단락전류에 대한 설명으로 가장 옳은 것은?

① 서서히 증가해서 일정한 전류가 된다.
② 급격히 증가한 후 일정한 전류로 감소한다.
③ 서서히 감소해서 일정한 전류가 된다.
④ 서서히 감소하다가 다시 일정 전류 이상으로 증가한다.

해설 동기 임피던스 $Z_s = r_a + jx_s ≒ jx_s (x_s = x_a + x_l)$
여기서, x_a : 전기자 반작용 리액턴스
x_l : 전기자 누설 리액턴스
단락 사고 시 단락전류 = 돌발단락전류 + 지속단락전류
돌발단락전류 제한 → 전기자 누설 리액턴스
지속단락전류 제한 → 전기자 누설 리액턴스 + 전기자 반작용 리액턴스

37 권선형 유도 전동기를 급격히 정지시키려 할 때 가장 적합한 방식은?

① 2차 저항법
② 역상 제어법
③ 고정자 단상법
④ 불평형법

해설 **역상 제어법**
• 급제동 시 사용
• 3상 중 임의의 2상의 접속을 바꾸는 방식

38 반도체 사이리스터에 의한 속도 제어에서 제어되지 않는 것은?

① 토크
② 전 압
③ 위 상
④ 주파수

해설 SCR은 주파수, 전압, 위상을 제어한다.

39 직류 발전기의 계자철심에 잔류자기가 없어도 발전할 수 있는 발전기는?

① 타여자 발전기
② 분권 발전기
③ 직권 발전기
④ 복권 발전기

해설 직류 발전기의 종류

종류	발전기의 특성
타여자	• 잔류 자기가 없어도 발전이 가능 • 운전 중 회전 방향 반대(+, − 극성이 반대로 되어 가능) • $E = V + I_a R_a + e_a + e_b,\ I_a = I$
분권	• 잔류 자기가 없으면 발전 불가능 • 운전 중 회전 방향 반대 → 발전 불가능 • 운전 중 서서히 단락 → 소전류 발생 • $E = V + I_a R_a + e_a + e_b,\ I_a = I + I_f$
직권	• 운전 중 회전 방향 반대 → 발전 불가능 • 무부하 시 자기 여자로 전압을 확립할 수 없다. • $E = V + I_a(R_a + R_s) + e_a + e_b,\ I_a = I_f = I$
복권 (외복권)	• $E = V + I_a(R_a + R_s) + e_a + e_b,\ I_a = I + I_f$ • 분권 발전기 사용 : 직권 계자 권선 단락(Short) • 직권 발전기 사용 : 분권 계자 권선 개방(Open)

40 다음 중 서보모터가 갖추어야 할 조건이 아닌 것은?

① 기동 토크가 클 것
② 토크-속도곡선이 수하 특성을 가질 것
③ 회전자를 굵고 짧게 할 것
④ 전압이 0이 되었을 때 신속하게 정지할 것

해설 서보 모터가 갖추어야 할 조건
• 기동 토크가 클 것
• 급가감속, 정역 운전이 가능할 것
• 관성모멘트가 적을 것 → 회전자 직경을 적게 할 것
• 토크-속도곡선이 수하 특성을 가질 것

41 부하가 변하면 속도가 현저하게 변하는 직류전동기는?

① 직권 전동기 ② 분권 전동기
③ 차동 복권 전동기 ④ 가동 복권 전동기

해설 직류 직권 전동기의 속도 식에서
$$n = K\frac{V-I_a(R_a+R_s)}{\phi} = K' \cdot \frac{V-I(R_a+R_s)}{I}$$
따라서, I(부하전류)가 변하면 속도 n도 크게 변한다.

42 다음 단상 유도 전동기 중 기동 토크가 가장 큰 것은?

① 콘덴서 기동형 ② 반발 기동형
③ 분상 기동형 ④ 셰이딩 코일형

해설 단상 유도 전동기
- 종류(기동 토크가 큰 순서) : 반발 기동형 → 반발 유도형 → 콘덴서 기동형 → 분상 기동형 → 셰이딩 코일형 → 모노사이클릭형
- 단상 유도 전동기의 특징
  - 교번자계가 발생한다.
  - 기동 시 기동 토크가 존재하지 않으므로 기동 장치가 필요하다.
  - 슬립이 0이 되기 전에 토크는 미리 0이 된다.
  - 2차 저항이 증가되면 최대 토크는 감소한다(비례 추이할 수 없다).
  - 2차 저항값이 일정값 이상이 되면 토크는 부(-)가 된다.

43 다음 중 3단자 사이리스터가 아닌 것은?

① SCS ② SCR
③ GTO ④ TRIAC

해설 반도체 소자(괄호는 극(단자) 수)
- 단방향성 : SCR(3), GTO(3), SCS(4), LASCR(3)
- 양방향성 : SSS(2), TRIAC(3), DIAC(2)

정답 41 ① 42 ② 43 ①

44 전압 변동률이 작은 동기 발전기의 특성으로 옳은 것은?

① 동기 리액턴스가 크다.
② 전기자 반작용이 크다.
③ 속도 변동률이 크다.
④ 단락비가 크다.

해설 단락비가 큰 기계
- 동기 임피던스, 전압 변동률, 전기자 반작용, 효율 → 적다.
- 출력, 선로의 충전 용량, 계자 기자력, 공극, 단락전류 → 크다.
- 안정도가 좋으며 중량이 무겁고 가격이 비싸다.
- 철기계, 수차 발전기(K_s = 0.9~1.2)

단락비가 작은 기계 : 동기계, 터빈 발전기(K_s = 0.6~1.0)

45 브러시리스 DC 서보 모터의 특징으로 틀린 것은?

① 단위 전류당 발생 토크가 크고 역기전력에 의해 불필요한 에너지를 귀환하므로 효율이 좋다.
② 토크 맥동이 작고, 안정된 제어가 용이하다.
③ 기계적 시간상수가 크고 응답이 느리다.
④ 기계적 접점이 없고 신뢰성이 높다.

해설 브러시리스 DC 서보 모터의 특징
- 기동 토크가 크다.
- 급가감속, 정역 운전이 가능하다.
- 회전자 관성모멘트가 작다.
- 속응성이 좋다.
- 시정수가 짧다.
- 기계적 응답이 좋다.

46 3상 직권 정류자 전동기의 특성으로 틀린 것은?

① 직권성의 변속도 전동기이다.
② 토크는 거의 전류의 제곱에 비례하고 기동 토크가 크다.
③ 역률은 동기속도 이상에서 나빠지며 80% 정도이다.
④ 효율은 고속에서는 거의 일정하며 동기속도 근처에서 가장 좋다.

> **해설** 3상 직권 정류자 전동기의 특성
> • 직권성의 변속도 전동기이다.
> • 토크는 거의 전류의 제곱에 비례하며 기동 토크가 크다.
> • 효율은 저속에서는 나쁘나 동기속도 근처에서 가장 좋다.
> • 역률은 동기속도 근처나 그 이상에서는 매우 양호하다.

47 50Hz, 슬립 0.2인 경우에 회전자속도가 600rpm일 때 유도 전동기의 극수는 몇 극인가?

① 6
② 8
③ 12
④ 16

> **해설** 슬립 $s = \dfrac{N_s - N}{N_s} \rightarrow N = (1-s)N_s$
>
> $N_s = \dfrac{N}{1-s} = \dfrac{600}{1-0.2} = 750 \text{rpm}$
>
> $N_s = \dfrac{120f}{p}$, $p = \dfrac{120f}{N_s} = \dfrac{120 \times 50}{750} = 8$극

48 전압을 일정하게 유지하기 위해서 이용되는 다이오드는?

① 정류용 다이오드
② 바랙터 다이오드
③ 바리스터 다이오드
④ 제너 다이오드

> **해설** ④ 제너 다이오드 : 정전압 회로용 소자
> ② 바랙터 다이오드(가변 용량 소자) : 정전 용량이 전압에 따라 변화하는 소자
> ③ 바리스터 다이오드 : 서지에 대한 회로 보호용

정답 46 ③ 47 ② 48 ④

49 직류 발전기에서 회전속도가 빨라지면 정류가 힘이 드는 이유는?

① 리액턴스 전압이 커지기 때문에
② 정류자속이 감소하기 때문에
③ 브러시 접촉저항이 커지기 때문에
④ 정류주기가 길어지기 때문에

해설 정 류
- 전기자 코일이 Brush에 단락된 후 Brush를 지날 때 전류의 방향이 바뀌는 것
- 리액턴스 전압 : $e_L = L \cdot \dfrac{di}{dt} = L \cdot \dfrac{2I_c}{T_c}$ (V)
  - 종 류
    ⓐ 직선정류(이상적인 정류) : 불꽃 없는 정류
    ⓑ 정현파정류 : 불꽃 없는 정류
    ⓒ 부족정류 : Brush 뒤편에 불꽃(정류말기)
    ⓓ 과정류 : Brush 앞면에 불꽃(정류초기)
  - 양호한 정류 방법
    ⓐ 보극과 탄소 Brush를 설치한다.
    ⓑ 평균 리액턴스전압을 줄인다.
    ⓒ 정류주기를 길게 한다.
    ⓓ 회전속도를 적게 한다.
    ⓔ 인덕턴스를 작게 한다(단절권 채용).
- ※ 불꽃 없는 정류
  - 저항정류 : 탄소 Brush를 사용하여 단락전류 제한
  - 전압정류 : 보극을 설치하여 평균 리액턴스 전압 상쇄

50 다음 중 2방향성 3단자 사이리스터는 어느 것인가?

① SCR
② SSS
③ SCS
④ TRIAC

해설 반도체 소자(괄호는 극(단자) 수)
- 단방향성 : SCR(3), GTO(3), SCS(4), LASCR(3)
- 양방향성 : SSS(2), TRIAC(3), DIAC(2)

51 유도 전동기의 2차 회로에 2차 주파수와 같은 주파수로 적당한 크기의 위상전압을 외부에 가하는 속도 제어법은?

① 1차 전압 제어
② 극수 변환 제어
③ 2차 저항 제어
④ 2차 여자 제어

해설 유도 전동기의 속도 제어

구 분	특 징

농형
유도 전동기
	• 주파수 변환법
	  - 역률이 양호하며 연속적인 속도 제어가 되지만, 전용 전원이 필요
	  - 인견·방직 공장의 포트모터, 선박의 전기추진기
	• 극수 변환법
	• 전압 제어법 : 공극전압의 크기를 조절하여 속도 제어

권선형
유도 전동기
	• 2차 저항법
	  - 토크의 비례 추이를 이용한 것
	  - 2차 회로에 저항을 삽입, 토크에 대한 슬립 S를 바꾸어 속도 제어
	• 2차 여자법
	  - 회전자 기전력과 같은 주파수전압을 인가하여 속도 제어
	  - 고효율로 광범위한 속도 제어
	• 종속접속법
	  - 직렬종속법 : $N=\dfrac{120}{P_1+P_2}f$
	  - 차동종속법 : $N=\dfrac{120}{P_1-P_2}f$
	  - 병렬종속법 : $N=2\times\dfrac{120}{P_1+P_2}f$

52 다음 중 권선형 유도 전동기의 기동법은 어느 것인가?

① 분상 기동법
② 반발 기동법
③ 콘덴서 기동법
④ 2차 저항 기동법

해설 기동법

농형 유도 전동기	• 전전압 기동(직입 기동) : 5HP 이하(3.7kW) • Y-△기동(5~15kW)급 : 전류 1/3배, 전압 $1/\sqrt{3}$ 배 • 기동 보상기법 : 단권 변압기 사용 감전압 기동 • 리액터기동법(콘도르파법)
권선형 유도 전동기	• 2차 저항 기동법 → 비례 추이 이용 • 게르게스법

정답 51 ④ 52 ④

53 다음 중 DC서보모터의 회전 전기자 구조가 아닌 것은?

① 슬롯(Slot)이 있는 전기자
② 철심이 있고 슬롯(Slot)이 없는 전기자
③ 철심이 없는 평판상 프린트 코일형
④ 전기자 권선이 없는 돌극형

54 직류기의 철손에 관한 설명으로 옳지 않은 것은?

① 철손에는 풍손과 와전류손 및 저항손이 있다.
② 전기자 철심에는 철손을 작게 하기 위하여 규소강판을 사용한다.
③ 철에 규소를 넣게 되면 히스테리시스손이 감소한다.
④ 철에 규소를 넣게 되면 전기 저항이 증가하고 와전류손이 감소한다.

해설 직류기의 손실
- 고정손(무부하손) : 철손(히스테리시스손, 와류손), 기계손(베어링 마찰손, 풍손)
- 부하손(가변손) : 동손(전기자동손, 계자동손), 표유부하손

55 사이클로 컨버터를 가장 올바르게 설명한 것은?

① 게이트 제어 소자이다.
② 실리콘 단방향성 소자이다.
③ 교류 전력의 주파수를 변환하는 장치이다.
④ 교류 제어 소자이다.

해설 사이클로 컨버터 : AC전력을 증폭(제어 정류기를 사용한 주파수 변환기)

56 동기 발전기에서 자기 여자 방지법이 되지 않는 것은?

① 전기자 반작용이 적고 단락비가 큰 발전기를 사용한다.
② 발전기 여러 대를 병렬로 사용한다.
③ 송전선 말단에 리액터나 변압기를 사용한다.
④ 송전선 말단에 동기조상기를 접속하고 계자 권선에 과여자한다.

해설 동기 발전기 자기 여자 작용 : 발전기 단자에 장거리 선로가 연결되어 있을 때 무부하 시 선로의 충전류에 의해 단자전압이 상승하여 절연이 파괴되는 현상
※ 동기 발전기 자기 여자 방지책
- 수전단에 리액턴스가 큰 변압기 사용
- 발전기를 2대 이상 병렬 운전
- 동기 조상기를 부족여자
- 단락비가 큰 기계 사용

57 권선형 유도 전동기와 직류 분권 전동기와의 유사한 점으로 가장 옳은 것은?

① 정류자가 있고, 저항으로 속도 조정을 할 수 있다.
② 속도 변동률이 크고, 토크가 전류에 비례한다.
③ 속도가 가변이고, 기동 토크가 기동 전류에 비례한다.
④ 속도 변동률이 적고, 저항으로 속도 조정을 할 수 있다.

해설 분권 전동기, 3상 권선형 유도 전동기 : 속도 변동률이 적고, 저항으로 속도 조정을 할 수 있다.

58 동기전동기의 여자 전류가 증가하면 어떤 현상이 발생하는가?

① 전기자 전류의 위상이 앞선다.
② 난조가 생긴다.
③ 토크가 증가한다.
④ 앞선 무효 전류가 흐르고 유도 기전력은 높아진다.

정답 56 ④ 57 ④ 58 ①

59 단상 반발 전동기의 회전 방향을 변경하려면?

① 전원의 2선을 바꾼다.
② 브러시의 위치를 조정한다.
③ 주권선의 위치를 조정한다.
④ 브러시의 접속선을 바꾼다.

해설 단상 반발 전동기의 속도 제어 및 회전 방향을 변경하기 위해서 브러시의 위치를 조정한다.

60 다음 농형 유도전동기에 주로 사용되는 속도 제어법은?

① 극수 제어법   ② 2차 여자 제어법
③ 2차 저항 제어법   ④ 종속 제어법

해설 농형 유도전동기 특징
- 주파수 변환법
  - 역률이 양호하며 연속적인 속도 제어가 되지만, 전용 전원이 필요
  - 인견·방직 공장의 포트모터, 선박의 전기추진기
- 극수 변환(제어)법
- 전압 제어법 : 공극 전압의 크기를 조절하여 속도 제어

61 단상 직권전동기의 종류가 아닌 것은?

① 직권형   ② 아트킨손형
③ 보상직권형   ④ 유도보상직권형

해설 단상 교류 정류자기(정류자 전동기)는 직권만 사용한다(분권은 사용하지 않음).
- 반발 전동기 : 브러시를 단락시켜 브러시 이동으로 기동 토크 및 속도 제어
  - 종류 : 아트킨손형, 톰슨형, 데리형
- 단상 직권 정류자 전동기(만능 전동기) : 직·교류 양용
  - 종류 : 직권형, 보상형, 유도보상형
  - 특 징
    ⓐ 성층 철심, 역률 및 정류 개선을 위해 약계자, 강전기자형 사용
    ⓑ 역률 개선을 위해 보상권선 설치
    ⓒ 회전속도를 증가시킬수록 역률이 개선됨

62 동기 발전기 전기자 권선의 층간 단락 보호 계전기로 가장 적당한 것은?

① 온도 계전기 ② 접지 계전기
③ 차동 계전기 ④ 과부하 계전기

해설 차동 계전기는 동기 발전기 전기자 권선의 층간 단락 보호 계전기로 가장 적당하다.

63 광스위치, 릴레이, 카운터 회로 등에 사용되는 감광 역저지 3단자 사이리스터는 어느 것인가?

① LAS ② SCS
③ SSS ④ LASCR

해설 **역저지 3단자**
- SCR : 게이트 신호로 ON
- LASCR : 빛, 게이트 신호로 ON
- GTO : 게이트 신호로 ON/OFF

64 직류기의 전기자에 사용되는 권선법 중 가장 많이 사용하는 것은?

① 단층권 ② 2층권
③ 환상권 ④ 개로권

해설 **직류기의 전기자 권선법** : 2층권(중권, 파권), 고상권, 폐로권

65 20HP, 4극, 60Hz의 3상 유도전동기의 전부하 슬립이 4%이다. 전부하 시 토크(kg·m)는 얼마인가?(단, 1HP는 746W이다)

① 11.41 ② 10.41
③ 9.41 ④ 8.41

해설 **회전자속도**

$$N = (1-s)N_s = (1-0.04) \times \frac{120 \times 60}{4} = 1{,}728 \text{rpm}$$

토크 $T = 0.975 \dfrac{P_0}{N} = 0.975 \dfrac{20 \times 746}{1{,}728} = 8.41 \text{kg} \cdot \text{m}$

정답 62 ③ 63 ④ 64 ② 65 ④

66 기전력에 고조파를 포함하고 중성점이 접지되어 있을 때에는 선로에 제3고조파를 주로 하는 충전 전류가 흐르고 변압기에는 제3고조파의 영향으로 통신 장해를 일으키는 3상 결선법은?

① △-△결선
② Y-Y결선
③ Y-△결선
④ △-Y결선

해설　Y-Y 결선 특징
- 1, 2차 전압에 위상차가 없다.
- 중성점을 접지할 수 있으므로 이상 전압으로부터 변압기를 보호할 수 있다.
- 상전압이 선간전압의 $1/\sqrt{3}$ 배이므로 절연이 용이하여 고전압에 유리하다.
- 중성점 접지 시 접지선을 통해 제3고조파가 흐르므로 통신선에 유도 장해가 발생한다.
- 보호계전기 동작이 확실하다.
- 역 V결선 운전이 가능하다.

67 다음은 IGBT에 관한 설명이다. 잘못된 것은?

① Insulated Gate Bipolar Thyristor의 약자이다.
② 트랜지스터와 MOSFET을 조합한 것이다.
③ 고속 스위칭이 가능하다.
④ 전력용 반도체 소자이다.

해설　IGBT(Insulated Gate Bipolar Transistor)
- 트랜지스터와 MOSFET을 조합한 것
- 고속 스위칭 소자
- 전력용 반도체 소자

68 3상 유도전동기의 기동법 중 전전압 기동에 대한 설명으로 옳지 않은 것은?

① 소용량 농형 전동기의 기동법이다.
② 전동기 단자에 직접 정격전압을 가한다.
③ 소용량의 농형 전동기는 일반적으로 기동 시간이 길다.
④ 기동 시에 역률이 좋지 않다.

> **해설** 전전압 기동법
> - 전동기에 별도의 기동장치를 사용하지 않고 직접 정격전압을 인가하여 기동하는 방법
> - 3.7kW(5HP) 이하의 소용량 농형 유도 전동기
> - 기동 토크가 크며 기동시간이 짧음

69 직류발전기를 병렬 운전하는데 균압선을 설치하는 발전기는?

① 타여자 발전기　　② 복권 발전기
③ 분권 발전기　　　④ 동기 발전기

70 AC서보전동기(AC Servo Motor)의 설명 중 틀린 것은?

① AC서보전동기는 그다지 큰 회전력이 요구되지 않는 시스템에 사용되는 전동기이다.
② 이 전동기에는 기준권선과 제어권선의 두 고정자 권선이 있으며 90° 위상차가 있는 2상 전압을 인가하여 회전자계를 만든다.
③ 고정자의 기준권선에는 정전압을 인가하며, 제어권선에는 제어용 전압을 인가한다.
④ 이 전동기는 속도 회전력 특성을 선형화하고 제어전압을 입력으로 회전자의 회전각을 출력으로 보았을 때 전달 함수는 미분요소와 2차 요소의 직렬 결합으로 볼 수 있다.

> **해설** AC서보전동기는 속도 회전력 특성을 선형화하고 제어전압을 입력으로 회전자의 회전각을 출력으로 보았을 때 전달 함수는 적분요소와 2차 요소의 직렬 결합으로 볼 수 있다.

정답 68 ③　69 ②　70 ④

71 직류전동기의 규약효율(η)은 어떤 식으로 표현되는가?

① $\dfrac{출력}{입력} \times 100\%$　　　　② $\dfrac{입력}{입력+손실} \times 100\%$

③ $\dfrac{출력}{출력+손실} \times 100\%$　　　　④ $\dfrac{입력-손실}{입력} \times 100\%$

해설　규약효율 η(전기적인 값을 기준으로)
- 전동기 : $\eta = \dfrac{입력-손실}{입력} \times 100\%$
- 발전기 : $\eta = \dfrac{출력}{출력+손실} \times 100\%$

72 단상 유도 전압 조정기와 3상 유도 전압 조정기의 비교 설명으로 옳지 않은 것은?

① 두 조정기 모두 회전자와 고정자가 있으며, 한편에 1차 권선을 다른 편에 2차 권선을 둔다.
② 두 조정기 모두 입력전압과 이에 대응한 출력전압 사이에 위상차가 있다.
③ 단상 유도 전압조정기에는 단락코일이 필요하나 3상 유도 전압 조정기에서는 필요 없다.
④ 두 조정기 모두 회전자의 회전각에 따라 조정된다.

해설　유도 전압 조정기(유도 전동기와 변압기 원리를 이용한 전압 조정기)

종 류	단상 유도 전압 조정기	3상 유도 전압 조정기
전압조정 범위	$V_2 = V_1 + E_2\cos\theta$	$V_2 = \sqrt{3}(V_1 \pm E_2)$
조정 정격 용량	$P_2 = E_2 I_2 \times 10^{-3}$ (kVA)	$P_2 = \sqrt{3} E_2 I_2 \times 10^{-3}$ (kVA)
정격 출력(부하)	$P = V_2 I_2 \times 10^{-3}$ (kVA)	$P = \sqrt{3} V_2 I_2 \times 10^{-3}$ (kVA)
특 징	• 교번자계 이용 • 입력과 출력 위상차 없음 • 단락권선 필요	• 회전자계 이용 • 입력과 출력 위상차 있음 • 단락권선 필요 없음

※ 단락권선의 역할 : 누설 리액턴스에 의한 2차 전압 강하 방지, 3상 유도 전압 조정기 위상차 해결 → 대각유도 전압 조정기

73 다음 괄호 안에 알맞은 내용을 순서대로 나열한 것은?

"사이리스터(Thyristor)에서는 게이트 전류가 흐르면 순방향의 저지상태에서 (　)상태로 만든다. 게이트 전류를 가하여 도통 완료까지의 시간을 (　)시간이라고 하나 이 시간이 길면 (　) 시의 (　)이 많고 사이리스터 소자가 파괴되는 수가 있다."

① 온(On), 턴온(Turn On), 스위칭, 전력손실
② 온(On), 턴온(Turn On), 전력손실, 스위칭
③ 스위칭, 온(On), 턴온(Turn On), 전력손실
④ 턴온(Turn On), 스위칭, 온(On), 전력손실

해설 사이리스터(Thyristor)에 게이트 전류가 흐르면 순방향의 저지상태에서 온(On)상태로 만든다. 게이트 전류를 가하여 도통 완료까지의 시간을 턴온(Turn On)시간이라고 하나 이 시간이 길면 스위칭 시의 전력손실이 많고 사이리스터 소자가 파괴되는 경우가 있다.

74 단상 유도전동기의 기동법이 아닌 것은?

① 분상기동법　　　　　② Y-△기동법
③ 콘덴서기동법　　　　④ 반발기동법

해설 단상 유도전동기의 기동법 : 반발기동법, 콘덴서기동법, 분상기동법, 셰이딩코일법

75 다음 중 서보모터가 갖추어야 할 조건이 아닌 것은?

① 기동 토크가 클 것
② 토크-속도곡선이 수하특성을 가질 것
③ 회전자를 굵고 짧게 할 것
④ 전압이 0이 되었을 때 신속하게 정지할 것

해설 서보모터가 갖추어야 할 조건
　• 기동 토크가 클 것
　• 급가감속, 정역 운전이 가능할 것
　• 관성모멘트가 적을 것
　• 회전자 직경을 작게 할 것
　• 토크-속도곡선이 수하특성을 가질 것

76 유도발전기에 관한 설명 중 틀린 것은?

① 회전자속을 만들기 위해 회전자에 DC여자전류를 공급한다.
② 유도발전기의 주파수는 전원의 주파수로 정하고 회전 속도에는 관계가 없다.
③ 출력은 회전자속도와 회전자속의 상대속도에 비례하기 때문에 출력을 증가하려면 속도를 증가시킨다.
④ 동기 발전기와 같이 동기화할 필요가 없고 난조 등 이상현상이 생기지 않는다.

해설 유도발전기는 고정자 권선을 전원에 연결하고 회전자를 원동기로 회전시키면 회전자 속도가 회전자계 속도 (N_s)보다 빠르게 회전하여 발전기로 동작하게 된다.

따라서, 슬립 $s = \dfrac{N_s - N}{N_s}$ 에서 $N_s < N$인 경우 $s < 0$이 된다.

여기서, N : 회전자 속도
　　　　N_s : 회전자계 속도

※ 특 징
- 부의 슬립이 발생
- 회전자 전류와 회전자계 사이에서 역토크 발생
- 고정자 권선의 전류의 역방향으로 전류 발생
- 반드시 동기 발전기를 같은 전원에 병렬로 연결하여 여자 전류 공급
- 부하 단락 시 단락 전류가 작다.
- 구조가 간단하고 가격이 싸다.
- 여자기로 동기 발전기가 필요하다.

77 다음 중 3단자 사이리스터가 아닌 것은?

① SCR
② GTO
③ TRIAC
④ SSS

해설 반도체 소재(괄호는 극(단자) 수)
- 단방향성 : SCR(3), GTO(3), SCS(4), LASCR(3)
- 양방향성 : SSS(2), TRIAC(3), DIAC(2)

78 직류기의 전기자 권선을 중권(重卷)으로 하였을 때 다음 중 틀린 것은?

① 전기자 권선의 병렬 회로수는 극수와 같다.
② 브러시 수는 항상 2개이다.
③ 전압이 낮고 비교적 전류가 큰 기기에 적합하다.
④ 균압환 접속을 할 필요가 있다.

해설 직류기 전기자 권선법 : 고상권, 폐로권, 이층권
※ 중권과 파권 비교

비교항목	중 권	파 권
전기자의 병렬 회로수(a)	$P(mP)$	$2(2m)$
브러시 수(b)	P	2
용 도	저전압, 대전류	고전압, 소전류

79 단상 직권 정류자 전동기에 있어서의 보상권선의 효과로 틀린 것은?

① 전동기의 역률을 개선하기 위한 것이다.
② 전기자(電機子) 기자력을 상쇄시킨다.
③ 누설(Leakage) 리액턴스가 적어진다.
④ 제동효과가 있다.

해설 보상 권선
• 역률 개선
• 변압기 기전력을 작게 해서 정류 작용 개선
따라서, 제동과는 관련이 없다.

80 단상 유도 전동기의 기동 방법 중 기동 토크가 가장 큰 것은?

① 반발 기동형
② 분상 기동형
③ 셰이딩 코일형
④ 콘덴서 분상 기동형

해설 단상 유도 전동기(기동 토크가 큰 순서)
반발 기동형 → 반발 유도형 → 콘덴서 기동형 → 분상 기동형 → 셰이딩 코일형 → 모노사이클릭형

정답 78 ② 79 ④ 80 ①

81 사이클로 컨버터(Cyclo Converter)란?

① AC → AC로 바꾸는 장치이다.
② AC → DC로 바꾸는 장치이다.
③ DC → DC로 바꾸는 장치이다.
④ DC → AC로 바꾸는 장치이다.

해설 사이클로 컨버터 : AC전력을 증폭(제어 정류기를 사용한 주파수 변환기)

82 3상 유도전압 조정기의 동작원리 중 가장 적당한 것은?

① 회전자계에 의한 유도작용을 이용하여 2차 전압의 위상전압 조정에 따라 변화한다.
② 교번자계의 전자유도작용을 이용한다.
③ 충전된 두 물체 사이에 작용하는 힘이다.
④ 두 전류 사이에 작용하는 힘이다.

83 다음 중 대형 직류전동기의 토크를 측정하는 데 가장 적당한 방법은?

① 와전류 제동기법
② 프로니 브레이크법
③ 전기동력계법
④ 반환부하법

해설 직류기의 토크 측정 시험
• 와전류 제동기법
• 프로니 브레이크법
• 전기동력계법(대형 직류전동기용)

84 실리콘 정류 소자(SCR)와 관계없는 것은?

① 교류 부하에서만 제어가 가능하다.
② 아크가 생기지 않으므로 열의 발생이 적다.
③ 턴온(Turn On)시키기 위해서 필요한 최소의 순전류를 래칭(Latching)전류라 한다.
④ 게이트 신호를 인가할 때부터 도통할 때까지의 시간이 짧다.

해설 실리콘 정류 소자(SCR) : 직·교류 제어 가능

85 직류 직권전동기의 회전수를 반으로 줄이면 토크는 몇 배가 되는가?

① $\frac{1}{4}$
② $\frac{1}{2}$
③ 4
④ 2

해설 직류 직권전동기의 토크 특성
$$T \propto I^2 \propto \frac{1}{N^2} \rightarrow T \propto \frac{1}{\left(\frac{1}{2}N\right)^2} \propto \frac{4}{N^2} \propto 4T$$

86 다음 중 권선형 유도전동기의 기동법은?

① 분상기동법
② 2차 저항기동법
③ 콘덴서기동법
④ 반발기동법

해설 3상 권선형 전동기의 기동법
- 기동 저항기(Starter)법
- 게르게스(Gerges)법

단상 유도 전동기 기동법
- 반발기동법
- 분상기동법
- 콘덴서기동법
- 셰이딩코일형

정답 84 ① 85 ③ 86 ②

87 다음 중 VVVF(Variable Voltage Variable Frequency) 제어 방식에 가장 적당한 속도 제어는?

① 동기 전동기의 속도 제어
② 유도 전동기의 속도 제어
③ 직류 직권 전동기의 속도 제어
④ 직류 분권 전동기의 속도 제어

> **해설** 농형 유도 전동기의 특징
> • 주파수 변환법
>   - 역률이 양호하며 연속적인 속도 제어가 되지만, 전용 전원이 필요
>   - 인견·방직 공장의 포트모터, 선박의 전기 추진기
> • 극수 변환법
> • 전압 제어법 : 공극전압의 크기를 조절하여 속도 제어
>
> 권선형 유도 전동기의 특징
> • 2차 저항법
>   - 토크의 비례 추이를 이용한 것
>   - 2차 회로에 저항을 삽입, 토크에 대한 슬립 s를 바꾸어 속도 제어
> • 2차 여자법
>   - 회전자 기전력과 같은 주파수전압을 인가하여 속도 제어
>   - 고효율로 광범위한 속도 제어
> • 종속접속법
>   - 직렬종속법 : $N = \dfrac{120}{P_1 + P_2} f$
>   - 차동종속법 : $N = \dfrac{120}{P_1 - P_2} f$
>   - 병렬종속법 : $N = 2 \times \dfrac{120}{P_1 - P_2} f$

88 다음 중 3상 직권 정류자 전동기의 설명으로 틀린 것은?

① 고정자와 회전자 권선 기자력이 동위상일 때 토크가 발생한다.
② 고정자와 회전자 권선이 역위상일 때 브러시는 단락한다.
③ 브러시가 회전 방향으로 이동하면 철손이 증가한다.
④ 속도 제어는 브러시 위치 이동으로 한다.

> **해설** 3상 직권 정류자 전동기
> • 고정자와 회전자 권선 기자력이 공간적으로 동위상과 역위상일 때 토크가 발생하지 않는다.
> • 고정자와 회전자 권선이 동위상일 때의 브러시 위치를 $\rho = 0°$, 역위상일 때 브러시의 위치를 단락시킨다.
> • 브러시가 회전 방향으로 이동하면 철손이 증가한다.
> • 속도 제어는 브러시 위치 이동으로 한다.

89 일반적인 직류기 전기자 권선법에 대한 설명 중 틀린 것은?

① 정류 개선을 위한 단절권 사용
② 대부분 회전자 권선은 2층권
③ 각 슬롯에 다른 두 코일변 삽입
④ 환상권, 개로권 사용

> **해설** 직류기 전기자 권선법 : 고상권, 폐로권, 이층권

90 유도 전동기의 1차 전압 변화에 의한 속도 제어에서 SCR을 사용하여 변화시키는 것은?

① 회전속도
② 토크
③ 전류
④ 위상각

> **해설** SCR → 위상 제어

91 정격전류 이하로 전류를 제어해주면 과전압에 의해서는 파괴되지 않는 반도체 소자는?

① Diode
② TRIAC
③ SCR
④ SUS

> **해설** TRIAC
> • SCR 2개를 역병렬 접속한 것과 같은 것
> • 게이트에 전류를 흘리면 어느 방향이건 전압이 높은 쪽에서 낮은 쪽으로 도통
> • 정격전류 이하로 전류를 제어해주면 과전압에 의해서는 파괴되지 않음

정답 89 ④ 90 ④ 91 ②

92 유도 전동기의 슬립(Slip) s의 범위는?

① $1 > s > 0$
② $0 > s > -1$
③ $2 > s > 1$
④ $1 > s > -1$

해설
슬립 $s = \dfrac{N_s - N}{N_s}$
- $0 < s < 1$: 유도 전동기
- $1 < s < 2$: 유도 제동기
- $s < 0$: 유도 발전기(비동기 발전기)

93 정류자형 주파수 변환기를 동일한 전원에 연결된 유도 전동기의 축과 직결해서 사용하고 있다. 다음 설명 중 옳지 않은 것은?

① 농형 유도 전동기의 2차 여자를 할 수 있다.
② 권선형 유도 전동기의 속도 제어 및 역률을 개선할 수 있다.
③ 유도 전동기의 속도 제어 범위가 동기속도 상하 10~15% 정도이다.
④ 유도 전동기가 동기속도 이하에서는 2차 전력이 변압기를 통해 전원으로 반환된다.

해설 유도 전동기의 속도 제어

	특 징

농형
유도 전동기
	• 주파수 변환법
	  - 역률이 양호하며 연속적인 속도 제어가 되지만, 전용 전원이 필요
	  - 인견·방직 공장의 포트모터, 선박의 전기 추진기
	• 극수 변환법
	• 전압 제어법 : 공극전압의 크기를 조절하여 속도 제어

권선형
유도 전동기
	• 2차 저항법
	  - 토크의 비례 추이를 이용한 것
	  - 2차 회로에 저항을 삽입, 토크에 대한 슬립 S를 바꾸어 속도 제어
	• 2차 여자법
	  - 회전자 기전력과 같은 주파수전압을 인가하여 속도 제어
	  - 고효율로 광범위한 속도 제어
	• 종속접속법
	  - 직렬종속법
	  - 차동종속법
	  - 병렬종속법

94 동기 전동기에서 감자작용을 할 때는 어떤 경우인가?

① 공급전압보다 앞선 전류가 흐를 때
② 공급전압보다 뒤진 전류가 흐를 때
③ 공급전압과 동상 전류가 흐를 때
④ 공급전압에 상관없이 전류가 흐를 때

> **해설** 동기전동기의 전기자 반작용
> • 증자작용 : 공급전압보다 뒤진 전류가 흐를 때
> • 감자작용 : 공급전압보다 앞선 전류가 흐를 때

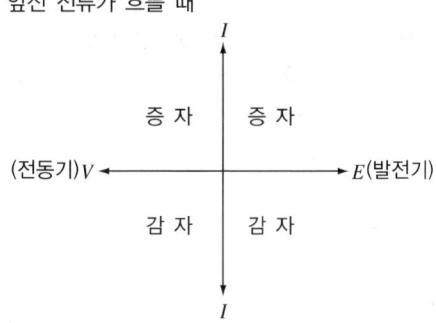

95 직류기의 전기자 반작용의 영향이 아닌 것은?

① 전기적 중성축이 이동한다.
② 주자속이 감소한다.
③ 정류자편 사이의 전압이 불균일하게 된다.
④ 자기 여자 현상이 생기며 국부적으로 전압이 낮아진다.

> **해설** 전기자 반작용 : 전기자 도체의 전류에 의해 발생된 자속이 계자 자속에 영향을 주는 현상

현 상	• 편자작용
	   – 감자작용 : 전기자 기자력이 계자 기자력에 반대 방향으로 작용하여 자속이 감소하는 현상
	     전기각 $\delta = $ 기하각 $\times \dfrac{P}{2}$, 매극당 감자 기자력 $= \dfrac{I_a}{a} \times \dfrac{z}{2p} \times \dfrac{2\alpha}{180}$
	   – 교차자화작용 : 전기자 기자력이 계자 기자력에 수직 방향으로 작용하여 자속분포가 일그러지는 현상
	     매극당 교차 기자력 $= \dfrac{I_a}{a} \times \dfrac{z}{2p} \times \dfrac{\beta}{180} (\beta = 180 - 2\alpha)$
	 • 중성축 이동 : 보극이 없는 직류기는 Brush를 이동
	   – 발전기 : 회전 방향
	   – 전동기 : 회전 반대 방향
	 • 국부적으로 섬락 발생, 공극의 자속분포 불균형으로 섬락(불꽃) 발생

방지책	• 보극, 보상권선을 설치(전기자전류와 반대 방향)한다. • 계자 기자력을 크게 한다. • 자기저항을 크게 한다.

96 농형 유도 전동기의 기동방법으로 옳지 않은 것은?

① Y-△기동
② 2차 저항에 의한 기동
③ 전전압 기동
④ 리액터 기동

해설 농형 유도 전동기의 기동법
- 전전압 기동(직입기동) : 5HP 이하(3.7kW)
- Y-△기동(5~15kW)급 : 전류 1/3배, 전압 1/$\sqrt{3}$ 배
- 기동 보상기법 : 단권 변압기 사용 감전압 기동
- 리액터 기동법(콘도르파법)

97 전기자반작용에 대한 설명으로 틀린 것은?

① 전기자 중성축이 이동하여 주자속이 증가하고 정류자편 사이의 전압이 상승한다.
② 전기자권선에 전류가 흘러서 생긴 기자력은 계자 기자력에 영향을 주어서 자속의 분포가 기울어진다.
③ 직류발전기에 미치는 영향으로는 중성축이 이동되고 정류자 편간의 불꽃 섬락이 일어난다.
④ 전기자 전류에 의한 자속이 계자자속에 영향을 미치게 하여 자속 분포를 변화시키는 것이다.

해설 전기자 반작용 : 전기자 전류에 의한 전기자 기자력이 계자 기자력에 영향을 미치는 현상(주자속이 감소하는 현상)
- 편자 작용
  - 감자 작용 : 전기자 기자력이 계자기자력에 반대 방향으로 작용하여 자속이 감소
  - 교차자화 작용 : 전기자 기자력이 계자 기자력에 수직방향으로 작용하여 자속분포가 일그러짐
- 중성축 이동 : 보극이 없는 직류기는 Brush를 이동
- 국부적으로 섬락 발생, 공극의 자속분포 불균형으로 섬락(불꽃) 발생

정답 96 ② 97 ①

98 3상 유도전동기의 특성에서 비례 추이 하지 않는 것은?

① 출 력　　　　　　　　② 1차 전류
③ 역 률　　　　　　　　④ 2차 전류

해설
- 비례 추이할 수 있는 특성 : 1차 전류, 2차 전류, 역률, 동기 와트 등
- 비례 추이할 수 없는 특성 : 출력, 2차 동손, 효율 등

99 서보 전동기로 사용되는 전동기와 제어 방식의 종류가 아닌 것은?

① 직류기의 전압 제어
② 릴럭턴스기의 전압 제어
③ 유도기의 전압 제어
④ 동기기의 주파수 제어

해설 전동기별 제어 방식의 종류
- 서보 전동기
  - 직류기의 전압 제어 $n = K\dfrac{V - I_a R_a}{\phi}$
  - 교류기(동기기)의 주파수 제어 $N_s = \dfrac{120f}{p}$
  - 유도기의 전압 제어 $T \propto V^2$
- 스테핑 모터 : 릴럭턴스기의 전압 제어

100 SCR을 이용한 인버터회로에서 SCR이 도통상태에 있을 때 부하전류 20A가 흘렀다. 게이트 동작 범위 내에서 전류를 1/2로 감소시키면 부하전류는?

① 0A　　　　　　　　② 10A
③ 20A　　　　　　　　④ 40A

해설 SCR이 도통 상태일 때 게이트전류가 변하여도 부하전류는 변하지 않는다.

정답 98 ① 99 ② 100 ③

101 직류 발전기의 종류별 특성 설명 중 틀린 것은?

① 타여자 발전기 : 전압강하가 적고 계자전압은 전기자 전압과 관계없이 설계된다.
② 분권 발전기 : 타여자 발전기와 같이 전압 변동률이 적고, 다른 여자전원이 필요 없다.
③ 가동복권 발전기 : 단자전압을 부하의 증감에 관계없이 거의 일정하게 유지할 수 있다.
④ 차동복권 발전기 : 부하의 변화에 따라 전압이 변화하지 않는 특성이 있다.

해설 차동복권 발전기 : 수하특성 → 정전류 특성

102 유도 전동기에서 권선형 회전자에 비해 농형 회전자의 특성이 아닌 것은?

① 구조가 간단하고 효율이 좋다.
② 견고하고 보수가 용이하다.
③ 중, 소형 전동기에 사용된다.
④ 대용량에서 기동이 용이하다.

해설 농형과 권선형의 비교

농 형	• 구조가 간단하고, 보수가 용이하다. • 효율이 좋다. • 속도 조정이 곤란하다. • 기동 토크가 작아 대형이 되면 기동이 곤란하다.
권선형	• 중형과 대형에 많이 사용한다. • 기동이 쉽고 속도 조정이 용이하다.

103 똑같은 두 권선을 주권선과 보조권선으로 사용한 분상 기동형 단상 유도 전동기를 운전하려고 할 때 전원공급 장치에 사용할 변압기의 결선방식은?

① Y결선
② △ 결선
③ V결선
④ T결선

104 비례 추이를 하는 전동기는?

① 단상 유도 전동기
② 권선형 유도 전동기
③ 동기 전동기
④ 정류자 전동기

해설 비례 추이의 원리(권선형 유도 전동기)
- 비례 추이의 특징
  - 최대 토크 $\left(\tau_{\max} = K\dfrac{E_2^{\,2}}{2x_2}\right)$는 불변, 최대 토크의 발생 슬립은 변화
  - 기동 전류는 감소하고, 기동 토크는 증가한다.
- $\dfrac{r_2}{s} = \dfrac{r_2 + R}{s'}$ (여기서, s : 전부하 슬립, s' : 기동슬립, R : 2차 외부 저항)
- 기동 시 전부하 토크와 같은 토크로 기동하기 위한 외부 저항
  $R = \dfrac{1-s}{s}r_2$
- 기동 시 최대 토크와 같은 토크로 기동하기 위한 외부 저항
  $R = \dfrac{1-s_t}{s_t}r_2 = \sqrt{r_1^{\,2} + (x_1 + x_2')^2} - r_2'$
  $\fallingdotseq (x_1 + x_2') - r_2'[\Omega]$
- 비례 추이할 수 없는 것 : 출력, 2차 효율, 2차 동손

105 동기 발전기에서 무부하 정격전압일 때의 여자전류를 I_{f0}, 정격부하 정격전압일 때의 여자전류를 I_{f1}, 3상단락 정격전류에 대한 여자전류를 I_{fs}라 하면 정격속도에서의 단락비는?

① I_{fs}/I_{f0}
② I_{f0}/I_{fs}
③ I_{fs}/I_{f1}
④ I_{f1}/I_{fs}

해설 단락비
$K_s = \dfrac{I_s}{I_n} = \dfrac{I_{f0}}{I_{fs}} = \dfrac{\text{무부하 정격전압일 때의 여자전류}}{\text{3상 단락 정격전류에 대한 여자전류}}$

106 분권 직류전동기에서 부하의 변동이 심할 때 광범위하고 안정되게 속도를 제어하는 가장 적당한 방식은?

① 계자제어 방식
② 저항제어 방식
③ 워드-레오나드 방식
④ 일그너 방식

107 동기기의 전기자 권선에서 슬롯수가 48인 고정자가 있다. 여기에 3상 4극의 2층권을 시행할 때에 매극 매상의 슬롯수와 총 코일수는?

① 4, 48
② 12, 48
③ 12, 24
④ 9, 24

해설
- q(매극 매상 슬롯수) $= \dfrac{\text{총 슬롯수}}{\text{극수} \times \text{상수}} = \dfrac{48}{4 \times 3} = 4$
- 코일수 $= \dfrac{\text{총 슬롯수} \times \text{층수}}{2} = \dfrac{48 \times 2}{2} = 48$

108 정류기에 있어 출력측 전압의 리플(맥동)을 줄이기 위한 가장 좋은 방법은?

① 적당한 저항을 직렬로 접속한다.
② 적당한 리액터를 직렬로 접속한다.
③ 커패시터를 직렬로 접속한다.
④ 커패시터를 병렬로 접속한다.

해설 부하와 병렬로 삽입해 저역 필터작용을 한다.

109 직류 발전기에서 양호한 정류를 얻기 위한 방법이 아닌 것은?

① 보상 권선을 설치한다.
② 보극을 설치한다.
③ 브러시의 접촉저항을 크게 한다.
④ 리액턴스 전압을 크게 한다.

해설 직류 발전기에서 정류를 얻기 위한 방법
- 접촉 저항이 큰 탄소브러시를 사용한다.
- 리액턴스 전압을 적게 한다.
- 정류주기를 길게 한다.
- 보극과 보상 권선을 설치한다.

110 동기 전동기에 관한 설명 중 옳지 않은 것은?

① 기동 토크가 작다.
② 역률을 조정할 수 없다.
③ 난조가 일어나기 쉽다.
④ 여자기가 필요하다.

해설 동기 전동기의 장단점

장 점	단 점
• 속도가 N_s로 일정하다. • 역률 조절이 가능하다. • 효율이 좋다. • 공극이 크고 기계적으로 튼튼하다.	• 기동 토크가 작다. • 속도 제어가 어렵다. • 직류 여자가 필요하다. • 난조가 일어나기 쉽다.

111 권선형 유도 전동기의 토크-속도 곡선이 비례 추이한다는 것은 그 곡선이 무엇에 비례해서 이동하는 것을 말하는가?

① 2차 효율
② 출력
③ 2차 회로의 저항
④ 2차 동손

해설 비례 추이 : 권선형 유도 전동기에서 2차 저항에 비례하여 슬립이 증가하는 것

112 보통 농형에 비하여 2중 농형 전동기의 특징인 것은?

① 최대 토크가 크다.
② 손실이 적다.
③ 기동 토크가 크다.
④ 슬립이 크다.

해설 2중 농형 전동기의 특징
• 기동 토크가 크고, 기동 전류가 작다.
• 열이 많이 발생하여 효율이 낮다.

정답 110 ② 111 ③ 112 ③

113 유도 전동기의 제동법 중 유도 전동기를 전원에 접속한 상태에서 동기속도 이상의 속도로 운전하여 유도 발전기로 동작시킴으로써 그 발생 전력을 전원으로 반환하면서 제동하는 방법은?

① 발전 제동
② 회생 제동
③ 역상 제동
④ 단상 제동

해설
② 회생 제동 : 유도 전동기를 발전기로 적용하여 생긴 유기기전력을 전원을 귀환시키는 제동법
① 발전 제동 : 유도 전동기를 발전기로 적용하여 생긴 유기기전력을 저항을 통하여 열로 소비하는 제동법
③ 역상 제동(플러깅) : 전기자의 접속을 반대로 바꿔서 제동하는 것으로 비상시 사용

114 다음 전력용 반도체 중에서 가장 높은 전압용으로 개발되어 사용되고 있는 반도체 소자는?

① LASCR
② IGBT
③ GTO
④ BJT

해설 GTO는 자기 소호가 가능하며 고전압 대전류 계통에서 사용된다.

115 유도 전동기의 여자전류는 극수가 많아지면 정격전류에 대한 비율이 어떻게 되는가?

① 적어진다.
② 원칙적으로 변화하지 않는다.
③ 거의 변화하지 않는다.
④ 커진다.

해설 극수가 많을수록, 용량이 적을수록 I_0(여자전류)는 커진다.

116 3상 유도 전동기의 기계적 출력이 P(V), 회전수가 N(rpm)인 전동기의 토크(kg·m)는?

① $716\dfrac{P}{N}$
② $956\dfrac{P}{N}$
③ $975\dfrac{P}{N}$
④ $0.01625\dfrac{P}{N}$

해설 전동기 토크
$$\tau = \dfrac{P}{\omega} = \dfrac{P}{2\pi\dfrac{N}{60}} (\text{N}\cdot\text{m})$$
$$= 0.975\dfrac{P(\text{W})}{N} = 975\dfrac{P(\text{kW})}{N}[\text{kg}\cdot\text{m}]$$

117 유도 전동기의 부하를 증가시키면 역률은?

① 좋아진다.
② 나빠진다.
③ 변함이 없다.
④ 1이 된다.

해설 유도 전동기의 부하가 증가하면 전체 전류에서 자화전류가 차지하는 비율이 상대적으로 적어지기 때문에 역률이 좋아진다.

118 반도체 사이리스터에 의한 제어는 어느 것을 변화시키는 것인가?

① 전 류
② 주파수
③ 토 크
④ 위상각

해설 사이리스터(SCR)는 정류 전압의 위상각 제어를 통하여 대전력을 제어한다.

119 다음과 같은 반도체 정류기 중에서 역방향 내전압이 가장 큰 것은?

① 실리콘 정류기
② 게르마늄 정류기
③ 셀렌 정류기
④ 아산화동 정류기

해설 역방향 내전압이 가장 큰 것은 실리콘 정류기로서 약 500~1,000V 정도이다.

정답 116 ③　117 ①　118 ④　119 ①

120 3상 서보전동기에 평형 2상 전압을 가하여 동작시킬 때의 속도-토크 특성곡선에서 최대 토크가 발생하는 슬립 s의 범위로 가장 적당한 것은?

① $0.05 < s < 0.2$
② $0.2 < s < 0.8$
③ $0.8 < s < 1$
④ $1 < s < 2$

해설   3상 서보전동기에 평형 2상 전압을 가하여 동작시킬 때 최대 토크가 발생하는 슬립의 범위는 일반적으로 $0.2 < s < 0.80$이다.

121 직류 발전기를 병렬 운전할 때 균압모선이 필요한 직류기는?

① 직권 발전기, 분권 발전기
② 분권 발전기, 복권 발전기
③ 직권 발전기, 복권 발전기
④ 분권 발전기, 단극 발전기

해설   균압선은 일반적으로 직권계자가 존재하는 직권과 복권 발전기에 설치하여 직권계자에 흐르는 전류에 의해 병렬 운전이 불안정하게 되는 것을 방지한다.

122 반도체 정류기에서 첨두 역방향 내전압이 가장 큰 것은?

① 셀렌 정류기
② 게르마늄 정류기
③ 실리콘 정류기
④ 아산화동 정류기

해설   역방향 내전압이 가장 큰 것은 실리콘 정류기로서 약 500~1,000V 정도이다.

123 전기자 도체의 굵기, 권수가 모두 같을 때 단중 중권에 비해 단중 파권 권선의 이점은?

① 전류는 커지며 저전압이 이루어진다.
② 전류는 적으나 저전압이 이루어진다.
③ 전류는 적으나 고전압이 이루어진다.
④ 전류가 커지며 고전압이 이루어진다.

해설   파권은 중권에 비해 고전압, 저전류이다.

124 다음 중 VVVF 제어방식으로 가장 적당한 전동기는?

① 동기 전동기
② 유도 전동기
③ 직류 직권 전동기
④ 직류 분권 전동기

해설 VVVF 방식이란 전압제어를 통하여 주파수를 변화시키는 것으로 유도 전동기 속도제어에 사용된다.

125 유도 전동기의 2차 여자제어법에 대한 설명으로 틀린 것은?

① 권선형 전동기에 한하여 이용된다.
② 동기속도 이하로 광범위하게 제어할 수 있다.
③ 2차측에 슬립링을 부착하고 속도제어용 저항을 넣는다.
④ 역률을 개선할 수 있다.

해설 2차측에 슬립링을 부착하고 속도제어용 저항을 넣는 방식은 직류기에서 사용되는 방법이다.

126 다음 권선법 중 직류기에서 주로 사용되는 것은?

① 폐로권, 환상권, 이층권
② 폐로권, 고상권, 이층권
③ 개로권, 환상권, 단층권
④ 개로권, 고상권, 이층권

해설 전기자 권선법
• 직류기 : 고상권, 폐로권, 이층권
• 동기기 : 이층권, 중권, 단절권, 분포권

정답 124 ② 125 ③ 126 ②

127 유도 전동기와 직결된 전기동력계의 부하전류를 증가하면 유도 전동기의 속도는?

① 증가한다.
② 감소한다.
③ 변함이 없다.
④ 동기 속도로 회전한다.

> **해설** 일반적으로 전동기에 걸리는 부하가 증가하면 속도는 감소한다. 단, 동기 전동기의 경우 부하가 증가하면 잠시 동안 속도 변화 후 다시 기준속도로 돌아온다.

128 반도체 사이리스터로 속도 제어를 할 수 없는 것은?

① 정지형 레너드 제어
② 일그너 제어
③ 초퍼 제어
④ 인버터 제어

129 다음 괄호 안에 알맞은 내용은?

> "직류전동기의 회전속도가 위험한 상태가 되지 않으려면 직권 전동기는 (㉠) 상태로, 분권전동기는 (㉡) 상태가 되지 않도록 하여야 한다."

① ㉠ 무부하, ㉡ 무여자
② ㉠ 무여자, ㉡ 무부하
③ ㉠ 무여자, ㉡ 경부하
④ ㉠ 무부하, ㉡ 경부하

> **해설** 직류전동기의 특성
>
> | 분 권 | 직 권 |
> | --- | --- |
> | • 정속도 특성의 전동기
• 위험 상태 → 정격 전압, 무여자 상태
• +, − 극성을 반대로 하면 회전 방향이 불변
• $T \propto I \propto \dfrac{1}{N}$ | • 변속도 전동기
• 부하에 따라 속도가 심하게 변한다.
• +, − 극성을 반대로 하면 회전 방향이 불변
• $T \propto I^2 \propto \dfrac{1}{N^2}$ |

정답 127 ② 128 ② 129 ①

130 유도전동기의 2차측 저항을 2배로 하면 최대 토크는 몇 배로 되는가?

① 3배로 된다.
② 2배로 된다.
③ 변하지 않는다.
④ 1/2로 된다.

해설 비례 추이
- 원리 : 권선형 유도전동기
- 특 징
  - 최대 토크는 불변
  - 최대 토크의 발생 슬립은 2차 합성저항에 따라 변화
  - 기동 전류는 감소하고, 기동 토크는 증가

131 사이리스터의 래칭(Latching)전류에 관한 설명으로 옳은 것은?

① 게이트를 개방한 상태에서 사이리스터 도통 상태를 유지하기 위한 최소 전류
② 게이트 전압을 인가한 후에 급히 제거한 상태에서 도통 상태가 유지되는 최소의 순전류
③ 사이리스터의 게이트를 개방한 상태에서 전압이 상승하면 급히 증가하게 되는 순전류
④ 사이리스터가 턴온하기 시작하는 순전류

해설 래칭(Latching)전류 : 사이리스터가 턴온하기 시작하는 순전류

132 3상 유도전동기의 회전방향은 이 전동기에서 발생되는 회전자계의 회전 방향과 어떤 관계가 있는가?

① 아무 관계도 없다.
② 회전자계의 회전방향으로 회전한다.
③ 회전자계의 반대 방향으로 회전한다.
④ 부하 조건에 따라 정해진다.

해설 3상 유도전동기는 대칭 3상 권선에 3상 교류 전압을 공급하며 3상 평형전류가 흐르면 회전자계가 발생하게 되고, 이 회전자계에 의해 회전자는 회전자계 방향으로 회전한다.

133 3상 유도전동기에서 2차측 저항을 2배로 하면 그 최대 토크는 몇 배로 되는가?

① $\frac{1}{2}$ 배
② $\sqrt{2}$ 배
③ 2배
④ 불 변

해설 비례추이의 원리(3상 권선형 유도전동기)

$\frac{r_2}{s_m} = \frac{r_2 + R_s}{s_t}$: 최대 토크를 내는 슬립만 2차 저항에 비례

• 2차 저항을 변화시키면 슬립 s_m도 커진다.
• 2차 저항이 변화해도 최대 토크는 변하지 않는다.
• 2차 저항을 크게 하면 기동 전류는 감소하고 기동 토크는 증가한다.

134 다음 중 DC 서보모터의 제어 기능에 속하지 않는 것은?

① 역률제어 기능
② 전류제어 기능
③ 속도제어 기능
④ 위치제어 기능

해설 DC 서보모터의 제어
• 위치, 방향, 자세 각도 제어용
• 전압이나 전류를 이용한 속도제어
  여기서, 역률조정 기능은 동기전동기(동기조상기)인 경우이다.

135 동기발전기의 회전자 둘레를 2배로 하면 회전자 주변속도는 몇 배가 되는가?

① 1
② 2
③ 4
④ 8

해설 회전자 주변 속도 $v = \pi D \cdot \frac{N_s}{60}$ (m/s)

여기서, $v \propto D$
따라서, 원둘레가 2배가 되면 회전자 주변속도도 2배가 된다.

02 전력

01 다음 중 PNPN 4개의 층 구조를 가지고 있으며 정류작용 및 인버터 회로에 적용되는 전력용 반도체는?

① 다이오드
② GTO
③ MCT
④ 사이리스터

해설   사이리스터는 PNPN의 4개 층 구조를 가지고 있으며 정류작용 및 인버터 회로에 적용되는 반도체 소자이다.

02 다음 중 TRIAC에 대한 설명 중 틀린 것은?

① 양방향 제어소자이다.
② 2개의 SCR을 역병렬 접속한 것도 동일하다.
③ MOS게이트에 작은 부펄스에 동작하고, 정펄스 전압에 오프된다.
④ 조광장치 및 교류 제어용으로 적용된다.

해설   TRIAC은 양방향 제어소자이고 2개의 SCR을 역병렬 접속한 것도 동일하다. 또한 조광장치 및 교류 제어용으로 적용된다.

03 다음 중 광활성 실리콘 제어기를 나타내는 것으로 맞는 것은?

① MCT
② SCR
③ IGBT
④ LASCR

04 IGBT에 대한 설명 중 틀린 것은?

① 전압제어 전력용 트랜지스터이다.
② 정전유도 사이리스터이다.
③ BJT보다 빠르고 MOS-FET보다 느리다.
④ 고속 고전압 대전류 제어에 적용된다.

> **해설** IGBT의 특징
> • 게이트절연 트랜지스터, 전압제어 전력용 트랜지스터이다.
> • BJT보다 빠르고 MOS-FET보다 느리다.
> • 구동, 출력특성은 BJT보다 IGBT가 유리하다.
> • 고속 고전압 대전류 제어가 가능하다.

05 다음 중 고속회복 다이오드의 특징으로 맞는 것은?

① 회복속도가 중요시되는 초퍼, 인버터 회로 등에 사용된다.
② 낮은 순방향 전압강하의 특성을 가진다.
③ 1A 미만에서 수천A까지 사용된다.
④ 회복시간 $25\mu s$ 정도로 저속도에 사용된다.

> **해설** 고속회복 다이오드의 특징
> • $5\mu s$의 낮은 회복시간
> • 회복속도가 중요시되는 초퍼, 인버터 회로 등에 사용
> • 1A에서 수백A까지 사용
> • 50V에서 3kV까지 사용

06 MOSFET의 특징 중 틀린 것은?

① 전력용 MOSFET은 전압제어소자이다.
② 매우 높은 입력임피던스를 가지고 있기 때문에 큰 입력전류만을 필요로 한다.
③ 스위칭 속도가 매우 높다.
④ MOSFET은 공핍형 MOSFET과 증식(가)형 MOSFET이 있다.

> **해설** MOSFET의 특징
> • 전력용 MOSFET은 전압제어소자이다.
> • 매우 높은 입력임피던스를 가지고 있기 때문에 미세한 입력전류만을 필요로 한다.
> • 스위칭 속도가 매우 높다.
> • 전력용 MOSFET은 저전력 고주파용 컨버터에 이용되고 있다.
> • MOSFET은 공핍형 MOSFET과 증식(가)형 MOSFET이 있다.

07 IGBT에 대한 설명 중 틀린 것은?

① BJT와 MOSFET의 장점을 조합한 소자이다.
② IGBT는 전력용 MOSFET과 같이 전압제어소자이다.
③ 스위칭 속도는 MOSFET의 스위칭 속도보다 빠르다.
④ IGBT는 BJT보다 빠르다.

> **해설** IGBT의 특징
> • BJT와 MOSFET의 장점을 조합한 소자이다.
> • MOSFET과 같이 고입력 임피던스를 가지고 있고, BJT와 같은 낮은 ON상태의 도통손실을 나타낸다.
> • IGBT는 전력용 MOSFET과 같이 전압제어소자이다.
> • 낮은 스위칭 손실과 도통 손실을 갖고 있는 반면에 게이트 구동이 용이한 피크전류, 용량, 견고함 등과 같은 전력용 MOSFET의 장점을 지닌다.
> • IGBT는 BJT보다 빠르다.
> • 스위칭 속도는 MOSFET의 스위칭 속도보다 떨어진다.

08 다음 중 단상 반파 정류를 구하는 식으로 맞는 것은?

① $E_d = \dfrac{\sqrt{2}\sin\dfrac{\pi}{m}}{\dfrac{\pi}{m}} \times E$

② $E_d = \dfrac{2\sqrt{2}}{\pi} \times E$

③ $E_d = \dfrac{\sqrt{2}}{\pi} \times E$

④ $E_d = \dfrac{\sqrt{2}E}{\pi}(1+\cos\alpha)$

09 3상 반파 컨버터가 가지는 특징 중 틀린 것은?

① 높은 평균출력전압을 제공한다.
② 전력 가변속 구동에서 폭넓게 사용되고 있다.
③ 출력전압의 리플 주파수는 단상컨버터의 리플 주파수와 비교하여 높다.
④ 2상한 동작이 필요한 120kW 수준까지의 산업응용에서 폭넓게 사용된다.

해설 3상 반파 컨버터의 특징
- 높은 평균출력전압을 제공한다.
- 전력 가변속 구동에서 폭넓게 사용되고 있다.
- 출력전압의 리플 주파수는 단상컨버터의 리플 주파수와 비교하여 높다.

10 3상 세미 컨버터의 특징으로 옳은 것은?

① 역률은 지연각이 증가함에 따라 3상 반파컨버터의 역률보다 떨어진다.
② 출력전압의 주파수는 $3f_s$이며, 지연각 α는 0부터 π까지 가변할 수 있다.
③ 출력전압의 리플 주파수는 단상컨버터의 리플 주파수와 비교하여 높다.
④ 4상한 운전이 필요한 경우에는 Dual Converter를 사용한다.

해설 3상 세미 컨버터의 특징
- 무시할 만한 리플성분을 갖는다.
- 역률은 지연각이 증가함에 따라 감소하지만, 3상 반파컨버터의 역률보다 좋다.
- 1상한 동작이 요구되는 120kW 수준까지의 산업응용에서 사용된다.
- 출력전압의 주파수는 $3f_s$이며, 지연각 α는 0부터 π까지 가변할 수 있다.

11 2상한 동작이 필요한 120kW 수준까지의 산업응용에서 폭넓게 사용되고 다이리스터는 $\frac{\pi}{3}$ 간격으로 점호되며 필터의 필요성은 3상 세미컨버터와 반파컨버터보다 적은 컨버터는?

① 단상 듀얼 컨버터
② 단상 전파 컨버터
③ 3상 전파 컨버터
④ 3상 반파 컨버터

해설 **3상 전파 컨버터의 특징**
• 3상 컨버터는 2상한 동작이 필요한 120kW 수준까지의 산업응용에서 폭넓게 사용된다.
• 다이리스터는 $\frac{\pi}{3}$ 간격으로 점호된다.
• 출력전압의 주파수는 6fs이며, 필터의 필요성은 3상 세미컨버터와 반파컨버터보다 적다.

12 다음 중 전압형 인버터의 특징으로 틀린 것은?

① 인버터의 주 소자를 Turn-off 시간이 비교적 긴 Phase Control용 SCR을 사용
② 인버터의 주 소자를 Turn-off 시간이 짧은 IGBT, FET 및 Transistor 사용
③ 전류 파형의 Peak치가 높기 때문에 주 소자와 변압기 용량이 증대
④ 4상한 운전이 필요한 경우에는 Dual Converter 사용

해설 **전압형 인버터 특징**
• 1, 2상한 운전만 가능
• 4상한 운전이 필요한 경우에는 Dual Converter 사용
• 전류 파형의 Peak치가 높기 때문에 주 소자와 변압기 용량이 증대
• 인버터의 주 소자를 Turn-off 시간이 짧은 IGBT, FET 및 Transistor 사용
• PWM 파형에 의해 인버터와 모터 간에 역률 개선용 진상콘덴서 및 서지 Absorber를 부착하지 말 것
• 인버터 출력주파수 범위가 광범위함

정답 11 ③ 12 ①

13 다음 중 전압형 인버터의 장점으로 틀린 것은?

① 제어회로 및 이론이 비교적 간단하다.
② 모든 부하에서 정류(Commutation)가 확실하다.
③ 인버터 계통의 효율이 매우 높다.
④ 유도성 부하를 사용한다.

> **해설** 전압형 인버터 장점
> • 인버터 계통의 효율이 매우 높다.
> • 제어회로 및 이론이 비교적 간단하다.
> • 속도제어 범위가 1 : 10까지 확실하다.
> • 모든 부하에서 정류(Commutation)가 확실하다.
> • 주로 소·중용량에 사용한다.

14 전압형 인버터 시스템의 구성부 중 변환된 직류를 Transistor, IGBT 등의 반도체 소자를 이용하여 PWM제어방식에 의하여 DC 전압을 임의의 교류 전압 및 주파수를 얻는 부분은?

① 컨버터부
② 인버터부
③ DC-LINK부
④ FILM 콘덴서부

> **해설** 인버터부는 변환된 직류를 Transistor, IGBT 등의 반도체 소자를 이용하여 PWM제어방식에 의하여 DC 전압을 임의의 교류 전압 및 주파수를 얻으며, 또한 Turn-on 및 Off 시 주 소자에 인가되는 과전압과 스위칭 손실을 저감시키거나 전력용 반도체의 역 바이어스 2차 항복파괴방지 목적으로 연결된 Snubber회로로 구성된다.

15 전류형 인버터의 특징으로 틀린 것은?

① 회생(Regeneration) 가능
② 인버터의 주 소자를 Turn-off 시간이 비교적 긴 Phase Control용 SCR을 사용
③ 인버터 출력단과 모터 간에 역률개선용 진상콘덴서 사용 가능
④ 전류제어를 할 경우 토크-속도 곡선의 안정영역에서 운전되기 때문에 제어루프가 필요 없다.

> **해설** 전류형 인버터 특징
> • 회생(Regeneration) 가능
> • 인버터의 주 소자를 Turn-off 시간이 비교적 긴 Phase Control용 SCR을 사용
> • 인버터 출력단과 모터 간에 역률개선용 진상콘덴서 사용 가능
> • 인버터의 동작 주파수의 최소치와 최대치가 제한(6~66Hz)
>   - 최소 주파수 : 전동기의 맥동 토크
>   - 최대 주파수 : 인버터의 전류 실패(Commutation Failure)
> • 전류제어를 할 경우 토크-속도 곡선의 불안정영역에서 운전되기 때문에 반드시 제어루프가 필요

16 전류형 인버터의 장점으로 틀린 것은?

① 과부하 시에도 속도가 낮아지지만 운전은 가능하다.
② 전류회로가 간단하고, 고속 Thyristor가 필요 없다.
③ 구형파 전류로 인해 저주파수에서 토크 맥동이 발생한다.
④ 전류가 제한되므로 Pull-out되지 않는다.

> **해설** 전류형 인버터 장점
> • 4상한 운전이 가능하다.
> • 전류가 제한되므로 Pull-out되지 않는다.
> • 전류회로가 간단하고, 고속 Thyristor가 필요 없다.
> • 과부하 시에도 속도가 낮아지지만 운전은 가능하다.
> • 스위칭 소자 및 출력 변압기의 이용률이 높다.
> • 유도성 부하 외에 용량성 부하에도 사용할 수 있다.
> • 넓은 범위에서 효과적인 토크제어를 할 수 있다.
> • 일정 전류특성으로 강력한 전압원을 가한 것처럼 기동 토크가 크다.

17 전류형 인버터에서 Controlled Rectifier라고 하며, 인버터 출력전류의 크기를 제어하는 부분은?

① 인버터부
② 컨버터부
③ DC-LINK 부
④ AC 제어부

해설   컨버터부는 Controlled Rectifier라고 하며, 인버터 출력전류의 크기를 제어한다.

18 다음 중 인버터 제어 방식이 아닌 것은?

① PAM(Pulse Amplitude Modulation) 제어방식
② 등 펄스폭 제어방식
③ PWM(Pulse Width Modulation) 제어방식
④ 전력 제어방식

해설   **인버터 제어방식**
- PAM(Pulse Amplitude Modulation) 제어방식
- PWM(Pulse Width Modulation) 제어방식
  - 부등 펄스폭 제어방식
  - 등 펄스폭 제어방식

03 전동기 제어

01 하이브리드 차량의 모터 제어기에 대한 설명 중 틀린 것은?

① 통합 패키지 모듈(IPM ; Integrated Package Module) 내에 장착되어 있고, 인버터라고도 부른다.
② 고전압 배터리의 직류 전원을 모터 작동에 필요한 단상 교류 전원으로 변경시킨다.
③ 하이브리드 통합 제어기(HCU ; Hybrid Control Unit)의 명령을 받아 모터의 구동 전류 제어를 한다.
④ 감속 및 제동 시 모터를 발전기 역할로 변경하여 배터리 충전을 위한 에너지 회수기능을 담당한다.

02 하이브리드 차량의 구동 모터에 대한 설명으로 맞지 않은 것은?

① 발진 시 메인 동력원으로 또는 주행 시에 엔진의 동력을 보조한다.
② 감속 시 구동 모터를 발전기로 작동시켜 고전압 배터리를 충전한다.
③ 시동 시 스타팅 모터 대신 구동 모터로 엔진을 시동한다.
④ 차량 바퀴 안쪽에 설치되어 있다.

> 해설   하이브리드 자동차의 구동모터는 내연기관에 직렬, 병렬 혹은 직·병렬 혼합방식으로 연결된다.

03 하이브리드 차량의 구동 모터에 적용되는 원리는 무엇인가?

① 플레밍의 왼손법칙
② 앙페르의 법칙
③ 패러데이의 법칙
④ 렌츠의 법칙

정답 1 ② 2 ④ 3 ①

04 하이브리드 차량의 구동 모터에 설치되어 모터 회전자와 고정자의 위치를 정확하게 파악하기 위해 설치한 부품을 무엇이라 하는가?

① 인버터
② 레졸버
③ 컨버터
④ 커패시터

05 다음 중 엔코더의 기능이 아닌 것은?

① 회전방향 검출
② 회전속도 검출
③ 회전거리 검출
④ 회전량 검출

해설 엔코더는 회전방향, 회전속도, 회전량을 검출한다.

06 광학식 엔코더에 대한 설명 중 옳은 것은?

① 투과용 광원, 수광소자, 회전 디스크로 구성된다.
② 투과용 광원과 수광소자 사이에 디스크가 위치하여 회전각에 반비례한 펄스출력을 얻는다.
③ 가격이 저렴하다.
④ 증가형 엔코더와 감소형 엔코더로 분류된다.

해설 광학식 엔코더의 특징
- 투과용 광원과 수광소자와 회전디스크로 구성된다.
- 투과용 광원과 수광소자 사이에 회전디스크를 위치시켜 회전각에 비례한 펄스출력을 얻는다.
- 증분형 엔코더(Iincremental Encoder), 절대치형 엔코더(Absolute Encoder)로 분류된다.

07 자기식 엔코더에 대한 설명 중 옳지 않은 것은?

① 드럼의 외경에 착자하고 자기저항소자를 드럼의 외경에 대항하여 배치한다.
② 자성분이 유입되어도 작동에 영향을 받지 않는다.
③ 외부환경에 대한 영향을 받지 않기 때문에 사용조건이 광범위하다.
④ 구조가 간단하다.

> **해설** 자기식 엔코더의 특징
> • 미소 다극 착자된 자기드럼과 이에 근접하도록 설치된 자기저항소자로 구성된다.
> • 드럼의 외경에 착자하고 자기저항소자를 드럼의 외경에 대항하여 배치한다.
> • 출력신호를 얻는 방법은 동일하다.
> • 외부환경에 대한 영향을 받지 않기 때문에 사용조건이 광범위하다.
> • 구조가 간단하다.
> • 외부로부터 강력한 자계가 가해지면 오작동이 발생한다.
> • 자성분이 들어오면 드럼에 고착되어 오작동이 발생한다.

08 레졸버의 특징 중 바르지 않은 것은?

① 장거리 전송에는 적합하지 않다.
② 변위량을 아날로그양으로 변환시킨다.
③ 사용온도 범위가 넓다.
④ 진동과 충격에 강하다.

> **해설** 레졸버의 특징
> • 변위량을 아날로그양으로 변환시킨다.
> • 진동과 충격에 강하다.
> • 소형화가 가능하다.
> • 장거리 전송이 가능하다.
> • 사용온도 범위가 넓다.
> • 신호처리회로가 복잡하고 로터리 엔코더에 비하여 고가이다.

정답 7 ② 8 ①

09 온도센서의 종류로 적합하지 않은 것은?

① Resistance Temperature Detector
② Thermostat
③ Thermistor
④ Thermo Couple

해설 Thermostat은 Thermistor의 특성을 이용한 온도조절기이다.

10 반도체의 저항이 온도에 따라 변하는 특성을 이용한 온도센서로 온도가 증가하면 저항이 감소하는 특성을 가진 소자는?

① 역특성 서미스터
② 정특성 서미스터
③ 부특성 서미스터
④ 반특성 서미스터

해설 부특성 서미스터(NTC) : 온도가 증가하면 저항값이 감소하는 특성이 있다.

11 서미스터의 종류에 해당하지 않은 것은?

① CRT(Critical Temperature Resistor)
② NTC(Negative Temperature Coefficient)
③ PTC(Positive Temperature Coefficient)
④ RTC(Reverse Temperature Coefficient)

해설 서미스터의 종류
- NTC(Negative Temperature Coefficient) : 온도가 증가하면 저항값이 감소(부특성 서미스터)
- PTC(Positive Temperature Coefficient) : 온도가 상승하면 저항값이 증가(정특성 서미스터)
- CRT(Critical Temperature Resistor) : 어느 특정온도에서 저항이 급변(급변 서미스터)

12 온도센서 중 RTD(Resistance Temperature Detector)에 대한 설명으로 옳지 않은 것은?

① 미세한 온도변화에 대한 응답성이 우수하다.
② 저항값이 온도에 따라 증가하는 금속으로 만들어진다.
③ 진동과 충격에 취약하다.
④ 권선형이나 박막형으로 제작한다.

> **해설** RTD(Resistance Temperature Detector)의 특징
> - 저항(R) = $\rho L/A$ (여기서, ρ : 물질의 비저항, L : 길이, A : 단면적)
> - 저항값이 온도에 따라 증가하는 금속으로 만들어진다.
> - 상대감도는 온도에 대한 저항계수이다.
> - 미세한 온도변화에 대한 응답성이 우수하다.
> - 진동과 충격에 강하여 장기간 안정적으로 사용 가능하다.
> - 권선형, 박막형으로 제작된다.

13 서로 다른 금속선을 접합하여 2개의 접점 사이에 온도차를 주면 기전력이 발생되는 원리를 이용한 것으로 원거리 조작 및 기록이 가능하고 온도측정범위가 넓으며 계기 하나로 여러 곳의 온도측정이 가능한 온도센서는?

① 열전대
② 초전형 온도센서
③ IC온도센서
④ 서미스터

> **해설** 열전대(Thermo Couple)의 특징
> - 서로 다른 금속선 A, B를 접합하여 2개의 접점 사이에 온도차를 주면 기전력이 발생된다.
> - 응답성이 우수하고 지연시간에 따른 오차가 적다.
> - 원거리조작 및 기록이 가능하다.
> - 계기 하나로 여러 곳의 온도측정이 가능하다.
> - 온도가 열기전력으로 검출되기 때문에 측정, 조절, 변화의 정보처리가 용이하다.
> - 온도 측정범위가 넓고 비교적 가격이 저렴하다.
> - 열전대의 종류로는 K형, J형, T형, R형, E형, B형이 있다.

14 실리콘 트랜지스터의 온도 의존성을 응용한 것으로 신호회로와 감온소자가 일체화되어 외부에서 회로조작을 하지 않고 온도-전류 변환기로 좁은 범위의 온도측정에 사용되는 온도센서는?

① IC 온도센서
② 실리콘 온도센서
③ 트랜지스터 온도센서
④ RC 온도센서

> **해설** IC 온도센서의 특징
> - 실리콘 트랜지스터의 온도 의존성 응용
> - 특성이 흐트러지기 쉬운 2단자 다이오드 소자와 3단자 트랜지스터 소자의 결점을 해결(두 센서 모두 정전류 회로 필요, 출력특성의 직선성 부족)
> - 온도-전류 변환기로 사용
> - 신호회로와 감온소자가 일체화되어 있기 때문에 외부에서 회로조작을 하지 않음
> - 좁은 범위의 온도측정에 사용
> - 기존시스템에 쉽게 통합 가능

15 초전형 온도센서에 대한 설명으로 옳지 않은 것은?

① 이동물체 또는 온도가 변화하는 물체의 온도만 검출이 가능하다.
② 초전체 표면전하의 변화로부터 적외선을 측정하여 물체의 온도를 열적으로 감지한다.
③ 초전체 표면에 유기되는 전하량이 변하여 출력이 얻어진다.
④ 센서에 적외선이 들어오면 초전체의 온도가 감소한다.

> **해설** 초전형 온도센서의 특징
> - 물체로부터 방사되는 적외선이 창을 통해 초전체에 입사될 때 일어나는 초전체 표면전하의 변화로부터 적외선을 측정하여 물체의 온도를 열적으로 감지한다.
> - 센서에 적외선이 들어오면 초전체의 온도가 상승한다.
> - 초전체 표면에 유기되는 전하량이 변하여 출력이 얻어진다.
> - 물체로부터 방사되는 적외선에 변화가 없으면 출력도 0이다.
> - 이동물체 또는 온도가 변화하는 물체의 온도만 검출이 가능하다.

16 유도전동기의 벡터제어에 대한 설명 중 옳지 않은 것은?

① 기준자속의 위치를 측정하고 계산하여 고정자 전류를 기준자속과 일치하는 성분과 직교하는 성분으로 분해한다.
② 기준자속과 일치하는 성분은 자속을 제어한다.
③ 기준자속과 직교하는 성분은 토크를 제어한다.
④ 기준자속과 평행하는 성분은 방향을 제어한다.

> **해설** 유도 전동기의 벡터제어는 기준자속의 위치를 측정하고 계산하여 고정자 전류를 기준자속과 일치하는 성분과 직교하는 성분으로 분해한다. 여기서 기준자속과 일치하는 성분(d축)은 자속을 제어하고 기준자속과 직교하는 성분(q축)은 토크를 제어한다.

17 유도전동기의 자속기준제어의 구현방식에 대한 설명으로 옳은 것은?

① 간접제어방식 : 자속을 간접 계산하여 자속의 속도 계산
② 직접제어방식 : 자속을 직접 계산하여 자속의 위치 계산
③ 간접제어방식 : 동기좌표계 q축에만 전류가 존재하도록 동기주파수를 계산하여 자속의 위치 계산
④ 직접제어방식 : 동기좌표계 d축에만 자속이 존재하도록 동기주파수를 계산하여 자속의 위치 계산

> **해설** 유도전동기의 자속기준제어 구현방식
> • 직접제어방식 : 자속을 직접 계산하여 자속의 위치를 계산한다.
> • 간접제어방식 : 동기좌표계 d축에만 자속이 존재하도록 동기주파수를 계산하여 자속의 위치를 계산한다.

정답 16 ④ 17 ②

18 동기전동기의 벡터제어의 특징으로 바르지 않은 것은?

① 자체적으로 자속과 토크 성분 전류를 각각 독립적으로 제어
② 유도전동기에 비하여 벡터제어가 복잡함
③ 회전자의 회전속도로 회전하는 회전자 좌표계를 사용하여 고정자전류로 변환
④ 영구자석의 절대적 초기 위치를 검출하기 위하여 레졸버 또는 절대형 엔코더 사용

해설 동기전동기 벡터제어의 특징
- 회전자의 위치가 벡터제어에 기준이 되는 자속의 위치이기 때문에 유도전동기에 비하여 벡터제어가 비교적 간단하다.
- 자체적으로 자속과 토크 성분 전류를 각각 독립적으로 제어한다.
  - 자속은 영구자석에 의해 발생
  - 토크 성분 전류는 고정자 전류에 의해 발생
- 회전자의 회전속도로 회전하는 회전자 좌표계를 사용하여 고정자전류로 변환된다.
- 영구자석의 절대적 초기 위치를 검출하기 위하여 레졸버 또는 절대형 엔코더를 사용한다.

19 약계자제어의 특성에 대한 설명으로 맞는 않는 것은?

① 약계자영역에서 전압/전류제한조건 최대토크가 발생한다.
② 전동기의 열정격과 인버터의 전류정격에 의해 결정된다.
③ 인버터의 정류정격은 전동기의 정격정류의 50~70% 정도이다.
④ 직류링크전압과 PWM방식에 따라 SPWM(Sinusoidal Pulse Width Modulation), SVPWM(Space Vector Pulse Width Modulation)로 분류된다.

해설 ③ 인버터의 정류정격은 전동기 정격정류의 150~300%이다.

약계자제어의 특성
- 약계자영역에서 전압/전류제한조건 최대토크가 발생한다.
- 전동기의 열정격과 인버터의 전류정격에 의해 결정된다.
- 직류링크전압과 PWM방식에 따른 분류
  - SPWM(Sinusoidal Pulse Width Modulation) : $\frac{V_{dc}}{2}$
  - SVPWM(Space Vector Pulse Width Modulation) : $\frac{V_{dc}}{\sqrt{3}}$
- 전압제한조건 : 최대고정자전압($V_{s\max}$)
  $V_{ds}^{s2} + V_{qs}^{s2} = V_{ds}^{e2} + V_{qs}^{e2} \leq V_{s\max}^2$
- 전류제한조건 : 최대고정자전류($I_{s\max}$)
  $I_{ds}^{s2} + I_{qs}^{s2} = I_{ds}^{e2} + I_{qs}^{e2} \leq I_{s\max}^2$

20 유도전동기의 약계자제어 중 동기좌표계 유도전동기 전압방정식에 대한 설명으로 옳은 것은?

① 자속의 변화에 의한 전압을 고려한다.
② 전압제한조건과 전류제한조건하에서 정상상태 토크를 최대로 하는 전류를 찾는 것이다.
③ 전류의 변화에 의한 전압을 고려한다.
④ 고정자 저항의 전압강하를 고려한다.

해설 동기좌표계 유도전동기 전압방정식의 특징
- 자속의 변화에 의한 전압은 무시한다.
  - 약계자 영역에서 속도에 따라 변화한다.
- 전류의 변화에 의한 전압은 무시한다.
  - 전류가 급격하게 변화되지 않으면 무시한다.
  - 고정자 전압의 제어 여분을 고려한다.
- 고정자 저항 전압강하는 무시한다.
  - 고속영역에서 상대적으로 작다.
- 회전자 자속이 회전자 시정수에 비하여 느리게 변화된다고 가정한다.

21 PWM 제어 중 정현파 PWM 방식에 대한 설명으로 옳지 않은 것은?

① 비교기에서 파형의 크기를 비교하여 최종적 PWM파형을 출력한다.
② 산업현장에서 가장 보편적으로 적용된다.
③ 삼각파와 정현파 파형의 시작점이 스위칭 소자의 스위칭 타임을 결정한다.
④ 삼각파방식, 진동 저감방식 또는 고조파 저감방식이라고도 한다.

해설 정현파 PWM방식의 원리
- 삼각파와 정현파 파형의 교점이 스위칭 소자의 스위칭 타임을 결정한다.
- 삼각파와 정현파는 비교기에 입력된다.
- 비교기에서 파형의 크기를 비교하여 최종적 PWM파형을 출력한다.
- 삼각파방식, 진동 저감방식 또는 고조파 저감방식이라고도 한다.

22 PWM 제어 중 공간벡터 변조법에 대한 설명 중 옳지 않은 것은?

① AC링크전압을 최대한 많이 사용할 수 있다.
② 실제 스위칭 소자를 On/Off시키기 위한 시간을 얻기 위하여 시간을 변환한다.
③ 지령전압벡터가 공간벡터상 놓이는 영역에 따른 각기 다른 계산식이 필요하다.
④ 지령전압벡터가 속해 있는 영역을 판별한다.

> **해설** 공간벡터 변조법은 DC링크전압을 최대한 많이 사용할 수 있다.

PART 03

그린전동자동차 배터리

CHAPTER 01	2차 전지의 개요
CHAPTER 02	2차 전지의 종류
CHAPTER 03	충전시스템 개론
CHAPTER 04	배터리 에너지 관리시스템

적중예상문제

합격의 공식 SD에듀 www.sdedu.co.kr

2차 전지의 개요

1 배터리

(1) 전지의 원리

원자는 원자핵과 그 주변을 돌고 있는 전자로 구성되어 있으며 물질의 원소에 의한 전자의 수는 각각 다르다. 원자 주변의 전자는 외부에서 작용하는 에너지의 영향으로 이탈하기도 한다. 이것을 자유전자라 하며 이 전자가 연속적으로 흘러 전류가 흐르게 된다.

원자는 전기적으로 중성 상태에서 전자가 이탈하면 전기적으로는 플러스가 되고 이것을 이온이라고 한다. 분자는 서로 다른 복수의 원자로 구성되어 있으나 전자와 이온의 관계는 같다. 따라서 이온화라는 것은 원자와 분자에서 마이너스의 전자가 분리됐기 때문에 그 원자와 분자가 플러스 전하를 갖는 상태가 된다.

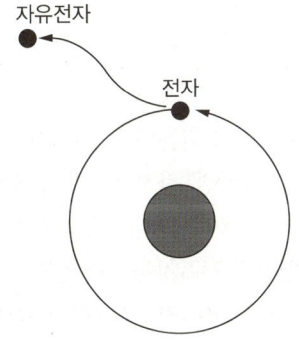

전지에는 여러 종류가 있으나 보통 우리가 말하는 전지라고 하는 것은 일반적으로 화학전지를 말한다. 화학전지의 기본은 (+)극판과 (-)극판 사이에 전해액이 있으며, (-)극판의 분자가 전자를 남기고(이온화) 전해액 안에서 녹아 (+)극판 쪽으로 이동하며, (+)극판의 원소와 다른 경로를 통해서 온 전자와 반응하여 다른 분자로 변화한다. 그 다른 경로의 전자 흐름이 역방향의 전류라는 것이다. 전자는 전기적으로 (-)이고, (-)에서 (+)방향으로 흐르며 전류는 (+)에서 (-)로 흘러 전자의 이동방향과 반대방향으로 흐르게 된다.

(2) 1차 전지와 2차 전지

전지(Battery)는 내부에 들어 있는 화학물질의 화학에너지를 전기화학적 산화-환원반응에 의해 전기 에너지로 변환하는 장치이다.

전지는 화학 반응 대신 전기 화학 반응이 일어나 전자(Electron)가 도선을 통하여 외부로 빠져나갈 수 있도록 특별한 내부구조로 이루어져 있으며, 도선을 통하여 흐르는 전자의 흐름이 전기에너지가 된다.

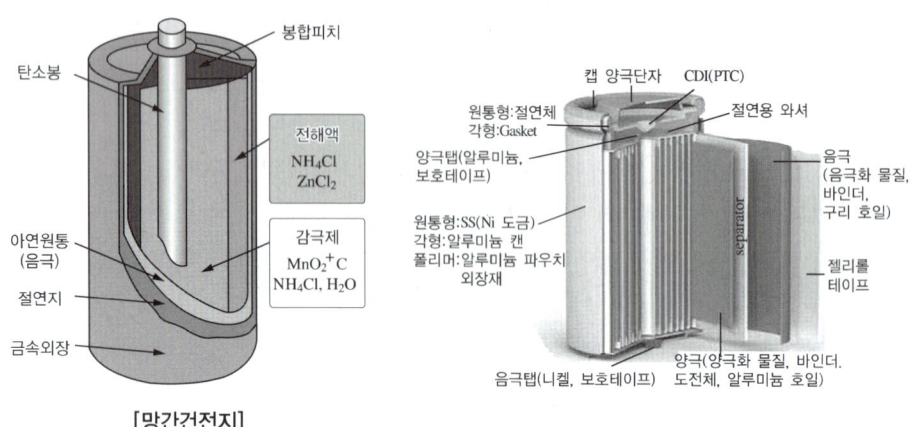

[망간건전지]

전지는 전기에너지를 소비하면서 방전이 되는데 전압은 계속 낮아지고 결국 외부에서 전하를 이동시킬 수 없을 때까지 이르게 된다. 이러한 전지는 1차 전지와 2차 전지로 분류하는데 1차 전지는 충전할 수 없는 전지로 일반적인 보통 건전지와 같으며, 2차 전지는 충전이 가능하고 반복하여 사용할 수 있는 전지를 말한다. 일반적으로 자동차와 전기 자동차 등에 이용되는 것은 2차 전지이다. 일반적으로 1차 전지에는 알칼리전지, 건전지, 수은전지, 리튬전지 등이 있으며, 2차 전지에는 니켈-카드뮴전지(Ni-Cd Battery), 니켈-수소전지(Ni-MH Battery), 리튬-이온 2차 전지(Li-Ion Secondary Batteries), 리튬-이온폴리머 2차 전지(Li-Ion Polymer Secondary Batteries) 그리고 납산축전지(Lead-acid Battery) 등이 있다.

(3) 전지의 분류

	화학전지		물리전지
1차 전지	화학에너지를 전기에너지로 변환시키는 전지로서, 화학반응이 비가역적이거나 가역적이라도 충전이 용이하지 않음	태양 전지	반도체의 p-n접합을 이용하여 광전효과에 의해 태양광에너지를 직접 전기에너지로 변환하는 장치
2차 전지	화학에너지와 전기에너지간의 상호변환이 가역적이어서 충전과 방전을 반복할 수 있는 전지	열전 소자	반도체의 p-n접합을 이용하여 열에너지를 직접 전기에너지로 변환하는 장치
연료 전지	연료(천연GAS, Methanol, 석탄)의 화학에너지를 전기에너지로 직접 변환하는 화학발전 장치로서, 외부에서 연료가 연속 공급되어 발전이 가능한 전지	원자력 전지	방사성 동위원소의 에너지를 전기에너지로 변환

전기 자동차의 각 부품 중에서 가장 중요한 역할을 하는 것 중의 하나는 전지이다. 기존의 내연기관에서 화석연료를 대체하는 근원적인 에너지원인 전기를 저장하는 장치이기 때문이다. 이러한 전지 기술이 우수한 성능의 전기 자동차를 만드는 데 가장 핵심적인 사항이다.

최근 들어 전자, 통신, 컴퓨터 산업의 급속한 발전에 따라 캠코더, 휴대폰, 노트북 PC 등이 출현하였고, 이에 따라 가볍고 오래 사용할 수 있으며, 신뢰성이 높은 고성능의 소형 2차 전지 개발이 절실히 요구되고 있다. 또한 환경 및 에너지문제의 해결 방안의 하나로 전기 자동차의 실현과 심야 유휴전력의 효율적 활용을 위한 대형 2차 전지의 개발이 대두되고 있다. 이러한 수요에 따라 그동안 많은 기술개발과 또한 일부 상용화되어 있는 것이 리튬 이차 전지이다.

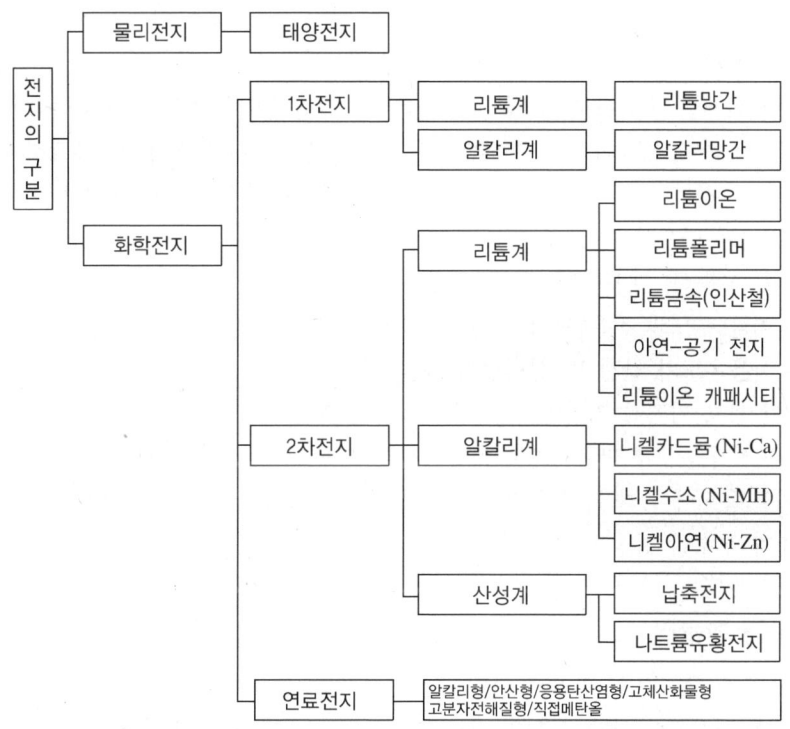

리튬 이차 전지는 전해질 형태에 따라 유기용매 전해질을 사용하는 리튬금속전지 및 리튬-이온전지와 고체고분자 전해질을 사용하는 리튬폴리머전지로 나눌 수 있다.

리튬금속 전지는 리튬금속을 음극으로 사용하는 것으로 사이클 수명 및 안전성이 낮아 상용화에 어려움을 겪고 있으며 이를 극복하기 위해 리튬금속 대신 카본을 음극으로 사용하는 리튬-이온전지가 개발되어 상용화되고 있다.

리튬폴리머전지의 경우는 음극으로 리튬금속을 사용하는 경우와 카본을 사용하는 경우가 있으며 카본 음극을 사용하는 경우는 구별하여 리튬-이온 폴리머 전지로 표기하는 경우가 있으나 일반적으로 리튬폴리머전지로 통용하고 있다.

리튬금속을 음극으로 사용하는 전지의 경우 충·방전이 진행됨에 따라 리튬금속의 부피 변화가 일어나고 리튬금속 표면에서 국부적으로 침상리튬의 석출이 일어나며 이는 전지 단락의 원인이 된다. 그러나 카본을 음극으로 사용하는 전지에서는 충·방전 시 리튬-이온의 이동만 생길 뿐 전극 활물질은 원형을 유지함으로써 전지수명 및 안전성이 향상된다.

또한 2차 전지 중 Ni-Cd(Nickel-Cadmium) 및 Ni-MH(Nickel-Metal Hydride)전지는 메모리 효과와 유해한 Cadmium 사용 등으로 인해 점차 사용이 제한되고 있으며 휴대용, IT 기기에는 리튬-이온전지의 이용이 활발하게 진행되고 있으며 리튬폴리머전지는 Ni-MH를 대체하는 전지로 발전되고 있다.

(4) 2차 전지 구성

전지에는 산화제인 양극 활물질과 환원제인 음극 활물질과 이온 전도에 의해 산화반응과 환원반응을 발생시키는 전해액, 양극과 음극이 직접 접촉하는 것을 방지하는 격리판이 필요하다. 또한 이것들을 넣는 용기, 전지를 안전하게 작동시키기 위한 안전밸브나 안전장치 등이 필요하다. 이러한 2차 고성능 전지는 다음과 같은 조건을 갖추어야 한다.

① 고전압, 고출력, 대용량일 것
② 긴 사이클 수명과 적은 자기 방전율을 가질 것
③ 넓은 사용온도와 안전 및 신뢰성이 높을 것
④ 사용이 쉽고 가격이 저가일 것

위와 같은 조건을 모두 만족시키는 이상적인 전지를 얻기는 어려우므로 가능한 이와 같은 조건을 만족시키는 용도에 따라 특징이 있는 전지가 개발되고 있으며 고성능 전지의 개발을 위해서는 각 구성요소가 우수한 특성을 가져야 한다.

(5) 양극, 음극 활물질

에너지 밀도가 큰 전지를 만들기 위해서는 기전력(Electro Motive Force ; EMF)이 크고 용량이 큰 활물질을 사용해야 한다. 전지의 음극 활물질에는 아연(Zn)이나 카드뮴(Cd), 납(Pb)이 이용되어 왔지만 최근 개발된 전지로서 리튬 전지나 Ni-MH 전지는 리튬 또는 그것과 같은 정도의 환원력을 가진 리튬을 삽입한 탄소재료나 수소흡장 합금에 흡장시킨 수소가 음극 활물질로서 이용되고 있다. 리튬은 가장 환원력이 강한 재료이고 전기 화학당량도 적어 음극재료로서는 가장 우수한 재료라고 할 수 있다. 리튬을 음극에 이용하는 전지는 리튬의 강한 환원력을 이용하고 있기 때문에 이것과 조합시키는 재료는 다양성이 풍부하다. 또한 개발 중인 2차 전지에서는 금속 나트륨(Na)이나 아연 등의 금속과 더불어 철(Fe)이나 바나듐(V) 등의 산화환원계가 검토되고 있다.

수용액계의 2차 전지 양극에는 납(Pb), 니켈(Ni), 은(Ag) 등과 같은 산화물이나 수산화물이 이용되고 있다. 또한 산화수은(Hg$_2$O)도 우수한 양극 활물질로서 소형전지에 이용되어 왔지만 환경 면에서 현재는 이용되고 있지 않다. 리튬 2차 전지에서는 비수용액이 이용되므로 망간(Mn)이나 니켈(Ni), 코발트(Co) 등과 같은 산화물이 이용되고 있다. 그리고 또 바나듐 산화물이나 금속유화물 등도 검토되고 있다.

2차 전지는 몇 번이고 충·방전을 반복할 수 있는 것이 특징이다. 이를 위해서는 충전하면 원래의 활물질 상태로 흔적을 남기지 않고 되돌릴 필요가 있다. 리튬-이온전지에는 음극에는 탄소재료가, 양극에는 코발트산 리튬 등이 이용되고 있다. 이 전지는 방전상태로 제조된 후, 양극에서 리튬-이온을 빼고 음극의 탄소 내에 리튬을 삽입하는 충전과정이 있다. 이 전지의 충·방전에서는 양극, 음극의 반응은 모두 리튬의 삽입 탈피라고 하는 토포케미컬(Topochemical) 반응이 된다. 토포케미컬 반응이 진행할 때 호스트 재료의 구조 변화가 완전히 가역이면 사이클 수명이 긴 전지가 된다. 리튬-이온전지에는 가역성이 높은 토포케미컬 반응을 하는 재료가 선택되고 있다. Ni-MH 전지의 경우에도 충·방전에 수소가 양극과 음극 간에서 이동하는 반응이 진행한다. 최근에 개발된 리튬-이온전지와 Ni-MH전지가 함께 토포케미컬 반응을 이용하고 있는 것은 흥미 있는 일이다. 이것과 납산 축전지를 비교해 보자. 납산 축전지에서는 다음과 같이 반응이 진행된다.

$$PbO_2 + 2H_2SO_4 + Pb \rightarrow PbSO_4 + 2H_2O + PbSO_4$$

이와 같이 음극 활물질(Pb)과 양극 활물질(PbO$_2$) 이외에 묽은 황산과 물이 반응에 관여한다. 엄밀하게 말하면 묽은 황산과 물도 활물질이며 이것들은 전해질 용액으로서 존재한다. 전지반응이 진행되면 전해액의 농도가 변화한다. 따라서 일정량 이상의 전해액이 필요해진다. 한편, 리튬 전지나 Ni-MH전지에는 전해질의 양이 극히 적어도 작동된다.

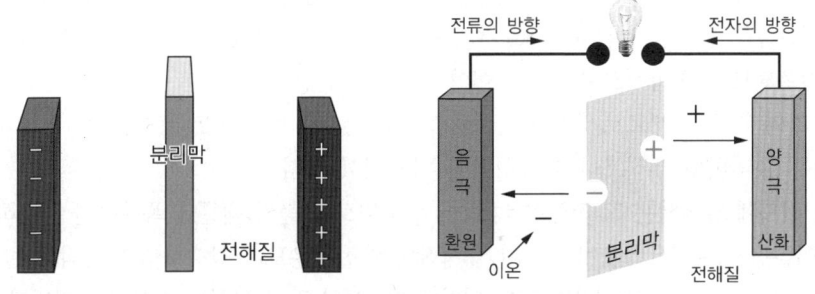

① 음극재 : 음극 활물질이 산화되어 도선으로 전자 방출
② 양극재 : 외부도선으로 전자를 받아 양극 활성 물질 환원
③ 분리막 : 양극과 음극의 직접적인 접촉 방지
④ 전해질 : 양극의 환원과 음극의 산화반응이 이루어지도록 물질 이동

(6) 전해액

전해액은 전지 내에서 전기화학 반응이 진행하는 것을 제공하는 물질로서 중요한 구성요소이다. 그러나 앞서 살펴본 납산 축전지의 경우와 같이 기전반응에 관여하는 물질이 용존하는 경우를 제외하고 원리적으로는 그 양은 적어도 된다. 이 이온 전도체는 묽은 황산 용액이나 알칼리수용액, 리튬 전지에 사용되는 비수전해액 등과 같이 용액이 이용되는 일이 많지만 폴리머 전해질이나 무기 고체 전해질, 이온 전도성 글라스 등도 검토되고 있다.

① 전해액은 이온 전도성이 높을 것
② 충전 시에 양극이나 음극과 반응하지 않을 것
③ 전지 작동범위에서 산화환원을 받지 않을 것
④ 열적으로 안정될 것
⑤ 독성이 낮으며 환경 친화적일 것
⑥ 염가일 것

전지의 활물질은 분말로 만들어져 전해액에 점결제나 도전조제를 혼합해서 합제하여 이것을 집전체에 도포, 전지의 전극이 된다. 이 합제전극이 효율적으로 기능하기 위해서는 합제 내의 이온 전도성이 높아야 한다.

(7) 격리판

전지의 기전물질은 산화제와 환원제이다. 이것들이 직접 접촉되면 자기방전을 일으킬 뿐만이 아니라 단락이 진행되어 위험하다. 격리판은 양극과 음극 사이에 있어 양자의 접촉을 방지하고 있다. 물론 격리판도 이온 전도성을 나타내지 않으면 안 된다. 따라서 다공성 재료를 이용하여 그 구멍 속에 전해액이 침투하여 이온 전도성을 유지시킨다. 높은 이온 전도성을 나타내는 동시에 양극과 음극의 접촉을 방지하도록 다공재료가 연구되고 있다. 그리고 산화제인 양극과 환원제인 음극에 직접 접촉되므로 화학적으로 안정되어야 하는 것이 중요하다.

2차 전지의 격리판 재료로서 현재 납산 축전지에는 글라스 매트 등이, 알칼리 2차 전지나 리튬 전지에는 폴리머의 부직포나 다공성막이 이용되고 있다.

최근의 전지에 있어서는 그 전압이 높고 에너지 밀도가 높기 때문에 폭주하면 위험하다. 예를 들면 리튬-이온전지는 이상반응이 일어나기 시작하여 전지온도가 상승하면 다공막이 반응되고 구멍이 막혀 그 이상의 반응이 진행하지 않게 되어 있다. 이와 같이 고성능 전지에는 격리판이 극히 중요한 재료로 되어 있다.

[전지별 분류]

구 분	종 류	특 징
1차 전지	망간 전지	고부하, 고용량화용에 적합한 전지 • 양극재료 : 이산화망간 • 음극재료 : 아연 • 전해액 : 물 • 전해액 : 염화암모늄, 염화아연 • 격리판 : 크라프트지
	알칼리 망간전지	전지용량이 크고 내부저항이 적어서 부하가 큰 장시간 사용에 적합한 전지이며, 원통형과 코인형으로 분류된다. • 양극재료 : 이산화망간 • 음극재료 : 아연 • 전해액 : 수산화칼륨 수용액 • 전해질 : 수산화칼륨, 수산화나트륨 • 격리판 : 부직포(폴리오레핀, 폴리아미드계)
	수은 전지	1차 전지 중 높은 에너지 밀도와 전압 안정성을 가지고 있으나 수은의 유해성으로 인하여 사용이 억제되고 있다. • 양극재료 : 산화수은 • 음극재료 : 아연 • 전해액 : 수산화칼륨 또는 수산화나트륨 수용액 • 격리판 : 비닐론이나 알파화 펄프계
	산화은 전지	평활한 방전 전압과 소형, 뛰어난 부하특성으로 손목시계의 전원으로 사용되고 있다. • 양극재료 : 산화은 • 음극재료 : 아연 • 전해액 : 수산화칼륨 또는 수산화나트륨 수용액 • 격리판 : 비닐론이나 알파화 펄프계
	리튬1차 전지	고에너지 밀도의 전지로서, 주로 실용화가 되고 있는 것은 플루오르화 흑연 리튬전지와 이산화망간 리튬전지가 있다. • 양극재료 : 플루오르화 흑연, 이산화망간에 탄소 결착 • 음극재료 : 리튬 • 전해액 : 리튬의 전해질을 용해시킨 액체 • 격리판 : 폴리프로필렌, 올레핀계 부직포
	공기아연 전지	주로 의료기(보청기) 용도로 사용하고 있으며, 고에너지 밀도와 큰 전기용량, 평활한 방전특성을 갖고 있다. • 양극재료 : 공기 중의 산소 • 음극재료 : 아연 • 전해액 : 수산화칼륨 수용액 • 격리판 : 폴리오레핀, 폴리아미드계 부직포
2차 전지	납산 축전지	대부분의 자동차 기초전원으로 이용되고 있으며, 싼값으로 제조가 가능하고 넓은 온도조건에서 고출력을 낼 수 있다. 납축전지는 안정된 성능을 발휘하나 비교적 무겁고 에너지 저장밀도가 높지 않다. • 양극재료 : PbO_2 • 음극재료 : Pb • 전해질 : H_2SO_4
	니켈 카드뮴 전지	철도차량용, 비행기 엔진 시동용 등을 비롯하여 고출력이 요구되는 산업 및 군사용으로 널리 이용되고 있으며, 밀폐형의 경우에는 전동공구 및 휴대용 전자기기의 전원으로 사용되었으나, 메모리 효과와 유해한 카드뮴 사용으로 인해 억제되고 있다. • 양극재료 : NiO(OH) • 음극재료 : Cd • 전해질 : KOH(수용액)
	니켈수소 전지	니켈 카드뮴 전지와 동작전압이 같고 구조적으로도 비슷하지만 부극에 수소흡장합금을 채용하고 있어, 에너지밀도가 높다. 현재 전기 자동차용으로 각광받고 있다. • 양극재료 : NiO(OH) • 음극재료 : MH • 전해질 : KOH(수용액)
	리튬-이온 전지	리튬금속을 전극에 도입하여 안전성 면에서는 불완전한 형태로, 보호회로를 사용해야 한다. 리튬-이온 전지는 높은 에너지 저장밀도와 소형, 박형화가 가능하며 소형 휴대용기기의 전원으로 채용이 본격화되고 있다.

(8) 2차 전지 특징

전기 자동차는 리튬-이온전지, 리튬폴리머 이온 전지를 제품에 채용하는 추세이다. 토요타의 프리우스, 캠리 등은 밀폐형 Ni-MH 전지 팩을 사용하여 전기모터에 전기를 공급하였으나 리튬-이온전지와 비교할 때 Ni-MH의 전력 수준이 낮고 자기방전율이 크며 보관 수명이 3년에 불과한 Ni-MH는 EV에 적합하지 않다.

[주요 1차/2차 전지의 특성]

구 분	종 류	구 성			공칭 전압(V)	에너지 밀도(Wh/L)
		양 극	전해질	음 극		
1차 전지	망간전지	MnO_2	$ZnCl_2$, NH_4Cl	Zn	1.5	200
	알칼리전지	MnO_2	KOH(ZnO)	Zn	1.5	320
	산화은전지	Ag_2O	KOH, NaOH	Zn	1.55	450
	공기아연축전지	O_2	KOH	Zn	1.4	1,235
	플루오르흑연리튬전지	$(CF)_n$	$LiBF_4$/YBL	Li	3	400
	이산화망간리튬전지	MnO_2	$LiCF_3SO_3$/PC+DME	Li	3	75
2차 전지	납축전지	PbO_2	H_2SO_4	Pb	2	100
	니켈카드뮴전지	NiOOH	KOH	Cd	1.2	200
	니켈수소 전지	NiOOH	KOH	MH(H)	1.2	240
	바나듐리튬 전지	V_2O_5	$LiBF_4$/PC + DME	Li-Al	3	140
	리튬-이온전지	$LiCoO_2$	$LiPF_6$/EC + DEC	C	4	280

기존 리튬-이온전지는 높은 에너지를 가지며 무게가 가벼운 특징이 있으나 높은 가격, 극한 온도의 불용, 안전상의 문제(리튬-이온전지의 가장 큰 문제) 때문에 적합하지 않다. 다음은 2차 전지의 특징이다.

① 외부로부터 유입된 에너지를 화학적 에너지로 변환하여 저장 후 필요에 따라서 전기가 발생한다.
② 전지성분의 독성이 강하기 때문에 환경적 문제가 발생한다.
③ 지속적으로 충전하여 사용 가능하기 때문에 비용이 절감된다.
④ 1차 전지에 비하여 높은 전력을 발생한다.

종 류	특 징	적용 차종
Ni-MH 전지	• 전력수준이 낮다. • 자기방전율이 높다. • 보관수명이 짧다(3년 이내). • 메모리 효과가 있다.	토요타(프리우스, 캠리, 하이랜더)
Li-Ion 전지	• 특정한 높은 에너지를 제공한다. • 무게가 가볍다. • 가격이 비싸다. • 극한 온도의 사용이 불가능하다. • 안전상 문제가 있다.	• GM(볼트) • 현대차, 기아차, GM, Ford

(9) 2차 전지 주의사항

① 전지의 종류에 따라 역충전 가능
② 온도변화에 따라 효율저하
③ 자가 방전율이 1차 전지에 비하여 높기 때문에 충분한 충전 후 사용
④ 충격에 의한 폭발의 위험으로 취급 시 주의

02 2차 전지의 종류

CHAPTER   PART 03 그린전동자동차 배터리

1 납산 축전지

(1) 납산 축전지의 장단점

현재 내연기관 자동차에 사용되고 있는 전지에는 납산 축전지와 알칼리 축전지의 두 종류가 있으나, 대부분 납산 축전지를 사용하고 있다. 알칼리 축전지는 납산 축전지에 비해 많은 충·방전에 견디고 수명이 길지만 원료의 공급 등에 제한을 받고 값이 비싸다는 단점이 있다.

납산 축전지는 전극으로 납을 사용하기 때문에 전지의 중량이 무겁고 초기 개발된 납산 축전지의 에너지 밀도는 약 20Wh/kg 전후였으나 이후 재료의 개발 등의 영향으로 성능·수명이 크게 진보하여 지금도 전지의 대부분을 차지하고 있다. 현재 전기 자동차용 납산 축전지의 에너지 밀도는 약 40Wh/kg(5HR)이고 대전류 방전 특성에 있어서도 비교적 양호한 특성을 보여주고 있다.

이러한 납산 축전지는 에너지의 밀도가 높지 않고 용량이나 중량이 크고 단가는 비교적 저렴한 특징이 있다.

납산 축전지는 양극의 활성 물질로 과산화납을 사용하고 음극에는 해면상납을 사용하며, 전해액은 묽은 황산을 사용한다. 기전력은 완전 충전 시 셀당 약 2.1V이고 일반 자동차용 배터리로는 이 셀을 직렬로 6개 합친 12.6V로 만든 것을 사용한다.

또한 승용 자동차의 납산 축전지 중에는 안티몬(Sb)의 함유량이 낮은 납 합금의 양극판을 사용함으로서 충전 중의 가스 발생이나 수분 감소를 억제하는 메인터넌스 프리 배터리(Maintenance Free Battery ; MF)가 현재 많이 적용되고 있다.

MF 축전지는 보통 전지의 문제점이라 할 수 있는 자기방전이나 화학 반응할 때 발생하는 가스로 인한 전해액의 감소를 적게 하기 위해 개발한 것이며, 무정비(또는 무보수) 전지라 할 수 있다. MF 축전지가 보통 전지와 다른 점은 극판 격자의 재질, 제작방식 및 모양을 들 수 있다. 격자의 재질은 보통 전지에서는 납-안티몬 합금을 쓰고 MF 축전지는 안티몬의 함량이 적은 납-저안티몬 합금이나 또는 안티몬이 전혀 들어 있지 않은 납-칼슘 합금을 쓴다.

보통 전지의 재료인 안티몬은 약한 납의 기계적인 강도를 높이고 격자의 주조를 용이하게 하기 때문에 사용한다. 그런데 안티몬은 사용 중에 극판의 표면에 서서히 석출하여 국부전지를 형성해서 자기방전을 촉진하고 충전전압을 저하시키므로 자동차와 같이 일정한 전압으로 충전하는 정전압 충전의 경우에는 점차 충전전류가 증가하여 물의 전기 분해량이 많아진다.

따라서 전해액의 감소나 자기방전의 원인이 되는 안티몬의 양을 적게 함유한 합금(저 안티몬합금)이나 납-칼슘 합금을 사용하여 무정비화가 가능하다.

다음은 납산 축전지의 특징 및 기능을 나타낸다.
- 자동차용 배터리로 가장 많이 사용되는 방식(MF 배터리)이다.
- (+)극에는 과산화납, (−)극에는 해면상납, 전해액은 묽은 황산을 적용한다.
- 셀당 기전력은 완전 충전 시 약 2.1V(완전 방전 시 1.75V)이다.
- 가격이 저렴하고 유지보수가 쉬우나 에너지밀도가 낮고 용량과 중량이 크다.
- 초기 시동 시 기동전동기에 전력을 공급한다.
- 발전장치 고장 시 전원 부하를 부담한다.
- 발전기 출력과 전장 부하 등의 평형을 조정한다.

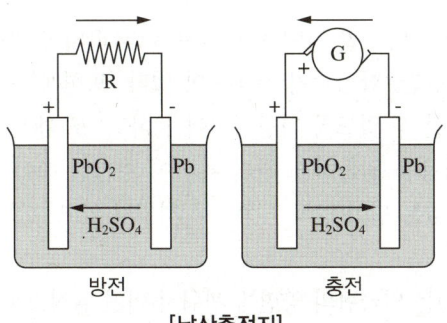

[납산축전지]

구 분	납산 축전지	알칼리 축전지
양극판	과산화납(PbO_2, 다갈색)	수산화 제일니켈($Ni(OH)_2$) → 수산화니켈($Ni(OH)$)
음극판	해면상납(Pb, 순납)	카드뮴(Cd) → 수산화 카드뮴($Cd(OH)_2$)
전해액	비중 1.280 정도의 묽은 황산($2H_2SO_4$)	수산화알칼리 용액(KOH)
셀당 기전력(완충 시)	2.1V	1.2V

(2) 납산 축전지의 구조와 작용

현재 많이 쓰이고 있는 납산전지는 여러 개의 단전지(Cell)로 이루어진 케이스가 있고 각 단전지마다 양극판과 음극판, 격리판 및 전해액이 들어 있다. 또한 양극판은 음극판보다 화학작용이 활발하여 쉽게 파손되므로 화학적인 평형을 고려해서 음극판을 한 장 더 많이 둔다.

① 납산 축전지의 4대 구성요소
- 양극(Cathode) : 외부 도선으로부터 전자를 받아 양극 활물질이 환원되는 전극
- 음극(Anode) : 음극 활물질이 산화되면서 도선으로 전자를 방출하는 전극
- 전해질(Electrolyte) : 양극의 환원 반응, 음극의 산화반응이 화학적 조화를 이루도록 물질 이동이 일어나는 매체
- 격리판(Separator) : 양극과 음극의 직접적인 물리적 접촉 방지를 위한 격리막

(3) 극판(Plate)

납과 안티몬 합금의 격자 속에 납 산화물의 분말을 묽은 황산으로 반죽(Paste)하여 붙인 상태로 만든 것을 충전하여 건조시킨 후 전기 화학처리를 하면 양극판은 다갈색의 과산화납(PbO_2)으로, 음극판은 해면상납의 작용물질로 변한다.

극판의 두께는 일반적으로 2mm 또는 3mm의 것이 사용되고 있다. 또한 최근에는 부피를 작게 하기 위하여 1.5mm 정도의 얇은 극판도 만들어지고 있다.

(4) 격리판(Separator)

격리판의 기능은 음극판과 양극판 사이에 끼워져 두 극판의 단락을 방지한다. 종류에는 강화섬유 격리판, 비공성 고무 격리판, 합성수지 격리판이 있다. 또한 이 격리판(Separator)은 부도체이며, 전해액이 자유로이 확산할 수 있도록 다공성이어야 하고, 또 내산성과 내진성이 좋아야 한다. 또한 격리판의 설치는 화학작용을 원활하게 하기 위하여 주름진 쪽이 양극판(+극판 : Positive Plate) 쪽으로 가게 한다. 홈이 있는 면이 양극판 쪽으로 끼워져 있고, 단독 또는 글래스 매트(Glass Mat)와 함께 사용한다.

글래스 매트(유리 섬유판)는 양극판의 양면에 끼워져 어떤 일정 압력으로 눌러 진동에 약한 작용물질이 떨어지는 것을 방지한다.

(5) 유리 매트(Glass Mat)

양극판의 작용물질은 진동에 약하여 떨어져 나가기 쉬우므로 이것을 방지하여 전지의 수명을 길게 할 목적으로 유리 섬유의 매트로 양극판의 양쪽에서 작용물질을 누르듯이 끼워놓는다.

(6) 극판군(Plate Group)

극판군은 여러 장의 극판을 그림과 같이 조립하여 연결편(Strap)과 극주(Terminal Post)를 용접해서 만든다. 이렇게 해서 만든 극판군을 단전지라 하며 완전충전 시 약 2.1V의 전압이 발생한다. 따라서 6V 전지는 단전지 3개로 되어 있고, 12V 전지는 6개의 단전지가 직렬로 접속되어 있다. 단전지 속의 양극판의 매수는 3~5매 정도이고, 많은 것은 14매 정도이다. 극판의 매수가 많을수록 극판의 대량면적이 많아지므로 전지의 용량은 커진다. 단전지는 몇 장의 극판을 접속편에 용접하여 단자 기둥에 연결한 것을 말하며 셀(Cell)이라고도 한다. (+), (-)극판은 1장씩 서로 엇갈리게 조립되고 비교적 결합력이 강한 음극판이 바깥쪽에서 양극판을 보호하기 위하여 양극판보다 1장 더 많게 조립된다.

① 셀당 양극판의 수 : 3~5장(최고 14장)
② 완전충전 시 셀당 기전력 : 2.1V
③ 단전지 6개를 직렬로 연결 : 12V

(7) 케이스(Case)

전지의 몸체를 이루는 부분이며 내부에 칸막이를 두어 단전지(Cell)를 구분하고 있다. 또한 극판 작용물질의 탈락으로 인한 침전물의 쌓임을 방지하여 단락(Short)이 일어나지 않게 하는 엘리먼트 레스트가 케이스 부분에 설치되어 있다.

케이스는 각 셀(Cell)에 극판군을 넣은 다음 합성수지(Plastic) 또는 에보나이트, 경고무 등으로 성형하고 있으며 케이스의 아래 부분 엘리먼트 레스트(Element Rest)는 극판작용 물질의 탈락이나 침전 불순물의 축적에 의한 단락을 방지한다.

커버의 중앙부에는 전해액이나 증류수를 주입하기 위한 주입구인 필러 플러그(Filler-plug)가 있다. 플러그(Plug)의 가운데 부분이나 옆 부분에 작은 통기 구멍이 있으며 이 구멍은 전지 내부에서 발생하는 수소가스나 산소가스를 방출하는 역할을 한다.

(8) 필러 플러그(Filler Plug)

필러 플러그는 합성수지로 만들며 벤트 플러그(Vent-plug)라고도 한다. 필러 플러그는 각 단전지 (Cell)의 상부에 설치되어 전해액이나 증류수를 보충하고 전해액의 비중을 측정할 비중계의 스포이트나 온도계를 넣을 때 사용한다. 또한 전지 내부에서 발생하는 가스를 외부에 방출하는 통기공이 뚫려 있다.

(9) 커넥터와 터미널(Connector and Terminal Post)

커넥터는 납 합금으로 되어 있으며 전지 내의 각각의 단전지(Cell)를 직렬로 접속하기 위한 것이다. 또한 기동 시의 대전류가 흘러도 발열하지 않도록 굵게 되어 있다. 터미널은 납 합금이므로 외부 연결체와 완전한 접촉을 이룰 수 있으며, 크기가 규격화되고 양극이 음극보다 조금 크게 되어 있다.

① 커넥터 : 각 셀을 직렬로 접속하기 위한 것이며 납 합금으로 되어 있다.
② 단자 기둥 : 납 합금으로 되어 있으며 외부 회로와 확실하게 접속되도록 테이퍼로 되어 있다.

(10) 전해액

전해액은 무색, 무취의 순도 높은 묽은 황산이며 전지 내부의 화학작용을 돕고 각 극판 사이에서 전류를 통하게 하는 일을 한다.

비중이란 물체의 중량과 그 물체와 같은 부피의 물(4℃)과의 중량비를 말하며 진한 황산의 비중은 1.835이다. 전지상태를 측정하는 방법으로서, 보통 전해액의 비중을 측정한다.

전해액 비중은 전지가 완전 충전 상태일 때 20℃에서 1.240, 1.260, 1.280의 세 종류를 쓰며, 열대지방에서는 1.240, 온대지방에서는 1.260, 한랭지방에서는 1.280을 쓴다.

국내에서는 일반적으로 1.260(20℃)을 표준으로 하고 있다. 전해액은 순도 높은 무색, 무취의 황산에 증류수를 혼합한 묽은 황산을 사용한다. 전해액은 전력을 높이고 방전 시에 내부 저항의 증가를 작게 하고 있다.

(11) 납산 축전지의 화학작용

① 방전 : 묽은 황산 속에 수소는 양극판 속의 산소와 화합하여 물을 만들기 때문에 비중이 낮아진다.
② 충전 : 양극판과 음극판에서 수소와 산소 발생

[비중에 의한 충·방전 상태]

충전상태	20℃일 때의 비중	배터리 전압(V)
완전충전(100%)	1.26~1.28	12.6 이상
3/4충전(75%)	1.21~1.23	12.0
1/2충전(50%)	1.16~1.18	11.7
1/4충전(25%)	1.11~1.13	11.1
완전방전(0%)	1.06~1.08	10.5

③ 충·방전작용

축전지의 (+), (−) 양단자 사이에 부하(Load)를 접속하여 전지에서 전류가 흘러나가는 것을 방전(Discharge)이라 하고, 반대로 충전기나 발전기 등의 직류 전원을 접속하여 전지로 전류가 흘러 들어가게 하는 것을 충전(Charge)이라 한다.

방전이나 충전을 하면 전지 내부에서는 양극판, 음극판 및 전해액 사이에 화학반응이 일어난다. 축전지의 충·방전작용은 극판의 작용물질인 과산화납(PbO_2)과 해면상납(Pb) 및 전해액인 묽은 황산(H_2SO_4)에 의해 화학반응하게 된다.

$$PbO_2 + 2H_2SO_4 + Pb \underset{\text{충전}}{\overset{\text{방전}}{\rightleftarrows}} PbSO_4 + 2H_2O + PbSO_4$$

과산화납　　묽은 황산　　해면상납　　　　　　황산납　　물　　황산납

- 방 전

양극판인 과산화납은 방전하면 과산화납 속의 산소가 전해액(황산)의 수소와 결합하여 물이 생기고, 과산화납 속의 납은 전해액의 황산기와 결합하여 황산납($PbSO_4$)이 된다. 또한 음극판인 해면상납은 양극판과 같이 황산납이 된다.

이와 같이 방전시키면 양극과 음극의 극판은 황산납이 된다. 전해액은 액 속의 황산분이 감소하고 생성된 물에 의해 묽게 된다. 따라서 방전이 진행됨에 따라 전해액의 비중은 낮아져 극판이 황산납으로 변하고, 극판 사이의 도체인 전해액이 물로 되기 때문에 전지의 내부 저항은 증가하여 전류는 점점 흐르지 않게 된다.

- 충 전

외부의 직접 전원에서 전지에 충전전류가 흘러 들어가게 하면 방전으로 인하여 황산납으로 변한 음극판과 양극판의 작용물질은 납과 황산기로 분해되고 전해액 속의 물은 산소와 수소로 분해된다. 분해된 황산기와 수소가 결합하여 황산이 되어 전해액으로 환원한다. 이때 전해액의 황산농도는 증가하여 비중이 높아진다. 이 상태가 되면 양극판은 과산화납이 되고 음극판은 해면상납(Pb)이 된다.

(12) 납산 축전지의 특성

① 축전지 용량

전지의 용량은 극판의 장수, 면적, 두께, 전해액 등의 양이 많을수록 커지며 다음과 같이 정의를 내릴 수 있다. "완전 충전된 전지를 일정한 방전 전류로 계속 방전하여 단자전압이 완전방전 종지전압이 될 때까지, 전지에서 방출하는 총 전기량"을 전지의 용량이라 하며 다음과 같이 나타낸다.

$$전지의\ 용량(Ah) = 방전전류(A) \times 방전시간(h)$$

여기서 방전시간이란 완전충전상태에서 방전 종지전압까지의 연속 방전하는 시간을 말한다. 이것을 암페어시 용량이라 하며, Ah(Ampere Hour)의 단위를 쓴다.

② 자기방전(Self Discharge)

전지는 사용하지 않고 그대로 방치해 두어도 조금씩 자연히 방전을 일으키는데 이러한 현상을 자기방전이라 한다. 전해액의 비중이 높을수록, 주위의 온도와 습도가 높을수록 방전량이 크다. 자기방전의 주요 원인은 전해액 속의 불순물에 의해 음극과의 사이에 국부 전지가 생기고 또 격자(Grid)와 양극판의 작용물질 사이에 국부전지가 생겨 방전하는 경우가 있다. 그리고 전지의 외부 표면에서 생기는 누전 전류도 자기방전의 원인이 된다. 자기방전량은 전지 실용량에 대한 백분율로 나타내며 보통 0.3~1.5% 정도이다.

자기방전에서 특히 주의해야 할 점은 장기간 사용하지 않은 경우의 자기방전으로 인한 과도한 방전이다. 이 과도한 방전으로 인한 영구 황산납화 현상(Sulfation)을 일으키면 완전 회복이 곤란하며 다시 사용하지 못하게 되는 경우가 있다.

2 니켈-카드뮴전지

니켈-카드뮴전지(Ni-Cd)는 양극에 니켈계 물질, 음극에 카드뮴계 물질, 전해액에 알칼리 전해액을 사용하며, 셀당 전압은 1.2V로서 납산 배터리보다 낮지만 수명에 영향을 미치는 충·방전 횟수는 2배나 된다. 니켈 카드뮴 배터리는 납산 배터리에 비해 유효 충·방전 횟수가 많고 에너지 밀도도 높기 때문에 한때 전기 자동차용 배터리로 유력시된 적도 있었지만 현재는 그보다 효율성이 높은 니켈-수소(Ni-MH) 배터리가 하이브리드용으로 더 많이 사용된다. 납축전지와 Ni-Cd 전지의 가장 큰 차이는 전해질에 황산 대신 알칼리 수용액을 사용한다는 점이다. 알칼리 수용액은 황산과 같은 산성 수용액보다 전도성이 뛰어나다는 장점이 있다. 다음은 니켈-카드뮴전지의 특징이다.

• (+)극에는 니켈계 물질, (-)극에는 카드뮴계 물질, 전해액은 알칼리 전해액 사용
• 납산배터리에 비하여 충·방전 횟수가 2배
• 에너지밀도는 납산전지의 약 1.3배
• 자동차용으로 잘 사용하지 않음

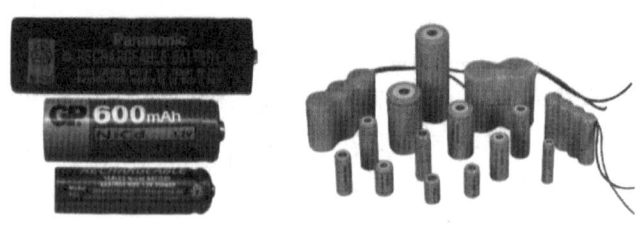

[니켈-카드뮴전지의 종류]

(1) 니켈-카드뮴전지의 원리와 구조

일반적으로 니켈카드뮴전지의 반응식은 다음과 같은 식으로 표현된다.

$$2Ni(OH)_2 + Cd(OH)_2 \rightleftarrows 2NiO(OH) + Cd + 2H_2O$$

양극은 니켈 산화물, 음극은 카드뮴 화합물을 활성물질로서 전해액은 주로 수산화칼륨 수용액을 사용하고 있다.

원통형 니켈-카드뮴전지의 내부는 얇은 시트 모양의 양·음극판을 나일론이나 폴리프로필렌을 소재로 한 부직포로 된 격리판을 통하여 감은 상태로, 강철제의 견고한 외장 캔에 저장되어 있다. 또한 과충전 시에 양극에서 발생한 산소 가스는 음극에서 흡수되어 전지 내부에서 소비하는 구조로 되어 있지만 규정 이상의 내부 가스압 상승에 대비하여 복귀식 가스 배출 밸브를 설치하고 있다.

(2) 충전특성

니켈-카드뮴전지의 충전특성은 전지의 종류, 온도, 충전전류에 따라서 달라진다. 충전이 진행됨과 동시에 전지 전압은 상승하여 어느 정도 충전량에 도달하면 피크전압을 나타낸 후에 강하된다. 이 전압 강하는 충전 말기에 발생하는 산소 가스가 음극에 흡수될 때의 산화열로 전지온도가 상승하기 때문에 발생한다. 충전기를 설계할 때 이 음극에 흡수되는 속도 이상으로 산소 가스를 발생시키지 않아야 한다는 것이 중요한 포인트이다. 충전에는 다음과 같은 3종류가 있다.

① 트리클 충전 : 0.033C(A) 정도의 소전류로 연속 충전
② 노멀 충전 : 0.1C~0.2C(A)에서 150% 정도의 충전
③ 급속충전 : 1C~1.5C(A)에서 약 1시간의 충전이 가능. 만충전 제어가 필요

(3) 방전특성

니켈-카드뮴전지의 방전 동작전압은 방전전류에 의해서 다소 변화되지만 방전기간의 약 90%가 1.2V 전후를 유지한다. 또 건전지나 연축전지에 비해 방전 중인 전압변화가 적어 안정된 방전 전압을 나타낸다. 방전 종지전압은 1셀당 0.8~1.0V가 적합하다. 또한 내부저항이 작아서 외부 단락 시 대전류가 흐르기 때문에 위험해서 보호부품 등의 설치도 필요하다.

(4) 메모리 효과

방전 종지전압이 높게 설정되어 있는 기기나 지속적으로 낮은 방전 레벨에서 사이클을 반복했을 경우 그 후의 완전방전에서 방전 도중에 0.04~0.08V의 전압강하가 일어나는 경우가 있다. 이것은 용량 자체가 상실된 것이 아니기 때문에 깊은 방전(1셀당 1.0V 정도의 완전방전)을 함으로써 방전전압은 원래 상태로 복귀한다. 이 현상을 메모리 효과라 하며, 양극에 니켈극을 사용하는 니켈-카드뮴전지나 니켈-수소전지 등에서 일어나는 현상이다.

메모리 효과는 Cd(카드뮴) 금속 고유의 특성이다. 카드뮴 금속은 수정과 같은 결정구조를 이루고 있는데 방전이 일어나면서 반응이 일어난 부분은 결정구조가 흐트러져 비정형 구조로 변한다. 비정형구조와 결정 구조 사이의 경계는 충전과 방전을 거듭하면서 굵어지고 이러한 경계가 메모리 효과의 원인이 된다.

(5) 니켈-카드뮴전지의 수명 특성

니켈-카드뮴전지의 수명은 보통 사용 조건에서는 500회 이상 반복해서 사용할 수 있지만 수명에 영향을 주는 주된 요인으로 충전전류, 온도, 방전 심도/빈도, 과충전시간 등이 있다. 수명과 관련한 중요한 요소는 전지부품의 열화나 활물질의 기능저하에 의한 용량저하를 들 수 있으며 다른 계통의 전지에 비해 보다 안전하게 오래 사용하기 위해서는 특히 온도와 충전 전류를 고려해야 한다.

(6) 니켈-카드뮴전지의 특징

니켈-카드뮴전지의 특징은 다음과 같다.
① 높은 신뢰성과 견고함
② 긴 수명과 경제성
③ 우수한 충·방전효율과 보수의 용이성
④ 다양한 기종과 건전지와의 호환성
⑤ 폭넓은 온도·습도 범위에서의 사용

(7) 니켈-카드뮴전지의 종류

밀폐형 니켈-카드뮴전지의 모양에는 원통형, 버튼형, 편평각형이 있다. 니켈-카드뮴전지는 납산 축전지에 비해 출력 밀도가 크고 수명이 길며 단시간 충전이 쉬운 장점이 있다. 그러나 에너지 밀도가 납산 축전지와 거의 같은 정도로 한계성을 가지고 있으며 가격이 납산 축전지에 비해 몇 배 높고, 자원적으로 부족한 단점이 있다. 그러나 이 전지를 전기 자동차의 하이브리드 동력으로서 사용될 경우에는 매우 가능성이 높게 평가되고 있다. 에너지 밀도가 큰 신형 전지와 조합하여 비상 주행 시 에너지원으로서 적용하거나 등판, 가속 등 큰 출력을 요구할 때 이 전지로부터 출력을 얻어내는 방식이다.

이러한 방식이 가능하도록 적용하기 위해서는 현재의 Ni-Cd전지 자체의 출력 밀도를 보다 향상시켜야 하며 전지의 가격을 저하시킬 수 있는 방안도 함께 제시되어야 한다.

3 니켈-수소전지

니켈-금속수소화합물 전지(Ni-MH전지 ; Metal Hydride Battery)는 기존의 니켈-카드뮴(Ni-Cd) 전지에 카드뮴 음극을 수소저장 합금으로 대체한 전지이다. 전해액 내에 양극(+)과 음극(-)을 갖는 기본 구조는 같지만 제작비가 비싸고 고온에서 자기 방전이 크며, 충전의 특성이 악화되는 단점이 있지만 에너지의 밀도가 높고 방전 용량이 크다. 기존의 니켈-카드뮴전지나 납산 축전지의 성능향상은 거의 한계에 도달해 있으며 환경오염이 사회문제로 대두됨에 따라서 카드뮴과 같은 공해유발 물질의 사용이 규제되고 있다. 또한 자동차 배기가스에 의한 대기오염을 줄일 목적으로 무공해 자동차 중 하나로 전기 자동차의 개발이 활발히 진행되고 있는데, Ni-MH전지는 니켈-카드뮴전지에 비하여 에너지밀도가 크고 공해물질이 없어서 무공해 소형 고성능전지로뿐만 아니라 전기 자동차용 등의 무공해 대형 고성능전지로 개발이 가능한 새로운 2차 전지로서 주목을 받고 있다.

또한 안정된 전압(셀당 전압 1.2V)을 장시간 유지하는 것이 장점이다. 에너지 밀도는 일반적인 납산 축전지와 동일 체적으로 비교하였을 때 니켈-카드뮴전지는 약 1.3배 정도, 니켈-수소전지는 1.7배 정도의 성능을 가지고 있다.

전극의 (+)측에는 옥시수산화니켈, (-)극에는 수소 흡장합금을 이용하고 알칼리 전해액에는 수산화칼륨을 사용하는 경우가 많다. 수소 흡장합금의 수소이온 방출 상태가 방전 특성을 촉진하여 전자의 흐름이 활성화되어 고성능을 발휘한다.

니켈-수소배터리는 1회 충전으로 200km 이상을 주행할 수 있고 충·방전의 반복이 1,000회 이상 가능한 성능을 갖추고 있으며, 원통형 모듈과 사각형 모듈의 두 가지 타입이 있으며 출력의 밀도나 에너지 밀도에 약간의 차이가 있다. 이와 같은 Ni-MH전지의 특성은 다음과 같다.

- 에너지의 용량이 크다(Ni-Cd전지 또는 Lead-acid전지의 약 1.5~2배).
- 독성물질(Heavy Metal)을 함유하고 있지 않다.
- 충전, 방전 속도가 빠르다.
- 저온, 고충전 속도에서도 에너지 효율이 높다.
- 충전, 방전 시 전해질의 농도 변화가 없다.
- 밀폐형 전지의 제조가 용이하다.
- 원하는 특성에 따라 수소저장합금을 선택할 수 있다.

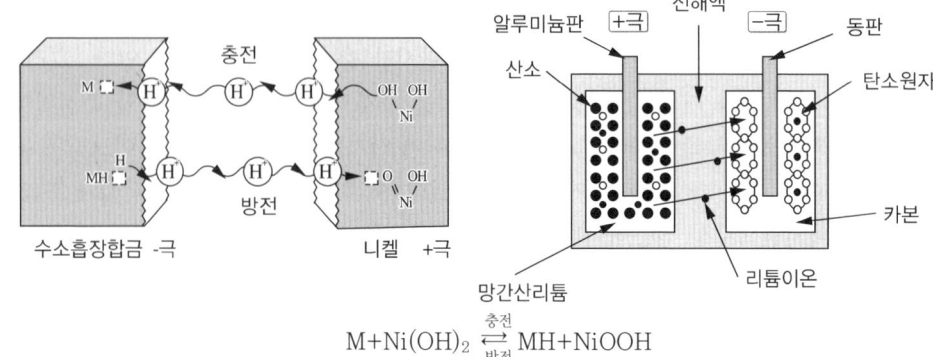

$$M + Ni(OH)_2 \underset{방전}{\overset{충전}{\rightleftarrows}} MH + NiOOH$$

[니켈수소전지]

(1) Ni-MH전지의 구성과 반응

Ni-MH전지는 기존의 Ni-Cd전지에서 Cd극을 수소저장 합금으로 대체한 것으로서 음극에 수소저장합금(MH), 양극에 수산화니켈($Ni(OH)_2$/NiOOH)이 사용되며, 격리판으로는 Ni-Cd 전지와 같은 내알칼리성의 나일론 부직포, 폴리프로필렌 부직포 및 폴리아미드 부직포 등이 사용되고 있다. 또한 전해액은 이온전도성이 최대가 되는 5~8M KOH 수용액이 사용되고 있다.

충전 시 음극에서는 물이 전기분해 되어 생기는 수소이온이 수소저장합금에 저장되는 환원반응이 양극에서는 $Ni(OH)_2$가 NiOOH로 산화되는 반응이 일어난다. 방전 시에는 역으로 음극에서는 수소화합물의 수소원자가 산화되어 물로 되고 양극에서는 NiOOH가 이 $Ni(OH)_2$로 환원되는 반응이 일어난다. 니켈양극이 완전히 충전된 후에도 전류가 계속 흐르면, 즉 과충전이 되면 양극에서는 산소가 발생된다.

- 양극 : $MH(s) + OH^-(aq) \rightarrow M + H_2O(l) + e^-$
- 음극 : $NiOOH(s) + H_2O(l) + 2e^- \rightarrow Ni(OH)_2 + OH^-(aq)$
- 전체 : $MH(s) + NiOOH(s) \rightarrow M + Ni(OH)_2(s)$

그러나 음극의 용량이 양극보다 크면 발생된 산소가 음극표면으로 확산되어 산소재결합 반응이 일어나게 된다. 음극에서는 산소를 소비시키기 위하여 수소가 감소하게 되어 동일한 전기량이 충전되므로 전체적으로는 변화가 없다. 역으로 과방전이 되면, 양극에서는 수소가 생성되고 이 수소는 음극에서 산화되므로 전체적으로 전지내압은 상승하지 않는다. 이와 같이 Ni-MH전지는 원리적으로는 과충전과 방전 시 전지내압이 증가하지 않고 전해액의 농도가 변하지 않는 신뢰성이 높은 전지이다. 그러나 실제적으로는 충전효율의 문제로 인하여 전지 내압이 어느 정도 상승하게 된다. 이러한 Ni-MH전지는 다음과 같은 장단점을 가지고 있다.

① 장 점
  ㉠ 전지전압이 1.2~1.3V로 Ni-Cd전지와 동일하여 호환성이 있다.
  ㉡ 에너지밀도가 Ni-Cd전지의 1.5~2배이다.
  ㉢ 급속 충·방전이 가능하고 저온특성이 우수하다.
  ㉣ 밀폐화가 가능하여 과충전 및 과방전에 강하다.
  ㉤ 공해물질이 거의 없다.
  ㉥ 수지상(Dendrite) 성장에 기인하는 단락이 없다.
  ㉦ 수소이온 전도성의 고체전해질을 사용하면 고체형 전지로도 가능하다.
  ㉧ 충·방전 사이클 수명이 길다.

② 단 점
  ㉠ Ni-Cd전지만큼 고율방전 특성이 좋지 못하다.
  ㉡ 자기방전율이 크다.
  ㉢ 메모리효과(Memory Effect)가 약간 있다.

4 니켈-아연전지(Ni-Zn)

니켈-아연전지는 상당히 오래 전에 개발되어 이를 전기 자동차용으로 사용하기 위한 연구 개발이 행해졌다. 니켈-아연전지의 특징은 다음과 같다.
- 에너지 밀도가 45~65Wh/kg으로 납축전지보다 높다.
- 가격은 Ni-Cd전지보다 저렴하다.
- 충전량은 방전량의 110% 이내에서 충분하다.
- 충전 상태나 방전 상태에서도 장시간의 보존이 가능하여 부수가 간단하다.
- 내진동성, 내충격성 등이 우수하다.

그러나 에너지 밀도가 높더라도 납산 축전지와의 차이가 적기 때문에 1회 충전 주행 거리를 크게 확보하기에는 현실적으로 어렵고 아연 전극의 수명이 짧다는 단점도 있다.

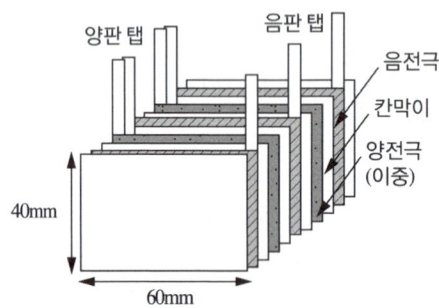

[니켈-아연축전지의 내부구조]

5 리튬-이온전지(Li-Ion)

리튬은 가장 가벼운 금속 원소(원소 기호 Li, 번호 3)로서 리튬을 사용하는 리튬-이온전지(Lithium-ion Battery, Li-ion Battery)는 2차 전지이며, 방전 과정에서 리튬-이온이 음극에서 양극으로 이동하는 전지이다. 리튬-이온전지는 크게 양극, 음극, 전해질의 세 부분으로 나눌 수 있는데 다양한 종류의 물질들이 적용될 수 있다. 그중 가장 많이 이용되는 음극 재질은 흑연이며 양극에는 층상의 리튬코발트산화물(Lithium Cobalt Oxide)과 같은 금속산화물, 인산철리튬(Lithium Ion Phosphate, $LiFePO_4$)과 같은 폴리음이온, 리튬망간 산화물, 스피넬 등이 쓰이며 초기에는 이황화티탄(TiS_2)도 쓰였다. 음극, 양극과 전해질로 어떤 물질을 사용하느냐에 따라 전지의 전압과 수명, 용량, 안정성 등이 크게 바뀔 수 있다.

또한 리튬-이온전지는 충·방전에 따라 리튬-이온이 양극과 음극 사이를 이동하며 충·방전을 1,000회 이상 반복해도 메모리 효과가 발생하지 않아 전지를 다 쓰지 않고 재충전해도 수명이 단축되지 않으며 내구성이 좋다. 셀당 발생 전압은 3.6~3.8V 정도이고 에너지 밀도를 비교하면 니켈-수소전지의 2배 정도의 고성능이 있으며, 납산전지와 비교하면 3배가 넘는 성능을 자랑한다.

동일한 성능이라면 체적을 1/3로 소형화하는 것이 가능하지만 제작 단가가 높은 것이 단점이다. 메모리 효과가 발생하지 않기 때문에 수시로 충전이 가능하며, 자기방전이 작고 작동 범위도 −20℃ ~60℃로 넓다. 앞으로는 하이브리드 자동차를 포함한 대부분의 자동차에 적용될 가능성이 크다. 다음은 리튬-이온계 배터리의 종류 및 특징을 나타낸다.

[리튬계 전지의 종류]

전지종류	리튬-이온전지	리튬폴리머전지	리튬 금속폴리머전지
음극	탄소	탄소	리튬
전해질	액체 전해질	고분자 전해질	고분자 전해질
양극	금속산화물	금속산화물	금속산화물
	$LiCoO_2$, $LiNiO_2$, $LiMn_2O_4$	$LiCoO_2$, $LiNiO_2$, $LiMn_2O_4$	유기설퍼, 전도성 고분자
평균전압	3.7V	3.7V	2.0~3.6V
에너지밀도	높음	높음	매우 높음
저온특성	매우 우수	우수	나쁨
안정성	나쁨	보통	우수

- (+)극에는 리튬 금속산화물, (−)극에는 탄소화합물, 전해액은 염 + 용매 + 첨가제로 구성
- 에너지밀도는 니켈수소전지의 약 2배, 납산전지의 약 3배
- 발생전압은 3.6~3.8V
- 체적을 1/3로 소형화 가능
- 비메모리효과로 수시충전 가능
- 자기방전이 작고 작동온도범위는 −20~60℃
- 카드뮴, 납, 수은 등이 포함되지 않아 환경 친화적 특징

(1) 리튬-이온전지의 원리

리튬-이온전지는 정극(양극, Anode)으로 Lithium Oxide계(예 $LiCoO_2$)를 사용하고 부극(음극, Cathode)으로 Carbon계(예 Graphite)를 사용한다.

방전 시 리튬-이온은 부극인 Graphite 격자구조 속에 있는 리튬-이온이 빠져나와 분리막을 거쳐 정극의 결정구조 속으로 이동해 들어간다.

충전 시에는 산화물 정극에서 리튬-이온이 빠져나와 분리막을 거쳐 탄소부극의 결정 속으로 이동하여 들어간다. 따라서 충·방전 시 리튬-이온의 이동에 따라 결정구조는 크게 변한다. 전해질로 수용액 대신 유기용매를 사용한다.

$$LiCoO_2 + C_n \rightleftarrows Li_{(1-x)}CoO_2 + C_nLi_x$$

- 양극(Half Equation), 산화 : $LiCoO_2 \rightarrow Li_{(1-x)}CoO_2 + x\,Li^+ + x\,e^-$
- 음극(Half Equation), 환원 : $x\,Li^+ + x\,e^- + 6C \rightarrow Li_xC_6$

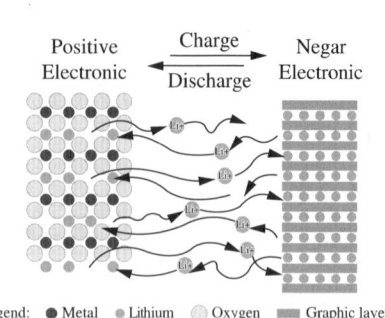 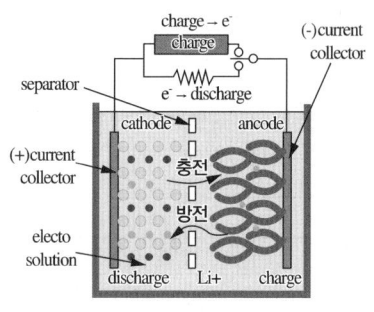

[리튬-이온전지 충·방전 작용]

따라서 전지작동은 다음과 같이 일어난다.

충·방전 시 양쪽 전극의 전위차에 따라 전지 외부회로에서의 전자흐름과 전지 내부에서의 이온흐름이 동시에 일어난다.

충전은 외부의 전기에너지를 전지 내부의 전기화학반응을 통하여 화학에너지로 바꾸는 것이다. 외부에서 음극(탄소전극)으로 전자가 들어가면 전해염의 리튬-이온은 전자를 받아 환원되어 음극에 붙게 된다. 이때 양극에서는 전자가 외부회로로 흘러나가며 전극 활물질은 산화되고 리튬-이온을 잃게 된다.

방전은 충전의 역반응으로 외부회로에 전기에너지를 공급한다.

리튬-이온전지의 내부는 미세한 공극(Pore)을 가진 폴리에틸렌(Polyethylene) 필름의 분리막이 시트(Sheet) 형태의 양극과 음극 사이에 놓여있는 것을 나선형으로 감은 구조로 되어 있다.

(2) 리튬-이온전지의 구성

양극은 리튬 코발트 산화 금속의 활물질을 리튬 공급원으로 사용하고 전류 집전체인 알루미늄 호일로 구성되어 있고 음극은 활물질로서 흑연화 탄소와 전류 집전체인 구리 호일로 구성되어 있다.

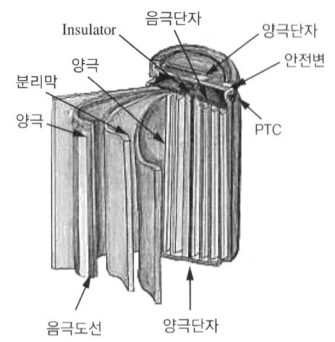 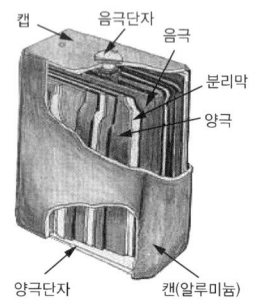

[원통형 리튬-이온전지의 구성도]   [각형 리튬-이온전지]

전해액은 $LiPF_6$가 용해된 유기용매이다. 또한 리튬-이온 2차 전지는 가혹한 조건하에서 내부압을 방출하기 위한 안전벤트(Safety Vent)가 있으며 PTC(Positive Temperature Coefficient)와 CID(Current Interrupt Device) 소자가 있어 외부 단락에 의한 급격한 전류를 정상적인 방전 전류로 낮추어주는 역할을 한다.

전지의 용량은 mAh(밀리 암페어시) 또는 Ah(암페어시)로 표시한다.

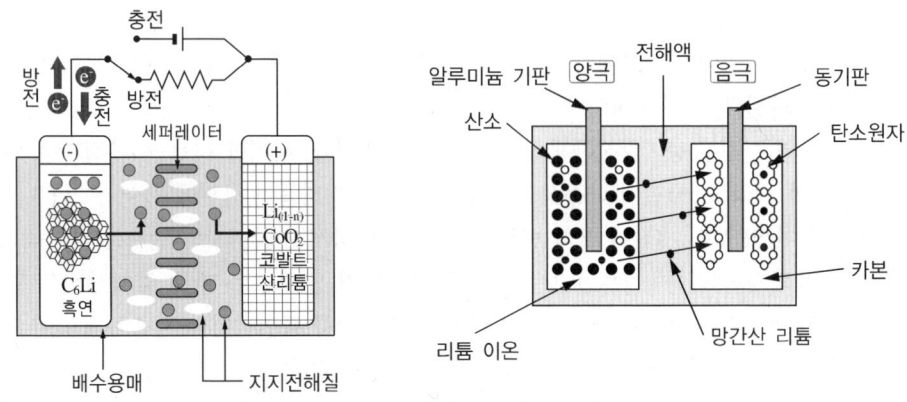

[리튬-이온 배터리]

(3) 리튬-이온전지의 특성

구 분	특 성
고에너지 밀도	• 리튬-이온전지는 같은 용량의 니켈-카드뮴(Ni-Cd) 혹은 니켈-수소전지에 비해 질량이 절반에 지나지 않는다. • 부피는 니켈-카드뮴전지에 비해 40~50% 작을 뿐 아니라 니켈-수소전지에 비해서도 20~30% 작다.
고전압	하나의 리튬-이온전지의 평균 전압은 3.7V로서 니켈-카드뮴이나 니켈-수소전지 3개를 직렬로 연결해 놓은 것과 같은 전압이다.
고출력	리튬-이온전지는 1.5CmA까지 연속적으로 방전이 가능하다(1CmA란 전지의 용량을 1시간 동안 모두 충전 또는 방전하는 전류를 말한다).
무공해	리튬-이온전지는 카드뮴, 납 또는 수은과 같은 오염물질을 사용하지 않는다.
금속 리튬 아님	리튬-이온전지는 리튬 금속을 사용하지 않아 더욱 안전하다.
우수한 수명	정상적인 조건하에서 리튬-이온전지는 500회 이상의 충전, 방전 수명을 지닌다.
메모리 효과 없음	• 리튬-이온전지에는 메모리 효과가 없다. • 니켈-카드뮴전지는 불완전한 충전과 방전이 반복적으로 이루어질 때 전지의 용량이 감소하는 메모리 효과를 보인다.
고속 충전	리튬-이온전지는 정전류/정전압(CC/CV) 방식의 전용 충전기를 이용하여 4.2V의 전압으로 1~2시간 안에 완전하게 충전할 수 있다.

(4) 수용액 전지와 리튬-이온전지의 차이점

수용액 계통의 전지는 대전류에 의해 전압이 크게 변동하거나 온도가 높아지면 저장이 안 되고 내부에서 열이 발생하여 셀을 열화시킨다. 전지 수명을 보면 납산, 니켈-카드뮴, 니켈-수소 등의 각 전지는 수명이 다 되면 갑자기 용량이 나오지 않지만 리튬-이온전지는 그렇지 않다.

수용액 계통 전지는 (+)극과 (-)극에 있는 화합물로 결정된다. 납산전지에서는 양극 모두 납, 니켈-카드뮴전지는 (+)극은 니켈계통이고 (-)극은 카드뮴, 니켈-수소전지는 (+)극은 니켈계통이며 (-)극은 수소 흡장합금이기 때문에 기본적으로 화학변화를 일으킨다. 즉, 이온이 들어오거나 나가면서 화합물이 변화된다.

수용액 계통의 전지는 충·방전하게 되면 체적이 변화된다. 하지만 리튬-이온전지는 복합제산화물의 (+)극판과 납의 (-)극판이 다공성이고 충·방전 시에 리튬이 극판에 들어가거나 나오기 때문에 극판의 손상이 없으며, 체적이 거의 변하지 않는다. 따라서 지금까지의 전지는 극판을 얇게 만들면 고장이 발생되지만 리튬-이온전지는 고장이 발생되지 않으므로 매우 얇게 할 수 있다.

또한 극판이 얇으면 저항을 작게 할 수 있기 때문에 그만큼 표면적이 커지므로 용량이 커지게 된다. 납산전지의 극판 두께는 보통 1mm 정도이지만 리튬-이온전지는 20~30μm 정도로 칠해져 있다. 또한 수용액 계통의 전지는 체적의 변화가 있으므로 스스로 극판을 유지하여야 하기 때문에 튼튼한 구조로 되어 있다. 또한 내부의 격리판이 딱딱하면 고장이 발생되므로 부직포를 사용하여 부드럽게 해야 하기 때문에 두께가 두꺼워 용량의 한계가 있다. 반면 리튬-이온전지는 체적의 변화가 일어나지 않으므로 공간이 없이 가득 차 있어도 극판의 유지가 쉽다. 이러한 점이 리튬-이온전지와 수용액 계통 전지의 커다란 차이점이다.

[2차 전지의 주요 특징]

구 분	특 징
리튬폴리머 전지	• 전압은 3.6V로 폭발 위험이 없고 전해질이 젤타입이기 때문에 전지 모양을 다양하게 만들 수 있다. • 일부 휴대폰에 사용되며 리튬-이온전지를 대체하는 차세대 전지이다. • 리튬폴리머전지는 양극, 전해질, 음극으로 구성되어 있고 양극과 음극 사이의 전해질이 양극과 음극을 분리하는 분리막과 리튬-이온의 전달역할을 수행한다. • 고분자 겔 형태의 전해질을 사용함으로써 과충전과 과방전으로 인한 화학적 반응에 강하게 만들 수 있어 리튬-이온전지에 필수적인 보호회로가 불필요하다.
리튬-이온전지	• 전압은 3.6V로 휴대폰, Pcs, 캠코더, 디지털 카메라, 노트북, Md 등에 이용되며, 양산 전지 중 성능이 가장 우수하며 가볍다. • 리튬-이온전지는 폭발 위험이 있기 때문에 일반 소비자들은 구입할 수 없으며 보호회로가 정착된 PACK 형태로 판매한다. • 안전성만 확보되면 가볍고 높은 전압을 갖고 있어 앞으로 가장 많이 사용될 전지이다. • 리튬-이온전지는 양극, 분리막, 음극, 전해액으로 구성되어 있고 리튬-이온의 전달이 전해액을 통해 이루어진다. • 전해액이 누액되어 리튬 전이금속이 공기 중에 노출될 경우 전지가 폭발할 수 있고 과충전 시에도 화학반응으로 인해 전지 케이스 내의 압력이 상승하여 폭발할 가능성이 있어 이를 차단하는 보호회로가 필수적으로 필요하다.

구 분	특 징
니켈– 수소전지	• Ni-Cd과 Li-ion 중간 단계의 전지로 특정 사이즈만 생산된다. • 리튬-이온전지가 안정화되면 Ni-MH전지는 특수제품을 제외한 곳에는 더 이상 사용이 안 될 것으로 예상된다. • 전압은 1.2V이며 니켈-카드뮴전지와 혼용하여 사용하는 제품이 많고 니켈-카드뮴전지보다 2배의 용량을 갖는다.
니켈– 카드뮴전지	• 전압은 1.2V이며 소형 휴대기기에 가장 많이 사용된다. • 일정한 타입 망간건전지와 비교 시 내부 저항이 낮으며 단시간이라면 큰 에너지를 꺼낼 수 있다(큰 전류를 낼 수 있음). • 충전 가능한 전지 중에서는 수명이 긴 편이며 방향을 생각하지 않고 사용할 수 있다. • 충전하지 않고는 사용할 수 없으나, 단시간에 충전이 가능하다. • 외부의 충격, 열에 약하며, 내부에 사용되고 있는 금속은 독성이 강하고 약품은 극약이다.
납축전지	• 납축전지는 전압이 2.1V로 자동차용 전지로 가장 많이 사용된다. • 자동차용 전지는 12.6V로 2.1V 전지를 직렬로 6개 연결한 것이다. • 과방전 시 전지 수명이 급속히 단축되는 특성을 지니며 특히 자동차의 경우 재충전이 안 될 경우 전지를 새로 구입해야 하는 경우가 자주 발생한다.

6 리튬폴리머전지(Lithium Polymer Battery)

리튬폴리머전지는 액체 전해질형 리튬-이온전지의 안전성 문제, 제조비용, 대형 전지제조의 어려움, 고용량화의 어려움 등의 문제를 해결할 수 있을 것으로 전망되는 전지이다.

(1) 리튬폴리머전지의 개요

리튬폴리머전지는 리튬-이온전지와 유사하나 리튬-이온전지의 전해액을 고분자물질로 대체하여 안정성을 높인 것이 특징이다. 또한 리튬폴리머전지는 음극으로 리튬금속을 사용하는 경우와 카본을 사용하는 경우가 있는데 카본음극을 사용하는 경우를 구별하여 리튬-이온폴리머전지로 표기하는 경우가 있으나 일반적으로 리튬폴리머전지로 통용하고 있다.

전해질이 고체이기 때문에 전해질의 누수 염려가 없어 안전성이 확보되고 또한 용도에 따라 다양한 크기와 모양으로 전지팩을 제조할 수 있어 기존의 리튬-이온전지에서 원통형 및 각형 전지로 전지팩을 제작할 경우 전지와 전지 사이에 전지용량과 관계없는 공간이 발생하는 문제를 해결하여 에너지 밀도가 높은 전지를 제조할 수 있다.

또한 자기방전율 문제, 환경오염문제, 메모리효과 문제가 거의 없는 차세대 전지라 할 수 있다. 특히 전지 제조공정이 리튬-이온전지에 비하여 대량 생산 및 대형전지 제조가 가능할 것으로 보이므로 전지 제조비용의 저렴화 및 전기 자동차 전지로의 활용 가능성이 매우 높은 전지라 할 수 있다. 이러한 리튬폴리머전지가 기술적으로 해결해야 하는 것은 다음과 같다.

① 전기화학적으로 안정해야 함(과충·방전에 견디기 위해 넓은 전압범위에서 안정)
② 전기 전도도가 높아야 함(상온에서 1mS/cm 이상)
③ 전극물질이나 전지 내의 다른 조성물과 화학적, 전기적 호환성이 요구됨
④ 열적 안정성이 우수하여야 함

근래 대부분의 연구는 상온에서 높은 이온전도도를 나타내는 고체 고분자 전해질의 개발에 초점이 맞추어져 있으며 젤-고분자 전해질 및 하이브리드 고분자 전해질의 개발로 이것이 실현되었다. 이들 고분자 전해질은 액체와 고체 고분자 전해질의 문제점을 극복하기 위한 것으로 젤-고분자 전해질은 많은 양의 액체 가소제를 폴리머 호스트 구조에 첨가하여 제조한 것이고 하이브리드 고분자 전해질은 고분자 매트릭스 내에 유기용매 전해질을 주입시켜 제조한 것으로 전기화학적, 화학적, 열적, 전기적 특성이 우수하며 또한 제3의 물질을 첨가하여 기계적 특성을 향상시킴으로써 리튬폴리머전지의 상용화 가능성을 높였다.

(2) 리튬폴리머전지의 종류

리튬폴리머전지는 기존 리튬-이온전지의 양극, 전해액, 음극 중 하나에 폴리머 성분을 이용한 것을 말하며 다음의 4종류가 있다.
① 폴리머전해질전지 진성 폴리머전해질전지
② 폴리머전해질전지 겔 폴리머전해질전지
③ 폴리머 양극 전지 도전성 고분자 양극전지
④ 폴리머 양극 전지 황산 폴리머계 양극전지

리튬폴리머전지의 공통적인 특징은 얇은 외장재에 있다. 실제로 폴리머가 들어가서 내부물질의 무게는 기존의 리튬-이온전지보다 무겁지만 외장재가 월등히 가벼워서 전체적으로 가볍다. 그러나 실제 용량은 리튬-이온보다 훨씬 떨어진다. 리튬-이온전지는 부피당 에너지 밀도가 300~350 mAh/L, 폴리머전지는 250~300mAh/L이다. 같은 외형, 크기, 부피일 때 리튬-이온이 훨씬 오래 쓸 수 있다. 그 이유는 폴리머 전지에 첨가된 폴리머 전해질의 이온전도도가 액체 전해질보다 훨씬 낮고 반응성이 떨어지기 때문이다. 그래서 폴리머전지는 온도가 낮아지면 반응성이 더 나빠져서 전지로서의 기능을 발휘하지 못한다. 반대로 고온에서는 리튬-이온전지에 쓰인 액체 전해질의 이온전도도가 폴리머 전해질보다 높기 때문에 반응속도가 빨라져 폴리머 전지가 조금 더 안전하다. 특히 고온에서는(90℃ 이상) 어떤 전지든 내부 단락현상이 일어나는데 폴리머전지는 외장재가 약해 보다 일찍 파손이 일어나지만 리튬-이온전지는 외장재가 두꺼워 견딜 수 있는 압력까지 견디다 보다 크게 폭발할 위험이 있다.

(3) 리튬폴리머전지의 특성

구 분	특 성
고전압	리튬-이온전지와 같이 평균 전압이 3.7V로 니켈-카드뮴이나 니켈-수소와 같은 다른 2차 전지에 비하여 3배 정도 높다.
빠른 충전특성	정전류/정전압(CC/CV)방법으로 충전하는 경우 1~2시간 이내에 완전 충전이 가능하다.
무공해	구성 물질 중에 환경오염 물질인 Cadmium, Lead, Mercury 등이 들어 있지 않다.
긴 수명주기	정상적인 조건에서 300회 이상의 충·방전 특성을 보인다.
메모리 효과 없음	니켈-카드뮴전지에서 나타나는 것과 같이 완전 충·방전이 되지 않았을 때 용량감소가 생기는 현상이 없다.

구 분	특 성
리튬-이온전지보다 안전	셀 외부로 전해액이 누액될 염려가 없고 폴리머 양이 상대적으로 리튬-이온전지보다 많으므로 더 안정하다.
낮은 내부저항	전극과 격리판이 일체형으로 되어 있기 때문에 표면에서의 저항이 그만큼 줄어들어서 상대적으로 작은 내부저항을 갖는다.
얇은 배터리로 제작	얇은 판상 구조를 가지고 있기 때문에 얇은 Cell을 만들기 적당하며 또한 Bag을 사용해 Package하기 용이하기 때문에 얇은 전지에 유리하다.
유연성	폴리머 함량이 상대적으로 많아 전극 자체만으로도 Film의 특성을 가질 수 있다. Cell의 경우도 이러한 Film적 특성으로 인하여 형체의 자유를 어느 정도 갖게 된다.
설계의 자유	리튬-이온전지에서의 Winding 작업이 없고 여러 장의 Film을 겹치는 과정이 존재하므로 Film만 원하는 모양으로 자르면 원하는 모양의 Cell을 얻을 수 있다.

(4) 리튬-이온전지와 리튬폴리머전지와의 차이점

① 구조상의 특징에서 판상 구조이기 때문에 리튬-이온전지의 공정에서 나오는 구불구불한 작업이 필요 없으며 각형의 구조에 매우 알맞은 형태를 얻을 수 있다.
② 전해액이 모두 일체화된 셀 내부에 주입되어 있기 때문에 외부에 노출되는 전해액은 존재하지 않는다.
③ 자체가 판상 구조로 되어 있기 때문에 각형을 만들 때 압력이 필요 없다. 그래서 캔(Can)을 사용한 것보다 팩을 사용하는 것이 용이하다.

(5) 리튬폴리머전지의 구성

항 목	특 징	비 고
전 극	양극재료의 다양성	전도성 고분자, 유기황 화합물
	음극재료의 다양성	리튬 화합물, 리튬합금 또는 금속
형 상	박막 가능	0.1mm 이하 가능
	성형성	–
	유연성	–
	포장 용이성	Can 사용 등에 의한 어려움 없음
물 성	고전압	3~4V
	Bipolar 전지가능	2~3cell 연결가능
	고에너지 밀도	100~400Wh/kg
	긴 수명	1,000회 이상 충·방전 가능
안전성	장기간 보관 가능	5~10년
	내열성	100℃ 이상
	누전해액 문제없음	–
	과충전 대응	–
	과방전 대응	–
환경문제	재료 공급 용이	–
	공해물질 사용 않음	유해금속 사용 않음
기 타	저 가	–
	생산 용이성	–

(6) 리튬폴리머전지의 특징

특 징	비 고
초경량/고에너지 밀도	무게당 에너지 밀도가 기존전지에 비해 월등하여 초경량 전지를 구현할 수 있다.
안전성	고분자 전해질을 사용하여 Hard Case가 별도로 필요치 않아 1mm 이하의 초 슬림 전지를 만들 수 있으며 어떠한 크기 및 모양도 가능한 유연성이 있다.
고출력 전압	셀당 평균 전압은 3.6V로 니켈-카드뮴전지나 니켈-수소전지의 평균전압이 1.2V이므로 3배의 Compact 효과가 있다.
낮은 자가 방전율	자가 방전율은 20℃에서 한 달에 약 5% 미만으로 니켈-카드뮴전지나 니켈-수소전지의 약 1/3 수준이다.
환경 친화적 Battery	카드뮴이나 수은 같은 환경을 오염시키는 중금속을 사용하지 않는다.
긴 수명	정상적인 상태에서 500회 이상의 충·방전을 거듭할 수 있다.

(7) 리튬폴리머와 리튬-이온전지의 비교

종 류	장 점	단 점
리튬-이온 전지	• 고용량/고에너지 밀도 • 우수한 저온 성능 • 외장재의 견고함-기계적 충격 등에 강함	• 폴리머전지보다 무거움 • 금속 외장재의 특성상 일반적으로 4~5mm 이하의 박형의 얇은 전지와 광면적 전지를 제조하기가 어려움
리튬폴리머 전지	• 고온에서의 안전성 • 얇은 외장재에 따른 무게의 경량화	• 얇은 외장재, 기계적 충격에 약함 • 저온에서 성능 저하 • 용량/에너지 밀도가 매우 낮음 • 수명이 짧음

7 아연-공기전지(Zinc-air Cell)

(1) 전지의 개요

아연-공기전지의 양극 활물질은 자연계에 무한히 존재하는 공기 중의 산소이다. 즉 전지용기 내에 미리 양극 활물질을 가질 필요가 없이 경량의 산소를 가스로서 외부로부터 인입하여 방전에 이용한다. 따라서 용기 내에 음극을 대량으로 저장할 수 있어 원리적으로 큰 용량을 얻을 수 있다. 또한 산소의 산화력은 강력하고 높은 전지전압이 얻어지므로 대용량과 함께 에너지 밀도는 매우 높아진다. 산소는 반응 후에 수산화물 이온(OH^-)이 되기 때문에 전해질에는 알칼리 망간 전지나 니켈-카드뮴전지와 동일한 알칼리 수용액(특히 수산화칼륨)이 적합하다.

알칼리 수용액은 취급에 주의를 요하지만 리튬 전지에 이용되는 유기용매와 달리 불연성이기 때문에 안전성이 높은 전지를 구상할 수 있다. 공기 양극에 대향하는 음극에는 아연이 가장 적합한 재료로서 널리 이용되고 있다.

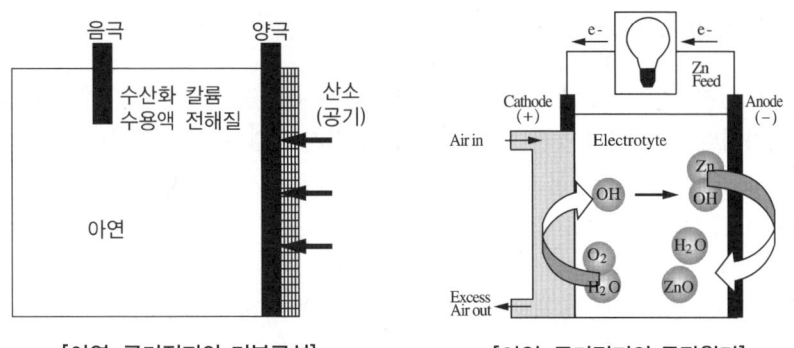

[아연-공기전지의 기본구성]   [아연-공기전지의 동작원리]

아연은 지금까지 알칼리 전해질계에서 이용되어 오던 카드뮴 등에 비해 중량당의 용량이 크다. 또한 표면에서 수소를 발생시키기 어렵기 때문에 수용액 내에서 석출 가능하고 자체방전도 적으며, 염가이고 자원도 풍부한 공기양극이 가지는 특징을 전지로서 살릴 수 있는 재료이다.

(2) 아연-공기전지의 반응

- 양극 : $Zn + 4OH^- \rightarrow Zn(OH)_4^{2-} + 2e^-$ ($E_0 = -1.25V$)
- 유체 : $Zn(OH)_4^{2-} \rightarrow ZnO + H_2O + 2OH^-$
- 음극 : $1/2O_2 + H_2O + 2e^- \rightarrow 2OH^-$ ($E_0 = 0.34V$)
- 전체 : $2Zn + O_2 \rightarrow 2ZnO$ ($E_0 = 1.59V$)

(3) 아연-공기전지의 특성

양극과 음극의 합계 중량에서 에너지 밀도 1,090Wh/kg이 유도된다. 아연-공기전지는 리튬-이온 전지를 능가하는 극히 높은 에너지 밀도를 실현시킬 수 있다는 것을 알 수 있다.

Zn-Air 전지는 Na-S전지와 함께 유망한 전지 시스템으로 알려진 전지이다. 본래 이 전지는 1차 전지인 공기 건전지나 공기 습전지로서 저전류 용도로 사용되었으나 최근에 무한한 공기 중의 산소를 양극 활물질로 활용하면서 음극 활물질로는 안전하고도 저렴하면서 전기 화학적으로 150Wh/kg의 높은 에너지 밀도를 갖는 아연을 이용하는 방식을 채택하여 전기 자동차의 전원으로서 관심이 집중되고 있다. 또한 이 전지는 상온에서 작동되기 때문에 고온 전지보다 취급 면에서 유리하다.

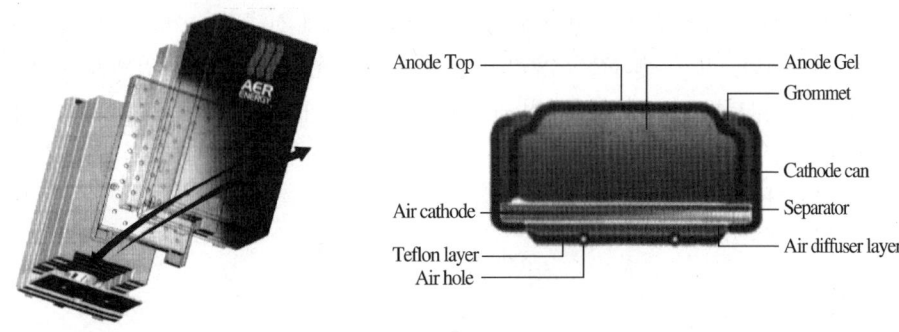

[아연-공기전지의 구조]

8 공기전지(Air Cell)

공기전지는 전지 내에서 반대방향의 기전력이 일어나는 것을 방지하기 위하여 복극제로 공기를 사용한 전지이다. 대표적인 것은 알루미늄-공기 전지로 값이 싸고 기전력도 일정한 장점이 있다. 이를 지속적으로 사용하려면 물과 알루미늄을 보충해 주면서 수산화알루미늄을 제거해주어야 한다. 다공질의 탄소를 양극으로 하며 이 속에 녹아 있는 산소가 일부 분해해서 유리 산소로서 작용하기 때문에 복극작용이 일어난다.

공기전지는 기전력이 1.45~1.50V이며 다니엘 전지나 랄랑드전지보다 특성이 좋고 경제적이다. 50mA 정도의 비교적 소형인 전지로서 단속적으로 방전시키기에 적합하기 때문에 전화전신에 사용된다. 구조는 아래쪽에 아연판, 그 위에 펠트 등의 절연체를 사이에 두고 탄소양극이 있고, 상부는 공기 중에 노출되어 있다. 보청기 등에는 금속 공기전기가 쓰이기도 한다.

9 리튬-인산철($LiFePO_4$)전지

리튬-인산철전지는 양극제로 폭발 위험이 없는 리튬-인산철을 사용하여 근본적으로 안정성을 확보하였고 이온(액체) 전해질을 써서 축전 효율도 최대화한 제품이다.

리튬-인산철은 다른 어떤 양극물질과 비교해도 저렴한 가격과 뛰어난 안전성, 성능 그리고 안정적인 작동 성능을 보이고 있다. 또한 리튬-인산철은 전기 자동차용 전지와 같이 대용량과 안전성을 동시에 요구하는 에너지 저장 장치로서 적합하다.

단점으로는 기전압이 기존 리튬-코발트전지의 3.7V보다 0.3V 정도 낮은 3.4V라는 기전력을 가지고 있으며 또한 리튬폴리머전지만큼 디자인의 용이성이 떨어지는 점도 있다.

10 나트륨유황전지(Na-S Battery)

Na-S전지는 음극 반응 물질에 나트륨, 양극 반응 물질에 유황을 사용하고 전해질로서 베타알루미나 세라믹스(나트륨이온 전도성을 가진 고체전해질)를 사용하고 있다. 전지의 충·방전은 300℃ 부근에서 가능한 고온형 전지이다. 전해질에는 납산 축전지의 황산이나 알칼리 전지의 KOH 수용액과는 달리 나트륨 이온에 대한 선택적 전도성을 갖는 고체 전해질을 이용하는 새로운 아이디어의 고성능 전지이다. 고체 전해질은 유리 혹은 세라믹 종류로 구성되어 있으며 특히 β-알루미나($NaAluO_{17}$)는 나트륨 이온의 전도성이 크기 때문에 현재 개발되고 있는 Na-S의 대부분이 β-알루미나를 전해질로 사용하고 있다. 또한 β-알루미나는 전자 전도성을 갖고 있지 않기 때문에 음극과 양극을 분리하는 격리판(Separator) 역할도 한다.

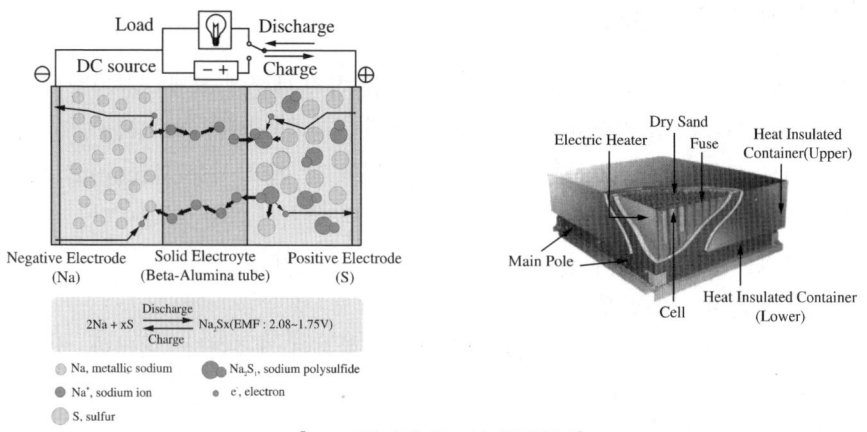

[Na-S전지의 구조와 동작원리]

작동온도는 두 전극 반응 물질이 용융되는 350±50℃이며 Na-S전지의 우수한 특징으로는 에너지 밀도가 상당히 높다. 납산 축전지의 에너지 밀도가 40Wh/kg 정도인데 대해 이 전지는 약 300Wh/kg 정도 될 것으로 보인다.

또한 충전 특성이 우수하여 효율이 좋고 납축전지나 Ni-Cd전지의 충전 필요량은 방전량의 110~140%가 요구되고 있으나, 이 전지는 방전량의 100%로도 충분하여 충전 효율이 우수하다. 따라서 전기 자동차에 적용 시 유지비가 적게 들고 경제적인 측면 및 보수 면에서도 상당히 유리하다. 이 전지는 충·방전 시 가스 발생이 없어 완전 밀폐가 가능하고, 보통 납산 축전지와 같이 전해액 보충과 같은 유지 관리가 필요 없는 장점이 있다.

(1) Na-S전지의 특징

① 고에너지 밀도(납산 축전지의 약 3배)로 좁은 공간에 설치가 가능하다.
② 고충·방전 효율이 높고 자체방전이 없어 효율적으로 전기를 저장할 수 있다.
③ 2,500회 이상의 충·방전이 가능하며 장기 내구성이 있다.
④ 완전 밀폐형 구조의 단전지를 사용한 클린 전지이다.
⑤ 주재료인 나트륨 및 유황이 자연계에 대량으로 존재하여 고갈의 우려가 없으므로 앞으로 자재부족의 우려가 없다.

11 고체 고분자 연료전지

전해질로 고분자 전해질(Polymer Electrolyte)을 이용하기 때문에 고체 고분자형 연료 전지라 호칭한다. 또한 FC(Fuel Cell) 스택이라고도 하기 때문에 전지라고 하는 것보다는 발전기라고 생각하는 것이 맞을지도 모른다. 앞으로 자동차가 목표로 해야 할 에코 자동차(Eco-vehicle)의 대표라고 하는 FCV(Fuel Cell Vehicle ; 연료 전지 자동차)의 핵심이 되는 부분이다.

고분자 전해질은 크게 다음과 같이 세 분류로 나눌 수 있다.

- 순수 고체 고분자 전해질계
  순수 고분자 전해질계는 약간의 액체가소제를 혼합하여 제조한다. 이러한 전해질은 용매증발 피복법으로 박막을 제조한다.

- 젤-고분자 전해질계
  젤-고분자 전해질은 순수-고분자 전해질에 비하여 상온에서의 높은 이온전도도와 불량한 기계적 성질을 나타내는 것으로 많은 양의 액체가소제와 혹은 용매를 폴리머 매트릭스에 첨가하여 폴리머 호스트 구조와 안정한 젤을 형성하도록 하는 것이다. 젤-고분자 전해질은 높은 이온 이동도와 높은 전하 수송물질 농도를 나타내어 주된 성능향상을 이루었고 또한 저온특성도 우수하게 되었다.

- Hybrid 고분자 전해질계
  Hybrid 고분자 전해질계는 고분자 매트릭스를 $1\mu m$ 미만(Submicron)으로 다공성하게 만들어 유기용매 전해질을 이 작은 기공에 주입시켜 제조한다. 이 작은 기공에 들어간 유기 용매 전해질은 누액이 되지 않고 아주 안전한 전해질로 사용할 수가 있다. 이 전해질은 이온전도도가 유기용매 전해질의 이온전도도와 같은 특성을 갖고 있고 용이하게 제작할 수 있는 것이 장점이라고 볼 수 있다.

고체 고분자 전해질에 순수한 불소를 통과시킬 때 공기 중의 산소와 화학 반응에 의해서 백금의 전극에 전류가 발생한다. 발전 시에는 열을 발생하지만 물만 배출시키므로 에코 자동차라 한다. 단지 자동차에 수소를 고압 탱크에 저장하여 운행하는데 주행거리는 아직 충분하지 않은 점이 개선해야 할 과제이다.

불소계의 전해질 막에서 수소이온을 교환하는 기능을 가지기 때문에 프로톤 교환막(Proton Exchange Membrane)의 머리글자를 따서 PEMFC(Proton Exchange Membrane Fuel Cell)이라고도 한다.

출력의 밀도가 높기 때문에 소형경량화가 가능하고 운전온도가 상온에서 80℃까지로 저온에서 작동하며, 기동·정지시간이 매우 짧기 때문에 자동차 등의 이동용 전원이나 가반형 전원, 비상용 전원으로서 주목받고 있다. 저온 작동이기 때문에 전지 구성의 재료 면에서 제약이 적고 튼튼하며 진동에 강하다.

(1) 작동과 원리

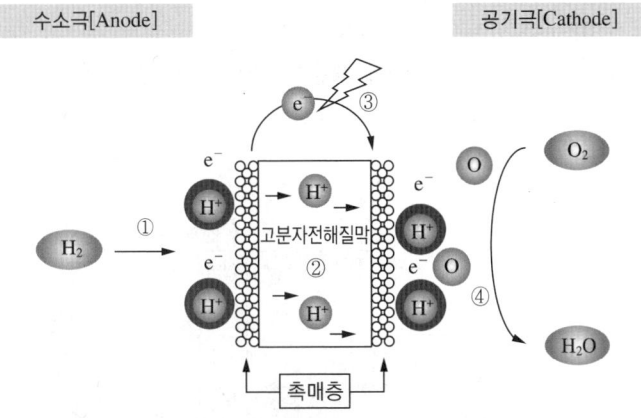

① 수소극[Anode] : 수소 분해로 수소이온과 전자 생성
② 고분자 전해질막 : 수소이온 이동[Anode → Cathode]
③ 전자의 이동을 통한 전기에너지 생성 → 모터 구동
④ 공기극[Cathode] : 수소이온/전자/산소의 반응으로 물 생성

하나의 셀은 (-)극판과 (+)극판이 전해질 막을 감싸고 또 양 바깥쪽에서 세퍼레이터(Separator)가 감싸는 형태로 구성되어 있으며, 셀의 전압이 낮기 때문에 자동차용의 스택은 일반적으로 수백 장의 셀을 겹쳐 고전압을 얻고 있다. 세퍼레이터는 홈이 파져 있어 (-)쪽에는 수소, (+)쪽은 공기가 통한다.

세퍼레이터와 극판 사이를 흐르는 수소는 극판에 칠해진 백금의 촉매작용에 의해서 전자가 분리 수소 이온으로 되어 막을 통하여 (+)극으로 이동한다. 또한 산소와 만나 다른 경로로 (+)극으로 이동된 전자도 합류하여 물이 된다. 다른 경로를 통하여 이동된 전자 흐름의 역방향이 전류가 된다.

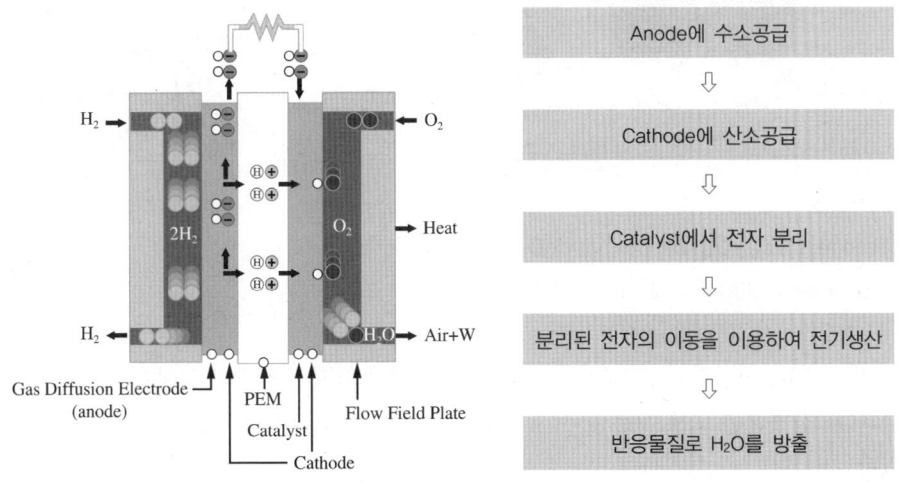

① 고체 고분자 전해질에 순수한 불소를 통과하여 공기 중의 산소와 화학반응을 일으킨다.
② 백금의 전극에 전류가 발생(PEMFC라고도 함)한다.
③ 출력의 밀도가 높아 소형·경량화 가능하다.
④ 상온에서 80℃의 저온에서 작동하기 때문에 재료의 제약이 적다.
⑤ 강성이 우수하고 진동에 강하다.

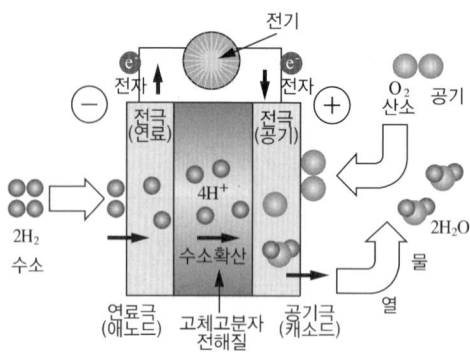

[고체-고분자 연료전지]

(2) 전기 화학적 원리

음극과 양극의 활물질(Active Material)이 리튬-이온전지와 유사하기 때문에 전기화학적 원리는 같다. 전지의 작동은 충·방전에 의해 리튬-이온이 양극과 음극 사이를 이동하며 사이에 끼워지면서 이루어진다. 전지작동에 의한 전극의 변화는 없기 때문에 안정적인 충·방전이 가능하다.

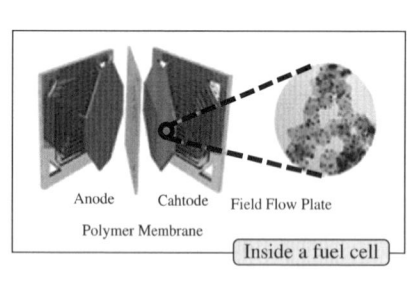 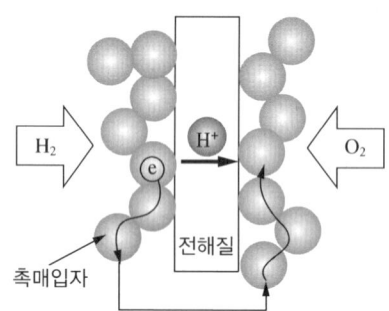

- Anode : $LiCoO_2(s) = Li_{(1-n)}CoO_2(s) + n^{e-}$
- Cathode : $C(s) + xLi^+ + n^{e-} = CLi_x$
- $LiCoO_2(s) + C(s) = Li_{(1-x)}CoO_2(s) + CLi_x$

LIPB는 리튬-이온전지(LIB)의 전극구성과 비슷하며 단지 전해질만 고분자 전해질을 사용하는 것이 다르다. 전해질은 고체 고분자 전해질 유기용매와 염을 고분자에 혼합한 하이브리드 겔 전해질이 있다.

(3) 고분자 분리막

고분자 분리막은 리튬의 결정성장에 의한 양 전극의 단락을 방지함과 동시에 리튬-이온 이동의 통로를 제공하는 역할을 한다. 고분자 전해질의 이온전도도는 지속적으로 향상되고 있으나 실용화하기 위한 값에는 못 미치고 있다. 이를 개선하기 위해 전해액을 고분자에 함침된 상태에서 전지를 구동하는 겔형 리튬폴리머전지의 개발에 주력하는 추세이다.

겔형 고분자 전해질의 장점은 향상된 이온전도도 외에 우수한 전극과의 접합성, 기계적 물성, 그리고 제조의 용이함 등을 들 수 있다.

대표적인 겔형 고분자는 다음과 같다.

① PEO ; Poly Ethylene Oxide
② PAN ; Poly Acrylonitrile
③ PMMA ; Poly Methyl Methacrylate
④ PVDF ; Poly Vinylidene Fluoride

(4) 연료전지 자동차 시스템의 구성

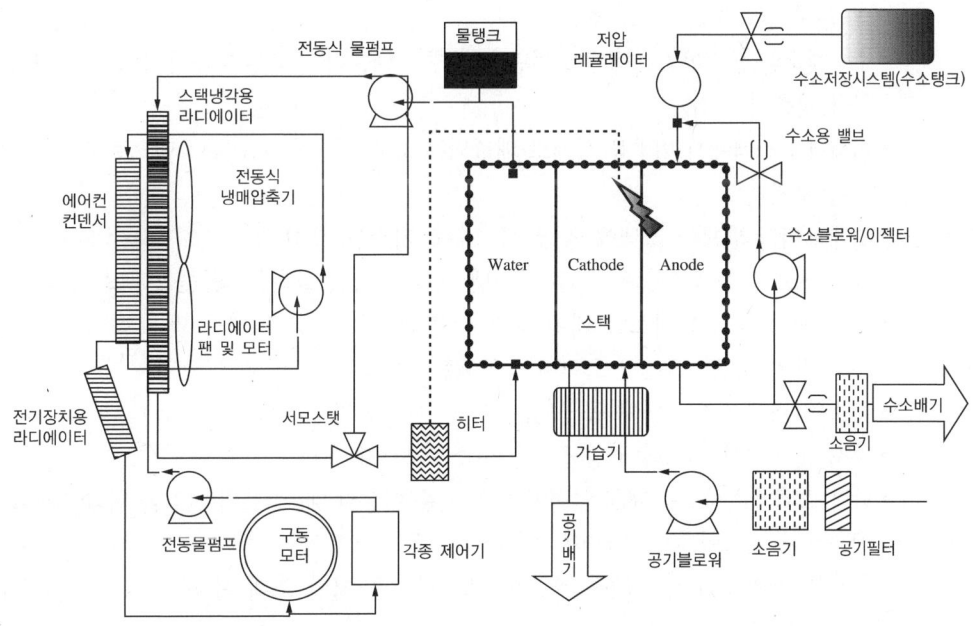

① 스택(Stack)

1V 내외의 단위 연료전지를 원하는 전압으로 수백 장 적층한 구조로 MEA(Membrane Electrode Assembly, 막전극 접합체), GDL(Gas Diffusion Layer, 기체 확산층), 분리판(Bipolar Plate)/개스킷으로 구성되며 수소와 공기 중 산소의 전기화학적 반응을 통해 차량 구동에너지원인 전력을 생산한다.

② 운전장치

연료전지의 운전장치는 연료전지 스택에 수소와 공기를 공급하여 스택에서 전기가 발생할 수 있도록 하며 발생되는 열 및 물을 관리하여 연료전지 시스템의 최적 운전조건 구현을 위한 시스템이다. 운전장치는 수소 공급계(FPS ; Fuel Processing System), 공기 공급계(APS ; Air Processing System), 열 관리계(TMS ; Thermal Management System)로 구성된다.

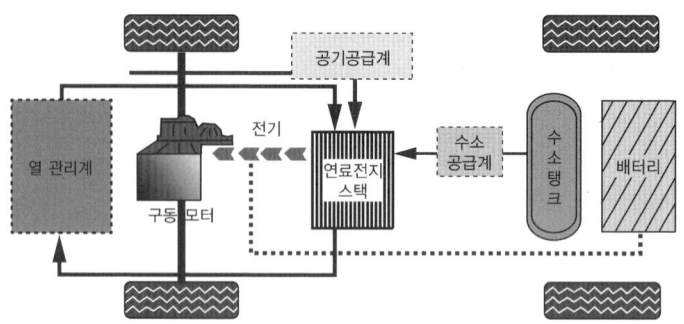

㉠ 수소 공급계의 주요 부품 및 기능
- 저압레귤레이터 : 수소 공급장치(수소 탱크)에서 공급되는 고압 수소(10bar)의 압력을 스택의 운전 압력(1bar)으로 조절
- 수소재순환 블로어 : 스택에서 미반응 상태로 배출되는 고온 다습한 수소를 스택으로 다시 공급(저출력 구간)
- 이젝터 : 스택에서 미반응 상태로 배출되는 고온 다습한 수소를 스택으로 다시 공급(중/고출력 구간)
- 솔레노이드 밸브 : 스택에 공급되는 수소 가스를 제어
- 퍼지 밸브 : 스택에서 반응 후 시스템 내에 누적된 불순물 및 물을 시스템 외부로 배출
- 수소 배기 장치 : 시스템 내에 수소 누출 시, 수소 농도 희석 및 소음 감소
- 수소 감지, 유량 센서 : 스택에 공급되는 수소 감지 및 유량 확인
- 수소 압력센서 : 스택에 공급되는 수소 압력 감지
- 수소 온도센서 : 스택에 공급되는 수소 온도 감지
- 압력 스위치 : 시스템 내의 압력이 허용 기준 이상일 때, 스택의 안전을 위해 수소를 강제로 배출하여 시스템 수소 압력을 유지
- 수소용 배관 : 고온 다습한 수소에 내부식성을 지닌 소재 사용

㉡ 공기 공급계의 주요 부품 및 기능
- 공기 블로어 : 토출 압력이 일정 압력 이상인 경우 스택에 공기를 공급
- 공기 압축기 : 토출 압력이 일정 압력 이상인 경우 스택에 공기를 공급
- 가습기 : 스택 배출 공기의 온도 및 수분을 스택 흡입 공기에 전달, 공급되는 공기 온도 및 수분을 스택 요구 조건으로 조절

- 공기 필터 : 스택의 내구성을 저하시키는 미세 먼지와 SO_2와 같은 화학물질을 제거
- 소음기 : 공기블로어 또는 공기압축기에서 발생되는 소음을 저감
- 공기 유량 센서 : 스택에 공급되는 공기 유량을 감지
- 공기 온도 센서 : 스택에 공급되는 공기 온도를 감지
- 공기 압력 센서 : 스택에 공급되는 공기 압력을 감지
- 습도 센서 : 스택에 공급되거나 스택에서 배출되는 공기 습도를 감지
- 흡/배기 덕트 : 스택 입/출구의 공기 덕트로 스택에 공급되는 공기에 오염 물질을 배출하지 않는 재질로 구성

ⓒ 열 관리계의 주요 부품 및 기능
- 냉각모듈 : 스택에서 공기, 수소에 의한 화학 반응 시, 발생되는 열을 냉각
- 전동식 물 펌프 : 스택 냉각수를 시스템 내에서 회전시켜 냉각수 온도를 일정하게 유지, 제어기를 통해 냉각수 유량 조절
- 전자식 서모스탯 : 스택 과냉을 방지, 서모스탯에 스텝 모터를 적용하여 냉각수를 능동적으로 제어
- 중간 열 교환기 : 스택과 냉각모듈 사이에 위치하며 가열된 증류수와 냉각된 에틸렌글리콜의 열전달 기능
- 히터 : 영하의 온도에서 스택 최적 운전 온도에 짧은 시간 내에 도달 위해 냉각수 가열, 제어기를 통한 가열량 조절
- 전류 소모 장치 : 스택의 내구성 향상 목적으로 시동 On/Off 시 스택 내 잔류하는 수소 및 공기의 발생 전기를 소모하는 장치
- 이온제거기 : 전기 쇼크를 방지하기 위해 스택 냉각수 내에 존재하는 양이온/음이온을 일정 기준 이하로 제거, 관리
- 기포 제거 기능 물탱크 : 빠른 냉각수 회전에 의해 시스템 내부에서 발생되는 기포를 제거, 냉각성능 저하를 방지하며 일정 냉각수량 확보
- 증류수용 금속 배관 : 증류수 또는 스택용 부동액에 오염 물질을 배출하지 않는 금속 소재
- 증류수용 실리콘 호스 : 증류수 또는 부동액에 오염 물질을 배출하지 않는 고분자 소재
- 온도, 압력 센서 : 냉각수의 온도 및 압력 감지
- 유량 센서 : 시스템 내 냉각수의 흐름 속도를 감지
- 수위 센서 : 물탱크 등에 설치되어 냉각수량의 적정 여부 감지
- 전기 전도도 센서 : 전기적 쇼크를 방지하기 위해 냉각수 내에 존재하는 양이온/음이온에 의한 냉각수의 전기 전도도(전기 저항)를 감지
- 히터 기능 솔레노이드 밸브 : 저온 보관 시 밸브 내부의 결빙된 얼음을 시동 시, 빠른 시간에 히터로 녹이며 냉각수의 흐름을 제어

12 셀, 모듈, 팩의 특성

전지는 온도가 많이 상승하면 열화를 일으킨다. 발전이란 전류 × 저항 = 발열의 관계가 있다. 즉, 전지의 내부저항이 크면 전지의 내부에서 열이 발생하는데 그것은 전류의 제곱에 이른다. 따라서 전류가 커지면 거의 손실되므로 얼마만큼 내부저항을 작게 하는가가 고출력으로 이어지게 되며 내부저항을 감소시키면 출력이 높아진다.

전지의 수명은 전지 시스템의 수명으로 생각하였다. 즉, 전지 하나로만 생각한 것이 아니라 직렬로 몇 개를 연결한 셀 전지로서 생각한 것으로 리튬-이온전지가 적합한 것으로 확인되었다. 납산전지라도 1개일 경우 수명은 길지만 셀 전지로 하였을 경우 급속하게 용량이 저하된다.

니켈-카드뮴전지도 12V를 23개의 셀을 직렬로 연결한 경우 어떤 셀 1개의 전압이 낮아지면 방전 도중에 전압이 1셀씩 낮아져 용량이 급격하게 저하된다. 예를 들어 용량이 같은 그릇을 일렬로 진열하고 그 하나하나의 그릇을 전지의 셀, 그릇 안에 들어 있는 물을 전기라고 하였을 경우 충·방전 시 같은 만큼의 물을 채우거나 빼내는 것이지만 어떤 그릇이 작으면 같은 양의 물을 넣을 경우 넘치게 되는데 물이 넘친다는 것은 전지의 고장이라는 것을 의미한다. 반대로 물을 빼내면 다른 그릇은 물이 남아 있지만 용량이 적은 그릇은 비어 있게 된다.

이와 같이 전지의 경우에 셀에 전자가 없는데도 전자를 빼내려고 강제로 전기를 통하는 경우 그 셀은 손상을 입게 되며 이러한 과충전과 과방전이 전지를 손상시키는 가장 큰 요인이다.

또 하나의 고장요소는 발열이다. 온도가 50℃, 60℃, 70℃로 점차 상승되면 고장이 발생된다. 즉, 과충전, 과방전, 열의 3대 요소로 전지는 고장이 발생된다. 또한 셀 전지는 약한 셀에 부하가 가해지므로 고장이 발생되기 때문에 용량이 작아져 빠르게 과충전 또는 과방전이 된다. 약한 셀을 보호하는 시스템이라면 좋지만 약한 셀은 다른 셀보다 더 손상되어 고장이 발생되는 특성이 있다. 그리고 열이 발생하므로 옆의 셀을 손상시켜 시스템 전체에 확산된다.

(1) 리튬-폴리머전지의 구성

1셀당 약 3.75V의 전압을 나타내며, 8개의 셀이 합쳐진 것을 1모듈이라 한다. 이러한 모듈이 6개가 합쳐지면 1팩이 구성된다.

전기 자동차의 경우 약 360V를 적용하기 때문에 2팩을 직렬로 연결하여 사용한다.

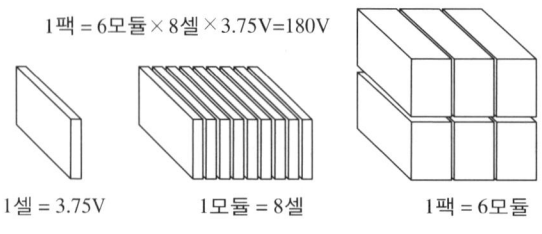

1팩 = 6모듈 × 8셀 × 3.75V = 180V

1셀 = 3.75V   1모듈 = 8셀   1팩 = 6모듈

[배터리 셀, 모듈, 팩의 개념도]

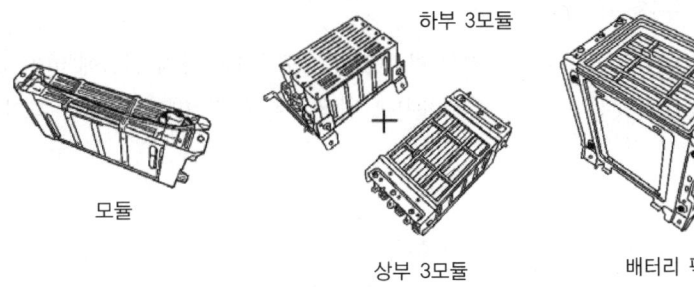

[배터리 팩의 구성]

13 슈퍼 커패시터

(1) 커패시터의 원리

전지는 원자와 분자로부터 분리된 전자가 (-)극에서 (+)극으로 이동함으로서 전기가 발생하지만 그 한편에서 전자를 분리시킨 원자와 분자가 이온화 하여 (-)극에서 (+)극으로 이동한다. 이 양자의 움직임으로 방전이 된다. 이것에 비해서 커패시터는 전지와 같이 화학반응을 이용하여 축전하는 것이 아니라 전자를 그대로 축적해 두어 필요로 할 때 방전하는 것이다. 라디오 부품으로 예전부터 사용되어 온 콘덴서는 전기를 전자인 상태로 축적해 둔다. 커패시터는 이것이 큰 용량을 갖는 이미지로 콘덴서와 같은 뜻이다.

커패시터의 축전 구조는 라디오 부품으로서의 베리어블 콘덴서(Variable Condenser)와 같이 극판을 서로 마주한 구조가 아니라 전해 콘덴서라고 불리는 것과 같은 전기 이중층이라는 현상을 이용한 것이다. 전기 이중층이란 2개의 층이 접촉하고 있는 면에서 전하의 분리가 일어나 다른 종류의 전하가 서로 마주하여 연속적으로 분포하고 있는 층으로 되어 있다.

예를 들어 전압을 인가한 전극과 전해액이 접촉하는 면에서 한쪽의 전극 측에 (+)의 전하가 저장되고 전해액 측에 (-)의 전하가 저장되는 현상이다. 다른 한쪽의 전극에는 그 반대의 전하가 저장된다. 전압을 차단하여도 이 현상이 유지되기 때문에 필요에 따라 방전하여 전력으로서 사용할 수 있다. 이 현상은 1879년에 헬름홀츠가 발견하여 일렉트릭 더블 레이어 즉, 전기 이중층이란 이름으로 오래전부터 알려진 현상이다.

(+)와 (-)의 전하가 서로 마주하여 존재하는 것은 그 부분이 절연상태이기 때문이지만 전압을 너무 높이면 이중층은 붕괴되어 전기분해가 시작된다. 어느 전압까지 견디는가를 내전압이라 하는데 내전압이 높거나 접촉하는 면적이 넓으면 축전 용량이 커진다. 전극의 재료로는 카본계통의 재료가 많이 사용되지만 나노 테크놀로지(Nano Technology)를 이용하여 개발이 진행되고 있다. 최근에는 전극 재료의 개발과 전자회로와의 조합 등 다양하게 연구되어 전기이중층 커패시터의 성능도 매우 높아지고, 출력의 밀도뿐 아니라 에너지의 밀도도 높아져 납산전지 이상의 에너지 밀도를 달성하고 있다.

(2) 커패시터의 셀 구조

실제 커패시터는 얇은 극판으로 전해질을 감싸고 세퍼레이터와 함께 권심에 여러 겹으로 감겨 있는 구조로 되어 있다. 이것은 전지와 마찬가지로 반응하는 극판 면적을 크게 하기 위함이다.

(3) 커패시터의 특징

모터를 구동시키기 위한 커패시터는 전기 이중층 커패시터라고 생각해도 좋다. 이 전기이중층 커패시터의 가장 큰 특징은 출력의 밀도가 높은 것이지만 다시 그 특징을 보면 다음과 같다.

우선 출력의 밀도가 높다고 하는 것은 대전류를 얻을 수 있다는 것으로 약 10kW/kg을 넘는 방전이 가능하다. 방전 전류가 크다는 것은 충전시간이 짧다는 것과 같으며, 몇 분 안에 만충전이 가능한 것 또한 커패시터의 큰 장점이다. 또한 전지와 같이 열화가 거의 없는 것은 화학변화가 없기 때문이며, 일반적인 전지는 화학전지라고 말할 수 있다면 커패시터는 물리전지의 하나이다. 제조에 유해하고 고가의 중금속을 사용하지 않았기 때문에 환경부하도 적으며, 단자 전압으로 남아 있는 전기량을 알 수 있어 이용하기 쉽다.

일반적으로 리튬-이온 등의 고성능 전지와 비교하면 출력의 밀도는 비교적 높지만 에너지밀도가 작다. 현실에서는 커패시터의 에너지 밀도는 납산전지와 같은 정도이거나 그 이상이며, 리튬-이온 전지의 약 1/10 정도로 순발력은 발휘되지만 지속력에서는 떨어진다. 그러나 나노게이트 커패시터 등의 신기술로 앞으로는 고성능 전지를 이을 가능성이 내포되어 있다.

커패시터의 단점은 어느 한도를 넘으면 전기분해가 일어나 전기 이중층이 붕괴되기 때문에 그 이상의 전압(유기계통의 전해액에서 약 3V)에서는 사용할 수 없다. 또한 충·방전에 따라 전압이 크게 변동하므로 이 점을 고려한 사용법이 필요하다.

(4) 리튬-이온 커패시터

리튬-이온 커패시터(LIC ; Lithium-ion Capacitor)는 전기 이중층 커패시터(EDLC ; Electric Double Layer Capacitor)와 리튬-이온 2차 전지(LIB)의 특징을 겸비하는 하이브리드 커패시터(Hybrid Capacitor)이며, 고에너지 밀도, 신뢰성, 긴 수명, 안전성의 이점에서부터 개발이 활발해지고 있다. 리튬-이온 커패시터란 음극에 리튬 첨가가 가능한 탄소계 재료를 이용하고, 양극에는 통상의 전기 이중층 콘덴서에 이용되고 있는 활성탄 혹은 폴리머계 유기 반도체 등의 커패시터 재료를 이용한 하이브리드 커패시터이다. 음극에 전기적으로 접속된 금속 리튬이 전해액의 주액과 동시에 국부 전지를 형성해 음극의 탄소계 재료에 리튬-이온으로서 첨가가 시작된다.

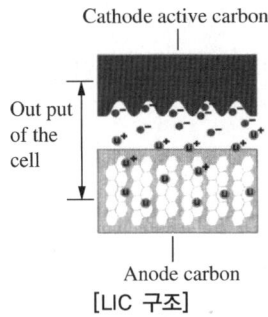
[LIC 구조]

[일본 ACT의 리튬-이온 커패시터 전지]

리튬-이온 대용량 커패시터는 원리도 전기 이중층 커패시터이지만 (-)극에 미리 리튬-이온을 흡장시켜 두는 것이 특징이다. 커패시터는 인가되는 전압을 높이면 그만큼 정전 용량을 증대시킬 수 있지만 내전압이 있으므로 한계를 넘으면 높일 수 없으며, 그 이상의 전압을 인가하면 전해액이 전기분해를 시작하여 전기 이중층이 붕괴되기 때문이다.

커패시터의 전압은 (+)극과 (-)극의 전위차가 되는 것이지만 (-)극에 미리 리튬-이온을 흡장시킴으로서 (-)극의 전위를 더욱 낮춰 정전용량을 높이고 있다. 또한 극판도 보통의 커패시터와 다른 재료를 사용하고 있으며, (+)극판과 (-)극판에 모두 활성탄이 사용되었지만 리튬-이온을 흡장시키는 (-)극에는 탄소계통을 적용하고 있다. 리튬-이온을 흡장시키는 방법은 (-)극과 접촉시켜 리튬 필름을 붙이고 이 필름에서 (-)극판으로 리튬-이온을 이동시킨다.

다만, 예전에는 전극기재에 금속의 얇은 판을 사용하고 있기 때문에 리튬-이온이 그 금속판을 통과할 수가 없어 구멍을 뚫어 흡장 리튬-이온이 통과할 수 있도록 하였다. 구멍은 수 미크론에서 수 밀리의 크기로 개발되고 있으며, 일반적인 커패시터는 (-)극과 (+)극의 정전용량이 거의 같지만 리튬-이온을 흡장시키거나 리튬-이온 커패시터는 (-)극의 정전용량을 증가시킬 수 있어 셀로서 2배의 용량을 얻을 수 있다. 에너지 밀도는 용량에 전압의 2승을 곱한 것이 되므로 2배의 용량과 1.5배×1.5배의 전압에서 4.5배 정도의 에너지 밀도가 얻어진다.

① 리튬-이온전지의 단점
- 값이 비싸고 충·방전 속도(출력밀도)가 충분하지 않으며 충·방전 반복에 의한 열화가 문제
- 충전에 시간이 많이 걸리는 문제와 충·방전 횟수는 1,000~2,000번이 한계
- 매일 충·방전을 반복하는 경우 3년 정도면 수명이 끝남
- 리튬은 철이나 알루미늄에 비해 채굴량이 많지 않은 희귀금속(희토류금속)에 속하며 안정적으로 확보하는 것이 불확실

② 리튬-이온 커패시터 전지의 장단점

장 점	• 전기 이중층 커패시터라고 하는 축전 부품과 리튬-이온 2차 전지를 조합한 하이브리드 구조의 전지이다. • 무정전 비상전원장치에 사용한다. • 100~200만번 충·방전이 가능하므로 수명은 반영구적이다. • 단자 간의 전압으로부터 에너지 잔량을 정확히 측정할 수 있다. • 50cm~1m의 거리를 송수신 안테나가 상당히 떨어져 있어도 송전할 수 있다.
단 점	• 에너지밀도가 낮다. • 1회 충전하고 시속 40km로 주행 시 10~20분 정도에 전기에너지가 소진된다.

(5) 슈퍼 커패시터의 정의

고유물질인 유전체가 존재하지 않으며, 전지와 같은 충·방전에 의한 화학반응도 일어나지 않은 커패시터를 말한다.

(6) 슈퍼 커패시터의 특징

① 표면적이 큰 활성탄 사용으로 유전체의 거리가 짧아져서 소형으로 패럿(F) 단위의 큰 정전용량을 얻는다.
② 과충전이나 과방전이 일어나지 않아 회로가 단순하다.
③ 전자부품으로 직접체결(땜납)이 가능하기 때문에 단락이나 접속불안정이 없다.
④ 전하를 물리적으로 축적하기 때문에 충·방전 시간 조절이 가능하다.
⑤ 전압으로 잔류용량의 파악이 가능하다.
⑥ 내구온도(-30℃~90℃)가 광범위하다.
⑦ 수명이 길고 에너지밀도가 높다.
⑧ 친환경적이다.

(7) 슈퍼 커패시터의 원리

충전 시에는 전압을 인가하면 활성탄 전극의 표면에 해리된 전해질 이온이 물리적으로 반대 전극에 흡착하여 전기를 축적하고, 방전 시에는 양·음극의 이온이 전극으로부터 탈착하여 중화 상태로 돌아온다.

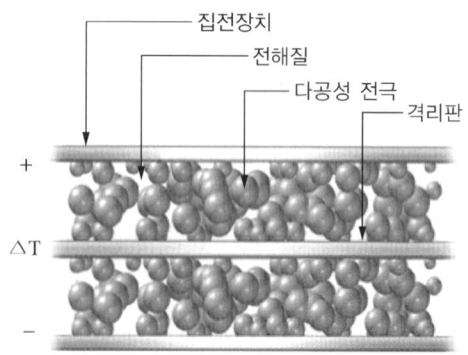

[슈퍼 커패시터의 원리]

(8) 슈퍼 커패시터의 종류

전기 이중층 커패시터(Electric Double Layer Capacitor ; EDLC)의 원리 및 기본구조는 다음과 같다.

① 양측으로부터 집전체, 활성탄전극, 전해액, 격리막으로 구성된다.
② 전극은 활성탄소분말 또는 활성탄소섬유 등과 같이 유효 비표면적이 큰 활물질로 전도성을 부여하기 위한 도전재와 각 성분들 간의 결착력을 위하여 바인더로 구성된다.
③ 전해액은 수용액계의 전해액과 비수용액계의 전해액을 사용한다.
④ 격리막은 폴리프로필렌, 테프론이 적용(전극 간의 접촉에 의한 단락 방지)된다.

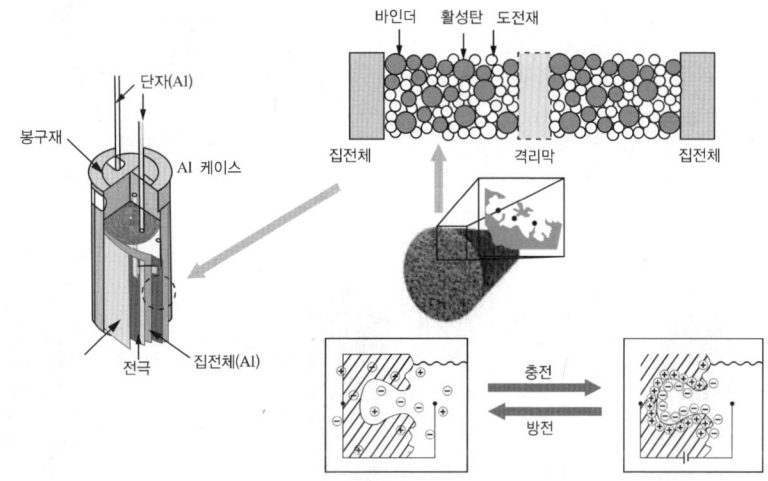

[전기 이중층 커패시터의 원리 및 구조]

(9) 크기에 따른 슈퍼 커패시터의 종류

① 코인형 커패시터
  - 한 쌍의 활성탄 전극이 격리막(Separator)을 사이에 두고 배치된 구조
  - 전극에 전해액을 가하고 상·하 금속케이스, 패킹에 의해 외장 봉입
  - 각각의 활성탄소전극은 상·하의 금속케이스에 도전성 접착제에 의해 접촉
  - Cell의 정격전압은 2.5V(2Cell)을 직렬로 접촉하여 5.5V의 정격전압
  - 용량은 2F 이하 저전류 부하 용도에 적용

② 각형 초고용량 커패시터
  - 알루미늄 집전체의 표면에 활물질을 도포하여 한 쌍의 전극 사이에 격리막을 두고 대향 배치된 구조
  - 전극 대향 면적이 넓고 활성탄 전극 두께의 박층화 가능
  - 전극체 중의 확산 저항이 작음
  - 코인형에 비하여 대용량, 고출력화 용이
  - 단자인출방식이 간단
  - 대전류 부하 용도에 적용

③ 원통형 초고용량 커패시터
- 알루미늄 집전체의 표면에 활물질을 도포하여 한 쌍의 전극 사이에 격리막을 둔 상태로 전해액을 침투시켜 알루미늄 케이스에 삽입하여 고무로 봉입한 구조
- 알루미늄 집전체에는 리드선이 연결되어 외부로 단자가 인출
- 특성과 용도는 각형과 유사
- 대용량 원통형의 경우 수많은 인출단자에 의해 접촉저항이 증가하고 출력특성 감소

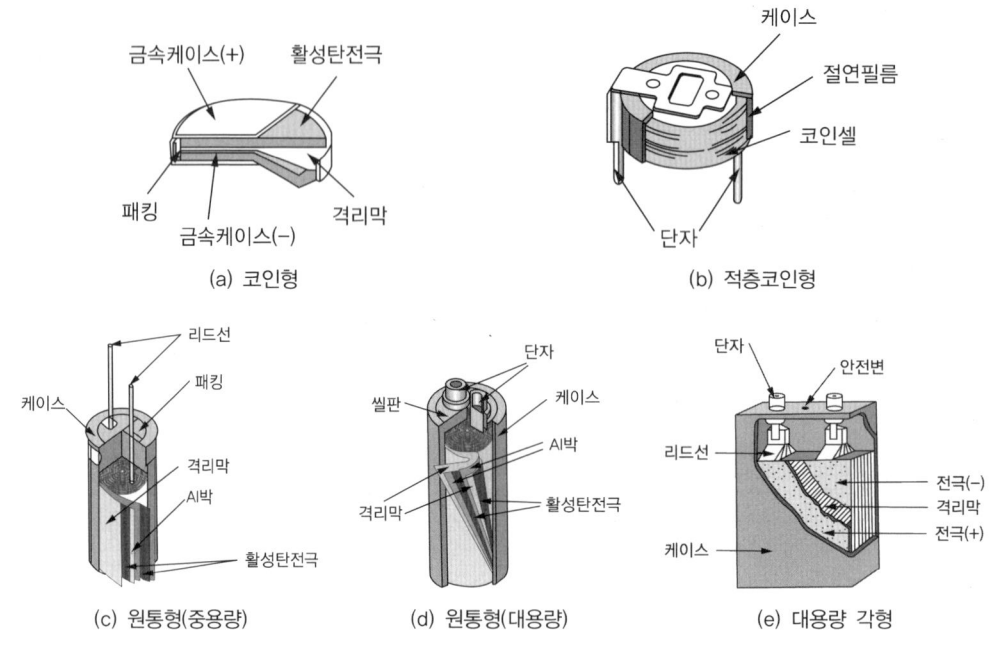

[외형 및 크기에 따른 슈퍼 커패시터의 종류]

CHAPTER 03 충전시스템 개론

PART 03 그린전동자동차 배터리

1 충전시스템 개요

전기 자동차의 동력원인 전지는 내연기관자동차의 연료에 해당된다. 전지의 성능은 전기 자동차의 성능과 직접적인 관계가 있으며, 전기 자동차의 성능을 향상시키기 위해서는 전지의 성능이 우수해야 한다. 전기 자동차용 전지의 요구 조건을 요약하면 다음과 같다.
- 에너지밀도(Wh/kg, Wh/L)가 커야 한다.
- 출력밀도(W/kg, W/L)가 커야 한다.
  (여기서, W : 전력량, h : 방전시간, kg : 전지 무게, L : 전지 부피)
- 수명이 길고 가벼워야 한다.
- 충전시간이 짧고 취급이 용이하며 위험성이 없어야 한다.
- 값이 싸고 충·방전 시의 전력손실이 적어야 한다.

(1) 전기 자동차의 충전

전기 자동차는 개인 주택에서 충전하는 것이 일반적이며 외부에서 충전하기가 쉽지 않기 때문에 표준화가 어렵고 인프라 구축이 어려운 상황이다. 현재 스테이션용 충전기와 차량 탑재형 충전기에 대해서 주로 미국과 일본에 의해 국제 표준화 움직임이 이루어지고 있다.

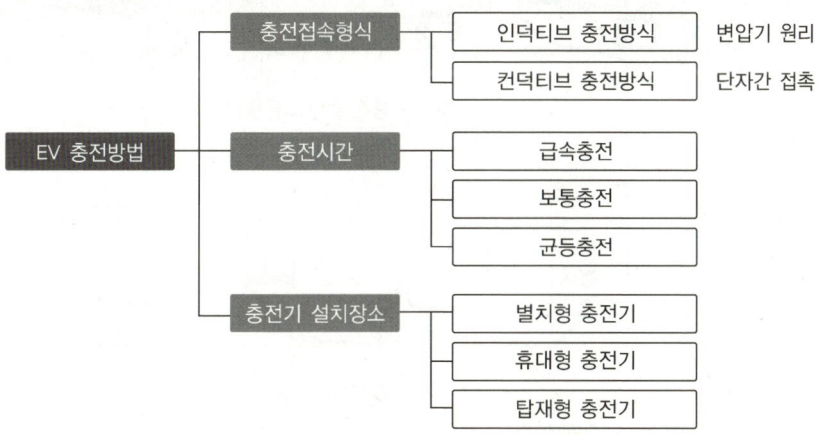

[전기 자동차의 충전방법의 구분]

(2) 충전의 분류

① 충전접속형식에 의한 분류

전기 자동차의 충전방법은 단자 접촉에 의해 전원측에서 전기 자동차 측으로 전류를 직접 유입하는 컨덕티브 방식과 변압기와 같이 전자유도에 의해 전기 에너지를 전달하는 인덕티브 방식이 있다.

[충전접속형식에 의한 분류]

구 분	특 징
인덕티브 충전방식 (Inductive Charging)	변압기 원리를 응용한 전자유도에 의해 에너지를 전달하는 방법으로 미국의 GM과 일본의 닛산 및 토요타 등이 채택하고 있다.
컨덕티브 충전방식 (Conductive Charging)	일반적인 전기접속방법에 따라 단자간 접촉으로 에너지를 전달하는 방법으로 미국의 포드와 일본의 혼다 등이 채택하고 있다.

㉠ 접촉식(Conductive) 충전시스템
- 전기적 접속을 통하여 충전
- 교류충전장치는 충전스탠드가 충전을 위한 교류전원 공급
- 교류충전장치는 전기차 내부의 온보드 충전기가 충전
- 교류충전장치는 충전시간이 6시간 이상 소요
- 직류충전장치는 직류의 출력을 배터리에 직접적으로 전기를 공급하여 충전
- 직류충전장치는 출력직류전압이 높고 전류가 커서 충전 시 사고 위험성이 높음

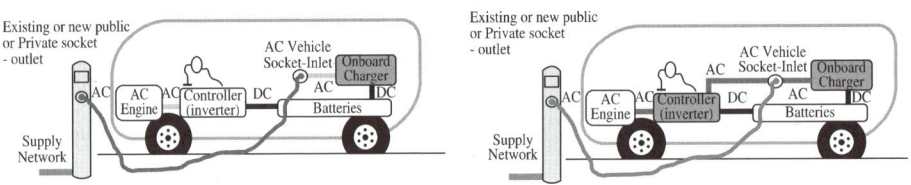

[접촉식 충전장치(교류충전)]

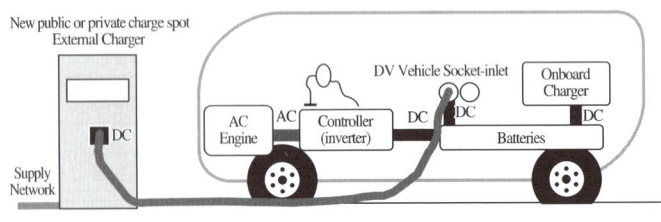

[접촉식 충전장치(직류충전)]

㉡ 유도식(Inductive) 충전시스템
- 변압기 원리를 이용
- 1차 권선에 해당하는 장치를 외부에 설치, 2차 권선에 해당하는 장치를 전기차 내부에 설치하여 전력전달
- 접촉식 충전방식에 비하여 안정성 우수
- 에너지효율 극대화

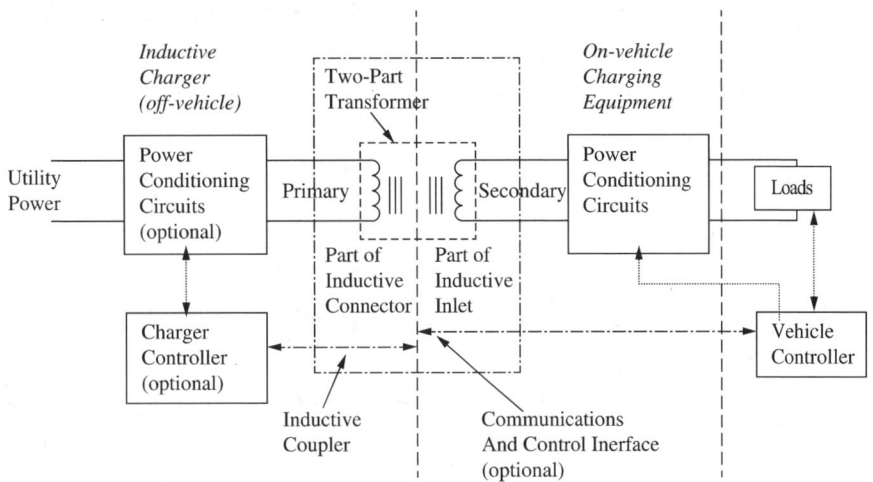

[유도식 충전장치 원리]

② 충전시간에 의한 분류

충전시간의 장단에 의한 구분도 있다. 소전류로 8시간 정도(장시간) 하는 보통충전과 대전류로 30분 정도(단시간) 충전하는 급속충전이 있으며 이 중간시간으로 충전하는 경우에는 중속충전이라고 한다. 이 충전전류를 크게 함으로써 충전시간이 단축되는데 충전기 용량이 커져 무거워지고 가격도 비싸진다.

[충전시간에 의한 분류]

구 분	특 징
급속충전	큰 전력으로 단시간에 충전하는 방식으로 30분에 약 80% 정도까지 충전한다. 단, 급속충전의 경우 만충전은 불가능하다.
보통충전	야간에 교류 220V를 사용하여 적은 전력으로 만충전시키는 방법으로 전기 자동차의 기본이 되는 충전방식이다. 심야전력제도를 이용하면 경제적으로 충전할 수 있다.
균등충전	전지의 충전상태를 초기조건으로 되돌리기 위해 정기적으로 충전하는 방식이다.

③ 충전 형태에 의한 분류

충전기의 부착장소나 이용형태에 따라서도 분류된다. 일반적으로 EV 내에 내장되거나 부착되거나 하는 차재 충전기, 차고 등에 두는 고정충전기 및 공공주차장이나 가솔린 보급 스테이션에 병설되는 공공이용 충전기로 분류된다.

EV는 안전확보를 위해 충전 중에는 주행할 수 없도록 오발진 방지기능을 갖고 있으므로 충전용 배선이나 부품 일부는 주행 시의 전동기 제어회로와 공용이 가능하고 최근의 EV는 충전 회로와 전동기 제어 회로를 통합한 합리화가 도모되고 있다.

시스템은 조작 패널에서 보통충전과 중속충전의 모드 전환이 가능하고 충전 컨트롤러에 의해 주전지의 보충 전 균등충전이 자동적으로 제어된다. 또한 각종 제어신호를 상시 감시하여 이상이 있으면 경보 램프를 점등함과 동시에 시스템 동작을 안전한 상태로 이행시킨다.

EV의 충전은 주거지에서의 보통충전이 기본이지만 출장지에서의 주행거리를 연장시키기 위한 보충전도 필요하다. 기존의 가솔린 스탠드에 EV용 급속 충전설비, 천연가스 자동차나 메탄올 자동차용 연료 공급설비를 병설하는 국가적 프로젝트의 에코 스테이션 2000계획이 추진되고 있다.

이 에코 스테이션 충전설비는 야간의 잉여전력을 전지에 저장해 두고 EV에 30분간 급속충전을 하는 것으로서, EV측에서 보내지는 충전에 관한 요구 신호에 따라 충전제어가 행해진다. 이와 같은 공공이용 충전설비에 관해서는 장래의 혼란을 예방하기 위한 표준화가 중요하며 설치 개시에 앞서서 규격이 제정되었다. 이 규격(일본전동차량협회 규격 ; JEVS)에서는 충전 스탠드와 EV를 접속하는 커넥터와 양자간의 통신 프로토콜 등을 규정하고 있다.

고정충전기는 앞으로 차재충전기로 순차 이행할 것으로 생각된다. 차재충전기에 있어서 이제부터 실현해 나갈 것으로 생각되는 기능은 심야전력 대응, 단전지의 개별 충전과 열화판정 원격조작 및 홈 오토메이션과의 링크, 충전상태의 외부 모니터, 각종 전지 자동대응, 고장진단 증강 등이다.

공공이용 충전기에 대해서는 각종 전지 자동대응, 잔존용량의 산출 표시, 전기요금 과금, 장난방지, 셀프 서비스 대응, EV 충전정보 관리, POS 대응 등의 기능이 실현되어 나갈 것으로 생각된다. 또한 전지 소모로 움직이지 않게 된 EV의 구출용 출전식 이동전원차도 필요할 것이다.

④ 충전방식에 의한 분류
  ㉠ 정전류 충전방식 : 전류를 일정하게 설정하여 충전하는 방식
    • 정전류를 이용하여 장시간 충전
    • 충전 효율이 급속 충전법에 비해 우수
    • 충전전류 : 배터리 용량의 10%(최소 5%~최대 20%)
    • 충전시간 : (방전량 ÷ 충전전류) × 1.2~1.5
  ㉡ 급속 충전법
    • 고전류를 이용하여 단기간 충전
    • 전류는 최대 40A로 설정
    • 충전 중 열이나 가스 발생 시 충전 중단
    • 직사광선을 피해 서늘하고 통풍이 잘되는 곳에서 충전
    • 충전효율이 떨어지고 배터리 수명을 단축시키기 때문에 제한적으로 실시
    • 충전 후 반드시 충전완료상태 확인
  ㉢ 정전압 충전방식 : 출력전압을 일정하게 유지시키며 충전하는 방식
    • 전압을 15.5V~16V로 설정하여 24시간 충전
    • 충전기의 극성과 배터리의 극성을 서로 일치시켜 연결
    • 충전케이블 연결 후 충전기 전원 On
    • 전압조정스위치와 시간설정스위치를 이용하여 충전조건 설정

ㄹ 정전압 충전법 특징
- 배터리의 과충전 방지
- 충전시간과 충전전류에 대한 설정 없이 충전가능
- MF배터리에 적합한 충전방식

ㅁ 정전류-정전압 충전방식
충전 초기 전류를 일정하게 인가하여 충전 중, 충전 말기에 전압을 일정하게 충전하는 방식

ㅂ 충전 시 주의사항
- 배터리 충전 시 보안경을 착용한다.
- 배터리 충전은 화기와 떨어진 곳에서 실시한다.
- 단자를 깨끗이 하고 전선이나 연결 부위를 확실히 체결한다.
- 충전지시계에 맑은 흰색이나 연한 노란색을 나타내는 배터리는 폐기한다.
- 충전기의 충전 능력에 맞는 상태로 충전하고, 환기가 잘되는 곳에서 충전한다.
- 과충전을 하게 될 경우 배터리의 극판을 손상시키고 수명을 단축하므로 주의한다.
- 배터리의 크기, 사용기간, 현재의 충전상태(SOC) 등에 차이가 있기 때문에 충전 진행상태를 확인하면서 충전한다.
- 충전이 완료 후 배터리의 충전지시계가 녹색으로 변환되지 않는 경우는 전해액의 층화현상에 의한 것으로 배터리를 앞·뒤로 흔들면 흑색에서 녹색으로 변환된다.
- 충전 중 배터리 온도가 과열되어 가스가 배출되거나 전해액이 넘쳐 나오면 과충전이 될 수 있기 때문에 충전전압 또는 충전전류를 낮추거나 충전을 중단한다.

⑤ 충전기의 설치장소에 따른 분류

구 분	특 징
별치형 충전기	충전기를 차량 외부인 주차장이나 주유소 등에 설치하는 방식으로 인덕티브 충전과 급속 충전 등이 이러한 방식에 해당된다.
휴대형 충전기	별치형을 개량하여 휴대할 수 있도록 사용 편의성을 높인 형태이다.
탑재형 충전기	충전기를 차량에 탑재하고 이동하다가도 교류전원이 있으면 충전이 가능한 형태로 충전기를 설치할 필요가 없이 전원만 있으면 충전이 가능하므로 편리하다.

⑥ 전기 자동차용 급속충전방식의 국제표준화
지구온난화의 원인이 되고 있는 대기오염의 최소화를 위하여 자동차업계는 전기를 동력원으로 하는 전기 자동차(EV)와 플러그인 하이브리드 자동차(PHV)의 개발에 주력하고 있으며 현실적인 문제로 충전방식의 해결이 가장 급선무로 부상되고 있어 각국 정부는 이를 지원하기 위한 각종 지원책과 규제안을 수립하고 있다.
전기 자동차의 충전은 급속 충전(DC 충전)과 완속 충전(AC 충전)의 두 가지 충전 방식이 있다. 급속 충전은 직류 전류를 이용하여 30분 정도의 단시간에 80%의 충전이 가능하며 보통 충전은 200V의 가정용 교류전류를 사용하여 14시간의 장시간에 걸쳐 완속충전하는 방식이다.

일본에서는 100V/200V의 완속 충전 이외에 CHAdeMO 방식에 의한 DC 급속 충전방식을 제안하고 있다. CHAdeMO 충전방식은 일본 자동차연구소에서 SAE와 IEC에 제안한 안이며 기술적 완성도가 높은 동시에 안전성 확보가 가능한 안으로 일본에서는 사실상 업계의 표준이 되고 있다. 일본에서 CHAdeMO 급속충전방식을 제안한 것을 계기로 DC 충전방식에 관한 국제 표준 규격에 대한 논의가 활발하게 이루어지고 있다.

2 자동차의 에너지소비효율 산정방법

(1) 에너지소비효율 산정방법(자동차의 에너지소비효율 및 등급표시에 관한 규정 [별표 1])

① 복합 에너지소비효율

㉠ 복합 에너지소비효율(km/L)

$$= \frac{1}{\frac{0.55}{\text{도심주행 에너지소비효율}} + \frac{0.45}{\text{고속도로주행 에너지소비효율}}}$$

㉡ CD복합 에너지소비효율(km/kWh)

$$\text{CD복합} = \frac{1}{\frac{0.55}{\text{CD모드 도심주행 에너지소비효율}} + \frac{0.45}{\text{CD모드 고속도로주행 에너지소비효율}}}$$

㉢ CS복합 에너지소비효율(km/L)

$$= \frac{1}{\frac{0.55}{\text{CS모드 도심주행 에너지소비효율}} + \frac{0.45}{\text{CS모드 고속도로주행 에너지소비효율}}}$$

② 도심주행 에너지소비효율

도심주행 에너지소비효율(km/L)

$$= \frac{1}{0.007639 + \frac{1.1886}{\text{FTP-75모드 측정에너지소비효율}}}$$

단, 전기자동차 도심주행 및 플러그인하이브리드자동차의 CD모드 도심주행 에너지소비효율은 0.7 × FTP-75모드에서 시가지동력계 주행시험계획(UDDS) 반복주행에 따른 에너지소비효율

③ 고속도로주행 에너지소비효율

고속도로주행 에너지소비효율(km/L)

$$= \frac{1}{0.004425 + \frac{1.3425}{\text{HWFET 모드 측정에너지소비효율}}}$$

단, 전기자동차의 고속도로주행 및 플러그인하이브리드자동차의 CD모드 고속도로주행 에너지소비효율은 0.7 × HWFET 모드 반복주행에 따른 에너지소비효율

④ 전기자동차의 복합측정 에너지소비효율

복합측정 에너지소비효율(km/kWh)

$$= \frac{1}{\dfrac{0.55}{\text{FTP-75모드에서 시가지동력계 주행시험계획(UDDS) 반복주행에 따른 에너지소비효율}} + \dfrac{0.45}{\text{HWFET 모드 반복주행에 따른 에너지소비효율}}}$$

(2) 각 주행시험 단계별 배출가스 중량농도에 의한 계산

① 휘발유사용 자동차의 경우

$$\text{에너지소비효율(km/L)} = \frac{640(\text{g/L})}{0.866 \times HC + 0.429 \times CO + 0.273 \times CO_2}$$

단, CH비는 1.85이고 HC, CO, CO_2는 각각 배출가스 농도(g/km)임

② LPG사용 자동차의 경우

$$\text{에너지소비효율(km/L)} = \frac{483(\text{g/L})}{0.827 \times HC + 0.429 \times CO + 0.273 \times CO_2}$$

단, 시험용 LPG는 부탄 100% 기준이고, CH비는 2.5이다. HC, CO, CO_2는 각각 배출가스 농도(g/km)임

③ 경유사용 자동차의 경우

$$\text{에너지소비효율(km/L)} = \frac{734(\text{g/L})}{0.866 \times HC + 0.429 \times CO + 0.273 \times CO_2}$$

단, CH비는 1.85이고, HC, CO, CO_2는 각각 배출가스 농도(g/km)임

④ 전기사용 자동차의 경우

$$\text{에너지소비효율(km/kWh)} = \frac{\text{1회 충전주행거리(km)}}{\text{차량주행 시 소요된 전기에너지 충전량(kWh)}}$$

⑤ 플러그인하이브리드 자동차의 경우

$$\text{CD모드 에너지소비효율(km/kWh)} = \frac{Rcda(km)}{Rcda\text{구간에서 소모된 충전량(kWh)}}$$

여기에서, Rcda 구간에서 소모된 충전량(kWh 또는 L) = Rcda 구간에서 측정한 충전량 + Rcda 구간에서 소모된 연료량

이때 충전량의 단위변환을 위하여 자동차에 사용된 연료의 순발열량을 적용한다.

(3) CO_2 산정방법

복합 CO_2 배출량 = 0.55 × FTP-75모드 측정 CO_2 배출량 + 0.45 × HWFET모드 측정 CO_2 배출량

단, 전기자동차의 복합 CO_2 배출량은 0g/km임

(4) 전기자동차 및 플러그인하이브리드자동차의 1회 충전 주행거리 산정방법

① 복합 1회 충전 주행거리

복합 1회 충전 주행거리(km) = 0.55 × 도심주행 1회 충전 주행거리 + 0.45 × 고속도로주행 1회 충전 주행거리

② 도심주행 1회 충전 주행거리

도심주행 1회 충전 주행거리 = 0.7 × FTP-75 모드에서 시가지동력계 주행시험계획(UDDS)에 따라 반복 주행하면서 구한 1회 충전 주행거리

단, 플러그인하이브리드자동차는 CD모드의 최초 시험 시작 지점에서 자동차의 엔진에 시동이 걸린 지점까지를 1회 충전 주행거리로 본다.

③ 고속도로주행 1회 충전 주행거리

고속도로주행 1회 충전 주행거리 = 0.7 × HWFET 모드를 반복 주행하면서 구한 1회 충전 주행거리

단, 플러그인 하이브리드자동차는 CD모드의 최초 시험 시작 지점에서 자동차의 엔진에 시동이 걸린 지점까지를 1회 충전 주행거리로 본다.

CHAPTER 04 배터리 에너지 관리시스템

PART 03 그린전동자동차 배터리

1 발전제동

발전제동은 주행 중인 자동차를 정지시키거나 속도를 감속시킬 때 발생되는 마찰열을 외부로 방출하지 않고 형태를 변화시켜 배터리를 충전하는 데 사용하는 방법이다.

특히 하이브리드 및 전기 자동차의 에너지 소비를 줄여 주는 데 있어 매우 중요한 역할을 하는 것이 회생브레이크다. 전기 자동차에 사용되는 모터는 발전기와 구조가 같아 전류를 흘리면 회전하고 반대로 밖에서 힘을 걸어 회전시키면 발전기가 된다. 자동차를 감속시키거나 제동을 할 때 그 힘으로 모터를 회전시키고 전기를 발전시켜 축전지로 보내는 장치로서 전기소모량을 많이 줄일 수 있다.

(1) 발전제동의 원리

자동차를 타고 내리막길을 내려갈 때 흔히 엔진브레이크를 사용한다. 평소에는 엔진의 회전력이 바퀴를 회전시켜 자동차가 주행하게 되지만 내리막길에서 엔진의 회전 속도를 바퀴의 회전속도보다 낮게 줄여주면 오히려 엔진이 바퀴의 회전을 방해하여 브레이크를 잡아 주는 것이다.

고속철도 차량에서는 자동차의 엔진 대신 전동기가 이 역할을 하지만 원리는 마찬가지다. 평소에 바퀴를 회전시켜 주던 주 전동기는 회로를 약간만 변경시키면 발전기로 변한다. 이때 지금까지 회전하던 방향과 반대방향으로 회전하려는 힘, 즉 제동력이 생기는데 이 원리를 이용하면 기계적 제동장치의 최대 약점인 부품의 마모나 마찰면의 발열 등이 나타나지 않는 전기제동이 가능하다. 이러한 발전제동은 모터를 발전기로 작동시키는 방법으로, 전기 모터로의 송전을 멈추고 구동을 정지하여 출력측(전기 자동차의 경우 차륜)의 회전을 반대로 모터에 입력하는 방식으로 전달한다. 발생되는 전력을 저항기에 흐르게 하여 발열 소비시켜, 모터에 회전 저항을 발생시켜 제동력을 얻게 된다. 이때의 제동성능은 저항기의 용량에 따라 변화된다. 이처럼, 발전제동은 저항기를 이용한 제동 방식이다. 이러한 발전제동의 장·단점은 다음과 같다.

① 장 점
   ㉠ 연비개선 효과가 매우 크다.
   ㉡ 세기를 자유롭게 제어할 수 있다.
   ㉢ 마찰재의 부담이 줄어든다.
   ㉣ 일종의 엔진 브레이크 효과를 얻을 수 있다.

② 단 점
  ㉠ 회생제동이 시작되는 시점에서 갑작스런 제동력으로 인해 운전자가 진동을 느끼기 쉽다.
  ㉡ 운전자가 밟는 발의 힘과 제동력 사이에는 회생제동력의 크기만큼 이질감이 생겨 운전자에게 혼란을 초래하기 쉽다는 점 등은 개선해야 한다.
③ 원 리
  전기제동의 원리는 직류전동기의 예를 들어 설명하면 차량이 달리고 있을 때는 차단기가 ON되어 있어 전동기의 고정자와 회전자에 전류가 흐르고 플레밍의 왼손법칙에 의하여 시계방향으로 회전하여 차륜을 돌려 진행한다. 브레이크를 잡으면 차단기가 OFF되고 회전자가 반대로 접속되어 폐회로가 구성되므로 전동기는 발전기의 역할을 하게 되는데 이때 자속과 힘의 방향을 알기 때문에 플레밍의 오른손법칙에 의해 발전되는 전류의 방향을 구해보면 전동기 때 흐르는 전류의 방향과는 반대임을 알 수 있다. 여기서 다시 전류, 자속의 방향을 이용하여 플레밍의 왼손법칙으로 힘의 작용방향을 구해보면 시계 반대방향으로 작용한다. 즉 전동기 역할을 할 때의 회전자 회전방향과 반대방향으로 힘이 작용하여 브레이크 역할을 하는 것이다.

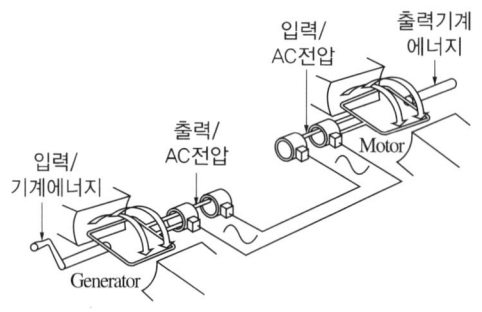

[모터와 발전기의 원리]

(2) 발전제동의 특성

① 직류기의 경우 전기자전류 또는 계자전류가 흐르는 방향을 반대방향으로 변환하면 토크를 역방향으로 변환시킬 수 있다. 이에 따라 제동력을 얻게 된다.
② 제동력을 일정하게 하기 위하여 속도의 저하에 따라서 부하저항을 차례로 단락해야 한다.
③ 정지제동에서는 저항값을 일정하게 하면 속도의 저하와 더불어 역기전력이 작아져 제동전류가 감소하여 제동력이 작아진다.

(3) 4상한 구동제어

4상한 운전이란 정전, 역전을 할 수 있고 기동, 제동의 두 방향 토크로 운전하는 것을 말한다. 예로서, 정전하고 있을 때는 1상한 운전, 정전하고 있는 것을 급히 정지할 때는 2상한 운전, 역전하고 있을 때는 3상한 운전, 역전하고 있는 것을 급히 정지할 때를 4상한 운전이라 할 수 있다. 인버터에서는 외부제동저항을 달면 제동토크를 낼 수 있으므로 4상한 운전이 가능하지만, 엘리베이터나 리프트 같은 운전에서는 제어상, 응답속도상 복잡한 사양이 있는 경우에는 응답성과 제어성이 뛰어난 벡터 인버터를 사용하는 것이 좋다.

2 컨버터

(1) DC-DC 컨버터

직류-직류 변환기라고 한다. SMPS(Switched Mode Power Supply)라고도 하고 DC-DC 컨버터는 고전압의 전원을 12V의 저전압 전원으로 변환하여 공급하는 교류 발전기의 역할을 하며 적용된 하이브리드 차량에서는 LDC(Low Voltage DC-DC Converter)라고도 불린다.

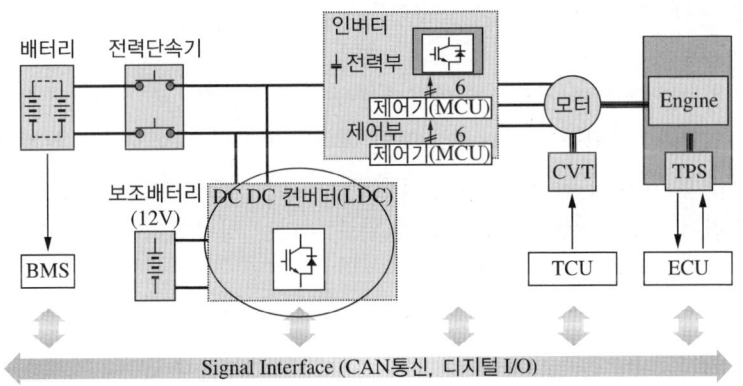

[시스템 구조]

컨버터는 점등 장치나 에어컨, 오디오 등의 전기 장치용 12V 전원으로 작동할 때에는 구동 배터리용으로 발전한 전기를 12V로 변환하거나, 12V 배터리에 축전하는 역할을 한다. 정확하게는 DC-DC 컨버터이다. 트랜지스터 브리지 회로로 교류로 변환한 후 트랜스로 전압을 낮추고 정류하여 직류 12V로 변환한다.

12V 전기용 배터리 출력 전압은 컨버터 제어 회로에 의해 감시되고 있어서 배터리 단자 전압이 언제나 일정하도록 제어되고 있다. 배터리 전압은 엔진 회전수와는 관계없이 컨트롤되고 있으며, 엔진이 정지한 상태가 계속되더라도 배터리가 완전 방전될 우려가 없다.

(2) DC-DC 컨버터의 구성요소

① 전력반도체 스위치 : 입·출력 에너지 제어
② 커패시터, 인덕터 : 에너지전달 매개체, 전압, 전류의 리플성분 제거(필터역할)
③ 변압기 : 입·출력의 전기적 절연, 입력방향과 출력방향의 전압이익 조절

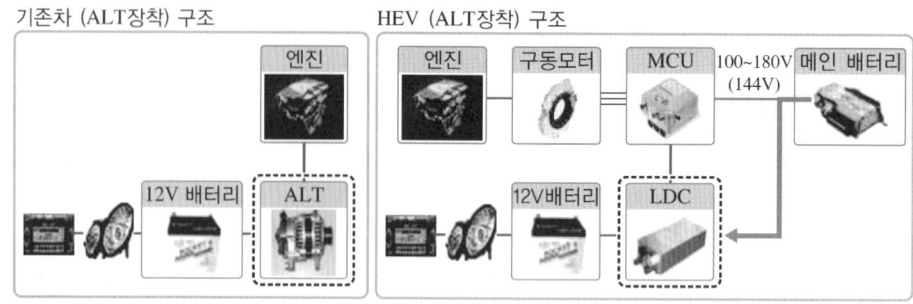

(3) DC-DC 컨버터의 분류

고주파 트랜스포머의 유무에 따라 분류하며 크게 비절연 방식과 절연 방식으로 나눈다.

① 비절연 방식

㉠ Buck 방식
- 스위치가 On되면 전류가 인덕터를 통하여 출력방향으로 흐르면서 동시에 인덕터에 축적
- 스위치가 Off되면 인덕터에 축적된 에너지가 환류 다이오드를 통해 출력방향으로 방출
- On/Off 동작이 반복되면서 입력전원을 원하는 출력전력으로 변환
- 출력전압이 입력전압보다 낮은 범위로 나타나 강압형 컨버터라고도 함

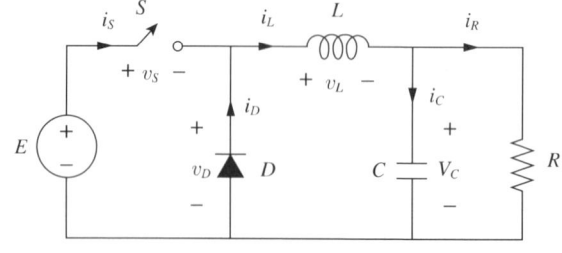

[강압형 컨버터 회로도]

㉡ Boost 방식
- 스위치가 On되면 인덕터 전류에 의해 인덕터에 에너지가 축적
- 스위치가 Off되면 인덕터에 축적된 에너지가 환류 다이오드를 통해 출력방향으로 방출
- 출력전압이 항상 입력전압보다 높게 나타나 승압형 컨버터라고도 함

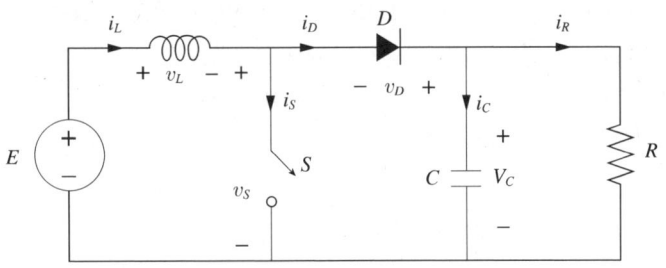

[승압형 컨버터 회로도]

ⓒ Buck-boost 방식
- 출력전압이 입력전압보다 높거나 낮은 승강압형의 특징
- 극성이 입력에 반대되는 특징으로 극성 역전형 컨버터라고도 함

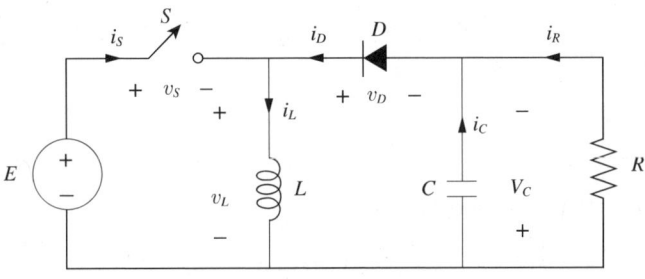

[강압-승압형 컨버터 회로도]

② 절연 방식
  ㉠ Fly-back 방식
    - 기본동작은 Buck-boost 방식과 동일
    - 스위치가 On되면 2차 권선에서는 1차 권선 반대극성의 전압 유도
    - 다이오드는 역 바이어스 되어 차단
    - 2차 권선은 전류가 흐르지 않고 1차 권선으로만 전류가 흘러 자화 인덕턴스에 의하여 에너지 축적
    - 스위치가 Off되면 2차 권선에 반대극성의 전압이 유도되어 다이오드 도통
    - 트랜스의 자화 인덕턴스에 축적된 에너지 공급
    - 50W 이하의 저전력용에 적용
    - 회로가 간단하여 비용이 저렴
  ㉡ Forward 방식
    - 기본동작은 Buck 방식과 동일
    - 스위치가 On되면 1번 다이오드 도통, 1번 다이오드 차단
    - 입력방향의 전류는 트랜스포머를 통하여 출력방향으로 전달되며, 동시에 인덕터에 에너지 축적

- 스위치가 Off되면 1번 다이오드는 차단, 2번 다이오드 도통
- 인덕터에 축적된 에너지를 출력방향으로 공급
- 안전성이 뛰어나며 고신뢰성 통신전원에 사용
- 500W급의 중전력용에 적용

ⓒ Half-bridge 방식
- 1번 스위치가 On되면 입력전류는 1번 다이오드와 트랜스포머 1차 권선을 통해 흐르며, 동시에 2차 권선 방향으로 전달
- 1번 다이오드를 도통시켜 출력필터 인덕터를 통해 출력방향으로 흐름
- 인덕터에는 에너지 축적
- 1번, 2번 스위치가 모두 Off되면 인덕터에 축적된 에너지는 1번, 2번 다이오드를 환류 통과하여 출력방향으로 방출되고 출력전압은 0
- 2번 스위치가 On되면 2번 다이오드를 도통시켜 인덕터를 통해 출력방향으로 흐름
- 인덕터에 다시 에너지 축적
- 1번, 2번 스위치가 모두 Off되면 인덕터에 축적된 에너지는 1번, 2번 다이오드를 환류 통과하여 출력방향으로 방출되고 트랜스포머의 전압은 0
- 500W~수kW의 대용량에 적용

ⓔ Full-bridge 방식
- Half-bridge 방식에 스위치 2개를 추가한 형태
- 한 쌍의 스위치가 교대로 On, Off 반복
- Half-bridge 방식과 동일한 원리로 작동
- 구동회로가 복잡
- 수kW 이상의 대용량에 적용

ⓜ Push-pull 방식
- 두 개의 스위치가 교대로 On, Off하는 방식
- 1kW 이하의 대용량에 적용
- 구동회로가 간단

3 BMS(Battery Management System)

(1) BMS의 개요

Battery Management System의 약자로 전기 자동차의 2차 전지의 전류, 전압, 온도 등을 실시간으로 측정하여 에너지의 충·방전 상태와 잔여량을 제어하는 것으로, 타 제어시스템과 통신하며 전지가 최적의 동작환경을 조성하도록 환경을 제어하는 2차 전지의 필수부품이며 충·방전 시 과충전 및 과방전이 발생되지 않도록 셀 간의 전압을 균일하게 제어하여 에너지 효율과 배터리수명을 높여주는 기능을 한다.

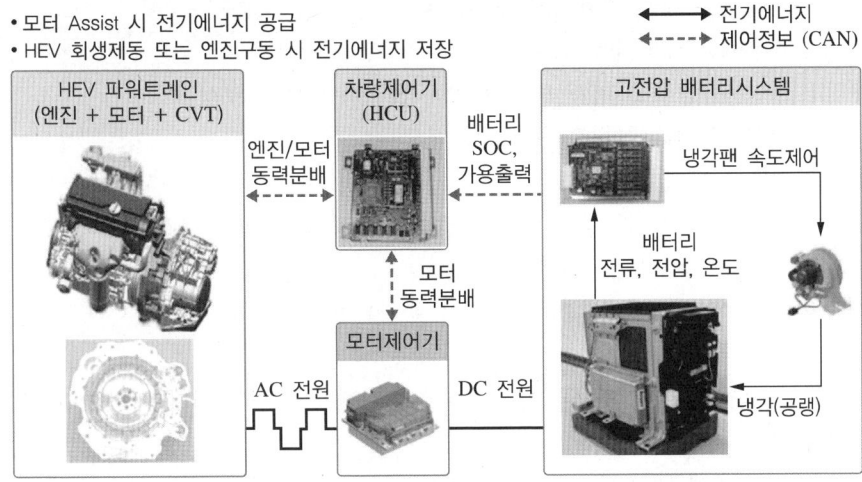

(2) BMS 역할

① 전기시스템의 정적운영을 위한 안전예방 및 경보발생
② 전기시스템의 전압, 전류, 온도의 모니터링
③ 전기시스템의 최적상태유지
④ 데이터 보상 및 시스템 진단 기능

(3) BMS 기능

리튬폴리머(Li-po) 배터리는 DC 3.75V의 배터리 셀이 총 48개가 직렬로 연결되어 있고 1개의 모듈은 8개의 셀로 구성되며, 6모듈+1BMS(Battery Management System)가 1팩이 된다. 기능은 자동차 가감속 시 전기 에너지를 저장 및 공급하는 역할을 한다.

배터리 팩 상단에 설치된 외기온도 센서는 부특성 서미스터 소자를 사용하며, 배터리 냉각 유입 온도를 감지하여 BMS ECU(배터리 제어 유닛)으로 입력시킨다.

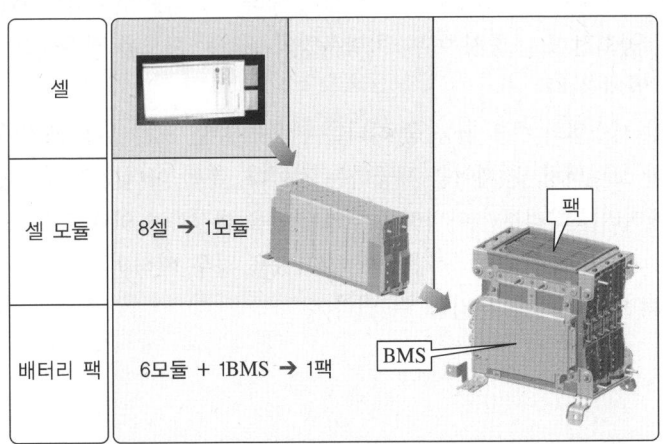

① 배터리를 이루는 개별 셀의 상태를 모니터링
② 응급의 경우에는 배터리를 분리
③ 배터리 체인 내에서 셀 매개 변수에 있는 불균형에 대한 보상
④ 배터리 충전 상태에 대한 정보 제공
⑤ 배터리 상태에 대한 정보 제공
⑥ 드라이버 디스플레이 및 경보에 대한 정보를 제공
⑦ 배터리의 사용가능 범위를 예측
⑧ 관련 차량 제어 시스템에서 지시 사항을 수락하고 구현
⑨ 셀충전을 위한 최적의 충전 알고리즘을 제공
⑩ 제공하는 스위치와 돌입 전류를 제한하는 충전 단계 전에 부하 임피던스 테스트를 할 수 있도록 사전 충전
⑪ 개별 셀을 충전에 대한 액세스 수단을 제공
⑫ 차량 운영 모드의 변화에 대응

기 능	목 적
SOC	• 배터리의 전압, 전류, 온도를 측정하여 배터리의 SOC를 계산하고 차량제어기에 전송하여 적정 SOC 영역 관리 • SOC : 배터리의 사용 가능한 에너지(배터리 정격용량 대비 방전 가능한 전류량의 백분율)
파워 제한	• 배터리의 보호를 위해 상황별 입/출력 에너지 제한값을 산출하여 차량제어기로 정보 제공 • 배터리 가용파워 예측, 배터리 과충(방)전 방지, 내구 확보, 배터리 충(방)전 에너지 극대화
진 단	• 배터리 시스템 고장 진단, 데이터 모니터링, 소프트웨어 Rewrite • Fail Safe Level을 분류하여 출력 제한치를 규정 • 차량측 제어 이상 및 전지 열화에 의한 Battery의 안전사고를 방지하기 위해 Relay 제어
셀 밸런싱	• 배터리 충방전 과정에서 전압 편차가 생긴 셀을 동일한 전압으로 매칭 • 배터리 내구 수명 증대, 사용 가능 에너지 용량 증대, 배터리의 에너지 효율 증대
냉각 제어	• 최적의 배터리 동작 온도를 유지하기 위한 냉각팬을 이용하여 배터리 온도 유지 관리 • 배터리 최대 온도 및 배터리 최대-최소 온도 편차에 따라 팬 속도 제어
고전압 릴레이 제어	• IG Key On/Off 시 고전압 배터리단과 고전압을 사용하는 PE 부품 전원공급 및 전원 차단 • 고전압계 고장으로 인한 안전사고 방지

실용적인 시스템에서는 BMS에 따라서 단순히 배터리 관리보다는 차량 기능을 통합할 수 있으며, 가속, 제동, 공회전 또는 중지 여부, 차량운영의 원하는 모드를 결정하고 관련 전력 관리 작업을 구현할 수 있게 한다.

배터리 관리 시스템의 주요 기능 중 하나는 관용의 주변 또는 운영 조건에서부터 셀을 보호하기 위해 필요한 모니터링 및 제어를 제공하는 것이다. 뿐만 아니라 각각의 셀 보호와 같은 자동차 시스템은 배터리를 분리뿐만 아니라 오류의 원인을 해결하여 외부 오류 조건에 응답할 수 있도록 설계되어야 한다. 예를 들어 냉각 팬이 망가졌을 경우 배터리 가열 표시등이 켜지고, 과열이 과도하게 되면 배터리가 분리될 수 있다.

배터리 감시 장치(모니터링 유닛)는 하위 모듈을 통합하는 마이크로프로세서 기반의 단위이다. 이러한 하위 모듈은 별도의 물리적인 단위는 아니지만 반드시 별도로 표시된다. 각각 셀의 모니터링의 비용을 줄이기 위해 배터리 모니터링 유닛은 단일 아날로그 또는 디지털 출력 라인을 차례로 각각의 셀에서 전압을 스위치 멀티 플렉싱 아키텍처를 포함한다. 비용 절감은 아날로그 제어 및 디지털 샘플링 회로의 수를 줄이고 구성 요소를 최소화하여 실현될 수 있다. 단점은 하나의 셀 전압을 동시에 모니터링 할 수 있다는 것이다. 고속 스위칭 메커니즘은 모든 셀이 순차적으로 모니터링 할 수 있도록 각각의 셀에 출력 라인을 전환할 필요가 있다.

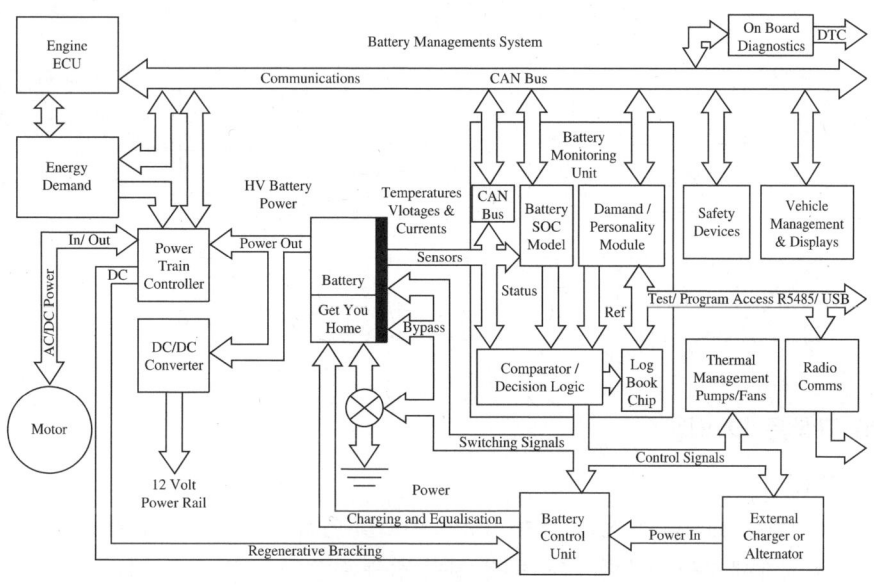

[차량의 에너지 관리 구성도]

(4) BMS 필요성

① 대용량 배터리 및 다량의 셀 조합으로 사용되는 기기들의 정확한 전지에너지 측정 필요
② 배터리의 사용시간 증가와 유지비 절감을 위한 배터리 관리 필요
③ 온도와 습도와 같은 여러 가지 환경적 조건에서의 안정성 필요

4 BMS의 구조 및 원리

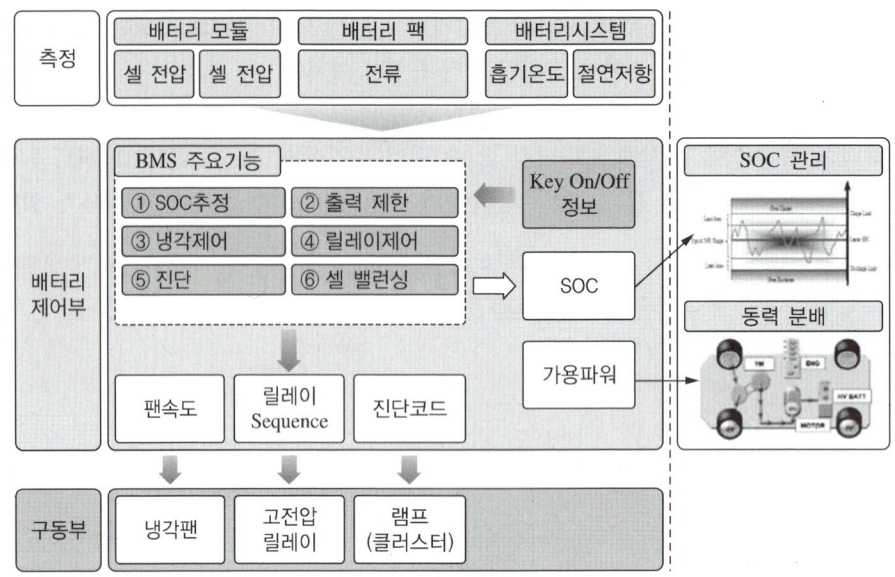

(1) BMS 구성품 및 역할

① BMS ECU
  ㉠ 입력되는 배터리의 전압, 작동 전류, 온도를 이용하여 충전상태 예측
  ㉡ 현 상태에 가용 가능한 충·방전 전원 산출
  ㉢ 배터리 시스템의 전반적인 상태를 감지하여 배터리 보호를 위한 경보 발생

② 배터리 트레이
  ㉠ 차량에 내·외부적으로 발생되는 환경에 대한 강성을 가질 것
  ㉡ 배터리 냉각이 효율적으로 이루어지는 구조

③ 전류센서
  배터리에 동작되는 전류 측정

④ 메인릴레이
  ㉠ 배터리와 인버터 간의 전원 차단
  ㉡ 접속 초기 제한된 전류를 인가하여 회로보호

⑤ 안전스위치
  ㉠ 배터리 시스템의 보수 및 관리 시 고전압으로부터 작업자 보호
  ㉡ 배터리 전압을 최대로 낮출 수 있는 곳에 고전압퓨즈와 같이 장착

⑥ 고전압퓨즈
　㉠ 전기시스템의 고장 시 과전류 차단
　㉡ 메인배터리 보호
⑦ DC 링크 터미널
　배터리와 인버터 간의 전원 연결
⑧ 냉각팬
　㉠ 차실의 공기를 흡입하여 배터리 셀을 지나 차량 외부로 방출
　㉡ 배터리 모듈 간의 온도차 감소
　㉢ 차량 운행 시 충·방전으로 인하여 발생된 열을 냉각하여 배터리 성능 유지

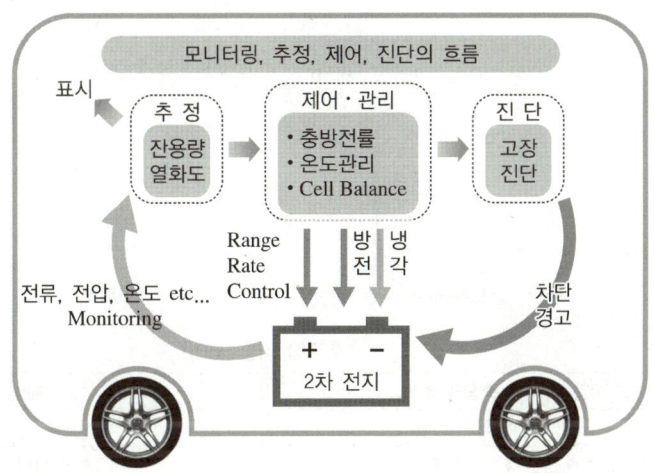

[BMS 구성 및 작동경로]

5 SOC 개요 및 정의

State of Charge의 약자로 배터리의 상태를 표시하는 방법으로 하이브리드 전기 자동차는 모터를 이용해 엔진의 동력을 보조하는 시스템이기 때문에 전기 동력시스템이 정상적으로 동작하기 위해서는 전기 에너지 공급원인 고전압 배터리가 최적의 효율을 낼 수 있도록 SOC(충전상태)를 유지할 필요성이 있다. 따라서 하이브리드 컨트롤 유닛은 고전압 배터리의 SOC(충전상태)를 지속적으로 모니터링하고, SOC(충전상태)에 따라 각 주행 모드에서 충전 및 방전을 제어한다.

- SOC : 가용최대용량 대비 현재보유용량의 백분율

$$SOC(t) = \frac{Q_t}{Q_{max}} \times 100\%$$

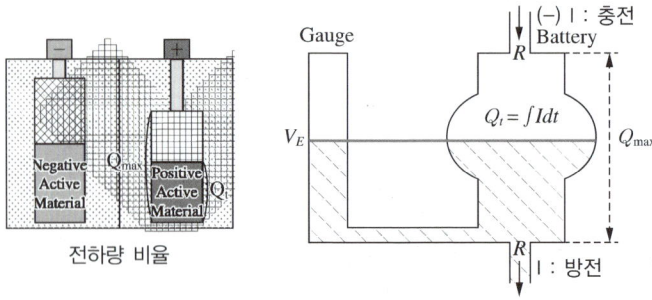

- 가용최대용량(Q_{max}) = f(온도, 열화)

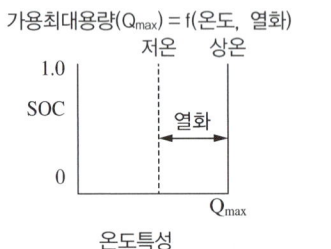

온도특성

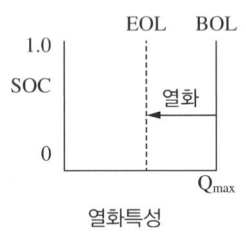

열화특성

[충전에 따른 제어]

고전압 배터리 충전영역	제어내용
고 충전영역	방전지향, 충전금지
동작 충전영역 : ~70%	방전지향, 충전허용
최적 충전영역 : 55~65%	충·방전 제어
동작 충전영역 : 20%~	충전지향, 방전허용
저 충전영역	충전지향, 방전금지

(1) SOC(충전상태) 상태에 따른 제어

하이브리드 컨트롤 유닛(HCU)은 고전압 배터리가 최적의 효율을 낼 수 있는 영역인 55%~65%의 SOC(충전상태)를 유지하도록 제어한다. 다음 표는 고전압 배터리의 SOC(충전상태)에 따라 HCU가 모터 시동, 모터를 이용한 동력 보조, 회생제동, 부분부하 및 아이들 충전 등을 어떻게 제어하는지를 보여주고 있다.

[배터리 SOC 충전율 제어]　　　　　　　　　　　　[충방전 제어조건]

모터시동 아이들 스톱	모터 보조	부압 제어	회생 제동	부분부하 충전	아이들 충전
O	O	O	X	X	X
O	O	O	저감	X	X
O	O	O	O	X	X
O	저감	O	O	O	X
O	저감	O	O	증대	X
O		O	O		O
O	발진 시만	O	O		O
X	X	X	O		O

HCU는 모터의 충·방전상태 및 고전압 배터리 SOC(충전상태) 정보를 CAN 통신 라인을 이용해 계기판 측으로 송신하고 계기판에 내장된 마이크로컴퓨터는 그 정보들을 수신하여 게이지 작동을 직접적으로 제어한다.

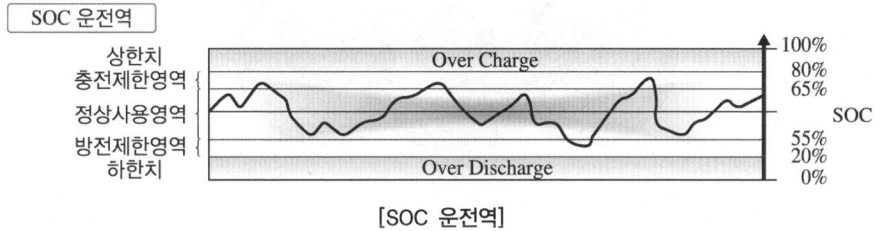

[SOC 운전역]

(2) SOC 측정방법

① **화학적방법** : 배터리의 전해질 비중과 pH를 측정하여 계산하는 방법
② **전압측정방법** : 배터리의 전압을 측정하여 계산하는 방법(배터리 전압은 전류와 온도의 영향을 받기 때문에 영향요인들을 고려하여 연산)
③ **압력측정방법** : Ni-MH 배터리는 충전 시 배터리 내부의 압력이 증가되는데 이러한 특성을 이용하여 계산하는 방법
④ **전류적분방법** : 배터리의 전류의 측정값을 시간에 대해 적분하여 계산하는 방법(쿨롱 카운팅이 라고도 함)

(3) 배터리 충전 상태(SOC ; State of Charge)에 따른 배터리 제어 특성

하이브리드 전기 자동차는 모터를 이용하여 엔진의 동력을 보조하는 시스템으로 전기 동력 시스템이 정상적으로 작동하기 위해서는 고전압 배터리가 최적의 효율을 낼 수 있도록 충전 상태를 유지하여야 한다. 하이브리드 컨트롤 유닛(HCU)은 고전압 배터리의 충전 상태를 지속적으로 모니터링하고 충전 상태에 따라 각 주행 모드에서 충전 및 방전을 제어한다.

하이브리드 컨트롤 유닛은 고전압 배터리가 최적의 효율을 낼 수 있는 영역인 55~65%의 충전상태를 유지하도록 제어한다.

하이브리드 전기 자동차의 계기판에는 두 가지의 하이브리드 전용 게이지가 설치되어 있으며, 하나는 고전압 배터리의 충전상태를 표시해 주는 충전상태 게이지이고 나머지 하나는 모터의 충·방전 작동 상태를 보여주는 모터 게이지이다.

충전상태 게이지와 모터 게이지는 모두 LCD를 이용한 디스플레이 방식이며, 계기판과 하이브리드 컨트롤 유닛, 배터리 제어 유닛 간의 CAN 통신을 이용하여 작동이 이루어진다. 하이브리드 컨트롤 유닛은 모터의 충·방전 상태를 배터리 제어 유닛은 고전압 배터리 충전상태 정보를 CAN 통신 라인을 이용하여 계기판 측으로 송신하고 계기판에 내장된 마이크로컴퓨터는 그 정보들을 수신하여 게이지 작동을 직접적으로 제어한다.

6 보조충전시스템

(1) 보조배터리

전기 자동차 및 하이브리드 자동차의 경우 고전압 배터리를 이용하여 발생된 에너지를 동력원으로 사용하고, 자동차에 적용된 일반적인 전기장치(라디오, 와이퍼 등)의 경우 보조배터리를 이용하여 전원을 공급받는다. 이러한 보조배터리는 엔진을 동력으로 하는 자동차에 적용된 MF배터리를 이용한다.

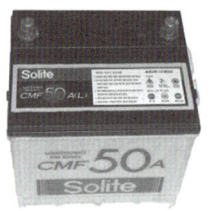

7 Alternator

(1) 충전장치의 개요

① 전자유도작용

엔진의 크랭크 축 풀리와 발전기의 풀리가 벨트로 연결되어 엔진의 구동력에 의해 발전기가 회전하게 되면 발전기에서 전기가 발생되는데, 이는 전자유도작용에 기인한다.

전자유도작용은 다음 그림처럼 자력선이 작용하고 있는 두 자석 사이에 있는 전선이 회전력에 의해 움직이게 되어 자석 사이에 작용하고 있는 자력선을 자르면 전선에 전류가 발생하게 되는 현상을 말한다. 그리고 전기가 발생하는 방향은 플레밍의 오른손 법칙에 따른다.

따라서 스테이터 코일(전선)과 로터 코일(전자석)로 구성되어 있는 발전기가 엔진의 구동력에 의해 로터 코일이 회전하게 되면 로터 코일에서 발생하는 자력선이 스테이터 코일에 의해 잘려지게 되고, 그때 전자유도작용에 의해 스테이터 코일에 기전력이 발생하게 되는 것이다.

발전기는 이 원리를 이용한 것인데, 회전 운동에 의하여 코일에 연속적으로 전압이 발생하도록 시킨다. 발전기는 자력의 발생원이 되는 자석을 고정하고 그 내부에서 코일을 회전시켜서 자력을 발생하는 회전 자석형과, 코일을 고정하고 그 가운데서 자석을 회전시켜서 자력을 발생하는 회전 계자형의 두 가지가 있다. 회전 전기자형은 직류 발전기에, 회전 계자형은 교류 발전기에 쓰이는데, 어느 것이나 코일에는 모두 기전력이 발생한다.

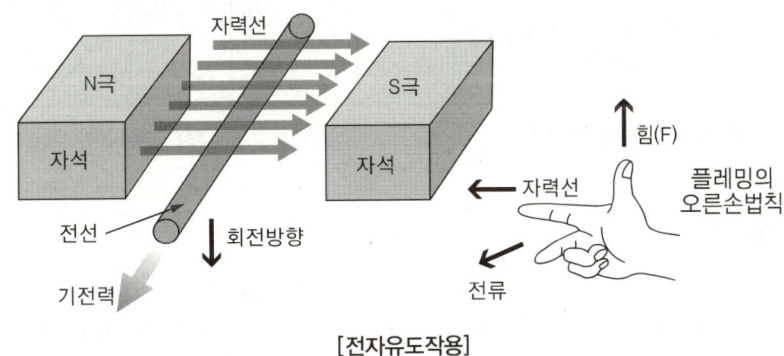

[전자유도작용]

(2) 단상 교류

고정된 코일 가운데에서 자석을 회전시키면 코일에는 플레밍의 오른손 법칙에 따른 방향으로 기전력이 발생한다. 자석이 1회전 하는 사이에 코일에는 단상교류파형과 같은 1사이클의 정현파 교류 전압이 발생하고, 이와 같은 교류를 단상 교류라 한다. 회전하는 자석이 N, S 2극의 경우에는 1회전에 1사이클의 정현파 교류 전압이 발생하지만, 자극의 수를 4극으로 하면 1회전에 2사이클의 교류가 된다. 1초 간에 반복되는 사이클 수를 교류 주파수라 하고 Hz의 단위를 쓴다.

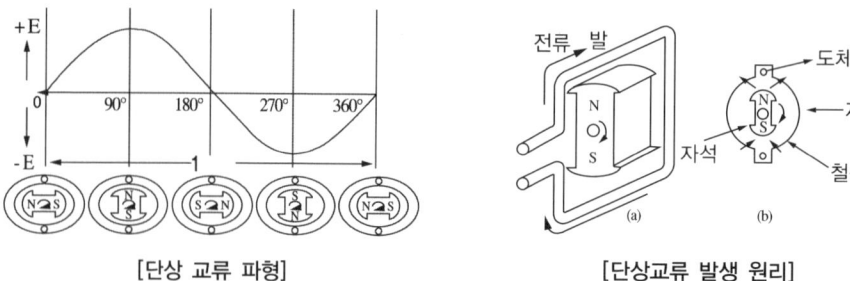

[단상 교류 파형]   [단상교류 발생 원리]

(3) 3상 교류

다음 그림과 같이 원통형 철심의 내면에 A-A', B-B', C-C' 3조의 코일을 120° 간격으로 배치하고 그 안에서 자석을 회전시키면 코일에는 각각 같은 모양의 단상 교류 전압이 발생된다. 그러나, B코일에는 A코일보다 120° 늦은 전압 변화가 생긴다. 이와 같이 A, B, C 3조의 코일에 생기는 교류 파형을 3상 교류라 한다.

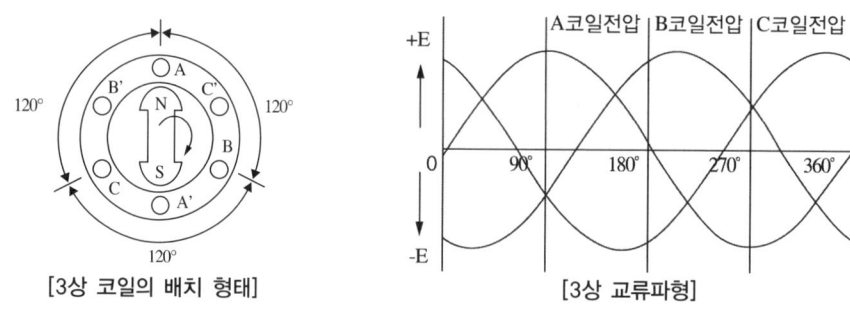

[3상 코일의 배치 형태]   [3상 교류파형]

(4) 전자석 로터의 원리

실용되는 발전기는 소형인 특수한 발전기 이외에는 로터를 영구 자석으로 사용하지 않고 철심에 코일을 감아서 자속의 크기를 제어하는 전자석이 쓰인다. 즉, 회전하는 전자석에 전류를 흘려주기 위해서는 그림과 같이 회전축에 조립된 2개의 슬립 링에 코일의 단자를 접속시키고, 슬립 링에 접촉된 브러시를 통하여 코일에 전류를 흘려준다. 그림과 같은 회전체를 로터라 한다.

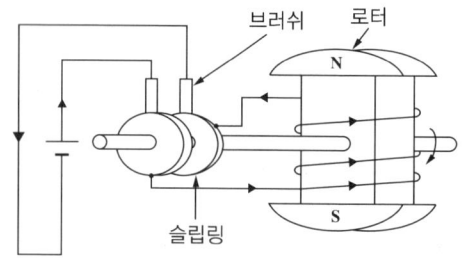

[전자석 로터의 구조]

8 정류작용

교류를 직류로 변환시키는 것을 정류라 하며, 정류 방법에는 여러 가지 방식이 있으나, 자동차용 교류 발전기에서는 실리콘 다이오드를 이용하여 정류를 한다.

(1) 단상 교류의 정류

단상 교류 정류작용은 그림 (a)와 같이 단상 교류 발전기와 부하 사이에 다이오드를 직렬로 접속하면 다이오드에 정방향 전압이 가해질 때만 전류가 흐르고, 역방향의 경우에는 전류가 흐르지 않는다. 이와 같이 정방향의 반파만을 이용하는 방식을 단상 반파 정류라 한다. 그림 (b)는 다이오드 4개를 브리지 모양으로 접속한 회로인데, 이 경우에는 정방향, 역방향의 교류 전압을 모두 정류하기 때문에 효율이 높은 정류를 할 수 있다. 축전지용 충전기 등은 기본적으로 이 방식의 정류기를 사용하고 있으며, 이것을 단상 전파 정류라 한다.

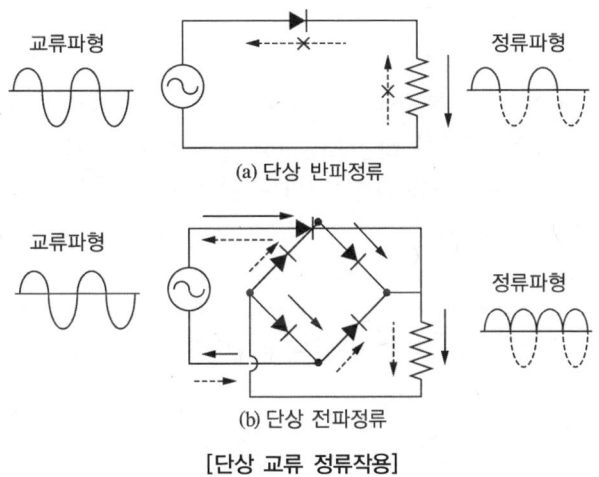

[단상 교류 정류작용]

(2) 3상 교류의 정류

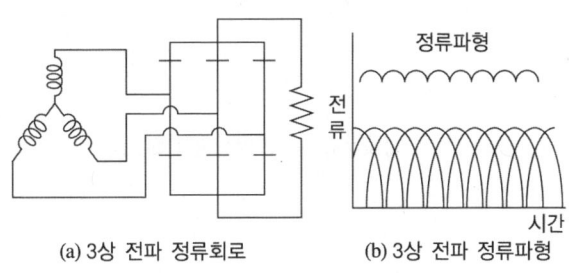

[3상 교류 정류작용]

3상 교류 정류작용은 6개의 다이오드를 브리지 모양으로 연결하여 3상 교류 발전기의 출력 단자에 접속한 것인데, 교류 발전기는 이 방식으로 3상 교류를 정류하고 있으며, 이것을 3상 전파 정류 회로라 한다. 이와 같은 원리에 의해 3상 교류 전기를 직류 전기로 전환시킬 수 있다.

9 발전기의 구성과 작용

(1) 교류발전기의 구성

교류발전기는 로터(회전자), 스테이터(고정자), 정류기(다이오드), IC전압조정기(브러시 부착), 벨트 풀리 등으로 구성되어 있다.

[발전기]

(2) 교류발전기의 작용

교류발전기에 부착된 벨트 풀리를 통해서 엔진의 회전동력을 얻게 되면 회전하는 로터 코일과 스테이터 코일 사이에 전자유도현상이 발생하고, 3상 교류 전기가 발생하게 된다. 이렇게 발생된 3상 교류 전기는 정류기(6-다이오드)와 전압조정기를 통과하면서 정전압 직류 전기로 변환되고 B단자, L단자, R단자를 통해서 출력된다.

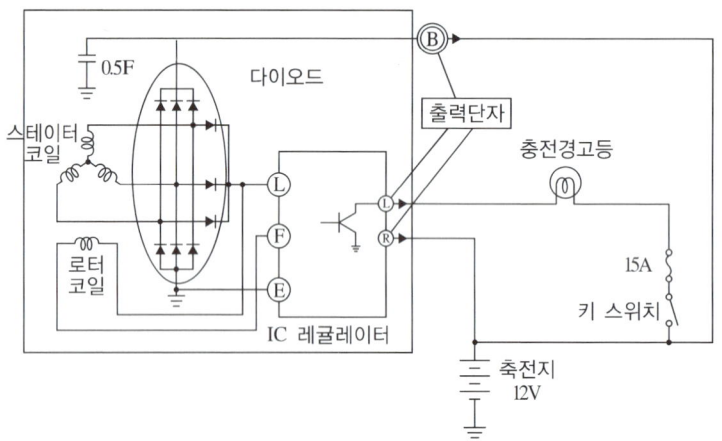

[교류발전기의 발전원리 회로도]

(3) 발전기 주요 구성 부품과 역할

① 로터(회전자)

브러시와 슬립링을 통해 전기가 공급되면 전자석이 되어 스테이터 내부에서 N-S극이 교차되며 회전한다.

② 스테이터(고정자)

스테이터 코일은 Y-결선으로 구성되어 있고, 전자석이 된 로터가 N-S극을 교차하며 회전하면 전자유도작용에 의해 스테이터에서 3상 교류가 발생한다.

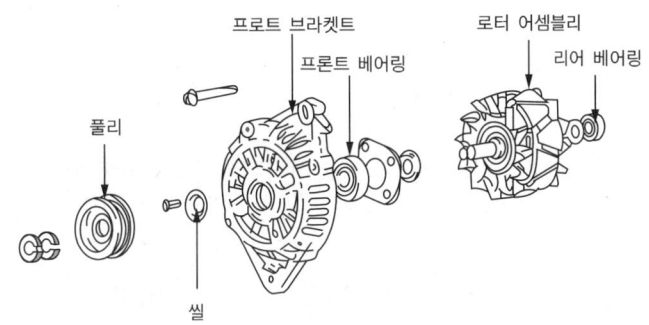

[전압조정자 및 브러쉬 홀더]

[발전기 분해도 및 구성부품도]

③ 브러시

전압조정기를 통해 나온 전기를 로터에 공급한다.

④ 정류기(다이오드)

스테이터에서 발생한 3상 교류 전기를 3상 전파정류 시켜서 직류 전기로 변환시켜주며, 발전기 발생 전압이 축전지 전압보다 낮을 때는 역전류를 차단한다.

⑤ 전압조정기(IC Regulator)

회전하는 로터와 스테이터의 전자유도작용에 의해서 발생하는 전기는, 로터의 회전속도(차속)에 따라 발생하는 전기의 크기가 달라진다. 그래서 전압조정기에서 로터에 공급하는 전기의 양을 조절함으로서 항상 일정한 전압을 발생시킬 수 있도록 한다.

전자유도작용에 의해 발생되는 전기(기전력)는 기전력 ∝ 자력선의 세기 × 자력선을 자르는 속도와 같다. 그런데 여기서 자력선을 자르는 속도는 외부 동력(기관)에 연결된 벨트에 의해 동작하게 되고 따라서 외부 동력의 속도에 영향을 받게 된다. 즉, 자동차의 속도가 빠르면 높은 기전력이 발생되고, 자동차의 속도가 느리면 낮은 기전력이 발생한다.

항상 일정한 전압을 사용해야 하는 직류장치에서는 이와 같이 자력선을 자르는 속도가 변하면 그에 따라 자력선의 세기를 조정하여 항상 일정한 크기의 기전력이 유도될 수 있도록 하였고, 이와 같은 역할을 하는 것이 바로 전압조정기이다.

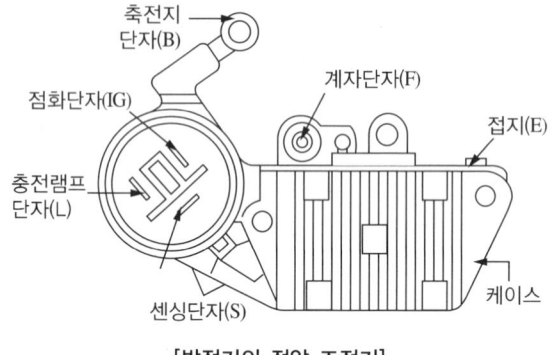

[발전기의 전압 조정기]

⑥ 전압조정기의 일정전압 출력작용
  ㉠ 시동 전 Key On일 때의 작용
    기관이 시동되어 있지 않은 상태에서 시동스위치(점화스위치)를 연결하면 발전기의 전압조정기에서 다음과 같은 과정이 나타난다.
    • 충전경고등 점등 및 Tr 작동
      축전지 → 충전 경고등 릴레이 → L단자 → Tr2 베이스전류 → 접지로 전류가 흐르면, 축전지 → 충전 경고등 릴레이 → L단자 → 로터코일 → Tr2 이미터전류 → 접지로 흐르게 되어 충전경고등이 점등되며, Tr2가 작동된다.
    • 로터코일의 작동 및 Tr2 작동
      축전지 → IG S/W → R단자 → 로터코일 → Tr2 이미터전류 → 접지로 충분한 전류가 흐르게 된다.

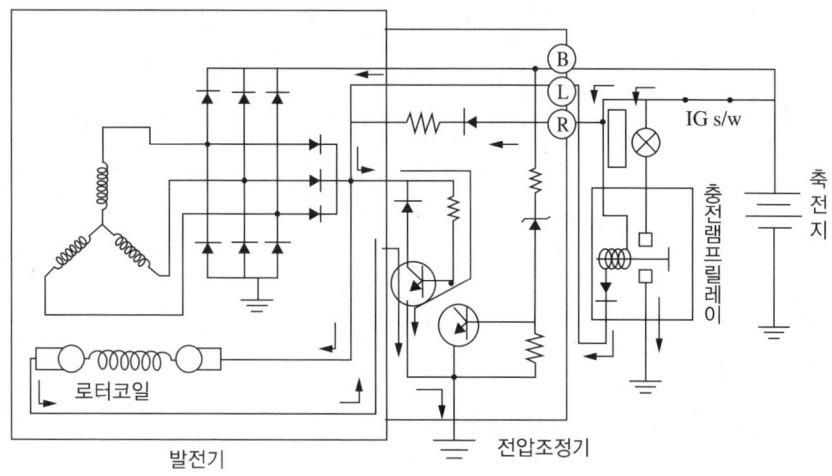

[시동 전 Key On일 때의 작용]

ⓛ 시동 후 발전기 출력이 정상 상태일 때의 작용

엔진이 시동되면 로터코일이 여자되어 있고, 발전기 전압은 축전지 전압보다 높아서 충전이 시작된다.

- 발전기 정상 작동(경고등 소멸)

  발전기 출력 L단자(트리오 다이오드) → Tr2 베이스단자 → 접지로 전류가 흐르면 출력(트리오 다이오드)단자 → 로터코일 → Tr2 이미터단자로 흐른다.

※ 충전램프릴레이에는 전류가 흐르지 않는다(IG S/W와 L단자의 전위가 같음).

  충전작용 : 발전기 출력 B단자 → 축전지

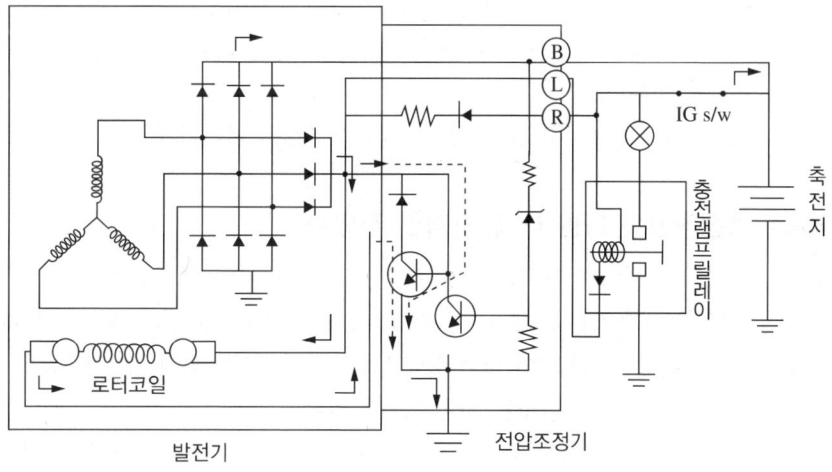

[발전기 출력이 정상일 때의 작용]

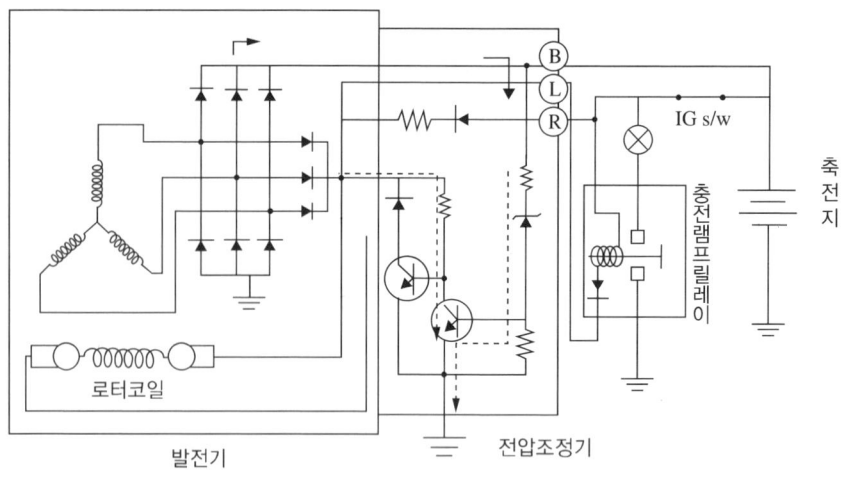

[발전기 출력이 과다할 때의 작용]

ⓒ 발전기 출력이 과다할 때의 작용(고속주행 시)

자동차가 고속주행하면 발전기의 출력전압은 지나치게 높아지게 된다. 이것은 배터리의 과충전 상태를 유발시킬 수 있다.

※ 출력전압 ∝ 회전속도 × 로터코일 전자석 세기

ⓔ 제너다이오드의 작용

발전기 출력전압이 지나치게 높으면 제너다이오드의 한계값보다 높아지게 된다.
- 발전기 B단자 → 제너다이오드 → Tr1 베이스단자 → 접지로 흐른다.
- 발전기 트리오 다이오드 단자 → Tr1 이미터단자 → 접지로 흐른다.

ⓜ 로터코일 전류 차단 : 발전기 출력 전압 감소
- Tr1 이미터전류가 흐르면 Tr2 베이스전류는 흐르지 않는다(Tr2 베이스 입력단자의 전위가 0이 되기 때문).
- 로터코일의 전류가 차단되면 발전기 출력전압은 떨어지게 된다.

(4) 교류(AC) 충전장치를 다룰 때 일반적인 주의사항

① 교류 발전기의 B(출력)단자에는 항상 축전지의 (+)단자와 연결되어 있고, 또 점화 스위치를 ON으로 하였을 경우에는 F(계자)단자에도 축전지 전압이 가해져 있으므로 주의하여야 한다.
② 축전지 극성에 특히 주의하여야 하며 절대로 역접속하여서는 안 된다. 역접속을 하면 축전지에서 발전기로 대전류가 흘러 실리콘 다이오드가 파손된다.
③ 급속 충전방법으로 축전지를 충전할 때에는 반드시 축전지의 (+)단자의 케이블(축전지와 기동 전동기를 접속하는 케이블)을 분리한다. 발전기와 축전지가 접속된 상태에서 급속 충전을 하면 실리콘 다이오드가 손상된다.

④ 발전기 B단자에서의 전선을 떼어내고 기관을 가동시켜서는 안 된다. N(중성점)단자의 전압이 이상 상승되어 발전기 조정기의 전압 릴레이 코일이 소손되는 경우가 있다. 만약 B단자를 풀어야 할 경우에는 F단자의 결선도 풀도록 한다.
⑤ 발전기 조정기를 조정할 경우에는 반드시 소켓의 결합을 풀어야 한다. 만일 접속한 상태로 조정하면 접점이 단락되어 융착되는 일이 있다.
⑥ F단자에 축전기(Condenser)를 접속하여서는 안 된다. 발전기 조정기의 접점에 돌기가 생기기 쉽다.

10 기동모터(Starter)

자동차에 사용되는 기동모터의 출력은 회전력과 회전수의 곱으로 나타내기 때문에 엔진과의 관계를 고려하여 회전력과 회전수의 배분을 하여야 한다. 기동모터는 엔진의 크기와 기동모터의 위치 등의 이유로 엔진과 기동모터의 기어비가 어느 일정 범위로 제한되며 가솔린 엔진에는 그 기어비가 10 : 1 정도이고 디젤 엔진에는 12~15 : 1 정도이다. 따라서 엔진의 최저 시동회전수가 결정되면 기동모터의 회전속도도 결정되고 회전원리는 플레밍의 왼손 법칙에 기인한다.

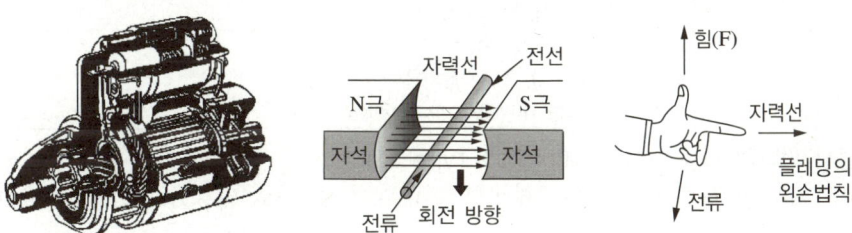

(1) 기동모터의 구비조건

기동모터는 시동 토크가 큰 직류 직권모터를 사용하며 기동모터에 요구되는 조건을 요약하면 다음과 같다.
① 소형 경량이며 출력이 커야 한다.
② 기동 토크가 커야 한다.
③ 가능한 소요되는 전원용량이 작아야 한다.
④ 먼지나 물이 들어가지 않는 구조이어야 한다.
⑤ 기계적인 충격에 잘 견뎌야 한다.

(2) 기동모터의 분류

기동모터는 피니언을 링기어에 물리는 방식에 따라 구조가 크게 달라진다. 다음 표는 피니언 치합방식에 따라 기동모터를 분류한 것이다. 관성 섭동식은 2륜 소형차에 사용되는 정도로 그 용도가 제한되어 있다. 현재 자동차에 주로 사용되는 시스템은 다음과 같이 분류한다.

구 분	특 성
피니언 섭동식	• 직권식 또는 영구자석식 • 승용 및 소형, 상용자동차용 • 12V 또는 24V식, 0.3kW~4.8kW
감속기어식	• 직권식 또는 영구자석식 • 승용 및 소형, 상용자동차용 • 12V 또는 24V식, 0.3kW~4.8kW
관성 섭동식	• 직권식 또는 영구자석식 • 소형2륜차용, 12V • 0.1kW~0.3kW
전기자 섭동식	• 직권식(전기자권선과 홀드인 코일) • 상용자동차용(버스, 트럭 등) • 12V 또는 24V식, 1.8kW~4.4kW
슬라이딩 기어식	• 직권식 • 상용트럭 또는 버스용 • 12V 또는 24V식, 5.5kW~7.5kW
	• 복권식(감속기어 유, 무) • 상용자동차(버스), 특수자동차용 • 12V, 24V 또는 110V까지, 4kW~21kW

① 전자 피니언 섭동식(Magnetic Shift Type Starter)

전자 피니언 섭동식의 모터는 주로 승용 또는 소형, 상용 자동차에 가장 많이 사용하고 있는 기동모터로서 솔레노이드 스위치, 롤러식 오버러닝 클러치 그리고 모터가 일체로 조립된 형식이다. 솔레노이드 스위치에는 풀인(Pull-in)코일과 홀드인(Hold-in)코일이 감겨 있다. 그리고 전기자축의 헬리컬 기어를 따라 이동하는 구동 슬리브는 오버러닝 클러치를 통해 구동 피니언과 연결되어 있다.

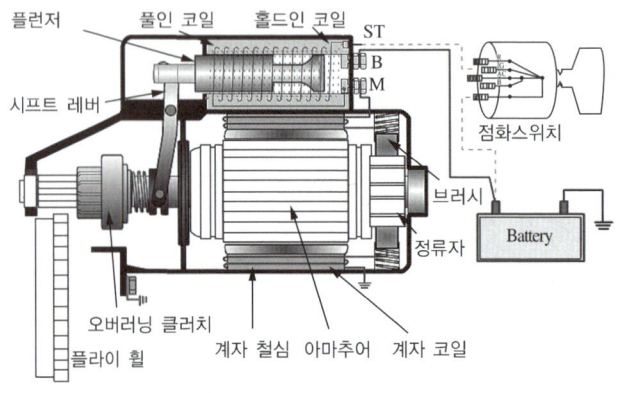

② 감속기어식 기동모터(Reduction Gear Starter)

감속기어식 기동모터(Reduction Gear Starter)의 작동 원리는 전자 피니언식과 비슷하지만 내부에 감속장치가 있어 감속기어식이라고 한다.

일반 기동모터에서는 전기자와 피니언의 회전수가 같으나 이 감속기어식은 모터의 내부저항을 다른 형식의 1/3~1/4로 감소하여 고속 및 저속 토크의 모터로 되어 있고 또 피니언축은 감속기어를 이용해서 다른 형식에 비해 큰 토크형으로 된 기동모터다. 즉 감속기어 장치는 구동피니언의 회전속도를 낮추는 대신 회전토크를 증대시키는 기능을 한다.

회전토크가 같을 경우 감속기어가 없는 형식에 비해 약 35~40% 정도 소형, 경량으로 제작할 수 있는 장점이 있다. 직권식과 영구자석식이 있다.

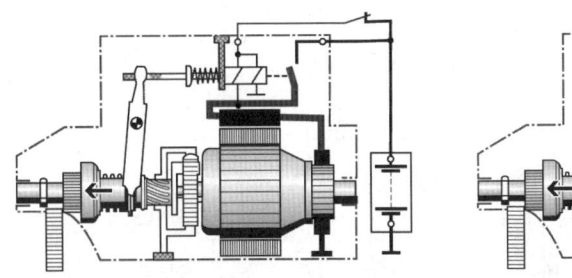
[감속기어식 기동모터(직권식)]

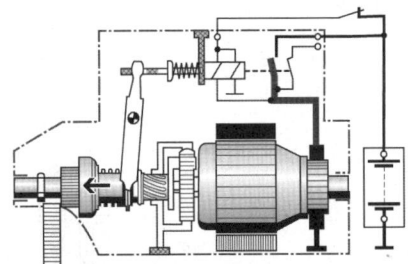
[감속기어식 기동모터(영구자석식)]

영구자석식의 특징은 기존의 여자코일 대신에 자력이 아주 강한 영구자석을 이용하여 여자시킨다는 점이다. 영구자석은 잔류자기가 크고 보자력이 강한 것이 사용된다. 출력이 같을 경우 기존의 형식에 비해 약 40% 정도의 경량화가 가능하며 그 크기도 현저하게 작다. 피니언기어와의 치합방법은 직결식과 동일하다.

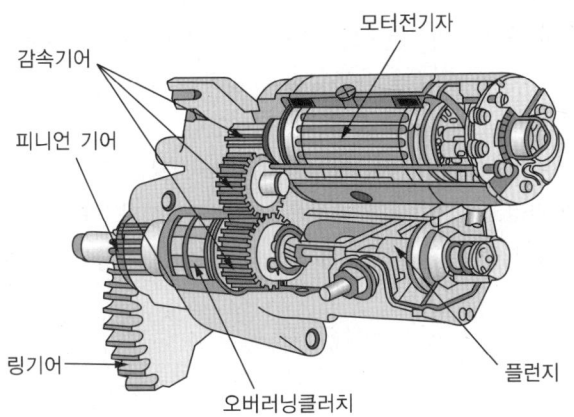

③ 벤딕스식 기동모터

벤딕스식(Bendix Type)은 관성 섭동식(Inertia Type)이라고도 하며 구동피니언은 전기자 축상의 나사산(헬리켈 스프라인) 위에 설치된다. 점화 시동스위치를 시동위치로 On시키면 기동모터는 대단히 빠른 속도로 회전하는데 이때 구동피니언은 자신의 관성에 의해 전기자 축의 나사산을 타고 밀려나가 플라이휠의 링기어와 치합되게 된다. 전기자와 피니언 사이에는 댐핑 스프링(Damping Spring)이 설치되어 있다. 이 스프링은 피니언과 링기어가 치합될 때 장력이 증가하도록 감겨 있다. 따라서 피니언과 링기어 사이에서 완충작용을 하여 기계적 응력을 경감시킨다. 모터 부분은 전자 피니언 섭동식과 같고, 동력전달기구는 관성을 이용하는 피니언을 사용한다. 전기자축에는 나사 스플라인이 파져 있고, 피니언은 추(Weight)와 일체로 되어 전기자 축에 결합되어 있다.

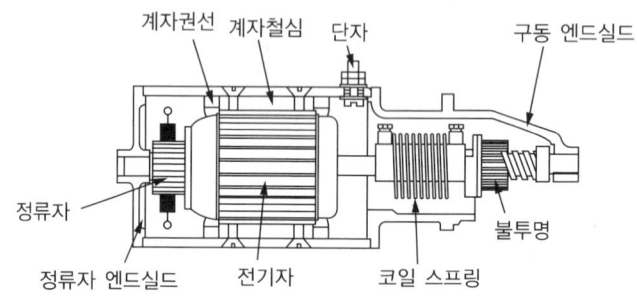

[벤딕스식 기동모터]

④ 전기자 섭동식 기동모터

전기자 섭동식 기동모터(Sliding-armature Starter)는 전기자 축의 끝에 피니언이 고정되고 전기자 철심의 중심과 계자철심의 중심이 피니언의 섭동 거리만큼 떨어져 있다. 전기자를 축선상으로 섭동시켜야 하므로 피니언 섭동식과 비교할 때 전기자 축의 부싱의 길이가 길고 또 정류자편의 길이도 길다. 뿐만 아니라 가동접점이 부착된 제어릴레이, 트리핑레버(Tripping Lever), 릴리스 디스크(Release Disk) 등을 갖추고 있다.

또한 계자 중심과 전기자 중심이 일치하지 않고 서로 어긋나 있다. 계자 전선에 전류가 흐르면 자력선이 짧아지려고 하는 성질 때문에 전기자 중심과 계자 중심이 서로 일치하는 과정에서 전기자가 섭동하게 된다. 전기자가 섭동하면 피니언은 링기어와 맞물릴 수 있는 위치로 이동하게 된다.

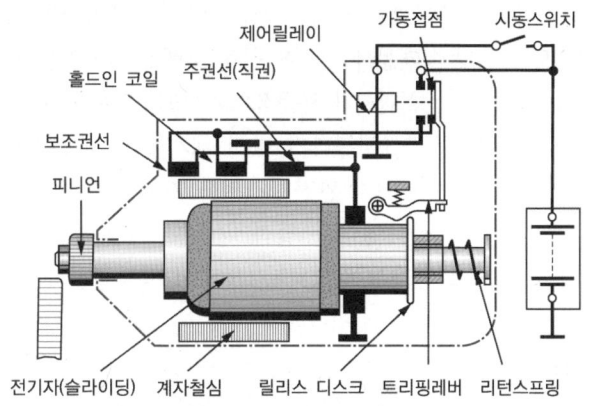

[전기자 섭동식 기동장치의 구조(a)]

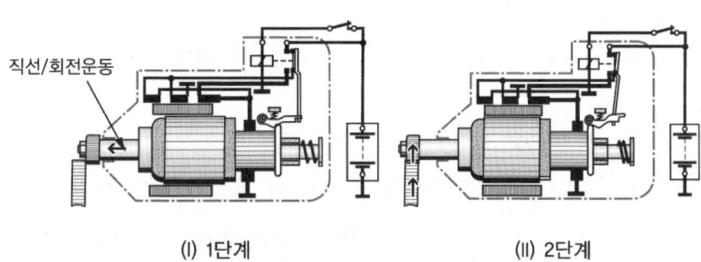

(I) 1단계   (II) 2단계

[전기자 섭동식 기동장치의 구조(b)]

⑤ 슬라이딩 기어식

슬라이딩 기어식 기동모터(Sliding-gear Starter)는 대부분이 복권식이다. 출력 4kW~21kW 정도의 대형 상용자동차 또는 특수자동차에 사용된다. 피니언과 링기어의 치합은 2단계로 진행된다.

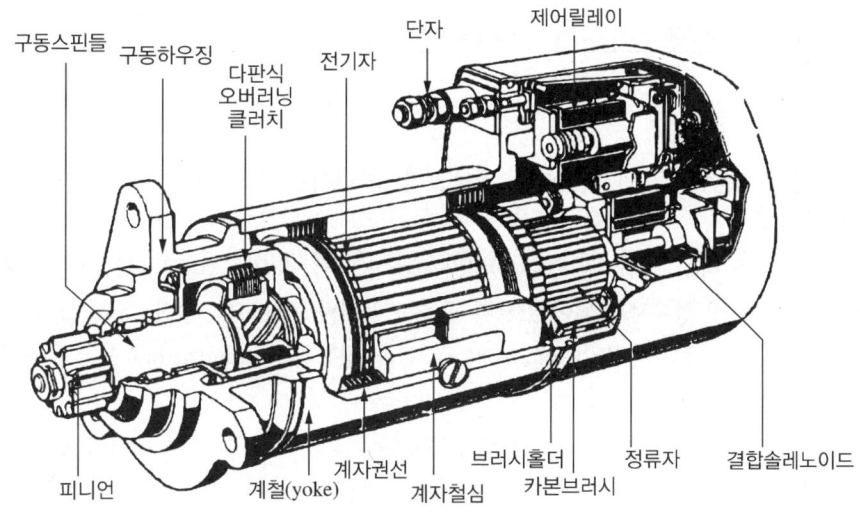

[슬라이딩 기어식 기동모터]

㉠ 1차 단계 : 스위칭 단계에서는 기동모터의 피니언과 플라이휠 링기어가 치합된다. 이때 기동모터의 회전토크가 낮기 때문에 기관은 아직 크랭킹되지 않는다. 만약 이때 피니언과 링기어가 치합되지 않으면 시동스위치가 자동적으로 Off되도록 되어 있는 시스템도 있다. 이 경우에는 일단 시동 스위치를 Off시켰다가 다시 재시동을 시도해야 한다.

㉡ 2차 단계 : 피니언과 링기어가 완전히 치합되기 직전에 릴리스레버는 트리핑레버를 들어 올린다. 그러면 제어 릴레이의 가동 접점은 자유로이 움직일 수 있다. 이제 기동접점은 고정 접점과 접촉하게 되고 따라서 주회로가 On되어 직렬권선과 전기자에 전류가 흐르게 된다.

(3) 기동모터의 구조

일반적으로 자동차에서 사용하고 있는 기동모터는 전자 피니언 섭동식이며 그 구조는 다음과 같다.
① 모터 : 회전력을 발생하는 부분
② 마그네틱 스위치 : 마그네틱 스위치의 작동에 의해 피니언을 이동시켜 링기어에 물리게 하는 부분
③ 동력전달기구 : 회전력을 엔진에 전달하는 부분
④ 제동기구 : 피니언의 관성 회전이 없도록 하여 빠른 재시동을 위한 제동기구

[기동모터의 구조]

구 분	구조도	특성식
모 터	전기자	전기자축, 전기자 철심
	전기자코일	
	계자철심	요크, 계자철심
	계자코일	
	정류자	브러시, 브러시 홀더, 정류자
마그네틱 스위치	릴레이코일	풀인 코일, 홀드인 코일
아마추어	마그네틱 아마추어, 릴레이 아마추어	

(4) 모터부

모터 부분은 다음과 같이 회전하는 계자철심, 브러시 등으로 구분할 수 있다.
① 회전부분

전기자는 모터의 회전부분으로 전기자축과 전기자 철심, 그리고 이들과 절연되어 감겨 있는 전기자코일 및 정류자로 되어 있으며 구조는 전기자축(Shaft), 철심(Core) 그리고 여기에 절연되어 감겨 있는 전기자코일(Armature Coil)과 정류자(Commutator) 등으로 구성되어 있다.

 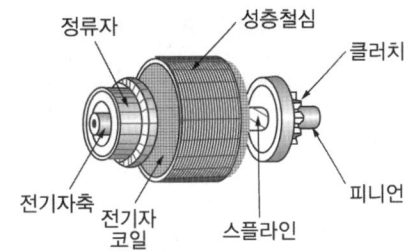

㉠ 전기자 축(Armature Shaft) : 전기자 축(Armature Shaft)의 양쪽은 베어링으로 지지되며, 작동 시 큰 힘을 받으므로 부러지거나 휘지 않도록 특수강을 사용하고, 피니언이 섭동하는 부분은 마모하지 않도록 열처리되어 있다.

㉡ 전기자 철심 : 전기자 철심(Armature Core)은 자력선을 잘 통과시킴과 동시에 맴돌이 전류(Eddy Current)로 인한 자장의 손실을 적게 하기 위해 얇은 철편을 각각 절연하여 겹친 것이며 바깥둘레에는 전기자코일이 들어갈 홈이 파져 있다.

㉢ 맴돌이 전류

도체 내부에서 자력선속이 시간의 경과로 변화하는 경우 전자기유도에 의해 도체에 자력선속을 둘러싸고 흐르는 순환전류, 와전류라고도 한다. 맴돌이 전류에 의한 손실을 맴돌이 전류손실이라 한다. 맴돌이 전류는 도체 내의 자기장이 변화하는 것을 방해하며 자력선속과 도체의 상대운동을 방해하는 방향으로 생긴다. 교류기계의 맴돌이 전류 손실은 인가전압 실효값의 제곱에 비례한다.

㉣ 전기자코일(Armature Coil) : 전기자코일은 큰 전류가 흐르기 때문에 단면적이 큰 평각 구리선을 사용하며 전류밀도는 보통 전기 기기에 비하여 크다. 전기자코일에 흐르는 전류가 수 A(암페어)로부터 수십 A(암페어) 정도이지만 기동모터는 300~400A의 큰 전류가 흐르기 때문에 표면적이 큰 평각선이 사용되며 코일의 한쪽은 자극 쪽에, 다른 한쪽은 S극 쪽에 철심의 홈에 절연되어 끼워져 있고 코일의 양쪽 끝은 정류자에 각각 납땜되어 있다. 코일은 통상 1개의 홈에 2개의 코일이 들어간다.

상·하 코일의 절연이 진동 또는 열로 파손되어 접촉되었을 때 이것을 층간 단락이라 하고, 코일과 철심이 접촉되었을 때는 접지단락이라 한다. 코일의 절연에는 운모종이(Mica-paper), 파이버(Fiber) 합성수지 등이 사용된다.

㉤ 정류자 : 정류자(Commutator)는 경동으로 된 정류자편(Commutator Segment Bar)을 각각 절연하여 원형으로 결합한 것이며 원심력에 의해 튀어나오지 않도록 V링 및 V형 운모로 고정되어 있다. 정류자편 사이에 정류자는 1mm 정도 두께의 운모판이 끼어 있으며 운모의 돌출로 인한 브러시와의 접촉 불량을 방지하기 위하여 정류자편의 표면보다 0.5~0.8mm 낮게 파져 있다. 이것을 언더컷(Undercut)이라 한다.

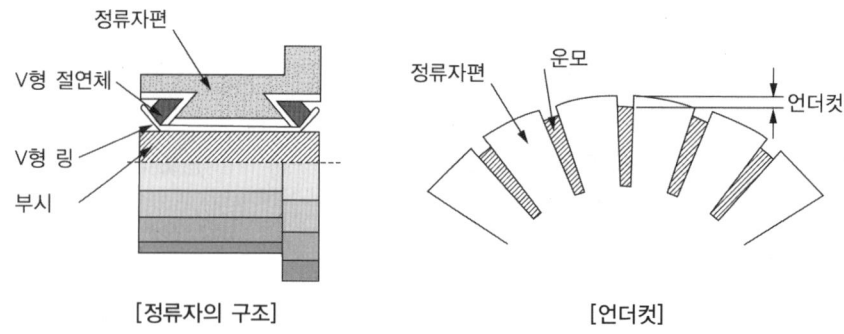

[정류자의 구조]   [언더컷]

② 고정부분

고정부분은 전기자를 회전시키기 위해 자장을 만드는 계철, 계자철심, 계자코일(Field Coil)에서의 전류를 정류자를 거쳐 전기자코일에 보내는 브러시, 브러시 홀더, 전기자축을 지지하는 정류자 엔드 프레임(Commutator End Frame)과 구동 엔드 프레임(Drive End Frame) 등으로 되어 있다.

㉠ 요크(Yoke)와 계자철심(Field Core) : 요크는 모터의 몸통이 될 뿐만 아니라 자력선의 통로가 되고 안쪽에는 계자코일을 지지하는 계자철심이나 나사로 고정되어 있다. 계자철심은 인발 성형강이나 단조강으로 만들어졌으며 계자코일(Field Coil)이 감겨져 전류가 흐르면 전자석이 된다.

계자철심은 전기자와 접하는 곳에는 면적이 크게 되어 자속이 통하기 쉽게 하고, 동시에 계자코일을 지지하는 역할도 하고 있다. 계자철심에 따라 전자석의 수가 정해지며 브러시가 4개이면 4극이라 한다.

㉡ 계자코일(Field Coil) : 계자코일은 모터의 고정부분으로 계자철심에 감겨져 자력을 일으키는 코일이다. 결선방법은 직권식과 복권식이 있으며, 일반적으로 기관의 시동에 적합한 직권식을 쓴다. 직권식 계자코일에는 전기자코일과 같은 큰 전류가 흐르기 때문에 단면적이 큰 평각 구리선을 사용하며, 전류밀도의 최댓값은 전기자코일과 비슷한 정도이다.

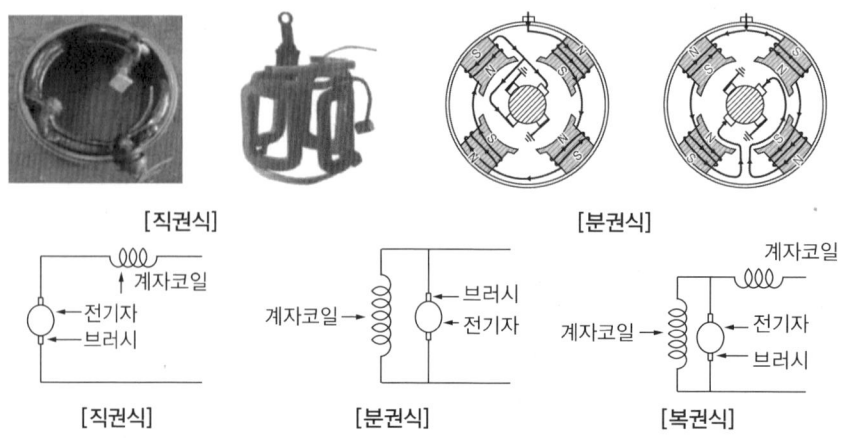

ⓒ 브러시(Brush)와 정류자(Commutator) : 브러시는 정류자에 미끄럼 접촉을 하면서 전기자코일에 흐르는 전류의 방향을 바꾸어 준다. 브러시는 보통 4개(또는 3개)가 있으며 그 중 2개는 절연된 홀더에 지지되어 정류자와 접촉하고 다른 2개(또는 1개)는 접지된 홀더에 지지되어 역시 정류자와 접촉하고 있다. 브러시는 브러시 홀더에 끼워지고 브러시 홀더의 조립위치는 계자철심 사이의 중간위치 즉, 자극 간의 자속 밀도가 0이 되는 중간위치인 기하학적 중성축 상에 조립되어 있다. 브러시의 재질은 구리 분말과 흑연을 원료로 한 금속질이 50~90% 정도로서 윤활성과 도전성이 우수하고 고유저항, 접촉저항 등이 다른 것에 비하여 대단히 작다. 브러시(Brush) 스프링의 장력은 브러시의 성질, 진동, 마멸 등에 따라 다르며, 0.5~1.5kg/cm^{2}으로 눌러 주고 있다. 정류자는 여러 개의 정류자편(Commutator Segment)을 조립한 것이고, 전기자코일은 각각의 정류자편에 납땜으로 연결되어 있다. 각 정류자편의 마멸에 의하여 정류자편보다 높아지는 것을 방지하기 위하여 정류자 표면보다 0.5~0.8mm 정도 낮게 언더컷(Under Cut)되어 있다. 언더컷이 되어 있지 않으면 브러시의 진동 등으로 접촉 불량이 되므로 브러시나 정류자가 소손되는 원인이 된다.

ⓓ 베어링(Bearing) : 기동전동기는 부하가 크고, 사용시간이 짧기 때문에 일반적으로 구리나 철의 함유 합금메탈인 평 베어링을 사용한다. 이것은 급유를 하지 않아도 되고, 수명이 길며 고속성이 우수하다.

(5) 마그네틱 스위치(Magnetic Switch)

마그네틱 스위치는 솔레노이드 스위치라고도 하며 축전지에서 기동모터까지 흐르는 전류를 단속하는 스위치 작용과 피니언을 링기어에 물려주는 일을 한다. 마그네틱 스위치는 시동스위치를 넣으면 내부의 코일에 의해 자력이 발생하여 플런저를 끌어당긴다.

플런저가 당겨지면 여기에 연결된 시프트레버에 의해 피니언 기어가 미끄러져서 링기어에 물림과 동시에 내부에 있는 메인 스위치가 B단자와 M단자를 연결하여 준다. 마그네틱 스위치는 내부에는 풀인 코일(Pull-in Coil)과 홀드인 코일(Hold-in Coil)이 감겨져 있다. 이들 두 코일은 모두 같은 방향으로 같은 수만큼 감겨 있으며 두 코일의 한쪽 끝은 모두 ST단자에 연결되어 있고 풀인 코일의 다른 한쪽은 M단자에 그리고 홀드인 코일의 한쪽은 마그네틱 스위치의 몸체에 접지되어 있다.

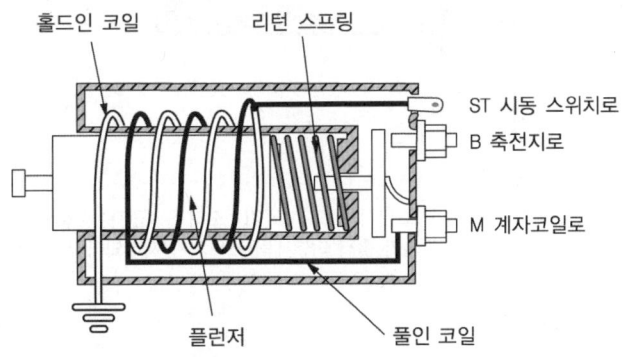

기동 모터 스위치를 닫으면 풀인 코일과 홀드인 코일이 축전지에서 공급되는 전류로 인하여 강력한 전자석이 되어 플런저를 잡아당긴다. 플런저는 구동레버를 잡아당겨 피니언을 링기어에 물린다. 이 물림이 완료되는 순간 마그네틱 스위치가 닫혀 기동모터에 축전지의 전류가 직접 흘러 강력한 회전을 시작한다. 이에 따라 엔진이 시동된다. 기동스위치를 열면 그 순간 메인 스위치가 닫혀 있으므로 풀인 코일의 전류는 M단자에서 역류되고 풀인 코일의 자계의 방향도 역방향으로 되어 홀드인 코일의 자력과 풀인 코일의 자력이 서로 상쇄된다. 따라서 리턴 스프링에 의하여 플런저가 원위치로 물러나서 피니언의 링기어에서 풀리고 메인 스위치도 열린다. 이 형식에서도 시동 모터 스위치가 닫혀 있는 동안은 피니언과 링기어가 물려 있게 되므로 오버러닝 클러치가 필요하다. 기동 스위치를 끄면 그 순간은 접점이 아직 닫혀 있으므로 풀인 코일의 전류는 M단자에서 반대로 흐른다. 따라서 풀인 코일의 자력의 방향도 반대로 되어 홀드인 코일의 자력과 풀인 코일의 자력은 서로 상쇄되고 리턴 스프링의 힘으로 플런저는 원위치로 돌아가고 피니언이 이탈하여 접점이 열린다. 풀인 코일은 축전지와 모터에 직렬로 결선되어 있으므로 시리즈코일(Series Coil) 또는 전류코일이라 하고 홀드인 코일은 병렬로 결선되어 있으므로 션트코일(Shunt Coil) 또는 전압코일이라고도 한다.

① 시동 전의 작동

기동모터를 닫으면 마그네틱 ST단자를 통하여 풀인 코일과 홀드인 코일에 전류가 흐른다. 풀인 코일의 전류는 모터의 M단자를 통하여 계자코일, 브러시, 정류자, 전기자코일의 순으로 흘러서 전기자가 천천히 돌기 시작한다.

한편 풀인 코일에 의하여 마그네틱 스위치의 플런저가 당겨지게 되면 시프트 레버가 피니언을 밀어서 링기어에 물림과 동시에 마그네틱 스위치도 닫혀서 축전지로부터 큰 전류가 모터의 계자코일과 전기자코일에 흘러 모터가 돌아서 기관을 구동시킨다.

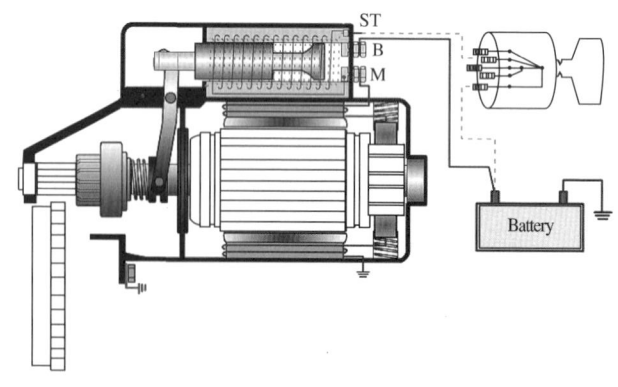

- 작 동
배터리 → 점화 스위치(B-ST) → 기동모터 ST 단자 → 풀인코일 →
접지(몸체)로 전기가 흘러 마그네틱 스위치가 자화되어 전자석이 된다.

② 크랭킹 중의 작동

마그네틱 스위치의 접촉점이 닫혀서 대부분의 전류가 접촉점으로 흐르기 때문에 풀인코일에 흐르는 전류가 약해지고 자력도 감소한다. 이때 피니언이 리턴 스프링에 의하여 되돌아가지 않고 링기어와 물려 있도록 홀드인 코일의 자력이 플런저를 잡고 있다.

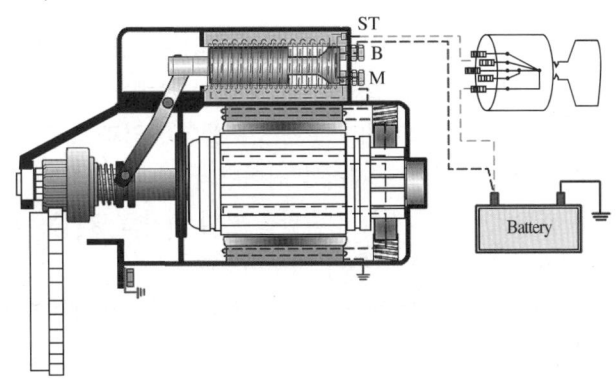

- 작 동
  B-M 단자가 연결되면 전기의 흐르는 순서는 배터리(Battery) → 기동모터 B단자 → 접촉판(플런저) → 기동모터 M단자 → 계자코일 → 브러시 → 정류자 → 아마추어 코일 → 브러시 → 계자코일 → 접지(몸체)로 흘러 아마추어는 자계 내에서 회전한다.

③ 기관 시동 후의 작동

기관이 시동된 다음 피니언이 링기어에 의하여 회전되면 오버러닝 클러치의 작용으로 전기자가 보호된다. 시동스위치를 끊는 순간에는 아직 마그네틱 스위치가 닫혀 있으므로 축전지로부터 흐르는 전류는 M단자, 풀인 코일 ST단자, 홀드인 코일 순으로 흘러서 풀인 코일에는 역방향의 자계가 생긴다. 이 역방향의 자계가 홀드인 코일의 자력을 상쇄시켜서 자력이 급격하게 약화되어 플런저가 리턴 스프링의 힘으로 제자리로 되돌아가면서 피니언이 링기어에서 이탈되고 마그네틱 스위치의 접촉점도 열린다.

(6) 동력전달기구

동력전달기구는 모터에서 발생한 토크를 기관의 플라이휠(링기어)에 전달하여 기관을 회전시키는 기구이다. 전자 스위치의 작동으로 피니언과 링기어가 물리면서 모터가 회전하여 피니언이 링기어를 구동하여 기관이 회전하게 된다.

동력전달기구는 형식에 따라 약간의 차이는 있겠지만 피니언, 오버러닝 클러치, 치합레버 또는 로드, 리턴스프링으로 구성된다.

피니언과 링기어의 기어 비는 기동모터의 구동 토크를 크게 하기 위해 10~15 : 1로 되어 있다. 전자 피니언 섭동식에서는 기관이 시동되어도 기동 스위치를 끄지 않는 한 피니언은 물린 상태로 있기 때문에 기관이 회전하면 반대로 링기어가 피니언을 구동하게 되어 기관회전수의 10~15배의 속도로 전기자를 회전시키며 이로 인해 전기자와 베어링이 파손될 염려가 있다.

이것을 방지하기 위해 기관이 시동되면 피니언이 물려 있어도 기관의 회전력이 기동모터에 전달되지 않도록 클러치가 장치되어 있으며 이것을 오버러닝 클러치(Overrunning Clutch)라 한다. 오버러닝 클러치에는 롤러식(Roller Type), 다판식(Multiple-disc), 스프래그식(Sprag Type) 등이 있다.

(7) 모터 주요장치의 역할

① 기동 모터 : 엔진을 시동하기 위해 최초로 흡입과 압축행정에 필요한 에너지를 외부로부터 공급받아 엔진을 회전시키는 장치로 일반적으로 축전지 전원을 이용하는 직류직권모터를 이용한다.

② 솔레노이드 스위치 : 전자석 스위치라는 뜻으로 풀인 코일과 홀드인 코일에 전류가 흘러 플런저를 잡아당기고 플런저는 시프트 레버를 잡아당겨 피니언기어를 링기어에 물린다.

③ 풀인 코일(Pull-in Coil) : 플런저와 접촉판을 닫힘 위치로 당기는 전자력을 형성하여 기동모터 솔레노이드 B단자와 M단자에 접촉이 이루어진다.

④ 홀드인 코일(Hold-in Coil) : 솔레노이드 ST단자를 통하여 에너지를 받아 기동모터로 흐르고 시스템 전압이 떨어질 때 접촉판을 맞물린 채로 있도록 추가 전자력을 공급한다.

⑤ 계자코일(Field Coil) : 계자철심에 감겨져 전류가 흐르면 자력을 일으켜 철심을 자화한다. 계자코일과 전기자코일은 직류직권식이기 때문에 전기자전류와 같은 크기의 큰 전류가 계자코일에도 흐른다. 따라서 계자코일도 전기자코일과 같은 모양의 평각동선을 사용한다.

⑥ 전기자코일(Armature Coil) : 전기자코일은 큰 전류가 흐를 수 있도록 평각동선을 운모, 종이, 파이버, 합성수지 등으로 절연하여 코일의 한쪽은 자극 쪽에 다른 한쪽 끝은 S극이 되도록 철심의 홈에 끼워져 있다. 코일의 양끝은 정류자편에 납땜되어 모든 코일에 동시에 전류가 흘러 각각에 생기는 전자력이 합해져서 전기자를 회전시킨다. 전기자코일은 하나의 홈에 2개씩 설치되어 있다.

⑦ 정류자 : 정류자는 브러시에서의 전류를 일정한 방향으로만 흐르게 하는 것으로 경동판을 절연체로 싸서 원형으로 한 것이다. 정류자편 사이는 1mm 정도로 두께의 운모로 절연되어 있고 운모의 언더컷은 0.5~0.8mm(한계치 0.2mm)이다. 정류자편의 아래 부분은 V형링으로 조여져 있어 회전 중 원심력에 의해 빠져나오지 않게 하였다.

⑧ 브러시 : 브러시는 정류자에 미끄럼 접촉을 하면서 전기자코일에 흐르는 전류의 방향을 바꾸어 준다. 브러시는 구리분말과 흑연을 원료로 한 금속물질이 50~90% 정도 포함되어 있으며 윤활성과 도전성이 우수하고 고유저항, 접촉저항 등이 다른 것에 비해 작다. 브러시는 브러시 홀더에 조립되어 끼워진다.

PART 03 적중예상문제

01 2차 전지의 종류 및 원리

01 리튬전지의 이온반응에 대한 설명 중 틀린 것은?

① 전지 반응은 리튬이온이 (−)극에서 (+)극으로 이동함으로써 이루어진다.
② 리튬이온의 이동에 따른 화학반응이 활발하게 이루어진다.
③ 리튬이온은 층상물질의 극판 내에 저장된다.
④ 음극에 금속리튬을, 양극에 이황화타이타늄을 사용한 고체전해질 리튬전지나 용융염을 사용한 고온형 리튬황화철 전지 등이 있다.

> **해설** 리튬−이온 전지의 음극은 탄소화합물로 구성되고 양극은 리튬산화물로 구성되며 전해액은 염+용매+첨가제로 구성된다.

02 니켈−수소 전지의 특징을 설명한 것 중 틀린 것은?

① (−)극에 수소흡장합금을 이용하고, (+)극에 니켈산화물을 이용한다.
② 방전 시 (+)극은 수산화니켈이 된다.
③ 발열량이 많아 냉각성을 고려해야 한다.
④ 니켈−수소 전지 내에 소량의 납과 카드뮴이 사용된다.

> **해설** **니켈−수소 전지의 특징**
> - (+)극에는 니켈산화물을 이용하고 (−)극에는 수소흡장합금을 이용한다.
> - 에너지의 용량이 크다(Ni−Cd 전지 또는 Lead−acid 전지의 약 1.5~2배).
> - 독성물질(Heavy Metal)을 함유하고 있지 않다.
> - 충전, 방전 속도가 빠르다.
> - 저온, 고충전 속도에서도 에너지 효율이 높다.
> - 충전, 방전 시 전해질의 농도 변화가 없다.
> - 밀폐형 전지의 제조가 용이하다.
> - 원하는 특성에 따라 수소저장합금을 선택할 수 있다.

정답 1 ④ 2 ④

03 리튬-이온 전지의 특징을 설명한 것 중 틀린 것은?

① 리튬이온이 분자적인 화학반응을 한다.
② (−)극은 흑연 등의 카본이 사용된다.
③ 전기화학적으로 리튬이온이 흡장하거나 방출된다.
④ (+)극은 코발트산리튬, 니켈산리튬, 망간산리튬 등이 사용된다.

해설 리튬-이온 전지의 특징
- (+)극에는 리튬 금속산화물, (−)극에는 탄소화합물, 전해액은 염＋용매＋첨가제로 구성된다.
- 에너지밀도는 니켈수소전지의 약 2배, 납산전지의 약 3배이다.
- 발생전압은 3.6~3.8V이다.
- 체적의 1/3로 소형화가 가능하다.
- 비메모리 효과로 수시충전이 가능하다.
- 자기방전이 작고 작동온도범위는 −20~60℃이다.
- 카드뮴, 납, 수은 등이 포함되지 않아 환경친화적인 특징을 가지고 있다.

04 배터리 고장의 3대 요소에 해당되지 않는 것은?

① 과충전   ② 과방전
③ 열   ④ 사용기간

05 리튬-이온 전지의 특징을 설명한 것 중 맞는 것은?

① 리튬이온이 분자적인 화학반응을 한다.
② (+)극과 (−)극을 바꿀 수 있다.
③ (+)극과 (−)극을 바꿀 수 없다.
④ 전해액을 바꿀 수 없다.

06 하이브리드 차량에 사용되는 배터리 중 에너지밀도가 높은 순서대로 나열한 것 중 옳은 것은?

① 리튬이온 배터리 > 니켈수소 배터리 > 납칼슘합금 배터리
② 니켈수소 배터리 > 리튬이온 배터리 > 납칼슘합금 배터리
③ 니켈수소 배터리 > 납칼슘합금 배터리 > 리튬이온 배터리
④ 리튬이온 배터리 > 납칼슘합금 배터리 > 니켈수소 배터리

해설 배터리의 에너지밀도는 리튬-이온 > 니켈-수소 > 납 순이다.

07 니켈수소(Ni-MH) 배터리에 대한 설명 중 틀린 것은?

① 셀당 전압이 0.5~0.8V이다.
② 수명이 약 10년 정도이다.
③ 내부에 수소가스가 있다.
④ 자기방전을 한다.

해설 니켈-수소전지의 셀당 전압은 1.2V이다.

08 리튬-폴리머 배터리에 대한 설명 중 틀린 것은?

① 셀당 전압이 2.5~4.3V이다.
② 수명이 약 7년 정도이다.
③ 내부에 수소가스가 있다.
④ 자기방전이 거의 없다.

해설 리튬-폴리머 전지의 특징
- 평균 전압이 3.7V이다.
- 정전류/정전압(CC/CV)방법으로 충전 하는 경우 1~2시간 이내에 완전 충전이 가능하다.
- 구성 물질 중에 환경오염 물질이 포함되어 있지 않다.
- 300회 이상의 충·방전이 가능하다.
- 비메모리효과로 상시 충전이 가능하다.
- 셀 외부로 전해액이 누액될 염려가 없다.
- 리튬-이온 전지보다 폴리머 양이 많으므로 상대적으로 더 안전하다.
- 전극과 격리판이 일체형으로 되어 있기 때문에 내부저항이 작다.
- 얇은 판상 구조로 얇은 Cell을 만들기 적당하다.
- 폴리머 함량이 상대적으로 많아 전극 자체만으로도 Film의 특성을 가질 수 있다.
- 형체의 자유도가 높다.

정답 6 ① 7 ① 8 ③

09 납축전지가 방전할 때 전압과 전해액의 비중은?

① 전압과 비중이 함께 올라간다.
② 전압은 올라가고 비중은 내려간다.
③ 전압과 비중이 함께 내려간다.
④ 전압은 내려가고 비중은 올라간다.

해설 충·방전 상태에 따른 비중과 전압의 변화

충전상태	20℃일 때의 비중	배터리 전압(V)
완전충전(100%)	1.26~1.28	12.6 이상
3/4충전(75%)	1.21~1.23	12.0
1/2충전(50%)	1.16~1.18	11.7
1/4충전(25%)	1.11~1.13	11.1
완전방전(0%)	1.06~1.08	10.5

10 축전지에서 한랭 시 일어나는 현상이 아닌 것은?

① 비중이 상승한다.
② 화학반응이 저하된다.
③ 용량이 저하된다.
④ 전압이 높아진다.

해설 기온이 영하 10℃ 이하로 떨어지면 배터리 전압이 감소하여 성능이 10% 정도 감소한다.

11 다음 중에서 바르게 표현한 것은?

① 자동차용 축전지의 비중은 전해액의 온도가 4℃일 때를 표준으로 하여 표시되어 있다.
② 전류의 측정은 전류계를 축전지의 회로에 직렬로 접속하여서 한다.
③ 완전 충전된 자동차용 축전지의 전해액의 비중은 20℃에서 1.180이다.
④ 축전지를 과충전시키면 전해액이 현저하게 감소한다.

해설 자동차용 배터리의 비중은 전해액의 온도가 20℃일 때를 기준으로 1.280이다. 배터리 충전 시 전해액의 비중은 높아지고 방전 시 전해액의 비중은 감소한다.

12 MF축전지의 특징이 아닌 것은?

① 증류수를 보충할 필요가 없다.
② 자기방전이 적다.
③ 장기간 보존할 수 있다.
④ 저온 시동성능이 좋다.

> **해설** MF배터리의 특징
> - 무보수배터리의 의미로 특별한 정비나 보수가 필요 없다.
> - 묽은 황산 대신 젤 타입의 전해액을 사용한다.
> - 증류수를 보충할 필요가 없다.
> - 자기방전이 적다.
> - 장기간 보존할 수 있다.

13 다음의 전지 분류 중 화학전지는 무엇인가?

① 태양전지 ② 열전소자
③ 연료전지 ④ 원자력 전지

> **해설**
> - 화학전지 : 1차 전지, 2차 전지, 연료전지
> - 물리전지 : 태양전지, 열전소자, 원자력 전지

14 다음 중 2차 전지에 요구되는 성능이 아닌 것은?

① 고전압, 고출력, 대용량일 것
② 긴 사이클 수명과 높은 자기 방전율을 가질 것
③ 넓은 사용온도와 안전 및 신뢰성이 높을 것
④ 사용이 쉽고 가격이 저가일 것

> **해설** 2차 고성능 전지
> - 고전압, 고출력, 대용량일 것
> - 긴 사이클 수명과 적은 자기 방전율을 가질 것
> - 넓은 사용온도와 안전 및 신뢰성이 높을 것
> - 사용이 쉽고 가격이 저가일 것

정답 12 ④ 13 ③ 14 ②

15 전해액의 구비조건으로 틀린 것은?

① 전해액은 이온 전도성이 높을 것
② 전지 작동범위에서 산화환원을 받지 않을 것
③ 독성이 낮으며 환경 친화적일 것
④ 충전 시에 양극판 및 음극판과 직접 반응할 것

해설 전해액의 구비조건
- 전해액은 이온 전도성이 높을 것
- 충전 시에 양극이나 음극과 반응하지 않을 것
- 전지 작동범위에서 산화환원을 받지 않을 것
- 열적으로 안정될 것
- 독성이 낮으며 환경 친화적일 것
- 염가일 것

16 다음의 2차 전지 중 에너지 밀도가 가장 높은 전지는?

① 니켈카드뮴 전지
② 니켈수소 전지
③ 리튬-이온 전지
④ 바나듐리튬 전지

해설 2차 전지의 에너지 밀도

전지구분	에너지밀도(Wh/L)
납축전지	100
니켈카드뮴 전지	200
니켈수소 전지	240
바나듐리튬 전지	140
리튬-이온 전지	280

17 리튬-이온 전지의 특징으로 맞는 것은?

① 보관수명이 짧다.
② 특정한 높은 에너지를 제공한다.
③ 메모리 효과가 있다.
④ 자기방전율이 높다.

해설 리튬-이온 전지의 특징은 특정한 높은 에너지를 제공하고 무게가 가볍다. 그러나 가격이 비싸고 극한의 온도에서 위험성이 있으며 안전상 문제가 발생할 수 있다.

18 완전 충전 시 납산 축전지의 셀당 기전력은?

① 1.75V
② 3.6V
③ 1.5V
④ 2.1V

해설 납산 축전지의 완전 충전 시 전해액의 비중은 1.260~1.280이며 셀당 기전력은 약 2.1V이다. 완전 방전 시 전해액의 비중은 1.060~1.080이며 셀당 기전력은 1.75V로 떨어진다.

19 MF 배터리의 장점으로 맞는 것은?

① 주기적으로 전해액을 보충하고 충전을 실시하여야 한다.
② 내부의 전해액의 비중을 측정하기 위해 광학식 비중계를 사용하여야 한다.
③ 자동차용 배터리로 가장 많이 사용되는 방식이며 저안티몬 등을 적용하여 화학 작용 시 발생하는 전해액의 감소를 방지할 수 있다.
④ 자기 방전율이 높고 자동차 및 건설 장비에 많이 적용된다.

해설 MF 축전지는 보통 전지의 문제점이라 할 수 있는 자기방전이나 화학 반응할 때 발생하는 가스로 인한 전해액의 감소를 적게 하기 위해 개발한 것이며, 무정비(또는 무보수) 전지라 할 수 있다. MF 축전지가 보통 전지와 다른 점은 극판 격자의 재질, 제작방식 및 모양을 들 수 있다. 격자의 재질은 보통 전지에서는 납-안티몬 합금을 쓰고 MF 축전지는 안티몬의 함량이 적은 납-저안티몬 합금이나 또는 안티몬이 전혀 들어 있지 않은 납-칼슘 합금을 쓴다.

정답 17 ② 18 ④ 19 ③

20 다음 중 납산 축전지의 극판에 대한 설명 중 틀린 것은?

① 양극판은 과산화납 음극판은 해면상 납으로 양극판에는 간극제인 산소가 들어 있다.
② 양극판은 페이스트식으로 제조하며 음극판에 비해 강도가 떨어진다.
③ 양극판과 음극판의 개수와 면적은 동일하게 하여야 한다.
④ 과충전 및 과방전 시 양극판과 음극판은 영구 황산납(설페이션)화 된다.

해설 일반적으로 화학적 평형상태를 이루기 위해 음극판을 1장 더 삽입하여 제조한다.

21 다음 납산 축전기 화학식에서 빈 곳에 들어갈 것으로 알맞게 짝지어진 것은?

$$PbO_2 + (\quad) + Pb \underset{충전}{\overset{방전}{\rightleftarrows}} PbSO_4 + (\quad) + PbSO_4$$

과산화납   해면상납   황산납   황산납

① $2Ni(OH)_2$, $Cd(OH)_2$
② $2H_2SO_4$, $2H_2O$
③ $PbSO_4$, $2H_2O$
④ $2NiOOH$, $2H_2O$

해설 $PbO_2 + 2H_2SO_4 + Pb \underset{충전}{\overset{방전}{\rightleftarrows}} PbSO_4 + 2H_2O + PbSO_4$
과산화납 묽은황산 해면상납   황산납 물 황산납

정답 20 ③ 21 ②

22 다음 중 니켈-카드뮴 전지의 특징으로 틀린 것은?

① 높은 신뢰성과 견고함
② 제한된 온도·습도 범위에서의 사용
③ 다양한 기종과 건전지와의 호환성
④ 우수한 충·방전효율과 보수의 용이성

해설 니켈-카드뮴 전지의 특징
- 높은 신뢰성과 견고함
- 긴 수명과 경제성
- 우수한 충·방전효율과 보수의 용이성
- 다양한 기종과 건전지와의 호환성
- 폭넓은 온도·습도 범위에서의 사용

23 메모리 효과를 가장 알맞게 표현한 것은?

① 열전대에 전류를 흐르게 했을 때, 전류에 의해 발생하는 줄열 외에도 열전대의 각 접점에서 발열 혹은 흡열 작용이 일어난 현상
② 전지가 마치 사용할 수 있는 용량의 한계를 기억하는 것과 같은 현상
③ 물체에 힘을 가하여 신축시킨 순간에 전압을 일으키고, 역으로 물체에 높은 전압을 가했을 때 신축하는 성질
④ 두 종류의 금속을 고리 모양으로 연결하고, 한쪽 접점을 고온, 다른 쪽 접점을 저온으로 했을 때 그 회로에 전류가 생기는 현상

해설 ② 메모리 효과 : 전지가 마치 사용할 수 있는 용량의 한계를 기억하는 것과 같은 현상
① 펠티에 효과 : 열전대에 전류를 흐르게 했을 때, 전류에 의해 발생하는 줄열 외에도 열전대의 각 접점에서 발열 혹은 흡열 작용이 일어난 현상
③ 압전효과 : 물체에 힘을 가하여 신축시킨 순간에 전압을 일으키고, 역으로 물체에 높은 전압을 가했을 때 신축하는 성질
④ 제벡 효과 : 두 종류의 금속을 고리 모양으로 연결하고, 한쪽 접점을 고온, 다른 쪽 접점을 저온으로 했을 때 그 회로에 전류가 생기는 현상

24 리튬-이온 전지의 특성으로 틀린 것은?

① 리튬-이온 전지에는 메모리 효과가 없다.
② 정상적인 조건하에서 리튬-이온 전지는 500회 이상의 충전, 방전 수명을 지닌다.
③ 충전 시간이 비교적 길다.
④ 하나의 리튬-이온 전지의 평균 전압은 3.7V로서 니켈-카드뮴이나 니켈-수소 전지 3개를 직렬로 연결해 놓은 것과 같은 전압이다.

25 리튬폴리머 전지의 특성으로 맞지 않는 것은?

① 전극과 격리판이 일체형으로 되어 있기 때문에 상대적으로 큰 내부저항을 갖는다.
② 니켈-카드뮴이나 니켈-수소와 같은 다른 2차전지에 비하여 평균 전압이 3배 정도 높다.
③ 구성 물질 중에 환경오염 물질인 Cadmium, Lead, Mercury 등이 들어 있지 않다.
④ 셀 외부로 전해액이 누액될 염려가 없고 폴리머 양이 상대적으로 리튬-이온 전지보다 많으므로 더 안정하다.

해설 리튬폴리머 전지의 특성

구 분	특 성
고전압	리튬-이온 전지와 같이 평균 전압이 3.7V로 니켈-카드뮴이나 니켈-수소와 같은 다른 2차전지에 비하여 3배 정도 높다.
빠른 충전특성	정전류/정전압(CC/CV)방법으로 충전하는 경우 1~2시간 이내에 완전 충전이 가능하다.
무공해	구성 물질 중에 환경 오염 물질인 Cadmium, Lead, Mercury 등이 들어 있지 않다.
긴 수명주기	정상적인 조건에서 300회 이상의 충·방전 특성을 보인다.
메모리 효과 없음	니켈-카드뮴 전지에서 나타나는 것과 같이 완전 충·방전이 되지 않았을 때 용량감소가 생기는 현상이 없다.
리튬-이온 전지보다 안전	셀 외부로 전해액이 누액될 염려가 없고 폴리머 양이 상대적으로 리튬-이온 전지보다 많으므로 더 안정하다.
낮은 내부저항	전극과 격리판이 일체형으로 되어 있기 때문에 표면에서의 저항이 그만큼 줄어들어서 상대적으로 작은 내부저항을 갖는다.
얇은 배터리로 제작	얇은 판상 구조를 가지고 있기 때문에 얇은 Cell을 만들기 적당하며 또한 Bag을 사용해 Package 하기 용이하기 때문에 얇은 전지에 유리하다.
유연성	폴리머 함량이 상대적으로 많아 전극 자체만으로도 Film의 특성을 가질 수 있다. Cell의 경우도 이러한 Film적 특성으로 인하여 형체의 자유를 어느 정도 갖게 된다.
설계의 자유	리튬-이온 전지에서의 Winding작업이 없고 여러 장의 Film을 겹치는 과정이 존재하므로 Film만 원하는 모양으로 자르면 원하는 모양의 Cell을 얻을 수 있다.

26 다음은 리튬-이온 전지와 리튬폴리머 전지의 비교사항이다. 리튬폴리머 전지에 비해 리튬-이온 전지의 단점은 무엇인가?

① 우수한 저온 성능의 확보가 어렵다.
② 외장재에 따른 무게의 경량화가 어렵다.
③ 금속 외장재의 특성상 일반적으로 4~5mm 이하의 박형의 얇은 전지와 광면적 전지를 제조하기가 어렵다.
④ 고온에서의 안정성이 크다.

해설 리튬이온 전지 vs 리튬폴리머 전지

종류	장점	단점
리튬이온 전지	• 고용량/고에너지 밀도 • 우수한 저온 성능 • 외장재가 견고하여 기계적 충격 등에 강하다.	• 폴리머전지보다 무겁다. • 금속 외장재의 특성상 일반적으로 4~5mm 이하의 박형의 얇은 전지와 광면적 전지를 제조하기가 어렵다.
리튬폴리머 전지	• 고온에서의 안전성 • 얇은 외장재에 따른 무게의 경량화	• 얇은 외장재, 기계적 충격에 약하다. • 저온에서 성능 저하 • 용량/에너지 밀도가 매우 낮다.

27 Na-S 전지의 특징으로 맞는 것은?

① 에너지 밀도가 비교적 낮다.
② 2,500회 이상의 충·방전이 가능하며 장기 내구성이 있다.
③ 주재료인 나트륨과 유황의 공급이 어렵다.
④ 자체 방전량이 많아 효율적 사용이 어렵다.

해설 Na-S 전지의 특징
• 고에너지 밀도(납산 축전지의 약 3배)로 좁은 공간에 설치가 가능하다.
• 충·방전 효율이 높고 자체 방전이 없어 효율적으로 전기를 저장할 수 있다.
• 2,500회 이상의 충·방전이 가능하며 장기 내구성이 있다.
• 완전 밀폐형 구조의 단전지를 사용한 클린 전지이다.
• 주재료인 나트륨 및 유황이 자연계에 대량으로 존재하여 고갈의 우려가 없으므로 앞으로 자재부족의 우려가 없다.

정답 26 ③ 27 ②

28 고체 고분자 연료전지의 분류에 속하지 않는 것은?

① 순수 고체 고분자 전해질계
② 복합 고체 고분자 전해질계
③ 젤-고분자 전해질계
④ Hybrid 고분자 전해질계

> **해설** 고체 고분자 연료전지의 분류는 순수 고체 고분자 전해질계, 젤-고분자 전해질계, Hybrid 고분자 전해질계가 있다.

29 리튬 폴리머의 셀과 팩의 특성을 설명한 것 중 맞는 것은?

① 6개의 팩이 모여 하나의 셀을 이룬다.
② 1셀당 기전력은 약 2.1V 정도이다.
③ 전기자동차의 경우 약 360V를 적용하기 때문에 2팩을 병렬로 연결하여 사용한다.
④ 1셀당 약 3.75V의 전압을 나타내며, 8개의 셀이 합쳐진 것을 1모듈이라 한다.

> **해설** 1셀당 약 3.75V의 전압을 나타내며, 8개의 셀이 합쳐진 것을 1모듈이라 한다. 이러한 모듈이 6개가 합쳐지면 1팩이 구성된다. 전기자동차의 경우 약 360V를 적용하기 때문에 2팩을 직렬로 연결하여 사용한다.

30 다음 중 리튬이온 커패시터의 장점이 아닌 것은?

① 전기이중층 커패시터라고 하는 축전 부품과 리튬이온 2차 전지를 조합한 하이브리드 구조의 전지이다.
② 100만~200만번 충·방전이 가능하므로 수명은 반영구적이다.
③ 1회 충전하고 시속 40km로 주행 시 10~20분 정도에 전기에너지가 모두 소진된다.
④ 단자간의 전압으로부터 에너지 잔량을 정확히 측정할 수 있다.

해설 리튬이온 커패시터의 장단점

종 류	장 점	단 점
리튬이온 커패시터	• 전기이중층 커패시터라고 하는 축전 부품과 리튬이온 2차 전지를 조합한 하이브리드 구조의 전지 • 무정전 비상전원장치에 사용 • 100만~200만번 충·방전이 가능하므로 수명은 반영구적 • 단자간의 전압으로부터 에너지 잔량을 정확히 측정할 수 있는 이점 • 50cm~1m의 거리를 송수신 안테나가 상당히 떨어져 있어도 송전할 수 있음	• 에너지밀도가 낮다. • 1회 충전하고 시속 40km로 주행 시 10~20분 정도에 전기에너지가 소진

리튬이온 전지의 단점
• 값이 비싸고 충·방전 속도(출력밀도)가 충분하지 않으며 충·방전 반복에 의한 열화가 심하다.
• 충전에 시간이 많이 걸리고 충·방전 횟수가 1,000~2,000번이 한계로 매일 충·방전을 반복하는 경우 3년 정도면 수명이 끝난다.
• 리튬은 철이나 알루미늄에 비해 채굴량이 많지 않은 희귀금속(희토류금속)에 속하므로 안정적으로 확보하는 것이 어렵다.

31 슈퍼 커패시터의 특징이 아닌 것은?

① 표면적이 큰 활성탄 사용으로 유전체의 거리가 짧아져서 소형으로 페럿(F) 단위의 큰 정전용량을 얻는다.
② 전하를 물리적으로 축적하기 때문에 충·방전 시간 조절이 어렵다.
③ 과충전이나 과방전이 일어나지 않아 회로가 단순하다.
④ 수명이 길고 에너지밀도가 높다.

해설 슈퍼 커패시터의 특징
• 표면적이 큰 활성탄 사용으로 유전체의 거리가 짧아져서 소형으로 페럿(F) 단위의 큰 정전용량을 얻는다.
• 과충전이나 과방전이 일어나지 않아 회로가 단순하다.
• 전자부품으로 직접체결(땜납)이 가능하기 때문에 단락이나 접속불안정이 없다.
• 전하를 물리적으로 축적하기 때문에 충·방전 시간 조절이 가능하다.
• 전압으로 잔류용량의 파악이 가능하다.
• 내구온도(-30~90℃)가 광범위하다.
• 수명이 길고 에너지밀도가 높다.
• 친환경적이다.

정답 30 ③ 31 ②

32 다음 중 각형 고용량 커패시터가 코인형 커패시터에 대해 가지는 장점으로 알맞은 것은?

① 한 쌍의 활성탄 전극이 격리막(Separator)을 사이에 두고 배치된 구조이다.
② 각각의 활성탄소 전극은 상·하의 금속케이스에 도전성 접착제에 의해 접촉된다.
③ 용량은 2F 이하 저전류부하 용도에 적용된다.
④ 전극 대향 면적이 넓고 활성탄 전극 두께의 박층화가 가능하다.

해설 코인형 커패시터의 특징
- 한 쌍의 활성탄 전극이 격리막(Separator)을 사이에 두고 배치된 구조
- 전극에 전해액을 가하고 상·하 금속케이스, 패킹에 의해 외장 봉입
- 각각의 활성탄소 전극은 상·하의 금속케이스에 도전성 접착제에 의해 접촉
- Cell의 정격전압은 2.5V(2Cell)를 직렬로 접촉하여 5.5V의 정격전압
- 용량은 2F 이하 저전류부하 용도에 적용

각형 초고용량 커패시터의 특징
- 알루미늄 집전체의 표면에 활물질을 도포하여 한 쌍의 전극 사이에 격리막을 두고 대향 배치된 구조
- 전극 대향 면적이 넓고 활성탄 전극 두께의 박층화 가능
- 전극체 중의 확산 저항이 작음
- 코인형에 비하여 대용량, 고출력화 용이
- 단자인출방식이 간단
- 대전류 부하 용도에 적용

33 일반적으로 리튬-이온 전지의 양극과 음극을 구성하는 물질로 맞은 것은?

① 양극 : 리튬코발트산화물, 음극 : 흑연
② 양극 : 리튬망간, 음극 : 수소흡장합금
③ 양극 : 니켈, 음극 : 코발트산화물
④ 양극 : 인산철리튬, 음극 : 해면상납

해설 리튬-이온 전지는 크게 양극, 음극, 전해질의 세 부분으로 나눌 수 있는데 다양한 종류의 물질들이 적용될 수 있다. 그중 가장 많이 이용되는 음극 재질은 흑연이며 양극에는 층상의 리튬코발트산화물(Lithium Cobalt Oxide)과 같은 금속산화물, 인산철리튬(Lithium Ion Phosphate, $LiFePO_4$)과 같은 폴리음이온, 리튬망간 산화물, 스피넬 등이 쓰이며 초기에는 이황화티탄(TiS_2)도 쓰였다. 음극, 양극과 전해질로 어떤 물질을 사용하느냐에 따라 전지의 전압과 수명, 용량, 안정성 등이 크게 바뀔 수 있다.

34 셀당 기전력이 3.6V 정도이며 고온 안정성이 리튬-이온보다 우수하고 가벼우며 에너지 밀도가 비교적 높은 2차전지는 무엇인가?

① 납칼슘전지
② 전기 이중층 커패시터
③ 리튬폴리머 전지
④ 인산철 전지

35 아연-공기 전지의 양극 활물질로 맞는 것은?

① 수 소
② 아 연
③ 산 소
④ 질 소

해설   아연-공기 전지의 양극 활물질은 자연계에 무한히 존재하는 공기 중의 산소이다.

36 다음 중 납산 축전지의 설페이션 현상의 원인이 아닌 것은?

① 과충·방전 시
② 전해액의 비중이 1.260에 가까울 때
③ 전해액 부족 시
④ 급속충전 시

정답   34 ③   35 ③   36 ④

37 납산 축전지의 화학작용 시 수소가스에 의한 분극작용을 감소시키는 감극제로 맞는 것은?
① 수 소
② 황 산
③ 산 소
④ 물

해설 납산 축전지는 양극판에 포함된 산소가 수소 기포로부터 발생하는 분극 작용을 막아주는 감극제로 사용되고 있다.

38 납산 축전지의 격리판에 대한 구비조건 중 틀린 것은?
① 다공성이어야 한다.
② 극판에 좋지 않은 물질을 발생시키면 안 된다.
③ 전기전도율이 우수하여야 한다.
④ 내산성 및 내진성이 있어야 한다.

해설 격리판(Separator)은 부도체이며, 전해액이 자유로이 확산할 수 있도록 다공성이어야 하고, 또 내산성과 내진성이 좋아야 한다.

39 철도차량용, 비행기 엔진 시동용 등을 비롯하여 고출력이 요구되는 산업 및 군사용으로 널리 이용되고 있으며, 밀폐형의 경우에는 전동공구 및 휴대용 전자기기의 전원으로 사용되었으나, 메모리 효과와 유해한 카드뮴 사용으로 인해 억제되고 있는 전지는?
① 납산 축전지
② 니켈 카드뮴 전지
③ 리튬-이온 전지
④ 망간 전지

40 니켈-카드뮴 전지와 동작전압이 같고 구조적으로도 비슷하지만 부극에 수소흡장합금을 채용하고 있어, 에너지밀도가 높은 2차 전지는?

① 리튬 폴리머 전지
② 리튬 인산철 전지
③ 니켈 수소 전지
④ 수소 연료 전지

41 다음 중 축전지의 용량을 나타낸 것으로 맞는 것은?

① 축전지의 용량은 극판의 장수, 면적, 두께, 전해액 등의 양이 많을수록 커진다.
② 전지의 용량은 출력전압×방전시간으로 나타낸다.
③ 완전충전에서 자기를 방전시켜 완전방전될 때까지의 시간을 나타낸다.
④ 축전지의 용량 단위는 Wh를 사용한다.

해설 전지의 용량
완전 충전된 전지를 일정한 방전 전류로 계속 방전하여 단자전압이 완전 방전 종지전압이 될 때까지, 전지에서 방출하는 총 전기량이다. 전지의 용량은 극판의 장수가 많고 면적이 넓으며 두꺼울수록, 전해액의 양이 많을수록 커지며 다음 식으로 나타낼 수 있다.
전지의 용량(Ah) = 방전전류(A) × 방전시간(h)
여기서, 방전시간이란 완전 충전상태에서 방전 종지 전압까지의 연속 방전하는 시간

02 충전시스템 개론

01 다음 중 축전지의 과충전 현상이 발생되는 주된 원인은?

① 전압조정기의 작동 불량
② 발전기 벨트 장력 불량 및 소손
③ 배터리 단자의 부식 및 조임 불량
④ 발전기 커넥터의 단선 및 접촉 불량

02 축전지의 정전류 충전에 대한 설명으로 틀린 것은?

① 표준 충전전류는 축전지용량의 10%이다.
② 최소 충전전류는 축전지용량의 5%이다.
③ 최대 충전전류는 축전지용량의 20%이다.
④ 이론 충전전류는 축전지용량의 50%이다.

> **해설** 배터리 정전류 충전은 전류를 일정하게 설정하여 충전하는 방식으로 정전류를 이용하여 장시간 충전하지만 충전 효율이 급속 충전법에 비해 우수하다. 충전전류는 배터리 용량의 10%(최소 5%~최대 20%)이고 충전시간은 (방전량 ÷ 충전전류)×1.2~1.5로 구해진다.

03 납산축전지의 양극판에 대한 설명으로 틀린 것은?

① 해면상납(Pb)으로 되어 있다.
② 극판은 암갈색이다.
③ 화학작용은 활발하다.
④ 다공성이며 결합력이 약하다.

> **해설** 납산축전지의 음극이 해면상납이고 양극이 과산화납이다.

04 축전지에 사용되는 격리판의 구비조건으로 잘못 설명된 것은?

① 전도성일 것
② 다공성으로 전해액의 확산이 양호할 것
③ 기계적 강도가 크고 산화부식이 적을 것
④ 내산성과 내진성이 양호할 것

해설 격리판의 구비조건은 부도체이며, 전해액이 자유로이 확산할 수 있도록 다공성이어야 하고, 또 내산성과 내진성이 좋아야 한다.

05 충전장치에서 점화스위치를 ON(IG)했을 때 발전기 내부에서 자석이 되는 것은?

① 로 터
② 스테이터
③ 정류기
④ 전기자

해설 로터 : 브러시와 슬립링을 통해 전기가 공급되면 전자석이 되어 스테이터 내부에서 N-S극이 교차되며 회전한다.

06 배터리 표기에서 CCA(Cold Cranking Amperes)란?

① 완전 충전된 배터리가 영하 18℃에서 방전할 수 있는 순간 최대 전류량
② 영하 0℃에서 배터리가 소비할 수 있는 전류량
③ 배터리가 소비할 수 있는 총 전류량
④ 배터리가 시간당 소비할 수 있는 전류량

해설 CCA : 영하 18℃에서 단자전압 7.2V를 유지하며 30초 동안 계속 공급할 수 있는 최대 방전 전류량

07 축전지에 대한 설명으로 틀린 것은?

① 축전지는 화학적 에너지를 전기적 에너지로 변환시킨다.
② 1차 전지란 방전되었을 때 충전을 할 수 없으므로 재사용이 불가능한 전지를 말한다.
③ 2차 전지란 방전되었을 때 재사용이 가능하도록 재충전이 가능한 전지를 말한다.
④ 알칼리 축전지는 납산 축전지에 비하여 과부하에 불리하고 수명이 짧다.

08 0.5μF, 0.7μF의 축전기를 병렬로 연결하고 12V의 전압을 가할 때 합성 정전용량은 몇 μF인가?

① 1.2μF
② 0.7μF
③ 0.5μF
④ 0.3μF

해설 콘덴서의 병렬 연결 시 합성용량은
$C_t = C_1 + C_2 = 0.5 + 0.7 = 1.2\mu F$

09 그림과 같이 12V 배터리 2개를 직렬로 연결하여 충전하고자 한다. 각각의 용량이 50Ah 라면 전압 E(V)와 전류 I(A)는 얼마로 선정하여야 적절한가?(단, 충전기는 정전류 충전기 이다)

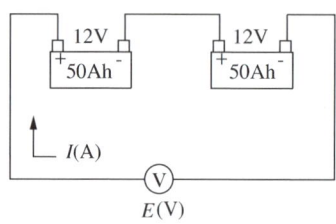

① 12V, 5A
② 24V, 5A
③ 12V, 20A
④ 24V, 20A

해설 배터리의 직렬연결 시 전압은 각각의 합으로 구해지고 전류는 하나일 때와 같다.

10 축전지의 일반적인 보충전 방식에 속하지 않는 것은?

① 정전류 충전
② 정전압 충전
③ 단별전류 충전
④ 단별전압 충전

11 발전기에서 기전력 발생 요소에 대한 다음 설명 중 틀린 것은?
    ① 로터코일의 회전이 빠를수록 많은 기전력을 얻을 수 있다.
    ② 로터코일에 흐르는 전류가 클수록 기전력이 커진다.
    ③ 자극의 수가 많은 경우 자력은 크다.
    ④ 권수가 많고 도선(코일)의 길이가 짧을수록 자력이 크다.

12 교류발전기의 정류작용은 어디에서 하는가?
    ① 아마추어
    ② 계자코일
    ③ 실리콘 다이오드
    ④ 트랜지스터

    해설 교류발전기는 로터(회전자), 스테이터(고정자), 정류기(실리콘 다이오드), IC전압조정기(브러시 부착), 벨트풀리 등으로 구성되어 있다.

13 교류발전기의 유도전류는 어디에서 발생하는가?
    ① 계자코일
    ② 로터
    ③ 스테이터
    ④ 전기자

    해설 스테이터 코일은 Y결선으로 구성되어 있고, 전자석이 된 로터가 N-S극을 교차하며 회전하면 전자유도작용에 의해 스테이터에서 3상 교류가 발생한다.

정답 11 ④ 12 ③ 13 ③

14 다음에서 말하는 법칙은?

> 전자 유도에 의해 발생한 전압의 방향은 유도전류가 만든 자속의 증가 또는 감소를 방해하려는 방향

① 렌츠의 법칙
② 플레밍의 오른손 법칙
③ 플레밍의 왼손 법칙
④ 자기유도 법칙

15 자동차용 3상 교류 발전기에 Y결선을 많이 사용하는 이유는?

① 전류를 많이 필요로 하기 때문에
② 선간전압이 높기 때문에 낮은 속도로 충전전압을 얻기 위해
③ 코일이 적게 들기 때문에
④ 정비하기 쉽기 때문에

해설 Y결선은 코일의 한 끝을 중성점에 접속하고 다른 한 끝을 끌어낸 것으로 선간전압은 상전압의 $\sqrt{3}$ 배이고 저속회전 시 높은 전압이 발생한다. 또한 중성점의 전압을 이용하며 주로 전압을 이용하기 위한 결선방법이다.

16 AC발전기의 계철은 어떤 역할을 하는가?

① 전류 손실 방지
② 전류 상승 방지
③ 자력 손실 방지
④ 전압 강하 방지

17 전기자동차의 충전법 중 충전시간에 따른 분류가 아닌 것은?

① 급속 충전법
② 보통 충전법
③ 단별전류 충전법
④ 균등 충전법

해설 전기자동차의 충전법 중 충전시간에 따른 분류는 급속 충전, 보통 충전, 균등 충전이 있다.

18 전기자동차의 충전 접속에 의한 형식 중 인덕티브 방식의 설명으로 맞는 것은?

① 단자간 접촉으로 에너지를 전달하는 방법
② 변압기 원리를 응용한 전자유도에 의해 에너지를 전달하는 방법
③ 소전류로 장시간(8시간 정도) 충전하는 방법
④ 대전류로 단시간(30분 정도) 충전하는 방법

해설 전기자동차의 충전 접속 형식

구 분	특 징
인덕티브 충전 방식 (Inductive Charging)	변압기 원리를 응용한 전자유도에 의해 에너지를 전달하는 방법으로 미국의 GM과 일본의 닛산 및 토요타 등이 채택하고 있다.
컨덕티브 충전 방식 (Conductive Charging)	일반적인 전기접속방법에 따라 단자간 접촉으로 에너지를 전달하는 방법으로 미국의 포드와 일본의 혼다 등이 채택하고 있다.

19 다음 중 교류 220V를 사용하여 적은 전력으로 만충전시키는 방법으로 전기 자동차의 기본이 되는 충전방식은?

① 균등 충전
② 보통 충전
③ 급속 충전
④ 교류 충전

해설 충전시간에 따른 전기자동차 충전법의 분류

구 분	특 징
급속충전	큰 전력으로 단시간에 충전하는 방식으로 30분에 약 80% 정도까지 충전한다. 단, 급속충전의 경우 만충전은 불가능하다.
보통충전	야간에 교류 220V를 사용하여 적은 전력으로 만충전시키는 방법으로 전기자동차의 기본이 되는 충전방식이다. 심야전력제도를 이용하면 경제적으로 충전할 수 있다.
균등충전	전지의 충전상태를 초기조건으로 되돌리기 위해 정기적으로 충전하는 방식이다.

20 다음 중 접촉식 충전시스템의 특징으로 옳지 않은 것은?

① 전기적 접속을 통하여 충전
② 교류충전장치는 전기차 내부의 온보드 충전기가 충전
③ 직류충전장치는 직류의 출력을 배터리에 직접적으로 전기를 공급하여 충전
④ 1차 권선에 해당하는 장치를 외부에 설치, 2차 권선에 해당하는 장치를 전기차 내부에 설치하여 전력 전달

> **해설** 접촉식(Conductive) 충전시스템
> • 전기적 접속을 통하여 충전
> • 교류충전장치는 충전스탠드가 충전을 위한 교류전원 공급
> • 교류충전장치는 전기차 내부의 온보드 충전기가 충전
> • 교류충전장치는 충전시간이 6시간 이상 소요
> • 직류충전장치는 직류의 출력을 배터리에 직접적으로 전기를 공급하여 충전
> • 직류충전장치는 출력직류전압이 높고 전류가 커서 충전 시 사고 위험성이 높음

21 유도식 충전시스템의 특징이 아닌 것은?

① 변압기 원리를 이용
② 교류충전장치는 충전시간이 6시간 이상 소요
③ 접촉식 충전 방식에 비하여 안정성 우수
④ 에너지 효율 극대화

> **해설** 유도식(Inductive) 충전시스템
> • 변압기 원리를 이용
> • 1차 권선에 해당하는 장치를 외부에 설치, 2차 권선에 해당하는 장치를 전기차 내부에 설치하여 전력전달
> • 접촉식 충전 방식에 비하여 안정성 우수
> • 에너지 효율 극대화

22 정전류 충전 방식의 설명으로 틀린 것은?

① 전류는 최대 40A로 설정한다.
② 전류를 일정하게 설정하여 충전하는 방식이다.
③ 충전 효율이 급속 충전법에 비해 우수하다.
④ 충전전류는 배터리 용량의 10% 정도이다.

해설 **정전류 충전방식** : 전류를 일정하게 설정하여 충전하는 방식이다.
• 정전류를 이용하여 장시간 충전
• 충전 효율이 급속 충전법에 비해 우수
• 충전전류 : 배터리 용량의 10%(최소 5%~최대 20%)
• 충전시간 : (방전량 ÷ 충전전류) × 1.2~1.5

23 급속 충전법의 설명으로 맞는 것은?

① 충전 효율이 매우 우수하다.
② 충전 전류는 5~10A로 설정한다.
③ 충전효율이 떨어지고 배터리수명을 단축시키기 때문에 제한적으로 실시한다.
④ 충전 시간은 약 3시간이다.

해설 **급속 충전법**
• 고전류를 이용하여 단기간(15~20분) 충전
• 전류는 최대 40A 설정
• 충전 중 열이나 가스 발생 시 충전 중단
• 직사광선을 피해 서늘하고 통풍이 잘되는 곳에서 충전
• 충전효율이 떨어지고 배터리수명을 단축시키기 때문에 제한적으로 실시
• 충전 후 반드시 충전완료상태 확인

24 일반적인 자동차에서 주행 시 적용되고 있는 충전방식은 무엇인가?

① 정전압 및 단별전류 충전법
② 정전류 충전법
③ 교류전류 충전법
④ 급속 충전법

정답 22 ① 23 ③ 24 ①

25 다음 중 SOC(State of Charge)에 대한 설명으로 맞는 것은?

① 배터리의 순간 가용출력을 수치화하여 나타낸 것이다.
② 배터리의 사용 가능한 에너지로서 배터리 정격 용량 대비 방전 가능한 전류량의 백분율로 표시한다.
③ 배터리의 충·방전 과정에서 발생하는 셀 간의 편차 및 오차를 줄여 배터리의 에너지 효율을 증대시키는 것을 말한다.
④ 발전기의 전압, 전류, 온도를 측정하여 판단한다.

해설 SOC는 배터리의 사용 가능한 에너지로서 배터리 정격 용량 대비 방전 가능한 전류량의 백분율로 표시하며 배터리의 전압, 전류, 온도를 측정하여 배터리의 SOC를 계산하고 차량 제어 유닛에 전송하여 적정 SOC를 관리한다.

26 전기 자동차 충전기 설치 장소에 따른 분류로 틀린 것은?

① 별치형 충전기는 충전기를 차량외부인 주차장이나 주유소 등에 설치하는 방식으로 인덕티브 충전과 급속 충전이 이러한 방식에 해당된다.
② 휴대형 충전기는 별치형을 개량하여 휴대할 수 있도록 편의성을 높인 형태이다.
③ 급속형 충전기는 탑재형 충전기의 개량형으로 교류전원에 대한 충전시간을 줄이기 위해 대전류로 빠르게 충전하는 형식이다.
④ 탑재형 충전기는 충전기를 차량에 탑재하고 이동하다가도 교류전원이 있으면 충전이 가능한 형태로 충전기를 설치할 필요 없이 전원만 있으면 충전이 가능하므로 편리하다.

해설 설치 장소에 따른 전기 자동차 충전기의 분류

구 분	특 징
별치형 충전기	충전기를 차량외부인 주차장이나 주유소 등에 설치하는 방식으로 인덕티브 충전과 급속충전 등이 이러한 방식에 해당된다.
휴대형 충전기	별치형을 개량하여 휴대할 수 있도록 사용 편의성을 높인 형태이다.
탑재형 충전기	충전기를 차량에 탑재하고 이동하다가도 교류전원이 있으면 충전이 가능한 형태로 충전기를 설치할 필요가 없이 전원만 있으면 충전이 가능하므로 편리하다.

03 배터리 에너지 관리시스템

01 하이브리드 차량에서 저전압 직류 변환장치가 불량이 되어 보조 배터리에 충전이 되지 않는 경우 HCU제어 사항 중 틀린 것은?

① 알터네이터 릴레이를 제어한다.
② 시동이 걸리지 않는다.
③ ETACS에 신호를 보내서 부하가 큰 전장품을 OFF 제어한다.
④ 보조 배터리 충전 경고등을 점등시킨다.

> **해설** HCU : 하이브리드 시스템을 수행하기 위한 하이브리드 컨트롤 유닛으로 CAN통신을 통해 작동상태에 따른 제어신호를 공급하여 전장부품을 제어한다.

02 하이브리드 차량의 고전압 배터리시스템의 구성품이 아닌 것은?

① 파워 릴레이
② 냉각팬
③ 고전압 배터리
④ 저전압 12V용 배터리

> **해설** 고전압 배터리시스템(BMS)의 구성품 : BMS ECU, 배터리 트레이, 전류 센서, 메인릴레이, 안전스위치, 고전압퓨즈, DC링크 터미널, 냉각팬으로 구성된다.

03 하이브리드 차량의 고전압 배터리시스템의 구성품 중 파워 릴레이 어셈블리의 기능이 아닌 것은?

① 고전압 배터리를 기계적으로 분리하여 암전류를 차단하는 역할
② 고전압 회로에 과전류의 흐름을 보호하는 역할
③ 고전압 부품의 과열방지를 위한 냉각팬을 제어하는 역할
④ 고전압 정비작업자의 보호를 위한 안전 스위치 역할

> **해설** 고전압 배터리시스템(BMS)에서 파워 릴레이의 기능 : 배터리와 인버터 간의 전원을 차단하고 접속초기 제한된 전류를 인가하여 회로를 보호하며, 작업자의 안전을 위한 안전스위치의 기능을 수행한다.

정답 1 ① 2 ④ 3 ③

04 하이브리드 차량의 고전압 배터리시스템의 구성품 중 파워 릴레이 어셈블리에 설치되어 있으며, 인버터의 커패시터를 초기 충전할 때 충전전류를 제한하고 고전압회로를 보호하는 역할을 하는 것은 무엇인가?

① 프리차저 레지스터
② 메인 릴레이
③ 배터리 전류 센서
④ 안전스위치

> **해설** 고전압 배터리시스템(BMS)의 파워릴레이에 설치된 프리차저 레지스터는 저장된 데이터를 통하여 충전 시 충전전류를 제한하여 고전압회로를 보호하는 역할을 한다.

05 하이브리드 차량의 고전압 배터리시스템의 구성품 중 파워릴레이 어셈블리에 해당되는 부품이 아닌 것은?

① 알터네이터 L 릴레이
② 배터리 전류 센서
③ 배터리 온도 센서
④ Y자형 콘덴서

06 하이브리드 차량의 고전압 배터리 냉각시스템에 대한 설명 중 틀린 것은?

① 냉각팬과 닥트로 구성되어 있다.
② 고전압 배터리시스템이 항상 정상 작동온도를 유지하도록 한다.
③ 냉각팬은 항상 일정한 속도로 회전하여, 일정량의 냉각 풍량을 순환시킨다.
④ 고전압 배터리 냉각시스템은 공랭식을 이용하며, 냉각팬이 실내공기를 흡입하여 순환 냉각시킨 후 차량의 밖으로 배출시킨다.

> **해설** 고전압 배터리시스템(BMS)의 냉각시스템은 배터리시스템이 과열되면 냉각팬을 이용하여 차실의 공기를 흡입하여 배터리 셀을 지나 차량외부로 열을 방출한다. 그에 따라 배터리 모듈 간의 온도차를 감소시키고 차량운행 시 충·방전으로 인하여 발생된 열을 냉각하여 배터리 성능을 유지한다.

07 하이브리드 차량의 에너지 회생 브레이크시스템에 대한 설명이다. 잘못된 것은?

① 감속 시 전기 모터를 발전기로 이용하여 차량의 운동 에너지를 전기 에너지로 변환하여 배터리로 회수한다.
② 에너지의 손실을 최소화하여, 연비 절감효과를 얻을 수 있다.
③ 브레이크 마스터 실린더의 유압을 압력 센서가 검출하여 이 신호를 기준으로 컴퓨터는 회생제동을 실시한다.
④ 회생제동 시 브레이크 응답성과 제동력이 약간 감소한다.

해설 　**회생제동 시스템** : 하이브리드 자동차의 모터를 제동 시에는 발전기로 전환하여 발생되는 운동에너지를 전기에너지로 변환시켜 고전압 배터리를 충전시키는 방식으로 연비를 향상시키며 에너지 손실을 최소화한다.

08 하이브리드 차량의 모터 제어기에 대한 설명 중 틀린 것은?

① 통합 패키지 모듈(IPM ; Integrated Package Module) 내에 장착되어 있고, 인버터라고도 부른다.
② 고전압 배터리의 직류 전원을 모터 작동에 필요한 단상 교류 전원으로 변경시킨다.
③ 하이브리드 통합 제어기(HCU ; Hybrid Control Unit)의 명령을 받아 모터의 구동 전류 제어를 한다.
④ 감속 및 제동 시 모터를 발전기 역할로 변경하여 배터리 충전을 위한 에너지 회수기능을 담당한다.

해설 　하이브리드 자동차의 모터제어기(MCU)는 전동기로 공급되는 전류량을 제어하고 직류를 교류로 변화시키는 인버터기능과 충전 시 모터에서 발생한 교류를 직류로 변환시키는 컨버터기능을 동시에 수행한다.

09 하이브리드 차량의 고전압 배터리 제어에 대한 설명 중 틀린 것은?

① HEV 배터리가 평상 시 충전상태 영역인 55~86% 범위를 벗어나지 않도록 제어한다.
② HEV 배터리 충·방전 과정에서 전압 편차가 생긴 셀을 동일한 전압으로 매칭한다.
③ 냉각팬을 이용하여 HEV 배터리의 온도를 유지·관리한다.
④ HEV 배터리 냉각시스템은 수랭식으로 한다.

해설 　고전압 배터리시스템(BMS)의 냉각방식은 냉각팬을 이용한 공랭식을 이용한다.

정답 7 ④ 8 ② 9 ④

10 주행 중인 하이브리드 자동차에서 제동 시에 발생된 에너지를 회수(충전)하는 제어모드는?

① 시동 모드 ② 회생제동 모드
③ 발진 모드 ④ 가속 모드

11 모터를 발전기로 작동시키는 방법으로, 전기 모터로의 송전을 멈추고 구동을 정지하여 출력측의 회전을 반대로 모터에 입력하는 방식으로 전달하는 시스템은?

① 발전제동 ② 가속제동
③ 고속제동 ④ 모터제동

> **해설** 　**발전제동** : 모터를 발전기로 작동시키는 방법으로, 전기 모터로의 송전을 멈추고 구동을 정지하여 출력측(전기자동차의 경우 차륜)의 회전을 반대로 모터에 입력하는 방식으로 전달한다. 발생되는 전력을 저항기에 흐르게 하여 발생되는 열을 소비시켜, 모터에 회전 저항을 발생시켜 제동력을 얻게 된다.

12 발전제동의 장점에 대한 설명 중 바르지 않은 것은?

① 연료소비가 줄어든다.
② 세기가 고정된다.
③ 엔진 브레이크와 같은 효과를 얻을 수 있다.
④ 제동장치의 부담이 감소된다.

> **해설** 　**발전제동 시스템의 특징**
> • 장 점
>   - 연비개선 효과가 매우 크다.
>   - 세기를 자유롭게 제어할 수 있다.
>   - 마찰재의 부담이 줄어든다.
>   - 일종의 엔진 브레이크 효과를 얻을 수 있다.
> • 단 점
>   - 회생제동이 시작되는 시점에서 갑작스런 제동력으로 인해 운전자가 진동을 느끼기 쉽다.
>   - 운전자가 밟는 발의 힘과 제동력 사이에는 회생제동력의 크기만큼 이질감이 생겨 운전자에게 혼란을 초래하기 쉽다.

정답 10 ② 11 ① 12 ②

13 발전제동장치에 대한 단점이 아닌 것은?
① 회생제동이 시작되면 진동이 발생한다.
② 브레이크 페달의 조작력과 회생제동력의 크기만큼 이질감이 발생한다.
③ 운전자가 브레이크 페달을 밟아 조정할 수 있다.
④ 구조가 복잡하다.

14 4상한 구동제어 모드가 아닌 것은?
① 역 전
② 회 전
③ 제 동
④ 기 동

해설 4상한 운전이란 정전, 역전을 할 수 있고 기동, 제동의 두방향 토크로 운전하는 것을 말한다.

15 4상한 구동제어 모드가 실시될 때 운전상태에 따라 각각의 모드가 적절한 것은?
① 좌회전하고 있을 때는 1상한 운전
② 정전하고 있는 것을 급히 정지할 때는 2상한 운전
③ 우회전하고 있을 때는 3상한 운전
④ 회전하고 있는 것을 급히 정지할 때는 4상한 운전

해설 4상한 구동은 정전하고 있을 때는 1상한 운전, 정전하고 있는 것을 급히 정지할 때는 2상한 운전, 역전하고 있을 때는 3상한 운전, 역전하고 있는 것을 급히 정지할 때를 4상한 운전이라 할 수 있다.

16 하이브리드 차량에 적용되는 DC-DC 컨버터에 대한 설명 중 맞는 것은?
① 교류-교류 변환기이다.
② 일종의 직류발전기이다.
③ 하이브리드 자동차에서는 HDC(High Voltage DC-DC Converter)라고도 한다.
④ 고전압의 전원을 12V의 저전압 전원으로 변환한다.

해설 DC-DC컨버터 : 직류-직류 변환기라고 하며, SMPS(Switched Mode Power Supply)라고도 한다. DC-DC 컨버터는 고전압의 전원을 12V의 저전압 전원으로 변환하여 공급하는 교류발전기의 역할을 하며 적용된 하이브리드 차량에서는 LDC(Low Voltage DC-DC Converter)라고도 불린다.

정답 13 ③ 14 ② 15 ② 16 ④

17 DC-DC 컨버터의 구성요소와 기능으로 맞지 않는 것은?

① 인덕터 : 전압제어
② 전력반도체 스위치 : 입·출력 에너지 제어
③ 커패시터 : 에너지 전달
④ 변압기 : 입·출력의 전기적 절연, 입력방향과 출력방향의 전압이익 조절

> **해설** DC-DC 컨버터의 구성요소
> - 전력반도체 스위치 : 입·출력 에너지 제어
> - 커패시터, 인덕터 : 에너지 전달 매개체, 전압, 전류의 리플성분 제거(필터역할)
> - 변압기 : 입·출력의 전기적 절연, 입력방향과 출력방향의 전압이익 조절

18 DC-DC 컨버터의 종류로 비절연 Buck방식에 대한 설명으로 옳은 것은?

① 스위치가 Off되면 전류가 인덕터를 통하여 출력방향으로 흐르면서 동시에 인덕터에 축적된다.
② 스위치가 On되면 인덕터에 축적된 에너지가 환류 다이오드를 통해 출력방향으로 방출된다.
③ On/Off동작이 반복되면서 입력전원을 원하는 출력전력으로 변환한다.
④ 승압형 컨버터라고도 한다.

> **해설** Buck방식의 특징
> - 스위치가 On되면 전류가 인덕터를 통하여 출력방향으로 흐르면서 동시에 인덕터에 축적 스위치가 Off되면 인덕터에 축적된 에너지가 환류 다이오드를 통해 출력방향으로 방출
> - On/Off동작이 반복되면서 입력전원을 원하는 출력전력으로 변환, 출력전압이 입력전압보다 낮은 범위로 나타나 강압형 컨버터라고 함

19 DC-DC 컨버터의 종류 중 절연방식의 종류가 아닌 것은?

① Forward 방식
② Half-bridge 방식
③ Push-pull 방식
④ Boost 방식

> **해설** DC-DC 컨버터는 고주파 트랜스포머의 유·무에 따라 크게 비절연 방식과 절연 방식으로 나뉘며, 비절연 방식에는 Buck 방식, Boost 방식, Buck-Boost 방식이 있고 절연 방식에는 Fly-back 방식, Forward 방식, Half-bridge 방식, Full-bridge 방식, Push-pull 방식이 있다.

20 하이브리드 자동차에서 전기 자동차의 2차 전지의 전류, 전압, 온도 등을 실시간으로 측정하여 에너지의 충·방전 상태와 잔여량을 제어하고 에너지 효율과 배터리수명을 높여주는 기능을 하는 장치는?

① BCS(Battery Control System)
② BMS(Battery Management System)
③ BSS(Battery Smart System)
④ BAS(Battery Assist System)

> **해설** Battery Management System(BMS) : 전기 자동차의 2차 전지의 전류, 전압, 온도 등을 실시간으로 측정하여 에너지의 충·방전 상태와 잔여량을 제어하는 것으로, 타 제어시스템과 통신하며 전지가 최적의 동작환경을 조성하도록 제어하는 2차 전지의 필수부품이다. 또한, 충·방전 시 과충전 및 과방전이 발생되지 않도록 셀간의 전압을 균일하게 제어하여 에너지 효율과 배터리수명을 높여주는 기능을 한다.

21 BMS(Battery Management System)의 역할로 맞지 않는 것은?

① 자가충전
② 데이터 보상 및 시스템 진단 기능
③ 전기시스템의 최적상태유지
④ 전기시스템의 정적운영을 위한 안전예방 및 경보발생

> **해설** BMS의 역할
> • 전기시스템의 정적운영을 위한 안전예방 및 경보발생
> • 전기시스템의 전압, 전류, 온도의 모니터링
> • 전기시스템의 최적상태유지
> • 데이터 보상 및 시스템 진단기능

정답 20 ② 21 ①

22 BMS(Battery Management System)의 기능 중 틀린 것은 무엇인가?

① 배터리의 현재상태에 대한 정보를 제공한다.
② 응급상황 발생 시 배터리를 분리한다.
③ 차량운전 모드에 따른 변화에 대응한다.
④ 운전자의 상태를 파악한다.

해설 BMS의 기능
- 배터리를 이루는 개별 셀의 상태 모니터링
- 응급 시 배터리를 분리
- 배터리 체인 내에서 셀 매개 변수에 있는 불균형에 대한 보상
- 배터리 충전 상태에 대한 정보 제공
- 드라이버 디스플레이 및 경보에 대한 정보를 제공
- 배터리의 사용가능 범위를 예측
- 관련 차량 제어시스템에서 지시사항을 수락하고 구현
- 셀을 충전을 위한 최적의 충전 알고리즘을 제공
- 제공하는 스위치와 돌입 전류를 제한하는 충전 단계 전에 부하 임피던스 테스트를 할 수 있도록 사전 충전
- 개별 셀을 충전에 대한 액세스 수단을 제공
- 차량 운영 모드의 변화에 대응

23 BMS(Battery Management System)의 구비조건에 대한 설명 중 옳지 않은 것은?

① 대용량 배터리 및 다량의 셀 조합으로 사용되는 기기들의 정확한 전지에너지 측정이 필요하다.
② 온도, 습도와 같은 외부의 환경적 조건은 중요하지 않다.
③ 배터리의 수명향상을 위한 배터리의 관리가 필요하다.
④ 유지비절감을 위한 배터리 관리가 필요하다.

24 다음 중 BMS(Battery Management System)의 구성품이 아닌 것은?

① 전류 센서　　　　　② 전압 센서
③ 메인릴레이　　　　④ 냉각팬

해설 BMS의 구성요소 : BMS ECU, 배터리 트레이, 전류 센서, 메인릴레이, 안전스위치, 고전압퓨즈, DC링크 터미널, 냉각팬으로 구성된다.

25 다음의 BMS(Battery Management System)의 구성품의 기능에 대한 설명이 바르지 않은 것은?

① BMS ECU : 배터리시스템의 전체적인 상태를 파악한다.
② 안전스위치 : 정비작업 시 작업자를 보호한다.
③ 고전압퓨즈 : 전기시스템 고장 시 과전류를 차단한다.
④ 메인릴레이 : 차량의 구동을 제어한다.

> **해설** 메인릴레이 : 배터리와 인버터 간의 전원을 차단하고 접속초기 제한된 전류를 인가하여 회로를 보호하는 기능을 한다.

26 BMS 시스템 중 SOC(State of Charge)에 대한 설명으로 옳은 것은?

① 고전압 배터리의 방전상태를 나타낸다.
② 고전압 배터러의 충전용량을 나타낸다.
③ 고전압 배터리의 충전상태를 나타낸다.
④ 고전압 배터리의 방전용량을 나타낸다.

> **해설** SOC(State of Charge)는 고전압 배터리의 충전상태를 나타낸다.

27 다음 중 SOC(State of Charge)의 측정방법이 아닌 것은?

① 화학적 방법
② 전압측정방법
③ 저항측정방법
④ 전류적분방법

> **해설** SOC의 측정방법
> • 화학적 방법 : 배터리의 전해질 비중과 pH를 측정하여 계산하는 방법이다.
> • 전압측정방법 : 배터리의 전압을 측정하여 계산하는 방법이다. 이때 배터리전압은 전류와 온도의 영향을 받기 때문에 영향요인들을 고려하여 연산한다.
> • 압력측정방법 : Ni-MH 배터리는 충전 시 배터리 내부의 압력이 증가되는데 이러한 특성을 이용하여 계산하는 방법이다.
> • 전류적분방법 : 배터리의 전류 측정값을 시간에 대해 적분하여 계산하는 방법으로 쿨롱 카운팅이라고도 한다.

정답 25 ④ 26 ③ 27 ③

28 SOC(State of Charge)의 측정방법 중 전압측정방법에 대한 설명으로 옳은 것은?

① 배터리전압은 전류와 온도의 영향을 받으므로 이러한 인자를 비교하여 연산한다.
② 배터리의 전류를 측정하여 계산하는 방법이다.
③ 쿨롱 카운팅이라고도 한다.
④ 배터리 전해액의 비중을 측정한다.

29 하이브리드 자동차에 적용되는 보조배터리에 대한 설명 중 옳은 것은?

① 고전압 배터리의 고장 시 보조배터리를 이용하여 동력을 공급한다.
② 자동차에 적용된 일반적인 전기장치에 전원을 공급한다.
③ 고전압 배터리를 충전한다.
④ 보조배터리는 차량의 중량을 줄이기 위해 리튬-이온 배터리를 사용한다.

해설 **보조배터리의 역할** : 자동차에 적용된 라디오, 와이퍼와 같은 일반적인 전기장치의 경우 보조배터리를 이용하여 전원을 공급한다. 이러한 보조배터리는 엔진을 동력으로 하는 자동차에 적용된 MF배터리를 이용한다.

PART 04

그린전동자동차 구동성능

CHAPTER 01	하이브리드 자동차
CHAPTER 02	변속시스템 개론
CHAPTER 03	그린전동자동차 파워트레인 성능
CHAPTER 04	구동계 제어시스템
CHAPTER 05	차량성능 평가
CHAPTER 06	그린전동자동차 관련 법령

적중예상문제

합격의 공식 SD에듀 www.sdedu.co.kr

하이브리드 자동차

PART 04 그린전동자동차 구동성능

1 하이브리드 자동차의 종류 및 작동원리

(1) 모터 사용 방법에 따른 분류

엔진은 발전용으로만 사용하고 모터의 동력을 이용하여 바퀴를 구동하는 방식이 있다. 직렬 방식으로 엔진의 동력을 이용하여 발전한 전기 에너지를 배터리에 저장해 놓고 그 전기 에너지를 이용하여 모터가 바퀴를 구동하기 때문에 에너지를 사용하는 순서에 의해 시리즈 하이브리드 방식이 있고 엔진과 모터 2개의 동력이 나란히 배열되어 있는 병렬방식 중에 엔진과 모터의 동력을 모두 바퀴를 구동하는 데 사용하는 패럴렐 하이브리드 방식, 자동차의 운전조건에 따라 최적인 운전 모드를 선택하여 구동하는 방식으로 시리즈 방식과 패럴렐 방식 모두를 사용하는 시리즈 패럴렐 방식으로 분류된다.

① 시리즈 하이브리드 전기 자동차(Series Hybrid Electric Vehicle)

엔진의 동력은 발전용으로 이용하고 자동차의 구동력은 배터리의 전원으로 회전하는 모터만으로 얻는 하이브리드 자동차, 즉 엔진을 발전기로 이용하고 생성된 에너지를 전기 에너지로 변환하여 전동 모터를 이용해 바퀴를 구동하는 방식으로 일반 주행용의 12V 배터리인 MF 배터리가 탑재되어 있다. 엔진은 효율이 높은 일정한 회전수로 작동이 되지만 목적에 따라 2가지의 방식으로 세분화할 수 있다. 전기 자동차를 주로 하는 것은 레인지 익스텐더(Range Extender)라 하며, 승용 자동차 정도의 소형의 발전기용 엔진과 모터를 조합하여 주행거리를 증가시킬 목적으로 사용된다. 다른 하나는 비교적 출력이 큰 엔진과 발전기를 조합하여 엔진의 초 저공해화 및 연비향상이 주목적이다.

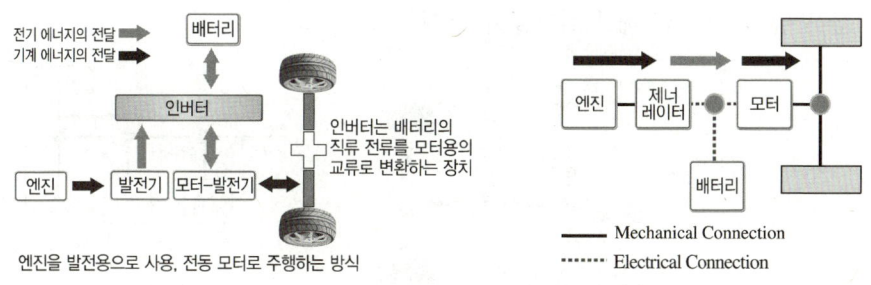

[시리즈 방식의 하이브리드 자동차의 개요]

② 패럴렐 하이브리드 전기 자동차(Parallel Hybrid Electric Vehicle)
구동력을 엔진과 모터가 각각 발생시키거나 양쪽에서 동시에 얻을 수 있는 하이브리드 전기 자동차이다. 엔진의 구동 에너지와 배터리 또는 축압장치(Accumulator System)에서 공급되는 전원을 이용하는 전동 모터의 구동 에너지가 병렬로 바퀴를 구동하는 방식이다. 자동차의 주행상태에 따라 엔진과 모터의 특징을 잘 이용하여 최적의 조건에 맞도록 조합시켜 유해 배출가스의 저감, 소음의 저감, 높은 효율(저연비)의 운전을 실현하는 것이 주목적이다.

예를 들면 저속주행에서는 모터만을 이용하여 주행하고 고속주행에서는 엔진의 동력으로 주행을 하면서 충전을 하는 방법으로 분리하여 주행할 수 있는 방식이다. 그리고 엔진을 구동력의 메인으로 이용하고 급가속 시에는 모터를 보조 동력으로서 이용하여, 브레이크 시에는 발전기로서 작동시켜 에너지를 회생하거나 일시정지 시의 아이들링 스톱을 실시하여 연비가 향상되도록 하는 방식이다.

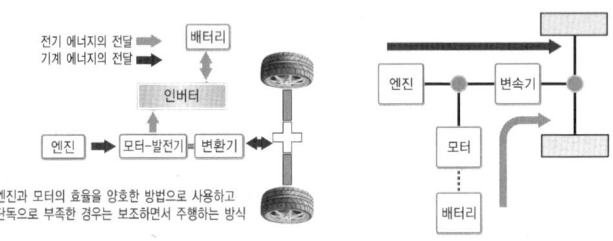

[패럴렐 방식의 하이브리드 자동차의 개요]

③ 시리즈 패럴렐 하이브리드 전기 자동차(Series Parallel Hybrid Electric Vehicle)
시리즈 방식과 패럴렐 방식의 양쪽 기구를 배치하고 운전조건에 따라 최적인 운전모드를 선택하여 구동하는 방식이다. 아이들링 시나 저부하 주행에서는 시리즈 방식이 엔진의 열효율이 높기 때문에 전동 모터로 운행하고 엔진은 발전기의 구동에만 사용하며, 고부하 주행에서는 패럴렐 방식이 엔진의 열효율이 높기 때문에 시리즈 방식에서 패럴렐 방식으로 변환하여 모든 영역에서 높은 열효율과 저공해를 실현할 수 있다.

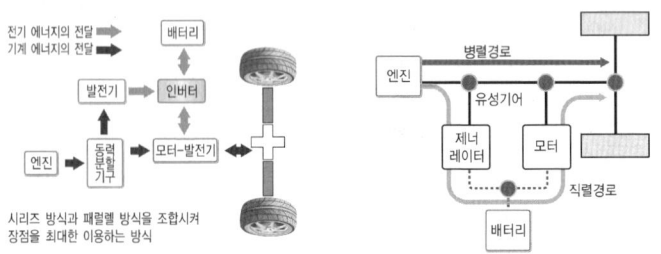

[시리즈 패럴렐 방식의 하이브리드 자동차의 개요]

(2) 모터의 적용위치에 따른 분류

① 하드 하이브리드 전기 자동차(Hard Hybrid Electric Vehicle)

모터가 변속기에 장착되어 있는 TMED(Transmission Mounted Electric Device) 형식으로 엔진과 모터 사이에 클러치를 배치하여 제어하는 방식으로 발진과 저속 주행 시에는 모터에서 발생된 동력만을 이용하여 주행하고, 부하가 적은 평지의 주행에서는 엔진에서 발생된 동력만을 이용하게 된다. 가속 및 등판 주행과 같이 큰 출력이 요구되는 주행 상태에서는 엔진과 모터의 동력을 동시에 이용하여 주행함으로써 연비를 향상시키게 된다. 감속 시에는 브레이크에서 발생하는 열에너지를 모터를 이용하여 전기 에너지로 변환시켜 배터리를 충전하고, 신호 대기와 같은 일시정차 시에는 아이들-스톱 기능으로 엔진을 정지시켜 연비를 향상시킨다.

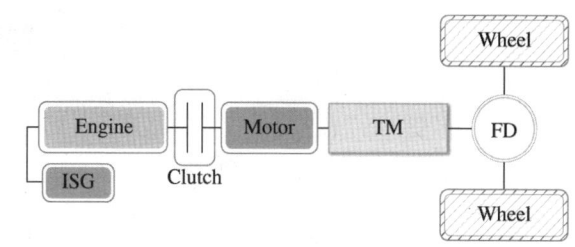

[패럴렐 타입 TMED의 기계적 구성]

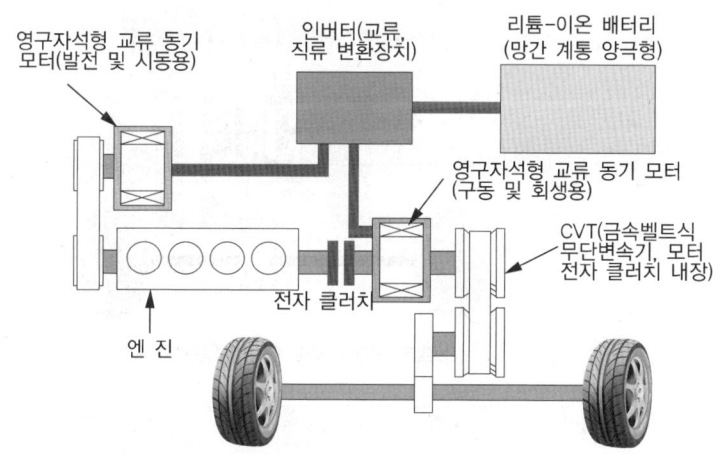

[하드 하이브리드 전기 자동차의 구성]

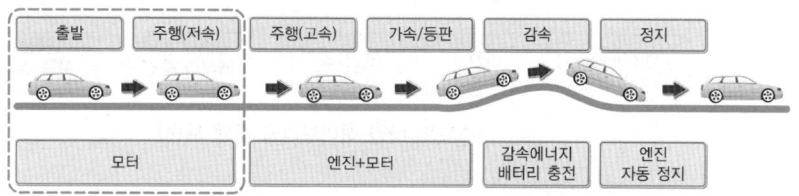

[하드 하이브리드 자동차 주행 패턴]

② 소프트 하이브리드 전기 자동차(Soft Hybrid Electric Vehicle)

모터가 플라이휠에 장착되어 있는 형태를 FMED(Flywheel Mounted Electric Device)라 하며, 변속기와 모터 사이에 클러치를 배치하여 제어하는 방식을 소프트 하이브리드 전기 자동차(SHEV)라 한다. 발진 시에는 엔진과 전동 모터를 동시에 이용하여 동력을 발생시키고 부하가 적은 평지 주행 시에는 엔진의 동력만을 이용하여 동력을 전달하고, 가속 및 등판 주행과 같이 큰 출력이 요구되는 주행 상태에서는 엔진과 모터를 동시에 이용하여 동력을 전달시켜 연비를 향상시킨다. 감속 시에는 브레이크에서 발생하는 열에너지를 모터를 이용하여 전기 에너지로 변환시켜 배터리를 충전하고, 신호 대기와 같은 정차 시에는 아이들-스톱 기능으로 엔진을 정지시켜 연비를 향상시킨다.

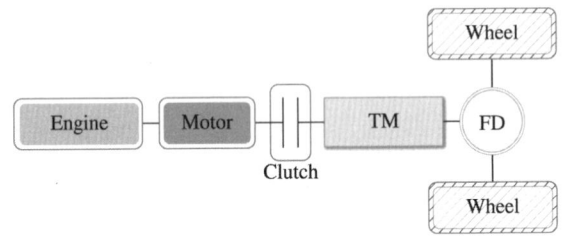

[패럴렐 타입 FMED의 기계적 구성]

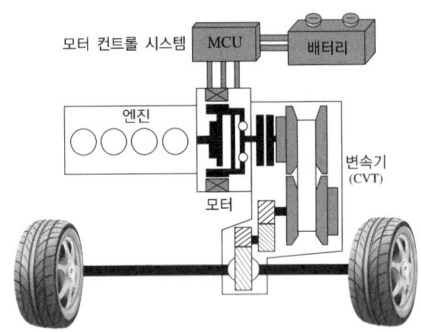

[소프트 하이브리드 전기 자동차의 구성]

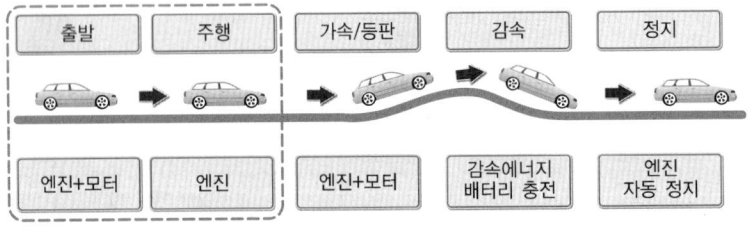

[소프트 타입 하이브리드 주행 패턴]

(3) 엔진탑재에 따른 분류

① 디젤 엔진-전기모터 하이브리드 자동차

현재 디젤 엔진이 사용되는 하이브리드 자동차는 버스나 트럭 등 대형 상용자동차가 주류를 이루고 있다. 대형 자동차는 연료의 경제성을 고려하여 디젤 엔진을 탑재하고 있기 때문에 하이브리드 자동차로 연비의 성능을 더욱 향상시키려는 것이 주목적이다. 디젤 엔진은 가솔린 엔진과 비교하여 유해한 배기가스가 많이 발생하는 등의 문제가 있지만 하이브리드 구조를 채용하면 엔진의 회전수를 일정 범위 내로 제한시킬 수 있기 때문에 일반적인 디젤 엔진구조의 자동차에 비해 배기가스 성능이 향상된다. 하지만 가솔린 엔진 자동차보다 진동이나 소음이 크고, 동일한 배기량에서 힘이 없다는 단점도 있다.

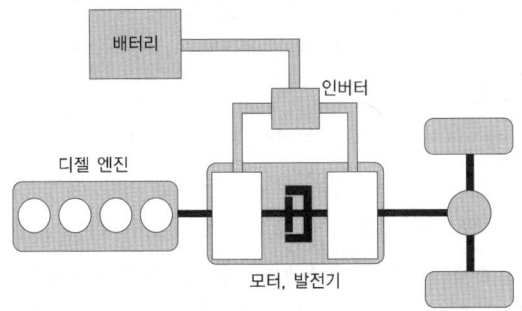

[디젤엔진이 탑재된 하이브리드 자동차의 개요]

② 가솔린 엔진-전기모터 하이브리드 자동차
   ㉠ 신뢰성과 내구성이 우수하다.
   ㉡ 동력 성능이 우수하다.
   ㉢ 유지비가 저렴하고 연료의 공급이 비교적 용이하다.
   ㉣ 가볍고 간단한 구조로 제작 단가가 비교적 저렴하다.

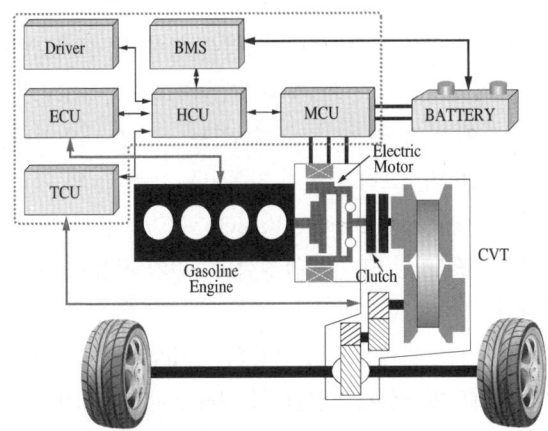

[가솔린 엔진이 탑재된 하이브리드 자동차의 구성]

(4) 모터출력특성에 따른 분류

패럴렐 하이브리드나 시리즈 패럴렐 하이브리드의 경우 엔진과 모터가 모두 구동력을 담당한다. 엔진과 모터가 동력을 담당하는 비율은 주행 상태 등에 따라 다르지만 전체로 보았을 때에는 그 비율에 차이가 난다. 따라서 정확하게 구분하긴 어렵지만 엔진을 주동력으로 하고 모터가 보조하는 어시스트 방식과 모터와 엔진이 함께 주동력으로 작동하는 방식으로 분류된다.

① 엔진과 모터로 구동하는 방식

구동력을 모터가 분담하는 비율이 커지면 엔진의 부담이 줄어들기 때문에 그만큼의 연비가 향상된다. 하지만 자동차로서 과부족 없는 주행상태를 위해서는 전체적인 출력을 일정한 값 이상으로 확보하여야 한다. 이러한 관점에서 볼 때 엔진과 모터를 이용하여 구동하는 방식은 모터의 주행 모드를 설정하는 등 하이브리드 시스템을 활용하는 폭이 넓어지는 요소를 지니고 있다. 따라서 시스템 효율에서도 기술적으로 발전 가능성이 가장 높지만 제작비가 상승하는 단점이 있다.

② 모터 어시스트 방식

모터가 주동력원이 아니기 때문에 출력이 작은 모터를 사용하므로 그만큼 하이브리드 시스템이 전체적으로 간단하다. 모터가 엔진의 크랭크축과 동일 축 상에 배치되어 공간적인 제약을 줄이고 있다. 토크가 부족한 저속회전 영역에서는 모터로 출력을 보완하고 고속 주행에서도 엔진의 출력이 부족할 경우에는 모터가 구동되어 출력을 보완하게 된다. 이처럼 필요할 때마다 모터를 작동시키기 때문에 연비와 배기의 성능을 높일 수 있다. 주행 시 주동력은 엔진이며, 기존의 엔진 시스템을 그대로 응용하여 하이브리드 시스템으로 변경하기가 편하고 제작비가 비교적 저렴하다.

2 전기 자동차의 종류 및 특성

(1) 전기 자동차의 분류

전기 자동차는 전기를 동력원으로 움직이는 차량을 말한다. 전기모터나 내연기관을 동시에 사용하는 엔진이 둘 이상인 하이브리드 전기 자동차(Hybrid EV, HEV), 동력원으로는 전지에 저장한 전기만을 사용하고 필요에 따라 충전시켜줄 수 있는 조그만 내연기관을 가진 플러그인 하이브리드(Plug-in Hybrid EV, PHEV), 그리고 전기 자동차는 Battery의 에너지원을 이용하여 모터의 동력으로만 가는 전기 자동차(Battery Electric Vehicle, BEV) 등 크게 3종류로 나눌 수 있다. 이하에서의 전기 자동차는 HEV, PHEV, BEV를 통칭한다. 전기 자동차(EV)는 전기에너지 사용률에 따라 다음과 같이 구분한다.

① 기존의 엔진과 변속기를 동력원으로 사용하는 내연기관(Internal Combustion Engine)
② 정지 시 엔진이 정지되어 연료를 저감하는 Micro(Mild) HEV
③ 기존 엔진에 모터로 보조하는 Soft(Power Assist) HEV

④ 전기 모터가 출발과 가속할 때뿐 아니라 주행에 주된 역할을 하는 Hard(Full) HEV
⑤ 전기모터로 움직이지만 배터리 범위를 넘어서는 거리는 엔진을 이용해 발전기를 돌리는 방식인 Plug-in HEV
⑥ 순수 배터리로만 운행하는 EV 또는 수소연료전지를 이용하는 FCEV

(2) 전기 자동차 구성요소의 성능 및 특징

① 모 터

전기 자동차용으로 직류(브러시)모터를 많이 사용하였으나, 최근에는 교류모터나 브러시리스모터 등을 사용할 때도 있다. 이러한 교류모터는 같은 출력을 내는 직류모터에 비하여 가격이 3배 이상 저렴하고, 크기에 비하여 모터의 효율과 토크가 비교적 크다. 또 보수 유지비용이 상대적으로 저렴하고 수명이 더 길다는 장점을 가지고 있다.

㉠ 전기 자동차용 모터의 조건
- 시동 시의 토크가 커야 한다.
- 전원은 축전지의 직류전원이다.
- 속도제어가 용이해야 한다.
- 구조가 간단하고 기계적인 내구성이 커야 한다.
- 취급 및 보수가 간편하고 위험성이 없어야 한다.
- 소형이고 가벼워야 한다.

② 전 지

리튬금속을 음극으로 사용하는 리튬-이온전지의 경우는 충·방전이 진행됨에 따라 리튬금속의 부피 변화가 일어나고 리튬금속 표면에서 국부적으로 침상리튬의 석출이 일어나며 이는 전지 단락의 원인이 된다. 그러나 카본을 음극으로 사용하는 전지에서는 충·방전 시 리튬이온의 이동만 생길 뿐 전극활물질은 원형을 유지함으로써 전지수명 및 안전성이 향상된다.

③ 인버터 및 컨버터

인버터(Inverter)는 직류전력을 교류전력으로 변환하는 장치를 말하며 다시 말해 전류의 역변환 장치이다. 먼저 전지에서 얻은 직류전압을 조정하는 장치를 컨버터(Converter)라고 한다. 교류 모터의 경우는 직류전압을 교류전압으로 바꿔주며 전압을 조절해야 하므로 인버터(Inverter)가 필요하다. 따라서 직류전압을 손쉽게 조절하는 방법으로 저항을 만들어주거나 에너지 손실이 많아 보다 효율이 높은 반도체 소자가 개발되고 있다. 인버터의 원리는 전력용 반도체(Diode, Thyristor, IGBT, GTO, Transistor 등)를 사용하여 상용 교류전원을 직류전원으로 변환시킨 후 다시 임의의 주파수와 전압의 교류로 변환시켜 유도전동기의 회전속도를 제어하는 것이다. 유도전동기의 자속밀도를 일정하게 유지시켜 효율 변화를 막기 위하여 주파수와 함께 전압도 동시에 변화시켜야 한다.

④ 인버터의 특성 및 작동원리

PWM이란 Pulse Width Modulation의 약칭으로 평활된 직류전압의 크기는 변화시키지 않고 펄스상 전압의 출력시간을 변화시켜 등가인 전압을 변화시켜 펄스폭을 변조시킨다. 모터에 흐르는 전류가 정현파에 가까워지도록 출력 펄스의 폭을 차례로 변환시키는 방식을 정현파 PWM이라 부르고, 저주파 영역의 모터 토크 리플이 작으므로 최근에는 이 방식이 주류가 되어가고 있다. PAM은 Pulse Amplitude Modulation의 약칭으로 교류를 직류로 변환할 때의 직류 크기를 변환시켜 펄스 높이를 변조시켜 출력한다. 그래서 PWM에 비해 고조파 성분이 적고 모터의 운전음이 작아지는 특징이 있다.

전압형 인버터는 상용전원을 컨버터로 직류로 변환한 후 콘덴서에서 평활된 전압을 인버터부에서 소정의 주파수의 교류출력으로 변환한다. 즉, 전압형 인버터는 전압의 주파수를 변환해서 모터의 회전수를 변환하는 방식이다.

전류형 인버터는 콘덴서 대신에 코일(리액터)이 있다. 컨버터에서 직류로 변환한 뒤 전류를 리액터로 평활해서 인버터에서 교류 출력한다. 즉, 전류형 인버터는 전류의 주파수를 변환해서 모터의 회전수를 변환하는 방식이다. 범용 인버터는 전압형이 적용된다.

⑤ 모터제어기

엑셀 페달 조작량 및 속도를 검출해서 의도한 구동 토크 변화를 가져올 수 있도록 차속이나 부하 등의 조건에 따라 모터의 토크 및 회전속도를 제어한다. 이를 위한 시스템을 제어기라고 부른다. 운전자의 오른발의 움직임에 따라 모터의 토크와 회전속도를 제어한다. 여기서 전원은 전지가 되고 일정전압의 직류전류를 얻게 된다. 직류모터라면 전류의 크기만을 제어하면 되지만 교류모터일 경우에는 우선 교류로 변환시킨 후 다시 진폭이나 주파수/위상을 바꾸어서 자동차의 주행상황을 커버하게 된다.

3 연료전지 자동차의 기본원리

(1) 연료전지 자동차의 개요

연료전지란 화학에너지가 전기에너지로 직접 변환되어 전기를 생산하는 능력을 갖는 전지(Cell)이다. 기존의 전지와는 달리 외부에서 연료와 공기를 공급하여 연속적으로 전기를 생산한다.

(2) 연료전지의 전기 발생원리

연료전지는 중간 과정 없이 화학에너지에서 바로 전기에너지로 직접 변환된다. 천연가스나 메탄올 등의 연료에서 얻어낸 수소와 공기 중의 산소를 반응시키면 전기에너지를 직접 얻을 수 있다. 이러한 원리는 물을 전기분해하면 수소와 산소가 발생된다는 것을 역으로 이용한 것이다. 수소와 산소를 반응시키면 연소반응에 의해 열이 발생하면서 물이 되는데 이때 수소와 산소를 직접 반응시키는 대신 연료전지를 통해 전기화학반응이 일어나게 하면 물과 열 이외에도 전기를 발생시킬 수 있다.

즉 연료전지란 수소 등의 연료가 갖고 있는 화학에너지로부터 전기에너지를 연속적으로 직접 발생시키는 발전장치이다. 연료를 계속 공급하는 한 전기를 계속 발생시킬 수 있기 때문에 일회용인 건전지 사용 후 재충전이 필요한 2차 전지와는 달리 연속적인 발전기 또는 에너지 변환기의 역할을 수행한다.

연료전지의 구조는 전해질을 사이에 두고 두 전극이 샌드위치의 형태로 위치하며 두 전극을 통하여 수소이온과 산소이온이 지나가면서 전류를 발생시키고 부산물로서 열과 물을 생성한다. 연료전지의 음극(Cathode)을 통하여 수소가 공급되고 양극(Anode)을 통하여 산소가 공급 되면 음극을 통해서 들어온 수소분자는 촉매(Catalyst)에 의해 양자(H^+)와 전자로 나누어진다. 나누어진 양자와 전자는 서로 다른 경로를 통해 양극에 도달하게 되는데, 양자는 연료 전지의 중심에 있는 전해질(Electrolyte)을 통해 흘러가고 전자는 외부회로를 통해 이동하면서 전류를 흐르게 하며 양극에서는 다시 산소와 결합하여 물이 된다.

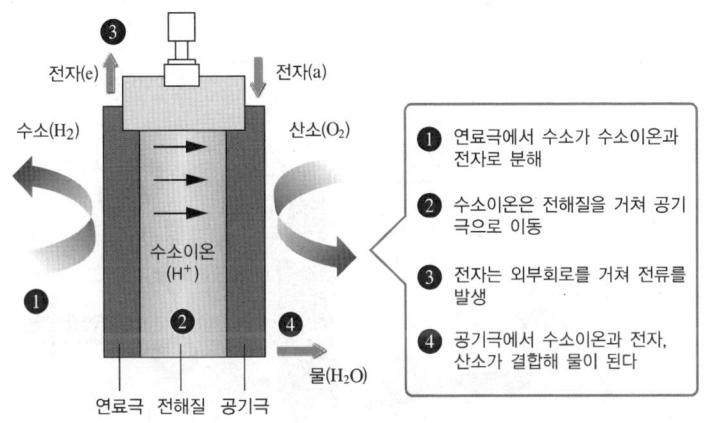

[연료전지의 전기 발생 원리]

(3) 연료전지의 구성

연료전지는 공기극과 연료극의 전극, 두 극 사이에 위치하는 전해질로 구성되어 있다. 연료 전지의 구성요소 중 전극은 전기화학반응을 진행시킬 수 있는 일종의 촉매 역할을 하고 전해질은 생성된 이온을 상대 극으로 전달시켜주는 매개체 역할을 한다. 연료극에는 수소, 공기극에는 공기(또는 산소)가 공급되어 각 전극에서 전기화학반응이 진행된다. 이렇게 구성된 연료전지 한 쌍을 단전지(Single Cell)라 하며 연료극과 공기극 간의 전압은 약 1V 내외가 된다. 이러한 단전지를 직렬로 연결하면 원하는 만큼의 전압을 얻을 수 있다.

(4) 연료전지의 화학반응

연료전지(Fuel Cell)는 수소, 즉 연료와 산화제를 전기화학적으로 반응시켜 전기에너지를 발생시킨다. 이 반응은 전해질 내에서 이루어지며 일반적으로 전해질이 남아 있는 한 지속적으로 발전이 가능하다. 연료전지의 구조는 전해질을 사이에 두고 두 전극이 샌드위치의 극을 통하여 수소이온과 산소이온이 지나가면서 전류를 발생시키고 부산물로서 열과 물을 생성한다.

(5) 연료전지의 반응

연료극(Hydrogen from Tank, 양극)으로부터 공급된 수소는 수소이온과 전자로 분리되고 수소이온은 전해질층을 통해 공기극으로 이동하게 된다. 이때 전자는 외부회로를 통해 공기극으로 이동하며 전기를 생성한다. 공기극(Oxygen from Air, 음극)쪽에서 산소이온과 수소이온이 만나 반응생성물(물)을 생성하게 된다. 따라서 최종적인 반응은 수소와 산소가 결합하여 전기, 물 그리고 열이 생성된다.

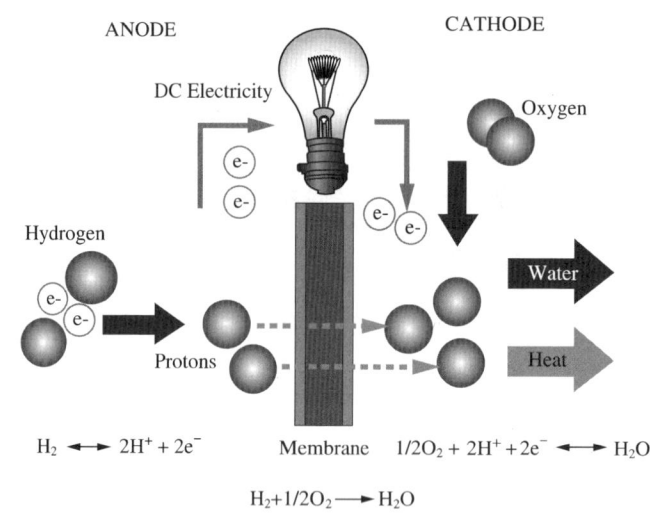

[연료 전지의 원리]

$$H_2 + \frac{1}{2}O_2 \rightarrow H_2O + 전기$$

- Anode : H_2 → $2H^+ + 2e^-$
- Cathode : $1/2O_2 + 2H^+ + 2e^-$ → H_2O
- Overall : $H_2 + 1/2O_2$ → H_2O + 전류 + 열

(6) 연료전지의 특징

① 장 점
  ㉠ 천연가스, 메탄올, 석탄가스 등 다양한 연료의 사용이 가능하다.
  ㉡ 발전효율이 40~60%이며, 열병합 발전 시 80% 이상까지 가능하다.
  ㉢ 도심부근에 설치가 가능하기 때문에 송·배전 시의 설비 및 전력 손실이 적다.

ⓔ 회전부위가 없어 소음이 없고 기존 화력발전과 같은 다량의 냉각수가 불필요하다.
　　ⓜ 배기가스 중 NO_x, SO_x 및 분진이 거의 없으며, CO_2 발생에 있어서도 미분탄 화력발전에 비하여 20~40% 감소되기 때문에 환경공해가 감소된다.
　　ⓗ 부하변동에 따라 신속히 반응하고 설치형태에 따라서 현지 설치용, 중앙 집중형, 분산 배치형과 같은 다양한 용도로 사용이 가능하다.
② 단 점
　　㉠ 초기 설치비용에 따른 부담이 크다.
　　㉡ 수소공급 및 저장 등과 같은 인프라 구축에 어려움이 따른다.

CHAPTER 02 변속시스템 개론

PART 04 그린전동자동차 구동성능

1 클러치와 수동변속기

(1) 클러치와 수동변속기의 구조 및 작동원리

① 클러치의 역할
　클러치는 엔진과 변속기 사이에 장착되고 동력 전달 장치에 전달되는 엔진의 동력을 연결하거나 차단하는 장치이다.

② 클러치의 필요성
　㉠ 자동차의 관성 운전(慣性運轉)을 하기 위하여 필요하다.
　㉡ 엔진을 기동할 때 동력을 차단하여 무부하 상태로 만들기 위하여 필요하다.
　㉢ 변속기의 기어를 변속할 때 엔진의 동력을 일시 차단하고 연결하는 작용을 위하여 필요하다.

③ 단판클러치의 기능 및 구조
　㉠ 클러치 디스크(Clutch Disc, 클러치 판)
　　클러치 디스크는 플라이휠과 압력판 사이에 끼워져 있으며, 엔진의 동력을 변속기 입력축을 통하여 변속기로 전달하는 마찰 판이다. 구조는 원형 강판(鋼板)의 가장자리에 마찰 물질로 된 페이싱(라이닝 ; Facing or Lining)이 리벳으로 설치되어 있고, 중심부에는 허브(Hub)가 있으며 그 내부에 변속기 입력축을 끼우기 위한 스플라인(Spline)이 파여 있다. 또 허브와 클러치 강판 사이에는 비틀림 코일 스프링(Damper Spring or Torsion Spring)이 설치되어 클러치 디스크가 플라이휠에 접속될 때 회전 충격을 흡수한다. 페이싱 사이에는 파도 모양의 쿠션 스프링이 설치되어 클러치가 접속될 때 스프링이 변형되어 디스크의 변형, 편마멸, 파손 등을 방지한다.

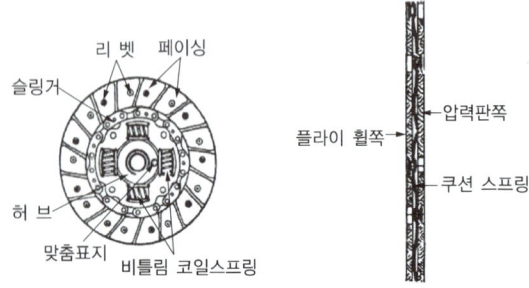

[클러치 디스크 구조]

ⓒ 압력판(壓力板)

압력판은 다이어프램 스프링(클러치 스프링)의 장력으로 클러치 디스크를 플라이휠에 압착시키는 일을 한다. 클러치 디스크와의 접촉면은 정밀 다듬질되어 있고 뒷면의 코일 스프링 형식에서는 스프링 시트와 릴리스 레버 설치 부분이 마련되어 있다. 또 압력 판과 플라이휠은 항상 회전하므로 동적 평형(動的平衡)이 잘 잡혀 있어야 한다.

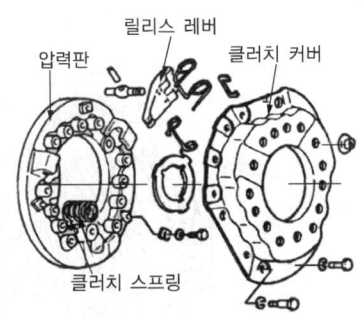

[클러치 압력판 구조]

ⓒ 릴리스 레버(Release Lever)

릴리스 레버는 코일 스프링 형식에서 클러치 페달을 밟을 때 릴리스 베어링의 힘을 받아 압력판을 움직이는 작용을 하며, 이 레버의 높이가 서로 다르면 자동차가 출발할 때 진동을 일으키는 원인이 된다.

ⓔ 클러치 스프링(Clutch Spring)

클러치 스프링은 클러치 커버와 압력판 사이에 설치되어 있으며, 스프링의 장력으로 압력판을 플라이휠에 압착시키는 작용을 한다. 사용되고 있는 스프링에 따라 분류하면 코일 스프링 방식, 다이어프램 스프링 방식, 크라운 프레셔 스프링 형식 등이 있다.

• 코일 스프링 방식(Coil Spring Type)

이 형식은 9~12개의 코일 스프링을 클러치 압력판과 커버 사이에 설치한 것이다.

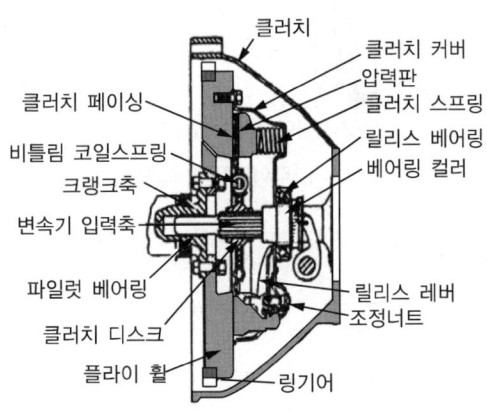

[코일 스프링방식의 클러치 스프링 구조]

- 다이어프램 스프링 방식(막 스프링 방식)

  이 형식은 코일 스프링 형식의 릴리스 레버와 코일 스프링의 역할을 동시에 하는 접시 모양의 다이어프램 스프링을 사용하고 있다.
  - 구조 : 다이어프램 스프링의 바깥쪽 끝은 압력판과 접촉하며, 중앙의 핑거(Finger)는 약간 볼록하게 되어 있다. 바깥쪽 끝 약간 떨어진 부분에 피벗링을 사이에 두고 클러치 커버에 설치되어 피벗링을 지점으로 하여 압력판을 눌러 준다.

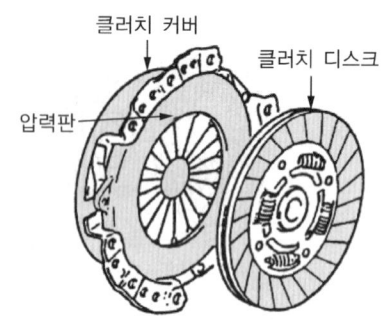

[다이어프램 스프링방식의 클러치 스프링 구조]

  - 작동 : 클러치 페달을 밟으면 릴리스 베어링에 의해 스프링 핑거 부분에 압력이 가해져 전체 다이어프램 스프링이 안쪽으로 구부러지면서 압력판을 뒤로 잡아당겨 클러치 디스크를 플라이휠로부터 분리(分離)시킨다. 클러치 페달을 놓아 핑거 부분의 압력이 풀리면 다이어프램 스프링이 원위치 되어 클러치 디스크가 플라이휠에 압착된다.

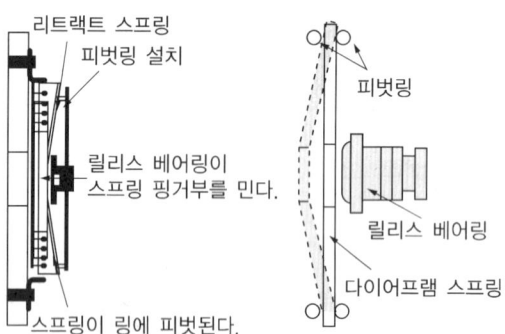

[다이어프램 스프링 방식의 작동원리]

ⓜ 변속기 입력축(클러치 축)

변속기 입력축은 클러치 디스크에 의해서 엔진의 동력을 변속기로 전달하며, 축의 스플라인 부에 클러치 디스크 허브의 스플라인이 끼워져 클러치 페달을 밟거나 놓을 때 클러치 디스크 가 길이 방향으로 미끄럼 운동을 한다. 앞 끝은 플라이휠 중앙부에 설치된 파일럿 베어링에 의해 지지되고, 뒤끝은 볼베어링에 의해 변속기 케이스에 지지되어 있다.

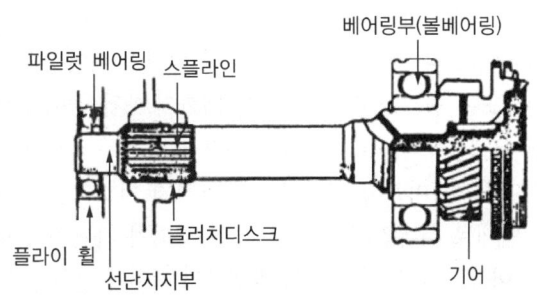

[변속기 입력축 구조]

④ 단판클러치의 작동

㉠ 동력차단 시

클러치 페달을 밟으면 릴리스 베어링이 릴리스 레버를 밀게 되므로 압력판이 플라이휠 반대쪽으로 이동한다. 이에 따라 압착되어 있던 클러치 디스크가 플라이휠과 압력판에서 분리되므로 엔진의 동력이 변속기로 전달되지 않는다.

㉡ 동력전달 시

엔진의 동력을 변속기로 전달하기 위해 클러치 페달을 놓으면 클러치 스프링의 장력에 의하여 압력판이 클러치 디스크를 플라이휠에 압착시켜 플라이휠과 함께 회전한다. 클러치 디스크는 변속기 입력축의 스플라인에 설치되어 있으므로 클러치 디스크가 회전하면 엔진의 동력이 변속기로 전달된다.

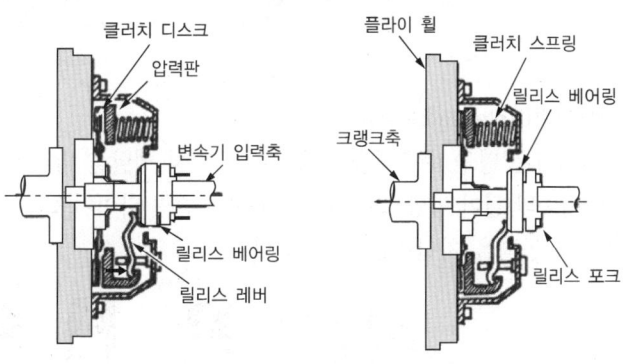

[동력차단 시 클러치 작동]   [동력전달 시 클러치 작동]

⑤ 클러치 조작기구

클러치 조작기구에는 클러치 페달, 페달의 조작력을 릴리스 포크로 전달하는 부분, 릴리스 포크 및 릴리스 베어링 등으로 구성되어 있고, 페달 조작력 전달 방법에는 기계식과 유압식이 있다.

㉠ 클러치 페달

클러치 페달은 페달의 밟는 힘을 감소시키기 위해 지렛대 원리를 이용한다. 설치 방법에 따라 펜던트형(Pendant Type)과 플로어형(Floor Type)이 있다. 페달을 밟은 후부터 릴리스 베어링이 다이어프램 스프링(또는 릴리스 레버)에 닿을 때까지 페달이 이동한 거리를 자유간극(또는 유격)이라 한다. 자유간극이 너무 적으면 클러치가 미끄러지며, 이 미끄럼으로 인하여 클러치 디스크가 과열되어 손상된다. 반대로 자유간극이 너무 크면 클러치 차단이 불량하여 변속기의 기어를 변속할 때 소음이 발생하고 기어가 손상된다. 따라서 페달의 자유간극은 기계식인 경우 20~30mm 정도, 유압식은 10~15mm 정도가 좋으며 자유간극 조정은 클러치 링키지에서 하고, 클러치가 미끄러지면 페달 자유간극부터 점검·조정하여야 한다.

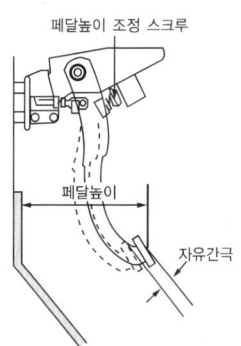

[클러치 페달의 자유간극]

㉡ 릴리스 포크(Release Fork)

릴리스 포크는 릴리스 베어링 칼라에 끼워져 릴리스 베어링에 페달의 조작력을 전달하는 작용을 한다. 구조는 요크와 핀 고정부가 있으며 끝 부분에는 리턴 스프링을 두어 페달을 놓았을 때 신속히 원위치가 되도록 한다.

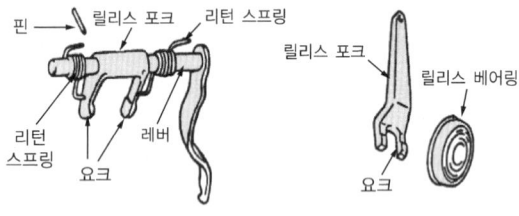

[릴리스 포크]

㉢ 릴리스 베어링(Release Bearing)

릴리스 베어링은 영구 주유식을 사용하며 클러치 페달을 밟았을 때 릴리스 포크에 의하여 변속기 입력축의 길이 방향으로 이동하여 회전 중인 다이어프램 스프링(또는 릴리스 레버)을 눌러 엔진의 동력을 차단하는 일을 한다.

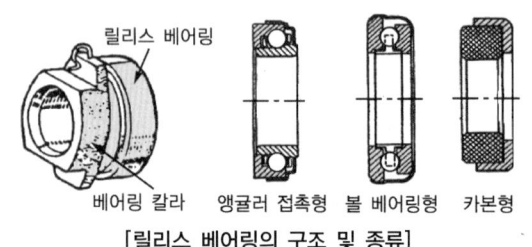

[릴리스 베어링의 구조 및 종류]

⑥ 클러치 페달 조작력 전달방식에 따른 분류
  ㉠ 기계식
    기계식은 클러치 페달을 밟는 힘을 케이블을 거쳐 릴리스 포크로 전달하여 릴리스 베어링을 이동시키는 방식이다.

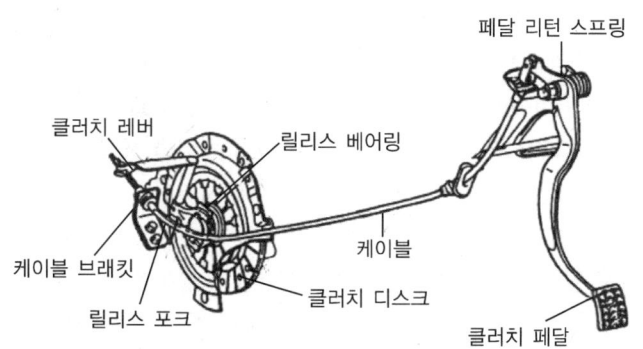

[기계식 조작력 전달방식 구조]

  ㉡ 유압식
    유압식은 클러치 페달을 밟으면 마스터 실린더에서 유압이 발생되며, 이 유압을 이용하여 릴리스 포크로 전달하여 릴리스 베어링을 이동시키는 방식이다. 그 특징은 다음과 같다.
    • 클러치의 작용이 신속하게 이루어진다.
    • 엔진과 클러치 페달의 설치 위치가 자유롭다.
    • 마찰이 작기 때문에 클러치 페달을 밟는 힘이 작아도 된다.
    • 구조가 복잡하며, 오일이 새거나 공기가 침입하면 조작이 어렵다.

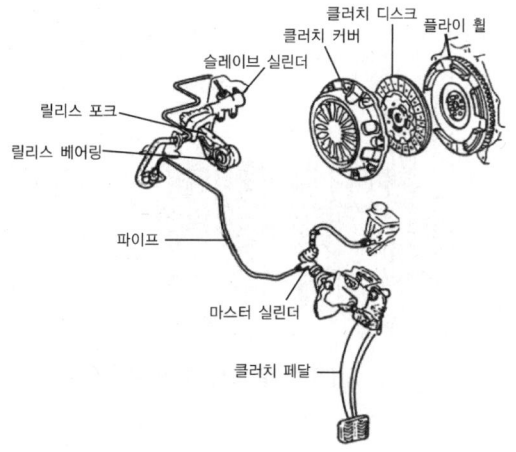

[유압식 조작력 전달방식 구조]

⑦ 클러치의 구성
　㉠ 마스터 실린더(Master Cylinder) : 마스터 실린더의 구조를 살펴보면 실린더는 알루미늄 합금이며, 위쪽에는 오일 저장 탱크가 있고 그 내부에 피스톤, 피스톤 컵, 리턴 스프링 등이 조립되어 있다. 작동은 클러치 페달을 밟으면 푸시로드가 피스톤을 밀어 유압을 발생시켜 슬레이브 실린더로 보낸다. 그러나 페달을 놓으면 피스톤은 리턴 스프링 장력으로 제자리로 복귀하고, 슬레이브 실린더로 보내졌던 오일이 리턴 구멍을 거쳐 오일 탱크로 복귀한다.
　㉡ 슬레이브 실린더(Slave Cylinder, 릴리스 실린더) : 슬레이브 실린더는 마스터 실린더에서 보내준 유압을 피스톤과 푸시로드에 작용하여 릴리스 포크를 미는 작용을 한다. 또 슬레이브 실린더에는 유압회로 내에 침입한 공기를 배출시키기 위한 공기 블리더 스크루가 있다. 그리고 클러치는 사용함에 따라 클러치 디스크의 페이싱이 마멸되어 페달의 자유간극이 작아진다. 따라서 알맞은 시기에 페달의 자유간극을 조정하여야 하지만 최근에는 페달의 자유간극을 조정하지 않아도 되는 비조정식 슬레이브 실린더를 사용하고 있다.

(2) 수동 변속기(Manual Transmission)

엔진의 회전력은 회전속도의 변화에 관계없이 항상 일정하지만 그 출력은 회전속도에 따라서 크게 변화하는 특징이 있다. 자동차가 필요로 하는 구동력은 도로의 상태, 주행속도, 적재 하중 등에 따라 변화하므로 변속기는 이에 대응하기 위해 엔진의 옆이나 뒤쪽에 설치되어 엔진의 출력을 자동차의 주행속도에 알맞게 회전력과 속도로 바꾸어서 구동 바퀴로 전달하는 장치이다.

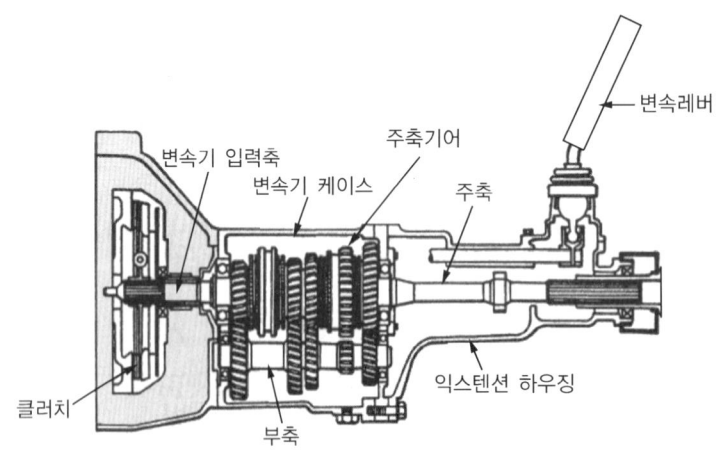

[후륜구동방식(FR)의 수동변속기]

① 변속기의 필요성
　㉠ 엔진을 시동할 때 무부하 상태로 한다(변속 레버 중립 위치).
　㉡ 엔진과 차축 사이에서 회전력과 토크를 증대시킨다.
　㉢ 자동차를 후진시키기 위하여 필요하다.

② 변속기의 분류
　㉠ 점진 기어식 변속기
　　이 변속기는 운전 중 제1속에서 직접 톱 기어(Top Gear)로 또는 톱 기어에서 제1속으로 변속이 불가능한 형식이다. 주로 오토바이에 적용한다.
　㉡ 섭동 기어식(Sliding Gear Type)
　　이 변속기는 주축과 부축이 평행하며, 주축에 설치된 각 기어는 스플라인에 끼워져 축 방향으로 미끄럼 운동을 할 수 있다. 변속을 할 때는 변속 레버의 조작으로 주축에 설치된 기어 한 개를 선택하여 미끄럼 운동으로 이동시켜 부축 기어에 물림으로서 동력이 전달된다. 이 형식의 구조는 간단하지만 기어를 미끄럼 운동시켜 직접 물림으로 변속 조작 거리가 멀고, 가속 성능이 저하되며, 기어와 주축의 회전속도 차이를 맞추기 어려워 기어가 파손되기 쉽다.
　㉢ 상시 물림식(Constant Mesh Type)
　　주축기어와 부축 기어가 항상 물려 있는 상태로 작동하며, 주축에 설치된 모든 기어는 공전을 한다. 변속을 할 때에는 주축의 스플라인에 설치된 도그 클러치(Dog Clutch or Clutch Gear)가 변속 레버에 의하여 이동하여 공전하고 있는 주축기어 안쪽의 도그 클러치에 끼워져 주축과 기어에 동력을 전달한다. 이 형식은 기어를 파손시키는 일이 적고, 도그 클러치의 물림 폭이 좁아 변속 레버의 조작 각도가 작으므로 변속 조작이 쉽고 구조도 비교적 간단하다.
　㉣ 동기 물림식(Synchro Mesh Type)
　　이 변속기는 주축기어와 부축 기어가 항상 물려져 있으며, 주축 위의 제1속, 제2속, 제3속 기어 및 후진기어가 공전한다. 엔진의 동력을 주축기어로 원활히 전달하기 위하여 기어에 싱크로 메시 기구(동기 물림 장치)를 두고 있다. 싱크로 메시 기구는 기어를 변속할 때 기어의 원뿔 부분에서 마찰력을 일으켜 주축에서 공전하는 기어의 회전속도와 주축의 회전속도를 일치시켜 기어 물림이 원활하게 이루어지도록 하는 방식이다.

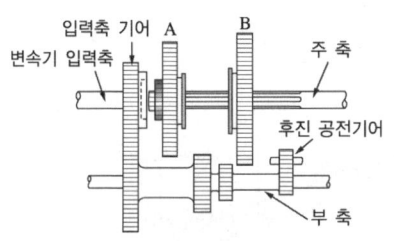

[섭동 기어식 수동변속기 구조]

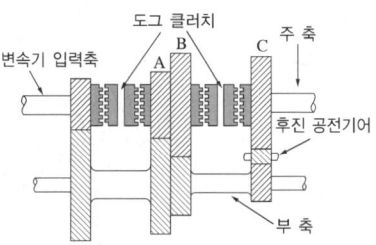

[상시 물림식 수동변속기 구조]

③ 동기 물림식 변속기의 구성요소
　㉠ 변속기 입력축 : 엔진의 동력이 입력축의 스플라인에 설치된 클러치판에 의해서 전달되어 회전하며, 출력축에 동력을 전달하는 역할을 한다. 또한 변속기 입력축에는 고속기어의 변속이 가능하도록 싱크로 메시 기구가 설치되어 있다.

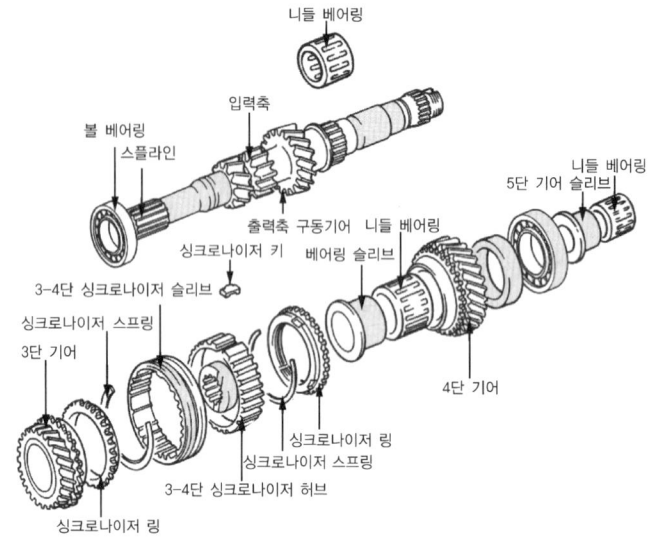

[동기 물림식 변속기의 입력축 구성품]

　㉡ 변속기 출력축 : 변속기 출력축은 변속기 입력축에서 동력을 받아 회전하며 입력축 및 출력축에서 변속이 이루어진 회전력을 종감속 기어장치에 전달하는 역할을 한다. 또한 출력축에는 저속기어의 변속이 가능하도록 싱크로 메시 기구가 설치되어 있다.

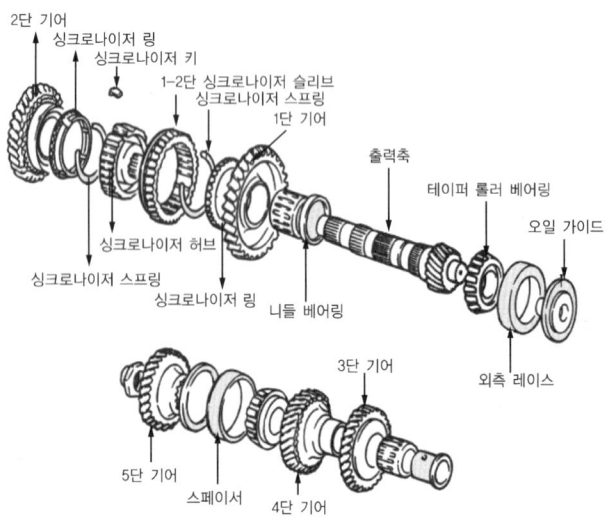

[동기 물림식 변속기의 출력축 구성품]

ⓒ 싱크로 메시 장치 : 싱크로 메시 기구는 주행 중 기어 변속 시 주축의 회전수와 변속기어의 회전수 차이를 싱크로나이저 링을 변속기어의 콘(Cone)에 압착시킬 때 발생되는 마찰력을 이용하여 동기시킴으로서 변속이 원활하게 이루어지도록 하는 장치이다. 싱크로 메시 기구의 구성은 클러치 허브, 클러치 슬리브, 싱크로나이저 링과 키로 이루어져 있다.

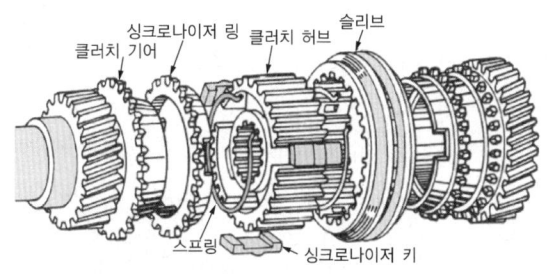

[동기 물림식 변속기의 구조]

ⓔ 싱크로나이저 슬리브 : 슬리브 내면의 스플라인은 싱크로나이저 허브 외면의 스플라인에 결합되어 수평으로 이동할 수 있으며, 슬리브 외주에는 시프트 포크를 설치하기 위한 홈이 있다. 싱크로나이저 슬리브는 변속 레버의 조작에 의해 전후 방향으로 섭동하여 기어의 클러치의 역할을 한다.

ⓜ 싱크로나이저 허브 : 싱크로나이저 허브의 내면에 설치된 세레이션에 의해 클러치 입력축 및 출력축에 고정되며, 외주에는 싱크로나이저 키를 설치하기 위한 3개의 홈이 있다. 변속기어의 콘과 싱크로나이저 슬리브가 결합되면 입력축 및 주축은 싱크로나이저 허브에 의해서 회전된다.

ⓗ 싱크로나이저 키 : 싱크로나이저 키는 싱크로나이저 허브 외주의 3개 홈에 설치되어 있으며, 배면에 돌기가 설치되어 싱크로나이저 슬리브의 안쪽면에 설치된 싱크로나이저 키 스프링의 장력에 의해서 밀착되어 있다. 또한 양쪽 끝부분은 싱크로나이저 링의 홈에 일정한 간극을 두고 끼워져 있다. 기어를 변속하기 위해서 싱크로나이저 슬리브가 전후로 이동할 때 배면의 돌기에 의해서 싱크로나이저 슬리브와 동일 방향으로 이동하여 싱크로나이저 링을 주축기어의 콘에 밀착시켜 동기 작용이 이루어지도록 한다.

ⓢ 싱크로나이저 키 스프링 : 싱크로나이저 키 스프링은 싱크로나이저 허브와 싱크로나이저 슬리브 사이에 설치된 싱크로나이저 키를 싱크로나이저 슬리브의 안쪽면에 압착시키는 역할과 싱크로나이저 슬리브를 고정하여 기어의 물림이 빠지지 않게 하는 역할을 한다.

◎ 싱크로나이저 링 : 싱크로나이저 링은 주축기어 또는 입력축기어의 콘에 설치되어 변속기어가 물릴 때 싱크로나이저 키에 의해 콘에 접촉되는 순간 마찰력에 의해서 동기되어 싱크로나이저 슬리브가 각 기어의 콘기어와 물리도록 하는 클러치 작용을 한다. 변속기어가 물릴 때 콘에 윤활된 오일은 싱크로나이저 링의 내면에 축 방향으로 설치된 오일 홈으로 배출되고 내면의 둘레방향으로 설치된 나사는 변속기어가 물릴 때 콘에 형성된 유막을 파괴시켜 동기작용이 원활히 이루어지도록 마찰력을 발생하는 역할을 한다.

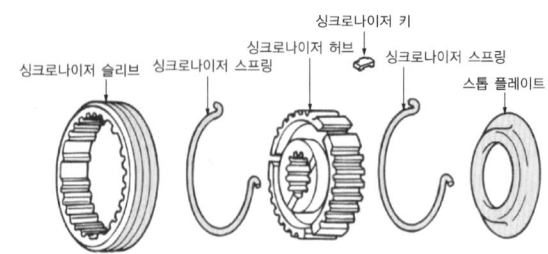

[싱크로 메시 장치의 구성요소]

(3) 변속의 원리

① 동기물림식의 변속원리

㉠ 제1단계 작동 : 시프트 포크에 의해 슬리브가 이동하면 슬리브의 돌기 부분과 맞물려 있는 싱크로나이저 키가 이동함과 동시에 싱크로나이저 키의 끝 면에서 싱크로나이저 링을 기어의 원뿔 부분에 밀어 붙여 마찰이 되도록 함으로써 기어는 점차 슬리브와 동일한 속도로 회전한다. 그러나 완전히 동기(同期)될 때까지는 기어와 슬리브의 속도 차이로 인해 싱크로나이저 링은 그 홈의 폭과 키 폭과의 차이만큼 벗어난 위치에 있으므로 키는 홈의 한쪽에 밀착된 상태로 회전한다. 이로 인해 슬리브와 싱크로나이저 링의 스플라인은 서로 마주 보는 위치에 있게 된다.

㉡ 제2단계 작동 : 이때는 클러치 슬리브가 더 이동하여 슬리브 홈과 싱크로나이저 키 돌기의 물림이 풀려 스플라인으로 이동하는 상태이므로 슬리브 스플라인의 선단 부분이 싱크로나이저 링의 원뿔 기어(Cone Gear) 선단 부분에 부딪쳐 이동이 방해를 받으므로 싱크로나이저 링을 더욱 강력하게 기어의 원뿔 부분을 압착한다.

㉢ 제3단계 작동 : 이때는 클러치 슬리브와 기어의 회전속도가 동일하게 되므로 싱크로나이저 링의 회전속도도 같아져 슬리브의 진행을 방해하지 않는다. 이에 따라 슬리브는 싱크로나이저 링의 원뿔 기어를 원활히 통과하여 기어의 스플라인과 맞물려 변속이 완료된다. 이와 같이 완전히 동기 작용이 완료될 때까지 클러치 슬리브와 기어가 물리지 않으므로 기어를 변속하는 데 무리가 없고, 변속할 때 소음이나 기어의 파손을 방지할 수 있다.

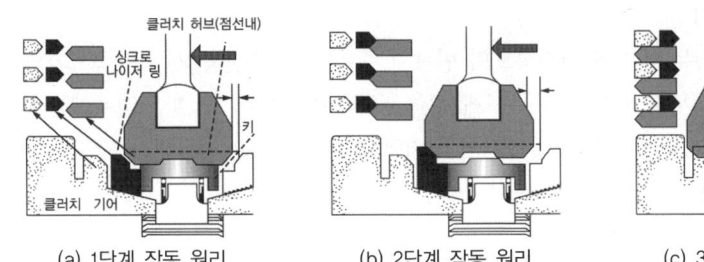

[동기 물림식 수동변속기의 변속원리]

② 변속조작기구 구조

변속기 조작기구에는 변속 레버를 익스텐션 하우징 위에 설치하고 시프트 포크의 선택으로 변속하는 직접조작 방식과 조향 칼럼에 변속 레버를 설치하고 변속기와 변속 레버를 별도로 설치한 후 그 사이를 링크나 와이어로 연결하여 조작하는 원격조작 방식이 있다.

변속기 조작 기구에는 시프트 레일에 각 기어를 고정시키기 위한 홈을 두고 이 홈에는 기어가 빠지는 것을 방지하기 위해 로킹볼(Locking Ball)과 스프링이 설치되어 있으며, 하나의 기어가 물려 있을 때 다른 기어는 중립에서 이동하지 못하도록 하여 기어의 이중 물림을 방지하는 인터로크(Inter Lock)가 설치되어 있다. 그리고 후진으로 변속할 때 기어가 파손되는 것을 방지하기 위하여 변속 레버를 누르거나 들어 올려 후진기어로 변속하여야 하는 후진 오조작(誤造作) 방지 기구를 두고 있다.

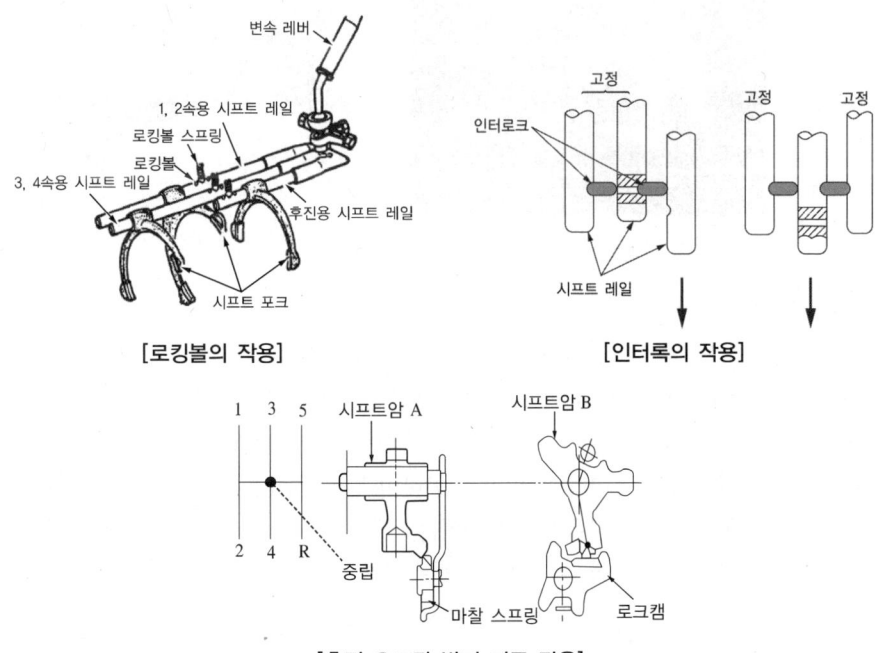

③ 변속비(감속비)

변속비(감속비)는 엔진의 회전속도와 변속기 주축(또는 추진축)의 회전속도와의 비율을 말하며, 변속비가 큰 것부터 차례로 제1속, 제2속, … 이라고 부른다. 직결인 경우에는 변속비가 1.0으로 톱 기어(Top Gear)라 한다. 변속기어를 저속으로 선택하면 변속비가 커지며, 주축의 회전력은 증가하나 구동 바퀴의 회전속도는 느려진다.

$$변속비 = \frac{엔진회전속도}{변속기\ 주축\ 회전속도} \ 또는\ \frac{피동기어의\ 잇수}{구동기어의\ 잇수}$$

2 CVT

(1) CVT의 종류

CVT의 종류는 벨트 구동 방식(Belt Drive Type)과 트랙션 구동 방식(Traction Drive Type)의 일종인 트로이덜식(Toroidal Type)이 있다. 트로이덜식은 축 위를 회전할 수 있는 링 모양의 형태를 나타내는 기하학적인 명칭으로 하프 트로이덜과 풀 트로이덜이 있다. 벨트식은 건식 복합 벨트를 이용한 것이 있다.

[벨트식 CVT]

[트로이덜식 CVT]

① 벨트 구동방식

벨트 구동방식은 축에 고정된 풀리(Pulley)와 축을 따라 이동할 수 있는 이동 풀리로 구성된다. 또한 이 풀리들은 각각 입력축과 출력축에 위치하여 풀리의 유효 피치를 변화시켜 동력 전달 매체인 벨트나 체인이 풀리면을 따라 이동하여 변속되는 원리이다. 토크 용량이 작아 이륜차에 사용되는 고무 벨트식, 풀리의 최소 반지름을 작게 할 수 있으며, 변속비를 크게 선정할 수 있는 금속 벨트식과 금속 체인식 등으로 분류한다.

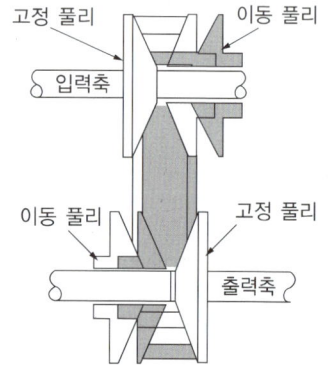

[벨트 구동방식의 구조]

② 트랙션 구동방식

트랙션 구동방식은 탄성유막을 이용하여 금속의 전동체를 사용한 것이다. 그림에 나타낸 것이 기본적인 트랙션 구동방식의 구조인데, 작동 원리는 입력 축과 출력 축 원판에 하중 P를 작용시키고 롤러(Roller)가 A점을 중심으로 회전함에 따라 유효 접촉 반지름인 R_i와 R_o가 변화하여 변화된 반지름 비율로 인하여 변속이 이루어진다. 마찰 바퀴는 트로이드(Toroid)라고도 하고, 레이스(Race)와 롤러는 직접 접촉하지 않고, 그 사이에 존재하는 유막의 전단력에 의해 동력이 전달된다. 이때 발생되는 압력은 약 100,000psi 정도이다. 따라서 트랙션 구동방식의 CVT는 변속 범위가 넓고, 높은 효율을 낼 수 있으며, 작동 상태가 정숙한 장점을 나타낸다. 하지만 추력 및 회전면의 높은 정밀도와 강성이 필요하고 벨트 구동방식에 비하여 무게가 무겁고 전용 오일을 사용하여야 하며, 마멸에 따른 출력 부족(Power Failure) 가능성이 크다는 특징을 가진다.

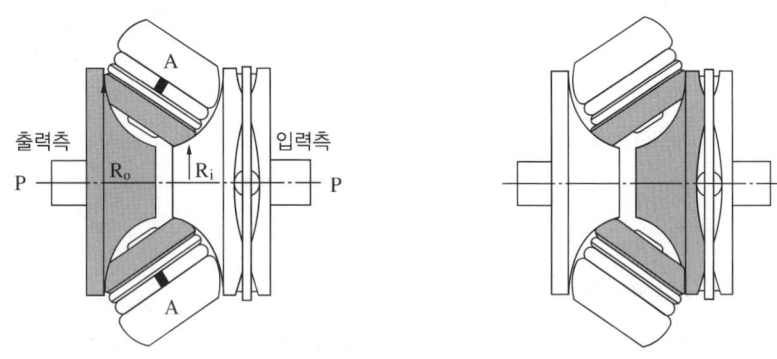

[트랙션 구동방식의 기본원리]

③ 전자제어 무단변속기

전자 클러치와 금속 벨트에 의한 무단 변속기를 조합하여 각종 입력신호에 의하여 운전 상태에 따라 최적의 상태에서 자동적으로 변속이 이루어질 수 있도록 하여 고속성능과 연료소비율을 향상시킨 것이다. 전자 클러치는 전자 분말을 이용한 발진용 클러치를 사용하며 엔진 회전속도와 차량의 주행속도 및 액셀러레이터 페달의 신호를 기초로 컴퓨터에 의하여 자동으로 제어된다. 발진에서 최고속까지 정해진 기어비 없이 연속적으로 변화되며, 변속충격이 발생하지 않고 원활한 주행이 가능하다.

(2) CVT의 작동원리

저속 시에는 구동 풀리의 간격을 넓게 하여 유효 반경을 작게 하고 피동 풀리의 간격을 좁게 하여 유효 반경을 크게 함으로써 중간의 기어변속으로 인한 동력 손실 없이 변속비가 상승하면서 변속이 이루어진다. 고속 시에는 반대로 구동 풀리의 간격을 좁게 하고, 피동 풀리의 간격을 넓게 하여 변속비가 감소하게 된다. 풀리 폭의 변화는 풀리에 작용하는 유압제어에 따라 가변하게 되며, 구동 풀리와 피동 풀리의 고정 풀리와 이동 풀리가 각각 반대 측에 위치하고 있기 때문에 변속 시에는 벨트가 평행이동하게 된다.

이때, 변속비는 최고속인 경우에 약 0.5 : 1, 최저속인 경우에 2.5 : 1 정도이며, 변속비의 폭은 수동변속기의 1속에서부터 5속의 범위와 같거나 약간 넓은 정도이고 기어식 A/T에 비해서도 변속의 범위가 넓다.

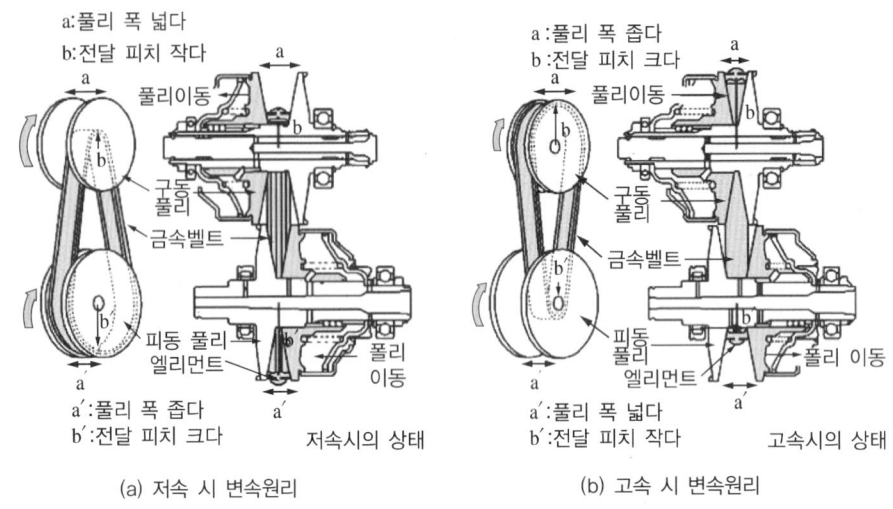

[벨트식 CVT의 변속원리]

(3) 전자 클러치의 구조 및 원리

발진용 전자 클러치의 기본 작동 계통은 전자 클러치, 클러치 제어용 컴퓨터, 입력신호 등으로 구성된다.

① 클러치의 작동 원리

철분을 자석에 가까이 하면 철분이 연결되어 결합력이 생기는 것을 이용한 것이다. 피동 멤버 안 둘레와 바깥 둘레 사이에 틈새를 두고 그 사이에 전자 분말을 넣어 피동 멤버 축에 코일을 감고 그 코일에 전류가 통전될 때 발생하는 자력(磁力)으로 결합되는 전자 분말을 통해 동력을 전달한다. 이때의 결합력은 전류의 크기에 비례하며, 전류의 흐름을 차단하게 되면 결합력이 완전히 소멸되어 기계식 클러치의 특성을 지닌다.

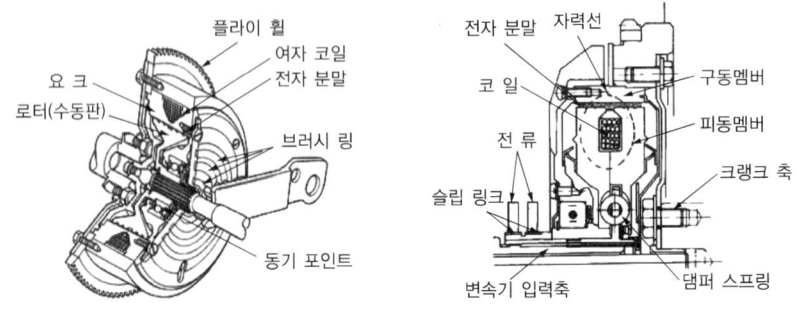

[전자 클러치의 구조]

② 클러치 제어

발진, 정지, 변환의 기본 제어에 엔진 브레이크, 직결 및 재결합할 때의 충격 완화를 포함하여, 올라가는 언덕길에서 일단 정지하였다가 발진할 때의 차량이 뒤로 밀리지 않도록 하는 힐 홀더(Hill Holder) 기능 등이 있다. 또한 자기진단 기능 및 부분 고장에 대처할 수 있는 백업(Back-up)기능도 포함되어 있다.

③ 입력 신호의 기능

㉠ 점화 펄스(Ignition Pulse) : 발진 시에 엔진 회전속도에 비례하는 클러치 전류를 얻기 위한 신호이다.

㉡ 차속 펄스 : 발진 후 엔진 회전 속도에 비례한 클러치 전류를 일정 전류로 변환하고, 정차할 때에 가속 스위치와 연동하여 엔진의 작동이 정지하는 것을 방지하기 위한 신호로 사용된다.

㉢ 스로틀 개도 스위치 : 액셀러레이터 페달을 밟는 양을 검출하여 클러치의 직결전류 및 반클러치 특성을 변경하기 위한 신호로 사용된다.

㉣ 가속 스위치 : 발진 시에 클러치 전류를 On시키거나 또는 정차 시에 차속 펄스와 함께 엔진의 작동이 정지하는 것을 방지하기 위한 신호로 사용된다.

㉤ D, Ds, R 레인지 스위치 : D, Ds, R 레인지를 검출하며, 가속 스위치와 연동하여 주행이 가능하도록 하는 신호로 사용된다.

㉥ 초크 스위치(Chock S/W) : 초크 사용을 검출하고 클러치 전류의 상승특성을 변경하여 스톨 포인트를 고속 회전 쪽으로 변경하는 신호로 사용된다.

㉦ 에어컨 스위치(Air-con S/W) : 에어컨 사용을 검출하고 클러치 전류의 상승 특성을 변경하여 스톨 포인트를 고속 회전 쪽으로 변경하는 신호로 사용된다.

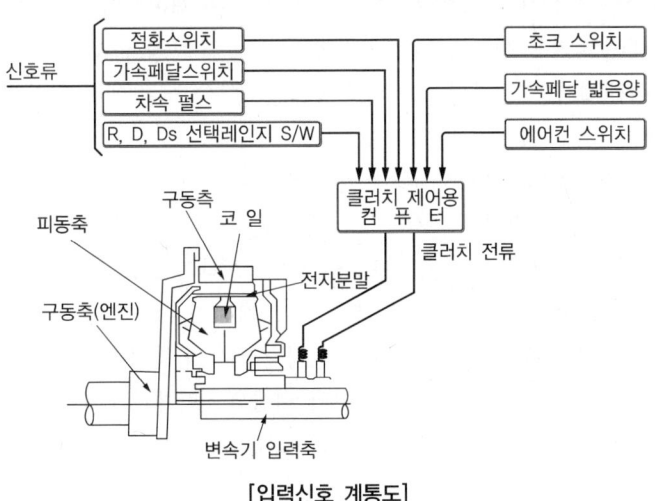

[입력신호 계통도]

(4) 클러치 제어용 컴퓨터

① 작 동

엔진의 시동은 변속 레버가 N 또는 P 레인지의 위치에 있을 경우에만 가능하도록 되어 있다.

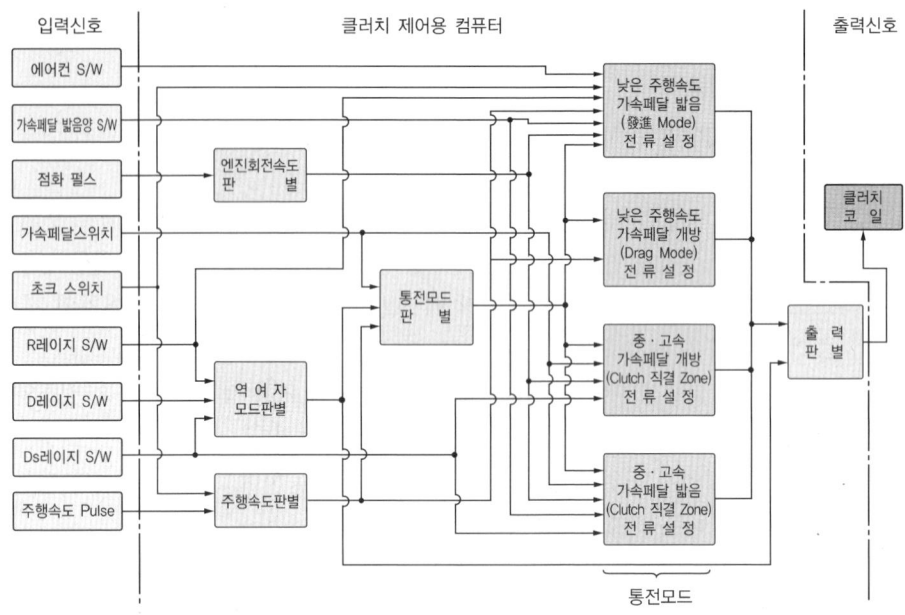

[클러치 제어용 컴퓨터 계통도]

② 발진 모드 : 액셀러레이터 페달을 밟는 양에 의하여 엔진 회전속도 및 엔진 회전속도의 증가율에 비례하여 클러치 전류를 증대시켜 클러치 토크를 제어한다. 일반적인 엔진 공회전 상태에서 발진할 때에는 자동 변속기 부착 차량과 같은 발진 특성을 지니지만 초크를 작동할 때 등 높은 공회전 상태에서 가속 페달을 미세하게 밟은 발진에서는 엔진 회전속도 증가율이 비교적 작기 때문에 부드러운 발진이 된다.

③ 드래그 모드 : 주행 중의 정지상태를 포함하여 주행속도가 7km/h 이하일 때는 발진 및 저속 주행에서 양호한 운전성을 유지하기 위해 액셀러레이터 페달에서 발을 뗄 경우 클러치에 미약한 전류(0.2A)를 통전하여 드래그 토크를 준다. 드래그 토크의 편차에 의한 공전속도의 저하와 차량의 크리프방지를 위해 공전속도를 피드백하여 드래그 토크의 적정 제어를 한다.

④ 직결 모드 : 일정 주행속도 이상이 되면 정격 전류를 통하여 클러치를 직결시킨다. 정격전류는 액셀러레이터 페달을 밟는 상태에 따라 다음의 3단계로 분류된다.

  ㉠ 액셀러레이터 페달을 밟지 않은 경우 : 0.1~1.9A
  ㉡ 액셀러레이터 페달을 조금 밟은 경우 : 2.1A
  ㉢ 액셀러레이터 페달을 많이 밟은 경우 : 3.3A(가속 스위치와 가속 페달 개도 스위치가 작동한 상태)

⑤ 역 여자모드 : 다음의 4개 조건에서 역 여자모드로 된다.
  ㉠ N 또는 P 레인지에서는 클러치를 차단하기 위하여 역 여자모드가 된다.
  ㉡ D 또는 R 레인지로 변속한 후 0.4~0.8초 동안은 변속레버 조작을 위하여 역 여자모드가 된다.
  ㉢ 저속 상태에서 액셀러레이터 페달을 놓았을 때 약 1초 동안은 잔류자기를 제거하기 위하여 역 여자모드가 된다.
  ㉣ 엔진 회전속도 300rpm 이하일 경우 엔진의 작동 정지를 방지하기 위하여 역 여자모드가 된다.
⑥ 영 모드 : D 레인지에서 액셀러레이터 페달을 놓았을 때 직결 모드로부터 드래그 모드로 이행하는 사이에는 클러치를 비 통전 상태로 한다.
⑦ 과도 모드 : 클러치를 직결할 때, Ds 레인지로 변속한 경우, 최저속에서의 가·감속을 할 때에 클러치 물림을 원활하게 시행하기 위해 클러치 토크의 과도 응답 제어를 한다.

(5) 자기 진단 기능

클러치 회로 계통, 점화 펄스 계통, 가속 스위치 계통, 변속 레인지 스위치 계통, 차속 스위치 계통 등에 고장이 발생하는 경우 경고등이 점멸하여 고장을 표시한다.

(6) 페일 세이프(Fail Safe)

가속 스위치의 고장으로 클러치에 전류가 흐르지 않을 경우에는 액셀러레이터 페달 개도 스위치와 엔진 회전속도를 1,000rpm으로 감지하여 클러치를 통전상태로 한다. 속도계의 고장으로 차속펄스가 입력되지 않으면 엔진 회전속도를 1,200rpm으로 감지하여 가속 페달을 밟을 때 클러치를 통전상태로 한다.

(7) CVT의 장점

① 가속성이 향상된다.
② 로크 업의 사용 범위가 넓다.
③ 연료 차단(Fuel Cut) 시간이 길다.
④ 변속 시 발생하는 충격(Shock)이 없다.
⑤ 열효율의 높은 조건으로 주행할 수 있으며, 연비가 향상된다.
⑥ 유단 변속기 AT에 비하여 구조가 간단하고 중량이 가볍다.

(8) CVT의 단점

① 회전 저항이 커 전달 효율이 나쁘다.
② 정밀도가 높은 부품이 많아 비교적 비싸다.
③ 토크 용량에 한계가 있어 FR 자동차에 적용이 어렵다.
④ 장치의 특성상 높은 출력의 차량, 즉 배기량이 큰 차량에는 적용이 어렵다.
⑤ 마찰력으로 동력 전달을 하기 때문에 풀리 등 부품이 커 차량의 중량이 증가된다.

3 자동변속기

(1) 자동변속기의 구조

자동 변속기는 토크컨버터, 오일펌프, 유성 기어, 작동기구의 클러치, 브레이크 및 제어기구의 밸브 보디가 조합된 것으로 주행 조건에 따라서 자동적으로 변속기어를 선택한다.

① 오일펌프

자동변속기에는 엔진에 의해서 구동되는 오일펌프가 장착되어 있으며, 자동변속기의 오일 팬에 저장되어 있는 자동변속기 오일을 흡입하여 변속기 내의 각 요소에서 필요한 유량과 유압을 생성하여 공급하는 역할을 한다. 그 기능은 다음과 같다.

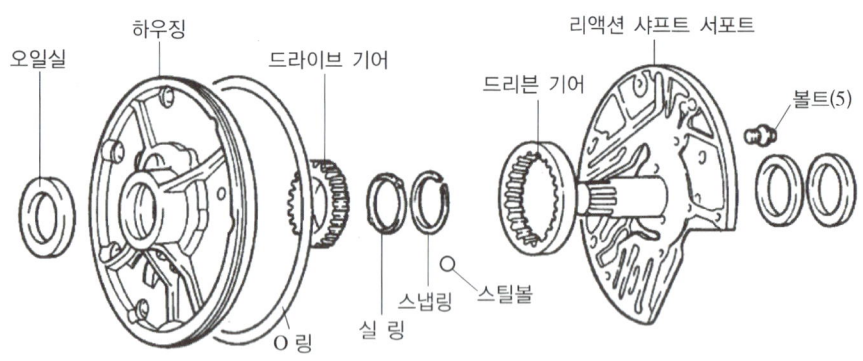

[오일펌프의 구조]

㉠ 마찰 부분에 윤활유로서 공급한다.
㉡ 클러치와 브레이크 같은 마찰요소에 작동유량을 공급한다.
㉢ 토크컨버터에서 동력이 원활하게 전달되도록 유압을 공급한다.
㉣ 유압제어 시스템에서 각종 제어에 필요한 유압을 밸브 보디를 통해 공급한다.
㉤ 자동변속기 오일의 온도를 일정하게 유지시키기 위하여 냉각기로 순환되는 유량을 공급한다.

② 내접기어펌프

드리븐 기어의 내측을 드라이브 기어가 회전하며 유압을 발생시키는 구조로 특징은 다음과 같다.

㉠ 내접기어를 사용하기 때문에 대형 기어를 사용할 수 있다.

㉡ 기어의 잇수를 많게 할 수 있어 배출의 맥동이 적고 용량을 크게 할 수 있다.

㉢ 드라이브 기어는 토크컨버터 슬리브 축으로 지지되고 있기 때문에 베어링이 필요 없다.

㉣ 소형 케이스 내에 펌프 전체를 내장시킬 수 있어 구조가 간단하고 제작비가 저렴하다.

이러한 유압펌프의 작동원리는 오일펌프의 토크컨버터의 컨버터 슬리브와 드라이브 기어가 맞물려 엔진과 동일한 회전수로 구동된다.

③ 밸브 보디

밸브 보디에는 6개의 솔레노이드 밸브가 조립되어 유압 계통에 오일 흐름의 정지, 유량의 조정, 압력 조정, 방향 변환 등의 기능을 하는 밸브를 보호함과 동시에 유로가 설치되어 있다. 밸브의 기능에 따라 방향제어 밸브, 유량제어 밸브, 압력제어 밸브로 분류되며 종류는 다음과 같다.

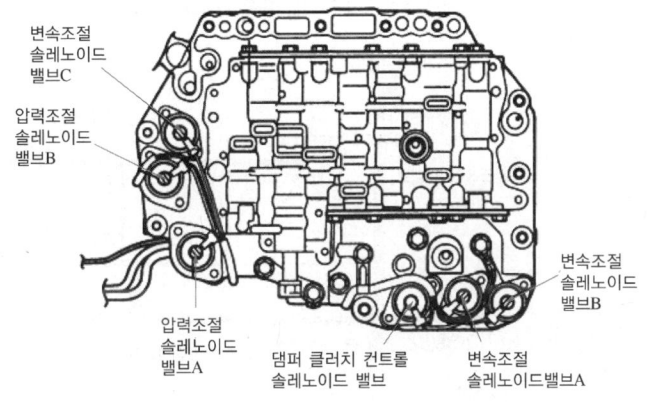

[밸브 보디 구성도]

㉠ 방향제어 밸브 : 일반적으로 오일 흐름의 방향을 제어하는 밸브로 유압의 평형 또는 수동으로서 왕복 이동을 통해 유로를 변경시키는 역할을 한다. 자동변속기에서는 매뉴얼 밸브, 1-2/2-3 변속밸브, 변속 조절 밸브, 셔틀밸브, 변속 컨트롤 솔레노이드 밸브 등이 이에 속한다.

㉡ 압력제어 밸브 : 유압 회로 압력의 제한, 감압과 부하 방지, 무부하 작동, 조작의 순서 작동, 외부 부하와의 평형 작동을 하는 밸브로 일의 크기를 제어하는 역할을 한다. 자동변속기에서는 압력 조절 밸브, 토크컨버터 조절 밸브, 스로틀 밸브, 거버너 밸브, 감압 밸브 등이 이에 속한다.

㉢ 유량제어 밸브 : 유량제어 밸브는 유압계통의 유량을 조절하는 밸브로 유압 모터나 유압 실린더의 속도를 제어하는 역할을 한다. 자동변속기에서는 댐퍼 클러치 솔레노이드 밸브, 압력 컨트롤 솔레노이드 밸브가 이에 속한다.

② 레귤레이터 밸브 : 레귤레이터 밸브는 오일펌프에서 발생된 유압을 라인압으로 조정하는 역할을 한다. 밸브 우측에는 라인압이 작용하는 포트(Port)가 3개가 있고 이 유압이 스프링력에 대항해서 라인압을 각 변속단에 맞는 유압으로 조정한다.
⑩ 방향전환밸브 : 오일흐름의 방향을 제어하는 밸브로서 유압의 균형이나 수동으로 왕복(On-Off) 이동을 통해 유로를 변경시키는 밸브이다.
⑪ 체크밸브 : 자동변속기 밸브바디 내의 오일의 흐름을 한쪽 방향으로만 흐르게 하여 액체의 역류를 방지하는 방향 제어 밸브를 말한다.
⑫ 스풀밸브 : 스풀밸브는 하나의 밸브 바디 외부에 여러 개의 홈이 파여 있는 밸브로서 축 방향으로 이동하여 오일의 흐름을 제어한다.

④ 밸브의 기능
㉠ 매뉴얼 밸브(Manual Valve)
매뉴얼 밸브는 운전석에 있는 선택레버의 위치(P, R, N, D, 2, L)에 따라 연동되어 작동하여 유로를 변환시키며, 각 밸브에 라인 압력을 보내거나 배출시키는 기능을 한다.

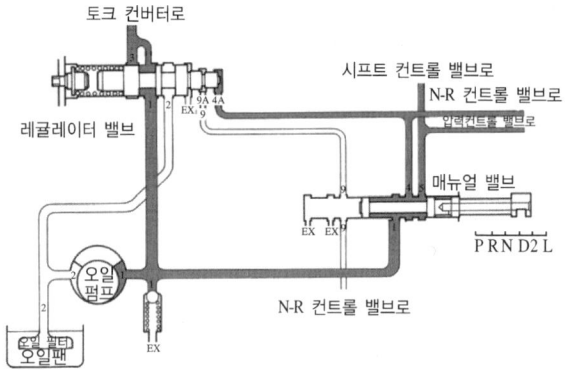

[매뉴얼 밸브의 작동회로]

㉡ 압력 조절 밸브와 압력 컨트롤 솔레노이드 밸브
압력 조절 밸브는 각 작동 요소에 공급되는 유압을 압력 컨트롤 솔레노이드 밸브의 제어에 따라 조절하여 변속 시 충격 발생을 방지하는 역할을 한다. 압력 컨트롤 솔레노이드 밸브는 TCU의 제어 신호에 따라 듀티 제어되며, 각 작동 요소의 제어를 위하여 전기적인 신호를 압력 조절 밸브에 작용하는 유압으로 변환시키는 역할을 한다.

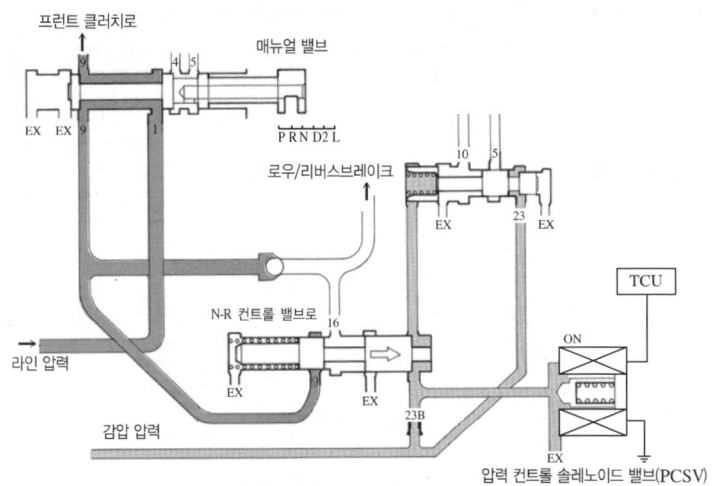

[주행 중의 압력조정 솔레노이드 밸브 작동회로]

ⓒ 감압 밸브(Reducing Valve)

감압 밸브는 로워 밸브 보디에 조립되어 있으며, 이 밸브는 라인 압력을 근원으로 하여 항상 라인 압력보다 낮은 일정 압력을 만들기 위한 밸브이다. 유압을 이용하여 압력 컨트롤 솔레노이드 밸브와 댐퍼 클러치 컨트롤 솔레노이드 밸브로부터 제어 압력을 만들어 압력 조절 밸브와 댐퍼 클러치 컨트롤 밸브를 작동시킨다.

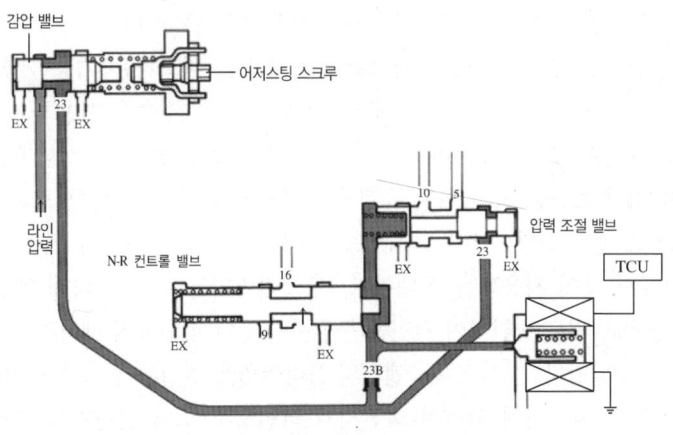

[감압밸브의 작동회로]

ⓔ 변속 조절 밸브(Shift Control Valve)와 변속 조절 솔레노이드 밸브

TCU는 각 변속단에 따라 2개의 변속 조절 솔레노이드 밸브를 ON-OFF제어하여 변속 조절밸브에 작용하는 라인 압력을 조절한다. 즉, 변속 조절 밸브를 각 변속단에 맞는 위치로 이동시켜 유로를 변환시킨다. 변속 조절 솔레노이드 밸브 A는 양측 플러그에 작용하는 유압을 제어하고, 변속 조절 솔레노이드 밸브 B는 변속 조절 밸브 #1랜드의 좌측에 작용하는 유압을 제어한다. 변속 조절 밸브 #1랜드의 직경은 #2랜드의 직경보다 크기 때문에 #1과 #2랜드 사이에 유압이 작용할 경우 좌측으로 이동하게 된다.

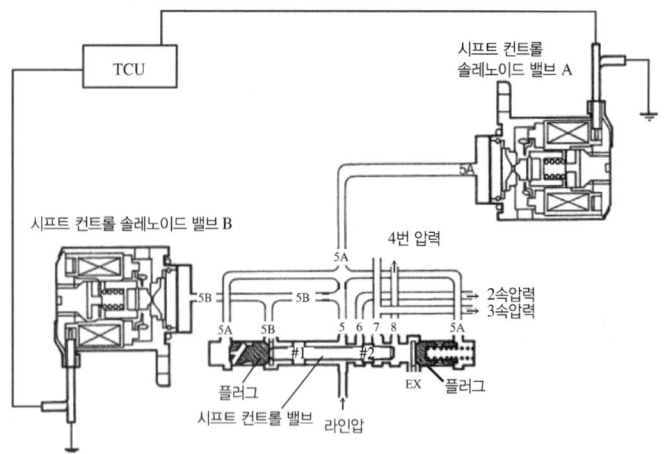

[변속 조절 밸브와 변속 조절 솔레노이드 밸브의 작동회로]

(2) 토크컨버터의 구조 및 원리

① 토크컨버터 개요

토크컨버터는 그 내부에 오일을 가득 채우고 자동차의 주행 저항에 따라 자동적이고 연속적으로 구동력을 변환시킬 수 있으며, 다음과 같은 기능이 있다.

㉠ 토크를 변환, 증대 시키는 기능을 한다(2~3 : 1).

㉡ 엔진의 토크를 변속기에 원활하게 전달하는 기능을 한다.

㉢ 토크를 전달할 때 충격 및 크랭크축의 비틀림을 완화하는 기능을 한다.

자동차에서 사용되는 토크컨버터는 대부분 3요소, 1단, 2상형을 사용하고 있고, 1단의 토크컨버터로 얻을 수 있는 최대 토크 비율은 4 : 1, 효율은 80% 정도이다. 최대 토크 비율을 2.0~2.5 : 1로 하면 최대 효율을 90% 이상 유지할 수 있다. 그리고 더욱 큰 토크 비율을 얻으려면 1단 또는 3단으로 해야 한다. 이때, 최대 토크 비율은 4~6 : 1 정도가 된다. 하지만 자동차보다도 건설 기계에서 많이 사용되는 형태이다. 토크컨버터는 펌프에 의해 엔진의 기계적 에너지를 오일의 운동 에너지로 변환하여 터빈을 구동시키고 다시 기계적 에너지로 변환시켜 변속기 입력축에 동력을 전달한다. 다시 말해, 엔진의 플라이휠에 연결된 펌프가 회전하면 토크컨버터 하우징 내의 오일을 원심력에 의하여 회전시켜 터빈으로 보내 변속기 입력축에 동력을 전달하는 구조이다. 터빈에서 나온 오일은 정지되어 있는 스테이터를 통과하면서 그 흐름 방향이 바뀌어 다시 펌프로 들어가 순환한다. 이때 펌프, 터빈, 스테이터가 받는 토크의 크기를 각각 T_p, T_t, T_s라고 하고, 그 회전 방향을 고려하여 (+), (-)로 하면 다음의 식이 성립된다.

$$T_t = T_p + T_s$$

단, 이 경우 마찰 등으로 인한 에너지 손실은 없는 것으로 한다. 따라서 터빈이 받는 토크, 즉 변속기 입력축이 받는 토크 T_t는 펌프를 회전시키는 데 필요한 엔진의 토크 T_p에 스테이터가 오일로부터 받는 토크 T_s만큼 증가한다. 이것이 토크컨버터를 사용하였을 때 토크를 변환시킬 수 있는 이유이다. 다음 그림의 (a)와 같은 기구에서 물을 분출할 경우를 생각하면 단위 시간에 출구로부터 질량 m의 물이 V의 흐름 속도로 분출되면 반대 방향으로 $F=mV$의 반발력이 생긴다. 따라서 이 물탱크는 전진하게 될 것이다. 한편 그림의 (b)에서 날개가 컵(곡면)일 경우에는 $F+R$의 힘만 발생하지만, 또 여기서 그림 (c)와 같이 스테이터를 설치하면 $2P+2R$이라는 큰 힘이 발생되어 토크가 매우 크게 증대된다.

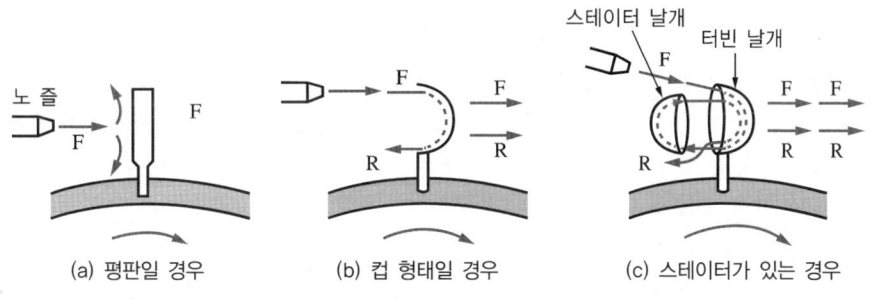

[토크컨버터의 토크증대 원리]

② 토크컨버터의 구조

토크컨버터는 펌프 임펠러(Pump Impeller), 스테이터(Stator), 터빈러너(Turbine Runner)로 구성되어 있으며 내부에는 오일이 가득 차있는 비분해 방식이다. 펌프는 구동 판을 통해 크랭크축에 연결되어 있고, 스테이터는 한쪽 방향으로만 회전 가능한 일방향 클러치(One Way Clutch)를 통해 토크컨버터 하우징에 지지되어 있다. 그리고 터빈은 펌프에서 전달된 구동력을 동력 전달 계통으로 전달하는 변속기 입력축과 스플라인으로 결합되어 있으며, 토크컨버터는 오일이 가득 채워진 하우징 내에 이들 3요소가 들어 있다. 또 토크컨버터는 플라이휠에 볼트로 체결되어 있다.

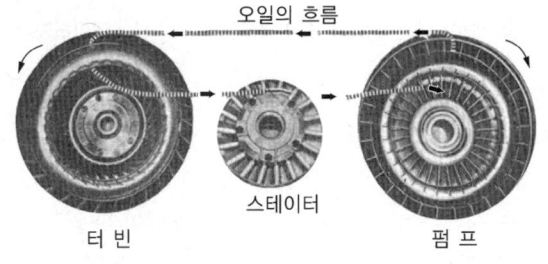

[토크컨버터의 구성]

③ 토크컨버터의 기능

토크컨버터는 2가지 주요 기능을 가지고 있다. 그 하나는 토크컨버터는 엔진의 동력을 오일을 통해 변속기로 원활하게 전달하는 유체 커플링의 기능이고, 또 다른 하나는 엔진으로부터 토크를 증가시켜 주는 역할을 한다. 그리고 펌프는 엔진 플라이휠과 기계적으로 연결되어 있으며, 엔진이 작동될 때 엔진의 회전속도와 같은 속도로 회전한다. 따라서 엔진이 작동하면 펌프도 회전을 하여 중앙부의 오일을 날개로 방출한다. 펌프의 날개 사이에서 배출된 오일은 터빈의 날개를 치게 되므로 터빈을 회전시킨다. 엔진이 공전 상태일 때에는 펌프에서 배출되는 오일의 힘은 터빈을 회전시킬 수 있는 만큼 충분하지 못하므로 공전 상태에서 정지 상태로 있게 된다. 가속 페달을 밟아 엔진이 가속되어 펌프의 속도가 증가함에 따라 오일의 힘이 증가되어 엔진의 동력이 터빈과 변속기로 전달된다. 오일은 터빈에 힘을 전달한 후 하우징과 날개를 따라서 흐르며, 엔진 회전 방향과 반대 방향으로 역류하려는 오일을 터빈이 흡수한다. 만약, 터빈에서 반시계 방향으로 회전하는 오일이 토크컨버터 펌프의 안쪽으로 계속해 들어온다면 엔진 회전 방향과 반대 방향으로 펌프의 날개를 치게 되어 펌프의 힘이 감소하게 된다. 이것을 방지하기 위해 펌프와 터빈 사이에 스테이터가 설치되어 있다. 스테이터에는 원웨이 클러치가 설치되어 반시계 방향으로 회전하지 못하도록 되어 있다. 스테이터의 역할은 터빈으로부터 되돌아오는 오일의 회전 방향을 펌프의 회전 방향과 같도록 바꾸어 주는 것이다. 따라서 오일의 에너지는 펌프를 회전시키는 엔진의 동력을 보조해 주게 되며, 터빈을 회전시키는 오일의 힘을 증가시키게 되어 엔진으로부터 나오는 동력과 토크가 증가한다.

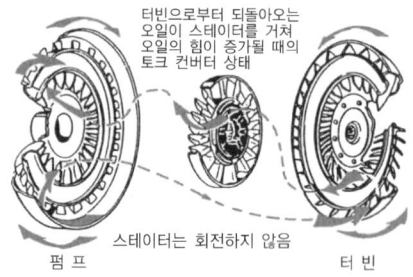

[스테이터가 정지되어 있는 상태의 오일흐름]

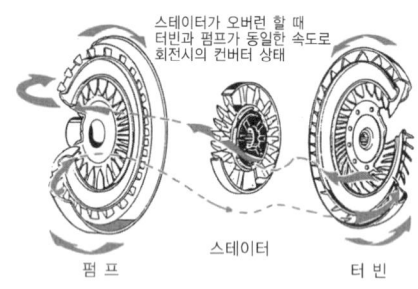

[스테이터가 정회전하는 상태의 오일흐름]

④ 스테이터(Stator)의 작용

스테이터는 토크컨버터에서 토크 변환 작용을 한다. 스테이터는 앞쪽에 오일이 부딪쳐서 흐름 방향을 바꾸고 있는 경우는 펌프가 터빈에 비해 더 많이 회전하고 있다. 즉 회전 속도의 차이가 클 때이다. 회전 속도의 차이가 크면 펌프에서의 오일이 다음 그림과 같이 터빈에서 튕겨 나온다. 오일이 스테이터에 부딪쳐 각도를 바꾸어 펌프로 되돌아 올 때 토크 증대 작용이 일어난다. 만약 이때 스테이터가 스테이터 축에 고정되어 있지 않고 펌프의 회전 방향과 반대 방향으로 역회전하게 되면 역류하는 오일이 펌프의 회전을 방해하기 때문에 전달효율이 떨어지게 된다.

그리고 스테이터는 일방향 클러치를 사이에 두고 스테이터 축에 설치되어 있다. 따라서 펌프가 터빈의 회전 속도보다 빠른 동안, 스테이터는 스테이터 축에 고정되어 오일 흐름의 방향을 바꾸어 주는 역할을 한다. 하지만 터빈의 속도가 펌프속도의 8/10(즉, 속도 비율 0.8) 정도로 접근되면 오일의 흐름이 스테이터 뒷면에 작용하게 되어 스테이터도 펌프나 터빈의 방향으로 같이 회전하게 된다. 이때 토크컨버터는 유체 클러치로 작용하게 된다.

(a) 터빈이 정지되어 있는 경우   (b) 터빈이 회전하는 경우   (c) 스테이터가 있는 경우

[스테이터의 작용에 따른 오일의 흐름]

⑤ 토크컨버터의 작용

토크컨버터의 각 요소에 작용하는 토크는 오일의 각 운동량과 관계가 있다. 각 요소의 날개는 오일이 통과하는 동안 각운동량이 변화하도록 설계되어 있으며, 이와 같은 각 운동량의 변화에 의해 각 축으로 토크가 전달된다. 토크컨버터 내부의 오일 순환은 펌프에 의해 시작된다. 펌프가 회전함에 따라 펌프 내에 들어 있는 오일이 원심력에 의해 출구 쪽으로 분출된 후 터빈의 입구로 들어간다. 이때, 터빈에 유입된 오일은 날개 차를 지나는 동안 각 운동량이 변화되어 출구를 통하여 분출되고 이 과정에서 터빈은 펌프와 같은 방향으로 토크를 받으면서 회전하기 시작한다. 그러나 터빈의 출구로 분출된 오일은 펌프의 회전 방향과 반대 방향의 속도 성분을 지니게 되므로 스테이터를 통하여 펌프와 같은 방향의 속도 성분을 갖도록 흐름 방향을 바꾸어 펌프에 각운동량을 더해준다. 스테이터는 반지름 변화에 의한 각운동량의 변화보다는 터빈에서 분출되는 오일 흐름 방향을 펌프의 회전 방향과 같게 해주는 것이 주 기능이다.

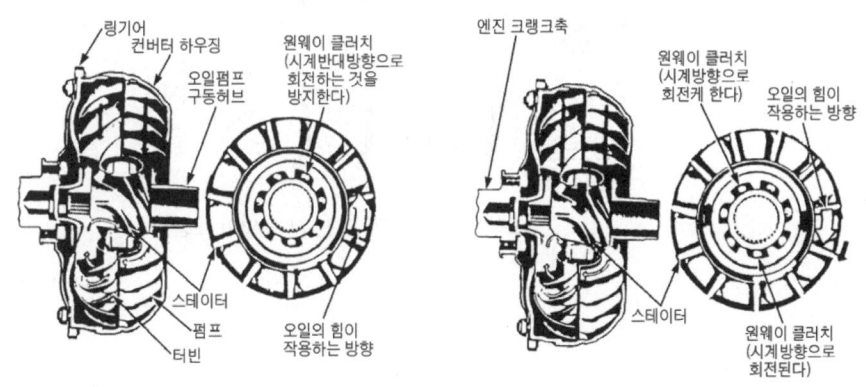

[토크컨버터 내부의 오일 흐름]

㉠ 터빈 정지 시 토크컨버터의 작동

펌프가 회전하면 오일은 화살표 P_1방향으로 나와 터빈에 운동 에너지를 전달하고 P_2방향으로 흘러 들어간다. 이때 스테이터는 터빈에서 흘러나오는 오일을 처음의 방향 즉, P_1과 같은 P_3방향으로 바꾸어준다. 이 스테이터에 의해 방향을 바꾼 오일은 펌프에서 새롭게 나오는 오일과 합세하여 터빈을 회전시키는 힘에 합세한다. 이 오일은 상당히 큰 운동 에너지를 가지고 있으며 펌프 날개의 뒷면에 작용하게 된다. 이때 터빈이 정지 상태(자동차가 정지 상태)에 있으므로 토크 변환 비율은 최대(2~3 : 1)가 된다.

[터빈정지 시의 오일의 흐름]

㉡ 펌프의 50%로 터빈 회전 시 토크컨버터의 작동

이때에도 오일은 터빈이 정지된 경우와 마찬가지로 P_1방향에서 터빈에 운동 에너지를 전달하고 P_2 및 P_3의 방향으로 흐른다. 그러나 이때 터빈의 회전 속도가 펌프의 1/2이므로 P_2의 방향이 위 경우의 1/2 정도 터빈의 회전 방향으로 곡선이 된다. 따라서 스테이터에 의한 오일의 흐름 방향의 변환이 감소된다. 이 경우 토크의 변환 비율은 터빈이 정지된 경우의 1/2 정도(1.5 : 1)가 된다.

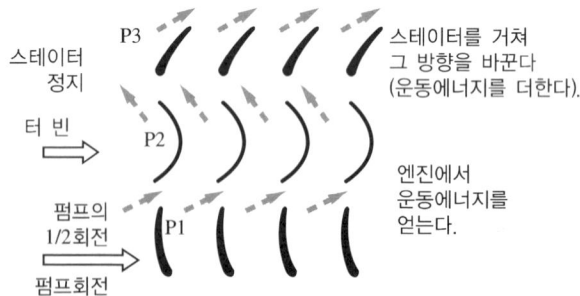

[펌프의 50%로 터빈 회전 시 오일의 흐름]

ⓒ 펌프와 터빈의 회전속도 일치 시 토크컨버터의 작동

터빈의 회전 속도가 펌프의 회전 속도와 거의 같으므로 터빈을 떠나는 오일의 방향이 펌프의 회전 속도와 거의 같으므로 터빈을 떠나는 오일의 방향이 펌프의 회전 방향과 거의 일치한다. 따라서 스테이터는 그 뒷면에서 오일의 작용을 받아 원웨이 클러치 작용을 하여 펌프 및 터빈과 함께 회전하게 된다. 이때 토크컨버터로서의 기능은 정지되며 유체 클러치로서 작동하게 된다. 토크 변환 비율은 유체 클러치와 마찬가지로 1 : 1이 된다.

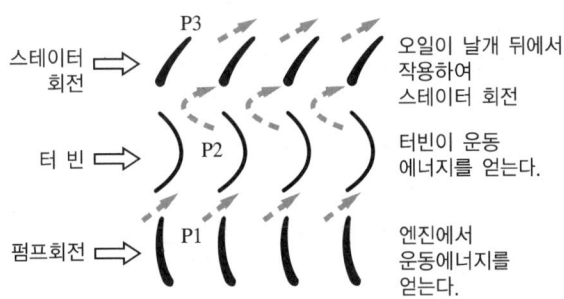

[펌프와 터빈의 회전속도 일치 시 오일의 흐름]

⑥ 일방향 클러치의 기능

스테이터는 펌프와 터빈 러너의 회전 속도의 차이가 클 때는 유효하지만 반대로 회전 속도가 적을 때는 토크컨버터 내의 오일 흐름에 변화가 생기게 된다. 오일이 터빈으로 흘러 스테이터의 앞쪽에 부딪쳐 흐름의 방향을 바꾸고 있었으나 회전 차이가 없어지면 오일의 흐름도 대부분 맴돌이 상태가 되어 펌프와 터빈은 같은 속도로 회전하려 한다. 이때 스테이터가 스테이터 축에 고정되어 있으면 스테이터의 뒷면에서 오일이 흘러 들어가 스테이터도 펌프나 터빈과 함께 회전하려고 한다. 이때 스테이터를 회전시키지 않으면 전달 효율이 불량해져 토크비율은 1 이하가 된다. 이것을 방지하기 위해서 스테이터에는 펌프의 회전 방향과 같은 방향으로 회전시키는 힘이 작용했을 때 회전하며, 반대 방향으로 힘이 가해졌을 때 고정시키는 일방향 클러치를 두고 있다.

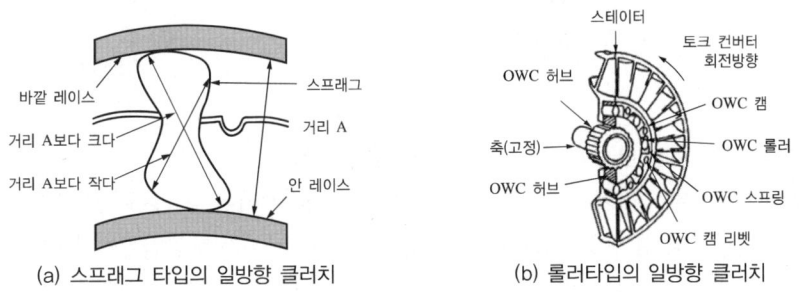

[일방향 클러치의 종류]

⑦ 토크컨버터의 장·단점
　㉠ 장 점
　　• 자동차가 정지하였을 때 오일의 미끄럼에 의해 엔진이 정지되지 않는다. 따라서 수동 변속기와 같이 클러치와 같은 별도의 동력 차단 장치가 필요 없다.
　　• 엔진의 동력을 차단하지 않고도 변속이 가능하므로 변속 중에 발생하는 급격한 토크의 변동과 구동축에서의 급격한 하중 변화도 부드럽게 흡수할 수 있다.
　　• 토크컨버터의 고유 기능인 토크 증대 작용에 있어 저속에서의 출발 성능을 향상시켜 언덕 출발에서와 같은 경우 운전을 매우 용이하게 해 준다.
　　• 펌프로 입력되는 엔진의 동력이 오일을 매개로 변속기에 전달되므로 엔진으로부터 비틀림 진동을 흡수하기 때문에 비틀림 댐퍼(Torsional Damper)를 설치하지 않아도 된다.
　㉡ 단 점
　　• 펌프와 터빈 사이에 항상 오일의 미끄럼이 발생하므로 효율이 매우 저하된다.
　　• 비틀림 댐퍼를 설치하는 대신 댐퍼 클러치를 이용하여 진동을 흡수하게 되면 댐퍼 클러치가 작동하고 있는 상태에서는 토크증대 작용은 없어진다.
　　• 구조가 복잡하고 무게와 가격이 상승한다.

(3) 유성기어의 구조 및 원리

① 유성기어의 구조

유성기어 유닛은 바깥쪽에 링기어(Ring Gear)가 있고 중앙부에는 선기어(Sun Gear)가 설치되며, 링기어와 선기어 사이에는 이들과 동일한 축에서 유성기어 캐리어(Planetary Gear Carrier)에 지지되어 있는 유성기어(유성피니언) 등으로 구성되어 있다.

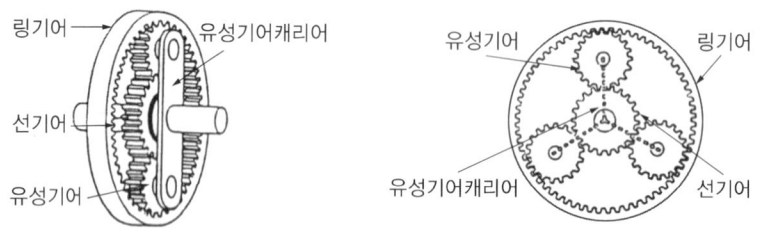

[유성기어의 구조]

② 심프슨 타입(Simpson Gear Type) 유성기어 장치

2세트의 유성기어 장치를 연이어 접속시킨 형식으로 선기어는 1개를 공통으로 사용한다. 전·후 유성기어장치의 선기어는 일체식이며, 각각 직경과 이수가 동일한 2개의 링기어, 동일한 6개의 유성기어 및 2개의 유성기어 캐리어로 구성된다. 엔진의 동력은 2개의 링기어 중 1개를 통하여 출력하며, 심프슨 유성기어 장치 앞에 단순 유성기어 장치를 결합시켜 4단 자동변속기로 이용된다.

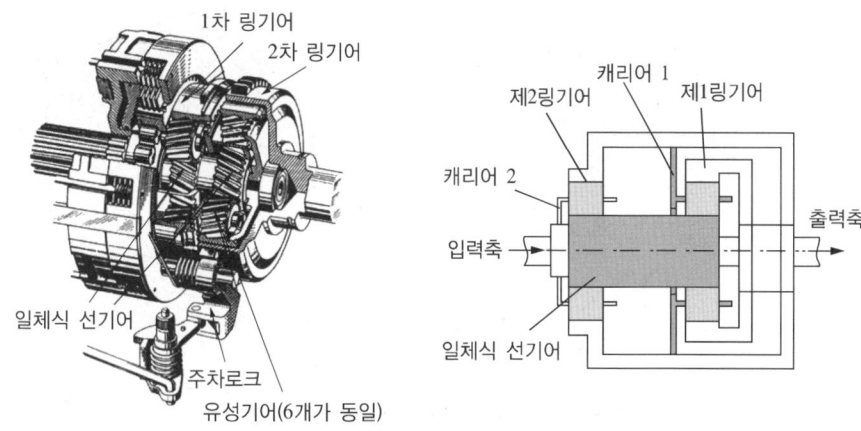

[심프슨 타입 유성기어 장치]

③ 라비뇨 타입(Ravigneaux Gear Type) 유성기어 장치

2세트의 유성기어 장치를 연이어 접속시킨 방식에서 링기어와 유성기어 캐리어를 각각 1개씩만 사용한 형식으로 1차 선기어는 쇼트 피니언기어와 결합되어 있고 2차 선기어는 롱 피니언기어와 결합되어 있다. 그리고 쇼트 피니언기어는 1차 선기어와 롱 피니언기어 사이에 결합되어 있고 링기어는 롱 피니언기어와 결합되어 있다. 엔진의 동력은 링기어 또는 유성기어 캐리어를 통하여 출력되며, 3단 또는 4단의 변속이 가능하다. 그리고 라비뇨 유성기어 장치 뒤에 단순 유성기어 장치를 결합시켜 4단 자동변속기로 이용한 것도 있다.

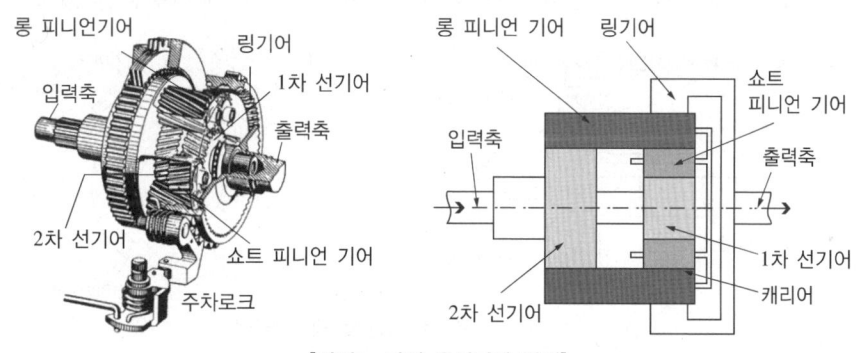

[라비뇨 타입 유성기어 장치]

④ 유성기어 장치의 변속원리

유성기어 유닛의 변속 원리는 선기어, 링기어, 유성기어 캐리어를 동시에 구동하는 경우와 각각 고정하는 경우에 따라서 증속, 감속, 역전이 이루어진다.

㉠ 증 속
- 선기어를 고정시키고 유성기어 캐리어를 구동시키면 링기어가 증속된다.
- 링기어를 고정시키고 유성기어 캐리어를 구동시키면 선기어가 증속된다.

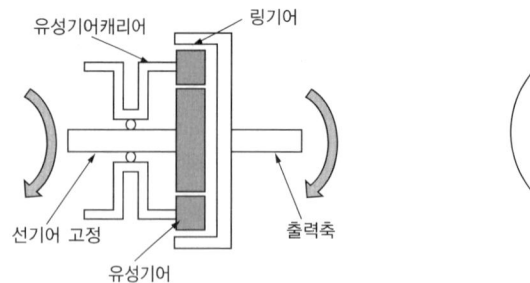 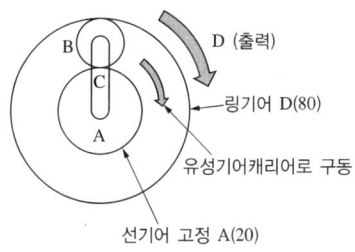

[링기어 증속원리]

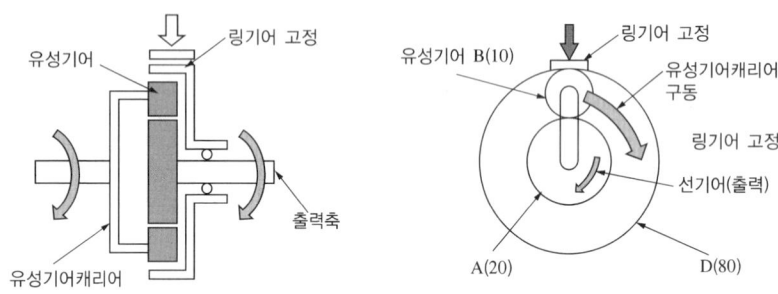

[선기어 증속원리]

ⓒ 감 속
- 선기어를 고정시키고 링기어를 구동시키면 유성기어 캐리어가 감속된다.
- 링기어를 고정시키고 선기어를 구동시키면 유성기어 캐리어가 감속된다.

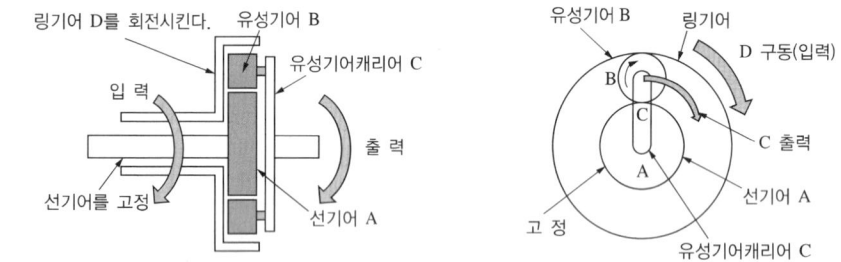

[선기어 고정 후 감속 원리]

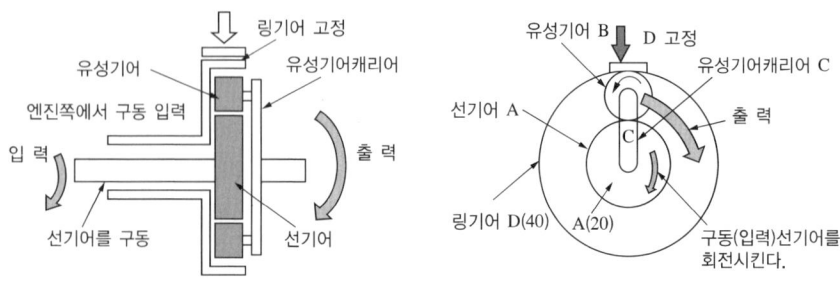

[링기어 고정 후 감속 원리]

ⓒ 직 결

직결이 되는 경우는 선기어, 링기어 및 유성기어 캐리어의 3요소 중 2요소를 고정시키면 각 기어는 개별적으로 회전할 수 없기 때문에 유성기어 유닛은 일체가 되어 회전하므로 직결이 된다.

ⓔ 후 진

- 유성기어 캐리어를 고정시키고 선기어를 구동시키면 링기어가 역회전하며 감속된다.
- 유성기어 캐리어를 고정시키고 링기어를 구동시키면 선기어가 역회전하며 증속된다.

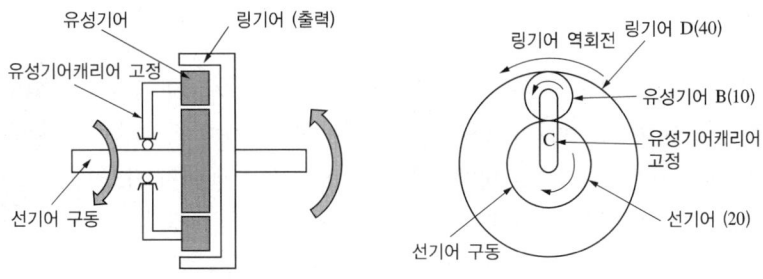

[역회전 감속 원리]

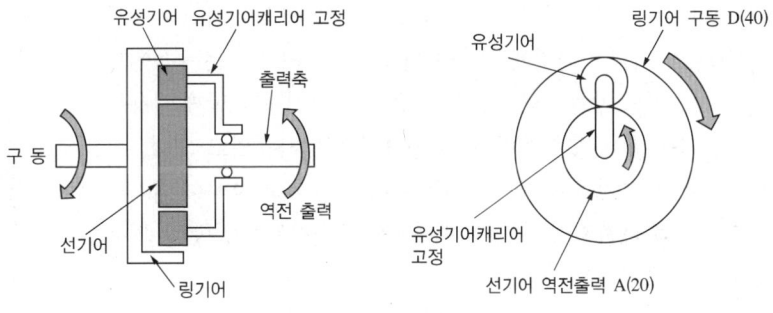

[역회전 종속 원리]

ⓜ 중 립

중립의 경우는 선기어, 링기어 및 유성기어 캐리어의 3요소가 모두 자유롭게 회전하므로 동력을 전달할 수 없는 중립상태가 된다.

03 그린전동자동차 파워트레인 성능

PART 04 그린전동자동차 구동성능

1 구동원과 부하계

(1) 구동원

① 엔진 : 엔진은 하이브리드 및 전기 자동차의 개발 이전에 거의 대부분의 자동차의 핵심적인 구동원으로 적용되어 왔다. 이러한 엔진은 끊임없는 연구개발을 통하여 내구성 증가, 엔진 효율 개선과 출력 및 연비 등의 향상과 더불어 유해 배출 가스 저감 기술까지 적용되어 발전되고 있다. 일반적으로 내연기관자동차에 적용되는 엔진 시스템은 크게 가솔린 엔진과 디젤엔진으로 구분할 수 있으며 대체 에너지 자동차로서 CNG, LPG, LNG 등의 가스를 연료로 사용하는 엔진도 많이 적용되고 있다.

[내연기관의 구조]

② 모터 : 모터는 최근 들어 화석연료의 고갈 및 유해 배기가스의 저감 등의 사회적, 기술적 환경에 맞추어 새롭게 적용되고 있는 구동원으로서 하이브리드 자동차의 경우는 기존의 내연기관과 함께 사용하며 전기 자동차의 경우에는 순수 동력원으로 사용되고 있다.

특히 모터는 내연기관이 가지고 있는 저속 구동 시의 효율이 급격히 저하되고 유해 배출 가스가 많이 배출되는 문제점을 해결할 수 있는 대안으로서 주목받고 있다.

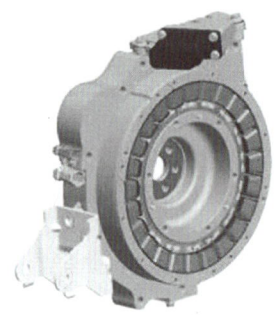

[전기 자동차용 구동모터의 구조]

이러한 모터는 지속적으로 에너지를 소비하는 내연기관과는 달리 약간의 회로 수정을 통한 발전장치로서 이용이 가능하기 때문에 주행 시에는 모터로, 감속 시에는 발전기로 전환되어 에너지 효율을 증가시킬 수 있다. 또한 소음, 진동 측면에서도 내연기관보다 유리하며 기존의 내연기관 시스템보다 경량화할 수 있어 향후 자동차의 주 동력원으로 적용될 것이다.

현재의 하이브리드 자동차에서 점차적으로 내연기관의 비중을 줄여 최종단계에서 자동차의 동력원은 오직 배터리를 사용한 모터가 구동원이 될 것이다.

항목	Conventional Vehicle	Hybrid Electric Vehicle	Plug-in Hybrid	Electric Vehicle
구조	Engine / Gas	Engine / Electric Motor / Battery / Gas	Engine / Electric Motor / Battery / Gas	Engine / Electric Motor / Battery
사용동력	엔 진	엔진 + 모터	엔진 + 모터	모 터
주입연료	가솔린	가솔린	전기 및 가솔린	전 기

(2) 부하계

연료와 전기에너지로부터 발생한 동력은 구동 바퀴에 전달되어 구동력을 발생시키기까지 각 장치 및 계통에서 많은 손실을 초래한다. 이러한 부하손실은 동력 효율에 큰 영향을 미치며 부하계의 손실을 저감하는 연구가 활발히 진행되고 있다.

일반적인 내연기관의 경우 연료가 엔진으로 유입되어 폭발 시 엔진에서 배기손실, 냉각손실, 마찰손실 등의 손실로서 나타나고 또한 자동차의 각종 전장부하에 따른 발전기 구동에 의한 동력 손실, 파워 스티어링 작동에 따른 동력 손실 등도 발생하게 된다.

이밖에도 동력 전달계통의 부하에 의해 발생되는 클러치 동력 손실과 변속기 및 각종 베어링 등에 의한 손실이 작용하게 된다.

또한 바퀴의 구동에 있어서 차체에서 발생하는 공기저항을 비롯하여 구름저항, 등판저항, 타이어의 접착력 등과 관련한 동력 손실이 발생하며 이러한 부하계에 따른 동력손실을 최소화 하는 것이 곧 에너지 효율을 증가시킬 수 있는 방안이다.

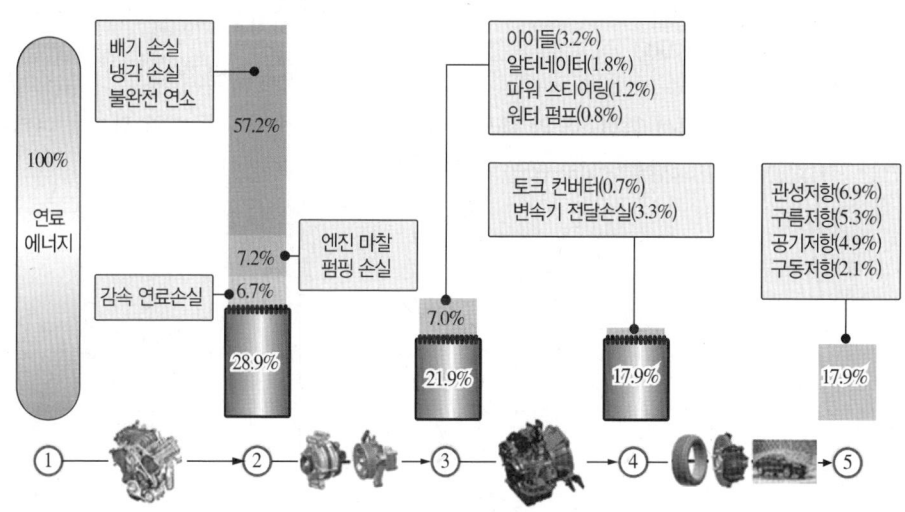

[구동상태에 따른 자동차의 부하율]

2 엔진의 출력 특성

엔진 성능곡선의 한 형태이다. 엔진의 회전수 변화에 따른 축출력과 축 토크의 변화를 쉽게 살펴보도록 하나의 그래프상에 나타내었다.

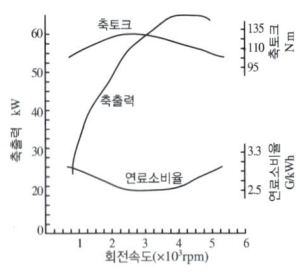

[엔진의 성능 곡선]

그림 중의 축토크, 축출력 및 연료 소비율은 전부하 시(스로틀밸브 전 개시)의 값을 나타내고 있다. 엔진의 축토크로부터 구동바퀴에 발생하는 구동력을 구하는 식은 다음과 같다.

$$F = \frac{T_E \times i \times \eta_t}{r}$$

여기서, F : 구동력(kgf)
T_E : 엔진의 축토크(kgf·m)
i : 총감속비
η_t : 전달효율
r : 바퀴의 유효반경(m)

그리고 엔진이 임의 회전속도에서 운전되고 있을 때 차의 속도는 다음 식으로 구한다.

$$V = \frac{2\pi \times r \times n}{i} \times \frac{60}{1,000}$$

여기서, V : 자동차 속도(km/h)
n : 엔진의 회전속도(rpm)
r : 타이어의 유효반경(m)

엔진 성능곡선에 있어서 회전속도와 축토크 값으로부터 차속과 구동력의 관계를 나타내는 곡선을 만들 수 있는데 이 그림을 속도-구동력 곡선이라 한다.

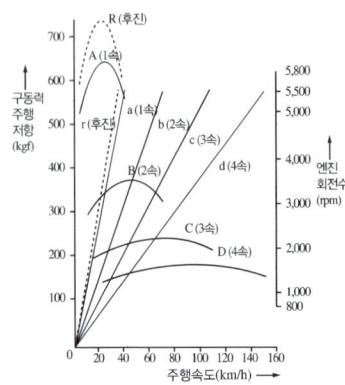

[속도 구동력 곡선]

3 전동기의 출력 특성

모터는 전기 에너지를 기계 에너지로 바꾸는 장치로 속도가 0의 상태에서 작동하자마자 상당히 큰 토크를 발생시킬 수 있다. 모터는 회전하기 시작할 때 최대 토크를 발생하므로 자동차가 출발하는 순간에 필요한 동력을 공급할 수 있기 때문에 출발할 때는 주로 모터를 사용하고 어느 정도 이상의 주행속도에 도달하면 엔진의 동력을 이용하면 연비를 절감할 수 있는 매우 중요한 사항이다.

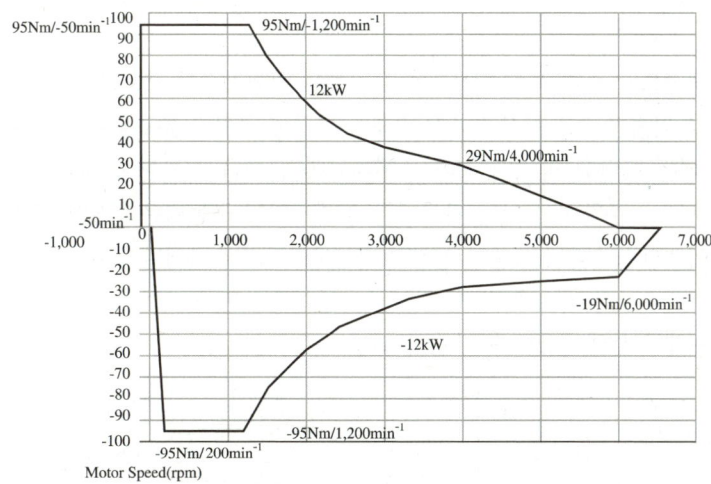

[모터의 T-N 출력 특성]

4 차량의 주행 성능

주행 성능(Vehicle Performance)이란 자동차가 승객이나 화물을 싣고 주행할 때 나타나는 자동차의 여러 가지 성능을 의미하는 것으로서 이를 크게 다음과 같이 나눌 수 있다.
- 동력 성능 : 가속 성능, 등판 성능, 최고속도, 연료소비율
- 제동 성능 : 제동 정지거리, 제동 시의 자세변화 등
- 선회 성능 : 조종안정성, 운동성, 선회 안정성 등
- 승차감 : 진동, 소음, 거주성 등

하나의 자동차가 가지는 동력 성능, 제동 성능, 조종성 및 안정성을 포함하여 자동차의 주행 성능이라고 한다.

(1) 동력 성능

자동차의 동력 성능은 자동차가 주행할 때 주행저항을 이겨내고 엔진의 동력에 의해 자동차가 발휘하는 주행 성능을 의미하는 것으로, 그 사용하는 엔진 및 동력전달장치의 성능, 제원 등에 의해 좌우된다.

동력성능의 세부항목으로는 가속성능, 등판성능, 최고속도 및 연료 소비율 등이 포함된다. 한편 자동차가 주행 중에는 주행방향에 반대 방향으로 전진을 방해하는 힘이 작용한다. 이것을 주행저항이라고 하는데, 주행저항의 대소는 자동차의 구동력을 결정하는 지표가 된다. 또한 동력 성능은 주행저항 및 구동력과 함께 자동차의 가속성능, 등판성능, 최고속도 등 자동차의 동력성능을 결정한다.

(2) 주행저항과 구동력

자동차가 일정속도로 주행 시 주행하는 자동차에는 주행저항이 작용하여 그 진행을 방해한다. 그러므로 자동차가 일정한 속도를 유지하기 위해서는 구동 바퀴(전륜구동형인 경우에는 앞바퀴, 후륜구동형인 경우에는 뒷바퀴)의 구동력이 주행저항과 균형을 이루어야 한다.

따라서 일정속도로 주행하고 있는 자동차는 주행저항과 구동력은 동일한 값을 갖는다. 이때 차가 오르막길에 이르러 가속페달을 놓아 엔진의 발생토크가 감소하거나 또는 다른 어떤 원인으로 인하여 주행저항이 구동력보다 커지게 되면 자동차는 감속하게 된다. 그와는 반대로 평탄로에서 가속페달을 밟아 구동력이 주행저항보다 커지게 되면 자동차는 가속하게 된다.

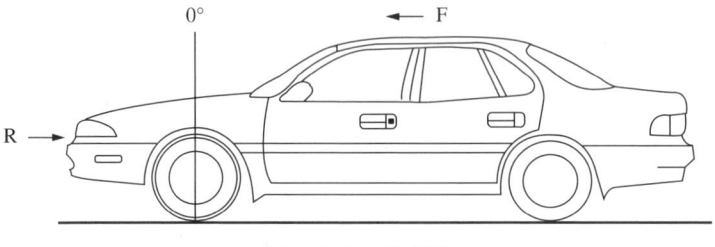

[자동차의 주행저항]

구동력과 주행저항의 차이를 여유 구동력이라 하고 여유 구동력에 의해 자동차의 가속성능과 등판성능이 결정된다.

$$구동력(F) = \frac{구동토크(T)}{주행저항(R)}$$

따라서 구동바퀴의 출력(H, 단위는 마력 혹은 PS)은 구동력×차속이므로 차속을 $V(\text{km/h})$라고 하면 출력은 다음과 같다.

$$H(\text{PS}) = \frac{F \times V}{7.5 \times 3.6}$$

이와 같이 구한 구동바퀴의 출력을 주행저항 마력이라 한다.

(3) 주행저항

자동차가 주행할 때 주행을 방해하는 힘 즉, 저항이 발생하는데 이와 같이 자동차의 진행방향에 역방향으로 받는 저항을 주행저항이라 한다. 주행저항은 구름저항, 공기저항, 가속저항 및 등판저항(경사저항, 구배저항)의 4가지로 이루어진다.

① 구름저항(Rolling Resistance : R_r)

구름저항은 바퀴가 수평 노면을 롤링(Rolling)하는 경우에 발생하는 저항을 말한다. 구름저항은 타이어와 노면과의 상호관계에 의해 발생하는 것과 노면이 원인이 되어 생기는 각종 에너지손실 등으로 크게 대별할 수 있으며 이들을 자세히 나누면 다음과 같다.

- 타이어 접지부의 변형에 의해 발생하는 저항
- 노면이 변형하기 때문에 발생하는 저항
- 노면이 평활하지 않은 경우에 생기는 저항
- 타이어에서 발생하는 소음 등에 의한 손실
- 베어링 등의 마찰에 의한 저항

구름저항은 이와 같은 여러 가지 원인에 의해 발생하기 때문에 바퀴에 걸리는 하중, 노면상태 및 주행속도에 의해 변화한다. 일반적으로 바퀴 축하중에 비례하나 주행 속도의 영향은 받지 않는 것으로 알려져 있으며 구름저항에 관련한 식은 다음과 같이 나타낸다.

$$R_r = \mu_r \times W$$

여기서, R_r : 구름저항(kgf)
μ_r : 구름저항계수
W : 자동차의 축하중(kgf)

또한 구름저항계수가 타이어의 공기압 및 차속에 의해 변화하는 경향을 보면 공기압이 낮을수록 저항계수가 커지는 것은 다음과 같은 원인 때문이다.

- 타이어의 변형이 커진다.
- 타이어의 변형이 커지므로 전동할 때의 변형·복원에 의한 에너지 손실이 커진다.
- 접지부에 있어서 타이어가 노면에서 미끄러지기 때문에 마찰에 의한 손실이 커진다. 또한 자동차의 주행속도가 고속이 되면서 구름저항계수가 급격히 증가하는 것은 스탠딩 웨이브(Standing Wave)가 발생하기 때문이다.

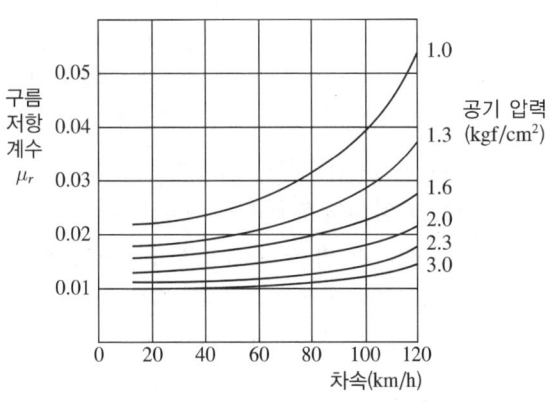

[타이어의 공기압 및 차속에 따른 구름저항계수의 변화]

② 공기저항(Air Resistance : R_a)

자동차는 공기를 헤쳐 가며 주행하므로 주행하는 반대 방향으로 작용하는 공기로 인한 저항을 받게 된다.

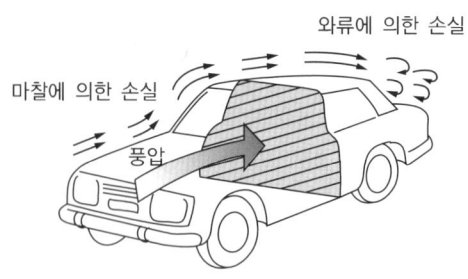

[자동차의 주행 중 공기저항]

이러한 공기 저항은 주행하는 자동차의 전면에서는 공기가 차를 정지시키는 방향으로 막아서 그 부분의 압력이 높아지게 되고, 동시에 후면이나 모서리부 등에서는 공기가 차체에 따라 흐르지 않고 기류의 박리현상이 발생하기 때문에 생기는 부압력에 의해 발생하는 저항이다.

이러한 주행하는 자동차의 앞면을 막아서는 공기에 의한 압력저항은 차체의 형상에 의한 형상저항과 차체 상하면의 압력차에 의해 자동차가 받는 양력에 의해 발생하는 유도 저항 등으로 나누어지며 이 중 형상저항이 전체 공기저항의 대부분을 차지한다. 공기저항은 자동차의 전면 투영면적과 주행속도의 제곱에 비례하는 것으로 다음 식으로 나타낼 수 있다.

$$R_a = \mu_a \times S \times V^2$$

여기서, R_a : 공기저항(kgf)
μ_a : 공기저항계수
S : 자동차의 전면투영 면적(m^2)
V : 주행속도(km/h)

공기저항은 자동차 주행속도의 제곱에 비례하기 때문에 고속으로 주행하는 경우에는 구름저항보다 훨씬 크게 되고 주행저항 중의 지배적인 성분이 된다. 한편, 공기저항계수는 자동차의 형상에 의해 정해지는 것으로 모형 또는 실물의 공기저항을 풍동시험장치(Wind Tunnel) 등을 사용하여 실측해서 산출한다.

③ 등판저항(Grade Resistance : R_g)

자동차가 수평 노면 상을 일정속도로 주행할 때에는 구름저항과 공기저항이 작용한다. 그러나 경사진 오르막길을 일정속도로 올라갈 경우, 구름저항과 공기저항 외에 차량 총중량의 분력 $W'' = W\sin\theta$이 자동차의 진행방향과 반대방향으로 작용한다. 이 분력 $W\sin\theta$를 등판저항(경사저항, 구배저항)이라 하며 $\sin\theta$의 값을 등판저항계수라고 한다.

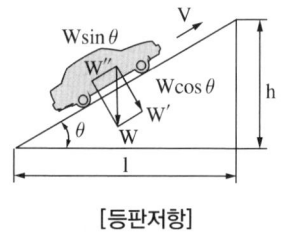

[등판저항]

여기서 언덕길의 기울기 θ를 경사각이라고 하며, 이 경사각으로 나타낸 등판 저항계수는 $\sin\theta$로 나타내는 것보다 $\tan\theta$로 나타내는 것이 편리한 경우가 많으므로 등판저항은 $\tan\theta$의 값으로 정해지는 것이 일반화되어 있다. 실제 도로의 경우 경사각 θ가 5° 이하로 설계되어 있으며 각 θ가 작을 때에는 $\sin\theta \fallingdotseq \tan\theta$로 생각하여도 실용상 지장이 없으므로 등판저항 R_g는 다음과 같이 나타낼 수 있다.

$$R_g = W'' = W\sin\theta \fallingdotseq W\tan\theta$$

또한 경사각을 %로 나타낸 구배 G라고 하면 다음과 같이 나타낼 수 있다.

$$R_g = W\tan\theta = W \times \frac{S}{100}$$

④ 가속저항(Acceleration Resistance : R_i)

자동차의 속도를 증가시키는 데 필요한 힘을 가속저항이라고 한다. 일반적으로 물체를 가속할 때에는 그 물체의 관성에 이기는 힘이 필요하게 되며 그 힘이 가속저항(혹은 가속력)이 되기 때문에 가속저항은 관성저항(Inertia Resistance)이라고도 할 수 있다. 자동차를 하나의 질량덩어리(Lumped Mass)로 생각하면 가속저항 R_i는 다음과 같이 나타낸다.

$$R_i = \frac{W}{g}a(\text{kgf})$$

여기서, R_i : 가속저항(kgf)
g : 중력가속도(m/sec²)
a : 가속도(m/s²)

위 식은 자동차를 하나의 질량 덩어리로 생각한 식이며 실제의 자동차는 엔진 및 동력 전달장치의 회전 관성이 그에 상응하는 회전속도를 증가해야 하기 때문에 그 관성을 이길 수 있는 토크가 추가로 필요하며 그만큼 관성저항이 증가하므로 마치 자동차의 중량이 증가한 것과 같은 결과가 된다. 따라서 자동차의 가속저항은 회전 관성 상당중량(ΔW)을 자동차의 중량에 추가하여 계산한다.

이러한 회전관성 상당중량은 차종 및 변속기의 기어단(변속단계)에 의해 다른 값을 가지는데 집중 질량계의 가속저항에 관한 식은 자동차의 경우 회전 상당부분 중량비 $\frac{\Delta W}{W} = \varepsilon$라 하면 다음 식과 같이 된다.

$$R_i = \frac{W(1+\varepsilon)}{g} \cdot a = \frac{(W+\Delta W)}{g} \cdot a$$

여기서, R_i : 가속저항(kgf)
g : 중력가속도(m/s²)
a : 가속도(m/s²)
W : 차량의 총중량(kgf)
ΔW : 회전관성 상당중량(kgf)

⑤ 전주행저항(Total Resistance)

자동차가 주행 중에 받는 저항은 앞에서 설명한 구름저항, 공기저항, 등판저항 및 가속 저항이지만 주행상태에 따른 전체 주행저항(전주행저항)은 다음과 같이 각각의 저항들의 조합으로 이루어진다.

㉠ 평탄로를 일정속도로 주행하고 있는 경우의 전주행저항

구름저항 + 공기저항 = $R_r + R_a$

㉡ 비탈길을 일정속도로 등판하고 있는 경우의 전주행저항

구름저항 + 공기저항 + 등판저항 = $R_r + R_a + R_g$

㉢ 평탄로를 일정한 가속도로 가속하고 있는 경우의 전주행저항

구름저항 + 공기저항 + 가속저항 = $R_r + R_a + R_i$

㉣ 내리막길을 일정속도로 주행하고 있는 경우의 전주행저항

구름저항 + 공기저항 - 등판저항 = $R_r + R_a - R_g$

이외의 경우로서 차가 오르막길을 가속하면서 등판하는 경우에는 ㉢의 경우에 등판저항을 더한 것이 되며 차가 평탄로에서 감속을 하는 경우는 가속저항이 마이너스가 되므로 ㉢의 경우에서 가속저항의 부호가 마이너스(-)가 된다. 따라서 자동차가 필요로 하는 감속도를 얻기 위해서는 그 에너지를 흡수하는 장치(제동장치)의 성능이 중요한 것이 된다.

⑥ 타이어와 노면의 점착력

자동차의 구동력을 P(kgf), 전주행저항을 R(kgf)라고 하면 자동차가 주행하기 위해서는 구동력이 전주행저항보다는 큰 조건(즉, $P > R$)이 필요하다. 타이어가 구동륜으로 작용하는 경우에는 타이어와 노면간에 미끄럼에 대한 마찰저항(마찰력)이 필요하다. 노면이 심하게 물에 젖어 있거나, 빙판길에서 갑자기 출발하려고 하면 타이어가 슬립하는 것은 흔히 경험하는 일이다. 접촉면의 수직하중을 W라고 하면 W와 마찰력 F와의 사이에는 비례관계($F \propto W$)가 있으며, $F = \mu W$로 표현한다.

여기에서 수직하중과 마찰력과의 비례상수인 μ을 마찰계수라고 한다. 그런데 타이어와 노면의 마찰력에 있어서 구동하는 타이어와 노면과의 마찰을 특히 점착력이라고 하며 그때의 마찰계수를 점착계수라고 한다. 전륜구동(FF) 자동차에서는 앞바퀴 타이어, 후륜구동(FR) 자동차에서는 뒷바퀴 타이어가 노면과의 사이에서 발생하는 마찰력을 점착력이라 한다. 점착계수는 타이어의 종류, 타이어 접지노면의 형상 등에 의해 좌우되지만, 노면 상태에 따라서도 현저히 달라진다. 차량 총중량 중 구동륜(구동바퀴)에 의해 지지되는 중량을 W_r, 점착계수를 μ로 하면 타이어의 노면에 대한 점착력 A는 $A = \mu W_r$로 표현한다.

5 토크와 동력의 전달 특성

(1) 파워 트레인

파워 트레인 계통은 자동차의 동력원(엔진 및 모터)에서 발생한 동력을 자동차의 주행 조건에 맞도록 바퀴까지 전달하는 일련의 장치들을 말하며, 동력 전달 시 손실이 발생한다. 따라서 기계적 손실 등을 줄여 여유 구동력을 확보하는 기술의 개발이 중요하다.

① 내연기관 장착 자동차의 동력 전달 특성 : 일반적으로 내연기관을 장착한 자동차의 동력 전달 계통은 엔진 – 클러치 – 변속기 – 추진축(후륜의 경우) – 종감속 및 차동기어 – 드라이브 샤프트 – 휠 및 타이어의 순서대로 구동력이 전달되며 엔진에서 발생한 동력이 클러치에서 슬립을 통하여 1차적 손실이 일어나고 변속기의 기어접촉 및 구동 부하에 의한 손실과 각종 베어링 및 운동부의 마찰로 인하여 동력의 손실을 초래한다.

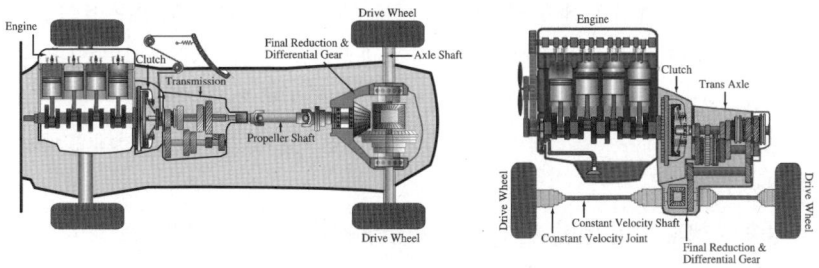

[FR 자동차의 동력전달 특성]

② 하이브리드 자동차의 동력 전달 특성 : 하이브리드의 형식에 따라 약간의 차이가 있으나 동력의 분배와 모터 주행 및 엔진주행 등의 모드로 나눌 수 있으며 주행상태에 따른 세부적인 동력 흐름도는 다음과 같다.

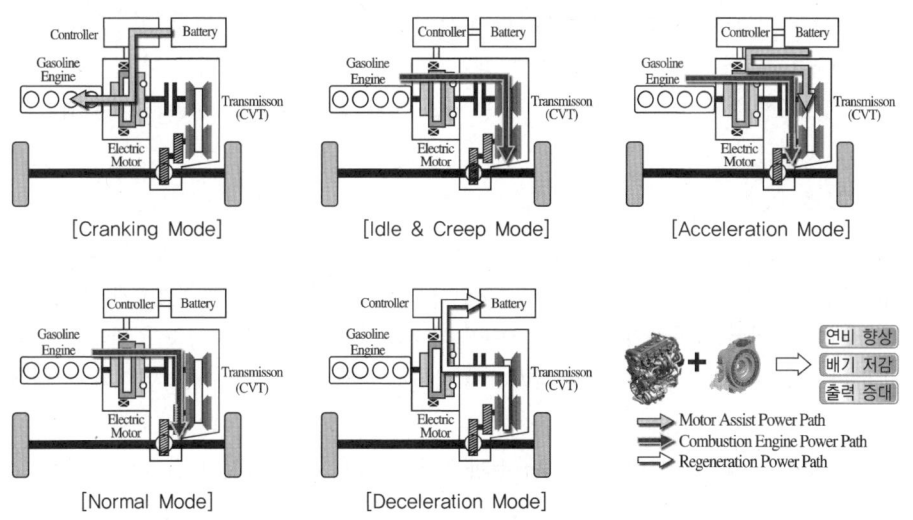

[주행모드별 하이브리드 자동차의 동력전달 특성]

㉠ 크랭킹 시

하이브리드 전기 자동차는 고전압 배터리를 포함한 모든 전기 동력시스템이 정상일 경우 모터를 이용한 엔진 시동을 제어한다. 고전압 배터리 시스템에 이상이 있거나 배터리 충전 상태가 기준값 이하로 떨어질 경우 하이브리드 컨트롤 유닛은 모터를 이용한 엔진 시동을 금지시키고 12V 스타트 모터를 작동시켜 엔진의 시동을 제어한다.

㉡ 공회전 및 아이들 스톱 시

아이들 스톱은 자동차가 정지할 경우 연료 소비를 줄이고 배기가스를 저감시키기 위해 엔진을 자동으로 정지시키는 기능이다. 이때 고전압 배터리는 자동차 전장 부하만큼의 에너지만 DC-DC 컨버터를 통해 방전된다. 하이브리드 컨트롤 유닛은 오토 스톱이 해제되면 모터를 이용하여 엔진의 크랭킹과 연료 분사를 재개하여 엔진을 재시동시킨다.

㉢ 발진 가속 시

발진 또는 가속 모드에서 하이브리드 컨트롤 유닛은 운전자의 요구 토크량을 연산하여 엔진과 모터의 토크 분배량을 결정하고 고전압 배터리의 충전 상태에 따라 모터의 출력을 제어한다. 또한 하이브리드 컨트롤 유닛은 고전압 배터리의 충전 상태가 낮을 경우 발진 또는 가속 모드에서 모터 구동을 제한하거나 충전 모드로 전환시키는 충전 상태에 따라 제어를 실행한다.

㉣ 정속 주행 시

정속 주행과 같이 엔진 부하가 낮은 영역에서는 엔진 출력만으로 효율적인 운전이 가능하기 때문에 모터를 이용한 동력 보조는 이루어지지 않는다. 정속 주행 모드일지라도 고전압 배터리의 충전 상태가 낮다면 하이브리드 컨트롤 유닛은 엔진의 여유 출력이 발생되는 영역에서 충전 모드로 전환시키는 충전 상태에 따라 제어를 실행한다.

㉤ 감속 및 회생제동 시

일반적인 자동차는 주행 중 감속 또는 제동 시점에서 발생되는 에너지가 마찰식 브레이크를 사용함으로써 열로 소산되지만 하이브리드 전기 자동차는 모터를 발전 모드로 전환시켜 제동 에너지의 일부를 전기 에너지로 회수하게 된다. 하이브리드 컨트롤 유닛은 고전압 배터리의 충전 상태에 따라 감속 또는 제동 모드에서 충전 모드로 전환시키는 제어를 실행한다.

(2) 주행성능 곡선

자동차의 주행성능 곡선은 속도-주행저항 선도, 속도-구동력 선도를 동일 척도로 하여 같은 그림에 기입한 선도이다. 주행성능 선도를 검토함으로써 그 자동차의 동력성능과 특성을 알 수 있다. 다음 그림은 어떤 자동차의 주행성능선도인데, 주행성능 선도에는 성능에 관계있는 제원이 첨부되어 있다. 그림 중 ⓐ~ⓕ의 선은 오르막길에 있어서 주행저항을 나타내고 있으며, 그 %는 오르막길의 경사도(구배)를 나타내고 있다. 등판저항은 $\sin\theta$로 나타내고 있는데, 도로 등에서는 구배($\tan\theta$)를 많이 이용하기 때문에 그림에 나타낸 것과 같이 이들을 각각 실선과 점선으로 표시하고 있는 것이 많다.

이와 같이 구동력과 주행저항이 같이 기입되어 있으면 각각을 직접 비교할 수 있으며 이 두 곡선의 관계에서 자동차의 성능을 쉽게 판단할 자동차의 성능을 판단할 수 있다.

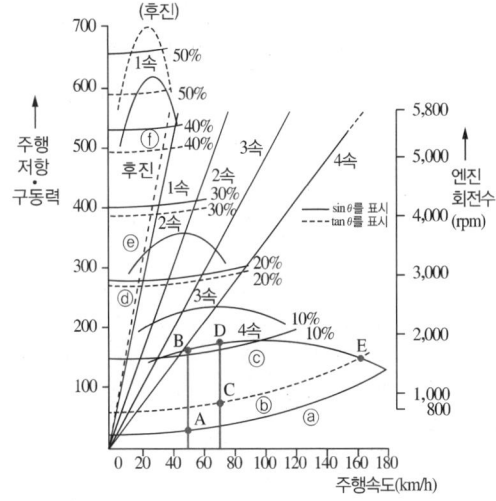

[주행성능 선도의 예(a)]

(3) 여유 구동력

주행성능 선도의 예(a) 그림에서 자동차가 50km/h의 속도로 평탄로(0%)를 주행하고 있는 경우에 대해서 보면 주행저항은 가로축의 50km/h의 위치에 세운 수직선과 0%의 주행저항이 커브와의 교차점 A로 구할 수 있다.

그러나 제4속 기어일 때 발생할 수 있는 구동력은 50km/h의 위치의 직선과 제4속 구동력 곡선의 교차점 B가 되며 구동력 쪽이 크다. 이때의 B-A의 값을 여유구동력이라고 한다. 여유구동력은 자동차가 가속 또는 등판을 위하여 이용할 수 있는 힘이기 때문에 이것을 가속력 또는 등판력이라고 한다.

(4) 등판 가속 시의 최고속도

주행성능 선도의 예(a) 그림에서 변속기어 4속으로 주행 중 시속 70km/h에서 3%의 비탈길을 등판하고 있는 경우의 여유구동력은 D-C이지만 가속에 따라 저항이 증가하여 구동력은 어느 속도를 넘으면 감소를 시작한다. 따라서 여유구동력은 감소해서 그림 E점에서 두 곡선이 교차하게 된다. 이 상태에서는 여유구동력이 0이 되므로 자동차는 그 이상 가속할 수 없게 된다. 따라서 그림 중의 E점이 제4속 기어를 사용하여 3%의 경사각을 등판할 때 발생할 수 있는 최고속도(160km/h)가 된다.

(5) 최고속도

자동차 성능 제원상의 최고속도는 일반적으로 톱기어로 평탄로를 주행할 때 낼 수 있는 최고속도를 말한다. 이미 설명한 바와 같이 어느 차의 최고속도는 여유구동력이 0이 되는 점이기 때문에 평탄로의 주행저항의 커브와 제4속 기어의 구동력 커브가 교차하는 ⓐ점에서 구할 수 있다. 최고속도를 높이기 위해서는 그림 중의 ⓐ점을 오른쪽으로 이동시키면 되는 것으로 이것은 다음과 같은 방법으로 이루어진다.

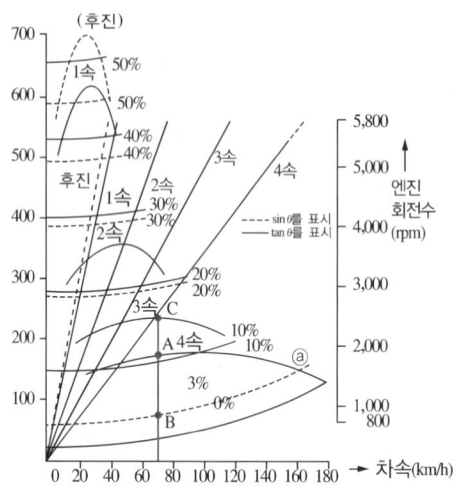

[주행성능 선도의 예(b)]

① 주행저항을 감소시킬 것

구름저항 및 공기저항을 감소시킬 필요가 있으나 특히 고속 시에는 공기저항이 주행저항의 대부분을 차지하기 때문에 공기저항을 감소시키기 위해서 차체의 유선형화를 추구한다. 이와 동시에 차체 표면의 돌기물(백미러 등) 등을 유선화하거나 될 수 있는 한 적게 할 필요가 있다. 또한 전면 투영면적을 감소하는 것도 유효한 방법이다.

② 구동력이 고속에서 가능한 한 저하지 않도록 함

이것은 엔진의 축토크가 고속에서 저하지 않도록 또 최고 토크를 발휘하는 회전속도를 고속으로 이동시킬 수 있도록 한다.

③ 총 감속비를 적절하게 선정

사용하는 엔진이 정해져 있는 경우 총 감속비를 바꾸면 톱기어의 구동력 곡선의 높이와 회전방향의 위치가 변화하므로 어느 총 감속비일때 교차점 ⓐ는 가장 오른쪽으로 접근한다. 그 외 구동바퀴의 유효반경도 최고 속도에 영향을 주므로 적절한 유효반경의 바퀴를 선정할 필요가 있다.

(6) 가속성능

가속성능은 여유구동력의 대소에 의해 좌우된다. 여유구동력은 앞에서 설명한 바와 같이 주행성능선도에서 구해지는 구동력과 주행저항과의 차이다.

이러한 여유구동력에서 얻어지는 가속도는 여유구동력이 바로 가속저항을 이기는 데 소모되며 가속도를 구하는 식은 다음과 같다.

$$a = \frac{gR_{ac}}{W(1+\varepsilon)} = \frac{gR_{ac}}{(W+\Delta W)}$$

여기서, a : 차량의 가속도(m/s^2)

R_{ac} : 가속구름저항(kgf)

g : 중력가속도(m/s^2)

ε : 회전 부분 상당 중량비($\Delta W/W$)

가속성능을 향상시키기 위해서는 여유구동력을 크게 하거나 차량 총중량을 작게 하는 등의 방법이 필요한데 여기서 다시 여유구동력을 크게 하기 위해서는 주행저항을 작게 하고 엔진의 축토크를 증가시키며 총 감속비를 크게 하거나 구동바퀴의 유효반경을 작게 하는 등의 방법이 있다.

반면 총 감속비를 크게 하거나 유효반경을 작게 하면 최고속도가 낮아지기 때문에 이들 값 사이에서 적절한 절충이 필요하다.

CHAPTER 04 구동계 제어시스템

PART 04 그린전동자동차 구동성능

1 변속비 및 구동력 선도

(1) 변속비

변속기는 여러 조의 기어가 서로 맞물리게 한 것을 외부적 작용에 의하여 변화시켜 구동바퀴에 가해지는 구동토크(구동바퀴의 토크)와 회전속도를 변화시켜준다.

한 쌍의 기어에서 왼쪽에 있는 작은 기어(A 기어)를 반시계방향으로 회전시키면 오른쪽에 있는 큰 기어(B 기어)는 시계방향으로 회전한다. 이렇게 동력을 주는 기어(돌리는 기어)를 구동기어(Drive Gear), 동력을 받는 기어(돌려지는 기어)를 피동기어(Driven Gear)라고 한다.

한 쌍의 기어 중에 한 개의 기어가 구동기어가 되면 다른 하나의 기어는 피동기어가 된다. 또한 구동기어가 삽입되어 연결된 축을 구동축, 피동기어가 삽입되어 연결되어 있는 축을 피동축이라고 한다. 구동기어가 한 바퀴 회전할 때 피동기어가 한 바퀴 이하로 회전하게 되면 회전속도가 감소하고 있는 것을 의미한다. 이렇게 구동기어와 피동기어의 크기(이의 수)에 따라 회전수가 달라지고 또한 토크도 변하게 된다. 변속비는 다음과 같이 정의할 수 있다.

$$\text{변속비} = \frac{\text{구동축의 회전속도}}{\text{피동축의 회전속도}} = \frac{\text{피동축의 기어 잇수}}{\text{구동축의 기어 잇수}}$$

변속비를 감속비라고도 하고, 일반적으로 말하는 기어의 기어비와는 역수의 관계를 가진다. 자동차의 변속기에서 변속비는 변속기 입력축의 회전수/변속기 출력축의 회전수로 계산된다. 변속기에서 변속비가 1 이상이면 변속기에서 감속을 시키고 있음을 의미하고, 토크는 변속비만큼 증대되어 출력된다. 변속비가 1 이하이면 변속기에서 증속되고 있고, 토크는 변속비만큼 감소되어 출력된다. 이때를 오버 드라이브(Over Drive)상태라고도 한다. 변속비가 1이면 변속기로 들어오는 회전수나 나가는 회전수가 같은 직결상태가 된다. 이때 토크변화는 없다.

(2) 구동력 선도

자동차의 주행속도에 대한 구동력, 주행저항 또는 변속기의 각 변속비에 대한 엔진 회전수의 변화를 정리하여 그래프로 정리한 것이다. 예를 들어, 경사 0%로 경사도가 전혀 없는 도로를 4단 변속하여 50km/h로 주행하고 있을 때, 구동력은 B점으로 약 160kg, 주행저항은 A점으로 약 20kg, 엔진회전수는 1,800rpm이다. 이때 B점에서 A점 사이의 값이 여유 구동력이 되고 이 자동차의 최고속도는 약 175km/h가 된다.

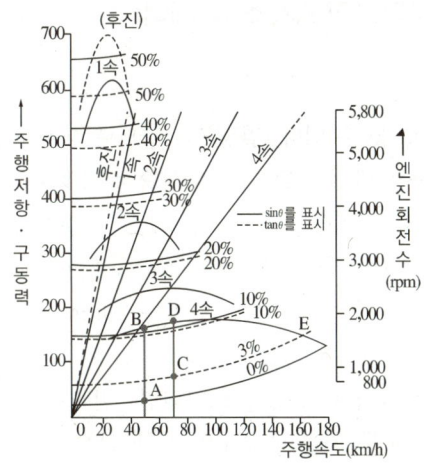

[4단 변속기의 구동력 선도]

2 회생제동을 통한 에너지 회수

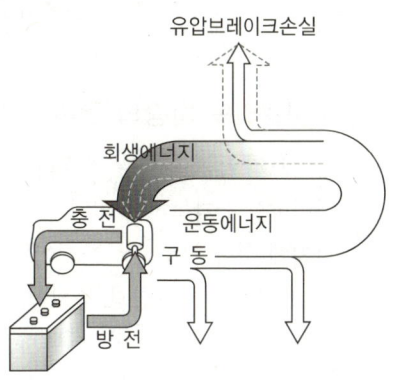

[제동 시 에너지 흐름]

회생제동은 전동기를 발전기로 만들어서 운동 에너지를 전기 에너지로 변환해서 전력을 회수해 제동력을 발휘하는 제동 시스템이다. 발전기를 구동시키기 위해서는 힘이 필요한데, 그 힘을 제동력으로 이용하는 방식이다. 전동기를 동력으로 하는 것들에는 회생제동 시스템을 구현할 수 있다. 브레이크페달을 회생브레이크로 사용할 경우, 자동차 브레이크는 최대 1G 정도의 감속도가 필요하다. 그러나 회생브레이크에서는 모터, 인버터 또는 2차 전지 등의 능력에 한계가 있기 때문에 강력한 제동력을 발생시키기 위하여 유압브레이크를 함께 보조적으로 사용한다. 운전자가 브레이크를 밟음으로써 발생하는 유압을 검출하여 그 유압에 상당하는 제동력이 발생할 수 있도록 모터에 마이너스(-)의 토크를 발생시켜 인버터를 제어한다. 이때 발생하는 전력을 2차 전지나 울트라커패시터에 축전한다. 모터에서 발생시킬 수 있는 제동력 범위 내에서는 우선적으로 회생브레이크를 작동시키고, 유압 브레이크력은 회생브레이크 협조밸브로 제어한다. 이렇게 함으로써 마찰에 의한 에너지 손실을 적극적으로 억제하여 에너지의 회생수율을 향상시킨다. 회생브레이크의 한계를 초과하는 제동력 요구가 있을 경우에 한하여 유압브레이크를 작동시킨다.

3 연비향상을 위한 하이브리드시스템 제어

(1) 연 비

연비의 의미는 크게 2가지로 볼 수 있다. 일정 연료량으로 자동차가 주행할 수 있는 거리를 적용하는 방식과 일정거리를 주행하는 데 소모된 연료의 양으로 측정하는 방식이 있다. 그러나 결국 2가지 방식 모두 주행거리와 연료의 비율을 계산하는 것은 동일하다고 할 수 있다.

① 일정 연료량으로 자동차가 주행할 수 있는 거리 : Fuel Economy
   예 연료 1L로 20km를 달릴 수 있다면, 연비는 20km/L
② 일정 거리를 주행하는데 소비된 연료량 : Fuel Consumption
   예 100km를 주행하는 데 연료 10L가 소비되면, 연비는 100km/10L
   또한 자동차의 연비는 모든 차량의 요소와 주행 모드에 영향을 받는다.

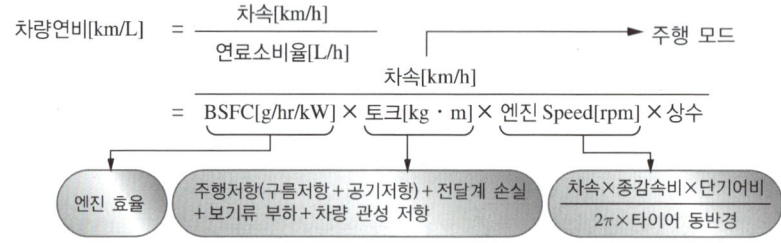

(2) 하이브리드 차량의 연비 향상

하이브리드 자동차는 기존의 연료에 대하여 전지라고 하는 새로운 에너지축적 장치를 구비하여 연비향상이 가능하게 되었다. HV의 연비 향상의 원리는 먼저 감속 시의 에너지를 모터의 회생으로 전지에 축적하는 작용으로 이루어진다. 회수된 에너지를 발진 직후 엔진 효율이 낮은 때는 모터로 주행하는 데 사용함과 동시에, 가속 시에는 엔진을 보조함으로써 연비의 향상이 가능하게 한다. 주행 시에 사용하는 전기에너지는 감속할 때뿐만 아니라 엔진 효율이 양호한 동작조건에서 발전으로 축적하는 방법도 있다. 하이브리드 자동차에서 연비 향상의 원리는 주행에너지의 회수 및 재이용, 엔진의 저효율 영역에서 전지(모터)의 대체 이용, 보조 이용 및 정지 시의 엔진 정지 등이다.

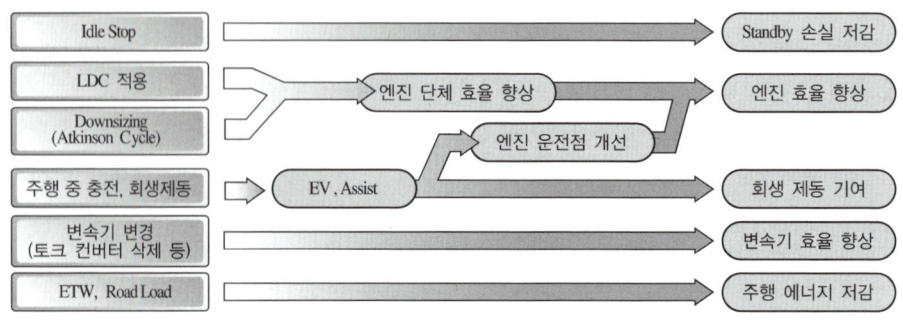

[하이브리드 차량의 연비 향상요인]

① 아이들 스톱 기능으로 인한 연비 향상
② 회생제동을 통한 에너지 효율 향상
③ 전기모터의 동력 보조를 통한 연비 향상
④ 전기 자동차 주행 모드 적용을 통한 연비 향상

(3) 하이브리드 시스템의 작동

하이브리드 자동차의 주행 패턴에 대한 주요 제어 및 에너지 흐름도를 분석하면 우선 기존의 화석연료를 사용하는 자동차와 크게 다른 것을 확인할 수 있다.

모터가 가지고 있는 특성, 즉 초기 구동 시(저속)에 엔진보다 효율이 우수하며 구동토크의 큰 장점을 살려 자동차의 출발 또는 가속 등판 시에 모터가 구동력을 발생하여 엔진에 작용하는 부하를 감소시켜 연비 및 출력 특성을 효율적으로 개선하였다. 또한 통상적인 주행 시 고속영역의 효율이 모터보다 우수한 엔진의 장점을 살려 엔진주행을 구현한다.

제동 및 감속 시 차량의 관성에 의한 구동바퀴의 회전력을 이용하여 배터리를 충전하는 에너지 회수 브레이크 시스템을 적용하여 배터리의 효율 및 수명을 연장시키고 또한 차량 정지 시 아이들 스톱 시스템의 적용으로 내연기관의 작동을 정지시켜 연비 향상 및 유해 배기가스의 배출을 억제한다.

가속등판	엔진 + 모터 구동	주행 시	엔진만 구동
동작도		동작도	
설 명	엔진에 큰 부하가 걸리는 가속 또는 등판 시에 모터에서 동력을 보조	설 명	통상 주행 시에는 엔진만 구동
감속 시	배터리 충전	정지 시	아이들 정지
동작도		동작도	
설 명	통상 버려지는 감속 에너지를 모터가 회생시켜 배터리를 충전	설 명	정지 시에는 아이들링이 자동적으로 정지하여 불필요한 연료소비 및 배출가스 저감

[하이브리드 자동차의 주행시스템]

CHAPTER 05 차량성능 평가

1 핵심부품 사양설계

(1) 하이브리드 엔진

하이브리드 자동차용 엔진은 연비향상에 주목적을 두고 설계된다. 따라서 각각의 엔진 본체에 연비를 향상시키기 위한 기술이 복합적으로 적용된다. 하이브리드 엔진은 앳킨슨(Atkinson)사이클을 도입하여 펌핑손실 저감으로 엔진효율을 향상시켰고, 압축비를 높였다. 저중량의 밸브스프링과 저마찰 피스톤 링을 적용하여 무빙계에서 발생되는 운동손실과 마찰 손실을 저감시켰다. 또한 서모스탯의 열림 온도를 높여 엔진의 연소성능을 향상시킬 수 있도록 설계하였다.

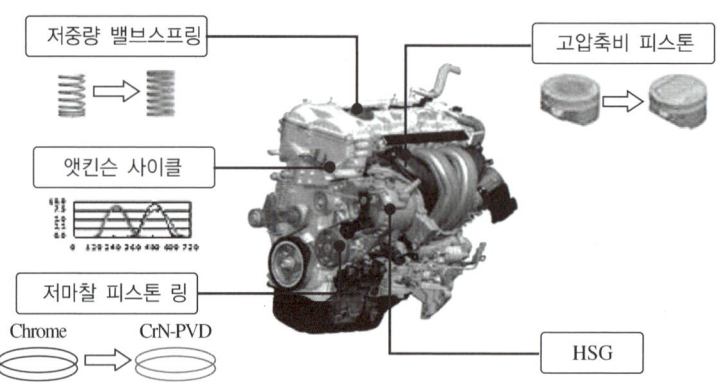

[하이브리드 엔진의 설계사양]

(2) 하이브리드 변속기

일반적인 하이브리드 차량에는 CVT가 적용되지만 여기서는 하이브리드용 자동변속기에 대하여 언급한다. 하이브리드 특성상 엔진 또는 모터에서 발생되는 동력은 변속기로 전달된다. 모터는 변속기 입력축과 직결되어 있고, 하이브리드 자동차의 핵심 부품 중에 하나인 엔진의 동력을 전달하고 차단하는 엔진 클러치가 변속기에 장착된다. 정리하면 엔진의 동력을 변속기에 전달하기 위해서는 엔진 클러치가 작동되어야 하고, 모터가 회전하면 변속기 입력축은 회전하게 되는 것이다. 그리고 전동식 오일펌프(EOP)가 변속기 케이스에 장착되어 엔진 OFF 시 변속기에 유압을 공급하는 기능을 수행한다. EOP는 유압을 제어하는 오일펌프 유닛(OPU)이 엔진 룸에 장착되어 있다.

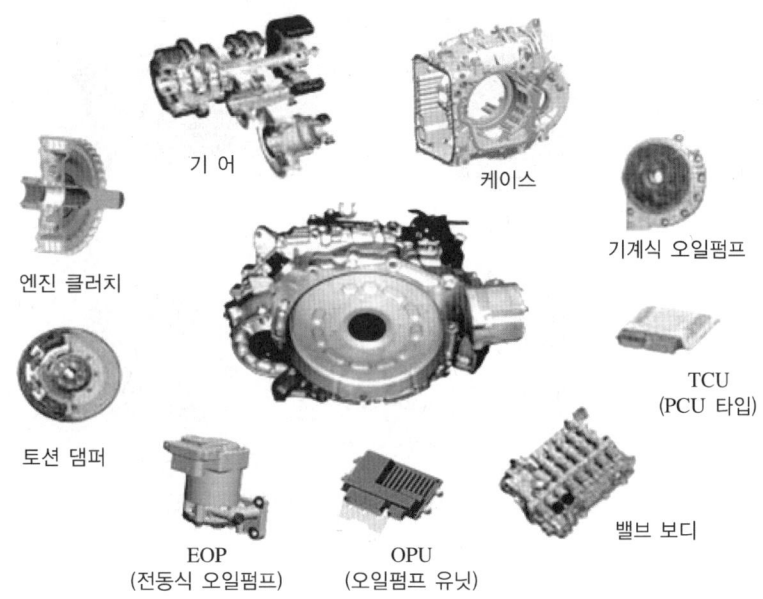

[하이브리드용 자동변속기 구성요소]

(3) 하이브리드 모터와 발전기

① 하이브리드 모터

하이브리드 모터는 변속기에 장착되어 가속 시에는 모터로 엔진을 보조하고, 감속 시에는 발전기가 되어 고전압 배터리를 충전하는 역할을 한다. EV모드일 때는 변속기 입력축을 직접 회전시켜 순수전기 차량으로 주행하고, HEV모드일 때는 엔진을 보조하는 기능을 한다.

② HSG(Hybrid Starter Generator)

엔진과 벨트로 연결되어 시동기능과 발전기능을 수행한다.

㉠ 시동제어 : 엔진과 모터의 동력을 같이 사용하는 구간인 HEV모드에서는 주행 중에 엔진을 시동한다.

㉡ 엔진속도제어 : 엔진 시동 실행 시 엔진의 동력과 모터동력을 연결하기 위해 엔진 클러치가 작동할 경우 엔진을 모터속도와 같은 속도로 빨리 올려 엔진 클러치 작동으로 인한 충격이나 진동 없이 동력을 연결해 준다.

㉢ 발전제어 : 고전압 배터리 SOC의 저하 시 엔진을 시동하여 엔진 회전력으로 HSG가 발전기 역할을 하여 고전압 배터리를 충전하고 충전된 전기 에너지를 LDC를 통해 12V 차량전장부하에 공급한다.

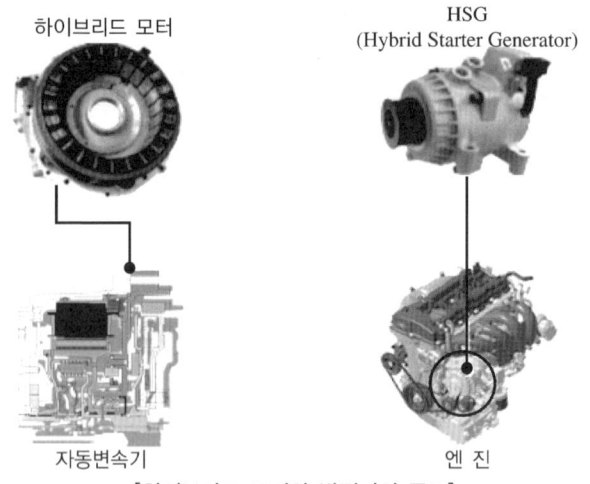

[하이브리드 모터와 발전기의 구조]

(4) 하이브리드 고전압배터리

하이브리드 자동차용 고전압 배터리는 DC 250~350V 정도로 트렁크에 장착된다. 리튬-이온 혹은 리튬-폴리머 배터리로 3.75V의 셀이 용량에 맞게 구성되어 있다. BMS는 각 셀의 전압, 전체 충·방전 전류량 및 온도를 입력값으로 받고, BMS에서 계산된 SOC는 HCU로 보내진다. HCU는 이 값을 참조로 고전압 배터리를 제어한다. PRA(Power Relay Assembly)는 IG OFF 상태에서는 메인 릴레이를 차단하고 PRA 안에 메인 릴레이가 위치한다.

고전압 배터리의 냉각 시스템은 과열되지 않고 적정 온도가 유지될 수 있도록 냉각팬이 적용되어 있다. 냉각기의 입구는 차량 내부로 연결되어 있으며, 냉각기의 출구는 차량 외부로 연결되어 있어 차량 내부에서 유입된 공기가 배터리를 지나 차량 외부로 배출되는 구조이다.

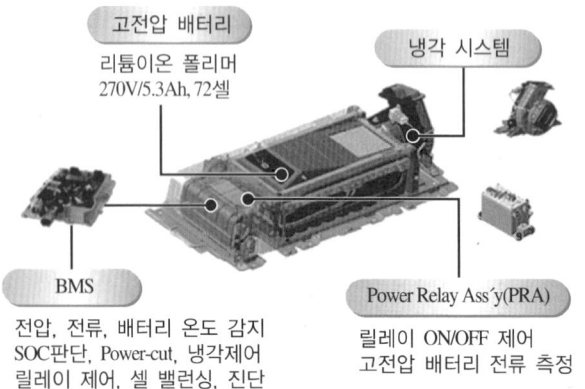

[고전압 배터리의 내부 구조]

(5) MCU(Motor Control Unit)

MCU는 고전압 배터리의 직류(DC) 전원을 모터 작동에 필요한 3상 교류(AC) 전원으로 변환하고, HCU(HEV Control Unit)의 명령을 받아 모터의 구동 전류 제어와 감속 및 제동 시, 3상 교류를 직류로 변경하여 모터를 발전기 역할로 변경하고 배터리 충전을 위한 에너지 회수 기능을 담당한다. MCU는 인버터(Inverter)라고도 한다.

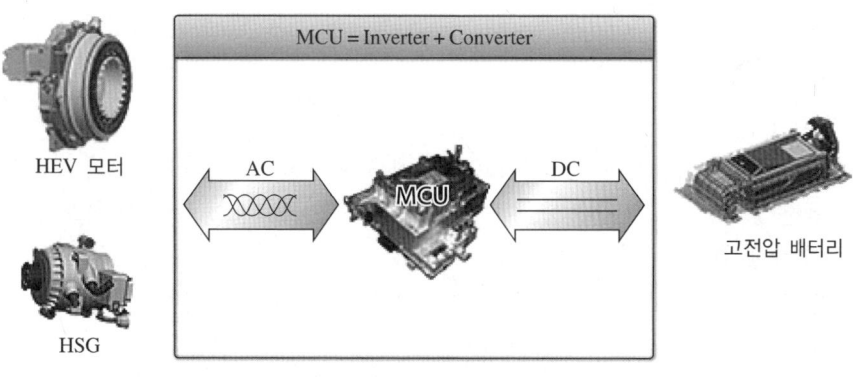

[MCU제어 구조]

(6) LDC(Low Voltage DC-DC Converter)

LDC는 HEV 자동차에 전장전원을 공급하는 장치로 기존의 내연기관 자동차에서 발전기의 역할을 대신한다. 엔진 OFF 시에 원활한 전장전원 공급이 가능하고, 발전기보다 효율이 높아 연비 향상에 기여하였다.

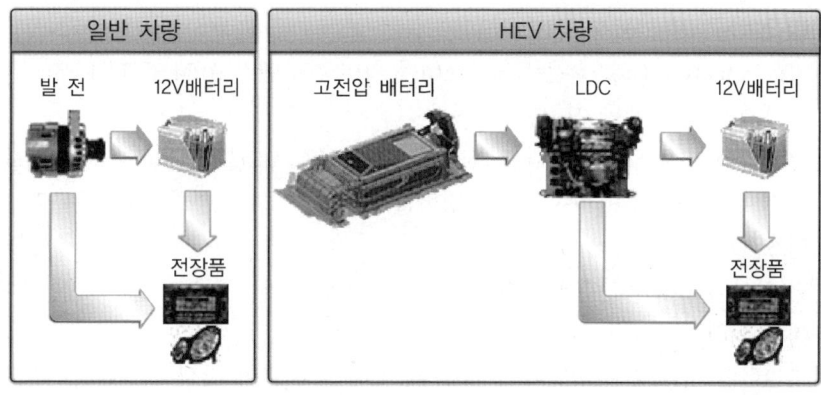

[LDC의 구성]

2 차량동력 성능시험

발진가속 시험의 경우 0~100km/h 도달 시간을 측정하고, 추월 가속 시험의 경우 60~100km/h 도달 시간과 80~120km/h 도달 시간을 측정한다. 그리고 최고속 시험의 경우 최고속도를 측정하고 정속 연비 시험의 경우 60, 80, 100km/h에서의 연비를 측정한다. 다음의 시험결과를 토대로 목표성능, 상품성과 실용성을 중점으로 하이브리드 자동차의 설계를 진행한다.

(1) 동력 성능시험

① 시험차량 준비
  ㉠ 시험차량을 시험기에 진입시키고 초기에 3,000km를 주행한다. 그리고 P/G에서 주행 시 엔진 및 CHASSIS PART 등을 시험기에 장착하고 Ch/Dyno 주행 시 최소 1,000km는 P/G에서 주행한다.
  ㉡ 엔진 및 각 제어기의 오일 및 냉각계를 점검하고 냉각 시 타이어의 공기압을 적정공기압으로 맞춘다. 그리고 차량의 Wheel Drag를 확인하고 점검한다.
  ㉢ HCU, ECU, MCU, BMS ROM DATA를 확인하고 Update를 실시한다.
  ㉣ 엔진, 변속기, 모터, 발전기, 배터리의 상태를 확인하고 WOT 주행 시 RPM, 토크, 변속패턴, 온도 등을 확인한다.
  ㉤ 주행저항을 고려한 장치를 시험차량에 장착한다.
  ㉥ 시험차량에 연료를 Full로 주입하고 시험준비를 한다.
  ㉦ 시험항목별 동력성능 GROUP 대 등판성능 GROUP을 확인하고 개발시험과 인증시험의 차이를 구분한다. 또한 승용차량과 상용차량의 차이를 구분하여 시험차량의 중량을 확인한다.

② 시험 장비
  ㉠ Tachometer, HCU 혹은 EMS Data를 확인하고 엔진 RPM, 모터 RPM, 발전기 RPM 등을 이용하여 속도계를 시험한다.
  ㉡ Non Contact Speedometer, HCU 혹은 EMS Data를 이용하여 차속계를 시험한다.
  ㉢ G센서를 이용하여 가속도를 측정한다.

③ 시험조건
  시험 실시 후 3시간 간격으로 습구온도, 건구온도, 기압, 풍속과 같은 기상 데이터를 기록한다.

④ 데이터 처리
  왕복 3회의 시험 중 동일방향에서 과대한 DATA 변화가 발생하면 데이터가 안정화할 때까지 반복하여 시험을 실시한다. 매 시험시간의 간격을 최소화하고 인용되는 값은 그 윗자리로 반올림하여 사용한다.

(2) 동력성능 주요인자

① 엔진

구분	항목	주요인자

엔진	엔진 단체 성능	• 차량성능 특성에 맞는 엔진성능 개발
		  - SDN/CPE 등 차량특성에 맞는 엔진성능 선행개발
		  - 발진/Lack of Power와 연관된 부분 부하 성능 개선
		• 엔진 보기류 개선
		  - 보기류 Friction 저감에 따른 엔진 단체의 효율 개선 및 보기류 LOAD(풀리비) 저감
		  - 흡/배기계 최적화(NVH/성능 고려)

	엔진 제어 최적화	• 발진 시 Lean Peak 배제 • Spark Timing/공연비 최적화 • Idle rpm 맷칭(연비/실용등판 고려 맷칭)

② 변속기

구분	항목	주요인자
T/M	Gear Ratio	• G/Ratio Up(연비 성능과 Trade Off) • 발진성능 및 실용등판 성능, Trailer Tow'g • 각단 추월성능 및 최고속도 • 각단 변속 리듬감 • 다양한 Gear Ratio 개발

	Torque Converter	• 특성별 T/Conv. 개발
		  - 차량 성능 특성에 따른 토콘특성 개발
		  - C Factor 및 T/Ratio 개발

	AT Shift Pattern	• Up/Down Shift Line 최적화
		  - 연비/성능/NVH/리듬감 고려
		  - Damper 작동역 설정
		  - 등, 강판로 제어 추가(퍼지제어)

③ 차량

구분	항목	주요인자
차량	Accel Pedal & Throttle Lever Geometry	• Accel Pedal 답력, 복원 Spring 특성 Tuning&Pedal 레버비 • Throttle 레버 형상 및 "R" 특성 변경

	차량주행 & 주행저항	• 차량 중량 감소(Power to Weight 고려)
		  - 동일 차체에 대한 중량 경량화
		• 외부저항(공력성능) 개선
		  - 고속성능 열세 만회 가능 → FGR Down으로 연비 동시 개선 가능
		• Tire 구름저항 개선
		  - Tire 구름저항 및 Wheel Drag 개선

CHAPTER 06 그린전동자동차 관련 법령

PART 04 그린전동자동차 구동성능

1 환경친화적 자동차의 개발 및 보급 촉진에 관한 법률(약칭 : 친환경자동차법)

(1) 목적(법 제1조)

이 법은 환경친화적 자동차의 개발 및 보급을 촉진하기 위한 종합적인 계획 및 시책을 수립하여 추진하도록 함으로써 자동차산업의 지속적인 발전과 국민 생활환경의 향상을 도모하며 국가경제에 이바지함을 목적으로 한다.

(2) 용어의 정의(법 제2조)

① 자동차 : 「자동차관리법」 제2조 제1호에 따른 자동차 또는 「건설기계관리법」 제2조 제1호에 따른 건설기계로서 대통령령으로 정하는 것을 말한다.

> **자동차의 종류(영 제2조)**
> 법 제2조제1호에서 "대통령령이 정하는 것"이라 함은 다음과 같다.
> 1. 「자동차관리법」 제3조 제1항의 규정에 따른 승용자동차 · 승합자동차 · 화물자동차 및 특수자동차. 다만, 「자동차관리법」 제2조 제1호 본문의 규정에 따른 피견인 자동차를 제외한다.
> 2. 「건설기계관리법 시행령」 제2조의 규정에 따른 덤프트럭, 콘크리트믹서트럭 및 콘크리트펌프

② 환경친화적 자동차 : ③부터 ⑥까지의 규정에 따른 전기자동차, 태양광자동차, 하이브리드자동차, 수소전기자동차 또는 「대기환경보전법」 제46조 제1항에 따른 배출가스 허용기준이 적용되는 자동차 중 산업통상자원부령으로 정하는 환경기준에 부합하는 자동차로서 다음의 요건을 갖춘 자동차 중 산업통상자원부장관이 환경부장관과 협의하여 고시한 자동차를 말한다.

㉠ 에너지소비효율이 산업통상자원부령으로 정하는 기준에 적합할 것

> **에너지소비효율의 기준(규칙 제2조 제1항)**
> 산업통상자원부장관은 법 제2조 제2호 가목의 규정에 의하여 에너지소비효율의 기준(이하 "에너지소비효율기준")을 환경친화적자동차의 종류 · 배기량 및 동력원별로 정하여 고시하여야 한다. 이를 변경하는 경우에도 또한 같다.

㉡ 「대기환경보전법」 제2조 제16호에 따라 환경부령으로 정하는 저공해자동차의 기준에 적합할 것

㉢ 자동차의 성능 등 기술적 세부 사항에 대하여 산업통상자원부령으로 정하는 기준에 적합할 것

③ 전기자동차 : 전기 공급원으로부터 충전받은 전기에너지를 동력원(動力源)으로 사용하는 자동차를 말한다.

④ 태양광자동차 : 태양에너지를 동력원으로 사용하는 자동차를 말한다.
  ※ 규칙 제2조 제2항에 따라 산업통상자원부장관은 환경친화적자동차의 기술개발수준을 고려하여 ③의 전기자동차 및 ④의 태양광자동차에 대하여는 에너지소비효율기준을 정하지 아니할 수 있다.
⑤ 하이브리드자동차 : 휘발유·경유·액화석유가스·천연가스 또는 산업통상자원부령으로 정하는 연료와 전기에너지(전기 공급원으로부터 충전받은 전기에너지를 포함)를 조합하여 동력원으로 사용하는 자동차를 말한다.

> **하이브리드자동차에 사용되는 연료(규칙 제3조)**
> 법 제2조 제5호에서 "산업통상자원부령으로 정하는 연료"라 함은 다음의 연료를 말한다.
> 1. 디메틸에테르(Dimethyl Ether)
> 2. 「신에너지 및 재생에너지 개발·이용·보급 촉진법」 제2조 제1호의 어느 하나에 해당하는 신에너지 및 재생에너지로서 별도의 특별한 장치를 부착하지 아니하고도 자동차용 연료로 직접 사용이 가능한 에너지

⑥ 수소전기자동차 : 수소를 사용하여 발생시킨 전기에너지를 동력원으로 사용하는 자동차를 말한다.
⑦ 수소연료공급시설 : 수소전기자동차에 수소를 공급하기 위하여 수소를 생산·저장·운송·충전하는 시설을 말한다.
⑧ 환경친화적 자동차 관련기업 : 환경친화적 자동차와 관련된 사업을 영위하는 기업으로서 다음의 어느 하나에 해당하는 기업을 말한다.
  ㉠ 환경친화적 자동차 또는 부품을 제작·조립하는 기업
  ㉡ 환경친화적 자동차 충전시설 또는 수소연료공급시설을 생산하거나 설치·운영 서비스를 제공하는 기업
  ㉢ 그 밖에 대통령령으로 정하는 기준에 따른 기업

(3) 환경친화적 자동차의 개발 등에 관한 기본계획(법 제3조)

① 산업통상자원부장관은 환경친화적 자동차의 개발 및 보급을 촉진하기 위한 기본계획(이하 "기본계획")을 5년마다 수립하여야 한다. 이 경우 대통령령으로 정하는 바에 따라 환경부장관 등 관계 중앙행정기관의 장과 특별시장·광역시장·특별자치시장·도지사 또는 특별자치도지사(이하 "시·도지사")의 의견을 들어야 한다.
② 기본계획에는 다음의 사항이 포함되어야 한다.
  ㉠ 환경친화적 자동차의 개발 및 보급에 관한 기본방향
  ㉡ 환경친화적 자동차의 개발 및 보급에 관한 중장기 목표
  ㉢ 환경친화적 자동차의 연구개발 및 그 연구개발과 관련된 기반 조성에 관한 사항
  ㉣ 수소연료공급시설 등 자동차 동력원의 보급에 필요한 기반시설의 구축에 관한 사항
  ㉤ 그 밖에 환경친화적 자동차의 개발 및 보급과 관련하여 필요한 사항

③ 기본계획은 국무회의의 심의를 거쳐 확정한다. 다만, 환경친화적 자동차의 세부 기술개발사업 방향의 일부 변경 등 대통령령으로 정하는 경미한 사항을 변경하는 경우에는 국무회의의 심의를 거치지 아니한다.

> **기본계획의 경미한 변경(영 제10조)**
> 법 제3조 제3항 단서에서 "대통령령이 정하는 경미한 사항을 변경하는 경우"라 함은 다음의 어느 하나에 해당하는 경우를 말한다.
> 1. 기본계획에 포함되어 있는 환경친화적자동차의 기술개발지원시책, 기술기반조성사업시책 및 보급 촉진시책 등의 계획에 따른 지원금을 10/100 이내의 범위 안에서 변경하는 경우
> 2. 그 밖에 기본계획의 기본방향에 영향을 미치지 아니하는 사항으로서 산업통상자원부장관이 정하여 고시하는 사항을 변경하는 경우

④ 관계 중앙행정기관의 장은 필요하다고 인정할 경우에는 산업통상자원부장관에게 기본계획의 변경을 요청할 수 있다. 이 경우 산업통상자원부장관은 기본계획을 변경하려면 다른 관계 중앙행정기관의 장과 시·도지사의 의견을 들어야 한다.

⑤ ④에 따라 기본계획을 변경하는 경우에는 ③을 준용한다.

(4) 기본계획의 수립 및 변경 절차(영 제9조)

① 산업통상자원부장관이 법 제3조 제1항 후단에 따라 같은 항 전단에 따른 환경친화적자동차의 개발 및 보급을 촉진하기 위한 기본계획(이하 "기본계획")에 대한 환경부장관 등 관계 중앙행정기관의 장과 특별시장·광역시장·특별자치시장·도지사 또는 특별자치도지사(이하 "시·도지사")의 의견을 들으려는 경우에는 기본계획의 수립일정 및 내용에 관한 자료를 환경부장관 등 관계 중앙행정기관의 장과 시·도지사에게 통보하고 기본계획에 대한 의견을 제출할 것을 요청하여야 한다. 이 경우 환경부장관 등 관계 중앙행정기관의 장과 시·도지사는 의견 제출을 요청받은 날부터 2개월 이내에 산업통상자원부장관에게 서면으로 기본계획에 대한 의견을 제출하여야 한다.

② 산업통상자원부장관은 법 제3조 제3항 본문의 규정에 따라 기본계획이 확정된 경우에는 이를 환경부장관 등 관계 중앙행정기관의 장과 시·도지사에게 통보하여야 한다.

③ ① 및 ②의 규정은 법 제3조 제4항 및 제5항의 규정에 따라 기본계획을 변경하는 경우에 이를 준용한다. 이 경우 "기본계획에"는 "기본계획의 변경에"로, "수립일정"은 "변경일정"으로, "기본계획이 확정된 경우에는"은 "기본계획의 변경이 확정된 경우에는"으로 본다.

(5) 환경친화적 자동차의 개발시행계획(법 제4조)

① 산업통상자원부장관은 기본계획을 추진하기 위하여 대통령령으로 정하는 바에 따라 관계 중앙행정기관의 장의 의견을 들어 매년 환경친화적 자동차의 개발에 관한 시행계획(이하 "개발시행계획")을 수립·추진하여야 한다.

> **환경친화적자동차의 개발시행계획 수립절차(영 제11조)**
> ① 산업통상자원부장관은 법 제4조의 규정에 따른 환경친화적자동차의 개발에 관한 시행계획(이하 "개발시행계획")을 매 회계연도 개시일 전까지 수립하여야 한다.
> ② 영 제9조 제1항 및 제2항의 규정은 ①의 경우에 준용한다. 이 경우 "기본계획"은 "개발시행계획"으로, "환경부장관 등 관계중앙행정기관의 장"은 "관계중앙행정기관의 장"으로 본다.

② 개발시행계획에는 다음의 사항이 포함되어야 한다.
  ㉠ 중점 기술개발 분야
  ㉡ 기술개발 분야별 중점 추진목표
  ㉢ 기술개발 추진 일정 및 방법
  ㉣ 기술개발사업을 효율적으로 추진하는 데에 필요한 기반 조성에 관한 사항
  ㉤ 그 밖에 기술개발과 관련하여 필요한 사항(영 제12조)
    • 기술개발 성과의 확산방안에 관한 사항
    • 그 밖에 산업통상자원부장관이 환경친화적자동차의 기술개발을 위하여 필요하다고 인정하는 사항

(6) 환경친화적 자동차의 보급시행계획 등(법 제5조)

① 환경부장관은 기본계획을 추진하기 위하여 대통령령으로 정하는 바에 따라 관계 중앙행정기관의 장 및 시·도지사의 의견을 들어 매년 환경친화적 자동차의 보급에 관한 시행계획(이하 "보급시행계획")을 수립·추진하여야 한다. 이 경우 환경부장관은 환경친화적 자동차의 보급과 관련하여 산업통상자원부장관과 협의하여야 한다.

② 보급시행계획에는 다음의 사항이 포함되어야 한다.
  ㉠ 환경친화적 자동차의 보급 대상지역
  ㉡ 환경친화적 자동차의 차종(車種) 및 차종별 보급 물량
  ㉢ 수소연료공급시설 등 기반시설 구축에 관한 사항
  ㉣ 재원(財源) 조달방안 및 재정지원의 기준에 관한 사항
  ㉤ 그 밖에 환경친화적 자동차의 보급을 위하여 필요한 사항

③ 시·도지사는 기본계획 및 보급시행계획에 따라 환경친화적 자동차의 보급 촉진에 관한 시책을 수립·추진하여야 한다.

> **보급촉진시책의 수립절차 및 내용(영 제14조)**
> ① 시·도지사는 법 제5조 제3항의 규정에 따른 환경친화적자동차의 보급촉진에 관한 시책(이하 "보급촉진시책")을 수립하여 보급시행계획이 고시된 후 3월 이내에 환경부장관에게 제출하여야 한다.
> ② 보급촉진시책에는 다음의 사항이 포함되어야 한다.
>   1. 환경친화적자동차의 구매계획 및 구매실적
>   2. 제17조의 규정에 따른 수소연료의 공급시설 등 환경친화적자동차 동력원의 보급에 필요한 기반시설의 구축방안
>   3. 제1호 및 제2호의 사항을 시행하기 위한 재원조달방안 및 재정지원방안
>   4. 그 밖에 환경부장관이 환경친화적자동차의 보급을 위하여 필요하다고 인정하여 고시하는 사항

(7) 환경친화적자동차의 보급시행계획 수립절차(영 제13조)

① 환경부장관은 법 제5조의 규정에 따른 환경친화적자동차의 보급에 관한 시행계획(이하 "보급시행계획")을 매 회계연도 개시일 전까지 수립하여 고시하여야 한다.
② 환경부장관은 관계중앙행정기관의 장과 시·도지사에게 보급시행계획에 대한 의견을 제출할 것을 요청할 수 있다. 이 경우 관계중앙행정기관의 장과 시·도지사는 의견 제출을 요청받은 날부터 2월 이내에 환경부장관에게 서면으로 보급시행계획에 대한 의견을 제출하여야 한다.

(8) 기술개발을 위한 지원시책(법 제6조)

① 국가는 환경친화적 자동차 관련 기술개발을 촉진하기 위하여 다음의 사항에 관한 지원시책을 수립하여 추진할 수 있다.
  ㉠ 환경친화적 자동차의 국내외 기술개발 정보의 수집 및 제공
  ㉡ 환경친화적 자동차의 핵심기술에 관한 연구개발 등

> **기술개발지원시책 등(영 제15조)**
> ① 산업통상자원부장관은 법 제6조 제1항의 규정에 따른 지원시책(이하 "기술개발지원시책")을 수립한 경우에는 이를 공고하여야 한다.
> ② 산업통상자원부장관은 기술개발지원시책에 관한 운영규정을 정하여 고시하여야 한다.

② 산업통상자원부장관은 ①에 따른 기술개발을 추진하기 위하여 다음의 어느 하나에 해당하는 자로 하여금 환경친화적 자동차의 연구개발사업을 하게 할 수 있다.
  ㉠ 국공립 연구기관
  ㉡ 「과학기술분야 정부출연연구기관 등의 설립·운영 및 육성에 관한 법률」 제8조에 따라 설립된 연구기관
  ㉢ 「특정연구기관 육성법」 제2조에 따른 특정연구기관
  ㉣ 「산업기술혁신 촉진법」 제42조에 따른 전문생산기술연구소
  ㉤ 「산업기술연구조합 육성법」에 따른 산업기술연구조합
  ㉥ 「고등교육법」 제2조에 따른 대학, 산업대학, 전문대학 또는 기술대학

ⓢ 「기초연구진흥 및 기술개발지원에 관한 법률」 제14조의2 제1항에 따라 인정받은 기업부설연구소

ⓞ 환경친화적 자동차와 관련된 기관·단체 또는 사업자로서 대통령령으로 정하는 자

> "대통령령이 정하는 자"라 함은 「벤처기업육성에 관한 특별조치법」 제2조의 규정에 따른 벤처기업으로서 환경친화적자동차와 관련된 기술개발업무를 하는 사업자 중에서 산업통상자원부장관이 정하는 자를 말한다(영 제15조 제3항).

(9) 기술기반조성사업의 추진(법 제7조, 영 제16조)

① 국가는 환경친화적 자동차 관련 기술을 효율적으로 개발 및 보급하기 위하여 다음의 사업을 추진할 수 있다(법 제7조).
  ㉠ 기술기반구축사업
  ㉡ 국제기술협력사업
  ㉢ 산업기술인력양성사업
  ㉣ 환경친화적 자동차에 해당하기 위한 기준의 개발 및 검증사업
  ㉤ 그 밖에 대통령령으로 정하는 사업(영 제16조 제3항)
    • 환경친화적자동차에 관한 지역산업진흥 기반구축사업
    • 환경친화적자동차에 관한 부품소재개발사업
    • 환경친화적자동차 관련 신기술 창업보육사업
    • 그 밖에 산업통상자원부장관이 환경친화적자동차에 관한 기술기반을 조성하기 위하여 필요하다고 인정하는 사업

② 산업통상자원부장관은 ①의 규정에 따른 기술기반조성사업을 추진하기 위한 계획(이하 "기술기반조성사업추진계획")을 수립한 경우에는 이를 공고하여야 한다(영 제16조 제1항).

③ 산업통상자원부장관은 ①의 규정에 따른 기술기반조성사업에 관한 운영규정을 정하여 고시하여야 한다(영 제16조 제2항).

(10) 연료 생산자 등에 대한 지원(법 제8조)

① 국가나 지방자치단체는 수소전기자동차의 연료인 수소를 생산·공급 또는 판매하거나 수소연료 공급시설을 설치·운영하려는 자(이하 이 조에서 "수소연료생산자 등")에게 다음의 지원을 할 수 있다.
  ㉠ 수소연료의 생산·공급·판매 또는 수소연료공급시설의 설치·운영에 필요한 자금의 지원
  ㉡ 수소연료공급시설 운영 성과 제고를 위한 연구·조사
  ㉢ 민간의 수소연료공급시설 설치 촉진 지원
  ㉣ 그 밖에 수소연료생산자등에 대한 지원과 관련하여 대통령령으로 정하는 사항

② ①에 따른 자금 등의 지원 기준 및 방법 등에 관하여 필요한 사항은 대통령령으로 정한다.

(11) 수소연료생산자 등에 대한 지원내용 등(영 제17조)

① 관계중앙행정기관의 장, 시·도지사 또는 시장·군수·구청장(자치구의 구청장을 말한다)은 법 제8조 제1항에 따라 수소전기자동차의 연료인 수소(이하 "수소연료")를 생산·공급 또는 판매하거나 수소연료공급시설을 설치하려는 자(이하 "수소연료생산자 등")에 대하여 다음의 지원을 할 수 있다.
  ㉠ 수소연료 판매가격의 조정을 위한 자금 지원
  ㉡ 수소연료공급시설의 설치비에 대한 융자 또는 융자의 알선
  ㉢ 수소연료공급시설 설치부지의 제공 및 알선
  ㉣ 수소연료 제조공정개선 등 수소연료 생산기술의 개발을 위한 자금 지원
  ㉤ 그 밖에 수소연료생산자 등을 지원하기 위하여 필요한 것으로 산업통상자원부장관 및 환경부장관이 공동으로 정하여 고시한 사항
② 수소연료를 생산·공급 또는 판매하는 자가 ①-㉠의 규정에 따른 지원을 받고자 하는 경우에는 지원신청서에 수소연료의 판매가격을 확인할 수 있는 서류를 첨부하여 관계중앙행정기관의 장, 시·도지사 또는 시장·군수·구청장에게 제출해야 한다.
③ 수소연료공급시설을 설치하고자 하는 자가 ①-㉡의 규정에 따른 지원을 받고자 하는 경우에는 지원신청서에 수소연료공급시설의 설치에 필요한 소요자금의 규모 및 그 산출근거가 명시된 사업계획서를 첨부하여 환경부장관에게 제출하여야 한다.
④ ② 및 ③의 규정 외에 ①의 규정에 따른 지원의 기준, 방법, 절차 및 규모 등에 관하여 필요한 사항은 관계중앙행정기관의 장, 시·도지사 및 시장·군수·구청장의 의견을 들어 산업통상자원부장관 및 환경부장관이 공동으로 정하여 고시한다.

(12) 환경친화적 자동차의 구매자 및 소유자에 대한 지원(법 제10조, 영 제18조)

① 국가나 지방자치단체는 환경친화적 자동차의 구매자 및 소유자에게 필요한 지원을 할 수 있다(법 제10조).
② 관계중앙행정기관의 장 또는 시·도지사는 ①의 규정에 따라 환경친화적자동차의 구매자에 대하여 다음의 지원을 할 수 있다(영 제18조 제1항).
  ㉠ 환경친화적자동차와 환경친화적자동차가 아닌 일반 자동차의 판매 가격 간 차액의 전부 또는 일부의 보조
  ㉡ 환경친화적자동차 구매자금의 융자 또는 융자알선
  ㉢ 그 밖에 관계중앙행정기관의 장 또는 시·도지사가 환경친화적자동차의 구매를 촉진하기 위하여 필요하다고 인정하여 고시한 사항
③ ②의 규정에 따른 지원의 기준, 방법, 절차 및 규모 등에 관한 구체적인 사항은 관계중앙행정기관의 장과 시·도지사의 의견을 들어 환경부장관이 정하여 고시한다(영 제18조 제2항).

(13) 공공기관의 환경친화적 자동차의 구매 의무(법 제10조의2)

① 「공공기관의 운영에 관한 법률」에 따른 공공기관과 「지방공기업법」에 따른 지방공기업의 장은 업무용 차량을 구입하거나 임차할 경우 대통령령으로 정하는 바에 따라 해당 차량의 일정 비율 이상을 환경친화적 자동차로 하여야 한다.

> 법 제10조의2 제1항에 따라 환경친화적 자동차를 구매하여야 하는 공공기관 및 지방공기업의 장은 환경친화적 자동차의 구매실적을 매 회계연도가 끝난 후 3개월 이내에 산업통상자원부장관에게 제출하여야 한다(영 제18조의3 제1항).

② 산업통상자원부장관은 ①에 따른 구매 의무를 이행하지 아니한 공공기관과 지방공기업의 명단을 공표할 수 있다.

> **위반사실의 공표 중(영 제18조의3 제2항)**
> 산업통상자원부장관은 법 제10조의2 제2항에 따라 환경친화적 자동차의 구매 의무를 이행하지 아니한 공공기관 및 지방공기업의 명단을 다음의 인터넷 홈페이지 또는 일반일간신문에 공표할 수 있다.
> 1. 「정보통신망 이용촉진 및 정보보호 등에 관한 법률」 제2조 제1항 제3호의 정보통신서비스 제공자로서 공표일이 속하는 연도의 전년도 말 기준 직전 3개월간의 하루 평균 이용자 수가 1천만명 이상인 포털서비스(다른 인터넷주소·정보 등의 검색과 전자우편·커뮤니티 등을 제공하는 서비스를 말한다) 제공사업자가 운영하는 인터넷 홈페이지
> 2. 「신문 등의 진흥에 관한 법률」 제9조 제1항에 따라 그 보급지역을 전국으로 하여 등록한 일반일간신문

(14) 환경친화적 자동차의 구매비율(영 제18조의2)

① 「공공기관의 운영에 관한 법률」에 따른 공공기관(이하 "공공기관") 및 「지방공기업법」에 따른 지방공기업(이하 "지방공기업")의 장은 법 제10조의2 제1항에 따라 업무용 차량을 구입 또는 임차(이하 "구매")하는 모두 환경친화적 자동차 중 전기자동차 또는 수소전기자동차로 구매해야 한다. 다만, 차량 수급 차질 등 부득이한 사유로 해당 연도에 환경친화적 자동차 중 전기자동차 또는 수소전기자동차를 구매하기 어려운 경우에는 산업통상자원부장관과 협의하여 다른 환경친화적 자동차를 구매할 수 있다.

② ①에도 불구하고 공공기관 및 지방공기업의 장은 다음의 어느 하나에 해당하는 경우에는 산업통상자원부장관과 협의하여 환경친화적 자동차를 구매하지 아니할 수 있다.
  ㉠ 해당 연도의 신규 구매 자동차를 포함한 업무용 차량 총 보유 대수가 5대 이하인 경우
  ㉡ 「자동차관리법」 제3조 제1항 제2호에 따른 승합자동차 또는 같은 항 제4호에 따른 특수자동차를 구매하는 경우
  ㉢ 화물을 운송하는 용도의 자동차 등 환경친화적 자동차를 사용하기에 적합하지 아니한 자동차를 구매하는 경우

(15) 환경친화적 자동차의 운행에 대한 지원(법 제11조)

① 시·도지사는 환경친화적 자동차의 소유자로 하여금 그 자동차의 외부에서 환경친화적 자동차라는 것을 알아볼 수 있도록 표지(標識)를 부착하게 할 수 있다.
② 국가나 지방자치단체는 ①에 따른 표지를 부착한 자동차에 대하여 필요한 지원시책을 마련하여야 한다.
③ ①에 따른 표지의 규격 등에 관하여 필요한 사항은 산업통상자원부령으로 정한다.

> **환경친화적자동차의 표지(규칙 제5조)**
> ① 법 제11조의 규정에 의한 환경친화적자동차의 표지(이하 "환경친화적자동차표지")에는 환경친화적 자동차의 종류·유효기간 및 표지발급기관을 표시하여야 한다.
> ② 환경친화적자동차표지의 규격·형태·기재사항 및 부착방법 등은 산업통상자원부장관이 정하여 고시한다. 이 경우 산업통상자원부장관은 환경부장관과 협의하여 환경친화적 자동차표지 중 발급기관이 서울특별시장·인천광역시장 또는 경기도지사인 표지와 「수도권 대기환경개선에 관한 특별법 시행규칙」 제38조 제4항의 규정에 의한 저공해자동차 표지를 통합하는 등 국민편의를 높일 수 있도록 필요한 조치를 마련하여야 한다.

(16) 환경친화적 자동차의 전용주차구역 등(법 제11조의2)

① 다음의 어느 하나에 해당하는 것으로서 대통령령으로 정하는 시설의 소유자(해당 시설에 대한 관리의무자가 따로 있는 경우에는 관리자를 말한다)는 대통령령으로 정하는 바에 따라 해당 대상시설에 환경친화적 자동차 충전시설 및 전용주차구역을 설치하여야 한다.
  ㉠ 공공건물 및 공중이용시설
  ㉡ 공동주택
  ㉢ 특별시장·광역시장, 도지사 또는 특별자치도지사, 특별자치시장, 시장·군수 또는 구청장이 설치한 주차장
  ㉣ 그 밖에 환경친화적 자동차의 보급을 위하여 설치할 필요가 있는 건물·시설 및 그 부대시설

> **전용주차구역 및 충전시설의 설치 대상시설(영 제18조의5)**
> 법 제11조의2 제1항 외의 부분에서 "대통령령으로 정하는 시설"이란 다음에 해당하는 시설로서 「주차장법」에 따른 주차단위구획의 총 수(같은 법에 따른 기계식주차장의 주차단위구획의 수는 제외하며, 이하 "총주차대수")가 50개 이상인 시설 중 환경친화적 자동차 보급현황·보급계획·운행현황 및 도로여건 등을 고려하여 특별시·광역시·특별자치시·도·특별자치도의 조례로 정하는 시설을 말한다.
> 1. 공공건물 및 공중이용시설로서 「건축법 시행령」 제3조의5 및 [별표 1]에 따른 용도별 건축물 중 다음의 시설
>   가. 제1종 근린생활시설   나. 제2종 근린생활시설
>   다. 문화 및 집회시설   라. 판매시설
>   마. 운수시설   바. 의료시설

       사. 교육연구시설   아. 운동시설
       자. 업무시설   차. 숙박시설
       카. 위락시설   타. 자동차 관련 시설
       파. 방송통신시설   하. 발전시설
       거. 관광 휴게시설
  2. 「건축법 시행령」 제3조의5 및 [별표 1] 제2호에 따른 공동주택 중 다음의 시설
       가. 100세대 이상의 아파트
       나. 기숙사
  3. 시·도지사, 시장·군수 또는 구청장이 설치한 「주차장법」 제2조 제1호에 따른 주차장

② ①에 따른 전용주차구역을 설치하는 자는 대통령령으로 정하는 기준에 따라 해당 전용주차구역에 환경친화적 자동차 충전시설을 갖추어야 한다.

충전시설의 종류 및 수량 등(영 제18조의7)

① 법 제11조의2 제1항 및 제2항에 따른 환경친화적 자동차 충전시설은 충전기에 연결된 케이블로 전류를 공급하여 전기자동차 또는 외부충전식하이브리드자동차(외부 전기 공급원으로부터 충전되는 전기에너지로 구동 가능한 하이브리드자동차를 말한다)의 구동축전지를 충전하는 시설로서 구조 및 성능이 산업통상자원부장관이 정하여 고시하는 기준에 적합한 시설이어야 하며, 그 종류는 다음과 같다.
  1. 급속충전시설 : 충전기의 최대 출력값이 40kW 이상인 시설
  2. 완속충전시설 : 충전기의 최대 출력값이 40kW 미만인 시설

② 법 제11조의2 제2항에 따라 설치해야 하는 환경친화적 자동차 충전시설의 수는 해당 시설의 총주차대수의 5/100 이상의 범위에서 시·도의 조례로 정한다. 다만, 기축시설의 경우에는 해당 시설의 총주차대수의 2/100 이상의 범위에서 시·도의 조례로 정한다.

③ ②에도 불구하고 제18조의6 제2항에 따라 전용주차구역을 설치하지 않은 경우에는 환경친화적 자동차 충전시설을 설치하지 않을 수 있다.

④ ②에 따라 환경친화적 자동차 충전시설의 설치 수를 산정할 때 소수점 이하는 반올림하여 계산한다.

⑤ ②에 따라 설치하는 환경친화적 자동차 충전시설의 종류 등 충전시설의 설치에 관한 세부사항은 전기자동차 및 외부충전식하이브리드자동차의 보급현황·보급계획·운행현황 및 도로여건 등을 고려하여 시·도의 조례로 정한다.

③ 시·도지사는 「혁신도시 조성 및 발전에 관한 특별법」 제2조 제3호에 따른 혁신도시 또는 대통령령으로 정하는 인접지역에 수소충전소를 1기 이상 설치하여야 한다.

④ ③에 따라 설치하는 수소충전소의 종류 및 규격 등 필요한 사항은 대통령령으로 정한다.

⑤ ① 및 ②에 따라 설치하여야 하는 전용주차구역의 규모와 충전시설의 종류 및 설치수량 등은 대상 시설의 규모, 용도 등을 고려하여 대통령령으로 정한다.

> **환경친화적 자동차에 대한 충전 방해행위의 기준 등(영 제18조의8)**
> ① 법 제11조의2 제5항 후단에 따른 충전 방해행위의 기준은 다음과 같다.
>   1. 환경친화적 자동차 충전시설의 충전구역(이하 "충전구역") 내에 물건 등을 쌓거나, 충전구역의 앞이나 뒤, 양 측면에 물건 등을 쌓거나 주차하여 충전을 방해하는 행위
>   2. 환경친화적 자동차 충전시설 주변에 물건 등을 쌓거나 주차하여 충전을 방해하는 행위
>   3. 충전구역의 진입로에 물건 등을 쌓거나 주차하여 충전을 방해하는 행위
>   4. ②에 따라 충전구역임을 표시한 구획선 또는 문자 등을 지우거나 훼손하는 행위
>   5. 환경친화적 자동차 충전시설을 고의로 훼손하는 행위
>   6. 전기자동차 또는 외부충전식하이브리드자동차를 제18조의7 제1항 제1호에 따른 급속충전시설의 충전구역에 2시간 이내의 범위에서 산업통상자원부장관이 정하여 고시하는 시간이 지난 후에도 계속 주차하는 행위
>   7. 전기자동차 또는 외부충전식하이브리드자동차를 제18조의7 제1항 제2호에 따른 완속충전시설(산업통상자원부장관이 주택규모와 주차여건 등을 고려하여 고시하는 단독주택 및 공동주택에 설치된 것은 제외)의 충전구역에 14시간 이내의 범위에서 산업통상자원부장관이 정하여 고시하는 시간이 지난 후에도 계속 주차하는 행위
>   8. 환경친화적 자동차의 충전시설을 전기자동차 또는 외부충전식하이브리드자동차의 충전 외의 용도로 사용하는 행위
> ② 시·도지사는 충전구역에 산업통상자원부장관이 정하여 고시하는 구획선 또는 문자 등을 표시하여야 한다.

⑥ 국가와 지방자치단체는 민간의 전용주차구역 및 충전시설 설치 부담을 덜고 그 설치를 촉진하기 위하여 금융 지원과 기술 지원 등 필요한 조치를 마련할 수 있다.

⑦ 누구든지 다음의 어느 하나에 해당하지 아니하는 자동차를 환경친화적 자동차 충전시설의 충전구역에 주차하여서는 아니 된다.
  ㉠ 전기자동차
  ㉡ 외부 전기 공급원으로부터 충전되는 전기에너지로 구동 가능한 하이브리드자동차

⑧ 누구든지 다음의 어느 하나에 해당하지 아니하는 자동차를 환경친화적 자동차의 전용주차구역에 주차하여서는 아니 된다.
  ㉠ 전기자동차
  ㉡ 하이브리드자동차
  ㉢ 수소전기자동차

⑨ 누구든지 환경친화적 자동차 충전시설 및 충전구역에 물건을 쌓거나 그 통행로를 가로막는 등 충전을 방해하는 행위를 하여서는 아니 된다. 이 경우 충전 방해행위의 기준은 대통령령으로 정한다.

⑩ 시장·군수·구청장은 교통, 환경 또는 에너지 관련 공무원 등 소속 공무원에게 ⑦ 및 ⑧을 위반하여 환경친화적 자동차 충전시설의 충전구역 및 전용주차구역에 주차하고 있는 자동차를 단속하게 할 수 있다.

⑪ 국가, 지방자치단체, 공공기관, 지방공기업 및 그 밖에 대통령령으로 정하는 기관의 장은 소관 업무의 수행 또는 보안 등에 지장이 없는 범위에서 해당 기관이 구축·운영하는 환경친화적 자동차 충전시설을 개방하고, 개방하는 환경친화적 자동차 충전시설의 위치, 개방시간 및 이용조건 등의 정보를 공개하여야 한다.

⑫ ⑪에 따른 환경친화적 자동차 충전시설의 개방 및 정보공개의 범위와 방법 등에 필요한 사항은 대통령령으로 정한다.

(17) 국유재산·공유재산의 임대 등(법 제11조의3)

① 국가 또는 지방자치단체는 환경친화적 자동차의 충전시설 보급·확대 사업을 위하여 필요하다고 인정하면 국유재산 또는 공유재산을 「국유재산법」 또는 「공유재산 및 물품 관리법」에도 불구하고 수의계약에 따라 환경친화적 자동차의 충전시설 보급·확대 사업을 하는 자에게 대부계약의 체결 또는 사용허가(이하 "임대")를 할 수 있다.

② 국가 또는 지방자치단체가 ①에 따라 국유재산 또는 공유재산을 임대하는 경우에는 「국유재산법」 또는 「공유재산 및 물품 관리법」에도 불구하고 자진철거 또는 철거비용의 공탁을 조건으로 영구시설물을 축조하게 할 수 있다. 다만, 공유재산에 영구시설물을 축조하려면 지방의회의 동의를 받아야 하며, 지방의회의 동의 절차에 관하여는 지방자치단체의 조례로 정할 수 있다.

③ ①에 따른 국유재산 및 공유재산의 임대기간은 10년 이내로 하되, 국유재산은 종전의 임대기간을 초과하지 아니하는 범위에서 갱신할 수 있고, 공유재산은 지방자치단체의 장이 필요하다고 인정하는 경우 한 차례만 10년 이내의 기간에서 연장할 수 있다.

④ 국가가 ①에 따라 국유재산을 임대하는 경우에는 「국유재산법」에도 불구하고 대통령령으로 정하는 바에 따라 임대료를 80/100의 범위에서 경감할 수 있다.

> **국유재산의 임대료 경감(영 제18조의10)**
> ① 법 제11조의3 제4항에 따른 국유재산의 임대료 경감률은 해당 국유재산 임대료의 80/100의 범위에서 해당 국유재산의 소관 중앙관서의 장(「국유재산법」 제28조 또는 같은 법 제42조 제1항에 따라 위임 또는 위탁을 받은 자를 포함한다. 이하 같다)이 정한다.
> ② 법 제11조의3 제4항에 따라 국유재산의 임대료를 경감받으려는 자는 해당 국유재산의 소관 중앙관서의 장에게 경감신청을 해야 한다.

⑤ 지방자치단체가 ①에 따라 공유재산을 임대하는 경우에는 「공유재산 및 물품 관리법」에도 불구하고 조례로 정하는 바에 따라 임대료를 80/100의 범위에서 경감할 수 있다.

(18) 자금지원을 위한 재원(법 제13조)

법 제6조부터 제8조까지, 제8조의2, 제10조, 제11조 제2항 및 제11조의2 제6항에 따른 지원에 필요한 자금은 다음의 재원에서 지원할 수 있다.

① 「에너지 및 자원사업 특별회계법」에 따른 에너지 및 자원사업 특별회계

② 「중소기업진흥에 관한 법률」 제63조에 따른 중소벤처기업창업 및 진흥기금
③ 「환경정책기본법」에 따른 환경개선특별회계

(19) 업무의 위탁과 종류 및 보고(법 제15조, 영 제20조)

① 국가나 지방자치단체는 다음의 업무의 일부를 관계 전문기관에 위탁할 수 있다(법 제15조).
  ㉠ 법 제6조 및 제7조에 따른 사업을 추진하는 데에 필요한 사업평가 및 관리 등의 업무
  ㉡ 법 제8조, 제8조의2, 제10조 및 제11조 제2항에 따른 지원에 필요한 업무
  ㉢ 그 밖에 이 법에서 정하는 업무의 일부로서 대통령령으로 정하는 업무
② 위탁업무의 종류 및 보고(영 제20조)
  ㉠ 관계 중앙행정기관의 장 또는 시·도지사는 ①에 따라 다음의 기관에 ①의 업무의 일부를 위탁할 수 있다.
    • 법 제6조 제2항의 자
    • 「에너지이용 합리화법」 제45조 제1항에 따른 한국에너지공단
  ㉡ ①-㉢에서 "대통령령이 정하는 업무"라 함은 법 제2조 제2호 가목의 규정에 따른 에너지소비효율의 기준에 관한 업무를 말한다.
  ㉢ 관계중앙행정기관의 장 또는 시·도지사는 ①의 규정에 따라 업무를 위탁한 관계전문기관에게 그 업무의 처리결과를 보고하게 할 수 있다.

(20) 과태료(법 제16조)

① 법 제11조의2 제9항을 위반하여 충전 방해행위를 한 자에게는 100만원 이하의 과태료를 부과한다.
② 법 제11조의2 제7항 및 제8항을 위반하여 환경친화적 자동차 충전시설의 충전구역 및 전용주차구역에 주차한 자에게는 20만원 이하의 과태료를 부과한다.
③ ① 및 ②에 따른 과태료는 관할 시장·군수·구청장이 부과·징수하며, 과태료를 부과하는 위반행위의 종류와 위반 정도에 따른 과태료의 금액 등은 대통령령(영 [별표])으로 정한다.

> **과태료의 부과기준(영 [별표])**
> 1. 일반기준
>   가. 부과권자는 다음의 어느 하나에 해당하는 경우에는 2.에 따른 과태료 금액의 1/2의 범위에서 그 금액을 줄일 수 있다. 다만, 과태료를 체납하고 있는 위반행위자에 대해서는 그렇지 않다.
>   1) 위반행위자가 「질서위반행위규제법 시행령」 제2조의2 제1항 각 호의 어느 하나에 해당하는 경우
>   2) 위반행위가 사소한 부주의나 오류로 인한 것으로 인정되는 경우
>   3) 위반행위자가 법 위반상태를 시정하거나 해소하기 위하여 노력한 것이 인정되는 경우
>   4) 그 밖에 위반행위의 정도, 위반행위의 동기와 그 결과 등을 고려하여 과태료 금액을 줄일 필요가 있다고 인정되는 경우
>   나. 부과권자는 다음의 어느 하나에 해당하는 경우에는 2.에 따른 과태료 금액의 1/2의 범위에서 그 금액을 늘릴 수 있다. 다만, 법 제16조 제1항 및 제2항에 따른 과태료 금액의 상한을 넘을 수 없다.

1) 위반의 내용·정도가 중대하여 환경친화적 자동차의 구매자 및 소유자 등에게 미치는 피해가 크다고 인정되는 경우
2) 그 밖에 위반행위의 정도, 위반행위의 동기와 그 결과 등을 고려하여 과태료 금액을 늘릴 필요가 있다고 인정되는 경우

다. 부과권자는 아파트에 설치된 전용주차구역(환경친화적 자동차충전시설이 설치된 것으로 한정)의 수량이 해당 아파트의 입주자 등(「공동주택관리법」에 따른 입주자 등을 말한다)의 전기자동차 및 외부충전식하이브리드자동차의 수량과 동일하거나 초과하는 경우로서 다음의 어느 하나에 해당하는 경우에는 해당 규정에서 정한 과태료를 부과하지 않을 수 있다.
1) 아파트 관리주체 등(「공동주택관리법」에 따른 관리주체, 「집합건물의 소유 및 관리에 관한 법률」 제23조에 따른 관리단 및 같은 법 제24조에 따른 관리인을 말한다. 이하 "관리주체 등")이 초과수량의 범위에서 전기자동차 또는 외부충전식하이브리드자동차가 아닌 자동차의 주차가 가능한 것으로 표시한 구역에 주차한 경우 : 2.-가.의 과태료
2) 아파트 관리주체 등이 입주자 등의 전기자동차 외부충전식하이브리드자동차의 수량의 범위에서 제18조의8 제1항 제6호 또는 제7호에 따른 산업통상자원부장관이 고시한 시간이 지난 후에도 전기자동차 또는 외부충전식하이브리드자동차를 주차할 수 있다고 표시한 구역에 계속 주차한 경우 : 2.-나.의 과태료

2. 개별기준

위반행위	과태료 금액
가. 법 제11조의2 제7항 및 제8항을 위반하여 환경친화적 자동차 충전시설의 충전구역 및 전용주차구역에 주차한 경우	10만원
나. 법 제11조의2 제9항을 위반하여 이 영 제18조의8 제1항 제1호부터 제3호까지 또는 제6호부터 제8호까지의 규정에 따른 충전 방해행위를 한 경우	10만원
다. 법 제11조의2 제9항을 위반하여 이 영 제18조의8 제1항 제4호 또는 제5호에 따른 충전 방해행위를 한 경우	20만원

2 자동차의 에너지소비효율 및 등급표시에 관한 규정

(1) 정의(규정 제3조)

① 에너지소비효율(연비) : 자동차에서 사용하는 단위 연료에 대한 주행거리(km/L, km/kWh, km/kg 등)
② 동일차종 : 자동차의 구조 및 특성에 따라 에너지소비효율이 비슷할 것으로 예상되는 자동차군을 말하며, 다음의 사항이 변경되는 경우에는 동일차종으로 보지 않는다.
  ㉠ 차 종
  ㉡ 배기량, 과급기, 흡기냉각방식 등
  ㉢ 원동기형식, 연료공급방식
  ㉣ 변속기 형식(수동·자동), 기어단수 및 구동방식(전륜·후륜·사륜구동 등)
  ㉤ 공차중량이 5% 이상 변경되는 경우
  ㉥ 기타 산업통상자원부장관이 별도로 분류할 필요성이 있다고 인정하는 자동차의 경우

③ 자동차 : 「자동차관리법」, 동법 시행규칙의 규정 중에 다음의 승용자동차, 승합자동차, 화물자동차
  ㉠ 승용자동차 : 일반형, 승용겸화물형, 다목적형, 기타형
  ㉡ 승합자동차 : 총중량 3.5톤 미만인 자동차 중, 15인승 이하의 일반형 승합자동차와 밴형 화물자동차
  ㉢ 화물자동차 : 특수용도형을 제외한 경형 및 소형
④ 자동차제작자(이하 제작자) : 「에너지이용 합리화법」에서 규정한 국내에서의 판매를 목적으로 자동차를 제작(수입을 포함)하거나 판매하는 자
⑤ 자동차의 효율관리시험기관(이하 시험기관) : 「에너지이용 합리화법」의 규정에 따라 자동차의 에너지소비효율을 측정하는 시험기관
⑥ 측정시험 : 자동차의 에너지소비효율을 측정하는 시험
⑦ 측정설비 : 자동차의 에너지소비효율을 측정하는 데 필요한 차대동력계, 배출가스 분석계 등
⑧ 양산차 : 제작자가 에너지소비효율을 측정받은 후 시장에 양산·출시한 자동차
⑨ 공회전제한장치 : 자동차 정차 중 시동을 자동으로 정지시켜주는 장치
⑩ 공차중량 : 자동차에 연료, 윤활유 및 냉각수를 최대용량까지 주입하고, 예비타이어와 표준부품을 장착하며, 50% 이상 장착되는 선택사양 중 원동기의 동력을 사용하는 에어컨, 동력핸들 등을 포함한 무게
⑪ 차량총중량 : 「자동차 및 자동차부품의 성능과 기준에 관한 규칙」의 규정에 의한 차량총중량
⑫ 측정 에너지소비효율 : 자동차의 에너지소비효율 측정시험에 따라 측정된 에너지소비효율로서 「자동차의 에너지소비효율, 온실가스 배출량 및 연료소비율 시험방법 등에 관한 고시」(이하 공동고시) [별표 1]의 FTP-75 모드(도심주행 모드) 측정 에너지소비효율과 HWFET 모드(고속도로주행 모드) 측정 에너지소비효율
⑬ 5-cycle 보정식(이하 보정식) : FTP-75 모드(도심주행 모드) 측정방법, HWFET 모드(고속도로주행 모드) 측정방법, US06 모드(최고속·급가감속주행 모드) 측정방법, SC03 모드(에어컨가동주행 모드) 측정방법과 Cold FTP-75 모드(저온도심주행 모드) 측정방법의 5가지 시험방법(5-Cycle)으로 검증된 도심주행 에너지소비효율 및 고속도로주행 에너지소비효율이 FTP-75(도심주행) 모드로 측정한 도심주행 에너지소비효율 및 HWFET(고속도로 주행)모드로 측정한 고속도로주행 에너지소비효율과 유사하도록 적용하는 관계식
⑭ 복합 에너지소비효율 : 규정에 따라 표시되는 도심주행 에너지소비효율과 고속도로주행 에너지소비효율에 공동고시와 같이 각각에 계수를 적용하여 산출한 에너지소비효율
⑮ 표시 에너지소비효율 : 규정에 의한 자동차 및 광고매체에 표시되는 에너지소비효율로 도심주행 에너지소비효율, 고속도로주행 에너지소비효율 및 복합 에너지소비효율로 구성된다. 단, 플러그인 하이브리드자동차의 경우 CD모드 복합에너지소비효율과 CS모드 복합 에너지소비효율로 구성된다.
⑯ CD모드(충전-소진 모드, Charge-depleting Mode) : RESS(Rechargeable Energy Storage System)에 충전된 전기에너지를 소비하며 자동차를 운전하는 모드
⑰ CS모드(충전-유지 모드, Charge-sustaining Mode) : RESS(Rechargeable Energy Storage System)가 충전 및 방전을 하며 전기에너지의 충전량이 유지되는 동안 연료를 소비하며 운전하는 모드

(2) 자동차의 복합에너지소비효율에 따른 등급부여 기준(규정 [별표 4])

[단위 : km/L]

구 분 \ 등 급	1	2	3	4	5
복합 에너지소비효율	16.0 이상	15.9~13.8	13.7~11.6	11.5~9.4	9.3 이하

※ 단, 경형자동차(전기자동차는 초소형자동차), 플러그인하이브리드차, 수소전기자동차의 경우 상기의 기준에 따른 등급부여 대상에서 제외함

(3) 자동차의 에너지소비효율 및 등급의 표시방법(라벨)(규정 [별표 5])

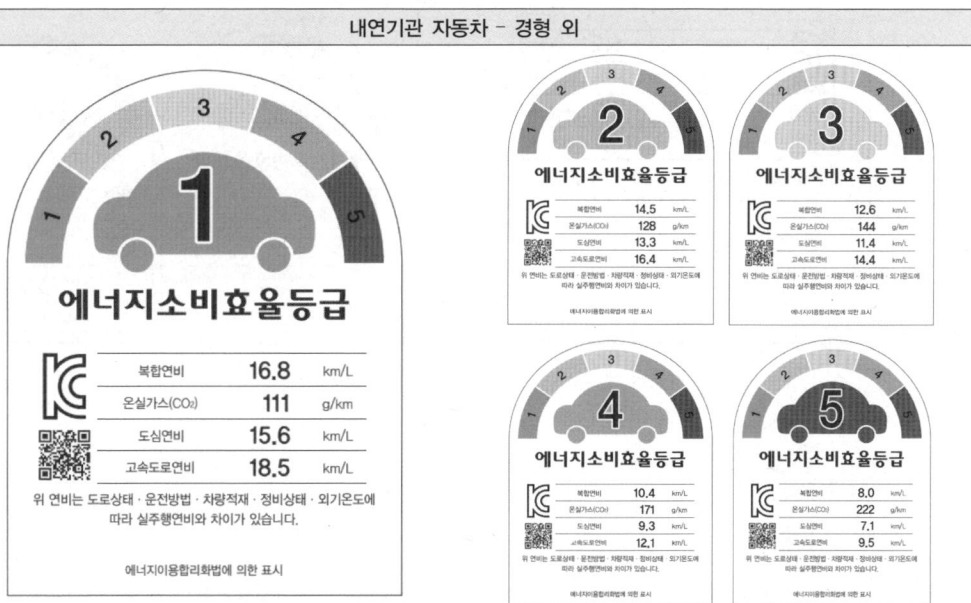

전기자동차 - 초소형

전기자동차 - 초소형 외

하이브리드자동차

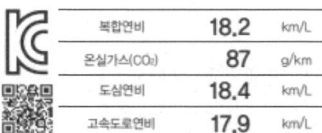

플러그인하이브리드자동차

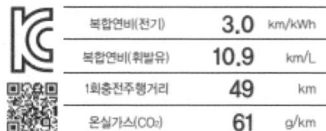

수소전기자동차

3 자동차의 에너지소비효율, 온실가스 배출량 및 연료소비율 시험방법 등에 관한 고시

(1) 전기자동차의 에너지소비효율 및 연료소비율 측정을 위한 시험자동차의 조건 및 상태(고시 [별표 3])

① 전기자동차의 에너지소비효율 및 연료소비율 측정을 위한 시험자동차는 제작자가 추천하는 안정된 충방전 조건으로 최소 300km 이상 주행한 상태이어야 한다.
② 시험자동차의 타이어는 최소 100km 이상 주행되어야 하며 타이어의 트레드 깊이가 50% 이상 남아 있는 것이어야 한다.
③ 회생제동 기능이 포함된 차량의 경우 주행 시험 시 회생제동 시스템을 구동시켜야 한다.
④ 제작자는 에너지소비효율 및 연료소비율의 측정을 위하여 차량명, 제작사, 차대번호, 공차중량, 차량총중량, 차량 구동방식, 차량 최대속도, 변속기 형식, 코스트다운 시간표 및 실도로 부하계수, 모터의 형식 및 성능, 배터리의 형식 및 성능, 배터리의 용량, 배터리의 수명, 배터리 경고조건 등을 포함한 시험자동차의 제원을 제출하여야 한다.

(2) 전기자동차의 에너지소비효율 및 연료소비율 측정방법(고시 [별표 3])

① 주행시험 절차 및 주행거리 측정방법
　㉠ 저속전기자동차를 포함한 전기자동차의 주행거리의 측정은 차대동력계 상에서 주행시험을 실시하여 측정하며, 필요에 따라 내구용 차대동력계를 사용할 수 있다. 이때 4륜 구동차량은 4륜 차대동력계에서 시험을 실시해야 하며 그렇지 않은 경우는 2륜 구동모드로 시험을 실시한다.
　㉡ 완전 충전 상태에서 HWFET 모드 반복 주행 시 1회 충전 주행거리가 97km 이하인 전기자동차는 ㉢에 따라 시험하고, 1회 충전 주행거리가 97km를 초과하는 전기자동차는 ㉣에 따라 시험을 실시한다. 단, 제작사의 요구가 있는 경우에는 ㉢의 시험방법에 따라 시험을 실시할 수 있다.
　㉢ (SCT 시험방법) 차대동력계 상에서 도심주행시험은 [별표 1]의 FTP-75 모드에서 시가지동력계 주행시험계획(UDDS)에 따라 반복 주행하여 측정하며, 고속도로주행시험은 HWFET 모드로 반복 주행하여 측정한다. 이때 반복되는 매 주행사이클 사이에 차량은 키를 뺀 상태에서 FTP-75 모드에서 시가지동력계 주행시험계획(UDDS)간 10분에서 30분간의 휴지기간을, HWFET 모드에선 0분에서 30분간의 휴지기간을 가진다. 휴지기간을 포함한 모든 주행구간에서 이동 직류 전류(배터리와 모터 사이에 배치)를 측정하고 적산한다. 다만, 저속전기자동차의 경우에는 완전 충전상태에서 해당 차량이 최대 출력을 내는 상태로 운전하여 최대 속도로 주행하면서 주행거리를 측정한다.

② (MCT 시험방법) 차대동력계 상에서 도심주행시험은 [별표 1]의 FTP-75 모드에서 시가지동력계 주행시험계획(UDDS)과 고속도로주행시험(HWFET), 정속(105km/h)주행시험(CSC)을 조합하여 주행하며, 순서는 UDDS-HWFET-UDDS-CSC의 순서로 2회 주행하되 2회째 CSC 주행거리가 총 주행거리의 20% 미만이 되도록 1회 CSC 주행거리를 적절히 설정하여야 한다. 정속주행시험(CSC)의 목표 속도 도달은 시험자동차의 Key On 이후 1분 이내에 이루어져야 한다. 단, 최고속도가 105km/h에 미치지 못하는 자동차는 최고속도의 90% 속도를 적용한다. 정속주행시험 중간에 정차가 가능하며 이 경우 Key는 Off 상태이어야 한다. 정속주행시험 중간에 정차를 하는 경우, 각 정속운전의 운전 시간은 5분 이상 60분 이하여야 하며, 최대 60분마다 5~30분의 휴지기간을 가져야 한다. UDDS1-HWFET1 및 UDDS3-HWFET2 사이는 키 On 상태에서 15초간 휴지기간을, HWFET1-UDDS2 및 HWFET2-UDDS4 사이는 키를 뺀 상태에서 10분간 휴지기간을 가지고, 나머지 사이 구간은 키를 뺀 상태에서 0~30분간의 휴지기간을 가진다. 휴지기간을 포함한 모든 주행구간에서 이동 직류 전류 및 전압, 전력(배터리와 모터 사이에 배치)을 측정하고 적산한다.

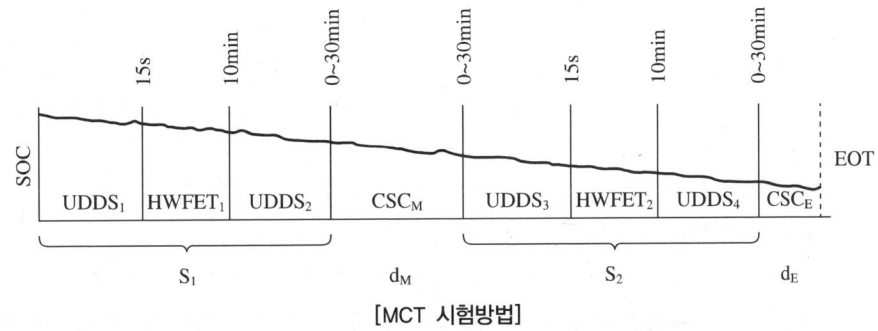

[MCT 시험방법]

⑩ 차대동력계 주행시험 시의 속도 허용오차는 [별표 1]의 시험방법과 동일하며, 임의의 주행 사이클에 대한 속도 허용오차를 이탈하는 최대 4초 미만의 오차를 1회 허용한다. 단, 이와 같은 예외 규정이 해당 시험의 종료시점 결정에 영향을 주는 경우에는 허용되지 않는다.
⑪ 차대동력계 주행시험 시의 속도 허용오차에 따라 시험 종료 시 즉시 브레이크를 작동하여 15초 이내에 정차하여야 한다.
⑫ 시험자동차의 차대동력계 주행시험을 실시하기 위하여 [별표 8]의 주행저항 시험방법에 따라 차량의 도로부하를 결정하고 재현하여야 한다.
⑬ 전기자동차의 주행시험을 실시하는 동안 주행거리, 주행시간, 외기온도 등의 항목을 측정하여 기록한다. 단, 저속전기자동차의 경우 최대속도를 추가적으로 기록한다.

② 충전절차 및 충전에너지 측정방법
  ㉠ 전기자동차의 전기에너지 충·방전량을 측정하기 위해서는 전력량계 또는 적산전력계 등을 사용한다. 전력량계의 최소 측정범위는 전류 0.1A, 전력량 1Wh까지 측정할 수 있어야 하며, 측정정도는 Full Scale의 ±1% 이내이어야 한다.
  ㉡ 충전기 내장형 전기자동차의 충전방법은 일반 오버나이트 충전 절차에 따라 충전한다. 단, 제작자의 요청 등에 의해 외장형 충전기를 사용할 경우 제작자가 요구하는 적합한 충전방법을 적용할 수 있다.

ⓒ 주행시험 절차가 종료된 후 2시간 이내에 대상 차량의 구동배터리를 일반 오버나이트 충전절차에 따라 완전히 충전시킨다. 이때 전력량계 등의 에너지측정장치를 이용해서 교류 에너지(충전스탠드와 대상자동차의 내장형충전기 사이에 배치)충전량과 직류 에너지(교류・직류 변환기와 배터리 사이에 배치)충전량을 충전시간과 함께 측정한다. 단, 제작자의 요청이 있을 경우 제작자가 추천하는 적합한 절차에 따라 시스템 교류에너지와 직류에너지 충전량을 측정할 수 있다.

ⓔ 충전종료의 판정 기준은 다음과 같다.
- 시험차량 내의 배터리 상태 안내표시에 의해 충전완료 표시가 안내되었을 때 충전이 종료된 것으로 판정한다.
- 최대 12시간의 충전시간이 지나면 충전이 종료된 것으로 판정한다. 다만 표준 계기장치에 의해 충전이 완료되지 않았다고 신호가 주어질 경우 예외로 하며 추가적인 충전을 실시할 수 있다.

③ 주행시험 종료 판단기준(고시 [별표 3])
㉠ 시험자동차의 1회 충전 주행거리 측정을 위한 시험 종료 판단기준은 다음과 같다.
- 대상차량이 ①에 명시되어 있는 해당 시험의 기준속도를 허용오차 내에서 충족시킬 수 없을 경우 또는 배터리 허용온도 초과 및 배터리 전압 낮음 등과 같이 제작자가 안전상의 이유로 운전을 중단하여야 하는 경우

㉡ 단, 저속전기자동차의 경우 다음과 같은 시험 종료 판단기준을 추가한다.
- 초기 결정된 최대속도의 95% 이하로 떨어져서 주행될 경우 또는 배터리 허용온도 초과 및 배터리 전압 낮음 등과 같이 제작자가 안전상의 이유로 운전을 중단하여야 하는 경우
※ 저속전기자동차의 기준(자동차관리법 시행규칙 제57조의2) : 최고속도가 60km/h를 초과하지 않고, 차량 총중량이 1,361kg을 초과하지 않는 전기자동차

4 자동차 및 자동차부품의 성능과 기준에 관한 규칙

(1) 저소음자동차 경고음발생장치 설치 기준(규칙 [별표 6의33])
① 최소한 20km/h 이하의 주행상태에서 경고음을 내야 한다.
② ①에 따른 경고음은 아래의 기준에 적합하여야 한다.
㉠ 경고음의 크기는 ⑧에 따른 전체음 기준 이상일 것
㉡ 1/3옥타브 대역별 경고음의 크기는 ⑧에 따른 1/3옥타브 대역별 기준에 적합한 대역이 2개 이상이어야 하고, 그중 1개 이상의 대역은 1,600Hz 이하의 범위에 있을 것
③ 경고음은 전진 주행 시 자동차의 속도변화를 보행자가 알 수 있도록 아래의 기준에 적합한 주파수 변화 특성을 가져야 한다.
㉠ 자동차에서 발생되는 경고음은 5km/h부터 20km/h의 범위에서 속도변화에 따라 평균적으로 1km/h당 0.8% 이상의 비율로 변화할 것

㉡ ㉠을 만족하는 경고음은 ⑧에 따른 주파수 범위에 있는 소리로서 적어도 1개 이상이 주파수 변화 특성 기준을 만족할 것
④ 전진 주행 시 발생되는 전체음의 크기는 75dB(A)을 초과하지 않아야 한다.
⑤ 운전자가 경고음 발생을 중단시킬 수 있는 장치를 설치하여서는 아니 된다.
⑥ 경고음 발생장치 경고음의 종류가 여러 가지가 있는 경우에도 경고음은 각각 ①부터 ⑤까지의 기준에 적합하여야 한다.
⑦ 경고음 발생장치를 장착하지 않은 자동차가 ⑧의 전체 음 기준을 3dB(A) 초과할 경우 ②의 ㉡ 및 ③을 적용하지 아니한다.
⑧ 최소경고음기준

주파수[Hz]		전진 10km/h[dB(A)]	전진 20km/h[dB(A)]	후진[dB(A)]
구분1	구분2	구분3	구분4	구분5
전체음*		50	56	47
1/3옥타브 대역	160	45	50	해당 없음
	200	44	49	
	250	43	48	
	315	44	49	
	400	45	50	
	500	45	50	
	630	46	51	
	800	46	51	
	1,000	46	51	
	1,250	46	51	
	1,600	44	49	
	2,000	42	47	
	2,500	39	44	
	3,150	36	41	
	4,000	34	39	
	5,000	31	36	

* 전체음 : 가청주파수 대역(20~20,000Hz)의 음압레벨 크기를 합산한 값

(2) 전기회생제동장치를 갖춘 승용자동차의 제동장치의 기준(규칙 제15조)

① 전기회생제동장치가 바퀴잠김방지식 주제동장치의 작동에 영향을 주지 아니할 것
② 전기회생제동장치가 주제동장치의 일부로 작동되는 경우에는 다음의 기준에 적합한 구조를 갖출 것
  ㉠ 주제동장치 작동 시 전기회생제동장치가 독립적으로 제어될 수 있는 경우에는 자동차에 요구되는 제동력(이하 요구제동력)을 전기회생제동력과 마찰제동력 간에 자동으로 보상하는 구조일 것
  ㉡ 전기회생제동력이 해제되는 경우에는 마찰제동력이 작동하여 1초 내에 해제 당시 요구제동력의 75% 이상 도달하는 구조일 것

ⓒ 주제동장치는 하나의 조종장치에 의하여 작동되어야 하며, 그 외의 방법으로는 제동력의 전부 또는 일부가 해제되지 아니하는 구조일 것
ⓔ 주제동장치의 제동력은 동력 전달계통으로부터의 구동전동기 분리 또는 자동차의 변속비에 영향을 받지 아니하는 구조일 것

5 환경친화적 자동차의 요건 등에 관한 규정

(1) 기술적 세부사항(규정 제4조)

① 일반 하이브리드자동차에 사용하는 구동축전지의 공칭전압은 직류 60V를 초과하여야 한다.
② 전기자동차는 자동차관리법에 따른 자동차의 종류별로 다음의 요건을 갖춰야 한다.
  ㉠ 초소형전기자동차(승용자동차/화물자동차)
    • 1회충전 주행거리 : 「자동차의 에너지소비효율 및 등급표시에 관한 규정」에 따른 복합 1회충전 주행거리는 55km 이상
    • 최고속도 : 60km/h 이상
  ㉡ 고속전기자동차(승용자동차/화물자동차/경·소형 승합자동차)
    • 1회충전 주행거리 : 「자동차의 에너지소비효율 및 등급표시에 관한 규정」에 따른 복합 1회충전 주행거리는 승용자동차는 150km 이상, 경·소형 화물자동차는 70km 이상, 중·대형 화물자동차는 100km 이상, 경·소형 승합자동차는 70km 이상
    • 최고속도 : 승용자동차는 100km/h 이상, 화물자동차는 80km/h 이상, 승합자동차는 100km/h 이상
  ㉢ 전기버스(중·대형 승합자동차)
    • 1회충전 주행거리 : 한국산업표준「전기 자동차 에너지 소비율 및 일 충전 주행 거리 시험방법(KS R 1135)」에 따른 1회충전 주행거리는 100km 이상
    • 최고속도 : 60km/h 이상

(2) 에너지소비효율의 기준(규정 [별표 1])

① 일반 하이브리드자동차의 기준

구 분	에너지소비효율 기준(km/L)		
	휘발유	경 유	LPG
경 형	19.4	24.0	15.5
소 형	17.0	21.6	13.8
중 형	14.3	18.8	12.1
대 형	13.8	16.0	9.7

※ 일반 하이브리드자동차의 에너지소비효율은 「자동차의 에너지소비효율 및 등급표시에 관한 규정」에 따른 복합에너지소비효율을 말하며, 경형·소형·중형·대형의 구분은 「자동차관리법 시행규칙」 [별표 1]의 규모별 세부기준을 적용한다.

② 플러그인 하이브리드자동차의 기준 : 에너지소비효율 기준 18.0km/L
   ※ 플러그인 하이브리드자동차의 에너지소비효율은 「자동차의 에너지소비효율 및 등급표시에 관한 규정」에 따른 복합에너지소비효율을 말하며, 이 경우 도심주행 및 고속도로주행 각각의 에너지소비효율은 CD모드와 CS모드의 에너지소비효율을 조화평균하여 산정한다.
③ 전기자동차의 기준

구 분	승용자동차		승합/화물자동차			전기버스	
	초소·경·소형	중·대형	초소형	경·소형	중·대형	일 반	2층, 굴절
에너지소비효율 (km/kWh)	5.0 이상	3.7 이상	4.0 이상	2.3 이상	1.0 이상	1.0 이상	0.75 이상

※ 초소형·경형·소형·중형·대형의 구분은 「자동차관리법 시행규칙」 [별표 1]의 규모별 세부기준 중 배기량 기준을 제외한 길이·너비·높이 기준만 적용한다.
※ 전기자동차의 에너지소비효율은 「자동차의 에너지소비효율 및 등급표시에 관한 규정」에 따른 복합에너지소비효율을 말한다. 다만, 전기버스의 에너지소비효율은 한국산업표준 「전기자동차 에너지 소비율 및 일 충전 주행 거리 시험 방법(KS R 1135)」에 따른 에너지소비효율을 말한다.
※ 2층전기버스, 굴절전기버스는 「자동차 및 자동차부품의 성능과 기준에 관한 규칙」에 따른 2층 대형승합자동차, 굴절버스에 각각 해당해야 한다.
④ 수소전기자동차의 기준

구 분	승용자동차	승합자동차		화물자동차	
		경·소형	중·대형 (수소전기버스)	경·소형	중·대형
에너지소비효율 (km/kg)	75.0 이상	75.0 이상	20.0 이상	75.0 이상	12.0 이상

※ 경형·소형·중형·대형의 구분은 「자동차관리법 시행규칙」 [별표 1]의 규모별 세부기준 중 배기량 기준을 제외한 길이·너비·높이 기준만 적용한다.
※ 수소전기 중·대형 승합/화물 및 특수자동차를 제외한 수소전기자동차의 에너지소비효율은 「자동차의 에너지소비효율 및 등급표시에 관한 규정」에 따른 복합소비효율을 말하며, 시험방법은 「자동차의 에너지소비효율, 온실가스 배출량 및 연료소비율 시험방법 등에 관한 고시」 [별표 5]에 따른다.
※ 수소전기 중·대형 승합/화물/특수자동차의 에너지소비효율 시험을 위한 주행거리, 속도, 자동차의 상태, 도로 및 기기는 한국산업표준 「전기 자동차 에너지 소비율 및 일 충전 주행 거리 시험 방법(KS R 1135)」에 따르며, 수소연료소모량 측정방법은 「자동차의 에너지소비효율, 온실가스 배출량 및 연료소비율 시험방법 등에 관한 고시」 [별표 5]에 따른다. 다만, 중·대형 화물자동차 및 특수자동차의 에너지소비효율 시험차량 중량은 다음의 기준을 적용한다.
• 일반형·덤프형 화물자동차 : (차량중량 + 차량총중량)/2
• 일반형·덤프형을 제외한 화물자동차(밴형, 특수용도형 화물자동차) 및 특수자동차(견인형, 구난형, 특수용도형 특수자동차) : 차량총중량

※ 특수자동차가 기존에 등재된 화물자동차와 세부동일 차량으로 인정받기 위해서는 이에 대한 증빙이 가능한 서류를 제출해야 하며, 이 특수자동차의 시험중량은 기존에 등재된 화물자동차의 차량총중량으로 적용한다.

6 도로 차량-전동기 동력계를 이용한 전기자동차용 전동기 시스템의 성능 시험 방법-실차주행모드 모사(KS R 1183)

(1) 용어와 정의

① 전동기 시스템(Motor System) : 전동기와 인버터를 결합한 시스템
② 실차 주행 모드(Real-vehicle Driving Mode) : 차량의 연비측정을 위하여 섀시 동력계에서 주행 시험에 사용되는 모드(KS R ISO 8714 참조)
  ※ 도심 주행 모드(UDDS ; Urban Dynamometer Driving Schedule), 고속도로 주행 모드(HWFET ; HighWay Federal Economy Test)
③ 실차 주행 모드 모사 동적 효율(Real-vehicle Driving Mode Emulated Dynamic Efficiency) : 실차 주행 모드를 전동기 동력계상에서 모사하여 전동기 시스템의 입출력을 전구간에 걸쳐 적산한 후 입력과 출력의 비로 나타낸 전동기 시스템의 효율
④ 실차 주행 모드 모사 에너지 소비 효율(Real-vehicle Driving Mode Emulated Energy Consumption Efficiency) : 실차 주행 모드를 전동기 동력계상에서 모사하여 측정한 전동기 시스템의 입력을 전구간에 걸쳐 적산한 후 입력과 주행거리의 비로 나타낸 에너지 소비 효율
⑤ 토크-속도 모드(Torque-speed Mode) : 전동기 동력계상에서 시험용 전동기 시스템은 토크로 제어되고, 부하용 전동기 시스템은 속도로 제어되는 모드
⑥ 속도-토크 모드(Speed-torque Mode) : 전동기 동력계상에서 시험용 전동기 시스템은 속도로 제어되고, 부하용 전동기 시스템은 토크로 제어되는 모드
⑦ 토크-토크 모드(Torque-torque Mode) : 전동기 동력계상에서 시험용 전동기 시스템은 토크로 제어되고, 부하용 전동기 시스템은 토크로 제어되는 모드
⑧ 모사 차량(Emulated Vehicle) : 시험용 전동기 시스템의 사용 대상인 가상의 차량

7 전력용 변압기-제6부 : 리액터(KS C IEC 60076-6)

(1) 리액터의 종류

① 분로 리액터(Shunt Reactor) : 용량성 전류를 보상하기 위해 계통의 상과 대지 사이, 상과 중성점 사이 또는 서로 다른 두 상 사이를 연결하는 리액터
② 한류 리액터(Current-limiting Reactor) : 계통 고장 상태에서 전류를 제한하기 위해 계통에 직렬 연결하는 리액터
③ 중성점 접지 리액터(Neutral-earthing Reactor) : 지락 사고 상태에서 원하는 값으로 선대지 간 전류를 제한하기 위해 계통의 중성점과 대지 사이를 연결하는 리액터
④ 전력조류 제어 리액터(Power Flow Control Reactor) : 전력조류 제어를 위해 계통에 직렬 연결하는 리액터
⑤ 모터 기동 리액터(Motor Starting Reactor) : 모터의 기동 시 돌입 전류를 제한하기 위해 모터에 직렬 연결하는 리액터
⑥ 아크로 직렬 리액터(Arc-furnace Series Reactor) : 금속을 녹이는 작업의 효율을 높이고 전력 계통의 전압 변동을 줄이기 위해 아크로에 직렬 연결하는 리액터
⑦ 감쇠 리액터(Damping Reactor) : 커패시터에 전원 인가 시 돌입 전류를 제한하거나 투입 사고 혹은 근접 사고 시 또는 인접한 커패시터의 개폐 시에 또는 커패시터 뱅크의 분출 전류를 제한하기 위해 병렬 커패시터에 직렬 연결하는 리액터
⑧ 필터 리액터(Filter Reactor) : 고조파 혹은 10kHz에 이르는 주파수 영역을 갖는 신호를 감쇄하거나 차단하기 위해 커패시터에 직렬 혹은 병렬 연결하는 리액터
⑨ 방전 리액터(Discharge Reactor) : 고장 시 전류를 제한하기 위해 고압계통의 직렬 커패시터 뱅크를 우회하거나 방전하기 위해 사용하는 리액터
⑩ 접지 변압기[중성점 결합용](Earthing Transformer[Neutral Coupler]) : 직접 접지 혹은 임피던스 접지를 위한 중성점을 사용하기 위해 계통에 연결하는 3상 변압기 혹은 리액터
  ※ 접지 변압기는 부수적으로 지역 보조 부하에 전원을 공급할 수 있다.
⑪ 아크소호 리액터(Arc-suppression Reactor) : 단상 지락에 의한 선대지 간의 용량성 전류를 주로 보상하기 위해 계통의 중성점과 대지 사이에 연결하는 리액터
⑫ 평활 리액터(Smoothing Reactor) : 직류 계통에서 교류 및 과도과전류의 흐름을 감소시키기 위한 리액터

8 도로 차량-전기자동차 용어(KS R 0113)

(1) 일반사항

① 배터리 전기자동차(BEV ; Battery-Electric Vehicle) : 차량의 추진력을 위한 동력원으로써 트랙션 배터리만을 탑재한 전기자동차
　※ 약어 BEV는 EV로 자주 줄여 쓴다.

② 병렬형 하이브리드 자동차(Parallel Hybrid Vehicle) : 독립적으로 또는 함께 작동될 수 있는 여러 개의 추진 장치를 갖고 있는 하이브리드 자동차

③ 비플러그인 하이브리드 전기자동차(non-PHEV ; non-Plug in Hybrid Electric Vehicle) : 외부 전기 에너지원으로부터 충전될 수 없는 재충전 가능한 에너지 저장 장치(RESS)가 내장되어 있는 하이브리드 전기자동차. 외부 충전 불가 하이브리드 전기자동차(Nonexternally Chargeable HEV)라고도 함

④ 순수 연료전지 자동차(pure FCV ; pure Fuel Cell Vehicle) : 차량 추진을 위한 동력원으로 연료전지 시스템만을 갖고 있는 전기자동차
　※ FCV가 일반적인 용어로 사용될 때에는 다른 추가적인 동력원이 장착된 자동차도 포함한다.

⑤ 연료전지 전기자동차(FCEV ; Fuel Cell Electric Vehicle) : 차량 추진을 위한 동력원으로 연료전지 시스템을 갖고 있는 전기자동차

⑥ 외부 충전 가능 하이브리드 전기자동차(Externally Chargeable HEV), 플러그인 하이브리드 전기자동차(PHEV ; Plug in Hybrid Electric Vehicle) : 외부 전기 에너지원으로부터 충전될 수 있는 재충전 가능한 에너지 저장 장치(RESS)가 있는 하이브리드 전기자동차

⑦ 인 휠 모터(In-wheel Type Motor) : 전동기를 차량 휠에 내장

⑧ 전기자동차(EV ; Electric Vehicle), 전기 추진 자동차(EPV ; Electrically Propelled Vehicle) : 재충전 가능한 에너지 저장 장치에서 전류를 끌어오는 전기 모터에 의해 구동되는 자동차

⑨ 직렬형 하이브리드 자동차(Series Hybrid Vehicle) : 두 가지 에너지원 모두가 하나의 추진 시스템을 통해 전달되도록 연결된 하이브리드 자동차

⑩ 하이브리드 자동차(HV ; Hybrid Vehicle) : 차량 추진을 위한 두 개(또는 두 개 이상)의 다른 동력원을 갖고 있는 자동차
　※ 차량 추진을 위한 동력원의 예 : RESS, FC 시스템, 내연기관

⑪ 하이브리드 전기자동차(HEV ; Hybrid Electric Vehicle) : 차량 추진을 위해 전기와 다른 동력원을 갖고 있는 자동차

(2) 충전기

① 과충전(Overcharge) : 배터리를 정해진 충전 종지 전압을 넘어갈 때까지 충전하는 것
② 교류 전기자동차 충전설비(a.c. EV Charging Station) : 교류 전류를 전기 자동차에 전달하기 위한 장치로 외함 내에 설치되고 특수 제어 기능을 갖는다.
③ 균등화(Equalization) : 배터리나 팩에 있는 모든 셀을 거의 같은 충전 상태로 회복시키는 과정
④ 레벨 1 충전(Level 1 Charging) : 전기자동차가 가장 공통적인 접지된 전기 리셉터클(Receptacle)에 연결되도록 허용하는 충전 방법으로, 미국에서 레벨 1 충전에 대하여 공급된 최대 전력은 공칭 120VAC, 60Hz, 15A, 단상이다.
⑤ 레벨 2 충전(Level 2 Charging) : 사적이나 공적인 장소에서 전기자동차 전용 전력공급 장치를 이용하는 충전 방법으로, 미국에서 레벨 2 충전에 대하여 공급된 최대 전력은 공칭 208VAC 또는 204VAC, 60Hz, 40A, 단상 또는 3상이다.
⑥ 레벨 3 충전(Level 3 Charging) : 적절한 오프-차량 충전기(Off-vehicle Charger)로부터 전기자동차에 직류 에너지를 제공하기 위해 전기자동차 전용 전력 공급 장치를 이용하는 충전 방법으로, 미국에서 레벨 3 충전에 대하여 공급된 최대 전력은 2kW부터 160kW, 공칭 208VAC부터 600VAC, 60Hz, 3상 범위 내에 있어야 한다.
※ 레벨 1 충전, 레벨 2 충전 및 레벨 3 충전은 미국 SAE에서 정의한 용어이고, IEC에서는 모드 1, 모드 2 및 모드 3으로 정의하고 있다.
⑦ 배터리 충전 밸런스(Charge Balance of Battery) : 일반적으로 암페어시(Ah)로 표시되는 연비 측정 동안에 배터리 내에서 충전의 변화
⑧ 배터리 충전 상태(Battery State of Charge) : 방전에 유효한 배터리의 용량이며, 일반적으로 완전 충전의 백분율로 표시
⑨ 배터리 충전기(Battery Charger) : 배터리에 에너지를 공급하기 위해 필요한 전력을 공급 및 제어하는 기능을 갖고 있는 일련의 구성 부품
⑩ 보충전(Auxiliary Charge) : 주로 자기방전을 보충하기 위해 하는 충전
⑪ 부동 충전(Float Charge) : 완전 충전 상태를 얻거나 유지하기 위해 장시간 동안 고정된 전압에서 셀이나 배터리를 충전하는 것
⑫ 세류 충전(Trickle Charge) : 연속적이며 긴 시간 동안 규정된 작은 전류로 전지의 충전 상태를 유지하도록 전지를 충전하는 방법
※ 세류 충전은 자기 방전 효과를 보상하며 전지가 대략적인 완전 충전 상태가 유지하도록 하며, 몇몇 2차전지(리튬 2차 전지 등)에는 적당하지 않다.
⑬ 소켓-아웃렛(Socket-outlet) : 고정 배선에 설치되도록 만들어진 플러그와 연결할 수 있는 부속품
⑭ 오프보드 충전기(Off-board Charger) : 교류 주전원의 구내 배선에 연결되고 자동차와 완전히 분리되어 동작하도록 설계된 충전기이다. 이러한 경우, 자동차로 직류 전력이 공급된다.

⑮ 온보드 충전기(On-board Charger) : 자동차에 탑재되어 그 자동차에서만 작동하도록 설계된 충전기

⑯ EV/PHEV 충전 시스템(EV/PHEV Charging System) : 배터리를 충전 또는 연결된 동안 차량 전장 시스템을 작동할 목적으로 일정 주파수, 일정 전압 공급망에서 직류 전류, 가변 전압 EV/PHEV 구동 배터리 버스로 에너지를 조절하여 전달하도록 요구되는 설비

⑰ 1종 충전기(Class I Charger) : 기본 보호 수단으로서 기초 절연과 고장 보호 수단으로서 보호 접합을 갖는 충전기

⑱ 2종 충전기(Class II Charger) : 다음의 기능을 갖춘 충전기
  ㉠ 기본 보호 수단으로서 기초 절연
  ㉡ 고장 보호 수단으로서 부가 절연
  ※ 기초 보호와 고장 보호는 강화 절연으로 제공된다.

⑲ 자동차 커플러(Vehicle Coupler) : 전기 자동차에 배터리 충전을 위해 유연성 케이블을 연결할 수 있게 하는 수단

⑳ 전기자동차 인렛(EV Inlet), 충전 인렛(Charging Inlet) : 전기 자동차에 내장되어 있거나 이에 고정된, 또는 이에 고정되도록 만들어진 자동차 커플러의 한 부분

㉑ 전기자동차 커넥터(EV Connector), 충전 커넥터(Charge Connector) : 교류 주전원에 연결된 유연성 케이블과 일체형으로 되어 있거나 유연성 케이블에 부착되도록 만들어진 자동차 커플러의 한 부분

㉒ 전용 오프보드 충전기(Dedicated Off-board Charger) : 특수형 전기 자동차 전용으로 사용되도록 설계된 오프보드 충전기로 제어 충전 기능이나 통신 기능을 가질 수 있다.

㉓ 정전류 정전압 충전(CI/CV charge ; Constant Current and Constant Voltage charge) : 충전 시작 시에는 일정한 전류로 충전하고 충전이 되어 전지의 충전전압이 일정한 설정전압에 이르면 일정한 전압으로 충전하는 방식

㉔ 정전류 충전(CC ; Constant Current charge) : 전류의 흐름을 일정한 율로 셀이나 배터리를 충전시키는 것

㉕ 정전압 충전(CV ; Constant Voltage charge) : 전류가 다양하게 흐르는 것이 허용되나, 전압은 일정하게 공급하는 것에 의한 셀이나 배터리의 충전

㉖ 제어 파일럿(Control Pilot) : 케이블 일체형 제어 박스 또는 전원공급장치의 고정부를 자동차의 제어 회로에 연결된 전기 자동차 접지에 연결하는 케이블 어셈블리 내에 있는 제어 도체로 몇 가지 기능을 수행하는 데 사용된다.

㉗ 직류 전기자동차 충전설비(DC EV Charging Station) : 직류 전류를 전기 자동차에 전달하기 위한 장치로 외함 내에 설치되고 특수 제어 기능과 통신기능을 갖고 자동차와 분리되어 있다.

㉘ 충전(Charge) : 적절한 에너지 전송을 위해 제어된 방법으로 온보드 전기 장치를 동작하기 위해 전기 자동차 배터리의 적당한 충전 및/또는 전기 자동차 배터리 버스(Bus)에 에너지의 공급을 보장하는 규정된 전압/전류 값으로 표준 전압, 주파수 교류 전원 전류를 변환하는 데 필요한 모든 기능

㉙ 충전 케이블(Charging Cable) : 전기자동차를 충전하기 위해 접속하는 접속선
㉚ 충전 특성(Charging Characteristics) : 충전 시의 전류, 전압, 시간 등의 관계
㉛ 충전 프로필(Charge Profile) : 통상 전압, 전류 및 시간에 의해 정의된 셀 또는 배터리를 충전하기 위해 사용된 스케줄
㉜ 충전 후 개회로(OCAC ; Open Circuit After Charge) : 배터리가 충전 후에 개회로에 놓여 있는 동안의 기간(h)
㉝ 충전기(Charger) : 배터리를 충전하는 데 필요한 기능을 수행하는 전력 변환기
㉞ 충전율(Charge Rate) : 전지 또는 배터리의 충전 동안의 전류
 ※ 종료 충전율, 부동 충전 및 세전류 충전 참조
㉟ 컨덕티브 충전(Conductive Charge) : 인덕티브 충전에 비해 전도를 이용하여 충전 전력을 공급하는 방식
㊱ 케이블 어셈블리(Cable Assembly) : 전기 자동차와 소켓-아웃렛 사이를(연결유형 A형과 B형) 그리고 고정 충전기(C형)에 연결하는 데 사용되는 장치의 일부
㊲ 펄스 충전(Pulse Charge) : 펄스 파형의 전류를 보내 충전하는 방식
㊳ 플러그(Plug) : 소켓-아웃렛에 연결된 유연성 케이블과 일체형으로 되어 있거나 이에 부착되도록 만들어진 플러그와 소켓-아웃렛의 부품
㊴ 플러그와 소켓-아웃렛(Plug and Socket-outlet) : 고정된 케이블에 유연성 케이블을 수동으로 연결할 수 있게 하는 수단
㊵ 화성(Formation) : 셀이나 배터리의 활성 물질이 적절한 전기화학 작용을 위해 요구되는 성분으로 변환되는 동안의 초기 충전 과정

(3) 안 전

① 간접 접촉(Indirect Contact) : 통전 부품의 기본 절연체에 발생한 고장으로 인하여 대전되어 있는 노출된 전도성 부품에 대한 사람의 접촉
② 강화 절연(Reinforced Insulation) : 이중 절연과 동등한 보호 기능을 수행하는 것으로 전기 충격에 대한 보호를 위한 통전 부분의 절연
 ※ 강화 절연은 절연이 균일한 것이어야 한다는 것을 의미하지는 않는다. 강화 절연은 보충 절연 또는 기본 절연처럼 개별적으로 시험될 수 없는 여러 층들로 구성될 수 있다.
③ 격리 저항 모니터링 시스템(Isolation Resistance Monitoring System) : 주기적으로 또는 연속적으로 통전 부품과 전기 섀시 사이에서의 격리 저항을 모니터링하는 시스템
④ 공기 간격(Air Clearance) : 두 개의 전도성 부품 사이에서 공기를 통한 가장 짧은 거리
⑤ 공칭 전압(Nominal Voltage) : 부품이나 시스템을 호칭하거나 검정하기 위하여 사용된 전압의 적절한 근삿값
⑥ 기본 보호(Basic Protection) : 누전이 없는 상태에서 통전 부품과의 직접 접촉에 대한 보호

⑦ 기본 절연(Basic Insulation) : 누전이 없는 상태에서 직접 접촉에 대한 보호를 위해 통전 부품에 적용되는 절연
　※ 기본 절연은 기능적인 목적을 위해 배타적으로 사용되는 절연을 반드시 포함하지는 않는다.
⑧ 내전압(Withstand Voltage) : 전기기기의 절연이 일정 시간 동안 견디는 전압
⑨ 내전압 시험(Withstand Voltage Test) : 전력용 기기에 대해 규정된 전압을 가해 절연물이 파괴되지 않는지 확인하는 시험
⑩ 노출된 전도성 부품(Exposed Conductive Part) : 공구 없이 제거할 수 있는 배리어/인클로저를 제거한 후 IPXXB(ISO 20653 참조)에 따른 시험용 손가락으로 접촉될 수 있으며, 정상적으로 전류가 흐르지 않으나 결함 조건에서는 전류가 흐를 가능성이 있는 전도성 부품
⑪ 배리어(Barrier) : 통상적인 접근 방향으로부터 직접 접촉에 대한 보호를 제공하는 부품
⑫ 보충 절연(Supplementary Insulation) : 기본 절연에서 절연이 안 되는 경우에 전기 충격에 대한 보호를 위해 기본 절연에 부가하여 적용된 독립된 절연
⑬ 보호 등급(Protection Degree) : ISO 20653에서 규정된 것처럼 시험용 손가락(IPXXB), 시험용 로드(IPXXC) 또는 시험용 전선(IPXXD)과 같은 시험용 프로브에 의해 통전 부품과의 접촉과 연관된 배리어/인클로저에 의해 제공되는 보호
⑭ 섀시 접지(Chassis Ground) : 차량 접지 시스템에 차량 고전압 시스템의 비전류운반(Non-current-carrying) 금속 부품을 연결하기 위하여 사용된 도체
⑮ 연면 거리(Creepage Distance) : 단자의 통전 부품(전도성 이음 장치가 사용되었을 경우 해당 이음 장치도 함께 포함되는 개념) 및 전기 섀시 간의 최단 거리 또는 절연 표면을 따라 배치되어 있는 전위가 서로 다른 대전 부품 두 개 간의 최단 거리
⑯ 2급 장치(Class II Equipment) : 이중 절연 또는 강화 절연을 이용해 전기 충격에 대한 보호 기능이 보장되는 장치
⑰ 이중 절연(Double Insulation) : 기본 절연과 보충 절연의 양쪽 모두로 구성되는 절연
⑱ 인클로저(Enclosure) : 어떤 외부 영향과 어느 방향으로부터 직접 접촉에 대한 장비의 보호를 제공하는 부품으로 함체라고도 함
⑲ 1급 장치(Class I Equipment) : 보호용 도체를 이용하여 통전 부품에 기본 절연체와 장치의 노출된 전도성 부품의 연결을 이용하여 전기 충격에 대한 보호 기능이 보장되는 장치
⑳ 임펄스 내전압 시험(Impulse Withstand Voltage Test) : 충격 전압으로 전기기기 및 전기 장치의 절연 성능을 검증하는 시험
㉑ 장치 접지/접지 도체(Equipment Ground/Grounding Conductor) : 전기자동차 전력공급 장치의 전류가 흐르지 않는 금속 부품을 시스템 접지 도체, 접지 전극 도체 또는 양쪽 모두를 서비스 장치에 연결할 때 사용되는 도체
㉒ 전기 섀시(Electric Chassis) : 관련된 모든 전기 및 전자 구성 부품을 포함하는 차량의 전도성 기계 구조로써, 그 부품들은 서로 전기적으로 연결되어 있으며 그 전위가 기준이 된다.

㉓ 전기 쇼크(Electric Shock) : 전류가 인체를 통해 흐른 결과로 나타나는 생리적인 효과로 감전이라고도 한다.
㉔ 전기 회로(Electrical Circuit) : 통전 부품을 통해 전류가 흐를 수 있도록 연결된 통전 부품의 조합
㉕ 전기자동차 전원 공급 장치(EVSE ; Electric Vehicle Supply Equipment) : 상, 중성, 보호 접지 도체를 포함한 도체, 전기 자동차 커플러, 부착 플러그 및 다른 모든 부속품, 장치, 전력 아웃렛 또는 구내 배선에서 전기 자동차로 에너지를 전송하고 필요하다면 그들 간의 통신을 허용하기 위한 목적으로 특별히 설치된 장치
㉖ 전도성(Conductive) : 물리적 경로(도체)를 통해 전기를 송전할 수 있는 능력을 보유한 성질
㉗ 전도성 부품/도체(Conductive Part/Conductor) : 전류가 흐를 수 있는 부품
  ※ 전도성 부품은 정상적인 작동 조건 하에서 반드시 통전되어 있지는 않지만, 기본 절연체에 문제가 발생할 경우 통전되는 경우도 있다.
㉘ 전압 등급 A(Voltage Class A) : 최대 작동 전압이 교류 30Vrms 이하 또는 직류 60V 이하인 전기 부품이나 회로의 분류
㉙ 전압 등급 B(Voltage Class B) : 최대 작동 전압이 교류 30Vrms 이상 1,000Vrms 이하 또는 직류 60V 이상 1,500V 이하인 전기 부품이나 회로의 분류
㉚ 전위 평형(Potential Equalization) : 노출된 전도성 부품 사이에서 전위차를 최소화하기 위하여 전기 장치를 구성하는 노출된 전도성 부품 사이에서의 전기적 연결
㉛ 절연 저항(Insulation Resistance) : 절연체에 의해 분리되는 두 전도체 사이에서 규정된 조건 하에서의 저항
  ※ 기본 절연처럼 개별적으로 시험될 수 없는 여러 층들로 구성될 수 있다.
㉜ 절연 저항 모니터링 시스템(Insulation Resistance Monitoring System) : 통전 부품과 전기 섀시 또는 노출된 전도성 부품 사이에서의 절연 저항을 주기적으로 또는 연속적으로 모니터링하는 시스템
㉝ 절연체(Insulator) : 전기가 통하고 있는 부품으로부터 분리, 지지, 밀봉 및 보호를 제공하는 충전 시스템의 부분
㉞ 직접 접촉(Direct Contact) : 통전 부품에 대한 사람의 접촉
㉟ 통전 부품(Live Part) : 정상적인 사용에서 전기적으로 전류가 흐르게 하는 도체 또는 전도성 부품

9 계측용어(KS A 3009)

(1) 측정의 오차 및 정밀도

① 참값(True Value)
  ㉠ 측정량의 바른 값
    ※ 특별한 경우를 제외하고 관념적인 값으로서 실제로는 구할 수 없으므로 참값으로 간주할 수 있는 값을 사용하는 수가 있다.
  ㉡ 표준기에 대하여 그것이 현실적으로 갖는 값
② 측정치(Measured Value) : 측정하여 구한 값
③ 오차(Error) : 측정치에서 참값을 뺀 값
  ※ 오차의 참값에 대한 비를 상대오차라 한다. 다만, 잘못될 우려가 없는 경우에는 단순히 오차라고 해도 좋다.
④ 치우침(Bias) : 측정치의 모평균에서 참값을 뺀 값
⑤ 산포(Dispersion) : 측정치의 크기가 고르지 않은 것, 불균일한 정도
  ※ 산포의 크기를 나타내는 데는 표준편차 등을 이용한다.
⑥ 착오(Mistake) : 측정자가 모르고 저지른 잘못 또는 그 결과로 구해진 측정치
⑦ 계통 오차(Systematic Error) : 측정결과에 치우침을 주는 원인에 의해 생기는 오차
⑧ 우연 오차(Random Error) : 불분명한 원인에 의하여 일어나서 측정치의 산포로 되어 나타나는 오차
⑨ 부분 오차(Partial Error) : 몇 개 양의 값으로부터 간접적으로 산출되는 양의 값의 오차 중에서 그것을 구성하는 개개 양의 값의 오차에 의하여 생기는 부분
⑩ 합성 오차(Resultant Error) : 몇 개 양의 값으로부터 간접적으로 산출되는 양의 값의 오차로서 부분 오차를 합성한 것
⑪ 종합 오차(Overall Error) : 여러 가지 요인에 의해 생기는 모든 오차를 포함한 종합적인 오차
⑫ 오차 한계(Limit of Error) : 추정한 종합 오차의 한계치
⑬ 불확실성(Uncertainty) : 측정량의 참값이 존재하는 범위를 나타내는 추정치
  ※ 측정의 불확실성은 통상, 많은 성분으로 이루어진다. 그들 성분이 있는 것은 일련의 측정결과의 통계적 분포에 근거하여 추정 가능하며 시료 표준편차로 나타낼 수 있다. 다른 성분은 경험 또는 다른 정보에 근거해서만 추정이 가능하다.
⑭ 정확성(Accuracy) : 치우침이 작은 정도
  ※ 추정한 치우침의 한계치로 표시한 값을 정확도, 그 참값에 대한 비를 정확률이라 한다.
⑮ 정밀성(Precision) : 산포가 작은 정도
  ※ 산포를 표준편차 또는 그 지정한 배수로 표시한 값을 정밀도, 그 모평균 또는 그 추정치에 대한 비를 정밀률이라 한다.
⑯ 정밀도 : 계측기가 나타내는 값 또는 측정결과의 정확성과 정밀성을 포함한 종합적인 양호도

⑰ 재현성(Reproducibility) : 동일한 방법으로 동일한 측정대상을 측정자, 장치, 측정 장소, 측정시기의 모두 또는 어느 쪽인가 다른 조건으로 측정한 경우, 개개의 측정치가 일치하는 성질 또는 정도
⑱ 반복성(Repeatability) : 동일한 방법으로 동일한 측정대상을 같은 조건으로 비교적 짧은 시간에 반복 측정한 경우, 개개의 측정치가 일치하는 성질 또는 정도
  ※ 측정대상, 측정기, 측정조건 등을 한번 변경한 후 최초의 상태로 설정하고 새로 별도의 시기에 측정을 반복한 경우는 반복성이라 한다.
⑲ 보정(Correction) : 보다 참에 가까운 값을 구하기 위하여 판독치 또는 계산치에 어떤 값을 더하는 것 또는 그 값
  ㉠ 치우침의 추정치 부호를 바꾼 것에 상당한다.
  ㉡ 보정과 판독치 또는 계산치의 비를 보정률이라 하고, 보정률을 백분율로 나타낸 값을 보정백분율이라 한다.
  ㉢ 예상되는 계통 오차를 보상하기 위하여 보정 전의 측정결과에 곱하는 계수를 보정계수라 한다.
⑳ 개인 오차(Personal Error) : 측정자 고유의 버릇에 의해 측정상 또는 조정상 생기는 오차
㉑ 시차(Parallax) : 판독할 때, 시선의 방향에 따라 생기는 오차
㉒ 허용차(Limit Deviation Tolerance)
  ㉠ 기준으로 취한 값과 거기에 대하여 허용되는 한계치의 차
  ㉡ 산포가 허용되는 한계치
  ※ 기준으로 취한 값에 대한 비 또는 백분율로 표시해도 좋다.
㉓ 공차(Tolerance) : 규정된 최대치와 최소치의 차
  ※ 계량법에서는 허용차 ㉠의 뜻으로 사용되고 있다.

(2) 계측기의 요소, 성능 및 특성

용어(대응 영어)	뜻
지표(Index)	눈금과 조합하여 양의 크기를 표시하기 위하여 사용되는 것
지침(Pointer)	눈금과 조합하여 양의 크기를 표시하기 위하여 사용되며 양의 크기에 대응하여 변위하는 것
눈금(Scale)	양의 크기를 표시하기 위하여 어떤 규칙에 따라 그어진 선 또는 기타 표지의 집합이며 필요에 따라 그 중의 몇 개에 숫자 및 부호를 첨가한 것
숫자 눈금(Numerical Scale)	측정량의 값을 이산적으로 지시하도록 일렬로 나열한 숫자로 구성되어 있는 눈금
눈금판(Dial, Scale Plate)	눈금이 그어져 있는 판
눈금선(Graduation Line, Scale Mark)	눈금을 구성하는 선
주 눈금선(Main Scale Mark)	주요한 눈금 위치에 사용하는 눈금선으로서 길이, 굵기 등을 바꾸어 다른 눈금선과 구별한 것
부 눈금선(Subscale Mark)	측정량의 최소 분할을 나타내는 눈금선
눈(Scale Division)	서로 이웃하는 눈금선으로 구분 지어진 부분
눈금폭(Scale Spacing)	서로 이웃하는 눈금선의 중심 간격

용어(대응 영어)	뜻
눈금 간격(Scale Interval)	눈금에 대응하는 측정량의 크기 ※ 눈금 간격은 한 눈금의 읽음이라고 하는 수도 있다.
감도(Sensitivity)	어떤 계측기가 측정량의 변화에 느끼는 정도, 즉 어떤 측정량에서 지시량 변화의 측정량 변화에 대한 비 ※ 감도의 값을 표시하는 데 감도계수, 흔들림 계수의 용어가 사용되는 수도 있다.
식별능(Discrimination)	측정량이 극히 접근한 2개의 값을 유의한 것으로서 구별하는 측정기의 능력 ※ 상기 2개의 값 중 한쪽이 영인 경우도 포함한다.
식별 한계(Discrimination Threshold)	측정기에서 출력에 식별 가능한 변화를 생기게 할 수 있는 입력의 최소치로 불감대, 잡음에 관한 양
분해능(Resolution)	어떤 입력치에서 출력에 식별 가능한 변화를 생기게 할 수 있는 입력의 변화량으로 SN비에 관한 양
등가 잡음 파워 (NEP ; Noise Equivalent Power)	출력잡음 파워의 입력 환산치와 같은 입력 파워로 잡음에 의한 식별한계의 표현이다.
세밀성(Fineness)	측정기의 지시를 얼마만큼 세밀하게 읽을 수 있는가의 정도
측정 범위(Measuring Range)	측정기에 의해 측정할 수 있는 양의 범위
유효 측정범위 (Effective Measuring Range)	측정범위 중, 오차가 허용차에 들어가는 범위
지시 범위(Indicating Range)	측정기가 지시하는 양의 범위
최대 눈금치(Maximum Scale Value)	눈금이 나타내는 측정량의 최대치
최소 눈금치(Minimum Scale Value)	눈금이 나타내는 측정량의 최소치
눈금의 길이(Scale Length)	• 양끝의 눈금선 사이를 눈금에 따라 측정한 길이 ※ 호상눈금에서는 가장 짧은 눈금선의 중앙을 지나는 호의 길이 • 기록지인 경우는 양끝의 눈금선 사이의 최단거리
눈금 스팬(Scale Span)	최대 눈금치와 최소 눈금치의 차
눈금의 배율(Scale Factor)	측정치를 얻기 위하여 눈금치에 거는 배율
눈금 계수(Scale Factor)	측정치를 얻기 위하여 눈금치에 거는 계수
신뢰성(Reliability)	계측기 또는 그 요소가 규정된 조건의 범위 내에서 규정된 기능과 성능을 유지하는 시간적 안정성을 표시하는 성질 또는 정도
정적 특성(Static Characteristics)	시간적으로 변화하지 않는 측정량에 대한 계측기의 응답 특성
직선성(Linearity)	입력신호와 출력신호 사이의 직선관계로부터의 벗어남이 적은 정도
정적 오차(Static Error)	시간적으로 변화하지 않는 측정량에 대한 계측기 오차
영향 변동치(Variation)	1개의 영향량만이 변화하고 2개의 규정하는 값을 취한 경우, 각각에 대응하는 측정치의 차
[계기의] 기준 오차(Datum Error [of a Measuring Instrument])	계기를 점검하기 위하여 선정한 지정한 눈금치 또는 측정량의 지정한 값에서 그 계기의 오차
[계기의] 영점 오차(Zero Error [of a Measuring Instrument])	측정값의 제로값에 대한 기준 오차
드리프트(Drift)	일정한 환경조건 하에서 측정량 이외의 영향에 따라 생기는 계측기 표시의 완만하고 계속적인 벗어남
안정성(Stability)	계측기 또는 그 요소의 특성이 시간의 경과 또는 영향량의 변화에 대하여 얼마만큼 변하지 않는가의 정도 ※ 수치로 정량적으로 표시할 때는 안정도라 해도 좋다.
무영향성(Transparency)	측정량의 값에 영향을 주지 않는 계측기의 성능
경년 변화(Secular Change)	장기의 시간경과에 따라 생기는 계측기 또는 그 요소의 특성 변화

용어(대응 영어)	뜻
동적 특성(Dynamic Characteristics)	시간적으로 변화하는 측정량에 대한 계측기의 응답 특성
동적 오차(Dynamic Error)	시간적으로 변화하는 측정량에 대한 계측기의 오차
응답(Response)	계측기로의 입력신호에 대해 출력신호가 대응하는 상태
과도 응답(Transient Response)	입력신호가 어떤 정상상태에서 다른 정상상태로 변화했을 때, 출력신호가 정상상태에 도달할 때까지의 응답
임펄스 응답(Impulse Response)	입력신호가 충격적으로 변화했을 때의 응답
스텝 응답(Step Response)	입력신호가 어떤 일정한 값에서 다른 일정한 값으로 돌연 변화했을 때의 응답
주파수 응답(Frequency Response, Harmonic Response)	입력신호가 정현적으로 변화하는 정상적인 상태일 때 출력신호의 입력신호에 대한 진폭비 및 상위 벗어남이 주파수에 의해 변화하는 모양
시정수(Time Constant)	응답 속도를 특징 지우는 상수로서 시간의 차원을 가진 것으로 응답이 다음 식으로 표시될 때는 계수 T를 말한다. $T\dfrac{dy}{dx}+y=x$ 여기에서 y : 출력 신호 x : 입력 신호
불감대(Dead Band)	계기의 입력을 변화시켜도 출력에 변화가 생기지 않는 입력의 범위 ※ 입력의 작은 변화에 대한 바람직하지 않은 변화를 줄이기 위하여 원래 있는 불감대를 고의로 늘리는 수도 있다.
지연(Dead Time, Delay)	입력신호의 변화에 대하여 출력신호의 변화가 즉시 따르지 않는 것 또는 그것을 특징 지우는 시간
과도량(Overshoot)	스텝 응답에서 출력신호가 과도적으로 최종치를 넘을 때, 최종치로부터의 흔들림의 최대량
응답 시간(Response Time)	스텝 응답에서 출력신호가 최종치로부터의 특정 범위에 들어가기까지의 시간
감쇠(Damping)	진동의 진폭이 시간적으로 감소하는 것
제동(Damping)	진동의 진폭을 억제하는 것
제동비(Damping Ratio)	제동의 상태를 나타내는 무차원의 상수로서 응답이 다음 식으로 표시될 때의 계수 ζ를 말한다. $\dfrac{d^2y}{dt^2}+2\zeta w_n\dfrac{dy}{dt}+w_n^2 y=w_n^2 x$ 여기에서 y : 출력 신호 x : 입력 신호 w_n : 자유진동의 각 주파수 ※ 제동비가 1일 때의 제동을 임계제동, 1보다 클 때를 과제동, 1보다 작을 때를 부족제동이라 한다.
상승 시간(Rise Time)	스텝 응답에서 출력신호가 규정하는 값에서 별도의 어떤 값까지 변화하는데 걸리는 시간 ※ 규정하는 값은 각각 최종 변화량의 10%와 90%로 하는 수가 많다.
눈금 결정(Calibration)	기준에 따라 측정기의 눈금을 정하는 것 ※ 새로 눈금을 넣을 때는 눈금 결정이라 하고, 이미 어떤 눈금의 보정을 구할 때는 교정이라 한다.
교정(Calibration)	표준기, 표준시료 등을 사용하여 계측기가 나타내는 값과 그 참값의 관계를 구하는 것
교정 곡선(Calibration Curve)	측정량과 계측기가 지시하는 값 사이의 대응을 나타내는 곡선 ※ 화학분석에서는 검량선이라 한다.

용어(대응 영어)	뜻
기차(Instrumental Error)	• 측정기가 표시하는 값에서 표시해야 할 참값을 뺀 값 • 표준기의 공칭치에서 참값을 뺀 값
고유 오차(Intrinsic Error)	표준상태에서 구한 계측기의 오차
부가 오차(Complementary Error)	영향량의 값이 표준상태의 값과 다르기 때문에 생기는 계측기의 오차
백분율 오차(Error Expressed as a Percentage of The Fiducial Value)	계측기 오차의 기저치에 대한 비를 백분율로 표시한 것 ※ 혼동될 우려가 없는 경우에는 단순히 오차라고 해도 좋다.
기저치(Fiducial Value)	백분율 오차를 규정하기 위하여 정한 기준치로 개개의 규격에서 정해진다.
극차(Span of Instrumental Error)	측정기의 전체 범위 지시에 대하여 기차를 구한 경우, 기차의 최대치와 최소치의 차
히스테리시스 차(Hysteresis Error)	측정의 전력에 의하여 생기는 동일 측정량에 대한 지시치의 차
정확도(Limit of Error)	지정된 조건에서의 오차한계로 표시한 계측기의 정밀도
공칭치(Nominal Value)	표준기 또는 측정기에 주어진 각 눈금상의 값

(3) 데이터 처리에서의 통계적 처리

① 평균치, 평균(Mean, Value)
  ㉠ 측정치의 시료에 대하여는 측정치를 전부 더하여 그 개수로 나눈 값. 즉, 측정치의 산술평균
  ㉡ 측정치의 모집단에서는 확률밀도 함수를 $f(x)$로 하면

  $$\mu = \int_{-\infty}^{\infty} x f(x) dx$$ 로서 구해지는 μ의 값

  ※ 측정치의 모집단에 대한 평균치를 모평균(Population Mean)이라 하며, 측정치의 시료에 대한 평균치를 시료평균(Sample Mean)이라 한다.

② 가중 평균(Weighted Mean) : 무게 $w_1, w_2, \cdots, w_n$을 가진 측정치 $x_1, x_2, \cdots, x_n$의 가중평균은 다음 식으로 표시된다.

$$\frac{\sum_{i=1}^{n} w_i x_i}{\sum_{i=1}^{n} w_i}$$

여기에서 무게 $w_1, w_2, \cdots, w_n$은 -가 아닌 실수로 한다.

③ 메디안, 중앙치(Median)
  ㉠ 측정치의 시료에 대하여는 측정치를 큰 순서로 나열했을 때, 바로 그 중앙값(홀수개인 경우) 또는 중앙을 포함하는 2개 값의 산술평균(짝수개인 경우)
  ㉡ 측정치의 모집단에서는 확률밀도 함수를 $f(x)$로 하면

  $$\int_{-\infty}^{\overline{\mu}} f(x) dx = \int_{\overline{\mu}}^{+\infty} f(x) dx = \frac{1}{2}$$ 로 되는 $\overline{\mu}$의 값

④ 편차(Deviation) : 측정치로부터 모평균을 뺀 값
⑤ 잔차(Residual) : 측정치로부터 시료평균을 뺀 값
⑥ 평균 오차(Mean Error) : 오차 절대치의 평균치
⑦ 평균 편차(Mean Deviation) : 편차 절대치의 평균치
⑧ 평균 잔차(Mean Residual) : 잔차 절대치의 평균치
⑨ 분산(Variance)
  ㉠ 측정치의 시료(x_1, x_2, ……, x_n)에 대하여는

  $$\frac{\sum_{i=1}^{n}(x_i - \overline{x})^2}{n-1}$$ 로서 구해지는 값. 여기에서 $\overline{x}$는 시료평균을 나타낸다.

  ㉡ 측정치의 모집단에서는 확률밀도 함수를 $f(x)$로 하면

  $$\sigma^2 = \int_{-\infty}^{\infty}(x-\mu)^2 f(x)dx$$ 로서 구하는 σ^2의 값. 여기에서 μ는 모평균을 나타낸다.

  ※ 측정치의 시료에 대한 분산을 불편분산(Mean Square)이라 하고, 측정치의 모집단에 대한 분산을 모분산(Population Variance)이라고 한다.
⑩ 표준 편차(Standard Deviation) : 분산의 제곱근
  ※ 불편분산의 제곱근을 시료 표준편차라 한다.
⑪ 회귀선(Regression Line) : 변수 x_1, x_2, ……, x_p를 고정했을 때, 변수 y의 모평균 μ가 이들 x_1, x_2, ……, x_p의 함수로 표시될 때, 이것을 x_1, x_2, ……, x_p에 대한 y의 회귀함수(Regression Function)라 한다. 특히 x_1, x_2, ……, x_p의 1차식으로 표시되는 경우 이것을 $\mu = \beta_1 x_1 + \beta_2 x_2 + …… + \beta_p x_p$로 하면 β_i를 x_i에 대한 y의 회귀계수(Regression Coefficient)라 한다. 특히 μ가 1변수 x의 함수로 표시되는 경우가 회귀선이다. 이때, x에 대한 y의 회귀선과 y에 대한 x의 회귀선은 일반적으로 일치하지 않는다.
⑫ 신뢰 한계(Confidence Limits) : 모수 θ에 대하여 측정치로부터 정해지는 아래 위의 한계 $T_L(x_1, x_2, ……, x_n)$, $T_U(x_1, x_2, ……, x_n)$로서 이들이 참의 θ를 포함할 확률이 보기를 들면, 95%(또는 그 이상)임이 보증되는 한계
  ※ 위의 확률을 신뢰율(Confidence Coefficient)이라 한다.
⑬ 신뢰구간(Confidence Interval) : 신뢰한계에 포함되는 구간
⑭ 변동 계수(Coefficient of Variation) : 표준편차를 평균치로 나눈 양. 보통 백분율로 표시한다. 변동계수는 산포를 상대적으로 나타내므로 통상, 변량이 취하는 값이 결코 (-)가 되지 않는 경우에 사용된다.

⑮ 이상치(Outlying Observation) : 동일 조건 하에서 얻어진 1조의 측정치 중, 어떠한 원인에 의해 다른 것과 현저하게 차이가 난 값
   ※ 엄밀하게는 1조의 다른 측정치와 모집단이 다른 것과 통계적으로 판단된 값을 말한다. 통계적으로 검정되기 이전의 값은 의심스러운 값이다.
⑯ 공분산(Covariance) : 2변수 편차의 곱의 기대치
⑰ 상관 계수(Coefficient of Correlation) : x, y의 공분산을 x의 표준편차와 y의 표준편차의 곱으로 나눈 것을 x, y의 상관계수라 한다. 2변수 x, y에 관한 n조의 측정치 (x_1, y_1), (x_2, y_2), ……, (x_n, y_n)에서 다음 식으로 계산되는 통계량 γ을 시료 상관계수라 한다.

$$\gamma = \frac{\sum_{i=1}^{n}(x_i - \overline{x})(y_i - \overline{y})}{\sqrt{\sum_{i=1}^{n}(x_i - \overline{x})^2 \sum_{i=1}^{n}(y_i - \overline{y})^2}}$$

모집단에 대하여는 이 식의 n 대신에 모집단의 크기 N을 넣어서 계산하고 이것을 ρ로 표시하고 ρ를 모상관계수라 한다.
⑱ 상관 함수(Correlation Function) : 시간적 또는 공간적으로 변동하는 양 $f(t)$, $g(t)$를 상호간에 τ만큼 어긋나게 한 것의 곱 $f(t)$, $g(t+\tau)$의 평균을 어긋남 τ의 함수로서 표시한 것
   ※ 양 $f(t)$, $g(t)$가 동일한 경우에는 자기 상관함수, 다른 경우에는 상호 상관함수라 한다.
⑲ 파워 스펙트럼(Power Spectrum) : 시간적 또는 공간적으로 변동하는 양의 제곱 평균을 주파수 성분의 분포로서 표시한 것

10 전기자동차용 배터리 관리 시스템에 대한 일반 요구사항(KS R 1201)

(1) 용어와 정의

① 마스터 BMS(Master BMS) : 슬레이브 BMS의 정보를 수집하여 배터리 시스템에 입력 및 출력되는 전력을 제어하며, 에너지 저장 장치와 다른 구성 부품 간의 통신 인터페이스를 제공하는 시스템
② 방전 용량(DoD ; Depth of Discharge) : 최대 용량의 백분율로 표시되는 것으로, 배터리로부터 추출되는 용량의 총합
③ 배터리 관리 시스템(BMS ; Battery Management System) : 리튬-이온 배터리 셀과 시스템에 입력 및 출력되는 전력을 제어하고 에너지 저장 장치와 다른 구성 부품 간의 통신 인터페이스를 제공하는 시스템. 그 이외에 이 시스템이 기타 배터리 기능(물의 흐름, 온도, 전해액 흐름 등)을 감시 또는 제어하고 다른 인터페이스 및 제어 기능과 함께 조작자 인터페이스를 제공하는 경우도 있다.

④ 분포도(Spread) : 동일한 배터리 타입 특성 사이의 편차
⑤ 사이클 수명(Cycle Life) : 규정된 조건으로 충전과 방전을 반복하는 사이클의 수로 규정된 충전과 방전 종료 기준까지 수행한다.
⑥ 슬레이브 BMS(Slave BMS) : 슬레이브 BMS는 마스터 BMS와 연계되어 있으며, 셀의 온도, 전압 등 셀의 상태를 모니터링 및 제어하는 시스템
⑦ 안전 운전 범위(SOA ; Safe Operating Area) : 셀이 안전하게 운전될 수 있는 전압, 전류, 온도 범위. 리튬-이온 셀의 경우에는 그 전압 범위, 전류 범위, 피크 전류 범위, 충전 시의 온도 범위, 방전 시의 온도 범위를 제작사가 정의한다.
⑧ 자기 방전(Self-discharge) : 충전 후 무부하 상태에서 일정시간 방치 후 이용 가능한 용량이 자발적으로 감소되는 과정. 배터리의 자기 방전율은 대부분 온도에 기인하기 때문에 어떤 온도에서의 한 달간의 정격 용량 손실을 백분율로 표시한다. 자기 방전의 기구적 체계는 전해액의 분해에 기인한다. 자기 방전의 다른 중요한 원인은 미세한 단락(Shorts)과 분자의 왕복 운동이다.
⑨ 잔여 운행시간(Tr ; Remaining Run Time) : 배터리가 정지기능 상태가 되기 전까지의 유효한 방전상태에서 배터리가 이동성 소자들에게 전류를 공급할 수 있는 것으로 평가되는 시간
⑩ 잔존수명(SOH ; State Of Health) : 초기 제조상태의 배터리와 비교하여 언급된 성능을 공급할 수 있는 능력이 있고, 배터리 상태의 일반적인 조건을 반영한 측정된 상황
⑪ 충전 상태(SOC ; State Of Charge) : 정격 용량의 백분율로 표시된 배터리 팩이나 시스템에 있는 실용량
⑫ 컷오프 전압(Cut-off Voltage) : 셀 전압이 고갈되는 지점의 가장 낮은 동작 전압. 종종 방전이 끝난 상태의 전압 또는 최종 전압을 의미한다.
⑬ 표준 만충전(Standard Charge for Top Off) : 다양한 온도 열평형에 따른 RT 시의 표준 충전(SCH) 후에 충전 상태(SOC)의 감소를 제거하기 위한 추가 충전

(2) 성능 및 보호 기능

① 셀의 일반상태 : 이 표준에서 설명되는 2차전지인 셀의 일반적인 상황은 제조자가 정의한다. 그 상황의 한 예는 다음의 조건과 같을 수 있다.
    ㉠ 셀의 평균 동작 전압 범위(예 3.6V DC)
    ㉡ 수명 : 500~1,000회 충방전 가능
    ㉢ 사용가능 동작온도 범위(예 -20~50℃)
② SOC, SOH의 표시방법 : 효과적인 SOC, SOH의 표현방법은 정격용량(Ah), C비율(C-rate), 최대 용량(Maximum Capacity) 등의 측정 및 계산에서 나온다.

③ 셀 밸런싱 : 배터리 내의 모든 셀이 동일한 전압, 전류, SOC 상태를 유지하는 것이 이상적인 밸런싱(Balancing)이다. 배터리 내의 여러 셀은 SOC, 자기 방전 전류에 기인하는 누설, 저항, 용량과 같은 이유로 인하여 밸런싱이 깨어진다. 일반적으로 밸런스(Balance)라는 용어는 위에 언급된 4가지 요소 중 하나에 기인하며, 배터리 내의 셀 가운데 서로 다른 셀과 일치되는 정도를 의미한다. 밸런싱이라는 것은 배터리의 용량을 최대화하기 위한 과정으로 어떤 셀이 인근의 서로 다른 셀의 SOC 단계와 맞추어 가는 과정이다. 그 다음 단계로 셀과 셀 사이의 누설 편차를 줄이는 과정, 저항과 용량의 편차를 줄이는 과정을 행한다. 충전되는 셀은 밸런싱에 의해서 과충전의 경우를 제외하고는 보다 많은 충전을 할 수 있는 여분의 공간을 남겨 두게 된다. 결국에는 밸런싱 과정에 의해 모든 셀은 동일한 SOC 상태가 된다. BMS는 이러한 밸런싱 과정을 수행할 수 있어야 한다.

㉠ 능동 밸런싱과 수동 밸런싱 : BMS에 의한 밸런싱 과정이 에너지를 열로 소비하는 형태로 이루어지는 것이 수동적 밸런싱(Passive Balancing)이며, 셀 사이의 에너지를 서로 전송해 주는 형태가 능동적 밸런싱(Active Balancing)이다. 셀 밸런싱을 통한 에너지의 재편성에 의하여 모든 각각의 셀의 용량을 전체적으로 온전히 사용할 수 있는 결과를 가져온다. BMS는 구조에 따라서 능동 밸런싱 또는 수동 밸런싱을 수행하여야 한다.

㉡ 전체 밸런싱과 유지 밸런싱 : 만약 BMS가 합리적인 시간의 총량에 있어서 대용량 팩의 전체적인 밸런싱을 행한다고 하면 상대적으로 고전류인 밸런스용 전류를 사용하게 된다. 팩의 전체 밸런싱에 요구되는 최대 시간은 전적으로 용량에만 의존하지는 않으며 BMS가 공급할 수 있는 밸런싱 전류에 의존된다.

$$TB(h) = C(Ah) \div I(A)$$

여기에서 TB(h) : 전체 밸런싱 시간
C(Ah) : 배터리 시스템 용량
I(A) : 밸런싱 전류

BMS는 전체 밸런스를 수행할 수 있어야 한다. 그러나 여기에서 요구하는 밸런싱 전류를 공급할 수 없는 BMS는 전체 밸런스를 수행할 수 없다. 배터리가 밸런스되어 있거나 밸런스 상태를 유지하고 있는 경우는 밸런싱이 전체 밸런스 과정보다 훨씬 수월하다. 요구되는 것은 오로지 자기 방전에 의한 셀의 누설 편차만을 보완해 주면 된다. 모든 셀의 SOC는 동일한 양으로 정확히 천천히 감소할 것이므로 배터리는 계속 밸런스 상태에 있게 되는 것이다. 그러나 극소수의 셀만이 평균의 누설을 초과한 경우가 발생했다면 BMS는 유지 밸런스를 위하여 요구되는 수준으로 밸런싱 전류를 감소시킬 수 있어야 한다.

④ 에이징 및 수명 : 배터리는 최대 정격 용량을 유지하며 사용될 수 있도록 초기에 완전 충전과 완전 방전을 시키는 에이징(Aging)을 수행할 수 있다. 또한 그 표시되는 충방전 회수의 수명기간 동안 운전되는 상황을 BMS가 기록 및 보관할 수 있다.

⑤ **BMS 보드 소모 전력 측정** : BMS는 모니터링 기능, 차단 기능, 연산 기능, 밸런싱, 릴레이 동작 등을 수행하는 과정에서 소모되는 전력 소모량을 측정하여 표시하고 보고함으로써 배터리의 완전 방전을 예방하는 기능을 수행할 수도 있다.

⑥ **보호 기능** : BMS는 셀이 SOA 범위 밖에서 운전되는 것을 예방하여 팩을 보호하는 기능이 있어야 한다. BMS는 전류 흐름을 중단시키거나 ON-OFF 제어에 의해 전류 흐름이 중단되거나 줄어들도록 요청한다.

⑦ **셀 및 팩의 과전압 보호** : BMS는 셀 및 팩의 전압이 SOA 범위를 초과한 전압 상태가 되는 것을 차단할 수 있어야 한다. 각각의 셀 전압이 어떤 범위 내로 유지되어야 한다. 전압 한계값에 근접하면 배터리 전류 흐름을 차단하거나 배터리 전압이 한계값에 이를 때까지 점진적으로 배터리 전류를 줄이도록 명령할 수도 있다. 배터리 전압이 상한값에 이를 때는 BMS가 충전 전류를 줄이도록 명령하여야 한다. 그리하여 팩이 완전히 충전된 상태가 되도록 제어한다. BMS는 각 팩의 전압이 일정하게 되어 전체적으로 직렬 접속된 팩의 결과인 배터리 시스템의 전압이 정격전압을 유지하도록 하여야 한다.

⑧ **셀 및 팩의 부족 전압 보호** : BMS는 셀 및 팩의 전압이 SOA 범위 미만으로의 전압 상태가 되는 것을 예방할 수 있어야 한다. BMS는 각 셀들이 전압 한계값에 근접했음을 인식하는 방법이 있어야 한다. 배터리 전압이 하한값에 이를 때는 BMS가 방전 전류를 줄이도록 명령하여야 하고, 팩이 완전히 충전된 상태가 될 때까지 제어한다. 이때에 BMS가 전류 한계치를 결정하기 위한 방법은 전기자동차의 안전한 운전을 위하여 한순간의 순간적인 값을 적용하지 않고 최대 셀 전압의 평균값을 사용한다.

⑨ **셀의 전압 편차 보호** : 셀 밸런싱을 수행해 가며 충전과 방전을 수행하는 과정에서 셀과 셀 사이의 전압을 측정하여 그 편차가 15%를 초과할 경우에는 경고 명령을 보내거나 동작용 릴레이 등을 물리적으로 동작시킬 수 있어야 한다.

⑩ **셀 및 팩의 온도 초과 보호** : BMS는 셀 및 팩의 온도가 SOA 범위를 초과한 온도 상태가 되는 것을 차단할 수 있어야 한다. 리튬-이온 팩의 온도는 방전을 위한 범위 및 충전을 위한 범위 안에 있어야 한다. BMS는 팩의 온도가 한계값을 초과하면 배터리 전류를 차단하거나 한계값에 이를 때까지 점진적으로 배터리 전류를 줄이도록 요청하여 정상적인 동작 온도 범위가 되도록 하여야 한다.

⑪ **셀 및 팩의 온도 미달 보호** : BMS는 셀 및 팩의 온도가 SOA 범위 미만으로의 온도 상태가 되는 것을 예방할 수 있어야 한다. 리튬-이온 팩의 온도는 방전을 위한 범위 및 충전을 위한 범위 안에 있어야 한다. BMS는 팩이 너무 차가우면 자체적으로 또는 부가적인 방법(히터, 초기 방전 등)을 사용하여 정상적인 동작 온도 범위가 되도록 하여야 한다.

⑫ **팩의 충전 전류 및 방전 전류 보호** : 셀은 충전 시에 방전 시보다 심하게 서로 다른 전류 한계치를 나타내며, 보다 짧은 시간 안에 높은 피크 전류치를 다루게 된다. 따라서 BMS에 일정하게 충전할 수 있는 전류값, 피크 충전 전류값, 일정하게 방전할 수 있는 전류값, 피크 방전 전류값을 표시하여야 한다. 만약 BMS가 전혀 차단 기능이 없다면 방향성 및 기간과 상관없는 최대 배터리 전류를 위한 고정된 세팅값만을 가질 것이다. 충방전 과정에서는 일정한 전류와 피크 전류가 함께 연동되는 연산 방식으로 운전된다. BMS는 피크 전류를 차단하거나 제한하여서 전류값을 초과하지 않게 하여야 한다. 충방전 한계치에 다다르면 BMS는 전류 흐름이 줄어들도록 요청하여야 한다.

11 전기자동차 에너지소비율 및 일 충전 주행거리 시험방법(KS R 1135)

(1) 시험 전 요구 조건

① 정속 주행이나 주행 모드 반복 시험을 수행하기 위한 전기 자동차는, 시험 전 다음과 같은 보존 작업을 수행해야 한다.
  ㉠ 차량, 축전지, 온도 조절 장치는 시험 시작 전 최소 12시간, 최대 36시간 동안 20~30℃의 주변 온도에 두어야 하고, 이 시간 동안 충전 상태를 유지해야 하며 충전 완료 시까지 보존 상태가 유지되어야 한다.
  ㉡ 보존/충전 시간이 끝난 후 1시간 내에 차량을 도로 시작점 또는 차대 동력계 상에 위치시켜야 하며, 이때 반드시 시동을 걸지 않은 상태로 끌거나 밀어서 옮겨야 한다.
  ㉢ 차량 구동 장치는 시험 시작 전에 "냉간" 상태에 두어야 하므로, 차량은 보존/충전 기간이 끝난 다음 시험 시작 전까지 1.6km 이상을 끌면 안 된다.
  ㉣ 자동차는 제원표 상의 기계적·전기적인 점검을 실시한다.

12 온도 측정 방법 통칙(KS A 0511)

(1) 용어와 정의

① **검출 소자** : 측정량의 직접적인 영향 하에 있는 검출기의 수감부
  예 열전대의 측온 접점, 측온 저항체의 저항 소자, 방사 검출용 광전 변환 소자
② **검출기** : 온도의 측정량을 계기 또는 전송기에 전달하는 신호로 변환하는 기구
③ **검출부** : 검출기 가운데 검출 소자 및 검출 소자와 같은 환경에 있어야 하는 부분. 온도계의 경우에는 온도 검출 소자와 같은 온도로 할 필요가 있는 부분
④ **접촉 방식** : 측정 대상과 온도계의 검출부를 물리적으로 잘 접촉시켜서 같은 온도로 유지하여 온도를 측정하는 방식
⑤ **비접촉 방식** : 열방사 등을 이용하여 측정 대상에 접촉하지 않고 그 온도를 측정하는 방식

13 도로차량-지역 제어망(CAN)-제1부 : 데이터 링크층 및 물리적 신호방식(KS R ISO 11898-1)

(1) CAN의 계층적 구조

① 개방형 시스템 간 상호 접속(OSI) 모델에 대한 참조
  OSI 참조 모델(KS X ISO/IEC 7498-1 참조)에 따라, 이 표준의 CAN 구조는 두 계층으로 구성된다.
  ㉠ 데이터 링크 계층(DLL)
  ㉡ 물리 계층(PL)의 물리 부호화 하위 계층(PCS)

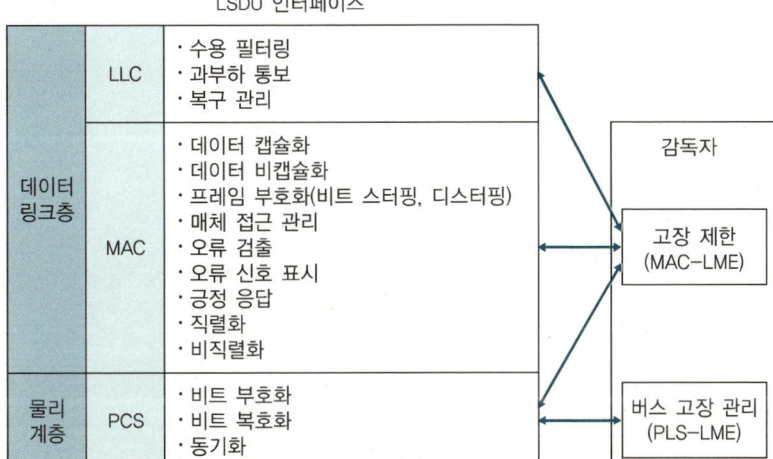

[CAN의 계층적 구조]

01 그린전동자동차 구조

01 연료절감을 위하여 자동차가 정차할 때 자동적으로 기관의 작동을 정지시키는 시스템을 무엇이라고 하는가?

① ISG(Idle Stop & Go) 시스템
② EGR(Exhaust Gas Recirculation) 시스템
③ ABS(Anti-lock Brake System) 시스템
④ ECS(Electronic Control Suspension) 시스템

해설
② EGR : 배기가스재순환장치
③ ABS : 제동장치
④ ECS : 전자제어 현가장치

02 현재 개발된 친환경 자동차에 속하지 않는 것은?

① 하이브리드 자동차
② 전기 자동차
③ 수소연료 자동차
④ 방켈기관 자동차

해설 방켈기관 : 피스톤이 왕복운동을 하지 않고 압력을 이용해 회전운동을 하는 내연기관

03 전기의 동력과 내연기관이나 그 밖의 다른 두 종류의 동력원을 조합하여 탑재하는 방식의 자동차를 무엇이라고 하는가?

① 연료전지 자동차
② 전기 자동차
③ 하이브리드 자동차
④ 수소연료 자동차

해설 하이브리드 자동차 : 이종결합의 의미로 2가지 방식의 동력원을 이용하는 자동차

정답 1 ① 2 ④ 3 ③

04 하이브리드 자동차의 장점에 속하지 않은 것은?

① 연료소비율을 50% 정도 감소시킬 수 있고 환경친화적이다.
② 탄화수소, 일산화탄소, 질소산화물의 배출량이 90% 정도 감소된다.
③ 이산화탄소 배출량이 50% 정도 감소된다.
④ 값이 싸고 정비작업이 용이하다.

해설 하이브리드 자동차의 특징은 ①, ②, ③ 이외에 기관의 효율을 향상시킨다는 장점이 있다. 내연기관에 비하여 값이 비싸고 정비작업이 어려운 단점이 있다.

05 직렬형 하이브리드 자동차에 관한 설명이다. 설명이 잘못된 것은?

① 기관, 발전기, 전동기가 직렬로 연결된 형식이다.
② 기관을 항상 최적시점에서 작동시키면서 발전기를 이용해 전력을 전동기에 공급한다.
③ 순수하게 기관의 구동력만으로 자동차를 주행시키는 형식이다.
④ 제어가 비교적 간단하고, 배기가스 특성이 우수하며, 별도의 변속장치가 필요 없다.

해설 직렬형 하이브리드 자동차는 저속에서는 순수 전기모터의 동력을 이용하여 구동한다.

06 하이브리드 자동차에서 변속기 앞뒤에 기관 및 전동기를 병렬로 배치하여 주행상황에 따라 최적의 성능과 효율을 발휘할 수 있도록 자동차 구동에 필요한 동력을 기관과 전동기에 적절하게 분배하는 형식은?

① 직·병렬형
② 직렬형
③ 교류형
④ 병렬형

정답 4 ④ 5 ③ 6 ④

07 병렬형 하이브리드 자동차의 특징이 아닌 것은?
① 동력전달 장치의 구조와 제어가 간단하다.
② 기관과 전동기의 힘을 합한 큰 동력성능이 필요할 때 전동기를 구동한다.
③ 기관의 출력이 운전자가 요구하는 이상으로 발휘될 때에는 여유동력으로 전동기를 구동시켜 전기를 축전지에 저장한다.
④ 기존 자동차의 구조를 이용할 수 있어 제조비용 측면에서 직렬형에 비해 유리하다.

08 병렬형 하이브리드 시스템은 주행조건에 따라 기관이나 전동기로 상황에 따라 동력전달 방식을 변경할 수 있다. 다음 중 이에 따른 구동방식에 속하지 않는 것은?
① 소프트 방식
② 하드 방식
③ 플렉시블 방식
④ 플러그인 방식

해설 병렬형 하이브리드 자동차는 동력전달 방식에 따라 소프트 방식, 하드 방식, 플러그인 방식으로 나뉜다.

09 바퀴에서 발생하는 회전력을 전기적 에너지로 변환시켜 축전지 충전을 실행하는 모드를 무엇이라 하는가?
① 감속모드
② 아이들 스톱 모드
③ 시동모드
④ 가속모드

해설 ① 감속모드는 발생되는 운동에너지를 전동기가 전기에너지로 변환시켜 배터리를 충전하며 회생제동모드라고도 한다.

10 하이브리드 시스템 자동차의 계기판 작동 중 불필요한 동력을 전동기가 발전 제어하여 축전지를 충전시킬 때 표시되는 것은?
① Charge
② Assist
③ 배터리 표시
④ 회전속도 표시

11 하이브리드 시스템 자동차에서 전동기 구동을 위한 전기적 에너지를 공급하는 부품은 어느 것인가?
① 인버터　　　　　　　　② 컨버터
③ 고전압 축전지　　　　　④ 전동기 컨트롤 유닛

12 하이브리드 시스템 자동차에서 등화장치, 각종 전장부품으로 전기에너지를 공급하는 것은?
① 보조 축전지　　　　　　② 인버터
③ 하이브리드 컨트롤 유닛　④ 엔진 컨트롤 유닛

> **해설** 하이브리드 자동차에서는 고전압배터리가 메인 배터리로 사용되어 동력발생 모터를 작동하며, 12V 배터리가 보조배터리가 되어 차량의 전장부품을 작동한다.

13 하이브리드 시스템 자동차가 정상적일 경우 기관을 시동하는 방법은?
① 하이브리드 전동기와 기동전동기를 동시에 작동시켜 기관을 시동한다.
② 기동전동기만을 이용하여 기관을 시동한다.
③ 하이브리드 전동기를 이용하여 기관을 시동한다.
④ 주행관성을 이용하여 기관을 시동한다.

14 직류(DC)전동기와 교류(AC)전동기를 비교한 내용이다. 틀린 것은?
① 직류전동기는 구조가 복잡하나 교류전동기는 비교적 간단하다.
② 직류전동기는 고속회전이 어려우나 교류전동기는 비교적 쉽다.
③ 저속회전은 직류전동기와 교류전동기 모두 쉽다.
④ 직류전동기는 교류전동기보다 회전속도 변화가 적다.

> **해설** 직류전동기의 회전속도 변화는 크고, 교류전동기의 회전속도 변화는 작다.

정답 11 ③　12 ①　13 ④　14 ④

15 하이브리드 시스템 자동차의 전동기를 다룰 때 유의할 사항이 아닌 것은?

① 시동키 ON상태 또는 기관이 가동되는 상태에서 절대로 만져서는 안 된다.
② 기관실(Engine Room)의 세차는 반드시 고압 세차기구를 이용하도록 한다.
③ 점검 및 정비는 반드시 전문가에게 의뢰하여야 한다.
④ 전동기와 연결되는 고전압 케이블을 만져서는 안 된다.

해설 하이브리드 시스템의 경우 고전압을 이용하기 때문에 고압기구를 이용한 세차 시 전선이나 전장부품에 단락현상이 발생할 수 있다.

16 하이브리드 시스템 자동차의 전동기의 분해 및 조립작업을 하기 전에 주의사항이 아닌 것은?

① 고전압 케이블의 커넥터 커버를 분리한 후 전압계를 이용하여 각 상 사이(U, V, W)의 전압이 0V인지 확인한다.
② 시동키를 OFF로 하고 1분 정도 경과된 후 작업에 임한다.
③ 장갑을 끼고 작업해서는 안 된다.
④ 작업 전에 반드시 고전압을 차단하여 감전을 방지하도록 한다.

해설 하이브리드 시스템의 경우 고전압을 이용하기 때문에 정비작업 시 절연 가능한 장비를 착용한다.

17 레졸버(Resolver, 로터 위치센서) 보정에 대한 설명으로 틀린 것은?

① 전동기에 부착되어 있는 레졸버의 정확한 상(Phase)의 위치를 검출한다.
② 로터와 레졸버의 정확한 상(Phase)의 위치를 검출하여 전동기 컨트롤 유닛은 정확한 회전력을 명령한다.
③ 로터와 레졸버 상의 위치를 맞추어 조립하여야 한다.
④ 상의 위치값과 레졸버의 출력값이 자동으로 조정되어서는 안 된다.

해설 레졸버 조립 시 기계적 조립공차가 발생되기 때문에 상의 위치값과 레졸버의 출력값을 자동으로 조정하는 기술이 필요하다.

18 레졸버 보정작업을 할 때 주의할 사항에 속하지 않는 것은?

① 보정작업 후 장비의 발광다이오드(LED)가 ON과 OFF를 반복하면 정상이다.
② 전동기 컨트롤 유닛(MCU)을 교환한 경우에는 반드시 보정작업을 하여야 한다.
③ 전동기를 동력전달 계통에서 탈착하였다가 다시 장착한 경우에는 레졸버 값을 보정하여야 한다.
④ 리어 플레이트(Rear Plate)를 동력전달 계통에서 분해하였다가 다시 장착한 경우에는 레졸버 값을 보정하여야 한다.

해설 레졸버의 보정작업 중에 이상이 발생되면 보정 후 발광다이오드가 ON, OFF를 반복한다.

19 전동기 컨트롤 유닛(MCU)의 작용이 아닌 것은?

① 3상 교류를 그대로 고전압 축전지로 충전시킨다.
② 3상 교류를 직류로 전환하여 고전압 축전지로 충전시킨다.
③ 고전압 축전지로부터 직류를 공급받아 3상 교류를 발생시킨다.
④ 하이브리드 컨트롤 유닛(HCU)의 구동 신호에 따라 전동기의 회전속도 및 회전력을 제어한다.

해설 발전기에서 발생된 3상 교류를 다이오드의 정류작용을 거쳐 직류로 전환하여 축전지를 충전한다.

20 전동기 컨트롤 유닛(MCU)을 다룰 때 유의사항이 아닌 것은?

① 고전압 케이블을 만지거나 임의로 떼어내서는 안 된다.
② 시동 키 ON 상태 또는 기관이 가동되는 상태에서 절대로 만져서는 안 된다.
③ AC 3상 케이블의 각 상 사이(U, V, W) 연결이 잘못되어도 컨트롤 유닛이 자기 보정을 한다.
④ 충격을 가하거나 화물을 과다하게 적재하지 않도록 한다.

해설 교류 3상의 케이블의 각 상 사이 연결이 잘못되면 MCU나 배터리가 손상된다.

21 메인릴레이의 (+)가 작동되기 전에 먼저 작동하여 고전압 축전지의 (+)전원을 인버터 쪽으로 인가시켜 주는 부품은 어느 것인가?

① 전류센서(Current Sensor)
② 고전압 축전지(High Voltage Battery)
③ 세이프티 플러그(Safety Plug)
④ 프리차저 릴레이(Pre Charger Relay)

22 고전압 축전지 또는 차량에서 화재가 발생하였을 때 취해야 할 사항이 아닌 것은?

① 시동키를 OFF시켜 전기 동력시스템의 작동을 중지시킨다.
② 화재 초기상태이면 트렁크를 열고 세이프티 플러그를 분리한다.
③ 분말소화기나 모래를 이용하여 화재를 진압한다.
④ 메인릴레이의 (+)를 작동시켜 고전압 축전지에 (+)를 인가한다.

해설　화재발생 시 전원을 차단하여야 한다.

23 전동기 구동을 위하여 고전압 축전지가 전기에너지를 방출하는 작동모드는?

① 충전모드　　　　　　② 방전모드
③ 회생제동모드　　　　④ 정지모드

해설　모터가 구동되면 배터리에서는 방전작용을 하며 전기에너지를 공급한다.

24 고전압 축전지의 전기에너지 입출력이 발생하지 않는 작동모드는 어느 것인가?

① 방전모드　　　　　　② 회생제동모드
③ 정지모드　　　　　　④ 충전모드

25 전기 자동차의 실용화를 위한 기술요소가 아닌 것은?

① 안정성, 차량의 수명, 충전 용이성, 충전 효율, 충전시간, 저온성능 등이 우수하여야 한다.
② 전동기는 대형이면서 출력은 낮고 효율이 높아야 한다.
③ 수명이 길고 값이 싸며 성능이 좋은 축전지를 개발하여야 한다.
④ 전기 자동차의 핵심기술로는 전동기 및 제어기술이다.

해설 자동차의 연비향상 및 출력향상을 위하여 소형 및 경량화를 추진하여야 한다.

26 전기 자동차의 실용화를 위한 설명이다. 다음 중 틀린 것은?

① 내연기관의 자동차를 대체할만한 최대 주행능력 및 최고속도를 개선하여야 한다.
② 전기 자동차의 실용화를 위해서는 축전지의 충전, 폐차, A/S 등의 기반시설 구축이 필요하다.
③ 전동기는 효율이 높고 값이 싸며, 축전지는 충전시간이 길어야 한다.
④ EMS(Energy Management System) 및 효율적인 동력조향장치, 에어컨 및 히터의 개발이 필요하다.

해설 전기 자동차의 핵심기술은 배터리의 소형화 및 충전시간 단축과 수명 연장이다.

27 연료전지 자동차의 구성품이 아닌 것은?

① 전동기와 전동기 제어기구
② 분사펌프
③ 열 교환기
④ 연료공급 장치

정답 25 ② 26 ③ 27 ②

28 연료전지 자동차 특징에 대한 설명이다. 다음 중 틀린 것은?

① 개발비용과 가격이 저렴하다.
② 연료전지는 단위중량당 에너지 밀도가 매우 우수하다.
③ 화석연료 이외의 연료(천연가스, 알코올, 수소 등)를 사용할 수 있는 이점이 있다.
④ 연료전지만을 사용하는 자동차와 연료전지와 2차 전지의 하이브리드 시스템으로 개발되는 자동차도 있다.

해설 연료전지 자동차의 경우 안전을 고려한 연료전지의 보관기술에 따른 초기 개발비용이 많이 발생한다.

29 다음은 연료전지 자동차에 대한 설명이다. 틀린 것은?

① 에너지원으로 순수수소나 개질수소를 이용하여 전력을 발생시킨다.
② 연료전지 자동차에서 배출되는 배출가스의 양이 내연기관의 자동차보다 많다.
③ 일종의 대체 에너지를 사용한 전기 자동차이다.
④ 전기 자동차의 주요 공해원은 축전지를 충전하는 데 필요한 전기를 생산하기 위해 발전소에서 발생하는 공해이다.

해설 연료전지 자동차 자체의 유해배기가스는 제로(0)에 가깝다.

30 하이브리드 자동차의 장점이 아닌 것은?

① 연비가 향상된다.
② 유해배출가스 배출량을 감소시킬 수 있다.
③ 엔진의 효율을 향상시킬 수 있다.
④ 시스템이 간단하다.

해설 하이브리드 자동차의 경우 2가지 이상의 동력원을 사용하기 때문에 내연기관 자동차에 비해 구조가 복잡하다.

31 하이브리드 자동차를 설명한 것 중 잘못된 것은?
① 제작비가 고가다.
② 시스템이 복잡해진다.
③ 출발 시 주로 모터를 사용하여 구동력을 전달한다.
④ 출발 시 주로 엔진을 사용하여 구동력을 전달한다.

32 친환경 자동차에서 차량 정지 시 자동으로 엔진을 멈추었다가 필요에 따라 자동적으로 시동이 걸리게 하는 기능은?
① 아이들 스톱 기능
② 아이들 업 기능
③ 패스트 아이들 기능
④ 대시 포트 기능

> 해설 아이들 스톱 기능(Idle Stop & Go)은 신호대기 상황과 같은 차량 정차 시 엔진의 구동을 정지시키고 액셀러레이터 페달을 밟으면 엔진이 다시 구동되어 동력이 전달되는 시스템이다.

33 다음 하이브리드 자동차의 분류 중 탑재된 엔진에 따른 분류로 틀린 것은 무엇인가?
① 가솔린엔진 탑재 하이브리드
② 디젤엔진 탑재 하이브리드
③ LPG엔진 탑재 하이브리드
④ 직렬형 하이브리드

> 해설 ①, ②, ③는 내연기관의 종류에 따른 분류이고, ④는 모터의 동력전달방식에 따른 분류이다.

34 다음 하이브리드 자동차의 분류 중 모터의 사용법에 따른 분류로 틀린 것은 무엇인가?
① 직렬형 하이브리드 방식
② 복합형 하이브리드 방식
③ 병렬형 하이브리드 방식
④ 시퀀스 하이브리드 방식

> 해설 시퀀스 하이브리드 방식 : 몇 가지 작동을 기준에 따라 공간적 또는 시간적으로 순서를 정해둔 방식

정답 31 ④ 32 ① 33 ④ 34 ④

35 다음에서 직렬형 하이브리드 방식에 대한 설명 중 틀린 것은?

① 엔진은 발전용으로만 사용된다.
② 구동에는 모터만 사용된다.
③ 동력이 사용되는 순서가 직렬방식이다.
④ 동력이 사용되는 순서가 병렬방식이다.

36 다음에서 직렬형 하이브리드 방식에 대한 설명 중 틀린 것은?

① 모터의 구동력에 전적으로 의존하기 때문에 모터가 크다.
② 연속고속 주행에 적합한 승용차용 하이브리드 자동차에 주로 적용된다.
③ 엔진은 발전용으로만 사용하기 때문에 출력이 크지 않아도 된다.
④ 출발·정지를 많이 되풀이하는 시내주행용 대형버스에 주로 적용한다.

> **해설** 직렬형 하이브리드의 경우 저속에서 모터로 동력을 발생하고 고속에서 내연기관으로 동력을 발생한다.

37 다음에서 병렬형 하이브리드 방식에 대한 설명 중 틀린 것은?

① 엔진은 발전용으로만 사용되고, 구동에는 모터만 사용된다.
② 동력이 사용되는 순서가 병렬방식이다.
③ 동력이 사용되는 순서가 직렬방식이다.
④ 엔진과 모터가 모두 구동에 사용된다.

38 다음에서 병렬형 하이브리드 방식에 대한 설명 중 틀린 것은?

① 배터리로부터 충·방전 전류는 직류이다.
② 발전기로부터 충전되는 전류는 교류이다.
③ 모터에 사용되는 전류는 직류이다.
④ 인버터를 이용하여 배터리의 입·출력 전류의 직류와 교류 변환이 이뤄진다.

35 ④ 36 ② 37 ③ 38 ③

39 다음에서 복합형 하이브리드 방식에 대한 설명 중 틀린 것은?

① 컴바인 하이브리드라고도 부른다.
② 엔진 또는 모터만으로 구동할 수 있다.
③ 엔진과 모터 양쪽으로 구동할 수 있다.
④ 출력이나 연비 특성이 직렬형 하이브리드 방식보다 나쁘다.

해설 복합형 하이브리드 방식은 직렬형 하이브리드 방식과 병렬형 하이브리드 방식의 장점을 조합한 것이다.

40 다음에서 병렬형 하이브리드 전기 자동차의 종류가 아닌 것은?

① 토크 하이브리드
② 셀렉터 하이브리드
③ 트랙션 포스 하이브리드
④ 로테이셔널 하이브리드

41 다음에서 복합형 하이브리드 방식에 대한 설명 중 틀린 것은?

① 저속 시 모터로 구동을 하고, 고속 시 엔진 동력을 이용해 구동된다.
② 발진 시 주로 모터 동력을 이용한다.
③ 공회전, 저속 시에는 직렬형 하이브리드 방식으로 작동한다.
④ 고부하 주행에서는 병렬형 하이브리드 방식으로 작동한다.

42 소프트 하이브리드 전기 자동차(SHEV)에 대한 설명 중 틀린 것은?

① 부하가 적은 일반 평지의 정속주행에서는 엔진과 모터의 동력을 동시에 이용한다.
② 출발 시, 가속 및 등판주행 시는 엔진과 모터를 동시에 이용한다.
③ 감속 시 모터를 이용하여 회생제동을 한다.
④ 변속기와 모터 사이에 클러치를 배치하였다.

정답 39 ④ 40 ② 41 ② 42 ①

43 하드 하이브리드 전기 자동차에 대한 설명 중 틀린 것은?

① 엔진과 모터 사이에 클러치가 배치되어 있다.
② 출발 시, 저속주행 시에는 모터만 이용한다.
③ 부하가 적은 일반 평지의 정속주행에서는 모터의 동력을 이용한다.
④ 가속 및 등판주행 시 엔진과 모터의 동력을 동시에 이용한다.

44 디젤엔진 탑재 하이브리드 차량에 비해 가솔린엔진 탑재 하이브리드 차량의 특징을 설명한 것 중 틀린 것은?

① 동력성능이 우수하다.
② 제작비가 싸다.
③ 유지비가 싸고, 연료의 공급이 용이하다.
④ 무겁고 내구성이 있다.

해설   가솔린엔진 탑재 하이브리드 방식은 디젤엔진 탑재 하이브리드 방식에 비하여 가볍다.

45 디젤엔진 탑재 하이브리드 차량의 특징을 설명한 것 중 틀린 것은?

① 가솔린엔진 탑재 하이브리드 차량보다 연비면에서 유리하다.
② 주로 대형차에 적용된다.
③ 진동이나 소음이 크다.
④ 가볍지만 내구성이 있다.

46 하이브리드 종합제어에 포함되지 않는 시스템은 무엇인가?

① Engine Control Unit
② Battery Management System
③ Motor Control Unit
④ Anti-lock Brake System

47 하이브리드 종합제어의 기능에 해당되지 않는 것은?

① 가속 시 HEV 모터를 구동하여 엔진의 토크를 보조할 수 있도록 제어한다.
② 감속 시 HEV 모터에 의해 발전된 전기 에너지를 배터리에 저장할 수 있도록 제어한다.
③ HEV 모터 작동 불능 시 스타팅 모터를 이용하여 엔진 시동이 되지 않도록 제어한다.
④ 자동차의 주행상태에 따른 최적의 변속을 제어한다.

48 하이브리드 종합제어의 기능에 해당되지 않는 것은?

① 오토 스톱 제어　　　　　② 경사로 밀림 방지 제어
③ 자동 주차 제어　　　　　④ 브레이크 부압 제어

49 하이브리드 주행모드의 종류가 아닌 것은?

① 가속 등판 시 주행모드　　② 정지모드
③ 가속모드　　　　　　　　④ 정속주행모드

해설　정속주행모드는 크루즈컨트롤 시스템이다.

50 하이브리드 차량의 모터 시동제어에 대한 설명 중 틀린 것은?

① 초기 시동 또는 오토 스톱 이후 시동 시에는 하이브리드 모터로 엔진을 시동한다.
② 모터의 시동금지 조건에서는 엔진에 장착된 스타팅 모터에 의해서 엔진을 시동한다.
③ 하이브리드 모터 시동 시 엔진의 공회전속도는 ECU에 설정된 공회전 속도보다 낮게 제어한다.
④ 장시간 오토 스톱 후 시동 시에는 공회전 속도가 상승한다.

정답　47 ③　48 ③　49 ④　50 ③

51 하이브리드 차량의 모터 시동 조건에 대한 설명 중 틀린 것은?
   ① P 또는 N 레인지에서 점화키 스위치를 이용하여 시동하는 경우
   ② 정차 후 출발 시
   ③ 오토 스톱이 해제되어 재시동하는 경우
   ④ 고전압 배터리의 충전율이 25% 이하일 경우

52 하이브리드 차량의 모터 시동금지 조건에 대한 설명 중 틀린 것은?
   ① 고전압 배터리와 모터의 방전 제한값일 경우
   ② 고전압 배터리의 온도가 약 –10℃ 이하 또는 45℃ 이상일 경우
   ③ 모터 컨트롤 유닛의 인버터 온도가 94℃ 이상일 경우
   ④ 엔진의 냉각수가 80℃ 이하일 경우

53 다음은 하이브리드 차량의 오토 스톱 기능에 대한 설명 중 잘못된 것은?
   ① 점화 스위치 IG OFF 후 IG ON으로 위치시킬 경우 오토 스톱 스위치는 OFF 상태가 된다.
   ② 오토 스톱 기능으로 엔진 정지 시 공조시스템은 일정시간 유지 후 정지된다.
   ③ 주행 중 정차 시 엔진을 자동으로 정지시키는 기능이다.
   ④ 오토 스톱 기능이 해제되면 하이브리드 모터를 통하여 다시 엔진을 시동한다.

   해설 오토 스톱 기능이 해제되면 하이브리드 모터를 통하여 차량을 구동시킨다.

54 하이브리드 차량의 오토 스톱 기능에서 엔진 정지 조건이 아닌 것은?

① 차량이 9km/h 이상의 속도로 2초 이상 운행 후 브레이크페달을 밟은 상태로 차속이 4km/h 이하가 되는 경우
② 정차 상태에서 3회까지 재진입하는 경우
③ 액셀러레이터 페달을 밟고 있는 경우
④ 외기의 온도가 일정온도 이상일 경우

> 해설 액셀러레이터 페달을 밟는 경우 오토 스톱 기능이 해제된다.

55 하이브리드 차량의 오토 스톱 기능 중 엔진 정지 조건은?

① ABS 작동 시
② 고전압 배터리의 온도가 50℃ 이상인 경우
③ 변속레버가 P, R 레인지 또는 L 레인지에 있는 경우
④ 급가속 시

56 하이브리드 차량의 브레이크 밀림 방지 장치에 대한 설명 중 틀린 것은?

① HCU, 경사각 센서, 브레이크 스위치, ABS로 구성된다.
② 경사로에서 오토 스톱 후 해제 시 엔진이 다시 작동되어 Creep Torque가 발생하기 전까지 자동차가 밀리는 현상을 최소화하기 위해 경사도에 따라 밀림 방지 장치를 제어한다.
③ 자동차가 일정한 경사각 이상인 경우 작동한다.
④ 브레이크 페달을 뗀 후에는 바로 제동장치를 해제한다.

57 하이브리드 차량의 저전압 직류 변환장치제어에 대한 설명 중 틀린 것은?

① 오토스톱모드에서는 보조배터리의 충전기능이 정지된다.
② 기존의 AC발전기 대신에 보조배터리를 충전을 하기 위하여 설치되어 있다.
③ LCD를 통하여 고전압 배터리 전원을 저전압으로 변환하여 보조배터리에 충전한다.
④ 오토스톱모드에서도 보조배터리의 충전이 가능하다.

해설 오토스톱모드가 작동되어 차량이 완전히 정차하기 직전까지 배터리 충전이 가능하다.

58 하이브리드 차량의 브레이크 부스터 압력 센서에 대한 설명 중 틀린 것은?

① 부압의 크기와 출력전압의 관계는 반비례관계이다.
② HCU는 이 신호를 이용하여 브레이크 부압을 모니터링 할 수 있다.
③ HCU는 브레이크 부스터 내의 부압이 부족할 경우에는 스로틀밸브를 닫힘 방향으로 제어한다.
④ 오토스톱상태에서는 부압이 부족할 경우 오토스톱을 해제하여 엔진 시동을 유지한다.

해설 부압의 크기와 출력전압의 관계는 정비례관계이다.

59 하이브리드 차량의 경사각 센서에 대한 설명 중 틀린 것은?

① 밀림 방지 장치의 주요 입력신호이다.
② 경사도에 따른 중력 가속도의 변화를 측정하여 경사각을 판정한다.
③ HCU를 교환한 경우에는 경사각 센서의 초기화 절차를 반드시 해야 한다.
④ 경사도가 증가하면 출력전압이 증가한다.

해설 경사도가 증가하면 출력전압이 감소한다.

60 하이브리드 시스템을 제어하는 컴퓨터의 종류가 아닌 것은?

① 모터 컨트롤 유닛(Motor Control Unit)
② 하이드롤닉 컨트롤 유닛(Hydraulic Control Unit)
③ 배터리 컨트롤 유닛(Battery Control Unit)
④ 통합제어 유닛(Hybrid Control Unit)

> **해설** 하이드롤닉 컨트롤 유닛은 브레이크 배력장치의 제어 유닛이다.

61 다음은 하이브리드 자동차 계기판(Cluster)에 대한 설명이다. 틀린 것은?

① 계기판에 'READY' 램프 소등(OFF) 시 주행이 안 된다.
② 계기판에 'READY' 램프 점등(ON) 시 정상주행이 가능하다.
③ 계기판에 'READY' 램프 점멸(Blinking) 시 비상모드 주행이 가능하다.
④ EV 램프는 HEV(Hybrid Electric Vehicle)모터에 의한 주행 시 소등된다.

> **해설** ④ EV 램프는 HEV(Hybrid Electric Vehicle)모터에 의한 주행 시 점등된다.

정답 60 ② 61 ④

02 변속시스템 개론

01 자동변속기의 단점이 아닌 것은?
① 구조가 복잡하고 값이 비싸다.
② 연료소비율이 10% 정도 많다.
③ 가감속이 원활하게 되어 승차감이 좋다.
④ 차를 밀거나 끌어서 시동할 수 없다.

02 유체 클러치와 토크컨버터의 설명 중 틀린 것은?
① 유체 클러치의 성능은 속도비 증가에 따라 직선적인 변화를 하나, 토크컨버터는 곡선으로 표시한다.
② 토크컨버터는 스테이터가 있고, 유체 클러치는 스테이터가 없다.
③ 모두 자동 변속기에 사용될 수 있다.
④ 토크컨버터는 터빈에서 나오는 오일의 방향을 바꾸어 주는 기구를 가지고 있고, 유체 클러치는 오일의 속도를 증가시키는 기구를 가지고 있다.

해설 토크컨버터는 펌프임펠러, 스테이터, 터빈러너로 구성되며 스테이터에 의하여 토크가 증대된다.

03 전자제어식 자동변속기의 특성이 아닌 것은?
① 솔레노이드밸브를 제어하여 변속시점과 특성을 제어한다.
② 록업 클러치를 설치하여 연료소비량을 줄일 수 있다.
③ 구동토크가 적다.
④ 변속단을 1단 증가시키기 위한 오버드라이브를 들 수 있다.

04 자동변속기 제어 유닛과 연결된 각 센서의 설명 중 잘못된 것은?

① 펄스 제너레이터 - 기관회전속도 검출
② 속도 센서 - 차속 검출
③ TPS - 스로틀밸브 개도 검출
④ WTS - 냉각수 온도 검출

해설 펄스 제너레이터는 변속기의 회전속도를 검출하며, 펄스 제너레이터A는 변속기 입력축의 회전속도를 검출하고 펄스 제너레이터B는 변속기 출력축의 회전속도를 검출한다.

05 클러치에 대한 다음 설명 중 틀린 것은?

① 클러치 릴리스베어링과 릴리스레버 사이의 유격은 없어야 한다.
② 클러치 디스크의 비틀림 코일스프링은 기관의 회전 충격을 흡수한다.
③ 다이어프램식은 코일스프링식에 비해 구조가 간단하고 단축작용이 유연하다.
④ 클러치 조작기구는 케이블식 외에 유압식을 사용하기도 한다.

해설 클러치는 자유간극이 있어야 한다.

06 전자제어식 자동 변속기에서 컴퓨터로 입력되는 센서가 아닌 것은?

① 차속 센서
② 스로틀 포지션 센서
③ 유온 센서
④ 대기압 센서

07 다음 중 전자제어 자동변속기에서 변속 개시점을 검출하여 최적의 변속단을 얻기 위해 제공하는 정보가 아닌 것은?

① 스로틀 개도
② 에어컨 ON/OFF
③ 서보 모터
④ 변속기오일 온도

정답 4 ① 5 ① 6 ④ 7 ③

08 자동변속기의 댐퍼 클러치에 대한 다음 설명 중 틀린 것은?

① 로크업(Lock Up) 또는 토크컨버터 클러치라고도 한다.
② 댐퍼클러치 작동 시 동력 전달효율이 향상된다.
③ 일반적으로 저속 주행 시 주로 작동한다.
④ 전자제어 자동변속기에 주로 설치한다.

해설 댐퍼클러치는 고속 주행 시 작동하며 엔진의 동력을 변속기 입력측에 직결시켜 연비향상을 목적으로 한다.

09 엔진이 작동되고 있을 때에는 토크컨버터 내에 오일을 보내고 엔진이 정지하고 있을 때에는 토크컨버터로부터 오일이 역류되는 것을 방지하는 밸브는?

① 스로틀밸브
② 매뉴얼밸브
③ 체크밸브
④ 압력조정밸브

해설 체크밸브는 토크컨버터 내 오일의 역류를 방지한다.

10 자동변속기의 전자제어 과정에서 변속 시 유압제어를 위해 엔진의 회전수를 검출하는 신호는?

① 인히비터 스위치
② 파워 트랜지스터
③ 펄스 제너레이터 A
④ 펄스 제너레이터 B

해설 펄스 제너레이터 A는 자동변속기 입력축의 회전속도를 검출하고 펄스 제너레이터 B는 자동변속기 출력축의 회전속도를 검출한다.

11 토크컨버터의 주요 구성요소에 해당되는 것은?

① 펌프 임펠러, 터빈러너, 스테이터
② 클러치, 터빈축, 임펠러
③ 펌프 임펠러, 스테이터, 클러치
④ 터빈러너, 유성기어, 클러치

12 전자제어 자동변속기 페일세이프(Fail Safe) 기능이란 무엇인가?

① 시스템 이상 시 멈추는 기능
② 시스템 이상 시 일정하게 작동하도록 제어하는 안전기능
③ 고속운전 시 오버 드라이브 기능에 이상이 생겼을 때 연료의 절약을 위해 자동으로 유성기어가 고단에서 치합되는 기능
④ 저속 운전 시 시스템에 이상이 생겼을 때 파워 모드로 고정되는 현상

13 변속기의 변속비가 1.5인 엔진을 엔진 다이나모미터에 걸었더니 추진축 회전이 1,100rpm, 회전력이 80kgf·m이 나왔다. 이때 엔진의 회전수와 회전력이 바르게 표시된 것은?

① 733rpm, 53kgf·m
② 733rpm, 120kgf·m
③ 1,650rpm, 53kgf·m
④ 1,650rpm, 120kgf·m

 해설

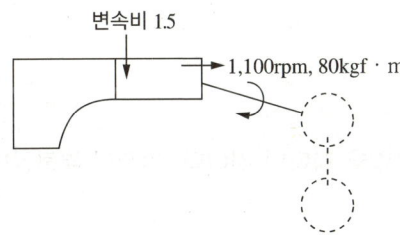

엔진 rpm = 1,100 × 1.5 = 1,650rpm

엔진 회전력 = $\dfrac{80}{1.5}$ = 53.3kgf·m

14 자동변속기와 연결된 각 센서의 설명이 잘못된 것은?

① 펄스 제너레이터A – 트랜스퍼 드리븐 기어 회전 속도 검출
② 점화플러그 – 기관의 회전속도 검출
③ TPS – 스로틀밸브 개도 검출
④ WTS – 냉각수 온도 검출

해설 플러그는 엔진의 연소를 위한 스파크 발생 기구이다.

정답 12 ② 13 ③ 14 ②

15 유체 클러치와 토크컨버터에 관한 것이다. 틀린 것은?

① 유체 클러치 성능은 속도비 증가에 따라 직선적인 변화를 한다.
② 유체 클러치와 토크컨버터는 모두 자동 변속기에 사용된다.
③ 토크컨버터의 날개는 각도가 없고, 유체 클러치는 있다.
④ 토크컨버터의 성능은 속도의 증가에 따라 곡선적인 변화를 한다.

16 자동변속기의 스톨 테스트 중 적당하지 않은 것은?

① 엔진 부조 및 자체 결함
② 클러치나 밴드의 슬립
③ 거버너 압력 측정
④ 토크컨버터의 작용

17 다음은 자동변속기 제어 회로 내의 각종 유압을 나타낸 것이다. 기관의 부하상태를 표시하는 것은?

① 스로틀 압력
② 제어 압력
③ 거버너 압력
④ 변환기 압력

18 오버드라이브를 설치하였을 때 장점이 아닌 것은?

① 연료가 절약된다.
② 타이어의 마모가 적게 된다.
③ 엔진의 운전이 조용하게 된다.
④ 엔진의 수명이 연장된다.

19 오버드라이브의 프리 휠링 주행에 대하여 옳은 설명은?

① 오버드라이브에 들어가기 전에는 프리 휠링 주행이 안 된다.
② 추진축의 회전력을 엔진에 전달한다.
③ 프리 휠링 주행 중 엔진 브레이크를 사용할 수 있다.
④ 프리 휠링 주행 중 유성기어는 공전한다.

해설 프리 휠링 주행은 오버드라이브 전이나 오버드라이브 해제 후 관성에 의하여 주행되는 상태를 의미한다.

20 토크컨버터에서는 크랭크축에 직결된 ㉠의 회전에 의해 동력전달을 받은 작동유가 ㉡을 회전시킨 다음 ㉢을 통과한다. ㉠, ㉡, ㉢이 바르게 표시된 것은 어느 것인가?

① ㉠ 펌프임펠러, ㉡ 터빈러너, ㉢ 스테이터
② ㉠ 스테이터, ㉡ 유체클러치, ㉢ 터빈러너
③ ㉠ 펌프임펠러, ㉡ 스테이터, ㉢ 터빈러너
④ ㉠ 유체클러치, ㉡ 커플링, ㉢ 토크컨버터

해설 토크컨버터 내의 동력전달순서는 펌프임펠러-터빈러너-스테이터 순이다.

21 유체 클러치의 토크 변환비는?

① 0.5~3 : 1
② 1 : 1
③ 0.5~0.8 : 1
④ 2~3 : 1

정답 19 ④ 20 ① 21 ②

22 액티브 에코드라이브 시스템의 변속기 제어에 대한 설명이다. 틀린 것은?

① 부분부하 운전영역에서 기관 회전력 저하로 인한 업 시프트(Up Shift) 변속으로 주행속도를 낮춘다.
② 낮은 기관 회전속도로 주행할 수 있도록 업 시프트를 빠르게 하여 연료소비율을 개선한다.
③ 불필요한 다운 시프트(Down Shift)를 방지하여 높은 기관의 회전속도로 주행하는 것을 제한한다.
④ 가속이 필요한 영역에서는 킥 다운을 차단하여 가속성능을 확보한다.

23 무단변속기(CVT)의 장점이 아닌 것은?

① 변속 충격이 없다.
② 유단변속기에 비해 가속성이 떨어진다.
③ CVT에 사용되는 토크컨버터 로크업의 사용범위가 넓다.
④ 변속이 연속적으로 이루어지므로 엔진 회전속도를 일정하게 유지한 상태에서 주행속도를 증가시킬 수 있다.

해설 CVT는 정해진 기어 변속단이 없고 정해진 변속범위에 연속적으로 변속이 이루어지기 때문에 변속 충격이 없다. 또한 가속성이 우수하며 엔진 회전수의 보정 없이 일정한 상태로 주행이 가능하다.

24 무단변속기(CVT)의 종류가 아닌 것은?

① 기어 구동방식(Gear Drive Type)
② 트랙션 구동방식(Traction Drive Type)
③ 트로이덜 방식(Toroidal Type)
④ 벨트 구동방식(Belt Drive Type)

25 무단변속기(CVT) 중 트랙션 구동방식의 특징을 설명한 것 중 틀린 것은?

① 변속범위가 넓으며, 높은 효율을 낼 수 있고 작동상태가 정숙하다.
② 큰 추력 및 회전면의 높은 정밀도와 강성이 필요하다.
③ 무게가 가볍고, 범용오일을 사용한다.
④ 마멸에 따른 출력부족 가능성이 크다.

26 무단변속기(CVT) 중 벨트 구동방식의 특징을 설명한 것 중 틀린 것은?

① 저속 시 구동 풀리의 폭을 넓게 하여 유효반경을 작게 하고, 피동 풀리의 폭을 좁게 하고 유효반경을 크게 하여 변속비를 크게 한다.
② 고속 시 구동 풀리의 폭을 좁게 하여 유효반경을 크게 하고, 피동 풀리의 폭을 넓게 하고 유효반경을 작게 하여 변속비를 작게 한다.
③ 고무 벨트식, 금속 벨트식, 금속 체인식 등이 있다.
④ 입력축의 모든 풀리는 고정 풀리이며, 출력축의 모든 풀리는 가변 풀리이다.

해설 입력축과 출력축 모두 고정 풀리와 가변 풀리가 각각 하나씩 설치된다.

27 벨트 구동방식 무단변속기(CVT)의 종류가 아닌 것은?

① 토크컨버터 방식
② 건식 다판 클러치
③ 습식 다판 클러치
④ 전자 분말 클러치

해설 건식 다판 클러치는 수동변속기 장착 차량에 적용되는 클러치 방식이다.

28 무단변속기(CVT)의 TCM에 입력되는 신호가 아닌 것은?

① 1차(구동) 풀리 압력 센서, 2차(종동) 풀리 압력 센서
② 클러치 압력 센서, 오일 온도 센서
③ 1차(구동) 풀리 속도 센서, 2차(종동) 풀리 속도 센서
④ 인히비터 스위치, 오버드라이브 스위치

해설 오버드라이브 스위치는 자동변속기의 구성품이다.

정답 25 ③ 26 ④ 27 ② 28 ④

29 무단변속기(CVT)의 TCM을 제어하는 출력요소가 아닌 것은?

① 1차 풀리 제어 솔레노이드
② 2차 풀리 제어 솔레노이드
③ 감속 브레이크 제어 솔레노이드밸브
④ 발진 클러치 제어 솔레노이드밸브

30 전자제어 자동변속기의 댐퍼 클러치 작동에 대한 설명 중 맞는 것은?

① 작동은 압력 조절 솔레노이드의 듀티율로 결정된다.
② 급가속시는 토크 확보를 위하여 댐퍼 클러치 작동을 유지한다.
③ 페일 세이프 상태에서도 댐퍼 클러치는 작동한다.
④ 스로틀 포지션 센서 개도와 차속의 상황에 따라 작동과 비작동이 반복된다.

31 무단변속기 차량의 CVT ECU에 입력되는 신호가 아닌 것은?

① 스로틀포지션 센서
② 브레이크 스위치
③ 라인 압력 센서
④ 킥다운 서보 스위치

32 클러치의 자유간극에 관한 설명 중에서 맞는 것은?

① 자유간극이 너무 작으면 동력전달이 제대로 이루어지지 않아 클러치 디스크가 미끄러질 수 있다.
② 유압식 클러치의 마스터실린더 피스톤 컵이 마모되면 클러치 페달의 자유간극은 더욱 커진다.
③ 클러치의 자유간극이 너무 크면 클러치 페이싱의 마모를 촉진시킨다.
④ 페달을 밟은 후부터 릴리스레버가 다이어프램 스프링을 밀어 디스크가 플라이휠에 접속할 때까지의 거리를 자유간극이라고 한다.

> 해설 클러치의 자유간극이 너무 작으면 동력전달이 잘 이루어지지 않고, 클러치의 자유간극이 너무 크면 동력차단이 잘 이루어지지 않는다.

33 자동변속기의 유압장치인 밸브 보디의 솔레노이드밸브를 설명한 것으로 틀린 것은?

① 댐퍼클러치 솔레노이드밸브(DCCSV)는 토크컨버터의 댐퍼클러치에 유압을 제어하기 위한 것이다.
② 압력조절 솔레노이드밸브(PCSV)는 변속 시 독단적으로 압력을 조절하며 반드시 독립제어에 사용되어야 한다.
③ 변속조절 솔레노이드밸브(SCSV)는 변속 시에 작용하는 밸브로서 주로 마찰요소(클러치, 브레이크)에 압력을 작용토록 한다.
④ PCSV와 SCSV는 변속 시 같이 작용하며, 유압 충격을 흡수하는 기능을 담당하기도 한다.

해설 변속 시 유압 충격을 흡수하는 기능은 댐퍼클러치 솔레노이드밸브(DCCSV)가 담당한다.

34 클러치 용량에 대한 설명으로 가장 적합한 것은?

① 기관 회전력과 동일하여야 한다.
② 용량이 크면 접촉 충격이 적다.
③ 기관의 최고 회전력보다 커야 한다.
④ 용량이 작을수록 효율이 좋아 내구성이 증대된다.

해설 클러치의 용량이 작으면 클러치가 미끄러진다.

35 전자제어 자동변속기 차량에서 토크컨버터의 유체를 통해 동력을 전달시키지 않고 펌프와 터빈을 기계적으로 연결하여 동력을 전달하게 하는 기능은?

① 터빈 브레이커(Turbine Breaker) 기능
② 홀드(Hold) 기능
③ 로크업(Lock-Up) 기능
④ 토션 댐퍼(Torsion Damper) 기능

36 자동변속기의 히스테리시스(Hysteresis) 작용이란?

① 일정속도가 되면 자동으로 변속이 이루어지는 것
② 스로틀 개도가 일정각도 이상이 되면 연료를 많이 분출하는 것
③ 증속시와 감속시의 변속점에 차이를 주는 것
④ 기관의 회전 속도가 일정속도 이상이 되면 연료를 차단하는 것

37 전자제어 자동변속기 차량의 변속기능에서 엔진의 냉각수 온도에 영향을 크게 받는 요소는?

① 원웨이 클러치 슬립(One Way Clutch Slip) 기능
② 시프트 업(Shift-up) 기능
③ 페일 세이프(Fail Safe) 기능
④ 로크업(Lock-Up) 기능

38 전자제어 자동변속기에서 변속 개시점을 검출하여 최적의 변속단을 얻기 위해 제공하는 직접적인 신호 정보가 아닌 것은?

① 스로틀 포지션 센서
② 차속 센서
③ 흡기온도 센서
④ 킥다운 스위치

> **해설** 흡기온도 센서는 엔진의 연료분사보정량의 신호를 적용한다.

39 자동변속기의 라인압에 대해 바르게 설명한 것은?

① 라인압은 거버너 압력과 함께 시프트 업 또는 시프트 다운이 이루어지도록 하는 압력이다.
② 라인압이 너무 낮으면 변속시기가 빠르게 이루어진다.
③ 라인압이 너무 높으면 변속 쇼크가 있고 변속점이 높아진다.
④ 라인압이 낮으면 D, R 레인지에서 스톨 포인트가 낮아져 클러치 슬립이 발생하고 다운시프트가 불량해진다.

40 클러치가 미끄러지는 원인이 아닌 것은?
① 압력판 및 플라이휠 면의 손상
② 클러치 압력 스프링의 쇠약 및 절손
③ 클러치 페달의 자유간극 과대
④ 클러치축 또는 크랭크축 뒤 오일 실의 마멸 및 파손으로 오일 누출

41 다음 중 자동변속기의 거버너밸브와 가장 관련이 큰 것은?
① 변속 충격완화   ② 변속시기 결정
③ 오버 드라이브   ④ 엔진 브레이크

해설 거버너밸브는 변속시기를 결정한다.

42 토크컨버터 내에서 유체 유동의 설명으로 맞는 것은?
① 클러치점 이전에는 토크 변환비가 커진다.
② 클러치점 이후에는 토크 변환이 크다.
③ 펌프회전이 시작되면서 유체 유동방향의 변화가 크다.
④ 클러치점 이전에는 스테이터가 프리 휠링 상태이다.

43 자동변속기차량에서 크랭킹이 안될 때 그 원인이 아닌 것은?
① 인히비터 스위치 단선
② 시프트 케이블의 유격 과다
③ P, N 스위치 접점 소손
④ 킥다운 스위치 단선

정답 40 ③ 41 ② 42 ③ 43 ④

44 자동변속기 오일펌프의 상태 및 클러치의 슬립 등의 이상 유무를 판정하는데 사용하는 압력은?

① 릴리프 압력
② 매뉴얼 압력
③ 거버너 압력
④ 라인 압력

45 자동변속기의 클러치 기능이 아닌 것은?

① 동력 연결
② 동력 차단
③ 유성기어 고정
④ 유성기어 구동

해설 　자동변속기 내부에 위치한 클러치는 다판 습식클러치로 TCU에서 입력되는 변속비에 따라 유성기어를 단속하여 변속비를 조절하며 동력을 전달하는 역할만 수행한다. 동력 차단은 토크컨버터에서 한다.

46 동력전달장치에서 토크컨버터와 유체 클러치에 대한 내용으로 옳은 것은?

① 토크컨버터와 유체 클러치의 회전력 변환율은 1을 넘지 못한다.
② 유체 클러치에는 스테이터가 있고 토크컨버터에는 가이드 링이 있다.
③ 유체 클러치에는 일방향 베어링이 있으나 토크컨버터에는 없다.
④ 토크컨버터에는 토크 증대 효과가 있으나 유체 클러치에는 없다.

해설 　토크컨버터에는 스테이터가 설치되어 토크 증대의 효과가 있으며, 토크 변환율은 약 3 : 1 정도이다(유체클러치의 토크 변환율은 1 : 1).

47 자동변속기의 토크컨버터 구성 부품 중 토크 증대 기능과 가장 관련있는 부품은?

① 터빈러너
② 스테이터
③ 댐퍼(록업) 클러치
④ 펌프 임펠러

정답　44 ③　45 ②　46 ④　47 ②

03 그린전동자동차 파워트레인 성능

01 주행 중 감속할 때 바퀴에 의하여 전동기가 발전기의 역할을 한다. 이때 운동에너지를 전기에너지로 전환하여 축전지를 충전시키는 것을 무엇이라고 하는가?

① 시동모드
② 등판모드
③ 회생제동모드
④ 아이들 스톱 모드

> 해설 하이브리드 자동차의 구동 모터는 감속 시 에너지 회수 브레이크 역할을 수행하며, 교류전력을 발생시키고 인버터에서 직류로 전환시켜 고전압 배터리를 충전한다.

02 회생 브레이크 시스템에 대한 설명 중 맞는 것은 무엇인가?

① 가속 시에 발전기가 모터 역할을 하여 전기에너지를 배터리로 회수한다.
② 감속 시에 발전기가 모터 역할을 하여 전기에너지를 배터리로 회수한다.
③ 감속 시에 모터가 발전기 역할을 하여 전기에너지를 배터리로 회수한다.
④ 가속 시에 모터가 발전기 역할을 하여 전기에너지를 배터리로 회수한다.

03 다음은 어떤 장치에 대한 설명인가?

> 브레이크를 걸면 운동에너지를 열에너지로 변환하여 대기 중에 방출되어 버리지만, 전기 자동차나 하이브리드 카에서는 이러한 에너지를 다시 회수하여 활용한다.

① 엔진 브레이크
② 회생 브레이크
③ 배기 브레이크
④ 배력 브레이크

정답 1 ③ 2 ③ 3 ②

04 자동차 브레이크 드럼의 지름이 600mm, 드럼에 작용하는 힘이 300kgf, 마찰계수가 0.2라 할 때 드럼에 작용하는 토크는 몇 mm·kgf인가?

① 12,000
② 18,000
③ 36,000
④ 90,000

해설 제동토크 $T = \mu F r$
여기서, μ : 마찰계수
F : 작용력
r : 드럼의 반지름
$T = 0.2 \times 300 \times \dfrac{600}{2} = 18,000 \text{mm} \cdot \text{kgf}$

05 소형 승용차가 6,000rpm에서 70PS를 발생하는 경우 축토크는 몇 kgf·m인가?

① 8.35
② 9.98
③ 11.32
④ 14.38

해설 축마력 $PS = \dfrac{TN}{716}$ 에서
$T = \dfrac{716 \times PS}{N} = \dfrac{716 \times 70}{6,000} = 8.35 \text{kgf} \cdot \text{m}$
여기서, T : 축토크
N : 회전수

06 주행 중인 어떤 소형버스의 총중량이 1,600kgf이다. 평탄로를 50km/h로 주행할 때 구름저항 (kgf)은?(단, 구름저항계수는 0.02, 공기저항은 무시한다)

① 16
② 1,600
③ 32
④ 6,172

해설 구름저항 $R_1 = \mu \cdot W$
$= 0.02 \times 1,600 = 32 \text{kgf}$
여기서 μ : 구름저항계수
W : 차량중량

07 4행정 엔진에서 총배기량 1,000cc, 축마력 44PS, 회전수 3,600rpm일 때 제동 평균유효압력은 몇 kgf/cm²인가?

① 8
② 9
③ 10
④ 11

해설

제동마력(BPS) $= \dfrac{P_{mb} \times A \times L \times N \times Z}{75 \times 60 \times 100}$

$44 = \dfrac{P_{mb} \times 1,000 \times 1,800}{75 \times 60 \times 100}$

$P_{mb} = \dfrac{75 \times 60 \times 100 \times 44}{1,000 \times 1,800} = 11 \text{kgf/cm}^2$

여기서, P_{mb} : 제동평균 유효압력 A : 실린더 단면적
L : 행 정 N : 회전수(rpm)
Z : 실린더 개수

rpm 대입 시 2행정은 N, 4행정은 $\dfrac{N}{2}$

※ 총배기량 $= A \times L \times Z$

08 다음에서 공기 저항(R_a)을 바르게 표시한 것은?(단, c : 차체형상계수, ρ : 공기밀도, g : 중력가속도, A : 자동차의 전면 투영면적, V : 공기에 대한 자동차의 상대속도)

① $R_a = c\dfrac{\rho}{2g}AV^2$
② $R_a = \dfrac{1}{c}\dfrac{\rho}{2g}AV^2$
③ $R_a = c\dfrac{\rho}{2g}\dfrac{A}{V^2}$
④ $R_a = c\dfrac{\rho}{sg}AV$

09 어떤 승용차의 구동륜 유효반경이 0.3m인 바퀴가 750rpm의 속도로 주행할 경우 차량의 속도는 몇 km/h인가?

① 84.8
② 81.0
③ 70.6
④ 42.4

해설

주행속도(V) $= \pi D \times$ 바퀴의 회전수(rpm) $\times \dfrac{60}{1,000}$

$= \pi \times 0.6 \times 750 \times \dfrac{60}{1,000} = 84.78 \text{km/h}$

10 600PS의 출력을 내는 기관을 30분 동안 운전하였을 때 55kg의 연료를 소비하였다. 이 기관의 열효율은 얼마인가?(단, 연료의 저위발열량은 10,000kcal/kg이다)

① 34.5%   ② 37.6%
③ 50.5%   ④ 68.9%

해설 연료열효율$(\eta_h) = \dfrac{632.3 \times BPS}{B \times C} \times 100$

여기서, B : 시간당 연료소비량
C : 저위발열량
BPS : 제동마력

30분 운전 시 55kg의 연료를 소비하였을 경우 1시간 운전 시 110kg의 연료를 소비한다.

$\eta_h = \dfrac{632.3 \times 600}{55 \times 2 \times 10,000} \times 100$
$= 34.48\%$

11 변속비가 2 : 1, 종감속비가 4 : 1, 구동 바퀴의 유효반지름이 250mm인 자동차의 엔진 회전속도가 1,500rpm이다. 이때 이 자동차의 시속은?

① 17.7km/h   ② 8.8km/h
③ 35.7km/h   ④ 187.5km/h

해설

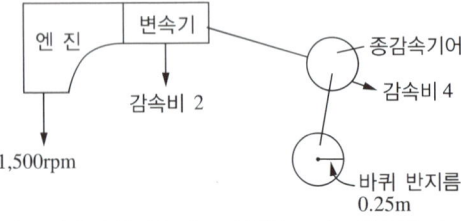

위 그림에서 총감속비는 = 종감속도비 × 변속비 = 2 × 4 = 8
따라서, 엔진 rpm은 8배만큼 감속되어 바퀴로 전달된다.
$\dfrac{1,500}{8} = 187.5$ rpm으로 회전한다.

주행속도$(V) = \pi D \times$바퀴의 회전수(rpm)$\times \dfrac{60}{1,000}$
$= \pi \times 0.5 \times 187.5 \times \dfrac{60}{1,000} = 17.66$m/h

12 어떤 기관의 축토크가 25kg·m이고, 회전속도는 2,500rpm이다. 이때의 제동마력은?

① 87.3PS   ② 97.2PS
③ 107.2PS   ④ 833.3PS

해설 축마력(PS) = $\dfrac{TN}{716}$

여기서, T : 축토크
N : 회전속도(rpm)

PS = $\dfrac{25 \times 2,500}{716}$ = 87.29 PS

13 1,500rpm에서 20.06kgf·m의 토크를 내는 기관을 갖고 있는 자동차는 상용 차동장치를 사용하고 있다. 이 자동차는 변속기가 제2속에 놓여 있으며 그 감속비가 1.5 : 1로 일정하다. 최종 구동장치의 피니언 기어 잇수는 10이며, 링기어의 잇수는 35이다. 이때 한쪽 차륜에 전달되는 토크는?

① 30.09kgf·m   ② 70.21kgf·m
③ 52.75kgf·m   ④ 105.32kgf·m

해설

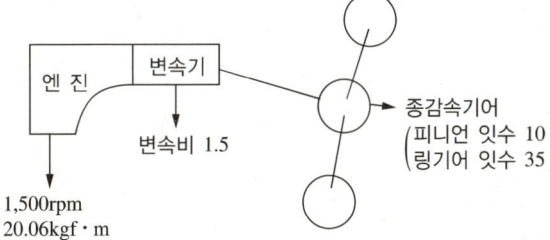

먼저 종감속비 = $\dfrac{\text{피동잇수}}{\text{구동잇수}}$ 이므로 $\dfrac{35}{10}$ = 3.5이다.

총감속비 = 변속비 × 종감속기어비 = 1.5 × 3.5 = 5.25
엔진의 회전수는 총감속비만큼 감속되며 토크는 총감속비만큼 증가한다.

∴ $\dfrac{1,500}{5.25}$ = 285.7rpm(바퀴의 회전수)

20.06 × 5.25 = 105.315kgf·m(바퀴의 토크)
직진 시 바퀴에 토크는 동일하게 전달된다.
그러므로 한쪽 차륜에 전달되는 토크는 105.32kgf·m이다.

14 외경 70mm, 내경 65mm, 길이가 1,000mm의 추진축의 위험 회전수는?

① 90,263rpm   ② 11,462rpm
③ 12,523rpm   ④ 1,247rpm

해설 강관의 경우 추진축의 위험 회전수

$$N_c = 0.12 \times 10^9 \times \frac{\sqrt{d_1^2 + d_2^2}}{l^2}$$

여기서, d_1 : 추진축의 외경
d_2 : 추진축의 내경
l : 추진축의 길이

$$N_c = 0.12 \times 10^9 \times \frac{\sqrt{70^2 + 65^2}}{1,000^2} = 11,462 \mathrm{rpm}$$

15 4사이클 1,400cc의 기관이 2,000rpm으로 회전하고 있다. 이때의 도시 평균 유효압력이 10kgf/cm²이면 도시마력은 몇 PS인가?

① 31.1   ② 62.2
③ 131.4 ④ 1,866

해설
$$\text{도시마력(IPS)} = \frac{P_{mi} \times A \times L \times N \times Z}{75 \times 60 \times 100}$$

여기서, P_{mi} : 지시평균유효압력
A : 실린더 단면적
L : 행정
N : 회전수(rpm)
Z : 실린더 수

$$\text{IPS} = \frac{10 \times 1,400 \times 1,000}{75 \times 60 \times 100} = 31.1 \text{PS}$$

※ 총배기량 $= A \times L \times Z$

RPM 대입 시 2행정은 N, 4행정은 $\frac{N}{2}$

16 어떤 자동차에서 타이어 유효반경이 0.333m, 최대출력시의 엔진회전수가 5,400rpm, 종감속비가 3.2, 변속기 톱기어 변속비가 1.0일 때 이 자동차의 최고 속도는 몇 km/h인가?

① 201.61 ② 211.74
③ 212.76 ④ 213.76

해설

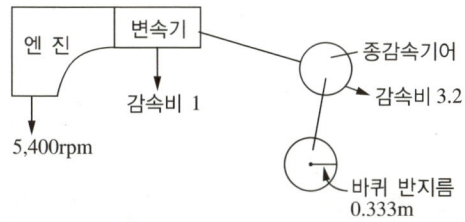

총감속비 = 변속비 × 종감속비
= 1×3.2 = 3.2

엔진의 회전수가 총감속비만큼 감속되어 바퀴로 전달된다.

$\frac{5,400}{3.2} = 1,687.5 \text{rpm}$ (바퀴의 회전수)

차량속도(V) = $\pi D \times$ 바퀴의 회전수(rpm) $\times \frac{60}{1,000}$

= $\pi \times 0.666 \times 1,687.5 \times \frac{60}{1,000} = 211.738 \text{km/h}$

17 어떤 기관에서 비중 0.75, 저위발열량 10,500kcal/kg의 연료를 사용하여 0.5시간 시험하였더니 연료소비량은 5L이었다. 이 기관의 연료마력은?

① 100마력 ② 125마력
③ 150마력 ④ 180마력

해설

연료마력(FPS) = $\frac{C \cdot W}{10.5 t}$

여기서, C : 연료의 저위발열량
W : 사용연료중량
t : 사용시간(분)

5L × 0.75 = 3.75kg이고, 0.5시간은 30분이므로

FPS = $\frac{10,500 \times 3.75}{10.5 \times 30}$ = 125PS

정답 16 ② 17 ②

18 어떤 자동차의 뒤 액슬축의 회전수가 1,000rpm일 때 바퀴의 직경이 320mm이면 차의 속도는 약 얼마인가?

① 50km/h   ② 60km/h
③ 100km/h ④ 120km/h

해설

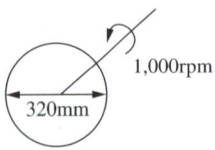

액슬축의 회전수 = 바퀴의 회전수

$$속도(V) = \pi D \times 바퀴의\ 회전수(rpm) \times \frac{60}{1,000}$$
$$= \pi \times 0.32 \times 1,000 \times \frac{60}{1,000}$$
$$= 60.288 km/h$$

19 연료 1kg을 완전 연소시키는 데 필요한 이론 공기량을 구하시오(단, C = 86%, H = 12%, O = 1.5%, S = 0.5%이다).

① 13.98kg   ② 14.51kg
③ 15.11kg   ④ 16.20kg

20 자동차가 경사각 10°구배의 아스팔트도로를 30km/h로 주행하고 있을 때 구름저항은 얼마인가?(단, 차량 총중량은 1,600kg, 구름저항계수는 0.015이다)

① 160.4kg   ② 132.1kg
③ 53.6kg   ④ 23.6kg

해설 구름저항$(R_r) = \mu \cdot W \cdot \cos\theta = 0.015 \times 1,600 \times \cos 10° = 23.63 kgf$

여기서, μ : 구름저항계수
W : 차량중량
θ : 경사각

21 기관의 출력시험에서 크랭크축에 밴드 브레이크를 감은 다음 2m의 거리를 두고 그 끝의 힘을 측정하였더니 5kg이었다. 이때 기관속도계의 눈금이 2,800rpm이었다면 이 기관의 제동마력은?

① 39PS
② 45PS
③ 71PS
④ 76PS

해설 축마력(PS) $= \dfrac{TN}{716}$

$T = F \times s$
$\quad = 2 \times 5 = 10 \text{kgf} \cdot \text{m}$

여기서, T : 토크
$\quad\quad\quad N$: 회전수
$\quad\quad\quad F$: 힘
$\quad\quad\quad s$: 거리

$PS = \dfrac{10 \times 2,800}{716} = 39.1 \text{PS}$

22 자동차가 100km/h로 주행하는 데 필요한 정미마력은?(단, 전주행저항은 75kg이고, 동력전달효율은 0.9이다)

① 30.87PS
② 50.87PS
③ 70.26PS
④ 81.27PS

해설 1PS = 75kgf·m/sec

$PS = \dfrac{\text{힘} \times \text{속도}}{75}$

정미마력 $= \dfrac{75 \times 27.78}{75 \times 0.9} = 30.866 \text{PS}$

정답 21 ① 22 ①

23 차량중량 1,200kg인 자동차가 60kg인 사람 5명을 싣고 구름저항계수가 0.01인 포장도로를 달릴 때 구름저항은?

① 15kg
② 240kg
③ 20kg
④ 35kg

해설 구름저항(R_r) = μW
여기서, W : 차량총중량
μ : 구름저항계수
$W = (60 \times 5) + 1,200 = 1,500 \text{kgf}$
$R_r = 1,500 \times 0.01 = 15 \text{kgf}$

24 실린더 지름이 78mm, 행정이 86mm인 4실린더 4사이클 기관이 3,600rpm으로 운전될 때 도시평균 유효압력이 11kgf/cm²이면 도시마력은 얼마인가?

① 63.25PS
② 68.85PS
③ 72.3PS
④ 80.20PS

해설 도시마력(IPS) = $\dfrac{P_{mi} \times A \times L \times N \times Z}{75 \times 60 \times 100}$

$= \dfrac{11 \times \dfrac{\pi \times 7.8^2}{4} \times 8.6 \times 1,800 \times 4}{75 \times 60 \times 100} = 72.28 \text{PS}$

25 기계효율을 바르게 표시한 것은?

① $\dfrac{\text{마찰마력}}{\text{제동마력}} \times 100\%$
② $\dfrac{\text{도시마력}}{\text{이론마력}} \times 100\%$
③ $\dfrac{\text{제동마력}}{\text{도시마력}} \times 100\%$
④ $\dfrac{\text{마찰마력}}{\text{도시마력}} \times 100\%$

해설 기계효율(μ_m) = $\dfrac{\text{받은 것}}{\text{준 것}} \times 100$

$\dfrac{\text{BPS}}{\text{IPS}} \times 100 = \dfrac{P_{mb}}{P_{mi}} \times 100$

26 다음과 같은 자동차의 최고속도는 몇 km/h인가?(기관의 최고회전수 : 2,200rpm, 타이어 외경 : 1.12m, 총감속비 : 4.076)

① 95
② 98
③ 102
④ 114

해설 차량속도(V) = $\pi D \times$ 바퀴의 회전수(rpm) $\times \dfrac{60}{1,000}$

엔진의 회전수는 2,200rpm이고, 총감속비가 4.076이므로 바퀴의 회전수(N) = $\dfrac{2,200}{4.076}$ = 539.74rpm

$V = \pi \times 1.12 \times 539.74 \times \dfrac{60}{1,000}$ = 113.89km/h

27 4행정 사이클기관의 실린더 내경과 행정이 100mm × 100mm이고, 회전수가 1,800rpm일 때 축출력은?(단, 기계효율은 80%이며, 도시평균 유효압력은 9.5kgf/cm²이고, 4기통기관이다)

① 35.2PS
② 39.6PS
③ 43.2PS
④ 47.8PS

해설 지시마력(IPS) = $\dfrac{P_{mi} \times A \times L \times N \times Z}{75 \times 60 \times 100}$ = $\dfrac{9.5 \times \dfrac{\pi \times 10^2}{4} \times 10 \times 900 \times 4}{75 \times 60 \times 100}$ = 59.7PS

기계효율이 80%이기 때문에 실제 제동마력(BPS)는 59.7PS의 80%에 해당하는 마력이다.
BPS = 59.7 × 0.8 = 47.8PS(축출력)

28 자동차의 주행속도와 바퀴의 구동력에 대해 틀리게 설명한 것은?

① 동일한 엔진회전수에서 변속기의 변속비가 크면 클수록 구동력은 커지며 주행속도는 줄어든다.
② 동일한 엔진회전수에서 타이어의 편평비를 작게 하면 구동력은 작아진다.
③ 동일한 변속비와 엔진회전수에서 타이어의 직경을 크게 하면 주행속도는 높아진다.
④ 동일한 엔진회전수에서 변속기의 감속비를 크게 하면 주행속도는 줄어든다.

정답 26 ④ 27 ④ 28 ②

29 엔진 회전수가 2,000rpm으로 주행 중인 자동차에서 수동변속기의 감속비가 0.8이고, 차동장치 구동피니언의 잇수가 6, 링기어의 잇수가 30일 때, 왼쪽바퀴가 600rpm으로 회전한다면 오른쪽 바퀴의 회전속도는?

① 400rpm
② 600rpm
③ 1,000rpm
④ 2,000rpm

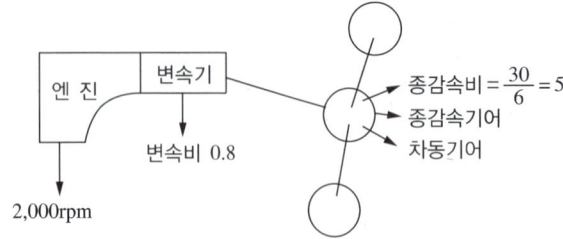

총감속비 = 변속비 × 종감속비 = $0.8 \times 5 = 4$
따라서 엔진의 회전수는 총감속비만큼 감속되어 $\frac{2,000}{4} = 500$rpm이 된다.
즉, 직진 시 각 좌우바퀴는 각각 500rpm으로 회전하며 왼쪽이 600rpm이면 오른쪽바퀴는 400rpm으로 선회 회전수 차이가 발생한다.
오른쪽 바퀴 회전수는 400rpm이다.

30 변속비가 1.25 : 1, 종감속비가 4 : 1, 구동륜의 유효반경 30cm, 엔진회전수는 2,700rpm일 때 차속은?

① 약 53km/h
② 약 58km/h
③ 약 61km/h
④ 약 65km/h

해설 총감속비 = 변속비 × 종감속비 = $1.25 \times 4 = 5$
$\frac{2,700}{5} = 540$rpm(바퀴의 회전수)
차량속도(V) = $\pi \times D \times N \times \frac{60}{1,000}$
$= \pi \times 0.6 \times 540 \times \frac{60}{1,000} = 61.04$km/h

31 자동차의 제원에 의하면 타이어의 유효 반경이 36cm이었다. 타이어가 500rpm의 속도로 회전하고 있을 때 자동차의 속도는 얼마인가?

① 18.84m/s
② 28.84m/s
③ 38.84m/s
④ 10.84m/s

해설
$$V = \pi \times D \times N \times \frac{60}{1,000}$$
$$= \pi \times 0.72 \times 500 \times \frac{60}{1,000} = 67.8 \text{km/h}$$

67.8km/h를 m/sec로 환산하면 $67.8 \times \frac{1,000}{3,600} = 18.84 \text{m/sec}$이다.

32 2,000rpm에서 10kgf·m의 토크를 내는 기관 A와 800rpm에서 25kgf·m의 토크를 내는 기관 B가 있다. 이 두 상태에서 A와 B의 출력을 비교하면?

① A > B
② A < B
③ A = B
④ 비교할 수 없다.

해설
A기관의 출력 : $\frac{TN}{716} = \frac{10 \times 2,000}{716} = 27.9 \text{PS}$
B기관의 출력 : $\frac{TN}{716} = \frac{25 \times 800}{716} = 27.9 \text{PS}$

33 고속도로에서 216km를 주행하는 데 2시간 15분이 소요되었다. 이때 평균 주행속도는 몇 m/s인가?

① 약 96
② 약 26.7
③ 약 100.5
④ 약 7.74

해설
216km = 216,000m
2h 15m = 8,100sec
$V = \frac{216,000}{8,100} = 26.66$

정답 31 ① 32 ③ 33 ②

34 주행성능 곡선도에서 알 수 없는 것은?

① 최고 주행속도
② 최소 유해 배출물 속도
③ 여유 구동력
④ 차속에 따른 엔진 회전수

35 피스톤 링에 의한 총 마찰력이 20kgf이고 피스톤의 평균속도가 15m/s라면 이 기관의 손실마력은?

① 2PS
② 3PS
③ 4PS
④ 5PS

해설 손실마력 $PS = \dfrac{F \times v}{75} = \dfrac{20 \times 15}{75} = 4PS$

여기서, F : 힘
v : 속도

36 자동차의 총 감속비가 4.8, 구동륜의 유효 반경이 0.3m, 기관의 회전수는 2,400rpm일 때 자동차의 속도는?

① 약 46.5km/h
② 약 56.5km/h
③ 약 66.5km/h
④ 약 76.5km/h

해설 엔진의 회전수는 총감속비만큼 감속하여 회전하므로 $\dfrac{2,400}{4.8} = 500 \mathrm{rpm}$(바퀴의 회전수)

$V = \pi DN \dfrac{60}{1,000}$

$= \pi \times 0.6 \times 500 \times \dfrac{60}{1,000} = 56.5 \mathrm{km/h}$

34 ② 35 ③ 36 ②

37 그림과 같은 유성기어 장치에서 A의 잇수가 90, B의 잇수가 30이다. A를 고정시키고 암 C를 오른쪽으로 4회전시킨 후 다시 암 C를 고정시키고 A가 왼쪽으로 2회전할 때 B의 회전수는?

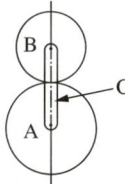

① 6회전
② 16회전
③ 18회전
④ 22회전

해설 암 C를 오른쪽으로 4회전시키면 기어비는 $\frac{90+30}{30} = 4$
4×4회전 $= 16$바퀴
또한 A가 2회전할 경우 B의 회전수는 $\frac{180}{30} = 6$회전
∴ $16 + 6 = 22$회전

38 배기량 2,000cc, 실린더 직경 75mm, 4기통 엔진이 2,400rpm으로 운전되고 있다. 이 엔진의 피스톤 손실마력은?(단, 이 엔진의 피스톤에는 마찰손실이 0.25kgf인 피스톤 링이 3개씩 조립되어 있다)

① 0.09PS
② 0.12PS
③ 0.24PS
④ 0.36PS

해설 손실마력 $= \frac{F_t \times Z \times N \times S}{75}$
여기서, F_t : 링 1개당 마찰력
Z : 링의 개수
N : 실린더 수
S : 피스톤 평균속도
여기서 피스톤 평균속도$(S) = \frac{2LN}{60}$ 이므로 $S = \frac{2 \cdot L \cdot 2,400}{60}$ 이 된다.
행정을 구하면, 총배기량 2,000cc이고 실린더 한 개의 배기량은 500cc가 된다(4기통).
$500 = \frac{\pi \times d^2}{4} \times L = \frac{\pi \times 7.5^2}{4} \times L \rightarrow L = 11.323$cm
피스톤 평균속도 $S = \frac{2 \times 0.113 \times 2,400}{60} = 9.04$m/sec
손실마력 $= \frac{0.25 \times 3 \times 4 \times 9.04}{75} = 0.36$PS

39 4행정 가솔린 기관에서 캠축 구동용 타이밍 벨트가 원주속도 16.65m/s로 회전 중이다. 이때 크랭크축의 회전속도가 5,000rpm이면 캠축 구동기어의 유효 직경은?

① 약 377mm
② 약 240mm
③ 약 120mm
④ 약 265mm

해설 4행정기관은 크랭크축 2회전에 캠축 1회전이므로 크랭크축 5,000rpm이면 캠축은 2,500rpm으로 작동된다.
원주속도(km/h)는 $16.65 \times 3.6 = 60\text{km/h}$
$60 = \pi \times D \times 2,500 \times \dfrac{60}{1,000}$ 이 되며 $D ≒ 120\text{mm}$가 된다.

40 어떤 트럭의 중량이 8,000kgf이다. 이 트럭이 구배 5%의 언덕길을 36km/h의 일정속도로 올라가고 있다. 구름저항이 90kgf으로 일정하면 이 속도를 유지하기 위해서 필요한 기관의 출력은?(단, 공기저항은 무시하며, 동력전달 효율은 100%이고 타이어와 노면 사이의 미끄럼은 없는 것으로 한다)

① 56.33PS
② 65.33PS
③ 75.33PS
④ 85.33PS

해설 구배저항 $= \dfrac{8,000 \times 5}{100} = 400\text{kgf}$
구름저항 $= 90\text{kgf}$
총저항 $= 490\text{kgf}$, 속도 $36\text{km/h} = 10\text{m/sec}$
$\therefore \text{PS} = \dfrac{490 \times 10}{75} = 65.33\text{PS}$

41 피스톤의 행정이 90mm, 기관의 회전수가 3,000rpm일 때 피스톤의 평균속도는 몇 m/s인가?

① 6.5m/s
② 7.5m/s
③ 8.0m/s
④ 9.0m/s

해설 피스톤 평균속도 $= \dfrac{2LN}{60} = \dfrac{LN}{30} = \dfrac{0.09 \times 3,000}{30} = 9\text{m/s}$

42 주행저항 선도에 포함되지 않는 저항은?

① 공기저항
② 가속저항
③ 구름저항
④ 등판저항

43 400m의 구간을 통과하는 데 20초가 걸리는 어느 자동차의 연료소비량은 40cc였다. 차속과 연료소비율은 각각 얼마인가?

① 차속 : 52km/h, 연료소비율 : 11km/L
② 차속 : 52km/h, 연료소비율 : 10km/L
③ 차속 : 72km/h, 연료소비율 : 11km/L
④ 차속 : 72km/h, 연료소비율 : 10km/L

해설 차속 = 400m/20sec = 20m/sec = 72km/h
연비 = 0.4km/0.04L = 10km/L

44 주행저항 중에서 차량중량을 고려하지 않고 계산할 수 있는 저항은?

① 공기저항
② 가속저항
③ 구름저항
④ 등판저항

정답 42 ② 43 ④ 44 ①

45 차량 총중량 1,265kgf인 승용차가 모랫길을 60km/h의 속도로 달릴 때 구름저항은 약 얼마인가?(단, 구름저항계수는 0.17이다)

① 185kgf
② 198kgf
③ 215kgf
④ 235kgf

해설 $R_r = \mu \cdot W = 0.17 \times 1,265 = 215\mathrm{kgf}$

46 600m의 비탈길을 올라가는데 3분, 내려가는데 1분 걸렸다면, 평균속도는?

① 15km/h
② 16km/h
③ 17km/h
④ 18km/h

해설 총거리 1.2km, 총시간 4분
1,200m/240sec = 5m/sec를 km/h로 환산하면 5 × 3.6 = 18km/h

47 어떤 자동차의 변속기를 제1속에 넣고 운전하였을 때 엔진의 회전토크가 30m·kgf, 추진축의 회전수가 400rpm, 제1속의 감속비 6, 최종감속비는 6.5이다. 이때 후차축에 전달되는 회전토크는 얼마인가?(단, 기계 손실은 무시)

① 1,170kgf·m
② 1,280kgf·m
③ 1,360kgf·m
④ 1,420kgf·m

해설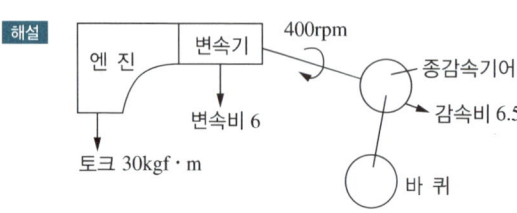

총감속비 6 × 6.5 = 39
엔진의 회전토크는 총감속비만큼 증가
회전토크 = 30 × 39 = 1,170kgf·m

48 시동장치에서 링기어 잇수가 130, 피니언 잇수 14, 총배기량 1,300cc, 기관회전저항 8kgf·m 일 때 기동전동기의 최소 회전력은?

① 약 0.66kgf·m   ② 약 0.76kgf·m
③ 약 0.86kgf·m   ④ 약 0.96kgf·m

해설 기동장치 기어비 = $\dfrac{\text{링기어의 잇수}}{\text{피니언의 잇수}} = \dfrac{130}{14} = 9.285$

기관의 회전저항 8kgf·m 이므로 최소회전력은 $\dfrac{8}{9.285} = 0.86$kgf·m

49 중량이 1,200kgf인 자동차가 100km/h의 속도로 주행하다가 10초 후에 50km/h로 감속하였다면 감속력은 얼마나 필요한가?

① 170kgf   ② 160kgf
③ 150kgf   ④ 140kgf

해설 감속력 = 질량 × 감속도

감속도 = $\dfrac{\text{나중속도} - \text{처음속도}}{\text{시간}}$

$= \dfrac{\left(\dfrac{50}{3.6}\right) - \left(\dfrac{100}{3.6}\right)}{10} = -1.389 \text{m/s}^2$

$m = \dfrac{w}{g}$ (여기서, m : 질량, g : 중력가속도, w : 중량)

$= \dfrac{1,200}{9.8} = 122.44$kg

∴ 감속력 = 122.44 × 1.389 = 170kgf

50 질량 1,000kg의 자동차가 10m의 회전반경을 20m/s의 속도로 회전한다고 하면 이때 이 자동차가 받는 원심력은?

① 10kN   ② 20kN
③ 30kN   ④ 40kN

해설 원심력 $F = \dfrac{m \times v^2}{r} = \dfrac{1,000 \times 20^2}{10} = 40,000\text{N} = 40\text{kN}$

정답 48 ③ 49 ① 50 ④

51 자동차가 도로를 주행할 때 발생하는 저항 중 자동차의 중량과 관계가 없는 것은?

① 구름저항
② 구배저항
③ 가속저항
④ 공기저항

52 변속비 1/2, 차동장치의 링기어 잇수 42, 드라이브 피니언 잇수 7, 오른쪽 앞뒤의 바퀴만 잭에 들려있는 상태에서 추진축(Propeller Shaft)이 1,800rpm으로 회전한다면 오른쪽 뒷바퀴의 회전수는?

① 0rpm
② 300rpm
③ 600rpm
④ 900rpm

해설

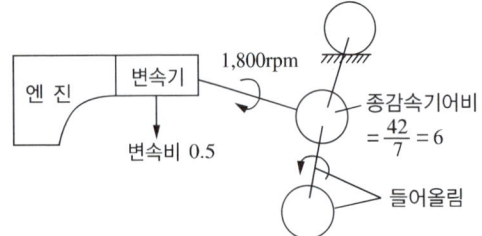

$\dfrac{1,800}{6} = 300\mathrm{rpm}$이 각각 좌우 바퀴로 전달된다. 이때 오른쪽 앞뒤 바퀴가 들려있으면 왼쪽바퀴의 회전속인 300rpm이 오른쪽 구동바퀴로 쏠린다. 그러므로 오른쪽 바퀴의 회전수는 600rpm이다.

04 그린전동자동차 관련 법령

01 친환경자동차법(그린전동자동차)상의 목적과 거리가 먼 것은?

① 환경친화적 자동차의 개발 및 보급을 촉진하기 위함이다.
② 종합적인 계획 및 시책을 수립하여 추진하도록 하기 위함이다.
③ 자동차산업의 지속적인 발전과 국민 생활환경의 향상을 도모하기 위함이다.
④ 자동차관리사업 등에 관한 사항을 정하여 자동차를 효율적으로 관리하기 위함이다.

> **해설** 목적(친환경자동차법 제1조)
> 환경친화적 자동차의 개발 및 보급을 촉진하기 위한 종합적인 계획 및 시책을 수립하여 추진하도록 함으로써 자동차산업의 지속적인 발전과 국민 생활환경의 향상을 도모하며 국가경제에 이바지함을 목적으로 한다.

02 전기자동차, 태양광자동차, 하이브리드자동차, 수소전기자동차 등의 규정이 적용되는 배출가스 허용기준에 적합한 '환경친화적 자동차'의 요건에 해당되지 않는 것은?

① 배출가스저감장치를 부착하여 환경부령으로 정하는 저감효율에 적합할 것
② 에너지소비효율이 산업통상자원부령으로 정하는 기준에 적합할 것
③ 환경부령으로 정하는 저공해자동차의 기준에 적합할 것
④ 자동차의 성능 등 기술적 세부사항이 산업통상자원부령으로 정하는 기준에 적합할 것

> **해설** 환경친화적 자동차의 요건(친환경자동차법 제2조 제2호)
> • 에너지소비효율이 산업통상자원부령으로 정하는 기준에 적합할 것
> • 대기환경보전법 제2조 제16호에 따라 환경부령으로 정하는 저공해자동차의 기준에 적합할 것
> • 자동차의 성능 등 기술적 세부 사항에 대하여 산업통상자원부령으로 정하는 기준에 적합할 것

03 환경친화적 자동차의 개발 및 보급을 촉진하기 위한 기본계획은 몇 년마다 수립해야 하는가?

① 5년　　② 3년
③ 2년　　④ 1년

> **해설** 산업통상자원부장관은 환경친화적 자동차의 개발 및 보급을 촉진하기 위한 기본계획(이하 "기본계획")을 5년마다 수립하여야 한다(친환경자동차법 제3조 제1항 전단).

정답 1 ④　2 ③　3 ①

04 환경친화적 자동차의 개발 및 보급을 촉진하기 위한 기본계획에 관한 사항으로 모두 옳은 것은?

> ㄱ. 기본계획을 5년마다 수립한다.
> ㄴ. 기본계획은 국무회의의 심의를 거쳐 확정한다.
> ㄷ. 관계 중앙행정기관의 장은 필요하다고 인정할 경우에는 산업통상자원부장관에게 기본계획의 변경을 요청할 수 있다.
> ㄹ. 산업통상자원부장관이 기본계획을 변경하려면 다른 관계 중앙행정기관의 장과 시·도지사의 의견을 들어야 한다.

① ㄱ, ㄴ, ㄷ, ㄹ
② ㄱ, ㄴ, ㄹ
③ ㄱ, ㄷ, ㄹ
④ ㄱ, ㄹ

해설 친환경자동차법 제3조 참조

05 환경친화적 자동차 관련 기술개발을 추진하기 위하여 연구개발사업을 하게 할 수 있도록 산업통상자원부장관이 지정한 기관으로 옳지 않은 것은?

① 국공립 연구기관
② 과학기술분야 정부출연연구기관에서 설립된 연구기관
③ 기초연구진흥 및 기술개발지원에 관한 법률에 따라 인정받은 기업부설연구소
④ 환경친화적 자동차와 관련 없는 기관·단체 또는 사업자가 설립한 산업기술연구조합

해설 산업통상자원부장관은 기술개발을 추진하기 위하여 다음의 어느 하나에 해당하는 자로 하여금 환경친화적 자동차의 연구개발사업을 하게 할 수 있다(친환경자동차법 제6조 제2항).
• 국공립 연구기관
• 「과학기술분야 정부출연연구기관 등의 설립·운영 및 육성에 관한 법률」 제8조에 따라 설립된 연구기관
• 「특정연구기관 육성법」 제2조에 따른 특정연구기관
• 「산업기술혁신 촉진법」 제42조에 따른 전문생산기술연구소
• 「산업기술연구조합 육성법」에 따른 산업기술연구조합
• 「고등교육법」 제2조에 따른 대학, 산업대학, 전문대학 또는 기술대학
• 「기초연구진흥 및 기술개발지원에 관한 법률」 제14조의2 제1항에 따라 인정받은 기업부설연구소
• 환경친화적 자동차와 관련된 기관·단체 또는 사업자로서 대통령령으로 정하는 자

06 친환경자동차법상 수소전기자동차의 연료인 수소를 생산·공급 또는 판매하거나 수소연료공급시설을 설치하려는 자(수소연료생산자 등)에 대한 지원으로 옳지 않은 것은?

① 수소연료 판매가격의 조정을 위한 자금 지원, 수소연료공급시설의 설치비에 대한 융자 또는 융자의 알선
② 수소연료공급시설 설치부지의 제공 및 알선
③ 수소연료 제조공정개선 등 수소연료 생산기술의 개발을 위한 자금 지원
④ 기술개발 성과의 확산방안에 관한 사항

> **해설** 수소연료생산자 등에 대한 지원내용(친환경자동차법 시행령 제17조 제1항)
> - 수소연료 판매가격의 조정을 위한 자금 지원
> - 수소연료공급시설의 설치비에 대한 융자 또는 융자의 알선
> - 수소연료공급시설 설치부지의 제공 및 알선
> - 수소연료 제조공정개선 등 수소연료 생산기술의 개발을 위한 자금 지원
> - 그 밖에 수소연료생산자 등을 지원하기 위하여 필요한 것으로 산업통상자원부장관 및 환경부장관이 공동으로 정하여 고시한 사항

07 전기자동차 또는 하이브리드자동차의 충전시설로 급속충전시설과 완속충전시설의 구분을 충전기 최대 출력값의 몇 kW인 시설을 말하는가?

① 급속충전시설 : 최대 출력값 50kW 이상, 완속충전시설 : 최대 출력값 50kW 미만
② 급속충전시설 : 최대 출력값 40kW 이상, 완속충전시설 : 최대 출력값 40kW 미만
③ 급속충전시설 : 최대 출력값 30kW 이상, 완속충전시설 : 최대 출력값 30kW 미만
④ 급속충전시설 : 최대 출력값 20kW 이상, 완속충전시설 : 최대 출력값 20kW 미만

> **해설** 충전시설의 종류 및 수량 등(친환경자동차법 시행령 제18조의7 제1항)
> 법 제11조의2 제1항 및 제2항에 따른 환경친화적 자동차 충전시설은 충전기에 연결된 케이블로 전류를 공급하여 전기자동차 또는 외부충전식하이브리드자동차(외부 전기 공급원으로부터 충전되는 전기에너지로 구동 가능한 하이브리드자동차를 말한다)의 구동축전지를 충전하는 시설로서 구조 및 성능이 산업통상자원부장관이 정하여 고시하는 기준에 적합한 시설이어야 하며, 그 종류는 다음과 같다.
> - 급속충전시설 : 충전기의 최대 출력값이 40kW 이상인 시설
> - 완속충전시설 : 충전기의 최대 출력값이 40kW 미만인 시설

08 친환경자동차법상 환경친화적 자동차의 충전시설 보급·확대 사업을 위하여 국유재산 또는 공유재산을 임대하는 경우 임대기간과 임대료의 경감 범위는?

① 임대기간은 10년 이내, 임대료 80/100의 범위에서 경감할 수 있다.
② 임대기간은 5년 이내, 임대료 50/100의 범위에서 경감할 수 있다.
③ 임대기간은 10년 이내, 임대료 50/100의 범위에서 경감할 수 있다.
④ 임대기간은 5년 이내, 임대료 80/100의 범위에서 경감할 수 있다.

> **해설** 국유재산·공유재산의 임대(친환경자동차법 제11조의3)
> - 국유재산 및 공유재산의 임대기간은 10년 이내로 하되, 국유재산은 종전의 임대기간을 초과하지 아니하는 범위에서 갱신할 수 있고, 공유재산은 지방자치단체의 장이 필요하다고 인정하는 경우 한 차례만 10년 이내의 기간에서 연장할 수 있다.
> - 국가가 법에 따라 국유재산을 임대하는 경우에는 「국유재산법」에도 불구하고 대통령령으로 정하는 바에 따라 임대료를 80/100의 범위에서 경감할 수 있다.
> - 지방자치단체가 법에 따라 공유재산을 임대하는 경우에는 「공유재산 및 물품 관리법」에도 불구하고 조례로 정하는 바에 따라 임대료를 80/100의 범위에서 경감할 수 있다.

09 자동차의 에너지소비효율 및 등급표시에 관한 규정에 따라 수소연료전지자동차의 연비 단위로 옳은 것은?

① km/kg
② km/kWh
③ km/L
④ km/gal

> **해설** 휘발유, 경유, LPG 등 내연기관 및 하이브리드 자동차는 연료 1L당 주행 가능한 거리 km/L, 전기자동차는 전기에너지 1kWh로 주행 가능한 거리 km/kWh, 연료전지자동차는 수소 1kg으로 주행 가능한 거리 km/kg으로 표시하고 있다.

PART 05

그린전동자동차 측정과 시험평가

CHAPTER 01	계측
CHAPTER 02	차량통신 네트워크
CHAPTER 03	부품시험 평가
적중예상문제	

합격의 공식 SD에듀 www.sdedu.co.kr

01 계 측

PART 05 그린전동자동차 측정과 시험평가

1 기계적 계측

(1) 힘

① 힘의 정의

힘이란, 정지 상태에 있는 물체에 운동을 일으키게 하는 작용이나 운동하고 있는 물체의 속도를 바꾸거나 멈추게 하는 작용을 말한다. 어떠한 물체에 힘이 작용한다는 것은 물체의 운동 상태, 즉 속도가 변하는 것을 의미하며 힘의 크기는 작용이 일어나면서 발생된 가속도와 물체의 관성 질량의 곱 또는 물체가 단위 시간에 얻는 운동량에 의해 결정된다.

② 힘 계측 센서의 종류

㉠ 스트레인 게이지

힘을 가하면 물체의 변형이 일어나는 효과를 이용한 센서이다.

• 금속 스트레인 게이지

금속 저항선은 외력에 의해 신축, 길이가 변화함으로써 전기저항이 변한다.

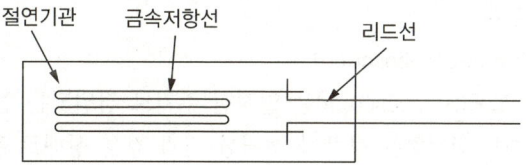

• 반도체 스트레인 게이지

통상적으로 반도체 재료인 실리콘을 이용한다. 종류에는 단결정 벌크 게이지, 기판 위에 실리콘을 박막화한 박막 스트레인 게이지, 확산형의 게이지, 그리고 p-n 접합 게이지 등이 사용되며 벌크 게이지는 주로 아래 그림과 같이 p형 또는 n형실리콘 단결정으로 제작된다. 반도체 스트레인 게이지를 이용하여 압력 센서, 로드셀 등을 제작한다.

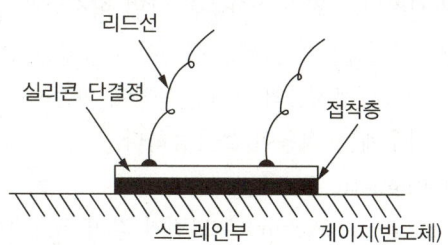

(2) 회전속도

① 회전속도의 정의

회전속도는 회전운동의 순각 각속도로 정의하며 RPM으로 표시한다. 속도 및 가속도 계측의 기본적인 방법은 2점 사이의 거리 s를 통과하는 데 소요된 시간 t를 이용하여 $v = \dfrac{s}{t}$, $a = \dfrac{v}{t}$로 산출한다.

② 회전속도 계측 센서의 종류

㉠ 원심력을 이용한 회전속도계

원심력을 이용한 회전속도계는 회전 물체의 속도를 검출하는 가장 간단한 방법으로, 그림과 같이, 측정 대상에 접촉하여 함께 회전하는 회전축(S), 축방향으로 움직이는 링크 기구(L), 그리고 링크의 바깥쪽에 부착된 추(W) 등으로 구성된다. 이 방식은 구조가 간단하고 신뢰성이 우수하기 때문에 엔진의 조속기구와 같은 개별적인 자동제어 장치에 많이 채택되고 있다. 하지만 전기적 신호

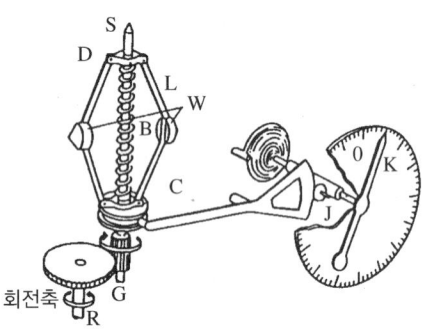

[원심력식 회전속도계]

처리가 어려울 뿐 아니라, 기계적 구조의 한계와 마찰 등으로 인해 수%에 달하는 높은 오차를 보유하게 된다.

㉡ 스트로보스코프(Stroboscope)

스트로보스코프(Stroboscope)는 일정한 주기로 점멸되는 펄스형 조명을 비출 때, 회전하는 물체가 정지한 것과 같은 상태로 관찰되는 현상을 이용하여 회전속도를 측정하는 기기이다. 스트로보스코프를 이용할 때에는 회전 물체에 특수 도형이 인쇄된 스티커를 부착하는 것이 일반적이다. 물체의 회전수를 N(rpm), 조명의 점멸 주파수를 f(Hz), 도형 1회전의 반복수를 m이라 하면, $mN = nf$(단, $n=1$, 2, 3, …)가 된다. 즉, 점멸 주파수의 정수배에서 도형은 정지하게

[스트로보스코프용 스티커의 예]

되며, 정지상이 관찰되는 최소 주파수를 알면 회전수가 구해진다. 이 방법을 이용하면 회전물체에 센서를 접촉시키지 않은 상태에서 속도를 간편하게 측정할 수 있다는 장점이 있지만, 정지상의 확인을 육안에 의존하기 때문에 자동 측정이 어렵고, 속도가 계속 변화하는 경우에는 적용이 불가능하다.

㉢ 마그네틱 픽업(Magnetic Pickup)

마그네틱 픽업(Magnetic Pickup)은 그림과 같이 영구자석과 전압 발생용 코일로 구성되며, 회전축에 부착된 치차 모양의 돌기가 회전하면서 영구자석의 자계(磁界)를 변화시켜 코일에 교류 형태의 기전력이 유기되는 원리를 이용한 것이다. 회전 치차의 잇수가 n일 때, 발생되는 기전력의 주파수 f(Hz)와 회전수 N(rpm)과의 관계는 $f = nN/60$으로 주어진다.

이 센서는 내환경성이 우수한 대표적인 비접촉 센서로 널리 사용되고 있으나, 치차 장착으로 인한 번거로움과 위험성 증가의 문제가 있다. 또한, 저속 회전 시에는 출력 전압이 강화되어 주파수 측정이 불가능하게 되는데, 최근에는 영구자석과 코일 대신에 홀 소자나 자기저항 소자 등을 채택함으로써 이를 해결하고 있다.

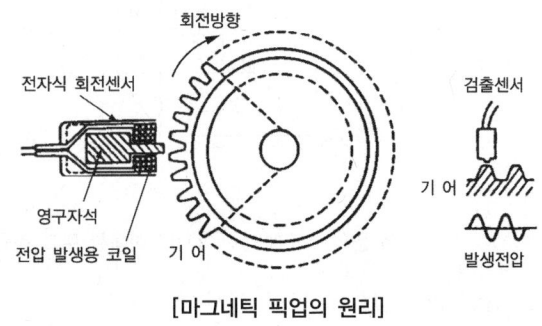

[마그네틱 픽업의 원리]

(3) 토크

① 토크의 정의

토크는 회전하는 물체의 토크를 말하며 회전체의 힘과 암의 곱을 회전체의 모멘트, 즉 회전력(토크)이라 한다. 자동차에서는 차축을 돌리는 힘을 의미한다.

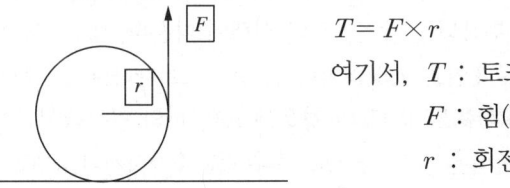

$$T = F \times r$$

여기서, T : 토크(kgf·m)
F : 힘(kgf)
r : 회전체의 반지름(m)

② 토크 계측 센서의 종류

㉠ 스트레인 게이지 토크 센서

토크는 위치를 고려하여 배치된 한 쌍의 힘 센서에 의해 측정되어진다. 두 개의 힘 센서가 축에 서로 반대쪽 끝에 위치하고 있다고 가정할 때, 만약 토크가 축에 가해지면 축 몸체에서 두 개의 반대 힘을 발생시켜 반대방향 응력(Strain)이 발생한다. 두 개의 힘 센서는 토크로 변환되는 힘을 측정할 수 있다. 다른 축에 대한 토크를 측정하기 위해서는 서로 수직인 세 쌍의 센서를 사용해야만 한다. 그러나, 다음 그림에서 보여주듯이 힘은 같은 종류의 센서로 측정하므로, 전체 6개의 힘 센서는 일반적으로 3축에 대하여 힘과 토크를 검출하며, 각 센서는 서로 독립적이다. 순수한 힘은 같은 축상에서 같은 부호의 신호를 발생시키는 반면에, 토크는 반대 부호의 신호쌍을 발생시킨다.

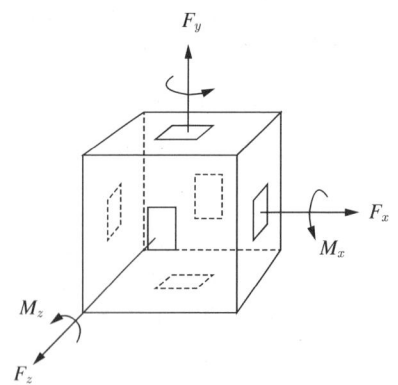

[세 쌍의 스트레인 게이지를 이용한 토크 검출]

ⓒ SAW(Surface Acoustic Wave) 토크 센서

SAW 센서는 압전기판 위에 형성된 2개의 입출력 IDT(Inter Digit-Type) 전극으로 제작된다. 교류 전원에서 교류신호(수십MHz~수GHz)가 입력될 경우, 입력 IDT는 가해진 전기적 신호에 준하는 기계적 신호를 발생시켜 전기판의 표면에 표면 탄성파가 발생된다. 이렇게 발생된 표면 탄성파가 표면을 따라 전파되어 출력 IDT에 도착하게 된다. 출력 IDT는 기계적 신호를 다시 전기적 신호로 변환시켜준다. 이러한 원리를 이용하여 토크에 의한 변위로 달라지는 주파수의 변화를 측정하여 토크를 측정한다. 스트레인 측정용 SAW 센서의 구현은 스트레스를 받게 될 물질에 부착되는 압전물질의 선택에 따른다. SAW 센서는 비틀림이 생기는 샤프트에 장착된다. 스트레인은 인장력이나 압축력으로 나타나며, 센서의 반응축은 파장의 수평 방향이다. 발생 주파수 500MHz의 경우에 $100\mu m$의 인장력이 500kHz까지 주파수를 감소시키며, 반대로 압축력은 같은 양으로 주파수를 증가시킨다. SAW 토크 센서는 주파수 변화를 측정하는 방식이므로 노이즈 환경에서도 정밀하게 측정할 수 있는 장점이 있다.

ⓒ 광학식 토크 센서

작동 원리는 2개의 오목거울을 샤프트에 고정하고 레이저 다이오드가 샤프트로부터 몇 센티미터 거리에 설치하여 각각의 빛이 직접 오목거울에 비추도록 한다. 이러한 방법으로 샤프트가 회전되며, 거울이 되어 빛을 감지기로 반사시킨다. 2개의 포토다이오드로 구성된 감지부는 빛에 민감하지 않은 작은 크기(수μm)의 방으로 나뉘어 빛의 양에 따른 시간 측정이 이루어진다. 이러한 시간표시 측정의 장점은 빛 강도의 약함과 무관하게 작용한다는 것이며, 측정 정확도가 주위 환경의 오염이나 레이저 다이오드 내구에도 영향을 받지 않는다.

ⓐ 자기식 토크 센서

비접촉식으로 자동차 분야에서 많이 사용되는 기술은 자기(Magnetic)식으로 자기장 형성 구조와 고감도 자기 센서를 사용한다. 자기식 토크 센서는 샤프트 주위에 정해진 패턴의 자장을 형성한 상태에서 토크에 의해 회전 변위가 발생될 때 이에 따른 자기장의 변화가 발생하게 되고 이를 자기 센서로 측정하는 방식이다. 샤프트로부터 수mm 이격하여 토크를 측정하며 먼지나 액체 등 기타 비자성 물질이나 높은 회전속도에서도 매우 잘 동작을 한다.

단점으로는 샤프트가 자화될 수 있기 때문에 강력한 자계환경에 노출되어서는 안 된다. 장점을 보면 다른 비접촉식 회전 센서보다 저가격으로 제작할 수 있고 장착이 쉬우면서도 자동보정 및 추가 조정을 최소화할 수 있다. 에너지 소모가 적고, 내구성이 뛰어나며 토크 측정은 물론 각도와 위치 측정도 가능하다. 비접촉식으로 감지 샤프트, 신호감지부, 전자신호 처리부가 하우징에 내장되어 콤팩트한 자기식 토크 센서의 개발이 가능하다.

(4) 온 도

① 온도의 정의

온도는 물체의 뜨겁고 차가운 정도를 나타내는 물리량이다. 이러한 온도는 "어떠한 물질 A와 B가 열적 평형상태에 있고, B와 C가 열적 평형상태에 있으면, A와 C도 열평형상태에 있다."라는 열역학 제0법칙에 기초한다.

② 온도 계측 센서의 종류

㉠ 열전쌍(Thermocouple)

2종류의 금속을 환형으로 접합하고 양 접합점에 온도차를 이용하여 열기전력을 발생한다. 이 성질을 이용하여 열기전력을 측정하여 온도차를 측정하는 데 사용한다. 전류의 방향을 바꾸면 열의 발생과 흡수도 바뀐다.

㉡ 서미스터(Thermistor)

열에 민감한 저항체라는 의미로 온도변화에 따라 저항값이 극단적으로 크게 변하는 감온반도체이다. 사용온도범위가 −50~500℃로 일상적인 온도조절을 필요로 하는 모든 범위에 응용되며, 또한 소형으로 값이 저렴하고 고감도이므로 가전기기나 산업기기의 온도 센서 및 온도 보상용으로 사용되고 있다.

㉢ RTD(Resistance Temperature Detector)

금속과 반도체는 전기저항의 온도의존성을 이용하고 있다. 금속의 온도계수는 정, 즉 온도가 높아지면 저항치가 증대한다. 한편 반도체의 저항치는 온도계수가 부이기 때문에 저항치가 감소한다. 금속을 이용한 대표적인 온도계는 백금(Pt)을 저항체로서 하며, 그것을 저항 온도계라 부르고 있다. 저항 온도계에는 Stem형, Capsule형, 공업용 등이 있다(예 십자형 권침에 저항선을 감은 것이 강화 Glass에 봉입되어 있음). 백금을 사용한 경우의 측정 온도 범위는 Stem형에서 90~903K, Capsule형에서 실온 이하 14K까지이다. 이 저항 온도계는 전류를 흘린 상태에서 측정하기 때문에 자기가열이 있는데 이 영향을 감안하여 전류치를 설정하여야만 한다.

㉣ 열량 센서

열량을 측정하는 장치로 열량계에는 열용량을 알고 있는 물체의 온도변화를 측정하는 방법으로 액체열량계, 금속열량계가 있다. 또한 상태변화를 받는 물체의 질량 또는 체적을 측정하는 방법으로 얼음열량계(미소온도변화가 필요), 증기열량계(온도가 일정하게 유지)가 있다.

㉤ 반도체 온도 센서

다이오드의 순방향 전압 및 트랜지스터의 Collector-Emitter사이에 일정한 전류를 흘릴 때의 Base-Emitter 사이 전압은 온도에 따라 직선적으로 변화하므로 이 특성을 온도 센서로써 이용한다. 특히 트랜지스터는 3단자이기 때문에 특성의 편차를 외부 회로에서 보정할 수 있고, 또 센서 전체를 IC화하는 것에 의하여 온도측정에 용이하다. 수정 발진자 주파수의 온도변화와 보정하기 위한 IC 내장 온도 센서는 CMOS IC에 내장된 NPN Transistor의 베이스-이미터 사이 전압 V_{be}의 온도 특성에 착안하고 있다. 실제에는 V_{be}의 온도감도 부족을 보완하기 위하여, 그림과 같이 2개 이상의 Transistor의 V_{be}가 가산될 수 있는 접속이 채용되고 있다.

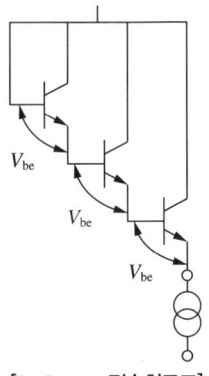

[Darlington 접속회로도]

(5) 동 력

동력은 기계가 일을 할 때 단위시간에 이루어지는 일의 양을 의미하며, 공률(工率)이라고도 한다. 동력의 단위로는, 와트(W ; 1W = 1J/sec), 미터마력(PS ; 1PS = 75kg · m/sec = 0.7355kW), 영국마력(HP ; 1HP = 0.746kW) 등으로 사용한다. 동력의 역학적 형식은 직선적인 일을 하는 것과 회전하는 일을 하는 것으로 나뉜다.

동력을 P라고 할 때, 직선적인 일을 하는 경우 P = 하중×변위속도, 회전하는 일의 경우 P = 토크×회전각속도로 표시한다. 동력이 같은 경우 속도가 클수록 하중 또는 토크가 작아진다.

2 전기적 계측

(1) 전 압

① 전압의 정의

도체 내에 있는 두 점 사이의 전기적인 위치에너지 차이, 즉 전위차를 말하며 물체에 전하를 많이 저장하면 같은 극성의 전하는 서로 반발작용을 하여 다른 전하가 있는 방향으로 이동하려는 압력이 발생한다. 전압의 단위는 볼트(V)로 나타내며 전류를 흐르게 할 수 있는 힘을 의미한다.

② 전압 계측 센서

전압은 회로의 한 지점(또는 구간)을 기준으로 양쪽에 걸리는 전압(차이)을 측정한다. 전압측정 센서는 회로에 병렬로 연결한다. 전압은 저항과 같이 전류의 흐름을 방해할 때만 생긴다. 전압 측정에 사용되는 저항은 매우 큰 값을 사용해서 측정구간에 극히 적은 전류만 흐르도록 한다. 현재 회로에 거의 영향을 주지 않고 소비 전력도 적다.

(2) 전 류

① 전류의 정의

양전하를 가진 물체와 음전하를 가진 물체를 금속선으로 연결하면 음전하는 양전하를 가진 물체 쪽으로 이동하고 이것을 전류라 한다. 전류는 (+)극에서 (-)극으로 흐르고 단위는 암페어(A)라고 하며 1A는 도선 임의의 단면적을 1초 동안 1C의 정전하가 통과할 때의 값이다.

㉠ 전류의 3대작용
- 발열작용 : 도체 중의 저항에 전류가 흐르면 열이나 빛이 발생되는 원리를 이용하여 자동차에서는 전조등과 실내등, 열선시트, 시가라이터, 디젤자동차의 예열 플러그 등에 적용된다.
- 화학작용 : 전해액에 전류가 흐르면 화학작용이 발생하여 (+)극과 (-)극 사이에 전기분해가 발생되는 원리로 자동차에는 배터리가 이러한 작용을 한다.
- 자기작용 : 코일에 전류가 흐르면 자기장이 발생되는 현상을 이용한다. 자동차에서는 발전기, 기동전동기, 각종 릴레이 등에 적용된다.

② 전류 측정 센서

전류 측정 센서는 회로에 직렬로 연결한다. 직렬로 연결하므로 저항이 커지면 전류의 흐름을 방해한다. 매우 작은 값의 저항을 사용해서 그 저항에 걸리는 전압을 측정한다. 저항값과 전압을 알고 있으므로 $I = V/R$로 전류를 계산할 수 있다. 전류 센서는 방식에 따라 비절연형, 절연형으로 구분되고 절연형은 다시 전자유도방식과 전류자기효과를 이용한 방식으로 나뉜다.

(3) 저 항

① 저항의 정의

저항은 전류의 흐름을 방해하는 정도를 나타내는 물리량으로 저항은 도선의 길이에 비례하고 단면적에 반비례하는 성질을 가지고 있다. 모든 도체는 고유저항이라고 하여 본래의 저항을 가지고 있으며 고유저항은 '은-구리-금-알루미늄-텅스텐-황동-니켈-철-백금-강-주철' 순으로 점차 증가한다. 저항의 단위로는 옴(Ω)을 사용하며 전압, 전류, 저항의 상관관계를 나타낸 것을 옴의 법칙이라 하고 다음과 같이 나타낸다.

$$V = I \cdot R \qquad I = \frac{V}{R} \qquad R = \frac{V}{I}$$

(4) 전 력

단위 시간 동안에 전기 장치에 공급되는 전기 에너지를 전력이라고 하며 단위는 와트(W)를 사용한다. 1W는 1V의 전압이 걸린 부하에 1A의 전류가 흐를 때 소비된 전력의 크기를 의미한다. 전력은 전류가 일정할 때 저항에 비례하고, 전압이 일정할 때 저항에 반비례한다. 또한 전력을 P라고 할 때 전압과 전류에 관한 식으로 정리하면 아래와 같다.

$$P = V \cdot I$$

이를 옴의 법칙에 적용하면 다음과 같이 정리된다.

$$P = I^2 \cdot R \qquad P = \frac{V^2}{R}$$

(5) 자 력

① 자력의 정의

  ㉠ 앙페르의 오른나사의 법칙

  오른나사가 진행하는 방향으로 전류가 흐르면 나사가 도는 방향으로 자력선이 발생 하는데 이것을 앙페르의 오른나사 법칙이라고 하며 이와 같은 현상은 도선에 전류가 흐를 때에 그 주위에 전류의 세기에 비례하고 도선으로부터 거리에 반비례하는 자계가 생기기 때문에 발생한다.

  ㉡ 오른손 엄지손가락 법칙

  네 손가락이 전류의 방향으로 되도록 코일을 손으로 잡으면 엄지손가락 방향이 자력선 방향인 N극이 된다는 것이 오른손 엄지손가락 법칙이다.

  ㉢ 플레밍의 왼손 법칙

  자극을 고정하고 도체가 움직일 수 있게 하면 도체에 힘이 작용하여 도체가 움직이게 된다. 이 힘을 전자력이라 하며 플레밍의 왼손 법칙을 적용하여 그림과 같이 왼손 손가락 중 중지손가락이 전류, 검지손가락이 자장, 엄지손가락이 힘의 방향이 된다. 주로 전동기, 전류계, 전압계에 많이 사용하며 자동차에서 직류전동기는 코일이 계속 일정한 방향으로 회전하도록 하기 위하여 1/2회전할 때마다 전류의 흐르는 방향을 바꾸어 준다.

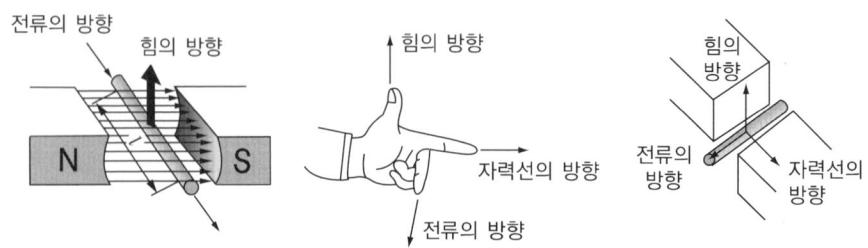

[플레밍의 왼손 법칙]

② 전자기 센서

자장을 유용한 전기 신호로 변환시켜 주거나, 비자기적 신호를 전기적 신호로 변환시키기 위한 중간 매개체의 변환기 역할을 하는 센서로 무접점 또는 비접촉 측정이 가능하다는 특징이 있다. 전자기 센서는 직접 자장을 이용하거나, 비자기적 신호를 전기적으로 변환함에 따라 직접적인 응용과 간접적인 응용으로 분류할 수 있다. 직접적인 응용으로는 자속, 자계강도 측정, 방위 측정, 자기 기록매체로부터의 데이터 읽기, 카드나 지폐의 자성 무늬 식별, 그리고 자기 장치의 제어 등과 같은 직접 자장을 입력하여 전기적 신호로 변환시켜 주는 목적에 이용할 때 사용되어진다. 간접적인 응용은 전류 측정, 집적화 적산·전력계, 비접촉 선형 및 각도 위치측정, 변위 또는 속도 측정 등 비자기적 신호를 전기적 신호로 변환시켜 주는 목적으로 사용된다. 실온에서 동작하는 범용성이 있는 반도체 자기 센서의 대부분은 전류자기 효과에 의한 Hall 소자와 자기저항 소자이며, 이들은 피측정 자계에 대하여 고감도로서 좋은 직선성을 갖는 특징을 가지고 있으며 반도체 집적화 공정 기술에 의해 집적화가 가능하기 때문에 다차원 또는 다기능의 성질을 갖는 센서의 제조가 용이하다. 미소자계의 측정이나 극저온에서의 측정을 위해서는 초전도 효과를 이용한 SQUID를 사용한다. 전자기 센서는 Hall 소자를 응용한 브러시리스 모터에서 주로 사용되어지며 타코미터, 점화기 등의 자동차전장, 전류계, 전력계, 유량계 등의 계측기기분야, 각종 전자제품 및 탐지기 등의 기타 분야에 사용된다.

CHAPTER 02 차량통신 네트워크

1 통신네트워크의 구조 및 종류

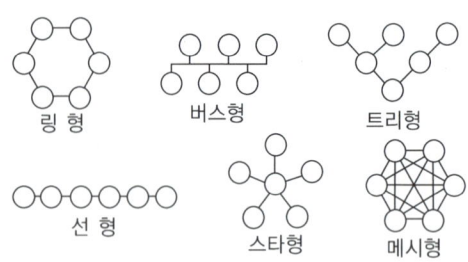

(1) 버스형

Ethernet으로 대표되는 가장 기본적인 형태로 LAN 환경에서 적용이 가능하며 구성 비용이 낮고 새로운 노드를 추가하기도 용이하다. 반면 노드가 증가할수록 성능이 저하되고 논리적으로 전체와 통신이 가능하기 때문에 한 노드가 전파한 유해성 트래픽이 전체로 확산될 수 있다. 또한 스위치 장비에 문제가 발생되면 전체에 영향을 주게 된다.

(2) 링 형

링형은 노드 간 Point-to-Point 구성을 기초로 하기 때문에 버스형에 비해서는 확장성이 있으나 역시 한 링에 속한 노드가 많아질수록 성능 및 관리의 문제가 발생되기 때문에 특정 지역에 국한하여 구성이 가능하다. 또한 개별 노드는 회선이 이중화되어 있는 모습이므로 안정성 측면에서는 우수한 특성을 가진다.

(3) 선 형

회선의 이중화 측면을 제외하고는 링형과 동일하다. Point-to-Point 구성 속에서 이중화만 고려된다면 원거리 구성에도 사용할 수 있는 네트워크 구조이다.

(4) 트리형

계층적인 네트워크구조로 상위계층의 장애가 하위계층 전체에 영향을 미칠 수 있는 단점을 극복하기 위해 다른 네트워크와 혼합하여 WAN 구간에서 가장 많이 사용된다. 계층적인 Point-to-Point 구조로 인해 확장성이 우수하며, 네트워크 구성이 직관적이라서 관리가 쉽다. 또한 계층적으로 원거리 확장을 하기 때문에 구간별로 필요한 회선의 길이가 비교적 짧은 특징이 있다.

(5) 스타형

관리가 쉽고 확장성이 좋기 때문에 트리형과 함께 WAN 구성에 많이 사용된다. 다만 한국의 한 지역을 중심으로 하고 전체 지역을 스타형으로 구성하는 경우 각 지역으로 직접 회선을 연결해야 하기 때문에 회선 비용이 많이 발생될 수 있으며, 중앙 노드의 장애가 전체 장애가 되기 때문에 어떤 식으로든 이중화 방안을 고려해야 한다.

(6) 메시형

자체적으로 다른 네트워크 구조의 단점을 극복한 가장 안전한 형태의 네트워크 구조이다. 하지만 구성비용이 매우 비싸며 메시를 유지하고자 한다면 확장이 매우 어렵고 구성된 회선이 많기 때문에 관리도 어렵다. 실제 구성에서는 Full Mesh의 형태보다는 일부 노드는 트리형이나 선형을 사용한 Partial Mesh가 많이 사용된다.

네트워크 구조	범 위	안정성	확장성	관 리	비 용	장애영향
버스형(분기형)	LAN	낮음	낮음	보통	낮음	전체에 영향 가능
링형(원형, 루프형)	MAN	높음	낮음	보통	보통	회선장애에 대해서는 대체경로가 존재
선 형	WAN	낮음	보통	쉬움	낮음	전체
트리형(계층형, 분산형)	WAN	보통	높음	쉬움	낮음	상위계층의 장애가 하위계층 전체에 영향
스타형(성형, 방사형)	WAN	보통	높음	쉬움	높음	중앙노드의 장애가 전체에 영향
메시형(망형)	WAN	낮음	낮음	어려움	매우 높음	장애 노드에 국한

(7) ZigBee 통신

ZigBee는 다른 무선통신에 비해 낮은 가격과 저전력이라는 특징을 가지는 개인 근거리 무선통신 표준 기술로 ZigBee는 간단한 데이터 전송을 요구하면서도 긴 배터리 수명과 보안성을 요구하는 분야에서 사용된다.

2 CAN 통신

(1) CAN 통신의 원리

① CAN(Controller Area Network)의 개요

차량용 컨트롤러의 적용 증가로 제어 모듈 간의 효율적인 정보 공유를 위한 통신 표준이 필요하게 되고, 그에 따라 80년대 중반부터 BOSCH사에서 제어기 간 통신 사양을 표준화하여 점차 유럽 표준으로 발전시켰다. 제어 모듈 간의 네트워크 구현을 통한 다양한 제어기능의 개발 및 응용을 위한 기반을 마련하였고 현재 공장 자동화 및 철도 등 이용 분야가 점차 광범위화되는 추세이다.

② CAN(Controller Area Network)의 특징
   ㉠ 고속 통신이 가능하다.
   ㉡ 신뢰성·안정성이 우수하다.
   ㉢ 비동기식 직렬 통신방식을 사용한다.
   ㉣ 듀얼(Dual) 와이어 접속 방식의 통신선으로 구성이 간편하다.
   ㉤ 메시지가 동시에 전송될 경우 중재 규칙에 의해 순서가 정해진다.
   ㉥ Multi-Master 방식으로 모든 CAN의 구성 모듈은 정보 메시지 전송에 대해 자유 권한이 있다.
   ㉦ Low Speed CAN의 경우 125kbps 이하, 보디전장 계통의 데이터 통신에 응용된다.
   ㉧ High Speed CAN의 경우 125kbps 이상, 파워트레인과 섀시부분의 실시간제어에 응용된다.

(2) CAN 통신의 구조

① CAN 통신의 구성

보디전장 CAN(Controller Area Network) 통신 네트워크는 메인 보디 컨트롤 모듈(BCM ; Body Control Module)과 스마트 키 ECU(SMK ECU ; Smart Key Electronic Control Unit), 전원 분배 모듈(PDM ; Power Distribution Module) 및 클러스터 모듈(CLUM ; Cluster Module)을 기본으로 구성되어 있다.

이 외에 후방 주차 보조 시스템 모듈(RPAS ; Rear Parking Assist System Module)이 장착된 경우 클러스터 모듈과 LIN(Local Interconnected Network) 통신 라인을 이용하여 제어에 필요한 정보를 서로 주고받도록 되어 있다. 클러스터 모듈은 파워 트레인의 CAN 통신라인과 보디전장의 CAN 통신 라인 간에 정보를 전달하는 역할을 한다.

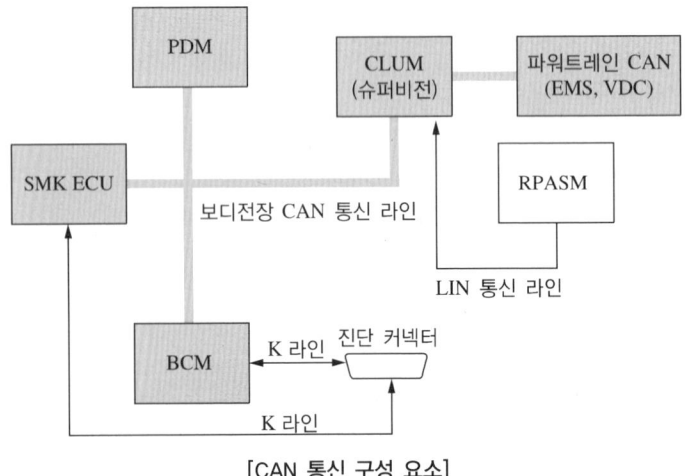

[CAN 통신 구성 요소]

② 보디 컨트롤 모듈(BCM ; Body Control Module)

보디 컨트롤 모듈시스템은 차속 감응형 조절 와이퍼, Mist 연동 와이퍼, 워셔 연동 와이퍼, 시트 벨트 경고등, 감광식 룸 램프, 오토 도어 잠금, 크래시 도어 잠금 해제, 키 리마인더, 점화 키 홀 조명, 오토 라이트 컨트롤, 앞 유리 뒷 유리 열선 타이머, 파워 윈도우 타이머, 미등 자동 소등, 무선 도어 잠금 기능, 도난 경보 기능 등을 자동으로 컨트롤 하는 시스템으로 수많은 스위치 신호를 입력 받아 시간 제어 및 경보 제어에 관련된 기능을 출력 제어하는 장치이다.

㉠ 와이퍼 제어 : 프런트 와셔 연동 와이퍼, 차속 감응 INT 와이퍼, Mist 와이퍼
㉡ 경보 제어 : 시트 벨트 경보 타이머, 시트 벨트 차임 부저, 스마트 키 경보, 키 리마인드
㉢ 램프 제어 : 미등 자동 소등, 이그니션 키 홀 조명, 전방 안개등, 오토 라이트, 감광식 룸 램프
㉣ 도어 록, 언록 제어 : 집중 도어 록, 언록, 키 리마인드 도어 언록, 키 탈거 언록, 충돌감지 도어 언록, 오토 도어 록(차속 감응)
㉤ 타이머 제어 : 뒤 유리 열선 타이머, 앞 유리 열선 타이머, 파워 윈도우 타이머
㉥ RKE 제어 : 패닉 제어, 버글러 알람 제어, 혼 응답 제어, MTS 연동 제어
㉦ 안전 제어 : ATM 시프트 록 제어
㉧ 고장 진단 : 진단장비 통신

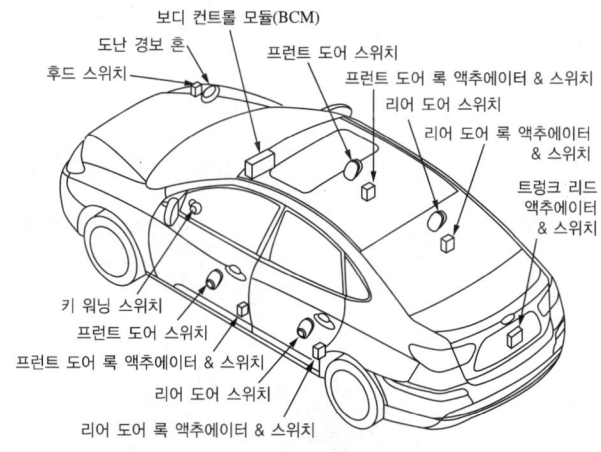

[보디 컨트롤 모듈의 제어요소 구성]

③ 스마트 키 ECU(SMK ECU ; Smart Key Electronic Control Unit)

스마트 키 시스템은 기존에 사용되는 키 또는 RF(Radio Frequency) 키를 이용하여 차량의 실내로 진입하는 것과는 달리 편리하게 운전자가 차량의 실내로 진입 및 조작을 가능하게 하는 시스템이다. 스마트 키 시스템은 스마트 키를 소지한 운전자가 도어 핸들의 푸시버튼을 누름으로서 구동된다. 이때 차량이 제한된 거리 내에서 요청 신호를 송신하고 스마트 키가 이 요청 신호를 수신하면 수신 여부를 자동적으로 차량에 보내게 된다. 이러한 절차를 거쳐서 스마트 키 시스템은 특별한 행동을 취할 것인지 해제, 잠금 또는 그 상태 그대로 유지할 것인지를 결정하게 된다. 즉, 스마트 키 시스템은 운전자의 어떤 행동이 수행되기 전에 스마트 키 ECU와 스마트 키의 통신을 통해서 스마트 키의 유효 여부를 확인한다.

㉠ 차실 내외 스마트 키 검색을 위한 LF(Low Frequency) 안테나 구동
㉡ 별도 분리된 외부 수신기로부터 스마트 키 신호 수신
㉢ 전원 이동 로직 판단 및 PDM의 릴레이 제어 요구(PDM과 CAN 통신 수행)
㉣ ESCL 로크/언로크 요구 명령 전송(PDM과 CAN 통신 수행)
㉤ 엔진 ECU와 통신 수행(시동 허가 요구, 명령)
㉥ 경고등 및 경고음 제어
㉦ 진단 장비와 통신

④ 전원 분배 모듈(PDM ; Power Distribution Module)
㉠ 스마트 키 홀더 조명 제어
㉡ 스마트 키, BCM과 CAN 통신
㉢ 시동 버튼 조명 및 인디케이터 제어
㉣ ESCL 전원 공급 및 ESCL 언록 상태 모니터링
㉤ 전원 공급 릴레이 고장 및 PDM 내부 ECU 고장 진단
㉥ 스마트 키 ECU로부터 전원 이동 명령을 수신하여 릴레이 제어
㉦ 시동 버튼 스위치 #1 입력 모니터링(스마트 키 시동 버튼 신호와 중복 점검)
㉧ 차량속도 수신(ABS ECU로부터 배선을 통해 직접 수신), BCM 속도 정보와 중복 점검
㉨ 스타트 모터 전원 제어 스마트 키 ECU로부터 전원 이동 명령을 수신하여 릴레이 제어
㉩ 스마트 키 홀더와 통신 수행(트랜스폰더 통신을 위해 시리얼 통신을 이용한 스마트 키 홀더 제어)

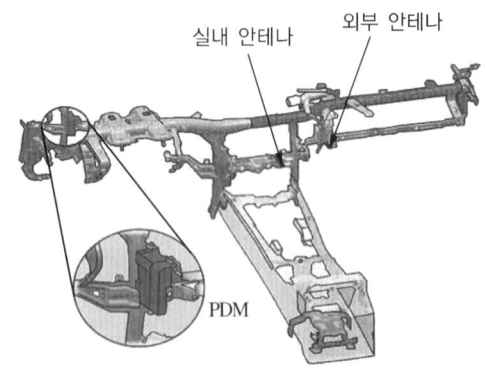

[전원분배모듈 장치]

⑤ 후방 주차 보조 시스템 모듈(RPAS ; Rear Parking Assist System Module)
㉠ LIN 통신 IC 내장
㉡ 후방 초음파 센서 제어
㉢ 후방 주차 보조 시스템 음영 제어
㉣ LIN 통신 라인으로 후방 경보 상황 전송

⑥ 주차 보조 시스템 디스플레이(Parking Assistance System Display)

클러스터는 주차보조시스템 상태를 관련된 LIN 신호에 따라 LCD에 표시한다. 이는 자동차와 물체 간의 거리(후방 영역)를 표시한다. 후방에 총 4개의 센서가 자동차에 설치되며, 클러스터는 4개의 센서 정보를 경고 세그먼트(활 모양의 토막) 수준으로 표시한다.

[주차보조시스템 디스플레이 장치]

3 OBD - Ⅱ

(1) OBD - Ⅱ의 원리

① OBD - Ⅱ의 정의

OBD는 On-Board Diagnostic의 약자로 MIL이라고 하는 안내용 등(Malfunction Indicator Lamp)을 통하여 차량의 문제를 사용자나 정비사에게 보여 준다. 이 램프가 들어오면 차량에 이상이 있다는 것을 인지하게 되고 그 후 문제를 해결하는데 기본적인 목적을 가지고 있다. 내부적으로는 문제점에 대한 자체 진단한 결과를 저장하여 정비사가 문제 해결을 할 수 있도록 세부 기술정보를 전달해 주는 기능이 있다.

② OBD - Ⅱ의 목적

운전자가 차량을 운행할 때, OBD장치는 지속적으로 차량의 상태를 감시한다. 엔진 점화 계통이나, 배기장치 등에서 발생하는 문제 등을 감지하게 되면, 문제를 상징하는 MIL 램프를 켜게 되고, 문제가 해결되기 전까지는 꺼지지 않게 되어 있다. 차량 제조사나 지역에 따라서 OBD의 원래 목적인 엔진 계통의 이상으로 인한 필요 이상의 배기가스 발생에 대한 자체 검사 기능뿐만 아니라, 추가적으로 차량 내부의 다른 시스템들의 이상을 표시해 주기도 한다. 램프가 대시보드에 표시되면, OBD장치가 차량의 이상을 감지했음을 의미한다. 이때에 OBD장치의 세부 진단 결과를 읽어내는 장비를 통해서 문제를 분석하고 해결한다.

(2) OBD-II의 구조

OBD-II 전자제어장치를 적용한 엔진의 운전과 배출가스 저감장치를 제어하여 오염물질 생성을 감소시키기 위해서 다음과 같은 장치가 필요하다.

① 에어크리너에서 연소실로 유입하는 공기 유량을 정밀하게 측정하기 위해 흡입 공기유량 직접측정장치(Mass Air Flow Meter)와 흡기관 절대압력 센서(Manifold Absolute Pressure)를 설치하여야 한다.
② O_2 센서가 정상적으로 작동하는 시간을 단축시키기 위해 예열장치를 적용한 O_2 센서를 설치하여야 한다.
③ 촉매변환기 이전에 설치하는 O_2 센서의 수량을 증가시킨다. 필요하면 각 실린더에 별도의 O_2 센서를 설치한다.
④ 촉매변환기의 정화효율을 측정하기 위해 촉매변환기 앞과 뒤에 O_2 센서를 설치한다.
⑤ EGR 밸브의 상하행정을 전자적으로 제어하기 위해 밸브핀 틀에 포지션 센서(EGR 밸브 위치 확인 센서)를 설치한다.
⑥ 연료분사 방식을 점화순서에 따라 연료를 분사하는 순차분사 방식을 적용한다.
⑦ 증발가스 제어장치는 연료탱크 압력 센서, 환기 솔레노이드 밸브, 증발가스 누설 감지 센서를 설치하여 연료장치를 통해 대기로 누출되는 증발가스 유량을 측정할 수 있도록 한다.

(3) OBD-II의 주요기능

① 실화감지엔진(Misfire Monitoring)
  엔진에서 실화가 발생하면 HC가 증가하고, 촉매도 손상을 입으므로 실화율이 일정 이상이 되면 경고등을 점등한다. 실화감지는 크랭크샤프트 각속도를 측정하여 그 변화율을 실화 여부와 해당 기통을 판정하는데, 실화 판정기준은 5~25%로 상이하다.
② 촉매성능 감지(Catalyst Monitoring)
  촉매의 앞, 뒤에 산소 센서를 장착하여 촉매 정화효율이 규제치의 1.5배를 넘으면 점등한다. 진단 원리는 촉매 앞쪽 센서에서 나오는 출력전압의 진폭은 배기가스가 정화되지 않았기 때문에 크고, 뒤쪽 센서의 진폭은 작으므로 그 진폭비를 비교하여 이상여부를 판정한다.
③ 증발가스 제어장치 감지(Evaporative System Monitoring)
  연료 탱크나 캐니스터에서 연료 증발가스가 누설되면 점등한다. 이를 위해 캐니스터 퍼지밸브의 작동상태와 증발가스 장치의 1mm 이상의 누설을 감지한다.
④ 연료장치 감지(Fuel System Monitoring)
  연료장치의 이상으로 산소 센서의 공연비 피드백 작용이 불량하면 촉매 정화효율이 떨어지므로 이를 감지한다.
⑤ 산소 센서 감지(O_2 Sensor Monitoring)
  촉매 전, 후에 설치되는 2개 산소 센서의 기능 이상을 출력전압의 크기를 비교하여 판정한다.

⑥ EGR가스 제어장치 감지(EGR Control System Monitoring)

EGR장치에 고장이 발생하면 NO_x가 증가하므로 EGR정상작동 여부를 측정한다. 진단은 EGR이 작동하면 흡기관 내 압력이 상승하므로, 이곳에 압력 센서를 설치하여 판정한다.

4 기타 통신

(1) 시리얼 통신

여러 가지 작동 데이터가 동시에 출력이 되지 못하고 순차적으로 나오는 방식을 말한다. 즉 동시에 2개의 신호가 검출될 경우 정해진 우선순위에 따라 우선순위인 데이터만 인정하고, 나머지 데이터는 무시하는 것이다. 이 통신은 단방향, 양방향 모두 통신할 수 있다.

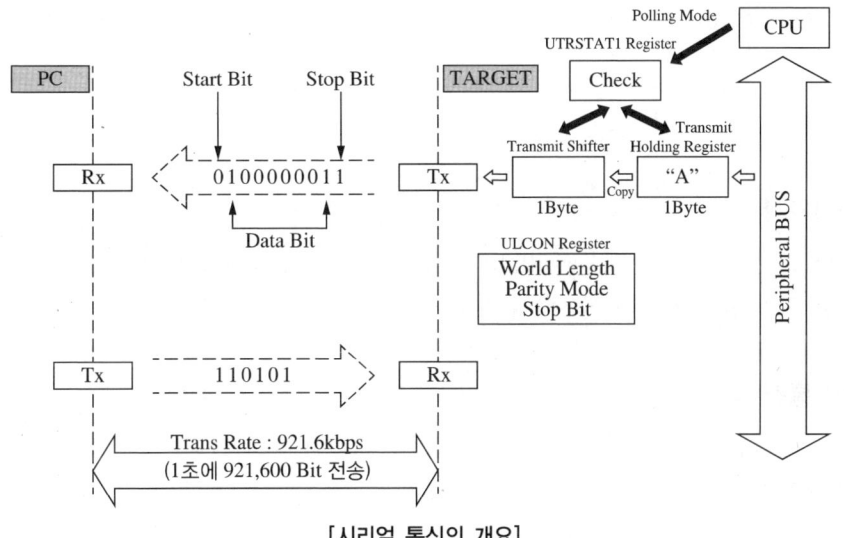

[시리얼 통신의 개요]

(2) 블루투스 통신

블루투스의 무선 시스템은 ISM(Industrial Scientific and Medical) 주파수 대역인 2,400~2,483.5 MHz를 사용한다. 이 중 위아래 주파수를 쓰는 다른 시스템들의 간섭을 막기 위해 2,400MHz 이후 2MHz, 2,483.5MHz 이전 3.5MHz까지의 범위를 제외한 2,402~2,480MHz, 총 79개 채널을 쓴다. ISM이란 산업, 과학, 의료용으로 할당된 주파수 대역으로, 전파 사용에 대해 허가를 받을 필요가 없어 저전력의 전파를 발산하는 개인 무선기기에 많이 사용된다. 여러 시스템들과 같은 주파수 대역을 이용하기 때문에 시스템 간의 전파간섭이 발생할 우려가 있는데, 이를 방지하기 위하여 블루투스는 주파수 호핑(Frequency Hopping)방식을 취한다. 주파수 호핑이란 많은 수의 채널을 특정 패턴에 따라 빠르게 이동하며 데이터를 조금씩 전송하는 기법이다. 블루투스는 할당된 79개 채널을 1초당 1,600번 호핑한다. 호핑 패턴이 블루투스기기 간에 동기화되어야 통신이 이루어진다.

블루투스는 기기 간 마스터(Master)와 슬레이브(Slave) 구성으로 연결되는데, 마스터 기기가 생성하는 주파수 호핑에 슬레이브 기기를 동기화시키지 못하면 두 기기간 통신이 이루어지지 않는다. 이로 인해 다른 시스템의 전파 간섭을 피해 안정적으로 연결될 수 있게 된다. 참고로 하나의 마스터 기기에는 최대 7대의 슬레이브 기기를 연결할 수 있으며, 마스터 기기와 슬레이브 기기간 통신만 가능할 뿐 슬레이브 기기간의 통신은 불가능하다. 하지만 마스터와 슬레이브의 역할은 고정된 것이 아니고 상황에 따라 서로 역할을 바꿀 수 있다.

(3) GPIB 통신

병렬통신으로서 여러 가지 용도로 사용될 수 있으나 제일 큰 목적은 PC를 통하여 계측기나 기타 장비 등 표준 프로토콜로 병렬 및 고속 제어하기 위하여 사용된다.

(4) RS-232C 통신

직렬통신으로 Recommend Standard number 232의 약어이고 C는 표준 규격의 최신판을 나타내는 것이다.

(5) RS-422 통신

직렬통신으로 RS422은 Differential Mode로 송수신하게 된다. Differential이라는 것은 말뜻 그대로 두 선의 전위 차이를 이용하여 데이터를 보내는 것을 말한다.

(6) USB 통신

범용 직렬 버스 통신으로 공통의 Connector로 다양한 주변기기를 접속 가능하게 하는 Interface 규격을 말한다.

CHAPTER 03 부품시험 평가

PART 05 그린전동자동차 측정과 시험평가

1 구동시스템

(1) 전동기동력계 사용법

① 전압, 전류의 측정

㉠ 출력특성

부하모터를 0에서 대상모터의 최대속도 범위까지 가변하고 출력특성을 측정할 대상모터에 최대전류를 인가하여 대상모터의 속도별 최대토크를 측정한다.

㉡ 정격/최대출력

부하모터를 0에서 대상모터의 최대속도 범위까지 가변하고 정격/최대출력을 측정할 대상모터의 연속 정격/최대출력에 해당하는 토크를 온도변화가 안정화할 때까지 인가한다. 그 후 대상모터의 온도변화를 측정한다.

㉢ 효율시험

효율 = P_{out}/P_{in}

토크지령에 따른 실토크를 측정한다.

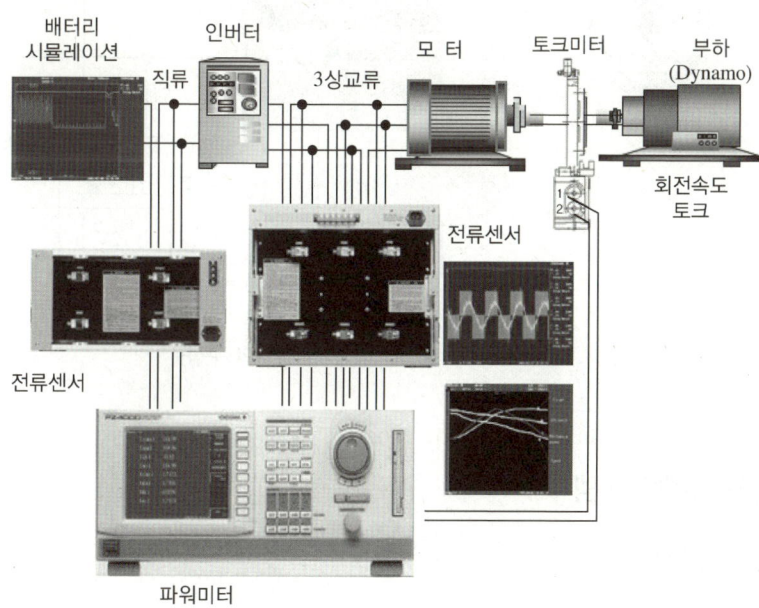

[전동기동력계 시험기 구성]

(2) 전동기/인버터 구동 시험방법

① LDC 성능시험

㉠ 정격 입력전압/정격 출력전압을 인가하고 정격 출력부하를 2시간 동안 발생시키면서 시간에 따른 LDC 온도를 측정하여 연속 정격출력을 확인한다.

㉡ 정격 입력전압/정격 출력전압을 인가하고 출력전류를 서서히 증가시키면서 출력전류의 변화에 따른 출력전압을 측정하여 출력전력에 따른 전류보호를 확인한다.

㉢ 입력전압에 따른 정격 출력전압을 인가하고 출력부하를 정격 10%에서 서서히 증가시키며 그에 따른 효율을 측정한다.

㉣ 비동작상태에서 12V의 배터리를 출력단에 연결하고 정격부하 10%/정격전압에서 정격입력전압을 인가하여 출력전압 10%에서 90%까지 도달하는 데 소요되는 시간을 측정하여 출력전압의 응답성능을 확인한다.

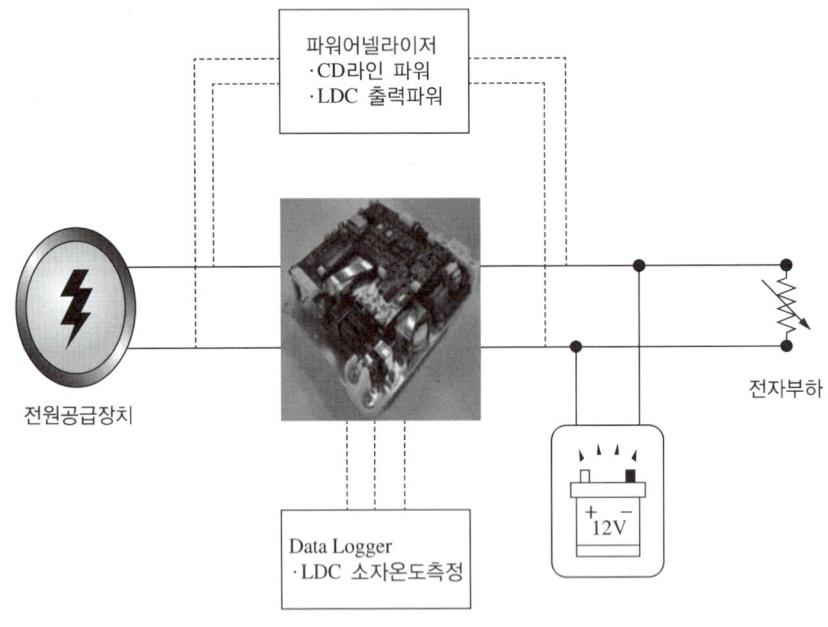

[LDC 성능시험장치의 구성]

2 에너지 저장시스템

(1) 배터리 충방전시험

① 방전작용

전해액 황산이 양극판과 음극판에 작용하여 두 극판이 황산납으로 변하고 전해액 황산 속의 수소는 양극판의 산소와 화합하여 물로 변한다.

② 충전작용

발전기에서 축전지의 (+)극으로 전기가 공급되면 전류의 화학 작용에 의해 두 극판의 황산납이 분해되어 전해액 속으로 방출되며, 양극판은 다시 과산화납이 되고 음극판은 해면상납으로 다시 바뀌면서 전해액은 묽은 황산으로 바뀌게 된다.

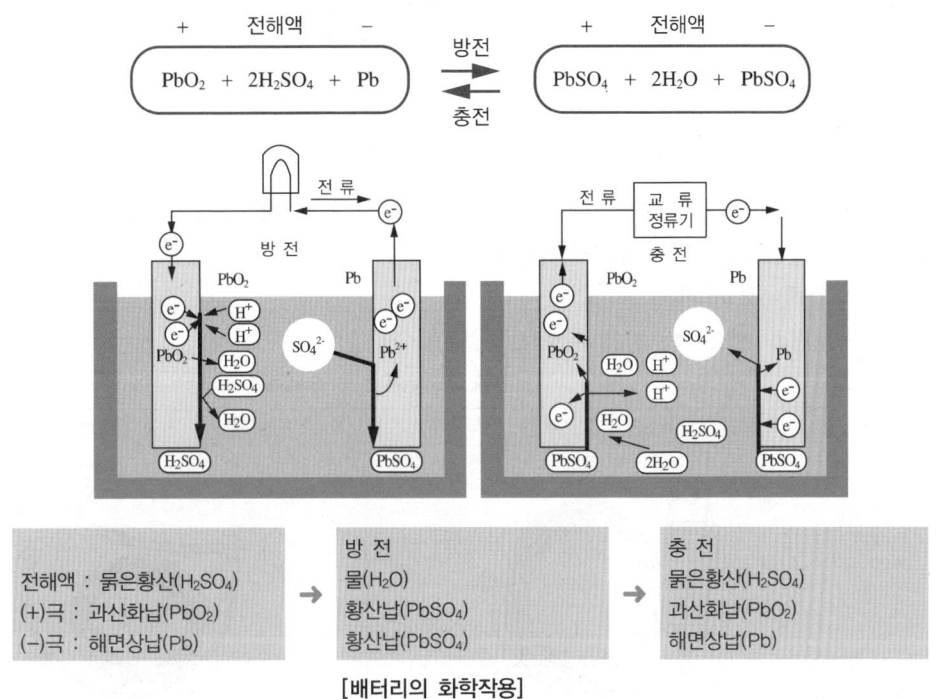

[배터리의 화학작용]

3 시험장비 지식

(1) 통신시험장비

① HI-DS 시험기

[HI-DS 시험기]

㉠ 계측모듈(Intelligent Box)
  • 역할 : 모든 신호의 측정과 통신을 하는 핵심장치이다.

- 구성 : 소형 컴퓨터, 스캔툴 회로, 오실로스코프 회로, 점화파형 회로, 멀티미터 회로, 인터페이스 회로, 저장 메모리로 구성된다.

[계측모듈]

ⓒ 암과 트롤리
- 트롤리 : PC, 모니터, 프린터, 키보드 등을 보관하며, 암(Arm)을 장착한다.
- 암은 계측 모듈(IB)을 고정시키고 각종 프로브를 거치할 수 있으며, 사용자의 편의에 따라 트롤리 좌측 또는 우측에 장착할 수 있다.

ⓒ 연결케이블의 기능
- 소전류 프로브와 진공 프로브

[소전류 프로브와 진공 프로브의 형태]

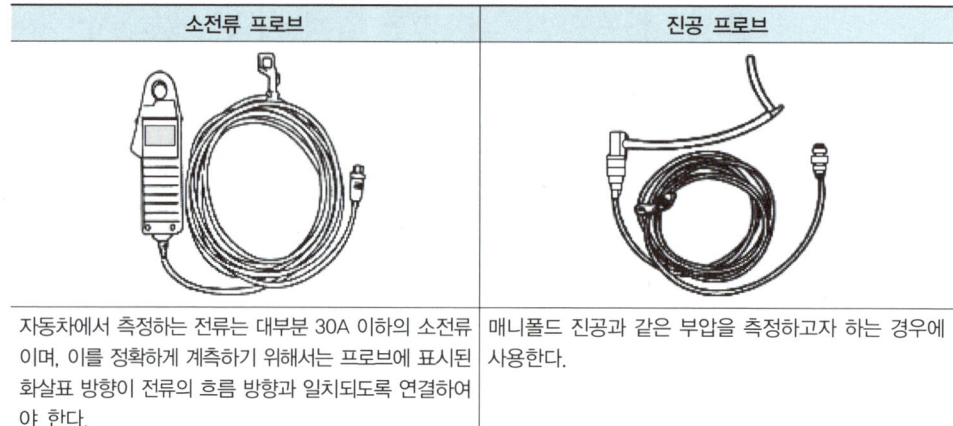

소전류 프로브	진공 프로브
자동차에서 측정하는 전류는 대부분 30A 이하의 소전류이며, 이를 정확하게 계측하기 위해서는 프로브에 표시된 화살표 방향이 전류의 흐름 방향과 일치되도록 연결하여야 한다.	매니폴드 진공과 같은 부압을 측정하고자 하는 경우에 사용한다.

- 점화 2차 프로브

[점화 2차 프로브 형태]

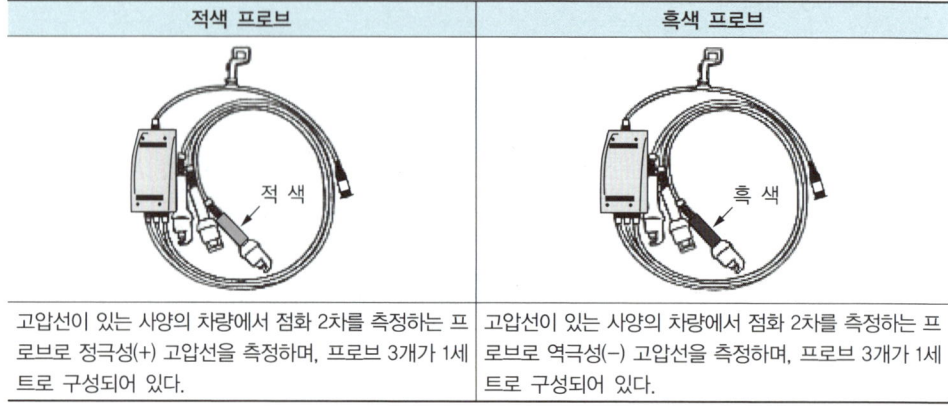

적색 프로브	흑색 프로브
고압선이 있는 사양의 차량에서 점화 2차를 측정하는 프로브로 정극성(+) 고압선을 측정하며, 프로브 3개가 1세트로 구성되어 있다.	고압선이 있는 사양의 차량에서 점화 2차를 측정하는 프로브로 역극성(−) 고압선을 측정하며, 프로브 3개가 1세트로 구성되어 있다.

- 오실로스코프 프로브 및 중간 스코프 모듈1

[오실로스코프 프로브와 중간스코프 모듈1의 형태]

오실로스코프 프로브	중간 스코프 모듈1
오실로스코프 측정을 위한 프로브로 총 6개의 채널로 구성되어 있으며, 채널의 구분이 용이하도록 채널별 색깔 및 번호가 표기되어 있다.	스코프 채널1, 채널2, 채널3 즉, 3개의 스코프 프로브들을 1세트로 묶어 계측모듈(IB)에 연결하여 케이블의 정돈과 사용자 편의를 위해 제공하는 모듈이다.

- 중간 스코프 모듈2, 3

[중간스코프 모듈2, 3의 형태]

중간 스코프 모듈2	중간 스코프 모듈3
스코프 채널4, 채널5, 채널6 프로브를 1세트로 묶어 계측모듈(IB)에 연결하여 케이블의 정돈과 사용자 편의를 위해 제공하는 모듈이다.	점화 2차 프로브(적색 및 흑색)와 트리거 픽업을 1세트로 묶어 계측 모듈(IB)에 연결하여 케이블의 정돈과 사용자의 편의를 제공하는 모듈이다.

- 멀티미터 프로브와 트리거 픽업

[멀티미터 프로브와 트리거 픽업의 형태]

멀티미터 프로브	트리거 픽업
멀티미터 기능을 사용할 때 이용하는 프로브이다.	고압선의 점화 신호를 이용하여 트리거(동기)를 잡을 때 사용하는 픽업 프로브로 1번 점화 플러그의 고압선에 연결하여 실린더 점화 위치를 판단한다.

- 배터리 케이블과 DC전원 케이블

[배터리 및 전원 케이블의 형태]

배터리 케이블	DC 전원 케이블
계측 모듈(IB)에 배터리 전원을 공급하며, (-)선을 통해 차량의 어스 레벨을 맞추는 역할을 한다.	장비 내의 파워 서플라이를 통해 계측 모듈(IB)에 DC 전원을 공급한다.

- DCL 케이블

[DCL 케이블의 형태]

DCL 케이블	DCL 어댑터 케이블
스캔툴 기능 사용시 자기진단 커넥터에 연결하는 케이블로 OBD-Ⅱ용 16핀 커넥터가 기본으로 적용되며, 차종에 따라 별도의 어댑터 케이블을 연결하여 사용한다.	현대 12핀 어댑터, 기아 6핀 어댑터, 기아 20핀 어댑터(Type A), 기아 20핀 어댑터(Type B), 범용 5핀 어댑터로 구성되어 있다.

- 연장 케이블(스코프 및 소전류)과 스프링 핀 검침봉

[연장 케이블 및 검침봉의 형태]

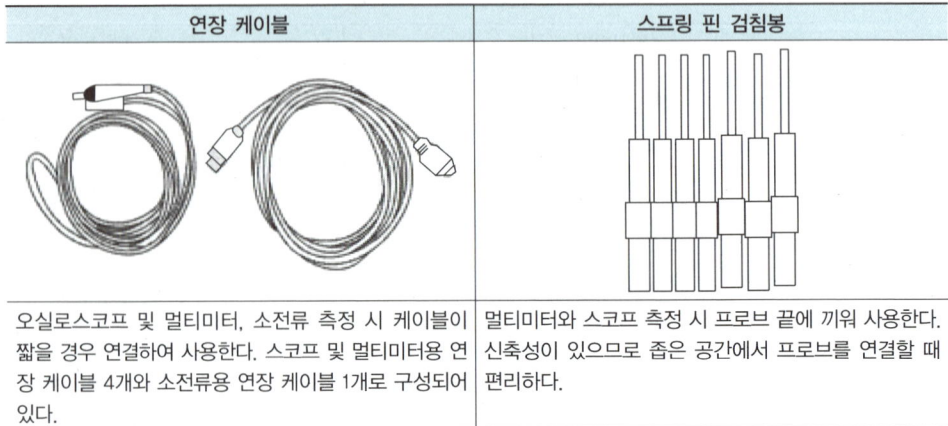

연장 케이블	스프링 핀 검침봉
오실로스코프 및 멀티미터, 소전류 측정 시 케이블이 짧을 경우 연결하여 사용한다. 스코프 및 멀티미터용 연장 케이블 4개와 소전류용 연장 케이블 1개로 구성되어 있다.	멀티미터와 스코프 측정 시 프로브 끝에 끼워 사용한다. 신축성이 있으므로 좁은 공간에서 프로브를 연결할 때 편리하다.

• LAN 케이블과 파워 서플라이

[LAN 케이블 및 파워 서플라이의 형태]

LAN 케이블	파워 서플라이
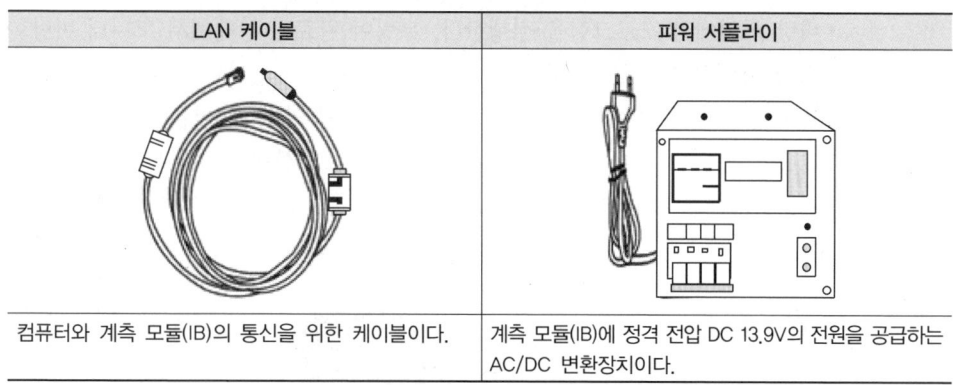	
컴퓨터와 계측 모듈(IB)의 통신을 위한 케이블이다.	계측 모듈(IB)에 정격 전압 DC 13.9V의 전원을 공급하는 AC/DC 변환장치이다.

• 대전류 프로브와 압력 센서

[대전류 프로브 및 압력 센서의 형태]

대전류 프로브	압력 센서
크랭킹 시 배터리 소모 전류, 발전기 출력 전류 등 보통 30A 이상의 큰 전류를 측정할 때 사용하며, 최대 100A와 1,000A까지 측정할 수 있다. 절환 스위치를 통해 측정 범위를 설정할 수 있으며, 소전류 프로브와 마찬가지로 프로브에 표시된 화살표 방향이 전류의 흐름 방향과 일치하도록 연결하여야 한다. 또한 측정하기 전 반드시 0점 조정을 실시하여야 한다.	실린더의 압축압력, 연료압력 및 자동변속기 오일압력, 베이퍼라이저 1차 실의 압력 등을 측정할 수 있다.

㉣ 운용방법
- DC 전원 케이블(+), (−)를 파워 서플라이에 연결한 후(항상 연결) 파워 서플라이의 전원 스위치를 ON시킨다.
- 계측 모듈(IB) 스위치를 ON시킨다.
  - 배터리 케이블을 계측 모듈(IB)에 연결하고 다른 한쪽은 차량의 배터리(+), (−) 단자에 연결한다.
  - DC 전원 케이블을 계측 모듈에 연결한다.
  - 계측 모듈의 스위치를 누른다.

- 모니터와 프린터의 전원을 ON시킨다.
- PC 전원 스위치를 ON시킨다. 이때 전원 스위치를 ON시키면 PC는 부팅을 시작한다.
- 바탕 화면에서 프로그램을 실행한다. 부팅이 완료된 상태에서 모니터 바탕화면의 HI-DS 실행 아이콘을 더블 클릭한다.
- 원하는 항목을 클릭하여 진단을 시작한다. 차종의 선택 버튼을 클릭하여 차종을 선택한 다음 원하는 항목에서 진단을 시작한다. 차종을 선택하지 않은 상태에서 임의의 항목을 선택하게 되면 차종의 선택 화면이 나타난다.

② HI-SCAN

[HI-SCAN]

㉠ 구성 및 특성

HI-SCAN의 주요 기능을 크게 분류하면 전차종 차종별 고장진단, 디지털 오실로스코프 테스트, 멀티미터기능, OBD-Ⅱ 지원차량 고장진단, 주행 데이터 검색 기능으로 나눌 수 있다. 이 기능들의 조합으로 통신 가능한 차량의 전자제어 장치를 쉽게 진단, 분석하여 정확하고 신속한 차량정비를 할 수 있다. HI-SCAN의 세부적인 기능 및 특징으로는 전차종 전자제어장치와의 통신 및 고장진단, OBD-Ⅱ 통신 규약 지원, 채널 디지털 오실로스코프 테스트, 액추에이터 작동 점검, 서비스 데이터와 연동되는 단품 점검기능, 서비스 데이터 및 파형 저장 기능, 풍부한 Auto Setup, 고해상도 액정화면에 의한 선명한 화면 출력, 소프트 터치 키패드 등이 있다.

- HI-SCAN 구성
  - 온라인 정비 지침 지원 기능(고장 코드, 센서 신호에 대한 정비 지침)
  - 온라인 사용 설명 지원 기능(HI-SCAN 사용 방법 설명)
  - 추가 기능을 위한 별도의 PCMCIA 카드 활용 기능
  - 주행 검사 저장을 위한 대용량 메모리 내장
  - 충격 방지용 고무 부츠
  - 개인용 컴퓨터와 통신 기능 지원
  - 외부 기기 연결사용을 위한 버스라인 내장
  - 외부 프린터 지원 기능
  - PC 통신 다운로드 기능

ⓛ 연결방법

OBD-Ⅱ 규정을 지원하는 16핀 데이터 링크 커넥터(DLC)가 부착되어 있는 차량에서는 별도의 전원 공급 없이도 DLC 케이블을 통해 전원이 공급된다. 그러나 16핀 데이터 링크 커넥터를 사용하지 않는 기존의 차량은 DLC 측으로 전원단자가 없는 경우도 있다. 이 경우 시가라이터 케이블을 사용하여 별도의 전원을 공급하여야 한다. 이 경우에는 DLC 케이블(16핀)의 전단에 해당 차량 어댑터 케이블을 차량의 데이터 링크 커넥터와 연결하여야 한다.

ⓒ 작동원리

HI-SCAN는 기본적으로 키패드 입력에 의한 LCD화면 출력으로 사용자의 운용이 용이하도록 되어 있다. LCD부분은 화면 제목부를 표시하기 위한 목적의 화면 제목부, 사용자가 실제로 얻고자하는 정보를 표시해주는 화면 내용부, 운영화면에서의 활용 가능한 기능키에 대한 용도를 표시해주는 기능키 표시부로 나누어진다.

[HI-SCAN 연결방법]

- 메뉴화면 구성 : 한 화면에 최대 8개 줄이 표시될 수 있고 그 이상 연속되는 부분은 ▼ 키를 사용하여 계속 볼 수 있다. ▲ 키와 ▼ 키는 화면에 표시된 커서를 위로 올리거나 내릴 때 사용한다. 선택할 항목에 커서를 위치하면 해당부분의 글자가 역전(검은 바탕에 흰색 글씨)되며 ENTER 키를 누르면 선택된 항목을 수행한다. 만일 연속으로 두개 이상의 키가 눌렸다면, ENTER 키를 치기 전 마지막 키의 입력만이 선택된다.

```
            0. 기능선택
    ┌─────────────────────────┐
    │ 01. 차량 진단 기능        │
    │ 02. 차량 스코프미터 기능  │
    │ 03. OBD-Ⅱ 차량 진단 기능 │
    │ 04. 주행 데이터 검색 기능 │
    │ 05. 하이스캔 사용 환경    │
    │ 06. 프로그램 다운로드     │
    └─────────────────────────┘
```

[메뉴화면의 구성]

- 메시지 표시
  - 에러 메시지
    부적절한 선택이 되었거나, 에러가 발생하였을 때 기존화면 내에 에러 메시지가 표시되고 경고음이 울린다.
  - 진행 메시지
    현재의 진행 상태를 표시하여 준다.
  - 정비지침 및 사용설명 메시지
    정비지침이 수록된 데이터가 입력된 항목에서 도움키를 누르면 관련 정비지침이나 센서 규정값을 볼 수 있다.

ⓔ 전원공급
- 시가라이터 소켓 : 시가라이터 소켓을 통하여 전원을 공급받는다. 하지만 차량의 점화스위치가 OFF 상태에 있거나 시동 시에는 시가라이터 소켓에는 전원이 공급되지 않는다.
- 자동차 배터리 : 직접 배터리 (+)단자에 배터리 연결용 케이블의 붉은 클립을 물리고 (-)단자에 배터리 연결용 케이블의 검은 클립을 물린 후 시가라이터 케이블을 이용하여 전원공급을 받는다. 이때는 점화스위치의 위치나 시동에 관계없이 상시 전원을 공급받을 수 있다. 하지만 전극을 잘못 연결하면 HI-SCAN 본체에 손상을 입힐 수 있다.
- DLC 케이블 : OBD-Ⅱ 통신 규약을 만족하는 차량을 비롯하여 20핀 진단 커넥터의 경우에는 별도의 전원 공급 없이 DLC 케이블만으로 직접 전원을 공급받을 수 있다.
- 충전지 : 선택 사양인 충전지를 장착할 경우에는 별도의 전원 공급 없이 하이스캔을 약 2시간 정도 사용할 수 있다.
- AC/DC 어댑터 : AC/DC 어댑터를 전원으로 사용하는 경우 프로그램에 따라 충전지가 자동 재충전되며, 본체의 전원으로도 사용한다.

(2) Power Analyzer

전력 공급기는 일반적으로 교류(AC) 유틸리티 전원에서 직류(DC) 전원으로 변환하는 것과 같이 전력을 특정 형식에서 다른 형식으로 변환하는 구성 요소 시스템이다. 개인용 컴퓨터에서 군사 장비 및 산업용 기계 장비에 이르기까지 전자 장치의 적절한 운영은 DC전력 공급기의 성능과 안정성에 의해 결정된다. 종류나 규모 면에서 전력 공급기는 기존의 아날로그 유형에서 고효율 스위치 모드 전력 공급기에 이르기까지 다양하다. 장치 로드 및 요구 사항은 인스턴트의 변화에 따라 극적으로 변경될 수 있습니다. "가정용" 스위치 모드 전력 공급기까지도 평균 작동 수준을 훨씬 초과하는 급격한 피크를 견딜 수 있어야 한다. 전력 공급기에 대한 일반적인 측정 방법은 디지털 멀티미터를 사용하여 정격 전류 및 전압을 측정하고 계산기 또는 PC를 이용하여 정확한 계산을 수행한다. 오실로스코프를 선택하여 전력측정 및 분석을 실시하는데 오실로스코프는 설정이 간단하고 시간에 따른 측정이 용이한 통합 전력 측정 및 분석 소프트웨어를 설치할 수 있다. 주요매개 변수를 사용자 정의하고 계산을 자동화할 수 있으며 시간(초) 단위로 숫자 값을 포함하여 결과를 확인할 수 있다.

PART 05 적중예상문제

01 계측

01 산소 센서의 주된 재료로 쓰이는 것은?

① 실리콘
② 니켈
③ 피에조
④ 지르코니아

해설 산소 센서는 지르코니아 소자를 많이 적용한다.

02 산소 센서의 주의사항 중 틀린 것은?

① 산소 센서 내부저항을 측정할 것
② 전압측정 시 디지털미터를 사용할 것
③ 무연 가솔린을 사용할 것
④ 출력전압을 쇼트시키지 말 것

해설 산소 센서는 저항으로 연결되어 있지 않기 때문에 저항값이 무한대로 측정되며 저항 측정 시 파손될 우려가 있다.

정답 1 ④ 2 ①

03 다음 그림은 스로틀 포지션 센서(TPS)의 내부회로이며, 스로틀밸브가 완전히 열린 상태이다. 출력전압은 약 몇 V인가?

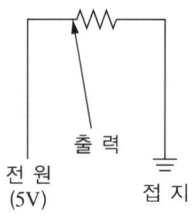

① 0
② 0.5
③ 2.5
④ 5

해설 스로틀 포지션 센서는 스로틀밸브가 닫혀있는 상태일 경우 0.5V, 완전히 열려있는 상태일 경우 4~5V의 출력전압이 발생한다.

04 리드 스위치식으로 T/M의 스피드 미터기어의 회전을 전기적 신호로 변환하는 센서는?

① 1번 TDC 센서
② 크랭크각 센서
③ 수온 센서
④ 차속 센서

05 다음의 센서 중 피드백(Feed Back) 카뷰레터 방식의 엔진에 사용되지 않는 센서는?

① 냉각 수온 센서
② 산소 센서
③ 크랭크 앵글 센서
④ 스로틀 포지션 센서

06 O₂ 센서가 고장나면 어떤 현상이 발생될 수 있는가?

① 시동 불능
② 연비 저하 및 유해 배기가스 발생
③ 가속 불능
④ 주행 중 rpm의 변화

07 지르코니아식 산소 센서를 점검하고자 할 때 가장 알맞은 측정기는?

① 저항계
② 전류계
③ 전압계
④ 산소계

08 다음은 O₂ 센서의 사용상 주의사항이다. 틀린 것은?

① 무연 가솔린을 반드시 사용하여야 한다.
② 출력전압을 단락시키지 말아야 한다.
③ O₂ 센서의 저항을 측정하여야 한다.
④ 전압 측정 시 디지털미터를 사용하여야 한다.

09 가동베인식 공기유량 센서에서 회전판의 회전위치를 검출하는 것은?

① 퍼텐쇼 미터(Potentio Meter)
② 암페어 미터(Ampere Meter)
③ 열선(Hot Wire)
④ 칼만 맴돌이 센서(Karman Vortex Sensor)

해설 가동베인식 공기유량 센서는 에어클리너와 스로틀밸브 중간에 설치되고 내부에 위치한 퍼텐쇼 미터가 유량계 역할을 하여 흡입 공기량을 계측하고, 계측된 값을 전기신호로 변환시켜 ECU로 보낸다.

정답 6 ② 7 ③ 8 ③ 9 ①

10 공기유량 센서가 비정상일 경우 예상되는 증상 중 틀린 것은?
① 연료 펌프가 작동하지 않는다.
② 가속이 늦거나 엔진 부조가 발생할 수 있다.
③ 시동을 걸기 어렵거나 시동이 되지 않을 수 있다.
④ 가속페달을 밟거나 뗄 때 시동이 꺼지거나 갑자기 시동이 꺼지려고 한다.

11 전자제어 기관의 공기유량 센서 중에서 MAP 센서의 특징에 속하지 않는 것은?
① 공기량을 직접 질량계측한다.
② 흡입공기 통로의 설계가 자유롭다.
③ 공기밀도 등에 대한 고려가 필요 없다.
④ 고장이 발생하면 엔진 부조 또는 가동이 정지된다.

해설 MAP 센서는 흡기 매니폴드의 압력 변화를 전압으로 환산하여 흡입되는 공기량을 간접 계측하여 ECU로 보낸다. ECU에서는 이 신호를 이용하여 기본연료 분사시간 및 점화시기를 결정한다. 장점으로는 고온에 의한 영향이 작고 진동과 압력변화가 심한 곳에서 사용가능하다. 또한 주파수 범위의 제한과 히스테리시스가 없고 소형·경량이며 내구성이 좋고 가격이 저렴하다.

12 스로틀 위치 센서(TPS) 고장 시 나타나는 현상과 가장 거리가 먼 것은?
① 주행 시 가속력이 떨어진다.
② 공회전 시 엔진 부조 및 간헐적 시동 꺼짐 현상이 발생한다.
③ 출발 또는 주행 중 변속시 충격이 발생할 수 있다.
④ 일산화탄소(CO), 탄화수소(HC) 배출량이 감소하거나 연료소모가 증대될 수 있다.

13 센서의 고장진단에 대한 설명으로 가장 옳은 것은?
   ① 센서는 측정하고자 하는 대상의 물리량(온도, 압력, 질량 등)에 비례하는 디지털 형태의 값을 출력한다.
   ② 센서의 고장 시 그 센서의 출력값을 무시하고 대신에 미리 입력된 수치로 대체하여 제어할 수 있다.
   ③ 센서의 고장 시 백업(Back-up) 기능이 없다.
   ④ 센서 출력값이 정상적인 범위에 들면, 운전상태를 종합적으로 분석해 볼 때 타당한 범위를 벗어나더라도 고장으로 인식하지 않는다.

14 연료탱크의 연료 최소잔량을 경고등으로 표시해주는 센서는 어느 종류를 사용하는가?
   ① 서미스터형
   ② 슬라이딩 저항형
   ③ 리드 스위치형
   ④ 초음파형

15 전자제어 현가장치에서 안티 스쿼트(Anti-squat) 제어의 기준신호로 사용되는 센서는?
   ① 프리뷰 센서
   ② G(수직가속도) 센서
   ③ 스로틀 위치 센서
   ④ 브레이크 스위치 신호

   해설 차량을 출발시키거나 가속을 위하여 급격하게 액셀레이터 페달을 밟으면 차량의 무게중심이 뒤쪽으로 이동하면서 차량의 앞쪽은 올라가고 뒤쪽은 내려가게 된다. 이러한 차체의 자세를 스쿼트라 하며 이로 인해 전륜(조향륜)의 접지 및 구동력이 저하되어 슬립이 발생할 수 있으며 조향 안정성이 저하될 수 있다. 스쿼트 제어를 위해 차량의 ECS 시스템에서 검출하는 신호는 차속신호와 스로틀 위치 센서(TPS)신호이다.

정답 13 ② 14 ① 15 ③

16 O₂ 센서의 기능을 바르게 설명한 것은?

① 흡기 매니폴드에 산소를 공급하는 역할을 한다.
② 배기가스 중 산소의 양을 감지하여 출력전압을 컴퓨터에 보내준다.
③ 배출가스를 직접적으로 감소시키는 역할을 한다.
④ 연료와 산소 혼합비를 적절하게 조정한다.

해설 산소센서는 배출되는 배기가스 중의 산소농도를 감지하여 ECU로 데이터를 전송하면 피드백제어를 통해 연료보정을 실시하여 정확한 공연비 제어를 한다.

17 전자제어 동력 조향장치에서 핸들의 조작력을 변화시키도록 ECU가 판별하는 데 있어 직접적인 관련이 있는 센서는?

① 차속 센서
② 차고 센서
③ 유온 센서
④ 스로틀 위치 센서

18 자동차에서 발광 다이오드를 사용하는 곳은?

① 전압 조정기(Voltage Regulator)
② 입·출력 속도 센서(Pulse Generator)
③ 크랭크각(Crank Angle) 센서
④ 휠 스피드(Wheel Speed) 센서

해설 옵티컬 형식의 크랭크각 센서에는 발광 다이오드와 수광 다이오드가 장착되어 크랭크축의 각도를 검출한다.

19 산소 센서가 비정상일 경우 예상되는 증상 중 틀린 것은?

① 연료소비가 많아진다.
② 주행 중 가속력이 떨어진다.
③ 공회전 시 엔진 부조현상이 있다.
④ 배기가스 중 유해물질의 발생량이 줄어든다.

20 공기유량 센서 고장 시 ECU는 임의보정(Fail Safe)을 결정한다. 이때 참고해야 할 가장 기본적인 신호로 맞는 것은?

① 기관 회전수, 차속 센서
② TPS, WTS
③ 기관 회전수, TPS
④ WTS, 기관 회전수

해설 AFS 고장 시 엔진 회전수와 TPS의 신호를 기본으로 페일세이프 기능을 실행한다.

21 온도에 따라 전기저항값이 변하는 반도체 소자로서 연료 잔량 경고등, 흡입공기온도 센서, 오일온도 센서 등에 쓰이는 것은?

① 압전소자　　　　　　　② 다이오드
③ 서미스터　　　　　　　④ 트랜지스터

22 자동온도 조정장치(FATC)의 센서 중에서 포토 다이오드를 이용하여 전류를 컨트롤 하는 센서는?

① 일사 센서　　　　　　　② 내기온도 센서
③ 외기온도 센서　　　　　④ 수온 센서

해설 일사 센서는 오토 에어컨의 센서 중의 하나로서, 일광량의 증가에 따라 차실 내 온도의 상승을 억제하기 위한 제어에 사용되는 센서를 말한다.
프런트 덱에 장착되어 있으며 포토 다이오드를 이용해 전기장치를 구동시킨다.

23 전자제어 에어컨에서 자동차의 실내온도와 외부온도 그리고 증발기의 온도를 감지하기 위하여 쓰이는 센서의 종류는 무엇인가?

① 퍼텐쇼미터
② 솔레노이드
③ 서미스터
④ 다이오드

24 각종 센서와 그 기능의 요약 설명으로 틀린 것은?

① 대기압 센서 : 대기압을 계측한다.
② 흡기온도 센서 : 흡입공기의 온도를 계측한다.
③ 공기비 센서 : 배기가스 중의 질소산화물을 검출한다.
④ 스로틀밸브 개도 센서 : 스로틀밸브의 개도를 검출하여 연속분사 보정량을 결정한다.

25 수온 센서에 대한 설명으로 옳은 것은?

① 실린더 헤드에 부착되어 냉각 수온을 간접 계측한다.
② 온도에 의해 저항이 변화하는 부특성 서미스터로 구성되어 있다.
③ 수온 센서는 전기저항과 관계가 없다.
④ 센서의 신호를 수온조절기로 보내 냉각수의 온도를 일정하게 유지한다.

해설 WTS는 냉각수의 온도를 검출하는 센서로 온도상승에 따라 저항값이 감소하는 부특성(NTC) 서미스터가 사용된다.

26 전자제어 엔진에 사용되는 산소 센서(O₂ Sensor)에 대하여 설명한 것 중 틀린 것은?

① 산소 센서가 정상적으로 작동되려면 센서 온도가 약 300℃ 이상되어야 한다.
② 오실로스코프를 사용하여 산소 센서의 파형을 측정하면 파형은 부드러운 곡선으로 나타나야 한다.
③ 엔진의 종류에 따라서 지르코니아 또는 티타니아 산소 센서 등을 사용한다.
④ 산소 센서의 피드백 정보를 이용하여 엔진컨트롤 유닛은 점화시기를 변동시킨다.

27 크랭크각 센서의 역할에 관한 설명으로 틀린 것은?

① 크랭크축 위치를 감지한다.
② ECU는 이 신호를 기본으로 하여 회전수를 연산한다.
③ 연료 분사시기는 이 신호를 기본으로 결정된다.
④ 이론 공연비를 결정한다.

> **해설** 크랭크각 센서는 엔진의 회전속도를 검출하여 연료의 기본 분사량을 결정하고 피스톤의 위치를 파악하여 연료 분사시기와 점화시기를 결정한다.

28 자동차에서 연료 잔량감지나 냉각수 온도감지 등에 사용하는 반도체 소자는?

① 피에조 소자
② 서미스터 소자
③ 압전 소자
④ 홀 소자

29 엔진이 워밍업된 상태에서 시동 불능과 가장 관련이 있는 센서는?

① 크랭크각 센서
② 유온 센서
③ 대기압 센서
④ 흡기온도 센서

정답 26 ④ 27 ④ 28 ② 29 ①

30 전자제어 가솔린기관에서 흡입공기량을 흡기체적에 비례하는 주파수 형식으로 계측하는 센서는?

① 핫 필름식
② 핫 와이어식
③ 칼만 와류식
④ 맵 센서식

31 스로틀 위치 센서(TPS) 고장 시 나타날 수 있는 증상과 가장 거리가 먼 것은?

① 연료소비가 많아질 수 있다.
② 공회전 시 엔진 부조현상이 나타나거나 가속력이 떨어진다.
③ 공회전 또는 주행 중 갑자기 시동이 꺼진다.
④ 시동이 걸리지 않는다.

32 자동차 차속 센서로 이용되고 있는 포토 트랜지스터에 대한 설명으로 틀린 것은?

① 빛의 양 변화가 전류의 변환으로 치환되는 원리를 이용한 것이다.
② 트랜지스터의 베이스에 빛이 닿으면 베이스 전류의 증가로 컬렉터 전류가 흐른다.
③ 증폭작용에 의해 포토 다이오드보다 변환효율이 좋은 전기신호를 얻을 수 있다.
④ 빛이 들어오면 ECU에서 베이스 전원을 변화시키고 컬렉터 전압이 흘러 고전압이 발생된다.

해설 포토 트랜지스터는 빛의 양을 감지하여 전류로 변환시켜 베이스단자에서 증폭작용을 거쳐 컬렉터로 큰 전류를 흘려보낸다.

02 차량통신 네트워크

01 데이터 전송 기술 방식 중 여러 가지 작동 데이터가 동시에 출력이 되지 못하고 순차적으로 나오는 통신으로, 즉 동시에 2개의 신호가 검출될 경우 정해진 우선순위에 따라 우선순위인 데이터만 인정하고, 나머지 데이터는 무시하며 단방향, 양방향 모두 통신할 수 있는 통신 방법은?

① 단방향 통신
② 반이중 통신
③ 시리얼 통신
④ 양방향 통신

02 데이터 전송방식 중 직렬통신에 대한 설명 중 잘못된 것은?

① 한 개의 데이터 전송용 라인이 존재하며 한 번에 한 Bit씩 순차적으로 전송되는 방식이다.
② 구현하기가 쉽고 가격이 싸다.
③ 거리제한이 병렬 통신보다 적다.
④ 전송속도가 빠르다.

해설 직렬통신방법
- 하나의 라인을 이용하여 한 Bit씩 순차적으로 데이터를 전송한다.
- 거리제한이 비교적 적어 구현하기가 쉽다.
- 전송속도가 느리다.

03 데이터 전송방식 중 병렬통신에 대한 설명 중 잘못된 것은?

① 직·병렬 변환로직이 필요하므로 복잡하다.
② 전송속도가 빠르다.
③ 거리가 멀어지면 전송선로의 비용이 증가한다.
④ 여러 개의 데이터 전송라인이 존재하며 다수의 Bit가 한 번에 전송이 되는 방식이다.

해설 병렬통신방법
- 여러 개의 라인을 이용해 다수의 비트가 데이터를 한 번에 전송한다.
- 거리가 멀어지면 추가적인 전송선로 비용이 발생하기 때문에 거리에 따라 제한적이다.
- 전송속도가 빠르다.

정답 1 ③ 2 ④ 3 ①

04 데이터 전송방식 중 비동기 통신에 대한 설명으로 잘못된 것은?
① 데이터를 보낼 때 한 번에 한 문자씩 전송되는 방식이다.
② 문자나 Bit들이 시작과 정지코드 없이 전송된다.
③ 차량에 적용된 대표적인 비동기 통신은 CAN 통신이다.
④ 전송 도중에 연결이 방해를 받아 Bit의 추가나 손실이 발생할 수 있다.

05 자동차 통신 네트워크 적용의 장점이 아닌 것은?
① 배선의 경량화
② 시스템 구축에 따른 비용 증가
③ 시스템의 신뢰성 향상
④ 진단장비를 이용한 자동차 정비성의 향상

06 자동차 통신 네트워크에서 전송속도 순서대로 올바르게 정리된 것은?
① MOST > TTP/Flex Ray > CAN > LIN
② TTP/Flex Ray > MOST > CAN > LIN
③ CAN > LIN > MOST > TTP/Flex Ray
④ CAN > MOST > TTP/Flex Ray > LIN

07 자동차 통신 네트워크의 종류에서 각각의 적용범위를 맞게 설명한 것은?

① LIN : 보디 전장 제어
② CAN : 진단 장비 통신
③ KWP 2000 : 멀티미디어 통신
④ MOST : 파워트레인 섀시 제어기

해설
① LIN : 보디 전장 제어
② CAN : Low Speed(보디 전장 제어), High Speed(파워트레인 섀시 제어기)
③ KWP 2000 : 진단 장비 통신
④ MOST : 멀티미디어 통신

08 자동차 통신 네트워크의 종류에서 각각의 적용범위가 맞게 설명된 것은?

① LIN : 멀티미디어 통신
② CAN : 보디 전장 제어 및 파워트레인
③ KWP 2000 : 차량 종합 제어
④ MOST : 보디 전장 제어

09 자동차 통신 네트워크 중 보디 전장 CAN 통신이 적용되지 않는 시스템은 무엇인가?

① BCM(Body Control Module)
② SMK ECM(Smart Key ECM)
③ PDM(Power Distribution Module)
④ ECPS(Electronic Control Power Steering)

해설 ECPS(Electronic Control Power Steering)는 전자제어 조향장치를 의미한다.

정답 7 ① 8 ② 9 ④

10 CAN 통신의 특징을 설명한 것 중 틀린 것은?

① 모든 CAN의 구성 모듈은 정보 메시지전송에 자유권한이 있다.
② 에러의 검출 및 처리 성능이 떨어져 신뢰성과 안정성에 문제가 있다.
③ 비동기식 직렬통신이며 고속통신이 가능하다.
④ 메시지가 동시에 전송될 경우 중재 규칙에 의해 순서가 정해진다.

> **해설** CAN 통신의 특징
> • 고속 통신이 가능하다.
> • 신뢰성·안정성이 우수하다.
> • 비동기식 직렬 통신방식을 사용한다.
> • 듀얼(Dual) 와이어 접속 방식의 통신선으로 구성이 간편하다.
> • 메시지가 동시에 전송될 경우 중재 규칙에 의해 순서가 정해진다.
> • Multi-Master 방식으로 모든 CAN의 구성 모듈은 정보 메시지 전송에 자유 권한이 있다.
> • Low Speed CAN의 경우 125Kbps 이하, 보디전장 계통의 데이터 통신에 응용된다.
> • High Speed CAN의 경우 125Kbps 이상, 파워트레인과 섀시부분의 실시간제어에 응용된다.

11 BCM(Body Control Module) 제어에 해당되지 않는 것은?

① 차속 감응형 조절 와이퍼
② 오토 라이트 컨트롤
③ 도난 경보 기능
④ 스마트 키 시스템

> **해설** BCM 주요 기능
> • 와이퍼&워셔 제어
> • 램프류 제어
> • 부저 제어
> • 기동키 홀 조명 제어
> • 뒷유리&앞유리 열선 타이머 제어
> • 감광식 룸램프 및 리모컨 언록 타이머 제어
> • 파워윈도우 타이머제어
> • 중앙집중식 도어록, 언록 제어
> • 트렁크 열림 제어
> • ATM Shift Look 제어
> • 스캐너 통신

12 후방 주차 보조 시스템의 주요 기능이 아닌 것은 무엇인가?
① 후방 초음파 센서 제어
② 후방 주차 보조 시스템 음영 제어
③ LIN 통신 라인으로 후방 경보상황 전송
④ CAN 통신 라인으로 후방 경보상황 전송

13 다음의 설명에 알맞은 장치는 무엇인가?

> 트랜스폰더 키(Transponder Key) 방식으로 기계적인 방식뿐만 아니라 무선으로 이루어진 암호 코드가 일치할 경우에만 시동이 되는 도난 방지 시스템을 말한다.

① 이모빌라이져 시스템
② 원격 시동장치
③ 스타트 컷 시스템
④ 에탁스 시스템

14 이모빌라이져 시스템의 구성요소가 아닌 것은?
① 트랜스폰더 키(Transponder Key)
② 스마트라(Smartra)
③ 안테나 코일
④ 범퍼 안테나

15 이모빌라이져 시스템에서 키 정보 및 인증 데이터가 일치되지 않으면 엔진 ECU는 시동이 되지 않도록 제어한다. 어떤 방법으로 시동이 걸리지 않도록 하는가?
① 점화 및 연료를 차단시켜 시동이 걸리지 않도록 한다.
② 기동 전동기를 미작동하여 시동이 걸리지 않도록 한다.
③ 점화 키를 시동위치로 돌리지 못하도록 LOCK를 건다.
④ 차량의 모든 전원공급을 차단한다.

해설 이모빌라이져 시스템은 키 정보 및 인증 데이터가 일치되지 않으면 점화 및 연료를 차단시켜 시동이 걸리지 않도록 한다.

정답 12 ④ 13 ① 14 ④ 15 ①

16 이모빌라이져 시스템의 림프 홈(Limp Home)시동에 대한 설명 중 맞는 것은?
① 이모빌라이져의 기능 장애 시 암호를 이용하여 시동을 걸 수 있다.
② 차량 정차 시 일정시간 공회전할 경우 자동으로 엔진을 정지시킨다.
③ 엔진 자동 정지 후 브레이크를 밟은 상태에서 기어를 레인지 변속 시 자동으로 엔진 시동을 건다.
④ 자동차 점화 키 분실 시 어떠한 방법으로도 시동이 불가능하게 한다.

17 버튼 시동시스템에 대한 설명 중 틀린 것은?
① 사용자가 포브(FOB) 키를 소지 후 브레이크 페달을 밟고, 시동 스톱 버튼을 누르면 자동으로 시동이 걸린다.
② 시동 스톱 버튼에 LED가 주황색의 경우는 ACC상태, 파랑색은 IG ON상태, LED 소등 시는 전원 OFF 또는 시동상태를 나타낸다.
③ 변속레인지가 D레인지에 있어도 사용자가 포브(FOB) 키를 소지 후 브레이크 페달을 밟고, 시동 스톱 버튼을 누르면 자동으로 시동이 걸린다.
④ 자동차 전복시 연료누출 및 비상시 강제로 시동 스톱 버튼을 눌러 시동을 끌 수 있다.

해설 자동변속기의 변속레버가 D레인지에 위치하면 인히비터 스위치가 TCU에게 신호를 송출하여 전류를 차단하여 시동이 걸리지 않는다.

18 자동차에 적용된 다중 통신장치인 LAN통신(Local Area Network)의 특징으로 틀린 것은?
① 다양한 통신장치와 연결이 가능하고 확장 및 재배치가 가능하다.
② LAN통신을 함으로써 자동차용 배선이 무거워진다.
③ 사용 커넥터 및 접속점을 감소시킬 수 있어 통신장치의 신뢰성을 확보할 수 있다.
④ 기능 업그레이드를 소프트웨어로 처리함으로 설계 변경의 대응이 쉽다.

19 도난방지장치에서 리모컨을 이용하여 경계상태로 돌입하려고 하는데 잘 안 되는 경우의 점검 부위가 아닌 것은?
① 리모컨 자체 점검
② 글로브 박스 스위치 점검
③ 트렁크 스위치 점검
④ 수신기 점검

20 종합경보장치(Total Warning System)의 제어에 필요한 입력요소가 아닌 것은?
① 열선 스위치
② 도어 스위치
③ 시트벨트 경고등
④ 차속 센서

21 통합운전석 기억장치는 운전석 시트, 아웃사이드 미러, 조향 휠, 룸미러 등의 위치를 설정하여 기억된 위치로 재생하는 편의 장치다. 재생 금지 조건이 아닌 것은?
① 점화스위치가 OFF되어 있을 때
② 변속레버가 위치 "P"에 있을 때
③ 차속이 일정속도 이상일 때(예 3km/h 이상)
④ 시트 관련 수동 스위치의 조작이 있을 때

정답 19 ② 20 ① 21 ②

03 부품시험 평가

01 완전 충전된 축전지를 방전 종지전압까지 방전하는 데 20A로 6시간이 걸렸다. 다음에 이것을 완전 충전하는 데 10A로 15시간 걸렸다면 이 축전지의 Ah의 효율은?

① 50% ② 70%
③ 80% ④ 90%

해설
방전용량 = 20A × 6h = 120Ah
충전용량 = 10A × 15h = 150Ah
효율 = 방전용량/충전용량 = $\frac{120}{150} \times 100 = 80\%$

02 누설전류를 측정하기 위해 12V 배터리를 떼어내고 절연체의 저항을 측정하였더니 1MΩ이었다. 누설전류는?

① 0.006mA ② 0.08mA
③ 0.010mA ④ 0.012mA

해설 $I = \frac{E}{R} = \frac{12}{10^6} = 1.2 \times 10^{-5}$A 가 되므로 0.012mA 이다.

03 비중 1.260(20℃)의 묽은 황산 1L 속에 40%(중량)의 황산이 포함되어 있으면 물은 몇 g 포함되어 있는가?

① 650g ② 712g
③ 756g ④ 819g

해설 1.260 × 1,000cc = 1,260g
전해액의 전체 무게는 1,260g이고 이중 황산이 40%를 차지하므로 황산의 무게는 1,260 × 0.4 = 504g이 되며 물은 1,260 - 504 = 756g이 된다.

04 축전지의 사이클링(Cycling) 쇠약이란?

① 과충전된 현상
② 전해액이 줄어드는 현상
③ 극판이 황산화 되는 것
④ 충·방전을 계속하면서 노쇠현상이 일어나는 것

05 하이브리드 차량의 모터 고전압 안전시험에서 절연저항 시험의 목적으로 맞는 것은?

① MCU 내부의 절연상태 및 누설전류를 시험한다.
② 인버터부의 절연 및 누설 전류를 시험한다.
③ 내전압 시험기를 이용하여 권선간 단자와 모터하우징 사이의 절연을 시험한다.
④ 고전압 배터리에서 모터 입력 고압배선의 저항을 측정한다.

해설 모터 고전압 안전시험은 모터 내부에서 얼마만큼 누전이 되는가를 시험하는 항목으로 내전압 시험기를 이용하여 모터 권선간 단자와 하우징과의 절연 저항을 측정한다.

06 하이브리드 모터의 고전압 안전 시험 중 모터의 견고성 판정을 위해 얼마만큼 전압을 인가해도 견딜 수 있는가를 시험하는 항목으로 옳은 것은?

① 절연저항 시험
② 절연내력 시험
③ 중부하 저항 시험
④ 무부하 저항 시험

해설 절연내력 시험은 모터에 얼마만큼의 전압을 인가해도 버틸 수 있는가를 시험하며 내전압 시험기를 이용하여 규정된 AC 전압을 1분간 인가한 후 절연 파괴 여부를 검사한다.

07 다음 중 모터/모터제어기 내구 시험 항목으로 맞지 않는 것은?

① 고속 단속 작용 시험
② 온도 사이클 시험
③ 고온작동 내구 시험
④ 수밀 안전 시험

정답 4 ④ 5 ③ 6 ② 7 ④

08 LDC 성능 시험 방법 중 연속 정격 출력 시험의 시험 방법이 아닌 것은?

① 정격 출력 및 입력 전압을 인가한다.
② 시간에 따른 LDC 온도를 계측한다.
③ 정격 출력 부하를 규정 시간동안 인가한다.
④ 출력 전류를 서서히 증가시켜 시험 한다.

해설 LDC 성능 시험에서 연속 정격 출력 시험은 정격 출력 및 입력 전압을 인가하고 규정 시간동안 부하를 주어 얻어지는 시간에 따른 온도변화를 측정하여 평가한다.

09 LDC 성능 시험 항목 중 비동작상태에서 12V의 배터리를 출력단에 연결하고 정격부하10%/정격전압에서 정격입력전압을 인가하여 출력 전압 10%에서 90%까지 도달하는 데 소요되는 시간을 측정하여 시험하는 항목은?

① 연속정격출력 시험
② 출력 전압 응답 성능 시험
③ 효율 시험
④ 출력 과전류 보호 시험

10 전기자동차의 연비 측정방법으로 옳은 것은?

① 1회 충전 후 모드 시험을 통하여 주행거리 시험을 한다.
② 1회 충전 후 SOC 값의 변화량을 측정하여 배터리 잔량이 10%에 도달할 때까지의 주행거리를 측정한다.
③ 1회만 충전 후 0~100km/h 시험을 수행하여 남은 배터리 잔량으로 연비를 측정한다.
④ 배터리 용량이 10% 감소할 때까지의 주행 거리를 측정한다.

해설 전기자동차의 연비 측정은 1회 충전 주행거리 시험(완전충전상태에서 주행 불능 상태에 이르기까지의 상태를 반복하여, 1회의 충전으로 주행 가능한 거리를 구한다)을 실시하여, 시험 후에 재차 완전 충전상태로 유지하는 데 필요한 전력량과 1회 충전 주행거리로부터 평균적인 전력 소비율을 구하는 방법을 쓰고 있다.

11 플러그 인 하이브리드의 평가를 위한 주행상태 중 방전주행에 대한 내용으로 옳은 것은?

① 모든 주행과 주변기기의 동력에 전기만을 사용한다.
② 주행과 주변기기의 동력으로 엔진이나 전기 동력을 사용한다.
③ 피크동력 필요시에만 엔진이 가동되며 대부분의 주행에 전기가 사용되어 배터리 충전상태가 감소한다.
④ 배터리의 충전상태를 일정수준으로 유지하면서 엔진과 모터를 사용하여 주행한다.

해설 ③ 방전주행(하이브리드)
① 전 전기주행
② 하이브리드 주행
④ 충전유지주행(하이브리드)

12 다음 중 AER(All Electric Range)를 옳게 표현한 것은?

① 표준 주행모드에서 엔진을 가동하지 않고 배터리만으로 주행모터를 사용하여 주행한 거리
② 험로 주행모드에서 엔진을 30% 가동하여 주행한 거리
③ 충전유지주행으로 전환할 때까지 방전주행의 하이브리드 모드로 주행한 거리
④ 고속 주행모드에서 엔진을 가동하지 않고 배터리만으로 주행모터를 사용하여 주행한 거리

해설 ① AER(All Electric Range) : 표준 주행모드에서 엔진을 가동하지 않고 배터리만으로 주행모터를 사용하여 주행한 거리
③ CDR(Charge-Depleting Range) : 충전유지주행으로 전환할 때까지 방전주행의 하이브리드 모드로 주행한 거리

정답 11 ③ 12 ①

13 LDC 성능 시험 중 효율 평가의 방법으로 맞는 것은?

① 비동작상태에서 12V의 배터리를 출력단에 연결하고 정격부하 10%/정격전압에서 정격입력전압을 인가하여 출력전압 10%에서 90%까지 도달하는 데 소요되는 시간을 측정하여 출력전압의 응답성능을 확인
② 정격 입력전압/정격 출력전압을 인가하고 정격 출력부하를 2시간 동안 발생시키면서 시간에 따른 LDC 온도를 측정하여 연속 정격출력을 확인
③ 정격 입력전압/정격 출력전압을 인가하고 출력전류를 서서히 증가시키면서 출력전류의 변화에 따른 출력전압을 측정하여 출력전력에 따른 전류보호를 확인
④ 입력전압에 따른 정격출력전압을 인가하고 출력부하를 정격 10%에서 서서히 증가시키며 그에 따른 효율을 측정

부 록

과년도 + 최근 기출복원문제 및 해설

2016년 제4회	과년도 기출문제
2017년 제4회	과년도 기출문제
2018년 제4회	과년도 기출문제
2019년 제4회	과년도 기출문제
2020년 제4회	과년도 기출문제
2021년 제4회	과년도 기출문제
2022년 제4회	과년도 기출복원문제
2023년 제2회	최근 기출복원문제

합격의 공식 SD에듀 www.sdedu.co.kr

합격의 공식 SD에듀 www.sdedu.co.kr

제1과목 그린전동자동차공학

01 현가장치의 특징에서 스프링 아래 무게진동으로 옳은 것은?

① 바운싱
② 피 칭
③ 요 잉
④ 와인드 업

해설
- 스프링 아래 무게진동 : 와인드 업, 휠 홉, 휠 트램프, 스키딩
- 스프링 위 무게진동 : 바운싱, 롤링, 요잉, 피칭

02 4행정 4실린더 기관에서 실제 흡입되는 공기량이 1,695cc라면 기관의 체적효율은?(단, 기관 실린더 지름 90mm, 피스톤행정 90mm이다)

① 58%
② 65%
③ 74%
④ 82%

해설

체적효율(%) = $\dfrac{\text{실제흡입량(cc)}}{\text{이론상 흡입량(cc)}} \times 100$

실린더 1개의 이론상 흡입량은 행정체적이므로

$\dfrac{\pi d^2}{4} \times L = \dfrac{3.14 \times 9^2}{4} \times 9 = 572.265\text{cc}$ 가 되며 4실린더이므로

$572.265 \times 4 = 2,289.06\text{cc}$ 가 된다. 따라서 체적효율은

$\dfrac{1,695}{2,289.06} \times 100 = 74.04\%$ 가 된다.

정답 1 ④ 2 ③

03 제동출력이 90kW인 기관의 저위발열량이 44,800kJ/kg이고, 시간당 20kg의 연료를 소비하는 기관에서 제동열효율은?

① 약 28% ② 약 32%
③ 약 36% ④ 약 41%

해설 제동열효율(%) = $\dfrac{수급}{공급} \times 100$ 이므로

$\dfrac{90\text{kJ/sec} \times 3,600\text{sec}}{44,800\text{kJ/kg} \times 20\text{kg}} \times 100 = 36.1\%$ 가 된다.

04 아이들스톱 시스템 동작에 대한 설명 중 틀린 것은?

① 엔진의 냉각수 온도가 영하인 경우는 엔진이 정지되지 않는다.
② 차속이 발생한 경우에는 엔진이 정지되지 않는다.
③ 고전압 배터리 충전율이 규정치보다 낮을 경우 엔진이 정지되지 않는다.
④ 변속기 레버가 D레인지에서 브레이크 페달을 뗀 경우에 엔진 정지가 유지된다.

해설 ISG(Idle Stop & Go) 시스템은 엔진의 냉각수 온도가 낮을 경우, 차량이 움직여 차속이 발생한 경우, 배터리 충전율이 규정값에 도달하지 못한 경우에는 엔진 정지 조건을 수행하지 않는다.

05 전자제어 디젤엔진의 CRDI의 연료 분사과정에서 주분사량을 결정하는 요소로 가장 거리가 먼 것은?

① 엔진 회전수
② 엔진 냉각수 온도
③ 배기가스 온도
④ 과급 압력

해설 전자제어 디젤엔진 CRDI의 연료분사는 엔진 회전수(크랭크 위치센서), 공기유량센서, 냉각수 온도, 흡입공기 온도, 과급 압력(부스트 센서), 대기압 센서 등의 신호를 입력받아 연료 분사량 제어 신호로 이용된다. 즉, ECU는 센서로부터 입력되는 신호를 처리하고 이러한 정보를 근거로 연료의 분사량을 제어한다.

06 오존층 파괴 문제로 인해 대체된 자동차용 신냉매는?

① R-134d
② R-134c
③ R-134b
④ R-134a

해설 예전에 자동차용 냉매로 사용된 R-12는 냉매 속에 포함되어 있는 염화플루오린화탄소(CFC : R-12 프레온 가스의 분자 중 Cl(염소))가 대기의 오존층을 파괴하는 문제로 인해 R-134a 냉매로 교체하여 적용되고 있다.

07 현가장치 구성 부품 중 상하 운동과 비틀림 탄성을 동시에 받는 것은?

① 단동식 쇼크 업소버
② 복동식 쇼크 업소버
③ 고무 스프링
④ 스태빌라이저

해설 스태빌라이저는 상하 운동과 비틀림 모멘트를 동시에 받으며 차량의 롤링 억제 효과를 가진다.

08 4바퀴 조향장치(4WS)의 제어 특성을 설명하는 것 중 틀린 것은?

① 선회 시 횡가속도는 최소화하고 요 레이트(Yaw Rate)와 페이스 래그(Phase Lag)는 최대화하여 조향성능을 향상시킨다.
② 빙판이나 미끄러운 노면에서 선회 시 뒷바퀴의 조향으로 차체 뒷부분의 미끄러짐을 줄일 수 있으므로 주행안정성이 향상된다.
③ 앞바퀴 코너링포스 발생 시 뒷바퀴의 조향 각도를 제어하여 측면 미끄럼 각도를 감소시킨다.
④ 조향 시 차체의 슬립각을 최소화하여 선회안정성을 향상시킨다.

해설 4WS는 차량의 조종성, 안전성을 향상시키기 위하여 앞뒤 4바퀴가 모두 조향되도록 한 장치이다. 저속에서는 역위상으로 하여 최소 회전반경을 감소시키고 고속에서는 동위상으로 하여 차량의 운동 특성을 향상시킬 수 있다. 4WS 차량은 안정감이 있고, 선회성능이 우수하여 최소 회전반경이 작은 장점이 있다.

09 자동변속기에서 클러치로 공급되는 유압을 일시적으로 축적하여 클러치 및 브레이크가 급격하게 작동되는 것을 방지하는 역할을 하는 것은?

① 방향제어 밸브
② 어큐뮬레이터
③ 압력제어 밸브
④ 릴리프 밸브

해설 어큐뮬레이터(축압기)는 자동변속기의 클러치 및 브레이크에 급격하게 작용하는 유압을 일시적으로 축적하며 충격완화 및 에너지 저장기능을 수행한다.

10 실린더 블록에 흡입, 배기밸브를 일렬로 나란히 설치한 형식은?

① L-헤드형
② F-헤드형
③ T-헤드형
④ I-헤드형

해설
① L-헤드형 : 실린더 블록에 흡입과 배기밸브를 일렬로 나란히 설치한 형식
② F-헤드형 : 실린더 헤드에 흡입밸브를, 실린더 블록에 배기밸브를 설치한 형식
③ T-헤드형 : 실린더 블록에 실린더를 중심으로 양쪽에 흡·배기밸브가 설치된 형식
④ I-헤드형 : 실린더 헤드에 흡입과 배기밸브를 모두 설치한 형식
※ OHC(Over Head Cam Shaft)형 : 캠축을 실린더 헤드 위에 설치하고, 흡입밸브와 배기밸브를 캠이 직접 개폐하는 형식

11 일체 차축 현가장치의 특징이 아닌 것은?

① 부품 수가 적어 구조가 간단하다.
② 선회 시 차체의 기울기가 작다.
③ 앞바퀴의 시미가 발생하지 않는다.
④ 스프링 정수가 작은 것은 사용하기 어렵다.

해설 **일체 차축식 현가장치** : 좌우의 바퀴가 1개의 차축에 연결되며 그 차축을 스프링을 거쳐 차체에 장착하는 형식으로 구조가 간단하고 강도가 크므로 대형트럭이나 버스 등에 많이 적용되고 있다.
특 징
• 부품 수가 적어 구조가 간단하며 휠 얼라이먼트의 변화가 작다.
• 커브길 선회 시 차체의 기울기가 작다.
• 스프링 아래 질량이 커 승차감이 불량하다.
• 앞바퀴에 시미발생이 쉽고 반대편 바퀴의 진동에 영향을 받는다.
• 스프링 정수가 너무 작은 것은 사용하기 어렵다.

12 무단변속기(CVT)에서 변속방식에 의한 분류가 아닌 것은?

① 익스트로이드 방식
② 다판 클러치 방식
③ 고무벨트 방식
④ 스틸벨트 방식

해설 무단변속기의 동력전달방식은 익스트로이드 방식, 고무벨트 방식, 스틸벨트 방식이 있다.

13 앳킨슨 사이클(Atkinson Cycle)에 대한 설명 중 맞는 것은?

① 압축행정 시 흡기밸브의 닫힘 시기를 지연하여 유효압축행정을 짧게 하는 사이클이다.
② 폭발행정 시 배기밸브의 열림 시기를 빠르게 하여 체적효율을 높게 하는 사이클이다.
③ 배기행정 시 배기밸브의 열림 시기를 늦게 하여 펌핑손실을 최소화하는 사이클이다.
④ 흡입행정 시 흡기밸브의 열림 시기를 빠르게 하여 유효흡입행정을 길게 하고 충전효율을 높게 하는 사이클이다.

해설 앳킨슨 사이클은 용적형 내연기관을 기초로, 압축일보다 팽창일을 크게 하여 열효과를 개선한 내연기관의 일종이다. 압축행정 시 흡기밸브의 닫힘 시점을 지연하여 압축일을 감소시키고 팽창일을 증가시켜 엔진의 효율을 증가시키는 사이클 이론이다.

14 무게 5ton인 화물차량이 15° 경사길을 올라갈 때의 전주행저항은?(단, 공기저항계수는 무시하고 구름저항계수는 0.3이다)

① 약 1,560kgf
② 약 2,084kgf
③ 약 2,560kgf
④ 약 2,794kgf

해설 전주행저항은 구름저항, 가속저항, 공기저항, 등판저항의 합이며 문제 조건상 구름저항과 등판저항을 산출하여 합산하면 전주행저항이 된다.
구름저항 = 구름저항계수 × 차량중량이므로 $0.3 \times 5,000 = 1,500 kgf$ 가 된다.
또한 등판저항은 $R_g = W' = W \sin\theta \fallingdotseq W \tan\theta$ 이므로 $5,000 \times \sin 15° \fallingdotseq 1,294 kgf$ 가 되므로 전주행저항은 $1,500 + 1,294 = 2,794 kgf$ 가 된다.

15 자동차의 축거 3.5m, 윤거 2.8m인 자동차를 완전 조향하여 안쪽이 36°, 바깥쪽이 34°이고 바퀴 접지면 중심과의 킹핀거리는 20cm일 때 자동차의 최소회전반경은 얼마인가?

① 6.46m
② 6.56m
③ 6.66m
④ 6.76m

해설 최소회전반경 $= \dfrac{L}{\sin\alpha} + r$

여기서, L : 축거
$\sin\alpha$: 외측바퀴 최대조향각
r : 접지면 중심에서 킹핀과의 거리

$\dfrac{3.5}{\sin 34°} + 0.2 = 6.459\text{m}$ 가 된다.

16 휠 얼라이먼트 요소 중 토인의 역할로 거리가 먼 것은?

① 앞바퀴를 평행하게 회전시킨다.
② 앞바퀴의 사이드슬립을 방지한다.
③ 타이어의 편마모를 방지한다.
④ 토아웃이 되도록 유도한다.

해설 토인 : 자동차 앞바퀴를 위에서 내려다 볼 때 양 바퀴의 중심선 거리가 앞쪽이 뒤쪽보다 약간 작게 되어 있는 것

특 징
- 앞바퀴를 평행하게 회전시킨다.
- 앞바퀴의 사이드슬립과 타이어 편마모를 방지한다.
- 조향링키지 마멸에 따라 토아웃이 되는 것을 방지한다.
- 토인은 타이로드의 길이로 조정한다.

17 엔진 ECU의 출력 신호가 아닌 것은?

① 인젝터 작동 신호
② 파워TR 작동 신호
③ 에어플로센서 작동 신호
④ PCSV 작동 신호

해설 엔진 ECU는 센서 및 스위치의 신호를 입력 받아 액추에이터로 출력하여 각종 전자제어 장치를 제어하는 구조로 에어플로센서(공기유량측정센서)는 입력신호이다.

18 변속기의 제3속 변속비가 2이고, 종감속 장치의 구동 피니언 잇수가 8, 링 기어의 잇수가 48일 때 총감속비는?

① 10 : 1
② 11 : 1
③ 12 : 1
④ 13 : 1

해설 총감속비 = 변속비 × 종감속비이므로
$2 \times \left(\dfrac{48}{8}\right) = 12$가 된다.

19 현가 및 조향장치에서 저속 시미현상 발생의 원인 중 틀린 것은?

① 타이어 공기압이 높다.
② 스프링 정수가 작다.
③ 조향기어가 마모되었다.
④ 앞바퀴 정렬이 불량하다.

해설 저속 시미는 현가장치의 불량, 앞바퀴 정렬의 불량, 타이어의 마모 시, 조향링키지 및 볼 이음부 마모 또는 유격발생 시, 좌우 타이어의 공기압 편차가 클 때, 한쪽 타이어의 이상마모 시, 스프링 정수가 작을 경우에 발생한다.

20 전자 제어 가솔린 엔진에서 ECU(Engine Control Unit)가 제어하는 항목이 아닌 것은?

① 연료분사량 제어
② 공회전속도 제어
③ 엔진오일압력 제어
④ 점화시기 제어

해설 전자 제어 가솔린 엔진에서 ECU가 제어하는 대표적인 항목은 연료분사 제어, 점화시기 제어, 아이들 스피드 제어 등이 있으며 엔진오일압력은 크랭크축에 의하여 작동되는 기계적인 펌프이므로 전자 제어 항목으로 볼 수 없다.

정답 18 ③ 19 ① 20 ③

제2과목 그린전동자동차 전동기와 제어기

21 그린전동자동차의 보안시스템으로 사용되고 있는 이모빌라이저에 대한 설명으로 틀린 것은?

① 해당 차량에 등록된 인증 키가 아니면 연료 공급이 되지 않는다.
② 점화 키 스위치가 ON이 되면 부가적인 인증 절차 없이 즉각 시동이 된다.
③ 기계적인 방식뿐만 아니라 무선으로 이루어진 암호 코드가 일치해야 시동이 된다.
④ 차량에 입력된 암호와 점화 키 스위치에 입력된 암호가 일치해야만 시동이 된다.

> **해설** 이모빌라이저 시스템은 트랜스폰더 키(Transponder Key) 방식으로 기계적인 방식뿐만 아니라 무선으로 이루어진 암호 코드가 일치할 경우에만 시동이 되는 도난방지 시스템이다. 따라서 차량에 입력되어 있는 암호와 점화 키 스위치에 입력된 암호가 일치하여야 시동이 되므로 해당 차량에 등록된 인증 키가 아니면 점화 및 연료 공급이 차단되어 시동이 되지 않는다.

22 공간벡터 전압변조방식은 인버터가 발생 가능한 2개의 영전압 벡터와 6개의 유효전압 벡터를 이용하여 지령전압을 합성하는 기법이다. 어느 시점에서 주어진 지령전압 벡터를 생성하기 위해 실제 사용하는 유효전압 벡터의 개수는?

① 2개 ② 3개
③ 4개 ④ 5개

23 다음 중 일반적인 하이브리드자동차 구동모터로 가장 적합한 것은?

① 영구자석형 동기전동기
② 분권형 직류전동기
③ 단상 유도전동기
④ 스태핑 모터

> **해설** 일반적인 하이브리드 구동모터로는 PM 동기전동기나 PM 브러시리스전동기, 3상 AC 유도전동기, 가변속전동기(SRM ; Switched Reluctance Motor) 등이 있다.

정답 21 ② 22 ① 23 ①

24 영구자석 동기전동기의 d-q축 모델에 대한 설명으로 틀린 것은?(단, IPMSM : 매입형 영구자석 동기전동기, SPMSM : 표면부착형 영구자석 동기전동기이다)

① SPMSM은 영구자석이 표면에 배치되어 있으므로 d축과 q축의 인덕턴스가 일정하다.
② SPMSM은 넓은 운전영역에서 부드러운 토크 특성을 가진다.
③ SPMSM은 영구자석이 표면에 배치되어 있으므로 원심력이 커지는 고속 운전에 불리하다.
④ IPMSM은 매입된 영구자석의 위치에 관계없이 d축과 q축의 인덕턴스는 같다.

해설 **IPMSM의 특성**
- 고속용의 SPMSM에서는 원심력에 의한 자석 비산을 방지하기 위해 외경에 비자성체의 보호관(SUS관 등)이 설치된다. 그러나, IPMSM에서는 회전자 내부에 고정되기 때문에 기계적인 강도를 고려한 설계가 필요하지만 보호관이 불필요하다는 이점이 있다.
- 보호관에서는 슬롯 리플에 의한 와전류손과 인버터의 캐리어 주파수에 의한 고조파 손실이 발생하고 효율의 저하를 가져오는데 IPMSM에서는 회전자 표면이 규소강판이므로 그 문제가 비교적 작게 된다.
- 보호관이 불필요한 IPMSM에서는 등가 공극이 작게 되지만, 동량의 자석을 사용한 경우의 SPMSM에 비해 퍼미언스(Permeance)가 높게 되므로, 자석의 동작점 자속밀도를 향상시킬 수 있게 된다.
- 자석단부에서 누설되는 자속이 발생된다.
- 자석의 형상과 배치의 자유도가 크다.
- SPMSM에서는 원호 형태의 자석이 필요하지만, IPMSM에서는 평판 형태의 자석이 사용되어 제작 비용이 저감된다.
- 마그네틱 토크에 더하여 릴럭턴스 토크도 이용되기 때문에 고토크화가 설명된다.
- IPMSM에서는 SPMSM에 비해 특히 q축 인덕턴스가 크기 때문에 q축 전기자 반작용이 크고, 단자전압의 상승과 자기포화의 영향을 받기 쉽다.
- 역돌극성을 이용하므로, 기동 시부터 센서리스 운전이 가능하다.
- SPMSM에서는 로터의 위치에 관하여 자기저항이 변화하지 않으므로 자기인덕턴스 및 상호인덕턴스는 일정한 값이 된다. 그러나 영구자석의 전기자 쇄교자속은 로터에 따라 회전각에 정현적으로 변화한다. 따라서, SPMSM에서는 영구자석의 전기자 쇄교자속만의 변화에 의해 에너지변환이 일어나는 토크가 발생한다. 이런 경우의 토크를 마그네틱 토크라 한다. 이것에 대해 IPMSM의 자기 인덕턴스 및 상호 인덕턴스는 회전각의 2배로 변화하고, 특히 영구자석의 전기자 쇄교자속도 SPMSM과 같이 변화한다. 따라서 토크 발생에서는 전기자 자기인덕턴스, 상호인덕턴스 및 영구자석의 전기자 쇄교자속의 위치에 대한 변화가 관여된다.

25 하이브리드자동차 전동기 작동 기능에 대한 설명으로 틀린 것은?

① 차량감속 시 회생제동 제어를 통해 전동기의 역기전력을 배터리에 저장한다.
② 가속 시 엔진 구동력을 보조하기 위해 구동기로써 작동한다.
③ 정속 주행 중 발전기능과 구동기능을 동시에 구현할 수 있다.
④ 차량 시동 시 구동기로써 작동한다.

해설 하이브리드 전동기는 차량감속 시 회생제동 제어를 통하여 발전되어 배터리를 충전시키고, 가속 시 엔진 구동력 보조역할을 하며, 차량 시동 시 구동모터로 작동한다.

26 다음은 3상 PWM 인버터 구성에 대한 내용이다. ( )의 용어로 옳은 것은?

> 3상 전압형 펄스폭 변조(PWM) 인버터는 직류전원 사이에 (가)와 2개의 (나)가 직렬 3상으로 나누어 접속되어 있으며 직렬 접속한 파워소자의 중간부터 모터의 출력이 나온다.

① (가) : 콘덴서　　　　　　(나) : 파워소자
② (가) : 파워소자　　　　　(나) : 콘덴서
③ (가) : 펄스제너레이터　　(나) : 파워소자
④ (가) : 파워소자　　　　　(나) : 펄스제너레이터

27 단자전압이 220V, 전기자전류가 30A인 직류분권전동기가 전기자저항이 0.2Ω, 회전속도가 1,600rpm일 때 발생되는 토크(kgf·m)는 약 얼마인가?

① 3.75　　　　　　　　② 3.91
③ 4.75　　　　　　　　④ 4.91

해설 직류분권전동기 토크 산출은
$$T = \frac{P}{2\pi \frac{N}{60}} \times \frac{1}{9.8} = 0.975 \times \frac{P}{N} (\text{kg} \cdot \text{m})$$이다.

전력 $P = EI$이며 여기서 $E = 220 - (30 \times 0.2) = 214\text{V}$ 가 된다.
따라서, $P = 214 \times 30 = 6,420\text{W}$이고 위의 식에 대입하면
$0.975 \times \frac{6,420}{1,600} = 3.912 \text{kg} \cdot \text{m}$가 된다.

28 이미터 전류를 1mA 변화시켰더니 컬렉터 전류는 0.94mA이었다. 이 트랜지스터의 전류증폭률 β는 약 얼마인가?

① 12.7
② 13.7
③ 14.7
④ 15.7

해설 베이스에 전류가 흐르면 컬렉터에는 이에 비례하는 큰 전류가 흐른다. 이처럼 작은 전류를 이용해 큰 전류를 제어하는 것을 증폭(Amplify)이라 하며, 베이스 전류와 컬렉터 전류 사이의 비율, 즉 I_b가 흘렀을 때 I_c가 흐르는 비율을 전류증폭률 β라 하고, 이를 식으로 나타내면 다음과 같다.

$$\beta = \frac{I_c}{I_b}$$

$I_e = I_c + I_b$ 이므로 $1 = 0.94 + I_b$, $I_b = 0.06$

따라서 $\beta = \frac{0.94}{0.06} = 15.66$

29 하이브리드차량용 전동기의 위치 검출 방식에 대한 설명으로 틀린 것은?

① 고주파 유도방식으로 코일의 인덕턴스 변화를 이용한 위치 검출
② 자기장 변화를 감지하는 홀 센서를 이용한 위치 검출
③ 광학식 포토커플러를 이용한 위치 검출
④ 리밋스위치를 이용한 위치 검출

해설 하이브리드자동차 전동기의 위치 검출에서 리밋스위치 방식은 정밀한 위치 검출과 제어를 구현할 수 없다.

30 전기자동차에 사용되는 감속기의 기능에 대한 설명 중 틀린 것은?

① 감속기능 – 모터 구동력 증대
② 증속기능 – 증속 시 다운 시프트 적용
③ 파킹기능 – 운전자 P단 조작 시 차량 파킹
④ 차동기능 – 차량 선회 시 좌우바퀴 차동

해설 증속 시 업 시프트 기능을 수행한다.

31 다음 중 직류전동기의 종류가 다른 하나는?

① 연료 펌프 모터
② 시동 모터
③ 윈도모터
④ 와이퍼 모터

> **해설** 기동전동기(시동전동기)는 직류 직권식이다.

32 브러시리스 직류전동기에 대한 설명 중 틀린 것은?

① 스위칭 장치에 의해 권선에 흐르는 전류의 방향이 제어된다.
② 정속구동을 요하는 부위에는 적합하지 않다.
③ 고정자에는 전기자 권선이 감겨 있다.
④ 회전자는 영구자석이다.

> **해설** BL(Brushless) DC 모터의 특징
> - 브러시가 없기 때문에 전기적 기계적 노이즈 발생이 적다.
> - 신뢰성이 높고 유지보수가 필요 없다.
> - 일정속도제어, 가변속제어가 가능하다.
> - 고속화가 용이하다.
> - 소형화가 가능하다.

33 하이브리드자동차의 고전압 배터리로부터 전동기로 전력을 전달하고 회생에너지를 배터리로 충전시키는 기능을 하는 것은?

① Buck Converter
② Boost Converter
③ PWM Inverter
④ Motor Control Inverter

> **해설** 하이브리드 자동차에서 배터리로부터 전력을 전달하고(직류를 교류로 제어) 회생 제동 제어 시(교류를 직류로 제어) 배터리로 충전시키는 기능은 모터 컨트롤 인버터부에서 그 기능을 수행한다.

정답 31 ② 32 ② 33 ④

34 유도전동기 회전자의 1상(1-Phase)을 나타내는 다음 그림의 등가회로 모델에 대한 설명 중 틀린 것은?

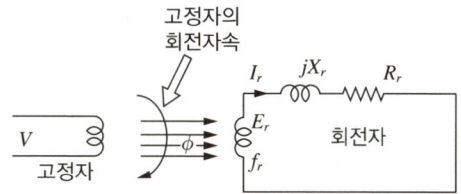

① 3상 전동기에서 발생하는 동력과 토크는 1상(1-Phase)에서 만들어지는 것의 3배이다.
② 회전자 전압(E_r)은 고정자의 회전자속에 의해 f_r의 주파수로 유기된다.
③ 저항과 리액턴스는 히스테리시스와 와전류에 의해 병렬로 나타낸다.
④ 저항과 리액턴스로 이루어지고, 독립된 폐회로로 표현한다.

해설 ③ 저항과 리액턴스는 직렬로 나타낸다.

35 하이브리드자동차 전동기 제어 기법에 관한 설명 중 틀린 것은?

① PWM 인버터 최적전압 변조방식은 원하는 기본파 크기의 출력 전압이 발생하도록 PWM 스위칭 패턴을 미리 계산하여 제어한다.
② 정현파 비교전압 변조방식은 정현파 지령전압을 일정주파수의 삼각파와 실시간 비교하여 스위칭 패턴을 결정한다.
③ 공간벡터 전압 변조방식은 가장 가까운 두 유효전압벡터와 영전압벡터를 이용하여 지령전압 벡터와 스위칭 주기 동안 평균적으로 동일한 전압을 합성한다.
④ 3고조파 주입 전압 변조방식은 정현파 상전압 지령에 3고조파 성분을 추가하여 생성된 극전압지령을 정현파와 비교 제어한다.

해설 전기자동차에서의 유도전동기 구동시스템은 자동차에서 요구되는 가속시간, 최고속도, 등판능력, 일충전 주행거리 등을 만족시키기 위하여 고속운전을 위한 약계자 제어, 전지의 전압 이용률을 증대시키기 위한 과변조 기법, 주행거리 및 제동력 향상을 위한 회생제동과 최대효율운전을 반드시 고려해야 한다. 현재 하이브리드 전동기의 제어방법에는 PWM 인버터 제어, 벡터 제어 등을 통하여 전동기를 제어하는 방법들이 있다.

36 12V 배터리 6개를 직렬로 연결한 자동차에서 전조등 시스템 구동을 위해 12V로 강압하려고 Buck Type DC-DC 컨버터를 구성 시 PWM 변조의 시비율(α)은?

① 0.17
② 0.34
③ 0.42
④ 0.53

해설 $\alpha = \dfrac{V_o}{V_i} = \dfrac{12}{12 \times 6} = 0.166$

37 직류전동기의 주요 구성부품이 아닌 것은?

① 전기자
② 계 자
③ 계 철
④ 릴레이

해설 직류전동기는 회전부인 전기자, 고정부인 계자와 계철로 이루어진다.

38 매입형 동기전동기의 벡터제어에 대한 설명으로 틀린 것은?

① MTPA(Maximum Torque Per Ampere) 제어를 위한 d축과 q축 전류의 비는 토크 크기에 관계없이 일정하다.
② 회전자 자속의 위치를 검출하기 위해 주로 레졸버가 사용된다.
③ 릴럭턴스 토크를 이용하기 위해 d축에 전류를 흘려 주어야 한다.
④ 영구자석의 자속 발생 방향을 d축으로 설정하여 제어한다.

해설 임의의 토크를 발생하기 위하여 d축 전류의 크기를 변화하면서 가장 작은 전류 크기를 인가하는 MTPA(Maximum Torque Per Ampere) 운전을 하면, 전류 크기에 따른 손실을 줄일 수 있다.

39 반도체 사이리스터를 사용한 전동기 속도제어와 관계없는 것은?

① 주파수

② 위 상

③ 토 크

④ 전 압

해설 SCR은 주파수, 전압, 위상을 제어한다.

40 8극 유도전동기에 60Hz 교류주파수를 인가하였을 때 동기속도는?

① 600rpm

② 900rpm

③ 1,200rpm

④ 1,500rpm

해설 동기속도 $= \dfrac{120f}{P}(\text{rpm})$ 이므로 $\dfrac{120 \times 60}{8} = 900\text{rpm}$ 이 된다.

제3과목 그린전동자동차 배터리

41 0.5μF 콘덴서 2개를 직렬로 연결했을 때 합성용량은?

① 1μF
② 0.5μF
③ 0.25μF
④ 0.125μF

해설 직렬연결 시 콘덴서의 합성용량 = $\dfrac{1}{\dfrac{1}{0.5}+\dfrac{1}{0.5}} = 0.25\mu F$

42 배터리 충전방법 중 충전 말기에 다량의 산소 및 수소가스가 발생하여 충전효율이 악화되고, 다른 충전방법보다 과충전되기 쉬운 것은?

① 정전류 충전법
② 단계전류 충전법
③ 정전압 충전법
④ 준정전압 충전법

해설 **배터리 충전방법의 종류**
- 정전류 충전법 : 충전 초기부터 일정한 전류를 유지하면서 충전하므로 최초 충전용량이 작아 극판의 손상이 작으며 충전 말기에 충전율이 높아 과충전의 우려가 있다.
- 단별 충전법 : 충전 초기에는 큰 전류로 충전하고 시간이 경과함에 따라 2~3단계씩 단계적으로 전류를 내리는 충전법으로 조작이 번거로운 반면 충전중 전해액의 온도 상승이 작고 비교적 효율이 좋은 충전법이다.
- 정전압 충전법 : 충전 시작부터 종료까지 일정한 전압으로 충전하는 방법으로 가스 발생이 거의 없고 충전효율이 우수하나 충전 초기에 전류값이 커지는 결점이 있어 극판이 손상되기 쉬우며 충전 말기에 충전률이 낮아 과충전의 우려가 없다. 자동차의 발전기에서의 충전은 정전압 충전법에 해당한다.
- 준정전압 충전법 : 충전기와 배터리 사이에 직렬저항을 넣어 충전 초기에는 큰 전류가 흐르게 하고 이후에는 정전압 충전으로, 충전말에는 일정한 전류가 흐르도록 하는 충전법이다.

43 리튬 배터리에 대한 설명 중 틀린 것은?

① 소재는 크게 양극재, 음극재, 분리막, 전해질로 구분된다.
② 리튬이온 배터리가 리튬이온 폴리머 배터리보다 유동성이 있다.
③ 리튬이온 폴리머 배터리의 전해질은 액체 유기 용액이나 고체 폴리머를 사용한다.
④ 리튬이온 폴리머 배터리는 음극에 리튬 금속, 양극에는 천이 금속의 중간 산화물을 사용한다.

> 해설 리튬 폴리머 배터리는 폴리머함량이 상대적으로 많아 전극 자체만으로도 Film의 특성을 가질 수 있다. Cell의 경우도 이러한 Film적 특성으로 인하여 형체의 유연성을 가지게 된다.

44 하이브리드 및 전기자동차에 사용되는 부품의 기능에 관한 설명으로 틀린 것은?

① 모터 제어기 : 고전압 배터리의 교류전원을 모터의 작동에 필요한 단상 교류전원으로 변환
② DC/DC 컨버터 : 직류전압을 전력전자 반도체 소자를 이용하여 강압 또는 승압
③ 회생 제동장치 : 제동 및 감속 시 구동력으로 전기를 발생하여 배터리를 충전
④ PWM 인버터 : 고전압 배터리의 직류전압을 구동전동기에 적합한 다상 교류전압으로 변환

> 해설 MCU는 고전압 배터리의 직류(DC)전원을 모터 작동에 필요한 3상 교류(AC)전원으로 변환하고, HCU(HEV Control Unit)의 명령을 받아 모터의 구동 전류 제어와 감속 및 제동 시 3상 교류를 직류로 변경하여 모터를 발전기 역할로 변경하고 배터리 충전을 위한 에너지 회수 기능을 담당한다.

45 얼터네이터(Alternator)에 대한 설명으로 옳은 것은?

① 자동차의 전기부하에 전기를 공급하고, 배터리를 충전하는 장치를 의미한다.
② 고전압에서 저전압을 충전하기 위한 부품을 의미한다.
③ 직류를 교류로 바꾸기 위한 부품을 의미한다.
④ 전동기를 제어하기 위해서 사용된다.

> 해설 자동차의 교류발전기는 각종 전기장치의 부하를 담당하고 배터리를 충전시키는 장치이다.

정답 43 ② 44 ① 45 ①

46 하이브리드자동차의 저전압 직류변환장치(LDC)의 기능으로 옳은 것은?

① 고전압(DC)을 12V(DC)로 변환
② 고전압(AC)을 12V(AC)로 변환
③ 12V(DC)를 고전압(AC)으로 변환
④ 12V(AC)를 고전압(DC)으로 변환

> **해설** 하이브리드 자동차의 LDC는 자동차의 각종 전장에 필요한 전원전압을 공급하는데 있어 하이브리드의 고전압(DC) 배터리의 전압을 12V(DC)로 변환하여 공급하는 장치이다.

47 자동차의 발전기에서 점화스위치가 ON되었을 때 여자되는 부품은?

① 정류기
② 풀리
③ 스테이터
④ 로터

> **해설** 타여자식 교류발전기에서 초기 시동을 위한 KEY ON 시 배터리 전압이 로터에 공급되어 로터를 여자시킨다.

48 다음 중 친환경자동차의 분류에 포함되지 않는 자동차는?

① 석유액화가스자동차
② 연료전지자동차
③ 하이브리드자동차
④ 전기자동차

> **해설** 친환경자동차로는 전기자동차, 하이브리드자동차, 연료전지자동차 등이 있다.

49 다음 중 전기자동차에서 2차 고전압 배터리로 가장 적합한 것은?

① 납산 배터리
② AGM 배터리
③ 니켈카드뮴 배터리
④ 리튬이온폴리머 배터리

> **해설** 전기자동차용 2차 고전압 배터리로는 리튬-이온, 리튬-폴리머, 니켈-수소 전지 등이 적용되고 있다.

50 BMS에 내장된 메모리 칩에 기록된 정보가 아닌 것은?

① 셀 용량
② 변속단 정보
③ 최대 전류한계
④ 기계적 형상 코드번호

해설 BMS는 Battery Management System의 약자로 전기자동차의 2차 전지의 전류, 전압, 온도 등을 실시간으로 측정하여 에너지의 충·방전 상태와 잔여량을 제어하는 것으로, 타 제어시스템과 통신하며 전지가 최적의 동작환경을 조성하도록 환경을 제어하는 2차 전지의 필수부품이며 충·방전 시 과충전 및 과방전이 발생되지 않도록 셀 간의 전압을 균일하게 제어하여 에너지효율과 배터리수명을 높여주는 기능을 한다.

51 충전장치용 교류(AC)발전기의 특징으로 틀린 것은?

① 저속에서 충전이 가능하다.
② 전압조정기와 전류제한기를 필요로 한다.
③ 출력이 크고 고속회전에도 내구성이 좋다.
④ 다이오드를 사용하기 때문에 정류 특성이 좋다.

해설 교류발전기는 다이오드를 이용하여 정류하고 전압조정기만 설치되어 있다.

52 보조 배터리(12V 배터리)의 역할로 옳은 것은?

① 주배터리에 전력을 공급
② 컨버터의 작동을 위한 전력을 공급
③ 메인 모터의 구동을 위한 보조 전력을 공급
④ 헤드라이트나 계기판 조명과 같은 전장 부품에 전력을 공급

해설 보조 배터리는 자동차의 각종 전장품에 전원을 공급하는 역할을 한다.

정답 50 ② 51 ② 52 ④

53 슈퍼 커패시터의 특징으로 틀린 것은?

① 충·방전속도가 빠르다.
② 배터리에 비해 수명이 짧다.
③ 열 폭주가 거의 발생하지 않는다.
④ 초 단위의 짧은 시간에 큰 비출력을 발휘한다.

해설 슈퍼 커패시터의 특징
- 표면적이 큰 활성탄을 사용하여 유전체의 거리가 짧아져서 소형으로 패럿(F)단위의 큰 정전용량을 얻는다.
- 과충전이나 과방전이 일어나지 않아 회로가 단순하다.
- 전자부품으로 직접체결(땜납)이 가능하기 때문에 단락이나 접속불안정이 없다.
- 전하를 물리적으로 축적하기 때문에 충·방전시간 조절이 가능하다.
- 전압으로 잔류용량의 파악이 가능하다.
- 내구온도(-30~90℃)가 광범위하다.
- 수명이 길고 에너지밀도가 높다.
- 친환경적이다.

54 축전기 A($2\mu F$), B($3\mu F$), C($5\mu F$)를 모두 병렬로 연결시키고, 12V의 전압 인가 시, 축전기에 저장되는 전기량은 얼마인가?

① $11\mu C$
② $60\mu C$
③ $120\mu C$
④ $720\mu C$

해설 병렬연결 시 콘덴서의 합성용량 = $2\mu F + 3\mu F + 5\mu F$이므로 $10\mu F$이 된다. 따라서 저장되는 전하량 $Q = CV$이므로 $10\mu F \times 12V = 120\mu C$가 된다.

55 전기자동차의 배터리 용량이 20kWh이고 완충된 상태라면 배터리 내에 저장된 전기에너지는 총 몇 kJ인가?

① 72,000
② 36,000
③ 7,200
④ 3,600

해설 $1kW = 1kJ/sec$이므로 $20 \times 3,600 = 72,000kJ$이 된다.

정답 53 ② 54 ③ 55 ①

56 하이브리드자동차의 DC/DC 컨버터의 기능과 관련 없는 장치는?

① 발전기
② 배터리
③ 모터제어기
④ 파워트레인

해설 DC/DC 컨버터는 저전압 직류변환장치로 파워트레인 계통과는 관련이 없다.

57 고전압 배터리 시스템 제어 특성 중 관련 없는 모드는?

① 방전 모드
② 정지 모드
③ 공회전 모드
④ 회생제동 모드

해설 고전압 배터리 시스템 제어에서 충·방전 제어, 정지, 회생제동 등의 모드에서 고전압 배터리 시스템을 제어한다.

58 전기자동차 접촉식 충전시스템에 대한 설명으로 옳은 것은?

① 1차 권선변압기는 전기충전장치에 설치하고 2차 권선변압기는 차량 내에 설치한다.
② 충전기 연결 시 완속충전과 급속충전 플러그를 구분하지 않고 플러그를 접속한다.
③ 충전 시 차량 보조배터리 전원을 끈다.
④ 접촉식에는 교류방식과 직류방식을 사용한다.

해설 접촉식(Conductive) 충전시스템
• 전기적 접속을 통하여 충전한다.
• 교류충전장치는 충전스탠드가 충전을 위한 교류전원을 공급한다.
• 교류충전장치는 전기차 내부의 온보드 충전기가 충전한다.
• 교류충전장치는 충전시간이 6시간 이상 소요된다.
• 직류충전장치는 직류의 출력을 배터리에 직접적으로 전기를 공급하여 충전한다.
• 직류충전장치는 출력직류전압이 높고 전류가 커서 충전 시 사고 위험성이 높다.

59 전기자동차 충전시스템의 구성요소가 아닌 것은?

① LIN 통신부
② 충전 전기 계량부
③ 충전관리 제어부
④ 충전상태 모니터링부

해설 전기자동차의 충전시스템은 충전 계량부, 제어부, 모니터링부 등으로 구성된다.

60 BMS(Battery Management System)의 기능으로 틀린 것은?

① 충전상태 제어
② 배터리 냉각 제어
③ 인버터 교류전원 입력
④ 배터리시스템 고장 진단

해설 BMS의 역할
- 전기시스템의 정적운영을 위한 안전예방(냉각 제어) 및 경보발생
- 전기시스템의 전압, 전류, 온도의 모니터링
- 전기시스템의 최적상태 유지
- 데이터 보상 및 시스템 진단기능

제4과목 | 그린전동자동차 구동성능

61 토크컨버터에 대한 설명으로 틀린 것은?

① 펌프와 터빈 사이에 오일의 미끄럼 발생이 없어 효율이 매우 높다.
② 엔진의 동력을 차단하지 않고도 변속이 가능하다.
③ 저속에서의 출발 성능을 향상시켜 언덕 출발에서와 같은 경우 운전을 용이하게 해 준다.
④ 변속 중에 발생하는 급격한 토크의 변동과 구동축에서의 급격한 하중 변화도 부드럽게 흡수할 수 있다.

> **해설** 토크컨버터의 장단점
> • 장 점
> – 자동차가 정지하였을 때 오일의 미끄럼에 의해 엔진이 정지되지 않는다. 따라서 수동변속기와 같이 클러치와 같은 별도의 동력차단장치가 필요 없다.
> – 엔진의 동력을 차단하지 않고도 변속이 가능하므로 변속 중에 발생하는 급격한 토크의 변동과 구동축에서의 급격한 하중 변화도 부드럽게 흡수할 수 있다.
> – 토크컨버터의 고유 기능인 토크증대작용에 있어 저속에서의 출발 성능을 향상시켜 언덕 출발에서와 같은 경우 운전을 매우 용이하게 해 준다.
> – 펌프로 입력되는 엔진의 동력이 오일을 매개로 변속기에 전달되므로 엔진으로부터 비틀림 진동을 흡수하기 때문에 비틀림댐퍼(Torsional Damper)를 설치하지 않아도 된다.
> • 단 점
> – 펌프와 터빈 사이에 항상 오일의 미끄럼이 발생하므로 효율이 매우 저하된다.
> – 비틀림댐퍼를 설치하는 대신 댐퍼클러치를 이용하여 진동을 흡수하게 되면 댐퍼클러치가 작동하고 있는 상태에서는 토크증대작용은 없어진다.
> – 구조가 복잡하고 무게와 가격이 상승한다.

62 직렬형 하이브리드자동차의 동력전달과정은?

① 엔진 → 발전기 → 고전압 배터리 → 변속기 → 전동기 → 구동바퀴
② 엔진 → 발전기 → 고전압 배터리 → 전동기 → 변속기 → 구동바퀴
③ 발전기 → 엔진 → 고전압 배터리 → 변속기 → 전동기 → 구동바퀴
④ 발전기 → 엔진 → 고전압 배터리 → 전동기 → 변속기 → 구동바퀴

> **해설** 직렬형 방식 하이브리드자동차의 동력전달은 엔진, 발전기, 고전압 배터리, 전동기, 변속기, 바퀴의 순이다.

정답 61 ① 62 ②

63 자동차의 무단자동변속기(CVT)에 사용되는 벨트가 아닌 것은?

① 고무벨트
② 금속벨트
③ 체인벨트
④ 포핏벨트

> **해설** 무단변속기의 동력전달 방식은 벨트식(금속, 고무, 체인)과 트랙션 구동방식이 있다.

64 동기물림방식의 수동변속기 차량에서 기어물림을 원활히 하기 위해 주축의 회전속도와 기어의 회전속도를 일치시켜 동기화 작용을 하는 장치는?

① 클러치
② 도그클러치
③ 리졸버기구
④ 싱크로메시기구

> **해설** 싱크로메시기구는 기어를 변속할 때 기어의 원뿔 부분에서 마찰력을 일으켜 주축에서 공전하는 기어의 회전속도와 주축의 회전속도를 일치시켜 기어물림이 원활하게 이루어지도록 하는 방식이다.

65 모터 및 모터제어기의 내구성 시험항목이 아닌 것은?

① 고온단속시험
② 온도사이클시험
③ 고온작동시험
④ 출력전압시험

> **해설** 모터 및 제어기의 내구성 시험항목은 고온 시 작동, 사이클 시험 등이 있으며 출력전압시험은 시험항목에 포함되지 않는다.

66 자동변속기에서 2세트의 유성기어장치를 연이어 접속시키되, 1개의 선기어를 공동으로 사용하는 형식은?

① 라비뇨식 ② 벤딕스식
③ 심프슨식 ④ 평행기어식

해설   ③ 심프슨 타입(Simpson Gear Type) 유성기어장치 : 2세트의 유성기어장치를 연이어 접속시킨 형식으로 선기어는 1개를 공통으로 사용한다.
① 라비뇨 타입(Ravigneaux Gear Type) 유성기어장치 : 2세트의 유성기어장치를 연이어 접속시킨 방식에서 링기어와 유성기어 캐리어를 각각 1개씩만 사용한 형식으로 1차 선기어는 쇼트 피니언기어와 결합되어 있고 2차 선기어는 롱 피니언기어와 결합되어 있다.

67 기관성능곡선에서 최대회전력을 발생시키는 회전속도에서부터 최대출력을 발생시키는 회전속도까지를 무엇이라 하는가?

① 기관의 관성영역 ② 기관의 탄성영역
③ 기관의 속도차   ④ 기관의 출력차

해설   최대회전력을 발생시키는 RPM에서 최대출력을 발생하는 RPM까지를 엔진의 탄성영역이라 한다.

68 직류모터의 단점을 보완하여 내구성이 우수하고 마찰열이 없어 효율이 높으나, 고열에 대한 출력 저감으로 인해 냉각장치 및 제어기를 사용해야 하는 단점을 가진 것은?

① 농형 모터   ② 직병렬 모터
③ 교류 모터   ④ 브러시리스 모터

해설   BLDC 전동기 장단점

장 점	단 점
• 브러시가 없기 때문에 전기적, 기계적 노이즈 발생이 적다. • 신뢰성이 높고 유지보수가 필요 없다. • 일정속도제어, 가변속제어가 가능하다. • 고속화가 용이하다. • 소형화가 가능하다.	• 로터에 영구자석 사용으로 저관성화에 제한이 생긴다. • 반도체 재료의 사용으로 비용이 높아진다. • 희토류계 자석의 사용으로 비용이 높아진다.

정답 66 ③ 67 ② 68 ④

69 차량주행 중 동력을 차단하고 관성주행을 하는 것을 타행(Coasting)이라 한다. 타행성능을 구하는 산출식은?

① (차량총질량 + 회전부분상당질량) / 감속도
② (차량총질량 + 회전부분상당질량) × 감속도
③ (차량총질량 × 회전부분상당질량) / 감속도
④ 차량총질량 × 회전부분상당질량 × 감속도

해설 타행성능을 산출하는 식은 (차량총질량 + 회전부분상당질량) × 감속도이다.

70 다음 ( )에 알맞은 용어는?

> 연료전지 셀을 여러 개 직렬로 연결하여 일체로 만든 것을 ( )이라고 한다. ( )은/는 막전극 접합체(MEA), 분리판(Bipolar Plate), 밀봉재, 전류 집진체(Current Collector), 끝판(End Plate)으로 구성된다.

① 모 터
② 제어기
③ 스 택
④ 전력 변환기

해설 하나의 셀은 (−) 극판과 (+) 극판이 전해질 막을 감싸고 또한 양 바깥쪽에서 세퍼레이터(Separator)가 감싸는 형태로 구성되어 있으며, 셀의 전압이 낮기 때문에 자동차용의 스택은 일반적으로 수백 장의 셀을 겹쳐 고전압을 얻고 있다. 세퍼레이터는 홈이 파져 있어 (−)쪽에는 수소, (+)쪽은 공기가 통한다.

71 하이브리드자동차 파워트레인 시스템의 구성장치가 아닌 것은?

① 인버터
② 엔 진
③ 변속기
④ 모 터

해설 인버터는 파워트레인 계통으로 분류되지 않는다.

정답 69 ② 70 ③ 71 ①

72 승용자동차를 섀시 동력계에서 운전 측정한 결과, 구동력은 750N, 속도는 120km/h, 동력전달효율은 0.9이었다. 이때 기관의 제동출력(A)과 구동륜출력(B)은 각각 약 몇 kW인가?

① A : 17.8kW, B : 20kW
② A : 17.8kW, B : 25kW
③ A : 27.8kW, B : 25kW
④ A : 37.8kW, B : 30kW

해설 구동륜출력 = 750N × 33.33m/sec = 24,997.5N·m/sec = 24.997kJ/sec = 25kW
여기서, 동력전달효율이 0.9이므로 엔진의 제동출력은 $\frac{25}{0.9}$ = 27.77kW가 된다.

73 병렬형 하이브리드자동차의 특징 중 틀린 것은?

① 모터가 동력 보조를 한다.
② 구조 및 제어 방식은 직렬형과 차이가 없다.
③ 시스템 전체 효율이 직렬형보다 우수하다.
④ 유단 변속 기구를 사용할 경우 엔진의 작동영역이 주행 상황에 연동된다.

해설 하이브리드 모터 사용 방법에 따른 분류
- 직렬형 : 엔진은 발전용으로만 사용하고 모터의 동력을 이용하여 바퀴를 구동하는 방식은 직렬 방식으로 엔진의 동력을 이용하여 발전한 전기 에너지를 배터리에 저장해 놓고 그 전기 에너지를 이용하여 모터가 바퀴를 구동하기 때문에 에너지를 사용하는 순서에 의한 시리즈 하이브리드 방식이 있다.
- 병렬형 : 엔진과 모터 2개의 동력이 나란히 배열되어 있는 병렬방식 중에는 엔진과 모터의 동력을 모두 바퀴를 구동하는데 사용하는 패럴렐 하이브리드 방식이 있고, 자동차의 운전조건에 따라 최적의 운전모드를 선택하여 구동하는 방식으로 시리즈 방식과 패럴렐 방식 모두를 사용하는 시리즈 패럴렐 방식으로 분류된다.

74 전자제어 자동변속기에서 변속 위치를 TCU로 입력시켜 주는 것은?

① 이그니션 펄스 ② 인히비터 스위치
③ 킥 다운 서보 ④ 차속 센서

해설 자동변속기의 변속 위치를 검출하여 TCU로 입력시키는 스위치는 인히비터 스위치이다.

75 전기자동차의 특징으로 틀린 것은?

① 별도의 변속장치가 필요 없다.
② 부품수가 가솔린 차량보다 적다.
③ 전체적인 구조가 가솔린 차량보다 단순하다.
④ 모터의 작동을 위해 전용 구동장치가 필요하다.

해설 　전기자동차의 특징은 부품수가 기존 내연기관보다 적고 별도의 변속장치가 필요 없으며 구조가 비교적 간단한 특징이 있다.

76 수동변속기의 클러치가 미끄러지지 않기 위한 조건은?(단, t : 클러치스프링의 장력, f : 클러치판의 평균 반지름, r : 클러치판과 압력판 사이의 마찰계수, c : 기관의 회전력)

① $tfr \leq c$
② $tfr \geq c$
③ $\dfrac{tf}{r} \geq c$
④ $\dfrac{tf}{r} \leq c$

해설 　클러치가 미끄러지지 않기 위한 조건은 $tfr \geq c$이다.

77 무단변속기(CVT)의 종류가 아닌 것은?

① 트로이덜방식(Toroidal Type)
② 기어 구동방식(Gear Drive Type)
③ 벨트 구동방식(Belt Drive Type)
④ 트랙션 구동방식(Traction Drive Type)

해설 　무단변속기는 트로이덜방식, 벨트 구동방식, 트랙션 구동방식이 있다.

78 자동차의 구동력에 대한 설명 중 틀린 것은?

① 구동축의 회전력에 비례한다.
② 구동바퀴의 반지름에 반비례한다.
③ 구동력은 기관의 회전속도에 따라 변한다.
④ 구동력이 주행저항과 같으면 주행이 불가능하다.

해설   구동력은 구동축 회전력에 비례하며, 바퀴의 반경에 반비례하고 감속비(변속비)에 비례하며 주행저항보다 커야 구동된다.

79 방사자속형(Radial Flux Type) 영구자석 동기전동기의 회전자 구조 방식이 아닌 것은?

① 표면부착형
② 원주평행형
③ 권선형
④ 원주수직형

해설   방사지속형 영구자석 동기전동기의 종류는 표면부착형, 원주평행형, 원주수직형이 있다.

80 플라이휠의 링기어 잇수가 140, 기동전동기의 피니언 잇수가 14, 총배기량이 1,470cc, 기관 회전저항이 10kgf·m일 때 기동전동기의 시동 소요 회전력은?

① 0.5kgf·m
② 0.8kgf·m
③ 1kgf·m
④ 14.7kgf·m

해설   피니언기어와 플라이휠의 감속비 $= \frac{140}{14} = 10$ 이므로 기관의 회전저항이 $10\text{kgf}\cdot\text{m}$ 이면 기동전동기의 소요 회전력은 $1\text{kgf}\cdot\text{m}$ 가 된다.

정답   78 ③   79 ③   80 ③

| 제5과목 | 그린전동자동차 측정과 시험평가 |

81 전기모터의 최대출력을 동력계로 측정할 때 적합하지 않은 것은?

① 대상모터의 온도변화를 측정할 필요는 없다.
② 대상모터를 최대속도까지 가변하면서 측정한다.
③ 부하모터에서 대상모터의 동력 흡수를 감안한다.
④ 모터가 측정시간 동안 일정하게 낼 수 있는 토크를 측정해야 한다.

해설 전기모터의 출력 테스트 시 온도에 따른 작동변화를 측정해야 한다.

82 CAN 통신의 데이터 전송방식은?

① 직렬방식
② 병렬방식
③ 직/병렬 혼합방식
④ 블루투스방식

해설 CAN 통신은 Controller Area Network의 앞 글자를 따서 CAN이라 말하며 CAN 통신은 ECM 간 디지털 직렬통신을 제공하기 위하여 1988년 BOSCH와 INTEL에서 개발한 차량 통신 시스템이다.

83 평균유효압력 P = 4kg/cm^2, 행정체적 V = 100cc인 4사이클 기관은 1회의 폭발로 몇 kg·m의 일을 하는가?

① 3kg·m
② 3.5kg·m
③ 4kg·m
④ 4.5kg·m

해설 $P \times V = T$이므로 $4 \times 100 = 400$kgf·cm가 된다. 따라서, 4kgf·m가 된다.

81 ① 82 ① 83 ③

84 OBD-Ⅱ(On Board Diagnosis)의 주요 목적은?

① 주행하는 자동차의 배기가스 구성성분을 정확하게 분석
② 위성 통신과 연결하여 자동차 배기가스의 배출 상태를 확인
③ 자동차를 구성하는 각종 부품들의 고장 원인을 분석
④ 전 운전 영역에 걸쳐 배기가스 관련 시스템을 점검

해설 OBD는 On Board Diagonsis의 약자로 차량에 내장된 컴퓨터로 차량의 운행 중 배출가스 제어 부품이나 시스템을 감시, 고장이 진단되면 운전자에게 이를 알려 주는 시스템이다.

85 전동기의 속도를 제어하기 위해서 가변전압으로 변환시키기 위해 사용되는 전자스위치로 틀린 것은?

① MOSFET(Metal Oxide Semiconductor Field Effect Transistor)
② IGBT(Insulated Gate Bipolar Transistor)
③ 서미스터(Thermistor)
④ 사이리스터(Thyrister)

해설 서미스터는 온도측정용 관련 소자이다.

86 자동차 CAN 통신 시스템에 대한 설명으로 틀린 것은?

① CAN BUS의 전압 레벨은 CAN-high와 CAN-low가 있다.
② CAN 통신을 위해 설치한 저항을 터미널 저항이라 한다.
③ CAN 통신에는 등급에 따라 단일배선 적응능력이 있다.
④ CAN 통신은 1배선을 이용하여 데이터를 전송한다.

해설 CAN 통신은 나선을 통하여 CAN-high 신호와 CAN-low 신호로 구분된다.

정답 84 ④ 85 ③ 86 ④

87 자동차 통신 네트워크에서 전송속도를 순서대로 나열한 것은?

① MOST > TTP/Flex Ray > CAN > LIN
② TTP/Flex Ray > MOST > CAN > LIN
③ CAN > LIN > MOST > TTP/Flex Ray
④ CAN > MOST > TTP/Flex Ray > LIN

88 에너지 저장 시스템(ESS)의 사이클 시험 목적은?

① 충격에 의한 제품 내구성 평가
② 주행 진동에 대한 내구성 평가
③ 자동차 충격 시험 안전성 평가
④ 온도, 시간 등 시험 조건을 반복적으로 변화시켜 내구성 평가

해설 에너지 저장 시스템의 사이클 시험은 온도, 시간 등 테스트 조건을 반복적으로 변화시켜 내구성을 측정하는 항목이다.

89 표준형 CAN 프로토콜에서 데이터 프레임의 시작인 SOF 신호 직후 나타나는 필드는?

① Data   ② ID
③ CRC   ④ ACK

해설 표준형 CAN 프로토콜에서 데이터 프레임의 시작인 SOF 신호 직후 나타나는 필드는 ID이다.
CAN 메시지의 프레임 구조
• SOF : 기본값이 '0'인 bit, IDLE 상태에서 천이되어 프레임 시작
• Message ID : 기본형식(Standard ID)의 경우 11bit, 확장형(Extension ID)의 경우 29bit
• DLC : 4bit의 Data Field의 길이
• Data Field : 최대 8byte의 데이터를 수납한다. 이것의 길이는 위에 설명한 DLC값으로 결정된다.

90 주파수 호핑 방식이란?

① 시리얼 통신에서만 사용되는 방식이다.
② 고속 통신을 위해 적용하는 방식이다.
③ 전파간섭을 피하기 위해 사용하는 방식이다.
④ 블루투스 통신에는 적용되지 않는 방식이다.

> **해설** 주파수 호핑 방식(FHMA)
> • 2.4GHz 대역 내에서 대역폭 1MHz의 채널을 79개 설정, 1초간 1,600회 채널을 바꾸는 주파수 호핑방식의 스펙트럼 확산기술로 전파를 송수신한다.
> • 초당 1,600회 빠른 주파수 호핑 방식을 통해 잡음이 많은 무선주파수에서도 성능이 고르게 유지될 수 있다.
> • 음성 부호화방식인 CVSD(Continuous Variable Slope Delta Modulation) 채용, 문자 데이터의 전송은 물론, 음성 전송에도 사용 가능하다.

91 OBD-Ⅱ의 실화감지 기능에 대한 설명으로 옳은 것은?

① 크랭크축의 회전속도 변화를 기준으로 실화를 판단한다.
② 배기가스 중 산소량 증감을 파악하여 실화를 판단한다.
③ 실화가 발생한 실린더를 판별하지는 못한다.
④ 냉각수온의 변화를 통해 실화원인을 유출한다.

> **해설** OBD-Ⅱ의 실화감지 기능은 크랭크축 회전속도의 변화를 기준으로 실화를 판별한다.

92 DC-DC 컨버터 분류 중 출력단의 전류가 항상 입력단의 전류보다 작은 방식은?

① 벅 컨버터 방식
② 포워드 컨버터 방식
③ 부스트 컨버터 방식
④ 플라이백 컨버터 방식

> **해설** DC-DC 컨버터의 출력단의 전류가 항상 입력단의 전류보다 작은 방식은 부스트 컨버터 방식이다.

93 플러그인 하이브리드자동차에서 시동 직후 PTC 소자를 이용하여 난방용 공기를 가열할 때 공기의 온도는 약 얼마인가?(단, 공기의 비열 1.006kJ/kg·K, 유입 공기량 5kg/min, 입력 전기출력 1kW)

① 29.8K
② 12K
③ 5.3K
④ 10.6K

해설 $\dfrac{1.006}{0.083 \times 1} = 12.1K$

94 일을 구하는 산출식으로 틀린 것은?

① $W = F \times s$ (F는 힘, s는 거리)
② $W = P \times V$ (P는 압력, V는 체적)
③ $W = P \times t$ (P는 일률, t는 시간)
④ $W = A \times Q$ (A는 열당량, Q는 열량)

해설 줄(Joule)이 1848년에 보고한 실험에 의해 일과 열이 함께 에너지의 한 형태에 지나지 않는 것이 명확하게 되고 열을 일로 환산할 때의 비례상수인 열의 일당량 A는 그 역수이다.

95 에너지 저장 시스템(ESS) 사이클 시험을 위해 시험기와 연결하는 단자가 아닌 것은?

① 저전압 단자
② 고전압 입력 단자와 출력 단자
③ 전동기 3상(U, V, W) 연결 단자
④ 고전압 릴레이 입력 단자와 출력 단자

해설 에너지 저장 시스템 사이클시험 시 저전압, 고전압 단자 및 릴레이 입출력 단자와 테스터기를 연결하여 시험한다.

96 메시지를 통째로 복사하여 전달하는 방식으로, 통신 네트워크 시스템에서 시간지연 없이 빠른 데이터 전송에 필요한 전송 방식은?

① 다이렉트 메시지 라우팅
② RDB(Routing Data Base) 메시지 라우팅
③ 게이트웨이 메시지 라우팅
④ 인다이렉트 메시지 라우팅

> 해설 라우팅이란 네트워크상에서 주소를 이용하여 목적지까지 메시지를 전달하는 방법을 체계적으로 결정하는 경로선택과정을 말한다. 다이렉트 메시지 라우팅은 메시지를 통째로 복사하여 전달하는 방식으로, 통신 네트워크 시스템에서 시간지연 없이 빠른 데이터 전송에 필요한 전송 방식이다.

97 4행정 사이클 기관이 3,000rpm으로 회전하면서 300PS의 출력을 내려면 회전축의 토크는 약 몇 N·m인가?

① 135.8
② 288.7
③ 351.1
④ 701.7

> 해설 $PS = \dfrac{T \times N}{716}$ 이므로 $\dfrac{T \times 3,000}{716} = 300$이 된다.
> 따라서, $T = 71.6 \text{kgf} \cdot \text{m}$이며 701.68N·m가 된다.

98 100V, 20A용 단상 적산전력계의 원판이 20회 회전하는 데 10초가 걸렸다. 만일 이 계기의 오차가 +2%라면 부하전력은 약 몇 kW인가?(단, 계기정수는 1,000rev/kWh이다)

① 3.15
② 5.05
③ 7.05
④ 10.15

> 해설 전력량(kW) $= \dfrac{3,600 \times n}{k \times t}$ 이므로 $\dfrac{3,600 \times 20}{1,000 \times 10} = 7.2\text{kW}$가 된다.
> 여기서, 오차가 +2%이므로 7.2×0.02 = 0.144
> 따라서, 7.2 − 0.144 = 7.05kW가 된다.

99 회전축에 톱니바퀴를 설치하지 않고 회전속도를 측정할 수 있는 방식은?

① 광전식 회전속도 센서
② 자기식 회전속도 센서
③ 홀소자식 회전속도 센서
④ 자기저항식 회전속도 센서

해설 톤휠을 설치하지 않는 형식은 광전식(옵티컬) 타입의 회전속도 센서이다.

100 기관에 사용하는 산소센서의 종류가 아닌 것은?

① 지르코니아 산소센서
② 티타니아 산소센서
③ 마그네틱 산소센서
④ 전영역 산소센서

해설 기관에서 적용되는 산소센서로는 지르코니아, 티타니아, 전영역 산소센서가 있다.

2017년 제4회 과년도 기출문제

제1과목 그린전동자동차공학

01 연료 전지의 음극에 해당하는 것으로 수소분자로부터 떨어져 나온 자유전자들을 흐르게 하여 외부 회로에서 사용될 수 있도록 하는 것은?

① 캐소드
② 애노드
③ 전해질
④ 개질기

해설

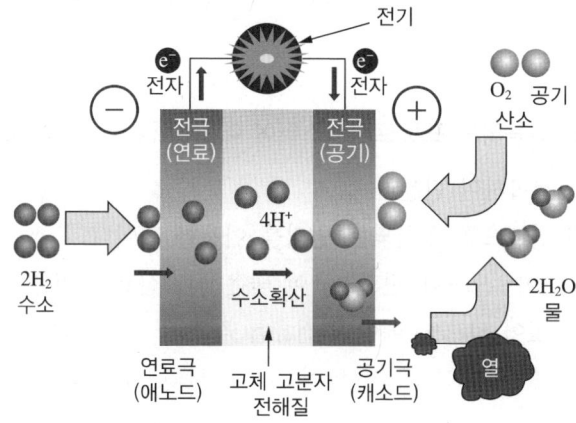

02 차체 자세제어 시스템(VDC, ESP 등)의 구성요소로 옳은 것은?

① 조향각 센서, 휠 G-센서, 토크 센서
② 요-레이트 센서, 바디 G-센서, 냉각수온 센서
③ 조향각 센서, 횡방향 가속도 센서, 휠스피드 센서
④ 마스터 실린더 압력센서(MCP), 충돌 감지 센서, 흡기온도 센서

해설 차체 자세제어 시스템은 조향각 센서, 휠스피드 센서, 요-레이트 및 횡가속도 센서, VDC, ECU 및 하이드로릭 유닛으로 구성되어 있다.

정답 1 ② 2 ③

03 강재의 내부는 원재료의 재질을 유지하고 강재의 표면만 경화시키는 방법으로 틀린 것은?
① 침탄법 ② 질화법
③ 화염경화법 ④ 방사선경화법

해설 표면경화법(Case Hardening) : 열처리법 중 철강의 표면경화법에는 강 표면의 화학성분을 변화시켜 경화하는 화학적 표면경화법과 강 표면의 화학성분을 변화시키지 않고 담금질만으로 경화하는 물리적 표면경화법이 있다. 대표적인 표면경화법으로는 시안화법(청화법), 질화법, 침탄법, 화염 및 유도경화법이 있다.

04 자동차 센서 중 광전효과를 이용하는 포토트랜지스터에 대한 설명 중 가장 거리가 먼 것은?
① P형과 N형의 반도체를 접합하여 만든다.
② 빛의 양 변화가 전류의 변환으로 치환되는 원리를 이용한 것이다.
③ 증폭작용에 의해 포토 다이오드보다 변환효율이 좋은 전기신호를 얻을 수 있다.
④ 트랜지스터의 베이스에 빛이 닿으면 베이스 전류를 감소시켜 컬렉터로 미세한 전류를 보낸다.

해설 포토트랜지스터에서는 베이스(Base) 단자가 전기적으로는 끊어져 있으며 투명창을 통하여 외부에서 광선이 투과할 수 있는 구조이다. 따라서 광선의 양이 많으면 베이스에서 생성되는 전하가 많아져서 베이스 전류가 많이 공급되는 효과가 발생하며 컬렉터에서 이미터로 흐르는 전류의 양을 크게 만드는 효과가 나타난다.

05 배기행정 초기에 배기밸브가 열려 연소가스 자체의 압력에 의해 배출되는 현상은?
① 블로 백 ② 블로 홀
③ 블로 다운 ④ 블로 바이

해설 엔진을 작동시킬 때 배기행정 말단에서 흡기밸브를 동시에 열어 배기가스의 잔류압력으로 배기가스를 배출시켜 충진 효율을 증가시키는 블로 다운 현상을 이용하여 효율을 높인다.

06 연소 시 이산화탄소가 발생하지 않으며, 단위 중량당 연소열(kJ/g)이 가장 높은 성분은?
① 수 소
② 메 탄
③ 에 탄
④ 프로판

해설 성분별 단위 중량당 연소열
• 수소 : 120,000kJ/kg
• 천연가스 : 55,000kJ/kg
• 부탄 : 50,000kJ/kg
• 가솔린 : 47,000kJ/kg
• 에탄올 : 28,000kJ/kg
• 나무 : 22,000kJ/kg
• 석탄 : 34,000kJ/kg
• 경유 : 45,000kJ/kg

07 평탄한 도로 90km/h로 달리는 승용차의 총 주행저항은?(단, 총 중량 1,145kgf, 투영면적 1.6m², 공기저항계수 0.03, 구름저항계수 0.015이다)
① 약 37.18kgf
② 약 47.18kgf
③ 약 57.18kgf
④ 약 67.18kgf

해설
• 구름저항
R_1(구름저항) $= f_1 \times W = f_1 \times W \times \cos\theta$에서 R_1(구름저항) $= 0.015 \times 1,145\text{kgf} = 17.175\text{kgf}$
• 공기저항
R_2(공기저항) $= f_2 \times A \times V^2$에서 R_2(공기저항) $= 0.03 \times 1.6\text{m}^2 \times 25^2\text{m/s} = 30\text{kgf}$
총 주행저항은 약 47.18kgf가 된다.

08 점화플러그의 구비조건으로 틀린 것은?
① 내식성 및 기밀 유지성이 좋을 것
② 내열성이 적고 기계적 강도가 클 것
③ 강력한 불꽃이 발생하고 점화 성능이 좋을 것
④ 자기청정온도 유지 및 전기적 절연 성능이 좋을 것

해설 점화플러그는 전기절연이 우수하고, 열전도성능 및 내열성능이 우수하며 화학적으로 안정되고 기계적 강도가 커야 한다.

정답 6 ① 7 ② 8 ②

09 유압식 브레이크 장치의 설명으로 틀린 것은?
① 제동력 전달이 신속하다.
② 작동 유체는 비압축성이다.
③ 유압회로 내에 공기가 유입되면 제동력이 감소한다.
④ 오일 누출 시 제어 보상장치를 통해 정상 제동이 가능하다.

해설 유압식 브레이크 장치에서 오일이 누출되면 제동력이 저하되거나 상실될 수 있다.

10 ABS(Anti-lock Brake System)의 장점이 아닌 것은?
① 제동 시 조향성을 확보해 준다.
② 제동 시 차체 주행 안전성을 유지할 수 있다.
③ 제동 시 브레이크 라이닝의 마모를 촉진시킨다.
④ 제동 시 장애물을 피해 주행하는 것을 도와준다.

해설 제동 시 브레이크 라이닝의 마모를 촉진시키는 것은 장점으로 볼 수 없다.

11 자동차의 연비를 개선하고 배출가스를 효과적으로 줄일 수 있는 방법으로 틀린 것은?
① 차량의 중량을 감소시킨다.
② 공기의 저항을 증가시킨다.
③ 엔진의 효율성을 증가시킨다.
④ 이산화탄소가 배출되지 않는 자동차를 개발한다.

해설 공기저항이 증가하면 연비 및 유해 배출가스가 증가한다.

12 스태빌라이저에 대한 설명 중 가장 알맞은 것은?

① 캐스터를 조정하는 요소이다.
② 주로 고정식 차축에 적용한다.
③ 차량의 전·후방진동을 흡수한다.
④ 독립 현가장치에서 차체의 롤링을 최소화한다.

> **해설** 스태빌라이저는 x축 방향의 회전운동인 롤링을 감소시키기 위해 장착한다.

13 브레이크 마스터실린더의 지름이 3cm이고 푸시로드의 미는 힘이 800N일 때, 브레이크 파이프 내의 압력(kPa)은 약 얼마인가?

① 약 1,132kPa
② 약 3,251kPa
③ 약 4,743kPa
④ 약 5,093kPa

> **해설** 압력$(P) = \dfrac{힘(F)}{면적(A)}$이다.
>
> 마스터실린더의 지름이 3cm이면 면적은 $\dfrac{\pi d^2}{4}$이므로 7.065cm²이 되고
>
> 힘이 800N이므로 압력 $P = \dfrac{800}{7.065} = 113.234\text{N/cm}^2$이 되며
>
> $1\text{N/m}^2 = 1\text{Pa}$이므로 단위환산을 하면 약 1,132.34kPa가 된다.

14 엔진의 효율 34.5%, 클러치 효율 90%, 변속기 효율 92%, 바퀴까지 동력전달 효율이 93%인 경우 에너지의 총 전달 효율은?

① 약 26.5%
② 약 28.9%
③ 약 31.2%
④ 약 33.4%

> **해설** 엔진의 효율 34.5%가 바퀴까지 전달되는 총효율은 0.9×0.92×0.93 = 0.77이므로 77%의 전달 효율을 가진다. 따라서 34.5×0.77 = 약 26.5%가 된다.

정답 12 ④ 13 ① 14 ①

15 전자제어 가솔린 엔진에 사용하는 열막, 열선식 흡입 공기량 센서에 대한 설명으로 옳은 것은?

① 오염에 강하다.
② 가동 부품이 없다.
③ 고도 보상장치가 필요하다.
④ 흡입되는 공기의 부피를 측정한다.

해설 열막, 열선식 흡입 공기량 센서의 특징
• 공기 질량을 정확하게 계측할 수 있다.
• 공기 질량 감지 부분의 응답성이 빠르다.
• 대기 압력 변화에 따른 오차가 없다.
• 맥동 오차가 없다.
• 흡입 공기의 온도가 변화하여도 측정상의 오차가 없다.

16 앞바퀴 얼라이먼트 요소에 대한 설명으로 틀린 것은?

① 캠버는 조향핸들의 조작을 가볍게 한다.
② 토는 주행 중 조향바퀴에 복원성을 준다.
③ 캐스터는 주행 중 조향바퀴에 방향성을 준다.
④ 킹핀은 캠버와 함께 조향 조작력을 경감시킨다.

해설 캐스터는 주행 직진성 및 조향 복원성을 주는 얼라이먼트 요소이다.

17 LPI엔진에서 흡기온도 센서의 주요기능이 아닌 것은?

① 냉각팬 제어
② 점화시기 보정
③ 연료분사시기 보정
④ 공전 시 공기온도 보상

해설 냉각팬 작동은 수온센서(WTS)의 신호를 기반으로 제어된다.

18 전자제어 엔진에서 주로 질소산화물을 감소시키기 위해 설치한 장치는?
   ① EGR 장치   ② PCV 장치
   ③ ECS 장치   ④ PCSV 장치

   해설 배기가스 재순환 장치(EGR)는 흡기다기관의 진공에 의하여 배기가스 중의 일부를 배기다기관에서 빼내어 흡기다기관으로 순환시켜 연소실로 다시 유입하여 연소 온도가 낮아지게 되므로 높은 연소온도에서 발생하는 질소산화물의 발생량이 감소한다.

19 전기자동차가 감속할 때 회생제동 시스템에 의해 발생되는 전기에너지를 저장하고 출력밀도가 낮은 2차 배터리를 보완하는 장치는?
   ① 인버터   ② 컨버터
   ③ 커패시터   ④ 슈퍼차저

   해설 전기자동차 및 하이브리드 자동차는 출력밀도가 낮은 2차 전지의 보완을 위해 출력밀도가 높은 커패시터를 장착한다.

20 비열비가 1.4인 오토사이클 엔진의 연소실체적이 행정체적의 10%일 때, 이 엔진의 이론열효율은?
   ① 약 39.23%   ② 약 46.23%
   ③ 약 51.73%   ④ 약 61.67%

   해설 오토사이클의 이론열효율은 $\eta_o = 1 - \dfrac{1}{\varepsilon^{k-1}}$ 이다.

   압축비는 $\dfrac{\text{연소실체적} + \text{행정체적}}{\text{연소실체적}}$ 이다.
   연소실체적이 행정체적의 10%이므로
   압축비 $= \dfrac{10 + 100}{10} = 11$이 된다.
   따라서 오토사이클의 이론열효율은
   $\eta_o = 1 - \dfrac{1}{11^{1.4-1}} = 0.6167$이므로 약 61.67%가 된다.

정답 18 ① 19 ③ 20 ④

제2과목 그린전동자동차 전동기와 제어기

21 공간벡터 전압 변조방식과 사인파 전압 변조방식의 선형변조 범위를 비교하면?

① 두 방식이 동일하다.
② 공간벡터 전압 변조방식이 0.866이다.
③ 공간벡터 전압 변조방식이 1.15배 크다.
④ 공간벡터 전압 변조방식이 1.23배 크다.

해설 공간벡터 전압 변조방식이 사인파 전압 변조방식의 선형변조 범위보다 1.15배 더 크다.

22 5HP, 220V, 60Hz, 1,750rpm 정격의 4극 3상 유도전동기에서 정격전류는 얼마인가?(단, 역률은 0.85, 효율은 90%이다)

① 6.4A   ② 12.8A
③ 25.6A   ④ 128A

해설 3상 유도전동기의 정격전류 $I = \dfrac{W(\text{Watt})}{\sqrt{\text{상수}} \times \text{전압} \times \text{효율} \times \text{역률}}$ 이므로

$I = \dfrac{3,680}{\sqrt{3} \times 220 \times 0.85 \times 0.9} =$ 약 12.8A가 된다.

23 DC-DC 컨버터 중 강압만 할 수 있는 것은?

① PWM 컨버터   ② Buck 컨버터
③ Boost 컨버터   ④ Buck-Boost 컨버터

해설

전압을 낮추는 전원 장치	강압 컨버터, Buck 컨버터, Step-down 컨버터
전압을 높이는 전원 장치	승압 컨버터, Boost 컨버터, Step-up 컨버터
전압을 높이고 낮추는 전원 장치	승강압 컨버터, Buck-Boost 컨버터
마이너스(부) 전압을 생성하는 전원 장치	부전압 컨버터, 반전 컨버터, Inverting 컨버터

정답 21 ③ 22 ② 23 ②

24 그림과 같은 사인파에서 A와 B의 위상차는?

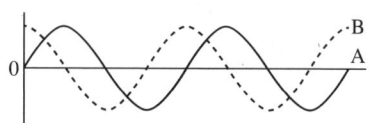

① 30° ② 60°
③ 90° ④ 180°

해설

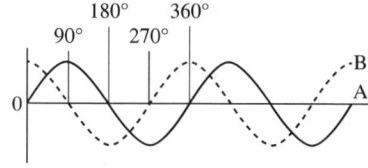

25 직류분권전동기에서 단자전압이 일정할 때 부하토크가 2배가 되면 부하전류는 몇 배가 되는가?

① 2 ② 4
③ 6 ④ 8

해설 직류분권전동기는 자속 ϕ가 일정하므로 토크는 부하전류에 비례하는 특성을 가지고 있다.
$T = K\phi I_a [\text{N} \cdot \text{m}]$
$T \propto I_a (I_a = I)$
$T \propto I \quad T \propto \dfrac{1}{N}$

26 3상 유도전동기의 슬립(Slip)에 대한 설명으로 틀린 것은?

① 슬립(Slip) $s = \dfrac{N_s - N}{N_s}$ 이다.

② 슬립(Slip)은 효율, 토크, 역률, 전류 등의 모든 특성을 결정한다.

③ 동기속도(N_s)와 회전자속도(N)와의 차이를 슬립 속도(Slip Speed)라 한다.

④ 정지 상태에서 슬립(Slip)은 0이고, 회전자속도가 동기속도와 같아지면 슬립(Slip)은 1이다.

> **해설** 유도전동기의 슬립(Slip)은 정지 상태에서 1이고, 회전자속도가 동기속도와 같아지면 슬립(Slip)은 0이 된다.
> - 유도전동기의 슬립 : $0 < s < 1$
> - $s = 1$이면 $N = 0$이고 전동기는 정지 상태
> - $s = 0$이면 $N = N_s$ 가 되어 전동기가 동기속도로 회전

27 하이브리드자동차 모터의 형식 중 집중권 방식에 대한 설명으로 틀린 것은?

① 분포권 방식에 비해 자속밀도가 크다.

② 한 개의 고정자에 코일을 집중적으로 감는다.

③ 분포권 방식보다 코일의 양이 적게 들어간다.

④ 모터의 저속 운전에서 분포권 방식보다 큰 토크를 발생시킬 수 있다.

> **해설**
> - 집중권 : 매극 매상의 도체를 한 슬롯에 집중시켜 감는 방법
> - 분포권 : 매극 매상의 도체를 각각의 슬롯에 분포시켜 감는 방법

28 그린전동자동차에 사용되는 영구자석 교류전동기(PM모터)의 장점이 아닌 것은?

① 전동기의 냉각이 용이한 구조를 가지고 있다.

② 에너지밀도가 높아 소형·경량화가 가능하다.

③ 간단한 제어 장치로 변속이 가능하고 비교적 염가이다.

④ 영구자석을 사용하여 계자전류를 사용하지 않아 고효율화에 적합하다.

> **해설** 영구자석 교류전동기(PM모터)는 영구자석을 표면에 부착하는 SPM 형식과 매입식인 IPM으로 나뉘며 냉각이 용이하고, 에너지밀도와 효율이 높다는 장점이 있으나 모터제어가 복잡하고 고가인 단점이 있다.

29 BLDC전동기의 센서리스 구동에서 역기전력(Back-EMF) 전압을 이용하는 방식에 대한 설명 중 틀린 것은?

① 저역필터 및 비교기가 필요 없다.
② 모터의 급격한 부하 변화에 강인하다.
③ 매우 낮은 속도에서 위치검출이 어렵다.
④ 모터 제조사의 공차변수에 상대적으로 민감하지 않다.

> **해설**
> - 역기전력 제어 방식(Back EMF Control Method)이나 센서리스 모터 컨트롤 방식은 모터권선의 전압을 직접 이용하여 모터의 속도와 위치를 측정하는 방식이며, 일반적으로 BLDC 모터의 제어에 사용한다.
> - 기존 장치의 기계적 정류자를 구성하는 소모 부품을 사용하지 않아 안정성이 향상된다.
> - 역기전력은 모터의 전기자 권선에서 발생하며, 저항을 이용해 전압을 측정함으로써 사용 가능하다. 크기는 회전자계의 속도에 따라 증가하며, 낮은 회전 RPM에서는 크기가 작기 때문에 저속으로 동작하는 모터에서는 사용에 제한이 있다.
> - 이 방식은 홀 센서와 같이 상대적으로 비싼 센서의 대안으로 많이 적용된다.

30 3상 교류 회로에서 복소수 공간벡터 $\dot{V}_1$, $\dot{V}_2$는 다음과 같다. 복소수법으로 변환한 결과가 틀린 것은?

$$\dot{V}_1 = 100\angle \tan^{-1}\left(\frac{4}{3}\right), \quad \dot{V}_2 = 50\angle \tan^{-1}\left(\frac{3}{4}\right)$$

① $\dot{V}_1 = 60 + j80$

② $\dot{V}_2 = 40 + j30$

③ $\dot{V}_1 + \dot{V}_2 = 100 + j110$

④ $\dot{V}_1 - \dot{V}_2 = 50(\cos 53.13° + j\sin 36.9°)$

> **해설**
> $A = \dot{a} + jb$, $|\dot{A}| = A = \sqrt{a^2 + b^2}$, $\tan\theta = \frac{b}{a}$, $\theta = \tan^{-1}\frac{b}{a}$
> $\dot{A} = \sqrt{a^2 + b^2} \angle \tan^{-1}\frac{b}{a} = A\angle\theta$ 이므로
> $\dot{V}_1 = 60 + j80$, $\dot{V}_2 = 40 + j30$이 되며 복소수의 사칙연산에서
> $\dot{V}_1 + \dot{V}_2 = (60 + 80j) + (40 + 30j)$가 되므로
> $\dot{V}_1 + \dot{V}_2 = 100 + j110$이 된다.
> $\dot{V}_1 - \dot{V}_2 = 20 + j50$

31 그린전동자동차용 인버터의 스위칭 파워소자로 쓰이고 있는 IGBT(Insulated Gate Bipolar Transistor)의 특징이 아닌 것은?

① 스위칭 주파수는 1,500kHz이다.
② 소자의 구동은 전압으로 구동한다.
③ 파워는 수백 kW까지 사용 가능하다.
④ 전압은 최대 2,500V까지 사용 가능하다.

해설

Switching 소자	MOSFET	GTO	IGBT	고속 SCR
적용 용량	소용량(5kW 이하)	초대용량(1MW 이상)	중대용량(1MW 미만)	대용량
Switching 속도	15kHz 초과	1kHz 이하	15kHz 이하	수백 Hz 이하
특 징	일반 Transistor의 Base 전류 구동방식을 전압 구동방식으로 하여 고속 스위칭이 가능	대전류, 고전압에 유리	대전류, 고전압에의 대응이 가능하면서도 스위칭 속도가 빠른 특성을 보유, 최근에 가장 많이 사용되고 있음	전류형 인버터에 사용

32 BLDC전동기에 장착되어 사용되는 위치 센서는?

① PT
② CT
③ Hall
④ CdS

해설 BLDC전동기에 장착되어 사용되는 위치 센서는 Hall 타입의 위치 검출 센서를 적용한다.

33 역방향 항복전압이 일정한 특성을 활용한 PN접합 소자로 정전압 및 과전압 보호 회로에 사용되는 소자는?

① 발광다이오드
② 터널다이오드
③ 제너다이오드
④ 가변용량다이오드

해설 제너다이오드(Zener Diode)는 반도체다이오드의 일종으로 정전압다이오드라고도 한다. 일반적인 다이오드와 유사한 PN접합 구조이나 다른 점으로는 매우 낮고 일정한 항복전압 특성을 갖고 있어, 역방향으로 어느 일정값 이상의 항복전압이 가해졌을 때 전류가 흐른다.

34 전동기가 분당 1,800회 회전하여 18.48kW의 출력이 나올 때 토크는 약 몇 kgf·m인가?

① 8.5
② 10
③ 12.5
④ 16

해설 $\frac{18.48}{0.735} = 25.14\text{PS}$, $\frac{1,800 \times T}{716} = 25.14$이므로
따라서 $T = 10\text{kgf} \cdot \text{m}$가 된다.

35 전동기 구동 시스템에서 전류 제어와 배터리 충방전 회로의 전류 측정에 사용될 수 있는 검출기로 거리가 먼 것은?

① 션트(Shunt) 저항
② 계기용 변압기(PT ; Potential Transformer)
③ 오픈루프(Open-loop) 방식의 홀(Hall) 소자 센서
④ 클로즈드루프(Closed-loop) 방식의 홀(Hall) 소자 센서

해설
② 계기용 변류기(CT), 계기용 변압기(PT)는 전력계통에 흐르는 대전류, 고전압을 측정하기 위해 적당한 값으로 전류와 전압을 바꾸어 주는 장치로 CT는 큰 전류를 작은 전류로 바꾸어 주는 것이며, PT는 높은 전압을 낮은 전압으로 바꾸어 주는 전력기기이다.
① 션트 저항기는 회로전류를 검출하는 전류 검출 용도의 저항기를 총칭한다.
③, ④ 하이브리드 전기자동차의 경우 Open-loop Type과 Closed-loop Type의 Hall 센서를 이용하여 충방전 회로의 전류 측정에 적용된다.

36 3상 전압형 PWM 인버터에서 최대 스위치 이용률은 얼마인가?

① $SUR(PWM) = \frac{1}{2} V_{dc}$
② $SUR(PWM) = \frac{1}{2} M_a$
③ $SUR(PWM) = \frac{1}{8} V_{dc}$
④ $SUR(PWM) = \frac{1}{8} M_a$

해설 3상 인버터의 스위칭에 의하여 가능한 출력 상전압은 8개이므로 최대 스위치 이용률은 $SUR(PWM) = \frac{1}{8} M_a$이다.

정답 34 ② 35 ② 36 ④

37 동기전동기의 자극면에 설치한 제동권선에 대한 설명 중 틀린 것은?

① 동기전동기 회전자의 순간속도 변화를 억제한다.
② 동기속도로 운전 중 제동권선은 동작하지 않는다.
③ 유도전동기의 농형권선과 같은 구조로 기동토크를 발생한다.
④ 난조방지작용을 하여 부하각이 증가할 때 감속토크를 발생한다.

> **해설** 제동권선은 난조 방지권선이라고도 하며 난조를 방지하여 고른 회전을 위해 설치된 권선이다. 제동권선은 그 구조상 전기자의 3상권선에서 보면 일종의 농형 유도전동기의 2차권선으로서 작용하고 회전자가 동기속도에서 벗어나 고속도일 경우 그 회전속도를 상승시키도록 작용하여 전속도의 주기적인 변화를 방지하는 역할을 한다.

38 표면부착형 영구자석전동기의 특징에 대한 설명으로 틀린 것은?

① 고정자와 회전자가 슬립이 없는 동기속도로 회전한다.
② 일반적인 유도기 대비 낮은 출력과 고속 운전 성능이 특징이다.
③ 영구자석전동기 회전자 표면에 영구자석을 부착한 전동기이다.
④ 표면부착형 영구자석전동기는 동기전동기로서 벡터제어를 수행할 수 있다.

> **해설** 표면부착형 영구자석전동기의 경우 전동기에 정확한 정현파 전류를 인가하면 토크리플이 없는 이상적인 토크를 발생시킬 수 있고, 회전자의 표면에 영구자석을 부착하여 돌극성이 없는 장점이 있어 저속토크를 제어하는 로봇 및 공작기계에 적용된다. 일반적인 유도기 대비 높은 출력특성을 나타낸다.

39 동기발전기의 난조 발생 원인이 아닌 것은?

① 전기자 저항이 큰 경우
② 조속기 감도가 너무 예민한 경우
③ 회전자에 플라이 휠이 부착된 경우
④ 원동기 토크에 고조파 토크가 포함된 경우

해설 동기난조란 동기기의 축이 흔들리는 현상으로 다음의 경우에 발생한다.
- 원동기의 조속기 감도가 너무 예민한 경우
- 전기자 저항(동기임피던스)이 너무 큰 경우
- 부하의 급변 시
- 원동기 토크에 고조파가 포함될 때

40 단상 반파 정류로 직류전압 100V를 얻으려고 한다. 최대 역전압(Peak Inverse Voltage)이 몇 V 이상의 다이오드를 사용해야 하는가?

① 90
② 110
③ 222
④ 314

해설 $PIV = \sqrt{2}\,E = \pi E_d$ 이므로
$PIV = 3.14 \times 100 = 314\,V$ 가 된다.

정답 39 ③ 40 ④

제3과목 | 그린전동자동차 배터리

41 하이브리드 차량의 HSG(Hybrid Starter Generator) 기능으로 틀린 것은?

① 시동제어 : EV모드에서 엔진 시동
② 모터기능 : EV모드 주행과 HEV모드에서 엔진 출력 보조
③ 발전제어 : 고전압 배터리 잔량 부족 시 강제 시동 후 배터리 충전
④ 소프트 랜딩제어 : HEV모드에서 EV모드로 변환 시 시동정지로 인한 엔진 진동을 최소화

> **해설** HSG(Hybrid Starter Generator) : 엔진과 벨트로 연결되어 시동기능과 발전기능을 수행한다.
> • 시동제어 : 엔진과 모터의 동력을 같이 사용하는 구간인 HEV모드에서는 주행 중에 엔진을 시동한다.
> • 엔진속도 제어 : 엔진 시동 실행 시 엔진의 동력과 모터동력을 연결하기 위해 엔진 클러치가 작동할 경우 엔진을 모터속도와 같은 속도로 빨리 올려 엔진 클러치 작동으로 인한 충격이나 진동 없이 동력을 연결해 준다.
> • 발전제어 : 고전압 배터리 SOC의 저하 시 엔진을 시동하여 엔진 회전력으로 HSG가 발전기 역할을 하여 고전압 배터리를 충전하고 충전된 전기 에너지를 LDC를 통해 12V 차량전장부하에 공급한다.

42 자동차용 2차 배터리의 종류가 아닌 것은?

① 납산 배터리
② 리튬이온 배터리
③ 알칼라인 배터리
④ 니켈수소합금 배터리

> **해설** 알칼라인 배터리는 1차 전지이다.

43 하이브리드 차량에서 고전압배터리 전원이 일부 공급되는 장치로 맞는 것은?

① 등화장치
② 조향장치
③ 냉난방장치
④ 와이퍼장치

> **해설** 하이브리드 차량에서 냉난방장치의 경우 고전압배터리를 일부 사용하여 냉방 및 난방 기능을 수행한다.

44 하이브리드 자동차에서 고전압배터리의 전압을 저전압 12V로 변환시키는 것은?

① 배터리 전류센서
② 프리차저 레지스터
③ MCU(Motor Control Unit)
④ LDC(Low Voltage DC-DC Converter)

> 해설 LDC는 HEV 자동차에 전장전원을 공급하는 장치로 기존의 내연기관 자동차에서 발전기의 역할을 대신한다. 엔진 OFF 시에 원활한 전장전원 공급이 가능하고, 발전기보다 효율이 높아 연비 향상에 기여한다.

45 전기 이중층 커패시터(EDLC)에 대한 설명으로 틀린 것은?

① 전극은 비표면적이 작을수록 유리하다.
② 전해액은 수용액계의 전해액과 비수용액계의 전해액을 사용한다.
③ 커패시터는 집전체, 활성탄 전극, 전해액, 분리막으로 구성된다.
④ 전극은 활성탄소 분말 혹은 활성탄소 섬유 및 바인더, 도전재 등과 같은 물질을 포함한다.

> 해설 전기 이중층 커패시터(EDLC)의 전극은 비표면적이 클수록 유리하다.

46 연료전지 자동차의 주요 구성부품으로 틀린 것은?

① 모터 및 감속기
② 급속 충전장치
③ 전력 변환장치
④ 연료 저장장치

정답 44 ④ 45 ① 46 ②

47 300V, 50Ah 용량의 배터리가 완충전되었다면 배터리 내에 저장된 전기에너지는 약 몇 kg의 휘발유와 동일한 에너지인가?(단, 1J = 0.24cal, 휘발유의 발열량은 42MJ/kg으로 하고 소수점 셋째 자리에서 반올림한다)

① 1.29kg
② 2.19kg
③ 12.90kg
④ 21.90kg

해설 배터리 300V×50Ah = 15kWh×3,600 = 54,000×0.24 = 12,960
휘발유 42MJ/kg = 42,000×0.24 = 10,080 이므로
휘발유 1.29kg과 동일한 에너지이다.

48 4상한 구동제어 모드가 아닌 것은?

① 역 전
② 정 전
③ 회 전
④ 제 동

해설 4상한 구동제어는 정전, 역전을 할 수 있고 기동, 제동의 두 방향 토크로 운전하는 것을 말한다.

49 슈퍼 커패시터의 특징이 아닌 것은?

① 축전지에 비해 내부저항이 작다.
② 충전, 방전시간 조절이 가능하다.
③ 에너지밀도는 높으나 수명이 길지 않다.
④ 과충전이 일어나지 않아 회로가 단순하다.

해설 슈퍼 커패시터의 특징
- 표면적이 큰 활성탄 사용으로 유전체의 거리가 짧아져서 소형으로 패럿(F) 단위의 큰 정전용량을 얻는다.
- 과충전이나 과방전에 일어나지 않아 회로가 단순하다.
- 전자부품으로 직접체결(땜납)이 가능하기 때문에 단락이나 접속불안정이 없다.
- 전하를 물리적으로 축적하기 때문에 충·방전 시간 조절이 가능하다.
- 전압으로 잔류용량의 파악이 가능하다.
- 내구온도(-30~90℃)가 광범위하다.
- 수명이 길고 에너지밀도가 높다.
- 친환경적이다.

50 하이브리드 자동차의 전력변환장치에 대한 설명으로 틀린 것은?

① 고전압 직류를 교류로 변환시키는 장치
② 고전압 배터리의 전압을 12V 저전압으로 변환시키는 장치
③ 외부의 220V 교류전원을 전기차용 직류로 변환해 주는 장치
④ 차량용 12V 배터리의 전압을 고전압 배터리의 전압으로 변환시키는 장치

해설 하이브리드 자동차는 고전압 배터리의 전압을 LDC를 통하여 차량용 12V 배터리 전압으로 변환한다.

51 충전상태(SOC ; State Of Charge)를 구하는 공식으로 옳은 것은?

① 방전용량×충전시간
② 정격용량×방전시간
③ (정격용량 – 방전용량) ÷ 정격용량×100
④ (방전용량 – 잔존용량) ÷ 방전용량×100

해설 SOC는 가용최대용량 대비 현재보유용량의 백분율로서 $\dfrac{(정격용량 - 방전용량)}{정격용량} \times 100$ 으로 산출한다.

52 다음의 전기자동차 주행 상태 중 에너지를 회수할 수 있는 조건은?

① 장시간 정차
② 가속으로 주행
③ 평탄한 길을 저속으로 정속 주행
④ 긴 내리막길에서 가속 페달을 밟지 않고 주행

해설 내리막길 관성주행 시 전기자동차는 모터를 발전 모드로 전환시켜 제동 에너지의 일부를 전기 에너지로 회수하게 된다.

정답 50 ④ 51 ③ 52 ④

53 전기자동차에서 고전압 배터리의 (+)측 메인릴레이와 함께 부착되어 초기 동작 시 전류를 제한하는 부품은?

① 전류센서
② 다이오드
③ 안전플러그
④ 프리 차저 릴레이

> **해설** 프리 차저 릴레이는 고전압 배터리와 그 외의 시스템 사이에서 메인릴레이와 병렬로 연결되어 서지전류로 인한 전기부하의 손상 및 메인릴레이의 융착을 방지한다.

54 고분자 전해질형 연료전지의 특징에 관한 설명 중 틀린 것은?

① 촉매로 백금을 사용한다.
② 저온 시동성이 좋지 않다.
③ 다른 연료전지에 비해 전류밀도가 비교적 크다.
④ 고체막을 전해질로 사용하기 때문에 취급이 용이하다.

> **해설** 고분자 전해질형 연료전지의 특징
> - 고체 고분자 전해질에 순수한 불소를 통과하여 공기 중의 산소와 화학반응에 의해 백금의 전극에 전류가 발생(PEMFC라고도 함)한다.
> - 출력의 밀도가 높아 소형·경량화가 가능하다.
> - 상온에서 80℃의 저온에서 작동하기 때문에 재료의 제약이 작다.
> - 강성이 우수하고 진동에 강하다.

정답 53 ④ 54 ②

55 리튬 이온 배터리에 대한 설명 중 틀린 것은?

① 양극에 리튬 산화물을 사용한다.
② 음극에 탄소질 재료를 사용한다.
③ 전해액은 카드뮴계 물질을 사용한다.
④ 에너지밀도는 니켈수소 배터리보다 높다.

해설 리튬 이온 배터리의 특징
- (+)극에는 리튬 금속산화물, (-)극에는 탄소화합물, 전해액은 염+용매+첨가제로 구성된다.
- 에너지밀도는 니켈수소전지의 약 2배, 납산전지의 약 3배이다.
- 발생전압은 3.6~3.8V이다.
- 체적을 1/3로 소형화가 가능하다.
- 비메모리효과로 수시충전이 가능하다.
- 자기방전이 작고 작동 온도범위는 -20~60℃이다.
- 카드뮴, 납, 수은 등이 포함되지 않아 환경 친화적인 특징이 있다.

56 전기자동차의 인버터에 대한 설명 중 틀린 것은?

① 모터의 출력을 컨트롤한다.
② 고전압 직류를 저전압 직류로 변환시킨다.
③ 성능은 주로 전류, 내전압 효율 등에 의해 결정된다.
④ 교류모터에 공급되는 고압 교류의 주파수 및 전압을 제어한다.

해설 인버터(Inverter)는 직류전력을 교류전력으로 변환하는 전류의 역변환 장치이다.

57 리튬 배터리의 소재로 틀린 것은?

① 스택
② 양극재
③ 분리막
④ 전해질

해설 스택은 연료전지의 구성부이다.

58 150Ah 축전지의 일일 자기방전량이 2.0%일 때 이를 보존하기 위한 충전전류는 약 몇 A로 조정해주면 되는가?

① 0.042A
② 0.083A
③ 0.125A
④ 0.166A

해설 일일(24h)의 자기방전량은 $150 \times 0.02 = 3$이므로
$\dfrac{3}{24} = 0.125A$ 가 된다.

59 하이브리드 자동차에서 BMS(Battery Management System)의 제어 항목이 아닌 것은?

① 고장진단
② 셀 밸런싱
③ 연료 잔량 계산
④ SOC(State Of Charge) 계산

해설 BMS는 SOC 예측, 파워제한, 고장진단, 셀 밸런싱, 냉각제어, 고전압릴레이 제어 기능을 가진다.

60 하이브리드 자동차의 주행상태에 따른 고전압 배터리의 제어특성 항목이 아닌 것은?

① 시동 모드
② 정속주행 모드
③ 코너링 제어 모드
④ 발진 및 가속 모드

해설 하이브리드 자동차의 주행상태에 따른 고전압 배터리의 제어는 시동 모드, 정속주행 모드, 발진 및 가속 모드 등이 있으며, 코너링 제어 모드는 포함되지 않는다.

제4과목　그린전동자동차 구동성능

61 OBD-Ⅱ의 진단 대상이 아닌 것은?

① 산소 센서 감지
② 촉매 성능 감지
③ 엔진 실화 감지
④ 쇼버 작동 감지

해설　OBD는 엔진작동에 있어 배출가스에 영향을 미칠 수 있는 부품의 고장 시 경고등을 점등하여 운전자에게 인지시키는 시스템이다. 주요 기능은 실화 감지, 촉매 성능 감지, 증발가스 제어장치 감지, 연료장치 감지, 산소 센서 감지, EGR가스 제어장치 감지 등이 있다.

62 인휠 모터(In Wheel Motor)의 설명으로 틀린 것은?

① 설계상의 자유도가 낮다.
② FR형식은 추진축이 필요 없다.
③ 구동계통의 부품을 생략할 수 있다.
④ 모든 구성품을 바닥에 배치할 수 있다.

63 엔진의 회전수가 3,200rpm, 토크가 16kgf·m, 종감속비가 4.8, 타이어의 반지름이 30cm, 자동차의 속도가 50.26km/h일 때, 무단변속기의 변속비는 약 얼마인가?

① 1.0　　　　　　　　　　　② 1.5
③ 2.0　　　　　　　　　　　④ 2.2

해설　먼저 바퀴의 rpm을 구하면
$50.26 \div 3.6 = 13.96$m/s 이고 바퀴의 원주는 $0.6 \times 3.14 = 1.884$m 가 된다.
따라서 바퀴는 1초당 약 7.4바퀴 회전하며 분당 444rpm으로 회전한다.
총감속비는 변속비 × 종감속비이고
엔진의 rpm을 총감속비로 나눈 값이 444rpm이 나와야 하므로
$\frac{3,200}{x \times 4.8} = 444$ 가 되며, 즉 $x = 1.5$가 된다.

정답　61 ④　62 ①　63 ②

64 4,000rpm에서 8kgf·m의 토크를 내는 엔진 A와 3,000rpm에서 10kgf·m의 토크를 내는 엔진 B가 있다. 엔진 A와 B의 출력을 비교하면?

① A > B
② A < B
③ A = B
④ 비교할 수 없다.

해설
- A 엔진의 출력 $= \dfrac{4{,}000 \times 8}{716} = 44.69\text{PS}$
- B 엔진의 출력 $= \dfrac{3{,}000 \times 10}{716} = 41.89\text{PS}$

65 자동변속기의 유성기어 장치에 대한 설명 중 틀린 것은?

① 기어에 하중이 균등하게 분배된다.
② 커플링 형식이 주로 사용되고 있다.
③ 동력의 차단 없이도 변속 조작이 가능하다.
④ 한 세트의 유성기어 장치에서 다양한 변속비를 만들 수 있다.

해설 유성기어 유닛은 바깥쪽에 링기어(Ring Gear)가 있고 중앙부에는 선기어(Sun Gear)가 설치되며, 링기어와 선기어 사이에는 이들과 동일한 축에서 유성기어 캐리어(Planetary Gear Carrier)에 지지되어 있는 유성기어(유성피니언) 등으로 구성되어 있으며 심프슨 형식과 라비뇨 형식이 있다.

66 전기자동차용 모터의 구동에 적용된 법칙은?

① 렌츠의 법칙
② 베르누이의 법칙
③ 플레밍의 왼손법칙
④ 플레밍의 오른손법칙

해설 전기자동차용 모터의 구동에 적용된 법칙은 플레밍의 왼손법칙이다.

정답 64 ① 65 ② 66 ③

67 제동 시 전기모터를 발전기로 활용하여, 고전압 배터리를 충전하는 기능은?

① 회생 제동
② 엔진 브레이크 제동
③ 유압 브레이크 제동
④ 전자식 파킹 브레이크 제동

해설 제동 시 전기모터를 발전기로 활용하여, 고전압 배터리를 충전하는 기능은 회생 제동이다.

68 변속비가 1보다 작은 경우의 자동차는 어떤 상태인가?

① 구동축의 회전속도보다 피동축의 회전속도가 높아 증속을 의미한다.
② 구동축의 회전속도보다 피동축의 회전속도가 높아 감속을 의미한다.
③ 구동축의 회전속도보다 피동축의 회전속도가 낮아 감속을 의미한다.
④ 구동축의 회전속도보다 피동축이 회전속도가 낮아 증속을 의미한다.

해설 변속비가 1보다 작은 경우는 증속(Over Drive)이며 구동축의 회전속도보다 피동축의 회전속도가 높아 증속을 의미한다.

69 속도비가 0.2, 토크변환기 효율이 0.5이다. 펌프가 3,000rpm으로 회전할 때 토크비는?

① 1.5
② 2.5
③ 3.5
④ 4.5

해설 토크변환기 효율 = 토크비 × 속도비이므로
$0.5 = x \times 0.2$
따라서 $x = 2.5$가 된다.

정답 67 ① 68 ① 69 ②

70 공회전 시 연료 소비를 줄이고, 배기가스를 저감시키기 위해서 엔진을 자동으로 정지시키는 기능은?

① 아이들 스톱 기능
② 차체 자세제어 기능
③ 브레이크 부압 보조 기능
④ 브레이크 밀림 방지 기능

> **해설** 공회전 시 연비효율 향상 및 배기가스 저감을 위하여 적용된 기술은 공회전 방지 장치(Idle Stop & Go System), 즉 ISG이다.

71 무단변속기(CVT) 중 벨트 구동방식의 특징이 아닌 것은?

① 고무 벨트식, 금속 벨트식 등이 있다.
② 전·후진을 위한 유성기어 장치를 가지고 있다.
③ 입력축의 풀리는 고정하고 출력축을 가변하여 변속비를 조절하는 원리이다.
④ 고속 시에는 피동풀리의 폭을 넓게 하여 유효반경을 작게 조절한다.

72 차량이 80km/h로 정속 주행할 때 공기저항은 약 몇 kgf인가?(단, 공기저항계수 : 0.003, 전면투영면적 : 4m², 차량총중량 : 1.3ton이다)

① 2.84
② 5.92
③ 8.25
④ 9.80

> **해설** 자동차의 공기저항은 R_2(공기저항) $= f_2 \times A \times V^2$ 이므로
> $0.003 \times 4 \times 22.22^2 = 5.92$가 된다.

73 수동변속기와 비교했을 때 자동변속기의 특징이 아닌 것은?

① 구조가 단순하다.
② 부드러운 변속이 가능하다.
③ 언덕에서의 출발이 매우 용이해진다.
④ 수동변속기의 클러치와 같이 별도의 동력차단장치가 필요 없다.

해설 자동변속기는 수동변속기에 비해 구조가 복잡하다.

74 플러그인 하이브리드 자동차(Plug-in Hybrid Electric Vehicle)의 특징이 아닌 것은?

① 가정용 전기를 이용해서 배터리를 충전할 수 있다.
② 일반적인 하이브리드 자동차에 비해 연비가 우수하다.
③ 전기자동차와 같이 모터를 사용할 수 있기 때문에 친환경적이다.
④ 일반적인 하이브리드 자동차에 비해 배터리의 크기를 줄일 수 있다.

해설 PHEV는 일반적인 하이브리드 자동차에 비해 대용량의 배터리를 탑재한다.

75 3상 교류에 의한 회전자계 내에서 유도전동기의 동기속도는?(단, 전원주파수는 f, 극수 P, 동기속도는 N이다)

① $N = \dfrac{100}{P} f (\text{rpm})$

② $N = \dfrac{110}{P} f (\text{rpm})$

③ $N = \dfrac{120}{P} f (\text{rpm})$

④ $N = \dfrac{130}{P} f (\text{rpm})$

해설 유도전동기의 동기속도 산출식은 $N = \dfrac{120}{P} f (\text{rpm})$이다.

정답 73 ① 74 ④ 75 ③

76 수소 연료전지자동차에서 스택에 공급된 수소와 산소가 반응하여 전기를 생산하는 과정 중 발생하는 이물질을 차량 외부로 배출하는 장치는?

① 이젝터
② 퍼지밸브
③ 솔레노이드밸브
④ 수소재순환 브로어

해설 수소 연료전지자동차에서 스택에 공급된 수소와 산소가 반응하여 전기를 생산하는 과정 중 발생하는 이물질을 차량 외부로 배출하는 장치는 퍼지밸브이다.

77 제동열효율의 산출식으로 옳은 것은?

- η_e : 제동열효율
- B_e : 실제로 시간당 소비한 연료(kg/h)
- H_u : 연료의 저위발열량(MJ/kg)
- N_e : 기관의 제동출력(kW)

① $\eta_e = \dfrac{3.6 N_e}{B_e \cdot H_u}$
② $\eta_e = \dfrac{B_e \cdot H_u}{3.6 N_e}$
③ $\eta_e = B_e \times H_u - N_e$
④ $\eta_e = B_e \times N_e - H_u$

해설 제동열효율의 산출식은 $\eta_e = \dfrac{3.6 N_e}{B_e \cdot H_u}$ 이다.

78 자동변속기의 댐퍼 클러치가 작동되지 않는 조건으로 틀린 것은?

① 1속일 때
② 후진할 때
③ 정속 주행 시
④ 엔진 공전 시

해설 댐퍼클러치는 정속 주행 시 유체클러치의 미끄럼에 의한 손실을 감소시키기 위해 엔진의 회전력을 변속기로 연결시켜 주는 기계적인 장치이다.

79 수동변속기의 클러치 용량에 대한 설명 중 틀린 것은?

① 클러치 용량이란 클러치가 전달할 수 있는 회전력의 크기이다.
② 일반적인 클러치 용량은 바퀴 회전력의 2.5~5.5배 정도이다.
③ 클러치 용량이 크면 클러치가 플라이휠에 접속될 때 엔진이 정지되기 쉽다.
④ 클러치 용량이 작으면 클러치의 디스크 페이싱 마멸이 촉진되기 쉽다.

해설   일반적인 클러치 용량은 엔진 회전력의 1.5~2.5배 정도이다.

80 자동변속기의 록업 슬립제어에 대한 설명이 아닌 것은?

① 감속 시 슬립제어를 한다.
② 가속 시 슬립제어를 한다.
③ 라인압력을 최대로 제어한다.
④ 저속영역에서 충격 발생을 방지한다.

해설   자동변속기의 록업 슬립제어는 가·감속 시 및 저속에서 슬립제어를 통하여 부드러운 주행성능을 구현한다.

| 제5과목 | 그린전동자동차 측정과 시험평가 |

81 자동차 CAN 통신 시스템에 대한 설명으로 틀린 것은?

① CAN 통신을 위해 설치한 저항을 터미널 저항이라 한다.
② CAN BUS의 전압 레벨은 CAN-high와 CAN-low가 있다.
③ CAN 통신에는 등급에 따라 단일배선 적응능력이 있다.
④ CAN 통신은 1개의 배선을 이용하여 데이터를 전송한다.

해설 CAN 통신은 일반적으로 연선(Twist Pair)방식을 이용하여 데이터를 전송한다.

82 주파수 호핑 방식이란?

① 고속 통신을 위해 적용하는 방식이다.
② 시리얼 통신에서만 사용되는 방식이다.
③ 전파간섭을 피하기 위해 사용하는 방식이다.
④ 블루투스 통신에는 적용되지 않는 방식이다.

해설 주파수 호핑 : 많은 수의 채널을 특정 패턴에 따라 빠르게 이동하며 패킷(데이터)을 조금씩 전송하는 기법으로 전파간섭을 피하기 위하여 적용된다.

83 통신방식별 전송속도를 빠른 것부터 열거한 것은?

① MOST – FlexRay – CAN – LIN
② FlexRay – MOST – CAN – LIN
③ CAN – MOST – FlexRay – LIN
④ FlexRay – CAN – MOST – LIN

해설 통신방식별 전송속도가 빠른 순서로 나타낸 것은 MOST – FlexRay – CAN – LIN 순이다.

84 매우 좁은 주파수 영역에서 나타나는 주파수 비안정도의 형태로 맞는 것은?

① 산 란
② 내부변조
③ 위상잡음
④ 페이즈 로크

해설 위상잡음은 기준 주파수(발진 주파수, 반송파 주파수 등) 근방에서 계속적으로 변하게 되는 위상 편차를 말한다.

85 디지털 계측시스템의 구성 요소가 아닌 것은?

① 비교기
② 게이트
③ 계수기
④ 지시계기

해설 측정기에서 측정결과의 지시값을 보여주는 표시장치로 아날로그 지시계와 디지털 지시계가 있다.

86 자동차에 적용하고 있는 CAN 통신의 특성에 대한 설명으로 맞는 것은?

① 자동차 내 모든 장치들 간의 통신 속도는 동일하다.
② 각 ECU(Electronic Control Unit) 간에 서로의 정보를 송수신할 수 있는 양방향 통신 방법이다.
③ 2개의 배선으로 구성되어 있으며, 1개의 배선이 단선되는 경우에도 통신에는 전혀 문제가 없다.
④ 보내고자 하는 신호를 몇 개의 회로로 나누어 동시에 전송함으로써 신속하게 신호를 보낼 수 있는 병렬 통신방법이다.

해설 자동차에 적용하고 있는 CAN 통신은 각 ECU(Electronic Control Unit) 간에 서로의 정보를 송수신할 수 있는 양방향 통신 방법이다.

정답 84 ③ 85 ④ 86 ②

87 다음 중 병렬통신 방식은?

① USB 통신
② GPIB 통신
③ RS - 422 통신
④ RS - 232C 통신

해설 USB 통신, RS - 422 통신, RS - 232C 통신은 직렬통신 방식이다.

88 전기자동차 에너지 저장 시스템(ESS) 충전 방식이 아닌 것은?

① DC 콤보 방식
② 차데모(CHAdeMO) 방식
③ 무선(Wireless) 충전 방식
④ 완충된 Battery 교환 방식

89 계측기 상호 간에 통신을 표준화한 인터페이스 방식은?

① USB 통신
② GPIB 통신
③ RS - 422 통신
④ RS - 232C 통신

해설 GPIB 통신은 계측기나 기타 장비 등 표준 프로토콜로 병렬 및 고속 제어하기 위하여 사용된다.

90 오실로스코프 전압을 측정한 결과 진폭이 4cm의 크기로 나타났다. 이 전압의 실횻값은 약 몇 V인가?(단, 오실로스코프 편향감도는 1mm/V이다)

① 0.4
② 1.4
③ 4
④ 14.1

해설 $V_S = \dfrac{V_P}{\sqrt{2}} \times \dfrac{1}{2} = \dfrac{40}{\sqrt{2}} \times \dfrac{1}{2} = 14.1\text{V}$ 가 된다.

91 스트레인 게이지로 측정 가능한 하중을 모두 고른 것은?

㉠ 인장하중	㉡ 압축하중	㉢ 굽힘하중

① ㉠, ㉡
② ㉠, ㉢
③ ㉡, ㉢
④ ㉠, ㉡, ㉢

해설 스트레인 게이지는 인장하중, 압축하중, 굽힘하중 등의 변형률을 측정할 수 있다.

92 블루투스 통신에 대한 설명으로 틀린 것은?

① 블루투스는 단거리 라디오 전파통신으로 무선 연결하는 기능이다.
② SAP는 블루투스 링크를 이용해 SIM 카드를 제어하기 위한 프로파일이다.
③ VDP는 SRC와 SNK로 이루어져 있으며, SNK에서 SRC로 데이터를 전송한다.
④ Piconet을 통하여 블루투스 장치가 10m 이내의 다른 블루투스 장치를 연결한다.

해설 VDP는 Source(SRC)와 Sink(SNK)의 두 가지 역할을 정의한다. SRC는 디지털 비디오 데이터를 저장하고 있는 장치로 한 피코넷(Piconet)에서 SNK로 비디오 데이터를 전송한다.

93 인버터 시험 장비의 전원과 파워 디바이스 간 배선 길이가 왕복 50cm인 경우 배선에 존재하는 인덕턴스는 약 500nH이다(10cm : 100nH 기준). 100A 정격의 IGBT인 경우 배선 부분에서 발생하는 전압은?(단, 정격 전류에서의 턴 오프 동작에서 발생하는 $-\dfrac{di}{dt}$는 1,000A/us이다)

① 13.5V
② 270V
③ 380V
④ 500V

해설 $\Delta V = 500\text{nH} \times 1,000\text{A}/\mu s = 500\text{V}$ 이다.

94 단열 관로 내에 공기의 흐름이 있는 경우 온도 측정에 대한 설명으로 틀린 것은?(단, 정온은 Static Temperature이며, 전온은 Total Temperature 또는 Stagnation Temperature이다)

① 초음속 조건에서는 전온이 정온보다 낮다.
② 표준 대기압 조건에서 전온은 정온보다 항상 높다.
③ 전온은 유체 속도가 0(영)이 되는 조건에서의 온도이다.
④ 정온을 정확하게 측정하기 위해서는 측정센서가 유동 흐름 방향으로 유동의 흐름과 동일한 속도로 이동하면서 측정해야 한다.

해설 정온이란 개념은 압력에 있어 정압의 개념과 동일한 것으로 정온은 일반적인 온도를 일컫는 말이고, 전온(Total Temperature)은 속도항을 포함한 온도를 말하며 같은 전온이라도 속도가 빠른 경우 정온은 떨어지게 된다.

95 100V, 20A용 단상적산전력계의 원판이 20회 회전하는 데 10초가 걸렸다. 만일 이 계기의 오차가 +2%라면 부하전력은 약 몇 kW인가?(단, 계기정수는 1,000rev/kWh이다)

① 3.15
② 5.05
③ 7.05
④ 10.15

해설 부하전력$(P) = \dfrac{3,600 \times 20}{10\sec \times 1,000} = 7.2$kW

백분율 오차$(\varepsilon) = \dfrac{M-T}{T} \times 100$ 이므로

$+2\% = \dfrac{7.2-T}{T} \times 100 = \left(\dfrac{7.2}{T} - 1\right) \times 100$ $T = \dfrac{7.2}{\left(\dfrac{2}{100}+1\right)} = 7.05$kW가 된다.

96 전류계의 최대눈금보다 큰 전류를 측정하고자 할 경우 전류계에 병렬로 연결하여 사용하는 저항기는?

① 배율기
② 증폭기
③ 분류기
④ 변류기

해설 배율기와 분류기는 작은 측정단위 기구로 큰 단위를 측정하는 것을 말하며 전압의 측정에서는 배율기를, 전류의 측정에서는 분류기를 적용한다.

97 정현파 전압에 대하여 한 주기 평균 전력은 약 몇 W인가?(단, 교류 전압(Peak-to-peak)은 28.20V, 교류 주파수는 60Hz, 저항은 14.10Ω이다)

① 7.05
② 14.10
③ 28.20
④ 56.40

해설 $P_{AV} = \dfrac{1}{2} V_m I_m = \dfrac{1}{2} I_m^2 R = \dfrac{1}{2}\left(\dfrac{V_m^2}{R}\right)$ 이므로

$P_{AV} = \dfrac{1}{2}\left(\dfrac{14.1^2}{14.1}\right) = 7.05$W가 된다.

정답 95 ③ 96 ③ 97 ①

98 자장 내에서 도체가 운동하면 도체 내의 자유전자도 동시에 이동하여 전압이 유도되는 원리로 자동차의 발전기에 응용되는 법칙은?

① 앙페르의 법칙
② 패러데이의 법칙
③ 플레밍의 왼손법칙
④ 플레밍의 오른손법칙

해설 자동차의 발전기에 응용되는 법칙은 플레밍의 오른손법칙이다.

99 전압계의 최대눈금보다 큰 전압을 측정하고자 할 경우 사용하는 기기로서, 전압계와 직렬로 연결되어 전압계의 측정범위를 확장시키는 기능을 갖는 저항기는?

① 배율기
② 증폭기
③ 분류기
④ 변류기

해설 배율기와 분류기는 작은 측정단위 기구로 큰 단위를 측정하는 것을 말하며 전압의 측정에서는 배율기를, 전류의 측정에서는 분류기를 적용한다.

100 다음의 그림과 같이 전동기 동력시험 구동회로에서 저항에 흐르는 전류가 6A, 리액턴스에 흐르는 전류가 8A일 때, 회로의 역률은 몇 %인가?

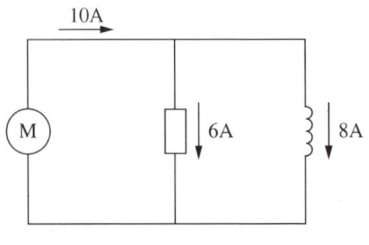

① 43%
② 60%
③ 75%
④ 80%

해설 역률은 피상전력 중에서 유효전력으로 사용되는 비율을 말한다.
역률(%) = (유효전력/피상전력) × 100이므로 60%가 된다.

2018년 제4회 과년도 기출문제

제1과목 그린전동자동차공학

01 냉방장치에서 냉매의 순환 상태로 옳은 것은?(단, 에어컨 컴프레서 토출구에서 흐르기 시작한다)

① 고압 액체 → 고압 액체 → 저압 기체 → 저압 기체
② 고압 액체 → 고압 기체 → 저압 액체 → 저압 기체
③ 고압 기체 → 저압 액체 → 저압 기체 → 저압 기체
④ 고압 기체 → 고압 액체 → 저압 액체 → 저압 기체

> **해설** 냉방 사이클에서 냉매의 상변화는 에어컨 컴프레서로부터 냉매가스가 압축되어 고온고압 액체 상태로 응축기(콘덴서)로 이동되며 응축기에서 냉각작용을 통하여 중온고압 액체 상태로 변환되며 팽창밸브를 통하여 저온저압 액체에서 저온저압 기체로 변환되며 다시 컴프레서로 보내진다.

02 하이브리드 자동차(HEV)의 동력전달방식 중 엔진은 발전기만 구동하고 모터가 구동축을 움직이는 방식은?

① 직렬형
② 병렬형
③ 복합형
④ 직·병렬형

> **해설** 하이브리드 시스템의 분류에서 엔진의 구동력이 바퀴로 전달되지 않고 오직 모터의 동력으로 차량의 구동력을 이용하는 방식은 직렬형 타입이다. 직렬형에서 엔진은 오직 발전기 구동용으로만 적용된다.

정답 1 ④ 2 ①

03 디스크브레이크에 대한 특징으로 틀린 것은?

① 방열성이 양호하고 페이드 경향성이 낮다.
② 자기배력 작용이 있으므로 조작력이 작다.
③ 구조가 간단하여 점검과 조정이 용이하다.
④ 편제동현상이 작다.

해설 디스크브레이크의 장단점
- 디스크가 노출되어 열 방출능력이 크고 제동성능이 우수하다.
- 자기 작동작용이 없어 고속에서 반복적으로 사용하여도 제동력 변화가 작다.
- 평형성이 좋고 한쪽만 제동되는 일이 없다.
- 디스크에 이물질이 묻어도 제동력의 회복이 빠르다.
- 구조가 간단하고 점검 및 정비가 용이하다.
- 마찰면적이 작아 패드의 압착력이 커야 하므로 캘리퍼의 압력을 크게 설계해야 한다.
- 자기 작동작용이 없기 때문에 페달 조작력이 커야 한다.
- 패드의 강도가 커야 하며 패드의 마멸이 크다.
- 디스크가 노출되어 이물질이 쉽게 부착된다.

04 자동변속기에 사용되는 밸브의 종류로 틀린 것은?

① 압력조절 밸브
② 유량조절 밸브
③ 온도조절 밸브
④ 방향제어 밸브

해설 자동변속기의 유압회로 제어 밸브는 기능에 따라 방향제어 밸브, 유량제어 밸브, 압력제어 밸브로 분류된다.

05 하이브리드 전기자동차(HEV)의 부품 중 직류를 교류로 바꾸는 장치는?

① LDC
② 컨버터
③ 인버터
④ 사이클로 컨버터

해설 직류를 교류로 전환시키는 하이브리드 시스템의 장치는 인버터이다.

06 냉방장치에서 라디에이터 앞에 설치되는 부품으로 옳은 것은?

① 팽창밸브 ② 증발기
③ 압축기 ④ 응축기

해설 냉방장치에서 라디에이터 바로 앞에 설치되는 부품은 응축기(콘덴서)이다.

07 ( )에 해당하는 단어를 순차적으로 나열한 것은?

> 타이어의 공기압을 스스로 감지하여 이상이 있을 경우 운전자에게 알려 주는 (ㄱ) 시스템의 종류 중 직접식은 (ㄴ)과 (ㄷ)이 있으며, 이 중 (ㄹ)은 각 바퀴의 공기압에 이상이 있을 경우 어느 타이어에 이상이 있는지를 알려 주는 시스템이다. 타이어에 장착되는 압력센서는 타이어의 공기압, 온도, 가속도, ID 등의 정보를 (ㅁ)로 전송하여 정보를 제공한다.

① SPAS, 케이블방식, 무선통신방식, 케이블방식, LF(Low Frequency)
② TPMS, 하이라인방식, 로라인방식, 하이라인방식, RF(Radio Frequency)
③ ASCC, 일체형방식, 모노블록방식, 일체형방식, SHF(Super High Frequency)
④ TPMS, 주파수방식, 카메라영상방식, 주파수방식, SHF(Super High Frequency)

해설 TPMS 시스템의 종류에서 직접식의 경우 하이라인방식과 로라인방식으로 분류되며 이 중 하이라인방식은 각 바퀴의 공기압력을 모니터링 한다. 또한 타이어 공기 주입부에 장착되는 압력센서는 공기압, 온도, 가속도 등의 정보를 RF 통신을 통하여 전송한다.

08 엔진의 스플릿 피스톤 스커트부에 슬롯을 두는 이유로 맞는 것은?

① 폭발압력에 견디게 하기 위해
② 연료 공급효율을 높이기 위해
③ 블로바이 가스를 절감하기 위해
④ 헤드부의 높은 열이 스커트부로 전달되는 것을 차단하기 위해

해설 피스톤 스커트부에 슬롯을 두는 이유는 헤드부의 고열이 스커트부로 전달되는 것을 차단하기 위함이다.

09 어떤 엔진의 연소 지연 시간이 1/600초라고 한다면 연소 지연 시간 동안 크랭크축이 회전한 각도는 몇 °인가?(단, 엔진의 회전속도는 2,500rpm이다)

① 4°
② 13°
③ 19°
④ 25°

해설
$$CA = 360° \times \frac{R}{60} \times T = 6RT$$
여기서, R : 회전수(rpm)
T : 화염전파 시간(초)
$$CA = 6 \times 2,500 \times \frac{1}{600} = 25°가 된다.$$

10 가솔린 엔진의 노크 방지 대책으로 틀린 것은?

① 압축비를 낮게 한다.
② 연소실 벽 온도를 높게 한다.
③ 냉각수 온도를 낮게 유지시킨다.
④ 옥탄가가 높은 연료를 사용한다.

해설 가솔린기관의 노킹방지법
- 흡기온도를 낮춘다.
- 실린더 벽의 온도를 낮춘다.
- 회전수를 증가시킨다.
- 혼합비를 농후하게 하거나 희박하게 한다.
- 점화시기를 지연시킨다.
- 화염전파거리를 단축한다.
- 흡기압력을 낮게 한다.

11 철체 파이프를 용접하여 제작하며 경량화가 가능하고 부분적인 강도 변화나 설계단계에서 자유롭지만 대량생산에 적합하지 않은 프레임 구조는?

① X-프레임
② 조합형 프레임
③ 플랫폼 프레임
④ 스페이스 프레임

해설 스페이스 프레임은 강철 파이프를 용접한 트러스 구조로 되어 있다. 트러스형은 무게가 가볍고 강성도 크나 대량생산에는 부적합하여 스포츠카, 경주용 자동차와 같이 소량생산에 대해 적용하고 있고 고 성능이 요구되는 자동차에서 사용된다.

12 에어컨 냉매 R-12 프레온 가스의 오존층 파괴 문제로 인해 뒤이어 대체한 신냉매는?

① R-12a
② R-12b
③ R-134a
④ R-136a

해설 오존층 파괴 문제로 인하여 대체된 에어컨 신냉매는 R-134a이다.

13 오리피스 튜브 방식의 에어컨에서 증발기와 압축기 사이에 설치되는 부품은?

① 건조기
② 응축기
③ 팽창밸브
④ 어큐뮬레이터

해설 오리피스 튜브 방식의 에어컨 시스템에서 증발기와 압축기 사이에 설치되는 부품은 어큐뮬레이터이다.

14 가솔린 엔진의 냉각이 효과적으로 이루어질 경우 나타나는 장점으로 틀린 것은?

① 충진효율이 향상된다.
② 엔진의 노크 경향성이 감소한다.
③ 저압축비를 실현할 수 있어서 출력이 좋아진다.
④ 엔진 작동온도를 엔진의 부하상태와 관계없이 항상 일정영역으로 유지할 수 있다.

해설 저압축비가 형성되면 출력감소 및 연비가 저하된다.

정답 12 ③ 13 ④ 14 ③

15 제동 시 뒷바퀴의 조기 고착을 방지하기 위한 안티 스키드 장치는?

① 프로포셔닝 밸브　　　② 미터링 밸브
③ 릴리프 밸브　　　　　④ 체크 밸브

해설　제동 시 브레이크 라인의 유압을 전륜 바퀴와 후륜 바퀴에 다르게 공급하는 기계적인 장치는 프로포셔닝 밸브이다(후륜 측 유압을 전륜 측보다 작게 보냄).

16 타이어 동하중 반경(r_1)은 0.304m이고, 휠 림의 반경(r_2)은 0.165m, 림 플랜지에 부착된 평형추의 불평형량(m)은 5g이다. 이 경우 주행속도 144km/h에서의 평형추의 불평형력은? (단, 이때 휠 림 플랜지의 속도(v_{rim})는 22m/sec이다)

① 약 3.7N　　　　　　② 약 7.4N
③ 약 14.7N　　　　　 ④ 약 29.4N

해설　$F(\text{kgf}) = \dfrac{W}{g} \times r \times \left(\dfrac{2\pi N}{60}\right)^2$ 이다. 여기서, 림의 속도가 22m/sec이고 반경이 0.165m 이라면 림의 원주는 $0.165 \times 2 \times 3.14 = 1.036\text{m}$가 된다.

그리고 rpm은 $\dfrac{22}{1.036} = 21.23$에서 $21.23 \times 60 = 1{,}274\text{rpm}$이 되므로

$F(\text{kgf}) = \dfrac{0.005}{9.8} \times 0.165 \times \left(\dfrac{2\pi \times 1{,}274}{60}\right)^2 = 1.498\,\text{kgf}$ 가 된다.

N으로 환산하면 $1.497 \times 9.8 = 14.68\text{N}$이 된다.

17 피스톤 압축링 플러터(Flutter) 현상 방지책이 아닌 것은?

① 면압을 낮게 한다.
② 장력을 증가시킨다.
③ 관성력을 감소시킨다.
④ 링의 중량을 가볍게 한다.

해설　피스톤링의 장력을 증가시켜 면압을 높게 하거나, 링의 중량을 가볍게 하여 관성력을 감소시키고, 엔드 갭 부근에 면압의 분포를 높게 한다.

정답　15 ①　16 ③　17 ①

18 100km/h로 주행하고 있는 자동차의 타이어 반경이 40cm, 바퀴의 회전수가 230rpm일 때, 이 자동차의 미끄럼률(슬립률)은?

① 약 61.6% ② 약 65.3%
③ 약 72.6% ④ 약 78.9%

해설 슬립률(%) = $\dfrac{\text{자동차의 주행속도} - \text{차륜의 원주속도}}{\text{자동차의 주행속도}} \times 100$ 이다.

자동차의 주행속도를 초속으로 환산하면 $100 \div 3.6 = 27.78 \text{m/sec}$ 이고
차륜의 원주가 $0.4 \times 2 \times 3.14 = 2.512 \text{m}$ 이므로 230rpm일 경우 577.76m/min이 된다.
이를 초속으로 환산하면 $577.76 \div 60 = 9.629 \text{m/sec}$ 이므로
슬립률(%) = $\dfrac{27.78 - 9.629}{27.78} \times 100 = 65.34\%$ 가 된다.

---

19 자동차의 주행속도는 약 몇 km/h인가?(단, 엔진회전수는 3,000rpm이고, 변속비 1.25, 종감속장치의 링기어 잇수 35, 구동피니언의 잇수 11, 구동륜 동하중 직경은 60cm이다)

① 55.27 ② 85.27
③ 130.54 ④ 170.54

해설 변속비 1.25, 종감속비 35/11 = 3.18이므로 총감속비는 1.25 × 3.18 = 3.975가 된다.
이때 엔진이 3,000rpm이면 바퀴는 3,000/3.975 = 754.7rpm으로 회전한다. 이는 초당 회전수로 환산하면 754.7/60 = 12.57rps이다.
바퀴의 원주가 0.6 × 3.14 = 1.884m이므로 1초 동안 움직인 거리는 12.57 × 1.884 = 23.68m/s가 되며, 시속으로 환산하면 23.68 × 3.6 = 약 85.248km/h가 된다.

---

20 알루미늄(Al)에 대한 설명으로 부적합한 것은?

① 비자성이다.
② 마그네슘(Mg)보다 가볍다.
③ 알루미나를 전기분해하여 생산한다.
④ 표면에 얇고 내식성이 강한 산화피막이 형성된다.

해설 알루미늄의 비중은 약 2.7이고, 마그네슘의 비중은 약 1.7 정도로 마그네슘이 더 가볍다.

정답 18 ② 19 ② 20 ②

제2과목 그린전동자동차 전동기와 제어기

21 유도전동기의 간접 벡터 제어에 있어서 핵심이 되는 슬립 각속도(ω_{sl})와 $d-q$축 전류와의 관계식은?

① $\omega_{sl} = \dfrac{R_r}{L_r} \dfrac{i_{qs}^e}{i_{ds}^e}$

② $\omega_{sl} = \dfrac{L_r}{R_r} \dfrac{i_{qs}^e}{i_{ds}^e}$

③ $\omega_{sl} = \dfrac{R_r}{L_r} \dfrac{i_{ds}^e}{i_{qs}^e}$

④ $\omega_{sl} = \dfrac{L_r}{R_r} \dfrac{i_{ds}^e}{i_{qs}^e}$

해설 2축 회전좌표계에서의 유도전동기 전압 방정식은 다음과 같다.

$$v_{ds} = r_s i_{ds} + \frac{d}{dt}(\lambda_{ds}) - \omega_e \lambda_{qs}, \quad v_{qs} = r_s i_{qs} + \frac{d}{dt}(\lambda_{qs}) + \omega_e \lambda_{ds}$$

회전자 쇄교자속은 $\lambda_{dr} = L_m(i_{ds} + i_{dr}) + L_{lr} i_{dr}$, $\lambda_{qr} = L_m(i_{qs} + i_{dr}) + L_{lr} i_{qr}$

간접벡터제어는 자속센서가 필요 없고 저속 및 영속도에서의 운전이 가능하다는 등의 장점이 있지만 자속각 계산을 위하여 전동기 계수를 이용하여 슬립각을 계산하기 때문에 등가모델 내의 전동기 계수 변화는 전동기의 정상상태와 과도상태 둘다 제어 성능을 약화시킨다는 단점이 있다.

회전자축에 대하여 정리하면 위의 유도전동기 전압 방정식과 같으며 회전자 쇄교자속을 i_{dr}, i_{qr}에 대하여 정리하여 유도전동기 전압 방정식에 대입하면

$$\frac{d}{dt}\lambda_{qr} + \frac{R_r}{L_r} \cdot \lambda_{qr} - \frac{L_m}{L_r} \cdot R_r \cdot i_{qs} + \omega_{sl} \cdot \lambda_{dr} = 0$$

$$\frac{d}{dt}\lambda_{dr} + \frac{R_r}{L_r} \cdot \lambda_{dr} - \frac{L_m}{L_r} \cdot R_r \cdot i_{ds} - \omega_{sl} \cdot \lambda_{qr} = 0$$

$\omega_{sl} = \omega_e - \omega_r$ 이다.

q축의 회전자 자속이 '0'이 되게 제어할 경우 d축 성분은 일정한 값을 가지게 되어 q축 전류 성분으로 토크를 제어할 수 있다.

$\lambda_{qr} = \dfrac{d}{dt}\lambda_{qr} = 0$, $\lambda_{dr} = \lambda_r = \text{constant}$, $\dfrac{d}{dt}\lambda_{dr} = 0$이므로

$\lambda_r = L_m \cdot i_{ds}$, $\omega_{sl} = \dfrac{L_m}{\lambda_r} \cdot \dfrac{R_r}{L_r} \cdot i_{qs} = \dfrac{R_r}{L_r} \cdot \dfrac{i_{qs}}{i_{ds}}$ 가 된다.

정답 21 ①

22 3상 전압형 인버터를 제어하기 위해 abc 좌표계로부터 정지 좌표계로 변환하기 위한 변환행렬 ($T(0)$)을 가진다. 다음 중 변환행렬로 옳은 것은?

① $\begin{bmatrix} 1 & 0 & 0 \\ 0 & \frac{1}{\sqrt{2}} & -\frac{1}{\sqrt{2}} \end{bmatrix}$

② $\begin{bmatrix} 1 & 0 & 0 \\ 0 & \frac{1}{\sqrt{3}} & -\frac{1}{\sqrt{3}} \end{bmatrix}$

③ $\begin{bmatrix} 1 & \frac{1}{\sqrt{3}} & 0 \\ 0 & 0 & -\frac{1}{\sqrt{3}} \end{bmatrix}$

④ $\begin{bmatrix} 1 & 0 & -\frac{1}{\sqrt{3}} \\ 0 & \frac{1}{2} & -\frac{\sqrt{3}}{2} \end{bmatrix}$

해설 변환행렬 xy 좌표계에서 abc 좌표계로의 변환

$\begin{bmatrix} a \\ b \\ c \end{bmatrix} = \begin{bmatrix} 1 & 0 \\ -\frac{1}{2} & \frac{\sqrt{3}}{2} \\ -\frac{1}{2} & -\frac{\sqrt{3}}{2} \end{bmatrix} \begin{bmatrix} x \\ y \end{bmatrix}$ $T(0)^{-1} = \begin{bmatrix} 1 & 0 \\ -\frac{1}{2} & \frac{\sqrt{3}}{2} \\ -\frac{1}{2} & -\frac{\sqrt{3}}{2} \end{bmatrix}$

변환행렬 abc 좌표계에서 xy 좌표계로의 변환

$\begin{bmatrix} x \\ y \end{bmatrix} = \begin{bmatrix} 1 & 0 & 0 \\ 0 & \frac{1}{\sqrt{3}} & -\frac{1}{\sqrt{3}} \end{bmatrix} \begin{bmatrix} a \\ b \\ c \end{bmatrix}$ $T(0) = \begin{bmatrix} 1 & 0 & 0 \\ 0 & \frac{1}{\sqrt{3}} & -\frac{1}{\sqrt{3}} \end{bmatrix}$

23 가격이 저렴하고 구조가 간단하며 내구성이 우수하여 많은 응용분야에서 사용되는 온도센서로 두 금속의 온도차에 의해 발생하는 기전력으로 온도를 측정하는 것은?

① IC 온도센서
② 서미스터(Thermistor)
③ 열전대(Thermocouple)
④ 측온저항체(RTD)

해설 서로 다른 두 종류의 금속의 기전력을 이용한 온도센서로 특성이 다른 두 종류의 도체의 양단을 접합해 폐회로를 만들고 한쪽 끝단에 온도 차이를 주면 회로에 열기전력이 발생하게 되며 온도에 비례하여 기전력이 커지는데, 이 기전력의 크기를 이용하여 온도를 측정하는 온도센서를 열전대(Thermocouple)이라고 한다.

정답 22 ② 23 ③

24 부하가 걸렸을 경우에는 회전속도가 낮으나 회전력이 증가하고, 부하가 작아지면 회전력은 감소하나 회전수는 점차적으로 증가하는 전동기는?

① 직류 직권식 전동기
② 직류 분권식 전동기
③ 직류 복권식 전동기
④ 교류 복권식 전동기

해설 **직류 직권식 전동기** : 전기자 코일과 계자 코일이 직렬로 연결된 것으로 각 코일에 흐르는 전류는 일정하고 회전력이 크고 부하 변화에 따라 자동적으로 회전속도가 증감하므로 이러한 특성을 이용하여 기동 전동기에서 주로 사용하고 있다.

25 반도체 소자 중에서 도통 상태에 있는 SCR을 차단 상태로 만들기 위한 방법으로 옳은 것은?

① 전원 전압이 부(−)가 되도록 한다.
② 게이트 전압이 부(−)가 되도록 한다.
③ 게이트 전압이 정(+)이 되도록 한다.
④ 캐소드의 전원 전압이 정(+)이 되도록 한다.

해설
• Turn On 조건 : 양극과 음극 간에 브레이크 오버 전압 이상의 전압인가, 게이트에 래칭전류 이상의 전류인가
• Turn Off 조건 : 애노드 극성을 부(−)로 함

26 다음의 복소수를 페이저(Phasor)로 표현하면?

$$\frac{1}{\sqrt{2}}+j\frac{1}{\sqrt{2}}$$

① $10\angle 45°$
② $10\angle -45°$
③ $1\angle 45°$
④ $1\angle -45°$

해설 복소수의 극좌표 형식에서
$\dot{A}=a+jb$, $|\dot{A}|=A=\sqrt{a^2+b^2}$
$\tan\theta=\dfrac{b}{a}$ $\theta=\tan^{-1}\dfrac{b}{a}$ $\dot{A}=\sqrt{a^2+b^2}\tan^{-1}\dfrac{b}{a}=A\angle\theta$ 이므로
$\dfrac{1}{\sqrt{2}}+j\dfrac{1}{\sqrt{2}}$ 을 표현하면 $1\angle 45°$가 된다.

27 무단변속기(CVT)의 종류로 틀린 것은?

① 기어방식(Gear Type)
② 트로이덜식(Toroidal Type)
③ 벨트구동방식(Belt Drive Type)
④ 트랙션구동방식(Traction Drive Type)

해설 CVT의 종류는 벨트구동방식(Belt Drive Type)과 트랙션구동방식(Traction Drive Type)의 일종인 트로이덜식(Toroidal Type)이 있다.

28 유도모터의 토크에 대한 설명으로 옳은 것은?

① 토크는 상호 인덕턴스에 반비례한다.
② 토크는 회전자 인덕턴스에 반비례한다.
③ 토크는 극수와 상호 인덕턴스에 반비례한다.
④ 토크는 회전자 인덕턴스와 상호 인덕턴스에 비례한다.

해설 유도모터의 토크는 회전자 인덕턴스에 반비례한다.

정답 26 ③ 27 ① 28 ②

29 4극 60Hz 3상 유도전동기의 슬립이 3%일 때 이 전동기의 회전수는 몇 rpm인가?

① 962
② 1,274
③ 1,746
④ 2,152

해설 $p = \dfrac{120f}{N_s}$ 이므로 $4 = \dfrac{120 \times 60}{N_s}$에서 $N_s = 1,800\,\mathrm{rpm}$이 된다.

여기서, 슬립률이 3%이므로 $1,800 = \dfrac{N}{1-0.03}$에서 $N = 1,746\,\mathrm{rpm}$이 된다.

30 다이오드를 사용한 정류회로에서 설계치보다 큰 부하전류에 의해 다이오드가 파손될 우려가 있을 때의 조치로서 적절한 것은?

① 다이오드를 병렬로 추가한다.
② 다이오드를 직렬로 추가한다.
③ 다이오드 양단에 적당한 값의 저항을 추가한다.
④ 다이오드 양단에 적당한 값의 콘덴서를 추가한다.

해설 다이오드의 차단전압 용량을 증가시킬 경우에는 직렬연결을 하고 전류용량을 증가시킬 때는 병렬연결을 한다.

31 전력변환 방식 중 인버터의 전력변환방식으로 옳은 것은?

① 직류를 또 다른 직류로 전력변환
② 교류를 또 다른 교류로 전력변환
③ 직류를 또 다른 교류로 전력변환
④ 교류를 또 다른 교류의 주파수로 전력변환

해설 일반적으로 인버터는 직류를 교류로 전환시키는 역할을 한다.

32 ( ) 안에 들어갈 내용을 순서대로 나열한 것은?

> 연료전지는 전해질을 사이에 두고 연료극(Anode)과 공기극(Cathode)이 샌드위치 형태로 부착되어 있으며, 연료극을 통하여 (ㄱ)가 공급되고 공기극을 통하여 (ㄴ)가 공급되면 (ㄷ)가 발생되고 부산물로 열과 물을 생성한다. 수소분자로부터 나누어진 전자는 전해질을 지나지 못하기 때문에 도선으로 연결된 (ㄹ)과 (ㅁ)을 통해 전류가 흐르는 원리를 이용한 것이다.

① 수소, 산소, 전기, 양극, 음극
② 연료, 공기, 전류, 양극, 음극
③ 연료, 공기, 전기, 연료극, 공기극
④ 수소, 산소, 전류, 연료극, 공기극

해설 연료전지는 고체고분자 전해질을 중심으로 수소가 공급되는 애노드(연료극)와 공기가 공급되는 캐소드(공기극)로 구성되어 있다. 연료극과 공기극에 각각 수소와 산소가 공급되면 전류가 발생하고 이때 부산물로는 물과 열이 생성된다.

33 고전압 대용량 인버터에 적합한 전력용반도체 소자는?

① TR
② GTO
③ IGBT
④ MOSFET

해설 Inverter Switching 소자에 따른 분류

Switching 소자	MOSFET	GTO	IGBT	고속 SCR
적용 용량	소용량(5kW 이하)	초대용량(1MW 이상)	중대용량(1MW 미만)	대용량
Switching 속도	15kHz 초과	1kHz 이하	15kHz 이하	수백 Hz 이하
특징	일반 Transistor의 Base 전류 구동방식을 전압 구동방식으로 하여 고속 스위칭이 가능	대전류, 고전압에 유리	대전류, 고전압에의 대응이 가능하면서도 스위칭 속도가 빠른 특성을 보유, 최근에 가장 많이 사용되고 있음	전류형 인버터에 사용

정답 32 ①, ④ 33 ②, ③

34 유도전동기 회전자 속도가 640rpm, 슬립 속도(Slip Speed)가 160rpm일 때, 슬립(Slip)은 약 얼마인가?

① 0.1 ② 0.2
③ 0.3 ④ 0.4

해설 슬립속도 $N = N_s - N_r$ 이므로 $160 = N_s - 640$ 이다. 따라서, $N_s = 800\mathrm{rpm}$이 된다.

슬립 $s = \dfrac{N_s - N_r}{N_s}$ 이므로 $s = \dfrac{800 - 640}{800} = 0.2$ 가 된다.

35 3상 인버터의 출력 상전압(v_{as}, v_{bs}, v_{cs})을 공간 전압 벡터 $V = \dfrac{2}{3}(v_{as} + av_{bs} + bv_{cs})$로 표현할 때, a와 b의 계수로 알맞게 짝지어진 것은?

① $\dfrac{1}{2} + j\dfrac{\sqrt{3}}{2}, \ -\dfrac{1}{2} - j\dfrac{\sqrt{3}}{2}$

② $-\dfrac{1}{2} + j\dfrac{\sqrt{3}}{2}, \ -\dfrac{1}{2} - j\dfrac{\sqrt{3}}{2}$

③ $-\dfrac{1}{3} + j\dfrac{\sqrt{3}}{2}, \ -\dfrac{1}{3} - j\dfrac{\sqrt{3}}{2}$

④ $\dfrac{1}{3} + j\dfrac{\sqrt{3}}{2}, \ -\dfrac{1}{3} - j\dfrac{\sqrt{3}}{2}$

해설 $F = F_d + jF_q = \dfrac{2}{3}\left(F_a + F_b e^{j\frac{2}{3}\pi} + F_c e^{-j\frac{2}{3}\pi}\right)$ (3상은 평형 조건 $F_a + F_b + F_c = 0$)

$\begin{bmatrix} F_d \\ F_q \end{bmatrix} = \dfrac{2}{3} \begin{bmatrix} 1 & -\dfrac{1}{2} & -\dfrac{1}{2} \\ 0 & \dfrac{\sqrt{3}}{2} & -\dfrac{\sqrt{3}}{2} \end{bmatrix} \begin{bmatrix} F_a \\ F_b \\ F_c \end{bmatrix}$ $\begin{bmatrix} F_a \\ F_b \\ F_c \end{bmatrix} = \begin{bmatrix} 1 & 0 \\ -\dfrac{1}{2} & \dfrac{\sqrt{3}}{2} \\ -\dfrac{1}{2} & -\dfrac{\sqrt{3}}{2} \end{bmatrix} \begin{bmatrix} F_d \\ F_q \end{bmatrix}$

36 직류전동기의 기계적 접촉구조인 정류자와 브러시를 전자적인 정류로 대체하여 기계적 내구성과 신뢰성을 향상시킨 전동기는?

① DC 전동기
② 동기 전동기
③ 유도 전동기
④ BLDC 전동기

> **해설** BLDC 전동기 장점
> • 브러시가 없기 때문에 전기적, 기계적 노이즈 발생이 적다.
> • 신뢰성이 높고 유지보수가 필요 없다.
> • 일정속도제어, 가변속제어가 가능하다.
> • 고속화가 용이하다.
> • 소형화가 가능하다.

37 구동모터의 손실에 해당되지 않는 것은?

① 냉각손실
② 전자강판 전력손실
③ 코일저항 열손실
④ 베어링의 기계손실

> **해설** 총손실 ─ 무부하손 ─ 철 손 …… 분권 계자 권선 동손, 타여자 권선 동손, 히스테리시스손, 와류손
> └ 기계손 …… 풍손, 베어링 마찰손, 브러시 마찰손
> └ 부하손 ─ 전기자 저항손
> ├ 계자 저항손(분권 계자 권선 및 타여자 권선 제외)
> ├ 브러시 손
> └ 표류 부하손 …… 철손, 기계손, 동손 이외의 손실

38 단락비가 큰 동기기의 특징이 아닌 것은?

① 동기 임피던스가 작다.
② 전압 변동률이 작다.
③ 전기자 반작용이 작다.
④ 기계의 중량이 가볍다.

해설 단락비가 큰 경우
- 동기 임피던스가 작아 전기자 반작용이 작으며, 전압 변동률이 작다.
- 발전기내량이 크며 계자기자력이 커서 전기자기자력의 영향을 작게 받으므로 공극이 커도 된다.
- 계자기자력이 커야 하므로 계자철심과 동량이 커지므로 발전기의 중량 및 부피가 커지고 가격이 상승한다.
- 계자부분이 커지므로 철기계라 한다.

39 교류모터가 직류모터보다 우수한 점을 설명한 것으로 틀린 것은?

① 효율이 높다.
② 토크가 크다.
③ 회전속도가 빠르다.
④ 속도 변화가 쉽다.

해설 문제 오류로 정답 없음

40 하이브리드 자동차에서 인버터나 모터를 교환하거나 조립하는 과정에서 기계공차에 의해 발생한 옵셋(Offset)값을 인버터에 저장하여 모터 회전자의 절대 위치를 검출하기 위한 과정은?

① 레졸버 보정
② 인버터 보정
③ 스캔툴 보정
④ 하이브리드 보정

해설 레졸버는 전동기의 회전각과 위치를 검출하며, 주로 모터의 센서로 사용한다.

제3과목 그린전동자동차 배터리

41 하이브리드 자동차의 보조배터리 전해액을 비중계로 측정했다. 실측한 비중계의 눈금이 1.273이고, 이때 전해액의 온도는 40℃이다. 표준상태(20℃)에서의 비중값으로 환산하면?

① 1.259
② 1.266
③ 1.280
④ 1.287

해설 배터리 비중환산식에서 20℃ 표준비중의 환산은 다음과 같다.
$S_{20} = S_t + 0.0007(t - 20)$
여기서, S_{20} : 20℃ 표준비중
 S_t : 측정비중
 t : 현재 전해액의 온도
따라서, 실측한 전해액의 비중이 1.273, 전해액의 온도는 40℃이면
$S_{20} = 1.273 + 0.0007(40 - 20)$가 되므로
$S_{20} = 1.287$이 된다.

42 그린전동자동차에서 발전제동에 대한 설명 중 가장 옳은 것은?

① 발전제동은 구동축이 아닌 후륜 측에서 더 발생한다.
② 발전제동은 도시보다 교외에서 더 많이 발생한다.
③ 발전제동이 기계적 마찰력에 의한 제동력보다 크다.
④ 발전제동은 전자유도현상에 의해 발생한다.

해설 발전제동은 주행 중인 자동차를 정지시키거나 속도를 감속시킬 때 발생되는 마찰열을 외부로 방출하지 않고 형태를 변화시켜 배터리를 충전하는 데 사용하는 방법이다. 전자유도현상에 의해 발생되며 기계적인 유압 브레이크보다는 제동력이 작다.

특 징
• 제동할 때 손실이 가장 적고, 효율이 높은 제동법이다.
• 구배 구간에서 연속제동하므로 안정성이 높다.
• 제동 시 소음이 없어 친환경적이다.
• 저속일 때 제동력이 떨어진다.
• 회생전압이 가선전압보다 낮으면 사용이 불가능하다.

정답 41 ④ 42 ④

43 배터리 전압은 전류와 온도의 영향을 받으므로 이러한 인자를 비교하여 연산하는 SOC(State Of Charge)의 측정방법으로 옳은 것은?

① 화학적 방법
② 전압측정방법
③ 저항측정방법
④ 전류적분방법

> **해설** SOC 측정방법
> - 화학적 방법 : 배터리의 전해질 비중과 pH를 측정하여 계산하는 방법
> - 전압측정방법 : 배터리의 전압을 측정하여 계산하는 방법(배터리 전압은 전류와 온도의 영향을 받기 때문에 영향 요인들을 고려하여 연산)
> - 압력측정방법 : Ni-MH 배터리는 충전 시 배터리 내부의 압력이 증가되는데 이러한 특성을 이용하여 계산하는 방법
> - 전류적분방법 : 배터리의 전류의 측정값을 시간에 대해 적분하여 계산하는 방법(쿨롱(Coulomb) 카운팅이라고도 함)

44 BMS의 능동 셀 밸런싱 기능에 대한 설명으로 틀린 것은?

① 전압이 가장 높은 셀로부터 전하를 받아 축적해서 전압이 가장 낮은 셀로 재분배한다.
② 수동 셀 밸런싱 방식에 비해서 에너지 보존(효율) 측면에서 불리하다.
③ 전하의 축적과 재분배에는 콘덴서, 인덕터, 트랜스를 사용한다.
④ 수동 셀 밸런싱 방식 대비 시스템의 비용이 증가하고 복잡하다.

> **해설** BMS의 능동 셀 밸런싱 기능은 수동 셀 밸런싱 방식에 비해 효율특성이 우수하나 시스템이 복잡하고, 고가이다.

45 고전압 릴레이 어셈블리(PRA)의 역할로 틀린 것은?

① 고전압 배터리의 냉각
② 고전압 회로에 과전류 흐름을 보호
③ 고전압 배터리의 기계적인 회로 차단
④ 고전압 정비 작업자를 위한 안전 스위치

> **해설** 고전압 릴레이 어셈블리(PRA)는 고전압 회로에 과전류 흐름을 보호하고, 기계적인 회로 차단 기능과 안전 스위치 역할을 수행한다.

46 스타터 기동모터의 구비 조건으로 틀린 것은?

① 소형 경량이며 출력이 커야 한다.
② 기계적인 충격에 잘 견뎌야 한다.
③ 가능한 기동 토크가 작아야 한다.
④ 가능한 소요되는 전원 용량이 작아야 한다.

> 해설 스타터용 기동모터는 기동 토크가 커야 한다.

47 슈퍼커패시터에 대한 설명으로 틀린 것은?

① 과충전이나 과방전이 일어나지 않아 회로가 단순하다.
② 전하를 물리적으로 충전하기 때문에 충·방전 시간 조절이 가능하다.
③ 내부저항으로 잔류용량의 파악이 가능하다.
④ 수명이 길고 에너지밀도가 높다.

> 해설 **슈퍼커패시터의 특징**
> • 표면적이 큰 활성탄 사용으로 유전체의 거리가 짧아져서 소형으로 패럿(F) 단위의 큰 정전용량을 얻는다.
> • 과충전이나 과방전에 일어나지 않아 회로가 단순하다.
> • 전자부품으로 직접체결(땜납)이 가능하기 때문에 단락이나 접속 불안정이 없다.
> • 전하를 물리적으로 축적하기 때문에 충·방전 시간 조절이 가능하다.
> • 전압으로 잔류용량의 파악이 가능하다.
> • 내구온도(-30~90℃)가 광범위하다.
> • 수명이 길고, 에너지밀도가 높다.
> • 친환경적이다.

48 전기 이중층 커패시터(Capacitor)의 특징에 대한 설명으로 틀린 것은?

① 충전 시간이 짧다.
② 출력의 밀도가 높다.
③ 화학반응으로 열화가 생긴다.
④ 단자 전압으로 남아 있는 전기량을 알 수 있다.

> 해설 전기 이중층 커패시터(EDLC ; Electric Double Layer Capacitor)는 출력의 밀도가 높고, 충전 시간이 짧으며, 화학변화가 없기 때문에 열화가 발생하지 않는다. 또한 제조에 유해하고 고가의 중금속을 사용하지 않았기 때문에 환경부하도 적으며, 단자 전압으로 남아 있는 전기량을 알 수 있어서 이용하기 쉽다.

49 BMS가 계산하는 주요 특성값으로 틀린 것은?

① 최대 충전전류
② 누적 방출 전류량
③ 셀 내부저항
④ 스테이터 전류

> **해설** BMS는 셀 전압, 셀 온도, 누적 방출 전류량, 셀 내부저항, 충전전류, 배터리 사용가능범위 예측, 최적의 충전제어 등의 기능을 가진다.

50 3.75V의 셀 72개가 직렬로 구성된 하이브리드 전기자동차의 고전압 배터리의 전압으로 옳은 것은?

① AC 180V
② DC 180V
③ AC 270V
④ DC 270V

> **해설** 3.75V 단전지 72개가 직렬로 연결되므로 $3.75 \times 72 = 270V$가 된다.

51 그린전동자동차의 파워 일렉트로닉스 열관리 시스템에서 일정영역의 온도로 유지하는 구성품으로 틀린 것은?

① 드라이브 모터 및 제너레이터의 파워 인버터 모듈
② 액세서리 DC 전원 컨트롤 모듈
③ 드라이브 모터 배터리 충전기
④ 자동변속기 ECU

> **해설** 전기 및 하이브리드 자동차에서 구동모터, HSG, LDC, 인버터, 커패시터 및 이를 포함하는 HPCU 등의 부품은 냉각회로를 구성하여 과열방지 시스템을 적용한다.

52 니켈-수소(Ni-MH) 축전지의 특징으로 틀린 것은?

① 저온에서도 충전능력이 양호하다.
② 저온에서는 출력이 급격히 강하한다.
③ 셀 전압은 1.25V에서 1.35V 범위이다.
④ (+)양극판은 수소저장합금, (-)음극판은 수산화니켈이다.

해설 니켈-수소전지는 (+)극에는 옥시수산화니켈, (-)극에는 수소흡장합금을 이용하고, 알칼리 전해액에는 수산화칼륨을 사용하는 경우가 많다.

53 그린전동자동차에서 배터리 에너지관리 시스템 중 DC-DC 컨버터의 인덕터를 이용한 비절연 방식으로 틀린 것은?

① Buck-boost Converter
② Buck Converter
③ Buck-buck Converter
④ Boost Converter

해설 DC-DC 컨버터의 분류에서 비절연 방식은 Buck 방식, Boost 방식, Buck-boost 방식이 있다.

54 4상한 구동제어와 관련한 설명으로 맞는 것은?

① 우회전하고 있을 때는 1상한 운전
② 우회전하고 있을 때는 3상한 운전
③ 정전하고 있는 것을 급히 정지할 때는 2상한 운전
④ 정전하고 있는 것을 급히 정지할 때는 4상한 운전

해설 4상한 운전이란 정전과 역전을 할 수 있고, 기동과 제동을 두 방향 토크로 운전하는 것을 말한다. 예로서, 정전하고 있을 때는 1상한 운전, 정전하고 있는 것을 급히 정지할 때는 2상한 운전, 역전하고 있을 때는 3상한 운전, 역전하고 있는 것을 급히 정지할 때를 4상한 운전이라 할 수 있다.

55 얼터네이터(Alternator)에 대한 설명으로 옳은 것은?

① 기동전동기를 제어하는 장치이다.
② 고전압을 저전압으로 변환시키는 장치이다.
③ 저전압을 고전압으로 변환시키는 장치이다.
④ 전기 부하에 전기를 공급하고 배터리를 충전하는 장치이다.

> **해설** 얼터네이터(Alternator)는 엔진의 크랭크 축 풀리와 발전기의 풀리가 벨트로 연결되어 엔진의 구동력에 의해 발전기가 회전하게 되면 발전기에서 전기가 발생되는데, 이는 전자유도작용에 기인한다. 전기 부하에 전원공급을 하며, 배터리를 충전시키는 역할을 한다.

56 전기자동차용 배터리의 용량이 300V, 50Ah이고, 이 배터리가 완충되었을 때 저장된 총에너지는?

① 54,000kJ
② 64,000kJ
③ 74,000kJ
④ 84,000kJ

> **해설** 1kW = 1kJ/sec 이므로
> $300 \times 50 = 15,000$가 되며
> 따라서, $15 \times 3,600 = 54,000$kJ이 된다.

57 전기차 충전 시스템에 대한 설명으로 틀린 것은?

① 완속충전 - 충전스탠드를 이용하여 차량 내 OBD를 거쳐서 충전하는 방식
② 급속충전 - 충전스탠드를 이용하여 고전압으로 배터리를 직접 충전하는 방식(DC → DC)
③ 급속충전 - 충전스탠드를 이용하여 고전압으로 배터리를 직접 충전하는 방식(AC → DC)
④ OBD - 완속충전 시 차량 내에서 AC 교류 압력을 DC 직류 출력으로 변환해 주는 차량 내 충전기

> **해설** 전기자동차의 충전은 급속충전(DC 충전)과 완속충전(AC 충전)의 두 가지 충전 방식이 있다. 급속충전은 직류전류를 이용하여 30분 정도의 단시간에 80%의 충전이 가능하며 보통 충전은 200V의 가정용 교류전류를 사용하여 14시간의 장시간에 걸쳐 완속충전하는 방식이다.

58 전기자동차에 장착된 구동모터의 구성품으로 틀린 것은?

① 스테이터 코어
② 온도센서
③ 레졸버
④ 압력센서

> **해설** 모터는 하우징, 스파이더, 로터(스테이터 코어), 영구자석, 레졸버, 고정자, 링기어, 온도센서 등으로 구성되어 있다.

59 1차 코일에 해당하는 장치를 주차장 및 정류소에 설치하고, 2차 코일에 해당하는 장치를 전기 자동차에 설치하여 충전하는 방식은?

① 배터리 교환 방식
② 접촉식 충전 시스템
③ 유도식 충전 시스템
④ 제동식 충전 시스템

> **해설** 유도식(Inductive) 충전 시스템
> - 변압기 원리를 이용
> - 1차 권선에 해당하는 장치를 외부에 설치, 2차 권선에 해당하는 장치를 전기차 내부에 설치하여 전력전달
> - 접촉식 충전방식에 비하여 안정성 우수
> - 에너지효율 극대화

60 전기 자동차의 접촉식 충전 시스템에 대한 설명 중 틀린 것은?

① 효율이 낮은 단점이 있다.
② 전기적 접속을 통하여 충전이 이루어진다.
③ 교류 전원을 공급해 주는 교류 충전스탠드가 있다.
④ 실제 충전은 차량 내부의 온보드 충전기가 담당한다.

> **해설** 접촉식(Conductive) 충전 시스템
> - 전기적 접속을 통하여 충전
> - 교류충전장치는 충전스탠드가 충전을 위한 교류전원 공급
> - 교류충전장치는 전기차 내부의 온보드 충전기가 충전
> - 교류충전장치는 충전 시간이 6시간 이상 소요
> - 직류충전장치는 직류의 출력을 배터리에 직접적으로 전기를 공급하여 충전
> - 직류충전장치는 출력직류전압이 높고 전류가 커서 충전 시 사고 위험성이 높음

정답 58 ④ 59 ③ 60 ①

제4과목 그린전동자동차 구동성능

61 심프슨(Simpson) 타입 유성기어 장치에 대한 설명으로 틀린 것은?

① 전후 유성기어 장치의 선기어는 일체식이다.
② 엔진의 동력은 2개의 링기어 중 1개를 통하여 출력한다.
③ 쇼트 피니언기어는 1차 선기어와 롱 피니언기어 사이에 결합되어 있다.
④ 2세트의 유성기어 장치를 연이어 접속시킨 형식으로 선기어는 1개를 공통으로 사용한다.

> **해설** 심프슨 타입(Simpson Gear Type) 유성기어 장치
> 2세트의 유성기어 장치를 연이어 접속시킨 형식으로 선기어는 1개를 공통으로 사용한다.
> 라비뇨 타입(Ravigneaux Gear Type) 유성기어 장치
> 2세트의 유성기어 장치를 연이어 접속시킨 방식에서 링기어와 유성기어 캐리어를 각각 1개씩만 사용한 형식으로 1차 선기어는 쇼트 피니언기어와 결합되어 있고 2차 선기어는 롱 피니언기어와 결합되어 있다.

62 직진하고 있는 자동차가 축출력 200PS, 축토크 25kgf·m인 엔진을 가지고 있다. 변속기는 제3속 상태에 있으며 그 감속비는 1.8 : 1이며, 종감속기어의 피니언기어 잇수는 15개, 링기어 잇수가 45개라면 한쪽 차륜에 전달되는 토크는 얼마인가?

① 75.0kgf·m
② 50.2kgf·m
③ 135.0kgf·m
④ 155.5kgf·m

> **해설** 엔진의 토크가 25kgf·m이고 변속비가 1.8일 경우 변속기를 통과한 토크는 25×1.8 = 45kgf·m가 된다. 이때 종감속비가 45/15 = 3이므로 종감속장치를 통과한 후 바퀴에서 발생하는 토크는 45×3 = 135kgf·m가 된다.

63 회생제동을 통한 에너지회수 중 액티브 하이드롤릭 부스터의 협조제어에 대한 설명으로 맞는 것은?

① 제동 초기 유압에 의한 제동력이 전기모터의 회생제동력보다 낮다.
② 제동 초기 유압에 의한 제동력이 전기모터의 회생제동력보다 높다.
③ 제동 초기 유압에 의한 제동력이 운전자의 요구 제동력보다 높다.
④ 제동 초기 전기모터의 회생제동력이 운전자의 요구 제동력보다 높다.

> **해설** 회생제동 협조제어기능에 있어 전체 제동력(운전자의 요구제동력) 내에서 유압제동력 증압 시 회생제동력은 저하되고, 유압제동력 감압 시 회생제동력은 증가되어 생성되는 전기에너지가 증가된다.

64 직류전동기와 비교한 교류전동기의 출력 특성으로 틀린 것은?

① 큰 동력화가 쉽다.
② 일반적으로 회전 변동이 적다.
③ 일반적으로 출력 효율이 좋다.
④ 전동기 구조가 비교적 간단하다.

> **해설** DC 모터 vs AC 모터
>
> | 비교항목 | DC 모터 | AC 모터 |
> | --- | --- | --- |
> | 모터구조 | 복잡 | 간단 |
> | 전류 | 브러시 정류자 접촉 | 반도체 등에 의한 무접촉 |
> | 수명 | 짧다. | 길다. |
> | 보수 | 브러시 정류자의 유지보수 | 유지보수 필요 없음 |
> | 고속화 | 어렵다. | 쉽다. |
> | 저속화 | 쉽다. | 쉽다. |
> | 회전변동 | 많다. | 적다. |
> | 토크변동 | 많다. | 적다. |
> | 출력효율 | 좋다. | 나쁘다. |
> | 클린도 | 나쁘다. | 좋다. |
> | 진동소음 | 크다. | 작다. |

65 유체클러치가 있는 자동변속기에서 속도비가 0.9일 때 클러치점이 되었다. 이때 토크비가 3이고 터빈축의 속도가 1,800rpm이라면 펌프의 회전수는?

① 1,620rpm
② 1,980rpm
③ 2,000rpm
④ 2,060rpm

> **해설** 속도비 = $\dfrac{\text{출력회전수(터빈의 회전수)}}{\text{입력회전수(펌프의 회전수)}}$ 이므로 $0.9 = \dfrac{1,800}{x}$ 가 되어 펌프의 회전수는 2,000rpm이 된다.

66 건식 마찰클러치 디스크에서 회전방향의 충격을 흡수하는 구성부품은?

① 쿠션 스프링
② 디스크 스프링
③ 클러치 페이싱
④ 비틀림 코일스프링

> **해설** 마찰클러치 디스크에서 접촉충격 흡수는 쿠션 스프링, 회전충격 흡수는 토션스프링(비틀림 코일스프링)이 한다.

67 연료전지자동차의 연료전지에서 배출되는 물질로 가장 적절한 것은?

① H_2O
② CO_2
③ HC
④ S

> **해설** 연료전지자동차는 수소와 산소의 화학반응에 의해 물(H_2O)이 생성된다.

68 엔진의 회전수가 현재 1,800rpm이고 동력전달계통의 총감속비는 6 : 1이며 타이어의 유효반경이 30cm이다. 이때 차량의 속도는 몇 km/h인가?(단, 각 동력전달계통 및 타이어와 지면과의 미끄럼은 없는 것으로 가정한다)

① 67.8
② 33.9
③ 45.7
④ 85.4

> **해설** 엔진의 회전수가 1,800rpm이고 총감속비가 6이라면 바퀴는 분당 300rpm으로 회전하며 초당 5rps로 회전한다. 여기서, 타이어의 원주가 0.6 × 3.14 = 1.884m이므로 초속 5 × 1.884 = 9.42m/sec가 되며 9.42 × 3.6 = 33.91km/h가 된다.

69 전기자동차에 사용하는 직류모터에서 자속밀도를 B, 2개 코일의 유효 길이를 L, 공급전류를 I라고 할 때 모터의 전자력 F를 구하는 공식은?

① $F = B \times I \times L$
② $F = B \times I \times 2L$
③ $F = (B \times I)/L$
④ $F = (B \times 2I)/L$

해설 자기장(B) 속에서 전류(I)가 흐르는 길이(L)인 도선이 받는 힘의 크기는 $F = BIL$이 된다.

70 하이브리드 자동차에서 아이들링 스톱 시스템의 작동금지 조건이 아닌 것은?

① 배터리 충전이 필요한 경우
② 흡기온도가 일정 이하일 경우
③ 촉매기의 온도가 일정 이하일 경우
④ 엔진 냉각수온도가 일정 이하일 경우

해설 ISG 금지조건
- 엔진 냉각수온이 낮은 경우(50℃ 이하) / CVT 유온(30℃ 이하)
- 아이들 스톱 요구 스위치가 OFF인 상태로 블로어를 작동시킨 경우
- Main 배터리의 SOC(State Of Charge, 충전량)가 낮은 경우(18%)
- 브레이크 부압이 낮은 경우(250mmHg)
- 12V 배터리의 전압이 낮은 경우(전기 부하가 큰 경우)
- 가속 페달을 밟은 경우
- 변속 레버가 'P'단 또는 'R'단인 경우
- 관련 시스템(배터리, 모터)의 Fault가 검출된 경우 / 급감속 시(기어비 추정 로직)
- ABS 동작 시 및 급경사 정차 시
- 촉매 컨버터 온도가 낮은 경우

71 수동변속기의 단판 마찰클러치 디스크의 지름이 40cm, 전달토크가 100N·m인 경우 디스크를 누르는 클러치 스프링 1개당의 힘은 약 몇 N인가?(단, 마찰계수 0.3, 클러치 스프링은 6개이다)

① 0.22
② 1.39
③ 22.2
④ 139

해설 $T = r \times \mu \times P \times 2$이므로 $100 = 0.2 \times 0.3 \times P \times 2$가 되어 $P = \dfrac{100}{0.2 \times 0.3 \times 2} = 833.3$N 이다. 여기서, 스프링이 6개이므로 $\dfrac{833.3}{6} = 138.8$N 이 된다.

정답 69 ① 70 ② 71 ④

72 하이브리드 차량에 적용되는 변속기 중에서 무단으로 연속제어를 하는 변속기를 나타내는 약어로 가장 적합한 것은?

① AVT ② CVT
③ DCT ④ MCT

해설 연료 소비율 및 가속 성능 향상을 위해서는 변속이 연속적으로 이루어져야 하며 이를 위해 최대·최소 변속비의 사이를 무한대로 변속시킬 수 있는 것이 무단변속기(Continuously Variable Transmission)이다. 무단변속기의 특징은 다음과 같다.
- 엔진의 출력 활용도가 높다.
- 유단변속기에 비하여 연료 소비율 및 가속 성능을 향상시킬 수 있다.
- 기존의 자동변속기에 비해 구조가 간단하며, 무게가 가볍다.
- 변속할 때 충격(Shock)이 없다.
- 장치의 특성상 높은 출력의 차량, 즉 배기량이 큰 차량에는 적용이 어렵다.

73 전기자동차 설계에 관한 내용으로 틀린 것은?

① 저속성능 향상을 위해 전동저항 저감 기술이 필요하다.
② 차량의 주행 안정성을 확보하기 위해 차량의 중량을 증가시킨다.
③ 에어컨디셔너, 제동장치, 동력 조향장치 등의 전용 유닛 개발이 필요하다.
④ 자동차에서 전지의 중량 비율이 높으므로 적절한 중량 배분 설계가 필요하다.

해설 전기자동차는 저속성능 향상을 위한 진동저감 기술을 비롯하여 자동차를 구성하는 요소 부품에 대한 고효율 부품의 개발, 중량 배분 및 안전도를 확보한 차체 경량화 재료치환 기술 등이 복합적으로 적용된다.

74 하이브리드 전기자동차의 HCU의 입력 신호가 아닌 것은?

① 브레이크 부스터 압력센서
② 스타트 컷 릴레이
③ 브레이크 스위치
④ 경사각 센서

해설 스타트 컷 릴레이는 출력제어 요소에 포함된다.

75 100km/h로 주행하는 차량에서 공주시간이 0.2초라고 할 때 공주거리는?

① 2.78m
② 4.17m
③ 5.56m
④ 6.95m

> **해설** 공주거리는 장애물을 발견하고 브레이크 페달로 발을 옮겨 힘을 가하기 전까지의 자동차 진행거리를 말한다.
> $\dfrac{V(\text{km/h})}{3.6} \times t(\text{공주시간})$ 이므로, $\dfrac{100}{3.6} \times 0.2 = 5.555\text{m}$ 가 된다.

76 자동차의 동력전달 특성에서 구동력을 높일 수 있는 방법이 아닌 것은?

① 엔진 토크를 높인다.
② 총감속비를 크게 한다.
③ 기계 전달효율을 높인다.
④ 타이어 동하중 반경을 크게 한다.

> **해설** 구동력을 높이는 방법
> • 엔진 토크를 향상시킨다.
> • 감속비를 크게 한다.
> • 기계효율을 향상시킨다.
> • 타이어의 동하중 반경을 작게 한다.

77 CVT의 변속방식에 의한 분류 중 트랙션 구동방식의 특징이 아닌 것은?

① 변속 범위가 넓다.
② 높은 효율성과 정숙성을 지니고 있다.
③ 무게가 가볍고 전용 오일을 사용하여야 한다.
④ 큰 출력 및 회전력에 대한 강성이 필요하다.

> **해설** 트랙션 구동방식의 CVT는 변속 범위가 넓고, 높은 효율을 낼 수 있으며, 작동 상태가 정숙한 장점을 나타낸다. 그러나 추력 및 회전력에 높은 정밀도와 강성이 필요하고, 벨트 구동방식에 비하여 무게가 무겁고 전용 오일을 사용하여야 한다. 또한, 마멸에 따른 출력 부족(Power Failure) 가능성이 크다는 특징을 가진다.

78. 하이브리드 자동차에 적용된 엔진에서 실린더 내의 폭발에 의해 발생된 에너지의 일부가 대기 중의 공기 흡입과 연소가스 배출에 소비되는 것을 지칭하는 용어는?

① 가스 손실
② 펌핑 손실
③ 대기압 손실
④ 블로다운 손실

해설 펌핑 손실은 엔진이 대기 중의 공기를 실린더 내부로 흡입하는 데 소모되는 손실 에너지를 말한다.

79. 속도비 0.3이고, 토크비가 2.5인 토크컨버터에서 펌프가 4,000rpm으로 회전하고 있다면 전달효율은?

① 55%
② 65%
③ 75%
④ 85%

해설 전달효율 = 속도비 × 토크비이므로
$0.3 \times 2.5 \times 100 = 75\%$가 된다.

80. 하이브리드 자동차에서 회생제동 시스템이 작동되어 배터리를 충전하는 구간은?

① 정 속
② 정 지
③ 가 속
④ 감 속

해설 회생제동 시스템은 차량의 관성력을 이용하며 주로 감속구간에서 작동되어 배터리를 충전시키는 역할을 한다.

제5과목 | 그린전동자동차 측정과 시험평가

81 전력용 변환기에 대한 설명 중 틀린 것은?

① 인버터는 직류를 교류로 전환시키는 장치이다.
② 컨버터는 교류를 직류로 변환시키는 장치이다.
③ 초퍼는 직류를 다른 직류로 변환시키는 장치이다.
④ 사이클로 컨버터는 교류와 직류 구분 없이 변환 가능한 장치이다.

해설   사이클로 컨버터(Cyclo Converter)는 입력된 주파수와 위상을 제어하는 회로이며, 교류를 교류로 변환시키는 역할을 한다.

82 친환경 자동차에 대한 설명으로 가장 거리가 먼 것은?

① 하이브리드 자동차는 직렬, 병렬, 직·병렬로 구분된다.
② 내연기관 자동차에 비해 배출가스를 저감시킬 수 있다.
③ 전기자동차는 내연기관 자동차에 비해 연비가 향상된다.
④ 플러그 인 하이브리드 자동차는 하이브리드 자동차에 전기자동차의 장점을 더한 것이다.

해설   전기자동차는 내연기관이 없으므로 내연기관과 같이 연비를 산출하지 않는다.

83 도체 및 반도체의 저항 특성에 대한 설명 중 틀린 것은?

① 도체의 전기 저항은 길이가 길면 증가한다.
② 도체에서의 전기 저항은 단면적에 반비례한다.
③ 1Ω, 2Ω, 2Ω이 병렬로 연결된 경우 합성 저항은 0.5Ω이다.
④ 도체 및 반도체는 온도의 증가에 따라 저항이 증가하는 특성을 가지고 있다.

해설   부특성 서미스터(NTC)의 경우 온도와 저항이 반비례한다.

정답   81 ④   82 ③   83 ④

84 제6속 변속비가 2, 종감속비가 8인 자동변속기 차량에서 엔진회전수가 2,000rpm일 때 오른쪽 바퀴를 고정시킨 경우 왼쪽 바퀴의 회전수는?

① 250rpm
② 300rpm
③ 350rpm
④ 400rpm

해설 변속비가 2, 종감속비가 8이면 총감속비는 16이 된다. 따라서 엔진회전수가 2,000rpm으로 바퀴의 회전수는 125rpm이 된다(직진상태). 이때 한쪽 바퀴를 고정하게 될 경우 차동장치의 특성에 의해 고정된 바퀴의 회전수가 반대편 바퀴로 전달되어 125 + 125 = 250rpm이 된다.

85 어떤 자동차가 적재 시 앞 축중이 1,300N이고, 차량 총중량은 2,800N이다. 타이어 중량 하중은 700N이고, 접지폭이 13.5cm일 경우 앞 타이어 부하율은?

① 약 53%
② 약 63%
③ 약 83%
④ 약 93%

해설 적재 시 앞 축중이 1,300N이고, 타이어 1개당 허용 하중이 700N일 경우 앞바퀴 2개의 허용 하중은 1,400N이므로 타이어 부하율은 타이어 부하율(%) = $\frac{\text{적차 시 앞축 부하하중}}{\text{허용 하중} \times \text{타이어 개수}} \times 100$이므로 $\frac{1,300}{1,400} \times 100$ = 약 93%가 된다.

86 전압에 대한 설명으로 틀린 것은?

① 단위는 와트(W)이다.
② 전압측정 센서는 회로에 병렬로 연결한다.
③ 전압의 차이에 의해 전류의 흐름이 발생한다.
④ 전압측정 센서의 내부 저항값은 매우 높아야 한다.

해설 전압의 단위는 V(Volt)이다.

87 그림과 같이 두 개의 전구를 직렬연결했을 때 전구 상태에 대한 설명으로 옳은 것은?

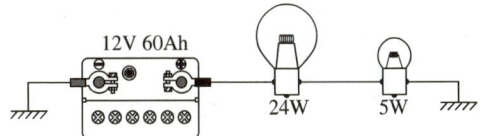

① 24W 전구는 정격 용량보다 더 밝게 점등된다.
② 5W 전구는 정격 용량보다 더 밝게 점등된다.
③ 둘 다 점등되지 않는다.
④ 두 전구의 밝기는 같다.

해설 그림과 같이 전구 24W, 5W를 직렬 연결한 경우에는 두 전구에 흐르는 전류가 같다. $P=I^2R$에서 전력은 저항에 비례하므로 저항이 큰 전구가 더 밝다.

88 우리나라에서 전기자동차와 관련하여 해결해야 할 과제가 아닌 것은?
① 배출가스 저감
② 충전 시설 구축
③ 배터리 수명 증대
④ 1회 충전당 주행거리 증대

해설 전기자동차는 내연기관이 없기 때문에 엔진연소에 의한 배출가스가 발생하지 않는다.

89 자동차 모듈간의 통신방법 중 CAN 통신의 특징이 아닌 것은?
① 정보의 특징이 한 방향으로 일정하게 전달되는 특징을 가지고 있다.
② 모든 CAN 구성 모듈은 정보 메시지 전송에 권한이 있다.
③ 듀얼 와이어 접속 방식으로 통신선로 구성이 간편하다.
④ 에러검출 및 처리성능이 우수하다.

해설 CAN 통신은 양방향 통신방법으로 적용되고 있다.

정답 87 ② 88 ① 89 ①

90 다음 중 OBD-Ⅱ에서 배출가스 제어와 관련한 주요 기능이 아닌 것은?

① 촉매성능 감시 기능
② 차속센서 감시 기능
③ 증발가스 감시 기능
④ EGR 제어 감시 기능

해설   OBD-Ⅱ는 배출가스 관련 시스템의 고장이 발생할 경우 운전자에게 알려 주는 시스템으로 차속센서는 포함되지 않는다.

91 전동기와 인버터 구동 시험방법 중 고전압 단락시험의 목적으로 맞는 것은?

① 입력되는 고전압(AC)개방 회로 조건에 영향성 확인
② 전동기와 인버터에 연결된 고전압 케이블의 내성 확인
③ 입력되는 고전압(DC)극성을 반전 인가시켜 내구성 확인
④ 충전 시 발생되는 전동기와 인버터의 과전압 내성 확인

해설   고전압 단락시험은 전동기와 인버터 간 고전압 케이블의 내성을 확인하기 위함이다.

92 하나의 무선네트워크에서 255대의 기기를 연결가능하며 네트워크 규정 확장 및 응용계층과 휴먼인터페이스까지 모두를 지원하는 근거리 무선통신 표준안은?

① ZigBee 통신
② Bluetooth 통신
③ IEEE 1451.5 통신
④ IEEE 802.11 X 통신

해설   ZigBee 통신은 250kbps 이하의 저속 국제 표준인 IEEE 802.15.4 물리계층 기반의 무선 네트워킹 기술로 저전력, 저비용, 저속이 특징이다. 하나의 무선 네트워크에 최대 255대의 기기를 연결할 수 있다고 한다. 블루투스에 비하면 매우 많은 기기를 연결할 수 있는 것이다.

93 4행정 4기통 정방행정 엔진의 실린더 내경이 85mm이고, 피스톤 평균속도가 6m/sec일 때 지시마력은 약 몇 PS인가?(단, 평균유효압력은 20kg/cm²이다)

① 45
② 90
③ 120
④ 181

해설 지시마력$(IPS) = \dfrac{P_{mi} \times A \times L \times N \times Z}{75 \times 60 \times 100}$ 이다.

(P_{mi} : 지시평균유효압력, A : 실린더 단면적, L : 행정, N : rpm(4행정의 경우 $\dfrac{N}{2}$), Z : 실린더수)

정방형 엔진이므로 내경 = 행정이되며 피스톤 평균속도가 6m/sec이므로

피스톤 평균속도$(V_s) = \dfrac{LN}{30}$ 이므로 $6 = \dfrac{0.085 \times N}{30}$ 이 되어 $N = 2,117 \text{rpm}$이 된다.

따라서, $IPS = \dfrac{20 \times 56.71 \times 8.5 \times 1,058 \times 4}{75 \times 60 \times 100} = 90.66 \text{PS}$ 가 된다.

94 전기자동차 충전방식 중 유럽 및 미국에서 사용하는 충전방식으로 완속충전용 AC 커넥터와 급속충전용 DC 커넥터가 일체형 소켓(Socket)으로 제작 가능한 충전 방식은?

① DC 콤보(Combo)방식
② 차데모(CHAdeMO)방식
③ 무선(Wireless) 충전방식
④ 완충 배터리 교환(Station)방식

해설 DC 콤보방식은 교류로 충전하는 방식으로 완속충전용 AC와 급속충전용 DC 충전구가 하나로 구성되어 효율성이 우수하고 비상급속충전이 가능한 특징이 있으나 급속충전시간에 비해 완속충전시간이 오래 걸리는 단점이 있다.

95 무선통신에서 무선기기 사이의 전파 간섭 문제를 해결할 수 있는 기술은?

① Bluetooth
② UWB(Ultra Wide Band)
③ MOST(Media Oriented System Transport)
④ DSRC(Dedicated Short Range Communication)

> **해설** UWB는 일반적으로 3.1~10.6GHz 대역에서 100Mbps 이상의 속도로, 기존의 스펙트럼에 비해 매우 넓은 대역에 걸쳐 낮은 전력으로 초고속 통신을 실현하는 근거리 무선통신기술로 규정되며, 비교적 넓은 주파수 스펙트럼에서 낮은 출력의 신호를 실어 보내는데, UWB는 10m 반경 내에서 수백 Mbps에서 수 Gbps까지의 데이터 전송률을 낼 수 있다. UWB는 다른 통신시스템에 간섭을 방지하기 위해 신호에너지를 수 GHz로 대역폭에 걸쳐 스펙트럼으로 분산, 송신함으로써 다른 협대역 신호에 간섭을 주지 않고 주파수에 크게 구애받지 않으며 통신을 할 수 있으며, 노이즈에 매우 강하며 전송률이 높고, 전력 소모량이 작고, 발송 출력이 작은 장점이 있다.

96 CAN 통신 과정 중 제어기에서 오류 발생 시 네트워크에서의 조치 방안에 대한 설명으로 틀린 것은?

① 지속적 오류를 발생시키는 제어기를 네트워크에서 격리시키는 방법이 있다.
② 메시지 오류(Message-error)는 수신제어기에서 데이터를 분석하여 오류를 판단하는 것으로 송신 제어기에서는 DTC(Diagnostics Trouble Code)를 발생시키지 않는다.
③ 잘못된 정보를 수신한 제어기가 다른 제어기와 정보를 공유하여 잘못된 정보를 제공하는 제어기의 데이터를 사용하지 못하게 하는 방법이 있다.
④ 다른 제어기로부터 원하는 데이터를 받지 못할 때 오류 내용을 기록하고 정상적인 정보가 나타날 때까지 계속 모니터링을 하면서 기다린다.

> **해설** CAN 통신에서 오류 발생 시 송신제어기에서 DTC를 발생시키지 않는다. 또한 오류 발생 제어기를 격리하거나 데이터를 사용하지 못하게 하는 조치방법이 있다.

97 오실로스코프로 파형을 측정한 결과 다음과 같은 그림이 나타났을 때 최고 피크 전압은 약 몇 V인가?(단, 수직 감도가 2V/cm이다)

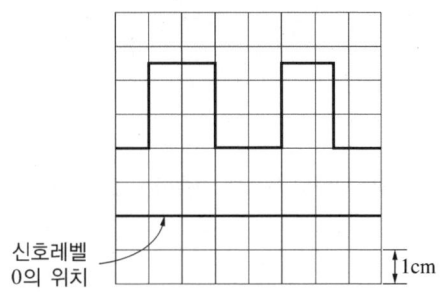

① 2
② 2.5
③ 4.5
④ 9

해설 수직감도가 2V/cm이고, 신호레벨 기준위치에서 피크전압 라인이 약 4.5칸 위에 있으므로 약 9V이다.

98 트랜지스터에서 베이스 전류가 2mA일 때 컬렉터에 흐르는 전류가 0.2A라면 트랜지스터의 증폭률은?

① 10
② 50
③ 100
④ 500

해설 트랜지스터에서 베이스 전류가 0.002A이고 컬렉터 전류가 0.2A라면 증폭률은 100이다.

99 하이브리드 자동차에서 전기모터의 회전수 및 회전각을 감지하는 데 사용되는 센서는?

① 마그네틱 센서
② 변위차 센서
③ 배리스터
④ 레졸버

해설 하이브리드 자동차에서 모터의 위치를 검출하는 센서는 레졸버이다.

100 삽입체적 유량계 종류에 대한 설명으로 틀린 것은?

① 전자기 유량계는 도체가 자기장 내에서 움직일 때 기전력이 유발되는 원리로 작동한다.
② 로터미터는 출구 쪽으로 횡단 면적이 감소되는 관속의 부유체로 구성되어 있다.
③ 터빈 유량계는 회전자의 회전을 여러 가지 방법으로 측정하여 유량을 구한다.
④ 용적 유량계는 일정 체적의 기계적 요소의 작동으로 유체의 체적을 측정한다.

해설 로터미터는 속이 빈 관과 위아래로 움직임이 가능한 플로트로 이루어져 있는 유량계로 관 안에서 위아래로 움직이는 플로트는 기체 및 액체의 유량에 따라 높낮이가 달라지고, 이 높낮이는 유속 및 유량에 비례한다.

제4회 과년도 기출문제

제1과목 그린전동자동차공학

01 디젤기관의 회전속도가 2,000rpm, 크랭크각이 20°일 때 착화지연시간은?

① $\dfrac{1}{300}$초   ② $\dfrac{1}{400}$초

③ $\dfrac{1}{500}$초   ④ $\dfrac{1}{600}$초

해설 $CA° = 6RT$이므로 $20° = 6 \times 2,000 \times T$가 되어 $T = \dfrac{1}{600}$sec가 된다.

02 차량 총중량이 2,200kgf인 자동차가 제동초속도 60km/h에서 제동한 경우에 정지거리는 약 몇 m인가?(단, 회전부 상당중량은 차량 총중량의 5%이고, 제동력은 차량 총중량의 60%이다)

① 22.46   ② 26.46
③ 28.46   ④ 32.46

해설   정지거리 = 공주거리 + 제동거리이므로

공주거리 $S_L = \dfrac{V}{3.6} \times 0.1 = \dfrac{60}{3.6} \times 0.1 = 1.666$m가 되고

제동거리 $S = \dfrac{v^2}{2g} \times \dfrac{W + W'}{F}$ 이므로 $S = \dfrac{(60/3.6)^2}{2 \times 9.81} \times \dfrac{2,200 + 110}{1,320} = 24.78$m가 된다.

따라서 정지거리는 $1.666 + 24.78 = 26.44$m가 된다.

정답 1 ④ 2 ②

03 자동차 타이어 호칭이 185 / 65 R 14이고, 타이어의 바퀴축이 600rpm으로 회전하고 있을 때 자동차의 시속은 약 몇 km/h인가?

① 33.68
② 67.41
③ 112.31
④ 134.74

해설 타이어의 지름과 rpm을 알면 속도를 산출할 수 있다.
먼저 타이어의 지름을 구하면 14인치의 타이어 내경이므로 14×2.54 = 35.56cm가 되고,
타이어의 편평비가 65이므로, $65 = \dfrac{단면높이}{185} \times 100$이 되어 단면높이는 약 12cm가 된다.
타이어는 원형이므로 지름 계산 시 단면높이×2가 되어야 하므로
총타이어의 외경은 0.356m + 0.24m = 0.596m가 된다.
또한 타이어의 원주는 πd이므로 0.596×3.14 = 1.871m가 된다.
따라서, 원주 1.871m의 타이어가 분당 600회전하므로 1.871×600 = 1,122.6m/min이 되어 시속으로 환산하면 약 67.40km/h가 된다.

04 자동차 공조장치 제어에 필요한 정보를 제공하는 센서로 틀린 것은?

① 일사센서
② 온도센서
③ 압력센서
④ 차속센서

해설 자동차 공조시스템은 일사량 센서, 습도센서, 서모(온도)센서, 냉매압력센서 등의 신호를 이용하여 시스템을 제어한다.

05 피스톤핀의 설치방법으로만 나타낸 것은?

① 고정식, 전동식, 전부동식
② 고정식, 반부동식, 전부동식
③ 고정식, 반부동식, 3/4부동식
④ 1/4부동식, 3/4부동식, 전부동식

해설 피스톤핀의 설치방법에는 고정식, 반부동식, 전부동식이 있다.

06 전자제어 조향장치에서 전동식 조향장치의 종류로 틀린 것은?
① 랙 구동식(Rack Type)
② 베벨 구동식(Bevel Type)
③ 칼럼 구동식(Column Type)
④ 피니언 구동식(Pinion Type)

해설 전동식 동력 조향시스템의 종류는 R-MDPS, C-MDPS, P-MDPS가 있다.

07 베어링 재료에 사용되는 합금 중 표준조성이 구리 60~70%, 납 30~40%로 구성되며, 열전도성이 양호하고, 녹아 붙지 않아 고속·고온 및 큰 하중에 잘 견디는 것은?
① 고탄소강
② 니켈-크롬강
③ 켈밋합금
④ 크롬-몰리브덴강

해설 켈밋합금은 베어링 재료에 사용되는 합금재료 중 하나이며, 구리 60~70%, 납 30~40%로 구성되어 열전도성이 양호하고, 녹아 붙지 않아 고속·고온 및 큰 하중에 적합한 합금이다.

08 전자제어 현가장치의 구성 부품이 아닌 것은?
① 차속센서
② 차고센서
③ 공기압센서
④ 조향핸들 각속도 센서

해설 전자제어 현가장치는 차속센서, 가변댐퍼, 차고센서, 조향핸들 각속도 센서, G센서 등으로 구성되어 있으며, 공기압센서는 TPMS의 구성 부품이다.

정답 6 ② 7 ③ 8 ③

09 구동력 제어장치에서 슬립을 판단하면 엔진의 토크를 저감하는 것은 물론 슬립이 발생하는 바퀴에 제동유압을 가해서 구동력을 제어하는 방식은?

① FTCS(Full Traction Control System)
② ETCS(Engine Traction Control System)
③ BTCS(Brake Traction Control System)
④ VTCS(Vacuum Traction Control System)

해설 슬립 시 엔진토크 저감과 휠의 제동유압을 제어하여 구동력을 제어하는 방식은 FTCS 방식이다.
※ BTCS는 제동유압 제어만을 통하여 구동력을 제어하는 시스템이다.

10 분사량 60mm³/stroke, 분사지속 크랭크각 35°, 기관회전속도 5,000rpm일 때 분사지속시간은 약 몇 ms인가?

① 0.55
② 1.17
③ 2.43
④ 3.82

해설 각속도 $= \frac{rpm}{60} \times 2\pi$ 이므로 $\frac{5,000}{60} \times 2\pi = 523.5988 \text{rad/sec}$가 된다.

$2\pi \text{rad/sec} = 1$회전 $= 360°$이므로 $1\text{rad/sec} = \frac{360}{2\pi} = 57.2958°$가 된다(360°를 회전하는 데 6.2831초 소요).

따라서 $\frac{35}{523.5988 \times 57.2958} = 1.167\text{ms}$가 된다.

11 규소, 니켈, 구리가 함유되어 있는 알루미늄합금으로, 내열성이 크고 열팽창계수가 작아 피스톤 재료로 사용되고 있는 것은?

① 라우탈(Lautal)
② 실루민(Silumin)
③ 로 엑스(Lo-ex)
④ 초두랄루민(Super Duralumin)

12 기계식 제동 배력장치의 주요 구성부품이 아닌 것은?

① 플런저(Plunger)
② 입력로드(Input Rod)
③ 반력디스크(Reaction Disc)
④ 프로포셔닝 밸브(Proportioning Valve)

해설 프로포셔닝 밸브는 마스터 실린더 하단부에 장착되어 전륜 측과 후륜 측의 제동유압을 조절하는 역할을 한다.

13 전자제어 코먼레일 시스템의 입력요소가 아닌 것은?

① 산소센서
② 가속페달 센서
③ 예열플러그 제어
④ 흡입공기량 센서

해설 예열플러그는 흡입공기의 온도를 상승시켜 압축착화 성능을 향상시키는 부품으로 출력요소로 분류된다.

14 4행정 사이클 디젤기관의 연소실 체적이 20cc, 체절비가 2.3이다. 이 기관의 실린더 직경이 75mm이고, 행정은 80mm라면, 디젤사이클 열효율은 약 얼마인가?(단, k = 1.3이다)

① 42% ② 45%
③ 48% ④ 52%

해설 디젤 사이클(Diesel Cycle)의 이론 열효율은
$\eta_D = 1 - \dfrac{1}{\varepsilon^{k-1}} \times \dfrac{\sigma^k - 1}{k(\sigma - 1)}$ 이고 압축비(ε) = $\dfrac{\text{연소실체적} + \text{행정체적}}{\text{연소실체적}}$ 이므로 $\varepsilon = \dfrac{20 + 353.25}{20} = 18.66$

$\eta_D = 1 - \dfrac{1}{18.66^{1.3-1}} \times \dfrac{2.3^{1.3} - 1}{1.3(2.3 - 1)} = 0.5197$ 이 된다.

15 에어컨 냉매의 구비 조건으로 옳은 것은?

① 증발 잠열이 작을 것
② 비체적과 점도가 클 것
③ 임계 온도가 낮고, 응고점이 높을 것
④ 전기절연성이 좋고, 안전성이 높을 것

> **해설** 냉매의 구비 조건
> • 무색무취 및 무미일 것
> • 가연성, 폭발성 및 사람이나 동물에 유해성이 없을 것
> • 저온과 대기압력 이상에서 증발하고, 여름철 뜨거운 외부 온도에서도 저압에서 액화가 쉬울 것
> • 증발 잠열이 크고, 비체적이 작을 것
> • 임계 온도가 높고, 응고점이 낮을 것
> • 화학적으로 안정되고, 금속에 대하여 부식성이 없을 것
> • 사용 온도 범위가 넓을 것
> • 냉매 가스의 누출을 쉽게 발견할 수 있을 것

16 전기자동차의 직류발전기 주요 구성요소로 틀린 것은?

① 계자(Field)
② 다이오드(Diode)
③ 전기자(Armature)
④ 정류자(Commutator)

> **해설** 다이오드(Diode)는 교류발전기에 정류작용을 위해 적용된다.

17 판스프링 현가장치에서 스프링이 굽혀질 때 양간의 거리가 변하도록 해 주는 것은?

① 섀클(Shackle)
② 메인리프(Main Leaf)
③ 클립밴드(Clip Band)
④ 스태빌라이저(Stabilizer)

> **해설**
>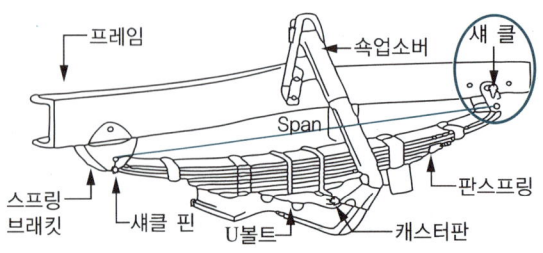

18 스틸과 알루미늄 조립 시 전위차에 의한 부식방지 대책으로 가장 적절한 것은?

① 용 접
② 볼트 체결
③ 리벳 체결
④ 절연체 삽입

해설 차체 이종접합구조에서 이종금속의 전위차에 의한 갈바닉 손상을 방지하기 위해서 절연체 삽입 및 절연 실링을 통하여 부식방지를 하고 있다.

19 전자제어 연료분사장치 엔진에서 블로바이 가스 제어와 관련 있는 것은?

① PCSV(Purge Control Solenoid Valve)
② PCV(Positive Crankcase Ventilation)
③ 차콜 캐니스터(Charcoal Canister)
④ 배기가스 재순환장치(Exhaust Gas Recirculation)

해설 엔진의 블로바이 가스는 피스톤 압축행정 시 피스톤과 실린더로 미연소가스가 누설되는 현상으로 크랭크케이스 환기장치를 통하여 제어되고 있다.

20 직류전동기의 종류로 틀린 것은?

① 유도전동기
② 분권전동기
③ 직권전동기
④ 타여자전동기

해설 직류전동기에는 분권식, 직권식, 타여자식, 자여자식 등이 있다.

정답 18 ④ 19 ② 20 ①

제2과목 | 그린전동자동차 전동기와 제어기

21 직류전동기의 속도 N을 표현한 공식은?(단, V는 단자전압, ϕ는 자속, I_A는 전기자전류, R_A는 전기자저항, K는 전동기상수이다)

① $N = K\dfrac{V + R_A I_A}{\phi}$
② $N = K\dfrac{V - R_A I_A}{\phi}$
③ $N = K\dfrac{\phi}{V + R_A I_A}$
④ $N = K\dfrac{\phi}{V - R_A I_A}$

해설 직류전동기의 속도 N을 표현한 공식은 $N = K\dfrac{E_C}{\phi} = K\dfrac{V - I_A R_A}{\phi}$(rps)이다.

22 직류 직권전동기의 회전수를 반으로 줄이면 토크는 몇 배가 되는가?

① $\dfrac{1}{4}$
② $\dfrac{1}{2}$
③ 2
④ 4

해설 직류 직권전동기에서 토크 T는 회전수 N의 제곱에 반비례한다. $T \propto \dfrac{1}{N^2}$ 이므로, 회전수를 반으로 줄이면 토크는 약 4배가 된다.

23 쌍극성 트랜지스터(BJT)와 금속산화막 반도체 전계효과 트랜지스터(MOSFET)를 복합한 소자로 대전력 고속 스위칭이 가능하여 인버터, SMPS 등에 활용되는 소자는?

① SCR
② IGBT
③ LASCR
④ TRIAC

해설 IGBT는 소수 캐리어의 주입으로 모스 전계 효과 트랜지스터보다 동작 저항을 작게 할 수 있는 3단자 양극성–모스 복합 반도체소자로 내압이 높고, 비교적 속도가 빠른 파워 트랜지스터이다. 펄스폭 변조제어 인버터에 내장되어 모터를 구동하는 데 사용되며, 파워 집적회로의 출력부 등에도 사용된다.

24 유도전동기의 슬립(Slip) S의 범위는?

① $1 > S > 0$
② $0 > S > -1$
③ $2 > S > 1$
④ $1 > S > -1$

> **해설** 유도전동기의 슬립 : $0 < S < 1$
> • $S = 1$이면 $N = 0$이고, 전동기는 정지 상태
> • $S = 0$이면 $N = N_s$가 되어 전동기가 동기속도로 회전

25 유도전동기의 벡터제어에서 d-q축 모델의 각 축에 대한 설명으로 옳은 것은?

① q축 : 자속제어
② d축 : 자속제어
③ d축 : 저항제어
④ q축 : 저항제어

> **해설** 유도전동기의 벡터제어
> 기준자속의 위치를 측정하고 계산하여 고정자전류를 기준자속과 일치하는 성분과 직교하는 성분으로 분해
> • 기준자속과 일치하는 성분(d축) : 자속제어
> • 기준자속과 직교하는 성분(q축) : 토크제어

26 270V, 180W의 동기모터에 144V의 전원을 사용할 때 일률은 약 몇 W인가?

① 51.2
② 69
③ 82.8
④ 96

> **해설** $P(W) = \dfrac{E^2}{R}$ 이므로 $\dfrac{(270)^2}{R} = 180$이 된다. 따라서, $R = 405\Omega$이 된다.
> 144V가 사용될 때는 $P = \dfrac{(144)^2}{405}$ 이므로 51.2W가 된다.

정답 24 ① 25 ② 26 ①

27 전기자동차용 모터의 구비조건으로 틀린 것은?

① 소형이고, 가벼워야 한다.
② 속도제어가 용이해야 한다.
③ 시동 시 토크가 작아야 한다.
④ 기계적 내구성이 커야 한다.

해설 전기자동차용 모터는 시동 시 토크가 커야 한다.

28 그림과 같은 인버터 기본회로의 동작을 설명한 것으로 옳은 것은?

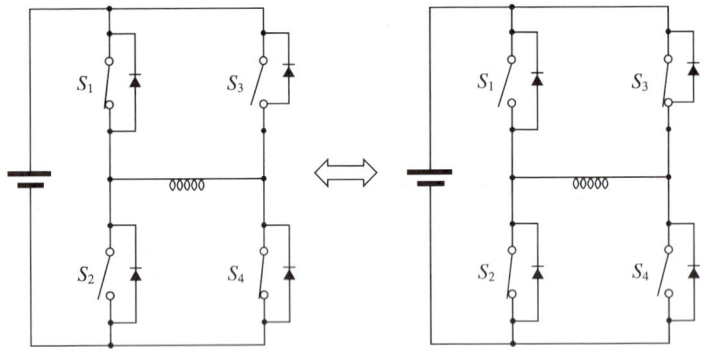

① 대각으로 배치한 스위치를 동시에 ON, OFF하는 2가지 패턴에 따라 중앙의 코일에 흐르는 전류의 방향이 바뀌므로 교류와 같은 파형이 출력된다.
② 대각으로 배치한 스위치를 동시에 ON, OFF하는 2가지 패턴에 따라 중앙의 코일에 흐르는 전류의 방향이 바뀌므로 직류와 같은 파형이 출력된다.
③ 대각으로 배치한 스위치를 동시에 ON, OFF하는 2가지 패턴에 따라 중앙의 코일에 흐르는 전류의 방향이 일치하므로 교류와 같은 파형이 출력된다.
④ S_1 스위치를 ON, OFF하여 중앙의 코일에 흐르는 전류의 방향을 전환함으로써 교류와 같은 파형이 출력된다.

해설 그림의 인버터 기본회로는 대각으로 배치한 스위치를 동시에 ON, OFF하는 2가지 패턴에 따라 중앙의 코일에 흐르는 전류의 방향이 바뀌므로 교류와 같은 파형이 출력된다.

29 동기전동기의 특성에 대한 설명으로 틀린 것은?

① 속도가 일정하다.
② 기동토크가 크다.
③ 역률 조정이 가능하다.
④ 공극이 크고, 기계적 강도가 우수하다.

해설 동기전동기의 장단점

장 점	단 점
• 속도가 일정	• 기동토크가 작음
• 역률조정 가능	• 속도제어가 어려움
• 유도전동기에 비해 효율이 좋음	• 직류여자가 필요
• 공극이 크고, 기계적 강도 우수	• 난조의 우려가 있음

30 다음 중 비례추이를 하는 전동기는?

① 동기전동기
② 정류자전동기
③ 단상 유도전동기
④ 권선형 유도전동기

해설 비례추이란 2차회로 저항의 크기를 조정함으로써 그 크기를 제어할 수 있는 요소를 말하며, 비례추이를 할 수 있는 것은 $\frac{r_2}{s}$ 의 함수로 표시된다. 따라서 비례추이는 2차저항의 크기를 변화시킬 수 있는 권선형 유도전동기에서 사용된다.

31 다음 회로에서 나타낸 직류전동기의 종류는?(단, A는 전기자코일, F는 계자코일이다)

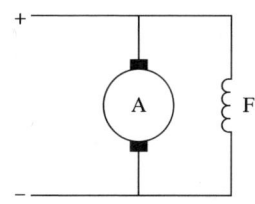

① 직권전동기
② 분권전동기
③ 복권전동기
④ 타여자전동기

해설 전기자코일과 계자코일이 병렬로 연결되어 있는 형태이므로 분권형 전동기 형식이다.

32 그림의 단상전파 정류회로에서 교류 측 공급전압이 628sin314t(V)이고, 직류 측 부하저항이 20Ω일 때, 직류 측 부하전압의 평균값 E_d(V)는 얼마인가?

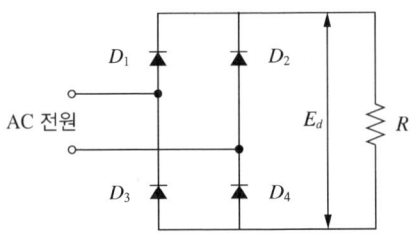

① 400V
② 200V
③ 225V
④ 508V

해설 $E_d(V) = \dfrac{2E_m}{\pi} = \dfrac{2 \times 628}{\pi} = 399.797V$가 된다.

33 전류형 인버터에서 Controlled Rectifier라고 하며, 인버터 출력전류의 크기를 제어하는 부분은?

① 인버터부
② AC제어부
③ DC-LINK부
④ 컨버터부

해설 시스템 구성
- 컨버터부 : Controlled Rectifier라고 하며, 인버터 출력전류의 크기를 제어한다.
- DC-LINK부 : DC-LINK 내의 직류전류를 평활하게 한다.
- 인버터부 : Controlled Rectifier에서 제어된 직류전류를 인버터부에서 원하는 주파수로 스위칭하여 출력을 발생(출력주파수 제어)시킨다.

34 서보모터(Servo Motor)가 갖추어야 할 조건으로 틀린 것은?

① 기동토크가 클 것
② 회전자가 굵고, 짧을 것
③ 토크-속도속선이 수하특성을 가질 것
④ 전압이 0이 되었을 때 신속하게 정지할 것

해설 서보모터 특징
- 기동토크가 크다.
- 회전자 관성모멘트가 작다.
- 회전자에서 팬에 의한 냉각효과가 없다.
- 시정수가 짧고, 속응성 및 기계적 응답성이 좋다.
- 제어권선전압이 0일 때는 기동하지 말고 즉시 정지하여야 한다.
- 교류 서보모터의 기동토크에 비하여 직류 서보모터의 기동토크가 크다.

35 직류모터(DC전동기)에서 속도제어 방법으로 틀린 것은?

① 전류제어법
② 직렬저항법
③ 계자제어법
④ 전압제어법

해설 직류전동기의 속도제어 방법은 전압제어, 계자제어, 직렬저항제어 방법이 있다.

36 PWM 인버터 변조방식 중 주어진 직류전압에서 큰 교류전압을 얻을 수 있고, 전동기에 인가된 출력의 고조파가 작아 3상 전동기에 많이 사용되는 방식은?

① 최적전압 변조방식
② 3상 구형파 인버터방식
③ 공간벡터전압 변조방식
④ 삼각파 비교전압 변조방식

37 하이브리드 자동차용 모터에 적용된 레졸버 센서(Resolver Sensor)에 대한 설명으로 틀린 것은?

① 고정자 여자권선에 고주파 여자신호 인가 시 외부 구동회로가 필요하다.
② 회전자가 회전하면 1차, 2차 측 상호 쇄교자속이 주기적으로 변화된다.
③ 스테이터 2상의 검출권선의 출력전압 진폭이 회전각에 반비례하여 변화된다.
④ 출력신호를 RDC(Resolver to Digital Converter)를 거쳐 위치각으로 변환시킨다.

해설 레졸버 센서 동작원리(변압기의 원리)
- 고정자(Stator) 여자권선에 고주파 여자신호 인가(예 10kHz) 시 외부 구동회로가 필요하다.
- 회전자(Rotator, Rotor)가 회전하면 릴럭턴스 변화에 따라 1차와 2차 측 상호 쇄교자속이 주기적으로 변화된다.
- 스테이터 2상의 검출 권선의 출력전압 진폭이 회전각에 비례하여 변화된다(sin/cos 형태).
- 출력신호를 RDC(Resolver to Digital Converter)를 거쳐 위치각으로 변환시킨다.

38 반도체의 저항이 온도에 따라 변하는 특성을 이용한 온도센서로 온도가 상승하면, 저항이 감소하는 특성을 가진 소자는?

① 정특성 서미스터
② 역특성 서미스터
③ 반특성 서미스터
④ 부특성 서미스터

해설 온도가 상승하면, 저항이 감소하는 특성을 가진 소자는 부특성 서미스터(NTC)이다.

39 전압형 인버터의 장점을 설명한 것으로 틀린 것은?

① 인버터 계통의 효율이 매우 높다.
② 속도제어 범위가 1 : 10까지 확실하다.
③ 4상한 운전이 가능하다.
④ 모든 부하에서 정류가 확실하다.

해설 전압형 인버터의 장점
- 인버터 계통의 효율이 매우 높다.
- 제어회로 및 이론이 비교적 간단하다.
- 속도제어 범위가 1 : 10까지 확실하다.
- 모든 부하에서 정류(Commutation)가 확실하다.
- 주로 소, 중 용량에 사용한다.

40 100V, 60Hz, 1,100rpm으로 유도전동기의 회전자가 회전할 때 슬립은 약 얼마인가?(단, 극수는 6이다)

① 0.0833
② 0.833
③ 8.33
④ 83.3

해설 동기속도(N_S) = $\dfrac{120f}{P}$ 이므로 $\dfrac{120 \times 60}{6}$ = 1,200rpm이 된다.

슬립(s) = $\dfrac{N_S - N}{N_S}$ 이므로 $\dfrac{1,200 - 1,100}{1,200}$ = 0.08333이 된다.

정답 39 ③ 40 ①

제3과목 그린전동자동차 배터리

41 다음 중 지구온난화에 가장 큰 영향을 주는 물질은?

① 일산화탄소　　　　　　② 탄화수소
③ 이산화탄소　　　　　　④ 질소산화물

해설　지구온난화에 가장 큰 영향을 주는 것은 이산화탄소이다.

42 니켈-수소(Ni-MH) 축전지의 특징으로 틀린 것은?

① 저온에서도 충전능력이 양호하다.
② 저온에서는 출력이 급격히 강하한다.
③ 셀 전압은 1.25V에서 1.35V 범위이다.
④ (+)극판은 수소저장합금, (-)극판은 수산화니켈이다.

해설　니켈-수소(Ni-MH) 축전지는 전극의 (+) 측에는 옥시수산화니켈, (-)극에는 수소 흡장합금을 이용하고 알칼리 전해액에는 수산화칼륨을 사용하는 경우가 많다.

43 직류발전기에서 양호한 전류를 얻기 위한 방법으로 틀린 것은?

① 접촉저항이 큰 탄소브러시를 사용한다.
② 정류주기를 길게 한다.
③ 리액턴스 전압을 크게 한다.
④ 보극과 보상권선을 설치한다.

해설　**직류발전기의 정류개선 방법**
회전속도를 낮추어 정류주기를 길게 한다.
- 저항전류 : 접촉저항이 큰 탄소브러시 사용하여 정류코일의 단락전류를 억제하여 양호한 특성의 정류를 얻는다.
- 전압정류 : 보극을 설치하여 정류코일 내에 유기되는 리액턴스 전압과 반대 방향으로 정류전압을 유기시켜 양호한 정류를 얻는다.
- 단절권을 채택하여 코일의 자기인덕턴스를 줄인다.
- 평균 리액턴스 전압을 작게 한다.

정답　41 ③　42 ④　43 ③

44 전기자동차 충전기를 주차장이나 주유소 등에 설치하는 방식으로 인덕티브 또는 급속충전 방식을 사용한 충전기는?

① 탑재형 충전기　　② 입상형 충전기
③ 휴대용 충전기　　④ 별치형 충전기

　해설　별치형 충전기는 충전기를 차량 외부인 주차장이나 주유소 등에 설치하는 방식으로 인덕티브 충전과 급속충전 등이 이러한 방식에 해당된다.

45 기동전동기의 전기자와 피니언 사이에 설치되며, 기동전동기의 회전운동을 기관에 전달하는 장치는?

① 증폭기(Amplifier)
② 솔레노이드 밸브(Solenoid Valve)
③ 오버러닝 클러치(Overrunning Clutch)
④ 스로틀 포지션 스위치(Throttle Position Switch)

　해설　전자 피니언 섭동식에서는 기관이 시동되어도 기동스위치를 끄지 않는 한 피니언은 물린 상태로 있기 때문에 기관이 회전하면, 반대로 링 기어가 피니언을 구동하게 되어 기관회전수의 10~15배의 속도로 전기자를 회전시키며, 이로 인해 전기자와 베어링이 파손될 염려가 있다. 이것을 방지하기 위해 기관이 시동되면 피니언이 물려 있어도 기관의 회전력이 기동모터에 전달되지 않도록 클러치가 장치되어 있으며, 이것을 오버러닝 클러치(Overrunning Clutch)라고 한다.

46 300V, 50Ah 용량의 배터리가 완충전되었다면 배터리 내에 저장된 전기에너지는 약 몇 kg의 휘발유와 동일한 에너지인가?(단, 1J = 0.24cal, 휘발유의 발열량은 42MJ/kg으로 하고, 소수점 셋째 자리에서 반올림한다)

① 1.29kg　　② 2.19kg
③ 12.90kg　　④ 21.90kg

　해설　전기에너지(J) = 전압(V) × 전류(A) × 시간(s)이므로, 300 × 50 × 3,600 = 54,000,000J이 된다.
따라서, 배터리의 전기에너지를 휘발유 중량으로 환산하면 $\frac{54}{42}$ = 1.285kg가 되며,
소수점 셋째 자리 반올림값은 1.29kg이 된다.

47 친환경자동차 배터리 충전방식이 아닌 것은?

① 급속충전방식
② 정전류 충전방식
③ 정전력 충전방식
④ 정전류-정전압 충전방식

해설 충전방식에 의한 분류는 정전류 충전방식, 급속충전방식, 정전압 충전방식, 정전류-정전압 충전방식이 있다.

48 출력전압을 일정하게 유지시켜 충전하는 정전압 충전법의 특징으로 틀린 것은?

① 배터리 과충전 방지
② MF 배터리에 적합한 충전
③ 고전류를 이용하여 단시간 충전
④ 충전시간과 충전전류에 대한 설정 없이 충전 가능

해설 정전압 충전법 특징
- 배터리의 과충전 방지
- 충전시간과 충전전류에 대한 설정 없이 충전 가능
- MF 배터리에 적합한 충전방식

49 하이브리드 자동차의 저전압 직류변환장치(LDC)의 기능으로 옳은 것은?

① 고전압(DC)을 12V(DC)로 변환
② 고전압(AC)을 12V(AC)로 변환
③ 12V(DC)를 고전압(AC)으로 변환
④ 12V(AC)를 고전압(DC)으로 변환

해설 DC-DC 컨버터는 고전압의 전원(DC)을 12V의 저전압 전원(DC)으로 변환하여 공급하는 교류발전기의 역할을 하며, 적용된 하이브리드 차량에서는 LDC(Low Voltage DC-DC Converter)라고도 불린다.

50 이중층 커패시터의 장점으로 틀린 것은?

① 사이클 수명이 길다.
② 작동 온도범위가 넓다.
③ 허용 정격전압이 낮다.
④ 충·방전 특성이 양호하다.

해설 EDLC는 전지와 콘덴서의 중간 특성을 갖고 있으며, 전지와 비교해서 1충전당의 충전 용량은 작지만 순시 충·방전 특성이 우수하여 10~100만 회의 충·방전에도 기본적으로는 특성이 열화되지 않을 뿐만 아니라 충·방전 시에 충·방전 과전압이 없기 때문에 전기회로가 간단하고 저렴하다. 또한 잔존용량을 알기 쉽고, 또 사용 온도범위가 넓어 −30~90℃의 내구온도 특성이 있다.

51 전기자동차의 회생제동에 대한 설명으로 옳은 것은?

① 유압브레이크의 제동력을 최대화시키는 것
② 전기에너지를 운동에너지로 바꿔 주는 것
③ 운동에너지를 전기에너지로 바꿔 주는 것
④ 연료전지의 화학에너지를 전기에너지로 바꿔 주는 것

해설 전기자동차의 회생제동 운동에너지를 전기에너지로 바꿔 주는 것으로 자동차를 감속시키거나 제동할 때 그 힘으로 모터를 회전시키고 전기를 발전시켜 축전지로 보내는 장치이다.

52 전기차 접촉식 충전시스템에서 전기차 내부에 있는 온보드 충전기(On Board Charger)가 교류를 직류로 변환하여 배터리에 저장하는 것은?

① 직류충전장치
② 교류 충전스탠드
③ 유도식 충전장치
④ 직류 충전스탠드

해설 접촉식(Conductive) 충전시스템의 특징은 다음과 같다.
- 전기적 접속을 통하여 충전
- 교류충전장치는 충전스탠드가 충전을 위한 교류전원 공급
- 교류충전장치는 전기차 내부의 온보드 충전기가 충전
- 교류충전장치는 충전시간이 6시간 이상 소요
- 직류충전장치는 직류의 출력을 배터리에 직접적으로 전기를 공급하여 충전
- 직류충전장치는 출력직류전압이 높고, 전류가 커서 충전 시 사고 위험성이 높음

정답 50 ③ 51 ③ 52 ②

53 하이브리드 자동차의 보조배터리 전해액을 비중계로 측정했다. 실측한 비중계의 눈금이 1.273이고, 이때 전해액의 온도는 40℃이다. 표준상태(20℃)에서의 비중값으로 환산하면?

① 1.259
② 1.266
③ 1.280
④ 1.287

> **해설** $S_{20} = S_t + 0.0007(t - 20)$이므로 $S_{20} = 1.273 + 0.0007(40 - 20)$이 되어 $S_{20} = 1.287$이 된다.

54 BMS(Battery Management System)가 계산하는 특성값으로 틀린 것은?

① 셀 내부저항
② 누적 비작동 시간
③ 최대 충전전류(CCL)
④ 최대 방전전류(DCL)

> **해설** BMS는 셀 내부저항, 최대 충·방전전류 등 고전압배터리의 전류, 전압, 온도 등을 실시간으로 측정하여 에너지의 충·방전 상태와 잔여량을 제어한다.

55 배터리 용량이 6.5Ah이고, 0.1초 동안에 50A가 방전된다면 0.1초 동안의 SOC 변화량은?

① 약 0.02%
② 약 0.2%
③ 약 2%
④ 약 20%

> **해설** 0.1초당 50A를 소비하므로 Ah로 환산하면 $\frac{0.1}{3,600} \times 50 = 0.00138$Ah, 여기서 $6.5 - 0.00138 = 6.49861$Ah
> $SOC = \frac{6.4986}{6.5} \times 100 = 99.979\%$가 되어 SOC 변화량은 0.021%가 된다.

56 HEV(Hybrid Electric Vehicle)용 리튬이온 2차전지에 대한 설명으로 틀린 것은?

① 셀당 전압은 약 3.75V이다.
② 충전상태가 0%이면 배터리 전압은 12V이다.
③ 충전 시 충전상태가 100%를 넘지 않도록 한다.
④ 평상시 배터리 충전상태는 BMS에 의해 약 55~65%로 제어된다.

해설 HEV용 리튬이온 2차전지는 셀당 전압은 약 3.75V, 충전 시 충전상태가 100%를 넘지 않도록 제어하여 평상시 배터리 충전상태는 BMS에 의해 약 55~65%로 제어된다.

57 BMS(Battery Management System) 메모리칩에 기록된 기본정보로 틀린 것은?

① 셀 용량
② 무부하 전압
③ 온도 한계
④ 최대전류 한계

해설 BMS 메모리칩에 기록된 기본정보는 셀 용량, 온도 한계, 최대전류 한계가 있다.

58 다음 중 슈퍼 커패시터의 특성에 대한 설명으로 틀린 것은?

① 과충전, 과방전을 해도 수명에 큰 영향이 없다.
② 전하 자체를 물리적으로 축전하는 방법을 이용한다.
③ 일반 2차 전지에 비해 충·방전 시간을 줄일 수 있다.
④ 내부저항이 높을수록 충전시간은 짧아진다.

해설 슈퍼 커패시터의 특징
- 표면적이 큰 활성탄 사용으로 유전체의 거리가 짧아져서 소형으로 패럿(F) 단위의 큰 정전용량을 얻는다.
- 과충전이나 과방전에 일어나지 않아 회로가 단순하다.
- 전자부품으로 직접체결(땜납)이 가능하기 때문에 단락이나 접속불안정이 없다.
- 전하를 물리적으로 축적하기 때문에 충·방전 시간 조절이 가능하다.
- 전압으로 잔류용량의 파악이 가능하다.
- 내구온도(-30~90℃)가 광범위하다.
- 수명이 길고, 에너지밀도가 높다.
- 친환경적이다.

정답 56 ② 57 ② 58 ④

59 하이브리드 자동차에서 DC-DC 컨버터의 Fly-back 방식에 대한 설명으로 틀린 것은?

① 회로가 복잡하여 비용이 고가
② 50kW 이하의 저전력용에 적용
③ 트랜스의 자화 인덕턴스에 축적된 에너지 공급
④ 스위치가 ON되면 2차 권선에서는 1차 권선 반대극성의 전압 유도

> **해설** Fly-back 방식
> - 기본동작은 Buck-Boost 방식과 동일
> - 스위치가 On되면 2차 권선에서는 1차 권선 반대극성의 전압 유도
> - 다이오드는 역바이어스 되어 차단
> - 2차 권선은 전류가 흐르지 않고, 1차 권선으로만 전류가 흘러 자화 인덕턴스에 의하여 에너지 축적
> - 스위치가 Off되면 2차 권선에 반대극성의 전압이 유도되어 다이오드 도통
> - 트랜스의 자화 인덕턴스에 축적된 에너지 공급
> - 50kW 이하의 저전력용에 적용
> - 회로가 간단하여 비용 저렴

60 리튬이온 이차전지의 충·방전 과정으로 옳은 것은?

① $LiCoO_2 + C_n \Leftrightarrow Li_{(1-x)}CoO_2 + Li_xC_n$
② $M + Ni(OH)_2(s) \Leftrightarrow MH(s) + NiOOH(s)$
③ $2Ni(OH)_2 + Cd(OH)_2 \Leftrightarrow 2NiOOH + Cd + 2H_2O$
④ $PbO_2 + 2H_2SO_4 + Pb \Leftrightarrow PbSO_4 + 2H_2O + PbSO_4$

> **해설** 리튬이온 이차전지의 충·방전 과정
> $LiCoO_2 + C_n \Leftrightarrow Li_{(1-x)}CoO_2 + C_nLi_x$
> - 양극 Half Equation(산화) : $LiCoO_2 \to Li_{(1-x)}CoO_2 + xLi^+ + xe^-$
> - 음극 Half Equation(환원) : $xLi^+ + xe^- + 6C \to Li_xC_6$

제4과목 그린전동자동차 구동성능

61 하이브리드 자동차의 일반적인 분류로 틀린 것은?

① 풀 하이브리드(Full Hybrid)
② 마일드 하이브리드(Mild Hybrid)
③ 마이크로 하이브리드(Micro Hybrid)
④ 커넥트 하이브리드(Connect Hybrid)

해설 하이브리드 자동차의 분류
- 마일드 하이브리드 : 기존 내연기관차에 장착된 12V 배터리를 48V로 바꾸고, 좀 더 강력한 전기모터 및 발전기를 장착하는 간단한 방식으로 제작
- 풀 하이브리드 : 엔진과 모터의 조합으로 구성된 하이브리드 시스템(일반적인 하이브리드 포함)
- 마이크로 하이브리드 : Start-stop 기능과 함께 추가적인 제동에너지 회복(Braking Energy Recuperation) 시스템을 이용

62 무단변속기 종류 중 벨트 방식과 트로이덜(Toroidal) 방식에 대한 설명으로 틀린 것은?

① 벨트 방식은 전륜구동용 변속기에 주로 사용된다.
② 벨트 방식은 토크 용량이 커서 사륜차에 주로 사용된다.
③ 트로이덜 방식은 후륜구동용 변속기에 주로 사용된다.
④ 트로이덜 방식은 무게가 무겁고, 전용 오일을 사용해야 한다.

해설 벨트 구동방식은 토크 용량이 작아 이륜차에 사용되는 고무벨트식이 있으며, 풀리의 최소 반지름을 작게 할 수 있고, 변속비를 크게 선정할 수 있는 금속벨트식과 금속체인식 등으로 분류한다.

63 기관 출력이 100kW인 엔진을 2,500rpm으로 운전할 때, 기관의 회전력은 약 몇 kgf·m인가?

① 35   ② 39
③ 43   ④ 47

해설 $PS = \dfrac{T \times N}{716}$ 이므로 $135.89 = \dfrac{T \times 2,500}{716}$ 이므로
$T = 38.9$ kgf·m가 된다.

정답 61 ④ 62 ② 63 ②

64 전기자동차에 사용하는 직류모터에서 자속밀도를 B, 코일의 유효길이를 L, 공급전류를 I라고 할 때 모터의 전자력 F를 구하는 공식은?

① $F = B \times I \times L$
② $F = B \times I \times 2L$
③ $F = \dfrac{B \times I}{L}$
④ $F = \dfrac{B \times 2I}{L}$

해설 플레밍의 왼손법칙으로부터 도선이 자기장과 수직을 이룰 때 전자력은 $F = B \times I \times L$으로 산출한다.

65 리튬이온 배터리의 특성으로 틀린 것은?

① 자기방전이 작다.
② 메모리 효과가 없다.
③ 과충전 및 과방전에 둔감하다.
④ 리튬이온 배터리의 평균 발생전압은 3.7V 정도이다.

해설 **리튬이온 배터리의 특성**
- (+)극에는 리튬 금속산화물, (−)극에는 탄소화합물, 전해액은 염 + 용매 + 첨가제로 구성
- 에너지밀도는 니켈수소전지의 약 2배, 납산전지의 약 3배
- 발생전압은 3.6~3.8V
- 체적을 1/3로 소형화 가능
- 비메모리 효과로 수시충전 가능
- 자기방전이 작고, 작동온도 범위는 −20~60℃
- 카드뮴, 납, 수은 등이 포함되지 않아 환경 친화적 특징

66 토크 컨버터의 구조와 기능으로 옳은 것은?

① 스테이터는 변속기 입력축과 연결되어 있으며, 유체 에너지를 기계적 에너지로 변환시켜 변속기에 전달한다.
② 터빈은 컨버터 하우징 내에 용접되어 있고, 컨버터 하우징은 기관의 플라이휠에 체결되어 있다.
③ 펌프는 기관으로부터 터빈에 입력된 토크보다 터빈에서의 출력 토크를 더 크게 해 준다.
④ 일방향 클러치(One Way Clutch)는 스테이터 날개와 스테이터 축 사이에 설치되어 있다.

해설 일방향 클러치(One Way Clutch)는 스테이터 날개와 스테이터 축 사이에 설치되어 있어 저중속 구간에서는 내부 오일흐름방향을 바꾸어 토크를 증대시키고, 고속영역에서는 프리 휠링하여 오일흐름저항을 감소시킨다.

67 하이브리드 자동차의 연비 향상 요인이 아닌 것은?

① 정차 시 엔진을 정지(오토 스톱)시키기 때문이다.
② 엔진의 배기량을 작게 하는 업사이징을 하기 때문이다.
③ 기존 발전기를 제외하고 저전압 직류변환장치를 적용하기 때문이다.
④ 회생제동 방법으로 에너지를 재사용하기 때문이다.

해설 엔진의 배기량을 작게 하는 다운사이징을 하기 때문이다.

68 회생제동에서 배터리 충전상태(SOC ; State Of Charge) 측정방법으로 틀린 것은?

① 화학적 방법　　　　　　② 방전측정 방법
③ 전압측정 방법　　　　　　④ 압력측정 방법

> **해설**　SOC 측정방법
> • 화학적 방법 : 배터리의 전해질 비중과 pH를 측정하여 계산하는 방법
> • 전압측정 방법 : 배터리의 전압을 측정하여 계산하는 방법(배터리 전압은 전류와 온도의 영향을 받기 때문에 영향요인들을 고려하여 연산)
> • 압력측정 방법 : Ni-MH 배터리는 충전 시 배터리 내부의 압력이 증가되는데 이러한 특성을 이용하여 계산하는 방법
> • 전류적분 방법 : 배터리의 전류의 측정값을 시간에 대해 적분하여 계산하는 방법(쿨롱 카운팅이라고도 함)

69 수소연료전지 자동차에서 스택에 공급된 수소와 산소가 반응하여 전기를 생산하는 과정 중 발생하는 이물질을 차량 외부로 배출하는 장치는?

① 이젝터　　　　　　② 퍼지 밸브
③ 솔레노이드 밸브　　　　　　④ 수소 재순환 블로어

> **해설**　퍼지 밸브는 스택에 공급된 수소와 산소가 반응하여 전기를 생산하는 과정 중 발생하는 이물질을 차량 외부로 배출하는 장치이다.

70 단순 유성기어에서 캐리어를 고정하고, 선기어를 구동하면 링기어의 상태는?

① 링기어는 역전 증속된다.
② 링기어는 역전 감속한다.
③ 링기어와 선기어가 같은 방향으로 증속 회전한다.
④ 링기어와 선기어가 같은 방향으로 감속 회전한다.

> **해설**　유성기어 캐리어를 고정시키고, 선기어를 구동시키면 링기어가 역회전하며, 감속된다.

71 직진하고 있는 자동차가 축 출력 200PS, 축 토크 25kgf·m인 엔진을 가지고 있다. 변속기는 제 3속 상태에 있으며, 그 감속비는 1.8:1이며, 종감속기어의 피니언기어 잇수는 15개, 링기어 잇수가 45개라면 한쪽 차륜에 전달되는 토크는 약 몇 kgf·m인가?

① 50.2
② 75.0
③ 135.0
④ 155.5

해설

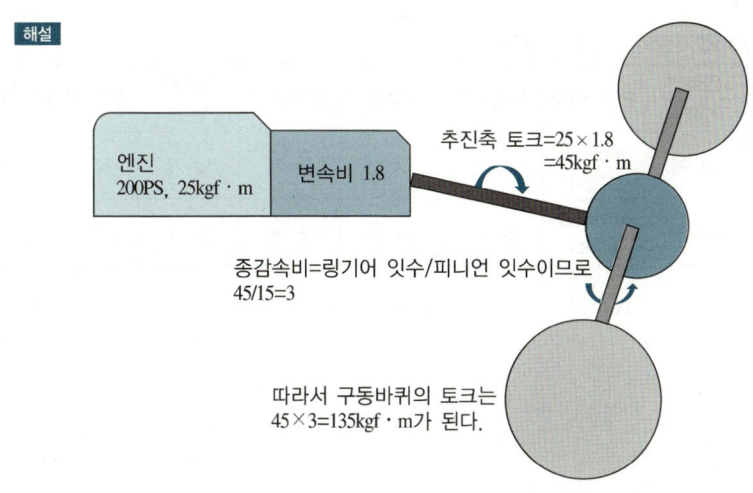

72 클러치의 용량이 클 때 발생하는 현상으로 옳은 것은?
① 일반적으로 클러치 접촉 충격이 감소된다.
② 운전자의 의지와 상관없이 엔진 스톨 발생이 쉽다.
③ 클러치 디스크의 마모가 촉진된다.
④ 클러치 조작이 가벼우며, 디스크의 슬립 발생이 감소된다.

해설 클러치 용량이 너무 크면 클러치가 엔진 플라이휠에 접속될 때 엔진이 정지되기 쉬우며, 반대로 너무 작으면 클러치가 미끄러져 클러치 디스크의 라이닝 마멸이 촉진된다.

73 가솔린기관의 노크를 방지하기 위한 방법이 아닌 것은?

① 회전수를 증가시켜 화염전파속도를 빠르게 한다.
② 흡입공기를 압축하여 흡기압력을 높게 한다.
③ 옥탄가가 높은 연료를 사용하여 착화온도를 높인다.
④ 냉각수의 온도를 낮추어 실린더 벽 온도를 낮춘다.

해설 가솔린기관과 디젤기관의 노크방지 대책

구 분	연료의 착화점	연료 성질	착화지연	압축비	흡기 온도	실린더 온도	흡기 압력	회전수
가솔린기관	높 게	옥탄가를 높인다.	길 게	낮 게	낮 게	낮 게	낮 게	높 게
디젤기관	낮 게	세탄가를 높인다.	짧 게	높 게	높 게	높 게	높 게	낮 게

74 전동기 회전자의 회전각과 위치를 검출하는 센서인 레졸버의 특징으로 틀린 것은?

① 소형화가 가능하다.
② 진동과 충격에 강하다.
③ 변위량을 디지털로 변환한다.
④ 신호처리회로가 복잡하고, 고가이다.

해설 레졸버의 특징
 • 변위량을 아날로그 양로 변환
 • 진동과 충격에 강함
 • 소형화 가능
 • 장거리전송 가능
 • 사용온도 범위가 넓음
 • 신호처리회로가 복잡하고, 로터리 엔코더에 비하여 고가

75 변속기에서 입력축과 물리는 부축기어 잇수가 47개, 출력축 2단 기어 잇수가 28개, 입력축 기어 잇수가 33개, 출력축과 물리는 부축기어의 잇수가 23개, 엔진의 회전수가 1,500rpm일 때 추진축의 회전수는 약 몇 rpm인가?

① 867　　② 967
③ 1,667　④ 1,767

해설

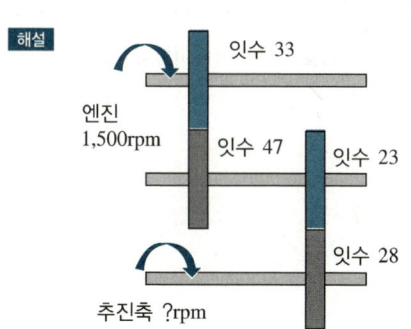

$\dfrac{47}{33} \times \dfrac{28}{23} = 1.7338$ 이므로

1,500rpm/1.733 = 865.1215rpm이 된다.

76 무단변속기(CVT) 전자제어에서 유압제어장치가 제어하는 항목으로 틀린 것은?

① 라인압력 제어　　② 변속비 제어
③ 댐퍼 클러치 제어　④ 피드백 제어

해설 **무단변속기의 유압제어 계통**
- 라인압력 제어 : 20~30bar 정도, 항상 높은 압력을 유지하면 오일펌프의 구동력이 커지므로 효율을 높이기 위해서 회전력 크기에 비례하여 적절히 제어밸브 기능
- 레귤레이터밸브 : 4인 압력을 주행조건에 따라 적절한 압력으로 조정
- 연속제어밸브 : 1차 풀리의 유압을 조정
- 클러치 압력제어벨트 : 전진 클러치 및 후진 브레이크의 작동을 조정
- 댐퍼 클러치 제어밸브 : 댐퍼 클러치의 작동을 조정

77 다음의 성능을 가진 자동차의 최고속도는 몇 km/h인가?(단, 기관 최고회전수 : 3,000rpm, 타이어 외경 : 1.2m, 총감속비 : 5이다)

① 100　　② 107
③ 128　　④ 136

해설 타이어의 원주는 1.2×3.14 = 3.7699m가 된다.
엔진 rpm이 3,000이고, 총감속비가 5이면 바퀴의 회전수는 600rpm이 된다.
따라서 1분 동안 이동한 거리는 2,261.9467m/min가 되어 km/h로 환산하면 약 135.7168km/h가 된다.

78 자동차 질량 1,500kg, 공기저항계수 0.29, 전면 투영면적 1.9m², 주행속도 120km/h일 때 공기저항 출력은 약 몇 kW인가?(단, 공기밀도는 1.202kg/m³이고 바람은 없다)

① 12.3
② 22.1
③ 24.6
④ 44.2

해설 공기저항 $F_D = \frac{1}{2}\rho V^2 C_D A$ 이므로 (1/2)×1.202×(33.3)²×0.29×1.9 = 367.21N이 된다.
이 저항을 이겨 내고 120km/h를 유지하기 위한 출력은 일률 = 힘×속도이므로
367.21×33.3 = 12,228.094W가 되어 약 12.3kW가 된다.

79 무단변속기(CVT)의 특징이 아닌 것은?

① 가속성능이 향상된다.
② 변속 시 발생되는 충격이 없다.
③ 변속 중에도 기관의 구동력이 노면에 전달된다.
④ 자동변속기에 비해 부품수가 많고, 구조가 복잡하다.

해설 **CVT의 장점**
- 가속성이 향상된다.
- 록 업의 사용 범위가 넓다.
- 연료 차단(Fuel Cut) 시간이 길다.
- 변속 시 발생하는 충격(Shock)이 없다.
- 열효율의 높은 조건으로 주행할 수 있으며, 연비가 향상된다.
- 유단변속기 AT에 비하여 구조가 간단하고, 중량이 가볍다.

80 HSG(Hybrid Starter Generator) 설계 시 고려할 사항으로 틀린 것은?

① 시동제어
② 엔진속도제어
③ 발전제어
④ 연료소비제어

해설 HSG(Hybrid Starter Generator)는 엔진과 벨트로 연결되어 시동기능과 발전기능을 수행한다.
- 시동제어 : 엔진과 모터의 동력을 같이 사용하는 구간인 HEV 모드에서는 주행 중에 엔진을 시동한다.
- 엔진속도제어 : 엔진 시동 실행 시 엔진의 동력과 모터동력을 연결하기 위해 엔진 클러치가 작동할 경우 엔진을 모터속도와 같은 속도로 빨리 올려 엔진 클러치 작동으로 인한 충격이나 진동 없이 동력을 연결해 준다.
- 발전제어 : 고전압 배터리 SOC의 저하 시 엔진을 시동하여 엔진 회전력으로 HSG가 발전기 역할을 하여 고전압 배터리를 충전하고, 충전된 전기에너지를 LDC를 통해 12V 차량 전장부하에 공급한다.

제5과목 그린전동자동차 측정과 시험평가

81 그림과 같은 회로에서 디지털 전압계로 측정한 전압에 대한 설명으로 틀린 것은?

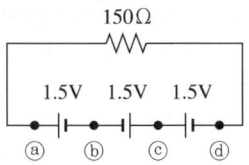

① 전압계 (−)리드선을 ⓐ에 (+)리드선을 ⓑ에 연결하여 측정한 전압은 −1.5V이다.
② 전압계 (−)리드선을 ⓐ에 (+)리드선을 ⓒ에 연결하여 측정한 전압은 0(Zero)V이다.
③ 전압계 (−)리드선을 ⓐ에 (+)리드선을 ⓓ에 연결하여 측정한 전압은 0(Zero)V이다.
④ 전압계 (−)리드선을 ⓑ에 (+)리드선을 ⓒ에 연결하여 측정한 전압은 1.5V이다.

해설 전압계 (−)리드선을 ⓐ에 (+)리드선을 ⓓ에 연결하여 측정한 전압은 −1.5V이다.

82 다음 중 전류의 3대 작용으로 틀린 것은?
① 발열작용
② 화학작용
③ 부하작용
④ 자기작용

해설 전류의 3대 작용은 발열작용, 화학작용, 자기작용이다.

83 교류 25(Vrms) 전압을 오실로스코프로 측정했을 때 P-P 전압은 약 몇 V인가?
① 25.2
② 53.9
③ 67.9
④ 70.7

해설 P-P = 실훗값×2×1.414이므로 25×2×1.414=70.7V가 된다.

정답 81 ③ 82 ③ 83 ④

84 회전속도를 계측하는 기기 중에서 주기적으로 점멸되는 빛을 사용하여 측정하는 것은?

① 태코미터 ② 자이로 계기
③ 스트로보스코프 ④ 오실로스코프

해설 스트로보스코프(Stroboscope)는 일정한 주기로 점멸되는 펄스형 조명을 비출 때, 회전하는 물체가 정지한 것과 같은 상태로 관찰되는 현상을 이용하여 회전속도를 측정하는 기기이다.

85 전기자동차에서 자동차 속도에 따른 구동력 특성 그래프로 옳은 것은?

①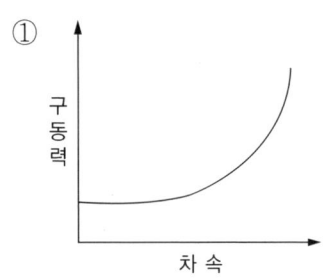
②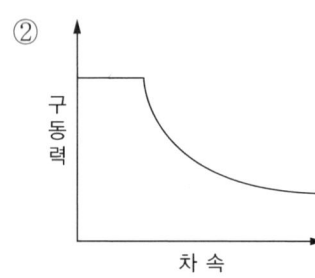
③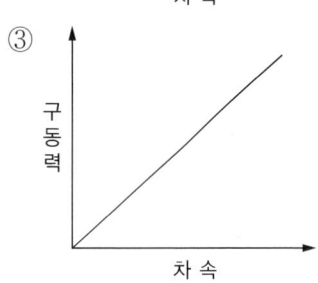
④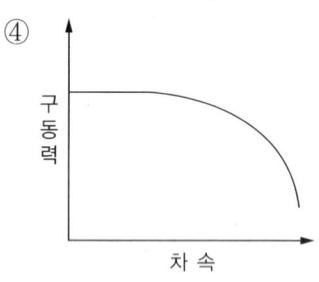

해설 모터의 T-N 출력 특성

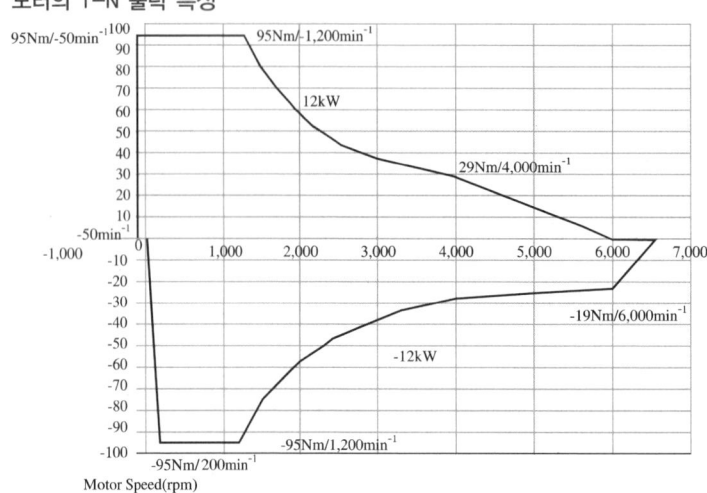

86 자동차 CAN 통신에서 전원 분배 모듈(PDM ; Power Distribution Module)의 주요 기능으로 틀린 것은?

① 스마트키 홀더 조명 제어
② 시동버튼스위치 #1 입력 모니터링
③ 시동버튼 조명 및 인디케이터 제어
④ LIN 통신 라인으로 후방 경보 상황 전송

해설 전원 분배 모듈(PDM ; Power Distribution Module)
- 스마트키 홀더 조명 제어
- 스마트키, BCM과 CAN 통신
- 시동버튼 조명 및 인디케이터 제어
- ESCL 전원 공급 및 ESCL 언록 상태 모니터링
- 전원 공급 릴레이 고장 및 PDM 내부 ECU 고장진단
- 스마트키 ECU로부터 전원 이동명령을 수신하여 릴레이 제어
- 시동버튼스위치 #1 입력 모니터링(스마트키 시동버튼 신호와 중복 점검)
- 차량속도 수신(ABS ECU로부터 배선을 통해 직접 수신), BCM 속도 정보와 중복 점검
- 스타트 모터 전원제어 스마트키 ECU로부터 전원 이동명령을 수신하여 릴레이 제어
- 스마트키 홀더와 통신 수행(트랜스폰더 통신을 위해 시리얼 통신을 이용한 스마트 키홀더 제어)

87 일반적인 계측 시스템의 구성요소로 틀린 것은?

① 출력 단계
② 신호처리 단계
③ 회귀-제어 단계
④ 범위설정 단계

해설 일반적인 계측 시스템의 구성요소는 신호처리 단계, 출력 단계, 회귀-제어 단계로 구분된다.

88 OBD-Ⅱ 전자제어장치를 적용한 엔진에서 배출가스 저감장치를 제거하여 오염물질 생성을 감소하기 위해 필요한 장치로 틀린 것은?

① 흡입공기유량 직접측정장치
② 흡기관 절대압력 센서
③ 토크 컨버터
④ O_2 센서

해설 OBD-Ⅱ 전자제어장치를 적용한 엔진에서 배출가스 저감장치를 제어하여 오염물질 생성을 감소시키기 위해서 다음과 같은 장치가 필요하다.
- 흡입공기유량 직접측정장치
- 흡기관 절대압력 센서
- O_2 센서
- 촉매변환기의 정화효율 측정
- EGR 밸브 위치 확인
- 연료 분사
- 증발가스 누설 감지

89 자동차 통신시스템 중에서 여러 가지 작동데이터가 동시에 출력되지 못하고 순차적으로 나오는 방식이며, 정해진 우선순위에 따라 우선순위인 데이터만 인정하고 나머지 데이터는 무시하는 방식은?

① GPIB 통신
② USB 통신
③ 블루투스 통신
④ 시리얼 통신

해설 시리얼 통신은 여러 가지 작동데이터가 동시에 출력이 되지 못하고 순차적으로 나오는 방식을 말한다. 즉, 동시에 2개의 신호가 검출될 경우 정해진 우선순위에 따라 우선순위인 데이터만 인정하고, 나머지 데이터는 무시하는 것이다. 이 통신은 단방향, 양방향 모두 통신할 수 있다.

90 동력 분할 하이브리드 자동차의 장점이 아닌 것은?

① 내연기관의 부하와 회전속도의 최적제어
② 구동력 단절이 없는 변속 및 안락한 발진
③ 시스템이 복잡하고, 무게가 무거움
④ 추가 기능들의 작동 결과로 나타나는 연료 절감

해설 시스템이 복잡한 것은 장점이 아니다.

91 전동기가 직접 차량을 구동하는 직렬형 하이브리드 자동차에 사용되는 전동기의 제어 특성으로 틀린 것은?

① 정지 시 토크 발생
② 저회전 시 일정 토크 유지
③ 고회전 시 일정 회전수 유지
④ 감속 시 (-)토크 발생을 통한 에너지 흡수

> **해설** 직렬형 하이브리드 자동차에 사용하는 전동기의 제어 특성은 정지 시 토크 발생, 저회전 시 일정 토크 유지, 감속 시 (-)토크 발생을 통한 에너지 흡수가 있다.

92 CAN 통신의 특징에 대한 설명 중 틀린 것은?

① 모든 CAN의 구성 모듈은 정보 메시지 전송에 자유 권한이 있다.
② 비동기식 직렬통신이며, 고속통신이 가능하다.
③ 메시지가 동시에 전송될 경우 중재 규칙에 의해 순서가 정해진다.
④ 에러의 검출 및 처리성능이 떨어져 신뢰성과 안정성에 문제가 있다.

> **해설** CAN(Controller Area Network)의 특징
> • 고속통신이 가능하다.
> • 신뢰성·안정성이 우수하다.
> • 비동기식 직렬 통신방식을 사용한다.
> • 듀얼(Dual) 와이어 접속방식의 통신선으로 구성이 간편하다.
> • 메시지가 동시에 전송될 경우 중재 규칙에 의해 순서가 정해진다.
> • Multi-master 방식으로 모든 CAN의 구성 모듈은 정보 메시지 전송에 자유 권한이 있다.
> • Low Speed CAN의 경우 125kbps 이하, 보디전장 계통의 데이터 통신에 응용된다.
> • High Speed CAN의 경우 125kbps 이상, 파워트레인과 섀시 부분의 실시간제어에 응용된다.

93 CAN 통신의 종류에서 기존에 사용되는 키 또는 RF(Radio Frequency)키를 이용하여 차량의 실내로 진입하는 것과는 다르며, 편리하게 운전자가 차량의 실내로 진입 및 조작을 가능하게 하는 시스템은?

① 전원분배 모듈
② 스마트키 ECU
③ 후방주차 보조시스템 모듈
④ 주차 보조시스템 디스플레이

> **해설** 스마트키 시스템은 기존에 사용되는 키 또는 RF(Radio Frequency)키를 이용하여 차량의 실내로 진입하는 것과는 달리 편리하게 운전자가 차량의 실내로 진입 및 조작을 가능하게 하는 시스템이다.

94 인버터(VVVF)에 대한 내용으로 틀린 것은?

① 주회로방식은 전압형과 전류형의 2종류로 분류할 수 있다.
② 교류전동기에 공급되는 전압과 주파수를 변환시키는 전력변환장치이다.
③ 입력의 제어 수단으로서 PAM 방식과 PWM 방식이 있다.
④ 상용전원으로부터 공급된 전압과 주파수를 부하조건에 맞도록 가변시켜 전동기에 공급함으로써 전동기가 요구하는 속도로 운전할 수 있도록 제어하는 속도제어장치를 의미한다.

> **해설** 인버터(VVVF)는 출력제어 수단으로서 PAM 방식과 PWM 방식이 있다.

95 계기판의 안내용 등(Malfunction Indicator Lamp)을 통하여 차량의 문제를 사용자나 정비사에게 보여 주는 기능으로 운전자가 차량을 운행할 때 지속적으로 차량의 상태를 감시하는 목적을 가진 것은?

① HI-SCAN
② 계측 모듈
③ 보디 컨트롤 모듈
④ OBD-Ⅱ

> **해설** OBD-Ⅱ는 On-Board Diagnostic의 약자로 MIL이라고 하는 안내용 등(Malfunction Indicator Lamp)을 통하여 차량의 문제를 사용자나 정비사에게 보여 주는 기능을 수행하며, 운전자가 차량을 운행할 때, OBD 장치는 지속적으로 차량의 상태를 감시한다.

정답 93 ② 94 ③ 95 ④

96 열전대의 기본원리로 어떤 물체의 양쪽 끝에 온도 차를 주면 기전력이 발생하는 현상은?

① 제베크 효과
② 펠티에 효과
③ 톰슨 효과
④ 마이스너 효과

> **해설** 제베크 효과는 두 개의 금속 접합점 양단간 온도 차에 의해 열기전력이 발생하는 현상으로 2개의 다른 금속의 접합부 온도구배(기울기)에 기인한다.

97 정격전압 100V, 정격전류 10A, 역률 0.5인 단상교류 적산전력계의 부하전력(W)은 얼마인가?

① 20
② 50
③ 500
④ 2,000

> **해설** 역률 = $\dfrac{W}{V \times A}$ 이므로 $0.5 = \dfrac{W}{100 \times 10}$ 이 되어 W=500W가 된다.

98 오차의 종류에 같은 측정량에 대하여 과거의 측정값에 의해서 생기는 계측기 지시의 차이를 의미하는 것은?

① 영점 오차
② 정밀 오차
③ 선형성 오차
④ 히스테리시스 오차

> **해설** 히스테리시스 오차는 측정의 이력에 의해 생기는 동일 측정량에 대한 지시값의 차를 말하며, 계측기 내부의 기계적, 전기적 재료의 히스테리시스 특성, 요소 사이의 마찰, 백래시(Backlash) 등의 원인에 기인한다.

정답 96 ① 97 ③ 98 ④

99 자동차 분야에 주로 사용되는 토크 계측센서의 종류로 틀린 것은?

① 광학식 토크센서
② 자기식 토크센서
③ 전기저항 토크센서
④ 스트레인 게이지 토크센서

해설 자동차 분야에 주로 사용되며, 토크 계측 센서의 종류는 광학식 토크센서, 자기식 토크센서, 스트레인 게이지 토크센서가 있다.

100 용량 400μF의 콘덴서를 전압 220V로 축전하였다. 콘덴서에 축적된 에너지는?

① 8.68W·s
② 9.68W·s
③ 10.68W·s
④ 11.68W·s

해설 $W = \int_0^a \frac{q}{C} dq = \frac{1}{2} \times \frac{q^2}{C} = \frac{1}{2} CV^2$ 이므로 $0.5 \times 0.0004 \times (220)^2 = 9.68$W·s가 된다.

2020년 제4회 과년도 기출문제

제1과목 그린전동자동차공학

01 전자제어 디젤엔진의 연료 분사과정에서 주 분사량을 결정하는 요소로 가장 거리가 먼 것은?

① 엔진 회전수
② 엔진 냉각수 온도
③ 배기가스 온도
④ 엔진 토크

해설 주 분사는 파일럿 분사가 실행되었는지 여부를 고려하여 연료분사량을 계산하며 주 분사의 기본값으로 사용되는 것은 기관 회전력의 양(가속페달센서 값), 기관 회전속도, 냉각수 온도, 흡입공기 온도, 대기압력 등이 있다.

02 자동차 냉난방과 관련하여 증기압축 냉동사이클에서 증발온도에 따른 영향으로 틀린 것은?

① 압축일 증가
② 성적계수 증가
③ 냉방효과 감소
④ 압축 후 온도 상승

해설 과열, 과랭이 없는 이상적인 증기압축 냉동사이클에서 증발온도가 일정하고 응축온도가 내려갈수록 성능계수는 증가한다.

03 자동차와 관련한 공기저항에서 차체의 형상에 의해 결정되며 전 투영면적에 작용되는 풍압에 의해 작용하는 것은?

① 형상저항
② 마찰저항
③ 표면저항
④ 내부저항

해설 주행하는 자동차의 앞면을 막아서는 공기에 의한 압력저항은 차체의 전 투영면적 및 형상에 의한 형상저항과 차체 상하면의 압력차에 의해 자동차가 받는 양력에 의해 발생하는 유도저항 등으로 나누어지며 이 중 형상저항이 전체 공기저항의 대부분을 차지한다.

정답 1 ③ 2 ② 3 ①

04 차량 주행 중 중속 이상 조건에서 급조향할 때 발생하는 순간적 핸들 걸림 현상인 캐치 업(Catch Up)을 방지하는 장치는?

① 차속센서
② 스로틀포지션 센서
③ 조향 휠 각속도 센서
④ 유량조절 솔레노이드 밸브

> 해설 조향핸들 각속도 센서는 조향각속도를 검출하여, 중속 이상 조건에서 급조향할 때 발생되는 순간적 조향핸들 걸림 현상인 캐치 업(Catch Up)을 방지하여 조향 불안감을 해소하는 역할을 한다.

05 제동연료소비율이 200g/kWh인 앳킨슨(Atkinson)사이클의 제동열효율은 약 몇 %인가?(단, 연료의 저발열량은 42,000kJ/kg이다)

① 21
② 30
③ 34
④ 43

> 해설 제동열효율(η_B) = $\dfrac{3,600}{\text{연료의 저위발열량} \times \text{연료소비율}} \times 100$ 이므로
>
> $\eta_B = \dfrac{3,600}{42,000 \times 0.2} \times 100 = 42.85\%$ 가 된다.

06 섬유강화플라스틱이라고 부르며 플라스틱 매트릭스로 하여 유리섬유, 탄소섬유, 아라미드 섬유 등으로 강화한 복합재료의 총칭은?

① FRM
② FRP
③ FRC
④ SAP

> 해설 FRP(Fiber-Reinforced Plastic)란 섬유로 보강된 폴리머계열의 복합물질로 섬유는 일반적으로 유리, 탄소, 현무암 섬유, 아라미드 섬유를 사용하며 그 밖에 나무나 종이로 만든 섬유들도 사용되기도 한다.

07 휠 얼라인먼트 요소 중 토인(Toe In)의 역할로 거리가 먼 것은?

① 토아웃이 되도록 유도한다.
② 타이어의 편마모를 방지한다.
③ 앞바퀴를 평행하게 회전시킨다.
④ 앞바퀴의 사이드슬립을 방지한다.

> 해설 앞바퀴를 위에서 보면 양쪽 바퀴 중심선 간의 거리가 그 앞쪽이 뒤쪽보다 작게 되어 있는데 이를 토인이라 하며, 필요성은 다음과 같다.
> • 앞바퀴를 평행하게 회전시킨다.
> • 바퀴의 사이드슬립의 방지와 타이어 마멸을 방지한다.
> • 조향 링키지의 마멸에 의해 토아웃됨(바퀴의 앞쪽이 바깥쪽으로 벌어짐)을 방지한다.
> • 캠버에 의한 토아웃됨을 방지한다.

08 전자제어 가솔린엔진의 스로틀바디에 장착되어 공회전 시 엔진회전수를 제어하는 것은?

① 인젝터
② 퍼지 컨트롤 밸브
③ 매니폴드 압력센서
④ 아이들 스피드 컨트롤러

> 해설 전자제어 엔진의 공전속도 조절기(Idle Speed Controller)의 기능은 각종 센서들의 신호를 근거로 하여 기관을 적당한 공전속도로 유지시키는 장치이며 전자제어 연료분사 기관에서 공전 시 발생하는 부하에 따라 안정된 공전속도를 유지시키는 작용을 한다.

09 스프링 위 질량진동인 요 모멘트로 인하여 발생되는 현상이 아닌 것은?

① 오버 스티어링
② 언더 스티어링
③ 드리프트 아웃
④ 원 더

> 해설 스프링 위 질량진동인 요잉(요 모멘트)으로 인하여 발생할 수 있는 현상은 언더/오버스티어링, 드리프트 아웃, 스핀 등의 차체운동이 발생할 수 있다.

정답 7 ① 8 ④ 9 ④

10 전자제어 연료분사장치의 제어방식에 의한 분류 중 흡입공기량을 직접 계측하여 연료분사량을 제어하는 것은?

① L-제트로닉
② K-제트로닉
③ D-제트로닉
④ S-제트로닉

해설 전자제어 연료분사 제어방식에 의한 분류
- K-제트로닉 : 기계제어 방식
- L-제트로닉 : 흡입공기량을 직접 계측하여 연료분사량을 제어하는 방식
- D-제트로닉 : 흡기다기관 내의 부압을 검출하여 연료분사량을 제어하는 방식

11 ABS(Anti-lock Brake System)의 장점이 아닌 것은?

① 제동 시 조향성을 확보해 준다.
② 제동 시 차체 주행 안전성을 유지할 수 있다.
③ 제동 시 브레이크 라이닝의 마모를 촉진시킨다.
④ 제동 시 장애물을 피해 주행하는 것을 도와준다.

해설 ABS의 장점
- 제동거리를 단축시켜 최대의 제동효과를 얻을 수 있도록 한다.
- 제동할 때 조향성능 및 방향안정성을 유지한다(장애물 회피).
- 어떤 조건에서도 바퀴의 미끄러짐이 없도록 한다.
- 제동할 때 스핀으로 인한 전복을 방지한다.
- 제동할 때 옆방향 미끄러짐을 방지한다.

12 축거가 2,100mm, 전륜 윤거 1,800mm, 전륜 내측 조향각 36°, 전륜 외측 조향각이 32°일 때 최소회전반경(m)은?(단, 킹핀과 타이어 중심거리는 350mm이다)

① 3.39
② 3.74
③ 3.92
④ 4.31

해설 최소회전반경 $(R) = \dfrac{축거(L)}{\sin\alpha} + r$ 이므로 $R = \dfrac{2.1}{\sin 32°} + 0.35 = 4.31\text{m}$ 가 된다.

13 엔진과 관련된 전기장치에서 전압 검출점에 연결하는 발전기의 단자를 의미하며 전압 검출 단자라고 불리는 것은?

① R단자
② S단자
③ L단자
④ N단자

해설 발전기 단자의 종류
- L단자 : 충전 경고등을 점등시킴. 발전기 정상작동 여부를 확인하는 데 사용되며 L단자의 중요성을 고려하여 병렬로 내장형 다이오드 저항 설치
- S단자 : 배터리 전압 감시기능 즉 전압 상승 시 제너다이오드 ON 되어 로터 전류 제어
- G단자 : ECU에서 충전제어하며 단선 시 충전내부 레귤레이터에서 보상회로 작동시킴
- FR단자 : ECU에서 듀티 제어하여 RPM과 비교 발전 전류량 제어

14 가솔린 전자제어 시스템의 흡입공기량 센서 중에서 정밀성이 우수하고 신호처리가 쉬우나 대기압 보정이 필요한 것은?

① 베인식(Vane)
② 핫 필름식(Hot Film)
③ 맵 센서식(MAP Sensor)
④ 카르만 와류식(Karman Vortex)

해설 카르만 와류식 : 공기의 체적 유량을 계량하는 방식으로 센서 내에서 소용돌이(와류)를 일으켜 단위 시간에 발생하는 소용돌이 수를 초음파 변조에 의해 검출하여 공기 유량을 검출하는 방식으로 대기압에 따른 보정이 필요하여 BPS가 설치된다.

15 자동차 경량화를 위한 마그네슘의 특징에 대한 설명으로 틀린 것은?

① 산화되기 쉽다.
② 바닷물이나 산에 강하다.
③ 매우 가벼우며 시효경화한다.
④ 미세분말은 착화할 염려가 있어 절삭이나 주조할 때 주의해야 한다.

해설 마그네슘의 특징
- 비중이 1.74로 실용금속 중 가장 가벼워 항공기 등 가벼운 것을 필요로 하는 구조용 재료로 사용된다.
- 고온에서 발화하기 쉽고, 건조한 공기 중에서는 산화하지 않으나 습한 공기 중에서는 표면이 산화하여 산화마그네슘 또는 탄산마그네슘으로 되어 내부의 부식을 방지한다.
- 바닷물에는 매우 약해 수소를 방출하면서 용해되고, 내산성이 매우 나쁘나 알칼리성에 대해서는 거의 부식되지 않는다.

정답 13 ② 14 ④ 15 ②

16 자동차 에어컨 압축기의 필요조건으로 틀린 것은?

① 맥동이 적고 작동이 정숙할 것
② 최고 회전속도가 가능한 높을 것
③ 출력을 단계적으로 제어할 수 있을 것
④ 경량이면서도 큰 체적유량을 공급할 것

> **해설** 압축기(Compressor) : 압축기는 증발기(Evaporator)에서 저압 기체로 된 냉매를 고압으로 압축하여 응축기(Condenser)로 보내는 작용을 한다. 압축기의 종류에는 크랭크식, 사판식, 베인식 등이 있으며 일반적으로 작동(ON)/비작동(OFF)으로 구분하여 작동된다.

17 자동차에서 프레임리스 보디의 특징이 아닌 것은?

① 파워트레인 및 현가장치로부터 소음이 보디에 전달되지 않기 때문에 진동소음에 비교적 유리하다.
② 차체중량이 비교적 가볍고 강성이 높다.
③ 보디 플로어가 낮기 때문에 차체 전고를 낮출 수 있다.
④ 후판 가공이 필요 없고 박판을 이용한 스폿용접이 가능하여 작업성이 향상된다.

> **해설** 모노코크 보디의 특징상 파워트레인 및 현가장치로부터 소음 및 진동에 취약한 특성이 있다.

18 전기자동차의 공기조화 시스템 중 요동기구를 사용하여 유량을 제어하는 압축기 형식은?

① 액시얼 피스톤식
② 베인 로터식
③ 스크롤식
④ 냉매식

> **해설** 압축기의 종류 중 요동기구(사판)를 이용하여 피스톤을 작동시켜 냉매를 압축하는 형식을 액시얼 피스톤식이라고 한다.

19 전동기의 고정부분에 해당하는 것은?

① 전기자 철심(Armature Core)
② 전기자 코일(Armature Coil)
③ 정류자(Commutator)
④ 계자코일(Field Coil)

해설 전동기의 고정부분으로는 계자코일, 계자철심, 계철 등이 있다.

20 2행정기관의 특성에 대한 설명으로 틀린 것은?

① 4행정기관에 비해 비출력과 출력밀도가 크다.
② 밸브기구의 생략으로 조밀하고, 가볍고, 단순한 저비용 구조로 설계할 수 있다.
③ 4행정기관에 비해 평균유효압력이 높다.
④ 상대적으로 질소산화물이 적게 발생된다.

해설 2행정기관은 4행정기관에 비해 평균유효압력이 낮다.

정답 19 ④ 20 ③

| 제2과목 | 그린전동자동차 전동기와 제어기 |

21 PWM의 원리에서 부하에 걸리는 전압이 하나의 극성을 가지게 제어하는 방법은?(단, 직류 또는 교류의 지령전압을 발생시킬 때이다)

① 바이폴라 방식
② 유니폴라 방식
③ 교류전압 방식
④ 직류전압 방식

해설
② 유니폴라 : 부하에 걸리는 전류가 항상 한쪽 방향으로만 흐르는 구동방식
① 바이폴라 : 부하에 걸리는 전류의 방향이 바뀌는 구동방식

22 인버터에 대한 설명으로 틀린 것은?

① 입력제어 수단으로 PAM 방식과 PWM 방식이 있다.
② 사용하는 입력 직류전원의 종류에 따라 전압형과 전류형이 있다.
③ 교류전동기에 공급되는 전압과 주파수를 변화시키는 변환장치이다.
④ 전압과 주파수를 가변시켜 전동기에 공급하는 제어장치를 인버터라고 한다.

해설 **인버터 출력 제어방식**
• PAM(Pulse Amplitude Modulation)제어방식
• PWM(Pulse Width Modulation)제어방식

23 3상 2극의 유도전동기가 5%의 슬립으로 회전하고 있다. 이 전동기에 100Hz의 3상 전원이 투입되었다고 할 때, 이 전동기 각각의 회전자계 속도 및 회전자속도는?

① 3,000~2,850rpm
② 4,500~4,275rpm
③ 6,000~5,700rpm
④ 7,500~7,125rpm

해설 유도전동기의 동기속도는
$N_s = \dfrac{120f}{P}$ (rpm)이므로 $N_s = \dfrac{120 \times 100}{2} = 6{,}000$rpm이 된다.
또한 회전자속도는 $N = (1-s)N_s = (1-s)\dfrac{120f}{P}$ 이므로 $N = (1-0.05)\dfrac{120 \times 100}{2} = 5{,}700$rpm이 된다.

24 공간벡터 PWM(Space Vector PWM) 방식에 대한 설명으로 옳은 것은?

① 공간벡터 PWM 신호출력은 삼각파와 정현파의 파형 크기를 비교하여 나오는 출력이다.
② 공간벡터 변조방식이 정현파 변조방식보다 전력변환 범위가 넓다.
③ 삼각파와 정현파 파형의 교점이 스위칭 소자의 스위칭 타임을 결정한다.
④ 전동기 제어 전류 리플과 스위칭 주파수를 제어하는 방식이다.

해설 3상 전력을 복소수 공간에서 하나의 공간벡터로 표현하고 이를 변조하는 기법이 공간벡터 전압변조방식(SVPWM ; Space Vector PWM)이며 동일한 직류단 전압에서 정현파 전압변조방식(SPWM ; Sinusoidal PWM)보다 비교적 적은 고조파 전압이 포함된 큰 출력전압 생성이 가능하다는 장점으로 인해 현재 널리 사용되고 있다.

25 5kW, 120V, 1,500rpm인 정격 직류전동기를 구동하고 있을 때 정격 전기자전류(A)는?(단, 효율은 90%이며 기계손은 무시한다)

① 38.2
② 40.4
③ 46.3
④ 52.7

해설 $P = E \times I$ 이므로 $5{,}000 = 120 \times x$가 되어 $x = 41.666$A가 되며, 여기서 효율 90%이므로 정격 전기자전류 $A = 46.29$A가 된다.

26 도로 차량-전동기 동력계를 이용한 전기자동차용 전동기 시스템의 성능시험방법(KS R 1183) 에서 검사 모드의 종류가 아닌 것은?

① 속도-속도 모드
② 토크-속도 모드
③ 속도-토크 모드
④ 토크-토크 모드

> **해설** KS R 1183 도로 차량-전동기 동력계를 이용한 전기자동차용 전동기 시스템의 성능시험방법에는 토크-속도 모드, 속도-토크 모드, 토크-토크 모드가 있다.

27 하이브리드 차량 전동기 제어를 위해 BJT와 MOSFET을 조합한 것으로써 고속 스위칭을 하는 전력제어용 반도체소자의 명칭은?

① IGBT(Insulated Gate Bipolar Transistor)
② SCR(Silicon Controlled Rectifier)
③ SSS(Silicon Symmetrical Switch)
④ TRIAC(Triode for Alternating Current)

> **해설** 절연 게이트 바이폴라 트랜지스터 IGBT(Insulated Gate Bipolar Transistor)는 BJT(바이폴라 트랜지스터)와 MOSFET(절연 게이트 전계 효과 트랜지스터)로 조합된 전력제어용 반도체소자이다.

28 인버터 제어 시 적용되는 PWM(Pulse Width Modulation)에 대한 설명으로 틀린 것은?

① PWM 기법을 사용한 인버터 제어에는 출력 전압에 포함된 기본파 크기의 선형적인 제어 등이 있다.
② 삼각파 비교변조 방식은 정현파 변조 방식이라고도 한다.
③ 지령전압벡터가 속해 있는 영역을 판별하는 방식은 공간벡터 전압변조 방식이다.
④ PWM 기법은 전동기에 가해지는 전압과 주파수를 일정하게 제어하기 위한 변조법이다.

> **해설** PWM은 펄스폭을 조절하여 부하전력의 크기를 조절하는 제어방식을 말한다. 따라서 전압과 주파수를 가변할 수 있다.

29 DC모터와 비교한 BLDC모터의 특징으로 틀린 것은?

① 관성이 작아 빠른 가감속에 유리
② 권선이 고정자 측에 배치되어 방열이 용이
③ 허용전류가 작아 최대 출력 토크 발생에 유리
④ 정류자와 브러시의 기계적인 접촉문제가 없으므로 고속운전 가능

> **해설** BLDC모터의 특징
> - 일반 DC모터의 최대 단점인 브러시와 정류자가 없기 때문에 정기적인 보수가 필요 없어 신뢰성이 높고 수명이 길다.
> - 계자가 영구자석이므로 계자자속을 제어할 수 없는 것을 제외하면 DC모터와 유사한 속도 및 토크의 제어가 가능하다.
> - 일반 DC모터에 비하여 브러시의 전압강하나 마찰 손실이 없어 효율이 좋다.
> - 전기적(불꽃 발생), 자기적 잡음이나 기계적 소음이 거의 없다.
> - 브러시 및 정류자가 없으므로 소형화가 가능하며, 코어리스 및 평면대향형으로 하면 박형화가 가능하다.
> - 고속운전이 가능하다.
> - 일반 DC모터의 경우에는 정류한계가 있지만, BLDC모터는 정류한계가 없으므로 순간허용 최대토크를 크게 잡을 수 있어 순간허용 최대토크와 정격토크의 비가 크다.
> - 일반 DC모터에서는 회전자 측에서 열이 많이 발생하므로 방열에 대한 고려가 필요하지만, BLDC모터에서는 고정자에만 열이 발생하므로 방열이 용이하다.

정답 28 ④ 29 ③

30 직류계통에서 교류 및 과도과전류의 흐름을 감소시키기 위한 리액터는?(단, KS C IEC 60076-6 전력용 변압기-제6부 리액터의 용어 정의에 의한다)

① 방전 리액터
② 한류 리액터
③ 필터 리액터
④ 평활 리액터

해설
④ 평활 리액터 : 직류계통에서 교류 및 과도전류의 흐름을 감소시키기 위한 리액터
① 방전 리액터 : 고장 시 전류를 제한하기 위해 고압계통의 직렬 커패시터 뱅크를 우회하거나 방전하기 위해 사용하는 리액터
② 한류 리액터 : 계통 고장 상태에서 전류를 제한하기 위해 계통에 직렬연결하는 리액터
③ 필터 리액터 : 고조파 또는 10kHz에 이르는 주파수 영역을 갖는 신호를 감쇄하거나 차단하기 위해 커패시터에 직렬 혹은 병렬연결하는 리액터

31 전동기 회전자의 위치를 센싱하기 위한 센서로 적합하지 않은 것은?

① 리졸버
② 인코더
③ 홀센서
④ 열전대

해설
열전대는 서로 다른 종류의 금속을 연결하고 일정 온도에 노출시켰을 때 달라지는 전류를 토대로, 전류값에 따라 온도를 변환시켜 온도를 측정할 수 있는 온도센서이다.

32 경부하에서 스위칭 주파수를 작게 하여 효율을 높일 수 있으나 주파수를 변조하기 때문에 필터 설계가 어려운 단점이 있는 인버터 변조 방식은?

① PWM 인버터
② PAM 인버터
③ 6-Step 인버터
④ PFM 인버터

해설

항 목	장 점	단 점	응 용
6-Step 인버터	인버터에서 최대전압을 발생시키는 방법	고조파를 많이 포함	• BLDC 구동 • 과변조를 초과하는 최대전압 발생 기법
PWM 인버터	스위칭 주파수가 일정하기 때문에 필터 설계 용이	스위칭 주파수가 일정하기 때문에 경부하에서 스위칭 손실이 클 수 있음	대부분의 중소형 전동기는 PWM 방식을 채용
PFM 인버터	경부하에서 스위칭 주파수를 작게 하여 효율을 높일 수 있음	주파수를 변조하기 때문에 필터 설계가 어려움	PFM은 무부하와 경부하에서 효율이 좋으므로 파워서플라이에 주로 사용
PAM 인버터	넓은 속도범위에서 효율과 역률 우수	모터에 입력되는 전압을 조절하여야 하므로 정류기는 Boster 회로가 필요	에어컨, 냉장고 등의 넓은 속도 범위에서 운전하는 부하에서 경부하 시 효율을 높이기 위해서 사용되는 경우가 있음

33 3상 전압형 인버터의 스위칭 방식에 대한 설명으로 틀린 것은?(단, V_{dc}는 직류 입력 전압이다)

① 정현파 변조 방식 : 원리가 간단하고, 아날로그 구현이 용이하다.
② 3차 고조파 주입 변조 방식 : 부하전류의 고조파 성분이 다소 증가하여 정상상태 전류 특성이 나빠진다.
③ 공간벡터 전압변조 방식 : 선형적으로 출력 가능한 기본파 상전압의 최댓값은 $\dfrac{V_{dc}}{\sqrt{2}}$이다.
④ 정현파 변조 방식 : 선형적으로 변조할 수 있는 기본파 상전압의 최댓값은 $\dfrac{V_{dc}}{2}$이다.

해설 공간벡터 출력상전압은 $\dfrac{1}{\sqrt{3}}V_{dc}$이고 정현파 출력상전압은 $\dfrac{1}{2}V_{dc}$이며 구형파 제어 출력상전압은 $\dfrac{2}{\pi}V_{dc}$가 된다.

34

3상 교류전동기의 좌표변환에서 Park's Transformation으로 정의되는 정지좌표계의 변수를 회전좌표계의 변수로 변환하는 식은 다음과 같다. 이 식을 회전좌표계 d-q축 변수로 변환하는 것은?

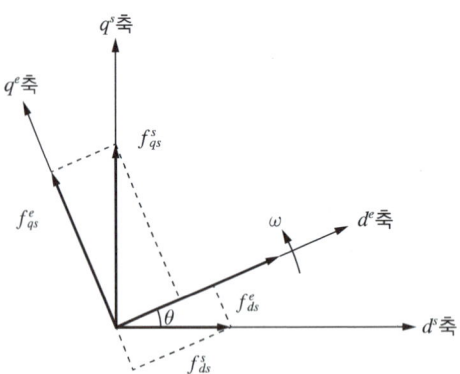

$$f^e_{dqn} = R(\theta)f^s_{dqn} = \begin{bmatrix} \cos\theta & \sin\theta & 0 \\ -\sin\theta & \cos\theta & 0 \\ 0 & 0 & 1 \end{bmatrix} \begin{bmatrix} f^s_d \\ f^s_q \\ f_n \end{bmatrix}$$

① $f^e_d = f^s_d\cos\theta + f^s_q\sin\theta$ $\qquad f^e_q = -f^s_d\sin\theta + f^s_q\cos\theta$

② $f^e_d = f^s_d - \cos\theta - f^s_q\sin\theta$ $\qquad f^e_q = f^s_d\sin\theta - f^s_q\cos\theta$

③ $f^e_d = f^s_d\cos(\theta+\pi) - f^s_q\sin\theta$ $\qquad f^e_q = f^s_d\sin2\theta + f^s_q\cos\frac{1}{2}\theta$

④ $f^e_d = f^s_d\cos\theta - \frac{2\pi}{3}$ $\qquad f^e_q = f^s_d\sin\theta + \frac{\pi}{3}$

해설 정지좌표계 벡터 합의 방향으로 d-q축도 함께 회전하는 좌표계를 회전좌표계라 하며 정지좌표계에서 회전좌표계로 변환시켜 주는 식은

$R(\theta) = \begin{bmatrix} \cos\theta & \sin\theta & 0 \\ -\sin\theta & \cos\theta & 0 \\ 0 & 0 & 1 \end{bmatrix}$ 이며 $f^r_{dq} = R(\theta)f^s_{dq}$ 가 된다.

따라서 위의 식을 정리하면

$f^r_d = f^s_d\cos\theta + f^s_q\sin\theta$

$f^r_q = -f^s_d\sin\theta + f^s_q\cos\theta$ 가 된다.

35 동기전동기의 난조(Hunting) 방지에 가장 효과적인 방법은?

① 동기 리액턴스를 작게 하고, 동기화력을 크게 한다.
② 계자면에 제동권선을 설치한다.
③ 회전자의 관성을 크게 한다.
④ 계자극수를 적게 한다.

해설 난조 원인
- 원동기의 조속기 감도가 너무 예민한 경우
- 전기자 저항(동기 임피던스)이 너무 큰 경우
- 부하 급변 시
- 원동기 토크에 고조파가 포함될 때

방지 방법 : 관성 모멘트를 크게 하기 위해 플라이휠을 설치하거나 계자극편이나 계자철심에 별도의 자기력을 발생하는 권선을 매설하는 방법이 있는데 이 권선을 제동권선이라 하며 난조 방지책 중 가장 효율적이다.

36 400kVA, 역률 0.85, 효율 0.9가 되는 동기발전기 운전용 원동기의 입력(kW)은?(단, 원동기의 효율은 0.75이다)

① 503.7
② 453.3
③ 377.8
④ 317.6

해설 동기발전기 입력은 $P_g = \dfrac{400 \times 0.85}{0.9} = 377.78$kW가 되며

따라서 원동기 입력은 $P = \dfrac{P_g}{0.75} = \dfrac{377.78}{0.75} = 503.7$kW가 된다.

37 유도전동기의 회전자 자속기준 직접 벡터제어에서 동기좌표계 d와 q축 전류에 대한 설명으로 옳은 것은?

① d축 고정자 전류로 토크를 제어하고, q축 고정자 전류로는 회전자 자속을 제어한다.
② d축 고정자 전류로 회전자 자속을 제어하고, q축 고정자 전류로는 토크를 제어한다.
③ d축 회전자 전류로 토크를 제어하고, q축 회전자 전류로는 회전자 자속을 제어한다.
④ d축 회전자 전류로 회전자 자속을 제어하고, q축 회전자 전류로는 토크를 제어한다.

해설 유도전동기의 회전자 자속기준 직접 벡터제어에서 d축은 고정자 전류로 회전자 자속을 제어하고 q축 고정자 전류로는 토크를 제어하며 동기좌표계 $d-q$축 전류 제어방식을 이용한 벡터제어가 많이 사용된다.

38 직권전동기의 토크 및 속도 특성에 대한 설명으로 틀린 것은?

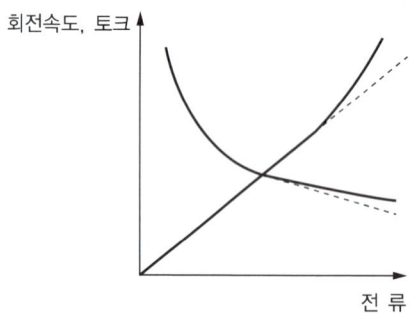

① 출력은 각속도와 토크의 곱으로 표현된다.
② 계자코일과 전기자코일이 직렬로 연결된 전동기이다.
③ 계자코일에 흐르는 전류가 증가하면 회전수는 증가한다.
④ 작은 전류에도 기동 토크가 커 자주 기동시켜야 하는 응용 분야에 적합하다.

해설 **직권전동기의 특징**
- 전기자코일과 계자코일이 직렬로 접속되어 있다.
- 기동 회전력이 크며, 전동기의 회전력은 전기자의 전류에 비례한다.
- 직권전동기는 부하가 클 때 전기자전류가 커져 큰 회전력을 낼 수 있다.
- 전기자전류는 역기전력에 반비례하고 역기전력은 회전속도에 비례한다.

39 직류전동기의 브러시에서 발생되는 문제점을 해결하기 위해 브러시와 정류자편을 제거하고 인버터에 의해 6-Step으로 구동되는 전동기는?

① 유니버설 전동기
② 브러시리스 전동기
③ 동기전동기
④ 유도전동기

해설 브러시 장착 직류전동기의 브러시에서 발생되는 문제를 해결하기 위하여 정류자편을 제거한 전동기는 BLDC이다.

40 다음 중 사이리스터에 대한 설명으로 틀린 것은?

① PNP 3중 구조로 되어 있다.
② 쌍방향 제어 소자로 TRIAC 등이 있다.
③ 단방향 제어 소자로 SCR 등이 있다.
④ 정류, 스위칭 등의 제어 소자로 사용된다.

해설 사이리스터
• 사이리스터는 PNPN 또는 NPNP의 4층 구조로 된 제어 정류기이다.
• (+) 쪽을 애노드(A), (−)쪽을 캐소드(K), 제어 단자를 게이트(G)라 한다.
• ON 상태에서는 PN접합의 순방향과 같이 저항이 낮다.
• OFF 상태에서는 순방향의 부성 저항으로 저항이 매우 높다.
• 2~3kV의 내압과 허용 전류가 수백 암페어의 것이 있다.
• 발전기의 여자장치, 조광장치, 통신용 전원, 각종 정류 장치에 사용된다.

제3과목 그린전동자동차 배터리

41 전기자동차용 슬레이브 BMS(Battery Management System)에서 상태 모니터링을 위해 측정하지 않는 것은?

① 셀 전압
② SOH 측정
③ 사용하는 동작 온도
④ 셀 밸런싱용 최대 전류

해설 BMS(고전압 관리 시스템)의 제어 항목
- 충전상태(SOC) 제어
- 파워 제한
- 고장 진단
- 셀 밸런싱 제어
- 냉각 제어
- 고전압 릴레이 제어

42 슈퍼 커패시터의 전기 이중층에 의하여 단위면적당 전하밀도와 전기 이중층 전위와의 관계로 옳은 것은?

① 유전율에 반비례하고 거리에 반비례한다.
② 유전율에 비례하고 거리에 반비례한다.
③ 유전율에 반비례하고 거리에 비례한다.
④ 유전율에 비례하고 거리에 비례한다.

해설 전기 이중층 이론에 의하여 단위면적당 전하밀도와 전기 이중층 전위와의 관계는 유전율에 비례하고 거리에 반비례하며, 수은전극에 수소의 흡착에 의한 용량은 $15 \sim 40 \mu F/cm^2$ 정도이다.

43 환경친화적 자동차에서 배터리 관리 시스템의 주요 제어기능이 아닌 것은?

① 전압제어
② 전류제어
③ 발전제동제어
④ 셀 밸런싱 제어

해설 발전제동제어는 BMS의 주요 제어기능으로 보기 어렵다.

정답 41 ② 42 ② 43 ③

44 다음이 설명하는 2차 전지의 종류로 옳은 것은?

> 수산화니켈을 포함하는 양극 전극, 금속수소화물의 음극 전극과 수성 수산화칼륨의 전해질을 갖는 2차 전지

① 리튬 2차 전지
② 납축전지
③ 니켈 카드뮴 전지
④ 니켈 수소 전지

해설 니켈-금속수소화합물 전지(Ni-MH 전지, Metal Hydride Battery)는 기존의 니켈-카드뮴(Ni-Cd) 전지에 카드뮴 음극을 수소저장합금으로 대체한 전지이다. 전극의 (+)측에는 옥시 수산화니켈, (-)극에는 수소 흡장합금을 이용하고 알칼리 전해액에는 수산화칼륨을 사용하는 경우가 많다.

45 배터리 관련 용어와 설명으로 틀린 것은?

① 접점 : 전기적 경로를 제공하기 위해 자동차 인렛의 해당 소자와 결합하는 커넥터 내부의 전도성 소자
② 전극 : 활성 물질을 가지고 있고 이것을 통해 전류가 셀로 들어오거나 셀에서 나가게 하는 전도체
③ 활물질 : 전기 화학적 충전 및 방전 반응에 관여하는 셀의 구성물로 촉매 또는 지지대를 포함
④ 전해액 : 전지 안의 전기 화학반응으로 이온을 전도시키는 매체

해설 활물질은 전지의 전극반응에 관여하는 화학물질을 말한다. 예를 들어, 리튬이온 배터리 양극에서 반응이 일어나고 있으면 리튬산화물을 말한다.

46 전기자동차 배터리에서 사이클에 대하여 비율로 표시된 쿨롱 효과의 역수를 의미하는 용어는?

① 에너지 효율(Energy Efficiency)
② 재충전계수(Recharge Factor)
③ 스루풋(Throughput)
④ 이용률(Utilization)

해설 재충전계수 : 사이클에 대하여 비율로 표시된 쿨롱 효과의 역수

47 DC-DC 컨버터의 분류에서 전류의 불연속이 일어나지 않는 컨버터는?

① Buck 컨버터
② Boost 컨버터
③ Buck-Boost 컨버터
④ Cuk 컨버터

해설 Cuk Converter는 Boost Converter와 Buck Converter를 조합시켜 만든 전력변환장치로 Cuk Converter는 입력전류가 인덕터에 의해 연속적이며 전류의 불연속이 일어나지 않는다.

48 엔진 시동 후 피니언과 링 기어가 맞물려 있을 때 기동전동기의 파손을 방지하기 위한 장치는?

① 브러시
② 아마추어
③ 마그네틱 플런저
④ 오버러닝 클러치

해설 기동전동기에서 엔진의 회전으로 인한 기동전동기의 파손을 방지하는 장치는 오버러닝 클러치(일방향 클러치)이다.

49 러시 전류(Rush Current)에 대한 설명으로 옳은 것은?

① 충전기 시동 시에 1사이클에서 몇 사이클 동안 발생하는 과대한 입력 전류
② 배터리가 완전 용량으로부터 100%의 방전심도가 될 때까지 방전되는 정전류
③ 셀 또는 배터리의 질량으로 나눈 정격 출력
④ 직류 전류에 포함된 맥동 전류

해설 Inrush Current(돌입전류)란 전기기기에 전원을 투입하는 순간, 정상전류보다 높은 전류가 흐르는 과도현상을 말하며 충전기 시동 시에 1사이클에서 몇 사이클 동안 발생하는 과대한 교류(입력)전류를 말한다.

50 발전 제동의 특성으로 틀린 것은?

① 직류기의 경우 전기자전류 또는 계자전류가 흐르는 방향을 반대 방향으로 변환하면 토크를 역방향으로 변환시킬 수 있다.
② 제동력을 일정하게 하기 위하여 속도의 저하에 따라서 부하저항을 차례로 단락해야 한다.
③ 정지 제동에서는 저항값을 일정하게 하면 속도의 저하와 더불어 역기전력이 작아져 제동전류가 감소하여 제동력이 작아진다.
④ 회생 제동이 시작하는 시점에서 갑작스런 제동력이 있어도 운전자가 진동을 거의 느끼지 않는다.

해설 발전제동 특성
직류기의 경우 전기자전류 또는 계자전류가 흐르는 방향을 역행 시와 반대로 하면 토크를 역방향으로 할 수 있다. 즉 제동력을 얻을 수 있다. 정지제동에서는 저항값을 일정하게 하면 속도의 저하와 함께 역기전력이 작아지며 제동전력이 감소 제동력이 작아지기 때문에 제동력을 일정하게 하기 위해선 속도의 저하에 따라 부하 저항을 차례차례 단락해 가야 한다.

51 150Ah 축전지의 일일 자기 방전량이 2%일 때 이를 보존하기 위해 조정해야 할 충전전류(A)는?

① 0.042
② 0.083
③ 0.125
④ 0.166

해설 150Ah 용량의 배터리의 24시간(h) 자기방전량 2%이므로 150 × 0.02 = 3이 되고
따라서 $\frac{3}{24}$ = 0.125A가 된다.

52 도로 차량-전기자동차 용어(KS R 0113)에서 교류 주전원의 구내 배선에 연결되고 자동차와 완전히 분리되어 동작하도록 설계된 충전기는?(단, 자동차로 직류 전력이 공급된다)

① 인보드 충전기
② 아웃보드 충전기
③ 온보드 충전기
④ 오프보드 충전기

해설 ④ 오프보드 충전기 : 교육 주전원의 구내 배선에 연결되고 자동차와 완전히 분리되어 동작하도록 설계된 충전기
③ 온보드 충전기 : 자동차에 탑재되어 그 자동차에서만 작동하도록 설계된 충전기

53 2종 충전기가 갖춰야 할 기능으로 틀린 것은?

① 비상시 대비를 위한 긴급정지 기능
② 기본 보호수단으로서 기초절연
③ 고장 보호수단으로서 부가절연
④ 기초 보호와 고장 보호는 강화절연 제공

> **해설** 2종 충전기는 다음의 기능을 가져야 한다.
> • 기본 보호수단으로서 기초절연
> • 고장 보호수단으로서 부가절연
> • 기초 보호와 고장 보호는 강화절연

54 전기자동차 배터리 충전에서 연속적이며 긴 시간 동안 규정된 작은 전류로 전지의 충전상태를 유지하도록 하는 방법은?(단, 이 방법은 자기방전 효과를 보상하며 전지가 대략적인 완전 충전상태를 유지하도록 한다)

① 세류충전
② 보충전
③ 부동충전
④ 표면충전

> **해설** ① 세류충전 : 연속적이며 긴 시간 동안 규정된 작은 전류로 전지 충전상태를 유지하도록 전지를 충전하는 방법
> ② 보충전 : 주로 자기방전을 보충하기 위해 수행하는 충전
> ③ 부동충전 : 완전 충전상태를 얻거나 유지하기 위해 장시간 동안 고정된 전압에서 셀이나 배터리를 충전하는 것

55 도로 차량-전기자동차 용어(KS R 0113)에서 최대 작동전압이 교류 30Vrms 이하 또는 직류 60V 이하인 전기부품이나 회로의 분류를 의미하는 안전용어는?

① 전압등급 A
② 전압등급 B
③ 전압등급 C
④ 전압등급 D

> **해설** ① 전압등급 A : 최대 작동전압이 교류 30Vrms 이하 또는 직류 60V 이하인 전기부품이나 회로의 분류
> ② 전압등급 B : 최대 작동전압이 교류 30Vrms 이상 1,000Vrms 이하 또는 직류 60V 이상 1,500V 이하인 전기부품이나 회로의 분류

56 직류기의 전기자 반작용이란 전기자 권선에 흐르는 전류로 인하여 생긴 자속이 어느 부분에 영향을 주는 것인데 이 부분은?

① 감자작용 ② 편자작용
③ 공극자속 ④ 전기자 자속

해설 전기자 반작용이란 직류발전기에 부하를 걸어 전기자 권선에 전류를 흘리면 자속이 발생된다. 이 자속이 공극 내에 주계자속에 영향을 미쳐 자속의 분포가 크게 변하게 되는 현상을 말한다.

57 친환경자동차법령상 완속충전시설과 급속충전시설을 구분하는 최대 출력값(kW) 기준은?

① 30 ② 40
③ 50 ④ 60

해설 충전시설의 구분(친환경자동차법 시행령 제18조의7)
• 급속충전시설 : 충전기의 최대 출력값이 40kW 이상인 시설
• 완속충전시설 : 충전기의 최대 출력값이 40kW 미만인 시설

58 전기자동차 충전과 관련하여 다음이 설명하는 것은?

> 적절한 오프-차량 충전기로부터 전기자동차에 직류에너지를 제공하기 위해 전기자동차 전용 전력공급장치를 이용하는 충전방법

① 레벨 0 충전 ② 레벨 1 충전
③ 레벨 2 충전 ④ 레벨 3 충전

해설 ④ 레벨 3 충전 : 적절한 오프 차량 충전기로부터 전기자동차에 직류에너지를 제공하기 위해 전기자동차용 전용 전력공급장치를 이용하는 충전방법
② 레벨 1 충전 : 전기자동차가 가장 공통적인 접지된 전기 리셉터클에 연결되도록 허용하는 충전방법
③ 레벨 2 충전 : 사적이나 공적인 장소에서 전기자동차용 전용 전력공급장치를 이용하여 충전하는 방법

59 배터리 잔존 용량(SOC)에 대한 측정방법 설명으로 틀린 것은?

① 배터리 전압을 측정하는 방법

② 배터리 전류를 시간에 따라 적분하여 측정하는 방법

③ 배터리 내부임피던스를 측정하는 방법

④ 배터리의 전해질 비중과 pH 농도를 측정하는 방법

> **해설** **SOC 측정방법**
> • 화학적 방법 : 배터리의 전해질 비중과 pH를 측정하여 계산하는 방법
> • 전압측정방법 : 배터리의 전압을 측정하여 계산하는 방법(배터리 전압은 전류와 온도의 영향을 받기 때문에 영향 요인들을 고려하여 연산)
> • 압력측정방법 : Ni-MH 배터리는 충전 시 배터리 내부의 압력이 증가되는데, 이러한 특성을 이용하여 계산하는 방법
> • 전류적분방법 : 배터리의 전류의 측정값을 시간에 대해 적분하여 계산하는 방법(쿨롱 카운팅이라고도 함)

60 유도전동기의 4상한 운전과 관련하여 역상제동이며 정방향 토크 발생 및 역방향의 회전자 회전이 일어나는 영역은?

① 1상한 영역

② 2상한 영역

③ 3상한 영역

④ 4상한 영역

> **해설** ② 2상한 영역 : 정방향 토크 발생, 역방향 회전자 회전
> ① 1상한 영역 : 정방향 토크 발생, 정방향 회전자 회전
> ③ 3상한 영역 : 역방향 토크 발생, 역방향 회전자 회전
> ④ 4상한 영역 : 역방향 토크 발생, 정방향 회전자 회전

제4과목 그린전동자동차 구동성능

61 자동차의 에너지소비효율 및 등급표시에 관한 규정에서 에너지소비효율 라벨에 표시되는 항목이 아닌 것은?(단, 하이브리드자동차에 국한한다)

① 도심주행 에너지소비효율
② 복합 에너지소비효율
③ 1회 충전주행거리
④ CO_2 배출량

해설 ※ 자동차의 에너지소비효율 및 등급표시에 관한 규정 개정(23.7.31)으로 인해 라벨 디자인이 다음과 같이 변경되었다(표시 항목은 동일함).

정답 61 ③

62 일반적인 자동차의 주행 성능 곡선으로 판단할 수 있는 사실로 틀린 것은?

① 주행저항과 구동력의 관계로 나타낼 수 있다.
② 최고속도로 주행할 때의 주행저항과 그때의 최대 구동력과의 관계를 선도로 나타낸다.
③ 엔진의 회전속도와 주행속도와의 관계로 나타낼 수 있다.
④ 주행 성능 곡선을 보면 자동차의 동력 성능과 특성을 알 수 있다.

> **해설** 자동차 주행 성능 곡선은 자동차의 주행속도에 대한 구동력 곡선, 주행저항 곡선, 각 변속에 대한 엔진 회전속도를 선도로 나타낸 것을 말한다. 주행저항과 구동력 관계, 엔진 회전수와 차속의 관계, 구동력과 차속의 관계, 주행저항과 차속의 관계 등을 알 수 있다.

63 병렬 하이브리드자동차의 특징에 대한 설명으로 거리가 먼 것은?

① 기존의 내연기관 자동차를 구동장치 변경 없이 활용 가능하다.
② 구동모터는 동력보조용으로 사용되므로 에너지 손실이 적다.
③ 간단하고 적은 비용으로 구동 전동기를 기존의 동력전달계에 통합할 수 있다.
④ 직렬형에 비해 모든 면에서 유해 배출가스와 에너지 소비 측면에서 유리하다.

> **해설**
>
> | 병렬형 하이브리드 장점 | 병렬형 하이브리드 단점 |
> |---|---|
> | • 기존의 내연기관의 차량을 구동장치 변경 없이 활용이 가능하다.
• 모터는 동력보조로 사용되므로 에너지 손실이 적다.
• 저성능 모터, 저용량 배터리로도 구현이 가능하다.
• 전체적으로 효율이 직렬형에 비해 우수하다. | • 차량의 상태에 따라 엔진, 모터의 작동점 최적화 과정이 필수적이다.
• 유단변속 기구를 사용할 경우 엔진의 작동 영역이 주행상황에 따라 변경된다. |

64 방사 자속형(Radial Flux Type) 영구자석 동기전동기의 회전자 구조 방식이 아닌 것은?

① 표면 부착형
② 원주 평행형
③ 권선형
④ 원주 수직형

> **해설** 영구자석 동기전동기의 회전자 구조는 매입형(원주 수직형), 표면 부착형(원주 평행형)이 있다.

62 ② 63 ④ 64 ③

65 자동차 자동변속기 내부에서 유압을 제어하여 유로의 방향, 압력의 세기, 유압의 작동 시기를 결정하여 주는 역할을 하는 장치는?

① TCU
② 밸브 보디
③ 토크컨버터
④ 클러치

> 해설 밸브 보디 : 밸브 보디에는 TCU 명령에 따라 작동하는 솔레노이드 밸브에 의하여 유압 계통에 오일 흐름의 정지, 유량의 조정, 압력 조정, 방향 변환 등의 밸브를 작동시킴과 동시에 유로가 설치되어 있다. 밸브의 기능에 따라 방향제어 밸브, 유량제어 밸브, 압력제어 밸브로 분류된다.
> TCU : TCU(Transmission Control Unit)는 변속기 제어장치로 다양한 운전조건 및 차량상태에 대한 센서 및 스위치 정보를 기반으로 연산을 수행하여 이를 통하여 최적의 변속 시점(유압)제어, 변속 패턴 제어, 댐퍼클러치 제어 등을 통하여 자동변속 기능을 최적으로 제어하는 제어 모듈이다.
> 저자 의견 : 상기 문제에서 '자동변속기 내부에서'라는 표현과 '유로의 방향, 압력의 세기'의 내용만으로 미루어 보면 밸브 보디에 대한 설명이 옳은 것으로 판단되나, '유압의 작동시기를 결정하여'라는 문구는 TCU에서 밸브 보디의 솔레노이드를 작동시켜 변속시점을 제어하는 현상을 설명하는 것으로도 판단할 수 있어 확정답안이 모호한 것으로 사료됨.

66 자동차의 에너지소비효율 및 등급표시에 관한 규정에 따라 수소연료전지자동차의 연비 단위로 옳은 것은?

① km/kg
② km/kWh
③ km/L
④ km/gal

> 해설 휘발유, 경유, LPG 등 내연기관 및 하이브리드자동차는 연료 1L당 주행 가능한 거리 km/L, 전기자동차는 전기에너지 1kWh로 주행 가능한 거리 km/kWh, 연료전지자동차는 수소 1kg으로 주행 가능한 거리 km/kg으로 표시하고 있다.

67 엔진의 동력을 주축기어로 원활하게 전달하기 위해 기어에 싱크로 메시 기구를 두고 있는 변속기는?

① 동기 물림식
② 섭동 기어식
③ 상시 물림식
④ 점진 기어식

> 해설 수동변속기 및 DCT와 같이 변속기의 동기 물림 작용을 위한 싱크로 메시 기구를 가진 변속장치는 동기 물림식으로 분류한다.

68 자동차의 에너지소비효율 산정방법에서 전기자동차 및 플러그인 하이브리드자동차의 1회 충전 주행거리 산정의 최종 결과치 표현방법은?

① 반올림하여 소수점 이하 첫째 자리까지 표시
② 반올림 없이 산출된 소수점 그대로 적용
③ 반올림하여 정수 처리
④ 올림하여 정수 처리

> **해설** 전기자동차 및 하이브리드자동차의 1회 충전 주행거리 산정의 최종 결과치는 반올림하여 정수 처리한다.

69 자동차 변속비에 대한 설명으로 옳은 것은?

① 차량의 변속비로 인해 고단으로 갈수록 마력이 증가한다.
② 차량의 변속비로 인해 저단으로 갈수록 토크가 증가한다.
③ 차량의 변속비로 인해 고단으로 갈수록 토크가 증가한다.
④ 차량의 변속비로 인해 저단으로 갈수록 속도가 증가한다.

> **해설** 자동차의 변속비는 출력축 기준으로 변속비에 따라 저단일수록 회전수가 낮고 토크가 크며 고단으로 갈수록 회전수가 높아지고 토크가 감소한다.

70 도로 차량-전기자동차 용어(KS R 0113)에서 전기모터와 변속기의 조합을 의미하는 것은?

① 개방형 부품
② 인휠 모터
③ 구동 유닛
④ 프로파일

> **해설** ③ 구동 유닛 : 전기모터와 변속기의 조합
> ① 개방형 부품 : 전기자동차를 구성하는 부품 중 개방 및 폐쇄할 수 있는 부품
> ② 인휠 모터 : 전동기를 차량 휠에 내장

71 수소 시스템에 포함되어 있는 불필요한 가스 성분을 제거하는 과정은?

① 배 제 ② 통 풍
③ 리 셋 ④ 퍼 지

해설 수소 연료전지 시스템에서 불필요한 가스성분을 배출하는 과정을 퍼지라고 한다.

72 하이브리드 차량에 적용되는 변속기 중에서 무단으로 연속제어를 하는 변속기를 나타내는 약어는?

① AVT ② CVT
③ DCT ④ MCT

해설 무단으로 연속적인 변속을 이루는 변속시스템을 무단변속기(CVT)라 한다.

73 선기어 잇수 40, 링기어 잇수 70인 유성기어에서 선기어를 고정하고 캐리어가 50회전하였다면 링기어의 회전수(rpm)는?

① 31.85 ② 39.31
③ 74.96 ④ 78.62

해설 선기어 잇수 40, 링기어 잇수 70이므로 캐리어 잇수는 선기어 + 링기어 = 110이 된다.

선기어 고정, 캐리어 입력, 링기어 출력이므로 변속비는 $\frac{70}{110} = 0.636$(증속)이 되며,

따라서 캐리어 50회전일 때 링기어는 $\frac{50}{0.636} = 78.616$이 된다.

74 섀시동력계를 이용하여 시험 차량을 측정한 후 기관 제동출력을 산출할 때 필요한 사항은?

① 구동력, 주행속도, 동력전달효율
② 구동력, 주행속도, 타이어 직경
③ 주행속도, 마찰계수, 동력전달효율
④ 주행속도, 마찰계수, 타이어 직경

해설 섀시동력계를 이용하여 기관 제동출력을 산출할 때 필요한 인자는 구동력, 주행속도, 동력전달효율이다.

75 자동차 주행성능과 관련하여 경사로를 올라가는 정속 주행에서의 전체 주행저항을 구하는 식은?

① 구름저항 + 공기저항
② 구름저항 + 공기저항 + 등판저항
③ 구름저항 + 공기저항 + 가속저항
④ 구름저항 + 공기저항 + 가속저항 + 등판저항

> **해설** 자동차의 경사로 주행 시 전체 주행저항은 구름저항 + 공기저항 + 등판저항이다.

76 자동변속기의 연비향상기술 중 록업을 슬립시켜 엔진 회전과 자동변속기 입력회로의 차이를 피드백제어에 의해 수십 회전으로 유지함에 따라, 유체전달과 같이 토크 변동을 차단하면서 에너지 손실을 최소화하는 제어기술로 옳은 것은?

① 뉴트럴 제어
② 라인압력 제어
③ 감속 시 슬립제어
④ 가속 시 슬립제어

> **해설** 가속 시 슬립제어 : 록업을 슬립시켜, 엔진 회전과 A/T 입력회로의 차이를 피드백제어에 의해 수십 회전으로 유지함에 따라, 유체전달과 같이 토크 변동을 차단하면서 에너지 손실을 최소한으로 막아 저차 속역에서의 록업을 가능하게 하는 기술이다.

77 자동차관리법령상 저속전기자동차의 최고속도 및 차량 총중량 기준은?

① 40km/h, 1,361kg
② 60km/h, 1,361kg
③ 40km/h, 1,531kg
④ 60km/h, 1,531kg

> **해설** 저속전기자동차란 최고속도가 60km/h을 초과하지 않고, 차량 총중량이 1,361kg을 초과하지 않는 전기자동차를 말한다.

78 트로이덜 방식 무단변속기에 대한 설명으로 틀린 것은?

① 회전에 따라 접촉 반지름이 변화하여 반지름 비에 의한 변속이 된다.
② 극온, 극압에 견딜 수 있는 윤활유 개발이 필요하다.
③ 강성과 내구성이 우수한 소재를 필요로 한다.
④ 진동 및 소음이 벨트풀리 방식에 비해 크다.

> **해설** 트로이덜 구동방식의 CVT는 변속 범위가 넓고, 높은 효율을 낼 수 있으며, 작동 상태가 정숙한 장점을 나타낸다. 하지만 추력 및 회전면의 높은 정밀도와 강성이 필요하고 벨트 구동방식에 비하여 무게가 무겁고 전용 오일을 사용하여야 하며, 마멸에 따른 출력 부족(Power Failure) 가능성이 크다는 특징을 가진다.

79 전기사용 자동차의 에너지소비효율을 계산하는 식은?

① $\dfrac{1회\ 충전\ 주행거리}{차량주행\ 시\ 소요된\ 전기에너지\ 충전량}$

② $1 - \dfrac{1회\ 충전\ 주행거리}{차량주행\ 시\ 소요된\ 전기에너지\ 충전량}$

③ $\dfrac{차량주행\ 시\ 소요된\ 전기에너지\ 충전량}{1회\ 충전\ 주행거리}$

④ $1 + \dfrac{차량주행\ 시\ 소요된\ 전기에너지\ 충전량}{1회\ 충전\ 주행거리}$

> **해설** 전기사용 자동차의 에너지 소비효율(연료소비율)
>
> 연료소비율(km/kWh) = $\dfrac{1회\ 충전\ 주행거리(km)}{차량주행\ 시\ 소요된\ 전기에너지\ 충전량(kWh)}$ 이다.

80 차량의 가속성능 향상과 관련하여 여유 구동력을 증가시키기 위한 방법으로 틀린 것은?(단, 추가적인 설계요소는 고려하지 않는다)

① 주행저항을 적게 할 것
② 총감속비를 크게 할 것
③ 엔진의 회전력을 크게 할 것
④ 바퀴의 유효반지름을 크게 할 것

> **해설** 여유 구동력을 크게 하려면 주행저항을 감소시킬 것, 총감속비를 크게 할 것, 엔진 회전력을 크게 할 것, 구동바퀴의 유효반지름을 작게 할 것이 있다.

제5과목 그린전동자동차 측정과 시험평가

81 차량통신 네트워크와 관련하여 2진수 코드 0101을 10진수 값으로 변환한 것으로 옳은 것은?

① 4
② 5
③ 6
④ 7

해설 2진수 코드 0101을 10진수로 변환하면
$0101 = 0 \times (2)^3 + 1 \times (2)^2 + 0 \times (2)^1 + 1 \times (2)^0$ 이므로 $0 + 4 + 0 + 1 = 5$가 된다.

82 전기자동차용 인버터 구동형 전동기의 개별 효율 시험방법에서 시험용 전동기에 대하여 제동력만 제공하여 구동모드 시험을 하는 동력계는?

① 간접형 동력계
② 직접형 동력계
③ 수동형 동력계
④ 능동형 동력계

해설
③ 수동형 동력계 : 시험용 전동기에 대하여 제동력만을 제공함으로써 구동모드 시험만이 가능한 동력계
④ 능동형 동력계 : 시험용 전동기에 대하여 구동력 및 제동력을 제공함으로써 구동모드 및 발전모드 시험이 가능한 동력계

83 계측과 관련하여 각속도를 측정하는 방법이 아닌 것은?

① 사이즈믹 변환기 측정 방법
② 스트로보스코프 측정 방법
③ 기계적 측정 방법
④ 전자기 측정 방법

해설 회전속도를 측정하는 계측방법은 원심력을 이용한 회전속도계, 스트로보스코프(Stroboscope), 마그네틱 픽업(Magnetic Pickup) 방식 등이 있다.

정답 81 ② 82 ③ 83 ①

84 온도 측정과 관련하여 열전대 회로에서 일어날 수 있는 3가지 기본 현상이 아닌 것은?
① 볼타 효과
② 제베크 효과
③ 펠티에 효과
④ 톰슨 효과

해설 ① 볼타 효과 : 서로 다른 두 종류의 금속을 접촉시키고 얼마 후에 떼어서 각각 검사하면 양과 음으로 대전되는 현상
② 제베크 효과 : 금속 또는 반도체의 양 끝을 접합하여 거기에 온도 차를 주면 회로에 열기전력을 일으키는 현상
③ 펠티에 효과 : 열전대에 전류를 흐르게 했을 때, 전류에 의해 발생하는 줄열 외에도 열전대의 각 접점에서 발열 혹은 흡열이 일어나는 현상
④ 톰슨 효과 : 도체(금속 또는 반도체)인 막대기의 양 끝을 다른 온도로 유지하고 전류를 흘릴 때 줄열 이외에 발열 또는 흡열이 일어나는 현상

85 온도센서에 관련된 측정오차에서 접점의 가열 또는 냉각과 관련된 심기오차가 아닌 것은?
① 전도오차
② 복사오차
③ 회복오차
④ 부하오차

해설 온도센서에 관련된 측정오차에서 접점의 가열 또는 냉각과 관련한 심기오차가 아닌 것은 부하오차이다.

86 계측용어(KS A 3009)에서 각각의 용어에 대한 의미가 틀린 것은?
① 편차 : 측정치로부터 모평균을 뺀 값
② 공차 : 규정된 최대치와 최소치의 차
③ 잔차 : 측정치로부터 시료평균을 뺀 값
④ 오차 : 측정치의 모평균에서 참값을 뺀 값

해설 ④ 오차 : 측정치에서 참값을 뺀 값

87 오차의 종류에서 "측정결과에 치우침을 주는 원인에 의해 생기는 오차"를 의미하는 것은?

① 우연오차
② 합성오차
③ 착오오차
④ 계통오차

해설
① 우연오차 : 불분명한 원인에 의하여 일어나서 측정치의 산포로 되어 나타나는 오차
② 합성오차 : 몇 개의 양의 값으로부터 간접적으로 산출되는 양의 값의 오차로서 부분오차를 합성한 것
③ 착오오차 : 측정자가 모르고 저지른 잘못 또는 그 결과로 구해진 측정치

88 자동차의 질량 1,500kg, 앞바퀴 제동력 3,500N, 뒷바퀴 제동력 1,300N일 때 자동차의 제동 감속도(m/s²)는?

① 4.3
② 5.8
③ 6.4
④ 7.2

해설
제동감속도(b) = $\dfrac{\text{제동력(kgf)}}{\text{질량(kg)} \times \text{중력가속도(m/s}^2)}$ 이므로

$b = \dfrac{(3,500 + 1,300) \times 2 \times 9.8}{1,500 \times 9.8} = 6.4\text{m/s}^2$ 이 된다.

여기서 앞바퀴와 뒷바퀴 각 1개의 제동력으로 생각하여 계산하여야 한다.

89 이모빌라이저 시스템의 주요 구성부품이 아닌 것은?

① 스마트라(Smatra)
② 트랜스폰더(Transponder)
③ 어큐뮬레이터(Accumulator)
④ 코일 안테나(Coil Antenna)

해설 차량의 이모빌라이저 시스템의 주요 구성품은 스마트라, 트랜스폰더, 코일 안테나 등이 있다.

정답 87 ④ 88 ③ 89 ③

90 전기 장비 연결에서 신호의 잡음 수준을 낮추는 데 도움이 되는 간단한 방법으로 틀린 것은?
(단, 100mV 이하의 저수준 신호로 가정한다)

① 연결용 전선을 길게 한다.
② 전선에 실드를 사용한다.
③ 길이 방향으로 꼬여 있는 선을 사용한다.
④ 잡음의 원인으로부터 신호선을 멀리한다.

> **해설** 전기 연결에서 신호 잡음을 낮추는 방법은 전선에 실드를 사용, 트위스트 배선 사용, 노이즈 원으로부터 이격 등의 방법을 이용하여 잡음을 낮춘다.

91 OBD-Ⅱ 전자제어 장치를 적용한 엔진에서 배출가스 저감 장치를 제어하여 오염물질 생성을 감소하기 위해 필요한 장치로 틀린 것은?

① 흡입 공기유량 직접계측센서
② 흡기관 절대압력센서
③ 토크컨버터
④ O_2 센서

> **해설** 토크컨버터는 변속기에 적용되는 장치이다.

92 구리의 고유 저항 $1.6 \times (18)^{-8} \Omega \cdot m$, 지름 1mm, 길이 4cm인 구리선의 전체 저항(Ω)은?

① $1.08 \times (10)^{-6}$
② $4.32 \times (10)^{-6}$
③ $7.40 \times (10)^{-6}$
④ $10.76 \times (10)^{-6}$

> **해설** 도체의 저항$(R) = \dfrac{길이(l)}{단면적(A)} \times 고유저항(\rho)$이므로
> $R = \dfrac{0.04}{\dfrac{\pi(0.001)^2}{4}} \times (1.6 \times (18)^{-8}) = 7.40 \times (10)^{-6} \Omega$이 된다.

정답 90 ① 91 ③ 92 ③

93 스트레인 게이지 로드셀로 힘을 측정할 때 선형 탄성부재의 형상이 갖춰야 할 설계 조건으로 틀린 것은?

① 필요한 정확도를 갖는 적정한 범위의 측정 능력을 제공해야 한다.
② 특정한 방향의 힘에 대해서 높은 감도를 가진다.
③ 기타 방향으로 작용하는 힘에 대해서는 감도가 낮아야 한다.
④ 힘의 측정 범위는 조작 범위 외에서 출력을 발생하는 형상을 가진다.

해설   스트레인 게이지 로드셀을 이용한 선형 탄성부재 측정 시 정확도를 가지는 적정범위의 측정능력을 가져야 하며 특정 힘의 방향에 대한 우수한 감도특성 및 기타 감도 방향으로 작용하는 힘에 대해서는 감도가 낮아야 한다.

94 임펄스 내전압 시험에 대한 설명으로 옳은 것은?

① 극한의 사용 조건에서 동작시켜 성능을 검증하는 시험
② 충격 전압으로 전기 기기 및 전기 장치의 절연성능을 검증하는 시험
③ 잡음 전압에 의해 전기 기기 및 전기 장치의 작동성능을 검증하는 시험
④ 서지 전압으로 전기 기기 및 전기 장치의 작동성능을 검증하는 시험

해설   임펄스 내전압 시험은 발전기, 변압기 등 송배전 기기에 대한 성능 시험의 하나로, 규정 파형 및 파고치를 가진 임펄스 고전압을 기기로 인가하여 절연성능을 검증하는 시험이다.

95 차동 변압기(LVDT)의 자동차 적용 사례로 거리가 먼 것은?

① 엔진의 연료 분사밸브의 동특성 계측
② 모터 및 발전기의 회전 위치 검출
③ 타이어 및 휠 등의 편심량 계측
④ 연료 랙의 위치 계측

해설   변위의 변화를 코일저항(Inductance)의 변화로 변환하여 변위 또는 변형률을 측정하는 방법이 차동 변압기이며 선형적인 계측에 활용된다.

96 CAN 통신의 분류에서 실시간으로 중대한 정보교환이 필요한 경우로서 1~10ms 간격으로 데이터 전송주기가 필요한 경우에 사용하며 최대 통신 속도가 1Mbps인 것은?(단, SAE 정의 기준을 적용한다)

① Class A
② Class B
③ Class C
④ Class D

해설

항목	특징	적용사례
Class A	• 통신 속도 : 10kbps 이하 • 접지를 기준으로 1개의 와이어링으로 통신 선로 구성 가능 • 응용 분야 : 진단 통신, 바디 전장품(도어, 시트, 윈도우 등)의 구동 신호, 스위치 등의 입력 신호	K-Line 통신 LIN 통신
Class B	• 통신 속도 : 10kbps 이상 125kbps 이하 • Class A 통신에 비하여 보다 많은 정보의 전송이 필요한 경우 • 응용 분야 : 바디 전장품 간의 정보 교환, 클러스터 등	J1850 저속 CAN
Class C	• 통신 속도 : 125kbps 이상 1Mbps 이하 • 실시간으로 중대한 정보 교환이 필요한 경우로써, 1~10ms 간격으로 데이터 전송주기가 필요한 경우 • 응용 분야 : 엔진, 트랜스미션, 섀시 계통 간 정보 교환	고속 CAN
Class D	• 통신 속도 : 1Mbps 이상 • 수백~수천 바이트의 블록 단위의 데이터 전송이 필요한 경우 • 응용 분야 : AV, CD, DVD 신호 등의 멀티미디어 통신	MOST IDB 1394

97 전기자동차 배터리 교체시스템의 구성요소가 아닌 것은?

① 지원시스템
② 배터리 교체 스테이션
③ 교체형 배터리시스템
④ 전기 보호 접지시스템

해설 배터리 교체시스템은 배터리 교체 스테이션, 지원시스템, 교체형 배터리시스템, 전력공급장치 시스템으로 구성되며 전기보호 접지시스템은 전기자동차 배터리 교체시스템에 포함되지 않는다.

98 계측용어(KS A 3009)에서 다음이 설명하는 것은?

> 시간적 또는 공간적으로 변동하는 양의 제곱 평균을 주파수 성분의 분포로서 표시한 것

① 파워 스펙트럼
② 히스테리시스 차
③ 가중평균
④ 드리프트

해설
② 히스테리시스 차 : 측정의 전력에 의하여 생기는 동일 측정량에 대한 지시치의 차
③ 가중평균 : 무게를 가진 측정치의 가중평균은 식으로 표시함
④ 드리프트 : 일정한 환경조건하에서 측정량 이외의 영향에 따라 생기는 계측기 표시의 완만하고 계속적인 벗어남

99 전동기 동력계를 이용한 전기자동차용 전동기 시스템의 성능 시험방법에서 다음이 설명하는 것은?

> 실차 주행모드를 전동기 동력계상에서 모사하여 전동기 시스템의 입출력을 전 구간에 걸쳐 적산한 후 입력과 출력의 비로 나타낸 전동기 시스템의 효율

① 실차 주행모드
② 실차 주행모드 모사 동적효율
③ 실차 주행모드 모사 관성효율
④ 실차 주행모드 모사 에너지소비효율

해설
② 실차 주행모드 모사 동적효율 : 실차 주행모드를 전동기 동력계상에서 모사하여 전동기 시스템의 입출력을 전 구간에 걸쳐 적산한 후 입력과 출력의 비로 나타낸 전동기 시스템의 효율
① 실차 주행모드 : 차량의 연비측정을 위하여 섀시 동력계에서 주행 시험에 사용되는 모드
④ 실차 주행모드 모사 에너지소비효율 : 실차 주행모드를 전동기 동력계상에서 모사하여 측정한 전동기 시스템의 입력을 전 구간에 걸쳐 적산한 후 입력과 주행거리의 비로 나타낸 에너지소비효율

100 OBD-Ⅱ의 커넥터 구조와 성능 평가에 대한 설명으로 틀린 것은?

① 각 커넥터 핀에 인가되는 전기 신호 항목이 규정되어 있으며, 모든 자동차에서 동일하다.
② 커넥터가 결합된 상태에서 이 결합을 유지하는 힘이 규정되어 있다.
③ 결합된 커넥터를 분리할 수 있는 힘이 규정되어 있다.
④ 가속 환경 노출 시험에서는 커넥터와 외부 장비가 분리된 상태로 열, 습도, 진동, 충격 항목에 대한 시험을 규정에 따라 진행한다.

해설 OBD-Ⅱ 커넥터는 차종별로 각핀 및 핀 배열에 따른 신호 항목에 차이가 있다.

2021년 제4회 과년도 기출문제

부록 과년도 + 최근 기출복원문제 및 해설

제1과목 그린전동자동차공학

01 4WD(Four Wheel Drive)의 특징으로 틀린 것은?

① 견인력이 향상된다.
② 제동력이 향상된다.
③ 연료소비율이 적다.
④ 조향성능이 향상된다.

해설 풀타임 4륜 구동은 항상 네 개의 바퀴에 구동력을 전달하는 방식으로 전후 구동력을 일정비율로 맞추어 달리다가 코너링 시나 위기 상황에는 전후 혹은 네 바퀴 전체의 구동력을 기계적 혹은 전자적 제어장치로 조절하여 매우 안정적인 주행이 가능하도록 도와주는 방식이다. 바퀴의 접지력이 최적화될 수 있어 안정적인 주행이 가능하나 각종 추가적인 부품들과 전자제어 시스템으로 인해 가격이 상승하고 무게가 증가해 연비가 저하된다.

02 가변 밸브 타이밍 시스템의 흡기와 배기 밸브 닫힘 시기에 따른 엔진의 영향에 대한 설명으로 틀린 것은?

① 흡기 밸브 닫힘 시기가 늦어지면 저속에서 회전속도가 불안정하고, 고속에서는 체적효율과 회전력이 상승한다.
② 흡기 밸브 닫힘 시기가 빨라지면 저속에서 안정된 연소로 인해 회전력이 상승하고, 고속에서는 최고 출력이 낮아진다.
③ 배기 밸브 열림 시기가 늦어지면 저속에서 연소실 내의 잔류압력이 상승하고, 고속에서는 연소에너지의 효율적인 이용이 가능하다.
④ 배기 밸브 열림 시기가 빨라지면 저속에서 펌핑 손실이 증가하고, 고속에서는 배기를 촉진시킨다.

해설 공회전과 같은 저속 저부하 상태에서는 밸브 오버랩을 적게 하여 안정적인 연소가 가능하도록 하며, 중속의 부분 부하에서는 배기 밸브를 지각시켜(싱글 CVVT에서는 흡기 밸브를 진각시켰다) 연비의 향상, 배출가스 저감 등의 효과를 볼 수 있게 된다.

정답 1 ③ 2 ④

03 자동차 에어컨 시스템의 탈취와 살균 및 공기청정 기능을 담당하는 것은?

① 이온발생기
② 핀 서모 센서
③ 냉매 압력 센서
④ 쿨링 모듈

> **해설** 클러스터 이오나이저 시스템은 차량 실내공기의 박테리아 제거 및 곰팡이 균 제거 등에 적용되어 탈취와 살균효과를 나타낸다.

04 앞바퀴 휠 얼라인먼트 요소에 대한 설명으로 틀린 것은?

① 캠버(Camber)는 조향핸들의 조작을 가볍게 한다.
② 토(Toe)는 주행 중 조향바퀴에 복원성을 준다.
③ 캐스터(Caster)는 주행 중 조향바퀴에 방향성을 준다.
④ 킹핀은 캠버와 함께 조향조작력을 경감시킨다.

> **해설** **토인의 작용**
> - 앞바퀴를 평행하게 회전시킨다.
> - 앞바퀴의 사이드 슬립(Side Slip)과 타이어 마멸을 방지한다.
> - 조향 링키지 마멸에 따라 토아웃(Toe-out)이 되는 것을 방지한다.
> - 토인은 타이로드의 길이로 조정한다.

05 피스톤 핀을 고정식, 반부동식, 전부동식으로 구분하는 기준은?

① 피스톤 핀 모양
② 피스톤 핀 무게
③ 피스톤 핀 냉각방식
④ 피스톤 핀 결합방식

> **해설** **피스톤 핀의 고정방법(결합방식)**
> - 고정식 : 피스톤 핀을 피스톤 보스 부분에 고정하는 방법이며, 커넥팅 로드 소단부에 구리 합금의 부싱(Bushing)이 들어간다.
> - 반부동식(요동식) : 피스톤 핀을 커넥팅 로드 소단부에 고정시키는 방법이다.
> - 전부동식 : 피스톤 핀을 피스톤 보스 부분, 커넥팅 로드 소단부 등 어느 부분에도 고정시키지 않는 방법으로 핀의 양끝에 스냅 링(Snap Ring)이나 엔드 와셔(End Washer)를 두어 핀이 밖으로 이탈되는 것을 방지한다.

정답 3 ① 4 ② 5 ④

06 [보기]의 내용과 옳게 연결된 것은?

보기
ㄱ. 제동 시 무게 중심이 앞으로 쏠려 차의 앞부분이 내려앉는 현상이다.
ㄴ. 자동차가 출발 시 무게 중심이 관성에 의해 뒷부분으로 쏠리기 때문에 차의 앞부분이 들리는 현상이다.
ㄷ. 자동차의 모든 바퀴가 노면에 바짝 달라붙는 것으로 이는 고속주행 시 안전을 위한 중요한 조건이다.

① ㄱ : 로드홀딩, ㄴ : 노즈 업, ㄷ : 노즈 다운
② ㄱ : 노즈 다운, ㄴ : 노즈 업, ㄷ : 로드홀딩
③ ㄱ : 노즈 업, ㄴ : 노즈 다운, ㄷ : 로드홀딩
④ ㄱ : 노즈 업, ㄴ : 로드홀딩, ㄷ : 노즈 다운

해설 ㄱ은 노즈 다운 현상 설명, ㄴ은 노즈 업 현상 설명, ㄷ은 로드홀딩 설명이다.

07 일반적으로 엔진 자동정지(Automatic Stop)의 제한조건이 아닌 것은?

① 자동주차 보조기능을 사용했을 때
② 공기조화 시스템이 서냉 모드일 때
③ 환기팬이 작동하고 동시에 온도가 낮게 설정되어 있을 때
④ 윈드실드 센서가 윈드실드에 김이 서린 것을 확인했을 때

해설 오토 스톱은 주행 중 자동차가 정지할 경우 연료 소비를 줄이고 유해 배기가스를 저감시키기 위하여 엔진을 자동으로 정지시키는 기능으로 공조 시스템은 일정시간 유지 후 정지된다.
※ 엔진 정지 금지 조건
• 오토 스톱 스위치가 OFF 상태인 경우
• 엔진의 냉각수 온도가 45℃ 이하인 경우
• CVT 오일의 온도가 –5℃ 이하인 경우
• 고전압 배터리의 온도가 50℃ 이상인 경우
• 고전압 배터리의 충전율이 28% 이하인 경우
• 브레이크 부스터 압력이 250mmHg 이하인 경우
• 액셀러레이터 페달을 밟은 경우
• 변속 레버가 P, R 레인지 또는 L 레인지에 있는 경우
• 고전압 배터리 시스템 또는 하이브리드 모터 시스템이 고장인 경우
• 급 감속 시(기어비 추정 로직으로 계산) 또는 자동주차 보조기능 사용 시
• ABS 작동 시
• 냉방 시스템의 온도가 낮게 설정되거나 급랭 모드일 경우

08 전자제어 조향장치에서 고속으로 주행할 때 조향휠에 요구되는 조작력은?

① 저속주행 시보다 크다.
② 저속주행 시보다 작다.
③ 주행속도와 조작력은 상관없다.
④ 저속주행 시보다 작다, 크다를 계속 반복한다.

해설 고속주행 중 노면과의 접지력 저하로 인해 발생되는 조향휠의 조향력 감소문제를 해결하고자 전자제어 조향장치(EPS ; Electronic Control Power Steering)가 개발되었다. EPS는 차량의 주행속도를 감지하여 동력실린더로 유입 또는 By Pass되는 오일의 양을 적절히 조절함으로써 저속주행 시는 적당히 가벼워지고 고속주행 시는 답력을 무겁게 한다.

09 자동차 전자제어 현가장치(Electronic Control Suspension)에서 선회 시 자동차 좌우 방향에 작용하는 횡가속도를 중력센서로 감지하여 차체가 바깥쪽으로 쏠리지 않고, 편평한 자세가 되도록 하는 제어는?

① 앤티 롤링(Anti-rolling) 제어
② 앤티 스쿼트(Anti-squat) 제어
③ 앤티 다이브(Anti-dive) 제어
④ 앤티 피칭(Anti-pitching) 제어

해설 전자제어 현가장치에서 선회 시 자동차 좌우 방향에 작용하는 횡가속도량을 감지하여 차량 안 좌우 방향으로 쏠리지 않게 제어하는 것을 앤티 롤링 제어라 한다.

10 공기식 제동장치의 구성요소에서 캠축을 회전시키며 브레이크 드럼 내부의 브레이크 슈와 드럼 사이의 간극을 조정하는 역할을 하는 것은?

① 브레이크 밸브
② 퀵 릴리스 밸브
③ 저압 표시기
④ 슬랙 조정기

해설 슬랙 조정기는 캠축을 회전시키는 역할과 브레이크 드럼 내부의 브레이크 슈와 드럼 사이의 간극을 조정하는 역할을 한다.

11 속도감응형 전동 조향장치 보상제어의 종류가 아닌 것은?
　① 관성보상제어　　　　② 동적보상제어
　③ 댐핑보상제어　　　　④ 마찰보상제어

　해설　속도감응형 전동식 동력조향장치의 보상제어 종류는 관성보상제어, 댐핑보상제어, 마찰보상제어가 있다.

12 환경친화적 자동차의 공조장치 설명으로 틀린 것은?
　① 고전압 전동 압축기를 사용한다.
　② TXV 냉방방식 등이 있다.
　③ 히트펌프를 적용하여 냉난방 사이클이 복잡하다.
　④ 난방은 NTC 히터에 의한 공기 가열식이다.

　해설　친환경자동차의 난방 시스템에서 PTC 히터에 의한 공기 가열식이 있다.

13 클린디젤 자동차의 배기 후처리 기술에 포함되지 않는 것은?
　① 산화촉매(DOC)　　　　② 디젤필터(DPF)
　③ 배기재순환필터(EGF)　　④ NOx 흡착 환원촉매(LNT)

　해설　디젤 자동차의 후처리 시스템에는 DOC, DPF, SCR, LNT 등이 있다.

14 자동차 구동력 제어장치(TCS ; Traction Control System)의 주요 기능이 아닌 것은?
　① 구동성능 향상　　　　② 제동성능 향상
　③ 선회주행성능 향상　　④ 미끄럼 제어 향상

　해설　TCS는 가속 및 구동 시 부분적 제동력을 발생하여 구동 바퀴의 슬립을 방지하고 선회주행 능력을 향상시키며 엔진 토크를 감소시켜 노면과 타이어의 마찰력을 항상 일정한계 내에 있도록 자동적으로 제어하는 것이 TCS의 역할이다.

정답　11 ②　12 ④　13 ③　14 ②

15 전자배전 점화장치(DLI)의 기본 구성부품으로 틀린 것은?

① 정류기
② 점화코일
③ 파워 트랜지스터
④ 크랭크 축 위치 센서

> 해설 정류기는 교류발전기에서 실리콘다이오드를 이용하여 교류를 직류로 변환시키는 역할을 하며 축전지에서 발전기로 전류가 역류하는 것을 방지한다.

16 하이브리드 자동차의 제어기능 중 모터 및 배터리 보호기능으로 옳은 것은?

① 배터리 과충전 방지, 토크 제한
② 12V 배터리 과충전 시 아이들 스톱 금지
③ 브레이크 스위치 OFF 시 배터리 방전 금지
④ 배터리 과충전 시 과전류 제어로 ABS 작동 금지

> 해설 모터 및 배터리 보호에서 배터리 과충전 방지, 토크 제한, 보조(12V) 배터리 과방전 방지, 과방전 시 오토 스톱 금지를 제어한다.

17 자동변속기의 변속시점을 결정하는 요소는?

① 차속과 흡기저항
② 변속기 유압과 변속센서
③ 스로틀 개도량과 차속
④ 인젝터 연료량과 노크센서

> 해설 자동변속기는 주행조건(스로틀 밸브의 개도와 차속)에 의해서 자동적으로 변속이 이루어진다.

정답 15 ① 16 ① 17 ③

18 자동차 냉난방과 관련하여 압축기가 구동출력 1kW로 작동할 때 증발기의 냉방능력은 22,739 kJ/h이다. 이 냉방 시스템의 실용성적 계수는?(단, 압축기의 압축효율과 기계효율의 곱은 0.95이다)

① 4
② 5
③ 6
④ 7

해설 1kW = 1kJ/s이고 1h = 3,600s이므로 1kWh = 3,600kJ이 된다. 따라서 22,739/3,600 = 6.316이 되며 압축기의 압축효율과 기계효율이 95%이므로 6.316 × 0.95 = 6.0이 된다.

19 스프링 아래 하중이 가볍고, 로드홀딩이 우수하며 엔진실의 면적이 넓어 전륜구동에 많이 쓰이는 현가방식은?

① 스윙암식(Swing Arm Type)
② 맥퍼슨식(Macpherson Type)
③ 위시본식(Wishbone Type)
④ 트레일링암식(Trailing Arm Type)

해설 맥퍼슨 형식의 특징
- 위시본형에 비해 구조가 간단하고 부품이 적어 정비가 용이하다.
- 스프링 아래 질량을 가볍게 할 수 있고 로드홀딩 및 승차감이 좋다.
- 엔진룸의 유효공간을 크게 제작할 수 있다.

20 4행정 4실린더 기관에서 실제 흡입되는 공기량이 1,695cc라면 기관의 체적효율(%)은?(단, 기관 실린더 지름 90mm, 피스톤 행정 90mm이다)

① 58
② 65
③ 74
④ 82

해설 체적효율은 (실제흡입량/이론흡입량) × 100으로 산출되며, 이론총배기량은 $\frac{\pi D^2}{4} \times L \times Z$ 이므로 $\frac{\pi \times 9^2}{4} \times 9 \times 4 = 2,289.06$cc가 된다.

따라서, 체적효율은 $\frac{1,695}{2,289.06} \times 100 = 74.04\%$가 된다.

제2과목 그린전동자동차 전동기와 제어기

21 액체의 열팽창을 이용한 액주 온도계는 보정과정에 따라 다양한 조건에 놓이게 되는데, 온도계 전체가 보정온도환경 또는 액체에 잠기게 되는 것은?

① 완전 잠입식 온도계
② 전체 잠입식 온도계
③ 부분 잠입식 온도계
④ 국소 잠입식 온도계

해설 완전 잠입식 온도계는 온도계 전체가 매개체에 담금되는 것을 말하며, 전체 칼럼 담금 온도계는 전체의 액체 충전 부분이 매개체에 담금되는 방식으로 액체 칼럼 윗부분이 매개체의 표면과 같은 면에 위치한다.

22 3상 유도전동기의 속도제어법 중 자속을 작게 하여 고속운전을 하는 약계자제어에 주로 사용되는 것은?

① 극수절환법
② 전압제어법
③ 주파수제어법
④ 2차 저항제어법

해설 3상 유도전동기의 속도제어법 중 자속을 작게 하여 고속운전을 하는 약계자제어에 주로 사용되는 것은 주파수제어법이며 선박추진용 및 전기자동차 구동용, 인견공장(포트모터) 등에 적용된다.

23 3상 농형 유도전동기의 일반적인 기동법이 아닌 것은?

① 전 전압 기동법
② 리액터 기동법
③ Y-△ 기동법
④ 비례추이 저항제어 기동법

해설 농형 유도전동기 기동법은 전 전압 기동법, Y-△ 기동법, 기동보상기법, 리액터 기동법이 있다.

정답 21 ① 22 ③ 23 ④

24 자성체의 종류 중 이웃하는 자기모멘트가 완전히 상쇄되지 않으므로 투자율이 높고 도전율이 작은 특성을 가진 것은?

① 상자성
② 반강자성
③ 초상자성
④ 페리자성

해설 페리자성은 이웃하는 자기모멘트가 완전히 상쇄되지 않으므로 투자율이 높고 도전율이 작은 특성을 가지며, 반강자성은 이웃하는 자기모멘트가 상쇄되고, 초상자성은 비자성 매트릭스 녹음테이프 등에 적용된다.

25 회전계자형 동기발전기가 주로 사용되는 이유로 틀린 것은?

① 전기자 권선은 고전압 대전류 교류회로로 구현이 용이하다.
② 계자극은 기계적으로 튼튼한 구조로 만들기 용이하다.
③ 계자회로는 교류 저압회로로 소요전력이 작다.
④ 전기자 권선은 다상권선의 구조로 복잡한 결선구조를 가진다.

해설 전기자를 고정자로 하고 계자극을 회전자로 하는 회전계자형 동기발전기를 사용하는 이유는 다음과 같다.
• 전기자가 고정자로 절연이 쉬워 대용량으로 설비할 수 있고, 기계적으로 튼튼해진다.
• 계자권선의 전원이 직류전압으로 별도의 여자장치가 필요하고, 직류이므로 소요전력이 작다.
• 전기자 권선은 고압으로 결선이 복잡하다.
• 고장 시 과도 안정도를 높이기 위하여 회전자의 관성을 크게 하기 쉽다.

26 AC-AC 컨버터의 종류 중 사이클로 컨버터에 대한 설명으로 틀린 것은?

① 높은 주파수로 변환이 가능하다.
② 크기와 주파수 조절이 가능하다.
③ 대용량의 저속 교류 전동기 구동에 주로 사용된다.
④ 단상-단상, 3상-단상, 3상-3상으로 분류한다.

해설 사이클로 컨버터는 AC 출력의 주파수를 변화시키기 위해 주기적인 운전을 하며, AC 전원의 주파수보다 더 낮은 AC 전력으로 변환시키는 주파수 변환장치이다.

27 공간벡터 전압 변조방식(Space Vector PWM)에 대한 설명으로 틀린 것은?

① 3상 전압 지령을 복소수 공간에서 하나의 공간 벡터로 표현하여 이를 변조하는 기법이다.
② SVPWM은 다른 PWM에 비하여 주어진 직류전압 조건에서 가장 큰 교류전압을 얻을 수 있다.
③ SVPWM에 의한 인버터 출력전압을 전동기에 인가 시 출력전류 고조파가 다른 변조 방식에 비하여 작다.
④ SVPWM에 의한 인버터 출력 상전압의 크기는 인가된 직류 입력전압 V_{DC}의 $\dfrac{1}{\sqrt{2}}$ 배이다.

> 해설 Sine PWM을 사용할 때는 최대전압이 $1/2 \times V_{DC}$이고, SVPWM을 사용하면 최대전압이 $1/\sqrt{3} \times V_{DC}$로 커진다.

28 반도체 집적회로 소자와 관련하여 저임피던스 경로가 생성되는 가역 상태를 의미하는 용어는?

① 블랭크 ② 래치 업
③ 스퍼터링 ④ 임베딩

> 해설 래치 업이란 CMOS 입력회로 및 출력회로에 있는 기생 4단 SCR의 트리거링에 의해 전원과 접지 사이에 저임피던스 경로가 생성되는 것을 말한다.

29 다음 설명 중 (   ) 안에 들어갈 내용으로 옳은 것은?

> 순방향 전압이 사이리스터에 인가되었을 때 (   ) 단자에 전류를 흘리면 사이리스터는 도통된다.

① 애노드 ② 캐소드
③ 에미터 ④ 게이트

> 해설 사이리스터는 PNPN 접합의 4층 구조 반도체 소자로서 애노드, 캐소드, 게이트로 구성되어 있으며 순방향 전압이 게이트 단자에 전류를 흘리면 도통된다.

정답 27 ④ 28 ② 29 ④

30 인버터를 변조방식에 따라 분류할 때 펄스의 폭을 조정하여 출력전압을 제어하는 방법은?
① PWM
② PFM
③ PAM
④ 6-step

해설 PWM(Pulse Width Modulation)은 펄스 폭 변조 제어방법으로 일정한 주기 내에서 Duty 비를 변화시켜 평균전압을 제어하는 방법이다.

31 BLDC 전동기의 회전자 위치 검출센서로 주로 사용되는 것은?
① 사이리스터
② 부특성 서미스터
③ 사이즈믹
④ 홀 소자

해설 BLDC 모터의 위치검출방식은 홀 소자방식, 광학식, 고주파 유도방식, 고주파 발진제어방식, 리드스위치 방식, 자기저항 소자방식이 있다.

32 유도전동기의 특성을 나타내는 정수측정법으로 옳은 것은?
① 고부하 시험
② 히스테리시스 시험
③ 구속 시험
④ 단락 시험

해설 유도전동기 등가회로의 파라미터값을 구하기 위해서는 여러 가지 시험을 하는데, 시험법으로는 무부하 시험법과 구속 회전자 시험법이 있다.

33 직류 분권전동기에서 단자전압이 일정할 때 부하토크가 2배가 되면 부하전류는 몇 배가 되는가?
① 2
② 4
③ 6
④ 8

해설 직류 분권전동기에서 토크와 전류는 비례하므로 부하토크가 2배가 되면 부하전류 역시 2배가 된다.

34 유도전동기의 벡터제어를 위한 좌표변환에 대한 설명으로 틀린 것은?

① 계자 전류와 전기자 전류의 성분이 직류여야 한다.
② 마그네틱 토크는 계자자속을 전류로 나누어야 한다.
③ 벡터제어는 교류 전동기를 타여자 직류 전동기와 동일한 방법으로 제어하는 방법이다.
④ 계자 자속성분과 전기자 전류성분이 서로 간섭이 없도록 분리되어야 한다.

> **해설** 고정자 전류를 직류기와 같이 토크성분과 자속성분으로 나누지 못한다.

35 단상 전파 다이오드 정류회로를 사용하여 90Vdc의 평균 직류전압을 얻고 있다. 이 경우 사용할 수 있는 다이오드의 최소 정격전압은?

① 90V
② $\sqrt{2} \times 90V$
③ 100V
④ $\sqrt{2} \times 100V$

> **해설** 브리지 회로를 이용한 단상 전파 정류회로에서 직류평균값은 $V_{dc} = \frac{2V_m}{\pi}$ 이므로 $90 = \frac{2V_m}{\pi}$ 가 되어 $V_m = 141.3V$가 된다. 따라서, $\sqrt{2} \times 100V$가 된다.

36 브러시리스 직류전동기에서 회전방향을 변경하려고 할 때 주로 사용하는 방법은?

① 출력밀도 변환
② 착자방향 변환
③ 단자전압의 극성 변환
④ 스위칭 시퀀스 변환

> **해설** 일반적인 직류전동기의 경우 회전방향 변경 시 단자전압 방향을 반대로 제어하나 BLDC 모터는 스위칭 시퀀스 변환을 통하여 회전방향을 제어한다.

정답 34 ② 35 ④ 36 ④

37

3상 인버터의 출력 상전압(v_{as}, v_{bs}, v_{cs})을 공간 전압 벡터 $V = \frac{2}{3}(v_{as} + av_{bs} + bv_{cs})$로 표현할 때, a와 b의 계수로 옳게 짝지어진 것은?

① $e^{j\frac{2\pi}{3}}$, $e^{-j\frac{2\pi}{3}}$

② $e^{j\frac{\pi}{3}}$, $e^{-j\frac{2\pi}{3}}$

③ $e^{j\frac{2\pi}{3}}$, $e^{j\frac{2\pi}{3}}$

④ $e^{j\frac{\pi}{3}}$, $e^{j\frac{2\pi}{3}}$

해설 공간 벡터 PWM(SVPWM)은 3상의 6개 스위치를 한꺼번에 고려하여 인버터의 스위칭 상태를 이미 계산된 순서와 지속시간에 따라 전환해주는 것을 말하며 3상 인버터 출력 상전압을 공간 전압 벡터로 표현하면 $V = \frac{2}{3}(v_{as} + av_{bs} + bv_{cs})$가 된다.

여기서, $a = e^{j\frac{2\pi}{3}}$

$b = e^{j\frac{4\pi}{3}} = e^{-j\frac{2\pi}{3}}$

38

일종의 회전 변압기로서 전동기 축에 연결되어 회전자의 위치에 비례해서 교류 전압을 출력하는 아날로그 방식의 절대 위치 검출기는?

① 싱크로

② 타코 발전기

③ 레졸버

④ 증분형 엔코더

해설 레졸버는 회전 각도를 측정하는 데 사용되는 일종의 회전 전기변압기로 아날로그 장치로 간주되며, 특징은 다음과 같다.
- 변위량을 아날로그양으로 변환
- 진동과 충격에 강함
- 소형화 가능
- 장거리전송 가능
- 사용온도 범위가 넓음
- 신호처리회로가 복잡하고 로터리 엔코더에 비하여 고가

39 다음의 전압형 구형파 인버터에서 S_1, S_4, S_6 스위치가 닫혀 있을 때 V_{as}, V_{bs}, V_{cs}는?(단, 3상 평형부하로 가정한다)

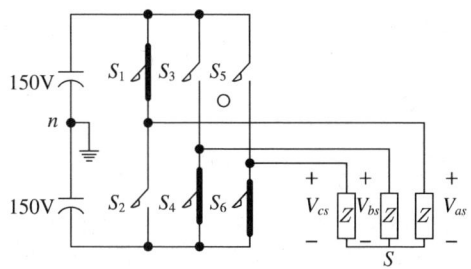

① $V_{as} = 150\text{V}$, $V_{bs} = 150\text{V}$, $V_{cs} = 150\text{V}$

② $V_{as} = 200\text{V}$, $V_{bs} = 100\text{V}$, $V_{cs} = 100\text{V}$

③ $V_{as} = 150\text{V}$, $V_{bs} = 75\text{V}$, $V_{cs} = 75\text{V}$

④ $V_{as} = 100\text{V}$, $V_{bs} = 100\text{V}$, $V_{cs} = 100\text{V}$

해설 3상 6스텝 인버터 스위칭별 출력 전압특성은 아래와 같다.

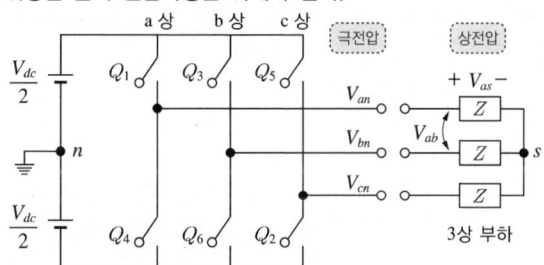

[스위칭 상태에 따른 극전압과 상전압]

스위치 상태			극전압			상전압(부하전압)		
S_a	S_b	S_c	V_{an}	V_{bn}	V_{cn}	V_{as}	V_{bs}	V_{cs}
0	0	0	$-V_{dc}/2$	$-V_{dc}/2$	$-V_{dc}/2$	0	0	0
0	0	1	$-V_{dc}/2$	$-V_{dc}/2$	$V_{dc}/2$	$-V_{dc}/3$	$-V_{dc}/3$	$2V_{dc}/3$
0	1	0	$-V_{dc}/2$	$V_{dc}/2$	$-V_{dc}/2$	$-V_{dc}/3$	$2V_{dc}/3$	$-V_{dc}/3$
0	1	1	$-V_{dc}/2$	$V_{dc}/2$	$V_{dc}/2$	$-2V_{dc}/3$	$V_{dc}/3$	$V_{dc}/3$
1	0	0	$V_{dc}/2$	$-V_{dc}/2$	$-V_{dc}/2$	$2V_{dc}/3$	$-V_{dc}/3$	$-V_{dc}/3$
1	0	1	$V_{dc}/2$	$-V_{dc}/2$	$V_{dc}/2$	$V_{dc}/3$	$-2V_{dc}/3$	$V_{dc}/3$
1	1	0	$V_{dc}/2$	$V_{dc}/2$	$-V_{dc}/2$	$V_{dc}/3$	$V_{dc}/3$	$-2V_{dc}/3$
1	1	1	$V_{dc}/2$	$V_{dc}/2$	$V_{dc}/2$	0	0	0

3상 6스텝 인버터 스위칭 상태에 따른 가능한 출력상 전압은 8개이며 문제의 그림처럼 S_1, S_4, S_6 스위치가 닫혀있는 경우 스위치 상태가 1, 0, 0이므로 V_{as} = 200V, V_{bs} = 100V, V_{cs} = 100V가 된다.

40 직류기에서 단중 중권과 비교한 단중 파권의 특징으로 틀린 것은?(단, 전압 및 전류 비교는 극수, 출력, 권수, 코일수가 같을 때로 가정한다)

① 병렬회로수는 항상 2이다.
② 균압 결선이 필요하다.
③ 고전압, 저전류용으로 사용된다.
④ 브러시수는 2이지만, 극수와 같게 해도 된다.

해설 파권은 코일의 모양이 파도 형상을 하고 있기 때문에 파권이라 하며 병렬회로수가 극수와 관계없이 항상 2개로 되어 있으므로 고전압, 소전류에 적합하며 중권과 파권의 비교는 다음과 같다.

항 목	중권(병렬권)	파권(직렬권)
병렬회로수	극수와 동일	항상 2
브러시수	극수와 동일	항상 2 (단, 극수만큼의 브러시 설치 가능)
균압접속	4극 이상이면 균압접속	균압접속이 불필요
슬롯수와 관계	슬롯수와 상관없이 권선 가능 짝수 슬롯이 유리	슬롯수는 홀수 짝수가 되면 놀림코일 발생
용 도	저전압, 대전류에 적합	고전압, 소전류에 적합

제3과목 그린전동자동차 배터리

41 2차 전지의 종류가 아닌 것은?

① 아연-산화수은 전지
② 니켈-카드뮴 전지
③ 니켈-수소 전지
④ 납축전지

> 해설 1차 전지
> • 한 번 사용하고 버리는 전지로, 건전지라고도 함
> • 수은전지, 망간전지, 알카라인전지, 리튬전지 등
> 2차 전지
> • 화학에너지를 전기에너지로 바꿔 재충전하여 사용할 수 있는 전지
> • 납축전지(Lead-Acid), 니켈-카드뮴(Ni-Cd) 전지, 니켈-수소(Ni-MH) 전지, 리튬-이온(Li-ion) 전지, 리튬-폴리머(Li-Polymer) 전지 등

42 고전원 전기장치에 대한 정의 중 작동전압에 대한 기준으로 옳은 것은?(단, 자동차 규칙에 의하며, 보기의 값은 실효치를 말한다)

① 교류 30V 초과 1,000V 이하
② 교류 30V 초과 500V 이하
③ 교류 10V 초과 1,000V 이하
④ 교류 10V 초과 500V 이하

> 해설 자동차의 구동을 목적으로 하는 구동축전지, 전력변환장치, 구동전동기, 연료전지 등 작동전압이 직류 60V 초과 1,500V 이하이거나 교류(실효치를 말한다) 30V 초과 1,000V 이하의 전기장치를 말한다.

43 전지의 전기적 특성 및 동작과 관련하여 전극 반응의 전하 이동단계에서 발생하는 전극 분극의 일부분을 의미하는 용어는?

① 질량 이동 분극
② 캐소드 분극
③ 애노드 분극
④ 활성화 분극

> 해설 활성화 분극은 전극 반응의 전하 이동 단계에서 발생하는 일부의 전극 분극을 말한다.

정답 41 ① 42 ① 43 ④

44 셀 및 전지와 관련하여 애노드에 대한 설명으로 옳은 것은?

① 충전하는 동안에는 양극, 방전하는 동안에는 음극이다.
② 충전하는 동안에는 음극, 방전하는 동안에는 양극이다.
③ 충전 및 방전하는 동안에는 모두 양극이다.
④ 충전 및 방전하는 동안에는 모두 음극이다.

> **해설** 전지에서 진행되는 산화, 환원 반응은 전지를 방전할 때 양극은 캐소드, 음극은 애노드가 되고 전지를 충전할 때 양극은 애노드, 음극은 캐소드가 된다.

45 RESS(Rechargeable Energy Storage System)에 충전된 전기에너지를 소비하며, 자동차를 운전하는 모드는?

① CS모드
② CQ모드
③ CD모드
④ CC모드

> **해설** ③ 전기모드(CD모드) : Charge-Depleting Mode
> ① 유류모드(CS모드) : Charge-Sustaining Mode

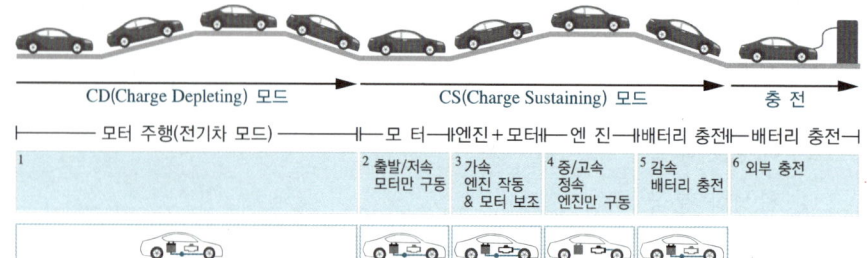

정답 44 ① 45 ③

46. DC-DC 컨버터를 절연 및 비절연 방식으로 분류할 때, 비절연 방식에 해당하지 않는 것은?

① Buck 방식
② Boost 방식
③ Fly-back 방식
④ Buck-boost 방식

해설 DC 전압을 입력으로 해서 다른 크기의 DC 전압을 출력하는 회로를 DC-DC 컨버터라고 하며 크게 비절연형 DC-DC 컨버터와 절연형 DC-DC 컨버터로 분류할 수 있다. 비절연형 DC-DC 컨버터는 Buck Converter, Boost Converter, Buck-boost Converter가 있으며 절연형 DC-DC 컨버터는 Fly-back, Forward, Half-bridge, Full-bridge, Push-pull 방식이 있다.

47. 다음이 설명하는 것은?

> 전지 파라미터의 평균상태를 나타내거나 산정하는 데 사용되는 전지 내의 선별된 셀

① 용융염 전지 셀
② 고체 전해질 전지 셀
③ 파일럿 전지 셀
④ 비수계 전해질 전지 셀

해설 전지 파라미터의 평균상태를 나타내거나 산정하는 데 사용되는 전지 내의 선별된 셀을 나타내는 것은 파일럿 전지 셀이다.

48. 승압과 강압이 가능하며, 전류의 불연속이 일어나지 않는 강승압 컨버터는?

① Boost 컨버터
② Buck 컨버터
③ Buck-boost 컨버터
④ Cuk 컨버터

해설 Cuk 컨버터는 Boost + Buck 컨버터의 조합으로 전력변환을 하는 장치로 입력 전류가 인덕터에 의해 연속적이며 승압과 강압이 가능하고 에너지 효율이 유리한 컨버터이다.

정답 46 ③ 47 ③ 48 ④

49 전기자동차 충전기의 종류에 따른 구분으로 틀린 것은?(단, 전기자동차 충전기 기술기준에 의한다)

① 충전 전력에 따른 종류 : 교류/직류
② 계량 방향에 따른 종류 : 정방향/역방향
③ 사용 환경에 따른 종류 : 옥내용/옥외용
④ 장착 방법에 따른 종류 : 고정형/이동형

해설 전기자동차 충전기의 형식승인 구분(전기자동차 충전기 기술기준 제3장 제5호)
- 충전 전력에 따른 종류(교류 전기자동차 충전기, 직류 전기자동차 충전기)
- 장착 방법에 따른 종류(고정형 충전기, 이동형 충전기)
- 사용 환경에 따른 종류(옥내용, 옥외용)
- 출력측 최대 전류 – 기준 전류 – 최소 전류(채널별로 표기 가능)
- 출력측 기준 전압(채널별로 표기 가능)
- 충전기 정수
- 계량 방향(단방향, 양방향)

50 전기자동차용 배터리 관리 시스템에 대한 일반 요구사항(KS R 1201) 중 다음 정의에 해당하는 용어로 옳은 것은?

> 초기 제조상태의 배터리와 비교하여 언급된 성능을 공급할 수 있는 능력이 있고, 배터리 상태의 일반적인 조건을 반영한 측정된 상황

① 표준 만충전
② 방전용량
③ 잔여 운행시간
④ 잔존수명

해설 잔존수명(SOH)은 초기 제조상태의 배터리와 비교하여 언급된 성능을 공급할 수 있는 능력이 있고, 배터리 상태의 일반적인 조건을 반영한 측정된 상황이다.

49 ② 50 ④

51 전기자동차용 배터리 관리 시스템에 대한 일반 요구사항(KS R 1201)에서 팩의 충전 전류 및 방전 전류 보호를 위해 표시하여야 할 사항이 아닌 것은?

① 밸런싱 전류값
② 피크 충전 전류값
③ 일정하게 충전할 수 있는 전류값
④ 일정하게 방전할 수 있는 전류값

해설 팩의 충전 전류 및 방전 전류 보호에서 셀은 충전 시에 방전 시보다 심하게 서로 다른 전류 한계치를 나타내며 보다 짧은 시간 안에 높은 피크 전류치를 다루게 된다. 따라서 BMS에 다음을 표시하여야 한다.
- 일정하게 충전할 수 있는 전류값
- 피크 충전 전류값
- 일정하게 방전할 수 있는 전류값
- 피크 방전 전류값

52 전기자동차 충전기와 관련된 용어 중 전기자동차 충전기에 의해 기록된 전력량과 시험출력에 상응하는 값과의 관계를 나타내는 값은?

① 정격 전류
② 기준 전압
③ 기준 전력량계
④ 충전기 정수

해설 충전기 정수(EVSE constant)는 전기자동차 충전기에 의해 기록된 전력량과 시험출력에 상응하는 값과의 관계를 나타내는 값이며, 예를 들어 이 수치가 펄스 수이면 충전기 정수는 kWh 당 펄스(pulse/kWh) 또는 펄스 당 Wh(Wh/pulse)가 된다.

53 자동차에서 축전지를 충전할 경우 전원전압을 일정하게 유지하면서 충전하는 방법은?

① 정전류 충전법
② 정전압 충전법
③ 정저항 충전법
④ 단계전류 충전법

해설 자동차 축전지 충전법에서 전압을 일정하게 유지하면서 충전하는 방법을 정전압 충전이라 한다.

54 슈퍼 커패시터의 특징으로 틀린 것은?

① 충·방전 속도가 빠르다.
② 리튬 2차 전지에 비해 수명이 짧다.
③ 열 폭주가 거의 발생하지 않는다.
④ 초 단위의 짧은 시간에 큰 비출력을 발휘한다.

해설 슈퍼 커패시터의 특징
- 표면적이 큰 활성탄 사용으로 유전체의 거리가 짧아져서 소형으로 패럿(F) 단위의 큰 정전용량을 얻는다.
- 과충전이나 과방전에 일어나지 않아 회로가 단순하다.
- 전자부품으로 직접체결(땜납)이 가능하기 때문에 단락이나 접속불안정이 없다.
- 전하를 물리적으로 축적하기 때문에 충·방전 시간 조절이 가능하다.
- 전압으로 잔류용량의 파악이 가능하다.
- 내구온도(-30~90℃)가 광범위하다.
- 수명이 길고 에너지밀도가 높다.
- 친환경적이다.

55 국가기술표준원의 전기자동차 급속 충전방식 통일화를 위한 KS 개정고시에 의해 전기자동차 충전방식으로 권장하는 그림의 충전기 형식은?

① AC3상
② 콤보1
③ 콤보2
④ 차데모

해설 보기의 그림에 나타난 충전기 형식은 콤보1 형식이다.

구분	완속 충전방식		급속 충전방식		
	Type 1 (단상)	Type 2 (3상)	DC Combo (Type 1)	DC Combo (Type 2)	CHAdeMO
커넥터					
	AC 220V AC 220V GND CP(통신) PD(근접감지)	AC 220V AC 220V AC 220V Neutral GND CP(통신) PD(근접감지)	AC 220V AC 220V GND CP(통신) PD(근접감지) DC(+) DC(−)	AC 220V AC 220V AC 220V Neutral GND CP(통신) PD(근접감지) DC(+) DC(−)	GND Start/Stop 1 Start/Stop 2 DC(+) DC(−) ENABLE CAN(L) CAN(H) PD(근접감지)
사용국가	미국, 한국, 일본	유럽	미국, 한국	유럽	미국, 유럽, 한국, 일본
충전조건	AC 120V:12A AC 240V:16/32A	AC 230V:16/32/63A	120A(50kW), 172A(100kW)		
충전용량	Max. 7.7kW	11kW~43kW	500kW/100kW		
통신	CP(Control Pilot)		PLC (Power Line Communication)		CAN

정답 55 ②

56 자동차용 기동전동기의 종류 중 직권식 전동기에 대한 설명으로 틀린 것은?

① 전기자 코일과 계자 코일이 직렬로 접속되어 있다.
② 전동기의 회전력은 전기자 전류와 자계 세기와의 곱에 반비례한다.
③ 부하가 커졌을 때 회전속도는 감소하나 전류는 많이 흐른다.
④ 전기자 전류는 전동기에서 발생하는 역기전력에 반비례하고, 역기전력은 속도에 비례한다.

> **해설** 직권전동기는 전기자와 계자가 직렬로 연결된 구조로 속도특성에서 모터의 속도는 계자자속 및 전류에 반비례하고, 토크는 부하전류 제곱에 비례하고 속도 제곱에 반비례한다.

57 충전상태(SOC ; State Of Charge)를 구하는 식으로 옳은 것은?

① 방전용량×충전시간
② 정격용량×방전시간
③ (정격용량 – 방전용량) ÷ 정격용량×100%
④ (방전용량 – 잔존용량) ÷ 방전용량×100%

> **해설** 잔존용량(SOC ; State Of Charge)은 하이브리드 차량이나 배터리식 전기자동차, 또는 배터리식 전기자동차에 쓰이는 축전지의 연료량을 표시할 수 있는 척도로 현재 사용할 수 있는 배터리 용량(정격용량–방전용량)을 전체 정격용량으로 나누어 백분율로 나타낸다.

58 유도전동기의 4상한 운전과 관련하여 역방향 토크가 발생하며, 정방향 회전자 회전으로 회생 제동이 일어나는 영역은?

① 1상한   ② 2상한
③ 3상한   ④ 4상한

> **해설** 유도전동기의 4상한 운전에서 토크와 회전방향이 같으면 전동기(회전자 정방향, 토크 정방향)이며 토크와 회전방향이 다르면 발전기(회전자 정방향, 토크 역방향)이다.

59 2차 전지에 재충전이 이루어지는 원리는?

① 화학적 가역 반응
② 화학적 비가역 반응
③ 전기적 발전 반응
④ 전기적 발열 반응

해설 2차 전지에서 재충전이 이루어지는 원리는 화학적 가역반응이다.

60 자동차용 내압용기 안전에 관한 규정에서 압축수소가스 내압용기와 관련한 용어 중 의무사이클(Duty Cycles)의 정의로 옳은 것은?

① 수소차량의 운행 사이클로서, 40,000회를 의미
② 외부의 수소를 용기에 충전하여 압력이 증가하는 사이클로서 4,000회를 의미
③ 수소가스연료장치에 누출이나 변형 등과 같은 손상 없이 정상적으로 사용할 수 있는 사이클을 의미
④ 금속 라이너가 있는 복합재료용기를 용기제조 공정 중에 금속라이너의 항복점을 초과하는 압력을 가해 영구 소성변형을 일으키는 사이클을 의미

해설 의무사이클(Duty Cycles)이란 수소차량의 운행사이클로서 40,000회를 말한다.

제4과목 그린전동자동차 구동성능

61 전기만을 동력으로 사용하는 자동차를 1회 충전 주행거리로 구분하였을 때 80km 이상 160km 미만에 해당하는 것은?(단, 대기환경보전법령상에 의한다)

① 제1종
② 제2종
③ 제3종
④ 제4종

해설 전기자동차의 구분(대기환경보전법 시행규칙 별표 5) : 1회 충전 주행거리 80km 미만(1종), 80km 이상~160km 미만(2종), 160km 이상(3종)으로 구분된다.

62 자동변속기와 무단변속기의 구동력 변화에 대한 설명으로 옳은 것은?

① 자동변속기는 저단에서 고단으로 갈수록 구동력이 서서히 감소한다.
② 무단변속기는 저단에서 고단으로 갈수록 구동력이 서서히 증가한다.
③ 자동변속기는 고단에서 저단으로 변속 시 구동력의 변화가 적다.
④ 무단변속기는 고단에서 저단으로 변속 시 구동력의 변화가 크다.

해설 자동변속기는 저단에서 고단으로 갈수록 기어비 변화에 의하여 구동력은 감소하고 회전수가 증가한다.

63 자동차의 에너지소비효율 및 등급표시에 관한 규정에서 5-Cycle 보정식에 포함되어 있지 않은 측정방법은?

① 에어컨 가동주행 모드
② 고속도로주행 모드
③ 저온도심주행 모드
④ 험로·산길주행 모드

해설 5-Cycle 보정식의 측정방법(자동차의 에너지소비효율 및 등급표시에 관한 규정 제3조)
• FTP-75 모드(도심주행 모드)
• HWFET 모드(고속도로주행 모드)
• US06 모드(최고속·급가감속주행 모드)
• SC03 모드(에어컨 가동주행 모드)
• Cold FTP-75 모드(저온도심주행 모드)

64 자동변속기의 토크 컨버터 구성부품 중 입력된 토크를 증대시키는 역할을 하는 부품은?

① 펌프 임펠러 ② 록업(댐퍼) 클러치
③ 스테이터 ④ 터빈 임펠러

해설 자동변속기 토크 컨버터에서 스테이터는 저·중속 시 펌프 임펠러로 돌아오는 오일의 방향을 변환시켜 토크를 증대시킨다.

65 환경친화적 자동차의 요건 등에 관한 규정에서 수소전기자동차의 에너지소비효율(km/kg) 기준은?(단, 승용자동차에 국한한다)

① 25.0 이상 ② 35.0 이상
③ 55.0 이상 ④ 75.0 이상

해설 수소전기자동차의 에너지소비효율 기준(환경친화적 자동차의 요건 등에 관한 규정 [별표 1])

구 분	승용자동차	승합자동차		화물자동차	
		경·소형	중·대형 (수소전기버스)	경·소형	중·대형
에너지소비효율 (km/kg)	75.0 이상	75.0 이상	20.0 이상	75.0 이상	12.0 이상

66 수동변속기의 플로어형 원격 조작방식의 기어변속 구조에 대한 설명 중 (   ) 안에 들어갈 단어를 순서대로 나열한 것은?

변속기의 셀렉터 레버에 의해 (   )는 상하로 움직이고, 시프트 레버에 의해 (   )에 있는 (   )가 좌우로 움직이며 기어가 변속된다.

① 컨트롤 샤프트, 컨트롤 샤프트, 컨트롤 핑거
② 컨트롤 샤프트, 컨트롤 레버, 컨트롤 핑거
③ 컨트롤 샤프트, 컨트롤 핑거, 컨트롤 레버
④ 컨트롤 샤프트, 컨트롤 레버, 시프트 레버

해설 변속기 셀렉터 레버에 의해 컨트롤 샤프트는 상하로 움직이고 시프트 레버에 의해 컨트롤 샤프트에 있는 컨트롤 핑거가 좌우로 움직이며 기어가 변속된다.

정답 64 ③ 65 ④ 66 ①

67 벨트 풀리 방식 무단변속기의 특징으로 틀린 것은?

① 고무벨트, 금속벨트, 체인 등이 사용된다.
② 발진, 급가속을 위하여 추가적인 장치가 필요하다.
③ 큰 동력전달에 용이하다.
④ 속도비 제어가 어려운 편이다.

해설 벨트구동식 CVT는 연속적으로 변속 기어비를 변화 시 엔진의 동력단절이 발생하지 않아 차량의 가속성능 연비 변속쇼크 문제 등 기존의 유단변속기에 비해 성능을 향상시킬 수 있다. 그러나 CVT는 무단 변속을 구현하기 위해 마찰방식으로 동력전달을 사용하기 때문에 무단변속기 자체의 동력전달 효율이 낮으며, 발진 성능의 문제가 있어 중형급 이상의 차량에 적용하기에는 어렵다.

68 자동변속기의 라인압력을 제어하는 목적으로 틀린 것은?

① 라인압력을 최대화하여 연비 향상
② 오일펌프의 구동손실 저감
③ 오일의 끌림 손실로 인한 연비악화 방지
④ 결합요소와 마찰재료의 미끄럼 방지

해설 자동변속기의 라인압력 제어는 오일펌프 손실 저감, 클러치, 브레이크 시스템의 작동 등의 성능을 확보하기 위하여 제어된다.

69 환경친화적 자동차의 요건 등에 관한 규정에서 일반 하이브리드자동차에 사용하는 구동축전지의 공칭전압 기준은?

① 직류 220V 초과
② 직류 180V 초과
③ 직류 120V 초과
④ 직류 60V 초과

해설   일반 하이브리드자동차에 사용하는 구동축전지의 공칭전압은 직류 60V를 초과하여야 한다.

70 자동차규칙상 전기회생제동장치를 갖춘 승용자동차의 제동장치 기준으로 틀린 것은?

① 주제동장치 작동 시 전기회생제동장치가 독립적으로 제어될 수 있는 경우에는 자동차에 요구되는 제동력을 전기회생제동력과 마찰제동력 간에 자동으로 보상하는 구조일 것
② 전기회생제동력이 해제되는 경우에는 마찰제동력이 작동하여 3초 내에 해제 당시 요구제동력의 80% 이상 도달하는 구조일 것
③ 주제동장치는 하나의 조종장치에 의하여 작동되어야 하며, 그 외의 방법으로는 제동력의 전부 또는 일부가 해제되지 아니하는 구조일 것
④ 주제동장치의 제동력은 동력전달계통으로부터의 구동전동기 분리 또는 자동차의 변속비에 영향을 받지 아니하는 구조일 것

해설   전기회생제동장치를 갖춘 승용자동차의 제동장치 기준(자동차 및 자동차부품의 성능과 기준에 관한 규칙 제15조)
- 전기회생제동장치가 바퀴잠김방지식 주제동장치의 작동에 영향을 주지 아니할 것
- 전기회생제동장치가 주제동장치의 일부로 작동되는 경우에는 다음 기준에 적합한 구조를 갖출 것
    - 주제동장치 작동 시 전기회생제동장치가 독립적으로 제어될 수 있는 경우에는 자동차에 요구되는 제동력(이하 요구제동력)을 전기회생제동력과 마찰제동력 간에 자동으로 보상하는 구조일 것
    - 전기회생제동력이 해제되는 경우에는 마찰제동력이 작동하여 1초 내에 해제 당시 요구제동력의 75% 이상 도달하는 구조일 것
    - 주제동장치는 하나의 조종장치에 의하여 작동되어야 하며, 그 외의 방법으로는 제동력의 전부 또는 일부가 해제되지 아니하는 구조일 것
    - 주제동장치의 제동력은 동력 전달계통으로부터의 구동전동기 분리 또는 자동차의 변속비에 영향을 받지 아니하는 구조일 것

정답   69 ④   70 ②

71 트로이들 CVT에서 더블 캐비티 방식(Double Cavity Type)의 동력전달 순서로 옳은 것은?

① 엔진 → 발진 클러치 → 파워롤러 → 입력디스크 → 출력디스크 → 출력기어 → 추진 축 → 차동기어 → 바퀴
② 엔진 → 발진 클러치 → 입력디스크 → 파워롤러 → 추진 축 → 출력기어 → 출력디스크 → 차동기어 → 바퀴
③ 엔진 → 발진 클러치 → 파워롤러 → 인히비터 스위치 → 출력디스크 → 출력기어 → 추진 축 → 차동기어 → 바퀴
④ 엔진 → 발진 클러치 → 입력디스크 → 파워롤러 → 출력디스크 → 출력기어 → 추진 축 → 차동기어 → 바퀴

해설 트로이들 CVT는 엔진과 연결된 변속기 입력축의 입력디스크와 종감속기와 차동장치에 연결된 출력디스크 사이에 전달 매개체로서 롤러를 배치하여 롤러 축의 회전으로 인한 접촉반경의 변화에 의해서 변속되는 트랙션 구동방식의 무단변속기이다. 동력전달 경로는 엔진→ 발진 클러치 → 입력디스크 → 파워롤러 → 출력디스크 → 출력기어 → 추진 축 → 차동기어 → 바퀴이다.

72 자동차규칙상 저소음자동차 경고음 발생장치에 대한 설치 기준으로 옳은 것은?

① 최소한 매시 30km 이하의 주행상태에서 경고음을 내야 한다.
② 경고음은 전진 주행 시 자동차의 속도변화를 보행자가 알 수 있도록 기준에 적합한 주파수변화 특성을 가져야 한다.
③ 운전자가 경고음 발생을 중단시킬 수 있는 장치를 설치하여도 된다.
④ 전진 주행 시 발생되는 전체 음의 크기는 80dB(A)을 초과하지 않아야 한다.

해설 **저소음자동차 경고음 발생장치 설치 기준**
- 최소한 매시 20km 이하의 주행상태에서 경고음을 내야 한다.
- 경고음은 전진 주행 시 자동차의 속도 변화를 보행자가 알 수 있도록 기준에 적합한 주파수 변화 특성을 가져야 한다.
- 자동차에서 발생되는 경고음은 매시 5km부터 매시 20km의 범위에서 속도 변화에 따라 평균적으로 매시 1km당 0.8% 이상의 비율로 변화할 것
- 전진 주행 시 발생되는 전체 음의 크기는 75dB(A)을 초과하지 않아야 한다.
- 운전자가 경고음 발생을 중단시킬 수 있는 장치를 설치하여서는 아니 된다.

73 전기자동차의 에너지소비효율 및 연료소비율 측정방법에 대한 설명으로 틀린 것은?

① 전기자동차의 에너지소비효율 및 연료소비율 측정을 위한 시험자동차는 제작자가 추천하는 안정된 충방전 조건으로 최소 300km 이상 주행한 상태이어야 한다.
② 시험자동차의 타이어는 최소 100km 이상 주행되어야 하며, 타이어의 트레드 깊이가 50% 이상 남아있는 것이어야 한다.
③ 모든 전기자동차는 1회 충전 주행거리를 복합 1회 충전 주행거리로 표시토록 한다.
④ 회생제동 기능이 포함된 차량의 경우 주행시험 시 회생제동 시스템을 구동시켜야 한다.

> **해설** 시험자동차의 조건 및 상태
> • 전기자동차의 에너지소비효율 및 연료소비율 측정을 위한 시험자동차는 제작자가 추천하는 안정된 충방전 조건으로 최소 300km 이상 주행한 상태이어야 한다.
> • 시험자동차의 타이어는 최소 100km 이상 주행되어야 하며 타이어의 트레드 깊이가 50% 이상 남아있는 것이어야 한다.
> • 회생제동 기능이 포함된 차량의 경우 주행시험 시 회생제동 시스템을 구동시켜야 한다.

74 4,000rpm에서 8kgf·m의 토크를 내는 엔진 A와 3,000rpm에서 10kgf·m의 토크를 내는 엔진 B가 있다. 엔진 A와 B의 출력 비교로 옳은 것은?

① A > B
② A < B
③ A = B
④ 비교할 수 없다.

> **해설** 출력$(PS) = \dfrac{T(\text{토크}) \times N(\text{회전수})}{716}$ 이므로 A엔진은 $\dfrac{4,000 \times 8}{716} = 44.69 PS$ 이고,
> B엔진은 $\dfrac{3,000 \times 10}{716} = 41.90 PS$ 이므로 출력비교는 엔진 A가 B보다 크다.

75 제작자동차 시험검사 및 절차에 관한 규정의 CVS-75 모드 측정방법에서 차대동력계에 대한 설명으로 틀린 것은?

① 자동차의 도로주행상태를 재현하기 위해서 부하흡수장치와 관성중량을 재현하기 위한 플라이휠 방법 등을 사용할 수 있어야 한다.
② 롤이나 축의 회전수 측정기를 가지고 있거나 환경부장관이 인정하는 어떤 다른 방법에 의해서 주행거리를 측정할 수 있어야 한다.
③ 소형 두 개의 롤로 되어 있는 공칭 롤은 직경 22cm이어야 한다.
④ 대형 두 개의 롤로 되어 있는 동력계의 롤 직경은 142cm이다.

해설 차대동력계
- 자동차의 도로주행상태를 재현하기 위해서 부하흡수장치와 관성중량을 재현하기 위한 플라이휠 방법 등을 사용할 수 있어야 한다.
- 롤이나 축의 회전수 측정기를 가지고 있거나 환경부장관이 인정하는 어떤 다른 방법에 의해서 주행거리를 측정할 수 있어야 한다.
- 소형 두 개의 롤로 되어 있는 공칭 롤은 직경 22cm(17in)이어야 한다. 대형 단일 롤로 되어 있는 동력계의 롤 직경은 122cm(48in)이다. 전체 도로부하의 재현성이 같고 환경부장관이 더 좋다고 인정하면 다른 직경의 롤을 가진 동력계도 사용할 수 있다.

76 기관의 성능 곡선도에서 최대 토크를 발생시키는 회전속도에서부터 최대출력을 발생시키는 회전속도까지를 무엇이라 하는가?

① 기관의 관성영역
② 기관의 탄성영역
③ 기관의 크리프영역
④ 기관의 컴팩트영역

해설 기관성능곡선에서 최대 회전토크(M_{max})를 발생시키는 회전속도에서부터 최대출력(P_{max})을 발생시키는 회전속도까지를 기관의 탄성영역(Elastic Range of engine)이라 한다.

77 자동차의 에너지소비효율 및 등급표시에 관한 규정에서 공차중량 정의의 ( ) 안에 들어갈 내용으로 옳은 것은?

> "공차중량"이라 함은 자동차에 연료, 윤활유 및 냉각수를 최대용량까지 주입하고, 예비타이어와 표준부품을 장착하며, ( ) 이상 장착되는 선택사양 중 원동기의 동력을 사용하는 에어컨, 동력핸들 등을 포함한 무게를 말한다.

① 30%   ② 50%
③ 70%   ④ 100%

해설 "공차중량"이라 함은 자동차에 연료, 윤활유 및 냉각수를 최대용량까지 주입하고, 예비타이어와 표준부품을 장착하며, 50% 이상 장착되는 선택사양 중 원동기의 동력을 사용하는 에어컨, 동력핸들 등을 포함한 무게를 말한다.

78 다음 자동차 기관의 성능곡선도 그림에서 A, B, C가 의미하는 것은?(단, f : 연료소비율, P : 출력, T : 회전토크이다)

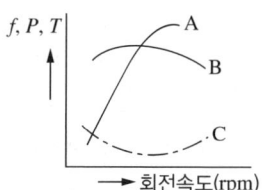

① A = f, B = T, C = P
② A = P, B = f, C = T
③ A = f, B = P, C = T
④ A = P, B = T, C = f

해설 그림에서 A는 출력, B는 토크, C는 연료소비율을 나타낸다.

79 2세트의 유성기어 장치를 연이어 접속시키되 1개의 선기어를 공용으로 사용하는 형식은?

① 라비뇨식
② 벤딕스식
③ 심프슨식
④ 평행기어식

> **해설** 심프슨 타입(Simpson Gear Type) 유성기어 장치는 2세트의 유성기어 장치를 연이어 접속시킨 형식으로 선기어는 1개를 공통으로 사용한다.

80 전기자동차 보급대상 평가에 관한 규정상 전기자동차 최대등판능력을 시험하는 방법으로 틀린 것은?

① 등판능력은 전기자동차가 오를 수 있는 최대 경사도(%)를 의미한다.
② 시험은 완전충전상태와 배터리 잔량(SOC)이 30% 이하인 상태에서 각 3회 실시하여 평균값으로 구한다.
③ 최대등판능력 시험을 실시하는 동안 출력과 관련된 경보, 고장, 알림이 발생하지 않아야 한다.
④ 시험방법은 KS R 1137 전기자동차 등판시험방법 중 차대동력계 시험방법을 따른다.

> **해설** 최대등판능력 시험방법은 다음과 같다.
> - 등판능력은 전기자동차가 오를 수 있는 최대 경사도(%)를 의미한다.
> - 시험은 차대동력계 롤의 회전력을 실시간으로 변경시킬 수 있는 차대동력계를 이용하여 실시한다. 이 경우 시험방법은 KS R 1137 전기자동차 등판시험방법 중 차대동력계 시험방법을 따른다. 다만, 총중량 3.5톤을 초과하는 차량은 차대동력계의 부하를 25% 가한 상태에서 20초 이상 출력 유지 가능 여부를 시험한다.
> - 시험은 완전충전상태와 배터리 잔량(SOC)이 20% 이하인 상태에서 각 2회 실시하여 평균값으로 구한다. 이 경우 "배터리 잔량(SOC)"은 전기자동차 계기판에서 지시하는 배터리 잔량 표시값이다.

제5과목 그린전동자동차 측정과 시험평가

81 자동차 잡음 방지용 고압 저항 전선(KS C 3403)에서 저항 전선의 항목별 특성으로 틀린 것은?

① 저항치 내습성 : 저항치 변화율 ±5% 이내
② 저항치 내수성 : 저항치 변화율 ±25% 이내
③ 내 충격성 : 저항치 변화율 ±5% 이내
④ 부하수명 : 저항치 변화율 ±15% 이내

해설 저항 전선의 항목별 특성은 다음과 같다.

항 목	특 성
저항치	정격저항값의 ±20% 이내
내전압	20,000V 0.15초간에 견딜 것
인장강도	끊어지지 말 것
라이프사이클	시험 중 재료가 파괴되지 않고 시험 후 재료에 이상이 없고, 저항치의 변화율은 ±15% 이내일 것
고온성	시스에 균열이 생기지 않을 것
저온성	시스에 균열이 생기지 않을 것
내유성	시스에 균열·손상이 생기지 않고, 현저한 부풀음 기타 이상이 없을 것
저항치 온도특성	가열 후 저항치의 변화율은 ±20% 이내, 상온 복귀 후 저항치의 변화율 ±10% 이내
저항치 내습성	저항치 변화율 ±15% 이내
저항치 내수성	저항치 변화율 ±25% 이내
저항치 내유성	저항치 변화율 ±15% 이내
부하수명	저항치 변화율 ±15% 이내
내 충격성	저항치 변화율 ±5% 이내

정답 81 ①

82 전기자동차 에너지소비율 및 일 충전 주행거리 시험방법(KS R 1135)에서 시험 전 요구조건으로 틀린 것은?

① 자동차는 제원표상의 기계적·전기적인 점검을 실시한다.
② 차량 구동장치는 시험 시작 전에 "냉간"상태에 두어야 하므로, 차량은 보존/충전 기간이 끝난 다음 시험 시작 전까지 1.6km 이상을 끌면 안 된다.
③ 보존/충전 시간이 끝난 후 1시간 내에 차량을 도로 시작점 또는 차대동력계상에 위치시켜야 하며, 이때 반드시 시동을 걸지 않은 상태로 끌거나 밀어서 옮겨야 한다.
④ 차량, 축전지, 온도조절장치는 시험 시작 전 최소 6시간, 최대 24시간 동안 0~30℃의 주변 온도에 두어야 하고, 이 시간 동안 충전상태를 유지해야 하며 충전완료 시까지 보존상태가 유지되어야 한다.

> 해설 시험 전 요구조건은 다음과 같다.
> • 차량, 축전지, 온도조절장치는 시험 시작 최소 12시간, 최대 36시간 동안 20~30℃의 주변 온도에 두어야 하고 이 시간 동안 충전상태를 유지해야 하며 충전완료 시까지 보존상태가 유지되어야 한다.
> • 보존/충전 시간이 끝난 후 1시간 내에 차량을 도로 시작점 또는 차대동력계상에 위치시켜야 하며, 이때 반드시 시동을 걸지 않은 상태로 끌거나 밀어서 옮겨야 한다.
> • 차량 구동장치는 시험 시작 전에 "냉간"상태에 두어야 하므로 차량은 보존/충전 기간이 끝난 다음 시험 시작 전까지 1.6km 이상을 끌면 안 된다.
> • 자동차는 제원표상의 기계적, 전기적인 점검을 실시한다.

83 도로 차량-전기동력자동차 구동용 전동기와 인버터의 출력 시험방법(KS R 1182)에서 유효질량의 범위로 틀린 것은?(단, 특수한 경우는 제외한다)

① 하이브리드자동차용 전동기의 유효질량은 회전자, 고정자, 베어링, 케이블, 축, 레졸버, 프레임 등 구성되는 질량을 모두 포함
② 전기동력자동차용 인버터의 유효질량은 프레임, 전원 및 제어부 등 전력변환장치를 모두 포함
③ 전기자동차용 전동기의 유효질량은 회전자, 고정자, 베어링, 케이블, 축, 레졸버, 프레임 등 독립된 형태로 구성되는 전체 질량을 포함
④ 연료전지자동차용 전동기의 유효질량은 회전자, 고정자, 베어링, 케이블, 축, 레졸버, 프레임 등 독립된 형태로 구성되는 전체 질량을 포함

> 해설 하이브리드자동차용 전동기의 유효질량은 직렬식, 병렬식, 동력 분배식 등 다양한 구동방식에 의해 전동기와 엔진이 프레임을 공용으로 사용하는 경우가 대부분이므로 측정자에 따라 질량 측정값이 달라지는 것을 방지하기 위하여 유효질량을 회전자, 고정자, 베어링, 케이블, 축, 레졸버 등 전자기력이 작용되는 부분으로 한정한다.

84 전동기 시험장치 및 시험방법에 대한 설명으로 틀린 것은?

① 회전력 및 회전속도 측정장치는 부하용 전동기와 시험용 전동기 사이에 설치한다.
② 시험용 전동기 시스템의 효율 및 사용에너지를 측정하기 위하여 전력 분석계가 설치된다.
③ 시험 안전을 위하여 전동기 측정 시스템의 최대 회전수는 시험용 전동기 시스템에 1.2배 이상을 권장한다.
④ 시험용 전동기는 전동기에서 발생하는 열에 의한 영향을 고려하여 일정 크기의 온도챔버를 설치해야 하고, 시험하는 동안 챔버 내의 온도는 제어하지 않는다.

해설 전동기 시험에서 시험 중 발생하는 전동기 온도변화의 시간 지연에 기인한 오차를 줄이기 위해 온도제어를 수행해야 한다.

85 전력 시스템에서의 고장과 관련하여 다음이 설명하는 용어는?

> 아이템 주변의 보호장치의 작동을 유발하고, 하나 이상의 회로차단기 작동 또는 하나 이상의 퓨즈의 끊어짐을 초래하는 아이템 고장

① 수동적 고장
② 캐스캐이딩
③ 능동적 고장
④ 플라이 백

해설 보기에서 설명하는 내용은 능동적 고장에 대한 설명이다.

86 자동차 지역 제어망(CAN)과 관련하여 전송매체를 통한 일련의 전송에서 비트 또는 비트 필드의 배열과 의미를 정의하는 데이터 링크층의 프로토콜 데이터 단위는?

① 핸들
② 프레임
③ 식별자
④ 휴지

해설 통신에서 프레임이란, 주소와 필수적인 프로토콜 제어정보가 포함된 완전한 하나의 단위로서 네트워크 지점 간에 전송되는 데이터이다.

87 측정범위 250V인 아날로그 전압계로 실제값 200V를 측정할 경우의 상대오차는?(단, 정확도 등급은 0.5이다)

① ±0.125%
② ±0.5%
③ ±0.625%
④ ±1.25%

해설 최대측정범위 250V이고 정확도 등급 0.5이면 250 × 0.005 = 1.25V가 된다. 따라서 실제측정값 200V에 대하여 상대오차를 계산하면 (1.25/200) × 100 = 0.625가 되어 상대오차는 ±0.625%가 된다.

88 아이템의 고장확률이 50%가 되는 시간 또는 전체 아이템의 50%가 고장나는 시간을 의미하는 용어는?

① 메디안 수명
② 풀푸르프
③ 경년 변화
④ 내용수명

해설 메디안 수명(Median Time To Fail)은 제품의 50%가 고장날 때까지 걸리는 시간을 말한다.

89 그림의 엔진 기어트레인에서 N0 기어의 회전수가 1,200rpm일 경우 다른 기어의 회전수가 틀린 것은?(단, 그림에서의 숫자는 기어 잇수를 의미한다)

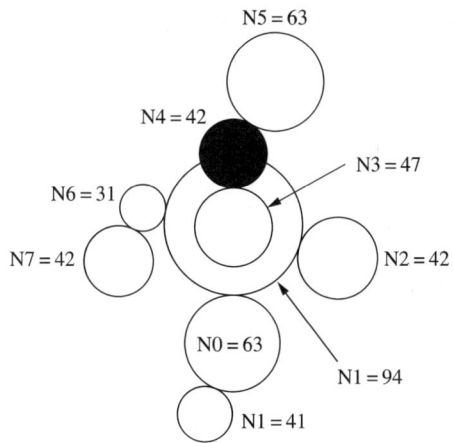

① N2 = 1,800rpm
② N4 = 900rpm
③ N5 = 1,200rpm
④ N7 = 1,800rpm

해설 그림에서 N0가 1,200rpm이면 N1은 감속비 94/63 = 1.492 따라서 1,200/1.492 = 804.29rpm으로 회전한다. N3 기어 역시 N1과 같이 조립되어 있으므로 같은 회전수(804.29rpm)를 가진다. 따라서 기어 잇수에 따른 기어비로 계산하면 N4의 회전수는 약 900rpm이 되고 N4와 N5의 기어비로 계산하면 N5의 회전수는 약 600rpm이 된다.

90 고장유형 및 영향분석에서 식별된 고장유형 및 원인에 대하여 상대적인 치명도값을 산출하여 상대적으로 위험도가 높은 품목을 선정, 설계에 반영하고 신뢰도 중심정비 분석, 업무보호 선정, 고장개소 확인, 고장배제절차 개발 및 정비교범의 항목 결정에 기초자료로 활용하는 분석행위는?

① IPR(In Process Review)
② FTA(Fault Tree Analysis)
③ CDR(Critical Design Review)
④ CA(Criticality Analysis)

해설 치명도 분석(CA)은 FMEA를 실시한 결과 고장 등급이 높은 고장모드가 시스템이나 기기의 고장에 어느 정도로 기여하는가를 정량적으로 계산하고, 고장모드가 시스템이나 기기에 미치는 영향을 정량적으로 평가하는 방법이다.

91 온보드 진단 통신과 관련하여 약어에 따른 내용으로 옳은 것은?(단, KS R ISO 27145-6에 의한다)

① MI : CAN 기반 진단 통신
② DoCAN : 오작동 표시
③ ESD : 전자기 적합성
④ DTC : 장애진단 코드

해설
④ DTC : 장애진단 코드
① MI : 오작동 표시
② DoCAN : CAN 기반 진단 통신
③ ESD : 정전기 방전

92 다음 용어 정의에 대한 설명으로 옳은 것은?

① 보전성 : 주어진 기간 동안 주어진 조건에서 요구 기능을 수행할 수 있는 아이템의 능력
② 신인성 : 가용성과 가용성에 영향을 미치는 요인들을 설명하기 위해 사용되는 총체적 용어
③ 가용성 : 규정된 사용조건과 보전조건에서 한계상태에 도달할 때까지 아이템이 요구 기능을 수행하는 능력
④ 신뢰성 : 주어진 조건에서 규정된 절차와 자원을 사용하여 보전이 수행될 때, 요구 기능을 수행할 수 있는 상태로 유지 또는 복원되는 아이템의 능력

해설 신인성 : 가용성과 가용성에 영향을 미치는 요인들을 설명하기 위해 사용되는 총체적 용어

정답 91 ④ 92 ②

93 온도측정방법 통칙(KS A 0511)과 관련하여 열전대의 측온 접점, 측온 저항체의 저항 소자, 방사 검출용 광전 변환 소자 등이 해당하며 측정량의 직접적인 영향 하에 있는 것은?

① 검출기
② 검출 소자
③ 검출부
④ 검출 레벨

해설 　검출 소자 : 측정량의 직접적인 영향 하에 있는 검출기의 수감부로 예를 들면 열전대의 접점, 측온저항체의 저항 소자, 방사 검출용 광전 변환 소자를 말한다.

94 OBD-Ⅱ에서 배출가스 제어와 관련한 주요 기능이 아닌 것은?

① 촉매성능 감지
② 차속센서 감지
③ 증발가스 제어장치 감지
④ EGR 제어장치 감지

해설 　ODB는 자동차의 전기/전자적인 작동 상태를 확인하고 제어하기 위한 진단 규격으로 배출가스와 관련된 시스템을 감시하고, ECU에 정보를 저장하여 배출가스 관련 부품에 고장이 발생했을 경우 고장코드를 기록하고 클러스터 경고등 점등을 통해 운전자 및 정비자가 문제를 인지하고 진단할 수 있도록 만든 시스템이다.

95 전압, 부하 등 온도 이외의 스트레스를 이용하여 절연체, 베어링, 백열전구 등 가속수명시험에 사용되는 수명과 스트레스의 관계를 나타내는 모델은?

① 역승 모델
② 아이링 모델
③ 아레니우스 모델
④ 일반화된 아이링 모델

해설 　① 역승 모델 : 전압 등과 같이 주로 비열 가속인자를 적용하는 경우 사용된다(절연체의 전압 내구시험, 베어링, 백열전구, 금속 재료의 열화 등).
② 아이링 모델 : 양자역학 원리에서부터 도출되었으며 가속인자로 열-스트레스(온도)를 적용하는 경우 주로 사용되나 습도 등 열 이외의 스트레스에 대해서도 사용할 수 있다(아레니우스 모형과 유사 온도에 의한 가속 단일 스트레스(전기장)에 의한 가속 화학적 열화 반응률).
③ 아레니우스 모델 : 온도에 의한 가속수명시험에서 가장 널리 사용된다(반도체, 건전지, 윤활유, 전구 필라멘트, 절연체).

96 도로차량-지역 제어망(CAN)-제1부 : 데이터링크층 및 물리적 신호방식(KS R ISO 11898-1)에서 OSI 참조 모델의 계층이 아닌 것은?

① 응용
② 논리
③ 표현
④ 세션

해설 OSI 참조 모델 계층은 응용, 표현, 세션, 전송, 네트워크, 데이터링크, 물리로 구성되어 있다.

97 자동차 네트워크에서 데이터 전송방식에 대한 설명으로 틀린 것은?

① 시리얼 통신은 단방향 또는 양방향 모두 통신할 수 있다.
② 양방향 통신은 정보의 흐름이 동시에 양방향으로 전달되는 통신방식이다.
③ 단방향 통신은 정보의 흐름이 한 방향으로 일정하게 전달되는 통신방식이다.
④ 시리얼 통신은 여러 가지 작동 데이터가 동시에 출력될 수 있다.

해설 시리얼 통신 : 여러 가지 작동 데이터가 동시에 출력이 되지 못하고 순차적으로 나오는 방식을 말한다. 즉, 동시에 2개의 신호가 검출될 경우 정해진 우선순위에 따라 우선순위인 데이터만 인정하고, 나머지 데이터는 무시하는 것이다. 이 통신은 단방향, 양방향 모두 통신할 수 있다.

98 자동차의 에너지소비효율, 온실가스 배출량 및 연료소비율 시험방법 등에 관한 고시에서 수소연료전지자동차와 전기자동차가 측정시험 전 수행해야 할 사전 길들이기 주행거리는? (단, 제작사가 별도로 요구하는 경우는 제외하며, 일반적인 경우에 국한한다)

① 3,500km 이하
② 5,000km ±1,000km
③ 6,500km ±1,000km
④ 8,000km 이상

해설 시험자동차는 6,500km ± 1,000km 사전 주행(길들이기)을 마친 후에 시험을 실시하여야 한다. 단, 제작사 요구 시 6,500km 이하에서 길들이기를 할 수 있다(자동차의 에너지소비효율, 온실가스 배출량 및 연료소비율 시험방법 등에 관한 고시 [별표 5]).

99 질량 2kg, 스프링 상수 7,900N/m, 감쇠 계수 176kg/s인 스프링-질량-감쇠 시스템에서 감쇠비는?(단, 속도에 대한 초기상태 조건은 0으로 가정한다)

① 0.7
② 1.4
③ 2.5
④ 3.6

해설 스프링감쇠비$(\zeta) = \dfrac{c}{2\sqrt{km}}$ 이므로 $\zeta = \dfrac{176}{2\sqrt{7,900 \times 2}} = 0.7$이 된다.

100 다음이 의미하는 계측용어는?

| 측정량을 원인으로 하고, 그 직접적인 결과로서 생기는 지시로부터 측정량을 아는 방법 |

① 치환법
② 합치법
③ 보상법
④ 편위법

해설 편위법(偏位法 : Deflection Method)이란 측정하려고 하는 양의 작용에 의하여 계측기의 지침에 편위를 일으켜 이 편위를 눈금과 비교함으로써 측정을 행하는 방식이다.

2022년 제4회 과년도 기출복원문제

제1과목 그린전동자동차공학

01 차체구조 접합에서 적용되고 있는 구조용 접착제의 특징에 대한 설명으로 옳지 않은 것은?

① 접착 강도와 비강도가 높다.
② 콜드 프로세스를 위한 모재의 물성에 영향을 끼치지 않는다.
③ 경화시간이 짧고 내열성이 우수하다.
④ 철과 알루미늄, 금속과 수지 등 이종 재료 사이의 접착이 가능하다.

해설 차체구조에 적용되는 구조용 접착제의 특징
- 접착 강도와 비강도가 높다.
- 콜드 프로세스를 위한 모재의 물성에 영향을 끼치지 않는다.
- 철과 알루미늄, 금속과 수지 등 이종 재료 사이의 접착이 가능하다.
- 접착제는 절연체이기 때문에 이종 금속 간의 체결에도 전식(電蝕)이 생기지 않는다.
- 체결과 동시에 체결부의 방청과 수밀 실(水密/Seal)이 가능하다.

구조용 접착제의 단점
- 경화시간이 길다(완전 경화까지 평균 90분 소요).
- 준비, 공정에 약간의 조직과 경험을 필요로 한다.
- 자외선이나 연식 등에 따른 열화 등에 대한 신뢰성이 부족하다.
- 내열성이 낮다.

02 전자제어 가솔린 연료분사 장치에서 연료의 기본 분사량을 결정하는 것은?

① 냉각 수온 센서
② 공기온도 센서와 대기압 센서
③ 크랭크각 센서와 흡입 공기량 센서
④ 흡입 공기량 센서와 스로틀 포지션 센서

해설 인젝터는 크랭크각 센서의 출력 신호와 공기 유량 센서의 출력 등을 계측한 ECU의 신호에 의해 구동되며, 분사 횟수는 크랭크각 센서의 신호 및 흡입 공기량에 비례한다. 따라서 기본 분사량은 크랭크각 센서(rpm)와 흡입 공기량 측정 센서에 의해 이루어진다.

정답 1 ③ 2 ③

03 제동 연료소비율이 200g/kWh인 앳킨슨(Atkinson) 기관의 제동 열효율은?(단, 연료의 저위발열량은 42,000kJ/kg이다)

① 약 43%
③ 약 30.1%
② 약 21%
④ 약 34%

해설 1kW = 860kcal/h이고 1kJ = 0.239kcal이다.

$$제동열효율 = \frac{860\text{kcal/h}}{제동\ 연료소비율 \times 연료의\ 저위발열량} \times 100 이므로$$

$$제동열효율 = \frac{860\text{kcal/h}}{0.2\text{kg/kWh} \times (42,000 \times 0.239)\text{kcal/kg}} \times 100 = 42.8\% 가\ 된다.$$

04 오존층 파괴 문제와 지구온난화 문제로 인해 대체된 자동차용 대체냉매는?

① R-12
② R-134a
③ R-141b
④ R-1234yf

해설 공조시스템에 적용되는 대체냉매의 구분

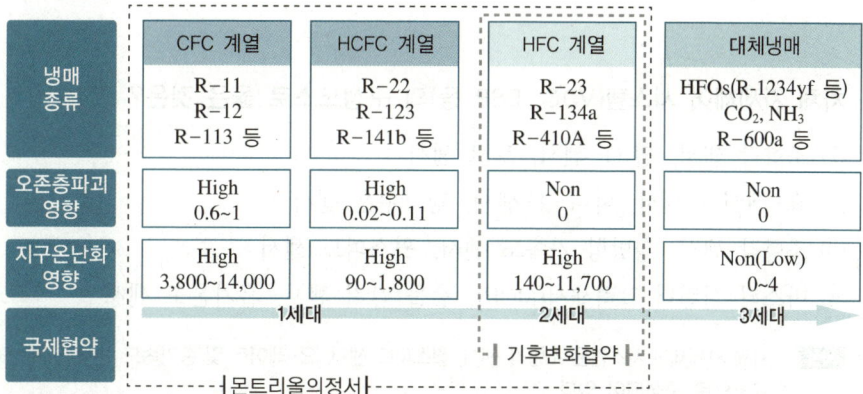

05 무게 5ton인 화물차량이 15° 경사길을 올라갈 때의 전 주행저항은?(단, 공기저항계수는 무시하고 구름저항계수는 0.3이다)

① 약 1,560kgf
② 약 2,084kgf
③ 약 2,560kgf
④ 약 2,794kgf

해설 전 주행저항은 구름저항, 가속저항, 공기저항, 등판저항의 합이며 문제 조건상 구름저항과 등판저항을 산출하여 합산하면 전 주행저항이 된다.
구름저항 = 구름저항계수 × 차량중량이므로 0.3 × 5,000 = 1,500kgf가 된다.
또한 등판저항은 $R_g = W' = W\sin\theta ≒ W\tan\theta$이므로 5,000 × sin15° = 1,294kgf가 되므로
전 주행저항은 1,500 + 1,294 = 2,794kgf가 된다.

06 차체 자세제어 시스템(VDC, ESP 등)의 구성요소로 옳은 것은?

① 조향각 센서, 휠 G-센서, 토크 센서
② 요-레이트 센서, 바디 G-센서, 냉각수온 센서
③ 조향각 센서, 횡방향 가속도 센서, 휠스피드 센서
④ 마스터 실린더 압력센서(MCP), 충돌 감지 센서, 흡기온도 센서

해설 차체 자세제어 시스템은 조향각 센서, 휠스피드 센서, 요-레이트 및 횡가속도 센서, VDC, ECU 및 하이드롤릭 유닛으로 구성되어 있다.

07 엔진의 효율 34.5%, 클러치 효율 90%, 변속기 효율 92%, 바퀴까지 동력전달효율이 93%인 경우 에너지의 총 전달효율은?

① 약 26.5%
② 약 28.9%
③ 약 31.2%
④ 약 33.4%

해설 엔진의 효율 34.5%가 바퀴까지 전달되는 총효율은 0.9×0.92×0.93 = 0.77이므로 77%의 전달효율을 가진다. 따라서 34.5×0.77 = 약 26.5%가 된다.

08 하이브리드 전기자동차(HEV)의 부품 중 직류를 교류로 바꾸는 장치는?

① LDC
② 컨버터
③ 인버터
④ 사이클로 컨버터

해설 직류를 교류로 전환하는 하이브리드 시스템의 장치는 인버터이다.

09 자동차의 주행속도는 약 몇 km/h인가?(단, 엔진회전수는 3,000rpm이고, 변속비 1.25, 종감속장치의 링기어 잇수 35, 구동피니언의 잇수 11, 구동륜 동하중 직경은 60cm이다)

① 55.27km/h
② 85.27km/h
③ 130.54km/h
④ 170.54km/h

해설 변속비 1.25, 종감속비 35/11 = 3.18이므로 총감속비는 1.25×3.18 = 3.975가 된다.
이때 엔진이 3,000rpm이면 바퀴는 3,000/3.975 = 754.7rpm으로 회전한다. 이는 초당 회전수로 환산하면 754.7/60 = 12.57rps이다.
바퀴의 원주가 0.6×3.14 = 1.884m이므로 1초 동안 움직인 거리는 12.57×1.884 = 23.68m/sec가 되며, 시속으로 환산하면 23.68×3.6 = 약 85.248km/h가 된다.

정답 7 ① 8 ③ 9 ②

10 디젤기관의 회전속도가 2,000rpm, 크랭크각이 20°일 때 착화지연시간은?

① $\dfrac{1}{300}$ 초   ③ $\dfrac{1}{400}$ 초

② $\dfrac{1}{500}$ 초   ④ $\dfrac{1}{600}$ 초

해설 $CA = 6RT$ 이므로 $20° = 6 \times 2,000 \times T$ 가 되어 $T = \dfrac{1}{600}$ 초가 된다.

11 전자제어 조향장치에서 전동식 조향장치의 종류로 틀린 것은?

① 랙 구동식(Rack Type)
② 베벨 구동식(Bevel Type)
③ 칼럼 구동식(Column Type)
④ 피니언 구동식(Pinion Type)

해설 전동식 동력 조향시스템의 종류는 R-MDPS, C-MDPS, P-MDPS가 있다.

12 자동차 냉난방과 관련하여 증기압축 냉동사이클에서 증발온도에 따른 영향으로 틀린 것은?

① 압축일 증가
② 성적계수 증가
③ 냉방효과 감소
④ 압축 후 온도 상승

> **해설** 과열, 과랭이 없는 이상적인 증기압축 냉동사이클에서 증발온도가 일정하고 응축온도가 내려갈수록 성능계수가 증가한다.

13 가솔린 전자제어 시스템의 흡입공기량 센서 중에서 정밀성이 우수하고 신호처리가 쉬우나 대기압 보정이 필요한 것은?

① 베인(Vane)식
② 핫 필름(Hot Film)식
③ 맵 센서(MAP Sensor)식
④ 카르만 와류(Karman Vortex)식

> **해설** **카르만 와류식**
> 공기의 체적 유량을 계량하는 방식으로 센서 내에서 소용돌이(와류)를 일으켜 단위 시간에 발생하는 소용돌이 수를 초음파 변조에 의해 검출하여 공기 유량을 검출하는 방식으로 대기압에 따른 보정이 필요하여 BPS가 설치된다.

14 자동차 전자제어 현가장치(Electronic Control Suspension)에서 선회 시 자동차 좌우 방향에 작용하는 횡 가속도를 중력센서로 감지하여 차체가 바깥쪽으로 쏠리지 않고 편평한 자세가 되도록 하는 제어는?

① 앤티 롤링(Anti-rolling) 제어
② 앤티 스쿼트(Anti-squat) 제어
③ 앤티 다이브(Anti-dive) 제어
④ 앤티 피칭(Anti-pitching) 제어

> **해설** 전자제어 현가장치에서 선회 시 자동차 좌우 방향에 작용하는 횡 가속도량을 감지하여 차량 안 좌우 방향으로 쏠리지 않게 제어하는 것을 앤티 롤링 제어라 한다.

정답 12 ② 13 ④ 14 ①

15 4행정 4실린더 기관에서 실제 흡입되는 공기량이 1,695cc라면 기관의 체적효율(%)은?(단, 기관 실린더 지름 90mm, 피스톤 행정 90mm이다)

① 58%   ② 65%
③ 74%   ④ 82%

해설 체적효율은 (실제흡입량 / 이론흡입량)×100으로 산출되며,

이론 총배기량은 $\frac{\pi D^2}{4} \times L \times Z$ 이므로 $\frac{\pi \times 9^2}{4} \times 9 \times 4 = 2,289.06cc$ 가 된다.

따라서 체적효율은 $\frac{1,695}{2,289.06} \times 100 = 74.04\%$ 가 된다.

16 모터 구동식 동력 조향 장치(MDPS ; Motor Driven Power Steering)의 특징으로 옳지 않은 것은?

① 전기모터 구동으로 인해 이산화탄소가 저감된다.
② 엔진의 동력을 이용하지 않으므로 연비 향상과 소음, 진동이 감소된다.
③ 부품의 단순화 및 전자화로 부품의 중량이 감소되고 조립 위치에 제약이 적다.
④ 핸들의 조향력이 저속에서는 무겁고 고속에서는 가볍게 작동하는 차속 감응형 시스템이다.

해설 모터 구동식 동력 조향 장치(MDPS)의 특징
- 전기모터 구동으로 인해 이산화탄소가 저감된다.
- 핸들의 조향력이 저속에서는 가볍고 고속에서는 무겁게 작동하는 차속 감응형 시스템이다.
- 엔진의 동력을 이용하지 않으므로 연비 향상과 소음, 진동이 감소된다.
- 부품의 단순화 및 전자화로 부품의 중량이 감소되고 조립 위치에 제약이 적다.
- 차량의 유지비가 감소되고 조향성이 증가된다.

17 차량 자세제어시스템(VDC)의 제어기능으로 옳지 않은 것은?

① 요 모멘트 제어
② 자동 가속제어
③ ABS 및 TCS 제어
④ 각 바퀴에 대한 제동력 독립제어

해설 차량 자세제어시스템(VDC)은 스핀(Spin) 또는 오버 스티어(Over Steer), 언더 스티어(Under Steer) 등의 발생을 억제하여 이로 인한 사고를 미연에 방지할 수 있는 시스템으로 각 바퀴에 독립적인 제동력 제어기능을 통하여 요 모멘트 제어, 자동 감속제어, ABS 및 TCS 제어 등에 의하여 스핀 방지, 오버 스티어 방지, 요잉 발생 방지, 조정 안정성 향상 등의 효과가 있다.

18 공조시스템에 대한 일반적인 차량 열부하의 종류로 옳지 않은 것은?

① 인적 부하(승차원의 발열)
② 복사 부하(직사광선)
③ 마찰 부하(타이어 및 베어링 등의 마찰열)
④ 관류 부하(차실 벽, 바닥 또는 창면으로부터의 열 이동)

해설 자동차 실내에는 외부 및 내부에서 여러 가지 열이 가해지고 이러한 열들을 차실의 열부하라 한다. 차량의 열부하는 일반적으로 인적 부하(승차원의 발열), 복사 부하(직사광선), 관류 부하(차실 벽, 바닥 또는 창면으로부터의 열 이동), 환기 부하(자연 또는 강제의 환기)의 4가지 요소로 분류된다.

19 LED 램프에 대한 특징에 대한 설명으로 옳지 않은 것은?

① 발광효율이 높고 저전류에서 고출력을 얻을 수 있다.
② 전구의 1/10, 형광등의 약 1/2의 매우 적은 전력이 소비된다.
③ 반응시간이 짧아 예열시간이 거의 없다.
④ LED는 고온에서도 열 내구성이 우수하여 방열 설계가 필요 없다.

> **해설** LED 자체 발열에 따른 문제를 해결하기 위한 방열 설계 및 구조 설계는 중요하다. 방열 설계는 자동차의 엔진 열이나 히터 및 냉각기 등의 영향으로 인한 LED 조명 제품의 성능 저하를 방지하기 위한 것이다.
> **LED의 장점**
> - 반영구적 수명으로 한번 설치하면 교체나 유지보수가 거의 필요 없다.
> - 발광효율이 높고 저전류에서 고출력을 얻을 수 있다.
> - 전구의 1/10, 형광등의 약 1/2로 매우 적은 전력이 소비된다.
> - 반응시간이 짧아 예열시간이 불필요하다.
> - 다양한 연출을 구현할 수 있다.
> - 소형, 초경량이 가능하다.
> - 내구성이 우수하다.
> - 수은 등의 유해물질 배출이 없다.

20 다음 중 연속 가변 밸브 타이밍(CVVT) 시스템에 대한 설명으로 옳은 것은?

① 엔진 회전수와 스로틀 개도량, 부하량에 따라 밸브 개폐 시기를 연속적으로 조절하여 밸브 오버랩 구간을 변경함으로써 엔진 작동영역별 성능을 증가시키는 시스템이다.
② 엔진의 회전속도에 따른 밸브의 열림량을 제어하는 방식으로 엔진 회전수에 따라 캠 프로파일의 전환 또는 요동 캠 기구를 이용하여 밸브의 리프트 양이 조절되며, 엔진의 성능향상 및 연비를 향상시키는 시스템이다.
③ 캠의 회전 중심을 변경하여 편심을 발생하고 이에 따라 캠이 밸브를 누르는 순간의 회전속도를 변경하여 밸브 듀레이션을 발생시킬 수 있어 엔진의 성능향상 및 연비를 향상시키는 시스템이다.
④ 엔진 컴퓨터는 엔진의 회전수와 엔진의 부하를 계산하는 스로틀 밸브 열림량에 따라 VIS(Variable Intake System) 밸브 모터를 구동하여 공기 흡입 통로의 방향을 제어하여 엔진의 성능향상 및 연비를 향상시키는 시스템이다.

> **해설** CVVT는 가변 밸브 타이밍 장치를 말하며 엔진의 흡기 또는 배기 밸브의 타이밍, 즉 밸브가 열리고 닫히는 시기를 운전조건에 맞도록 가변 제어한다. 엔진의 회전수가 느릴 때에는 흡기 밸브의 열림 시기를 늦춰 밸브 오버랩을 최소로 하고, 중속 구간에서는 흡기 밸브의 열림 시기를 빠르게 하여 밸브 오버랩을 크게 할 수 있도록 제어하여 안정적인 연소, 연비의 향상, 배출가스 저감 등의 효과를 볼 수 있다.

제2과목 | 그린전동자동차 전동기와 제어기

21 전기자동차에 주로 사용되는 3상 교류 동기모터의 회전운동을 유지하는 원리에 대한 설명으로 옳은 것은?

① 자석과 전자석의 상호유도작용으로 회전운동을 유지한다.
② 자석과 전자석의 마찰작용으로 회전운동을 유지한다.
③ 로터와 스테이터의 충전작용으로 회전운동을 유지한다.
④ 로터와 스테이터의 마찰작용으로 회전운동을 유지한다.

해설 3상 교류 동기모터는 자석과 전자석의 상호유도작용으로 회전하는 교류 동기모터이다.

22 다음 그림과 같은 인버터 기본 회로의 동작을 설명한 것으로 옳은 것은?

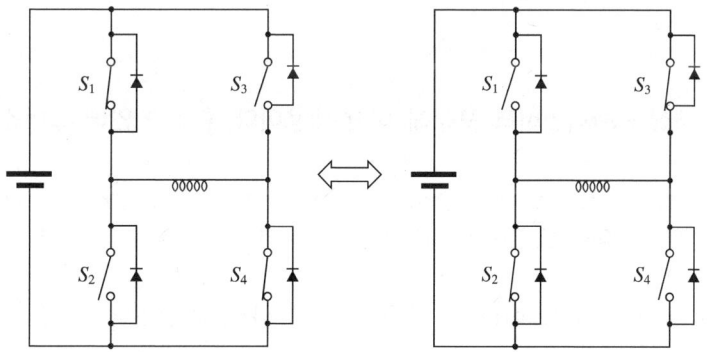

① 대각으로 배치한 스위치를 ON/OFF로 하는 2가지 패턴에 따라 중앙의 코일에 흐르는 전류의 방향이 바뀌므로 교류와 같은 파형이 출력된다.
② 대각으로 배치한 스위치를 ON/OFF로 하는 2가지 패턴에 따라 중앙의 코일에 흐르는 전류의 방향이 바뀌므로 직류와 같은 파형이 출력된다.
③ 대각으로 배치한 스위치를 ON/OFF로 하는 2가지 패턴에 따라 중앙의 코일에 흐르는 전류의 방향이 일치하므로 교류와 같은 파형이 출력된다.
④ S_1 스위치를 ON, OFF하여 중앙의 코일에 흐르는 전류의 방향을 바꿈으로써 교류와 같은 파형이 출력된다.

해설 그림과 같은 인버터 기본 회로의 동작은 대각으로 배치한 스위치를 ON/OFF로 하는 2가지 패턴에 따라 중앙의 코일에 흐르는 전류의 방향이 바뀌므로 교류와 같은 파형이 출력된다.

23 하이브리드자동차 모터 제어기 및 고전압 배터리 패키지 냉각 시스템 설계 시 고려해야 할 사항으로 틀린 것은?

① 고전압 배터리 팩은 최적의 열관리가 되어야 한다.
② 모터 제어기는 열이 발생하지 않으므로 냉각 시스템이 필요 없다.
③ 냉각 시스템의 소음은 적어야 한다.
④ 여름 및 겨울철을 고려할 때 실내 공기를 유입하여 냉각하는 것이 바람직하다.

해설 하이브리드 차량의 모터 컨트롤 유닛은 많은 열이 발생하므로 블로어 등을 이용한 냉각 장치가 필수적으로 적용되어야 한다.

24 다음은 3상 PWM 인버터 구성에 대한 내용이다. ( ) 안에 들어갈 용어로 옳은 것은?

3상 전압형 펄스폭 변조(PWM) 인버터는 직류전원 사이에 (가)와 2개의 (나)가 직렬 3상으로 나누어 접속되어 있으며 직렬 접속한 파워소자의 중간부터 모터의 출력이 나온다.

① (가) : 펄스 제너레이터　　(나) : 파워소자
② (가) : 파워소자　　　　　(나) : 콘덴서
③ (가) : 콘덴서　　　　　　(나) : 파워소자
④ (가) : 파워소자　　　　　(나) : 펄스 제너레이터

해설
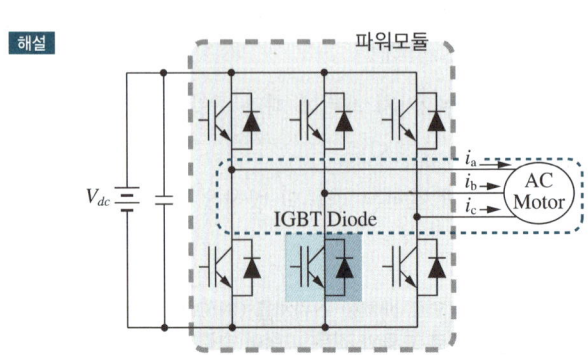

25 8극 유도전동기에 60Hz 교류주파수를 인가하였을 때 동기속도는?

① 600rpm
② 900rpm
③ 1,200rpm
④ 1,500rpm

해설 동기속도 $=\dfrac{120f}{P}(\text{rpm})$ 이므로 $\dfrac{120\times 60}{8}=900\,\text{rpm}$ 이 된다.

26 5HP, 220V, 60Hz, 1,750rpm 정격의 4극 3상 유도전동기에서 정격전류는 얼마인가?(단, 역률은 0.85, 효율은 90%이다)

① 6.4A
② 12.8A
③ 25.6A
④ 128A

해설 3상 유도전동기의 정격전류 $I=\dfrac{W(\text{Watt})}{\sqrt{\text{상수}}\times \text{전압}\times \text{효율}\times \text{역률}}$ 이므로

$I=\dfrac{3,680}{\sqrt{3}\times 220\times 0.85\times 0.9}=$ 약 12.8A 가 된다.

27 3상 유도전동기의 슬립(Slip)에 대한 설명으로 틀린 것은?

① 슬립(Slip) $s = \dfrac{N_s - N}{N_s}$ 이다.

② 슬립(Slip)은 효율, 토크, 역률, 전류 등의 모든 특성을 결정한다.

③ 동기속도(N_s)와 회전자 속도(N)와의 차이를 슬립 속도(Slip Speed)라 한다.

④ 정지 상태에서 슬립(Slip)은 0이고, 회전자 속도가 동기속도와 같아지면 슬립(Slip)은 1이다.

> **해설** 유도전동기의 슬립(Slip)은 정지 상태에서 1이고, 회전자 속도가 동기속도와 같아지면 슬립(Slip)은 0이 된다.
> - 유도전동기의 슬립 : $0 < s < 1$
> - $s = 1$이면 $N = 0$이고 전동기는 정지 상태
> - $s = 0$이면 $N = N_s$가 되어 전동기가 동기속도로 회전

28 그린전동자동차용 인버터의 스위칭 파워소자로 쓰이고 있는 IGBT(Insulated Gate Bipolar Transistor)의 특징이 아닌 것은?

① 스위칭 주파수는 1,500kHz 이상이다.

② 소자의 구동은 전압으로 구동한다.

③ 파워는 수백 kW까지 사용 가능하다.

④ 전압은 최대 2,500V까지 사용 가능하다.

> **해설** Inverter Switching 소자에 따른 분류
>
> | Switching 소자 | MOSFET | GTO | IGBT | 고속 SCR |
> |---|---|---|---|---|
> | 적용 용량 | 소용량(5kW 이하) | 초대용량(1MW 이상) | 중대용량(1MW 미만) | 대용량 |
> | Switching 속도 | 15kHz 초과 | 1kHz 이하 | 15kHz 이하 | 수백 Hz 이하 |
> | 특징 | 일반 Transistor의 Base 전류 구동방식을 전압 구동방식으로 하여 고속 스위칭이 가능 | 대전류, 고전압에 유리 | 대전류, 고전압에의 대응이 가능하면서도 스위칭 속도가 빠른 특성을 보유하여 최근에 가장 많이 사용되고 있음 | 전류형 인버터에 사용 |

정답 27 ④ 28 ①

29 다음의 복소수를 페이저(Phasor)로 표현하면?

$$\frac{1}{\sqrt{2}} + j\frac{1}{\sqrt{2}}$$

① $10\angle 45°$
② $10\angle -45°$
③ $1\angle 45°$
④ $1\angle -45°$

해설 복소수의 극좌표 형식에서 $\dot{A} = a + jb$, $|\dot{A}| = A = \sqrt{a^2 + b^2}$
$\tan\theta = \frac{b}{a}$, $\theta = \tan^{-1}\frac{b}{a}$, $\dot{A} = \sqrt{a^2 + b^2} \tan^{-1}\frac{b}{a} = A\angle\theta$ 이므로
$\frac{1}{\sqrt{2}} + j\frac{1}{\sqrt{2}}$ 을 표현하면 $1\angle 45°$ 가 된다.

30 직류전동기의 기계적 접촉구조인 정류자와 브러시를 전자적인 정류로 대체하여 기계적 내구성과 신뢰성을 향상시킨 전동기는?

① DC 전동기
② 동기 전동기
③ 유도 전동기
④ BLDC 전동기

해설 **BLDC 전동기의 장점**
- 브러시가 없기 때문에 전기적, 기계적 노이즈 발생이 적다.
- 신뢰성이 높고 유지보수가 필요 없다.
- 일정속도제어, 가변속제어가 가능하다.
- 고속화가 용이하다.
- 소형화가 가능하다.

정답 29 ③ 30 ④

31 하이브리드 자동차에서 인버터나 모터를 교환하거나 조립하는 과정에서 기계공차에 의해 발생한 옵셋(Offset)값을 인버터에 저장하여 모터 회전자의 절대 위치를 검출하기 위한 과정은?

① 레졸버 보정
② 인버터 보정
③ 스캔툴 보정
④ 하이브리드 보정

> **해설** 레졸버는 전동기의 회전각과 위치를 검출하며, 주로 모터의 센서로 사용한다.

32 270V, 180W의 동기모터에 144V의 전원을 사용할 때, 일률은 약 몇 W인가?

① 51.2W
② 69W
③ 82.8W
④ 96W

> **해설** $P(\text{W}) = \dfrac{E^2}{R}$ 이므로 $\dfrac{270^2}{R} = 180$ 이고 $R = 405\Omega$ 이 된다.
> 144V가 사용될 때는 $P = \dfrac{144^2}{405}$ 이므로 일률은 51.2W가 된다.

33 전류형 인버터에서 Controlled Rectifier라고 하며, 인버터 출력 전류의 크기를 제어하는 부분은?

① 인버터부
② AC 제어부
③ DC-LINK부
④ 컨버터부

> **해설** **전류형 인버터의 시스템 구성**
> • 컨버터부 : Controlled Rectifier라고 하며, 인버터 출력 전류의 크기를 제어한다.
> • DC-LINK부 : DC-LINK 내의 직류전류를 평활하게 한다.
> • 인버터부 : Controlled Rectifier에서 제어된 직류전류를 인버터부에서 원하는 주파수로 스위칭하여 출력을 발생(출력 주파수 제어)시킨다.

34 공간벡터 PWM(Space Vector PWM) 방식에 대한 설명으로 옳은 것은?

① 공간벡터 PWM 신호 출력은 삼각파와 정현파의 파형 크기를 비교하여 나오는 출력이다.
② 공간벡터 변조 방식이 정현파 변조 방식보다 전력변환 범위가 넓다.
③ 삼각파와 정현파 파형의 교점이 스위칭 소자의 스위칭 타임을 결정한다.
④ 전동기 제어 전류 리플과 스위칭 주파수를 제어하는 방식이다.

해설 3상 전력을 복소수 공간에서 하나의 공간벡터로 표현하고 이를 변조하는 기법이 공간벡터 전압 변조 방식(SVPWM ; Space Vector PWM)이며 동일한 직류단 전압에서 정현파 전압 변조 방식(SPWM ; Sinusoidal PWM)보다 비교적 적은 고조파 전압이 포함된 큰 출력전압 생성이 가능하다는 장점으로 인해 현재 널리 사용되고 있다.

35 유도전동기의 회전자 자속 기준 직접 벡터 제어에서 동기좌표계 d와 q축 전류에 대한 설명으로 옳은 것은?

① d축 고정자 전류로 토크를 제어하고, q축 고정자 전류로는 회전자 자속을 제어한다.
② d축 고정자 전류로 회전자 자속을 제어하고, q축 고정자 전류로는 토크를 제어한다.
③ d축 회전자 전류로 토크를 제어하고, q축 회전자 전류로는 회전자 자속을 제어한다.
④ d축 회전자 전류로 회전자 자속을 제어하고, q축 회전자 전류로는 토크를 제어한다.

해설 유도전동기의 회전자 자속 기준 직접 벡터 제어에서 d축은 고정자 전류로 회전자 자속을 제어하고 q축 고정자 전류로는 토크를 제어하며 동기좌표계 $d-q$축 전류 제어방식을 이용한 벡터제어가 많이 사용된다.

36 3상 인버터의 출력 상전압(v_{as}, v_{bs}, v_{cs})을 공간 전압 벡터 $V = \frac{2}{3}(v_{as} + av_{bs} + bv_{cs})$로 표현할 때, a와 b의 계수로 옳은 것은?

① $e^{j\frac{2\pi}{3}}, e^{-j\frac{2\pi}{3}}$

② $e^{j\frac{\pi}{3}}, e^{-j\frac{2\pi}{3}}$

③ $e^{j\frac{2\pi}{3}}, e^{j\frac{2\pi}{3}}$

④ $e^{j\frac{\pi}{3}}, e^{j\frac{\pi}{3}}$

해설 공간벡터 PWM(SVPWM)은 3상의 6개 스위치를 한꺼번에 고려하여 인버터의 스위칭 상태를 이미 계산된 순서와 지속시간에 따라 전환해주는 것을 말하며, 3상 인버터 출력 상전압을 공간 전압 벡터로 표현하면 $V = \frac{2}{3}(v_{as} + av_{bs} + bv_{cs})$이고
여기서 $a = e^{j\frac{2\pi}{3}}, b = e^{j\frac{4\pi}{3}} = e^{-j\frac{2\pi}{3}}$ 가 된다.

37 공간 벡터 전압 변조 방식(Space Vector PWM)에 대한 설명으로 틀린 것은?

① 3상 전압 지령을 복소수 공간에서 하나의 공간 벡터로 표현하여 이를 변조하는 기법이다.

② SVPWM은 다른 PWM에 비하여 주어진 직류전압 조건에서 가장 큰 교류전압을 얻을 수 있다.

③ SVPWM에 의한 인버터 출력전압을 전동기에 인가 시 출력 전류 고조파가 다른 변조 방식에 비하여 작다.

④ SVPWM에 의한 인버터 출력 상전압의 크기는 인가된 직류 입력전압 V_{DC}의 $\frac{1}{\sqrt{2}}$ 배이다.

해설 Sine PWM을 사용할 때는 최대전압이 $1/2 \times V_{DC}$이고, SVPWM을 사용하면 최대전압이 $1/\sqrt{3} \times V_{DC}$로 커진다.

38 전기 기계의 철심을 성층하는 가장 적절한 이유는?

① 기계손을 적게 하기 위하여
② 와류손을 적게 하기 위하여
③ 히스테리시스손을 적게 하기 위하여
④ 표유부하손을 적게 하기 위하여

해설 전기자 철심은 히스테리시스 손실의 감소 효과가 큰 규소(1~1.4%)를 함유시켜 제작하고 또한 와류에 의한 손실의 감소를 위해 저규소 강판을 성층으로 얇게 제작하여 적용한다.

39 실리콘 정류 소자(SCR)와 관계없는 것은?

① 교류 부하에서만 제어가 가능하다.
② 아크가 생기지 않으므로 열의 발생이 적다.
③ 턴온(Turn On)시키기 위해서 필요한 최소의 순전류를 래칭(Latching) 전류라 한다.
④ 게이트 신호를 인가할 때부터 도통할 때까지의 시간이 짧다.

해설 실리콘 정류 소자(SCR)는 직·교류 제어가 가능하다.

40 IGBT에 대한 설명 중 틀린 것은?

① BJT와 MOSFET의 장점을 조합한 소자이다.
② IGBT는 전력용 MOSFET과 같이 전압제어소자이다.
③ 스위칭 속도는 MOSFET의 스위칭 속도보다 빠르다.
④ IGBT는 BJT보다 빠르다.

해설 IGBT의 특징
  • BJT와 MOSFET의 장점을 조합한 소자이다.
  • MOSFET과 같이 고입력 임피던스를 가지고 있고, BJT와 같이 낮은 ON 상태의 도통 손실을 나타낸다.
  • 전력용 MOSFET과 같이 전압 제어 소자이다.
  • 낮은 스위칭 손실과 도통 손실을 갖고 있는 반면에 게이트 구동이 용이한 피크 전류, 용량, 견고함 등과 같은 전력용 MOSFET의 장점을 지닌다.
  • BJT보다 빠르다.
  • 스위칭 속도는 MOSFET보다 떨어진다.

제3과목 그린전동자동차 배터리

41 전기 이중층 커패시터(Capacitor)의 특징에 대한 설명으로 틀린 것은?

① 충전시간이 짧다.
② 출력의 밀도가 높다.
③ 화학반응으로 열화가 생긴다.
④ 단자 전압으로 남아 있는 전기량을 알 수 있다.

해설 전기 이중층 커패시터(Capacitor)의 특징
- 방전 전류가 커서 충전시간이 짧다.
- 열화가 거의 없어 화학변화가 없다.
- 단자 전압으로 남아 있는 전기량을 알 수 있다.
- 출력의 밀도가 높다.

42 배터리 용량이 6.5Ah이고 0.1초 동안에 50A가 방전된다면 0.1초 동안의 SOC 변화량은?

① 약 0.02%   ② 약 0.2%
③ 약 2%   ④ 약 20%

해설 $SOC(t) = \dfrac{Q_t}{Q_{max}} \times 100$ 이므로 $\dfrac{50A \times \left(\dfrac{0.1}{3,600}\right)h}{6.5Ah} \times 100 = 0.02\%$ 이다.

43 하이브리드 및 전기자동차에 사용되는 부품의 기능에 관한 설명으로 틀린 것은?

① 모터 제어기 : 고전압 배터리의 교류전원을 모터의 작동에 필요한 단상 교류전원으로 변환
② DC/DC 컨버터 : 직류전압을 전력전자 반도체 소자를 이용하여 강압 또는 승압
③ 회생 제동장치 : 제동 및 감속 시 구동력으로 전기를 발생하여 배터리를 충전
④ PWM 인버터 : 고전압 배터리의 직류전압을 구동전동기에 적합한 다상 교류전압으로 변환

해설 MCU는 고전압 배터리의 직류(DC)전원을 모터 작동에 필요한 3상 교류(AC)전원으로 변환하고, HCU(HEV Control Unit)의 명령을 받아 모터의 구동 전류 제어와 감속 및 제동 시 3상 교류를 직류로 변경하여 모터를 발전기 역할로 변경하고 배터리 충전을 위한 에너지 회수 기능을 담당한다.

44 고전압 배터리 시스템 제어 특성 중 관련 없는 모드는?

① 방전 모드
② 정지 모드
③ 공회전 모드
④ 회생제동 모드

해설 고전압 배터리 시스템 제어에서 충·방전 제어, 정지, 회생제동 등의 모드가 고전압 배터리 시스템을 제어한다.

45 하이브리드 차량의 HSG(Hybrid Starter Generator)의 기능으로 틀린 것은?

① 시동 제어 : EV 모드에서 엔진 시동
② 모터 기능 : EV 모드 주행과 HEV 모드에서 엔진 출력 보조
③ 발전 제어 : 고전압 배터리 잔량 부족 시 강제 시동 후 배터리 충전
④ 소프트 랜딩 제어 : HEV 모드에서 EV 모드로 변환 시 시동 정지로 인한 엔진 진동을 최소화

해설 HSG(Hybrid Starter Generator)는 엔진과 벨트로 연결되어 시동 기능과 발전 기능을 수행한다.
- 시동 제어 : 엔진과 모터의 동력을 같이 사용하는 구간인 HEV 모드에서는 주행 중에 엔진을 시동한다.
- 엔진속도 제어 : 엔진 시동 실행 시 엔진의 동력과 모터 동력을 연결하기 위해 엔진 클러치가 작동할 경우 엔진을 모터 속도와 같은 속도로 빨리 올려 엔진 클러치 작동으로 인한 충격이나 진동 없이 동력을 연결해 준다.
- 발전 제어 : 고전압 배터리 SOC의 저하 시 엔진을 시동하여 엔진 회전력으로 HSG가 발전기 역할을 하여 고전압 배터리를 충전하고 충전된 전기에너지를 LDC를 통해 12V 차량전장부하에 공급한다.
- 소프트 랜딩 제어 : HEV 모드에서 EV 모드로 변환 시 시동 정지로 인한 엔진 진동을 최소화하는 역할을 한다.

정답 44 ③ 45 ②

46 리튬 이온 배터리에 대한 설명 중 틀린 것은?

① 양극에 리튬 산화물을 사용한다.
② 음극에 탄소질 재료를 사용한다.
③ 전해액은 카드뮴계 물질을 사용한다.
④ 에너지밀도는 니켈수소 배터리보다 높다.

해설 리튬 이온 배터리의 특징
- (+)극에는 리튬 금속산화물, (−)극에는 탄소화합물, 전해액은 염 + 용매 + 첨가제로 구성된다.
- 에너지밀도는 니켈수소전지의 약 2배, 납산 전지의 약 3배이다.
- 발생전압은 3.6~3.8V이다.
- 체적을 1/3로 소형화가 가능하다.
- 비메모리효과로 수시충전이 가능하다.
- 자기 방전이 작고 작동 온도 범위는 −20~60℃이다.
- 카드뮴, 납, 수은 등이 포함되지 않아 환경친화적인 특징이 있다.

47 고분자 전해질형 연료전지의 특징에 관한 설명 중 틀린 것은?

① 촉매로 백금을 사용한다.
② 저온 시동성이 좋지 않다.
③ 다른 연료전지에 비해 전류밀도가 비교적 크다.
④ 고체막을 전해질로 사용하기 때문에 취급이 용이하다.

해설 고분자 전해질형 연료전지(PEMFC)의 특징
- 고체 고분자 전해질에 순수한 불소를 통과하여 공기 중의 산소와 화학반응에 의해 백금의 전극에 전류가 발생한다.
- 출력의 밀도가 높아 소형·경량화가 가능하다.
- 상온에서 80℃의 저온에서 작동하기 때문에 재료의 제약이 적다.
- 강성이 우수하고 진동에 강하다.

48 배터리 전압은 전류와 온도의 영향을 받으므로 이러한 인자를 비교하여 연산하는 SOC(State Of Charge)의 측정방법으로 옳은 것은?

① 화학적 방법
② 전압 측정 방법
③ 저항 측정 방법
④ 전류 적분 방법

해설 SOC의 측정방법
- 화학적 방법 : 배터리의 전해질 비중과 pH를 측정하여 계산하는 방법
- 전압 측정 방법 : 배터리의 전압을 측정하여 계산하는 방법(배터리 전압은 전류와 온도의 영향을 받기 때문에 영향 요인들을 고려하여 연산)
- 압력 측정 방법 : Ni-MH 배터리 충전 시 배터리 내부의 압력이 증가하는 특성을 이용하여 계산하는 방법
- 전류 적분 방법 : 배터리의 전류의 측정값을 시간에 대해 적분하여 계산하는 방법으로 쿨롱(Coulomb) 카운팅이라고도 함

49 슈퍼커패시터에 대한 설명으로 틀린 것은?

① 과충전이나 과방전이 일어나지 않아 회로가 단순하다.
② 전하를 물리적으로 충전하기 때문에 충·방전 시간 조절이 가능하다.
③ 내부저항으로 잔류용량의 파악이 가능하다.
④ 수명이 길고 에너지밀도가 높다.

해설 슈퍼커패시터의 특징
- 표면적이 큰 활성탄 사용으로 유전체의 거리가 짧아져서 소형으로 패럿(F) 단위의 큰 정전용량을 얻는다.
- 과충전이나 과방전에 일어나지 않아 회로가 단순하다.
- 전자부품으로 직접체결(땜납)이 가능하므로 단락이나 접속 불안정이 없다.
- 전하를 물리적으로 축적하기 때문에 충·방전 시간 조절이 가능하다.
- 전압으로 잔류용량의 파악이 가능하다.
- 내구온도(-30~90℃)가 광범위하다.
- 수명이 길고, 에너지밀도가 높다.
- 친환경적이다.

50 그린전동자동차에서 배터리 에너지관리 시스템 중 DC-DC 컨버터의 인덕터를 이용한 비절연 방식으로 틀린 것은?

① Buck-boost Converter
② Buck Converter
③ Buck-buck Converter
④ Boost Converter

해설 DC-DC 컨버터의 분류에서 비절연 방식은 Buck 방식, Boost 방식, Buck-boost 방식이 있다.

51 전기자동차 충전기를 주차장이나 주유소 등에 설치하는 방식으로 인덕티브 또는 급속충전 방식을 사용한 충전기는?

① 탑재형 충전기
② 입상형 충전기
③ 휴대용 충전기
④ 별치형 충전기

해설 별치형 충전기는 충전기를 차량 외부인 주차장이나 주유소 등에 설치하는 방식으로 인덕티브 충전과 급속충전 등이 이러한 방식에 해당된다.

52 전기차 접촉식 충전시스템에서 전기차 내부에 있는 온보드 충전기(On Board Charger)가 교류를 직류로 변환하여 배터리에 저장하는 것은?

① 직류 충전장치
② 교류 충전 스탠드
③ 유도식 충전장치
④ 직류 충전 스탠드

해설 **접촉식(Conductive) 충전시스템의 특징**
- 전기적 접속을 통하여 충전
- 교류 충전장치는 충전 스탠드가 충전을 위한 교류전원 공급
- 교류 충전장치는 전기차 내부의 온보드 충전기가 충전
- 교류 충전장치는 충전시간이 6시간 이상 소요
- 직류 충전장치는 직류의 출력을 배터리에 직접적으로 전기를 공급하여 충전
- 직류 충전장치는 출력직류전압이 높고, 전류가 커서 충전 시 사고 위험성이 높음

53 전기자동차 배터리에서 사이클에 대하여 비율로 표시된 쿨롱 효과의 역수를 의미하는 용어는?

① 에너지 효율(Energy Efficiency)
② 재충전계수(Recharge Factor)
③ 스루풋(Throughput)
④ 이용률(Utilization)

해설 재충전계수 : 사이클에 대하여 비율로 표시된 쿨롱 효과의 역수

54 유도전동기의 4상한 운전과 관련하여 역상제동이며 정방향 토크 발생 및 역방향의 회전자 회전이 일어나는 영역은?

① 1상한 영역
② 2상한 영역
③ 3상한 영역
④ 4상한 영역

해설 ② 2상한 영역 : 정방향 토크 발생, 역방향 회전자 회전
① 1상한 영역 : 정방향 토크 발생, 정방향 회전자 회전
③ 3상한 영역 : 역방향 토크 발생, 역방향 회전자 회전
④ 4상한 영역 : 역방향 토크 발생, 정방향 회전자 회전

55 친환경자동차법령상 완속충전시설과 급속충전시설을 구분하는 최대 출력값(kW) 기준은?

① 30kW

② 40kW

③ 50kW

④ 60kW

> **해설** 충전시설의 구분(친환경자동차법 시행령 제18조의7)
> • 급속충전시설 : 충전기의 최대 출력값이 40kW 이상인 시설
> • 완속충전시설 : 충전기의 최대 출력값이 40kW 미만인 시설

56 승압과 강압이 가능하며, 전류의 불연속이 일어나지 않는 강승압 컨버터는?

① Boost 컨버터

② Buck 컨버터

③ Buck-boost 컨버터

④ Cuk 컨버터

> **해설** Cuk 컨버터는 Boost + Buck 컨버터의 조합으로 전력변환을 하는 장치로 입력 전류가 인덕터에 의해 연속적이며 승압과 강압이 가능하고 에너지 효율이 유리한 컨버터이다.

57 전기자동차용 배터리 관리 시스템에 대한 일반 요구사항(KS R 1201) 중 다음 정의에 해당하는 용어로 옳은 것은?

> 초기 제조상태의 배터리와 비교하여 언급된 성능을 공급할 수 있는 능력이 있고, 배터리 상태의 일반적인 조건을 반영한 측정된 상황

① 표준 만충전
② 방전 용량
③ 잔여 운행시간
④ 잔존수명

해설
④ 잔존수명(SOH) : 초기 제조상태의 배터리와 비교하여 언급된 성능을 공급할 수 있는 능력이 있고, 배터리 상태의 일반적인 조건을 반영한 측정된 상황
① 표준 만충전 : 다양한 온도 열평형에 따른 RT 시의 표준 충전(SCH) 후에 충전 상태(SOC)의 감소를 제거하기 위한 추가 충전
② 방전 용량 : 최대 용량의 백분율로 표시되는 것으로, 배터리로부터 추출되는 용량의 총합
③ 잔여 운행시간 : 배터리가 정지기능 상태가 되기 전까지의 유효한 방전상태에서 배터리가 이동성 소자들에게 전류를 공급할 수 있는 것으로 평가되는 시간

58 다음 중 전압형 인버터의 특징으로 틀린 것은?

① 인버터의 주 소자로 Turn-off 시간이 비교적 긴 Phase Control용 SCR을 사용
② 인버터의 주 소자로 Turn-off 시간이 짧은 IGBT, FET 및 Transistor 사용
③ 전류 파형의 Peak치가 높기 때문에 주 소자와 변압기 용량이 증대
④ 4상한 운전이 필요한 경우에는 Dual Converter 사용

해설 전압형 인버터의 특징
- 1, 2상한 운전만 가능
- 4상한 운전이 필요한 경우에는 Dual Converter 사용
- 전류 파형의 Peak치가 높기 때문에 주 소자와 변압기 용량이 증대
- 인버터의 주 소자로 Turn-off 시간이 짧은 IGBT, FET 및 Transistor 사용
- PWM 파형에 의해 인버터와 모터 간에 역률 개선용 진상콘덴서 및 서지 Absorber를 부착하지 말 것
- 인버터 출력주파수 범위가 광범위함

59 전류형 인버터의 특징으로 틀린 것은?

① 회생(Regeneration) 가능
② 인버터의 주 소자로 Turn-off 시간이 비교적 긴 Phase Control용 SCR을 사용
③ 인버터 출력단과 모터 간에 역률 개선용 진상 콘덴서 사용 가능
④ 전류제어를 할 경우 토크-속도 곡선의 안정 영역에서 운전되기 때문에 제어 루프가 필요 없음

해설 **전류형 인버터의 특징**
- 회생(Regeneration) 가능
- 인버터의 주 소자를 Turn-off 시간이 비교적 긴 Phase Control용 SCR을 사용
- 인버터 출력단과 모터 간에 역률 개선용 진상 콘덴서 사용 가능
- 인버터의 동작 주파수의 최소치와 최대치가 제한(6~66Hz)
  - 최소 주파수 : 전동기의 맥동 토크
  - 최대 주파수 : 인버터의 전류 실패(Commutation Failure)
- 전류제어를 할 경우 토크-속도 곡선의 불안정 영역에서 운전되기 때문에 반드시 제어 루프가 필요

60 다음 중 인버터 제어 방식이 아닌 것은?

① PAM(Pulse Amplitude Modulation) 제어방식
② 등 펄스폭 제어방식
③ PWM(Pulse Width Modulation) 제어방식
④ 전력 제어방식

해설 **인버터 제어 방식**
- PAM(Pulse Amplitude Modulation) 제어방식
- PWM(Pulse Width Modulation) 제어방식
  - 부등 펄스폭 제어방식
  - 등 펄스폭 제어방식

| 제4과목 | 그린전동자동차 구동성능 |

61 회생제동을 통한 에너지 회수에 대한 설명으로 틀린 것은?

① 회생브레이크의 한계를 초과하는 제동력 요구가 있을 때는 유압브레이크를 작동시킨다.
② 브레이크 작동을 회생브레이크로 사용할 경우, 자동차 브레이크는 최대 1G 정도의 감속도가 필요하다.
③ 모터에서 발생시킬 수 있는 제동력 범위 내에서는 우선 유압브레이크를 작동시킨다.
④ 회생제동은 전동기를 발전기로 만들어서 운동에너지를 전기에너지로 변환하여 전력을 회수해 제동력을 발휘하는 제동 시스템이다.

해설 ｜ 모터에서 발생시킬 수 있는 제동력 범위 내에서는 우선 회생브레이크를 작동시킨다.

62 자동차 총감속비 4.8, 구동륜의 유효반경이 0.3m, 기관의 회전수는 2,400rpm일 때 자동차의 속도는 몇 km/h인가?

① 46.5km/h
② 56.5km/h
③ 66.5km/h
④ 76.5km/h

해설

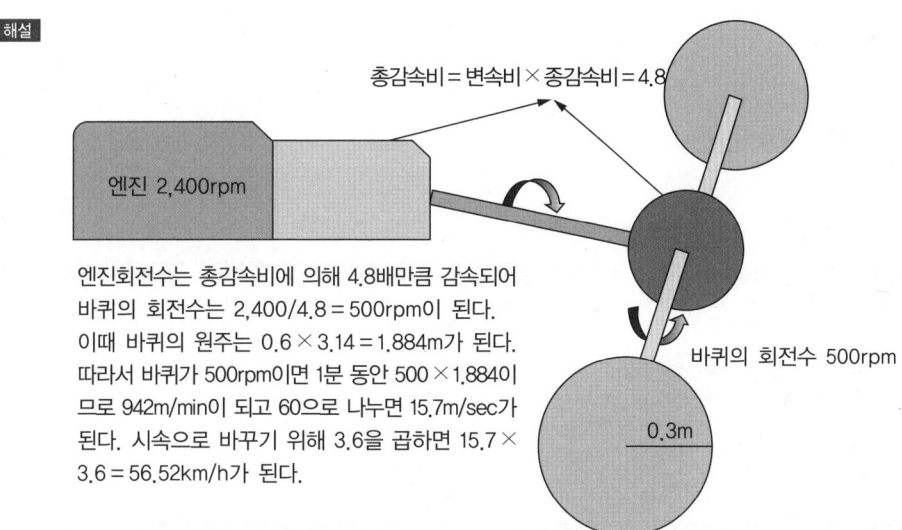

엔진회전수는 총감속비에 의해 4.8배만큼 감속되어 바퀴의 회전수는 2,400/4.8 = 500rpm이 된다. 이때 바퀴의 원주는 0.6 × 3.14 = 1.884m가 된다. 따라서 바퀴가 500rpm이면 1분 동안 500 × 1.884이므로 942m/min이 되고 60으로 나누면 15.7m/sec가 된다. 시속으로 바꾸기 위해 3.6을 곱하면 15.7 × 3.6 = 56.52km/h가 된다.

정답 ｜ 61 ③ 62 ②

63 병렬형 하이브리드자동차의 특징으로 틀린 것은?

① 모터가 동력 보조를 한다.
② 구조 및 제어 방식은 직렬형과 차이가 없다.
③ 시스템 전체 효율이 직렬형보다 우수하다.
④ 유단 변속 기구를 사용할 경우 엔진의 작동영역이 주행 상황에 연동된다.

해설 하이브리드 모터 사용 방법에 따른 분류
- 직렬형 : 직렬 방식은 엔진을 발전용으로만 사용하고 모터의 동력을 이용하여 바퀴를 구동하는 방식으로 엔진의 동력을 이용하여 발전한 전기에너지를 배터리에 저장해 놓고 그 전기에너지를 이용하여 모터가 바퀴를 구동하기 때문에 에너지를 사용하는 순서에 의한 시리즈 하이브리드 방식이 있다.
- 병렬형 : 엔진과 모터 2개의 동력이 나란히 배열되어 있는 병렬방식 중에는 엔진과 모터의 동력을 모두 바퀴를 구동하는데 사용하는 패럴렐 하이브리드 방식이 있고, 자동차의 운전조건에 따라 최적의 운전 모드를 선택하여 구동하는 방식으로 시리즈 방식과 패럴렐 방식 모두를 사용하는 시리즈 패럴렐 방식으로 분류된다.

64 방사 자속형(Radial Flux Type) 영구자석 동기전동기의 회전자 구조 방식이 아닌 것은?

① 표면 부착형
② 원주 평행형
③ 권선형
④ 원주 수직형

해설 방사 자속형 영구자석 동기전동기의 종류로는 표면 부착형, 원주 평행형, 원주 수직형이 있다.

65 3상 교류에 의한 회전자계 내에서 유도전동기의 동기속도는?(단, 전원주파수는 f, 극수는 P, 동기속도는 N이다)

① $N = \dfrac{100}{P} f \text{(rpm)}$

② $N = \dfrac{110}{P} f \text{(rpm)}$

③ $N = \dfrac{120}{P} f \text{(rpm)}$

④ $N = \dfrac{130}{P} f \text{(rpm)}$

해설 유도전동기의 동기속도 산출식은 $N = \dfrac{120}{P} f \text{(rpm)}$이다.

66 자동변속기의 댐퍼 클러치가 작동되지 않는 조건으로 틀린 것은?

① 1속일 때
② 후진할 때
③ 정속 주행 시
④ 엔진 공전 시

해설 댐퍼 클러치는 정속 주행 시 유체 클러치의 미끄럼에 의한 손실을 감소시키기 위해 엔진의 회전력을 변속기로 연결시켜 주는 기계적인 장치이다.

67 회생제동을 통한 에너지 회수 중 액티브 하이드롤릭 부스터의 협조 제어에 대한 설명으로 맞는 것은?

① 제동 초기 유압에 의한 제동력이 전기모터의 회생제동력보다 낮다.
② 제동 초기 유압에 의한 제동력이 전기모터의 회생제동력보다 높다.
③ 제동 초기 유압에 의한 제동력이 운전자의 요구 제동력보다 높다.
④ 제동 초기 전기모터의 회생제동력이 운전자의 요구 제동력보다 높다.

해설 회생제동 협조 제어기능에 있어 전체 제동력(운전자의 요구 제동력) 내에서 유압 제동력 증압 시 회생제동력은 저하되고, 유압 제동력 감압 시 회생제동력은 증가되어 생성되는 전기에너지가 증가된다.

68 CVT의 변속 방식에 의한 분류 중 트랙션 구동 방식의 특징이 아닌 것은?

① 변속 범위가 넓다.
② 높은 효율성과 정숙성을 지니고 있다.
③ 무게가 가볍고 전용 오일을 사용하여야 한다.
④ 큰 출력 및 회전력에 대한 강성이 필요하다.

해설 트랙션 구동 방식의 CVT는 변속 범위가 넓고, 높은 효율을 낼 수 있으며, 작동 상태가 정숙한 장점이 있다. 그러나 출력 및 회전력에 높은 정밀도와 강성이 필요하고, 벨트 구동 방식에 비하여 무게가 무겁고 전용 오일을 사용하여야 한다. 또한, 마찰에 따른 출력 부족(Power Failure) 가능성이 크다.

69 직류전동기와 비교한 교류전동기의 출력 특성으로 틀린 것은?

① 큰 동력화가 쉽다.
② 일반적으로 회전 변동이 적다.
③ 일반적으로 출력 효율이 좋다.
④ 전동기 구조가 비교적 간단하다.

해설 DC 모터 vs AC 모터

비교항목	DC 모터	AC 모터
모터 구조	복 잡	간 단
전 류	브러시 정류자 접촉	반도체 등에 의한 무접촉
수 명	짧다.	길다.
보 수	브러시 정류자의 유지보수	유지보수 필요 없음
고속화	어렵다.	쉽다.
저속화	쉽다.	쉽다.
회전 변동	많다.	적다.
토크 변동	많다.	적다.
출력 효율	좋다.	나쁘다.
클린도	나쁘다.	좋다.
진동·소음	크다.	작다.

70 전기자동차에 사용하는 직류모터에서 자속밀도를 B, 코일의 유효 길이를 L, 공급전류를 I라고 할 때 모터의 전자력 F를 구하는 공식은?

① $F = B \times I \times L$
② $F = B \times I \times 2L$
③ $F = \dfrac{B \times I}{L}$
④ $F = \dfrac{B \times 2I}{L}$

해설 플레밍의 왼손법칙으로부터 도선이 자기장과 수직을 이룰 때 전자력은 $F = B \times I \times L$으로 산출된다.

71 전동기 회전자의 회전각과 위치를 검출하는 센서인 레졸버의 특징으로 틀린 것은?

① 소형화가 가능하다.
② 진동과 충격에 강하다.
③ 변위량을 디지털로 변환한다.
④ 신호처리 회로가 복잡하고 고가이다.

> **해설** 레졸버의 특징
> - 변위량을 아날로그 양으로 변환
> - 진동과 충격에 강함
> - 소형화 가능
> - 장거리 전송 가능
> - 사용온도 범위가 넓음
> - 신호처리 회로가 복잡하고, 로터리 엔코더에 비하여 고가

72 수소연료전지 자동차에서 스택에 공급된 수소와 산소가 반응하여 전기를 생산하는 과정 중 발생하는 이물질을 차량 외부로 배출하는 장치는?

① 이젝터
② 퍼지 밸브
③ 솔레노이드 밸브
④ 수소 재순환 블로어

> **해설** 퍼지 밸브는 스택에 공급된 수소와 산소가 반응하여 전기를 생산하는 과정 중 발생하는 이물질을 차량 외부로 배출하는 장치이다.

73 전기사용 자동차의 에너지소비효율을 계산하는 식은?

① $\dfrac{\text{1회 충전 주행거리}}{\text{차량주행 시 소요된 전기에너지 충전량}}$

② $1 - \dfrac{\text{1회 충전 주행거리}}{\text{차량주행 시 소요된 전기에너지 충전량}}$

③ $\dfrac{\text{차량주행 시 소요된 전기에너지 충전량}}{\text{1회 충전 주행거리}}$

④ $1 + \dfrac{\text{차량주행 시 소요된 전기에너지 충전량}}{\text{1회 충전 주행거리}}$

해설 전기사용 자동차의 에너지소비효율(자동차의 에너지소비효율 및 등급표시에 관한 규정 [별표 1])

에너지소비효율(km/kWh) = $\dfrac{\text{1회 충전 주행거리(km)}}{\text{차량주행 시 소요된 전기에너지 충전량(kWh)}}$

74 자동차의 에너지소비효율 및 등급표시에 관한 규정에 따라 수소연료전지자동차의 연비 단위로 옳은 것은?

① km/kg
② km/kWh
③ km/L
④ km/gal

해설 휘발유, 경유, LPG 등 내연기관 및 하이브리드자동차는 연료 1L당 주행 가능한 거리 km/L, 전기자동차는 전기에너지 1kWh로 주행 가능한 거리 km/kWh, 연료전지자동차는 수소 1kg으로 주행 가능한 거리 km/kg으로 표시하고 있다.

75 전기자동차의 에너지소비효율 및 연료소비율 측정방법에 대한 설명으로 틀린 것은?

① 전기자동차의 에너지소비효율 및 연료소비율 측정을 위한 시험자동차는 제작자가 추천하는 안정된 충방전 조건으로 최소 300km 이상 주행한 상태이어야 한다.
② 시험자동차의 타이어는 최소 100km 이상 주행되어야 하며, 타이어의 트레드 깊이가 50% 이상 남아 있는 것이어야 한다.
③ 모든 전기자동차는 1회 충전 주행거리를 복합 1회 충전 주행거리로 표시토록 한다.
④ 회생제동 기능이 포함된 차량의 경우 주행시험 시 회생제동 시스템을 구동시켜야 한다.

해설 전기자동차의 1회 충전 주행거리는 복합 1회 충전 주행거리만 표시하도록 한다. 다만, 저속전기자동차는 도심주행 1회 충전 주행거리만 표시하도록 한다.
시험자동차의 조건 및 상태(자동차의 에너지소비효율, 온실가스 배출량 및 연료소비율 시험방법 등에 관한 고시 [별표 3])
- 전기자동차의 에너지소비효율 및 연료소비율 측정을 위한 시험자동차는 제작자가 추천하는 안정된 충방전 조건으로 최소 300km 이상 주행한 상태이어야 한다.
- 시험자동차의 타이어는 최소 100km 이상 주행되어야 하며 타이어의 트레드 깊이가 50% 이상 남아 있는 것이어야 한다.
- 회생제동 기능이 포함된 차량의 경우 주행시험 시 회생제동 시스템을 구동시켜야 한다.

76 자동차의 에너지소비효율 및 등급표시에 관한 규정에서 5-Cycle 보정식에 포함되어 있지 않은 측정방법은?

① 에어컨 가동주행 모드
② 고속도로주행 모드
③ 저온도심주행 모드
④ 험로·산길주행 모드

해설 5-Cycle 보정식의 측정방법(자동차의 에너지소비효율 및 등급표시에 관한 규정 제3조제13항)
- FTP-75 모드(도심주행 모드) 측정방법
- HWFET 모드(고속도로주행 모드) 측정방법
- US06 모드(최고속·급가감속주행 모드) 측정방법
- SC03 모드(에어컨 가동주행 모드) 측정방법
- Cold FTP-75 모드(저온도심주행 모드) 측정방법

77 전동기 컨트롤 유닛(MCU)의 작용이 아닌 것은?

① 3상 교류를 그대로 고전압 축전지로 충전시킨다.
② 3상 교류를 직류로 전환하여 고전압 축전지로 충전시킨다.
③ 고전압 축전지로부터 직류를 공급받아 3상 교류를 발생시킨다.
④ 하이브리드 컨트롤 유닛(HCU)의 구동 신호에 따라 전동기의 회전속도 및 회전력을 제어한다.

해설 구동모터(발전기)에서 발생된 3상 교류를 정류 작용을 거쳐 고전압 직류로 전환하여 고전압 축전지를 충전한다.

78 유체 클러치와 토크컨버터의 설명 중 틀린 것은?

① 유체 클러치의 성능은 속도비 증가에 따라 직선적인 변화를 하나, 토크컨버터는 곡선으로 표시한다.
② 토크컨버터는 스테이터가 있고, 유체 클러치는 스테이터가 없다.
③ 모두 자동변속기에 사용될 수 있다.
④ 토크컨버터는 터빈에서 나오는 오일의 방향을 바꾸어 주는 기구를 가지고 있고, 유체 클러치는 오일의 속도를 증가시키는 기구를 가지고 있다.

해설 토크컨버터는 펌프 임펠러, 스테이터, 터빈 러너로 구성되며 스테이터에 의하여 토크가 증대된다.

79 400m의 구간을 통과하는 데 20초가 걸리는 어느 자동차의 연료소비량이 40cc일 때, 차속과 연료소비율은?

① 차속 : 52km/h, 연료소비율 : 11km/L
② 차속 : 52km/h, 연료소비율 : 10km/L
③ 차속 : 72km/h, 연료소비율 : 11km/L
④ 차속 : 72km/h, 연료소비율 : 10km/L

해설
- 차속 : 400m/20s = 20m/s = 72km/h
- 연비(연료소비율) : 0.4km/0.04L = 10km/L

80 친환경자동차법상 수소전기자동차의 연료인 수소를 생산·공급 또는 판매하거나 수소연료공급시설을 설치하려는 자(수소연료생산자 등)에 대한 지원으로 옳지 않은 것은?

① 수소연료 판매가격의 조정을 위한 자금 지원, 수소연료공급시설의 설치비에 대한 융자 또는 융자의 알선
② 수소연료공급시설 설치부지의 제공 및 알선
③ 수소연료 제조공정개선 등 수소연료 생산기술의 개발을 위한 자금 지원
④ 기술개발 성과의 확산방안에 관한 사항

해설 수소연료생산자 등에 대한 지원내용(친환경자동차법 시행령 제17조제1항)
- 수소연료 판매가격의 조정을 위한 자금 지원
- 수소연료공급시설의 설치비에 대한 융자 또는 융자의 알선
- 수소연료공급시설 설치부지의 제공 및 알선
- 수소연료 제조공정개선 등 수소연료 생산기술의 개발을 위한 자금 지원
- 그 밖에 수소연료생산자 등을 지원하기 위하여 필요한 것으로 산업통상자원부장관 및 환경부장관이 공동으로 정하여 고시한 사항

| 제5과목 | 그린전동자동차 측정과 시험평가 |

81 전기자동차에서 주행가능거리 표시에 대한 설명으로 틀린 것은?

① 누적된 주행 Cycle의 평균을 바탕으로 주행가능거리를 설정한다.
② 네비게이션을 통한 경로 설정 시 도로 종류(국도/고속도로)에 따라 다르게 예측 산출한다.
③ 주행패턴의 변화에는 오차가 없으나, 배터리 노화 상태에 따라 예측 주행가능거리에 차이가 발생한다.
④ 공조 시스템 동작에 따라 예측된 주행가능거리는 즉시 증감된다.

해설 　전기자동차는 이전의 주행패턴에 따라 주행가능거리의 표시가 달라진다.

82 그림과 같이 회로가 구성되었을 때 멀티미터가 지시하는 전류는?(단, 배터리의 내부저항은 각각 0.1Ω 이다)

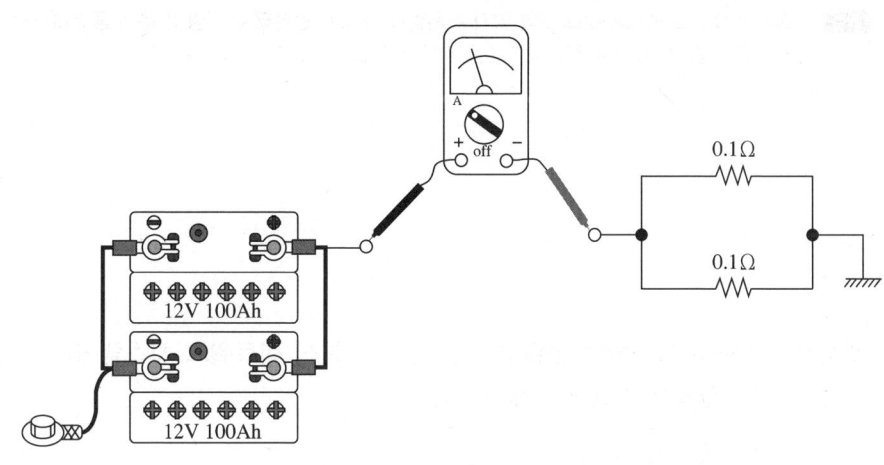

① 30A
② 60A
③ 120A
④ 240A

해설 　배터리의 연결이 병렬이므로 배터리 내부저항의 합은 0.05Ω이며, 회로의 저항 역시 0.1Ω이 병렬 연결되어 있으므로 0.05Ω이 된다. 따라서 위의 회로의 총 합성저항은 0.1Ω이 되며 옴의 법칙에서 $I=\frac{E}{R}$ 이므로 $\frac{12}{0.1}=120A$ 가 된다.

83 자동차 통신방법 중에서 단방향 통신이 아닌 것은?

① CAN 통신
② MUX 통신
③ PWM 통신
④ LAN 통신

해설 CAN 통신 : 마스터/슬레이브 시스템에서 다수의 ECU가 마스터(Master) 기능을 수행하는 멀티-마스터(Multi-master) 원리에 따라 작동하며 양방향성 통신방법이다.

84 OBD-Ⅱ(On Board Diagnosis)의 주요 목적은?

① 주행하는 자동차의 배기가스 구성성분을 정확하게 분석
② 위성 통신과 연결하여 자동차 배기가스의 배출 상태를 확인
③ 자동차를 구성하는 각종 부품들의 고장 원인을 분석
④ 전 운전 영역에 걸쳐 배기가스 관련 시스템을 점검

해설 OBD는 On Board Diagnosis의 약자로 차량에 내장된 컴퓨터로 차량의 운행 중 배출가스 제어 부품이나 시스템을 감시, 고장이 진단되면 운전자에게 이를 알려 주는 시스템이다.

85 메시지를 통째로 복사하여 전달하는 방식으로, 통신 네트워크 시스템에서 시간 지연 없이 빠른 데이터 전송에 필요한 전송 방식은?

① 다이렉트 메시지 라우팅
② RDB(Routing Data Base) 메시지 라우팅
③ 게이트웨이 메시지 라우팅
④ 인다이렉트 메시지 라우팅

해설 라우팅이란 네트워크상에서 주소를 이용하여 목적지까지 메시지를 전달하는 방법을 체계적으로 결정하는 경로선택과정을 말한다. 다이렉트 메시지 라우팅은 메시지를 통째로 복사하여 전달하는 방식으로, 통신 네트워크 시스템에서 시간 지연 없이 빠른 데이터 전송에 필요한 전송 방식이다.

정답 83 ① 84 ④ 85 ①

86 주파수 호핑 방식이란?

① 고속 통신을 위해 적용하는 방식이다.
② 시리얼 통신에서만 사용되는 방식이다.
③ 전파간섭을 피하기 위해 사용하는 방식이다.
④ 블루투스 통신에는 적용되지 않는 방식이다.

> **해설** 주파수 호핑 : 많은 수의 채널을 특정 패턴에 따라 빠르게 이동하며 패킷(데이터)을 조금씩 전송하는 기법으로 전파간섭을 피하기 위하여 적용된다.

87 자동차에 적용하고 있는 CAN 통신의 특성에 대한 설명으로 맞는 것은?

① 자동차 내 모든 장치들 간의 통신 속도는 동일하다.
② 각 ECU(Electronic Control Unit) 간에 서로의 정보를 송수신할 수 있는 양방향 통신방법이다.
③ 2개의 배선으로 구성되어 있으며, 1개의 배선이 단선되는 경우에도 통신에는 전혀 문제가 없다.
④ 보내고자 하는 신호를 몇 개의 회로로 나누어 동시에 전송함으로써 신속하게 신호를 보낼 수 있는 병렬 통신방법이다.

> **해설** 자동차에 적용하고 있는 CAN 통신은 각 ECU(Electronic Control Unit) 간에 서로의 정보를 송수신할 수 있는 양방향 통신방법이다.

88 인버터 시험 장비의 전원과 파워 디바이스 간 배선 길이가 왕복 50cm인 경우 배선에 존재하는 인덕턴스는 약 500nH이다(10cm : 100nH 기준). 100A 정격의 IGBT인 경우 배선 부분에서 발생하는 전압은?(단, 정격 전류에서의 턴 오프 동작에서 발생하는 $-\frac{di}{dt}$는 1,000A/μs이다)

① 13.5V
② 270V
③ 380V
④ 500V

해설 $\triangle V = 500\text{nH} \times 1,000\text{A}/\mu\text{s} = 500\text{V}$ 이다.

89 하나의 무선네트워크에서 255대의 기기를 연결 가능하며 네트워크 규정 확장 및 응용계층과 휴먼 인터페이스까지 모두를 지원하는 근거리 무선통신 표준안은?

① ZigBee 통신
② Bluetooth 통신
③ IEEE 1451.5 통신
④ IEEE 802.11 X 통신

해설 ZigBee 통신은 250kbps 이하의 저속 국제 표준인 IEEE 802.15.4 물리계층 기반의 무선 네트워킹 기술로 저전력, 저비용, 저속이 특징이다. 하나의 무선네트워크에 최대 255대의 기기를 연결할 수 있다고 한다. 블루투스에 비하면 매우 많은 기기를 연결할 수 있는 것이다.

90 전기자동차 충전방식 중 유럽 및 미국에서 사용하는 충전방식으로 완속충전용 AC 커넥터와 급속충전용 DC 커넥터가 일체형 소켓(Socket)으로 제작 가능한 충전방식은?

① DC 콤보(Combo) 방식
② 차데모(CHAdeMO) 방식
③ 무선(Wireless) 충전방식
④ 완충 배터리 교환(Station)방식

해설 DC 콤보방식은 교류로 충전하는 방식으로 완속충전용 AC와 급속충전용 DC 충전구가 하나로 구성되어 효율성이 우수하고 비상 급속충전이 가능한 특징이 있으나 급속충전시간에 비해 완속충전시간이 오래 걸리는 단점이 있다.

91 다음 회로에서 디지털 전압계로 측정한 전압에 대한 설명으로 틀린 것은?

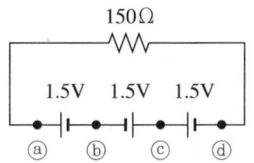

① 전압계 (−) 리드선을 ⓐ에, (+) 리드선을 ⓑ에 연결하여 측정한 전압은 −1.5V이다.
② 전압계 (−) 리드선을 ⓐ에, (+) 리드선을 ⓒ에 연결하여 측정한 전압은 0(Zero)V이다.
③ 전압계 (−) 리드선을 ⓐ에, (+) 리드선을 ⓓ에 연결하여 측정한 전압은 0(Zero)V이다.
④ 전압계 (−) 리드선을 ⓑ에, (+) 리드선을 ⓒ에 연결하여 측정한 전압은 1.5V이다.

해설 전압계 (−) 리드선을 ⓐ에, (+) 리드선을 ⓓ에 연결하여 측정한 전압은 −1.5V이다.

92 인버터(VVVF)에 대한 내용으로 틀린 것은?

① 주회로방식은 전압형과 전류형의 2종류로 분류할 수 있다.
② 교류전동기에 공급되는 전압과 주파수를 변환시키는 전력변환장치이다.
③ 입력의 제어 수단으로서 PAM 방식과 PWM 방식이 있다.
④ 상용전원으로부터 공급된 전압과 주파수를 부하 조건에 맞도록 가변시켜 전동기에 공급함으로써 전동기가 요구하는 속도로 운전할 수 있도록 제어하는 속도제어장치를 의미한다.

해설 인버터(VVVF)는 출력제어 수단으로서 PAM 방식과 PWM 방식이 있다.

93 오차의 종류 중 같은 측정량에 대하여 과거의 측정값에 의해서 생기는 계측기 지시의 차이를 의미하는 것은?

① 영점 오차
② 정밀 오차
③ 선형성 오차
④ 히스테리시스 오차

> **해설** 히스테리시스 오차는 측정의 이력에 의해 생기는 동일 측정량에 대한 지시값의 차를 말하며, 계측기 내부의 기계적, 전기적 재료의 히스테리시스 특성, 요소 사이의 마찰, 백래시(Backlash) 등의 원인에 기인한다.

94 구리의 고유 저항 $1.6 \times (18)^{-8} \Omega \cdot m$, 지름 1mm, 길이 4cm인 구리선의 전체 저항(Ω)은?

① $1.08 \times (10)^{-6}$
② $4.32 \times (10)^{-6}$
③ $7.40 \times (10)^{-6}$
④ $10.76 \times (10)^{-6}$

> **해설** 도체의 저항$(R) = \dfrac{길이(l)}{단면적(A)} \times 고유저항(\rho)$이므로
> $R = \dfrac{0.04}{\dfrac{\pi (0.001)^2}{4}} \times (1.6 \times (18)^{-8}) = 7.40 \times (10)^{-6} \Omega$이 된다.

95 CAN 통신의 분류에서 실시간으로 중대한 정보교환이 필요한 경우로서 1~10ms 간격으로 데이터 전송 주기가 필요한 경우에 사용하며 최대 통신 속도가 1Mbps인 것은?(단, SAE 정의기준을 적용한다)

① Class A
② Class B
③ Class C
④ Class D

해설 CAN 통신의 분류

항 목	특 징	적용사례
Class A	• 통신 속도 : 10kbps 이하 • 접지를 기준으로 1개의 와이어링으로 통신 선로 구성 가능 • 응용 분야 : 진단 통신, 보디 전장품(도어, 시트, 윈도우 등)의 구동 신호, 스위치 등의 입력 신호	K-Line 통신 LIN 통신
Class B	• 통신 속도 : 10kbps 이상 125kbps 이하 • Class A 통신에 비하여 보다 많은 정보의 전송이 필요한 경우 • 응용 분야 : 보디 전장품 간의 정보 교환, 클러스터 등	J1850 저속 CAN
Class C	• 통신 속도 : 125kbps 이상 1Mbps 이하 • 실시간으로 중대한 정보 교환이 필요한 경우로써, 1~10ms 간격으로 데이터 전송 주기가 필요한 경우 • 응용 분야 : 엔진, 트랜스미션, 섀시 계통 간 정보 교환	고속 CAN
Class D	• 통신 속도 : 1Mbps 이상 • 수백~수천 바이트의 블록 단위의 데이터 전송이 필요한 경우 • 응용 분야 : AV, CD, DVD 신호 등의 멀티미디어 통신	MOST IDB 1394

96 측정범위 250V인 아날로그 전압계로 실제값 200V를 측정할 경우의 상대오차는?(단, 정확도 등급은 0.5이다)

① ±0.125%
② ±0.5%
③ ±0.625%
④ ±1.25%

해설 최대측정범위 250V이고 정확도 등급 0.5이면 250 × 0.005 = 1.25V가 된다. 따라서 실제 측정값 200V에 대하여 상대오차를 계산하면 (1.25 / 200) × 100 = 0.625가 되어 상대오차는 ±0.625%가 된다.

97 도로 차량-전기동력자동차 구동용 전동기와 인버터의 출력 시험 방법(KS R 1182)에서 유효질량의 범위로 틀린 것은?(단, 특수한 경우는 제외한다)

① 하이브리드자동차용 전동기의 유효질량은 회전자, 고정자, 베어링, 케이블, 축, 레졸버, 프레임 등 구성되는 질량을 모두 포함
② 전기동력자동차용 인버터의 유효질량은 프레임, 전원 및 제어부 등 전력변환장치를 모두 포함
③ 전기자동차용 전동기의 유효질량은 회전자, 고정자, 베어링, 케이블, 축, 레졸버, 프레임 등 독립된 형태로 구성되는 전체 질량을 포함
④ 연료전지자동차용 전동기의 유효질량은 회전자, 고정자, 베어링, 케이블, 축, 레졸버, 프레임 등 독립된 형태로 구성되는 전체 질량을 포함

해설 하이브리드자동차용 전동기의 유효질량은 직렬식, 병렬식, 동력 분배식 등 다양한 구동방식에 의해 전동기와 엔진이 프레임을 공용으로 사용하는 경우가 대부분이므로 측정자에 따라 질량 측정값이 달라지는 것을 방지하기 위하여 유효질량을 회전자, 고정자, 베어링, 케이블, 축, 레졸버 등 전자기력이 작용되는 부분으로 한정한다.

98 자동차 통신 네트워크의 종류에서 각각의 적용 범위를 맞게 설명한 것은?

① LIN : 보디 전장 제어
② CAN : 진단 장비 통신
③ KWP 2000 : 멀티미디어 통신
④ MOST : 파워트레인 섀시 제어기

해설
① LIN : 보디 전장 제어
② CAN : Low Speed 보디 전장 제어, High Speed, 파워트레인 섀시 제어기
③ KWP 2000 : 진단 장비 통신
④ MOST : 멀티미디어 통신

99 누설전류를 측정하기 위해 12V 배터리를 떼어내고 절연체의 저항을 측정하였더니 1MΩ이었다. 누설전류는?

① 0.006mA
② 0.08mA
③ 0.010mA
④ 0.012mA

해설 $I = \dfrac{E}{R} = \dfrac{12}{10^6} = 1.2 \times 10^{-5}$A 가 되므로 0.012mA이다.

100 LDC 성능시험 항목 중 비동작 상태에서 12V의 배터리를 출력단에 연결하고 정격부하 10%/정격전압에서 정격입력전압을 인가하여 출력전압 10%에서 90%까지 도달하는 데 소요되는 시간을 측정하여 시험하는 항목은?

① 연속정격출력 시험
② 출력전압 응답 성능시험
③ 효율 시험
④ 출력 과전류 보호 시험

해설 LDC 성능시험에서 출력전압 응답 시험은 비동작 상태에서 12V의 배터리를 출력단에 연결하고 정격부하 10%/정격전압에서 정격입력전압을 인가하여 출력전압 10%에서 90%까지 도달하는 데 소요되는 시간을 측정하여 출력전압의 응답 성능을 시험한다.

정답 99 ④ 100 ②

2023년 제2회 최근 기출복원문제

제1과목 그린전동자동차공학

01 자동차 엔진의 가변 흡입 장치에 대한 설명으로 틀린 것은?

① 저속과 고속에서의 기관 회전력을 향상시킨다.
② 고속에서는 제어밸브를 열어 흡기다기관의 길이를 길게 한다.
③ 저속에서는 제어밸브를 조정하여 공기의 관성력을 크게 한다.
④ 기관 회전속도에 따라 흡입공기 흐름의 회로를 자동으로 조정하는 것이다.

해설   일반적으로 엔진은 고속 시에는 짧고 굵은 형상의 흡기관이 더욱 효율적이고, 저속 시에는 가늘고 긴 흡기관이 효율적이다.

02 전자제어 가솔린엔진의 연료장치에서 인젝터 유효 분사시간에 대한 설명으로 옳은 것은?

① 전류가 가해지고 나서 인젝터가 닫힐 때까지 소요된 총시간
② 인젝터에 전류가 가해지고 나서 분사하기 직전까지 소요된 시간
③ 전체 분사시간 중 인젝터 니들이 완전히 열릴 때까지 도달하는 데 걸린 시간을 뺀 나머지 시간
④ 인젝터에 가해진 분사시간이 끝난 후 인젝터 자력선이 완전히 사라질 때까지 걸리는 시간

해설   인젝터의 유효 분사시간은 전체 분사시간 중 인젝터 핀틀이 완전히 열릴 때까지 도달하는 데 걸린 시간을 뺀 나머지 시간을 말한다.

정답   1 ②   2 ③

03 어떤 기관에서 비중 0.75, 저위발열량 10,500kcal/kg의 연료를 사용하여 0.5시간 시험하였더니 연료소비량은 5L였다. 이 기관의 연료마력(PS)은 약 얼마인가?

① 100
② 125
③ 1,500
④ 7,500

해설 연료 5L = 5 × 0.75 = 3.75kg이다.

연료마력(PS) = $\dfrac{60 \times C \times W}{632.3 \times t} = \dfrac{C \times W}{10.5 \times t} = \dfrac{10,500 \times 3.75}{10.5 \times 30} = 125\text{PS}$

여기서, C : 저위발열량(kcal/kg)
W : 사용연료중량(kg)
t : 시험시간(분)

04 티타니아 산소센서에 대한 설명으로 옳은 것은?

① 산소 분압에 따라 전기저항값이 변화하는 성질을 이용한다.
② 산소 분압에 따라 전류값이 변화하는 성질을 이용한다.
③ 산소 분압에 따라 전압값이 변화하는 성질을 이용한다.
④ 산소 분압에 따라 전자값이 변화하는 성질을 이용한다.

해설 티타니아 형식 : 세라믹 절연체의 끝에 티타니아 소자(TiO_2)가 설치되어 있어 전자 전도체인 티타니아가 주위의 산소 분압에 대응하여 산화 또는 환원되어 그 결과 전기저항이 변화하는 성질을 이용한 것이다.

05 냉각장치에서 바이패스(By-pass) 회로 중 보텀 바이패스 방식이 인라인 방식에 비해 가지는 장점이 아닌 것은?

① 수온 조절기가 민감하게 작동하여 오버슈트(Overshoot)가 크다.
② 수온 조절기가 열렸을 때 바이패스(By-pass) 회로를 닫기 때문에 냉각효과가 좋다.
③ 수온 조절기의 이상 작동이 적기 때문에 기관 내부의 온도가 안정되고, 한랭 시에 히터 성능의 안정에 효과가 있다.
④ 기관이 정지했을 때 냉각수의 보온 성능이 좋다.

해설 보텀 바이패스 방식은 냉각효과가 우수하고 한랭 시에 히터 성능을 안정적으로 할 수 있다.

06 전자제어 현가장치(ECS)에서 급가속 시의 차고 제어로 옳은 것은?

① 앤티 롤링 제어
② 앤티 다이브 제어
③ 스카이 훅 제어
④ 앤티 스쿼트 제어

해설
④ 앤티 스쿼트 제어 : 급출발 시 감쇠력을 조정하여 자동차의 스쿼트 현상을 방지하는 것을 말한다.
① 앤티 롤링 제어 : 선회 시 감쇠력을 조절하여 자동차의 롤링을 방지하는 것을 말한다.
② 앤티 다이브 제어 : 주행 중 급제동 시 감쇠력을 조절하여 자동차의 다이브를 방지하는 것을 말한다.
③ 스카이 훅 제어 : 도로의 파손 등에 의한 중심을 잃은 느낌을 저감시키고, 플랫(Flat)한 주행 감각을 실현시키는 것을 말한다.

07 전기회생제동장치가 주제동장치의 일부로 작동되는 경우에 대한 설명으로 틀린 것은?(단, 자동차 및 자동차부품의 성능과 기준에 관한 규칙에 의한다)

① 주제동장치의 제동력은 동력 전달계통으로부터의 구동전동기 분리 또는 자동차의 변속비에 영향을 받는 구조일 것
② 전기회생제동력이 해제되는 경우에는 마찰제동력이 작동하여 1초 내에 해제 당시 요구제동력의 75% 이상 도달하는 구조일 것
③ 주제동장치는 하나의 조종장치에 의하여 작동되어야 하며, 그 외의 방법으로는 제동력의 전부 또는 일부가 해제되지 아니하는 구조일 것
④ 주제동장치 작동 시 전기회생제동장치가 독립적으로 제어될 수 있는 경우에는 자동차에 요구되는 제동력을 전기회생제동력과 마찰제동력 간에 자동으로 보상하는 구조일 것

해설 전기회생제동장치가 주제동장치의 일부로 작동되는 경우의 구조 기준(자동차규칙 제15조 제11항)
- 주제동장치 작동 시 전기회생제동장치가 독립적으로 제어될 수 있는 경우에는 자동차에 요구되는 제동력(이하 '요구제동력'이라 한다)을 전기회생제동력과 마찰제동력 간에 자동으로 보상하는 구조일 것
- 전기회생제동력이 해제되는 경우에는 마찰제동력이 작동하여 1초 내에 해제 당시 요구제동력의 75% 이상 도달하는 구조일 것
- 주제동장치는 하나의 조종장치에 의하여 작동되어야 하며, 그 외의 방법으로는 제동력의 전부 또는 일부가 해제되지 아니하는 구조일 것
- 주제동장치의 제동력은 동력 전달계통으로부터의 구동전동기 분리 또는 자동차의 변속비에 영향을 받지 아니하는 구조일 것

08 유효반경 0.4m인 바퀴가 600rpm으로 회전할 때 자동차의 주행속도(km/h)는 약 얼마인가? (단, 주행저항 및 노면에 의한 마찰은 무시한다)

① 85　　　　　　　　　　　② 90
③ 95　　　　　　　　　　　④ 100

해설
$$V(\text{km/h}) = \pi \cdot D \cdot N_w = \pi \cdot D \cdot N_w \times \frac{1}{100} \times 60$$

$$\frac{V(\text{km/h})}{3.6} = V(\text{m/s})$$

여기서, D : 바퀴의 직경(m)
　　　πD : 바퀴가 1회전했을 때 진행거리
　　　N_w : 바퀴의 회전수(rpm)

바퀴의 원주는 πD이므로 0.4×2×3.14=2.512m가 되며, 600rpm은 10rps이므로 차량은 1초 동안 10바퀴를 회전하며 25.12m 거리를 주행하게 되어 25.12m/s가 된다.
따라서 시속으로 변환하면 25.12×3.6=90.432km/h가 된다.

09 전자식 주차브레이크(EPB)의 제어 기능에 해당되지 않는 것은?

① 스포츠 기능
② 비상 제동 기능
③ 안전 클러치 기능
④ 자동 차량 홀드 기능

해설 EPB(Electric Parking Brake)의 기능
• 정차 기능　　　• 비상제동 기능　　　• 자동해제 기능
• 비상해제 기능　• 재연결 기능　　　• 안전 클러치 기능
• 베딩 기능　　　• 자동정차 기능(AVH)　• 시동 Off 작동 기능

10 하이브리드 차량의 고전압 배터리시스템의 구성품 중 파워 릴레이 어셈블리에 설치되어 있으며, 인버터의 커패시터를 초기 충전할 때 충전전류를 제한하고 고전압회로를 보호하는 역할을 하는 것은 무엇인가?

① 프리차저 레지스터　　　　② 메인 릴레이
③ 배터리 전류 센서　　　　　④ 안전스위치

해설 고전압 배터리시스템(BMS)의 파워 릴레이 어셈블리에 설치된 프리차저 레지스터는 인버터 내의 커패시터를 초기 충전할 때 충전전류를 제한하고 고전압회로(커패시터)를 보호하는 역할을 한다.

11 자동차 에어백에 대한 설명으로 틀린 것은?

① 에어백 시스템은 좌석벨트의 보조장치로서 운전자를 보호하기 위한 안전장치이다.
② 자동차가 정면충돌 시 요 레이트 센서가 이를 감지하여 에어백이 작동한다.
③ 에어백 모듈은 가스발생기, 에어백, 클록 스프링 등으로 구성된다.
④ 에어백 경고등은 점화스위치를 'On'시키면 일정 시간 동안 점등되었다가 소등된다.

> **해설** 자동차가 정면충돌 시 운전석 및 조수석 에어백의 전개 여부를 결정하는 신호는 프런트 임팩트 센서 신호이다.

12 엔진이 고전압 배터리의 충전에만 사용되고 동력전달용으로는 사용되지 않는 하이브리드 차량의 형식은?

① 직렬형
② 병렬형
③ 복합형
④ 직·병렬형

> **해설** 하이브리드 모터 사용방법에 따른 분류
> • 직렬형 : 직렬방식은 엔진은 발전용으로만 사용하고 모터의 동력을 이용하여 바퀴를 구동하는 방식으로 엔진의 동력을 이용하여 발전한 전기에너지를 배터리에 저장해 놓고 그 전기에너지를 이용하여 모터가 바퀴를 구동하기 때문에 에너지를 사용하는 순서에 의한 시리즈 하이브리드 방식이 있다.
> • 병렬형 : 엔진과 모터 2개의 동력이 나란히 배열되어 있는 병렬방식은 엔진과 모터의 동력을 모두 바퀴를 구동하는데 사용하는 패럴렐 하이브리드 방식, 자동차의 운전조건에 따라 최적의 운전 모드를 선택하여 구동하는 시리즈 방식, 패럴렐 방식 모두를 사용하는 시리즈 패럴렐 방식으로 분류된다.

13 터보 과급장치에서 타임래그(Time Lag)에 대한 설명으로 옳은 것은?

① 터보가 작동되는 동안 터빈의 회전수와 압축기의 회전수의 차이를 말한다.
② 공회전에서는 터보가 작동되지 않고 고속 주행 중에만 작동되는 현상을 말한다.
③ 가속페달을 밟았을 때 배기가스가 터빈과 압축기를 돌려 출력이 발생하는 시점까지의 시간 차를 말한다.
④ 가속페달을 밟고 난 후에 터보에 작동되어 가속페달을 밟지 않았는데도 출력효과가 나타나는 현상을 말한다.

해설 터보 타임래그 : 액셀러레이터 페달을 밟아 스로틀 밸브를 열었을 때 실린더에 흡입되는 공기량이 신속하게 증가하지 않고 스로틀 밸브가 열리는 정도에 알맞은 양의 공기가 실린더로 흡입되기까지 시간이 지연되는 현상이다.

14 선회 시 코너링 포스에 영향을 미치는 것으로 거리가 먼 것은?

① 제동능력
② 현가방식
③ 타이어의 분담하중
④ 현가스프링의 롤링 강성

해설 코너링 포스 : 타이어가 어떤 슬립각으로 선회할 때 접지면에 생기는 힘 중에서 타이어 진행 방향에 대한 직각으로 작용하는 힘이며, 선회에 따른 차체의 원심력 발생 시 타이어에서 원심력에 대응하며 안쪽으로 작용하는 힘(구심력)을 코너링 포스(선회력)라 말한다. 따라서 현가시스템의 구조 및 타이어의 접지력 등에 직접적인 영향을 받는다.

정답 13 ③ 14 ①

15 유압식 전자제어 동력조향장치의 특성에 대한 설명으로 틀린 것은?

① 차속센서가 고장일 경우 중속 조건으로 조향력을 일정하게 유지한다.
② 자동차가 고속일수록 조향력을 가볍게 하여 운전성을 향상시킨다.
③ 정차 시 조향력을 가볍게 하여 조향 성능을 향상시킨다.
④ 중속 이상에서 급조향 시 발생되는 순간적 조향 휨 걸림(Catch up) 현상을 방지한다.

해설 유압식 전자제어 동력조향장치는 자동차가 고속일수록 조향력을 무겁게 하여 주행 안정성을 향상시킨다.

16 그림과 같은 Gear Box에서 입력축 회전속도 1,400rpm, 토크 75kgf·m일 때 입력마력과 출력축의 회전속도는?(단, 그림의 숫자는 기어의 잇수이다)

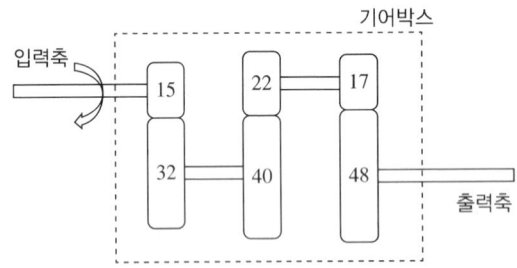

① 입력마력 146.65PS, 출력축 회전속도 422.59rpm
② 입력마력 115.89PS, 출력축 회전속도 422.59rpm
③ 입력마력 146.65PS, 출력축 회전속도 362.22rpm
④ 입력마력 115.89PS, 출력축 회전속도 362.22rpm

해설 입력마력(PS) = $\dfrac{T \times N}{716}$ 이므로, $\dfrac{75 \times 1,400}{716} ≒ 146.648\text{PS}$가 된다.

감속비 = $\dfrac{\text{피동잇수}}{\text{구동잇수}}$ 이므로

기어박스의 총 감속비는 $\left(\dfrac{32}{15}\right) \times \left(\dfrac{22}{40}\right) \times \left(\dfrac{48}{17}\right) ≒ 3.31294$가 되어

출력축 회전속도는 $\dfrac{1,400}{3.31294} ≒ 422.585\text{rpm}$이 된다.

17 자동차용 납산 배터리에 관한 설명으로 틀린 것은?

① 설페이션 현상 – 축전지를 방전상태로 장기간 방치하면 극판이 불활성 물질로 덮이는 현상이다.
② 기전력 – 축전지의 기전력은 셀 당 약 2.1V이지만 전해액 비중, 전해액 온도, 방전량 등에 영향을 받는다.
③ 방전종지전압 – 일정 전압 이하로 과방전을 하게 되면, 축전지의 극판을 손상시키므로 방전한계를 규정한 전압이다.
④ 용량(Capacity) – 완전 충전된 축전지를 일정 전압으로 단계별 방전하여 방전종지전압까지 방전했을 때의 전기량으로 AV로 표시한다.

해설 용량(Capacity)
완전 충전된 축전지를 일정 전류로 방전종지전압까지 방전했을 때의 전류량과 방전시간의 곱으로 나타내며 Ah로 표시한다.

18 구동력 제어장치에서 슬립을 판단하면 엔진의 토크를 저감하는 것은 물론 슬립이 발생하는 바퀴에 제동유압을 가해서 구동력을 제어하는 방식은?

① FTCS(Full Traction Control System)
② ETCS(Engine Traction Control System)
③ BTCS(Brake Traction Control System)
④ VTCS(Vacuum Traction Control System)

해설 슬립 시 엔진토크 저감과 휠의 제동유압을 제어하여 구동력을 제어하는 방식은 FTCS 방식이다.
※ BTCS는 제동유압 제어만을 통하여 구동력을 제어하는 시스템이다.

19 스틸과 알루미늄 조립 시 전위차에 의한 부식 방지대책으로 가장 적절한 것은?

① 용 접
② 볼트 체결
③ 리벳 체결
④ 절연체 삽입

> **해설** 차체 이종접합구조에서 이종금속의 전위차에 의한 갈바닉 손상을 방지하기 위해서 절연체 삽입 및 절연 실링을 통하여 부식을 방지하고 있다.

20 앞바퀴 휠 얼라인먼트 요소에 대한 설명으로 틀린 것은?

① 캠버(Camber)는 조향핸들의 조작을 가볍게 한다.
② 토(Toe)는 주행 중 조향바퀴에 복원성을 준다.
③ 캐스터(Caster)는 주행 중 조향바퀴에 방향성을 준다.
④ 킹핀은 캠버와 함께 조향조작력을 경감시킨다.

> **해설** 토 인
> • 앞바퀴를 평행하게 회전시킨다.
> • 앞바퀴의 사이드 슬립(Side Slip)과 타이어 마멸을 방지한다.
> • 조향링키지 마멸에 따라 토아웃(Toe-out)이 되는 것을 방지한다.
> • 토인은 타이로드의 길이로 조정한다.

제2과목 그린전동자동차 전동기와 제어기

21 BLDC 모터·발전기에서 기전력은 크나 파형이 나쁘고 구리선의 낭비가 심한 권선법은?

① 집중권　　　② 분포권
③ 단절권　　　④ 전절권

해설
④ 전절권 : 코일 피치를 자극피치와 같게 감은 것
① 집중권 : 매극, 매상의 코일을 한 슬롯에 집중하여 감은 것
② 분포권 : 매극, 매상의 코일을 2개 이상의 슬롯에 분산하여 감은 것
　• 장 점
　　- 유기 기전력 파형 개선(고조파 제거)
　　- 권선의 누설 리액턴스 감소
　　- 열방산 효과가 좋음(과열방지)
　• 단 점
　　- 유기 기전력 크기 감소
③ 단절권 : 코일 피치를 자극피치보다 짧게 감은 것
　• 장 점
　　- 유기 기전력 파형개선(고조파 제거)
　　- 동량절감
　　- 기계 치수가 적어짐
　• 단 점
　　- 유기 기전력 크기 감소

22 전기자동차의 구동모터 교환 및 탈착 시 주의사항으로 틀린 것은?

① 스위치를 Off하고 보조 배터리의 (-) 케이블을 분리한다.
② 안전플러그를 탈거 후 5분 이상 대기한다.
③ 고전압 및 센서 커넥터부에 수분 유입을 방지한다.
④ 모터 교환 전 워터펌프를 구동하여 냉각수 라인의 공기 빼기를 실시한다.

해설 전기자동차의 구동모터 교환 및 탈착 시 고전압이 흐르므로 (-) 케이블을 분리하고 안전플러그 탈거 후 5분 이상 대기하여 인버터 내의 커패시터 전압이 없는 상태에서 수분 등으로 인한 감전 사고에 대비하여야 한다.

정답 21 ④　22 ④

23 이미터 전류를 1mA 변화시켰더니 컬렉터 전류는 0.94mA이었다. 이 트랜지스터의 전류증폭률 β는 약 얼마인가?

① 12.7
② 13.7
③ 14.7
④ 15.7

해설 베이스에 전류가 흐르면 컬렉터에는 이에 비례하는 큰 전류가 흐른다. 이처럼 작은 전류를 이용해 큰 전류를 제어하는 것을 증폭(Amplify)이라 하며, 베이스 전류와 컬렉터 전류 사이의 비율, 즉 I_b가 흘렀을 때 I_c가 흐르는 비율을 전류증폭률 β라 하고, 이를 식으로 나타내면 다음과 같다.

$$\beta = \frac{I_c}{I_b}$$

$I_e = I_c + I_b$이므로 $1 = 0.94 + I_b$, $I_b = 0.06$

따라서 $\beta = \dfrac{0.94}{0.06} = 15.66$

24 전기자동차에 사용되는 모터의 출력과 효율에 대한 내용으로 틀린 것은?

① 자력이 클수록 출력과 효율에 좋다.
② 토크는 모터의 크기에 비례한다.
③ 로터와 스테이터의 에어 갭은 클수록 좋다.
④ 모터의 직경이 클수록 토크가 높아진다.

해설 모터의 출력은 로터와 스테이터 간극이 적을수록 효율이 좋다.

25 그린전동자동차의 보안시스템으로 사용되고 있는 이모빌라이저에 대한 설명으로 틀린 것은?

① 해당 차량에 등록된 인증 키가 아니면 연료공급이 되지 않는다.
② 점화 키 스위치가 ON이 되면 부가적인 인증 절차 없이 즉각 시동이 된다.
③ 기계적인 방식뿐만 아니라 무선으로 이루어진 암호 코드가 일치해야 시동이 된다.
④ 차량에 입력된 암호와 점화 키 스위치에 입력된 암호가 일치해야만 시동이 된다.

해설 이모빌라이저 시스템은 트랜스폰더 키(Transponder Key) 방식으로 기계적인 방식뿐만 아니라 무선으로 이루어진 암호 코드가 일치할 경우에만 시동이 되는 도난 방지 시스템이다. 따라서 차량에 입력되어 있는 암호와 점화 키 스위치에 입력된 암호가 일치하여야 시동이 되므로 해당 차량에 등록된 인증 키가 아니면 점화 및 연료공급이 차단되어 시동이 되지 않는다.

26 하이브리드자동차 전동기 제어 기법에 관한 설명 중 틀린 것은?

① PWM 인버터 최적전압 변조방식은 원하는 기본파 크기의 출력 전압이 발생하도록 PWM 스위칭 패턴을 미리 계산하여 제어한다.
② 정현파 비교전압 변조방식은 정현파 지령전압을 일정 주파수의 삼각파와 실시간 비교하여 스위칭 패턴을 결정한다.
③ 공간벡터 전압 변조방식은 가장 가까운 두 유효전압벡터와 영전압벡터를 이용하여 지령전압 벡터와 스위칭 주기 동안 평균적으로 동일한 전압을 합성한다.
④ 3고조파 주입 전압 변조방식은 정현파 상전압 지령에 3고조파 성분을 추가하여 생성된 극전압지령을 정현파와 비교 제어한다.

해설 전기자동차에서의 유도전동기 구동시스템은 자동차에서 요구되는 가속시간, 최고속도, 등판능력, 일충전 주행거리 등을 만족시키기 위하여 고속운전을 위한 약계자 제어, 전지의 전압 이용률을 증대시키기 위한 과변조 기법, 주행거리 및 제동력 향상을 위한 회생제동과 최대효율운전은 반드시 고려되어야 한다. 현재 하이브리드 전동기의 제어방법에는 PWM 인버터 제어, 벡터 제어 등을 통하여 전동기를 제어하고 있다.

27 12V 배터리 6개를 직렬로 연결한 자동차에서 전조등 시스템 구동을 위해 12V로 강압하려고 Buck Type DC-DC 컨버터를 구성 시 PWM 변조의 시비율(α)은?

① 0.17
② 0.34
③ 0.42
④ 0.53

해설 $\alpha = \dfrac{V_o}{V_i} = \dfrac{12}{12 \times 6} \fallingdotseq 0.166$

28 매입형 동기전동기의 벡터제어에 대한 설명으로 틀린 것은?

① MTPA(Maximum Torque Per Ampere) 제어를 위한 d축과 q축 전류의 비는 토크 크기에 관계없이 일정하다.
② 회전자 자속의 위치를 검출하기 위해 주로 레졸버가 사용된다.
③ 릴럭턴스 토크를 이용하기 위해 d축에 전류를 흘려 주어야 한다.
④ 영구자석의 자속 발생 방향을 d축으로 설정하여 제어한다.

해설 임의의 토크를 발생하기 위하여 d축 전류의 크기를 변화하면서 가장 작은 전류 크기를 인가하는 MTPA (Maximum Torque Per Ampere) 운전을 하면, 전류 크기에 따른 손실을 줄일 수 있다.

29 DC-DC 컨버터 중 강압만 할 수 있는 것은?

① PWM 컨버터
② Buck 컨버터
③ Boost 컨버터
④ Buck-Boost 컨버터

해설

전압을 낮추는 전원장치	강압 컨버터, Buck 컨버터, Step-down 컨버터
전압을 높이는 전원장치	승압 컨버터, Boost 컨버터, Step-up 컨버터
전압을 높이고 낮추는 전원장치	승강압 컨버터, Buck-Boost 컨버터
마이너스(부) 전압을 생성하는 전원장치	부전압 컨버터, 반전 컨버터, Inverting 컨버터

30 그린전동자동차에 사용되는 영구자석 교류전동기(PM모터)의 장점이 아닌 것은?

① 전동기의 냉각이 용이한 구조를 가지고 있다.

② 에너지밀도가 높아 소형・경량화가 가능하다.

③ 간단한 제어장치로 변속이 가능하고 비교적 염가이다.

④ 영구자석을 사용하여 계자전류를 사용하지 않아 고효율화에 적합하다.

> **해설** 영구자석 교류전동기(PM모터)는 영구자석을 표면에 부착하는 SPM 형식과 매입식인 IPM으로 나뉘며, 냉각이 용이하고 에너지밀도와 효율이 높다는 장점이 있으나 모터제어가 복잡하고 고가인 것이 단점이다.

31 3상 교류 회로에서 복소수 공간벡터 $\dot{V_1}$, $\dot{V_2}$는 다음과 같다. 복소수법으로 변환한 결과가 틀린 것은?

$$\dot{V_1} = 100\angle \tan^{-1}\left(\frac{4}{3}\right),\ \dot{V_2} = 50\angle \tan^{-1}\left(\frac{3}{4}\right)$$

① $\dot{V_1} = 60 + j80$

② $\dot{V_2} = 40 + j30$

③ $\dot{V_1} + \dot{V_2} = 100 + j110$

④ $\dot{V_1} - \dot{V_2} = 50(\cos 53.13° + j\sin 36.9°)$

> **해설** $A = \dot{a} + jb$, $|\dot{A}| = A = \sqrt{a^2 + b^2}$, $\tan\theta = \frac{b}{a}$, $\theta = \tan^{-1}\frac{b}{a}$
> $\dot{A} = \sqrt{a^2 + b^2}\angle \tan^{-1}\frac{b}{a} = A\angle\theta$이므로
> $\dot{V_1} = 60 + j80$, $\dot{V_2} = 40 + j30$이 되며 복소수의 사칙연산에서
> $\dot{V_1} + \dot{V_2} = (60 + 80j) + (40 + 30j)$가 되므로
> $\dot{V_1} + \dot{V_2} = 100 + j110$이 된다.
> $\dot{V_1} - \dot{V_2} = 20 + j50$

정답 30 ③ 31 ④

32. 역방향 항복전압이 일정한 특성을 활용한 PN접합 소자로 정전압 및 과전압 보호회로에 사용되는 소자는?

① 발광다이오드
② 터널다이오드
③ 제너다이오드
④ 가변용량다이오드

> **해설** 제너다이오드(Zener Diode) : 반도체다이오드의 일종으로 정전압다이오드라고도 한다. 일반적인 다이오드와 유사한 PN접합 구조이나 다른 점으로는 매우 낮고 일정한 항복전압 특성을 갖고 있어, 역방향으로 어느 일정값 이상의 항복전압이 가해졌을 때 전류가 흐른다.

33. 표면부착형 영구자석전동기의 특징에 대한 설명으로 틀린 것은?

① 고정자와 회전자가 슬립이 없는 동기속도로 회전한다.
② 일반적인 유도기 대비 낮은 출력과 고속 운전 성능이 특징이다.
③ 영구자석전동기 회전자 표면에 영구자석을 부착한 전동기이다.
④ 표면부착형 영구자석전동기는 동기전동기로서 벡터제어를 수행할 수 있다.

> **해설** 표면부착형 영구자석전동기의 경우 전동기에 정확한 정현파 전류를 인가하면 토크리플이 없는 이상적인 토크를 발생시킬 수 있고, 회전자의 표면에 영구자석을 부착하여 돌극성이 없는 장점이 있어 저속토크를 제어하는 로봇 및 공작기계에 적용된다. 일반적인 유도기 대비 높은 출력 특성을 나타낸다.

34 4극 60Hz 3상 유도전동기의 슬립이 3%일 때 이 전동기의 회전수는 몇 rpm인가?

① 962　　　　　　　　　② 1,274
③ 1,746　　　　　　　　④ 2,152

해설　$p = \dfrac{120f}{N_s}$ 이므로 $4 = \dfrac{120 \times 60}{N_s}$ 에서 $N_s = 1,800\,\text{rpm}$ 이 된다.

여기서, 슬립률이 3%이므로 $1,800 = \dfrac{N}{1-0.03}$ 에서 $N = 1,746\,\text{rpm}$ 이 된다.

35 쌍극성 트랜지스터(BJT)와 금속산화막 반도체 전계효과 트랜지스터(MOSFET)를 복합한 소자로 대전력 고속 스위칭이 가능하여 인버터, SMPS 등에 활용되는 소자는?

① SCR　　　　　　　　② IGBT
③ LASCR　　　　　　　④ TRIAC

해설　IGBT는 소수 캐리어의 주입으로 모스 전계 효과 트랜지스터보다 동작 저항을 작게 할 수 있는 3단자 양극성-모스 복합 반도체소자로 내압이 높고, 비교적 속도가 빠른 파워 트랜지스터이다. 펄스폭 변조제어 인버터에 내장되어 모터를 구동하는 데 사용되며, 파워 집적회로의 출력부 등에도 사용된다.

36 5kW, 120V, 1,500rpm인 정격 직류전동기를 구동하고 있을 때 정격 전기자전류(A)는?(단, 효율은 90%이며 기계손은 무시한다)

① 38.2　　　　　　　　② 40.4
③ 46.3　　　　　　　　④ 52.7

해설　$P = E \times I$ 이므로 $5,000 = 120 \times x$ 가 되어 $x = 41.666\,\text{A}$ 가 되며, 여기서 효율 90%이므로 정격 전기자전류 $A = 46.29\,\text{A}$ 가 된다.

정답　34 ③　35 ②　36 ③

37 레졸버 보정작업을 할 때 주의할 사항에 속하지 않는 것은?

① 보정작업 후 장비의 발광다이오드(LED)가 On과 Off를 반복하면 정상이다.
② 전동기 컨트롤 유닛(MCU)을 교환한 경우에는 반드시 보정작업을 하여야 한다.
③ 전동기를 동력전달 계통에서 탈착하였다가 다시 장착한 경우에는 레졸버 값을 보정하여야 한다.
④ 리어 플레이트(Rear Plate)를 동력전달 계통에서 분해하였다가 다시 장착한 경우에는 레졸버 값을 보정하여야 한다.

해설 레졸버의 보정작업 중에 이상이 발생되면 보정 후 발광다이오드가 On, Off를 반복한다.

38 동기전동기에 대한 설명으로 옳은 것은?

> A : 부하의 변화(용량의 한도 내에서)에 의하여 속도가 변동한다.
> B : 부하의 변화(용량의 한도 내에서)에 관계없이 속도가 일정하다.
> C : 역률 개선을 할 수 있다.
> D : 역률 개선을 할 수 없다.

① A, B ② C, D
③ B, C ④ D, A

해설 **동기전동기의 특징**
• 정속도 전동기이다.
• 기동이 어렵다(설비비가 고가).
• 역률을 1.0으로 조정할 수 있으며, 진상과 지상전류를 연속 공급 가능(동기조상기)하다.
• 저속도 대용량의 전동기로 대형 송풍기, 압축기, 압연기, 분쇄기에 사용된다.

37 ① 38 ③

39 그림과 같은 정합 변압기(Matching Transformer)가 있다. R_2에 주어지는 전력이 최대가 되는 권선비 값(a)은?

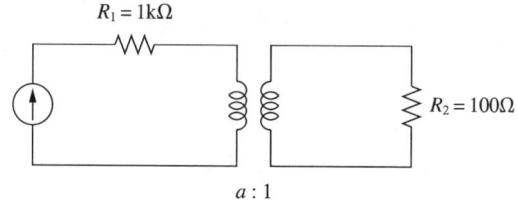

① 약 2
② 약 2.16
③ 약 1.16
④ 약 3.16

해설 권수비
$$a = \frac{N_1}{N_2} = \frac{V_1}{V_2} = \frac{I_2}{I_1} = \sqrt{\frac{Z_1}{Z_2}} = \sqrt{\frac{1,000}{100}} = \sqrt{10} ≒ 3.16$$
V결선 $P_v = \sqrt{3}\,K = P$
Δ결선 $P_\Delta = 3K = \sqrt{3}\,P$
여기서, K는 변압기 1대의 용량

40 SCR에 관한 설명으로 옳지 않은 것은?

① 3단자 소자이다.
② 적은 게이트 신호로 대전력을 제어한다.
③ 직류전압만을 제어한다.
④ 스위칭 소자이다.

해설 SCR(Silicon Controlled Rectifier)의 특성
- 역방향 내전압이 크고, 전압 강하가 낮다.
- Turn On 조건 : 양극과 음극 간에 브레이크 오버전압 이상의 전압 인가, 게이트에 래칭전류 이상의 전류를 인가한다.
- Turn Off 조건 : 애노드의 극성을 부(-)로 한다.
- 래칭전류 : 사이리스터가 Turn On하기 시작하는 순전류이다.
- 이온이 소멸되는 시간이 짧다.
- 직류, 교류 전압 제어, 스위칭 소자로 쓰인다.

정답 39 ④ 40 ③

제3과목 그린전동자동차 배터리

41 러시 전류(Rush Current)에 대한 설명으로 옳은 것은?

① 충전기 시동 시에 1사이클에서 몇 사이클 동안 발생하는 과대한 입력전류
② 배터리가 완전 용량으로부터 100%의 방전심도가 될 때까지 방전되는 정전류
③ 셀 또는 배터리의 질량으로 나눈 정격출력
④ 직류전류에 포함된 맥동전류

> **해설** Inrush Current(돌입전류)란 전기기기에 전원을 투입하는 순간, 정상전류보다 높은 전류가 흐르는 과도현상을 말하며 충전기 시동 시에 1사이클에서 몇 사이클 동안 발생하는 과대한 교류(입력)전류를 말한다.

42 1개의 모듈에 셀이 2P6S로 구성되어 있으며 총 30개의 모듈(직렬연결)로 구성된 전기차 배터리 팩의 정격전압은 얼마인가?(단, 셀 1개당 정격전압은 3.75V이다)

① 112.5V
② 360V
③ 675V
④ 1,350V

> **해설** 2P6S는 3.75V 셀이 2장 병렬연결되고 이렇게 구성된 셀이 6개가 직렬로 연결되어 있다는 의미이다. 따라서 1개의 모듈에는 병렬연결되어 용량이 증가한 3.75V셀이 6개의 셀로 구성되어 있기 때문에 1개 모듈당 전압은 6 × 3.75 = 22.5V가 된다. 또한 모듈 간 직렬연결이므로 배터리 팩의 정격전압은 22.5V × 30 = 675V가 된다.

43 BMS(Battery Management System)의 기능으로 틀린 것은?

① 냉각 제어
② 레졸버 제어
③ 셀 밸런싱 제어
④ 고전압 릴레이 제어

> **해설** 배터리 체인 내에서 셀 매개 변수에 있는 셀 밸런싱 제어와 고전압 릴레이 제어, 배터리 팩 상단에 설치된 외기온도 센서는 부특성 서미스터 소자를 사용하여 배터리 냉각 유입 온도를 감지하여 제어를 한다.

44 LDC(Low Voltage DC-DC Converter) 내부의 구성품에 대한 설명 중 잘못된 것은?

① 필터(출력)를 거치면서 AC전원은 규정된 진폭 이내로 조정된다.
② 필터(입력)는 고전압 배터리를 공유하는 장치들의 고전압 노이즈 및 AC성분을 제거한다.
③ 트랜스포머에 의해 고전압과 저전압이 전기적으로 절연된다.
④ FET에 고전압이 인가되면서 DC속성이 AC속성으로 변환한다.

> **해설** DC-DC 컨버터의 구성요소
> • 전력 반도체 스위치 : 입출력 에너지 제어
> • 커패시터, 인덕터 : 에너지전달 매개체, 전압, 전류의 리플성분 제거(필터 역할)
> • 변압기 : 입·출력의 전기적 절연, 입력 방향과 출력 방향의 전압이익 조절

45 그린전동자동차에서 고전압 회로를 연결하기 위한 파워 릴레이 어셈블리(PRA)의 구성품으로 틀린 것은?

① 프리차저 릴레이
② 인버터
③ 전류 센서
④ 고전압 연결용 버스 바

> **해설** 파워 릴레이 어셈블리는 배터리팩 내부 공간에 배치되며, 안전스위치, 메인 릴레이, 프리차저 저항 및 프리차저 릴레이를 포함하는 전기 소자, 전류 센서 및 각각의 전기 소자들을 전기적으로 연결하는 고전압 연결용 버스 바로 구성되어 있다.

정답 44 ① 45 ②

46 니켈-수소 배터리에 대한 설명 중 거리가 먼 것은?

① 양극에는 니켈-카드뮴 배터리와 같은 니켈산화물을 사용한다.
② 전해액에는 고농도의 탄산바륨 수용액을 사용한다.
③ 음극에 쓰이고 있는 수소흡장합금은 활성물질인 수소를 다량 고효율로 흡장, 방출할 수 있다.
④ 니켈-수소 배터리는 합금의 전위를 변경해도 수소를 흡장, 방출할 수 있는 기능을 이용한 것이다.

해설 니켈-수소 배터리 전극의 (+)측에는 옥시수산화니켈, (-)극에는 수소흡장합금(수소저장합금)을 이용하고 알칼리 전해액에는 수산화칼륨을 사용한다.

47 배터리 충전방법 중 충전 말기에 다량의 산소 및 수소가스가 발생하여 충전효율이 악화되고, 다른 충전방법보다 과충전되기 쉬운 것은?

① 정전류 충전법
② 단계전류 충전법
③ 정전압 충전법
④ 준정전압 충전법

해설 배터리 충전방법의 종류
- 정전류 충전법 : 충전 초기부터 일정한 전류를 유지하면서 충전하므로 최초 충전용량이 작아 극판의 손상이 작으며 충전 말기에 충전율이 높아 과충전의 우려가 있다.
- 단별 충전법 : 충전 초기에는 큰 전류로 충전하고 시간이 경과함에 따라 2~3단계씩 단계적으로 전류를 내리는 충전법으로 조작이 번거로운 반면 충전 중 전해액의 온도 상승이 작고 비교적 효율이 좋은 충전법이다.
- 정전압 충전법 : 충전 시작부터 종료까지 일정한 전압으로 충전하는 방법으로 가스 발생이 거의 없고 충전효율이 우수하나 충전 초기에 전류값이 커지는 결점이 있어 극판이 손상되기 쉬우며 충전 말기에 충전율이 낮아 과충전의 우려가 없다. 자동차의 발전기에서의 충전법은 정전압 충전법에 해당한다.
- 준정전압 충전법 : 충전기와 배터리 사이에 직렬저항을 넣어 충전 초기에는 큰 전류가 흐르게 하고 이후에는 정전압 충전으로, 충전 말기에는 일정한 전류가 흐르도록 하는 충전법이다.

정답 46 ② 47 ①

48
축전기 A(2μF), B(3μF), C(5μF)를 모두 병렬로 연결시키고, 12V의 전압 인가 시, 축전기에 저장되는 전기량은 얼마인가?

① 11μC
② 60μC
③ 120μC
④ 720μC

해설 병렬연결 시 콘덴서의 합성용량 = 2μF + 3μF + 5μF이므로 10μF이 된다. 따라서 저장되는 전하량 $Q = CV$ 이므로 10μF × 12V = 120μC가 된다.

49
충전상태(SOC ; State Of Charge)를 구하는 공식으로 옳은 것은?

① 방전용량 × 충전시간
② 정격용량 × 방전시간
③ (정격용량 − 방전용량) ÷ 정격용량 × 100
④ (방전용량 − 잔존용량) ÷ 방전용량 × 100

해설 SOC는 가용최대용량 대비 현재보유용량의 백분율로서 $\frac{정격용량 - 방전용량}{정격용량} \times 100$으로 산출한다.

50
그린전동자동차에서 발전제동에 대한 설명 중 가장 옳은 것은?

① 발전제동은 구동축이 아닌 후륜 측에서 더 발생한다.
② 발전제동은 도시보다 교외에서 더 많이 발생한다.
③ 발전제동이 기계적 마찰력에 의한 제동력보다 크다.
④ 발전제동은 전자유도현상에 의해 발생한다.

해설 발전제동은 주행 중인 자동차를 정지시키거나 속도를 감속시킬 때 발생되는 마찰열을 외부로 방출하지 않고 형태를 변화시켜 배터리를 충전하는 데 사용하는 방법이다. 전자유도현상에 의해 발생되며 기계적인 유압 브레이크보다는 제동력이 작다.
특 징
• 제동할 때 손실이 가장 적고, 효율이 높은 제동법이다.
• 구배 구간에서 연속제동하므로 안정성이 높다.
• 제동 시 소음이 없어 친환경적이다.
• 저속일 때 제동력이 떨어진다.
• 회생전압이 가선전압보다 낮으면 사용이 불가능하다.

정답 48 ③ 49 ③ 50 ④

51 BMS의 능동 셀 밸런싱 기능에 대한 설명으로 틀린 것은?

① 전압이 가장 높은 셀로부터 전하를 받아 축적해서 전압이 가장 낮은 셀로 재분배한다.
② 수동 셀 밸런싱 방식에 비해서 에너지 보존(효율) 측면에서 불리하다.
③ 전하의 축적과 재분배에는 콘덴서, 인덕터, 트랜스를 사용한다.
④ 수동 셀 밸런싱 방식 대비 시스템의 비용이 증가하고 복잡하다.

해설 BMS의 능동 셀 밸런싱 기능은 수동 셀 밸런싱 방식에 비해 효율 특성이 우수하지만 시스템이 복잡하고, 고가이다.

52 직류발전기에서 양호한 전류를 얻기 위한 방법으로 틀린 것은?

① 접촉저항이 큰 탄소 브러시를 사용한다.
② 정류주기를 길게 한다.
③ 리액턴스 전압을 크게 한다.
④ 보극과 보상권선을 설치한다.

해설 직류발전기의 정류개선 방법
회전속도를 낮추어 정류주기를 길게 한다.
- 저항정류 : 접촉저항이 큰 탄소 브러시 사용하여 정류코일의 단락전류를 억제하여 양호한 특성의 정류를 얻는다.
- 전압정류 : 보극을 설치하여 정류코일 내에 유기되는 리액턴스 전압과 반대 방향으로 정류전압을 유기시켜 양호한 정류를 얻는다.
- 단절권을 채택하여 코일의 자기인덕턴스를 줄인다.
- 평균 리액턴스 전압을 작게 한다.

53 300V, 50Ah 용량의 배터리가 완충전되었다면 배터리 내에 저장된 전기에너지는 약 몇 kg의 휘발유와 동일한 에너지인가?(단, 1J = 0.24cal, 휘발유의 발열량은 42MJ/kg으로 하고, 소수점 셋째 자리에서 반올림한다)

① 1.29kg
② 2.19kg
③ 12.90kg
④ 21.90kg

해설 전기에너지(J) = 전압(V) × 전류(A) × 시간(s)이므로, 300 × 50 × 3,600 = 54,000,000J이 된다.

따라서, 배터리의 전기에너지를 휘발유 중량으로 환산하면 $\frac{54}{42}$ = 1.285kg가 되며,

소수점 셋째 자리 반올림값은 1.29kg이 된다.

54 수소 연료전지 자동차의 주행상태에 따른 전력공급 방법으로 틀린 것은?

① 평지 주행 시 연료전지 스택에서 전력을 공급한다.
② 내리막 주행 시 회생제동으로 고전압 배터리를 충전한다.
③ 급가속 시 고전압 배터리에서만 전력을 공급한다.
④ 오르막 주행 시 연료전지 스택과 고전압 배터리에서 전력을 공급한다.

해설 수소 연료전지 자동차의 주행 특성
- 경부하 시에는 고전압 배터리가 적절한 충전량(SOC)으로 충전되는 동안 연료전지 스택에서 생산된 전기로 모터를 구동하며 주행한다.
- 중부하 및 고부하 시에는 연료전지와 고전압 배터리가 전력을 공급한다.
- 부하 시에는 스택으로 공급되는 연료를 차단하여 스택을 정지시킨다.
- 감속 및 제동 시에는 회생제동으로 생산된 전기는 고전압 배터리를 충전하여 연비를 향상시킨다.

55 전기자동차 고전압 배터리의 안전 플러그에 대한 설명으로 틀린 것은?

① 고전압 장치 정비 전 탈거가 필요하다.
② 전기자동차의 주행속도 제한 기능을 한다.
③ 탈거 시 고전압 배터리 내부 회로연결을 차단한다.
④ 일부 플러그 내부에는 퓨즈가 내장되어 있다.

> **해설** **안전 플러그**
> • 안전 플러그는 고전압 시스템 정비시 고전압 배터리 회로의 연결을 기계적으로 차단하는 역할을 한다.
> • 안전 플러그 내부에는 과전류로부터 고전압 시스템 관련 부품을 보호하기 위하여 메인 퓨즈가 장착되어 있는 것이 있다.
> • 고전압 차단절차를 수행하기 위하여 안전 플러그를 탈거하여야 한다.

56 AGM(Absorbent Glass Mat) 배터리에 대한 설명으로 거리가 먼 것은?

① 극판의 크기가 축소되어 출력밀도가 높아졌다.
② 유리섬유 격리판을 사용하여 충전 사이클 저항성이 향상되었다.
③ 높은 시동전류를 요구하는 엔진의 시동성을 보장한다.
④ 셀-플러그는 밀폐되어 있으므로 열 수 없다.

> **해설** 극판의 크기가 축소되면 전해액과 반응하는 극판의 면적이 감소되어 에너지 밀도 및 출력밀도가 저하된다.

57 고체 고분자 전해질형 연료전지의 전기 발생 작동원리 중 다른 것은?

① 양 바깥쪽에서 세퍼레이터(Separator)가 감싸는 형태로 구성되어 있다.
② 셀의 전압이 낮아 자동차용의 스택은 수백 장의 셀을 겹쳐 고전압을 얻고 있다.
③ 세퍼레이터는 홈이 파여 있어 (−)쪽에는 수소, (+)쪽은 공기가 통한다.
④ 수소는 극판에 칠해진 백금의 촉매작용으로 수소이온이 되어 (−)극으로 이동한다.

> **해설** 고체 고분자 전해질형 연료전지의 전기 발생 작동원리
> • 하나의 셀은 (−) 극판과 (+) 극판이 전해질 막을 감싸는 구조이다.
> • 양 바깥쪽에서 세퍼레이터(Separator)가 감싸는 형태로 구성되어 있다.
> • 셀의 전압이 낮아 자동차용의 스택은 수백 장의 셀을 겹쳐 고전압을 얻고 있다.
> • 세퍼레이터는 홈이 파여 있어 (−)쪽에는 수소, (+)쪽은 공기가 통한다.
> • 수소는 극판에 칠해진 백금의 촉매작용으로 수소이온이 되어 (+)극으로 이동한다.
> • 산소와 만나 다른 경로로 (+)극으로 이동된 전자도 합류하여 물이 된다.

58 전기자동차가 주행 중 고전압 배터리의 (+)전원을 인버터로 공급하는 구성품은?

① 전류 센서
② 고전압 배터리
③ 메인 릴레이
④ 프리차저 릴레이

> **해설** 메인 릴레이 : 파워 릴레이 어셈블리에 설치되어 있으며, 고전압 배터리의 (+, −) 출력 라인과 연결되어 배터리 시스템과 고전압회로를 연결하는 역할을 한다. 고전압 시스템을 분리시켜 감전 및 2차 사고를 예방하고 고전압 배터리를 전기적으로 분리하여 암전류를 차단한다.
> 프리차저 릴레이 : 파워 릴레이 어셈블리에 장착되어 있으며, 인버터의 커패시터를 초기에 충전할 때 고전압 배터리와 고전압회로를 연결하는 역할을 한다. 스위치를 On시키면 프리차저 릴레이와 레지스터를 통해 흐른 전류가 인버터 내의 커패시터에 충전이 되고 충전이 완료되면 프리차저 릴레이는 Off된다.

59 도로 차량-전기자동차용 교환형 배터리 일반 요구사항(KS R 1200)에 따른 엔클로저의 종류로 틀린 것은?

① 방화용 엔클로저
② 감전 방지용 엔클로저
③ 방전 방지용 엔클로저
④ 기계적 보호용 엔클로저

> **해설** 도로 차량-전기자동차용 교환형 배터리 일반 요구사항(KS R 1200) 중 하나 이상의 기능을 가진 교환형 배터리의 일부분이다.
> ③ 감전 방지용 엔클로저 : 위험 전압이 인가되는 부품 또는 위험 에너지가 있는 부품과의 접촉을 막기 위해 설계된 엔클로저
> ① 방화용 엔클로저 : 내부로부터의 화재나 불꽃이 확산되는 것을 최소화하도록 설계된 엔클로저
> ② 기계적 보호용 엔클로저 : 기계적 또는 기타 물리적인 원인에 의한 손상을 방지하기 위해 설계된 엔클로저

60 하이브리드자동차의 DC/DC 컨버터의 기능과 관련 없는 장치는?

① 발전기
② 배터리
③ 모터제어기
④ 파워트레인

> **해설** DC/DC 컨버터는 저전압 직류변환장치로 파워트레인 계통과는 관련이 없다.

제4과목   그린전동자동차 구동성능

61 인 휠 모터(In Wheel Motor) 차량의 특징을 설명한 것으로 틀린 것은?

① 자동차 디자인의 자유도가 높아진다.
② 자동차의 중량을 감소시킬 수 있다.
③ 기계적 동력전달 손실을 줄일 수 있다.
④ 구동축을 생략하고 차동기어만 사용한다.

해설 인 휠 모터(In Wheel Motor)의 경우 각 바퀴의 내부에 구동 모터가 장착되어 좌우 회전수에 대한 보상제어가 가능하여 차동장치가 필요 없는 특징이 있다.

62 고전압 배터리 관리 시스템의 메인 릴레이를 작동시키기 전에 프리차저 릴레이를 작동시키는데 프리차저 릴레이의 기능으로 틀린 것은?

① 고전압회로 보호
② MCU 고전압 부품 보호
③ 등화 및 조명장치 보호
④ 고전압 메인 퓨즈, 부스 바, 와이어 하니스 보호

해설 프리차저 릴레이는 파워 릴레이 어셈블리에 장착되어 있으며, 인버터의 커패시터를 초기에 충전할 때 고전압 배터리와 고전압 회로를 연결하는 역할을 한다. 스위치 IG On을 하면 프리차저 릴레이와 레지스터를 통해 흐른 전류가 인버터 내의 커패시터에 충전이 되고 충전이 완료되면 프리차저 릴레이는 Off된다.
• 초기에 커패시터의 충전전류에 의한 고전압회로를 보호한다.
• MCU 고전압 부품을 보호한다.
• 고전압 메인 퓨즈, 부스 바, 와이어 하니스를 보호한다.

정답 61 ④ 62 ③

63 전기자동차에서 시동키 On 시 PRA(Power Relay Assembly)의 작동순서로 가장 알맞는 것은?

① 메인 릴레이(+) On → 메인 릴레이(-) On → 프리차저 릴레이 On → 메인 릴레이(-) On
② 메인 릴레이(-) On → 메인 릴레이(+) On → 프리차저 릴레이 On → 메인 릴레이(+) Off
③ 메인 릴레이(-) On → 프리차저 릴레이 On → 메인 릴레이(+) On → 프리차저 릴레이 Off
④ 메인 릴레이(+) On → 프리차저 릴레이 On → 메인 릴레이(-) On → 프리차저 릴레이 Off

해설 전기자동차에서 시동키 On 시 PRA 작동순서는 메인 릴레이(-) On → 프리차저 릴레이 On → 메인 릴레이(+) On → 프리차저 릴레이 Off이다.

64 전기자동차 및 플러그인 하이브리드자동차의 복합 1회 충전 주행거리(km) 산정 방법으로 옳은 것은?(단, 자동차의 에너지소비효율 및 등급표시에 관한 규정에 의한다)

① 0.55×도심 주행 1회 충전 주행거리 + 0.45×고속도로 주행 1회 충전 주행거리
② 0.45×도심 주행 1회 충전 주행거리 + 0.55×고속도로 주행 1회 충전 주행거리
③ 0.5×도심 주행 1회 충전 주행거리 + 0.5×고속도로 주행 1회 충전 주행거리
④ 0.6×도심 주행 1회 충전 주행거리 + 0.4×고속도로 주행 1회 충전 주행거리

해설 전기자동차 및 플러그인 하이브리드자동차의 1회 충전 주행거리 산정 방법(자동차의 에너지소비효율 및 등급표시에 관한 규정 [별표 1])
복합 1회 충전 주행거리(km) = 0.55×도심 주행 1회 충전 주행거리 + 0.45×고속도로 주행 1회 충전 주행거리

65 전기자동차에 사용되는 동기 모터에 대한 설명으로 틀린 것은?

① 영구자석을 이용한 동기 모터를 사용한다.
② 로터의 위치를 인식 및 학습하는 리졸버 센서가 장착되어 있다.
③ 모터 및 EPCU 교환 시 리졸버 센서의 초기화 학습이 필요하다.
④ 모터의 속도와 토크제어는 저항을 사용한 전류제어 방식을 사용한다.

해설 | 모터의 속도와 토크 제어는 PWM 방식으로 전압과 주파수를 동시에 가변 제어한다.

66 전기자동차의 가상 사운드 시스템(VSS)의 설명으로 틀린 것은?

① 엔진 구동 소리와 유사한 소리를 발생한다.
② 자동차 속도 약 40km/h 이상부터 작동한다.
③ 차량 주변 보행자 주의 환기로 사고 위험성이 감소한다.
④ 전기차 모드에서 보행자가 차량을 인지할 수 있도록 작동한다.

해설 | 가상 사운드 시스템(Virtual Sound System) : 하이브리드 및 전기자동차는 엔진 소음이 없으므로 저속 EV 모드로 운행 중 자동차의 접근을 보행자에게 경고하기 위한 시스템이다. 엔진 구동 소리와 유사한 소리를 외부 스피커를 통해 가상 사운드를 작동하여 보행자에게 주의를 환기시켜 사전에 사고를 예방한다.
차속에 따른 작동 조건
• 정지 : P단, 사운드 Off
• 전진 : D, N단(0.4~28km/h)
• 후진 : 차속과 관계없이 후진 선택 시 계속 출력

정답 65 ④ 66 ②

67 환경친화적 자동차의 요건 등에 관한 규정에서 초소형 전기자동차(승용자동차/화물자동차)의 1회 충전 주행거리와 최고속도로 알맞은 것은?(자동차의 에너지소비효율 및 등급표시에 관한 규정에 따른 복합 1회 충전 주행거리와 최고속도 기준)

① 1회 충전 주행거리 : 50km 이상, 최고속도 : 55km/h 이상
② 1회 충전 주행거리 : 55km 이상, 최고속도 : 60km/h 이상
③ 1회 충전 주행거리 : 80km 이상, 최고속도 : 80km/h 이상
④ 1회 충전 주행거리 : 100km 이상, 최고속도 : 80km/h 이상

> **해설** 초소형 전기자동차(승용자동차/화물자동차)의 요건(환경친화적 자동차의 요건 등에 관한 규정 제4조)
> • 1회 충전 주행거리 : 자동차의 에너지소비효율 및 등급표시에 관한 규정에 따른 복합 1회 충전 주행거리는 55km 이상
> • 최고속도 : 60km/h 이상

68 수소연료전지 전기자동차의 수소 저장 시스템 구성품 중 고압 센서에 대한 설명이다. 고압 센서의 기능으로 다른 것은?

① 고압 센서는 프런트 수소탱크 솔레노이드 밸브에 장착된다.
② 고압 센서는 수소 잔량을 측정하여 남은 연료를 계산한다.
③ 고압 센서는 고압 조정기의 장애를 감시한다.
④ 고압 센서는 다이어프램 타입으로 출력 전압은 약 0.4~0.5V이다.

> **해설** 고압 센서의 기능
> • 고압 센서는 프런트 수소탱크 솔레노이드 밸브에 장착된다.
> • 고압 센서는 탱크 압력을 측정하여 남은 연료를 계산한다.
> • 고압 센서는 고압 조정기의 장애를 감시한다.
> • 고압 센서는 다이어프램 타입으로 출력 전압은 약 0.4~0.5V이다.
> • 계기판의 연료 게이지는 수소 압력에 따라 변경된다.

69 수소연료전지 전기자동차의 수소 저장 시스템구성품의 과류차단 밸브에 대한 설명이다. 과류차단 밸브의 기능으로 다른 것은?

① 고압 라인이 손상된 경우 대기 중에 수소가 과도하게 방출되는 것을 기계적으로 차단하는 과류 플로 방지 밸브이다.
② 밸브가 작동하면 연료공급이 차단되고 연료전지 모듈의 작동은 정지된다.
③ 과류차단 밸브는 탱크의 솔레노이드 밸브에 배치되어 있다.
④ 스택과 탱크 사이의 수소 공급라인의 수소를 배출시키는 밸브이다.

해설 스택과 탱크 사이의 수소 공급라인의 수소를 배출시키는 밸브는 서비스 퍼지 밸브의 기능이다.

70 전기자동차에 사용하는 직류모터에서 자속밀도를 B, 코일의 유효길이를 L, 공급전류를 I라고 할 때 모터의 전자력 F를 구하는 공식은?

① $F = B \times I \times L$
② $F = B \times I \times 2L$
③ $F = \dfrac{B \times I}{L}$
④ $F = \dfrac{B \times 2I}{L}$

해설 플레밍의 왼손법칙으로부터 도선이 자기장과 수직을 이룰 때 전자력은 $F = B \times I \times L$로 산출한다.

71 수소연료전지 전기자동차에서 고전압 직류 변환 장치(BHDC ; Bi-directional High Voltage)에 대한 설명으로 다른 것은?

① 스택에서 생성된 전력과 회생제동에 의해 발생된 고전압을 증폭시켜 고전압 배터리를 충전한다.
② 전기자동차(EV) 또는 수소전기자동차(FCEV) 모드로 구동될 때 고전압 배터리의 전압을 증폭시켜 모터제어 장치(MCU)에 전송한다.
③ 고전압 배터리의 전압은 스택 전압보다 약 200V가 낮다.
④ 양방향 고전압 직류 변환 장치(BHDC)는 섀시 CAN 및 F-CAN에 연결된다.

해설 스택에서 생성된 전력과 회생제동에 의해 발생된 고전압을 강하시켜 고전압 배터리를 충전한다.

72 연료전지의 효율(η)을 구하는 식은?

① $\eta = \dfrac{1\text{mol의 연료가 생성하는 전기에너지}}{\text{생성 엔트로피}}$

② $\eta = \dfrac{10\text{mol의 연료가 생성하는 전기에너지}}{\text{생성 엔탈피}}$

③ $\eta = \dfrac{1\text{mol의 연료가 생성하는 전기에너지}}{\text{생성 엔탈피}}$

④ $\eta = \dfrac{10\text{mol의 연료가 생성하는 전기에너지}}{\text{생성 엔트로피}}$

해설 연료전지의 효율은 현재 작동하고 있는 지점에서 수소 1mol의 연료가 생성하는 전기에너지를 연료가 가지고 있는 최대 엔탈피(고위발열량, High Heating Value)량으로 나누어준다.

73 RESS(Rechargeable Energy Storage System)에 충전된 전기에너지를 소비하며 자동차를 운전하는 모드는?

① HWFET모드
② PTP모드
③ CD모드
④ CS모드

해설 ③ CD모드(충전-소진모드, Charge Depleting mode) : RESS에 충전된 전기에너지를 소비하며 자동차를 운행하는 모드이다.
① HWFET모드 : 고속연비 측정방법으로 고속으로 항속주행이 가능한 특성을 반영하여 고속도로 주행 테스트 모드를 통하여 연비를 측정한다.
② PTP모드 : 도심 주행연비로 도심주행모드(FTP-75) 테스트 모드를 통하여 연비를 측정한다.
④ CS모드(충전-유지모드, Charge Sustaining mode) : RESS가 충전 및 방전을 하며 전기 에너지를 충전량이 유지되는 동안 연료를 소비하며 운행하는 모드이다.

74 고전압 배터리 셀 모니터링 유닛의 교환이 필요한 경우로 틀린 것은?

① 배터리 전압 센싱부 이상/과전압
② 배터리 전압 센싱부 이상/저전류
③ 배터리 전압 센싱부 이상/저전압
④ 배터리 전압 센싱부 이상/전압편차

해설 고전압 배터리 셀 모니터링 유닛(CMU ; Cell Monitoring Unit)
각 고전압 배터리 모듈의 온도, 전압, 화학적 상태를 측정하여 BMU(Battery Management Unit)에 전달하는 기능과 기전력 편차에 대한 셀 밸런싱 기능을 수행한다.

75 환경친화적 자동차의 요건 등에 관한 규정상 고속전기자동차의 복합 1회 충전 주행거리 최소 기준은?(단, 승용자동차에 국한한다)

① 150km 이상
② 300km 이상
③ 250km 이상
④ 70km 이상

해설 고속전기자동차(승용자동차/화물자동차/경·소형 승합자동차)의 요건(환경친화적 자동차의 요건 등에 관한 규정 제4조)
- 1회 충전 주행거리 : 자동차의 에너지소비효율 및 등급표시에 관한 규정에 따른 복합 1회 충전 주행거리는 승용자동차는 150km 이상, 경·소형 화물자동차는 70km 이상, 중·대형 화물자동차는 100km 이상, 경·소형 승합자동차는 70km 이상
- 최고속도 : 승용자동차는 100km/h 이상, 화물자동차는 80km/h 이상, 승합자동차는 100km/h 이상

76 자동차용 내압용기 안전에 관한 규정상 압축수소가스 내압용기의 사용압력에 대한 설명으로 옳은 것은?

① 용기에 따라 15℃에서 35MPa 또는 70MPa의 압력을 말한다.
② 용기에 따라 15℃에서 50MPa 또는 100MPa의 압력을 말한다.
③ 용기에 따라 25℃에서 15MPa 또는 50MPa의 압력을 말한다.
④ 용기에 따라 25℃에서 35MPa 또는 100MPa의 압력을 말한다.

해설 압축수소가스 내압용기(용기밸브와 용기 안전장치를 제외한다) 제조 관련 세부기준(자동차용 내압용기 안전에 관한 규정 별표 4)
사용압력은 용기에 따라 15℃에서 35MPa 또는 70MPa의 압력을 말한다.

77 연료전지자동차의 구동모터 시스템에 대한 개요 및 작동원리가 아닌 것은?

① 급격한 가속 및 부하가 많이 걸리는 구간에서는 모터를 관성주행시킨다.
② 저속 및 정속 시 모터는 연료전지 스택에서 발생되는 전압에 의해 전력을 공급받는다.
③ 감속 또는 제동 중에는 차량의 운동에너지는 고전압 배터리를 충전하는 데 사용한다.
④ 연료전지자동차는 전기모터에 의해 구동된다.

해설 연료전지자동차의 주행 특성
- 경부하 시에는 고전압 배터리가 적절한 충전량(SOC)으로 충전되는 동안 연료전지 스택에서 생산된 전기로 모터를 구동하며 한다.
- 중부하 및 고부하 시에는 연료전지와 고전압 배터리가 전력을 공급한다.
- 무부하 시에는 스택으로 공급되는 연료를 차단하여 스택을 정지시킨다.
- 감속 및 제동 시에는 회생제동으로 생산된 전기는 고전압 배터리를 충전하여 연비를 향상시킨다.

78 수소연료전지차의 에너지소비효율 라벨에 표시되는 항목이 아닌 것은?

① 도심주행 에너지소비효율
② CO_2 배출량
③ 1회 충전 주행거리
④ 복합 에너지소비효율

해설

79 전기자동차에서 교류전원의 주파수가 600Hz, 쌍극자수가 3일 때 동기속도(N_s)는?

① 100
② 1,800
③ 200
④ 180

> **해설** 동기속도(N_s) = $\dfrac{120 \times f}{P}$ 이며 f는 전원주파수, P는 자극의 수(쌍극×3=6)이므로
>
> $N_s = \dfrac{120 \times 600}{6}$ = 12,000rpm이 되며 동기속도(N_s)는 초속도이므로
>
> $\dfrac{12,000}{60}$ = 200rps가 된다.

80 차량주행 중 동력을 차단하고 관성주행을 하는 것을 타행(Coasting)이라 한다. 타행성능을 구하는 산출식은?

① (차량총질량 + 회전부분상당질량)/감속도
② (차량총질량 + 회전부분상당질량) × 감속도
③ (차량총질량 × 회전부분상당질량)/감속도
④ 차량총질량 × 회전부분상당질량 × 감속도

> **해설** 타행성능을 산출하는 식은 (차량총질량 + 회전부분상당질량) × 감속도이다.

제5과목 그린전동자동차 측정과 시험평가

81 플렉스 레이(Flex Ray) 데이터 버스의 특징으로 거리가 먼 것은?

① 데이터 전송은 비동기방식이다.
② 데이터를 2채널로 동시에 전송한다.
③ 실시간 능력은 해당 구성에 따라 가능하다.
④ 데이터 전송은 2개의 채널을 통해 이루어진다.

해설 플렉스 레이(Flex Ray) 데이터 버스의 특징
• 데이터 전송은 2개의 채널을 통해 이루어진다.
• 최대 데이터 전송속도는 10Mbps이다.
• 데이터를 2채널로 동시에 전송함으로써 데이터 안전도는 4배로 상승한다.
• 데이터 전송은 동기방식이다.
• 실시간(Real Time) 능력은 해당 구성에 따라 가능하다.

82 자동차 안전기준에 관한 규칙에 명시된 고전압 기준은?

① AC 60V 또는 DC 60V 초과 전기장치
② AC 30V 또는 DC 60V 초과 전기장치
③ AC 50V 또는 DC 80V 초과 전기장치
④ AC 220V 또는 DC 300V 초과 전기장치

해설 고전원전기장치(자동차규칙 제2조 제52항)
구동축전지, 전력변환장치, 구동전동기, 연료전지 등 자동차의 구동을 목적으로 하는 장치로서 작동전압이 직류 60V 초과 1,500V 이하이거나, 교류(실효치를 말한다) 30V 초과 1,000V 이하의 전기장치를 말한다.

정답 81 ① 82 ②

83 자동차 데이터 통신 중에 두 배선(High, Low)의 차등전압을 알 수 없을 때 통신 불량 발생 코드를 표출하는 통신방식은?

① A-CAN 통신
② B-CAN 통신
③ C-CAN 통신
④ D-CAN 통신

해설 C-CAN(CAN등급 C) 통신 : 단일배선 적용능력이 없으므로 데이터 통신 중에 하나의 선이라도 단선되면 두 배선의 차등전압을 알 수 없어 통신 불량이 발생하게 된다.

84 전기자동차에서 사용하는 CAN 통신 시스템의 종류 중 125kbps 이하 속도에 적용되며 등화 및 일반 전기제어(BCM)시스템의 데이터 통신에 응용하는 CAN 통신으로 맞는 것은?

① Low Speed CAN
③ Ultra Sonic CAN
② High Speed CAN
④ Super Speed CAN

해설
- High Speed CAN(125kbps~) : 고속 CAN은 파워트레인 등 실시간 제어에 사용
- Low Speed CAN(10~125kbps) : 저속 CAN은 파워윈도 등 보디전장(BCM) 계통의 데이터 통신에 사용

85 자동차에 사용되는 CAN 통신에 대한 설명으로 틀린 것은?(단, High Speed CAN의 경우)

① 표준화된 통신 규약을 사용한다.
② CAN 통신 종단저항은 120Ω을 사용한다.
③ 연결된 모든 네트워크의 모듈은 종단저항이 있다.
④ CAN 통신은 컴퓨터들 사이에 신속한 정보 교환을 목적으로 한다.

해설 종단저항은 연결된 모든 네트워크 주선의 CAN-High선과 CAN-Low선 양단 끝에 있다.

86 에너지 저장 시스템(ESS)의 사이클 시험 목적은?

① 충격에 의한 제품 내구성 평가
② 주행 진동에 대한 내구성 평가
③ 자동차 충격 시험 안전성 평가
④ 온도, 시간 등 시험 조건을 반복적으로 변화시켜 내구성 평가

해설 | 에너지 저장 시스템의 사이클 시험은 온도, 시간 등 테스트 조건을 반복적으로 변화시켜 내구성을 측정하는 항목이다.

87 DC-DC 컨버터 분류 중 출력단의 전류가 항상 입력단의 전류보다 작은 방식은?

① 벅 컨버터 방식
② 포워드 컨버터 방식
③ 부스트 컨버터 방식
④ 플라이백 컨버터 방식

해설 | DC-DC 컨버터의 출력단의 전류가 항상 입력단의 전류보다 작은 방식은 부스트 컨버터 방식이다.

88 플러그인 하이브리드자동차에서 시동 직후 PTC 소자를 이용하여 난방용 공기를 가열할 때 공기의 온도는 약 얼마인가?(단, 공기의 비열 1.006kJ/kg·K, 유입 공기량 5kg/min, 입력 전기출력 1kW)

① 29.8K
② 12K
③ 5.3K
④ 10.6K

해설 | $\dfrac{1.006}{0.083 \times 1} = 12.1K$

정답 86 ④ 87 ③ 88 ②

89 100V, 20A용 단상 적산전력계의 원판이 20회 회전하는 데 10초가 걸렸다. 만일 이 계기의 오차가 +2%라면 부하전력은 약 몇 kW인가?(단, 계기정수는 1,000rev/kWh이다)

① 3.15
② 5.05
③ 7.05
④ 10.15

해설 전력량(kW) = $\dfrac{3{,}600 \times n}{k \times t}$ 이므로 $\dfrac{3{,}600 \times 20}{1{,}000 \times 10}$ = 7.2kW가 된다.

여기서, 오차가 +2%이므로 7.2 × 0.02 = 0.144

따라서, 7.2 − 0.144 = 7.05kW가 된다.

90 오실로스코프로 파형을 측정한 결과 다음과 같은 그림이 나타났을 때 최고 피크전압은 약 몇 V인가?(단, 수직 감도가 2V/cm이다)

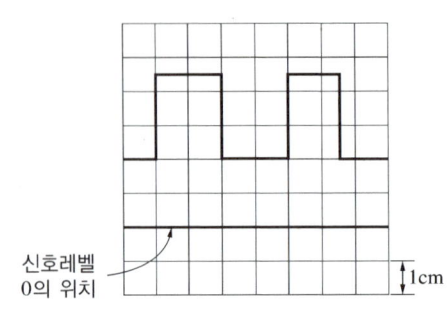

① 2
② 2.5
③ 4.5
④ 9

해설 수직감도가 2V/cm이고, 신호레벨 기준위치에서 피크전압 라인이 약 4.5칸 위에 있으므로 약 9V이다.

91 어떤 자동차가 적재 시 앞 축중이 1,300N이고, 차량 총중량은 2,800N이다. 타이어 중량 하중은 700N이고, 접지폭이 13.5cm일 경우 앞 타이어 부하율은?

① 약 53%
② 약 63%
③ 약 83%
④ 약 93%

해설 적재 시 앞 축중이 1,300N이고, 타이어 1개당 허용 하중이 700N일 경우 앞바퀴 2개의 허용 하중은 1,400N이 된다.

타이어 부하율은 타이어 부하율(%) = $\dfrac{\text{적차 시 앞축 부하하중}}{\text{허용 하중} \times \text{타이어 개수}} \times 100 = \dfrac{1,300}{1,400} \times 100 =$ 약 93%

92 계측용어(KS A 3009)에서 각각의 용어에 대한 의미가 틀린 것은?

① 편차 : 측정치로부터 모평균을 뺀 값
② 공차 : 규정된 최대치와 최소치의 차
③ 잔차 : 측정치로부터 시료평균을 뺀 값
④ 오차 : 측정치의 모평균에서 참값을 뺀 값

해설 오차란 측정치에서 참값을 뺀 값을 말한다.

93 온도센서에 관련된 측정오차에서 접점의 가열 또는 냉각과 관련된 심기오차가 아닌 것은?

① 전도오차
② 복사오차
③ 회복오차
④ 부하오차

정답 91 ④ 92 ④ 93 ④

94 전기자동차용 인버터 구동형 전동기의 개별 효율 시험방법에서 시험용 전동기에 대하여 제동력만 제공하여 구동모드 시험을 하는 동력계는?

① 간접형 동력계
② 직접형 동력계
③ 수동형 동력계
④ 능동형 동력계

해설
- 수동형 동력계 : 시험용 전동기에 대하여 제동력만을 제공함으로써 구동모드 시험만이 가능한 동력계
- 능동형 동력계 : 시험용 전동기에 대하여 구동력 및 제동력을 제공함으로써 구동모드 및 발전모드 시험이 가능한 동력계

95 전기자동차 에너지소비효율 및 일 충전 주행거리 시험방법(KS R 1135)에서 시험 전 요구조건으로 틀린 것은?

① 자동차는 제원표상의 기계적·전기적인 점검을 실시한다.
② 차량 구동장치는 시험 시작 전에 "냉간"상태에 두어야 하므로, 차량은 보존/충전 기간이 끝난 다음 시험 시작 전까지 1.6km 이상을 끌면 안 된다.
③ 보존/충전 시간이 끝난 후 1시간 내에 차량을 도로 시작점 또는 차대동력계상에 위치시켜야 하며, 이때 반드시 시동을 걸지 않은 상태로 끌거나 밀어서 옮겨야 한다.
④ 차량, 축전지, 온도조절장치는 시험 시작 전 최소 6시간, 최대 24시간 동안 0~30℃의 주변 온도에 두어야 하고, 이 시간 동안 충전상태를 유지해야 하며 충전완료 시까지 보존상태가 유지되어야 한다.

해설 차량, 축전지, 온도조절장치는 시험 시작 최소 12시간, 최대 36시간 동안 20~30℃의 주변 온도에 두어야 하고 이 시간 동안 충전상태를 유지해야 하며 충전완료 시까지 보존상태가 유지되어야 한다.

96 전동기 시험장치 및 시험방법에 대한 설명으로 틀린 것은?

① 회전력 및 회전속도 측정장치는 부하용 전동기와 시험용 전동기 사이에 설치한다.
② 시험용 전동기 시스템의 효율 및 사용에너지를 측정하기 위하여 전력 분석계가 설치된다.
③ 시험 안전을 위하여 전동기 측정 시스템의 최대 회전수는 시험용 전동기 시스템에 1.2배 이상을 권장한다.
④ 시험용 전동기는 전동기에서 발생하는 열에 의한 영향을 고려하여 일정 크기의 온도챔버를 설치해야 하고, 시험하는 동안 챔버 내의 온도는 제어하지 않는다.

> **해설** 전동기 시험에서 시험 중 발생하는 전동기 온도변화의 시간 지연에 기인한 오차를 줄이기 위해 온도제어를 수행해야 한다.

97 자동차 지역 제어망(CAN)과 관련하여 전송매체를 통한 일련의 전송에서 비트 또는 비트 필드의 배열과 의미를 정의하는 데이터 링크층의 프로토콜 데이터 단위는?

① 핸 들
② 프레임
③ 식별자
④ 휴 지

> **해설** 프레임 : 주소와 필수적인 프로토콜 제어정보가 포함된 완전한 하나의 단위로서 네트워크 지점 간에 전송되는 데이터이다.

98 아이템의 고장확률이 50%가 되는 시간 또는 전체 아이템의 50%가 고장나는 시간을 의미하는 용어는?

① 메디안 수명
② 풀푸르프
③ 경년 변화
④ 내용수명

> **해설**
> ② 풀푸르프(Fool Proof) : 제어계 시스템이나 제어 장치에 대하여 인간의 오동작을 방지하기 위한 설계
> ③ 경년 변화 : 장기의 시간경과에 따라 생기는 계측기 또는 그 요소의 특성 변화
> ④ 내용수명 : 기구나 시설이 유효하고도 충분한 기능을 발휘하여 안전하게 사용할 수 있는 시간

정답 96 ④ 97 ② 98 ①

99 온보드 진단 통신과 관련하여 약어에 따른 내용으로 옳은 것은?(단, KS R ISO 27145-6에 의한다)

① MI : CAN 기반 진단 통신
② DoCAN : 오작동 표시
③ ESD : 전자기 적합성
④ DTC : 장애진단 코드

해설
① MI : 오작동 표시
② DoCAN : CAN 기반 진단 통신
③ ESD : 정전기 방전

100 전압, 부하 등 온도 이외의 스트레스를 이용하여 절연체, 베어링, 백열전구 등 가속수명시험에 사용되는 수명과 스트레스의 관계를 나타내는 모델은?

① 역승 모델
② 아이링 모델
③ 아레니우스 모델
④ 일반화된 아이링 모델

해설
① 역승 모델 : 전압 등과 같이 주로 비열 가속인자를 적용하는 경우 사용된다(절연체의 전압 내구시험, 베어링, 백열전구, 금속재료의 열화 등).
② 아이링 모델 : 양자역학 원리에서부터 도출되었으며 가속인자로 열-스트레스(온도)를 적용하는 경우 주로 사용되지만 습도 등 열 이외의 스트레스에 대해서도 사용할 수 있다(아레니우스 모형과 유사 온도에 의한 가속 단일 스트레스(전기장)에 의한 가속 화학적 열화반응률).
③ 아레니우스 모델 : 온도에 의한 가속수명시험에서 가장 널리 사용된다(반도체, 건전지, 윤활유, 전구 필라멘트, 절연체 등).

2024년 제2회 최근 기출복원문제

제1과목 그린전동자동차공학

01 앳킨슨 사이클(Atkinson Cycle)에 대한 설명 중 맞는 것은?

① 압축행정 시 흡기밸브의 닫힘 시기를 지연하여 유효압축행정을 짧게 하는 사이클이다.
② 폭발행정 시 배기밸브의 열림 시기를 빠르게 하여 체적효율을 높게 하는 사이클이다.
③ 배기행정 시 배기밸브의 열림 시기를 늦게 하여 펌핑손실을 최소화하는 사이클이다.
④ 흡입행정 시 흡기밸브의 열림 시기를 빠르게 하여 유효흡입행정을 길게 하고 충전효율을 높게 하는 사이클이다.

해설 앳킨슨 사이클은 용적형 내연기관을 기초로, 압축일보다 팽창일을 크게 하여 열효과를 개선한 내연기관의 일종이다. 압축행정 시 흡기밸브의 닫힘 시점을 지연하여 압축일을 감소시키고 팽창일을 증가시켜 엔진의 효율을 증가시키는 사이클이다.

02 제동출력이 90kW인 기관의 저위발열량이 44,800kJ/kg이고, 시간당 20kg의 연료를 소비하는 기관에서 제동열효율은?

① 약 28%   ② 약 32%
③ 약 36%   ④ 약 41%

해설 제동열효율(%) = $\dfrac{수급}{공급} \times 100$ 이므로

$\dfrac{90\text{kJ/sec} \times 3{,}600\text{sec}}{44{,}800\text{kJ/kg} \times 20\text{kg}} \times 100 = 36.1\%$ 가 된다.

03 엔진 ECU의 출력 신호가 아닌 것은?

① 인젝터 작동 신호   ② 파워TR 작동 신호
③ 에어플로센서 작동 신호   ④ PCSV 작동 신호

해설 엔진 ECU는 센서 및 스위치의 신호를 입력 받아 액추에이터로 출력하여 각종 전자제어 장치를 제어하는 구조로 에어플로센서(공기유량측정센서)는 입력신호이다.

정답 1 ① 2 ③ 3 ③

04 평탄한 도로 90km/h로 달리는 승용차의 총 주행저항은?(단, 총 중량 1,145kgf, 투영면적 1.6m², 공기저항계수 0.03, 구름저항계수 0.015이다)

① 약 37.18kgf
② 약 47.18kgf
③ 약 57.18kgf
④ 약 67.18kgf

해설
- 구름저항
  $R_1(구름저항) = f_1 \times W = f_1 \times W \times \cos\theta$ 에서 $R_1(구름저항) = 0.015 \times 1,145\text{kgf} = 17.175\text{kgf}$
- 공기저항
  $R_2(공기저항) = f_2 \times A \times V^2$ 에서 $R_2(공기저항) = 0.03 \times 1.6\text{m}^2 \times 25^2 \text{m/s} = 30\text{kgf}$

총 주행저항은 약 47.18kgf가 된다.

05 가솔린 엔진의 노크 방지 대책으로 틀린 것은?

① 압축비를 낮게 한다.
② 연소실 벽 온도를 높게 한다.
③ 냉각수 온도를 낮게 유지시킨다.
④ 옥탄가가 높은 연료를 사용한다.

해설 가솔린기관의 노킹방지법
- 흡기온도를 낮춘다.
- 실린더 벽의 온도를 낮춘다.
- 회전수를 증가시킨다.
- 혼합비를 농후하게 하거나 희박하게 한다.
- 점화시기를 지연시킨다.
- 화염전파거리를 단축한다.
- 흡기압력을 낮게 한다.

06 제동 시 뒷바퀴의 조기 고착을 방지하기 위한 안티 스키드 장치는?

① 프로포셔닝 밸브
② 미터링 밸브
③ 릴리프 밸브
④ 체크 밸브

해설 제동 시 브레이크 라인의 유압을 전륜 바퀴와 후륜 바퀴에 다르게 공급하는 기계적인 장치는 프로포셔닝 밸브이다(후륜 측 유압을 전륜 측보다 작게 보냄).

07 알루미늄(Al)에 대한 설명으로 부적합한 것은?

① 비자성이다.
② 마그네슘(Mg)보다 가볍다.
③ 알루미나를 전기분해하여 생산한다.
④ 표면에 얇고 내식성이 강한 산화피막이 형성된다.

해설 알루미늄의 비중은 약 2.7이고, 마그네슘의 비중은 약 1.7 정도로 마그네슘이 더 가볍다.

08 자동차 공조장치 제어에 필요한 정보를 제공하는 센서로 틀린 것은?

① 일사센서
② 온도센서
③ 압력센서
④ 차속센서

해설 자동차 공조시스템은 일사량 센서, 습도센서, 서모(온도)센서, 냉매압력센서 등의 신호를 이용하여 시스템을 제어한다.

09 분사량 60mm³/stroke, 분사지속 크랭크각 35°, 기관회전속도 5,000rpm일 때 분사지속시간은 약 몇 ms인가?

① 0.55
② 1.17
③ 2.43
④ 3.82

해설 각속도 $= \dfrac{rpm}{60} \times 2\pi$ 이므로 $\dfrac{5,000}{60} \times 2\pi = 523.5988 \text{rad/sec}$ 가 된다.

$2\pi \text{rad/sec} = 1$회전 $= 360°$이므로 $1\text{rad/sec} = \dfrac{360}{2\pi} = 57.2958°$가 된다(360°를 회전하는 데 6.2831초 소요).

따라서 $\dfrac{35}{523.5988 \times 57.2958} = 1.167\text{ms}$가 된다.

10 에어컨 냉매의 구비 조건으로 옳은 것은?

① 증발 잠열이 작을 것
② 비체적과 점도가 클 것
③ 임계 온도가 낮고, 응고점이 높을 것
④ 전기절연성이 좋고, 안전성이 높을 것

해설 냉매의 구비 조건
- 무색무취 및 무미일 것
- 가연성, 폭발성 및 사람이나 동물에 유해성이 없을 것
- 저온과 대기압력 이상에서 증발하고, 여름철 뜨거운 외부 온도에서도 저압에서 액화가 쉬울 것
- 증발 잠열이 크고, 비체적이 작을 것
- 임계 온도가 높고, 응고점이 낮을 것
- 화학적으로 안정되고, 금속에 대하여 부식성이 없을 것
- 사용 온도 범위가 넓을 것
- 냉매 가스의 누출을 쉽게 발견할 수 있을 것

11 자동차와 관련한 공기저항에서 차체의 형상에 의해 결정되며 전 투영면적에 작용되는 풍압에 의해 작용하는 것은?

① 형상저항
② 마찰저항
③ 표면저항
④ 내부저항

해설 주행하는 자동차의 앞면을 막아서는 공기에 의한 압력저항은 차체의 전 투영면적 및 형상에 의한 형상저항과 차체 상하면의 압력차에 의해 자동차가 받는 양력에 의해 발생하는 유도저항 등으로 나누어지며 이 중 형상저항이 전체 공기저항의 대부분을 차지한다.

12 휠 얼라인먼트 요소 중 토인(Toe In)의 역할로 거리가 먼 것은?

① 토아웃이 되도록 유도한다.
② 타이어의 편마모를 방지한다.
③ 앞바퀴를 평행하게 회전시킨다.
④ 앞바퀴의 사이드슬립을 방지한다.

해설 앞바퀴를 위에서 보면 양쪽 바퀴 중심선 간의 거리가 그 앞쪽이 뒤쪽보다 작게 되어 있는데 이를 토인이라 하며, 필요성은 다음과 같다.
- 앞바퀴를 평행하게 회전시킨다.
- 바퀴의 사이드슬립의 방지와 타이어 마멸을 방지한다.
- 조향 링키지의 마멸에 의해 토아웃됨(바퀴의 앞쪽이 바깥쪽으로 벌어짐)을 방지한다.
- 캠버에 의한 토아웃됨을 방지한다.

13 축거가 2,100mm, 전륜 윤거 1,800mm, 전륜 내측 조향각 36°, 전륜 외측 조향각이 32°일 때 최소회전반경(m)은?(단, 킹핀과 타이어 중심거리는 350mm이다)

① 3.39
② 3.74
③ 3.92
④ 4.31

해설 최소회전반경$(R) = \dfrac{축거(L)}{\sin\alpha} + r$ 이므로 $R = \dfrac{2.1}{\sin 32°} + 0.35 = 4.31\text{m}$ 가 된다.

14 엔진과 관련된 전기장치에서 전압 검출점에 연결하는 발전기의 단자를 의미하며 전압 검출 단자라고 불리는 것은?

① R단자
② S단자
③ L단자
④ N단자

해설 발전기 단자의 종류
- L단자 : 충전 경고등을 점등시킴. 발전기 정상작동 여부를 확인하는 데 사용되며 L단자의 중요성을 고려하여 병렬로 내장형 다이오드 저항 설치
- S단자 : 배터리 전압 감시기능, 즉 전압 상승 시 제너다이오드 ON 되어 로터 전류 제어
- G단자 : ECU에서 충전제어하며 단선 시 충전내부 레귤레이터에서 보상회로 작동시킴
- FR단자 : ECU에서 듀티 제어하여 RPM과 비교 발전 전류량 제어

15 자동차에서 프레임리스 보디의 특징이 아닌 것은?

① 파워트레인 및 현가장치로부터 소음이 보디에 전달되지 않기 때문에 진동소음에 비교적 유리하다.
② 차체중량이 비교적 가볍고 강성이 높다.
③ 보디 플로어가 낮기 때문에 차체 전고를 낮출 수 있다.
④ 후판 가공이 필요 없고 박판을 이용한 스폿용접이 가능하여 작업성이 향상된다.

해설 모노코크 보디의 특징상 파워트레인 및 현가장치로부터 소음 및 진동에 취약한 특성이 있다.

정답 13 ④ 14 ② 15 ①

16 일반적으로 엔진 자동정지(Automatic Stop)의 제한조건이 아닌 것은?

① 자동주차 보조기능을 사용했을 때
② 공기조화 시스템이 서랭 모드일 때
③ 환기팬이 작동하고 동시에 온도가 낮게 설정되어 있을 때
④ 윈드실드 센서가 윈드실드에 김이 서린 것을 확인했을 때

> **해설** 오토 스톱은 주행 중 자동차가 정지할 경우 연료 소비를 줄이고 유해 배기가스를 저감시키기 위하여 엔진을 자동으로 정지시키는 기능으로 공조 시스템은 일정시간 유지 후 정지된다.
> ※ 엔진 정지 금지 조건
> • 오토 스톱 스위치가 OFF 상태인 경우
> • 엔진의 냉각수 온도가 45℃ 이하인 경우
> • CVT 오일의 온도가 −5℃ 이하인 경우
> • 고전압 배터리의 온도가 50℃ 이상인 경우
> • 고전압 배터리의 충전율이 28% 이하인 경우
> • 브레이크 부스터 압력이 250mmHg 이하인 경우
> • 액셀러레이터 페달을 밟은 경우
> • 변속 레버가 P, R 레인지 또는 L 레인지에 있는 경우
> • 고전압 배터리 시스템 또는 하이브리드 모터 시스템이 고장인 경우
> • 급감속 시(기어비 추정 로직으로 계산) 또는 자동주차 보조기능 사용 시
> • ABS 작동 시
> • 냉방 시스템의 온도가 낮게 설정되거나 급랭 모드일 경우

17 자동차의 독립현가장치 중에서 속 업쇼버를 내장하고 있으며 상단은 차체에 고정하고, 하단은 아래 컨트롤 암으로 지지하는 형식으로 스프링의 아래 하중이 가볍고 앤티 다이브 효과가 우수한 형식은?

① 맥퍼슨 스트럿 현가장치
② 위시본 현가장치
③ 트레일링 암 현가장치
④ 멀티 링크 현가장치

> **해설** 맥퍼슨 스트럿 형은 위 컨트롤 암이 없고 스트럿 상단은 고무 마운팅 인슐레이터 내에 있는 베어링과 위 시트를 거쳐 차체에 조립되어 있으며 속 업쇼버를 내장한 스트럿의 하단을 조향 너클의 상단부에 결합시킨 형식으로 현재 승용차에 가장 많이 적용되고 있는 형식이다.

18 자동차의 바퀴가 동적 언밸런스(Unbalance)일 경우 발생할 수 있는 현상은?

① 트램핑(Tramping)
② 정재파(Standing Wave)
③ 요잉(Yawing)
④ 시미(Shimmy)

> **해설** 동적 밸런스가 잡혀 있지 않으면 옆 방향의 흔들림(Shimmy)이 일어난다.

19 전자제어 서스펜션(ECS)시스템의 제어기능이 아닌 것은?

① 앤티 피칭 제어
② 앤티 다이브 제어
③ 차속 감응 제어
④ 앤티 요잉 제어

해설 전자제어 현가장치 특징
- 선회 시 감쇠력을 조절하여 자동차의 롤링 방지(앤티 롤)
- 불규칙한 노면 주행 시 감쇠력을 조절하여 자동차의 피칭 방지(앤티 피치)
- 급출발 시 감쇠력을 조정하여 자동차의 스쿼트 방지(앤티 스쿼트)
- 주행 중 급제동 시 감쇠력을 조절하여 자동차의 다이브 방지(앤티 다이브)
- 도로의 조건에 따라 감쇠력을 조절하여 자동차의 바운싱 방지(앤티 바운싱)
- 고속 주행 시 감쇠력을 조절하여 자동차의 주행 안정성 향상(주행속도 감응제어)
- 감쇠력을 조절하여 하중변화에 따라 차체가 흔들리는 셰이크 방지(앤티 셰이크)
- 적재량 및 노면의 상태에 관계없이 자동차의 자세 안정
- 조향 시 언더스티어링 및 오버스티어링 특성에 영향을 주는 롤링제어 및 강성배분 최적화
- 노면에서 전달되는 진동을 흡수하여 차체의 흔들림 및 차체의 진동 감소

20 TCS(Traction Control System)가 제어하는 항목에 해당하는 것은?

① 슬립 제어
② 킥 업 제어
③ 킥 다운 제어
④ 히스테리시스 제어

해설 TCS 작동 원리
- 슬립 제어 : 뒷바퀴 휠 스피드 센서의 신호와 앞바퀴 휠 스피드 센서의 신호를 비교하여 구동바퀴의 슬립률을 계산하여 구동바퀴의 유압을 제어한다.
- 트레이스 제어 : 트레이스 제어는 운전자의 조향 핸들 조작량과 가속페달 밟는 양 및 비 구동 바퀴의 좌측과 우측의 속도 차이를 검출하여 구동력을 제어하여 안정된 선회가 가능하도록 한다.

제2과목 그린전동자동차 전동기와 제어기

21 영구자석 동기전동기의 $d-q$축 모델에 대한 설명으로 틀린 것은?(단, IPMSM : 매입형 영구자석 동기전동기, SPMSM : 표면부착형 영구자석 동기전동기이다)

① SPMSM은 영구자석이 표면에 배치되어 있으므로 d축과 q축의 인덕턴스가 일정하다.
② SPMSM은 넓은 운전영역에서 부드러운 토크 특성을 가진다.
③ SPMSM은 영구자석이 표면에 배치되어 있으므로 원심력이 커지는 고속 운전에 불리하다.
④ IPMSM은 매입된 영구자석의 위치에 관계없이 d축과 q축의 인덕턴스는 같다.

해설 IPMSM의 특성
- 고속용의 SPMSM에서는 원심력에 의한 자석 비산을 방지하기 위해 외경에 비자성체의 보호관(SUS관 등)이 설치된다. 그러나 IPMSM에서는 회전자 내부에 고정되기 때문에 기계적인 강도를 고려한 설계가 필요하지만 보호관이 불필요하다는 이점이 있다.
- 보호관에서는 슬롯 리플에 의한 와전류손과 인버터의 캐리어 주파수에 의한 고조파 손실이 발생하고 효율의 저하를 가져오는데 IPMSM에서는 회전자 표면이 규소강판이므로 그 문제가 비교적 작게 된다.
- 보호관이 불필요한 IPMSM에서는 등가 공극이 작게 되지만, 동량의 자석을 사용한 경우의 SPMSM에 비해 퍼미언스(Permeance)가 높게 되므로, 자석의 동작점 자속밀도를 향상시킬 수 있게 된다.
- 자석단부에서 누설되는 자속이 발생된다.
- 자석의 형상과 배치의 자유도가 크다.
- SPMSM에서는 원호 형태의 자석이 필요하지만, IPMSM에서는 평판 형태의 자석이 사용되어 제작 비용이 저감된다.
- 마그네틱 토크에 더하여 릴럭턴스 토크도 이용되기 때문에 고토크화가 설명된다.
- IPMSM에서는 SPMSM에 비해 특히 q축 인덕턴스가 크기 때문에 q축 전기자 반작용이 크고, 단자전압의 상승과 자기포화의 영향을 받기 쉽다.
- 역돌극성을 이용하므로, 기동 시부터 센서리스 운전이 가능하다.
- SPMSM에서는 로터의 위치에 관하여 자기저항이 변화하지 않으므로 자기인덕턴스 및 상호인덕턴스는 일정한 값이 된다. 그러나 영구자석의 전기자 쇄교자속은 로터에 따라 회전각에 정현적으로 변화한다. 따라서 SPMSM에서는 영구자석의 전기자 쇄교자속만의 변화에 의해 에너지변환이 일어나는 토크가 발생한다. 이런 경우의 토크를 마그네틱 토크라 한다. 이것에 대해 IPMSM의 자기 인덕턴스 및 상호 인덕턴스는 회전각의 2배로 변화하고, 특히 영구자석의 전기자 쇄교자속도 SPMSM과 같이 변화한다. 따라서 토크 발생에서는 전기자 자기인덕턴스, 상호인덕턴스 및 영구자석의 전기자 쇄교자속의 위치에 대한 변화가 관여된다.

22 단자전압이 220V, 전기자전류가 30A인 직류분권전동기가 전기자저항이 0.2Ω, 회전속도가 1,600rpm일 때 발생되는 토크(kgf·m)는 약 얼마인가?

① 3.75
② 3.91
③ 4.75
④ 4.91

해설 직류분권전동기 토크 산출은
$$T = \frac{P}{2\pi\frac{N}{60}} \times \frac{1}{9.8} = 0.975 \times \frac{P}{N} (\text{kg} \cdot \text{m})$$ 이다.

전력 $P = EI$이며 여기서 $E = 220 - (30 \times 0.2) = 214\text{V}$가 된다.
따라서 $P = 214 \times 30 = 6,420\text{W}$이고 위의 식에 대입하면
$0.975 \times \frac{6,420}{1,600} = 3.912 \text{kg} \cdot \text{m}$가 된다.

23 브러시리스 직류전동기에 대한 설명 중 틀린 것은?

① 스위칭 장치에 의해 권선에 흐르는 전류의 방향이 제어된다.
② 정속구동을 요하는 부위에는 적합하지 않다.
③ 고정자에는 전기자 권선이 감겨 있다.
④ 회전자는 영구자석이다.

해설 BL(Brushless) DC 모터의 특징
 • 브러시가 없기 때문에 전기적 기계적 노이즈 발생이 적다.
 • 신뢰성이 높고 유지보수가 필요 없다.
 • 일정속도제어, 가변속제어가 가능하다.
 • 고속화가 용이하다.
 • 소형화가 가능하다.

24 반도체 사이리스터를 사용한 전동기 속도제어와 관계없는 것은?

① 주파수
② 위상
③ 토크
④ 전압

해설 SCR은 주파수, 전압, 위상을 제어한다.

정답 22 ② 23 ② 24 ③

25 하이브리드자동차 모터의 형식 중 집중권 방식에 대한 설명으로 틀린 것은?

① 분포권 방식에 비해 자속밀도가 크다.
② 한 개의 고정자에 코일을 집중적으로 감는다.
③ 분포권 방식보다 코일의 양이 적게 들어간다.
④ 모터의 저속 운전에서 분포권 방식보다 큰 토크를 발생시킬 수 있다.

해설
- 집중권 : 매극 매상의 도체를 한 슬롯에 집중시켜 감는 방법
- 분포권 : 매극 매상의 도체를 각각의 슬롯에 분포시켜 감는 방법

26 BLDC전동기의 센서리스 구동에서 역기전력(Back-EMF) 전압을 이용하는 방식에 대한 설명 중 틀린 것은?

① 저역필터 및 비교기가 필요 없다.
② 모터의 급격한 부하 변화에 강인하다.
③ 매우 낮은 속도에서 위치검출이 어렵다.
④ 모터 제조사의 공차변수에 상대적으로 민감하지 않다.

해설
- 역기전력 제어 방식(Back EMF Control Method)이나 센서리스 모터 컨트롤 방식은 모터권선의 전압을 직접 이용하여 모터의 속도와 위치를 측정하는 방식이며, 일반적으로 BLDC 모터의 제어에 사용한다.
- 기존 장치의 기계적 정류자를 구성하는 소모 부품을 사용하지 않아 안정성이 향상된다.
- 역기전력은 모터의 전기자 권선에서 발생하며, 저항을 이용해 전압을 측정함으로써 사용 가능하다. 크기는 회전자계의 속도에 따라 증가하며, 낮은 회전 RPM에서는 크기가 작기 때문에 저속으로 동작하는 모터에서는 사용에 제한이 있다.
- 이 방식은 홀 센서와 같이 상대적으로 비싼 센서의 대안으로 많이 적용된다.

27 전동기 구동 시스템에서 전류 제어와 배터리 충방전 회로의 전류 측정에 사용될 수 있는 검출기로 거리가 먼 것은?

① 션트(Shunt) 저항
② 계기용 변압기(PT ; Potential Transformer)
③ 오픈루프(Open-loop) 방식의 홀(Hall) 소자 센서
④ 클로즈드루프(Closed-loop) 방식의 홀(Hall) 소자 센서

해설
② 계기용 변류기(CT), 계기용 변압기(PT)는 전력계통에 흐르는 대전류, 고전압을 측정하기 위해 적당한 값으로 전류와 전압을 바꾸어 주는 장치로 CT는 큰 전류를 작은 전류로 바꾸어 주는 것이며, PT는 높은 전압을 낮은 전압으로 바꾸어 주는 전력기기이다.
① 션트 저항기는 회로전류를 검출하는 전류 검출 용도의 저항기를 총칭한다.
③, ④ 하이브리드 전기자동차의 경우 Open-loop Type과 Closed-loop Type의 Hall 센서를 이용하여 충방전 회로의 전류 측정에 적용된다.

28 3상 전압형 PWM 인버터에서 최대 스위치 이용률은 얼마인가?

① $SUR(PWM) = \frac{1}{2} V_{dc}$
② $SUR(PWM) = \frac{1}{2} M_a$
③ $SUR(PWM) = \frac{1}{8} V_{dc}$
④ $SUR(PWM) = \frac{1}{8} M_a$

해설 3상 인버터의 스위칭에 의하여 가능한 출력 상전압은 8개이므로 최대 스위치 이용률은 $SUR(PWM) = \frac{1}{8} M_a$ 이다.

29 동기발전기의 난조 발생 원인이 아닌 것은?

① 전기자 저항이 큰 경우
② 조속기 감도가 너무 예민한 경우
③ 회전자에 플라이 휠이 부착된 경우
④ 원동기 토크에 고조파 토크가 포함된 경우

해설 동기난조란 동기기의 축이 흔들리는 현상으로 다음의 경우에 발생한다.
- 원동기의 조속기 감도가 너무 예민한 경우
- 전기자 저항(동기임피던스)이 너무 큰 경우
- 부하의 급변 시
- 원동기 토크에 고조파가 포함될 때

30 단상 반파 정류로 직류전압 100V를 얻으려고 한다. 최대 역전압(Peak Inverse Voltage)이 몇 V 이상의 다이오드를 사용해야 하는가?

① 90
② 110
③ 222
④ 314

해설 $PIV = \sqrt{2}\,E = \pi E_d$ 이므로
$PIV = 3.14 \times 100 = 314V$ 가 된다.

정답 28 ④ 29 ③ 30 ④

31 유도전동기의 간접 벡터 제어에 있어서 핵심이 되는 슬립 각속도(ω_{sl})와 $d-q$축 전류와의 관계식은?

① $\omega_{sl} = \dfrac{R_r}{L_r} \dfrac{i_{qs}^e}{i_{ds}^e}$ ② $\omega_{sl} = \dfrac{L_r}{R_r} \dfrac{i_{qs}^e}{i_{ds}^e}$

③ $\omega_{sl} = \dfrac{R_r}{L_r} \dfrac{i_{ds}^e}{i_{qs}^e}$ ④ $\omega_{sl} = \dfrac{L_r}{R_r} \dfrac{i_{ds}^e}{i_{qs}^e}$

해설 2축 회전좌표계에서의 유도전동기 전압 방정식은 다음과 같다.
$v_{ds} = r_s i_{ds} + \dfrac{d}{dt}(\lambda_{ds}) - \omega_e \lambda_{qs}$, $v_{qs} = r_s i_{qs} + \dfrac{d}{dt}(\lambda_{qs}) + \omega_e \lambda_{ds}$
회전자 쇄교자속은 $\lambda_{dr} = L_m(i_{ds} + i_{dr}) + L_r i_{dr}$, $\lambda_{qr} = L_m(i_{qs} + i_{qr}) + L_r i_{qr}$
간접벡터제어는 자속센서가 필요 없고 저속 및 영속도에서의 운전이 가능하다는 등의 장점이 있지만 자속각 계산을 위하여 전동기 계수를 이용하여 슬립각을 계산하기 때문에 등가모델 내의 전동기 계수 변화는 전동기의 정상상태와 과도상태 둘다 제어 성능을 약화시킨다는 단점이 있다.
회전자축에 대하여 정리하면 위의 유도전동기 전압 방정식과 같으며 회전자 쇄교자속을 i_{dr}, i_{qr}에 대하여 정리하여 유도전동기 전압 방정식에 대입하면
$\dfrac{d}{dt}\lambda_{qr} + \dfrac{R_r}{L_r} \cdot \lambda_{qr} - \dfrac{L_m}{L_r} \cdot R_r \cdot i_{qs} + \omega_{sl} \cdot \lambda_{dr} = 0$
$\dfrac{d}{dt}\lambda_{dr} + \dfrac{R_r}{L_r} \cdot \lambda_{dr} - \dfrac{L_m}{L_r} \cdot R_r \cdot i_{ds} - \omega_{sl} \cdot \lambda_{qr} = 0$
$\omega_{sl} = \omega_e - \omega_r$이다.
q축의 회전자 자속이 '0'이 되게 제어할 경우 d축 성분은 일정한 값을 가지게 되어 q축 전류 성분으로 토크를 제어할 수 있다.
$\lambda_{qr} = \dfrac{d}{dt}\lambda_{qr} = 0$, $\lambda_{dr} = \lambda_r = \text{constant}$, $\dfrac{d}{dt}\lambda_{dr} = 0$이므로
$\lambda_r = L_m \cdot i_{ds}$, $\omega_{sl} = \dfrac{L_m}{\lambda_r} \cdot \dfrac{R_r}{L_r} \cdot i_{qs} = \dfrac{R_r}{L_r} \cdot \dfrac{i_{qs}}{i_{ds}}$가 된다.

32 부하가 걸렸을 경우에는 회전속도가 낮으나 회전력이 증가하고, 부하가 작아지면 회전력은 감소하나 회전수는 점차적으로 증가하는 전동기는?

① 직류 직권식 전동기   ② 직류 분권식 전동기
③ 직류 복권식 전동기   ④ 교류 복권식 전동기

해설 **직류 직권식 전동기** : 전기자 코일과 계자 코일이 직렬로 연결된 것으로 각 코일에 흐르는 전류는 일정하고 회전력이 크고 부하 변화에 따라 자동적으로 회전속도가 증감하므로 이러한 특성을 이용하여 기동 전동기에서 주로 사용하고 있다.

33 전력변환 방식 중 인버터의 전력변환 방식으로 옳은 것은?

① 직류를 또 다른 직류로 전력변환
② 교류를 또 다른 교류로 전력변환
③ 직류를 또 다른 교류로 전력변환
④ 교류를 또 다른 교류의 주파수로 전력변환

해설 일반적으로 인버터는 직류를 교류로 전환시키는 역할을 한다.

34 최근 전기자동차의 고전압 전력 변환 반도체로 적용되며 스위칭 속도가 빠르고 고전압 중대용량 인버터에 적용되고 있는 전력용 반도체 소자는?

① TR
② GTO
③ IGBT
④ MOSFET

해설 Inverter Switching 소자에 따른 분류

Switching 소자	MOSFET	GTO	IGBT	고속 SCR
적용 용량	소용량(5kW 이하)	초대용량(1MW 이상)	중대용량(1MW 미만)	대용량
Switching 속도	15kHz 초과	1kHz 이하	15kHz 이하	수백 Hz 이하
특징	일반 Transistor의 Base 전류 구동방식을 전압 구동방식으로 하여 고속 스위칭이 가능	대전류, 고전압에 유리	대전류, 고전압에의 대응이 가능하면서도 스위칭 속도가 빠른 특성을 보유, 최근에 가장 많이 사용되고 있음	전류형 인버터에 사용

35 하이브리드 자동차용 모터에 적용된 레졸버 센서(Resolver Sensor)에 대한 설명으로 틀린 것은?

① 고정자 여자권선에 고주파 여자신호 인가 시 외부 구동회로가 필요하다.
② 회전자가 회전하면 1차, 2차 측 상호 쇄교자속이 주기적으로 변화된다.
③ 스테이터 2상의 검출권선의 출력전압 진폭이 회전각에 반비례하여 변화된다.
④ 출력신호를 RDC(Resolver to Digital Converter)를 거쳐 위치각으로 변환시킨다.

해설 레졸버 센서 동작원리(변압기의 원리)
- 고정자(Stator) 여자권선에 고주파 여자신호 인가(예 10kHz) 시 외부 구동회로가 필요하다.
- 회전자(Rotator, Rotor)가 회전하면 릴럭턴스 변화에 따라 1차와 2차 측 상호 쇄교자속이 주기적으로 변화된다.
- 스테이터 2상의 검출 권선의 출력전압 진폭이 회전각에 비례하여 변화된다(sin/cos 형태).
- 출력신호를 RDC(Resolver to Digital Converter)를 거쳐 위치각으로 변환시킨다.

36
100V, 60Hz, 1,100rpm으로 유도전동기의 회전자가 회전할 때 슬립은 약 얼마인가?(단, 극수는 6이다)

① 0.0833　　② 0.833
③ 8.33　　④ 83.3

해설 동기속도(N_S) = $\dfrac{120f}{P}$ 이므로 $\dfrac{120 \times 60}{6}$ = 1,200rpm이 된다.

슬립(s) = $\dfrac{N_S - N}{N_S}$ 이므로 $\dfrac{1,200 - 1,100}{1,200}$ = 0.08333이 된다.

37
전압형 인버터에 대한 설명으로 틀린 것은?

① 인버터 효율이 높다.
② 모든 부하에서 정류(Commutation)가 확실하다.
③ 주로 대용량 전력 변환에 사용한다.
④ 스위칭 소자 및 출력 변압기의 이용률이 낮다.

해설 전압형 인버터
- 장점
  - 인버터 계통의 효율이 매우 높다.
  - 제어회로 및 이론이 비교적 간단하다.
  - 속도제어 범위가 1 : 10까지 확실하다.
  - 모든 부하에서 정류(Commutation)가 확실하다.
  - 주로 소, 중용량에 사용한다.
- 단점
  - dv/dt Protection이 필요하다.
  - 유도성 부하만을 사용할 수 있다.
  - 스위칭 소자 및 출력 변압기의 이용률이 낮다.
  - 전동기가 과열되는 등 전동기의 수명이 짧아진다.
  - Regeneration을 하려면 Dual Converter가 필요하다.

38 자기식 엔코더에 대한 설명으로 틀린 것은?

① 외부환경에 대한 영향을 받지 않기 때문에 사용조건이 광범위하다.
② 외부로부터 강력한 자계가 발생해도 위치 검출 등에 영향을 받지 않는다.
③ 일반적으로 드럼의 외경에 착자하고 자기저항소자를 드럼의 외경에 대항하여 배치한다.
④ 미소 다극 착자된 자기드럼과 이에 근접하도록 설치된 자기저항소자로 구성된다.

> **해설** 자기식 엔코더 특징
> - 미소 다극 착자된 자기드럼과 이에 근접하도록 설치된 자기저항소자로 구성된다.
> - 드럼의 외경에 착자하고 자기저항소자를 드럼의 외경에 대항하여 배치한다.
> - 출력신호를 얻는 방법은 동일하다.
> - 외부환경에 대한 영향을 받지 않기 때문에 사용조건이 광범위하다.
> - 구조가 간단하다.
> - 외부로부터 강력한 자계가 가해지면 오작동이 발생한다.
> - 자성분이 들어오면 드럼에 고착되어 오작동이 발생한다.

39 전력 변환 소자인 MOSFET에 대한 설명으로 옳지 않은 것은?

① 전력용 MOSFET은 전류제어 소자이다.
② 높은 입력임피던스를 가지고 있어 미세 입력전류만을 필요로 한다.
③ 스위칭 속도가 매우 빠르다.
④ 전력용 MOSFET은 주로 저전력 고주파용 컨버터에 이용되고 있다.

> **해설** MOSFET의 특징
> - 전력용 MOSFET은 전압제어소자이다.
> - 매우 높은 입력임피던스를 가지고 있기 때문에 미세한 입력전류만을 필요로 한다.
> - 스위칭 속도가 매우 높다.
> - 전력용 MOSFET은 저전력 고주파용 컨버터에 이용되고 있다.
> - MOSFET은 공핍형 MOSFET과 증식(가)형 MOSFET이 있다.

정답 38 ② 39 ①

40 BLDC 전동기에 대한 설명 중 틀린 것은?

① 브러시가 없기 때문에 전기적, 기계적 노이즈 발생이 적다.
② 소형화, 고속화가 용이하다.
③ 고정자에 페라이트 자석 사용으로 제조단가가 저렴하다.
④ 일정속도제어 및 가변속도제어가 가능하다.

해설 BLDC 전동기의 장단점

장 점	단 점
• 브러시가 없기 때문에 전기적, 기계적 노이즈 발생이 적다. • 신뢰성이 높고 유지보수가 필요 없다. • 일정속도제어, 가변속제어가 가능하다. • 고속화가 용이하다. • 소형화가 가능하다.	• 로터에 영구자석 사용으로 저관성화에 제한이 생긴다. • 반도체 재료의 사용으로 비용이 높아진다. • 희토류계 자석의 사용으로 비용이 높아진다.

제3과목 그린전동자동차 배터리

41 리튬 배터리에 대한 설명 중 틀린 것은?

① 소재는 크게 양극재, 음극재, 분리막, 전해질로 구분된다.
② 리튬이온 배터리가 리튬이온 폴리머 배터리보다 형체 유연성이 있다.
③ 리튬이온 폴리머 배터리의 전해질은 액체 유기 용액이나 고체 폴리머를 사용한다.
④ 리튬이온 폴리머 배터리는 음극에 리튬 금속, 양극에는 천이 금속의 중간 산화물을 사용한다.

해설 리튬 폴리머 배터리는 폴리머함량이 상대적으로 많아 전극 자체만으로도 Film의 특성을 가질 수 있다. Cell의 경우도 이러한 Film적 특성으로 인하여 형체의 유연성을 가지게 된다.

42 BMS에 내장된 메모리 칩에 기록된 정보가 아닌 것은?

① 셀 용량   ② 변속단 정보
③ 최대 전류한계   ④ 기계적 형상 코드번호

해설 BMS는 Battery Management System의 약자로 전기자동차의 2차 전지의 전류, 전압, 온도 등을 실시간으로 측정하여 에너지의 충·방전 상태와 잔여량을 제어하는 것으로, 타 제어시스템과 통신하며 전지가 최적의 동작환경을 조성하도록 환경을 제어하는 2차 전지의 필수부품이며 충·방전 시 과충전 및 과방전이 발생되지 않도록 셀 간의 전압을 균일하게 제어하여 에너지효율과 배터리수명을 높여주는 기능을 한다.

43 전기자동차의 배터리 용량이 20kWh이고 완충된 상태라면 배터리 내에 저장된 전기에너지는 총 몇 kJ인가?

① 72,000
② 36,000
③ 7,200
④ 3,600

해설 1kW = 1kJ/sec이므로 20 × 3,600 = 72,000kJ이 된다.

44 전기자동차 접촉식 충전시스템에 대한 설명으로 옳은 것은?

① 1차 권선변압기는 전기충전장치에 설치하고 2차 권선변압기는 차량 내에 설치한다.
② 충전기 연결 시 완속충전과 급속충전 플러그를 구분하지 않고 플러그를 접속한다.
③ 충전 시 차량 보조배터리 전원을 끈다.
④ 접촉식에는 교류방식과 직류방식을 사용한다.

해설 접촉식(Conductive) 충전시스템
- 전기적 접속을 통하여 충전한다.
- 교류충전장치는 충전스탠드가 충전을 위한 교류전원을 공급한다.
- 교류충전장치는 전기차 내부의 온보드 충전기가 충전한다.
- 교류충전장치는 충전시간이 6시간 이상 소요된다.
- 직류충전장치는 직류의 출력을 배터리에 직접적으로 전기를 공급하여 충전한다.
- 직류충전장치는 출력직류전압이 높고 전류가 커서 충전 시 사고 위험성이 높다.

45 전기자동차에서 고전압 배터리의 (+)측 메인릴레이와 함께 부착되어 초기 동작 시 전류를 제한하는 부품은?

① 전류센서
② 다이오드
③ 안전플러그
④ 프리 차저 릴레이

해설 프리 차저 릴레이는 고전압 배터리와 그 외의 시스템 사이에서 메인릴레이와 병렬로 연결되어 서지 전류로 인한 손상을 방지하고 인버터 커패시터 초기 충전 전류를 공급하며 메인릴레이의 융착을 방지한다.

정답 43 ① 44 ④ 45 ④

46 고전압 릴레이 어셈블리(PRA)의 역할로 틀린 것은?

① 고전압 배터리의 냉각
② 고전압 회로에 과전류 흐름을 보호
③ 고전압 배터리의 기계적인 회로 차단
④ 고전압 정비 작업자를 위한 안전 스위치

해설 　고전압 릴레이 어셈블리(PRA)는 고전압 회로에 과전류 흐름을 보호하고, 기계적인 회로 차단 기능과 안전 스위치 역할을 수행한다.

47 출력전압을 일정하게 유지시켜 충전하는 정전압 충전법의 특징으로 틀린 것은?

① 배터리 과충전 방지
② MF 배터리에 적합한 충전
③ 고전류를 이용하여 단시간 충전
④ 충전시간과 충전전류에 대한 설정 없이 충전 가능

해설 　정전압 충전법 특징
• 배터리의 과충전 방지
• 충전시간과 충전전류에 대한 설정 없이 충전 가능
• MF 배터리에 적합한 충전방식

48 이중층 커패시터의 장점으로 틀린 것은?

① 사이클 수명이 길다.
② 작동 온도범위가 넓다.
③ 허용 정격전압이 낮다.
④ 충·방전 특성이 양호하다.

해설 　EDLC는 전지와 콘덴서의 중간 특성을 갖고 있으며, 전지와 비교해서 1충전당의 충전 용량은 작지만 순시 충·방전 특성이 우수하여 10~100만 회의 충·방전에도 기본적으로는 특성이 열화되지 않을 뿐만 아니라 충·방전 시에 충·방전 과전압이 없기 때문에 전기회로가 간단하고 저렴하다. 또한 잔존용량을 알기 쉽고, 또 사용 온도범위가 넓어 −30~90℃의 내구온도 특성이 있다.

49 BMS(Battery Management System)가 계산하는 특성값으로 틀린 것은?

① 셀 내부저항
② 누적 비작동 시간
③ 최대 충전전류(CCL)
④ 최대 방전전류(DCL)

해설 BMS는 셀 내부저항, 최대 충·방전전류 등 고전압배터리의 전류, 전압, 온도 등을 실시간으로 측정하여 에너지의 충·방전 상태와 잔여량을 제어한다.

50 하이브리드 자동차에서 DC-DC 컨버터의 Fly-back 방식에 대한 설명으로 틀린 것은?

① 회로가 복잡하여 비용이 고가
② 50kW 이하의 저전력용에 적용
③ 트랜스의 자화 인덕턴스에 축적된 에너지 공급
④ 스위치가 ON되면 2차 권선에서는 1차 권선 반대극성의 전압 유도

해설 Fly-back 방식
- 기본동작은 Buck-Boost 방식과 동일
- 스위치가 On되면 2차 권선에서는 1차 권선 반대극성의 전압 유도
- 다이오드는 역바이어스 되어 차단
- 2차 권선은 전류가 흐르지 않고, 1차 권선으로만 전류가 흘러 자화 인덕턴스에 의하여 에너지 축적
- 스위치가 Off되면 2차 권선에 반대극성의 전압이 유도되어 다이오드 도통
- 트랜스의 자화 인덕턴스에 축적된 에너지 공급
- 50kW 이하의 저전력용에 적용
- 회로가 간단하여 비용 저렴

51 리튬이온 이차전지의 충·방전 과정으로 옳은 것은?

① $LiCoO_2 + C_n \Leftrightarrow Li_{(1-x)}CoO_2 + Li_xC_n$
② $M + Ni(OH)_2(s) \Leftrightarrow MH(s) + NiOOH(s)$
③ $2Ni(OH)_2 + Cd(OH)_2 \Leftrightarrow 2NiOOH + Cd + 2H_2O$
④ $PbO_2 + 2H_2SO_4 + Pb \Leftrightarrow PbSO_4 + 2H_2O + PbSO_4$

해설 리튬이온 이차전지의 충·방전 과정
$LiCoO_2 + C_n \Leftrightarrow Li_{(1-x)}CoO_2 + C_nLi_x$
- 양극 Half Equation(산화) : $LiCoO_2 \rightarrow Li_{(1-x)}CoO_2 + xLi^+ + xe^-$
- 음극 Half Equation(환원) : $xLi^+ + xe^- + 6C \rightarrow Li_xC_6$

52 슈퍼 커패시터의 전기 이중층에 의하여 단위면적당 전하밀도와 전기 이중층 전위와의 관계로 옳은 것은?

① 유전율에 반비례하고 거리에 반비례한다.
② 유전율에 비례하고 거리에 반비례한다.
③ 유전율에 반비례하고 거리에 비례한다.
④ 유전율에 비례하고 거리에 비례한다.

> **해설** 전기 이중층 이론에 의하여 단위면적당 전하밀도와 전기 이중층 전위와의 관계는 유전율에 비례하고 거리에 반비례하며, 수은전극에 수소의 흡착에 의한 용량은 15~40$\mu F/cm^2$ 정도이다.

53 환경친화적 자동차에서 배터리 관리 시스템의 주요 제어기능이 아닌 것은?

① 전압제어
② 전류제어
③ 발전제동제어
④ 셀 밸런싱 제어

> **해설** 발전제동제어는 BMS의 주요 제어기능으로 보기 어렵다.

54 배터리 관련 용어와 설명으로 틀린 것은?

① 접점 : 전기적 경로를 제공하기 위해 자동차 인렛의 해당 소자와 결합하는 커넥터 내부의 전도성 소자
② 전극 : 활성 물질을 가지고 있고 이것을 통해 전류가 셀로 들어오거나 셀에서 나가게 하는 전도체
③ 활물질 : 전기 화학적 충전 및 방전 반응에 관여하는 셀의 구성물로 촉매 또는 지지대를 포함
④ 전해액 : 전지 안의 전기 화학반응으로 이온을 전도시키는 매체

> **해설** 활물질은 전지의 전극반응에 관여하는 화학물질을 말한다. 예를 들어, 리튬이온 배터리 양극에서 반응이 일어나고 있으면 리튬산화물을 말한다.

55 DC-DC 컨버터의 분류에서 전류의 불연속이 일어나지 않는 컨버터는?

① Buck 컨버터
② Boost 컨버터
③ Buck-Boost 컨버터
④ Cuk 컨버터

해설 Cuk Converter는 Boost Converter와 Buck Converter를 조합시켜 만든 전력변환장치로 Cuk Converter는 입력전류가 인덕터에 의해 연속적이며 전류의 불연속이 일어나지 않는다.

56 도로 차량-전기자동차 용어(KS R 0113)에서 교류 주전원의 구내 배선에 연결되고 자동차와 완전히 분리되어 동작하도록 설계된 충전기는?(단, 자동차로 직류 전력이 공급된다)

① 인보드 충전기
② 아웃보드 충전기
③ 온보드 충전기
④ 오프보드 충전기

해설 ④ 오프보드 충전기 : 교육 주전원의 구내 배선에 연결되고 자동차와 완전히 분리되어 동작하도록 설계된 충전기
③ 온보드 충전기 : 자동차에 탑재되어 그 자동차에서만 작동하도록 설계된 충전기

57 전기자동차용 보조 배터리(납산축전지)에 대한 설명으로 옳지 않은 것은?

① 전지의 용량은 극판의 장수, 면적, 두께, 전해액 양 등에 따라 결정된다.
② 전지용량은 방전전류와 방전시간의 곱으로 나타낸다.
③ 자기방전량은 전해액의 비중이 높을수록 주위의 온도와 습도가 높을수록 방전량이 크다.
④ 일반적으로 양극판은 해면상납, 음극판은 과산화납으로 구성된다.

해설 전지의 용량은 극판의 장수, 면적, 두께, 전해액 등의 양이 많을수록 커지며 전지의 용량(Ah)은 방전전류(A) × 방전시간(h)으로 나타내고 전해액의 비중이 높을수록 주위의 온도와 습도가 높을수록 자기방전량이 크다. 또한 일반적으로 납산전지의 구조는 양극판은 과산화납(이산화납), 음극판은 해면상납을 사용한다.

정답 55 ④ 56 ④ 57 ④

58 납산축전지 규격 표시 기호에서 "CCA 600A"가 뜻하는 것은?

① 저온시동 전류
② 예비 용량률
③ 20시간 충전전류
④ 25암페어율

> **해설** CCA는 'Cold Cranking Amperes'의 약자로, 자동차 배터리의 저온시동 능력(저온시동 전류)을 나타내는 수치이며 영하 18℃에서 배터리가 방전전압이 7.2V 이하로 떨어지지 않게 하면서 30초 동안 방전할 수 있는 최대 전류값을 말한다.

59 전기자동차용 배터리 관리 시스템에 대한 일반 요구사항(KS R 1201)에서 다음이 설명하는 것은?

> 초기 제조상태의 배터리와 비교하여 언급된 성능을 공급할 수 있는 능력이 있고, 배터리 상태의 일반적인 조건을 반영한 측정된 상황

① 잔여 운행시간(Tr ; Remaining Run Time)
② 충전 상태(SOC ; State Of Charge)
③ 컷오프 전압(Cut-off Voltage)
④ 잔존수명(SOH ; State Of Health)

> **해설** 잔존수명(SOH ; State Of Health) : 초기 제조상태의 배터리와 비교하여 언급된 성능을 공급할 수 있는 능력이 있고, 배터리 상태의 일반적인 조건을 반영한 측정된 상황

60 다음 중 배터리 충전에서 세류 충전(Trickle Charge) 방법에 대한 설명으로 옳은 것은?

① 주로 자기방전을 보충하기 위해 하는 충전방법
② 완전 충전 상태를 얻거나 유지하기 위해 장시간 동안 고정된 전압에서 셀이나 배터리를 충전하는 방법
③ 배터리나 팩에 있는 모든 셀을 거의 같은 충전 상태로 회복시키는 충전방법
④ 연속적이며 긴 시간 동안 규정된 작은 전류로 전지의 충전 상태를 유지하도록 전지를 충전하는 방법

> **해설** 세류 충전(Trickle Charge) : 연속적이며 긴 시간 동안 규정된 작은 전류로 전지의 충전 상태를 유지하도록 전지를 충전하는 방법이다. 세류 충전은 자기 방전 효과를 보상하며 전지가 대략적인 완전 충전 상태가 유지하도록 하며, 몇몇 2차 전지(리튬 2차 전지 등)에는 적당하지 않다.

제4과목 그린전동자동차 구동성능

61 직렬형 하이브리드자동차의 동력전달과정은?

① 엔진 → 발전기 → 고전압 배터리 → 변속기 → 전동기 → 구동바퀴
② 엔진 → 발전기 → 고전압 배터리 → 전동기 → 변속기 → 구동바퀴
③ 발전기 → 엔진 → 고전압 배터리 → 변속기 → 전동기 → 구동바퀴
④ 발전기 → 엔진 → 고전압 배터리 → 전동기 → 변속기 → 구동바퀴

해설 직렬형 방식 하이브리드자동차의 동력전달은 엔진, 발전기, 고전압 배터리, 전동기, 변속기, 바퀴의 순이다.

62 모터 및 모터제어기의 내구성 시험항목이 아닌 것은?

① 고온단속시험
② 온도사이클시험
③ 고온작동시험
④ 출력전압시험

해설 모터 및 제어기의 내구성 시험항목은 고온 시 작동, 사이클 시험 등이 있으며 출력전압시험은 시험항목에 포함되지 않는다.

63 승용자동차를 섀시 동력계에서 운전 측정한 결과, 구동력은 750N, 속도는 120km/h, 동력전달효율은 0.9이었다. 이때 기관의 제동출력(A)과 구동륜출력(B)은 각각 약 몇 kW인가?

① A : 17.8kW, B : 20kW
② A : 17.8kW, B : 25kW
③ A : 27.8kW, B : 25kW
④ A : 37.8kW, B : 30kW

해설 구동륜 출력 $= 750N \times 33.33m/sec = 24,997.5N \cdot m/sec = 24.997kJ/sec = 25kW$
여기서, 동력전달효율이 0.9이므로 엔진의 제동출력은 $\frac{25}{0.9} = 27.77kW$가 된다.

정답 61 ② 62 ④ 63 ③

64 자동차의 구동력에 대한 설명 중 틀린 것은?

① 구동축의 회전력에 비례한다.
② 구동바퀴의 반지름에 반비례한다.
③ 구동력은 기관의 회전속도에 따라 변한다.
④ 구동력이 주행저항과 같으면 주행이 불가능하다.

해설 구동력은 구동축 회전력에 비례하며, 바퀴의 반경에 반비례하고 감속비(변속비)에 비례하며 주행저항보다 커야 구동된다.

65 차량이 80km/h로 정속 주행할 때 공기저항은 약 몇 kgf인가?(단, 공기저항계수 : 0.003, 전면투영면적 : 4m², 차량총중량 : 1.3ton이다)

① 2.84
② 5.92
③ 8.25
④ 9.80

해설 자동차의 공기저항은 R_2(공기저항) $= f_2 \times A \times V^2$ 이므로
$0.003 \times 4 \times 22.22^2 = 5.92$가 된다.

66 플러그인 하이브리드 자동차(Plug-in Hybrid Electric Vehicle)의 특징이 아닌 것은?

① 가정용 전기를 이용해서 배터리를 충전할 수 있다.
② 일반적인 하이브리드 자동차에 비해 연비가 우수하다.
③ 전기자동차와 같이 모터를 사용할 수 있기 때문에 친환경적이다.
④ 일반적인 하이브리드 자동차에 비해 배터리의 크기를 줄일 수 있다.

해설 PHEV는 일반적인 하이브리드 자동차에 비해 대용량의 배터리를 탑재한다.

67 제동열효율의 산출식으로 옳은 것은?

- η_e : 제동열효율
- B_e : 실제로 시간당 소비한 연료(kg/h)
- H_u : 연료의 저위발열량(MJ/kg)
- N_e : 기관의 제동출력(kW)

① $\eta_e = \dfrac{3.6 N_e}{B_e \cdot H_u}$ ② $\eta_e = \dfrac{B_e \cdot H_u}{3.6 N_e}$

③ $\eta_e = B_e \times H_u - N_e$ ④ $\eta_e = B_e \times N_e - H_u$

해설 제동열효율의 산출식은 $\eta_e = \dfrac{3.6 N_e}{B_e \cdot H_u}$ 이다.

68 회생제동을 통한 에너지회수 중 액티브 하이드롤릭 부스터의 협조제어에 대한 설명으로 맞는 것은?

① 제동 초기 유압에 의한 제동력이 전기모터의 회생제동력보다 낮다.
② 제동 초기 유압에 의한 제동력이 전기모터의 회생제동력보다 높다.
③ 제동 초기 유압에 의한 제동력이 운전자의 요구 제동력보다 높다.
④ 제동 초기 전기모터의 회생제동력이 운전자의 요구 제동력보다 높다.

해설 회생제동 협조제어기능에 있어 전체 제동력(운전자의 요구제동력) 내에서 유압제동력 증압 시 회생제동력은 저하되고, 유압제동력 감압 시 회생제동력은 증가되어 생성되는 전기에너지가 증가된다.

69 전기자동차 설계에 관한 내용으로 틀린 것은?

① 저속성능 향상을 위해 전동저항 저감 기술이 필요하다.
② 차량의 주행 안정성을 확보하기 위해 차량의 중량을 증가시킨다.
③ 에어컨디셔너, 제동장치, 동력 조향장치 등의 전용 유닛 개발이 필요하다.
④ 자동차에서 전지의 중량 비율이 높으므로 적절한 중량 배분 설계가 필요하다.

해설 전기자동차는 저속성능 향상을 위한 진동저감 기술을 비롯하여 자동차를 구성하는 요소 부품에 대한 고효율 부품의 개발, 중량 배분 및 안전도를 확보한 차체 경량화 재료치환 기술 등이 복합적으로 적용된다.

정답 67 ① 68 ① 69 ②

70 100km/h로 주행하는 차량에서 공주시간이 0.2초라고 할 때 공주거리는?

① 2.78m
② 4.17m
③ 5.56m
④ 6.95m

해설 공주거리는 장애물을 발견하고 브레이크 페달로 발을 옮겨 힘을 가하기 전까지의 자동차 진행거리를 말한다. $\frac{V(km/h)}{3.6} \times t(공주시간)$이므로, $\frac{100}{3.6} \times 0.2 = 5.555m$ 가 된다.

71 병렬 하이브리드자동차의 특징에 대한 설명으로 거리가 먼 것은?

① 기존의 내연기관 자동차를 구동장치 변경 없이 활용 가능하다.
② 구동모터는 동력보조용으로 사용되므로 에너지 손실이 적다.
③ 간단하고 적은 비용으로 구동 전동기를 기존의 동력전달계에 통합할 수 있다.
④ 직렬형에 비해 모든 면에서 유해 배출가스와 에너지 소비 측면에서 유리하다.

해설

병렬형 하이브리드 장점	병렬형 하이브리드 단점
• 기존의 내연기관의 차량을 구동장치 변경 없이 활용이 가능하다. • 모터는 동력보조로 사용되므로 에너지 손실이 적다. • 저성능 모터, 저용량 배터리로도 구현이 가능하다. • 전체적으로 효율이 직렬형에 비해 우수하다.	• 차량의 상태에 따라 엔진, 모터의 작동점 최적화 과정이 필수적이다. • 유단변속 기구를 사용할 경우 엔진의 작동 영역이 주행상황에 따라 변경된다.

72 자동차의 에너지소비효율 산정방법에서 전기자동차 및 플러그인 하이브리드자동차의 1회 충전 주행거리 산정의 최종 결과치 표현방법은?

① 반올림하여 소수점 이하 첫째 자리까지 표시
② 반올림 없이 산출된 소수점 그대로 적용
③ 반올림하여 정수 처리
④ 올림하여 정수 처리

해설 전기자동차 및 하이브리드자동차의 1회 충전 주행거리 산정의 최종 결과치는 반올림하여 정수 처리한다.

73 도로 차량-전기자동차 용어(KS R 0113)에서 전기모터와 변속기의 조합을 의미하는 것은?

① 개방형 부품
② 인휠 모터
③ 구동 유닛
④ 프로파일

해설
③ 구동 유닛 : 전기모터와 변속기의 조합
① 개방형 부품 : 전기자동차를 구성하는 부품 중 개방 및 폐쇄할 수 있는 부품
② 인휠 모터 : 전동기를 차량 휠에 내장

74 자동차관리법령상 저속전기자동차의 최고속도 및 차량 총중량 기준은?

① 40km/h, 1,361kg
② 60km/h, 1,361kg
③ 40km/h, 1,531kg
④ 60km/h, 1,531kg

해설 저속전기자동차란 최고속도가 60km/h을 초과하지 않고, 차량 총중량이 1,361kg을 초과하지 않는 전기자동차를 말한다.

75 차량의 가속성능 향상과 관련하여 여유 구동력을 증가시키기 위한 방법으로 틀린 것은?(단, 추가적인 설계요소는 고려하지 않는다)

① 주행저항을 적게 할 것
② 총감속비를 크게 할 것
③ 엔진의 회전력을 크게 할 것
④ 바퀴의 유효반지름을 크게 할 것

해설 여유 구동력을 크게 하려면 주행저항을 감소시킬 것, 총감속비를 크게 할 것, 엔진 회전력을 크게 할 것, 구동바퀴의 유효반지름을 작게 할 것이 있다.

76 전기만을 동력으로 사용하는 자동차를 1회 충전 주행거리로 구분하였을 때 80km 이상 160km 미만에 해당하는 것은?(단, 대기환경보전법령상에 의한다)

① 제1종　　　　　　　　　② 제2종
③ 제3종　　　　　　　　　④ 제4종

해설　전기자동차의 구분(대기환경보전법 시행규칙 별표 5) : 1회 충전 주행거리 80km 미만(1종), 80km 이상~160km 미만(2종), 160km 이상(3종)으로 구분된다.

77 엔진의 회전수가 현재 1,800rpm이고 동력전달계통의 총감속비는 6 : 1이며 타이어의 유효반경이 30cm이다. 이때 차량의 속도는 몇 km/h인가?(단, 각 동력전달계통 및 타이어와 지면과의 미끄럼은 없는 것으로 가정한다)

① 67.8　　　　　　　　　② 33.9
③ 45.7　　　　　　　　　④ 85.4

해설　엔진의 회전수가 1,800rpm이고 총감속비가 6이라면 바퀴는 분당 300rpm으로 회전하며 초당 5rps로 회전한다. 여기서, 타이어의 원주가 0.6×3.14 = 1.884m이므로 초속 5×1.884 = 9.42m/sec가 되며 9.42×3.6 = 33.91km/h가 된다.

78 자동차 및 자동차부품의 성능과 기준에 관한 규칙에서 저소음 자동차 경고음 발생장치 설치 기준으로 옳지 않은 것은?

① 최소한 20km/h 이하의 주행상태에서 경고음을 내야 한다.
② 운전자가 경고음 발생을 중단시킬 수 있는 장치를 설치하여서는 아니 된다.
③ 경고음은 전진 주행 시 자동차의 속도 변화를 보행자가 알 수 있도록 법령 기준에 적합한 주파수변화 특성을 가져야 한다.
④ 전진 주행 시 발생되는 전체음의 크기는 75dB(A)을 초과하여야 한다.

해설 저소음자동차 경고음발생장치 설치 기준(규칙 [별표 6의33])
① 최소한 20km/h 이하의 주행상태에서 경고음을 내야 한다.
② ①에 따른 경고음은 아래의 기준에 적합하여야 한다.
  ㉠ 경고음의 크기는 ⑧에 따른 전체음 기준 이상일 것
  ㉡ 1/3옥타브 대역별 경고음의 크기는 ⑧에 따른 1/3옥타브 대역별 기준에 적합한 대역이 2개 이상이어야 하고, 그중 1개 이상의 대역은 1,600Hz 이하의 범위에 있을 것
③ 경고음은 전진 주행 시 자동차의 속도변화를 보행자가 알 수 있도록 아래의 기준에 적합한 주파수 변화 특성을 가져야 한다.
  ㉠ 자동차에서 발생되는 경고음은 5km/h부터 20km/h의 범위에서 속도변화에 따라 평균적으로 1km/h당 0.8% 이상의 비율로 변화할 것
  ㉡ ㉠을 만족하는 경고음은 ⑧에 따른 주파수 범위에 있는 소리로서 적어도 1개 이상이 주파수 변화 특성 기준을 만족할 것
④ 전진 주행 시 발생되는 전체음의 크기는 75dB(A)을 초과하지 않아야 한다.
⑤ 운전자가 경고음 발생을 중단시킬 수 있는 장치를 설치하여서는 아니 된다.
⑥ 경고음 발생장치 경고음의 종류가 여러 가지가 있는 경우에도 경고음은 각각 ①부터 ⑤까지의 기준에 적합하여야 한다.
⑦ 경고음 발생장치를 장착하지 않은 자동차가 ⑧의 전체 음 기준을 3dB(A) 초과할 경우 ②의 ㉡ 및 ③을 적용하지 아니한다.
⑧ 최소경고음기준

| 주파수[Hz] | | 전진 10km/h[dB(A)] | 전진 20km/h[dB(A)] | 후진[dB(A)] |
구분1	구분2	구분3	구분4	구분5
전체음*		50	56	47
1/3옥타브 대역	160	45	50	해당 없음
	200	44	49	
	250	43	48	
	315	44	49	
	400	45	50	
	500	45	50	
	630	46	51	
	800	46	51	
	1,000	46	51	
	1,250	46	51	
	1,600	44	49	
	2,000	42	47	
	2,500	39	44	
	3,150	36	41	
	4,000	34	39	
	5,000	31	36	

* 전체음 : 가청주파수 대역(20~20,000Hz)의 음압레벨 크기를 합산한 값

79 도로 차량-전동기 동력계를 이용한 전기자동차용 전동기 시스템의 성능 시험 방법-실차주행 모드 모사(KS R 1183)에서 토크-속도 모드(Torque-speed Mode)에 대한 설명으로 옳은 것은?

① 전동기 동력계상에서 시험용 전동기 시스템은 속도로 제어되고, 부하용 전동기 시스템은 속도로 제어되는 모드
② 전동기 동력계상에서 시험용 전동기 시스템은 토크로 제어되고, 부하용 전동기 시스템은 토크로 제어되는 모드
③ 전동기 동력계상에서 시험용 전동기 시스템은 속도로 제어되고, 부하용 전동기 시스템은 토크로 제어되는 모드
④ 전동기 동력계상에서 시험용 전동기 시스템은 토크로 제어되고, 부하용 전동기 시스템은 속도로 제어되는 모드

해설 토크-속도 모드(Torque-speed Mode) : 전동기 동력계상에서 시험용 전동기 시스템은 토크로 제어되고, 부하용 전동기 시스템은 속도로 제어되는 모드

80 도로 차량-전기자동차 용어(KS R 0113) 중 전압 등급 A(Voltage Class A)에 정의로 옳은 것은?

① 최대 작동 전압이 교류 30Vrms 이상 또는 직류 1,500V 이하인 전기부품이나 회로의 분류
② 최대 작동 전압이 교류 30Vrms 이하 또는 직류 60V 이하인 전기부품이나 회로의 분류
③ 최대 작동 전압이 교류 30Vrms 이상 또는 직류 60V 이상인 전기부품이나 회로의 분류
④ 최대 작동 전압이 교류 30Vrms 이하 또는 직류 1,500V 이하인 전기부품이나 회로의 분류

해설 전압 등급 A(Voltage Class A) : 최대 작동 전압이 교류 30Vrms 이하 또는 직류 60V 이하인 전기부품이나 회로의 분류

제5과목 그린전동자동차 측정과 시험평가

81 전기모터의 최대출력을 동력계로 측정할 때 적합하지 않은 것은?

① 대상모터의 온도변화를 측정할 필요는 없다.
② 대상모터를 최대속도까지 가변하면서 측정한다.
③ 부하모터에서 대상모터의 동력 흡수를 감안한다.
④ 모터가 측정시간 동안 일정하게 낼 수 있는 토크를 측정해야 한다.

해설 전기모터의 출력 테스트 시 온도에 따른 작동변화를 측정해야 한다.

82 CAN 통신의 데이터 전송방식은?

① 직렬방식
② 병렬방식
③ 직/병렬 혼합방식
④ 블루투스방식

해설 CAN 통신은 Controller Area Network의 앞 글자를 따서 CAN이라 말하며 CAN 통신은 ECM 간 디지털 직렬통신을 제공하기 위하여 1988년 BOSCH와 INTEL에서 개발한 차량 통신 시스템이다.

83 자동차 통신 네트워크에서 전송속도를 순서대로 나열한 것은?

① MOST > TTP/Flex Ray > CAN > LIN
② TTP/Flex Ray > MOST > CAN > LIN
③ CAN > LIN > MOST > TTP/Flex Ray
④ CAN > MOST > TTP/Flex Ray > LIN

해설 자동차 통신 네트워크에서 전송속도 순서는 MOST>TTP/Flex Ray>CAN>LIN의 순서이다.

정답 81 ① 82 ① 83 ①

84 에너지 저장 시스템(ESS) 사이클 시험을 위해 시험기와 연결하는 단자가 아닌 것은?

① 저전압 단자
② 고전압 입력 단자와 출력 단자
③ 전동기 3상(U, V, W) 연결 단자
④ 고전압 릴레이 입력 단자와 출력 단자

해설 에너지 저장 시스템 사이클시험 시 저전압, 고전압 단자 및 릴레이 입출력 단자와 테스터기를 연결하여 시험한다.

85 디지털 계측시스템의 구성 요소가 아닌 것은?

① 비교기　　　　　　　② 게이트
③ 계수기　　　　　　　④ 지시계기

해설 측정기에서 측정결과의 지시값을 보여주는 표시장치로 아날로그 지시계와 디지털 지시계가 있다.

86 다음 중 병렬통신 방식은?

① USB 통신　　　　　　② GPIB 통신
③ RS-422 통신　　　　 ④ RS-232C 통신

해설 USB 통신, RS-422 통신, RS-232C 통신은 직렬통신 방식이다.

87
오실로스코프 전압을 측정한 결과 진폭이 4cm의 크기로 나타났다. 이 전압의 실횻값은 약 몇 V인가?(단, 오실로스코프 편향감도는 1mm/V이다)

① 0.4
② 1.4
③ 4
④ 14.1

해설 $V_S = \dfrac{V_P}{\sqrt{2}} \times \dfrac{1}{2} = \dfrac{40}{\sqrt{2}} \times \dfrac{1}{2} = 14.1\text{V}$ 가 된다.

88
스트레인 게이지로 측정 가능한 하중을 모두 고른 것은?

㉠ 인장하중 ㉡ 압축하중 ㉢ 굽힘하중

① ㉠, ㉡
② ㉠, ㉢
③ ㉡, ㉢
④ ㉠, ㉡, ㉢

해설 스트레인 게이지는 인장하중, 압축하중, 굽힘하중 등의 변형률을 측정할 수 있다.

89
블루투스 통신에 대한 설명으로 틀린 것은?

① 블루투스는 단거리 라디오 전파통신으로 무선 연결하는 기능이다.
② SAP는 블루투스 링크를 이용해 SIM 카드를 제어하기 위한 프로파일이다.
③ VDP는 SRC와 SNK로 이루어져 있으며, SNK에서 SRC로 데이터를 전송한다.
④ Piconet을 통하여 블루투스 장치가 10m 이내의 다른 블루투스 장치를 연결한다.

해설 VDP는 Source(SRC)와 Sink(SNK)의 두 가지 역할을 정의한다. SRC는 디지털 비디오 데이터를 저장하고 있는 장치로 한 피코넷(Piconet)에서 SNK로 비디오 데이터를 전송한다.

90
전류계의 최대눈금보다 큰 전류를 측정하고자 할 경우 전류계에 병렬로 연결하여 사용하는 저항기는?

① 배율기
② 증폭기
③ 분류기
④ 변류기

해설 배율기와 분류기는 작은 측정단위 기구로 큰 단위를 측정하는 것을 말하며 전압의 측정에서는 배율기를, 전류의 측정에서는 분류기를 적용한다.

정답 87 ④ 88 ④ 89 ③ 90 ③

91 전동기와 인버터 구동 시험방법 중 고전압 단락시험의 목적으로 맞는 것은?

① 입력되는 고전압(AC)개방 회로 조건에 영향성 확인
② 전동기와 인버터에 연결된 고전압 케이블의 내성 확인
③ 입력되는 고전압(DC)극성을 반전 인가시켜 내구성 확인
④ 충전 시 발생되는 전동기와 인버터의 과전압 내성 확인

해설 고전압 단락시험은 전동기와 인버터 간 고전압 케이블의 내성을 확인하기 위함이다.

92 CAN 통신 과정 중 제어기에서 오류 발생 시 네트워크에서의 조치 방안에 대한 설명으로 틀린 것은?

① 지속적 오류를 발생시키는 제어기를 네트워크에서 격리시키는 방법이 있다.
② 메시지 오류(Message-error)는 수신제어기에서 데이터를 분석하여 오류를 판단하는 것으로 송신 제어기에서는 DTC(Diagnostics Trouble Code)를 발생시키지 않는다.
③ 잘못된 정보를 수신한 제어기가 다른 제어기와 정보를 공유하여 잘못된 정보를 제공하는 제어기의 데이터를 사용하지 못하게 하는 방법이 있다.
④ 다른 제어기로부터 원하는 데이터를 받지 못할 때 오류 내용을 기록하고 정상적인 정보가 나타날 때까지 계속 모니터링을 하면서 기다린다.

해설 CAN 통신에서 오류 발생 시 송신제어기에서 DTC를 발생시키지 않는다. 또한 오류 발생 제어기를 격리하거나 데이터를 사용하지 못하게 하는 조치방법이 있다.

93 삽입체적 유량계 종류에 대한 설명으로 틀린 것은?

① 전자기 유량계는 도체가 자기장 내에서 움직일 때 기전력이 유발되는 원리로 작동한다.
② 로터미터는 출구 쪽으로 횡단 면적이 감소되는 관속의 부유체로 구성되어 있다.
③ 터빈 유량계는 회전자의 회전을 여러 가지 방법으로 측정하여 유량을 구한다.
④ 용적 유량계는 일정 체적의 기계적 요소의 작동으로 유체의 체적을 측정한다.

해설 로터미터는 속이 빈 관과 위아래로 움직임이 가능한 플로트로 이루어져 있는 유량계로 관 안에서 위아래로 움직이는 플로트는 기체 및 액체의 유량에 따라 높낮이가 달라지고, 이 높낮이는 유속 및 유량에 비례한다.

94 차량통신 네트워크와 관련하여 2진수 코드 0101을 10진수 값으로 변환한 것으로 옳은 것은?

① 4
② 5
③ 6
④ 7

해설 2진수 코드 0101을 10진수로 변환하면
$0101 = 0 \times (2)^3 + 1 \times (2)^2 + 0 \times (2)^1 + 1 \times (2)^0$ 이므로 $0 + 4 + 0 + 1 = 5$가 된다.

95 계측과 관련하여 각속도를 측정하는 방법이 아닌 것은?

① 사이즈믹 변환기 측정 방법
② 스트로보스코프 측정 방법
③ 기계적 측정 방법
④ 전자기 측정 방법

해설 회전속도를 측정하는 계측방법은 원심력을 이용한 회전속도계, 스트로보스코프(Stroboscope), 마그네틱 픽업(Magnetic Pickup) 방식 등이 있다.

96 온도 측정과 관련하여 열전대 회로에서 일어날 수 있는 3가지 기본 현상이 아닌 것은?

① 볼타 효과
② 제베크 효과
③ 펠티에 효과
④ 톰슨 효과

해설
① 볼타 효과 : 서로 다른 두 종류의 금속을 접촉시키고 얼마 후에 떼어서 각각 검사하면 양과 음으로 대전되는 현상
② 제베크 효과 : 금속 또는 반도체의 양 끝을 접합하여 거기에 온도 차를 주면 회로에 열기전력을 일으키는 현상
③ 펠티에 효과 : 열전대에 전류를 흐르게 했을 때, 전류에 의해 발생하는 줄열 외에도 열전대의 각 접점에서 발열 혹은 흡열이 일어나는 현상
④ 톰슨 효과 : 도체(금속 또는 반도체)인 막대기의 양 끝을 다른 온도로 유지하고 전류를 흘릴 때 줄열 이외에 발열 또는 흡열이 일어나는 현상

97 다음의 계측용어(KS A 3009) 데이터 처리에서 통계적 처리의 의미에 대한 용어로 옳은 것은?

> 측정치로부터 모평균을 뺀 값

① 편차(Deviation)
② 잔차(Residual)
③ 평균 오차(Mean Error)
④ 평균 편차(Mean Deviation)

해설
- 편차(Deviation) : 측정치로부터 모평균을 뺀 값
- 잔차(Residual) : 측정치로부터 시료평균을 뺀 값
- 평균 오차(Mean Error) : 오차 절대치의 평균치
- 평균 편차(Mean Deviation) : 편차 절대치의 평균치

98 환경친화적 자동차의 개발 및 보급을 촉진하기 위한 기본계획에 관한 사항으로 모두 옳은 것은?

> ㄱ. 기본계획을 5년마다 수립한다.
> ㄴ. 기본계획은 국무회의의 심의를 거쳐 확정한다.
> ㄷ. 관계 중앙행정기관의 장은 필요하다고 인정할 경우에는 산업통상자원부장관에게 기본계획의 변경을 요청할 수 있다.
> ㄹ. 산업통상자원부장관이 기본계획을 변경하려면 다른 관계 중앙행정기관의 장과 시·도지사의 의견을 들어야 한다.

① ㄱ, ㄴ, ㄷ, ㄹ
② ㄱ, ㄴ, ㄹ
③ ㄱ, ㄷ, ㄹ
④ ㄱ, ㄹ

해설 친환경자동차법 제3조 참조

99 전기자동차 또는 하이브리드자동차의 충전시설로 급속충전시설과 완속충전시설의 구분을 충전기 최대 출력값의 몇 kW인 시설을 말하는가?

① 급속충전시설 : 최대 출력값 50kW 이상, 완속충전시설 : 최대 출력값 50kW 미만
② 급속충전시설 : 최대 출력값 40kW 이상, 완속충전시설 : 최대 출력값 40kW 미만
③ 급속충전시설 : 최대 출력값 30kW 이상, 완속충전시설 : 최대 출력값 30kW 미만
④ 급속충전시설 : 최대 출력값 20kW 이상, 완속충전시설 : 최대 출력값 20kW 미만

해설 충전시설의 종류 및 수량 등(친환경자동차법 시행령 제18조의7 제1항)
법 제11조의2 제1항 및 제2항에 따른 환경친화적 자동차 충전시설은 충전기에 연결된 케이블로 전류를 공급하여 전기자동차 또는 외부충전식하이브리드자동차(외부 전기 공급원으로부터 충전되는 전기에너지로 구동 가능한 하이브리드자동차를 말한다)의 구동축전지를 충전하는 시설로서 구조 및 성능이 산업통상자원부장관이 정하여 고시하는 기준에 적합한 시설이어야 하며, 그 종류는 다음과 같다.
• 급속충전시설 : 충전기의 최대 출력값이 40kW 이상인 시설
• 완속충전시설 : 충전기의 최대 출력값이 40kW 미만인 시설

100 전기자동차의 연비 측정방법으로 옳은 것은?

① 1회 충전 후 모드 시험을 통하여 주행거리 시험을 한다.
② 1회 충전 후 SOC 값의 변화량을 측정하여 배터리 잔량이 10%에 도달할 때까지의 주행거리를 측정한다.
③ 1회만 충전 후 0~100km/h 시험을 수행하여 남은 배터리 잔량으로 연비를 측정한다.
④ 배터리 용량이 10% 감소할 때까지의 주행 거리를 측정한다.

해설 전기자동차의 연비 측정은 1회 충전 주행거리 시험(완전충전상태에서 주행 불능 상태에 이르기까지의 상태를 반복하여, 1회의 충전으로 주행 가능한 거리를 구한다)을 실시하여, 시험 후에 재차 완전 충전상태로 유지하는 데 필요한 전력량과 1회 충전 주행거리로부터 평균적인 전력 소비율을 구하는 방법을 쓰고 있다.

정답 99 ② 100 ①

참 / 고 / 문 / 헌

- 김규성 외, 합격 자동차정비기능사, 학진북스
- 김명윤, AUTO CHASSIS, 골든벨
- 김상훈, Win-Q 전기기사, 시대고시기획
- 김상훈, Win-Q 전기공사기사, 시대고시기획
- 김종우, AUTO ENGINE, 골든벨
- 신용식, 자동차정비기능사, 시대고시기획
- 정용욱 외, 전기자동차, GS인터비전
- 황동호 외, 전기기능사 초스피드 끝내기, 시대고시기획

좋은 책을 만드는 길, 독자님과 함께하겠습니다.

그린전동자동차기사 필기 한권으로 끝내기

개정11판1쇄 발행	2025년 07월 10일 (인쇄 2025년 05월 15일)
초 판 발 행	2014년 06월 10일 (인쇄 2014년 05월 02일)
발 행 인	박영일
책 임 편 집	이해욱
편 저	함성훈, 국창호, 권영웅, 김규성, 염광욱
편 집 진 행	윤진영 · 김혜숙
표지디자인	권은경 · 길전홍선
편집디자인	정경일
발 행 처	(주)시대고시기획
출 판 등 록	제10-1521호
주 소	서울시 마포구 큰우물로 75 [도화동 538 성지 B/D] 9F
전 화	1600-3600
팩 스	02-701-8823
홈 페 이 지	www.sdedu.co.kr
I S B N	979-11-383-9353-9(13550)
정 가	38,000원

※ 저자와의 협의에 의해 인지를 생략합니다.
※ 이 책은 저작권법의 보호를 받는 저작물이므로 동영상 제작 및 무단전재와 배포를 금합니다.
※ 잘못된 책은 구입하신 서점에서 바꾸어 드립니다.

윙크

Win Qualification의 약자로서
자격증 도전에 승리하다의
의미를 갖는 시대에듀
자격서 브랜드입니다.

시대에듀

Win-Q 시리즈
단기 합격을 위한 완전 학습서

기술자격증 도전에 승리하다!

자격증 취득에 승리할 수 있도록
Win-Q시리즈가 완벽하게 준비하였습니다.

빨간키
핵심요약집으로
시험 전 최종점검

핵심이론
시험에 나오는 핵심만
쉽게 설명

빈출문제
꼭 알아야 할 내용을
다시 한번 풀이

기출문제
시험에 자주 나오는
문제유형 확인

NAVER 카페 대자격시대 – 기술자격 학습카페 cafe.naver.com/sidaestudy / 응시료 지원이벤트

자동차 관련 업체로 취업 시 꼭 취득해야 할 필수 자격증!

자동차 관련 시리즈
R/O/A/D/M/A/P

Win-Q 자동차정비 기능사 필기
- 한눈에 보는 핵심이론 + 빈출문제
- 최근 기출복원문제 및 해설 수록
- 시험장에서 보는 빨간키 수록
- 별판 / 628p / 23,000원

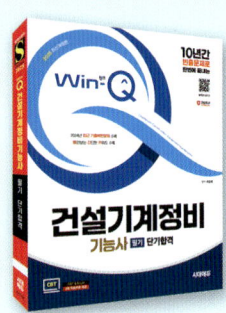

Win-Q 건설기계정비 기능사 필기
- 한눈에 보는 핵심이론 + 빈출문제
- 최근 기출복원문제 및 해설 수록
- 시험장에서 보는 빨간키 수록
- 별판 / 624p / 26,000원

도로교통사고감정사 한권으로 끝내기
- 학점은행제 10학점, 경찰공무원 가산점 인정
- 1·2차 최근 기출문제 수록
- 시험장에서 보는 빨간키 수록
- 4×6배판 / 1,068p / 37,000원

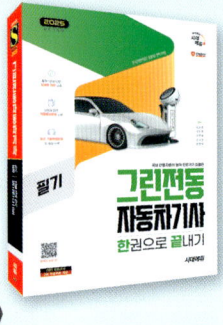

그린전동자동차기사 필기 한권으로 끝내기
- 최신 출제경향에 맞춘 핵심이론 정리
- 과목별 적중예상문제 수록
- 최근 기출복원문제 및 해설 수록
- 4×6배판 / 1,204p / 38,000원

더 이상의 자동차 관련 취업 수험서는 없다!

교통 / 건설기계 / 운전자격 시리즈

건설기계운전기능사

지게차운전기능사 필기 가장 빠른 합격	별판	14,000원
유튜브 무료 특강이 있는 Win-Q 지게차운전기능사 필기	별판	14,000원
답만 외우는 지게차운전기능사 필기 CBT기출문제+모의고사 14회	4×6배판	14,000원
답만 외우는 굴착기운전기능사 필기 CBT기출문제+모의고사 14회	4×6배판	14,000원
답만 외우는 기중기운전기능사 필기 CBT기출문제+모의고사 14회	4×6배판	14,000원
답만 외우는 로더운전기능사 필기 CBT기출문제+모의고사 14회	4×6배판	14,000원
답만 외우는 롤러운전기능사 필기 CBT기출문제+모의고사 14회	4×6배판	14,000원
답만 외우는 천공기운전기능사 필기 CBT기출문제+모의고사 14회	4×6배판	15,000원

도로자격 / 교통안전관리자

Final 총정리 기능강사 · 기능검정원 기출예상문제	8절	21,000원
버스운전자격시험 문제지	8절	13,000원
5일 완성 화물운송종사자격	8절	13,000원
도로교통사고감정사 한권으로 끝내기	4×6배판	37,000원
도로교통안전관리자 한권으로 끝내기	4×6배판	36,000원
철도교통안전관리자 한권으로 끝내기	4×6배판	35,000원

운전면허

답만 외우면 무조건 합격 운전면허 3일 합격! 1종·2종 공통(8절)	8절	12,000원
답만 외우면 무조건 합격 운전면허 3일 합격! 1종·2종 공통	별판	12,000원

※ 도서의 이미지와 가격은 변경될 수 있습니다.

나는 이렇게 합격했다

자격명: 위험물산업기사
구분: 합격수기
작성자: 배*상

나는 할 수 있다 69년생 50중반 직장인 입니다. 요즘 자격증을 2개 정도는 가지고 입사하는 젊은 친구들에게 일을 시키고 지시하는 역할이지만 정작 제 자신에게 부족한 점이 많다는 것을 느꼈기 때문에 자격증을 따야겠다고 결심했습니다. 처음 시작할 때는 과연 되겠냐? 하는 의문과 걱정이 한가득이었지만 시대에듀 인강을 우연히 접하게 되었고 잘 차려진 밥상과 같은 커리큘럼은 뒤늦게 시작한 늦깎이 수험생이었던 저를 합격의 길로 인도해주었습니다. 직장생활을 하면서 취득했기에 더욱 기뻤습니다. 감사합니다!

합격은 시대에듀 ♥

당신의 합격 스토리를 들려주세요.
추첨을 통해 선물을 드립니다.

QR코드 스캔하고 ▷▷▶
이벤트 참여해 푸짐한 경품받자!

베스트 리뷰	상/하반기 추천 리뷰	인터뷰 참여
갤럭시탭 / 버즈 2	상품권 / 스벅커피	백화점 상품권

합격의 공식